MONOGRAPHIEN AUS DEM GESAMTGEBIETE DER NEUROLOGIE UND PSYCHIATRIE

HERAUSGEGEBEN VON

O. FOERSTER-BRESLAU UND **K. WILMANNS**-HEIDELBERG

HEFT 37

DIE EXTRAPYRAMIDALEN ERKRANKUNGEN

MIT BESONDERER BERÜCKSICHTIGUNG DER PATHOLOGISCHEN ANATOMIE UND HISTOLOGIE UND DER PATHOPHYSIOLOGIE DER BEWEGUNGSSTÖRUNGEN

VON

PRIVATDOZENT DR. A. JAKOB

LEITER DES ANATOMISCHEN LABORATORIUMS DER STAATSKRANKENANSTALT UND PSYCHIATR. UNIVERSITÄTSKLINIK HAMBURG-FRIEDRICHSBERG

MIT 167 TEXTABBILDUNGEN

Springer-Verlag Berlin Heidelberg GmbH

ISBN 978-3-642-88949-3   ISBN 978-3-642-90804-0 (eBook)
DOI 10.1007/978-3-642-90804-0
Softcover reprint of the hardcover 1st edition 1923

DEM ANDENKEN MEINES LEHRERS

ALZHEIMER

GEWIDMET

Vorwort.

Die dieser Studie zugrunde liegenden Untersuchungen wurden angeregt durch die Arbeiten Alzheimers über die Huntingtonsche Chorea und die Westphal-Strümpellsche Pseudosklerose, die ich in dem Münchener Laboratorium seinerzeit miterlebte, und bauen sich auf den bahnbrechenden Studien über die striären Erkrankungen auf, die C. und O. Vogt veröffentlicht haben. Sie gehen bis zum Jahre 1912 zurück, wurden durch den Krieg unterbrochen und konnten erst in den letzten Jahren eine zusammenhängende und fließende Bearbeitung erfahren.

Von der Überzeugung ausgehend, daß auch bei diesen Erkrankungen die Prozeßforschung neben der Lokalisationsfrage in gleicher Weise zu berücksichtigen ist, wurde bei den einzelnen Krankheitsformen der histologischen Bearbeitung des Materials die gleiche Aufmerksamkeit zugewandt, wie der Bestimmung des jeweiligen Sitzes der Störungen. So sollen die vorliegenden Untersuchungen neben der Beantwortung der jetzt im Vordergrunde des Interesses stehenden Lokalisationsfrage zugleich ein Beitrag sein zur speziellen Histopathologie des extrapyramidalen Systems.

Die ganzen Fragen, die hier zur Abhandlung kommen, müssen als noch völlig im Flusse befindlich angesehen werden und sind, wie sich aus der fast unübersehbaren Weltliteratur ergibt, nach keiner Richtung hin abgeschlossen. Ich habe versucht, unter vornehmlicher Berücksichtigung der wichtigsten in der Literatur niedergelegten Tatsachen und Ansichten eine möglichst objektive und kritische Bearbeitung und Zusammenstellung des mir zur Verfügung stehenden Materiales zu geben. Um eine weitgehende Sicherheit in den Schlußfolgerungen zu verbürgen, habe ich aus einem gut durchgearbeiteten Materiale von über 60 Fällen die im folgenden niedergelegten Befunde und Analysen ausgewählt und alle komplizierteren Fälle zunächst beiseite gelassen. Auch letztere unterstützen die hier vertretenen Anschauungen, können aber mit Rücksicht auf die Art des Prozesses (Tumoren) oder auf seine diffuse Lokalisation (Miterkrankungen des Stirnhirns, des Kleinhirns und des fronto-cerebellaren Systems u. dgl.) keine eindeutige Beweisführung gestatten. Die ganze Frage liegt so schwierig, daß man meines Erachtens zunächst nur auf möglichst reinen Fällen aufbauen kann. Es liegt weiterhin in der Eigenart des ganzen Problems begründet, daß nur eine große Übersicht über die klinische und pathologisch-anatomische Auswirkung der verschiedenartigen Krankheitsformen das Verständnis der pathophysiologischen Zusammenhänge und ihrer Einzelheiten ermöglicht. So erschien es geboten, in gleichem Sinne, wie es C. und O. Vogt in vorbildlicher Weise getan haben, die einzelnen Syndrome in speziell vergleichender klinischer und pathologisch-anatomischer Weise abzuhandeln.

Daraus ergab sich von selbst die Einteilung des Stoffes. Nach einer kurzen klinischen Charakterisierung der extrapyramidalen Bewegungsstörungen habe ich die Grundzüge der normalen Bauverhältnisse des extrapyramidalen Hauptsystems und seiner Zentren mit den wichtigsten Faserverbindungen in, wie ich hoffe, übersichtlicher Weise zusammengestellt, um dann im zweiten Teile nach einer gedrängten Übersicht über die bisherigen pathophysiologischen Erklärungsversuche der extrapyramidalen Bewegungsstörungen die einzelnen Syndrome in vergleichender klinisch-anatomischer Befundgegenüberstellung an der Hand von 33 Fällen abzuhandeln. Im dritten Teil habe ich die pathophysiologische Ausdeutung der extrapyramidalen Bewegungsstörungen auf Grund der erhobenen Feststellungen zu geben versucht, wobei ich mich ganz vornehmlich von den anatomisch gesicherten Tatsachen leiten ließ. In diesem Kapitel habe ich dem motorischen Koordinationsmechanismus des Mittelhirns und Hirnstamms, der uns durch die überaus wichtigen physiologischen Untersuchungen von Magnus und seiner Schule erschlossen wurde, besondere Beachtung geschenkt, in der Überzeugung, daß diese experimentell physiologischen Untersuchungsergebnisse nicht nur für das vorliegende Problem von grundlegender Bedeutung sind, sondern auch ganz im allgemeinen die größte Beachtung des Neurologen verdienen. Im Schlußkapitel bin ich ganz kurz auf einige Beziehungen des Cortex zu dem extrapyramidalen System zu sprechen gekommen.

Der Zweck der vorliegenden Abhandlung möge vornehmlich in zwei Punkten erblickt werden: Einmal in einer möglichst kritisch und objektiv gegebenen Materialsammlung, die weiteren Untersuchungen und Schlußfolgerungen zur Basis dienen kann; sodann war ich bestrebt, auch dem Kliniker, dem es die Zeit nicht erlaubt, sich mit speziellen anatomischen Untersuchungen zu befassen, eine orientierende Studie an die Hand zu geben, die ihm das Verständnis der komplizierten anatomischen Bauverhältnisse und pathophysiologischen Bedingungen erleichtern soll. Aus diesem Grunde war ich bemüht, mich bei der Schilderung der normalen und pathologisch-anatomischen Verhältnisse auf das Grundsätzliche zu beschränken und mehr unwesentlich erscheinende histologische Einzelheiten zu vernachlässigen. Ich glaubte so der Lesbarkeit und der Übersichtlichkeit des gesamten Stoffes zu dienen. Im gleichen Sinne habe ich auch bei den epikritischen und pathophysiologischen Erörterungen nicht alle möglichen Einwände und Wenn und Aber berücksichtigt, die sich dabei aufdrängten oder bereits in der Literatur diskutiert sind, sondern ich suchte mich auch hier auf die Beantwortung der prinzipiell wichtigsten Punkte zu beschränken und jene Schlußfolgerungen in möglichster Kürze zu formulieren, die sich mir am besten fundiert nach sorgfältiger Prüfung erwiesen.

Den weiteren Studien dienen derartig umfassendere Arbeiten auch zur Aufdeckung der großen Lücken, die sich bei dem Versuche der Problemlösung zeigen; sie wirken so befruchtend auf die ferneren Problemstellungen und geben wichtige Fingerzeige für die Art und die Richtung weiterer Studien sowohl auf klinischem wie pathologisch- anatomischem Gebiete. Je weiter die feine Analyse der Krankheitsformen nach beiden Seiten hin getrieben wird, desto bestimmtere Schlüsse werden sich bei der vergleichenden

Gegenüberstellung von klinischer Störung und Art und Lokalisation des anatomischen Prozesses ermöglichen.

Das Material selbst entstammt größtenteils der Staatskrankenanstalt und psychiatrischen Universitätsklinik Hamburg-Friedrichsberg (Direktor Prof. Dr. Weygandt). Einzelne Fälle wurden mir in liebenswürdiger Weise von den neurologischen Abteilungen des Eppendorfer Krankenhauses (Prof. Nonne) und des St. Georger Krankenhauses (Prof. Sänger †, Dr. Trömner) zur Verfügung gestellt. Ich bin diesen Herren zum besonderen Danke verpflichtet, in gleicher Weise auch ihren Herren Assistenten (insbesondere Dr. Fleck, Dr. Matzdorff, Dr. Pette), die mich in der Materialsammlung bereitwilligst unterstützten. Herr und Frau Prof. C. und O. Vogt, Berlin, und Herr Prof. Spielmeyer, München, hatten die Liebenswürdigkeit, mir zur Ergänzung meines Materials wertvolle Präparate zu übersenden. Zu besonderem Danke verpflichtet fühle ich mich noch den Kollegen der hiesigen Anstalt, insbesondere den Herren Cohen, Josephy, Kirschbaum, Meggendorfer, Matzdorff, Rautenberg, die mich auf Einzelfälle aufmerksam machten, sie meiner persönlichen klinischen Untersuchung zuführten und mich bei meinen Untersuchungen und Studien in gefälligster Weise unterstützten.

Das Manuskript ist im wesentlichen Ende November 1922 abgeschlossen worden, so daß die Literatur nur bis zu diesem Zeitpunkte eingehender berücksichtigt werden konnte. Wenn dabei manche ausländischen Autoren nicht die entsprechende Würdigung erfahren haben, so liegt es an den mißlichen Zeitverhältnissen, unter denen wir Deutsche jetzt wissenschaftlich arbeiten müssen.

Zu besonderem Danke bin ich schließlich noch der Verlagsbuchhandlung Julius Springer verpflichtet, die mir bei der Drucklegung und Ausstattung dieses Werkes in liebenswürdiger Weise entgegenkam.

Hamburg, Januar 1923.

A. Jakob.

Inhaltsverzeichnis.

Seite

Einleitung V

Erster Teil.

A. Kurze klinische Charakterisierung der extrapyramidalen Bewegungsstörungen . . 1
B. Grundzüge der normalen Anatomie und Histologie des extrapyramidalen Haupt-
systems 12
  I. Striatum (Kaudatum und Putamen) 12
  II. Pallidum 20
  III. Corpus Luysi 26
  IV. Substantia nigra 28
    Anhang. Der Nucleus ruber 35
  V. Kurze Übersicht über die wichtigsten Faserverbindungen des extrapyramidalen
    Hauptsystems und seiner Zentren 38

Zweiter Teil.

A. Kurze Übersicht über die bisherigen pathophysiologischen Erklärungsversuche der
extrapyramidalen Bewegungsstörungen 43
B. Klinisch-anatomische Mitteilungen eigener Beobachtungen unter Berücksichtigung
der Literatur 49

  I. Das choreatische Syndrom 49
    1. Huntingtonsche Chorea mit nachgewiesener Vererbung 51
    Fall I. Gewöhnliche Form 51
    Fall II. Früh- und Abortivfall mit Parakinesen 61
    2. Chronisch-progressive Chorea ohne nachgewiesene Vererbung 66
    Fall III 66
    Fall IV mit Psychose nach Gelenkrheumatismus 67
    Fall V nach Gelenkrheumatismus mit Ausgang in Versteifung 70
    Kritischer Überblick über die bei der chronisch-progressiven Chorea erhobenen
    Befunde mit Berücksichtigung der Literatur 80
    3. Symptomatische Chorea 87
    a) Auf toxisch-infektiöser Basis — Chorea gravidarum; Fall VI Chorea bei
      diphtherischer Allgemeininfektion — Chorea minor (Gelenkrheumatismus,
      Encephalitis epidemica u. dgl.) 87
    b) Als Teilerscheinung eines syphilitischen, arteriosklerotischen oder senilen
      Gehirnprozesses. Striatumveränderungen bei der Alzheimerschen Krank-
      heit 91
    Fall VII. Senile Chorea 91
  II. Das hypokinetisch-hypertonische Syndrom des Parkinsonismus 98
    1. „Genuine" Paralysis agitans 99
    Fall VIII mit Tremor und starken Schmerzen 101
    Fall IX mit halbseitiger Betonung des Parkinsonismus 114
    Fall X mit Tremor und Pulsionen 117
    Kritischer Überblick über die bei der ersten Paralysis agitans erhobenen Be-
    funde 118

Seite

2. Arteriosklerotische Muskelstarre 126
   Fall XI. Leichtere Form, Übergangsfall zur Paralysis agitans 126
   Fall XII. Schwere Form 130
3. Senile Muskelstarre (mit Psychose) 134
4. Parkinsonismus auf dem Boden syphilitisch bedingter Gefäßerkrankung . 138
   Fall XIII. Paralyseähnliches Krankheitsbild mit deutlichem Parkinsonismus 138
   Fall XIV. Paralyseähnliches Krankheitsbild mit Parkinsonismus von elf-
   jähriger Dauer 142
5. Striopallidär bedingte Parkinsonismen mit begleitenden Thalamusaffektionen,
   auf Gefäßerkrankung beruhend 150
   Fall XV. Parkinsonismus mit nachfolgender schlaffer Hemiparese und Parästhesien 150
   Fall XVI. Das gleiche bei Wiederauftreten des Tremor in der gelähmten
   Seite 155
6. Arteriosklerotische (oder syphilitisch bedingte) Muskelstarre mit hinzutreten-
   den Hyperkinesen 160
     a) Mit Athetose 160
       Fall XVII. Arteriosklerotische Muskelstarre mit apoplektiform einsetzen-
       der einseitiger schlaffer Parese und contralateraler athetotischer Parakinese 161
       Fall XVIII. Syphilitisch bedingter Parkinsonismus mit zeitweise bestehen-
       der einseitiger Athetose 167
     b) Mit Hemiballismus 174
       Fall XIX. Arteriosklerotische Muskelstarre mit hinzutretendem Hemi-
       ballismus 174
       Fall XX. Das Vorliegen eines Parkinsonismus, erschlossen aus dem ana-
       tomischen Befunde 183
7. Die Krankheitsgruppe Wilson-Pseudosklerose — Fall Detmer 185
8. Chronisch-progressive Nachkrankheiten der Encephalitis epidemica 197
   Fall XXI. Parkinsonimus als Nachkrankheit einer leichten Encephalitis
   epidemica 199
   Fall XXII. Ausgeprägter Parkinsonismus als Nachkrankheit einer Encephalitis epidemica 210
8. Spastische Pseudosklerose 215
   Fall XXIII. Ein weiterer Fall von spastischer Pseudosklerose 218

III. Das athetotische Syndrom 245

   A. Littlesche Starre 247
     Fall XXIV. Littlesche Starre — Status marmoratus 249
     Fall XXV. Ein Kind ohne Großhirn mit 10 monatl. Lebensdauer . . . 250
   B. Cerebrale Kinderlähmung 264
     Fall XXVI. Cerebrale Kinderlähmung — Cerebrale Hemiatrophie, Zerstörung
     der basalen Stammganglien der einen Seite 265
     Fall XXVII. Cerebrale Kinderlähmung mit iterativen Parakinesen auf der
     nichtgelähmten Seite — Cerebrale Hemiatrophie mit ausgedehnter Zerstörung
     der basalen Stammganglien der einen Seite 269
     Fall XXVIII. Cerebrale Kinderlähmung mit Akinese auf der nichtgelähmten
     Seite — Cerebrale Hemiatrophie mit Zerstörung des Striopallidum der einen
     Seite 273
     Fall XXIX. Cerebrale Kinderlähmung mit leichter Akinese der nichtge-
     lähmten Seite. — Cerebrale Hemiatrophie mit Zerstörung des Striatum der
     einen Seite 277
   C. Status dysmyelinisatus des Pallidum 282
     Fall XXX. CO-Vergiftung bei einer länger dauernden eigenartigen syphilito-
     genen Psychose 288

Seite

IV. Anfallsartige Zustände von extrapyramidalem Charakter 296

    Fall XXXI. Eigenartiges Krankheitsbild mit schmerzhaften tonischen Krampfparoxysmen einhergehend — langsam einsetzende Ventrikelblutung 297

    Fall XXXII. Epileptiformes Krankheitsbild mit eigenartigen, z. T. anfallsweise auftretenden Torsions- und Athetosebewegungen, Wälz- und Drehattacken 299

V. Gruppierung der Krankheitsprozesse unter besonderer Berücksichtigung der Symptomatologie und der anatomischen Lokalisation 308

Dritter Teil.

Pathophysiologie der extrapyramidalen Bewegungsstörungen.

I. Die Lokalisationsfrage der extrapyramidalen Bewegungsstörungen 312

    1. Das Striatumsyndrom 312

    2. Das Pallidumsyndrom 324

    3. Das Syndrom des Corpus Luysi 328

    4. Das Syndrom der Substantia nigra 329

II. Pathophysiologie der extrapyramidalen Bewegungsstörungen. Problemstellung . 331

    1. Extrapyramidale Bewegungsstörungen bei Affektionen des Thalamus, Bindearms, des fronto-ponto-cerebellaren Systems und deren Deutung 331

    Fall XXXIII. Benediktsches Syndrom mit Chorea und Parakinesen auf dem Boden einer Polioencephalitis haemorrhagica superior Wernikes 338

    2. Die Funktionsleistungen des Kleinhirns. 343

    3. Der motorische Koordinationsmechanismus des Mittelhirns und Hirnstammes 348

    4. Funktionelle Bedeutung des Thalamus und Hypothalamus für das extrapyramidale System 360

III. Folgerungen in bezug auf die normale Funktion des extrapyramidalen Hauptsystems und seiner Zentren und die pathophysiologische Ausdeutung der extrapyramidalen Bewegungsstörungen 364

    1. Funktionsleistung des extrapyramidalen Hauptsystems als Ganzes 364

    2. Die Funktionsleistung der Hauptzentren 372

        A. Die Striatumfunktion (Chorea, Tic, Parakinesen, Athetose des frühesten Kindesalters, Tremor, Wackelbewegungen) 372

        B. Die Pallidumfunktion (generalisierte Athetose des späteren kindlichen oder jugendlichen Alters und des Erwachsenen, Torsionsspasmus) 377

        C. Die Funktion des Corpus Luysi 379

        D. Die Funktion der Substantia nigra 380

Schlußkapitel. Cortex und extrapyramidales System 387

Literaturverzeichnis 400

Erster Teil.

A. Kurze klinische Charakterisierung der extrapyramidalen Bewegungsstörungen.

Die Erkrankungen des Zentralnervensystems, die dieser Abhandlung zugrundeliegen, haben das Gemeinsame, daß ihnen eigenartige, mit Tonusveränderungen gepaarte Bewegungsstörungen zugrunde liegen, die sich besonders deutlich von dem Pyramidenbahnsyndrom abheben. v. Strümpell gebührt hier das große Verdienst, aufbauend auf den feinsinnigen Feststellungen anderer Autoren und eingehenden Analysen eigener Beobachtungen den ganzen Komplex von Erscheinungen unter einem einheitlichen Gesichtswinkel betrachtet und die dabei auftretenden mannigfaltigen Bewegungsstörungen in der gemeinsamen Bezeichnung des „amyostatischen Symptomenkomplexes" zusammengefaßt zu haben. Wenngleich ich mit vielen Autoren in einzelnen Punkten von der Strümpellschen Auffassung abweiche und auch die Bezeichnung selbst nicht für glücklich und viel zu eng ansehe, so kann darin keine Herabsetzung der außerordentlichen Bedeutung liegen, mit welcher die Strümpellsche Autorität das ganze Gebiet befruchtet hat.

Es liegt nicht im Rahmen dieser Studie, eine genauere Beschreibung und Analyse der klinischen Erscheinungen zu geben. Sie sind im einzelnen in den bekannten und vorbildlichen Arbeiten zahlreicher Autoren geschildert, und wenn ich hier nur die Namen von Westphal sen. und jun.. Oppenheim, Ziehen, Foerster, Kleist, Forster, Zingerle, K. Mendel, Wilson, P. Marie, Hunt, Higier, C. und O. Vogt, Stertz, Mann, Cassirer, Wimmer, P. Schuster, Nonne, Bostroem[1]), Runge, Meggendorfer, F. H. Lewy nenne, so bin ich mir wohl bewußt, viele Autoren mit gleichen Verdiensten ungenannt gelassen zu haben.

In jüngster Zeit haben sich namentlich Stertz, Foerster und F. H. Lewy[2]) eingehender mit der klinischen und physiologischen Analyse dieser Erscheinungen befaßt, auf deren Ausführungen ich verweise. Besonders beziehe ich mich auf die meisterhafte Schilderung der klinischen Störungen, die Foerster in seiner jüngsten Abhandlung gegeben hat; im folgenden möchte ich nur kurz die wichtigsten klinischen Erscheinungen besprechen, um einer leichteren Orientierung und einem besseren Verständnis bei meinen weiteren Ausführungen zu dienen.

---

[1]) Die Monographie Bostroems: „Der amyostatische Symptomenkomplex", klinische Untersuchungen unter Berücksichtigung allgemein-pathologischer Fragen, Berlin: Julius Springer 1922, lag bei Abschluß dieser Arbeit noch nicht vor und konnte daher nicht mehr berücksichtigt werden. (Anm. b. d. Korr.)

[2]) Das neueste Buch F. H. Lewys: „Die Lehre vom Tonus und der Bewegung", Berlin: Julius Springer 1923, wurde mir erst nach Abschluß meines Manuskriptes durch die Liebenswürdigkeit des Autors und Verlegers in den Korrekturbogen zugänglich, ich habe daher dieses Werk nur mehr in für meine Fragestellung besonders wichtigen Punkten berücksichtigen können. Die Lewyschen Untersuchungen sind ja im wesentlichen anders orientiert als die meinen.

Die klinischen Erscheinungen, die auf den Ausfall der Pyramidenbahn oder auf eine Funktionsbehinderung der vorderen Zentralwindung bei den Fällen intracorticaler Hemiplegie bei erhaltener Pyramidenbahn zurückzuführen sind, sind als das Pyramidenbahnsyndrom oder das der Area giganto pyramidalis (C. und O. Vogt) bekannt: Sie bestehen in einer Herabsetzung der motorischen Kraft bei isolierten willkürlichen Bewegungen der einzelnen Körperteile und Extremitätenabschnitte, im Verlust der Einzelbewegungen bei Erhaltensein der normalen Mitbewegungen und typischen Bewegungssynergien; ferner in dem Auftreten des als Spasmus bezeichneten charakteristischen federnden Widerstandes der gelähmten Glieder bei passiven Bewegungen, wobei die Spasmen ganz bestimmte Muskelgruppen befallen, sich in Klonismen äußern können und reflektorisch z. B. durch sensible Reize gehemmt und gelöst werden können; ferner in dem Auftreten einer deutlichen Reflexsteigerung mit dem Babinskischen Phänomen an der unteren Extremität und den entsprechenden Phänomenen der oberen, schließlich in dem Fehlen der Bauchdeckenreflexe. Nach den Lewyschen Untersuchungen setzt beim Spastiker die Tätigkeit im Antagonisten bei der Bewegungsleistung nicht nur früher als beim Normalen ein, sondern sie ist auch von einer sehr erheblichen Dauererregung begleitet. Beim Spasmus dehnt sich zwar der Antagonist, er wird aber nicht im gleichen Maße erschlafft, entsperrt, so daß eine erhöhte Erregungsbereitschaft für den Rückstoß, also ein vorzeitiges und vermehrtes Einsetzen des Antagonisten zurückbleibt (F. H. Lewy). Der federnde Dehnungswiderstand und die erhöhte Adaptions und Fixationsspannung der vom Spasmus betroffenen Muskulatur, Erscheinungen, die bei der Contracturenentwicklung von maßgebender Bedeutung sind, erweisen sich als spinale Reflexe, die mit dem Verluste der entsprechenden Sehnenreflexe ausfallen.

Von diesem Pyramidenbahnsyndrom unterscheiden sich nun die Bewegungsstörungen, die bei Erkrankungen bestimmter Abschnitte der basalen Stammganglien regelmäßig auftreten, in ganz charakteristischer Weise; man faßt daher den Gesamtkomplex dieser Erscheinungen am zweckmäßigsten als extrapyramidale Bewegungsstörungen zusammen und bezeichnet den nervösen Apparat, dessen Affektion diese Störungen zeitigt, als extrapyramidales System. Da wir neben dem in den basalen Stammganglien vertretenen extrapyramidalen System in dem fronto-ponto-cerebellaren System noch einen zweiten der extrapyramidalen Bewegungskoordination dienenden Mechanismus vor uns haben, sprechen wir hier vom ersteren als dem **extrapyramidalen Hauptsystem** — freilich nur zum Zwecke einer kürzeren Ausdrucksweise und nicht in der Absicht, einem Wertigkeitsunterschiede Ausdruck zu geben.

Bei den extrapyramidalen Bewegungsstörungen können wir im wesentlichen drei besondere Arten unterscheiden, die als Koordinationsstörungen im Ablaufe von willkürlichen, automatischen und Reaktivbewegungen erscheinen:

1. Akinesen,
2. verminderte oder vermehrte Spannungszustände in der Muskulatur und deren Begleiterscheinungen (hypotonische oder hypertonisch-rigide Symptome),
3. Hyperkinesen.

Die Akinesen bestehen einmal in dem Innervationsausfalle bei willkürlichen Initiativbewegungen, die sich in für gewöhnlich nur leicht ausgesprochenen Paresen (Wilson, Strümpell, Stertz, Foerster u. a.) zeigen, in dem verlangsamten Bewegungsbeginn, der verlangsamten Ausführung, der verminderten Bewegungsexkursion und in der leichten Ermüdbarkeit. Sie bestehen ferner in einem Ausfall der automatischen physiologischen Mitbewegungen, welche normalerweise die Willkürbewegungen ergänzend begleiten und abrunden. Es sind dies jene Bewegungssynergien, die wie das Pendeln der Arme beim Gehen oder die Mitstreckung der Hand beim Faustschluß gerade beim Pyramidenbahnsyndrom erhalten bleiben. Sie fehlen bei unseren Kranken oder sind doch weitgehend abgeschwächt, während die Einzelbewegungen verhältnismäßig gut ausgeführt werden können. Die Akinesen zeigen sich weiterhin in einem besonders auffallenden Mangel an Reaktivbewegungen, die reflektorisch auf alle zufließenden sensiblen und sensorischen Reize hin erfolgen; hierher gehören die reaktiven Abwehrbewegungen, die sich auch in den mannigfaltigen Schutz-, Flucht-, Schmerz- und Schreckreflexen verraten, ferner die automatischen Orientierungs- und Adversionsbewegungen (z. B. Hinwenden des Kopfes und der Augen auf einen plötzlich einfallenden Lichtreiz), ferner die Aufmerksamkeitseinstellbewegungen, die automatisch den erhöht einsetzenden Aufmerksamkeitsakt begleiten, und schließlich die affektiven Ausdrucksbewegungen und Gesten. Der Ausfall dieser Reaktivbewegungen führt nicht nur zu der so außerordentlich charakteristischen Bewegungsarmut, sondern bedingt auch weiterhin, insbesondere durch Schädigung der Bewegungsfolge und der bei jedem Bewegungs- und Handlungsablaufe automatisch erfolgenden Hilfsbewegungen (Stellungs- und Haltungsänderungen) höhere Koordinationsstörungen, die sich im Verlaufe einfacherer und zusammengesetzter Bewegungsakte, namentlich beim Sitzen, Stehen und Gehen, Kauen und Schlucken und beim Sprechen zeigen. Zum Teil wenigstens sind gleichfalls die Pulsionen und die Adiadochokinesis darauf zurückzuführen. Die mangelnde Innervationsbereitschaft kann auch als ein akinetisches Teilsymptom aufgefaßt werden.

Die extrapyramidalen Erkrankungen gehen des weiteren mit bemerkenswerten Veränderungen des Muskeltonus einher.

F. H. Lewy hat den klinischen Begriff des Muskeltonus folgendermaßen formuliert: „Tonus ist ein elastischer Spannungszustand des Muskels mit sehr geringem Energieverbrauch und oxydativem Stoffwechsel und bei Verwendung der üblichen Apparatur ohne biphasischen Aktionsstrom. Dagegen ist die Spannungsänderung von einem langwelligen phasischen Strom begleitet. Zum Auftreten und zur graduellen Veränderung des Spannungszustandes bedarf er einer reflektorisch ausgelösten Erregung." Ich will hier auf den Begriff und die Physiologie des Tonus nicht näher eingehen. Die umfangreiche Literatur, die sich in den letzten Jahren eingehend mit diesem Problem beschäftigt hat und die in dem Buche F. H. Lewys über „Tonus und Bewegung" in übersichtlicher, aber etwas einseitiger Weise zusammengestellt ist, gibt uns heute noch keine eindeutige Klärung nach irgendeiner Richtung hin. Sowohl die anatomischen wie die chemisch-physikalischen Grundlagen sind noch keineswegs festgelegt und werden von den verschiedenen Autoren in sich häufig widersprechender Weise diskutiert, so daß wir uns über die Innervationsbedingungen und über die physiologische Bedeutung der Erscheinungen noch keine klare Vorstellung machen können[1]). In der

---

[1]) Nach dem heutigen Stande unseres tatsächlichen Wissens wird der Muskeltonus im wesentlichen pyramidal und extrapyramidal innerviert, wobei vielleicht der vegetativen Innervation (E. Frank, de Boer, die japanische Schule, insbesondere Kuré u. a.) ein mehr indirekter

vorliegenden Studie, die rein klinisch-symptomatologisch und pathologisch-anatomisch orientiert ist, muß ich es mir daher versagen, auf die Deutung und Begriffsbestimmung solcher Probleme näher einzugehen, die nur auf biologisch-physiologischem Wege gelöst werden können. Auf der anderen Seite ergibt sich aus dem Widerstreit und dem Wechsel der Meinungen, welche die Grundlagen dieses Problems sichern sollen, daß die Lösung der ganzen Frage heute eine noch recht unsichere ist (vgl. auch Hansen, Hoffmann, v. Weizsäcker, ferner v. Kries (Pflügers Arch. Bd. 190. 1921; Spiegel 1923).

Ich nehme daher für die vorliegende Studie den Begriff des Tonus so, wie er uns vom klinischen Standpunkte aus geläufig ist: Der Tonus ist jener ohne willkürliche Innervation zustandekommende Spannungszustand der gesamten Skelettmuskulatur, den diese in der Ruhe, beim Halten und Stellen einnimmt. Insoweit sich bei den anatomisch erwiesenen Affektionen unseres extrapyramidalen Systems und seiner engeren Zentren derartige Störuhgen zeigen, bilden sie mit den Gegenstand der nachfolgenden anatomischen Untersuchungen. Ich habe wohl auch den verschiedenen vegetativen Kerngebieten, insbesondere jenen im Tuber und Hypothalamus, bei meinen histologischen Untersuchungen eingehendere Beachtung geschenkt, mußte aber vornehmlich auch auf Grund von zahlreichen Kontrolluntersuchungen an dem laufenden Sektionsmateriale erkennen, daß gerade diese Kerngebiete bei allen möglichen Erkrankungen sich histologisch in unverkennbarer Weise verändert erwiesen, ohne daß sich zunächst wenigstens greifbare Zusammenhänge mit der Klinik ergeben hätten. Da ich mich in der vorliegenden Abhandlung bemühen werde, entsprechend ihrem Zwecke ein möglichst objektiv gesichtetes Tatsachenmaterial zu geben, lasse ich die ganze vegetative Seite des Tonusproblems, soweit sie eine regelmäßige Miterkrankung dieser vegetativen Kerngebiete mit sich bringen würde, unberücksichtigt, ebenso wie die im Verlaufe dieser Erkrankungen auftretenden vegetativen Störungen überhaupt.

Neben Herabsetzungen des Tonus, die besondere Formen der Chorea auszeichnen und die in Anklängen sich auch bei dem athetotischen Bewegungsspiele und den dem Wechsel stark unterworfenen Spannungszuständen des Torsionsspasmus („Spasmus mobilis" der Autoren) zeigen, ist es besonders die Rigidität in ihren einzelnen Teilkomponenten, die bei den meisten extrapyramidalen Erkrankungen im Vordergrunde steht. Hierher gehört einmal die Erhöhung des permanenten, plastischen, formgebenden Muskeltonus

---

Einfluß eingeräumt werden muß. Lewy betont letztere ganz besonders, während sich v. Weizsäcker in kritischen Ausführungen gegenüber allen bisherigen Tonustheorien sehr skeptisch äußert. Nach ihm erscheint das, was für eine Doppelfunktion des quergestreiften Skelettmuskels spricht, so gering, daß wir vorläufig auf dem Standpunkt beharren müssen, die Funktion des Skelettmuskels als eine einheitliche aufzufassen (Hansen, Hoffmann, v. Weizsäcker). Auch die physiologischen Untersuchungen Weigeldts 1921 entsprechen denen dieser Autoren. Toenissen meint in seinem kritischen Referat über die Bedeutung des vegetativen Nervensystems für die Wärmeregulation und den Stoffwechsel (Klin. Woch. Bd. 2, S. 11. 1923): „Die vegetative Innervation beeinflußt den vitalen, spezifisch stofflichen Umsatz der Muskulatur (Kreatinstoffwechsel), und es ist wohl sicher, daß durch eine Änderung dieses Stoffwechsels neben anderen vitalen Funktionen der Muskelzellea uch der Tonus wenigstens im gewissen Grade beeinflußt wird, im wesentlichen ist aber der Muskeltonus von der willkürlich-motorischen und extrapyramidalen Innervation abhängig." Auch Spiegel (Zur Physiologie und Pathologie des Skelettmuskeltonus. Zeitschrift f. d. ges. Neurol. und Psych. Bd. 81. H. 5. 1923) hält alle dualistischen Anschauungen in der Tonuslehre für ncoh völlig unbewiesen und kommt zu der Auffassung, daß an den Vorderhornzellen sowohl jene zentralen Mechanismen angreifen, welche der Fortbewegung dienen, als auch jene, welche die Haltung der Skelettmuskulatur (Tonus) beherrschen.

Heilbronners, die sich in einem vermehrten Härtegrad der Muskulatur verrät
und in einer reliefartigen Ausprägung der Muskulatur und ihrer Sehnen, sodann
in dem erhöhten wechselnden Spannungszustand der Muskulatur bei passiver
Dehnung, in dem vermehrten passiven Dehnungswiderstand, den
man gemeinhin als Rigor bezeichnet[1]). Dieser passive Dehnungswiderstand ist
in allen befallenen Muskelgebieten sofort und gleichmäßig festzustellen, ist von
Anfang bis zu Ende der passiven Bewegung annähernd gleichmäßig vorhanden
und erweist sich wie die gleich zu besprechende Adaptions- und Fixationsspannung
als ein propriozeptiver Reflex, der durch die Resektion der hinteren Wurzeln
oder durch die tabische Wurzeldegeneration aufgehoben wird. Hierher gehört
auch die wichtige Tatsache, daß der Rigor in der Narkose sowohl wie im Schlafe
schwindet oder wenigstens eine erhebliche Minderung erfährt. Die zweifellos
bestehende auch therapeutisch wichtige Beeinflussung durch Atropin und Scopolamin, ja auch durch fieberhafte Zustände spricht auch für seine nahen Beziehungen zu vegetativen Zentren. Dagegen gelingt die reflektorische Lösung
oder Hemmung dieses Dehnungswiderstandes durch sensible Reize, wie dies
beim Spasmus geschieht, nicht oder doch nur sehr unvollkommen. Im weiteren
Gegensatz zum Pyramidenbahnspasmus, der sich als ein spinaler Reflex offenbart,
erweisen sich Rigor (und Fixationsspannung) als höher ausgelöste Reflexe,
denn sie können mit fehlenden Sehnenreflexen vergesellschaftet sein.

Mayer und Schaeffer haben auf Veranlassung Foersters bei den Parkinsonismen der Paralysis agitans wie der Encephalitis die Vorgänge im Muskel
während des Dehnungswiderstandes mittels Aufzeichnung der Aktionsströme
gemessen und gefunden, daß diese mit deutlichen Aktionsströmen von kurz-
welligem phasischem Charakter antworten, also einen tetanischen Charakter
anzeigen. Nach ihnen dauert der tetanische Aktionsstrom von Anfang bis zu
Ende der Dehnung an und hört erst auf, wenn der Muskel seinen größtmög-
lichsten Dehnungsgrad erfahren hat. Unterbricht man die Dehnung in einer
Intermediärstellung, so bleibt der Aktionsstrom bestehen. Nach Lewy dauert
bei der Rigidität die initiale Antogonistenspannung und -sperrung nach, so daß
dem Protagonisten die Tätigkeit erschwert wird. Daß es sich bei diesem Prozeß
der Kontraktionsnachdauer aber nicht um eine verlängerte aktive Innervation handelt, zeigt das Fehlen der Aktionsstromfortdauer im Protagonisten
und das Nichtauftreten eines Dehnungsaktionsstromes bei der schließlichen
Entsperrung der Kontraktionsnachdauer. Lewy faßt daher den Muskeltonus
der Paralysis agitans als eine Spannung auf, die nur durch die Kontraktion
des Muskels ausgelöst wird; die Bewegungsrigidität gründet sich nicht darauf,
daß ein hypertonischer Antagonist nicht erschlafft, sondern daß seine initiale
Kontraktion nachdauert, wobei das Fehlen eines phasischen Stromes zeigt,
daß die Dauerkontraktion einem Dauerzustand im Muskel entspricht. Diese
Nachdauer scheint bei Paralysis agitans-Kranken Beuger und Strecker als Protagonisten gleichmäßig, als Antagonisten den Strecker stärker zu betreffen.

Die Kontraktionsnachdauer spielt bei zwei weiteren Teilphänomenen der
Rigidität eine große Rolle, bei der Adaptions- und Fixationsspannung.

---

[1]) Nach Spiegel (1923) beruht der Rigor des Parkinsonismus auf einer hochgradigen
Erhöhung der Bremsung, jener Vorrichtung, die den Muskel in seiner ursprünglichen Ruhe-
länge zu erhalten sucht (Rieger).

Wie Foerster bereits 1906 gezeigt hat, handelt es sich dabei um ein allen Muskeln zukommendes wichtiges und typisches Phänomen bei den Parkinsonismen. „Die Muskeln zeigen die Eigenschaft bei passiver Annäherung ihrer Insertionspunkte sich dieser Annäherung durch aktive Anspannung anzupassen (Adaptionsspannung) und in ihrer Anspannung tonisch zu verharren (Fixationsspannung)", (Foerster). Strümpell hat für diesen Reflex den Ausdruck Fixationsrigidität gewählt und stellt die daraus erwachsende Störung des gegenseitigen Spannungsverhältnisses der Muskulatur als myostatische der an sich weniger betroffenen Myodynamik gegenüber; indem er die anderen Bewegungsstörungen der extrapyramidalen Erkrankungen dieser Erscheinung unterordnet, stellt er bekanntlich den Begriff des „amyostatischen Symptomenkomplexes" auf.

Daß bei der Adaptions- und Fixationsspannung aktive Innervationen des quergestreiften Muskels gegeben sind, konnte Schaeffer feststellen, der auf Veranlassung Foersters die Aktionsströme des Deltamuskels während der Adaptions- und Fixationsspannung bei einem Parkinsonismus nach Encephalitis untersucht hat; es zeigte sich, daß vom ersten Momente der passiven Erhebung des Oberarmes an lebhafte tetanische Aktionsströme einsetzen, die bis zu Ende der Bewegung andauerten, nach Abschluß der Bewegung fortbestanden, wenn auch mit geringerer Amplitude, um bei der nun folgenden passiven Senkung des Oberarms, also bei Dehnung des Deltamuskels, wieder verstärkt einzusetzen. Diese Aktionsströme entsprechen offenbar jenen, welche der quergestreifte Muskel beim reinen Halten und Stellen überhaupt aufweist. Nach Lewy zeigt dabei der quergestreifte Muskel nicht nur einen „oxydativen Stoffwechsel, sondern auch einen biphasischen Aktionsstrom, wenngleich dieser vielfach eine so geringe Amplitude hat, daß er nur mit verfeinerter Apparatur nachweisbar ist. Denn beim Halten findet sich der Muskel nur in scheinbarer Ruhe, in Wirklichkeit unterliegt er dauernd minimalen Verlängerungen und Verkürzungen und verbraucht Energie. Diese Längenveränderung, also dieses Halten, ist nicht vom vegetativen, sondern vom alterativen Nervensystem abhängig, also ein Teil der Koordination, indem durch die ständig dem Körper vor allem vom Muskel selbst zugehenden Reize eine Dauererregung hervorgerufen wird, die eine stete Innervation gewisser Muskeln bedingt, besonders solcher, die für die Körperhaltung wichtig sind".

Die tonische Nachdauer der Kontraktion bei elektrischer Reizung, die tonische Nachdauer der Reaktiv- und Ausdrucksbewegungen und die tonische Perseveration willkürlicher Bewegungen faßt Foerster nur als „Spezialerscheinungen der Fixationsspannung" auf.

Wie Foerster gleichfalls klar entwickelt hat, spielen diese Phänomene nicht nur eine bedeutsame Rolle mit bei der kataleptischen Haltung und den kataleptischen Gliederstellungen unserer Kranken, bei der Contracturenentwickelung, bei der Adiadochokinesis und den Pulsionen, sondern auch bei der Beeinträchtigung der eigentlichen Willkürbewegungen, bei dem verlangsamten Bewegungsbeginn, bei der verlangsamten, unvollkommenen Durchführung und bei der verlangsamten Bewegungssuccession.

In allen seinen Arbeiten hat Foerster noch auf die Haltungs- und Stellungsanomalien hingewiesen als auf ein durchaus selbständiges Symptom bei unseren Erkrankungen. Hierher gehört die eigenartige sehr häufig als Früh-symptom auftretende Vorwärtskrümmung der Wirbelsäule mit nach vorn gerich-teter Schulterstellung und vorn übergebeugtem Kopf und leichten Flexions-stellungen der Knie und Ellenbogen. Hierher gehören ferner am Fuße die Supi-nationsstellungen mit Plantarflexion der Grundphalangen der Zehen, selbst mit Krallenstellung der Zehen; ferner die charakteristischen Stellungsanomalien der Finger (Oppositionsstellung des Daumens, Flexion der Grundphalangen bei häufiger Überstreckung der Endphalangen); ferner die Flexionsstellung der Hand u. dgl. Nach allem muß, wie Foerster ausführt, ein selbständiger stellunggebender Faktor die Glieder in die abnormen Stellungen führen, in denen sie alsdann durch die Adaptions- und Fixationsspannung festgehalten, schließlich sogar contracturiert werden.

Als besondere Koordinationsstörungen, die aber mit den Tonusverände-rungen innig zusammenhängen, sind noch die Zitter- und Wackelerschei-nungen zu erwähnen, welch erstere die Parkinsonismen sehr häufig auszeichnen und von denen die letzteren bei gewissen ihnen verwandten Zuständen, namentlich bei der Westphal-Strümpellschen Pseudosklerose, häufig zur Entwickelung kommen. Diese Störungen sind sowohl in der Ruhe vorhanden, verstärken sich, wenigstens gilt dies für die Wackelbewegungen, bei besonderen Innervations-leistungen. Sie werden auch durch sensible Reize, besonders aber durch affektive Erregungen gesteigert, während sie im Schlafe fast ganz verschwinden. Bei dem Tremor handelt es sich um rhythmische Schwingungen agonistisch-antago-nistischer Muskelgruppen, nicht nur einzelner Extremitätengebiete besonders des Daumens, sondern auch des Kopfes, des Gesichts, vornehmlich der Lippen und der Kiefer. Nach F. H. Lewy zeigt der Tremor der Paralysis-agitans-Kranken sechs bis acht Schläge in der Sekunde, und jedem Tremorstoß entsprechen zwei bis drei Aktionsstromphasen. Die Tremorstöße im Beuger und Strecker alter-nieren, während sie beim Klonus gleichzeitig auftreten. Zwischen den Tremor-stößen findet sich eine typische Saitenabweichung, die Stärke des Tremors und die Amplitude des zugehörigen Aktionsstromes besonders des zweiten Stromes nimmt unter Adrenalin aber auch unter Pilocarpin merklich zu. Nach ihm „konkurrieren im Tremor der Paralysis agitans zwei Prozesse, ein Schwanken der Dauererregung und das Alternieren einer phasischen Stromkurve". Offenbar liegen dem Tremor wie den Wackelbewegungen besondere Gleichgewichtsstö-rungen der antagonistischen Innervation zugrunde.

Schließlich sehen wir bei einem Teil unserer Kranken eigenartige Hyper-kinesen auftreten in Form der choreatischen und athetotischen Bewe-gungsunruhe, in Form von Torsionsspasmus, Hemiballismus, von Tics und Myoklonien. Diese Hyperkinesen sind größtenteils in ihrer kli-nischen Erscheinungsform gut bekannt und werden, soweit es sich um sel-tenere Erscheinungen handelt, bei den einzelnen Fällen genauer beschrieben.

Ich möchte hier nur einige Punkte auseinandersetzen, die mir von prin-zipieller Wichtigkeit zu sein scheinen.

Chorea und Athetose sind, wie Kleist richtig erkannt hat, in ihre Bausteine zerfallene und zugleich gesteigerte Mit- und Ausdrucks-bewegungen, die dabei für gewöhnlich die Neigung zeigen auf benachbarte Muskelgebiete überzuspringen und sich gelegentlich über den ganzen Körper zu

verbreiten. Die choreatische Bewegungsunruhe zeichnet sich durch
schnelleren Ablauf und weitere Exkursion der einzelnen Bewegungssynergien
aus, die an sich in ihren Grundkomponenten besser erhalten bleiben, so daß
sie mehr eine Entgleisung und Verzerrung von physiologischen
Bewegungen darstellt. Dabei fehlt der Bewegungsausführung vor allem die
Sicherheit, die adäquate tonische Anspannung und Entspannung der entsprechenden Muskelgruppe; die Aufeinanderfolge der Einzelbewegungen und die Kombination von Bewegungskomplexen ist gestört und falsche Bewegungsverläufe
gehen nebeneinander her. Der Tonus kann im einzelnen bei den verschiedenen Formen stark schwanken. Jedenfalls ist der plastische Muskeltonus herabgesetzt.

Dagegen zeigt die Athetose, deren Differenzierung gegenüber der Chorea
in jedem Einzelfalle durchzuführen versucht werden muß (v. Monakow,
Lewandowsky, Bostroem u. a.) einen langsamen und torquierenden Charakter
der Einzelbewegung, wobei die einzelnen Bewegungssynergien weit mehr wie
bei der Chorea in ihre Bausteine zerfallen erscheinen, wobei die einzelnen Muskelgruppen ungleichsinnig und zeitlich ungeordnet zusammen arbeiten und die
Bewegungsstörungen häufig in ihrem Ablauf eine gewisse Monotonie verraten.
Gegenüber dem wechselvollen choreatischen Bewegungsspiel ist die Athetose
im wesentlichen einförmiger, läuft für gewöhnlich im gleichen Muskelgebiet
ab, indem sich in kontinuierlicher Folge die Einzelbewegungen — häufig (durchaus nicht immer, Bostroem) ausgesprochen rhythmisch und fast gesetzmäßig
— entwickeln. Der langsame Ablauf beruht nach Foerster auf einer krankhaften Mitspannung der antagonistischen Muskelgruppen. Dadurch, daß sich
die Antagonisten und Agonisten in regelloser und übertriebener Weise kon-
trahieren, kommt es zu den so charakteristischen Überstreckungen und Über-
spreizungen in den einzelnen Muskelgruppen. Es steht also dabei neben einer
allgemeinen Bewegungssteigerung namentlich aller Reaktiv-
und Mitbewegungen der Zerfall tonischer und statischer Momente, die die einzelnen Bewegungssynergien aufbauen, im
Vordergrunde.

Im Gegensatz zu der erworbenen Athetose des Erwachsenen,
die sich für gewöhnlich weit mehr auf einzelne Muskelgebiete und Körperregionen
beschränkt, kommt es bei der angeborenen oder der im kindlichen oder
jugendlichen Alter auftretenden Athetose zu jenen ungezügelten
und verzerrten Reaktiv- und Mitbewegungen in häufig diffuser Ausbreitung über den ganzen Körper, Erscheinungen, die einmal an die primitiven
und unkoordinierten Ausdrucks- und Mitbewegungen des Säuglings, dann aber
zweifellos an die Kletterbewegungen der Affen erinnern (Foerster). Lewandowsky hat ja die Hyperkinese der Athetose double als generalisierte Mitbewegungen bezeichnet. Besonders zu betonen ist, daß bei diesen gesteigerten
Ausdrucks- und Reaktivbewegungen, die sowohl auf Bewegungsintention wie
auf alle sensiblen und sensorischen Reize stark zunehmen oder sogar dann erst
in Erscheinung treten, Reflexmechanismen hervortreten, die wie die Saugbewe-
gungen, das Hervorstoßen unartikulierter knurrender und grunzender Laute,
Schnauzstellung der Lippen, Kratz- und Beißbewegungen, Rollbewegungen,
Umklammerungsversuche, das Freiwerden ganz niederer Automatismen

verraten. Es ist dabei auch das Gehen, Sitzen und Stehen in schwerster Weise verändert und die charakteristischen Haltungsanomalien erinnern an die Hockstellung der Affen.

So tritt sowohl im athetotischen Einzelspiel wie in der Eigenart des Gesamtbildes der Ausfall tonischer und statischer Momente und das ungehemmte Bereitliegen niederer primitiver Reflexmechanismen besonders hervor.

Die eigenartigen, dem Wechsel stark unterworfenen Spannungszustände der Muskulatur, wobei die Glieder oft in bizarren Stellungen festgehalten, dann wieder angespannt und wieder gelockert werden, Erscheinungen, die gemeinhin als „Spasmus mobilis" bezeichnet werden, betonen gleichfalls den Ausfall tonischer Regulierungen. Dieser Spasmus mobilis kann in einzelnen Fällen das klinische Bild beherrschen; manche Athetosefälle gehen in Versteifung aus.

Bemerkenswert ist noch, wie dies auch von Foerster betont wird, daß die athetotische Bewegungsunruhe keineswegs durch die Durchschneidung der hinteren Rückenmarkswurzeln behoben wird, ferner daß der von Horsley stammende Vorschlag, bei Athetose die entsprechenden Zentren der vorderen Zentralwindung zu exstirpieren, für gewöhnlich nur von einem vorübergehenden Erfolg begleitet wird. Es ist ja bekannt, und ich verfüge selbst über mehrere solcher Fälle, daß Pyramidenbahnverletzungen mit athetotischen Bewegungsstörungen einhergehen können, daß andererseits hochgradige Spasmen, wie z. B. bei der cerebralen Kinderlähmung, das Auftreten von athetotischen Bewegungen weitgehend verhindern oder beeinflussen können. Horsley sah bei drei Fällen nach operativer Entfernung der vorderen Zentralwindung dauerndes oder vorübergehendes Verschwinden der athetotischen Bewegungsstörung. Payr und Bumke berichten von einer Athetose, bei welcher durch Unterschneidung der Centralis anterior eine weitgehende Besserung der Symptome erzielt wurde. Foerster teilt Beobachtungen mit, die er einige Male mit der Durchschneidung hinterer Rückenmarkswurzeln gemacht hat in Fällen, in denen spastische Tetraplegie verbunden mit Athetose vorlag. Hier wurden durch die Wurzelresektion zwar die spinal bedingten Contracturen beseitigt, die Athetose selbst aber trat nach einer kurzen Phase völliger Ruhe, die als Folge der durch die Wurzeldurchschneidung in den Vorderhornzellen gesetzten Diaschisis aufzufassen ist, hernach sogar viel lebhafter hervor, weil der Faktor der Dauerfixation aufgehoben war.

Offenbar in engster Verwandtschaft mit der Athetose steht der Torsionsspasmus (Dystonia deformans von Oppenheim, tonische Torsionsneurose von Ziehen, progressiver Torsionsspasmus bei Kindern von Flatau und Sterling, Crampusneurose von Foerster, Torsionsdystonie Mendels). Es handelt sich dabei um unregelmäßige, arhythmische, sich über weite Körpergebiete erstreckende, an Krampfzustände erinnernde unwillkürliche Bewegungen, bei denen besonders extreme Drehungen und Überstreckungen des Rumpfes und der Wirbelsäule und der Extremitätenwurzeln im Vordergrunde stehen. Es kommt nicht selten zu ausgesprochenen opisthotonischen Haltungen mit starken Rumpfüberstreckungen, ziehenden und drehenden Bewegungen. Die Gesichtsmuskulatur ist für gewöhnlich am wenigsten betroffen. Auch diese Erscheinungen treten bei allen sensiblen und sensorischen Reizen, namentlich bei allen Willkürbewegungen auf, wobei mit einer bestimmten Regelmäßigkeit die „Krämpfe" immer wieder in die gleichen Muskeln hineinfahren (Foerster). So wird jeder Geh- oder Stehversuch mit diesen Erscheinungen beantwortet. Durch bestimmte, individuell angepaßte optimale Lage kann ihr Auftreten verhindert werden, ebenso herrscht im Schlafe Ruhe. Der plastische Muskeltonus ist im allgemeinen normal.

Mit Foerster, der die Erscheinungen als ein lokales Athetosesyndrom auffaßt, sehe auch ich in ihnen Athetosezustände mit besonderer Beteiligung des Rumpfes und der Extremitätenwurzeln, eine Ansicht, die kürzlich auch von Orzechowsky vertreten wurde. Auch hier tritt der Zerfall tonischer und statischer Koordinationsmechanismen in deutliche Erscheinung.

Die Krankheiten, bei denen sich diese Zustände entwickeln, sind offenbar ätiologisch ganz verschieden. Sie wurden zuerst von Schwalbe und Ziehen beobachtet und von Oppenheim 1911 in ihrer organischen Natur erkannt. Später haben sich besonders Flatau und Sterling, Bernstein, Maas, Thomalla, Mendel und jüngst Foerster ausführlich damit beschäftigt. Das Leiden[1]) kann rein symptomatisch als Zustandsbild einer Encephalitis, einer Wilsonschen Krankheit einer cerebralen Kinderlähmung u. dgl. auftreten, scheint aber eine gewisse einheitliche Genese in jenen Fällen zu verraten, bei welchen es im kindlichen oder jugendlichen Alter (8 bis 14 Jahren) fast regelmäßig bei der jüdischen Rasse sich entwickelt. Größtenteils stammen die bisher beobachteten Fälle letzterer Art aus Rußland und Galizien. Zweimal sind Erkrankungen bei Geschwistern beobachtet worden (Schwalbe, Bernstein). Foerster rechnet hierher auch die von Wernicke beschriebene und jüngst von Wollenberg näher beleuchtete Crampusneurose.

Hierher gehören ferner noch der Torticollis spasticus, jene zum Teil rhythmischen, zum Teil auch unregelmäßig einsetzenden Halsmuskelkrämpfe, wobei der Kopf zumeist nach einer Seite gedreht wird. Früher wurde dieses Leiden fast durchweg als hysterisch gedeutet (Charcot, Jolly, Higier, Brissaud, Kollarits, Jendrassik), aber schon Erb, Mills, de Quervain versuchten seine Deutung als eine organische Affektion; ebenso betonte Curschmann den organischen Charakter in vielen Fällen und wies darauf hin, daß dauernder spastischer Schiefhals nicht selten bei Apoplexie der Zentralganglien zu beobachten sei, ebenso bei infantiler Pseudobulbärparalyse, die ja häufig striär bedingt sei. Oppenheim sah Halsmuskelkrämpfe auf dem Boden chronischer Metallintoxikation, wobei man in Analogie zu der Manganvergiftung an eine striopallidäre Affektion denken kann, und beschrieb Halsmuskelkrämpfe bei einem Cysticercus des Kleinhirns. Von besonderer Wichtigkeit sind jene Beobachtungen, in denen der Torticollis eine Begleiterscheinung der generalisierten Athetose darstellt (Foerster, Lewandowsky, TobyCohn, Campbell). So sah auch Foerster einen schweren Torticollis als ein dauerndes Residuum einer generalisierten Athetose nach Encephalitis und machte darauf aufmerksam, daß diese Erscheinung auch als erstes Symptom einer sich entwickelnden allgemeinen Athetose auftreten könne. Gelegentlich zeigt sich der Torticollis als eine monosymptomatische Erscheinungsform bei Chorea (Meige und Feindel) und bei der Torsionsdystonie (Fälle von Babinski, P. Marie und Guillain, Cassirer, Bielschowsky, Wartenberg[2]). Foerster sieht in dieser Er-

---

[1]) Vgl. auch die klinische Studie C. Rosenthals : Torsionsdystonie u. Athetosedouble Arch. f. Psych. u. Neur. Bd. 68, H. 1 u. 2. 1923.

[2]) Wartenberg, R., Zur Klinik u. Pathophysiologie der extrapyramidalen Bewegungsstörungen. Z. f. d. ges. Neur. u. Psych. Bd. 83. 1923.

scheinung ein der Athetose nahestehendes Symptom von streng fokaler Art, eine Auffassung, die auch Babinski 1921 ausgesprochen hat.

In ähnlicher Weise deutet auch Foerster den Tic als eine auf einzelne Muskelgruppen beschränkte, der Chorea und Athetose nahe verwandte Bewegungsstörung.

Alle diese letztgenannten Bewegungsstörungen (Athetose, Torsionsspasmus, Torticollis, Tic) erweisen sich stark abhängig von sensiblen uud sensorischen Einflüssen, von bestimmten Lagerungen des Kranken, und können durch Gegendruck, Widerstandsbewegungen benachbarter Muskeln und durch peripher gesetzte Reize in günstigem Sinne beeinflußt werden. Derartige Bedingungen erleichtern sonst unausführbare und erschwerte Bewegungen auch auf dem Gebiete der Sprache, worauf Foerster und jüngst auch Wartenberg in interessanten Beobachtungen hingewiesen haben. Darauf beruht ja letzten Endes die Foerstersche Behandlung der Athetose (Athetosestuhl u. dgl.).

Schließlich ist hier als eine seltene Erscheinung, der Hemiballismus, zu erwähnen, jene ungezügelte, unkoordinierte, verzerrte Massenbewegung einer ganzen Körperhälfte mit ausgesprochener Neigung zu Dreh- und Wälzattacken des Körpers. Er unterscheidet sich von der choreatisch-athetotischen Bewegungsstörung durch das Auftreten von Massenbewegungen ganzer Körperabschnitte, durch das groteske Ausmaß der Bewegungen und durch die vorherrschende Drehrichtung.

Als diesen Bewegungsstörungen symptomatisch und genetisch nahe verwandt müssen hier noch die Parakinesen Erwähnung finden. Sie stellen sich dar als unwillkürlich auftretende komplizierte Bewegungsakte, die den willkürlichen und den Ausdrucksbewegungen sehr nahestehen. Kleist hat schon vor vielen Jahren auf diese Erscheinungen aufmerksam gemacht. Es sind dies einfache Gliederbewegungen (Pro- und Supinationen, Flexionen und Extensionen), Reaktivbewegungen, die offenbar mit äußeren Reizen zusammenhängen (Bart- und Mundabwischen, Kratz- und Juckbewegungen, Berührung der Genitalien u. dgl.), Ausdrucksbewegungen (Handausstrecken, Deuten), sogenannte Kurzschlußakte (Wernicke, Kleist), die in Form von Greifen und Zupfen an der Bettdecke, Betasten, Heranziehen von Gegenständen usw. auftreten, und unschlüssige Reaktionen (Wechsel von Greifen und Wegstoßen u. dgl.). Solche Bewegungsstörungen werden sehr häufig wiederholt, iteriert, wobei nicht selten ein gewisser Rhythmus eingehalten wird. Es sind dies Erscheinungen, welche bei den verschiedenen Formen der extrapyramidalen Erkrankungen, besonders auch bei der Chorea vorkommen können, ja manchmal die spezielle Diagnose äußerst erschweren. Sie ähneln in ihrer Erscheinung jenen Hyperkinesen, welche die Erregungszustände psychotischer Kranken auszeichnen.

Hierher gehören auch jene von Bostroem kürzlich beschriebenen Bewegungsstörungen, die in Form rhythmisch auftretender komplexer Bewegungen sich darstellen, ferner ähnliche Erscheinungen auf dem Gebiete der Laut- und Sprachäußerungen, die Pick unter dem Namen „Palilalie" zusammengefaßt hat. Er versteht darunter nach dem Vorgange von Brissaud und Souques eine häufig mit Echolalie verbundene Wiederholung von Worten, Silben oder Sätzen, die spontan oder reaktiv auftreten kann. Es besteht kein Zweifel, daß diese Palilalie völlig übereinstimmt mit der Logoklonie, wie sie uns z. B. die Alzheimersche Krankheit bietet[1]).

Auch diese Hyperkinesen steigern sich unter dem Einflusse sensibler und sensorischer Reize und nehmen bei Intension im allgemeinen zu, während sie mitunter wenigstens für kurze Zeit auch bei intentierten Bewegungen und durch den Willen unterdrückt werden können. Während es sich hierbei aber um un - willkürliche Spontanbewegungen handelt, sind die oben genannten Komponenten des rigiden Syndroms mit Einschluß von Tremor und Wackelbewegungen aufzufassen als Koordinationsstörungen normal intentierter statischer und kinetischer Leistungen. Wenngleich auch ihnen, wie es die Aktionsströme verraten, ein Plus von dynamischer Energie innewohnt, so können sie dennoch nicht, wie es C. und O. Vogt wollen, vom pathophysiologischen Standpunkte aus den Hyperkinesen im allgemeinen zugerechnet werden. Ich werde daher im folgenden von diesen die rigiden Erscheinungen in ihren einzelnen Teilkomponenten scharf trennen.

Man kann unter Berücksichtigung der jeweils im klinischen Bilde besonders hervortretenden Bewegungsstörungen zweckmäßig drei Syndrome unterscheiden:

1. Das choreatische Syndrom.
2. Das akinetisch- rigide (hypertonische) Syndrom.
   a) Mit Athetose und Torsionsspasmus.
   b) Mit Hemiballismus.
3. Das athetotische Syndrom.
   a) Des frühen Kindesalters.
   b) Des jugendlichen oder späteren Alters.

B. Grundzüge der normalen Anatomie und Histologie des extrapyramidalen Hauptsystems.

Das extrapyramidale Hauptsystem, dessen Erkrankungen in folgendem abgehandelt werden sollen, setzt sich in seinen Hauptzentren[2]) aus folgenden grauen Kernen zusammen: I. Striatum, II. Pallidum, III. Corpus Luysi, IV. Substantia nigra.

I. Als Striatum

fasse ich mit C. und O. Vogt den Nucleus caudatus und das Außenglied des Linsenkerns, das Putamen, zusammen. Das Corpus striatum der Anatomen umfaßt bekanntlich den dem Ventrikel anliegenden Nucleus caudatus (Schwanzkern) und den weiter in die Tiefe gerückten Nucleus lentiformis (Linsen-

---

[1]) Vgl. auch die neue Abhandlung von Kleist: „Die psychomotorischen Störungen und ihr Verhältnis zu den Motilitätsstörungen bei Erkrankungen der Stammganglien". Monatsschr. f. Psychiatrie u. Neurol. Bd. 52. 1923.

[2]) Ich beschränke mich hier aus praktischen Gründen auf diese Hauptzentren, obwohl ich der Überzeugung bin, daß die zahlreichen grauen Kerne, die noch in dieser Gegend liegen, in Beziehung zu diesem System stehen. Da wir aber über ihre anatomischen Verhältnisse und ihre Bedeutung noch nichts Sicheres wissen, kann eine Diskussion über all die Streitfragen nicht dem Zwecke der vorliegenden Abhandlung dienen.

kern), mit seinen zwei Hauptgliedern, dem äußeren, als Putamen (Schale) bezeichneten, und dem inneren, als Globus pallidus (bleicher Kern) unterschiedenen. Schon Wernicke und Obersteiner haben auf den grundsätzlich verschiedenen Bau von Nucleus caudatus und Putamen einerseits und Globus pallidus andererseits hingewiesen und die Zusammengehörigkeit der beiden ersteren betont, die nach ihrem Bauplan mit der Hirnrinde analogisiert werden können, während der Globus pallidus anatomisch einem niedereren grauen Kern entspricht.

Auch die phylogenetischen Untersuchungen (Edinger, Wallenberg, A. Kappers, Spiegel u. a.) haben einwandfrei dargetan, daß Nucleus caudatus und Putamen eine einheitliche Kernmasse darstellen, deren Zweiteilung erst von den höheren Säugern an durch die Ausbildung und Einstrahlung der inneren Kapsel geschieht. Dieser stammgeschichtlich junge Anteil, der von Edinger im Gegensatz zu dem stammgeschichtlich alten Teile (Globus pallidus und Basalkern[1]) als Hyperstriatum aufgefaßt wird, hat von A. Kappers, de Vries, de Lange die Bezeichnung „Neostriatum" erhalten; von den gleichen Autoren wird der Globus pallidus und der Nucleus ansae peduncularis (Nucleus substantiae innominatae), die bei den Fischen die Stammganglien ausmachen, als „Palaeostriatum" bezeichnet und der Nucleus amygdalae als „Archistriatum". Über die Entwickelung des Neostriatum in der aufsteigenden Säugetierreihe entnehme ich den im einzelnen nicht unwidersprochen gebliebenen (Kuhlenbeck, Kiesewalter u. a.) Ausführungen von A. Kappers folgendes: „Das neostriatale Gebiet hat bereits bei den Reptilien eine bedeutende Größe, indem es mit dorsalen Thalamuskernen (Nucleus anterior und Nucleus rotundus oder medialis) in Verbindung tritt, was eine Substanzvermehrung frontal von dem Archistriatum verursacht. Die neostriale Faserung überwiegt bei den Reptilien über die neopalliale, welche kaum angedeutet ist. Dieses Neostriatum, das bei Schildkröten kaum $^1/_5$ von der Größe des Archistriatum besitzt, ist bei den Schlangen etwa halb so groß, bei den Eidechsen ebenso groß und bei den Krokodilen viel größer als der Rest des Streifenhügels. Bei den Vögeln erreicht es einen enormen Umfang durch die starke Entwickelung des oberen Abschnittes derselben: des Hyperstriatum. Auch bei den Säugern hat das Neostriatum im Vergleich zu dem der Reptilien eine bedeutende Vergrößerung erfahren, weil die Fasern aus dem inneren Thalamussegment, welche den Tractus thalamo-striatalis bilden, dort vermehrt und außerdem verstärkt sind durch Fasern aus dem Corpus subthalamicum und dem Nucleus ruber,

---

[1]) Den Basalkern (N. ansae pedunc. sive subst. innom. sive plan. septi u. dgl.) schalte ich bei meiner Darstellung aus, da wir noch zu wenig über seine Abgrenzung, seine Bahnverbindungen und seine Bedeutung im System wissen. Eine direkte Homologisierung der einzelnen hier liegenden Kerngruppen in der aufsteigenden Tierreihe ist bei den großen morphologischen Verschiebungen in dieser Hirngegend heute noch unmöglich trotz der vorzüglichen Studien der Edinger- und Kappersschen Schule. Nach Kappers besteht das Paläostriatum bei den Amphibien nur aus dem Basalkern, dem ein kleines „primäres" Epistriatum nach vorn übergelagert ist, Fasern aus dem Tractus olfactorius aufnehmend. Bei den Reptilien wird durch die Entwickelung der tertiären Riechfasern dieses primäre Epistriatum zum sekundären „Epistriatum" oder „Archistriatum". Bei den Reptilien zeigt sich auch schon ein Neostriatum vor dem Paläostriatum, entstehend durch Einwärtswachstum der Hemisphärenwände. In der weiteren Tierreihe verschiebt sich dieses Neostriatum die obere Seite des Paläostriatum entlang, das Archistriatum nach hinten und unten drückend in die Basis des Uncus, wo man es als Nucleus amygdalae wiederfindet.

welche Kerne auch Verbindungen mit dem frontalen Neocortex aufweisen. So zeigt es sich, daß auch die neostriatale Ausbildung eine gewisse juxtaponierte Verwandtschaft mit der Ausbildung neocorticaler Gebiete (namentlich des Frontallappens und der Insel) hat. Dieser der Rinde juxtaponierte Charakter des Neostriatum wird am deutlichsten durch seine mächtige Entwickelung bei den Vögeln demonstriert, wo eine ventrikuläre Verdickung der Hirnwand, das Hyperstriatum, vikariierend für eine Rindenvermehrung auftritt und Funktionen dient, welche bei den Säugern nur neopalliale Funktionen sein dürften." Bemerkenswert ist noch der Parallelismus in der Größenentwickelung des neostrialen Gebietes und jener thalamischen Kerngruppen, welche Trigeminus-Funktionen dienen. Diese Entwickelung geht weiterhin mit der Ausbildung der Facialismuskulatur (sensibel vom Trigeminus versorgt) konform (Kappers).

Noch zwei stammesgeschichtliche Feststellungen verdienen hier hervorgehoben zu werden: Nach den überzeugenden Darlegungen von Spiegel ist die Größenentwickelung des Striatum im weitesten Sinne unabhängig von der Rindenentwickelung und zweitens zeigt nach dem Urteil C. und O. Vogts die Entwickelung des striären Systems bereits bei den Affen seinen Abschluß, bei welchen das Striatum die gleiche Entwickelungshöhe wie beim Menschen erlangt hat.

Ontogenetisch ist für das Striatum die Entwickelung aus dem paarigen Endhirn (Hemisphärenhirn, Telencephalon) sichergestellt. Bekanntlich entstehen aus dem vordersten der drei primären Hirnbläschen, dem Prosencephalon, zwei sekundäre Gehirnbläschen das unpaare Zwischenhirn, Diencephalon mit dem dritten Ventrikel als Hohlraum und als vornehmlichsten Abkömmling, dem Thalamus, und das paarige Endhirn, das Telencephalon oder Hemisphärenhirn mit den Seitenventrikeln. Wie die gesamte Großhirnrinde mit dem Claustrum (nach Brodmann durch Abspaltung der unteren Rindenschicht entstanden und so der Inselrinde zugehörig) und dem Rhinencephalon samt dem Nucleus amygdalae (Archistriatum) ist auch das Striatum ein Anteil des Hemisphärenhirns. Nach Chr. Jakob entstammen die drei unteren Rindenschichten des Neopallium mit „effektorischer Funktion" dem Striatum, diesem alten motorischen Ganglion, eine Anschauung, die an sich sehr bestehend ist, aber mir noch nicht genügend bewiesen erscheint. Sicher ist, daß sich das Striatum aus einer basalen Verdickung des Hemisphärenbläschens, dem Ganglienhügel, entwickelt[1]).

Bezüglich der Markreifung gehört das Striatum zu den spätreifen Systemen (C. und O. Vogt), in Analogie mit den Verhältnissen des Cortex.

Das cyto- und myeloarchitektonische Bild, sowie die Histologie des Striatum sind durch die Untersuchungen C. und O. Vogts und Bielschowskys weitgehend gefördert worden. Im Markscheidenbilde zeichnet sich das Striatum durch ein unregelmäßiges Gewirr feiner Markfasern aus, in welchem sich zu einzelnen Bündeln angeordnet dickere Markfasern hervorheben (Abb. 1 a und b).

---

[1]) Nach neueren Untersuchungen von Kappers (De ontogen. ontwikkeling van het Corp. striatum der vogels en een vergelijking met de verhoudingen bij de zoogdieren en den mensch. Verslag van de Gewone Vergaderingen der Wis- en Natuurkundige Afdeeling, Deel XXXI, 9, 10. 1922) entwickelt sich das Neostriatum teils aus der Mantelwand, teils aus der Basis des Vorderhirns dicht hinter dem Niveau des Lob. olfact. ant.

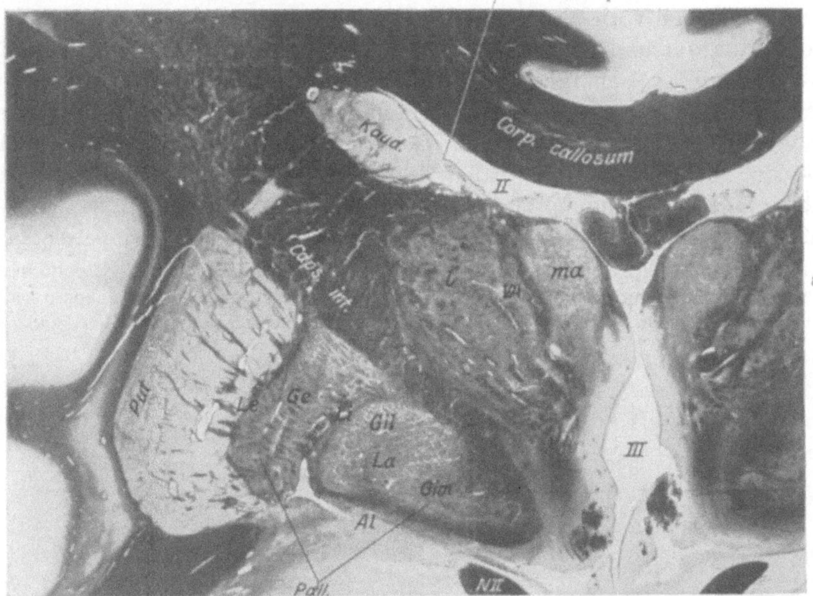

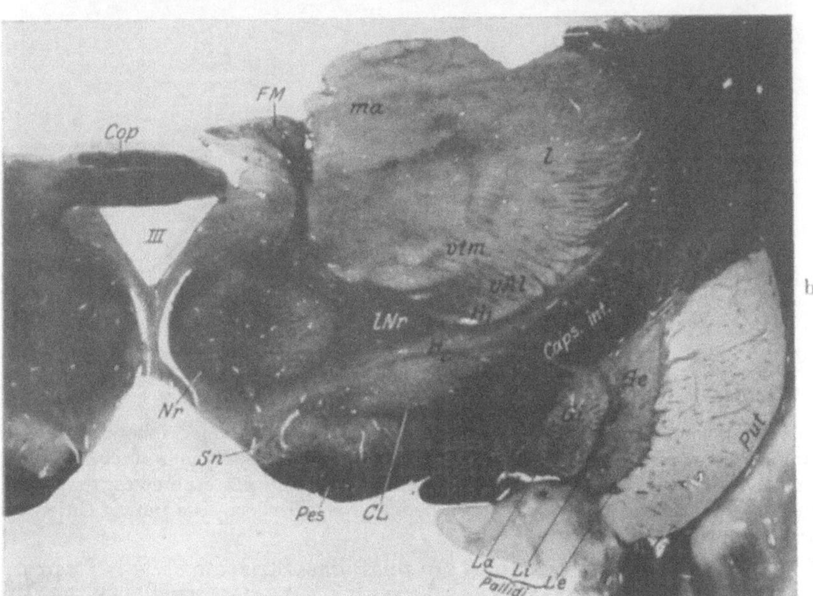

Abb. 1a und b. Normale Markscheidenfrontalschnitte, die die Größe, Markscheidenzeichnung
und gegenseitige Lageverhältnisse der Hauptzentren des extrapyramidalen Systems zeigen.
 a) Frontalschnitt in der Höhe des vordersten Thalamusdrittels,
 b) in der Höhe der hinteren Commissur. Photogramme.
(Abkürzungen auch auf den folgenden Abbildungen in gleicher Weise gebraucht). *Le* = Lamella
pallidi externa. *Li* = interna *La* = accessoria. *Ge* = Pars externa globi pallidi. *Gi* = interna,
mit ihrer lateralen (*Gil*) und medialen (*Gim*) Unterabteilung. *Al* = Ansa lenticularis. Fiss. str.
pall. — Fissura strio-pallida (= F. neo-palaeostriata v. Kappers). *ma, l, vtm, vtl* = die entsprechenden Thalamuskerne. *va* = Vick d'Azyrsches Bündel. *FM* = Fasciculus Meynerti.
Nr = Nucleus ruber. *lNr* = Lamella nuclei rubris. H_1 und H_2 = Forelsche Bündel H_1 und
H_2. *Sn* = Substantia nigra. *P* = Pes cerebri. *CL* = Corpus Luysi. *Cop* = Commisura posterior. *II* = Seitenventrikel. *III* = Dritter Ventrikel. *NII* = Nervus opticus.

Sie sind in ihrem Verlaufe gegen das Pallidum zu gerichtet, und der Innenteil des Caudatum und Putamen ist an solchen dicken Markfaserbündeln reicher als der Außenteil. Nach innen zu ist das Putamen gegen das Pallidum durch die stark ausgeprägte markfaserreiche Lamella pallidi externa (*Le*) abgegrenzt, in die viele der dickeren striären Markfaserbündel einstrahlen. Die dicken Markfaserbündel sind zum Teil corticalen Ursprungs und durchziehen das Striatum, ohne in innigere Verbindung zu ihm zu treten. Zum größten Teil stellen sie die Eigenfaserung des Striatum dar und enthalten striofugale und striopetale Fasern.

Im Caudatum läßt sich nach C. und O. Vogt andeutungsweise ein Schichtenaufbau nachweisen, der vielleicht als eine Residualerscheinung der Hemisphärenwandgenese gedeutet werden kann. Unterhalb des Ependyms treffen wir zuerst eine marklose Zone, dann einen

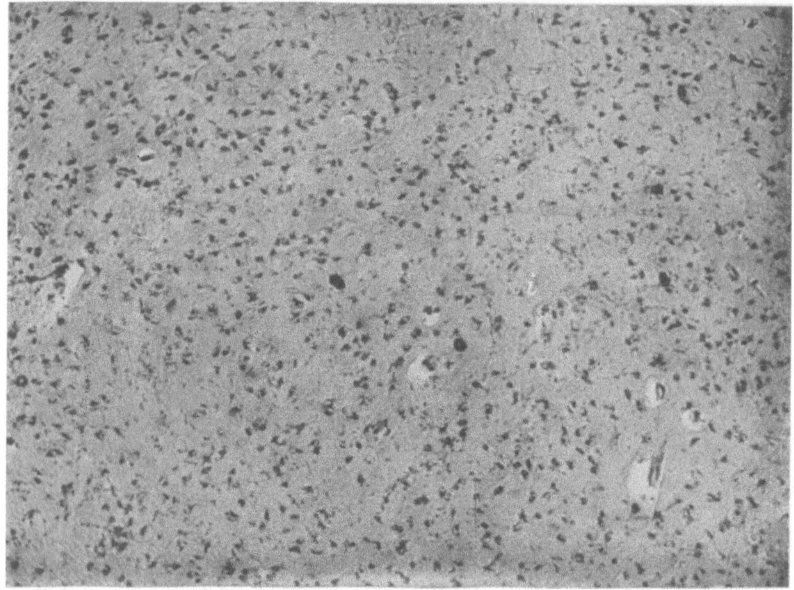

Abb. 2. Normaler Bau des Striatum im Nisslbild. *i* Markinseln Mikrophotogramm mit Zeiss' Apochr. 10 mm, Komp.-Ok. 4. Auszug 122.

Tangentialfaserstreifen, der noch in eine äußere dichtere und eine innere lockere Unterabteilung gegliedert werden kann. Im Zellbild ist die marklose Zone in ihrer äußeren Hälfte sehr arm, in ihrer inneren sehr reich an Gliazellen. Die äußere Unterabteilung des Tangentialstreifens ist sehr zellarm, sie enthält aber bereits Nervenzellen. Die innere Unterabteilung ist etwas zellreicher [1]).

Im Zellaufbau (Abb. 2 und 3) zeigt das Striatum zwei Typen von Ganglienzellen[2]) (Cajal, Kölliker, Bielschowsky, C. und O. Vogt u. a.).

---

[1]) Die mediale Begrenzung des Caudatum auf Frontalschnitten (vgl. Abb. 1) gibt eine Einkerbung, in der zumeist ein größeres Gefäß verläuft; medial von ihr liegen Gruppen von Ganglienzellen von pallidärem Charakter, andere ähneln jenen grauen Kernen, die weiterhin dem dritten Ventrikel benachbart sind. Aus entwickelungsgeschichtlichen Gründen wird diese Grenzlinie von Kappers „Fiss. neo-palaeostriata" genannt, ich bezeichne sie, da ich die Ausdrücke „Neo- und Palaeostriatum" nicht gebrauchen will, „Fissura strio-pallida."

[2]) Lewy unterscheidet hier 4 Typen, die man aber im Nisslbild nicht genau abtrennen kann.

Wir sehen (Abb. 2) im Striatum eine Unzahl kleiner vielgestaltiger Ganglienzellen, welche bald sternförmig, bald eiförmig, bald dreieckig oder spindelförmig aussehen und dazwischen eingestreut große Ganglienzellen — in Abb. 2 heben sich vier solcher Elemente deutlich hervor — von vorwiegend multipolarer Gestalt und abgestumpften Ecken. Im Nisslbilde besitzen die kleinen Striatumzellen einen großen Kern (Abb. 3) mit einem deutlichen Kernkörperchen und zahlreichen feinen Körnchen und durch eine zarte Kernmembran scharf begrenzt; der Zellkörper ist blaß, und die chromatophile Substanz zeigt sich nur in Form zarter Körnchen. Von den Ausläufern sieht man nur schwache Ansätze, weil auch sie von geformten Plasmaelementen so gut wie nichts enthalten. Die Dendriten dieser Zellen (vgl. Abb. 4) sind zahlreich, kurz und dünn, und ihre Axone splittern schon in kurzer Entfernung von dem Zellkörper zu einem dichten und dabei zarten Endgeflecht auf (Zellen vom zweiten Typus Golgis). Die gliösen Trabantzellen

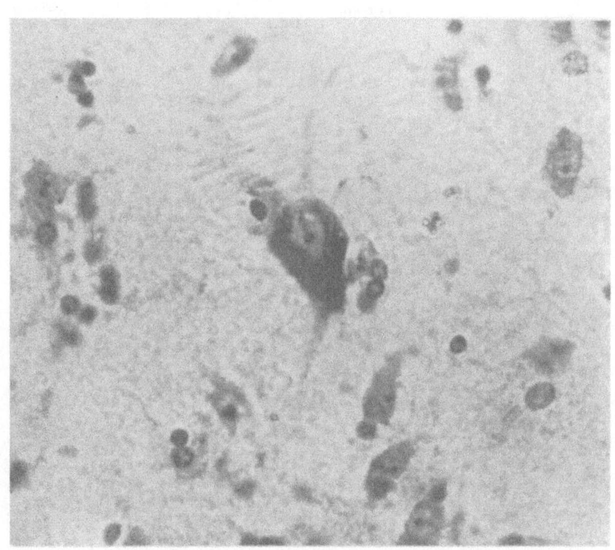

Abb. 3. Eine große und zahlreiche kleine Striatumzellen im Nisslbild bei stärkerer Vergrößerung. Mikrophotogramm.

sind an ihnen meist nur sparsam in vereinzelten Exemplaren entwickelt. Mit Hilfe der Bielschowsky-Färbung lassen sich in den kleinen Striatumzellen deutlich differenzierte Fibrillen sehr schwer nachweisen. Zellkörper wie Protoplasmafortsätze haben entweder ein ganz homogenes Gepräge oder sind von einem außerordentlich zarten und feinwabigen Gerüst durchsetzt, welches man als Schaumstruktur bezeichnen könnte (Bielschowsky). Auch Ramon y Cajal gibt an, daß das Protoplasma dieser Zellen bei Anwendung seiner Methode ganz farblos aussieht und keine Fibrillen enthält.

Die großen Striatumzellen (Abb. 2 und 3) bieten im Nisslbilde, abgesehen von unwesentlichen Größenunterschieden, ein ziemlich gleichartiges Aussehen. Ihr Zellkörper hat die Form abgerundeter Dreiecke und Polygone. Der Zellkern, häufig exzentrisch gelagert, zeichnet sich durch eine dicke Membran und plumpe Kernfalte aus. Im Protoplasmaleibe kann man plump geformte chromatophile Brocken von einer weniger gefärbten Grundsubstanz unterscheiden. Letztere ist aber ebenfalls ziemlich dunkel gefärbt, nach Bielschowsky zurückzuführen auf das Vorhandensein eines äußerst feinmaschigen Wabengerüstes, dessen Bälkchen eine relativ starke Affinität zu Anilinfarbstoffen besitzen. Die chromatophilen Schollen zeigen keine gesetzmäßige Anordnung und sind häufig auch hinsichtlich ihrer Form und Größe in ein und demselben Zellexemplar weit voneinander verschieden. Deutlich spindelförmige Nisslkörperchen sind äußerst sparsam verteilt und häufig gar nicht nachweisbar. Die Dendriten treten im Nisslbilde entsprechend ihrem geringen Gehalt an färbbarer Substanz nur schwach hervor, meist verschwinden sie schon nach der ersten Teilung. Die Ursprungsstellen der Axone heben sich am Zellrande nicht deutlich ab. Häufig sind die großen Striatumzellen von mehreren Trabantzellen eng umlagert, und nicht selten begegnet man hier auch in nicht krankhaft veränderten Gehirnen Erscheinungen, die an Neuronophagie erinnern (Bielschowsky). Die Fibrillen zeigen im Bereich der Dendriten eine ausgesprochen faszikuläre Anordnung. In der Randzone des Zellkörpers läßt sich an gut gefärbten Schnitten das gleiche Verhalten nachweisen, während in seinem Innern, besonders in der Nachbarschaft des Kernes anastomotische Verbindungen der Fäden zu weitmaschigen Netzen die Regel zu sein scheinen. Im Golgibilde (Ramony Cajal) erweisen sich die großen Striatumzellen als Repräsentanten des ersten Typus (vgl. Abb. 4). Sie sind mit einem langen, nur einige Kollateralen abgebenden Axon ausgestattet, dessen Aufsplitterung in weiter Entfernung von der

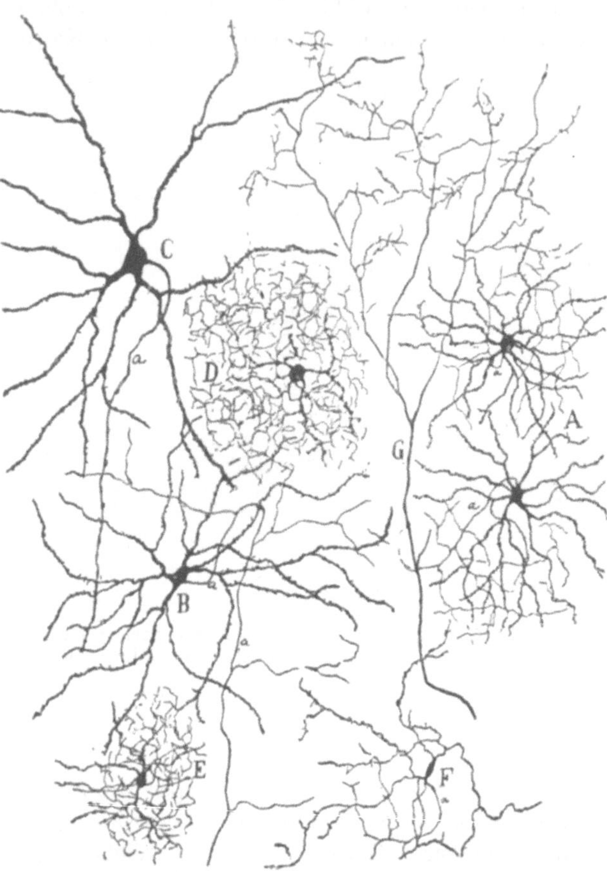

Abb. 4 zeigt die verschiedenen Ganglienzelltypen des Striatum mit der Golgimethode (nach Ramony Cajal), *A, B, C, D, E, F* entsprechen den kleinen Ganglienzellen im Nisslbild. *C* große Ganglienzellen mit absteigendem Achsenzylinder (*a*). *G* eine aufsteigende, sich aufteilende Nervenfaser.

Ursprungszelle im Pallidum erfolgt. Die kleineren Ganglienzellen sind Golgizellen 2. Ordnung, manche haben weitverzweigte Axone, welche im Striatum selbst endigen. Sie unterscheiden sich in dieser Hinsicht von den anderen kleinen Zelltypen nur dadurch, daß die Verästelung in größerer Entfernung vom Zellkörper erfolgt. C. und O. Vogt stellen sich auf Grund dieser histologischen Verhältnisse den Leitungsmechanismus im Striatum so vor, daß die dem Striatum zufließenden Fasern in der Umgebung der kleinen kurzaxonigen, z. T. auch weitverzweigten Zellen endigen, und daß diese beiden Gruppen von Zellen dann auf die großen langaxonigen Zellen einwirken und letztere endlich als Ursprungszellen der strio-fugalen Markfaserung die Erregung auf die Pallidumzellen übertragen. So erscheint das Striatum als ein kompliziert gebautes Regulationsorgan, das, dem Pallidum übergelagert, auch in der Vielförmigkeit und Art der Ganglienzellen dem Rindengrau entspricht.

Die großen Ganglienzellen des Striatum enthalten im Gegensatz zu den stets lipoidfreien kleinen Ganglienzellen manchmal Einlagerungen von gelbem Lipofuscin-Pigment, das keine ausgesprochene Scharlachrotfärbung gibt; es ist zumeist in der Nachbarschaft des Kernes zu Körnchenkonglomeraten zusammengeballt und füllt die feinen Maschen des achromatischen Plasmagerüstes aus.

Das feinere Grau des Striatum ist ähnlich wie das Nisslsche Rindengrau schwer zu analysieren. Es zeigt ein feines Gliareticulum und enthält in Silberpräparaten ein außerordentlich dichtes Geflecht zarter und markloser Nervenfasern. Nach Bielschowsky erscheint dieses Netz in der unmittelbaren Nachbarschaft der Ganglienzellen etwas verdichtet, so daß man von pericellulären Körben reden kann. Es ist aber bemerkenswert, daß die pericellulären Fäserchen niemals durch besondere Kontaktformationen mit der Oberfläche der Zellkörper und ihrer Dentriten in Verbindung treten, in Analogie mit den gleichen Verhältnissen in der Hirnrinde. Auch was den Gehalt an Gliafasern angeht, entspricht das Striatum nach Weigert dem Typus der Großhirnrinde und unterscheidet sich auch hierin vom Pallidum und von den Sehhügelkernen, die reichlicher mit Gliafasern ausgestattet sind. Wie Spielmeyer hervorhebt und wie ich es bestätigen kann, ist das Putamen fast ganz faserfrei, während das Caudatum eine deutlich subependymäre Glialage zeigt, deren Faserzüge eine Strecke weit in den Kern vordringen. Dieser Befund ist offenbar gleichfalls in Übereinstimmung mit den Rindenverhältnissen so zu deuten, daß von dem Striatum als ganzem genommen jener dem Ependym angelagerte Oberflächenanteil den äußersten Rindenzonen (Brodmanns Lamina I und II) entspricht.

Nach den wichtigen Untersuchungen von H. Spatz über den Eisennachweis im Gehirn, besonders in Zentren des extrapyramidalen motorischen Systems gehört das Striatum, was die diffuse Eisenreaktion angeht, zu den Zentren der zweiten Gruppe (zusammen mit dem Nucleus ruber, dem Dentatum, dem Corpus Luysi). Bei ihnen tritt makroskopisch die Eisenreaktion (mit Schwefelammonium) langsamer ein und erreicht nur mittlere Grade (Guizzetti, H. Spatz, H. Müller). Auch in mikroskopischen Schnitten zeigt das Striatum eine ähnlich diffuse Eisenreaktion, wobei ab und zu, jedoch nicht regelmäßig, eine fein granuläre Eisenspeicherung im Gliaplasma nachzuweisen ist. Die Ganglienzellen bleiben für gewöhnlich frei von Eisen; doch fand ich in Übereinstimmung mit H. Müller manchmal auch in den großen Ganglienzellen feinkörniges Eisen im Plasmaleibe.

Nicht selten finden wir im Striatum auch von normalen, zum mindesten nicht nerven oder geisteskranken Individuen, eigenartige Konkrementbildungen; neben zarten Pigmentkörnern, die im Gliaprotoplasma hin und wieder eingestreut sind und im Nisslbilde sich grünschwarz färben, ohne eine deutliche Eisenreaktion zu geben, begegnet man hier in der Nähe von Gefäßen liegend, aber auch völlig frei im Gewebe einzelnen unregelmäßig gestalteten größeren und kleineren Schollen, die sich mit den basischen Anilinfarbstoffen blaß anfärben, eine intensive Färbbarkeit mit Hämatoxylin annehmen, ohne eine deutliche Kalkreaktion zu geben. Manchmal erinnern sie in ihrer Zeichnung an die Corpora amylacea, zumeist aber sind sie völlig uncharakteristisch gebaut. Hervorzuheben ist, daß die Gefäßwände und Lymphscheiden des Striatum für gewöhnlich frei von derartigen Konkrementen sind. Sie scheinen identisch mit den Choreakörperchen früherer Autoren (Flechsig, Jakowenko), von denen bereits Wollenberg nachweisen konnte, daß sie nicht für die Chorea eigentümlich sind, überhaupt keinen pathognomischen Befund darstellen. Bei der Besprechung des Pallidum werde ich auf diese Konkrementbildungen zurückkommen müssen, die im Pallidum eine viel häufigere und regelmäßigere Erscheinung sind.

Das Striatum ist durch ein reiches Capillarnetz ausgezeichnet, das vielleicht noch stärker entwickelt ist als in der Großhirnrinde (H. Spatz).

Von der Histopathologie des Striatum, die uns im Hauptteil dieses Werkes näher beschäftigen wird, seien hier nur einige allgemein interessierende Feststellungen hervorgehoben. Bei den Gefäßerkrankungen des Gehirns verschiedenster Ätiologie ist das Striatum ein Prädilektionssitz kleinerer und größerer Erweichungsherde, während das Pallidum davon viel häufiger verschont bleibt. Bei der Paralyse ist das Striatum regelmäßig mitbefallen und zwar im gleichen Sinne wie die Großhirnrinde (Alzheimer, H. Spatz, eigene Untersuchungen). Das Pallidum hingegen bleibt regelmäßig verschont und wir sehen hier interessante Parallelen mit dem Spirochätenbefunde insofern, als auch die Spirochäten bei der Paralyse sich im Striatumgrau nachweisen lassen (Jahnel, A. Jakob), während sie im Pallidum zu fehlen pflegen. Bei den Erkrankungen des Rückbildungsalters, insbesondere bei der senilen Demenz schlechthin zeigt sich auch das Striatum für gewöhnlich mitbefallen, wobei jedoch die typischen Fischer - Redlichschen senilen Plaques nur ganz ausnahmsweise anzutreffen sind (Simchowicz, eigene Untersuchungen). Nur in einem Falle schwerer atypischer seniler Demenz fand ich sie etwas zahlreicher im Striatum. Das Striatum bietet dabei einen mehr oder weniger ausgesprochenen atrophisierenden Parenchymprozeß, der mit einer Fettentartung der Ganzlienzellen einhergeht. Das Pallidum läßt bei der senilen Demenz für gewöhnlich keine schweren Veränderungen erkennen. Die Gliareaktion des Striatum ist, wie es auch Spielmeyer hervorhebt, identisch jener der Großhirnrinde. Sie neigt nur ausnahmsweise zur Bildung stärkerer Gliafasern. Im gleichen Sinne wie der Cortex st auch das Striatum recht häufig bei der tuberösen Sklerose miterkrankt (Bielschowsky), und bei der multiplen Sklerose finden wir namentlich in den Fällen, welche mit reichlicherer Herdbildung in der Großhirnrinde einhergehen, das Striatum mitbefallen. Im allgemeinen kann man sagen, daß sich das Striatum regelmäßig bei allen Prozessen, die die Großhirnrinde befallen, in prinzipiell gleicher Weise mehr oder weniger mitaffiziert zeigt.

II. Das Pallidum

ist anatomisch und histologisch streng von dem Striatum abzutrennen. Nach Kappers entwickelt es sich aus dem Palaeostriatum aus einer Zellmasse, welche an der Grenze von Vorderhirn und Zwischenhirn liegt. In seiner Entwicklung geht der Globus pallidus parallel mit der Ausbildung des Luysschen Körpers und der Linsenkernschlinge (Spiegel). „Er stellt bei den meisten Säugern eine ungegliederte Zellmasse dar, die entweder netzförmig die Capsula interna durchsetzt (Elephas) oder als einheitlicher Kern gegen sie vorspringt (Kaninchen). Er ist von den Affen abwärts ungegliedert, wenn auch der innere Teil des Kerns faserreicher ist als der laterale. Eine Unterteilung des Kerns in einzelne Glieder läßt sich erst bei den Primaten mit Deutlichkeit durchführen" (Spiegel). Nach Spiegel und C. und O. Vogt erreicht dieser graue Kern bereits bei den Primaten seine struktuelle Höchstentwickelung und zeigt beim Menschen jenen gegenüber keine weitere Differenzierung. Bezüglich seiner Ontogenese ist die Entwicklung des Pallidum noch nicht sichergestellt. Hochstetter äußert sich nicht bestimmt über die Zugehörigkeit des Pallidum, H. Strasser hat, wie Spatz hervorhebt, die Meinung ausgesprochen, daß das Pallidum dem Zwischenhirn zuzurechnen sei, eine Auffassung, die von Spatz geteilt und weiter begründet wird. Ich möchte mich namentlich auch auf Grund des morphologischen Baues dieser Ansicht anschließen[1]). Für die räumliche Entfernung des Globus pallidus von den ihm genetisch und morphologisch nahe verwandten Zentren der Zwischenhirnbasis kommen nach Spatz zwei kausale Momente in Betracht: einmal die während der embryonalen

---

[1]) Kappers hat jedoch jüngst (l. c. 1922) die Ansicht ausgesprochen, daß das Pallidum aus der „Fortsetzung der Vorderseitenwand des Recessus praeopticus" entsteht, also telencephalen Ursprungs ist. Diese Frage bedarf noch weiterer Klärung. — Aus den in meinem Laboratorium unternommenen entwicklungsgeschichtlichen Untersuchungen des menschlichen Gehirns von Hajashi - Tokio geht hervor, daß sich das Pallidum in deutlichem Zusammenhang mit dem Hypothalamus entwickelt.

Entwicklung erfolgte Drehung der Grenzflächen zwischen End- und Zwischenhirn bei den Säugern (Schwalbe, Gegenbauer, K. Goldstein, Hochstetter) und dann die Entwicklung der Fasermassen des Hemisphärenstiels.

Was die Markfaserreifung des Pallidum angeht, so gehört es zu den frühreifen Gebieten (C. und O. Vogt). Das Pallidum ist mit dem Luysschen Körper und der Linsenkernschlinge bereits beim neugeborenen Menschen markreif.

Das Pallidum ist auf Frontalschnitten (Abb. 1 a und b) im Markscheidenpräparate lateralwärts begrenzt gegen das Striatum (Putamen) von der markfaserreichen Lamella pallidi externa (Le), ventral von der caudalwärts an Ausdehnung gewinnenden Ansa lenticularis (Linsenkernschlinge Al) und mediodorsal von der Lamella pallidi limitans (Ll), an welche sich die starke innere Kapselstrahlung anschließt. Das Pallidum wird im Innern von markfaserreichen, der Lamella pallida externa parallel ziehenden Lamellen, in einzelne Unterabteilungen zerlegt: die Lamella pallidi interna (Li) gliedert so das Pallidum in eine Pars externa (Ge) und in eine Pars interna (Gi); diese wird durch die Lamella pallidi accessoria in eine Pars interna lateralis (Gil) und eine Pars interna medialis (Gim) zerlegt (C. und O. Vogt).

Im Gegensatz zu dem Striatum zeichnet sich das Pallidum durch einen großen Markfaserreichtum aus, dabei ist für gewöhnlich Gil etwas markhaltiger als Ge, etwas markarmer als Gim. Nach C. und O. Vogt ist der oralste Teil von Ge von Faserbündeln erfüllt, welche aus den ganz dünnen strio-pallidären und etwas dickeren strio-petalen Fasern bestehen. Zwischen diesen Bündeln verzweigen sich dicke Einzelfasern. Für gewöhnlich ist der dorsalste Teil von Ge markärmer als das übrige Gebiet von Ge. Das gilt im schwächeren Maße auch von Gil und in noch geringerem Grade von Gim.

Die Marklamellen des Pallidum sind vornehmlich aus Fasern gebildet, welche dem Striatum vom Thalamus aus zufließen und vom Striatum in das Pallidum gesandt werden. Diese Faserzüge bilden bei ihrem Wandern aus dorsalen in ventralere Partien die pallidären Grenzlamellen. Sämtliche striofugalen Fasern endigen im Pallidum.

Von einigen Autoren wird auch eine striopetale Faserung zur Olive beschrieben. Schon Flechsig und Bechterew sind vor vielen Jahren für eine solche Bahn eingetreten, in jüngerer Zeit hat Marburg diesen Gedanken wieder ausgesprochen, und Pollak läßt diese Frage ungeklärt. Wallenberg glaubt aus Befunden an dem Edingerschen Kind ohne Großhirn die strio-oliväre Bahn sicherstellen zu können. Ich selbst kann sie nicht bestätigen und verweise dabei auf meine Ausführungen in meinen Fällen von cerebraler Kinderlähmung und in meinem Falle XXV. So nehme ich mit C. und O. Vogt als sicher erwiesen die Endigung aller strio-petalen Faserzüge im Pallidum an.

Auf Frontalschnitten wird das Pallidum ventral von einem stark ausgeprägten Faserzug begrenzt von der Ansa lenticularis (Linsenkernschlinge) (Abb. 1 a und b). Dieser Faserzug enthält strio- und pallido-petale Fasern, in der Hauptsache aber stellt er die ableitende Verbindung des Pallidum mit dem subpallidären Zentren dar (Abb. 1 a und b), insbesondere mit dem Thalamuskern mv, dem Nucleus campi Foreli, dem roten Kern, dem Luysschen Körper und der Substatia nigra. In caudaleren Ebenen entwickelt sich aus ihm das Forelsche Bündel H_2 (Abb. 1 b).

In der Markreifung und in der Ausbildung der Ansa lenticularis besteht ein Parallelismus mit dem Pallidum und dem Luysschen Körper (Spiegel). Phylogenetisch kann man zwei

Teile der Linsenkernschlinge unterscheiden (Monakow, Völsch, Spiegel): einen phylogenetisch älteren, bei den niederen Säugern allein vorhandenen ventromedialen Anteil, der sich in der Hauptsache um den Pes cerebri schlingt und auch bei geringerer Entwicklung des Luysschen Körpers vorhanden ist, und den stammesgeschichtlich jüngeren dorsalen Anteil, dessen Entwicklung an die des Luysschen Körpers gebunden ist. Das Forelsche Bündel H_2, das sich nach Spiegel bereits bei Hapale sehr deutlich entwickelt zeigt, stellt in der Hauptsache die Ausstrahlung der Linsenkernschlinge zum roten Kern dar.

Den Hauptteil der Linsenkernschlinge bilden die pallido-fugalen Verbindungen zum Luysschen Körper. Nach v. Monakow, Déjerine, Probst, Bechterew, Marburg, Mingazzini, Wilson, C. und O. Vogt, Pollak kann man im wesentlichen dabei drei Teile von Fasern unterscheiden: erstens solche, welche am meisten dorsal gelegen aus dem Globus pallidus hervorkommen und an dem dorsolateralen Rand des Luysschen Körpers in dieses Ganglion einstrahlen. Eine zweite Gruppe durchbricht in breiter Front die innere Kapsel und zieht an der der Kapsel zugewandten Seite in den Luys-

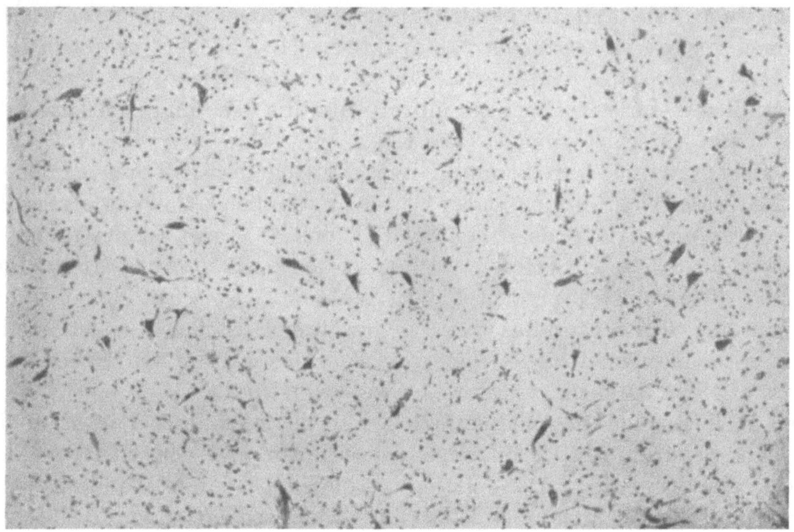

Abb. 5. Normaler Bau des Pallidum im Nisslbild. Photogramm bei gleicher Vergrößerung wie Abb. 2. Große Ganglienzellen von gleichförmigem Typus mit dazwischen gestreuten Gliakernen.

schen Körper. Die dritte Gruppe verläuft am meisten ventral, umschlingt den Hirnschenkelfuß und strahlt, sich wieder dorsolateral wendend, in die ventrale Spitze des Luysschen Körpers ein.

Bielschowsky verdanken wir eine genaue Darstellung der feineren Strukturverhältnisse des Pallidum, seine Angaben kann ich in allen Einzelheiten bestätigen. Die graue Substanz im Bereich dieses Kernes bildet ein weitmaschiges Netzwerk, in dessen Maschen die Markfaserkomplexe eingeschlossen sind. Der Bau dieser grauen Netzbalken ist ein relativ einfacher. Im Gegensatz zum Striatum finden wir hier nur einen einzigen Ganglienzelltypus (Abb. 5 und 6, man vergleiche diese Abbildungen mit den bei gleicher Vergrößerung aufgenommenen Nisslbildern aus dem Striatum in Abb. 2 und 3). Die Pallidumzellen sind morphologisch gekennzeichnet durch das häufige Überwiegen eines Zelldurchmessers und durch das konstante Vorhandensein sehr langer Dendriten. Die Ganglienzellen haben zumeist Spindelform, es kommen auch pyramidenähnliche (Abb. 6) und multipolare vor. Im Nisslbilde zeigen die Zellen einen reichen Gehalt an Nisslschollen von ziemlich gleichmäßigem Kaliber und reihenförmiger (stichochromer) Anordnung (Abb. 6). Auch die Dentriten, welche vorwiegend von den Spindelpolen bzw. von den Schmalseiten des Zellkörpers ausgehen, enthalten spindelförmige Nisslkörperchen bis zu einer gewissen Entfernung vom Zellkörper und treten im allgemeinen schärfer hervor als an den großen Striatumzellen. Der große bläschenförmige Kern liegt gewöhnlich in der Mitte des längsten Zelldurchmessers; sein Chromatingehalt ist fast völlig auf ein zentral gelegenes Kernkörperchen zusammengedrängt.

Im Bielschowsky - Präparat zeichnen sich diese Zellen durch die außerordentliche Länge der Protoplasmafortsätze aus. Die in den Dendriten parallel angeordneten und isoliert verlaufenden Fädchen passieren auch den Kern tragenden Teil der Zellen als feine Drähte, von denen aus sie in gleicher Anordnung in die Dendriten der entgegengesetzten Zellpole verfolgbar sind. Eine netzartige Verbindung ist nur an denjenigen unter ihnen erkennbar, welche zu innerst in der Nähe des Kernes gelegen sind. Der Achsenzylinder entspringt meist vom Zellkörper, zuweilen auch im Ansatzgebiet eines Dendriten in Gestalt eines langausgezogenen Ursprungskegels. Es folgt eine ziemlich lange spießförmige Verjüngung, wie sie in ganz ähnlicher Weise an den Pyramidenzellen der Großhirnrinde und an den multipolaren Ganglienzellen des Rükkenmarks vorhanden ist, und dann erst setzt die

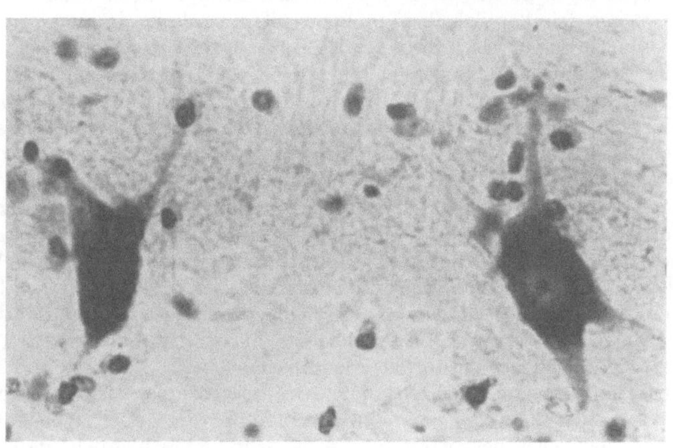

Abb. 6. Pallidumzellen im Nisslbild bei stärkerer Vergrößerung (gleiche Vergrößerung wie Abb. 3).

Umhüllung mit der Markscheide ein. Die Axone lassen sich gelegentlich weit verfolgen, sie ziehen zum Teil in die Lamellen, zum Teil wenden sie sich der inneren Kapsel zu.

Die Silberpräparate zeigen ferner, daß diese Zellen an der Oberfläche ihrer Körper und Dentriten von ösenförmigen Endkörperchen in ganz ungewöhnlich dichter Anordnung bedeckt sind (vgl. auch Abb. 51, welche die Veränderung dieser Endkörperchen bei der Paralysis agitans zeigt). Diese Ösen bilden die Endanschwellung markloser Fäserchen, welche die Zellkörper und noch mehr die Dendriten umflechten.

Protoplasmafärbungen (Alzheimer-Mann oder Jakob-Mallory) zeigen in der Umgebung der Pallidumzellen und ihrer Dendriten eine eigenartige und besondere Differenzierung der plasmatischen Grundglia, welche hier in Form feiner Streifen die nervösen Elemente umscheidet und namentlich an den Dendriten einen recht charakteristischen Befund darstellt. Bielschowsky hat auch diese Verhältnisse, die bereits Kölliker aufgefallen waren, genauer differenziert. Er schreibt darüber: „Die innige Verschmelzung von Gliascheiden mit den Dendriten rufen zunächst den Eindruck hervor, daß die Scheide zur Substanz der Ganglienzellen gehört und daß man ein neurofibrillenfreies Ektoplasma neben einem fibrillenhaltigen Endoplasma vor sich hat. Daß diese Auffassung irrtümlich wäre, lehrt das topische Verhalten der marklosen Nervenfäserchen, welche der Oberfläche der Ganglienzellen zustreben, denn man sieht immer wieder, daß die Endfäserchen in die Substanz der Scheide eindringen und daß die Endformationen stets in sie eingebettet sind. In gewisser Beziehung bilden die in die weiße Substanz verlagerten Strahlenzellen des Globus pallidus ein Gegenstück zu den in die Markkegel versprengten Ganglienzellen der Großhirnrinde. An ihnen hat Nissl deduziert, daß zur Bildung grauer Substanz in seinem Sinne mehr erforderlich ist als das Vorhandensein nervöser Parenchymbestandteile. Hier sehen wir vereinzelte Zellen, welche seinem Postulat für die Definition grauer Substanz entsprechen. Jede Zelle trägt einen Plasmamantel gliogener Herkunft, welcher die Verkettung ihrer Oberfläche mit den Endausbreitungen anderer Neurone vermittelt." An manchen Stellen liegen die Dendriten benachbarter Strahlenzellen in größeren Komplexen zusammen, so daß man namentlich auf Frontalschnitten nicht selten ganzen Bündeln von Dendriten begegnet, welche zu den vorwiegend transversal orientierten Markfasern senkrecht gestellt sind, und zwar in vertikaler wie in horizontaler Richtung (Bielschowsky).

Im übrigen entspricht der Bauplan des gliösen Grundgewebes dem eines gewöhnlichen subcorticalen Kernes; das Pallidum bietet einen mäßigen Reichtum von Gliafasern und entspricht, wie dies schon Weigert hervorhebt, in seinem Gliafasergehalte ungefähr den Thalamuskernen. Auch in seiner Gliareaktion bei pathologischen Vorgängen stimmt er im wesentlichen mit jenen Gebieten überein. Die Grenzlamellen sind besonders reich an Gliafasern.

Was den Eisengehalt des Pallidum angeht, so gehört er nach H. Spatz mit der Substantia nigra zu den Zentren der ersten Gruppe, welche schon wenige Sekunden nach dem Einlegen frischer Scheiben in Schwefelammonium eine starke Graugrünfärbung erkennen lassen. Mikroskopisch (Spatz, H. Müller) findet man in diesen Zentren bei der Anstellung der verschiedenen Eisenfärbungen eine stärkere Diffusfärbung und vor allem eine feingranuläre Speicherung des Eisens in Form feiner Protoplasmagranula in den Gliazellen. Die Lage dieser Körner ist, wie Spatz hervorhebt, recht charakteristisch. „Meist findet man sie um einen Gliakern herumliegend, den wir an seiner runden Form und seinem bläschenartigen Aussehen bei leichterer Nachfärbung mit Alauncarmin identifizieren können. Vielfach setzen sich die Körnchen auch in einen Fortsatz fort, der von der Zelle abgeht. Aber immer erscheinen sie als Einlagerungen in „Zellen". Im Gewebe zwischen den Zellen finden wir diese Art von Körnchen selten, der Kern bleibt stets frei. Wir können also sagen, sie liegen nicht intercellulär, sondern intracellulär. Es handelt sich bei diesen feinen die Eisenreaktion gebenden Körnchen um Gebilde, die sich weder durch ihr besonderes Lichtbrechungsvermögen, noch durch ihre natürliche Farbe wie die Pigmente, noch durch ihre Neigung zu den üblichen Farbstoffen erkennbar machen. Sie werden für uns erst durch ihre Eisenreaktion sichtbar; gleichzeitig mit dem Auftreten der feinen Körnchen kann auch eine Diffusfärbung des Zelleibes eintreten, doch kann diese auch fehlen, wobei dann die Körnchen noch deutlicher hervortreten. Es ist sehr wahrscheinlich, daß diese von Natur farblosen Granula bzw. Tröpfchen, die durch andere Methoden nicht dargestellt werden können, keine präformierten Zellbestandteile sind."

Auch in den Nervenzellen des Pallidum läßt sich das Auftreten von feinen die Eisenreaktion gebenden Körnchen im Zelleibe beobachten. Dabei ist der Grund des Zelleibes entweder ungefärbt oder leicht diffus angefärbt. Nach Spatz fehlten in den Fällen, welche eine exquisite Diffusfärbung ganzer Nervenzellen samt ihrer Dendriten bei der Eisenreaktion zeigen, die feinen Granula im Protoplasma. Weiterhin finden wir häufig in den Pallidumzellen kleinere Mengen des Lipofuscinpigmentes in der Nähe des Kernes. Dieses Pigment pflegt die Eisenreaktion nicht zu geben.

Ein ähnliches gelbes Pigment findet sich auch in den Gliazellen des Pallidum ziemlich regelmäßig; auch dieses Pigment gibt keine Eisenreaktion, bleibt bei Toluidinblau zum Teil naturfarbengelb, zum Teil nimmt es dabei verschieden intensive Farbtöne an von grün zu blau bis schwarz. Nur ausnahmsweise gibt es eine echte Lipoidreaktion. Unter pathologischen Bedingungen tritt es gehäufter im Pallidum auf (H. Spatz, eigene Beobachtungen). Es steht zweifellos dem Abnutzungspigment sehr nahe (H. Spatz).

Das Pallidum zeichnet sich weiterhin bereits normalerweise, noch mehr aber bei krankhaften Veränderungen durch die Einlagerung eigenartiger Stoffwechselprodukte aus, die zumeist eine intensive Färbbarkeit mit Hämatoxylin und eine deutliche Eisenreaktion anzeigen, während sie keine typische Kalkreaktion geben. Gerade diese Niederschlagsbildungen sind in letzter Zeit vielfach beschrieben und diskutiert worden (Dürk, H. Spatz, Ostertag u. a.). H. Spatz spricht dabei von Pseudokalk, Ostertag faßt sie als einen hochwertigen Eiweißkörper auf. Auch diesen Gebilden fehlt jede Naturfarbe, im Nisslbilde färben sie sich verschieden stark an, wobei sie alle Farbenreaktionen von zartem Hellblau bis tiefem Dunkelblau abgeben können. Es handelt sich dabei im wesentlichen um zwei Formen: einmal um kleine kokkenartige Körner oder aber um Schollen, welche in den Adventitialräumen völlig frei liegen oder den Capillarwänden außen angelagert sind. Manchmal erkennt man noch eine intracelluläre Lagerung, wobei der Zellkern an eine Seite gedrängt ist, meist aber liegen sie frei im Gewebe. Es können die Gefäßlymphscheiden vollgepfropft von solchen Körnern und Schollen sein.

Derartige Konkrementbildungen sind ganz regelmäßig vergesellschaftet mit eigenartigen Niederschlagsbildungen in der Gefäßwand selbst. Auch sie sind von vielen Beobachtern gesehen worden und haben namentlich von Dürk eine eingehendere Beschreibung erfahren. In den Gefäßwänden des Pallidum, vornehmlich in der Media, weniger in der Adventitia treten Körner auf mit den gleichen färberischen Reaktionen wie die eben besprochenen Konkrementbildungen; diese Körner werden dann offenbar größer und fließen zu größeren Komplexen, zu Leisten, Bändern und Ringen zusammen und stellen endlich zusammenhängende Röhren von wechselnder Dicke dar, welche in der Kontinuität der Gefäßwand eingeschaltet sind. Die Intima bleibt frei und im histologischen Bilde normal. Im normalen Pallidum zeigen die Gefäßwände außer den Einlagerungen keine deutlichen Strukturveränderungen. Diese eigenartigen Inkrustationen bleiben streng auf das Pallidum beschränkt, ich fand sie in Bestätigung der Angaben von Dürk, H. Spatz, Ostertag u. a. in ungefähr 50% normaler Vergleichsfälle, besonders gehäuft aber bei einigen Krankheitsprozessen. Sie haben offenbar nur dort eine krankhafte Bedeutung, wenn sie mit deutlichen Strukturveränderungen im nervösen Parenchym einhergehen (vgl. auch Abb. 32). Jedenfalls können wir bei beginnenden pallidären Entartungsprozessen die Bildung derartiger Konkrementbildungen unter pathologischen Bedingungen verfolgen (vgl. auch die Ausführungen in Fall XXX Kohlenoxydgasvergiftung).

Schließlich kommen im Pallidum noch mehr wie im Striatum unabhängig vom Gefäßsystem Niederschlagsbildungen vor, welche die gleichen Reaktionen geben und im Gliareticulum eingelagert sind. Sie sind häufig von Maulbeerform oder reihen sich traubenförmig aneinander. Endlich zeichnet sich das Pallidum normalerweise durch einen stärkeren Fettgehalt aus. Das Fett tritt (H. Spatz, eigene Beobachtungen) in Form kleinerer und größerer Kugeln auf, welche in dem gliösen Syncytium eingelagert sind ohne intercelluläre Beziehungen. Man muß diese normalen Verhältnisse entsprechend berücksichtigen bei der Beurteilung eventueller krankhafter Prozesse im Pallidum.

Die Gefäßversorgung des Striatum und Pallidum ist bereits vielfach Gegenstand eingehender Untersuchungen gewesen. Nach Heubner, Duret und Kolisko gehören die grauen Kerne zu dem Versorgungsgebiet der Arteria cerebri anterior, von welcher lange und kurze Ästchen abgehen. Die langen, zwei an der Zahl, entspringen knapp vor oder hinter der Arteria communicans anterior und laufen bald nach ihrem Ursprung parallel zur Arteria cerebri anterior wieder nach rückwärts und senken sich in die Substantia perforata anterior ein. Diese beiden Gefäße geben für gewöhnlich keine Äste ab und versorgen den Kopf des Caudatum und vorderen Teil des Putamen, sowie den vorderen Schenkel der inneren Kapsel. Außerdem gehen vom Hauptstamme zahlreiche kurze Arterien ab. Auch sie haben einen rückläufigen Verlauf, strahlen senkrecht ein und zeichnen sich durch ihre Zartheit aus. Sie entspringen nicht nur aus der Arteria cerebri anterior allein, sondern auch aus der Arteria cerebri media, den Ursprungsstellen der Arteria communicans posterior und chorioidea. Auch diese Gefäße haben keine Anastomosen und kurzen Verlauf. Ihr Versorgungsgebiet ist der vorderste Abschnitt des Pallidum, die angrenzenden Teile der inneren Kapsel und deren Knie. Ein drittes Gefäß ist die Arteria chorioidea anterior, die von der Carotis oder Arteria cerebri media oder communicans posterior abgeht. Sie versorgt innere und hintere Teile des Pallidum und die hinteren Abschnitte des Putamen und Caudatum, ferner den Luysschen Körper und für gewöhnlich auch die Substantia nigra. Der eigenartige Verlauf der erstgenannten beiden langen Gefäßäste, der für den Menschen im Gegensatz zu den Tieren charakteristisch ist, wird von Kolisko dahin erklärt, daß die Gefäßanlagen für die primären Hirnblasen bei deren Bildung und Entwicklung und beim Wachstum des Vorderhirns nach vorn rücken.

Diese eigenartigen Gefäßverhältnisse hat man schon vielfach (Kolisko u. a.) für die Anfälligkeit des Pallidum bei den verschiedensten Toxikosen (Kohlenoxyd, Blausäure, Phosgen u. dgl.) und für den oben geschilderten Befund an den pallidären Gefäßen verantwortlich gemacht. Wie immer in der Pathologie sind aber derartige rein mechanistische Erklärungsversuche nicht befriedigend. Sie geben uns z. B. auch keinen Aufschluß darüber, weshalb die Gefäße während ihres Verlaufs durch das Pallidum jene Veränderungen zeigen und weshalb das Striatum und Pallidum bei gleichsinniger Gefäßversorgung bei den verschiedenen Prozessen ganz verschiedenartig reagieren. Wir müssen hier mit C. und O. Vogt, Wohlwill und H. Spatz annehmen, daß diese Phänomene ganz vornehmlich ihre Begründung in den spezifischen Physiko-Chemismus (C. und O. Vogt) der betreffenden Gehirnzentren haben.

III. Das Corpus Luysi

oder subthalamicum (Abb. 1b, 7 und 8) ist ein mandelförmiger, beim Menschen nach allen Richtungen scharf abgegrenzter grauer Kern des Hypothalamus, der auf Dorsalschnitten unmittelbar dem Pes pedunculi und der Substantia nigra dorsal aufliegt, oralwärts (in Ebenen vor dem Nucleus ruber) vom Forel schen Feld H_2 und von der Zona incerta begrenzt wird, in hinteren Ebenen vom Nucleus ruber bzw. dessen lateraler Kapsel. Auf Frontalschnitten beginnt oralwärts seine Entwicklung in der Höhe der stärksten Entfaltung des Forel schen Bündels H_2, wo sich ventral von diesem Faserzug der zunächst kleine spindelförmige Kern dem Hirnschenkelfuß auflegt. In gleicher Lage wächst er caudalwärts rasch in allen Dimensionen, er zeigt eine ausgeprägte Spindelform mit etwas mehr konvexer dorsaler Fläche und grenzt schließlich den ganzen Pes cerebri dorsal und etwas medial scharf ab. Seine größte Ausdehnung hat der Luyssche Körper in der Gegend der mittleren Ebenen der Corpora mamillaria. Mit der stärkeren Entfaltung der Substantia nigra, der er zunächst dorsomedial, dann etwas mehr lateralwärts aufliegt, nimmt sein Umfang rasch ab, bis er nach dem Verschwinden der Corpora mamillaria bald sein Ende erreicht. Seine größte Dicke beträgt nach Forel 3 bis 4 mm, die größte Breite 10 bis 13 mm, die größte Länge 7,5 mm.

Der Luyssche Körper hebt sich beim Menschen, wie schon betont, scharf ab, ist auch beim Macacus, Lemur und Schwein ziemlich deutlich abgegrenzt, bei den übrigen Säugern sehr undeutlich (Sano). Bei Hunden und Kaninchen gibt es nach Forel keinen begrenzten Luysschen Körper, sondern an der entsprechenden Stelle zeigen sich nur ziemlich flache undeutlich begrenzte Zellanhäufungen. Ob er bei den Submamaliern ein Homologon hat, läßt A. Kappers unentschieden. Wahrscheinlich entspricht er dem Nucleus rotundus der Vögel[1]). Seine Entwicklung in der aufsteigenden Säugetierreihe geht mit der des Pallidum und der Linsenkernschlinge parallel.

Ontogenetisch dürfte er wohl dem Zwischenhirn zuzurechnen sein, doch besteht darüber keine Klarheit.

Histologisch ist der Kern im Markscheidenbilde durch eine starke Markkapsel ausgezeichnet, die dorsal stärker entwickelt ist als ventral. Medial klaffen stellenweise die Kapselfasern weiter auseinander, hier scheinen zahlreiche Fasern auszutreten. Die dorsale Markkapsel fällt ganz vornehmlich mit dem Forelschen Bündel H_2 zusammen. Von der ventralen Markkapsel senken sich zahlreiche Faserbündelchen in den Fuß und den untersten Teil der Capsula interna und in die Substantia nigra ein. Nach Mirto wendet sich die Eigenfaserung des Luysschen Körpers teils zum Linsenkern, teils zum dorsalen Teil der Substantia nigra und zum ventralen Teil des roten Kerns. Seine Kapsel besteht zum Teil aus diesen im Luysschen Körper entspringenden Fasern, zum Teil aus Fasern der Linsen-

---

[1]) Nach neueren Untersuchungen von Ingvar im Kappersschen Institut gehört aber der N. rotundus zu den dorsalen Thalamuskernen, so daß er nicht mit dem Corp. Luysi homologisiert werden kann (persönliche Mitteilung von Herrn Dr. Ingvar).

kernschlinge. Es besteht fernerhin eine Faserverbindung der beiden
Luysschen Körper mittels der decussatio Foreli (decussatio hypothalamica)
(Déjérine, C. und O. Vogt). Von corticalen Verbindungen wissen wir noch
nichts Sicheres. Déjérine spricht von spärlichen Rindenfasern, die den hinteren
Schenkel der inneren Kapsel durchsetzen; ich halte eine solche Verbindung
für unwahrscheinlich. Mit Déjérine nehme ich auch eine Faserverbindung
des Luysschen Körpers mit dem Thalamus an [in meinem Schema, Abb. 11,
lasse ich sie aus dem ventromedialen Thalamuskern (mv C. und O. Vogts) ent-
springen].

Faseranatomisch hat der Luyssche Körper den innigsten Zusammenhang
mit dem Pallidum und der Kapsel des roten Kerns. Sekundäre Degenerationen

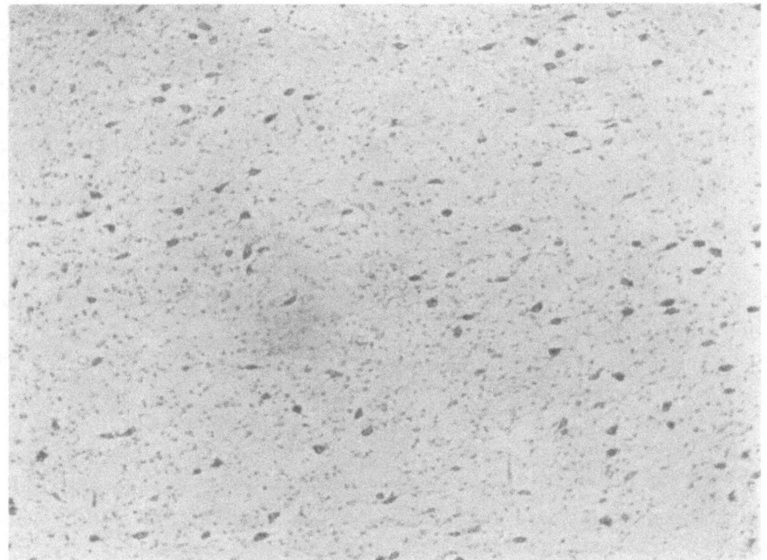

Abb. 7. Corpus Luysi im Nisslbild, Photogramm bei gleicher Vergrößerung wie Abb. 2 und 4.

(Jelgersma, C. und O. Vogt, eigene Beobachtungen) betonen die pallido-
fugalen Leitungen zum Luysschen Körper; regelmäßig geht die Pallidumdegeneration und eine Entartung der Linsenkernschlinge mit
der Degeneration des Luysschen Körpers parallel.

Im Markfaserbilde (Abb. Ib) zeichnet sich der Luyssche Körper durch
einen mäßigen Gehalt an dünneren Markfasern aus, zwischen denen auch dickere
Markfasern zum Teil zu kleinen Bündeln vereinigt gelegen sind.

Bei der Nisslfärbung (Abb. 8) sehen wir im Luysschen Körper zahlreiche mittelgroße Ganglienzellen von ungefähr der gleichen Größe und dem
gleichen Typus in ziemlich unregelmäßiger Lage eingestreut. Sie sind etwas
kleiner als die Pallidumzellen und reichlicher als im Pallidum in einem gleich
großen Gesichtsfelde anzutreffen (vgl. mit Abb. 7 die bei gleicher Vergrößerung aufgenommene Abb. 5 vom Pallidum). Das dazwischenliegende Gewebe ist im Nisslbilde von unregelmäßig eingestreuten kleinen Gliakernen besetzt.

Mit stärkeren Linsen erkennt man die Ganglienzellen (Abb. 8) als gut sich färbende dreieckige und ovale, zumeist polygonale Gebilde mit deutlichem in der Mitte gelagerten großen Kern und ziemlich chromatinreichem Protoplasmaleibe. Die Nisslschollen sind von mittlerer Größe und begleiten auch die Dendriten, die häufig auf lange Strecken hin sichtbar sind. In vielen der Ganglienzellen liegt dem Kern an einer Seite angelagert ein kleines Häufchen hellbräunlichen Pigmentes (Lipofuscin). Von den Pallidumzellen unterscheiden sich diese Ganglienzellen durch ihre kleinere Größe und durch die feinere Struktur der Nisslschollen. Nach ihrer ganzen Form sind es Zellen von motorischem Typus, die nach Cajal und Mirto zum ersten Golgischen Typus gehören. Im Silberbilde fallen sie durch ihre weithin sichtbaren Ausläufer auf, an denen ich aber nirgends die für die Pallidumzellen charakteristische Gliahülle nachweisen konnte. Sonst ist der feinere Bau des Grundgewebes der einesgewöhnlichen grauen Kernes.

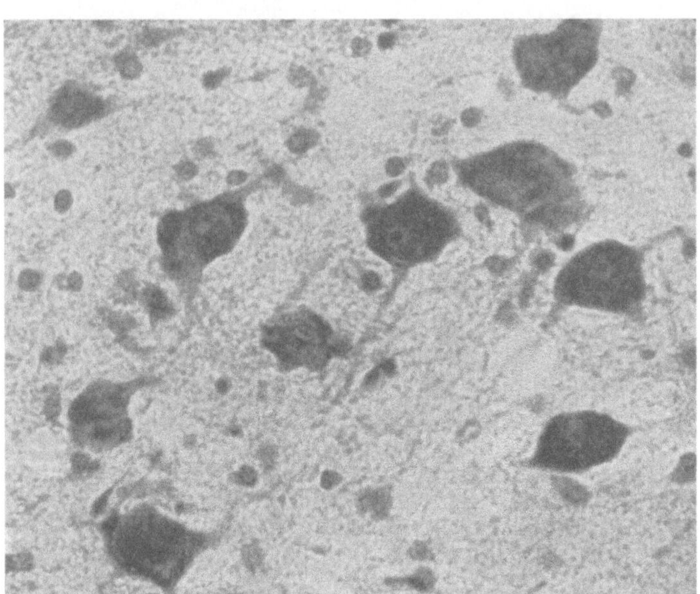

Abb. 8. Die Ganglienzellen des Corpus Luysi, Photogramm bei stärkerer Vergrößerung (Vergröß. wie Abb. 3 und 5).

In seiner Eisenreaktion gehört er mit dem Striatum, Dentatum und Nucleus ruber zu den Zentren der zweiten Gruppe (H. Spatz), doch schwankt die Intensität der Eisenreaktion in ziemlich weiten Grenzen. Im Protoplasmaleibe seiner Ganglienzellen sind niemals eisenhaltige Granula zu finden.

Der Luyssche Körper ist durch ein ziemlich reichliches Capillarnetz ausgezeichnet.

IV. Die Substantia nigra Soemmeringi

ist eine charakteristisch gebaute, schon gut mit bloßem Auge sichtbare graue Substanz, die sich besonders durch das reichliche Vorkommen melaninhaltiger Nervenzellen auszeichnet; hierdurch tritt eine schon mit bloßem Auge deutliche Schwarzfärbung hervor. Caudalwärts fängt sie über der Brücke an dort, wo die Hirnschenkel zu divergieren beginnen, und bildet den diesen dorsal anliegenden Teil der Haube, mit welch letzterer sie medialwärts eine deutliche Verbindung hat. Weiter oralwärts nimmt sie auf Frontalschnitten (Abb. 10) das ganze Gebiet dorsal vom Hirnschenkelfuß gelegen ein, wobei sie mediodorsal von dem roten Kern und seiner Strahlung und laterodorsal von den caudalen Resten des Luysschen Körpers begrenzt wird. Mit der stärkeren Entfaltung des Luysschen Körpers nimmt sie an Umfang rasch ab, rückt immer mehr medialwärts (Abb. 1b) und ist in den mittleren Schnitthöhen der Corpora mamillaria nicht mehr sicher als ein isolierter Körper zu erkennen. Sie ist hier vielmehr ganz mit der in dem medialen Fußabschnitt eingestreuten grauen Substanz verschmolzen. Nach Sano beträgt ihr absolutes Dickenmaß beim Menschen 5,7 mm im Maximum.

Nach Forel ist bei allen Säugetieren die Substantia nigra bzw. deren äquivalente Schichten an derselben Stelle, nur nach oben zu, weniger scharf begrenzt vorhanden, aber beim Menschen allein enthält sie Pigmentzellen, selbst beim Affen (Macacus, Hapale) noch nicht. Nach A. Kappers ist die Substantia nigra als eine weitere Ausbildung der ventralen Pedunculuskerne der Reptilien und Vögel aufzufassen. Bei den Säugern hat sie sich zu einem Zentrum corticaler Projektionen ausgebildet und ist als eine überwiegend neencephalitische Bildung anzusehen, weil sie Fasern zum Neopallium, wahrscheinlich zu der Gegend des Operculum frontale sendet (siehe auch weiter unten). „Es scheint, daß ihre graue Substanz, welche nach gleichzeitiger Hemisphärenabtragung größtenteils degeneriert (v. Monakow) derjenigen des Corpus subthalamicum Luysi gewissermaßen verwandt ist.“

Ontogenetisch muß die Substantia nigra als ein Bestandteil des Mittelhirns aufgefaßt werden (A. Kappers), da man, wie schon oben betont, Übergänge des Graues der Substantia nigra in verschiedene Teile des Brückengraues feststellen konnte.

Durch Studien an Pal- und Golgipräparaten gelangte Amaldi (zit. nach Sano) zu der Anschauung, daß die Substantia nigra im weiteren Sinne die Gegend, die sich vom Pes pedunculi um den Lemniscus medialis herumzieht und durch die Formatio reticularis bis zum Locus coeruleus erstreckt, umfaßt und sich einerseits bis zu dem oralen Rand der Corpora mamillaria und andererseits bis in das Brückengebiet erstreckt. Auch behauptet er, daß die Substantia nigra mit dem Kern der lateralen Schleife zusammenhängt; er rechnet zu ihr auch die dorsal von der medialen Schleife gelegene graue Masse. Da nun diese wieder durch pigmenthaltige Zellen der Formatio reticularis mit der Substantia ferruginea zusammenhängt, glaubt er eine topographische Einheit zwischen der Substantia nigra und der Substantia ferruginea nachgewiesen zu haben. Dabei hebt er selbst Verschiedenheiten der Pigmentation zwischen beiden Gebilden hervor.

Sano, dem wir eingehende Untersuchungen über die vergleichende Anatomie der Substantia nigra verdanken, schreibt über die Entwicklung der Substantia nigra bei den Säugern: „Bei den meisten der von mir untersuchten Säuger tritt die Substantia nigra in der lateralen Partie, bei Igel und Fledermaus hingegen in der medialen Partie des Hirnschenkels zuerst auf. Bei den ersteren Säugern (Macacus, Lemur, Katze, Schwein) entwickelt sich kaudal die beginnende Substantia nigra, also die spätere laterale Partie der Substantia nigra wenigstens scheinbar ganz unabhängig vom Brückengrau, aber in engem Zusammenhang mit dem Grau der Haube, in welches die Fasern der lateralen Schleife eingebettet sind, und stellt sich gewissermaßen als ein ventromedialer Fortsatz dieses Graues dar. Etwas später, d. h. weiter proximal entwickelt sich andererseits aus dem lateralen Zapfen des Brückengraues eine graue Masse, die allmählich lateralwärts rückt und endlich als ein grauer Streifen das Brückengrau mit der eigentlichen Substantia nigra verbindet. Diese graue Masse wird cerebralwärts immer größer und bildet einen integrierenden Bestandteil der Substantia nigra und hängt nach dem Verschwinden des Brückengraues mit der Substantia perforata posterior, resp. dem Pedamentum laterale zusammen. Bei den letzteren Säugern, also Igel und Fledermaus, entwickelt sich der erste Anfang der Substantia nigra, also die spätere mediale Partie der Substantia nigra, aus dem Brückengrau oder wenigstens in untrennbarem Zusammenhang mit ihm. Die so entwickelte Substantia nigra fließt später mit der lateralen Partie der Substantia nigra zusammen, die sich etwas später als die eben erwähnte mediale Partie der Substantia nigra entwickelt, und zwar wiederum aus dem Grau der Haube, in welches die Fasern der lateralen Schleife eingebettet sind. Aus dem Gesagten geht hervor, daß die Substantia nigra sich immer im Zusammenhang mit dem Grau der Haube und dem Brückengrau entwickelt, nur tritt sie bei der einen Gruppe der Säuger zuerst im lateralen, bei der anderen zuerst im medialen Teile auf. Bemerkenswert ist, daß das Grau der so entwickelten Substantia nigra in vielen Fällen durch die den Lemniscus medialis durchsetzenden grauen Streifen auch mit dem unmittelbar dorsal vom Lemniscus medialis gelegenen Grau der Haube, den Nuclei lemnisci medialis, zusammenhängt.“

Auf der anderen Seite haben es die Untersuchungen von Mirto, Sano und vornehmlich von H. Spatz wahrscheinlich gemacht, daß gewisse Teile der Substantia nigra (Zona reticulata, A. Felder) eine innigere Verbindung mit dem Pallidum verraten eine morphologische Tatsache, die im Sinne einer gewissen Verwandtschaft von Teilen der Substantia nigra und des Pallidum spricht.

Die Substantia nigra stellt sich so bei den Säugern wie auch namentlich beim Menschen als eine ausgedehnte graue Masse dar, die sich, offenbar dem Mittelhirn zugehörig, zwischen dem Brückengrau und dem Pallidum (in seinen hinteren Ausläufern) erstreckt. Sie ist beim Menschen differenzierter und kräftiger entwickelt als bei den höheren Säugern und nimmt daher gegenüber den anderen Zentren unseres Systems eine Ausnahmestellung ein, die noch eine besondere Betonung durch die direkten corticalen Verbindungen erfährt. Sowohl beim Menschen als auch bei den Säugern kann man nach Sano in ihr zwei verschieden gebaute Zonen unterscheiden: eine dorsal gelegene Zona compacta und eine ventrale Zona reticulata.

Beim Menschen ist die Zona compacta (Abb. 9 *Zc*) im Zellbilde ausgezeichnet durch charakteristische, in verschiedenen Gruppen eng zusammenliegende große Nervenzellen, von denen sehr viele ein dunkles als Melanin bezeichnetes Pigment enthalten; diese melaninhaltigen Zellen sind für die menschliche Substantia nigra charakteristisch und treten auch hier erst vom 3.—4. Lebensjahre an auf [Forel u. a.][1]). Diese Zellen liegen in verschiedenen großen Nestern zusammen, wobei sie selbst auffallend unregelmäßig eingestreut sind. Es sind Zellen von motorischem Typus, dem Golgischen Typus 1 entsprechend, zumeist von polygonaler, manchmal auch spindelförmiger Gestalt und ziemlich einförmiger Größe. Das Melaninpigment füllt mitunter den größten Teil des Zellprotoplasmas

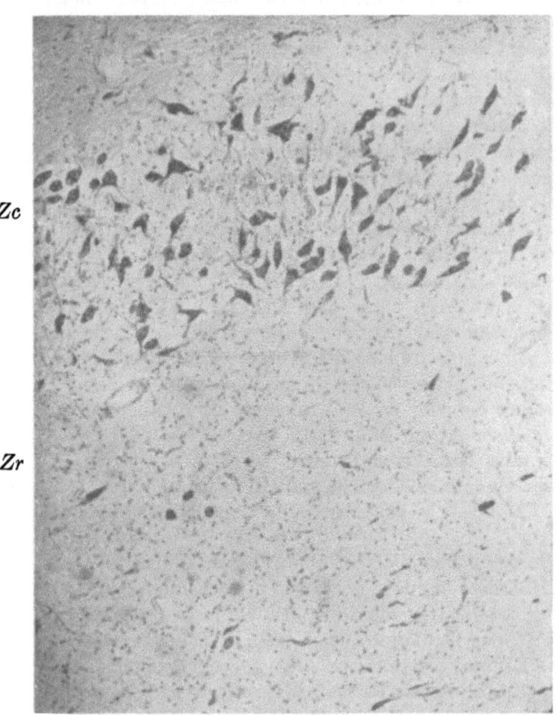

Abb. 9. Substantia nigra im Nisslbild, Photogramm bei gleicher Vergrößerung wie Abb. 2, 4 und 6. *Zc* = Zona compacta mit den großen melaninhaltigen Ganglienzellen. *Zr* = Zona reticulata mit selteneren kleineren pigmentlosen Ganglienzellen.

---

[1]) Melaninhaltige Ganglienzellen zeichnen ferner noch den sympathischen X-Kern und die Zellgruppen des Locus coeruleus (Oculomotorius- und Trigeminus-Anteils) aus. Über die Bedeutung des Melanins wissen wir nichts Sicheres.

aus in Form feiner gleichgroßer Granula, manchmal ist es aber auch nur als eine Pigmenthaube dem Kern angelagert. Häufig begleitet es die Dendriten auf lange Strecken hin. Im übrigen zeigen die Ganglienzellen grobe Nisslschollen, die auch in den Dendriten auf längere Strecken auffallen, während die Axone pigmentlos sind und ungefärbt bleiben.

Der Gehalt an Pigment wechselt in den Ganglienzellnestern sehr, ohne daß ich hier ein bestimmtes Gesetz auffinden konnte. Im allgemeinen scheinen mir die lateral gelegenen Zellgruppen weniger Pigment zu enthalten als die medialen. Die in die Zellgruppen eingestreuten pigmentlosen Ganglienzellen haben denselben Bau wie die pigmenthaltigen. Der Kern mit einer deutlichen Kernmembran und zentral gelegenen Kernkörperchen liegt regelmäßig in der Mitte des Protoplasmaleibes.

In den Zellnestern fallen zahlreiche Ganglienzellfortsätze auf, welche das Grau ausfüllen und im Markfaserbilde als zarte Markfasern erscheinen. Eine bestimmte Richtung dieser Markfasern ist nicht festzustellen. Sie kreuzen schräg und quer und bilden so ein wirres Geflecht. Der Gehalt an Gliakernen ist in diesen grauen Nestern ein reicher, das Gliaprotoplasma enthält nicht selten mehr oder weniger feinkörniges Melaninpigment eingelagert.

Die Zona compacta ist nicht scharf abgegrenzt und vereinzelte stellenweise auch in Gruppen zusammenliegende pigmenthaltige Ganglienzellen finden sich in die Umgebung eingestreut, sie stellen so dorsale und ventrale Ausläufer der Zona compacta dar.

Zwischen den einzelnen großen Ganglienzellgruppen liegen häufig Züge kleinerer Elemente, die zum Teil gleichfalls pigmenthaltig sind und auf Frontalschnitten namentlich dorsal gelegene Verbindungbrücken zwischen den großen Ganglienzellgruppen darstellen.

Die ventral von der Zona compacta sich ausbreitende, dem Fuß angelagerte Zona reticulata (Abb. 9 *Zr*) enthält viel spärlichere, zerstreut liegende, fast ausschließlich pigmentlose Ganglienzellen von ausgesprochener Spindelform. Der Bau der Zona reticulata wie ihrer Ganglienzellen erinnert, wie dies auch Spatz hervorhebt, an jenen des Pallidum. Auch hier läßt sich an den Ganglienzellen manchmal eine zarte Gliahülle nachweisen.

Die graue Substanz der Zona reticulata, die sich durch einen geringeren Gliakerngehalt auszeichnet, wird von zahlreichen größeren und kleineren Markfaserbündeln durchzogen, die ihr das charakteristische, von Sano betonte netzartige Aussehen verleihen; während sie in caudaleren Ebenen nicht sehr umfangreich ist und dem Fuß, scharf von ihm begrenzt, als eine schmale Zone anliegt, gewinnt sie oralwärts an Ausdehnung und greift in unregelmäßigen Zügen in die Fußstrahlung ein (Edingers Kammersystem des Fußes). Von ihr werden einige kleine, von Fußfasern zersplitterte Inseln grauer Substanz als Zona reticulata pedis medialis et lateralis (Ziehen, Sano) unterschieden; zu ihnen gehören offenbar auch ähnliche Felder, die lateral lamellenartig in das Fußareal hineinziehen und, die ganz ähnlich gebaut wie die übrige Substantia reticulata, der pigmenthaltigen Zellen ermangeln. Sano hebt unter solchen Feldern ein Feld *M* hervor, das sich in unscharfer Begrenzung zwischen dem dorsolateralen Haubengebiet und der Substantia nigra erstreckt. Es steht offenbar in Verbindung mit einem hakenförmigen grauen Felde (*H*), welches von der Substantia reticulata lateralis pedis ausgeht und den Fuß an seinem lateralen Ende vollständig umgreift, so daß es sich zwischen das Corpus geniculatum laterale (Abb. 10 *Cgl*) und den Fuß einschiebt (Abb. 10 *H*). Medial vom Hakenfeld gelegen und scharf von ihm zu trennen, liegt ein Ausläufer der Substantia nigra, der für gewöhnlich durch seine große Breite und Konstanz auffällt und von Sano als Prozessus lateralis substantiae nigrae bezeichnet wird (Abb. 10 *Pl*). Er enthält melaninhaltige Ganglienzellen und ist daher der Zona compacta zu zurechnen (im Gegensatz zu der Sanoschen Auffassung, die ihn der Substantia reticulata zuzählt).

In den Hirnschenkelfuß strahlen außerdem noch einige graue Felder ein, die im Zellbilde weder mit dem Bauplan der Substantia compacta noch jenem der Substantia reticulata übereinstimmen. Sie bestehen aus Ansammlungen kleinerer, zumeist pigmentloser Ganglienzellen in unregelmäßiger Lagerung, die aber viel dichter gestellt sind als in der Substantia reticulata. Einige der Sanoschen *A*-Felder scheinen so gebaut zu sein, während wieder andere den Bauplan der Substantia reticulata haben.

Oralwärts wird die Zona compacta immer kleiner und beschränkt sich, wie dies schon Forel hervorhebt, schließlich auf ein ganz kleines Gebiet dorsal vom medialsten Fußteile (Abb. 10). Dann verliert sie sich in die Substantia reticulata medialis pedis; ein kleinerer Teil hat schon weiter distalwärts in Form der Sanoschen *A*-Felder sein Ende erreicht.

Die Substantia nigra gehört, was den Eisengehalt angeht, mit dem Pallidum zusammen in die erste Gruppe von H. Spatz. Sie zeigt eine sehr intensive und schnell eintretende Grau-

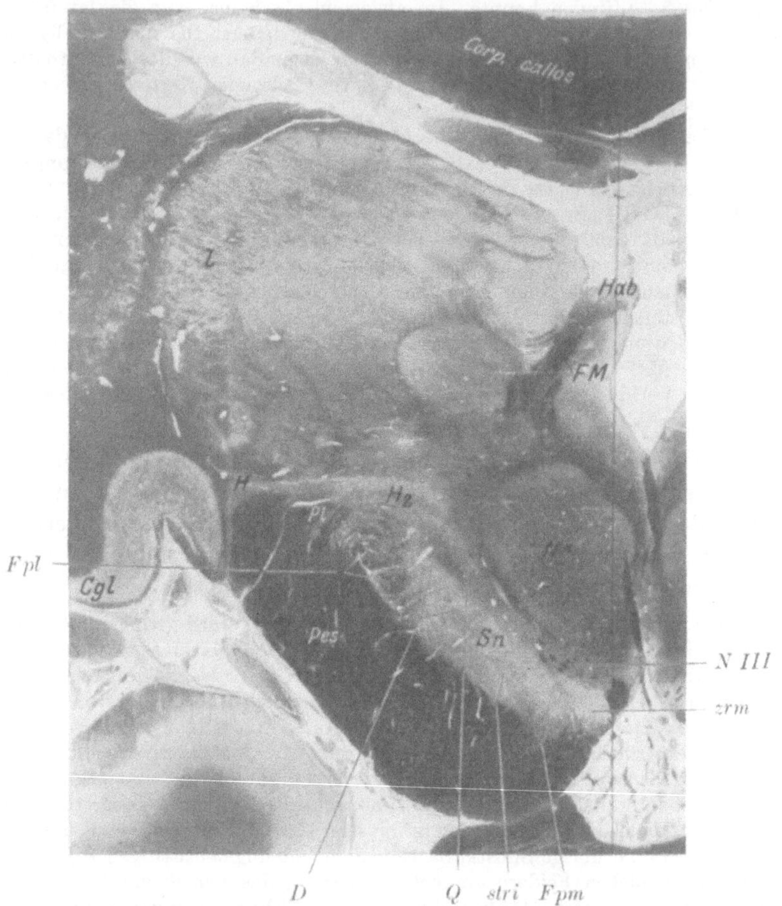

Abb. 10. Markscheidenfrontalschnitt im kaudalsten Ende des Zwischenhirns mit rotem Kern (*Nr*), Substantia nigra (*Sn*) und Pes cerebi (*Pes*). *l* = lateraler Thalamuskern. *Cgl* = Corpus geniculatum laterale. *H, Pl, D, Q* = Erklärungen siehe Text. *Fpl* = Fasciculi pontini laterales. *Fpm* = Fasciculi pontini mediales. *zrm* = Zona reticulata medialis. *stri* = Striatum intermedium. *Hab* = Ganglion habenulae. *FM* = Fasciculus Meynerti. *N III* = Oculomotoriusaustritt. Photogr.

grünfärbung bei dem Einlegen frischer Scheiben in Schwefelammonium. Öfters ist sie in der Substantia nigra erheblich stärker als im Pallidum und nimmt caudalwärts ab. Dabei macht H. Spatz darauf aufmerksam, daß bei bestimmten Schnittrichtungen ein direkter Zusammenhang zwischen bestimmten Teilen des Pallidum, seinen caudalen Sprengstücken und den oralsten Teilen der Zona reticulata der Substantia nigra nachzuweisen ist. Auch Sano hat bereits beim Lemur hervorgehoben, daß seine *A*-Felder in den Globus pallidus übergehen. Dazu kommt noch, daß das Pallidum sowohl wie die Zona reticulata der Substantia nigra in frischem Zustande bereits eine leicht rostbraune Färbung zeigt, die meist aber erst nach Alkoholfixierung deutlicher wird (H. Spatz).

Während die melaninhaltigen Ganglienzellen keine Eisengranula enthalten, fallen die Ganglienzellen der Zona reticulata häufig durch farblose eisenhaltige Cytoplasmagranula auf (feingranuläre Eisenspeicherung von H. Spatz). Auch im Gliaplasma der Substantia nigra findet sich eine feingranuläre Eisenspeicherung im gleichen Sinne wie im Pallidum.

Es kann keinem Zweifel unterliegen, daß gewisse Teile der Substantia reticulata in ihrem ganzen Bauplan an den des Pallidum erinnern. Ich möchte aber besonders mit Rücksicht auf die Ontogenese und die Faserverbindungen — die Subst. ret. subst. nig. entbehrt der strialen Faserung, die das Pallidum in reichem Maße auszeichnet — nicht von einer organischen Zusammengehörigkeit dieser Zentren sprechen.

Es ist dabei auch zu berücksichtigen, daß Teile der Substantia nigra auch ohne sichere Grenze in die Zona incerta und in den Luysschen Körper überzugehen scheinen (Forel, Sano u. a.).

Im Markscheidenbilde heben sich von dem diffusen Gewirr dünner Markfasern in der Substantia nigra mehrere Bündel etwas dickerer Markfaserzüge ab, die von Sano ausführlicher beschrieben sind und von denen ich hier die wichtigsten kurz bringe:

Die Zona reticulata enthält zahlreiche größere und kleinere Bündelquerschnitte. In ihrem lateralsten Teile fallen gut entwickelte Bündelzüge auf, die sich im Querschnitt teils rundlich und teils halbmondförmig darstellen und von dem Fuß durch ein Maschenwerk grauer Substanz getrennt sind. Es sind dies die Fasciculi pontini laterales (Abb. 10 *Fpl*), unter denen man zwei größere Bündelgruppen unterscheiden kann. Die medioventral gelegenen sind fast rein quer getroffen und dorsolateral von ihnen liegt eine Bündelgruppe, die durch eine schräge Schnittrichtung auffällt. Beide Bündelgruppen senken sich in caudaleren Ebenen allmählich in den lateralen Fuß, dem sie schließlich völlig einverleibt werden. Diese Fasciculi pontini laterales sind identisch mit der lateralen Haubenfußschleife v. Monakows ("Fußschleife" Flechsigs, "laterale pontine Bündel" Schlesingers, "Pes lemniscus profond" Déjerines). Im Hirnschenkelfuß liegen ihre Bündel dorsolateral von der temporalen Brückenbahn und ziehen schräg nach abwärts. Es ist dies ein Faserzug, dessen Verlauf von Hösel, Hoche, Schlesinger, Marburg, Bumke, Déjerine, A. Jakob beschrieben worden ist. Den Hauptteil seiner Faserung gibt er in das Schleifengebiet der Haube ab, außerdem sind auch Fasern in der Richtung auf den motorischen Kern des gegenüberliegenden Trigeminus des Facialis und Hypoglossus gesehen worden. Über den oralen Beginn dieses Faserzuges wußten wir bisher nichts Sicheres. An der Hand von Befunden in Fällen cerebraler Kinderlähmung und meinem Falle XXV werde ich dartun, daß dieser Faserzug im Pallidum beginnt, einen Teil der Linsenkernschlinge ausmacht und zur Substantia nigra zieht. Dort gibt er offenbar Collateralen ab, zieht dann in den Hirnschenkelfuß, wo er das lateralste Areal einnimmt, ventromedial nach abwärts und ist gut in das laterale Haubengebiet zu verfolgen. Diese Untersuchungsbefunde stehen in Übereinstimmung mit den Ansichten Wallenbergs, die er soeben auf der Tagung der Gesellschaft deutscher Nervenärzte 1922 vorgetragen hat.

Dieser pallidäre Faserzug ist offenbar identisch mit dem von Marburg als Fibrae efferentes tecti bezeichneten Faserwerk im dorsolateralen Teil des oralen Abschnittes der Subst. nigra und zum Teil auch mit der von Döllken beschriebenen, frühzeitig markhaltig werdenden Verbindung des Luysschen Körpers mit der Subst. nigra. Diese von J. Bauer als Fibrae subthalamicae subst. nigrae bezeichneten Fasern sind in der Wirbeltierreihe ganz auffallend konstant und sind schon beim Neugeborenen markreif, worin wieder die Beziehungen zu dem früh-markreifen Pallidum eine neue Stütze erhalten. Es kann angenommen werden, daß diese pallidäre Bahn in gewissem Sinne verwandt ist mit Fasermassen, welche bei Nicht-Säugern das Vorderhirn mit der Haube verbinden — Tractus striothalamicus und mesencephalicus.

Am medialen Ende der Substantia nigra treten stärkere Bündelquerschnitte hervor, die dem Fuß aufgelagert sind und sich ihm in seinem medialsten Anteile zugesellen. Diese Fasciculi pontini mediales (Abb. 10 *Fpm*) entsprechen der medialen Haubenfußschleife v. Monakows ("mediale Schleife" Flechsigs, "mediale akzessorische Schleife" Bechterews, "Bündel vom Fuß zur Haube" Mingazzinis, "Pes lemniscus superficial" Déjerines, "das Bündel von der Schleife zum Hirnschenkelfuß" Bumkes). Nach den Untersuchungen v. Monakows, Déjérines, Mingazzinis enthalten sie die Projektionsstrahlungen von dem in F^2 gelegenen motorischen Augenfelde und treten in Beziehung zu den Augenmuskelkernen. Bumke und v. Monakow haben auch Fasern beschrieben, die in das Gebiet der medialen Schleife übergehen und sich durch Abgabe von feinsten Fäserchen an den Facialis- und Hypoglossuskern der gegenüberliegenden Seite erschöpfen. Letzteren Befund konnte ich nicht bestätigen und ich möchte die Auffassung zurückweisen, daß dieser Faserzug, wie dies gelegentlich in der Literatur geäußert wird, als eine besondere Sprachbahn aufzufassen ist. Vielmehr scheint dieser Faserzug der Blickrichtung zu dienen.

Die Zona compacta zeigt im allgemeinen sehr viele Fasern verschiedener Richtungen; in ihnen fallen dichtere Fasergeflechte auf (Abb. 10 D), die in den lateralen Teilen der Substantia nigra gelegen, zum Teil in den Fuß einstrahlen, zum Teil auch einen vielfach gewundenen, mehr transversalen Verlauf nehmen. Der Faserzug D besteht aus Fibrae efferentes tecti, aus Fibrae marginales aquäductus und aus zahlreichen Eigenfaserungen der Ganglienzellen der Zona compacta. Oralwärts verliert sich der Faserzug D in das Feld H^2 Forels.

Dorsomedial vom Faserzug D liegt ein Bündel schräg und quer getroffener dunkler Fasern (Abb. 10 Q), das ungefähr in mittleren Höhen der Substantia nigra beginnt (Zona compacta) und sich oralwärts im Forelschen Bündel H^2 und in der ventralen Marklamelle des Nucleus ruber erschöpft.

Schließlich ist noch als Stratum intermedium (Abb. 10 Stri) eine Schicht quer oder leicht schief getroffener Fasern zu erwähnen, die sich in der Zona reticulata unmittelbar dem Fuß anlegt. Sie wird lateral von den Fasciculi pontini laterales (Fpl) begrenzt und scheint sich ebenfalls in den Fuß zu verlieren.

Wie schon aus dieser Beschreibung hervorgeht, sind die Faserverhältnisse der Substantia nigra noch recht unklar. Meynert, Wernicke und Mingazzini betrachten die Substantia nigra als ein Ursprungsganglion von Fasern des Hirnschenkelfußes und betonen, daß caudalwärts parallel mit der Abnahme der Substantia nigra die Masse der Hirnschenkelfußfasern zunimmt. Die zahlreichen Faserquerschnitte im Gebiete der Substantia nigra leitet Wernicke von Zuzügen aus dem Linsenkern ab. Er betrachtet sie als die zentrale Faserung der Substantia nigra und die dem Fuß zuziehenden Längsfasern als ihre indirekte Fortsetzung. Nach Mingazzini steigen die Axone der Zona compacta haubenwärts auf, während jene der Ganglienzellen der Substantia reticulata öfter lateral als ventral gegen den Fuß hinziehen und nur ausnahmsweise zur Haube. Mirto gibt einen ähnlichen Verlauf der Faserung an und betont noch, daß das Stratum intermedium sich aus Fasern zusammensetzt, die aus dem hinteren Schenkel der inneren Kapsel herunterziehen und mit den anderen Fußfasern in die Brücke gelangen.

Nach den obigen Ausführungen und Untersuchungen von Edinger, Obersteiner, Cajal, v. Economo, Bauer, Anton und Zingerle, v. Monakow, Déjérine, Bechterew, Mingazzini, Pollak müssen wir annehmen, daß die Substantia nigra einmal Zuzüge bekommt vom Pallidum, vom Luysschen Körper, vom Cortex — vornehmlich von den Zentralwindungen, dem Operculum, hinteren Stirnhirn — aufsteigende Fasern von der Schleife und der Hirnschenkelhaube, ferner solche vom roten Kern, schließlich noch Fasern aus den Thalamuskernen, insbesondere dem ventromedialen Kerngebiet. Die Rindenfaserung scheint doppelläufig zu sein insofern als wir sowohl cortico-fugale und cortico-petale Bahnen annehmen dürfen. Vielleicht gilt dasselbe auch für die Thalamusverbindungen. Efferent haben wir absteigende Faserzüge in den Hirnschenkelfuß mit zunächst unbekanntem Ziel, sowie eine sichere Verbindung zum vorderen Vierhügeldache (Bechterew, Marburg, Ziehen, Spitzer und Karplus) und in das Schleifengebiet der Haube. Berücksichtigen wir noch die Tatsache, daß nach Mirto die Fußfasern zahlreiche kurze Collateralen zur Substantia nigra abgeben, so erscheint uns die Substantia nigra als ein wichtiger Knotenpunkt sensorisch-receptorischer und motorisch-effektorischer Bahnen, zugleich auch als ein Knotenpunkt extrapyramidaler motorischer Fasern, worauf in jüngster Zeit außer zahlreichen französischen Forschern (Trétiakoff, Lhermitte und Cornil, Foix u. a.) insbesondere Pollak, K. Goldstein, H. Spatz hingewiesen haben.

Bevor ich die Faserverbindungen dieser Zentren im Zusammenhange bespreche, soll noch kurz die Anatomie eines großen Kernes geschildert werden, mit dem unser extrapyramidales motorisches Hauptsystem in inniger Verbindung steht:

Der Nucleus ruber.

Dieser große motorische Haubenkern (Abb. 1b und 10) entwickelt sich caudalwärts aus dem Niveau der Bindearmkreuzung heraus, liegt dann streng symmetrisch etwas lateral neben der Mittellinie unter dem hinteren Beginne des dritten Ventrikels, von diesem durch eine Lage weißer Fasermassen und durch den Nucleus Darkschewitschi (Commissurae posterioris) und das zentrale Höhlengrau getrennt, gewinnt seine größte Ausdehnung auf Frontalschnitten ungefähr in der Höhe der mächtigsten Entfaltung der Corpora geniculata lateralia; er reicht oralwärts, sich stark verjüngend, bis in die Ebenen des hinteren Endes der Corpora mamillaria, liegt dorsomedial der Substantia nigra auf und wird an seiner oralsten Endigung lateral von dem Luysschen Körper und seiner Kapsel begrenzt. Er besteht histologisch aus mehreren verschiedenartige Ganglienzellen enthaltenden Abschnitten, die in der aufsteigenden Tierreihe eine verschiedene Entwicklung und damit eine hohe Organisation dieses Kernes anzeigen.

Nach A. Kappers ist der rote Kern bei den Reptilien und Vögeln nur andeutungsweise vorhanden in ziemlich diffus der Mittelhirnbasis eingelagerten großen reticulären Zellen. Er ist bei den niedrigsten Säugern bereits viel deutlicher entwickelt als dort und ist als eine orale Hypertrophie des motorischen Haubenkerns, insbesondere des Deiterschen Kernes aufzufassen (Edinger). Er ist offenbar dem Mittelhirn zuzurechnen. Nach den Untersuchungen von Hatschek, v. Monakow, A. Kappers überwiegen bei den Monotremen, Marsupialiern, Rodentiern und Ungulaten die großen reticulären Zellen. Auch bei den Edentaten sind sie sehr ausgeprägt. Bei den höheren Mamaliern, den Karnivoren und den Primaten ist der Kern viel größer geworden und ragt frontalwärts in das Zwischenhirn hinein, indem sich dort zu dem großzelligen Abschnitt, hauptsächlich frontal von ihm, ein kleinzelliger Teil addiert hat. Dieser kleinzellige Anteil zeigt einen deutlichen Parallelismus in seiner Entwicklung mit jener des Stirnhirns einerseits und der Kleinhirnhemisphäre andererseits. Er findet sich dementsprechend beim Menschen am meisten ausgebildet und wird als neencephaler Anteil dem paläencephalen caudaler gelegenen großzelligen Anteil gegenübergestellt (Hatschek, v. Monakow, Edinger).

Nach den Untersuchungen v. Monakows kann man den roten Kern beim Menschen in folgender Weise gliedern. 1. Ein durch Riesenzellen ausgezeichneter, vornehmlich caudal gelegener Abschnitt, welcher absteigende Fasern in Form des rubrospinalen Bündels (v. Monakows) zum Vorderkern des Rückenmarks abgibt[1]). 2. Ein laterales Horn, aus dessen großen Zellen Fasern entspringen, die in den Schleifenkern und in die Brücke übergehen. 3. Der Nucleus reticularis dorsalis und gelatinosus, welche Kerne caudal gelegen vornehmlich kleine Zellen enthalten, in denen die Kleinhirnbindearmfaserungen zum größten Teile sich aufsplittern. Schließlich kommt hierzu noch ein frontal gelegener kleinzelliger Anteil, der mit dem Großhirn (vornehmlich mit der Rinde des Frontallappens und des Operculum) und mit medialen Thalamus-Kernen in Verbindung steht (v. Monakow, Mills u. a.). Nach v. Monakow ist die gemeinsame Vorderhornstrahlung des Nucleus ruber eine recht bedeutende, da etwa ein Drittel seiner Masse sekundär degeneriert, bei entsprechend gelegenen Herden in der Rinde oder im Thalamus. Die Leitung dieser rubrofrontalen Bahn geschieht offenbar corticopetal (A. Kappers); von Monakow schreibt dieser „frontorubralen Haubenbahn" eine corticofugale motorische Funktion zu. Sie diene gewissen verwickelten kinetischen Mechanismen, die mit der dem Bewußtsein entzogenen Orientierung des äußeren Körpers und der Anpassung im Raume in Zusammenhang

---

[1]) Das rubrospinale Bündel verläuft zum kleineren Teil ungekreuzt, größtenteils kreuzt es in der Decussatio Foreli und zwar bereits in Höhe der hinteren Ebenen des roten Kerns. (Im Schema Abb. 11 sind die gekreuzten Fasern der Übersichtlichkeit wegen fortgelassen.)

stehen. Ich möchte die cortico-petale Leitung als gesichert annehmen (vgl. auch meine Befunde in den Fällen cerebraler Kinderlähmung XXVI—XXIX).

Nach den Untersuchungen von La Salle Archambault hat der rote Kern auch Verbindungen mit dem medialen Teil des Schläfenlappens. Nach v. Monakow finden diese Verbindungen in der Weise statt, daß die Fasern zum Frontallappen aus dem vorderen Segmente des roten Kernes stammen und durch den vorderen Teil der Capsula interna ziehen, die operculo-zentralen Fasern von dem zweiten Segment des Kernes durch den hinteren Teil der Capsula interna gehen, während die temporalen Fasern dem hinteren Abschnitt des Kernes entstammen und durch das sublenticuläre Gebiet zur Rinde ziehen. Außerdem besteht auch eine direkte Verbindung des Kernes mit dem Striopallidum, die ich aber nicht vom Striatum, sondern mit C. und O. Vogt vom Pallidum ausgehen lasse, und zwar mit pallido-fugaler Leitung.

Der rote Kern zeichnet sich durch eine stark entwickelte Markkapsel aus (Abb. 1 b und 10), die oralwärts an Mächtigkeit zunimmt und namentlich an der lateralen Seite sehr stark ausgeprägt ist. Die Zusammensetzung dieser Markkapsel ist eine äußerst komplizierte. In der Hauptsache wird sie gebildet einmal von Eigenstrahlungen des roten Kernes, sodann von Fasern der Haubenstrahlung, welche den roten Kern zumeist nach Abgabe von Collateralen durchsetzen, und schließlich aus Faserzügen, welche vom Pallidum herunterziehen. Aus seiner dichten Markkapsel entwickelt sich von der lateralen Seite her ein kompaktes Faserbündel (Forelsches Feld $H^1 + H^2$), dessen Verlauf im ganzen sagittal gerichtet ist Abb. 1 b lNr). Diese gesamte Fasermasse nimmt oralwärts an Mächtigkeit zu und spaltet sich bald in zwei getrennte Bündel, das Forelsche Bündel H^1 und H^2. An der oralen Endigung des roten Kernes strömen diese beiden Fasermassen zu einem dichten Faserkomplex zusammen ($H^1 + H^2$) und gehen eine innigere Verbindung ein mit einer vor dem roten Kern dem dritten Ventrikel in jener Gegend anliegenden Kerngruppe, dem Nucleus campus Foreli.

Das Forelsche Bündel H^1 (Abb. 1 b), in dem wir das Köllikersche Haubenbündel des Thalamus sehen, stellt die eigentliche Haubenstrahlung des roten Kernes dar, also die Fortsetzung der von der Haube dem roten Kern zufließenden Faserungen. Ganz vornehmlich handelt es sich dabei um Eigenfaserungen des roten Kernes, die lateralwärts zum Thalamus ziehen, und um Bestandteile des Kleinhirnbindearmes, der ja nur zum Teil im roten Kern endigt, zum anderen Teile ihn nur durchzieht, um in dem mittleren Segment des ventralen Kernabschnittes als einer Unterabteilung des lateralen Thalamuskerns ($va~1$ und vtl von C. und O. Vogt) sein Ende zu erreichen, oder direkt durch die innere Kapsel zum Cortex zieht. H^1 enthält auch Fasern, welche den ventromedialen Thalamuskern (mv C. und O. Vogts) mit dem Pallidum verbinden in pallido-petalem Sinne.

Der Forelsche Faserzug H^2, der dem Köllikerschen Haubenbündel des Linsenkernes entspricht, ist ganz vornehmlich eine ventromediale Fortsetzung der Ansa lenticularis und stellt deren Ausläufer dar zum Luysschen Körper und zur Substantia nigra einerseits und zur Markkapsel des roten Kernes andererseits. In ihr verläuft also in der Hauptsache die stark entwickelte pallido-fugale Faserung zur Markkapsel des roten Kernes, daneben auch noch ein pallidopetaler Faserzug, der von dem ventromedialen Thalamuskern (mv) zum Pallidum zieht. Stärkere Entartungen des Pallidum gehen regelmäßig mit einer Degeneration von H^2 einher. Zum Teil dringen diese pallido-rubralen Faserungen auch in den Kern selbst ein, größtenteils endigen sie in seiner Kapsel, zum Teil umziehen sie den roten Kern, um in der Forelschen Kreuzung zum roten Kern der anderen Seite zu ziehen. Schließlich geht noch ein anderer Teil der Faserung nach Abgabe von Collateralen in den roten Kern in das Gebiet der hinteren Commissur über, um entweder im gleichseitigen oder gekreuzten Kern der hinteren Commissur (Nucleus Darkschewitschi) und im Nucl. interstitialis sein Ende zu erreichen (vgl. auch Schema Abb. 11).

Im Nisslbilde lassen sich nach den Untersuchungen Ramon y Cajals und Bielschowskys, die ich bestätigen kann, drei verschiedene Typen von Ganglienzellen im roten Kern unterscheiden. Einmal die großen, den motorischen Vorderhornzellen ähnlich gebauten, die wir als die Ursprungszellen des Tractus rubrospinalis (v. Monakowsches Bündel) kennengelernt haben. Sie beherrschen vornehmlich die caudale Hälfte des roten Kernes und unterscheiden sich in den einzelnen Kerngruppen in ihrer Größe. Es sind Zellen vom Golgitypus I. Dann gibt es Zellen von mittlerer Größe, die über das ganze Areal des roten Kernes ziemlich ausgebreitet liegen und besonders die orale Hälfte, die mit dem Stirnhirn in Verbindung steht, beherrschen. Sie sehen im Toluidinblaupräparate abgerundet aus und haben einen auffallend großen Kern und gut entwickelte Nisslkörperchen. Ihre Achsencylinder treten nach Cajal in die weiße Substanz ein. Einen dritten Typus bilden kleine Ganglienzellen von dreieckiger und spindelförmiger Gestalt, die im Nisslpräparat keine feinere Differenzierung ihres Zellplasmas aufweisen. Ihr Achsencylinder scheint marklos zu bleiben und gleich nach seiner Entstehung mehrere Collateralen abzugeben (Bielschowsky). Sie splittern sich nach Cajal in der Substanz des Kernes auf und sind als kurzaxonische Elemente aufzufassen im Sinne eines Eigenapparates des Kernes.

Das zwischen den Ganglien gelegene Grau bietet keine Besonderheiten, ist mäßig mit Gliazellen besetzt und zeigt einen ähnlichen Bau wie das motorische Vorderhorn.

Nach seiner Eisenreaktion gehört der Nucleus ruber zur zweiten Gruppe der Spatzschen Zentren. Er zeigt für gewöhnlich noch eine kräftigere Reaktion als die der gleichen Gruppe zugehörigen grauen Kerne (Dentatum cerebelli, Corpus Luysi und Striatum). Seinen Namen verdankt er dem bereits makroskopisch auffallenden rötlichen Farbton, der noch deutlicher bei Alkoholfixierung hervortritt.

Wir haben also im roten Kern ein hochorganisiertes graues Zentrum vor uns, das einmal die ihm von der Haube, namentlich aber auf dem Wege der Bindearme vom Dentatum der anderen Seite zufließenden Kleinhirnerregungen an besondere Cortexgebiete vornehmlich des Frontalhirns (und des Operculum) weitergibt, andererseits auch vom Pallidum her reichlich Faserungen erhält. Als abführende Bahn kommt in der Hauptsache der Tractus rubrospinalis (Monakowsches Bündel) in Frage, welcher die Verbindung mit dem motorischen Vorderhorn darstellt; nach meinen Untersuchungen werden von ihm keine Collateralen im Pons und in der Medulla oblongata abgegeben. Bemerkenswert ist die Tatsache, daß dieses Monakowsche Bündel beim Menschen weniger stark entwickelt ist als bei den höheren Säugern, namentlich beim Affen. So erscheint uns der rote Kern einmal als eine orale Hypertrophie des gesamten motorischen Haubenkerns, der das Mittelhirn und den Hirnstamm durchzieht, sodann als Hauptendigungs- und Durchgangsstation der Dentatumbahn; als solcher ist er ein efferentes cerebellares Kerngebiet, das mit dem Thalamus, Pallidum und Stirnhirn in inniger Verbindung steht. In seine Kapsel gehen auch Fasern aus der sensiblen Schleife über, so daß wir hier auch eine Verbindung mit dem sensiblen Hauptsystem haben. Dabei ist zu berücksichtigen, daß gerade beim Menschen die kleineren Ganglienzellelemente, welche der Projektion auf das Stirnhirn vorstehen, seinen größten Abschnitt bilden. Er dient so einmal dazu, cerebellare Eindrücke auf niederere Zentren zu übertragen, namentlich in seinem großzelligen Charakter, der ihn auch auf Grund der phylogenetischen Entwicklung den reticulären Kernen der Mittelhirnhaube einreiht, jenem mächtigen für die Koordination der Bewegungen so wichtigen Assoziationssystem. Dieser Rolle, welcher der rote Kern bei den niederen Säugern fast ausschließlich vorsteht, dient neben kürzeren Verbindungsbahnen die rubrospinale (Monakowsche) Bahn. Sie wird beim Menschen wohl von jener übertroffen, die ihn als Projektionskern für die Frontalrinde erscheinen läßt mit der Aufgabe, die cerebellaren Eindrücke auf das Großhirn zu übertragen. Schließlich ist er mit Rücksicht auf die stark entwickelte pallido-rubrale Faserung ein wichtiger Verbindungskern des extrapyramidalen Hauptsystems mit dem motorischen Koordinationsapparat des Cerebellum und Hirnstamms.

V. Kurze Übersicht über die wichtigsten Faserverbindungen des extrapyramidalen motorischen Systems.

In folgendem versuche ich an der Hand des Schemas in Abb. 11 die wichtigsten Faserverbindungen des extrapyramidalen Systems nach dem heutigen Stande unseres Wissens festzulegen. Ich lasse absichtlich kritische Bemerkungen und Erörterungen, die die verschiedenen Meinungen der verschiedenen Autoren berücksichtigen, beiseite, um die verwickelten Verhältnisse einigermaßen verständlich und übersichtlich zu gestalten. Die folgenden Ausführungen enthalten den Niederschlag eingehender Literaturstudien und persönlicher Untersuchungen und basieren ganz vornehmlich auf den kritischen faseranatomischen Studien C. und O. Vogts[1]).

Die Pyramidenbahn (Abb. 11 *Py*) ist bekanntlich die stark ausgeprägte motorische Willensbahn, welche die Area giganto-pyramidalis absteigend mit den motorischen Vorderhörnern des Rückenmarks verbindet. Sie gibt in den entsprechenden Höhen des Pons und der Medulla oblongata an die dort gelegenen motorischen Kerne Faserzüge ab.

Vom Stirnhirn (Cortex praefrontalis) zieht die frontale Brückenbahn (Abb. 11 *fronto-pont. B.*) zu den Brückenganglien derselben Seite, von hier aus entsteht ein zweites Neuron, das in der Hauptsache die Faserung des mittleren Kleinhirnstieles (Crus cerebelli ad pontem) ausmacht und zu der Kleinhirnhemisphäre der anderen Seite zieht.

Vom Stirnhirn aus haben wir gleichfalls eine ausgedehnte Faserverbindung mit dem Thalamus, insbesondere mit dem Nucleus medialis anterior Thalami (*ma* C. und O. Vogts). Diese Verbindung ist im Schema als frontothalamische Bahn ebenfalls rot eingezeichnet. Von diesem Kerne *ma* führen Assoziationsbahnen zu anderen Thalamuskernen, insbesondere zu dem ventromedialen Kerngebiet (*mv* C. und O. Vogts). Die Verbindung von *ma* zu *mv* ist rot angegeben.

Das Striatum und Pallidum entbehrt direkter Verbindungen mit dem Cortex. Das Striatum und Pallidum bekommt seine Zuflüsse und daher seine Anregungen, seine „Sensibilisierung" — wie ich mich ausdrücken möchte — aus Thalamusgebieten, besonders aus dem ventromedialen Kerngebiet *mv*, dem Tuber cinereum und dem Nucleus campi Foreli (*ncF*), einem Kerngebiet des Hypothalamus, ventral von *mv* gelegen. Von hier aus ziehen kräftige Faserzüge (*I*, schwarz angegeben) ins Pallidum, um in dessen verschiedenen Abteilungen zu enden; andere durchsetzen das Pallidum, geben hier Collateralen ab und enden im Putamen und Caudatum. Diese strio- und pallidopetalen Faserungen machen einen großen Bestandteil der Linsenkernschlinge und der Forelschen Faserungen H^1 und H^2 aus.

Das Striatum und Pallidum bekommt also seine Zuflüsse aus den gleichen Thalamusgebieten (vgl. auch Schema Abb. 12, das den thalamo-strio-pallidären Leitungsweg und die thalamische Verbindung mit dem Cortex in einfachster Form wiedergibt).

Im Striatum endigen, wie schon betont, diese zuführenden Fasern in der Umgebung der kleinen kurzaxonigen und der weitverzweigten

---

[1]) Nähere Ausführungen hierüber finden sich für den interessierten Leser vornehmlich in den diesbezüglichen Arbeiten von C. und O. Vogt, Pollak, Wilson, Jelgersma, v. Economo, Spiegel, J. und A. Déjérine.

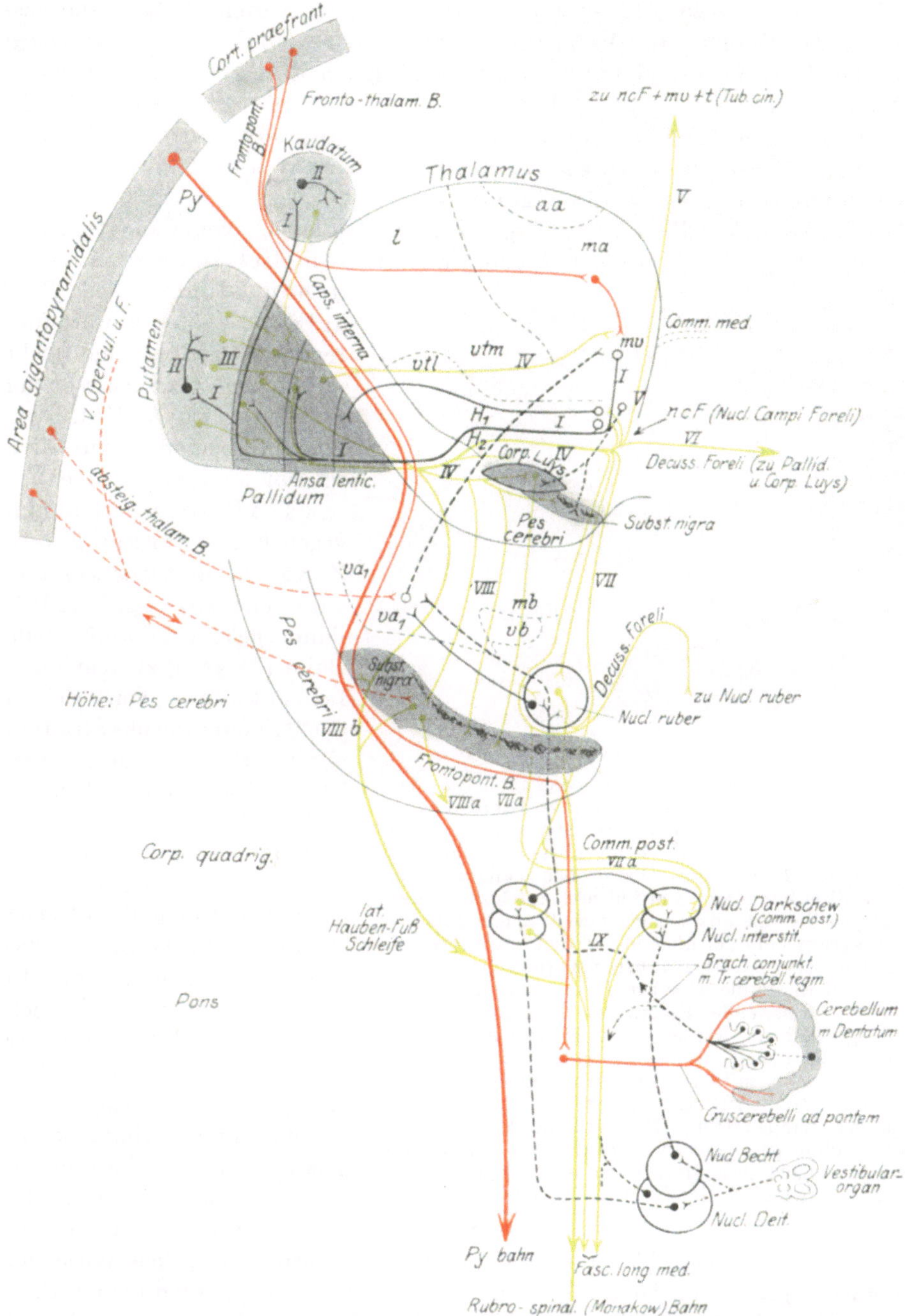

Abb. 11. Schematische Darstellung der wichtigsten Verbindungsbahnen des extrapyramidalen Hauptsystems (modifiziert nach C. und O. Vogt). Schwarz = die dem extrapyramidalen System, insbesondere dem Striopallidum zufließenden Bahnen. Grün = die ableitenden Systeme. Rot, dick = die Pyramidenbahn, dünn = die fronto-ponto-cerebellare Bahn und die frontale Thalamusbahn, gestrichelt = die absteigende Thalamusbahn von der vorderen Zentralwindung und die corticalen Verbindungen der Substantia nigra. Genaueres siehe Text.

Zellen; diese beiden Zellgruppen wirken dann vermittels Assoziations-bahnen (*II* schwarz) auf die großen langaxonigen Zellen des Striatum ein. Im Pallidum splittern letztere sich an den großen Pallidum-zellen auf.

Die großen langaxonigen Striatumzellen, sowie die Pallidum-zellen sind die Ursprungszellen der reich entwickelten strio- und pallidofugalen Faserungen (grün).

Die strio-fugalen Faserzüge (*III* grün), die sich vom Caudatum und Putamen in gleicher Weise entwickeln, endigen sämtlich in den verschie-denen Gliedern des Pallidum. Weiter abwärtsfüh-rende Faserzüge sind nicht mit Sicherheit zu erweisen (im Gegensatz zu Wallenberg, der eine Verbindung zur Oliva inferior annimmt, s. oben).

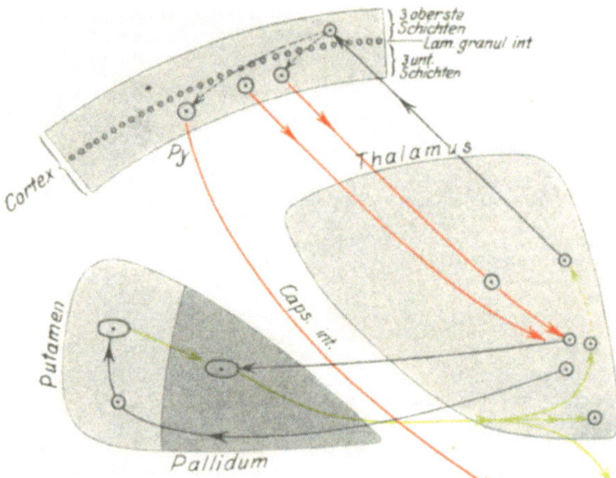

Abb. 12. Schematische Darstellung des thalamo-striopallidären Leitungsweges und der thalamischen Verbindung mit dem Cortex. Schwarz = die vom Thalamus dem Striatum und Pallidum und der Rinde (drei obersten Schichten) zufließenden Erregungen. Die großen Pallidumzellen werden direkt angeregt und indirekt durch die großen Striatumzellen, die aus den gleichen Thalamusgebieten durch Vermittlung der kleinen Striatumzellen ihre An-regungen beziehen. Die großen Striatumzellen wirken (grün) auf die Pallidumzellen. Diese entsenden (grün) zahlreiche ableitende Faserzüge. Pallidäre Impulse (grün gestrichelt) werden vom Thalamus aus dem Cortex übermittelt (schwarz) und können so der Pyramidenbahn mitgeteilt werden und anderen von den drei untersten Rindenschichten abfließenden tha-lamischen Bahnen (rot). Die corticale Anregung des Striopallidum geschieht indirekt durch den Thalamus (rot). Die Lam. gran. int. dient wahrscheinlich vor-nehmlich der Reizübertragung.

Das Pallidum steht hin-gegen mit tiefer gelegenen Zentren in innigster Fa-serverknüpfung. Vom Pal-lidum geht eine abführende Bahn (*IV* grün) zu dem Tha-lamuskern *mv*, von welchem das Pallidum wie das Striatum gleichzeitig seine Anregung er-hält [1]). Die hauptsächlichsten pallido-fugalen Faserungen führen auf dem Wege der Lin-senkernschlinge (Ansa lenti-cularis) und dem Forelschen Bündel H^2 in die Gegend des Nucleus campi Foreli. In ihr ziehen einmal die reich entwickelten Faserungen zur Kapsel des Luysschen Körpers und zum Luys-schen Körper selbst; sodann gelangen reiche Faserungen auf dem Wege von H^2 in die Gegend des Nucleus campi

Foreli. Von hier aus schlagen die pallido-fugalen Fasern verschiedene Wege ein. Einmal endigen sie in der Umgebung dieses Kerngebietes und im Tuber cinereum (*V* grün), andere kreuzen auf dem Wege der Decussatio Foreli

---

[1]) Weitere Untersuchungen an normalem und pathologischem Material machen es mir sehr wahrscheinlich, daß auch noch andere thalamische Kerngebiete, besonders der laterale Kern (*l*), mit dem Striopallidum in zuleitender und mit dem Pallidum in ableitender Faser-verbindung stehen.

zum Pallidum und Luysschen Körper der anderen Seite (*VI* grün). Eine reich entwickelte Faserung zieht in Weiterentwickelung von H^2 zum roten Kern (*VII* grün).

Diese pallidäre Faserung zum roten Kern (*VII*) endet einmal in der Kapsel des roten Kernes, sodann im roten Kern selbst, ferner umgreift sie den roten Kern, um in der Decussatio Foreli zum gegenüberliegenden roten Kern zu ziehen, schließlich durchsetzen solche pallidären Faserungen die Kapsel des roten Kernes an der lateralen wie medialen Seite und ziehen (*VIIa*) zum Nucleus Darkschewitschi (Nucleus commissurae posterioris) und Nucleus interstitialis derselben Seite oder in der Commissura posterior kreuzend zu jenen der anderen Seite.

Vom Nucleus ruber entwickelt sich als efferente Bahn die rubrospinale Bahn von Monakows (Abb. 11 kräftig grün), welche größtenteils kreuzend zu den Vorderhornganglienzellen des Rückenmarks in Beziehung tritt.

Aus dem Nucleus Darkschewitschi (Commissurae posterioris) und Nucleus interstitialis entwickelt sich als abführende Bahn beiderseits das hintere Längsbündel (Fasc. long. med., Abb. 11 grün). Beide Nuclei Darkschewitschi sind durch Fasern (Abb. 11 schwarz), die in der Commissura posterior kreuzen, miteinander verbunden und stehen andererseits wie die Nucleus interstitiales mit den Nuclei Bechterews und Deiters durch zuführende Bahnen (Abb. 11 schwarz gestrichen) in Verbindung, welche letztere wieder von dem Vestibularorgane ihre Anregung erhalten und mit dem System des hinteren Längsbündels in reicher Verbindung stehen (schwarz gestrichelt).

Schließlich haben wir noch eine kräftige Verbindung vom Pallidum einerseits und Luysschen Körper andererseits zur Substantia nigra (Abb. 11 *VIII* grün), zum Teil erschöpft sie sich in der Substantia nigra und von hier zieht eine ableitende Bahn (*VIIIa*) in den Hirnschenkelfuß, über deren Endigung wir noch wenig wissen. Eine andere pallidäre Bahn (*VIIIb*) durchzieht als laterale pontine Bündel die Substantia nigra in ihrer lateralen Ecke, gibt Collateralen an die Substantia nigra ab und zieht als laterale Haubenfußschleife vornehmlich in das laterale Haubengebiet um — wie ich annehmen möchte — mit dem Koordinationssystem des motorischen Haubenkerns und hinteren Längsbündels in Verbindung zu treten.

Andererseits steht die Substantia nigra mit Thalamuskernen in Verbindung, von denen im Schema eine schwarz gestrichelte Linie aus dem Gebiete von *mv* in die obere Substantia nigra einzieht. (Die beiden Teile der Substantia nigra — Zona compacta mit melaninhaltigen Ganglienzellen und Zona reticulata — sind im Schema, Abb. 11, durch das die Zona compacta charakterisierende Pigment wiedergegeben.)

Die Substantia nigra besitzt corticale Verbindungen — offenbar zu- und abführender Richtung — aus dem Cortex, vornehmlich aus der Area giganto-pyramidalis und dem Operculum (Abb. 11, rot gestrichelte Cortexverbindung).

Die weiteren Faserverbindungen der Substantia nigra, die oben kurz besprochen sind (mit der Schleife, der Hirnschenkelhaube und dem roten Kern, dem vorderen Vierhügeldache), sind im Schema der Übersichtlichkeit halber weggelassen.

Die **Kleinhirnhemisphären** geben ihre Anregungen an die Ganglienzellen des Nucleus tecti, insbesondere des Dentatum (Abb. 11 Cerebellum mit Dentatum) weiter und vom Dentatum entwickelt sich als **Brachium conjunctivum** (Abb. 11 Brach. conjunctiv.) ein starker Faserzug, der sich in der Mittellinie in der Bindearmkreuzung kreuzend, größtenteils im **Nucleus ruber** der anderen Seite aufsplittert, zum anderen Teil den Nucleus ruber durchsetzend, im ventralen Kerngebiet des lateralen Thalamuskernes (va^1 C. und O. **Vogts**) endigt (Abb. 11, schwarz gestrichelte Linie *IX* vom Dentatum zum Nucl. ruber und va^1). Vom Nucl. ruber zieht gleichfalls ein Faserzug zu va^1 (schwarze Verbindungslinie vom Nucl. ruber zu va^1). Dieses Endigungsgebiet der Dentatum- und roten Kernstrahlung steht durch die absteigende Thalamusbahn (Abb. 11, rot gestrichelte Verbindungslinie) mit der Area giganto-pyramidalis in Verbindung, andererseits mit dem Thalamusgebiet *mv* (Abb. 11, schwarz gestrichelt).

Vom Brachium conjunct. lasse ich eine **zweite Bahn in das System des hinteren Längsbündels einstrahlen**, welche als **Tractus cerebelli tagmentalis** größtenteils auf dem Wege des Corpus restiforme der Mittelhirnhaube und dem Nachhirn zufließt und vornehmlich die cerebellaren Erregungen der Nuclei tecti weitergibt.

Zweiter Teil.

A. Kurze Übersicht über die bisherigen pathophysiologischen Erklärungsversuche der extrapyramidalen Bewegungsstörungen.

Die Frage nach der physiologischen Bedeutung des extrapyramidalen Hauptsystems und seiner Zentren hat durch die experimentelle Forschung keine eindeutige Beantwortung erfahren. Alles, was die tierexperimentellen Untersuchungen von Magendie, Nothnagel, Luciani, Bechterew, Hitzig und vielen anderen beweisen sollten, hielt einer scharfen Kritik nicht stand, und ebensowenig konnte bis heute die Frage der vegetativen Funktionen dieser Zentren eindeutig geklärt werden, wie dies erst Spiegel jüngst eingehend erörtert hat.

So sind wir bei der Ergründung der Physiologie unseres Systems und seiner Zentren bis jetzt ganz auf die menschliche Pathophysiologie angewiesen. Das hier in der Literatur bereits zusammengetragene Tatsachenmaterial ist ein ungemein großes, und es würde nicht dem Zwecke dieser Darstellung dienen, wollte ich alle die bedeutsamen Ansichten der Autoren bringen, die sich mit dieser Frage eingehend beschäftigt haben. Ich will hier ganz vornehmlich die große Linie skizzieren, auf der sich in allmählichem Aufbau die Theorien bewegen, unter besonderer Berücksichtigung jener Autoren, denen ein reicheres Beobachtungsmaterial einen besseren Überblick über die Gesamtverhältnisse gestattete.

Auf dem Umwege über den peripheren Nerv, über das Rückenmark und die Großhirnrinde kam man erst ganz allmählich zu der richtigen Erkenntnis, welche unser extrapyramidales System als den Träger der hier zu besprechenden klinischen Störungen festlegte.

So mußten die Kahler- und Picksche Pyramidenreiztheorie und die Charcotsche Ansicht von eigenen Choreabündeln komplizierteren Erklärungsversuchen weichen, die Anton als erster im Anschluß an ähnliche Auffassungen Meinerts, Nothnagels und Gowers in eingehender anatomischer Begründung 1896 von den choreatischen und verwandten Bewegungsstörungen gegeben hat. Er löste unsere Bewegungsstörungen von den Funktionsstörungen der Pyramidenbahn ab und verlegte sie auf ein extrapyramidales System, das der motorischen Haubenbahn. Ferner sah er in ihnen den Ausdruck von Enthemmungserscheinungen. Er suchte die Ursache von Chorea und Athetose in einer Störung im Gleichgewicht der subcorticalen motorischen Apparate, des Thalamus opticus, der Bewegungsanregungen hervorbringe, und des Linsenkerns, der sie hemme.

Dann wurde von Bonhoeffer 1897 seine berühmte Bindearmtheorie aufgestellt und 1901 ergänzt, die mit Anton die choreatischen Bewegungen außerhalb der Pyramidenbahn entstehen läßt und die Kleinhirnfunktion dabei in den Vordergrund rückt. Bonhoeffer sieht aber in der Chorea die Äußerung einer efferenten Regulationsstörung. Er erklärt die Chorea wie ihre Begleitsymptome, die Ataxie und Hypotonie, durch den Ausfall bewegungsregelnder, vom Kleinhirn ausgehender und über Bindearm, roter Kern und Sehhügel den Zentralwindungen zuströmender Erregungen. Statt eines Hemmungswegfalles nimmt Bonhoeffer an, daß die zentripetalen Erregungen infolge der zumeist teilweisen Bahnunterbrechung nur zum Teil die Großhirnrinde erreichen, zum anderen Teil aber auf dem Wege eines Kurzschlusses in den Ganglien der Haube direkt in die dort abgehenden zentrifugalen Bahnen überfließen und automatische Bewegungen anregen.

Die Antonsche und die Bonhoeffersche Theorie sind die Wurzeln aller weiteren Ansichten, die aber zumeist einseitig entweder mehr die basalen Stammganglien oder das Dentatum-Bindearm-roter-Kern-System bei der Beurteilung der Symptome in den Vordergrund stellen.

Während v. Monakow und nach ihm v. Niessl-Mayendorf und jetzt wieder F. Stern eine veränderte Arbeitsweise der Großhirnrinde unter dem Einfluß subcorticaler, vornehmlich von den basalen Stammganglien ausgehender Mechanismen annahmen, basieren die Folgerungen der meisten neueren Autoren auf der Auffassung der subcorticalen Zentren als dem Sitze primärer motorischer Leistungen.

So stellte C. Vogt 1911 auf Grund des bis dahin in der Literatur gesammelten Materials und von vier selbst untersuchten Fällen ihres Status marmoratus ein Striatumsyndrom auf: Muskelspasmen, choreatische und athetotische Bewegungen, Zittern, Mitbewegungen, Zwangsaffekte ohne sehr starke Steigerung der Sehnenphänomene, ohne echte Lähmungserscheinungen, ohne Hypoplasien der Muskulatur und des Skeletts, ohne wesentliche Störungen der Sensibilität und der Intelligenz bildeten seine Merkmale.

Mingazzini betont 1911 die motorische Eigenleistung des Linsenkerns und teilt ihn bereits in mehrere den einzelnen Körperabschnitten entsprechende Regionen ein, wobei er auch auf die lentikulär bedingte Sprachstörung im Sinne von Dysarthrie und Anarthrie hinweist.

1916 bespricht Brouwer die Lokalisation innerhalb des Striatum und macht besonders auf die bei Erkrankung des Caudatum beobachteten Blasenstörungen aufmerksam. Er meint, daß sich „im Striatum eine Funktionsverteilung vorfindet in dem Sinne, daß im latero-ventralen Teile, also im Putamen und vielleicht auch im Globus pallidus ein Einfluß auf den regelmäßigen automatischen Ablauf der höheren Reflexbewegungen, welche die somatischen quergestreiften Muskeln betreffen, ausgeübt wird, und im mediodorsalen Teile — also im Nucleus caudatus — auf den regelmäßigen automatischen Ablauf der höheren Reflexbewegungen, welche auf die visceralen glatten Muskeln bezug haben."

Wilson weist 1914 und in seinen neueren Arbeiten und Vorträgen dem Striatum + Pallidum nur eine tonische Funktion zu in ähnlichem Sinne wie 1918 v. Economo.

Von besonderer Bedeutung sind die bedeutungsvollen Ausführungen von Kleist und C. und O. Vogt, welche alle uns hier interessierenden Motilitätsstörungen unter einem einheitlichen Gesichtspunkt pathophysiologisch zu beurteilen versuchen. Kleist hat bereits 1908 weitschauend dabei zwischen Akinese und Hyperkinese unterschieden, und 1918 in einem sehr feinsinnig durchgeführten Aufsatz zur Auffassung der subcorticalen Bewegungsstörungen Stellung genommen. Er erklärt die Akinesen, zu denen er auch die tonischen Zustände rechnet, und die Hyperkinesen als entgegengesetzte Krankheitsbilder und fordert für sie eine ungleiche Lokalisation des Krankheitsprozesses. Er führt die hyperkinetischen Erscheinungen mit Anton auf eine Enthemmung zurück und sucht in Weiterentwicklung der Bonhoefferschen Bindearmtheorie die von ihm bei den Striatum-Hyperkinesen supponierte Enthemmung in einer Befreiung des Striatum von dem hemmenden Einfluß des Kleinhirns. Die Akinesen erklärt Kleist zum Teil als afferentkoordinatorische, zum Teil als efferente Störungen, wobei er vornehmlich der Entartung des Pallidum und der Linsenkernschlinge einen bedeutsamen Einfluß einräumt. „Die Unterbrechung der Linsenkernschlinge muß besonders im Verein mit Schädigung des Linsenkernes selbst die Entäußerung von Automatismen unmöglich machen und gleichzeitig den roten Kern von einem durch den Linsenkern ausgeübten regulierenden Einfluß befreien." Den Tremor trennt Kleist als eine zu primitive Bewegungsstörung ganz von den direkten Symptomen des Striatum ab und sieht in ihm eher eine Funktionsstörung der motorischen Haubenzentren, besonders des roten Kerns.

In jüngster Zeit haben C. u. O. Vogt in ausführlichen und grundlegenden Arbeiten, die sich auf ein großes anatomisch untersuchtes Material stützen, eine pathophysiologische Erklärung der hier in Frage stehenden Symptome gegeben, wobei sie das Striatum und Pallidum als die Zentren für primäre Automatismen in den Vordergrund stellen. Nach ihnen vermittelt das Pallidum direkt sehr primitive Automatismen, welche in den ersten Lebensmonaten eine große Rolle spielen. Es handelt sich dabei um die ungehemmten Ausdrucksbewegungen, Gesten, Mitbewegungen, Pulsionen usw. der frühesten Kindheit. Später werden die Pallidumreflexe durch die Striatumfunktionen gezügelt; denn das Striatum stellt nach Bau und Verknüpfungen ein hoch entwickeltes Regulationsorgan dar, welches dem Pallidum übergeordnet ist, in ähnlicher Weise wie die vordere Zentralwindung den motorischen Kernen der Medulla. So ist das Striatum aufzufassen als das Zentrum für das unbewußte Mienen- und Gestenspiel, für automatische Mitbewegungen und Positionsänderungen, für Abwehr- und Schutzreflexe. Striatumautomatismen treten aber auch als elementare Teilbewegungen in die höher koordinierten Cortexbewegungen ein. Striäre Phonationsautomatismen nehmen an der Sprache, andere am Schlucken und Kauen, noch andere an den übrigen Willkürbewegungen teil. Wie Kleist unterscheiden C. und O. Vogt zwischen Akinesen und Hyperkinesen, zu welch letzteren sie neben Athetose und Chorea auch die Hypertonie zählen. Der Tremor wird im Gegensatz zu Kleist als eine striäre Erkrankung aufgefaßt. In beiden Arten von Symptomen erblickt das Forscherpaar gleichwertige Ausdrücke desselben Ausfalls, indem z. B. die Hyperkinesen des Striatum infolge Erkrankung des Striatum oder der striopetalen Bahnen durch Enthemmung des Pallidum entstehen, die Akinesen aber erklärt werden durch das Fehlen von Anregungen des Striatum oder von Ableitungen aus diesem Zentrum.

Nach einer eingehenden Analyse der verschiedenen Striatum- und Pallidumerkrankungen werden unter vornehmlicher Berücksichtigung des Markscheidenbildes in der großen Striatumarbeit C. und O. Vogts zunächst acht besondere Typen aufgestellt, die in dem neuen Vogtschen Buche über „Die Erkrankungen der Großhirnrinde im Lichte der Topistik, Pathoklise und Pathoarchitektonik" folgendermaßen festgelegt sind:

1. Status marmoratus des Striatum. Klinisch: Die angeborene regressive Starre ohne echte Lähmungen mit mehr oder weniger starker Athetose (Littlesche Starre).
2. Stationärer Status fibrosus des Striatum.
    a) Als Teilerscheinung des Bielschowskyschen Typus der cerebralen Atrophie. Klinisch: Athetose (mit Epilepsie und Schwachsinn), als Teilsymptome einer cerebralen Kinderlähmung.
    b) Als Folge einer nachbarlichen Encephalitis des älteren Gehirns. Klinisch: Spastische Hemiplegie, welche die Striatumsymptome verdeckt.
3. Progressiver Status fibrosus des Striatum.
    a) Ohne anschließende schwerere Erkrankungen des Pallidum und ihm nachgeordneter Grisea. Klinisch: Progressive bilaterale Chorea.
        α) Als isolierte Erkrankung. Klinisch: Isolierte Chorea.
        β) Verbunden mit einer diffusen Nervenzellnekrose im übrigen Gehirn, speziell in der 4. Rindenschicht. Klinisch: Huntingtonsche Chorea.
        γ) Als Teilerscheinung der progressiven Paralyse. Klinisch: Chorea, mit anderen Symptomen der progressiven Paralyse.
    b) Mit anschließender schwerer Erkrankung des Pallidum usw. Klinisch: Zunächst Chorea, später Versteifung.
4. Status dysmyelinisatus. Klinisch: Zur Versteifung führende Athetose.
5. Progressive Totalnekrose.
    a) Im Striatum beginnend mit Lebercirrhose. Klinisch: Zum Pallidumsyndrom führendes Striatumsyndrom in der Form von Thomallaschem Torsionsspasmus oder Wilsonscher Krankheit.
    b) Im Pallidum beginnend auf Grund von Kohlenoxyd- und anderen Vergiftungen. Klinisch: Progressive dauernde Versteifung.
6. Status subinflammatorius (Encephalitis).
    a) Encephalitis unbekannter Ursache im Striatum (Westphals Fall Johann Reichardt). Klinisch: Progressives Striatumsyndrom.
    b) Encephalitis epidemica. Klinisch: Striatum- und Pallidumsyndrom.
    c) Sydenhamsche Chorea, vornehmlich Erkrankung des Striatum. Klinisch: Chorea.
7. Status desintegrationis. Klinisch: Die Motilitätsstörungen der Paralysis agitans.
    a) Diffuse Atrophie.
    b) Status cribratus et praecribratus.
    c) Status lacunaris.
    d) Status paradysmyelinisatus.
(Die gleichen Striatum- und Pallidumveränderungen bei schwerer Demenz machen schwere Versteifungen.)
8. Fälle von groben vasculären Herderkrankungen im Striatum des Erwachsenen. Klinisch: Halbseitige Chorea.

Auf Grund ihrer Studien kommen C. und O. Vogt zu der Aufstellung eines Striatum- und Pallidumsyndroms. Das Striatumsyndrom ist im weiteren Ausbau des 1911 von C. Vogt aufgestellten durch folgende Kardinalsymptome charakterisiert: 1. Durch striäre Akinesen; sie äußern sich in der Armut des Mienenspiels, der Mitbewegungen, der Positionsänderungen, der Orientierungsbewegungen, der Schutz- und Abwehrreflexe und ferner vielleicht in einer gewissen Asthenie und Hypotonie der im einzelnen Falle betroffenen Muskeln. 2. Durch den Ausfall einzelner Komponenten der Willkürbewegungen; dies kommt in ihrer allgemeinen Verlangsamung zum Ausdruck und führt speziell zu Pseudobulbärerscheinungen und Brachybasie. 3. Durch Hyperkinesen infolge Enthemmung des Pallidum; diese Hyperkinesen, welche durch periphere Reize und vor allem durch seelische Vorgänge gemütlicher Natur hervorgerufen oder gesteigert werden, zeigen sich teilweise in — vielfach willkürlich für den Augenblick unterdrückbaren — unwillkürlichen Bewegungen. Dahin gehören choreatische Zuckungen, eine eventuell nur als Pseudo-Babinski auftretende Athetose, Spasmus mobilis, Tremor, größtenteils auf gesteigerte Ausdrucksbewegungen beruhende Mitbewegungen, Zwangslachen und Zwangsweinen. Auf anderen Hyperkinesen beruhen länger dauernde hypertonische Zustände, die aber wohl bei reinen Striatumerkrankungen niemals dauernder Natur sind, in spezifischer Form besondere Muskelgruppen bevorzugen oder Agonisten und Antagonisten gleichmäßig befallen, sowie eine gewisse Abnahme der Muskelkraft oder Bewegungsverlangsamung veranlassen. 4. Durch das Fehlen anderer nervöser Störungen; so beobachtet man beim reinen Striatumsyndrom keine Intelligenzstörung, keine Aufhebung der Bauch- und Cremasterreflexe, keinen echten Babinski, keine Steigerung der Sehnenreflexe und keine Asynergie oder Ataxie.

Das Pallidumsyndrom besteht bei beiderseitiger Erkrankung in einer vollständigen Versteifung, oft in ganz vertrakten Stellungen. Ihm liegt eine Enthemmung subpallidärer Zentren zugrunde. Eine einseitige Erkrankung des Pallidum führt zum Striatumsyndrom. Eine schwere anatomische Läsion des Pallidum und eine dadurch bedingte Aufhebung der Pallidumfunktion schließt eine solche des Striatum ein, da ja hierdurch die gesamte Projektionsstrahlung des Striatum gleichfalls ausgeschaltet wird.

Alle diese Erscheinungen werden im wesentlichen als Ausfallssymptome angesehen. Die Existenz einer Bindearmchorea im Bonhoefferschen Sinne wird für nicht erwiesen erachtet, jedoch mit der Möglichkeit ihres Vorkommens gerechnet, wobei die dadurch gesetzten Störungen subthalamischer Zentren den Ausfall striärer Erregungen bedingen und so zu einer substriären Hyperkinese führen. Im ähnlichen Sinne werden auch die Akinesen und Hyperkinesen bei Thalamusaffektionen gedeutet. Schließlich nehmen C. und O. Vogt eine somatotopische Lokalisation im Striatum und Pallidum an, indem sie in den oralen Teil die Articulation, das Schlucken und Kauen im wesentlichen lokalisieren, worauf sich die Vertretung des übrigen Körpers nach hinten anschließt.

1921 hat Stertz in seiner klinisch orientierten Studie über den extrapyramidalen Symptomenkomplex eine pathophysiologische Erklärung der Störungen gegeben, die das Kleinhirn besonders besücksichtigt. Die Erscheinungen werden als dystonisches Syndrom zusammengefaßt, und es wird als Quelle der Regulation des Muskeltonus das Kleinhirn mit seinen motorischen Kernen angesehen. Die Leitung dieser Erregungen erfolgt auf dem Wege der sich kreuzenden Bindearmbahnen zum roten Kern, um zum Teil durch die rubrospinale Bahn direkt dem Rückenmark zuzufließen. Es wird angenommen, daß seitens des Linsenkerns auf diese tonisierenden Erregungen ein hemmender Einfluß ausgeübt wird. So gliedert Stertz das extrapyramidale System in einen afferenten Teil (Kleinhirn-Bindearm-Thalamus) und in einen ableitenden Teil, der in dem Striatum und Pallidum mit seinen Verbindungen gegeben ist. Je nach der Erkrankung der einzelnen Zentren und ihrer Faserverbindungen werden die verschiedenen Symptome und Symptomengruppen des dystonischen Syndroms zusammengefaßt. Dabei wird angenommen, daß das ganze System in irgendeiner Weise im Dienste der gesamten willkürlichen und unwillkürlichen Innervation der Muskulatur steht. Es diene vornehmlich dem zeitlichen Ablauf der Bewegungen, dem prompten An- und Ausklingen der Bewegungen, der Innervationsbereitschaft.

Dann habe ich im gleichen Jahre anläßlich meines Referats über die Pathologie des amyostatischen Symptomenkomplexes auf der 11. Jahresversammlung der Gesellschaft deutscher Nervenärzte eine gedrängte Darlegung meiner Befunde und Ansichten gegeben. Ich bestätigte im wesentlichen die C. und O. Vogtsche Auffassung des Striatum- und Pallidumsyndroms und sah im Striatum und Pallidum motorische Zentren mit für die Bewegung wichtigen Eigenleistungen. Ich betonte die phylogenetischen und anatomischen Tatsachen, die eine weitgehende funktionelle Selbständigkeit und Höherdifferenzierung des Striatum-Pallidumsystems verbürgen gegenüber dem Bindearm-roter Kernsystem, dessen Verletzungen zweifellos ähnliche Störungen bei krankhaften Verhältnissen heraufführen können. Wir müssen annehmen, so setzte ich auseinander, daß wir in den beiden Systemen — dem striopallidären System einerseits und dem Dentatum-roter Kernsystem andererseits — zwei funktionell selbständige Organe vor uns haben, die ganz vornehmlich der Motilität dienen, sich gegenseitig beeinflussen und in ihrer Wirkung ergänzen und verstärken. Der den beiden Systemen zwischengeschaltete Thalamus und Hypothalamus dient diesbezüglich der Verknüpfung der beiden Organe, und der Substantia nigra mit ihren mächtigen Kerngruppen wird dabei gleichfalls eine bedeutsame Rolle zukommen. Ich will hier auf die dort niedergelegten Untersuchungsergebnisse und theoretischen Folgerungen nicht weiter eingehen, da ja die vorliegende Arbeit den weiteren Ausbau der dort nur kurz skizzierten Tatsachen und Ansichten darstellt.

1921 hat auch O. Foerster in einer rein klinisch-symptomatologischen Studie eine sehr feinsinnige pathophysiologische Analyse der striopallidären Bewegungsstörungen gegeben. Er unterscheidet dabei das hypokinetisch rigide Pallidumsyndrom, das athetotische Striatumsyndrom und das choreatische Striatumsyndrom, ferner noch das Crampussyndrom, den Tic und die Myoklonie. Die bis dahin bekannten anatomischen Tatsachen, besonders die diesbezüglichen Untersuchungsergebnisse C. und O. Vogts führen ihn zu folgender Auffassung der einzelnen Zentren und Symptomenkuppelungen:

Das Pallidum ist einerseits innervatorisch tätig, indem es bei Willkürbewegungen corticale Impulse, die ihm auf dem Wege des Thalamus zufließen, zu den Muskeln leitet, Mitbewegungen veranlaßt und verstärkt, bei Bewegungssukzessionen mitwirkt — für Reaktions- und Ausdrucksbewegungen kann es geradezu als die motorische Zentralstelle angesehen werden —, andererseits hemmt das Pallidum die reflektorische Eigentätigkeit des ihm unterstellten cerebellaren Systems, speziell den cerebellar bedingten Dehnungswiderstand der Muskeln, die Fixationsspannung, die stellunggebende Reflextätigkeit des Kleinhirns, den gesamten durch das cerebellare System fließenden, von der Körperperipherie und den Sinnesorganen kommenden und zu den Muskeln zurückkehrenden Dauerstrom. Es hemmt schließlich den von einem noch nicht näher bekannten hypothalamischen Zentrum teils auf Grund zentripetalen Zustroms teils automatisch angeregten plastischen Muskeltonus. Seine Zerstörung führt somit zur Erschwerung der Willkürbewegungen, zu dem Mangel an Mitbewegungen, an Bewegungssukzessionen, an Reaktiv- und Ausdrucksbewegungen einerseits (hypokinetische Komponente), zu erhöhtem Dehnungswiderstand, zur erhöhten Fixationsspannung, zu Haltungsanomalien, zum Tremor, zu erhöhtem plastischen Muskeltonus andererseits (rigide Komponente).Des weiteren spricht Foerster von dem athetotischen Striatumsyndrom, das geradezu das Gegenstück des Pallidumsyndroms darstellt. Es wird auf den Ausfall der vom Striatum auf das Pallidum ausgeübten Hemmung zurückgeführt und als eine groteske Steigerung der dem Pallidum eigenen Reaktiv- und Ausdrucksbewegungen angesehen. Die Athetose tritt nach der Auffassung O. Foersters dann auf, wenn das Striatum in allen seinen Zellelementen gleichsinnig betroffen ist, so daß eine völlige Enthemmung des Pallidum bedingt wird. Wenn nur die kleinen rezeptiven Striatumelemente erkrankt sind, kommt es zum choreatischen Striatumsyndrom. Dabei übt das Striatum noch eine hemmende Tätigkeit auf das Pallidum aus, es erlangt also durchaus nicht die gleiche ungehemmte Eigentätigkeit wie beim totalen Striatumausfall, nur fehlt die dem Striatum von außen her zufließende Anregung zur aktiven Entfaltung der Hemmungsfunktion, es fehlen die Merkmale, nach denen das Striatum die Hemmung normaliter abzustufen und auf die einzelnen Pallidumelemente in verschiedenem Grade zu verteilen hat. Die Hemmung wird also in gewissem Grade noch ausgeübt, aber sie entbehrt der Regulation. Sie greift an falscher Stelle an, hier zu wenig, dort vielleicht zu viel. Es besteht eine Art von Ataxie des Striatum in der Ausübung der Hemmung. Das bringt es mit sich, daß von der Eigentätigkeit, die das gänzlich enthemmte Pallidum entfaltet, nur Bausteine hervortreten. Mit dieser Auffassung steht es auch im Einklang, daß eine Erkrankung der striopetalen Bahnen, sei es im Bereich des Forelschen Feldes, sei es in dem Ursprungsgebiete der striopetalen Bahnen im Hypothalamus, sei es im Bereich der Bindearme, ebenfalls das Bild der Chorea erzeugen kann.

Das Crampussyndrom wird als ein „lokales Athetosesyndrom" aufgefaßt und auf einen isolierten Ausfall bestimmter und inhibitorischer Striatumelemente für einzelne Muskelgruppen zurückgeführt; „dadurch werden die entsprechenden Elemente des Pallidum enthemmt, während die anderen noch der Hemmung unterliegen". Auch die verschiedenen Formen des Tic und des Torticollis sind nach Foerster nur Bausteine des athetotischen Bewegungsspiels und auf eine ganz fokale Zerstörung der den krampfenden Muskeln entsprechenden Striatumelemente zurückzuführen. Bei der Myoklonie werden nur einzelne Muskelteile von plötzlicher Zuckung ergriffen; „wahrscheinlich sind hier die hemmenden Elemente des Striatum nur sehr geringfügig geschädigt; die enthemmte Pallidumtätigkeit geht nicht weiter, als daß bald in diesem, bald in jenem Muskel ein Teil desselben eine kurze klonische Zuckung ausführt".

1922 hat noch G. Bickel die Syndrome der basalen Stammganglien eingehend besprochen, wobei er neben dem Thalamussyndrom das Striatum- und Pallidumsyndrom im Vogtschen Sinne analysiert und dem Striatum und Pallidum rein motorische Funktionen zumißt.

In seinem Buche „Die Lehre vom Tonus und der Bewegung" hat schließlich F. H. Lewy das ganze Problem eingehend erörtert, wobei er besonders in Anlehnung an die physiologischen, klinischen und anatomischen Untersuchungsergebnisse der Paralysis agitans dem gesamten Tonusproblem und den vegetativen Störungen seine Aufmerksamkeit schenkt. Er versucht einen funktionellen Aufbau des vegetativen Systems zu geben und sieht im vegetativen Oblongatakern[1]) die einzelnen Organe und ihre Teilfunktionen repräsentiert, während im Hypothalamus und den zugehörigen höheren Zentren des Infundibulum zusammengehörige vegetative Systeme vertreten seien. Im Streifenhügel, den er als die oberste Instanz des vegetativen Systems anspricht, kommt nach ihm weit über die Einzelhandlung hinaus die Zuordnung der vegetativen Begleiterscheinungen affektiver oder richtiger instinktiver Kollektivhandlungen zustande.

Im Mittelpunkt der Kinese steht auch beim Menschen das Kleinhirn und das Striatum, zu dem die Rinde erst phylogenetisch ganz spät für bestimmte Teilfunktionen hinzutritt. Lewy nimmt an, daß die Innervation des extrapyramidalen motorischen Apparates rückläufig über das Kleinhirn einerseits durch die fronto- und temperopontinen Bahnen, andererseits von der Rückenmarksschaltzelle aus erfolgt, an der die Pyramidenbahn endet. „Kleinhirn, striäres System und Hypothalamus, so führt Lewy aus, kann man sich in ihrer Wirkung etwa vorstellen wie den Akkumulator und Kondensator resp. das Schaltbrett und Regulationswiderstand einer elektrischen Anlage. Das Kleinhirn sammelt auf seiner riesigen Oberfläche einen Vorrat von ihm dauernd zuströmenden Reizen und ermöglicht durch seine Akkumulatornatur erst eine gewisse Stetigkeit der Erregungszuführung, wie z. B. der Kondensator des Saitengalvanometers das Schwanken der Nullinie innerhalb einer gewissen Breite verhütet. Andererseits verhindert das striäre System als der große Erregungsverteilungsapparat durch zweckmäßiges Auseinander- und Zusammenlegen von Groß- und Kleinhirnreizen falsche Bewegungswirkungen in einem Erfolgsorgan, während dem Hypothalamus, ähnlich wie das für die vegetativen Funktionen ausgeführt worden ist, die Regulation und Verteilung der tonischen Erregung zufällt. Das Kleinhirn erhöht die motorische Innervation, das Striatum setzt sie herab." Unter Anwendung des Liepmannschen Apraxieschemas auf die Bewegungen kommt dieser Autor zur Aufstellung einer Bewegungsformel. An ihr lassen sich nach Lewy durch Unterbrechung bestimmter Stellen diejenigen Störungen darstellen, die für die krankhaften Veränderungen der Kinese charakteristisch sind. „Die Trennung der corticalen Verbindung der Innervationsimpulse unter Erhaltung der subcorticalen Teilinnervation gibt ein anschauliches Bild vom Geschehen bei der Hemiplegie, während die Trennung der subcorticalen Anteile bei erhaltener motorischer Rindenverbindung die tabischen Erscheinungen erklärt. Bei den striären Erkrankungen kann man sich dann die Sprengung des Teilinnervationskomplexes vorstellen, wodurch eine Reihe von Teilbewegungen sowie der Ausgleich des Tonus überhaupt nicht mehr zustande kommt. Während diese drei geschilderten Formen der Bewegungsstörung nach dem Prinzip der ideatorischen Apraxie ablaufen, würde die Chorea, die Athetose usw. ein Analogon zur motorischen Apraxie bilden, d. h. der psychische Vorgang würde zwar richtig ablaufen, aber die Extremität würde ihre

---

[1]) Die Befunde von Brugsch, Dresel und F. H. Lewy, nach denen sich nach Pankreasexstirpation in bestimmten Zellgruppen des vegetativen Oblongatakernes eindeutige retrograde Degenerationen nachweisen lassen, können Bornstein und ich nicht bestätigen. (Anm. bei der Korr.)

eigenen Wege gehen, die Teilbewegungen in den einzelnen Muskeln den Gesamtbewegungen nicht mehr entsprechen."

In letzter Zeit haben namentlich französische Autoren, insbesondere Trétiakoff, L'hermitte und Cornil, Foix, auf die Substantia nigra als tonisierendes Zentrum aufmerksam gemacht, eine Auffassung, die auch von K. Goldstein, H. Spatz, Globus und von mir geteilt wird.

Übrigens hatte schon Brissaud 1895 darauf hingewiesen, daß eine Läsion der Substantia nigra das anatomische Substrat des Parkinsonismus bilden könne. Er beschrieb einen Fall von Tuberkel in der Substantia nigra mit den klinischen Erscheinungen einer kontralateralen „Parkinsonschen Hemiplegie". Er hält diesen Kern für ein Zentrum zur Regulation des Muskeltonus. Ausfall dieser Funktion führe zu Steifheit der Muskulatur und zu Störungen der Mimik.

Bemerkenswert sind noch die Ansichten mehrerer Autoren (Jurman, v. Economo, Bechterew), die in der Substantia nigra ein Zentrum für die rhythmischen Schluck- und Kaubewegungen erblicken. Anknüpfend an die Jurmanschen Untersuchungen verfolgte v. Economo von jener Stelle der Stirnhirnrinde aus, von der aus durch elektrische Reizung rhythmische Kau- und Schluckbewegungen auszulösen sind, die zentralen Bahnen des Kau- und Schluckaktes. Mit der Marchimethode wies er nach der Exstirpation des betreffenden Rindenzentrums eine Bahn nach, die im medialen Teil der Substantia nigra ihr Ende findet. Eine zweite Methode, die der schichtweisen Abtragung der Hirnmasse und Verfolgung derjenigen Punkte des Marklagers, von denen aus durch elektrische Reizung jeweils Kaubewegungen hervorgerufen werden konnten, bestätigte das anatomische Resultat. Es befindet sich also in der Substantia nigra, so schließt v. Economo, „das postulierte Zentrum, in dessen Funktion es liegt, auf den Willensimpuls der Hirnrinde die Bewegungskombination des normalen Freßaktes als Ganzes auszulösen. Es ist wohl sehr wahrscheinlich, daß dieses Zentrum auch unabhängig vom Großhirn in Funktion treten kann, denn Tiere, denen das corticale Kauzentrum beiderseits entfernt worden ist, ja Tiere ohne Großhirn vermögen nach kürzerer oder längerer Zeit wieder zu kauen und zu schlucken." 1908 bezeichnet Bechterew die Substantia nigra als das Zentrum, von dem aus koordinierte Impulse an die beim Kauen und Schlucken beteiligten motorischen Bulbärkerne abgegeben werden. Andere Autoren stehen diesen Ansichten jedoch sehr skeptisch gegenüber, und Probst und Langendorff halten die Annahme eines solchen übergeordneten Koordinationszentrums für den Kau- und Schluckakt für überflüssig. Die entsprechenden Hirnnervenkerne selbst seien das Kau- und Schluckzentrum.

B. Klinisch-anatomische Mitteilungen eigener Beobachtungen unter Berücksichtigung der Literatur.

I. Das choreatische Syndrom.

Das choreatische Syndrom sehen wir in seiner reinsten Form bei der chronisch-progressiven Chorea. Es setzt sich nach O. Foerster aus folgenden Komponenten zusammen:

1. Choreatisches Bewegungsspiel in der Ruhe.
2. Herabsetzung des plastischen Muskeltonus.
3. Verminderter Dehnungswiderstand, Überdehnbarkeit der Muskeln.
4. Inkonstante flüchtige Fixationsspannung der Muskeln.
5. Lebhafte Steigerung der Reaktiv- und Ausdrucksbewegungen, geringe Neigung zu tonischer Nachdauer.
6. Ausgesprochene Mitinnervation und Mitbewegungen bei willkürlichen Bewegungen.
7. Unmöglichkeit des Sitzens, Aufsetzens, Stehens und Gehens in schweren Fällen. Ersatz dieser Leistungen durch reaktive Massenbewegungen von choreatischem Charakter.

Dabei ist zu berücksichtigen, daß die verschiedenen Formen der Chorea eine zweifellos verschiedene Ausprägung des Syndroms zeigen. Die Chorea minor ist so zu trennen von jenen typischen Choreaformen der progressiven chronischen Chorea, die uns in ihrer klassischen Ausprägung in der Huntingtonschen Krankheit gegenübertritt. Vom gleichen symptomatologischen Gepräge wie diese vererbbare Krankheit ist die progressive chronische Chorea ohne Vererbung; in der Art der Bewegungsstörungen kommt ihr auch die senile Chorea sehr nahe.

Die Bewegungsstörungen der Chorea minor sind wesentlich schneller und ausfahrender und häufiger von Zuckungen einzelner Muskelgruppen begleitet als jene der Huntingtonschen Chorea und der ihr verwandten Formen, bei denen sie nicht selten in ihrem Ablauf eine gewisse Ähnlichkeit mit der Athetose verraten. Es kommt bei den chronischen Choreakranken zu einem abwechslungsreichen Spiel unwillkürlicher und ungeordneter Bewegungen, die sich in den verschiedenen Muskelgebieten neben- und nacheinander ohne bestimmte Regel abspielen, normalen Mit- und Ausdrucksbewegungen ähneln, aber der Zweckdienlichkeit, Sicherheit in der Ausführung und der adäquaten tonischen Spannung entbehren. Auch die Herabsetzung des plastischen Muskeltonus ist bei der Chorea minor viel ausgesprochener, während man bei den anderen Formen manchmal sogar gewissen hypertonischen Zuständen begegnet. Gewöhnlich treten freilich auch bei der chronisch-progressiven Chorea, wie z. B. in einem Freundschen Falle (Fall 13 des Vogtschen Buches) deutliche Hypotonien in Erscheinung. Ferner fiel mir bei der Huntingtonschen oder chronisch-progressiven Chorea bei genaueren Beobachtungen in relativer Ruhe auf, daß sie in ihrem Mienenspiel eine gewisse Unbeweglichkeit und Leere verraten. Es fehlt ihnen zweifellos der affektbetonte Ausdruck des Gesunden und sie machen daher einen viel stumpferen und psychisch geschädigteren Eindruck, als es bei genauer darauf gerichteten Untersuchungen der Beeinträchtigung ihrer psychischen und intellektuellen Leistungsfähigkeiten entspricht. Ich sehe hierin das Vorliegen einer gewissen Akinese, die bereits von C. und O. Vogt rein theoretisch aus dem anatomischen Bilde erschlossen worden ist. Bei der Chorea minor ist diese akinetische Komponente kaum zu beobachten. Bei beiden Formen kann man nicht selten Bewegungsäußerungen erkennen, die, normalen Zweckbewegungen äußerst ähnlich, als Parakinesen aufzufassen sind.

Unsere Kenntnisse von den pathologisch-anatomischen Veränderungen und deren Lokalisation bei der chronischen Chorea sind noch verhältnismäßig jungen Datums und dennoch können wir heute sagen, daß die pathologische Anatomie der chronischprogressiven Chorea in ihren wesentlichen Punkten festgelegt ist. Eine kritische Würdigung der Literatur hierüber wird erst nach Besprechung meines eigenen Materials folgen. Hier soll nur auf die vorzüglichen Untersuchungen hingewiesen werden, die sich der Jelgersmaschen Veröffentlichung 1908 anschlossen (Alzheimer, P. Marie und L'hermitte, Margulies, Kleist, Pfeiffer, Kiesselbach, Hunt, C. und O. Vogt, Stern, F. H. Lewy, Bielschowsky) und die alle die hochgradige Degeneration des Striatum als das pathologische Substrat der choreatischen Bewegungsstörungen betonen. C. und O. Vogt verdanken wir auch hierüber wichtige Mitteilungen: sie fanden in ihren Weigertserien eine charakteristische Veränderung im Striatum, die sie als den Status fibrosus bezeichnen. In den geschrumpften Kernen erscheint der Markfasergehalt in diffuser Weise vermehrt, dies ist bedingt durch die progressive und elektive Nekrobiose der Ganglienzellen und ihrer Axone im Striatum. Die Markfasern dickeren Kalibers, welche aus der strio-petalen Faserung stammen, bleiben größtenteils erhalten, und hierin liegt die Erklärung, daß das geschrumpfte

Striatum abnorm markhaltig erscheint. An dem Zerfall der Ganglienzellen nehmen nach Vogt und Bielschowsky alle Typen des Striatum Anteil, wenngleich die großen Zellformen im allgemeinen widerstandsfähiger sind als die kleinen. Von Hunt war ja die fast ausschließliche Degeneration der kleinen Ganglienzellen bei der chronisch-progressiven Chorea hervorgehoben worden; freilich identifiziert er dabei die großen Striatumzellen und die Pallidumzellen, was allen anatomischen Verhältnissen, die auch oben eingehender beschrieben wurden, widerspricht.

Meine eigenen Beobachtungen und Untersuchungsergebnisse sind folgende:

1. Huntingtonsche Chorea mit nachgewiesener Vererbung.

Fall I.

Huntingtonsche Chorea.

Die Kranke Freil, Arbeitersfrau, geboren 1859, wurde 1906 in F[1]) aufgenommen.

Vorgeschichte: Der Vater, im Alter von 78 Jahren gestorben, wurde 11 Jahr vor seinem Tode geistesschwach und litt ebenso lange an Zuckungen der Gliedmaßen, konnte schließlich nicht mehr allein essen und mußte verpflegt werden. Die Mutter starb mit 80 Jahren an Altersschwäche. 3 Geschwister leben. Eine Schwester davon hat seit einigen Jahren die gleichen Zuckungen wie der Vater und die Kranke. Eine Schwester starb an unbekannter Krankheit; sonst sind keine besonderen Erkrankungen in der Familie angeblich vorgekommen.

Die Kranke ist seit 23 Jahren verheiratet. Der Mann ist gesund; beide waren nie geschlechtskrank. 5 gesunde Kinder leben, 5 sind klein gestorben an Zahnkrämpfen und Kinderkrankheiten. Die Kranke hat keine besonderen Leiden durchgemacht.

Schon seit einigen Jahren ist die Kranke geistig verändert. Sie beging allerlei Sonderbarkeiten und Verkehrtheiten, vernachlässigte den Haushalt, äußerte gelegentlich Vergiftungsideen; seit derselben Zeit bestehen die Zuckungen, die seit einem Jahre nach dem Aussetzen der Regel schlimmer wurden. Da die Zuckungen sich in der letzten Zeit steigerten und die Kranke häufiger Vergiftungsideen äußerte, sehr schlecht aß und schlief, wurde sie im Juli 1906 nach kurzem vorhergehenden Aufenthalt im Krankenhaus St. Georg hier eingeliefert.

Bei der Aufnahme ist sie sehr unruhig, sträubt sich, wobei die choreatische Unruhe am ganzen Körper stark zutage tritt. Es ist eine kleine Frau im dürftigen Ernährungszustande (40,5 kg). Es bestehen ausgesprochene choreatische Zuckungen am ganzen Körper, auch in der Gesichtsmuskulatur. Die Kranke ist äußerst unbeholfen, kann sich nicht allein ausziehen, nicht essen. Der Gang ist schleudernd; die Kranke neigt dazu hinzufallen. Die Sprache ist häsitierend, schlecht artikuliert und häufig nicht zu verstehen. Die inneren Organe sind ohne wesentliche Besonderheit. Auch am Nervensystem ist nichts Besonderes festzustellen außer sehr lebhaften Sehnenreflexen. Die Pupillen sind ziemlich eng und reagieren prompt.

Die Kranke zeigt ausgesprochene Stimmungsschwankungen, ist zeitweise sehr erregt und gereizt, dann wieder willig, zugänglich und euphorisch. Sie beklagt sich über den Mann, der sie mit Lysol vergiftet und geprügelt und ihr die Zähne und die Augen aus dem Kopf geschlagen habe. Über ihre Vergangenheit macht sie ganz zuverlässige Angaben; bei allen Explorationen wird aber ihre intellektuelle Beschränktheit deutlich. Sie zeigt für nichts besonderes Interesse und ist ohne Einsicht ihren Wahnideen gegenüber. Zeitlich und örtlich ist sie orientiert.

Da die Kranke in den nächsten Monaten sich wesentlich beruhigt, wird sie im September von den Angehörigen nach Hause geholt, um aber nach einigen Tagen wegen erneuter Erregung wieder aufgenommen zu werden. In ihrem Zustande ist sie gleich. Sie äußert dieselben Wahn- und Vergiftungsideen wie früher; will von ihrem Manne nichts mehr wissen; das Essen habe eigentümlich geschmeckt; auch im Kaffee, den ihr ihre Tochter reichen wollte, sei Gift gewesen. Wenn sie sich von ihren zeitweisen Erregungszuständen beruhigt hat, macht sie den Eindruck einer harmlos dementen Kranken, die ohne Affekt ihre Wahnideen

---

[1]) F = Staatskrankenanstalt Friedrichsberg.

äußert. Die Zuckungen haben zugenommen. Ihr Gesichtsausdruck ist blöde. Sie macht einen vorzeitig gealterten Eindruck.

In den nächsten Jahren ändert sich in ihrem Zustande nichts Wesentliches; doch wird die Kranke immer stiller und dementer. Zu spontanen sprachlichen Äußerungen kommt es kaum mehr. Gefragt, äußert sie gelegentlich noch ihre alten Wahnideen, sitzt für gewöhnlich stumm und affektlos herum und fällt nur durch ihre choreatische Unruhe auf. Auch in den Jahren 1911, 1912 und 1913 zeigt die Kranke im allgemeinen das gleiche Bild. Die choreatische Unruhe ist dauernd vorhanden und steigert sich bei irgendwelcher Emotion erheblich. Auch die Gesichtsmuskulatur ist in ständiger Unruhe. Die Zunge kann nicht herausgestreckt werden. Bewegungsaufforderungen sucht die Kranke nachzukommen, jedoch gelingt es ihr wegen der großen Unruhe nicht. Auf Frage antwortet sie auch nur mit Gesten und unverständlichen, abgehackten sprachlichen Lauten; man kann jedoch aus ihrem Gebärdespiel erkennen, daß sie Gegenstände und Personen richtig auffaßt und auch Aufforderungen richtig versteht. Ihr Gang ist sehr unsicher, unter Führung sicherer. Sie kann sich wohl allein an- und ausziehen, wobei jedoch die stark hervortretende choreatische Unruhe sehr stört. In ihrer Stimmung ist sie sehr labil. Sie zeigt gar kein Interesse für ihre Umgebung, murmelt leise vor sich hin und macht den Eindruck einer tief verblödeten Kranken. Die Reflexe sind sämtlich sehr lebhaft. Babinski ist nie nachzuweisen. Der Tonus der Muskulatur ist nicht erhöht. In diesem Zustande bleibt die Kranke auch in den nächsten Jahren. 1914 wird sie immer hinfälliger. Das Körpergewicht sinkt auf 29 kg. Es treten Temperaturen auf und die Erscheinungen einer schweren allgemeinen Tuberkulose, welcher die Kranke im Januar 1915 erliegt.

Zusammenfassung des klinischen Befundes.

Es handelt sich um eine chronisch progressive bilaterale Chorea mit nachgewiesener Vererblichkeit und den charakteristischen psychischen Begleitsymptomen. Die Krankheit begann zwischen dem 40. und 50. Lebensjahre mit choreatischer Bewegungsunruhe, Vergiftungsideen, Gereiztheit und intellektueller Einbuße. Die Sprache ist sehr schwer betroffen. Nach mehr als 10 jähriger Dauer der Krankheit stirbt die Kranke bei unverminderter choreatischer Allgemeinunruhe und bei besonders starker Einbuße des sprachlichen Ausdruckvermögens in tiefer Verblödung und unter den Erscheinungen einer allgemeinen Tuberkulose.

Anatomischer Befund.

Bei der Sektion zeigt sich eine schwere allgemeine Tuberkulose der Lunge, des Darmes und der Mesenterialdrüsen. Bei Eröffnung der Dura entleert sich viel klarer Liquor. Die Pia ist über der ganzen Konvexität ganz leicht verdickt; die basalen Gefäße sind zart. Das Großhirn ist klein, wiegt mit dem Kleinhirn und Hirnstamm 850 g (Hypophysengewicht 0,5 g). Die Windungen sind deutlich geschrumpft mit klaffenden Furchen, besonders auffallend im Stirnhirn. Auf dem Durchschnitt ist die Rinde stark verschmälert, die Seitenventrikel sind erheblich erweitert, mit klarem Liquor. Die basalen Stammganglien, vornehmlich das Caudatum, sind geschrumpft. Auch der gesamte Hirnstamm ist etwas kleiner als normal. Sonst sind makroskopisch keine Veränderungen festzustellen.

Die mikroskopische Untersuchung des Zentralnervensystems ergibt Folgendes:

Die Pia zeigt außer chronischen Bindegewebswucherungen nichts Besonderes, namentlich keine entzündlichen Veränderungen.

Auch im ganzen übrigen Gehirn finden sich nirgends entzündliche infiltrative Erscheinungen; es zeigt sich aber ein schwerer allgemeiner degenerativer Parenchymprozeß, der sich besonders in der gesamten Großhirnrinde und im Striatum offenbart.

Die Großhirnrinde erweist sich auch mikroskopisch gegenüber dem Normalen im allgemeinen um ein Drittel verschmälert, dabei ist der architektonische Aufbau nirgends bis zur Unkenntlichkeit gestört. Mit schwächeren Linsen erkennt man eine allgemeine Zellarmut in der Rinde, sehr häufig Schiefstellung von größeren Ganglienzellen, namentlich in der Lamina pyramidalis und in den untersten Zellschichten, bei deutlich hervortretender äußerer und innerer Körnerschicht, welch letztere im ganzen Gehirn durch ihren Zellreichtum auffällt. An der allgemeinen Verschmälerung der Rinde nimmt die Verkümmerung der drei[1]) untersten Rindenschichten besonders deutlichen Anteil (Abb. 13). Hier sind sehr viele Ganglienzellen ausgefallen. Aber auch die Pyramidenzellschicht ist auffallend verarmt, besonders an kleineren Ganglienzellelementen.

Mit stärkeren Linsen (vgl. auch Abb. 14) erweist sich das Stratum zonale kernreicher durch protoplasmatische Gliawucherungen. Nur die Randzone enthält faserbildende Gliazellen mit einem vermehrten Gliafaserfilz von nicht erheblicher Breitenentwicklung. Die äußere Körnerschicht ist normal. Die dritte Schicht läßt sehr schwere Veränderungen erkennen: Hier besteht ein starker Ausfall von Ganglienzellen, namentlich von kleineren Elementen, so daß es stellenweise zu kleineren Verödungsherden kommt. Kleinere Gliazellen mit zarten protoplasmatischen Ausläufen sind vermehrt anzutreffen, häufig auch zu dreien und vieren zusammengelagert. Die innere Körnerschicht, die mit schwächeren Linsen jeweils einen recht geschlossenen Eindruck macht, erweist sich bei stärkerer Vergrößerung gleichfalls deutlich gelichtet an Ganglienzellen; der Körnerreichtum dieser Schicht ist vornehmlich bedingt durch protoplasmatisch gewucherte, einzeln zerstreut oder in kleinen Häufchen beisammenliegende Gliazellen. Die drei untersten Rindenschichten, die besonders stark gelitten haben, sind im gleichen Sinne wie die Pyramidenzellschicht verändert. Auch hier kommt es nicht selten zu kleineren Verödungsherden.

Das deutlich geschrumpfte Marklager fällt durch seinen Reichtum an dichtgestellten Gliakernen auf.

Abb. 13. Fall I. Granuläre Frontalregion, allgemeine Rindenverschmälerung, besonders schwere Entartung von Lam. V bis VII. Lam. IV von gewucherten Gliazellen durchsetzt. Mark sehr gliakernreich (im Gliafaserpräparat sehr faserreich). Nisslbild. Mikroph. Zeiss-Plan. 20, Ausz. 96.

Was die Intensität der Rindenveränderung in den verschiedenen Arealen angeht, so sind die Veränderungen jeweils im Frontalhirn am ausgeprägtesten, und zwar hier sowohl in der granulären als in der agranulären Frontalzone (vgl. Abb. 13 und 14). Etwas weniger hochgradig ist das Temporal-, Parietal- und Occipitalhirn befallen. Die Area occipitalis (Abb. 15), im ganzen stark verschmälert, erweist sich in den untersten Rindenschichten sehr atrophisch und fällt durch eine gegen die Norm verbreiterte und kernreichere innere Körnerschicht auf (Abb. 15). Auch hier ist es wieder der Reichtum der protoplasmatisch gewucherten Gliazellen, welche die Kernvermehrung ausmachen. Sonst gilt für dieses Rindengebiet das gleiche wie oben ausgeführt.

Eine besondere Erwähnung verdient die Veränderung in der Centralis anterior (vgl. Abb. 16 und 17). In ihrer Breite ist sie gleichfalls um ein Drittel reduziert, wobei sich

---

[1]) Mit C. und O. Vogt teile ich im allgemeinen die Rinde in 7 Unterschichten.

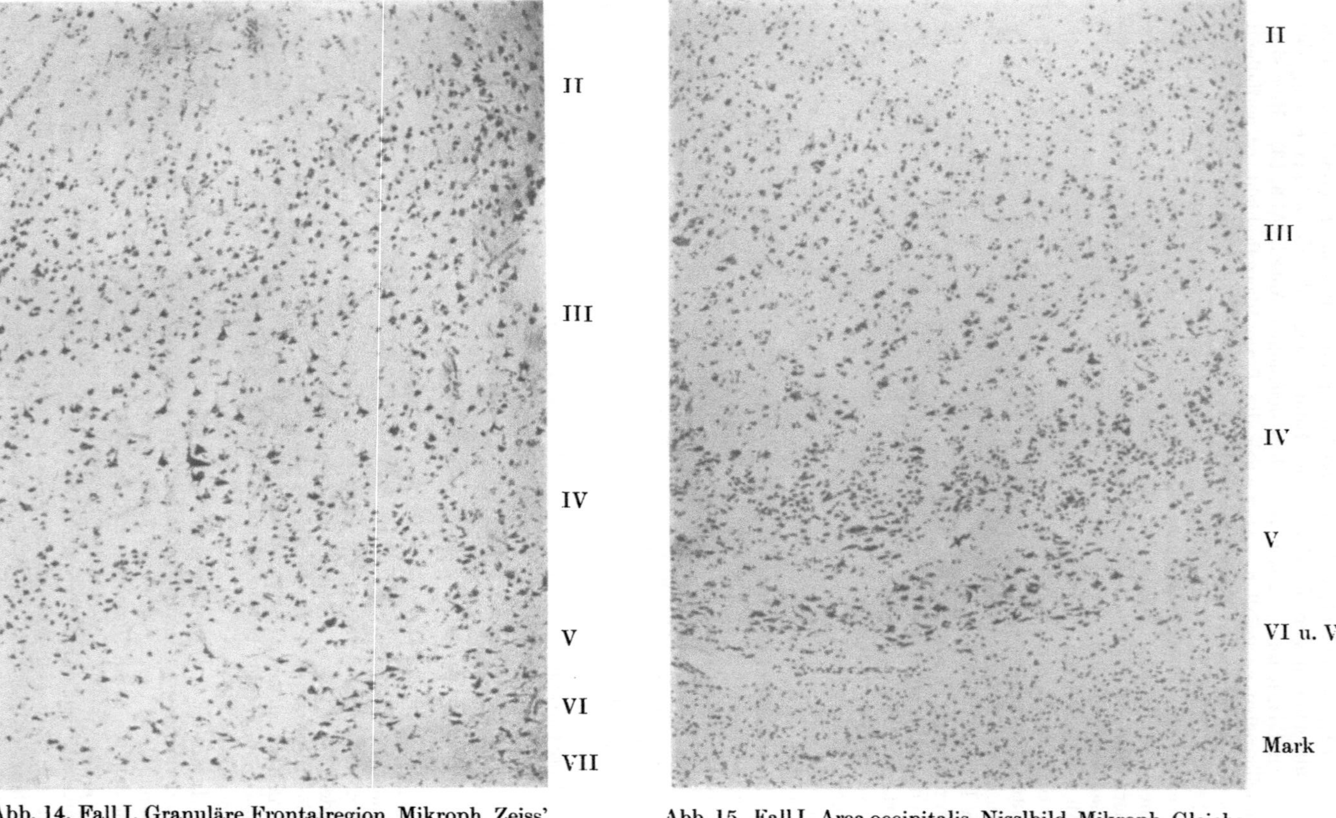

Abb. 14. Fall I. Granuläre Frontalregion, Mikroph. Zeiss'
Apochr. 10 mm. Komp.-Ok. 4, Ausz. 117. Chronische Sklerose der Ganglienzellen, allgemeine Rindenverschmälerung, Ausfälle in Lam. III, besonders schwere Entartung
von Lam. V bis VII. Nisslbild.

Abb. 15. Fall I. Area occipitalis, Nisslbild, Mikroph. Gleiche
Vergr. wie Abb. 14. Chronische Skler. der Ganglienzellen.
Zellausfälle in Lam. III, starkes Hervortreten von Lam. IV,
starke Verschmälerungen von Lam. V bis VII mit Ver-
ödungsherd (x) in Lam. V, Mark abnorm gliakernreich. (Im
Mark bei Gliafaserfärbung ein starker Gliafaserfilz.)

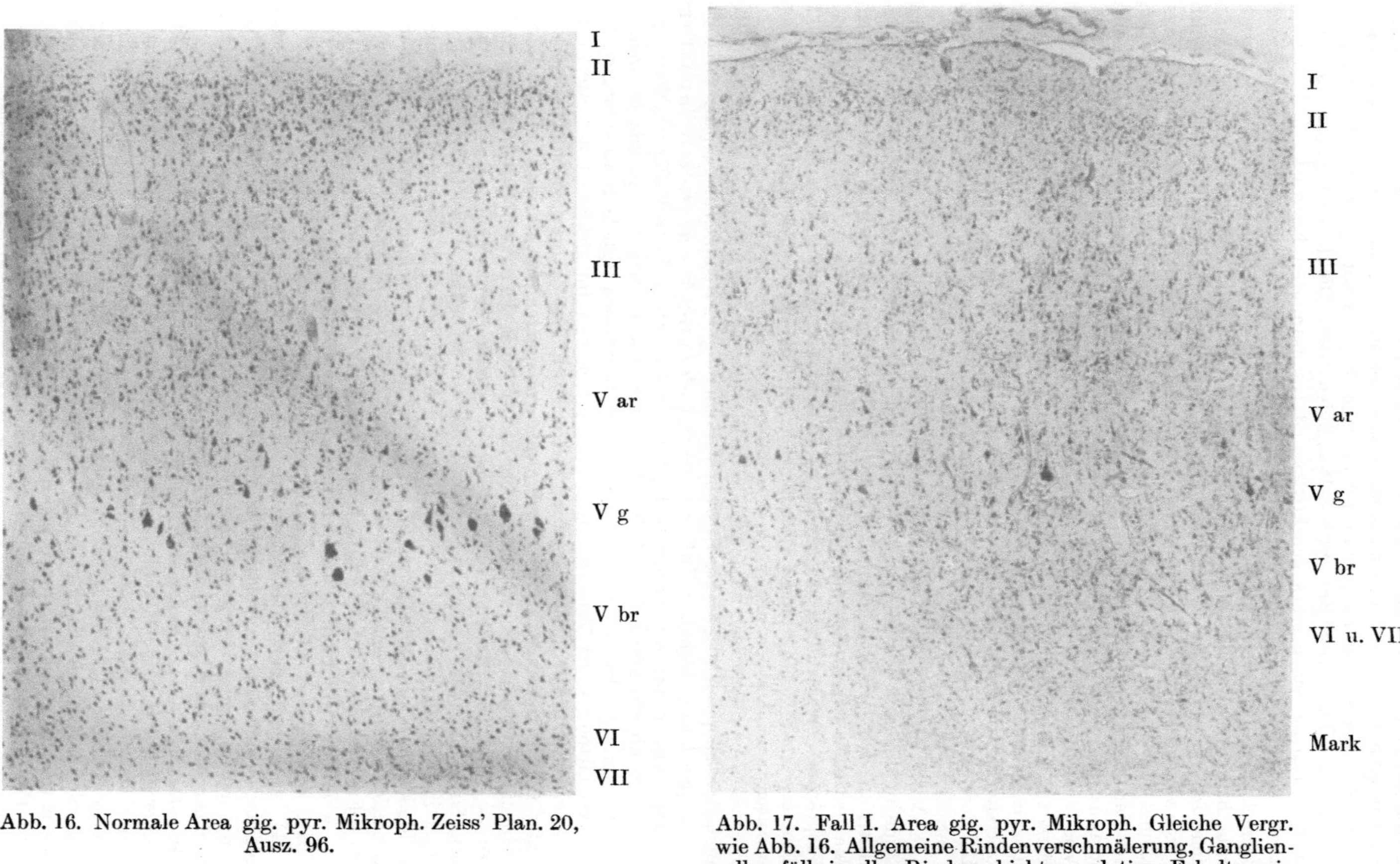

Abb. 16. Normale Area gig. pyr. Mikroph. Zeiss' Plan. 20, Ausz. 96.

Abb. 17. Fall I. Area gig. pyr. Mikroph. Gleiche Vergr. wie Abb. 16. Allgemeine Rindenverschmälerung, Ganglienzellausfälle in allen Rindenschichten, relatives Erhaltensein von Lam. V g, Pseudokörnerschicht in Lam. V ar. Nisslbild.

an der Übergangszone von Lam. III und V (*V ar*) eine deutliche Pseudokörnerschicht zeigt, wiederum bedingt durch protoplasmatische Gliawucherung. An diese gliöse Pseudokörnerschicht schließt sich die Lamina giganto pyramidalis (*V g*) an mit etwas an Zahl gelichteten und chronisch geschrumpften Beetzschen Pyramidenzellen. Die darauffolgenden Ganglienzellschichten machen einen stark gelichteten und geschrumpften Eindruck.

Die feineren Veränderungen, die sich histologisch an den Ganglienzellen verraten, sind im allgemeinen die der chronischen Sklerose (vgl. Abb. 14). Die Ganglienzellen sind stark geschrumpft, besitzen im Nisslbilde einen sich dunkel färbenden Protoplasmaleib mit häufig korkzieherartig geschlängelten Fortsätzen und dunklen geschrumpften Kernen. Daneben finden sich vereinzelte Ganglienzellen in fettig wabiger Degeneration oder im Stadium akuter Schwellung. An den kleineren Ganglienzellen der Rinde, deren Zahl stark verringert ist, erkennt man häufig eine Blähung des Zellkernes, verbunden mit einem hell sich färbenden Protoplasmaleib.

Wie schon betont, ist die Gliareaktion ganz allgemein eine protoplasmatische, und zu kräftigeren gliösen reaktiven Veränderungen wie Gliarosetten u. dgl. ist es so gut wie nirgends gekommen, ebensowenig zu einer Gliafaservermehrung in der Rinde mit Ausnahme der äußersten Zonalschicht. Ab und zu lassen sich zarte Gliafasern auch noch in Lam. II und III darstellen; in dem Marklager sind entsprechend der Schrumpfung die Gliafasern stark vermehrt.

Die Darstellung der Abbauprodukte läßt kleinere lipoide Tropfen im Gliaprotoplasma der Rinde in diffuser Verteilung und etwas größere Ansammlung von lipoiden Abbauprodukten in den Gefäßlymphscheiden und den Gefäßwandelelementen erkennen. Auch die Ganglienzellen tragen hin und wieder reichlichere Fettstoffe in sich, ohne daß aber das Fettpräparat ein irgendwie charakteristisches Gepräge diesbezüglich annimmt.

Eine besondere Gefäßveränderung außer leichten fibrösen Wandverdickungen ist nicht nachzuweisen; von Gefäßen abhängige Herdbildungen fehlen gänzlich.

Die schon makroskopisch deutliche Atrophie der basalen Stammganglien zeigt sich auch mikroskopisch in charakteristischer Veränderung. Auf Markscheidenpräparaten erkennt man eine hervorstechende Volumenverminderung des gesamten Caudatum und Putamen, wobei die vorderste Hälfte des Caudatum in auffälligster Weise geschrumpft und abgeflacht ist (vgl. Abb. 18 und 19). Die Fissura strio-pallida ist weniger deutlich, wie im normalen Bilde zu erkennen. Auch hier fehlen jegliche Herdbildungen, und die feineren histologischen Veränderungen haben sich hier im gleichen Sinne wie in der Rinde entwickelt, aber in unverkennbar schwererer Form. Auf Weigertschen Markscheidenpräparaten fällt im ganzen Striatum die Verarmung an den feineren Markfasern auf, während in den Innenteilen der geschrumpften Gebiete — also gegen die innere Kapsel und das Pallidum zu — die dicke striopallidäre Faserung in reicherer Entwicklung auffällt (Abb. 19 und 20). So ist hier der Vogtsche Status fibrosus in schönster Weise entwickelt.

Auch im Nisslbilde erweist sich das Striatum als der Sitz schwerster Veränderungen. Der architektonisch gut gegliederte Aufbau des Striatum mit seinem Reichtum an kleinen Ganglienzellen und regelmäßig eingestreuten größeren Ganglienzellelementen (Abb. 2) ist aufs schwerste betroffen. Die kleinen Ganglienzellen sind fast völlig ausgefallen, während die großen Ganglienzellen in vermehrter Menge das Bild beherrschen (Abb. 21). Zwischen ihnen treten die geschlossenen weißen Markbündel deutlich hervor (Abb. 21). Auch eine relative Gefäßvermehrung ist unverkennbar. Diese architektonischen Veränderungen sind entsprechend dem Markscheidenausfall in der vordersten Hälfte des Caudatum am hochgradigsten entwickelt, in etwas geringerem Maße in der vordersten Hälfte des Putamen, um nach hinten zu an Intensität abzunehmen.

Mit stärkeren Vergrößerungen erkennt man, daß nicht alle kleinen Ganglienzellen völlig ausgefallen sind, manche von ihnen liegen noch in geschrumpftem Zustande im Gewebe, wobei ganz vornehmlich der Protoplasmaleib stark atrophisch ist, sich diffus körnig färbt, während der Kern etwas gebläht erscheint. Derartige Veränderungen sind gegen die Striatummitte hin mit zunehmender Häufigkeit anzutreffen. Auch die großen Ganglienzellen können nicht als normal angesehen werden, sie färben sich im ganzen dunkler als normal, sind im Kern und Protoplasmaleib geschrumpft, wobei letzterer häufig einen zerrissenen Eindruck macht. Der Kern ist zumeist randständig, jedoch deutlich gezeichnet (Abb. 22).

Trotz dieser schweren Parenchymdegeneration wird eine stärkere reaktive Gliawucherung vermißt. Das geschrumpfte Gebiet ist reicher an kleinen Gliazellen mit deutlicher Kern-

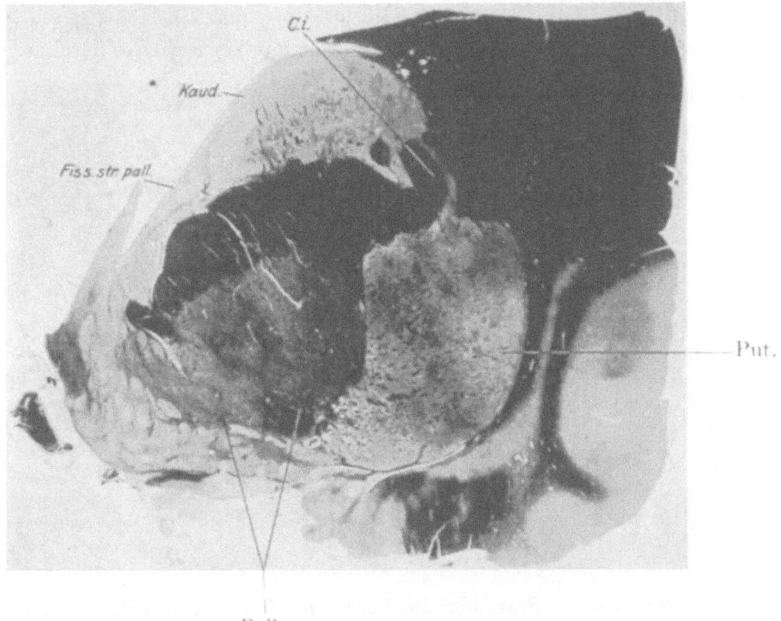

Abb. 18. Normales Caudatum, Putamen und Pallidum im Markscheidenpräparat. Photogr.

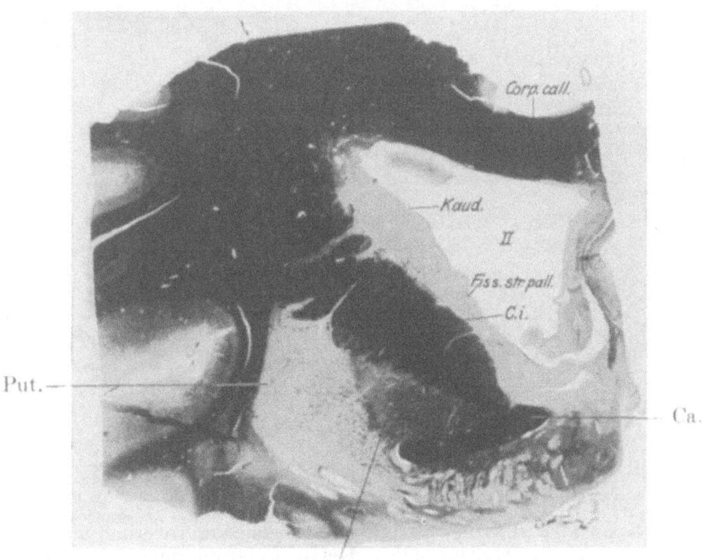

Abb. 19. Fall I. Schnitthöhe und Vergr. wie Abb. 18. Caudatum- und Putamenschrumpfung. Caudatum abgeflacht ohne besonders charakteristische Formveränderung. Fissura striopallida nicht deutlich zu erkennen. Stat. fibr. im Put. Leichte Markscheidenaufhellung im Außenglied des Pallid. Caps. int. (*Ci*) relativ verbreitert, Commiss. ant. (*Ca*) normal. Seitenventrikel (*II*) erweitert. Photogr.

zeichnung und zarten Protoplasmaausstrahlungen (Abb. 22). Hin und wieder trifft man auch Gliakerne, die etwas größer und gelapptförmig sind, aber nirgends zeigen sich deutliche Ansätze zu Gliafaserbildung, wie auch die Gliafaserpräparate ein negatives Resultat geben. Mit

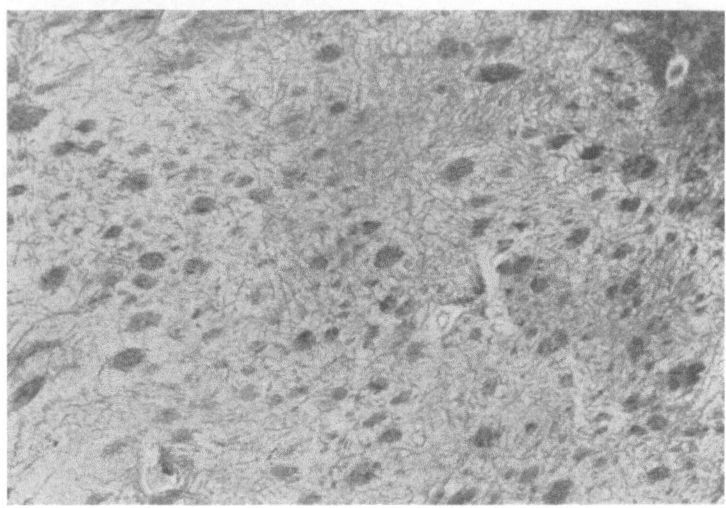

Abb 20. Fall I. Stat. fibr. im Putamen bei stärkerer Vergrößerung.
Markscheidenbild. Mikroph.

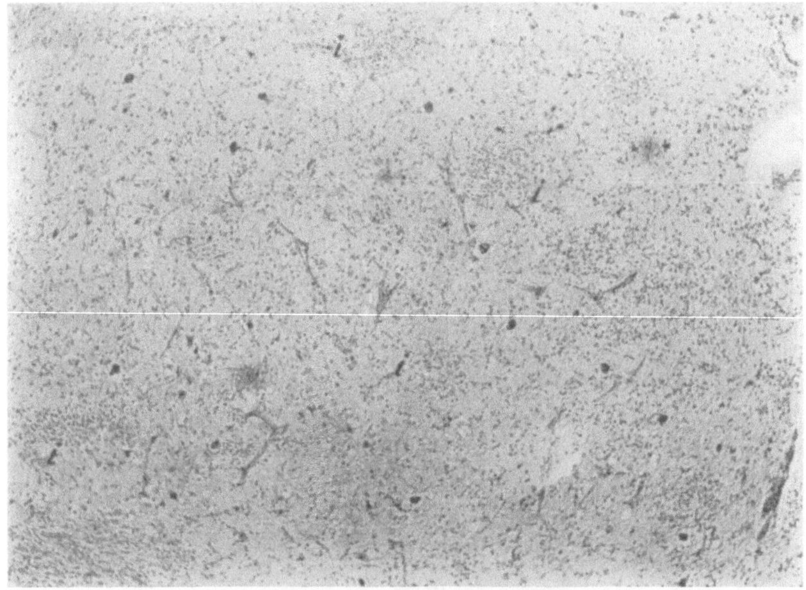

Abb. 21. Fall I. Striatum im Nisslbild bei gleicher Vergrößerung wie Abb. 2.
Untergang der kleinen Striatumzellen. Relative Vermehrung der an sich geschrumpften großen Striatumzellen. i = Markinseln. Mikroph.

Protoplasmafärbung läßt sich ein sehr engmaschiges Gliareticulum feststellen. In dem gliösen Protoplasma finden sich feinere Fetttröpfchen in geringer Menge, ohne daß es aber zu einer diffusen Verfettung des Parenchyms gekommen wäre. Im allgemeinen enthalten diese Striatumteile noch weniger Abbauprodukte als die Rinde. Besondere Konkremente sind nicht zu finden.

Die Gefäße, die in relativ vermehrter Menge auffallen, zeigen keine Sprossungsvorgänge, sondern nur leichtere Wandveränderungen im Sinne von Fibrose. In ihren Lymphscheiden liegen erhebliche Mengen lipoider Abbauprodukte.

Das Pallidum nimmt zweifellos auch an dem allgemeinen Schrumpfungsprozesse des Gehirns Anteil, erweist sich aber im Markscheidenpräparat außer einem deutlichen Ausfall an feineren Fasern und einer mäßigen Verkümmerung der Lamella pallidi externa (Abb. 19) nicht charakteristisch verändert. Im Nisslbilde fallen nur entsprechend der allgemeinen Schrumpfung die etwas dichter gestellten Ganglienzellen auf, die aber keine schwereren Veränderungen histologisch aufweisen. Das gleiche gilt für den gesamten Thalamus und Hirnstamm, wo viele der großen Zellgruppen des Thalamus reichlichere lipoide Einlagerungen zeigen[1]). Der Luyssche Körper ist beiderseits verkleinert, aber markfaserreich. Der rote Kern und die Bindearme sind normal, ebenso die Substantia nigra.

Das Kleinhirn und das Dentatum ist im wesentlichen normal. Strangdegenerationen sind nirgends nachzuweisen, insbesondere sind die Pyramidenbahnen völlig intakt.

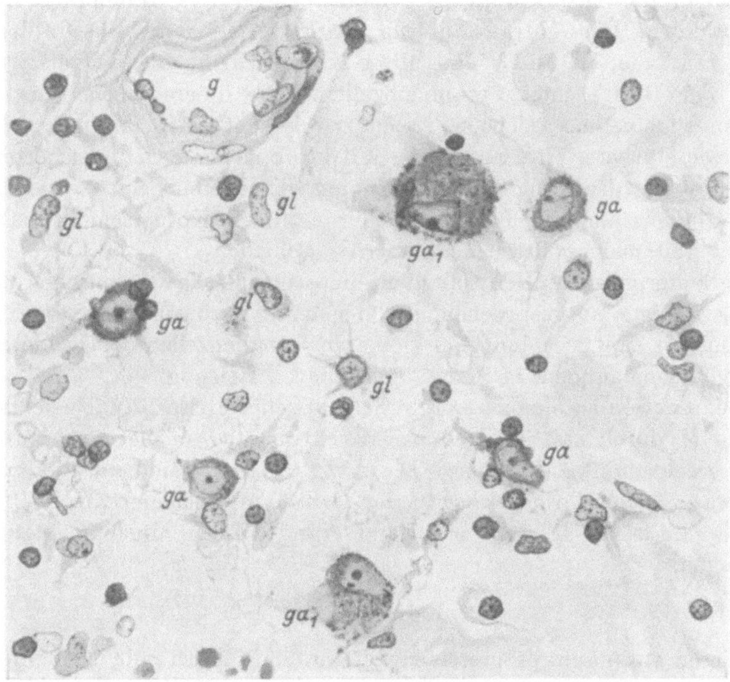

Abb. 22. Fall I. Veränderung des mittleren Teiles des Caudatum bei stärkerer Vergrößerung im Nisslbilde. Zeiss' Öl-Imm. $^{1}/_{12}$. Komp.-Ok. 4. Zeichnung. Degenerationserscheinungen an den kleinen (*ga*) und den großen (*ga*₁) Striatumzellen. *gl* = Gliakerne, *g* = Gefäß.

Zusammenfassung des anatomischen Befundes.

Das makroskopisch äußerst geschrumpfte Gehirn läßt mikroskopisch einen reinen degenerativen Parenchymprozeß erkennen, der in erster Linie das gesamte Striatum befallen hat, in zweiter Linie die Hirnrinde. Vom Striatum hat die orale Hälfte weitaus mehr gelitten als die hintere, und besonders schwer ist die vordere Hälfte des Caudatum affiziert. In dem stark geschrumpften

---

[1]) Es ist dies ein Befund, der sich in dieser Form fast regelmäßig in den Gehirnen älterer Individuen zeigt.

Striatum ist der Status fibrosus von C. und O. Vogt deutlich zu erkennen, während im Nisslbilde die hochgradige Entartung dieser Stammganglienteile an kleinen Ganglienzellen, die weitgehende Verarmung an solchen Elementen bei relativem Erhaltensein der großen Ganglienzellen klar hervortritt. Auch die übrigen Teile der basalen Stammganglien wie der ganze Hirnstamm sind geschrumpft, wobei vornehmlich noch die Verkleinerung der Luys-schen Körper auffällt und eine Verarmung des Pallidum an feineren Fasern; aber besonders ausgesprochene Entartungen sind in diesen Gebieten nicht festzustellen.

Die gesamte Hirnrinde und das Marklager sind gleichfalls geschrumpft. Auch hier zeigen sich prinzipiell die gleichen Veränderungen wie in dem schwerst betroffenen Striatum. Die Rinde aller Gegenden ist hochgradig verarmt an Ganglienzellen, ganz vornehmlich an den kleineren Elementen, wobei das Stirnhirn besonders schwer erkrankt ist, etwas weniger das Temporal-, Parietal- und Occipitalhirn. Die Centralis anterior, stark verschmälert, weist in der Übergangszone von Lam. III und V eine gliöse Körnerschicht auf, bei relativem Erhaltensein der Beetzschen Pyramidenzellen. Die innere Körnerschicht tritt in allen Rindengebieten, welche sie normalerweise enthalten, besonders deutlich hervor infolge stärkerer Untermischung mit protoplasmatisch gewucherten Gliazellen und infolge der Ganglienzellverarmung der dritten Schicht und der drei untersten Rindenschichten. Letztere und die innere Körnerschicht haben im allgemeinen weit mehr gelitten als die dritte Schicht.

Die Veränderungen an den Ganglienzellen sind die der chronischen Sklerose und, etwas weniger ausgesprochen, die der fettig wabigen Degeneration. An den erheblich an Zahl verminderten kleineren Ganglienzellen der Rinde erkennt man häufig Erscheinungen im Sinne der primären Reizung.

Die Gliareaktion ist eine zart protoplasmatische. In der Rinde zeichnen sich Lam. I und II durch stärkeren Gliafaserreichtum aus, in viel ausgesprochener Weise das geschrumpfte Marklager. Die Abbauprodukte sind im gliösen Protoplasma etwas vermehrt, reichlicher in den Gefäßlymphscheiden anzutreffen. Es finden sich nur leichte fibröse Gefäßwandveränderungen, nirgends entzündliche Erscheinungen.

Epikrise.

Bei dieser chronisch progressiven bilateralen Chorea mit nachgewiesener Vererblichkeit und charakteristischen psychischen Begleitsymptomen zeigt sich ein besonders schwerer Parenchymprozeß im Striatum und im Cortex cerebri. Bei relativem Erhaltensein der großen Striatumzellen sind die kleinen ausgefallen oder hochgradig entartet, bei Ausprägung des Status fibrosus C. und O. Vogts im Markscheidenbilde. Hierin ist offenbar der anatomische Ausdruck der choreatischen Bewegungsstörung zu erblicken, während wir in den Rindenveränderungen das Substrat der psychischen Störungen sehen.

Ich bringe im folgenden einen zweiten Fall von Huntingtonscher Chorea, dessen Vererblichkeit ebenfalls nachgewiesen ist. Er ist insofern bemerkenswert, als er nur leichtere Bewegungsstörungen und geringgradige psychische Veränderungen aufwies und verhältnismäßig früh nach den ersten Anzeichen des Leidens einer interkurrenten Krankheit erlag.

Er bietet so Gelegenheit, die anatomischen Veränderungen in ihrer Entwicklung besser zu übersehen. Der Fall ist von Herrn Dr. Meggendorfer klinisch beobachtet worden, dessen klinischen Aufzeichnungen ich folgendes entnehme:

Fall II.

Huntingtonsche Chorea: Früh- und Abortivfall mit Parakinesen.

Der Kranke Vorster, 1863 geboren, wird im Alter von 59 Jahren der offenen Station von F. überwiesen.

Seine Mutter ist bereits mit 49 Jahren gestorben, zeigte noch keine choreatische Bewegungsstörungen, dagegen litt ihre Schwester an Chorea und der Vater der Mutter an Chorea. Von seinen 9 Kindern leben nur noch 4, die gesund sind.

Seine Krankheit machte sich erst mit 58 Jahren bemerkbar, er hatte hauptsächlich keinen Halt mehr in den Knien, er bemerkte dann, daß seine Glieder unruhig wurden und hatte dabei das Gefühl, als ob alles durcheinander ginge. Er hatte viel Streit mit seiner Frau und wurde besonders wegen seiner Unverträglichkeit dem Krankenhaus zugeführt. Früher bestand Bieralkoholismus, in der letzten Zeit trank er keinen Alkohol mehr, Lues wird negiert.

Hier zeigt sich eine leichte, aber in allem charakteristische choreatische Unruhe: Insbesondere wird der Kopf in fast regelmäßigen Abständen nach rechts gewendet, es werden häufig ruckweise Bewegungen mit den Schultern ausgeführt, die Hände pro- und supiniert, geöffnet und geschlossen, die Finger zeigen eine beständige Unruhe, bald Beugung, bald Streckung, die Bewegungen erinnern in etwas an Athetose. Die oberen Extremitäten werden ruckweise zum Kopf gehoben und dann wieder heruntergeschleudert, beim Sitzen bemerkt man an den Knien eine beständige Unruhe, der Gang ist breitspurig, wobei der Körper nach vorn geneigt ist; der Kranke stottert etwas und seine Sprache ist vielfach schwer verständlich. Neben der echten choreatischen Unruhe konnte man auch häufig Parakinesen (Greifen nach dem Gesicht, Mundwischen u. dgl.) beobachten und nicht selten machte der Kranke mehr den Eindruck eines „zappeligen" nervösen Menschen mit zahlreichen Reaktivbewegungen als den eines Choreatikers. Der Muskeltonus zeigt keine besonderen Abweichungen, zeitweise ist eine gewisse Hypotonie deutlich. Sonst sind keine körperlichen Anomalien nachzuweisen.

Ebenso wie die choreatische Bewegungsstörung eine dem Grade nach sehr wenig ausgesprochene ist, so daß sich der Kranke mit kleineren Arbeiten fleißig und gut beschäftigen, auch z. B. Karten spielen kann, ebenso leicht und dennoch charakteristisch ist die psychische Veränderung: Sie äußert sich vornehmlich in starker gemütlicher Übererregbarkeit, in dem Gefühl des Versagens, in einer gewissen Umständlichkeit, in einer deutlichen Beeinträchtigung der Auffassung, in einer Beeinträchtigung des Erwerbs neueren geistigen Eigentums, in einer gewissen Interesselosigkeit seinem Leiden und seiner Umgebung gegenüber und in dem gelegentlichen Äußeren von Beziehungsideen.

Der Zustand bleibt im allgemeinen gleich und der Kranke stirbt 8 Monate nach der Krankenhausaufnahme, also nicht ganz 2 Jahre nach deutlichem Ausbruch des Leidens, an einem Erysipel.

Anatomische Untersuchung.

Bei der Sektion fand sich eine Myodegeneratio cordis und bronchopneumonische Herde.

Das Gehirn, das 2 Stunden nach dem Tode seziert wurde, bot normalen Windungstypus mit nur angedeuteten Windungsverschmälerungen (Hirngewicht 1270 g, Dura 60 g, Schädelinhalt 1420 ccm, Hypophysengewicht 0,5 g).

Auf Frontalschnitten durch das Gehirn zeigt sich eine deutliche Erweiterung der Seitenventrikel mit Schrumpfung des Caudatum und Putamen um ungefähr ein Drittel des gewöhnlichen Volumens. Sonst sind makroskopisch keine Veränderungen festzustellen.

Die mikroskopische Untersuchung ergibt folgendes:

Die Pia zeigt nur chronische Bindegewebswucherungen mäßigen Grades.

Die Rinde ist in ihrem architektonischen Aufbau im allgemeinen nur sehr wenig gestört. Ganglienzellausfälle sind in den obersten drei Schichten nicht sicherzustellen, wohl aber solche in den untersten Rindenschichten von der inneren Körnerschicht an. Auch sie halten sich in verhältnismäßig engen Grenzen, führen aber in zahlreichen Rindenarealen zu einer immerhin erheblichen Verschmälerung der unteren Rindenschichten, be-

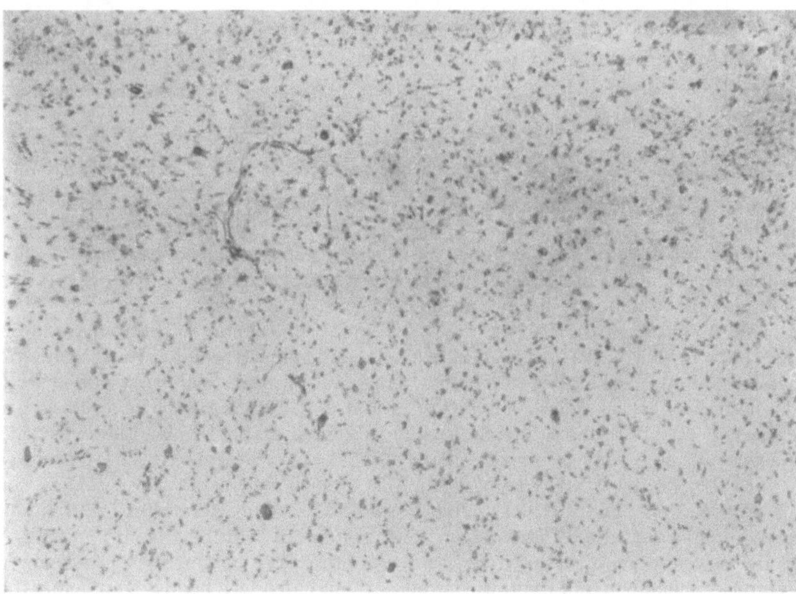

Abb. 23. Fall II. Striatum (orales Drittel des Putamen) im Nisslbild. Mikroph. bei gleicher Vergrößerung wie Abb. 2. Relative Vermehrung der gut erhaltenen großen Striatumzellen; deutlicher Ausfall der kleinen Striatumzellen, doch weniger hochgradig als im Falle I. Vgl. Abb. 21. Gefäße normal.

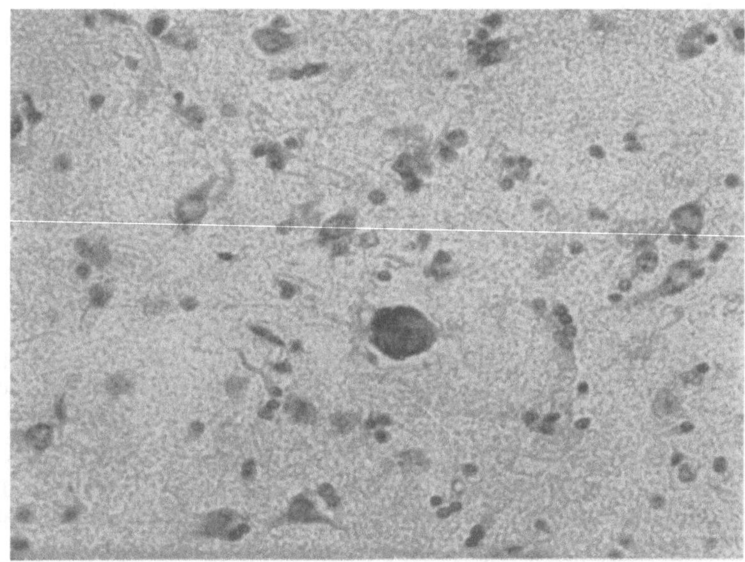

Abb. 24. Fall II. Striatum im Nisslbild bei stärkerer Vergrößerung. Mikroph. Gut erhaltene große Ganglienzellen, die kleinen Ganglienzellen z. T. ausgefallen, z. T. mit geblähten Kernen und deutlichen Fortsätzen. Dazwischen zahlreiche faserbildende Gliazellen mit mittelgroßen Kernen und mäßig kräftigem Plasma.

sonders im Stirn- und Temporalhirn; die inneren Körnerschichten treten gegenüber der Norm deutlicher hervor.

Mit stärkeren Linsen erkennt man, daß hier eine Degeneration sämtlicher Ganglienzellelemente vorliegt, die, an sich in ihren einzelnen Formen nicht charakteristisch, zu einem erheblichen Ganglienzellausfall geführt hat. Die Entartung der kleinen Ganglienzellen ist noch etwas stärker betont als jene der großen. Die Gliakerne sind ganz allgemein in diesen Rindenteilen vergrößert, bieten reichlichere Protoplasmaausstrahlungen und sind in ihrem Protoplasma häufig mit zarten lichtbrechenden Granulae angefüllt. Eigentlichen Astrocytenformen begegnet man nur ausnahmsweise. Fettpräparate ergeben einen vermehrten Reichtum an lipoiden Abbauprodukten in solchen Arealen, sowohl in den Ganglien als besonders im Gliaprotoplasma. Die lipoiden Stoffe stellen sich dar als ganz feine Körnelungen. Abgerundete Körnchenzellen sind nirgends festzustellen. Gliafaserpräparate zeigen eine leichte feinfaserige Vermehrung des faserigen Grundgewebes in gleicher Lokalisation an.

Besondere Gefäßwandveränderungen sind nicht zu beobachten, abgesehen von vermehrten lipoiden Abbauprodukten in den Gefäßwandzellen. Eine Gefäßvermehrung fehlt.

Die vordere Zentralwindung ist im gleichen Sinne verändert, wobei wieder das Erhaltensein der drei obersten Zellschichten besonders auffällig ist. Die Entwicklung einer Pseudokörnerschicht zwischen Lamina III und V ist nur an einzelnen Stellen angedeutet, doch zeigt sich gerade in entsprechender Lokalisation ganz allgemein eine lebhaftere kleinzellige Gliareaktion. Die Beetzschen Pyramidenzellen sind gut erhalten.

Durchaus charakteristische und schwere architektonische und histologische Veränderungen bietet das gesamte Striatum. Hier sehen wir im Prinzip die gleichen Erscheinungen wie im Fall I, nur daß der kleinzellige Degenerationscharakter noch deutlicher betont und die Schwere der anatomischen Läsion bei weitem nicht so ausgesprochen ist wie dort (Abb. 23). In jedem Gesichtsfelde ist die vermehrte Anzahl der großen Ganglienzellen auf den ersten Blick überraschend, während das Zwischengewebe vornehmlich durch den Reichtum an kleinen Gliazellen sich auszeichnet.

Mit stärkeren Linsen (Abb. 24) erkennt man, daß die kleinen Striatumzellen nur zum Teil ausgefallen sind, sämtlich aber sich in verschiedenen Degenerationsstadien befinden. Ich habe keine einzige kleine Ganglienzelle gesehen, die als normal anzusprechen wäre. Es handelt sich auch hierbei um die gleichen einfachen Entartungsvorgänge, wie sie im Falle I beschrieben sind. Der Protoplasmaleib schwindet, wird granulär, und die Kerne machen häufig einen geblähten Eindruck. In dem zarten Protoplasmaleib liegen feine lichtbrechenden Substanzen, die auch die Fortsätze anfüllen, welch letztere häufig nur durch solche Erscheinungen zur Darstellung ge angen. Ab und zu begegnet man auch diffusen Anfärbungen der Ganglienzellfortsätze, die dann in abnormer Weise weithin sichtbar sind. Gerade auf letztere Erscheinung hat F. H. Lewy hingewiesen. Nach allem handelt es sich um ein langsam progredientes Absterben von Ganglienzellen ohne stärkere gliöse Begleiterscheinungen im Sinne von Trabantzellwucherungen oder Gliarosettbildungen. Ein Ausfall an großen Ganglienzellen ist nicht sicherzustellen, doch erweisen auch sie sich durchschnittlich als mehr oder weniger verändert im Sinne der chronischen Sklerose.

Schon im Nisslbilde fällt der vermehrte Reichtum an kleinen Gliazellen auf, die in fast gleichmäßiger Entwicklung das ganze Striatum durchsetzen. Ihre Kerne sind gegen die Norm etwas vergrößert, in einzelnen Exemplaren begegnet man auch gelapptkernigen Formen. Der Protoplasmaleib ist etwas vergrößert und reichlich gestippt. Zwischen solchen protoplasmatischen Gliawucherungen liegen kleine Astrocyten mit verhältnismäßig kleinem Zelleibe und langen faserigen Fortsätzen. Es sind dies jene Formen, die Bielschowsky in seinen Fällen regelmäßig gefunden hat. Es ist aber zu betonen, daß hier im Nisslpräparate derartige Zellformen nur selten anzutreffen sind. Gemästete Gliaformen fehlen. Protoplasmatische Gliafärbungen ergeben auch hier wieder ein stark verdichtetes Gliareticulum, das in diesem Falle eine deutliche Versteifung durch feine Gliafasern erfahren hat. Auch die Gliafaserpräparate zeigen das Grundgewebe ausgefüllt von einem feinfaserigen Gliagerüst (Abb. 25), dessen einzelne Fasern nur zum Teil mit Gliazellkörpern deutlich im Zusammenhang stehen, zum Teil aber als freie Emanzipationen erscheinen. Eine eigentliche Verfilzung tritt nicht ein.

Die fettigen Abbauprodukte sind zweifellos vermehrt, man trifft feintropfiges Fett in den kleinen Ganglienzellen, besonders aber im Protoplasma der protoplasmatisch gewucherten und faserbildenden Glia. Körnchenzellentwicklungen fehlen gänzlich, auch in den Gefäßlymphscheiden ist nur wenig Fett zu finden. Die Eisenpräparate geben hier wie in den übrigen Fällen keine nennenswerten Befunde, nur findet sich etwas vermehrtes Abbaueisen im Gliaprotoplasma in Form feinster Körnelungen.

Das Gefäßsystem bietet nichts Charakteristisches.

Fibrillenpräparate zeigen einen zweifellosen Ausfall an feinen Achsenzylindern an, ebenso wie die Markscheidenpräparate einen deutlichen aber verhältnismäßig gering ausgesprochenen Status fibrosus aufweisen.

Konkrementbildungen in der Art der Corpora amylacea sind nur im Caudatum zu finden.

Das Caudatum weist etwas schwerere Veränderungen auf als das Putamen. Das gesamte Striatum ist viel weniger hochgradig verändert als im ersten Falle. Das gesamte Pallidum, der Thalamus, der Luyssche Körper, die Substantia nigra, das Kleinhirn mit dem Dentatum wie der Pons und die Medulla oblongata und spinalis erweisen sich bei der histologischen Untersuchung als völlig frei von irgendwie wesentlichen Veränderungen. (Die Serienverarbeitung der rechten Stammganglienhälfte auf Weigertpräparaten ist noch in Vorbereitung[1]), doch habe ich von sämtlichen in Betracht kommenden Gegenden Orientierungsschnitte im Spielmeyerschen Markscheidenpräparate untersucht und nur Veränderungen im Striatum im obigen Sinne festgestellt.) Die Pyramidenbahnen sind intakt.

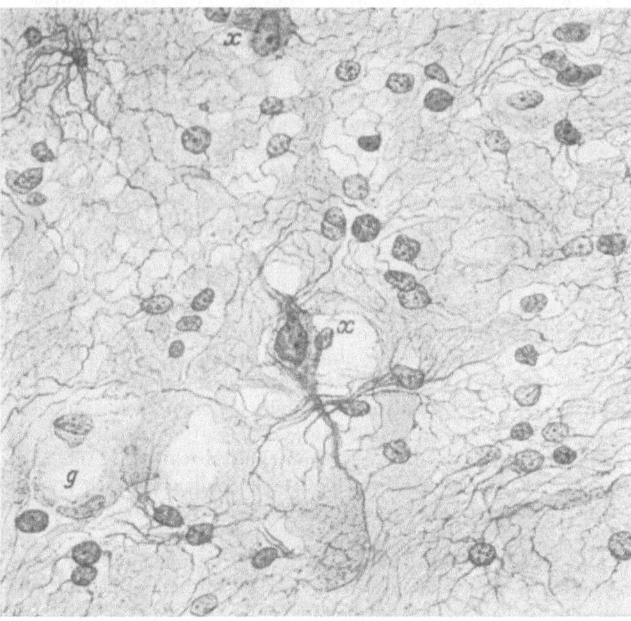

Abb. 25. Fall II. Feinfaserige Gliawucherung im Striatum. x = große Striatumzellen. g = Gefäß. Kleine Ganglienzellen fehlen. Weigertsches Gliafaserpräparat. Zeichnung bei Zeiss' Öl-Imm. $^{1}/_{12}$. Komp.-Ok. 4.

Epikrise.

In diesem typischen Falle bilateraler Huntingtonscher Chorea, der ungefähr 2 Jahre nach Ausbruch des Leidens an einer interkurrenten Krankheit starb und bei dem sich die klinischen Erscheinungen, sowohl die Bewegungsunruhe als die psychischen Störungen in verhältnismäßig leichter Entwicklung zeigten, findet sich anatomisch neben einer im Stirn-, Temporalhirn und der vorderen Zentralwindung besonders betonten Degeneration der inneren Körnerschicht und drei untersten Rindenschichten mit der Andeutung einer Pseudokörnerschicht der Centralis anterior eine recht charakteristische, auf das Striatum beschränkte Degeneration. Sie äußert sich in einem progredienten Untergang der kleinen Striatumzellen bei leichter chronischer Entartung der großen Ganglienzellelemente, in einer diffusen feinfaserigen Gliawucherung, in einer Verdichtung des protoplasmatischen Gliareticulum, in einer Ver-

---

[1]) Die Serie ist inzwischen bearbeitet; sie zeigt in der Tat nur Veränderungen im Striatum: hochgradige Schrumpfung des Caudatum, etwas geringere des Putamen, mit Ausbildung eines deutlichen Status fibrosus. (Anm. bei der Korr.)

mehrung feintropfiger lipoider Abbauprodukte in der gewucherten Glia und in dem Vogtschen Status fibrosus im Markscheidenbilde.

Die Veränderungen beschränken sich hier an In- und Extensität weit mehr als im ersten Falle auf die genannten Gebiete, wobei noch zu berücksichtigen ist, daß der völlige Ausfall an kleinen Ganglienzellen im Striatum weniger stark hervortritt als in jenem Falle, und die großen Striatumzellen gleichfalls noch besser erhalten geblieben sind.

In diesen gradweisen Unterschieden sehe ich zugleich die anatomische Basis für die Intensitätsunterschiede der klinischen Störungen in beiden Fällen, besonders auch für das auffällige Zurücktreten der choreatischen Unruhe gegenüber der Betonung von Parakinesen im letzten Falle.

Von besonderer Wichtigkeit scheint mir noch die Hervorhebung folgender Tatsachen:

Im Falle II sehen wir eine so gut wie ausschließliche, auf die innere Körnerschicht und die drei untersten Rindenschichten sich beschränkende Degeneration der Großhirnrinde, ein Befund, der auch im 1. Falle deutlich, aber zum Teil verwischt war durch ähnliche Degenerationsvorgänge in den obersten Schichten, namentlich in Lamina III. Wir dürfen daraus schließen, daß die Entartung der drei untersten Rindenschichten und der inneren Körnerschicht als im gewissen Sinne pathognomisch für die Huntingtonsche Chorea angesehen werden muß. Ich betone die Übereinstimmung mit ähnlichen Befunden C. und O. Vogts.

Die kleinen Ganglienzellen der Rinde scheinen im allgemeinen, wie es auch F. H. Lewy betont, eher und hochgradiger zu erkranken als die großen, doch kann von einem ausschließlichen Befallensein der kleinen Ganglienzellen der Rinde nicht gesprochen werden.

Dagegen ist der kleinzellige Charakter der Ganglienzelldegeneration im Striatum gerade in dem letzten Falle derart betont, daß er die ähnlich liegenden Verhältnisse im ersten Falle besonders unterstreicht. Es kann keinem Zweifel unterliegen, daß die kleinzellige Striatumdegeneration bei relativer Verschonung der großen Striatumganglienzellen bei allen pathophysiologischen Erklärungsversuchen der choreatischen Bewegungsstörung in erster Linie zu berücksichtigen ist. Auch diese Tatsache ist bereits von Hunt, C. und O. Vogt, Bielschowsky und F. H. Lewy anatomisch festgelegt und gewürdigt worden. C. und O. Vogt und Bielschowsky betonen aber, daß von einer elektiven Schädigung der kleinen Zelltypen, wie dies vornehmlich Hunt annimmt, keine Rede sein könne, denn auch die großen Exemplare erwiesen sich quantitativ und qualitativ mehr oder weniger mitbefallen. Die Huntsche Auffassung muß insofern zurückgewiesen werden, als Hunt die großen Striatum- und die Pallidumzellen histologisch und funktionell identifiziert, was den tatsächlichen Verhältnissen widerspricht. Wenngleich ich mit den genannten Autoren nur eine relative Verschonung der großen Striatumzellen annehmen kann, so möchte ich doch aus den oben angeführten Gründen und den sich weiterhin ergebenden Tatsachen den kleinzelligen Ganglienzellcharakter der Striatumdegeneration bei der Huntingtonschen Chorea mit besonderem Nachdruck hervorheben.

Bemerkenswert sind noch die Unterschiede der **Gliareaktion** in beiden Fällen. Während in dem letzteren Falle, der eine leichtere und frischere Erkrankung darstellt, die Gliafaserneubildung im Striatum betont ist, gelang in meinem ersten Falle der Gliafasernachweis nicht. Es ist dies um so auffallender, als **Bielschowsky** in allen seinen Fällen eine deutliche Gliafaservermehrung feststellen konnte; nach ihm kann das Astrocytenstadium auch nach langer Krankheitsdauer noch in fast vollkommener Reinheit bestehen. **Alzheimer** spricht bei seinen Untersuchungen gleichfalls nur von einer Verdichtung des Gliareticulum. Ob hier nur Material- und Färbungsschwierigkeiten vorliegen, wie es **Bielschowsky** annimmt, wage ich noch nicht zu entscheiden.

Die Untersuchungsergebnisse der obigen Fälle werden unterstützt durch die folgenden Ausführungen.

2. Chronisch-progressive Chorea ohne nachgewiesene Vererbung.

Fall III.

Der Kranke Kemnitz, Heizer, geboren 1869, wird 1905 in F. aufgenommen. Seine Ehefrau gibt folgendes an:

Der Kranke habe mehrere Geschwister, von denen er der Jüngste sei. Von Zitterkrankheiten in der Familie wisse sie nichts. Seit 1892 mit dem Kranken verheiratet, habe sie 6 Kinder im Alter von 13—3 Jahren[1]). Das älteste Kind bleibe geistig zurück. Keine Abgänge. Der Kranke sei von jeher reizbar gewesen, sei kein Trinker, von Geschlechtskrankheiten sei nichts bekannt. Er sei in den letzten 3—4 Jahren sehr reizbar geworden. Seit ungefähr 2 Jahren sollen die Zuckungen am ganzen Körper des Patienten bestehen; in letzter Zeit sollen sie sehr zugenommen haben. Seit 1904 habe der Patient daher nur noch vorübergehend in der Fabrik gearbeitet. Die Erregungszustände seien seitdem häufiger und heftiger gewesen. Patient habe sich häufig an ihr vergriffen, so daß sie jetzt die Aufnahme veranlaßt habe. In der letzten Zeit seien auch die Sprache und die Schrift sehr undeutlich geworden.

Der **körperliche Befund** ergibt bei normalen inneren Organen am Nervensystem im wesentlichen folgendes:

Die Stirn ist in starke Querfalten gelegt. Der Gesichtsausdruck ist leer. Die Pupillen sind mittelweit, etwas entrundet; die Reaktion auf Licht ist ungenügend. Die Augenbewegungen sind frei; kein Nystagmus. Die Zunge wird ungeschickt hervorgestreckt und gerät dabei in unwillkürliche ruckartige Bewegungen. Lähmungen bestehen nicht. Die Sensibilität ist in Ordnung. Es besteht kein Romberg; keine Ataxie, keine Hypertonie. Der Gang ist sicher; beim Stehen, Sitzen und Liegen werden geringe, aber deutliche choreatische Zuckungen im Gesicht, der Zunge und der gesamten Extremitätenmuskulatur beobachtet, besonders an den Händen, den Fingern und den Zehen. Diese Zuckungen steigern sich bedeutend bei irgendwelcher Emotion. Im Schlafe hören sie völlig auf. Die Sprache ist ungeschickt, schwerfällig, ohne artikulatorische Störung. Die Reflexe sind lebhaft, ohne Klonus und ohne Babinski. Die Schrift ist ausfahrend, zitterig.

Der Kranke ist zeitlich und örtlich orientiert und gibt über seine Vorgeschichte im wesentlichen das gleiche an wie seine Frau. Von ähnlichen Störungen in der Familie wisse

---

[1]) Ein günstiger Zufall hat uns über die **Krankheitsschicksale dieser Kinder** näher unterrichtet. Zur Zeit befindet sich auf der hiesigen offenen Station Meggendorfers das 23 jährige dritte Kind in Behandlung mit den deutlichen Zeichen einer **leicht entwickelten bilateralen Chorea**. Die anamnestischen Nachforschungen Herrn Dr. **Meggendorfers** ergaben folgendes: Das oben erwähnte älteste Kind litt an Imbezillität, starb in der Staatskrankenanstalt Hamburg - Langenhorn; bei der Kranken fiel eine eigenartige Steifigkeit auf (das Gehirn wurde leider zur Untersuchung nicht konserviert). Das zweite Kind ist normal, das dritte Kind zeigt starke psychopathische Züge, Alkoholintoleranz, und ist zur Zeit verschollen; das vierte Kind ist die Patientin mit seit einem Jahre bestehender leichter Chorea, das fünfte Kind bleibt geistig etwas zurück und **zittert bei allen Kleinigkeiten**, das sechste Kind leidet an einer **Augen- und Nervenkrankheit. So ist Fall III der echten Huntingtonschen Form mit Vererbung** zuzuzählen. (Anm. b. d. Korr.)

er nichts. Seine Stimmung ist indifferent; er zeigt kein Interesse für die Tagesereignisse. Seine intellektuellen Leistungen sind sehr mäßig. Im allgemeinen ist er still und ruhig und wird nur zeitweise heftig, auch manchmal beim Besuche seiner Frau.

Nach vorübergehenden Entlassungen aus der Anstalt wird der Kranke immer wieder anstaltspflegebedürftig wegen schwerer Erregungszustände, allmählicher Steigerung der choreatischen Bewegungsunruhe und deutlicher Einbuße der intellektuellen Fähigkeiten. Die Untersuchungen von Blut und Liquor (1910) sind negativ. In den Jahren 1910/1915 bleibt der Kranke dauernd in der Anstalt, die choreatische Bewegungsunruhe des ganzen Körpers ist sehr stark, die Sprache ist völlig unverständlich, er stößt nur noch unartikulierte, schluchzende Laute aus. Die Abnahme der intellektuellen Fähigkeiten besteht dauernd fort, er bekommt häufig Erregungszustände. Er wird immer hilfloser, ist psychisch äußerst reduziert, gleicht einem völlig verblödeten Paralytiker und stirbt 1915 bei hochgradigem Marasmus.

Zusammenfassung der Krankengeschichte.

Es handelt sich um eine chronische progressive bilaterale Chorea, ohne nachgewiesene Vererbung und mit gleichzeitigem Auftreten ebenfalls progressiver psychischer und Sprachstörungen. Die Krankheitsdauer ist ungefähr 12 Jahre. Der Kranke stirbt im Alter von 46 Jahren. Die Ätiologie ist unbekannt.

Anatomischer Befund.

Bei der Sektion ergibt sich, neben einer ausgedehnten Bronchopneumonie, im Gehirn im wesentlichen folgendes: Es besteht ein deutlicher Hydrocephalus externus, die Pia ist über der ganzen Konvexität leicht verdickt. Die Windungen sind deutlich geschrumpft, das Gehirngewicht beträgt 1200 g. Die basalen Gefäße sind zart, die Rinde ist verschmälert. Die Seitenventrikel sind erweitert, die basalen Stammganglien sind besonders stark geschrumpft. Das Ependym aller Ventrikel ist zart, nirgends sind herdförmige Störungen festzustellen.

Bei der mikroskopischen Untersuchung zeigen sich im wesentlichen die gleichen Veränderungen wie im Falle I.

Auch hier handelt es sich um einen rein degenerativen Parenchymprozeß, der sich im Striatum durch hochgradige Degeneration und Ausfall der kleinen Ganglienzellen bei relativem Erhaltenbleiben der großen Ganglienzellen offenbart; im Markscheidenbilde zeigt sich ein deutlicher Status fibrosus bei allgemeiner Schrumpfung dieser grauen Teile. Die übrigen basalen Stammganglien, der Luyssche Körper, der Hirnstamm, das Kleinhirn mit dem Dentatum sind frei von sekundären Faserdegenerationen und schwereren Parenchymveränderungen. Für die Gehirnrinde gilt das gleiche wie im Falle I, nur daß hier der Krankheitsprozeß weitaus am meisten das Stirnhirn befallen hat und die Schrumpfung des Marklagers nicht so stark ausgesprochen ist. Die vordere Zentralwindung ist wie im Falle I verändert bei gut erkennbarer gliöser Pseudokörnerschicht an der Grenze zwischen Lamina III und V. Die Gliareaktion ist eine zart protoplasmatische. Stärkere Gefäßerscheinungen fehlen. Die Abbauprodukte sind in den besonders befallenen Gebieten deutlich vermehrt, namentlich in den Gefäßlymphscheiden, während in den Ganglienzellen nur verhältnismäßig wenig lipoide Stoffe auftreten; die vorherrschende Ganglienzelldegeneration ist die der chronischen Sklerose.

Epikrise.

Auch bei dieser chronisch progressiven bilateralen Chorea mit den charakteristischen psychischen Begleiterscheinungen ohne nachgewiesene Vererbung [1] und ohne erkennbare Ätiologie zeigt sich als anatomisches Substrat die gleiche Veränderung im Zentralnervensystem wie im ersten Falle bei weniger ausgesprochener makroskopischer Schrumpfung des Gesamtgehirns. Im Vordergrunde steht die Erkrankung des Striatum in seinem kleinzelligen Anteile. In der Rinde hat das Stirnhirn am meisten gelitten mit besonderer Bevorzugung der drei untersten Rindenschichten und der inneren Körnerschicht. Ähnlich schwer und charakteristisch verändert ist die vordere Zentralwindung bei relativ gut erhaltenen Beetzschen Zellen.

---

[1] Vgl. Fußnote S. 66.

Fall IV.

Chronisch-progressive Chorea mit Psychose nach Gelenkrheumatismus.

Die Kranke Hering, Arbeiterswitwe, geboren 1859, wird Januar 1911 vom hiesigen Werk- und Armenhaus in F. aufgenommen wegen choreatischer Zuckungen, Verfolgungsideen und Erregungszuständen. Die Stieftochter der Kranken macht folgende Angaben: Von den Eltern der Kranken weiß die Referentin nichts; sie hatte nur einen Bruder, der an Darmkrebs gestorben ist und eine Schwester, die als Kind starb. Von Bewegungsstörungen, Zuckungen u. dgl. in der Familie ist nichts bekannt. Der Mann der Kranken, dessen Kind die Referentin ist, trank viel, soll Delirium tremens gehabt haben und ist vor 4 Jahren gestorben. Die Kranke hat 3 Töchter, die 15, 17 und 22 Jahre alt sind. Die 22jährige Tochter ist oft niedergeschlagen; niemals heiter, sonst sind Nerven- oder Geisteskrankheiten in der Familie nicht bekannt. Die Kranke hatte vor ungefähr 14 Jahren Gelenkrheumatismus; seit dieser Zeit ist Patientin in ihrem Wesen verändert, mißtrauisch, häufig aufgeregt, faßt alles gegen sich gerichtet auf. Die Zuckungen begannen vor 7 Jahren allmählich und nahmen immer mehr zu. Seit einigen Tagen war die Kranke wegen der Zuckungen und häufig einsetzender Erregungszustände im Werk- und Armenhaus.

Die körperliche Untersuchung der Kranken ergibt keinen krankhaften Organbefund. Es bestehen keine Lähmungen; die Reflexe sind ohne wesentliche Besonderheiten. Es besteht kein Babinski. Ausgesprochene choreatische Zuckungen und allgemeine Unruhe fallen im Kopfe, in der Gesichtsmuskulatur und in den Armen auf, während sie in den Beinen geringer sind. Der Gesichtsausdruck ist leer, bei häufigem Grimassieren. Der Tonus der Muskulatur ist nicht erhöht (bei dem Zustande der Kranken nicht genau zu prüfen). Die Sprache ist undeutlich, abgerissen, stoßweise. Die Zunge kann dabei gerade, ohne Zittern herausgestreckt werden. Der Gang ist etwas unsicher. Die choreatische Bewegungsunruhe steigert sich, wenn man sich mit der Kranken beschäftigt, bei allen psychischen Reizen, namentlich sobald sich die Kranke beobachtet fühlt. Wenn sie unbeobachtet im Bett liegt, hört die Unruhe zeitweise ganz auf. Psychisch macht die Kranke einen vorgeschrittenen schwachsinnigen Eindruck. Sie ist euphorischer Stimmung, lacht viel und lehnt in alberner Weise häufig die Auskunft ab; sie ist zeitlich und örtlich orientiert, erzählt viel von Verfolgungs- und Vergiftungsideen und hat akustische Halluzinationen. Über ihr Vorleben ist so gut wie keine Auskunft zu erhalten. Sie berichtet nur, daß sie nach einem Gelenkrheumatismus die Zuckungen bekommen habe, und daß sie deshalb ins Werk- und Armenhaus gekommen sei. Warum sie von dort hierher verlegt worden, weiß sie nicht recht anzugeben. Sie sagt aus, daß man ihr im Werk- und Armenhaus häufig Gift eingegeben habe. Sie hört häufig Stimmen, die ihr alle möglichen Aufforderungen zurufen, daß sie Gift einnehmen solle u. dgl. „Es ist in allen Zeitungen bekannt, daß ich umgebracht werden soll." „Meine Ohren sind sehr fein, ich höre alles." Auf die Frage, warum sie dabei so vergnügt sei, meint sie: „Was soll man anderes machen!" Sie bekommt häufiger Erregungszustände, bei denen ihre Zuckungen sich besonders verstärken. Sie hat keine adäquaten Affekte, lacht häufig, während sie schimpft, gelegentlich behauptet sie, schwanger zu sein von einem Arzt des Werk- und Armenhauses. Der Zustand bleibt im nächsten Jahre im wesentlichen gleich; nur wird die choreatische Bewegungsunruhe stärker. Sie kann nicht mehr allein essen und muß gefüttert werden. Auch die Erregungszustände werden häufiger. Sie ist fast andauernd leicht erregt, zerreißt die Wäsche, schimpft und droht und schlägt auch zuweilen andere Mitkranke. Der psychische und neurologische Befund bleibt auch 1913 derselbe. In den letzten Monaten 1913 zeigen sich die Erscheinungen einer perniziösen Anämie und die Kranke stirbt kachektisch im Dezember 1913.

Zusammenfassung des klinischen Befundes.

Bei dieser Kranken, welche mit 38 Jahren einen Gelenkrheumatismus durchgemacht hat und seitdem angeblich eine Wesensveränderung im Sinne paranoider Einstellung und nervöser Reizbarkeit zeigt, begann im Alter von 45 Jahren eine allmählich zunehmende bilaterale choreatische Bewegungsunruhe mit gleichzeitig einsetzenden Erregungszuständen. Bei fortschreitendem psychischen Verfalle, wobei die Orientierung erhalten bleibt, Verfolgungs-, Vergiftungsideen und akustische Halluzinationen im Vordergrunde stehen, und bei deutlicher Zunahme der allgemeinen choreatischen Bewegungsunruhe stirbt die Kranke 8 Jahre nach dem Ausbruch der Krankheit unter den Erscheinungen einer perniziösen Anämie.

Anatomischer Befund.

Die Sektion bestätigt die Annahme der perniziösen Anämie (Milztumor, Leber-, Darm- und Knochenmarkveränderung).

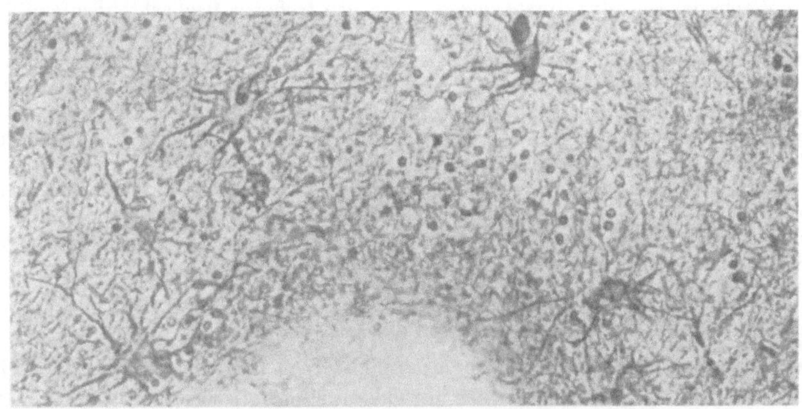

Abb. 26. Fall IV. Kräftige faserbildende Gliazellen (Astrocyten) im Striatum, Bielschowsky-Präparat. Mikroph. bei stärkerer Vergrößerung.

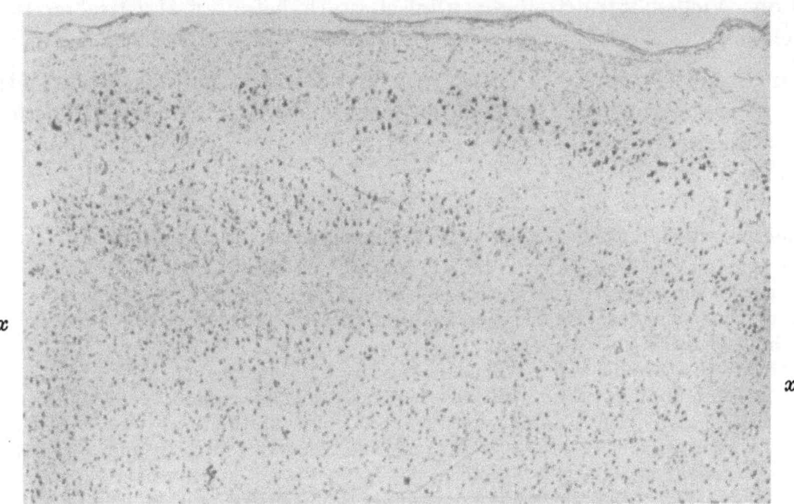

Abb. 27. Fall IV. Laminäre Degenerationserscheinungen $(x-x)$ in der Subiculargegend. Nisslbild. Mikroph.

Das Zentralnervensystem zeigt folgenden Befund: Das Schädeldach ist dick mit wenig Diplöe. Die Dura ist normal. Bei ihrer Eröffnung entleert sich viel Liquor. Die Pia ist zart und überall gut durchscheinend. Das Gehirn ist klein und in seinen Windungen deutlich atrophiert, namentlich im Stirnhirn. Das Gehirn wiegt 1055 g. Die basalen Gefäße sind zart. Auf dem Durchschnitt ist die Gehirnsubstanz blaß. Auch die Rinde ist überall, insbesondere im Stirnhirn, deutlich verschmälert. Die Seitenventrikel sind stark erweitert mit klarem Liquor. Das Ependym aller Ventrikel ist zart. Auf Frontalschnitten durch das Gehirn fällt die Kleinheit des Nucleus caudatus und des Linsenkerns auf. Diese grauen Kerne zeichnen sich durch graugelbliche Farbe aus, so daß sie stellenweise wie marmoriert aussehen. Auch der Pons ist etwas kleiner als normal. Im übrigen ist das Zentralnervensystem o. B. und frei von herdförmigen Störungen.

Die mikroskopische Untersuchung ergibt auch hier wieder in allem den gleichen Befund wie in den obigen Fällen. Nur einige Unterschiede sind kurz hervorzuheben: Die Striatumdegeneration fällt durch stärkere Gliareaktion auf, wobei sich reichliche faserbildende Elemente in Form kräftiger Astrocyten zeigen (Abb. 26). Der ganze Prozeß ist diffus entwickelt ohne jeglichen herdförmigen Einschlag. Desgleichen zeigt sich im Cortex bei sonst wesensgleichen Strukturstörungen wie in den früheren Beobachtungen eine kräftigere protoplasmatische Gliareaktion mit eingestreuten faserbildenden Gliaformen. Das Temporalhirn ist ganz vorzugsweise affiziert, stark geschrumpft, die Rinde zellarm mit kleinen Verödungsherden in der dritten Schicht. Auch im losen Ganglienzellbande des Ammonshornes zeigen sich ausgedehntere Verödungen, die dort, wo die Ammonshornbildung in das Subiculum übergeht, zu streifenförmigen Schichtendegenerationen führen (Abb. 27). Auch hier sind es wieder kräftigere Gliareaktionen, welche die befallenen Rindengebiete auszeichnen. Sekundäre Strangdegenerationen fehlen, namentlich sind die Pyramidenstränge völlig intakt. Nur das Pallidum erscheint im Markfaserpräparat etwas verarmt an dünnen Fasern, der Luyssche Körper ist leicht verkleinert, bei gutem Markfasergehalt, der ganze Hirnstamm ist gegenüber der Norm etwas verkleinert.

Epikrise.

Dieser Fall einer bilateralen, progressiven Chorea mit begleitenden psychischen Störungen bestätigt die oben gemachten Erfahrungen. Eine Vererbung ist nicht festzustellen, ätiologisch ist ein Gelenkrheumatismus erwähnt. Histologisch zeichnet sich der Fall durch stärkere faserbildende Gliareaktionen aus und durch ein besonderes Befallensein des Temporalhirns und der Ammonshornformation. Vielleicht dürften die klinisch stark betonten akustischen Halluzinationen mit den Veränderungen im Temporalhirn in Parallele zu setzen sein[1]).

Ein besonderes Interesse beansprucht der folgende Fall, da hier die lange Jahre bestehende bilaterale progressive Chorea zum Schlusse von einer allgemeinen völligen Versteifung mit Contracturenentwicklung abgelöst wurde.

Fall V.

Chronisch-progressive Chorea nach Gelenkrheumatismus mit Ausgang in Versteifung.

Der Arbeiter Strübing, geboren 1862, wird 1909 in das Hafenkrankenhaus und von da nach einigen Tagen nach F. überwiesen. Vorher war er lange Zeit im hiesigen Werk- und Armenhaus untergebracht. Er ist über Ort und Zeit orientiert und gibt über seine Vorgeschichte folgendes an:

Zuckungen in Armen und Beinen habe er seit 5 Jahren, nachdem er einen Gelenkrheumatismus durchgemacht habe; vorher sei er völlig gesund gewesen. Verwandte von ihm hätten ein solches Leiden nicht gehabt. Seine Mutter lebe noch, sein Vater sei gestorben, woran, wisse er nicht. 4 Brüder und eine Schwester seien gesund, eine Schwester sei im 7. Lebensjahr an Krämpfen gestorben. Seit er die Zuckungen habe, könne er nicht mehr arbeiten, er sei aber nicht kopfkrank, sondern nur nervenkrank — Da nie Angehörige des Kranken im Krankenhause erschienen, läßt sich eine objektive Anamnese nicht erheben.

Befund: Der Kranke ist in reduziertem Ernährungszustande von kräftigem Körperbau. Der Körper ist dauernd in Unruhe. Der Kranke zuckt mit den Schultern und dem Kopfe. Die Extremitäten befinden sich in choreatischer Unruhe. Die Hände fahren immer hin und her; die Finger greifen planlos in die Luft, krallen sich ein oder machen Bewegungen des Handschließens. Aufgefordert, sich gerade hinzustellen, steht der Kranke breitspurig da, wobei jedoch sich die allgemeine Muskelunruhe vermehrt und der Kranke abwechselnd

---

[1]) In einem weiteren Falle, dessen Gehirn aber während der Kriegszeit nur unvollkommen und unvollständig fixiert worden war, konnte ich an der Hand des vorhandenen Materials den gleichen Befund erheben wie in dem ersten Falle. Hier fanden sich auch in dem stark atrophischen Caudatum zahlreiche Amyloidkörperchen.

auf das rechte und das linke Bein tritt. Die mimische Muskulatur ist dauernd in choreatischer Unruhe. Häufig tritt Zähneknirschen ein. Die Pupillen sind gleichweit, reagieren prompt auf L. und A. Die Augenbewegungen sind frei. Die Zunge ist im Munde fortwährend in Bewegung, kann aber nicht herausgestreckt werden. Manchmal wird sie gerade noch über die Zähne herübergebracht. Häufig gibt der Kranke knurrende, schmatzende und schnalzende Töne von sich. Die Sprache ist langsam, häsitierend, verwaschen und deutet auf Spannungen in der Kehlkopfmuskulatur. Sämtliche Muskeln des Körpers befinden sich zumeist in einem Zustande von erhöhtem Tonus; sie fühlen sich häufig hart und gespannt an. Lähmungen bestehen nirgends. Der Gang ist breitbeinig, ausfahrend, der Kranke geht wie auf Holzbeinen, biegt die Knie nur ganz wenig. Bei gesteigerter psychischer Tätigkeit steigern sich die Muskelspannung und die Unruhe. Bei passiven Bewegungen ist der erhöhte Tonus in der Muskulatur deutlich, jedoch von wechselnder Intensität. Sämtliche Reflexe sind vorhanden, lebhaft, Patellarklonus ist deutlich, Fußklonus und Babinski ist negativ. Wesentliche Sensibilitätsstörungen bestehen nicht.

Der Augenhintergrund ist negativ. Die Schrift besteht in kleinzitterigem unleserlichem Gekritzel. Die inneren Organe sind ohne Besonderheit.

Psychisch ist der Kranke, wie oben betont, orientiert, äußerlich geordnet, macht aber einen hochgradig dementen Eindruck. Seine Sprache ist meist so undeutlich und ruckweise hastig, daß man sie kaum verstehen kann. Er ist stumpf, etwas euphorisch, führt häufig Selbstgespräche, antwortet an den meisten Fragen vorbei, zeigt gar kein Interesse an der Umgebung und jammert viel. Seine Gemütsstimmung ist gespannt; er wird leicht in Affekt gebracht und bekommt dann kurze Erregungszustände. Eine Intelligenzprüfung ist bei dem Zustande des Kranken nicht möglich. Die Nahrungsaufnahme ist gut. Der Kranke ist sauber. Sein Zustand ändert sich in den nächsten 2 Jahren nur insofern, als er psychisch zunehmend verblödet. Er gibt auf Fragen kaum mehr Antwort, liegt völlig stumm da und hat gar keine Beziehungen mehr zur Umgebung. Seine sprachlichen Bewegungsäußerungen bestehen nur noch aus knurrenden und schmatzenden Lauten. Er fixiert auch nicht mehr, wenn er angerufen wird. Die choreatischen Zuckungen bestehen unvermindert fort. Die Rigidität der Extremitätenmuskulatur nimmt zu.

In den Jahren 1913/1914 wird die choreatische Unruhe immer geringer bei erheblicher Zunahme der Rigidität. Der Kranke liegt in tiefster Verblödung stumpf dement da. Die Extremitäten sind starr und rigide, so daß deutliche Reflexe nicht mehr auszulösen sind. In den unteren Extremitäten bilden sich Contracturen. Die einzigen Äußerungen bestehen in unartikuliertem Stöhnen und Grunzen. Auf den ersten Blick macht er den Eindruck eines verblödeten Paralytikers. Die Blut- und Liquorreaktionen sind nach jeder Richtung hin negativ. In diesem Zustande stirbt der Kranke im März 1914 unter den Zeichen einer beiderseitigen Unterlappenpneumonie und Herzinsuffizienz.

Zusammenfassung des klinischen Befundes.

Es handelt sich um einen Mann, der ohne nachweisbare Vererbung im Alter von ungefähr 42 Jahren nach einem Gelenkrheumatismus an einer progressiven bilateralen Chorea erkrankte, wobei ein ebenfalls zunehmender psychischer Verfall im Sinne intellektueller Verblödung und großer Reizbarkeit eintrat. Nach fünfjährigem Bestehen der körperlichen und psychischen Erscheinungen wird der Kranke anstaltsbedürftig: Neben den Erscheinungen einer charakteristischen bilateralen choreatischen Bewegungsunruhe wird eine allgemeine Reflexsteigerung bei auffälliger Tonusvermehrung in den Extremitäten festgestellt. Psychisch zeigt sich eine zunehmende intellektuelle Verblödung mit labiler, häufig zu Erregungszuständen neigender Stimmungslage. In den nächsten 4 Jahren nimmt die choreatische Bewegungsunruhe allmählich ab, bei erheblicher Zunahme der Rigidität, ohne deutliche Spasmen und ohne Babinski. Die sprachlichen Ausdrucksbewegungen sind bis auf ein unartikuliertes Grunzen reduziert. Schließlich bilden sich an den unteren Extremitäten Contracturen aus und der Kranke stirbt nach ungefähr 10 jährigem Bestehen des Leidens in hochgradigtser Verblödung.

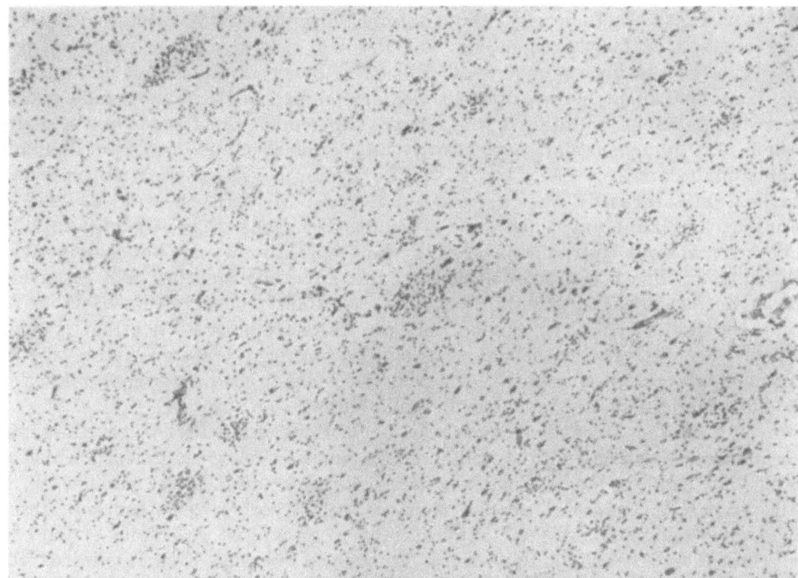

Abb. 28. Fall V. Striatum im Nisslbild, gleiche Vergrößerung wie Abb. 2.
Völliger Ausfall der kleinen Striatumzellen, starke Schrumpfung der relativ
vermehrten großen Striatumzellen. (Vgl. auch das bei gleicher Vergrößerung
aufgenommene Striatumbild einer gewöhnlichen progressiven Chorea. Abb. 21).

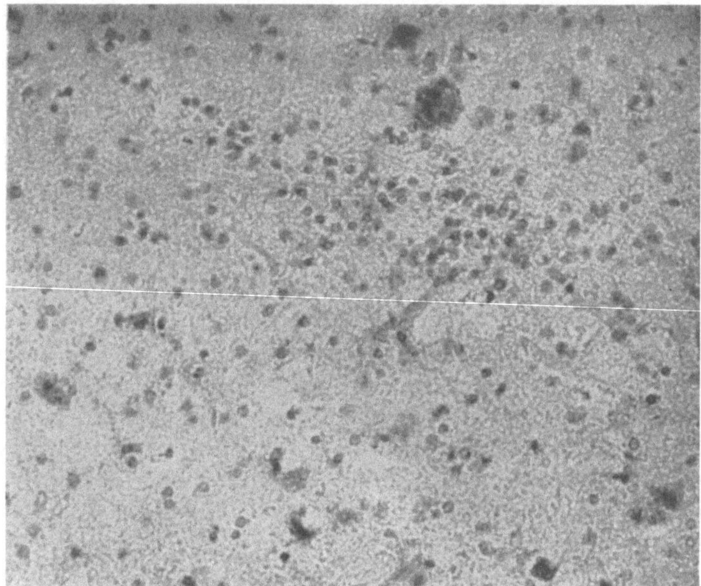

Abb. 29. Fall V. Striatum im Nisslbilde bei stärkerer Vergrößerung.
Mikroph. Allgemeiner Ausfall der kleinen Striatumzellen, schwere
Degeneration der großen Striatumzellen, kleinkernige Gliawucherung.

Anatomischer Befund.

Bei der Sektion findet sich eine mäßig entwickelte Arteriosklerose der Aorta, eine
beiderseitige Unterlappenpneumonie. Das Schädeldach und die Dura sind o. B. Bei Eröffnung der Dura entleert sich viel klarer Liquor. Die Pia ist ödematös. Das Gehirn ist auf-

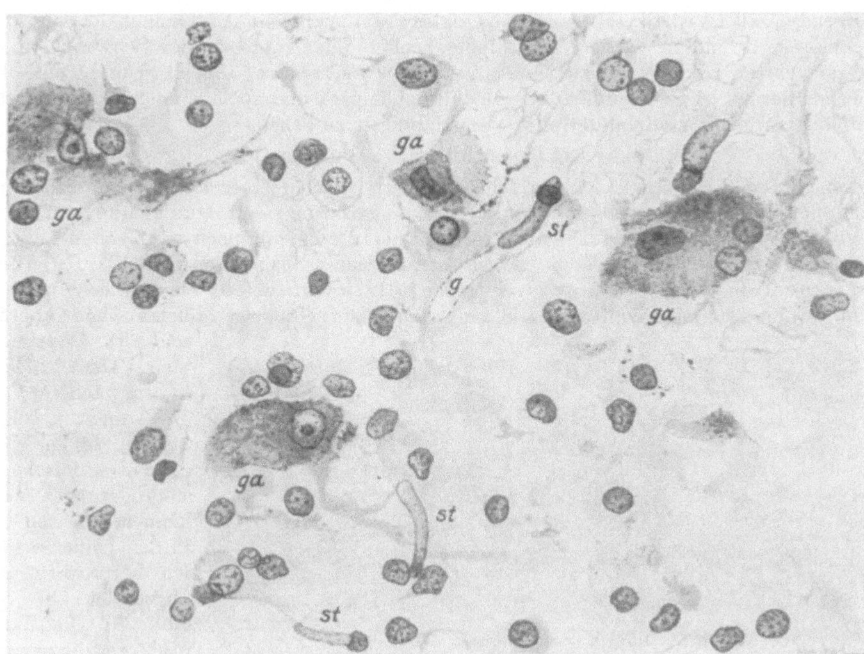

Abb. 30. Fall V. Putamen-Mitte im Nisslbild bei Zeiß Öl-Imm. $^1/_{12}$. Komp. oc. 4.
ga = schwer degenerierte große Striatumzellen. Kleine Striatumzellen fehlen völlig.
st = Stäbchenzellen. *g* = Cappillare. Zeichnung.

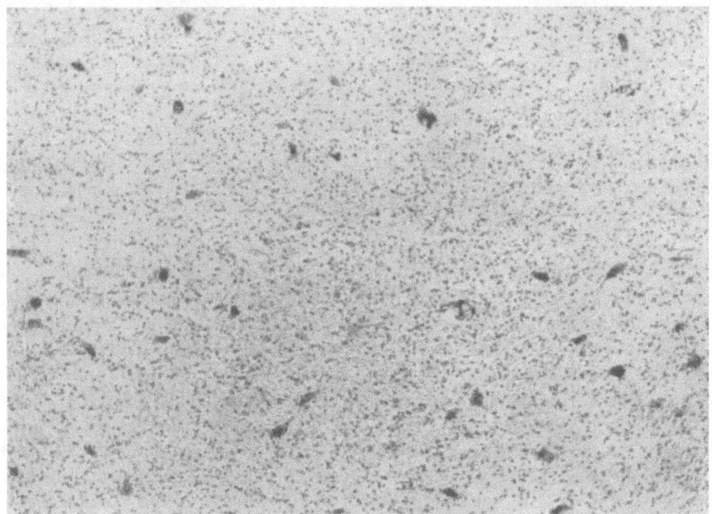

Abb. 31. Fall V. Pallidum im Nisslbild. Mikroph. bei gleicher Vergrößerung wie Abb. 4. Gliawucherung und schwere Degeneration der
Pallidumzellen.

fallend atrophisch, wiegt 950 g. Die Windungen sind zum Teil kammartig verschmälert,
namentlich im Stirnhirn. Die Sulci sind weit und klaffend. Auf Frontalschnitten durch das
Gehirn zeigt sich die Rinde stark verschmälert, besonders im Stirnhirn. Auch das Hirnmark ist verschmälert. Die Seitenventrikel sind sehr weit, mit klarer Flüssigkeit gefüllt.

Das Ependym aller Ventrikel ist zart. Die basalen Stammganglien, vornehmlich der Schwanz-
und Linsenkern sind in ganzer Ausdehnung hochgradig atrophiert, der Schwanzkern zu
einer ganz zarten Lamelle reduziert. Das gesamte Zwischenhirn, Mittelhirn und Pons sind
kleiner als normal. Das Kleinhirn, die Medulla oblongata und spinalis sind makroskopisch
unauffällig, nirgends sind herdförmige Veränderungen zu sehen.

Mikroskopische Untersuchung.

Im ganzen Gehirn hat sich ein schwerer, rein degenerativer Parenchymprozeß entwickelt, der seine auffälligste Betonung im gesamten Striatum zeigt. Das ganze Striatum
ist völlig verarmt an kleinen Ganglienzellen, die nur noch ganz selten mit geschrumpften Kernen und zerrissen-vakuolisiertem Plasma anzutreffen sind. Die großen
Ganglienzellen sind stellenweise gleichfalls ausgefallen, vornehmlich im Caudatum, während sie anderenorts, so z. B. im Putamen, das Gesichtsfeld beherrschen (Abb. 28
und 29). Das Puta-
men (Abb. 29) läßt
bei schwächerer Ver-
größerung im allge-
meinen die gleichen
architektonischen
Veränderungen er-
kennen, wie ich sie
in den früheren Fäl-
len besprochen und
abgebildet habe (vgl.
Abb. 28). Die Mark-
inseln und die zweifel-
los noch mehr ge-
schrumpften großen
Striatumzellen be-
herrschen das Bild,
während das übrige
Parenchym von klei-
nen Gliakernen aus-
gefüllt ist (Abb. 28).
Mit stärkeren Linsen
(Abb. 29 und 30) er-
weist sich der Ausfall
an kleinen Ganglien-
zellen als ein vollstän-
diger, aber auch die

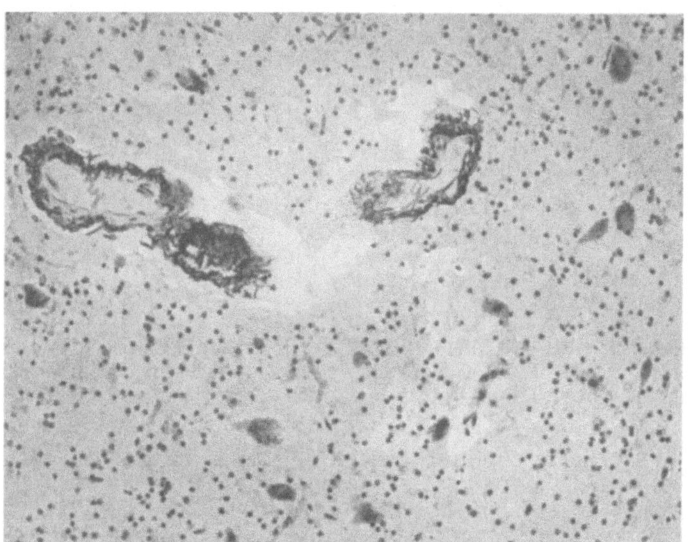

Abb. 32. Fall V. Pallidum im Nisslbild. Mikroph. bei stärkerer Vergrößerung. Schwere Degeneration der Pallidumzellen. g = Gefäße
mit kalkähnlichen Niederschlagsbildungen in ihren Wandungen.

großen Elemente sind relativ stark vermindert, fehlen vielerorts, namentlich im Caudatum
völlig und sind dort, wo sie noch erhalten, aufs hochgradigste geschädigt. Sie zeigen einen
dunkleren geschrumpften, unregelmäßig gestalteten Kern in einem zerrissenen, diffus dunkel
sich färbenden und von unregelmäßigen Vakuolen durchsetzten Plasma. Die Plasma-
veränderung ist manchmal nur an der einen Seite der Zelle in besonderer Schwere entwickelt (Abb. 30). Nicht selten trifft man nur noch körnig degenerierte Schatten von Ganglienzellen mit undeutlichen Kernresten an (Abb. 30). Dazwischen liegen kleine gliöse Rundzellen, die stellenweise sich in größeren Gruppen zusammenlagern (Abb. 29). Abb. 30, welche
die Veränderungen der Ganglienzellen im Putamen bei Ölimmersion darstellt, zeigt gleichfalls den völligen Ausfall an kleinen Ganglienzellen und neben runden Gliakernen vereinzelte
Stäbchenzellen, größtenteils offenbar mesodermaler Herkunft. Ein Vergleich der Abb. 30 mit
Abb. 22 ergibt die viel ausgesprochenere Parenchymdegeneration und die wesentlich schwereren
Entartungserscheinungen der großen Ganglienzellen dieses Falles gegenüber den vorigen.

Die intracellulären Neurofibrillen sind nirgends mehr normal festzustellen, sie sind
körnig degeneriert. Auch an extracellulären Fibrillen ist das Striatum verarmt. Bezüglich
der Abbauprodukte gilt das gleiche wie in den früheren Beobachtungen. In den hochgradigst
degenerierten Partien des Caudatum liegen stellenweise in großer Menge corpusculäre
Niederschlagsbildungen in den Erscheinungsformen und histochemischen Reaktionen der

Amyloidkörperchen. Besondere Gefäßveränderungen fehlen. Das Gliareticulum ist deutlich verdichtet, Faserbildungen fehlen.

Auch das Pallidum zeigt äußerst schwere Veränderungen, zum Teil sicher primärer Art. Bei deutlicher Schrumpfung fällt im Nisslbilde bei schwächerer Vergrößerung (Abb. 31) schon der große Gliakernreichtum auf, mit dichter gestellten, diffus gefärbten Ganglienzellen (vgl. Abb. 31 mit dem Normalbild der gleichen Vergrößerung, Abb. 4). Mit Ölimmersion erkennt man auch an den Pallidumzellen ganz ähnliche schwerste Degenerationserscheinungen wie an den großen Striatumzellen. Nirgends sind mehr Nisslschollen darzustellen, die Kerne sind unregelmäßig gestaltet, häufig ausgezackt, geschrumpft, färben sich diffus-dunkel, wobei häufig kaum mehr ein Kernkörperchen zu differenzieren ist. Die Lage des Kernes ist gewöhnlich eine exzentrische. Das Protoplasma ist von kleinen und großen, unregelmäßigen Vakuolen durchsetzt und zerfließt in unregelmäßiger Abgrenzung in die Umgebung. Wie im Striatum lassen sich auch in den Pallidumzellen nur geringe Mengen ganz feintropfigen Fettes nachweisen. Die Gliazellen sind kleine runde, manchmal auch oval geformte Elemente mit relativ gut gezeichnetem Kerngerüst und zarten Protoplasmaausläufern. In ihrem Plasma zeigen sich ebenfalls nur feine Fettröpfchen.

Daneben fallen an manchen Stellen des Pallidum die eigenartigen Pseudokalkniederschläge auf, welche die Gefäßwände, vornehmlich in der Media, durchsetzen, stellenweise sämtliche Schichten der Gefäßwand in ein starres Rohr umgewandelt haben (Abb. 32). Nirgends finden sich Ansätze zur Gliafaserbildung.

Während der Luyssche Körper und der rote Kern keine schwereren histologischen Veränderungen aufweisen, treffen wir in der Substantia nigra (Abb. 33) bemerkenswerte Erscheinungen an. Sie erscheint zunächst nicht wesentlich geschrumpft,

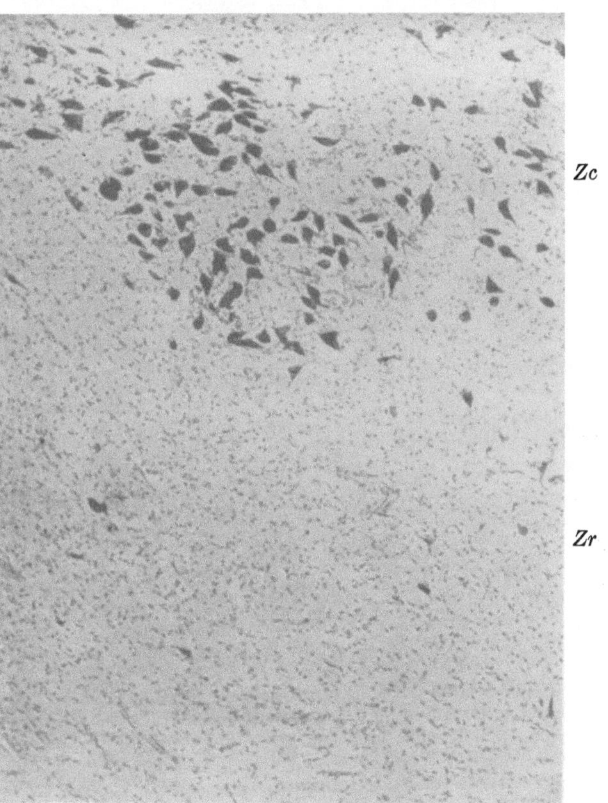

Abb. 33. Fall V. Substantia nigra mit annähernd normaler Zona compacta (Zc) und Ganglienzellausfällen und Gliawucherung in der Zona reticulata (Zr). Nisslbild. Mikroph. bei gleicher Vergrößerung wie das Normalbild Abb. 9.

aber bei genauerer Betrachtung erkennt man im Nisslbilde krankhafte Erscheinungen, die sich im wesentlichen auf die Zona reticulata beschränken (Abb. 33 verglichen mit dem Normalbild Abb. 9). Die melaninhaltigen Ganglienzellen der Zona compacta sind nur ganz wenig geschrumpft und lassen keine eindeutigen Veränderungen erkennen. Dagegen fällt die Zona reticulata (Abb. 33 zr) durch eine lebhafte kleinzellige Gliawucherung auf, wodurch im Bilde der Kernreichtum des Grundgewebes bedingt wird. Die Ganglienzellen der Zona reticulata (Abb. 33 zr) sind an Zahl vermindert, deutlich geschrumpft und zeigen Kern- und Plasmaveränderungen im Sinne der chronischen Sklerose.

Im Markfaserbilde (Abb. 34) zeigt sich vom Caudatum nur mehr eine zarte, völlig strukturlose Lamelle; das gleichfalls geschrumpfte Putamen (Put) ist völlig verarmt an feinen Markfasern und auch die dicken Markfaserungen treten im Vergleich zu den eingangs besprochenen Choreafällen (vgl. Abb. 34 und 19) stark zurück. Immerhin ist noch ein gewisser Status fibrosus angedeutet. Das Pallidum (Pall), im ganzen deutlich geschrumpft, zeigt sich verarmt an feineren und dickeren Fasern. Auch die Lamella pallidi externa (L. e.) ist verkümmert, während die Capsula interna (C. i.) relativ verbreitert ist.

Des weiteren erkennt man eine deutliche Lichtung der Linsenkernschlinge, eine Verkleinerung und Faserverarmung des Luysschen Körpers, während in den übrigen Partien des Zwischen-, Mittel- und Nachhirns mit Einschluß der Substantia nigra, wie in der gesamten Medulla keine geschlosseneren Degenerationen mehr zur Ausbildung gelangt sind, nur ist auch hier eine allgemeine Schrumpfung, vornehmlich der grauen Gebiete, unverkennbar.

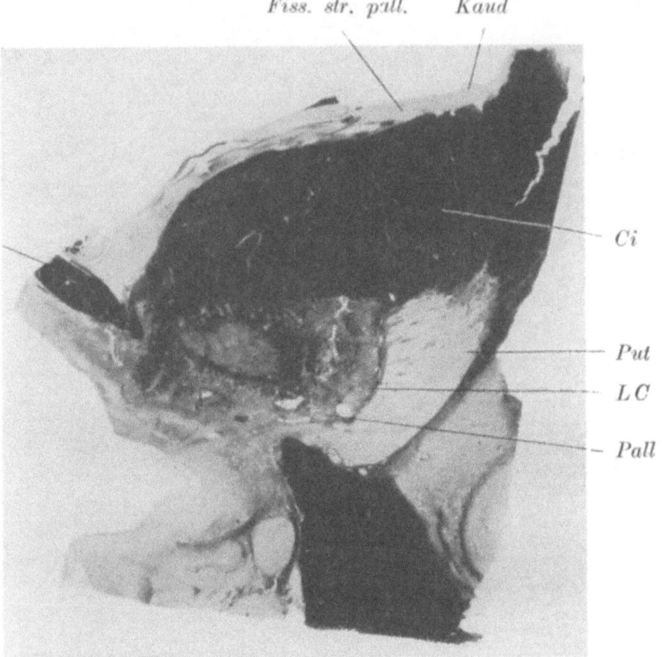

Abb. 34. Fall V. Hochgradige Schrumpfung des Caudatum (*Kaud*) und des Putamen (*Put*), Aufhellung des Pallidum (*Pall*) Fiss. str. pall. = Fissura-strio-pallida nicht deutlich zu erkennen. Relative Verbreiterung der Capsula interna (*Ci*). *Ca* = Commisura anterior. Markscheidenpräparat bei gleicher Vergrößerung aufgenommen wie Abb. 18 und 19.

Die Pyramidenbahnen sind beiderseits völlig intakt, ebenso der Nucleus ruber und das gesamte Kleinhirn mit seinen Markstrahlungen.

Die Veränderungen im Cortex entsprechen denen der obigen Fälle; nur sind sie durchschnittlich schwerer entwickelt. Besonders ausgesprochen sind die Veränderungen im Stirnhirn, wo sich stellenweise (Abb. 35) kleinere Verödungsherde, namentlich in der dritten Schicht, entwickelt haben. Auch die vordere Zentralwindung (Abb. 36) erweist sich im allgemeinen noch hochgradiger verändert wie in den früheren Beobachtungen. Die Beetzschen Pyramiden sind relativ gut erhalten, stellenweise völlig normal, an anderen Stellen wieder deutlich geschrumpft. Die Lamina pyramidalis ist ganz hochgradig gelichtet an Ganglienzellen (Abb. 36).

Die Entwicklung einer gliösen Pseudokörnerschicht ist nicht deutlich (*V ar*).

Die histologische Eigenart der Ganglienzellerkrankung entspricht der chronischen Sklerose bei weitaus zurücktretender lipoider Degeneration.

Gefäßveränderungen besonderer Art sind nicht festzustellen.

Zusammenfassung des anatomischen Befundes.

Das auffallend geschrumpfte Gehirn zeigt einen rein degenerativen Parenchymprozeß mit schwerster Ganglienzellentartung und kleinzelliger Gliawucherung. Ganz vornehmlich betroffen ist das Caudatum in seiner ganzen Entwicklung, etwas leichter das Pallidum; im Striatum sind auch die großen Ganglienzellen stellenweise ausgefallen, ganz allgemein schwer degeneriert. Dazu kommt noch eine zweifellose primäre Erkrankung des Pallidum und der Zona reticulata der Substantia nigra. Entsprechend der schweren diffusen Erkrankung des Striatum und Pallidum

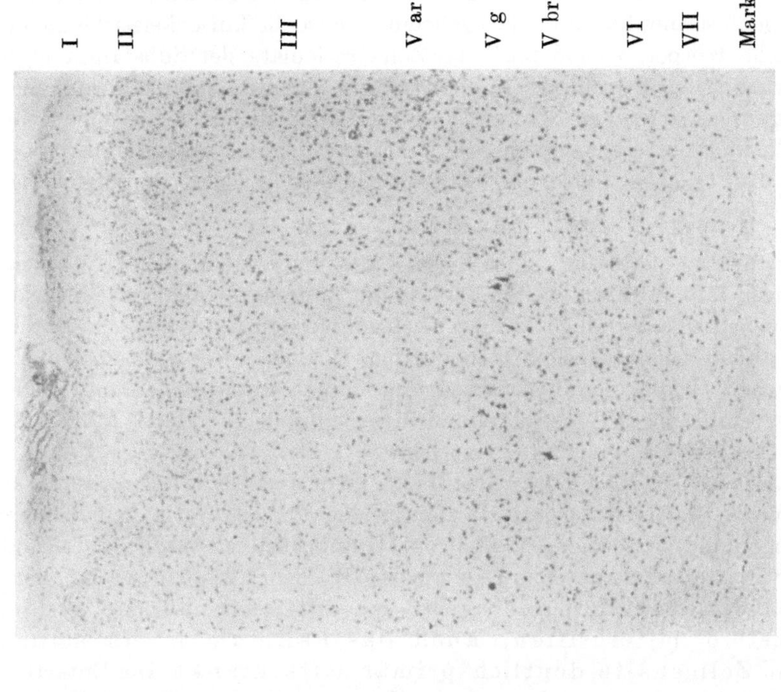

Abb. 36. Fall V. Area gig. pyr. im Nisslbild bei gleicher Vergrößerung wie Abb. 16 u. 17. Auffallend schwere Störung des ganzen Rindenquerschnittes, namentlich auch in Lam. III. Pseudokörnerschicht (*V ar*) kaum angedeutet.

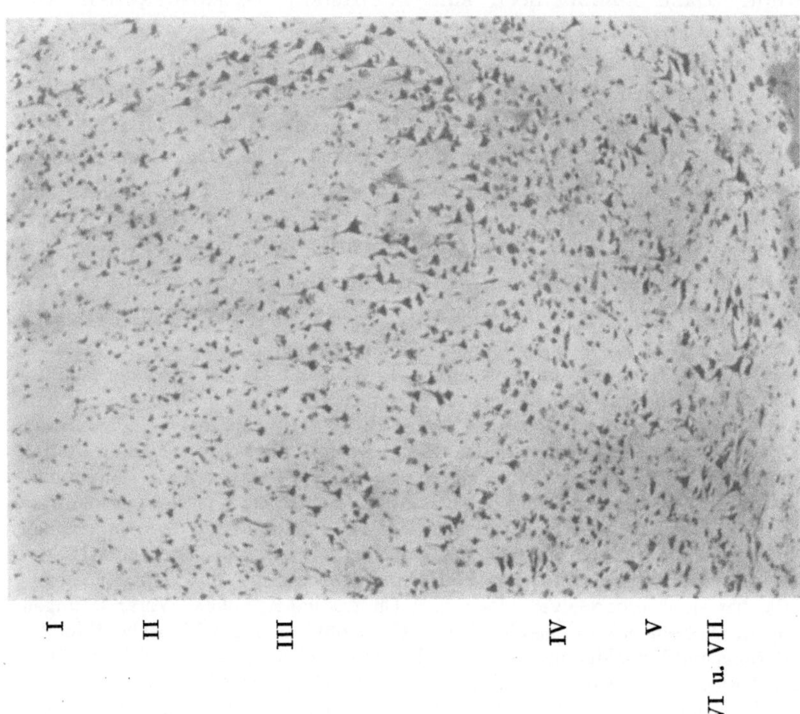

Abb. 35. Fall V. Nisslbild von der granulären Frontalregion, gleiche Vergrößerung wie Abb. 14. Herdförmige Verödung in Lam. III, schwere Entartung von Lam. V bis VII.

sind auch zahlreiche dickere Faserzüge des Striatum ausgefallen, und auch die pallidäre Eigenfaserung hat zweifellos gelitten, ebenso die Linsenkernschlinge und der Luyssche Körper, zudem noch die Zona reticulata der Substantia nigra.

Im Cortex ist das Stirnhirn besonders schwer betroffen und die vordere Zentralwindung. Diese zeigt eine schwere Verkümmerung der dritten Schicht ohne deutliche Entwicklung einer gliösen Pseudokörnerschicht bei relativem Erhaltenbleiben der Beetzschen Zellen und völligem Intaktsein der Pyramidenbahnen.

Epikrise.

Die progressive bilaterale Chorea dieses Falles mit begleitenden psychischen Veränderungen fällt in ihrem weiteren Verlaufe klinisch vor allem dadurch auf, daß sich daneben eine auffällige Tonusvermehrung in den Extremitäten einstellt, welche bei allmählichem Zurücktreten der choreatischen Bewegungsunruhe zu einer deutlichen allgemeinen Versteifung und Contracturenentwicklung an den unteren Extremitäten bei fortschreitendem psychischen Verfalle führt. Die Sprache ist bis auf ein unartikuliertes Grunzen reduziert. Eine Vererbung ist nicht nachweisbar. Die Krankheit schließt sich an einen Gelenkrheumatismus an.

Anatomisch findet sich prinzipiell der gleiche Prozeß wie in den früheren Beobachtungen und in gleicher Lokalisation. Unterschiedlich verdienen folgende Punkte hervorgehoben zu werden: Die zweifellos hochgradigere Degeneration des Striatum hat hier ganz wesentlich auch die großen Ganglienzellen mitergriffen; auch das Pallidum ist in seinem Faser- und Zellgehalte deutlich primär miterkrankt. Die Entartung der Linsenkernschlinge und des Luysschen Körpers, offenbar sekundär bedingt, ist stark betont. Dazu kommt noch eine zweiffellose Degeneration der Zona reticulata substantiae nigrae.

Die eigenartige Entwicklung des Krankheitsverlaufes, die Untermischung der choreatischen Bewegungsstörungen mit hypertonischen Zuständen und der Ausgang der Erkrankung in Akinese mit Versteifung und Contracturenentwicklung muß in Parallele gesetzt werden mit der anatomisch erwiesenen, an In- und Extensität schwereren Affektion des strio-pallidären Systems, wobei einmal die offenbar gegebene primäre Miterkrankung der großen Striatumzellen und der Pallidumzellen, ferner jene der Zona reticulata substantiae nigrae eine kausale Rolle spielen dürfte.

Zunächst könnte man versucht sein, gerade auf die besonders schwere, im Zellbilde deutlich erkennbare primäre Miterkrankung des Pallidum die Besonderheit des klinischen Bildes zurückzuführen als eine gewisse Bestätigung der Ansichten von Hunt und Kleist. Ähnliche Auslegungen haben aber bereits C. und O. Vogt in solch allgemeiner Fassung als unhaltbar zurückgewiesen, da das Pallidum in Fällen gewöhnlicher Chorea manchmal in leichterem Grade Anteil nimmt, ohne daß sich der Charakter der Bewegungsstörungen im wesentlichen verschiebt. Auch F. H. Lewy berichtet bei typischer progressiver Chorea von einer auffallend schweren Miterkrankung des Pallidum. In meinen eigenen drei ersten Fällen ist freilich die Zellintegrität des Pallidum zu betonen. In meinem Braunschweiger Referat wies ich ferner in diesem Zusammenhang darauf hin, daß C. und O. Vogt in ihrem 10. Falle bei einer progressiven bilateralen Chorea ganz ähnliche Veränderungen im Pallidum, wie in meinem 5. Falle beschrieben, haben, ohne daß das klinische Bild der Chorea eine Änderung und Verschiebung nach dem hypertonischen Syndrom erfahren hätte. Diese meine Auslegung des Vogtschen Falles hat inzwischen von Bielschowsky eine Richtigstellung erfahren. Die histopathologische Untersuchung stammte von ihm und die

Veränderungen des Pallidum erreichen bei weitem nicht den hohen Grad, wie ich sie angenommen habe. Er teilt in der gleichen Studie einen Fall von progressiver chronischer Chorea mit, der in den wesentlichen Punkten mit den weiteren Untersuchungsergebnissen meines Falles übereinstimmt:

„Bei einem bis zu seinem sechsten Jahre gesunden Knaben entwickeln sich offenbar ziemlich langsam veitstanzartige Bewegungen in den Armen und choreiforme Störungen beim Gehen, welche ein häufiges Stolpern und Hinfallen zur Folge haben. Etwas später wird eine Haltungsanomalie des Rumpfes bemerkt, die in einer starken Neigung nach vorn besteht. Nach etwa dreijähriger Krankheitsdauer ändert sich dieser Zustand insofern, als die Gliedmaßen und später auch der Rumpf von einer stetig zunehmenden Steifigkeit befallen werden, welche die ursprünglichen Hyperkinesen vollkommen überdecken. Weiterhin wird auch die Kopfmuskulatur in Mitleidenschaft gezogen (Caput obstipum). Die Versteifung schreitet unaufhaltsam vorwärts und verwandelt den Körper des Kranken in eine fast unbewegliche starre Masse. Einige Monate vor dem Exitus wird auch die Zungen- und Kiefermuskulatur von dem allgemeinen Rigor ergriffen; die Artikulation und der Schluckakt sind dadurch außerordentlich erschwert. In den letzten Lebensjahren kommen epileptische Anfälle vom Charakter des grand und petit mal hinzu; Hand in Hand damit geht ein stetiger Verfall der Intelligenz, der mit ausgesprochener Verblödung endet. Diesen klinischen Befunden stehen folgende anatomische Tatsachen gegenüber. Es besteht ein diffuser Rindenprozeß, der auf die dritte Schicht und vornehmlich deren Außenzone beschränkt ist, eine hochgradige Degeneration des Striatum, an welcher beide Ganglienzelltypen beteiligt sind und die sich im Markscheidenpräparat durch einen deutlichen Status fibrosus manifestiert, eine erhebliche Degeneration des Pallidum, die zum Untergang zahlreicher Zellen geführt hat und an den übrigbleibenden Exemplaren Veränderungen im Sinne des chronischen Zellprozesses hervorgebracht hat. Sie geht im Pallidum weit über das hinaus, was wir bei den gewöhnlichen Fällen von Huntingtonscher und chronischer Chorea zu sehen gewöhnt sind, und äußert sich durch eine erhebliche Reduktion seines Gesamtvolumens. Der Faserbestand ist unzweifelhaft vermindert. In dieser Hinsicht erinnert der Befund an den Status dysmyelinisatus C. und O. Vogts. Weiter wurden schwere Zellausfälle und chronische Zellveränderungen im Luysschen Körper, leichtere in der Substantia nigra konstatiert. Veränderungen mäßigen Grades zeigt auch der Nucleus ruber, besonders in seiner proximalen Partie."

Dieser Bielschowskysche Fall kann so als ein völliges Analogon zu meinem Falle angesehen werden. Unterschiedlich ist nur hervorzuheben die Zellintegrität des Luysschen Körpers und des roten Kerns in meinem Falle, ferner die Erkrankung der Zona reticulata in meinem Falle gegenüber jener der Zona compacta im Bielschowskyschen Falle. Mit Bielschowsky möchte ich annehmen, daß die primäre Miterkrankung der subpallidären Zentren, insbesondere der Substantia nigra ein wesentliches zu der Verschiebung des choreatischen Syndroms und seiner Ablösung durch das akinetisch-hypertonische Syndrom beigetragen hat. Dazu kommt noch die verstärkte primäre Miterkrankung des Pallidum und die außergewöhnlich schwere Affektion der großen Striatumzellen. Ich glaube, daß wir alle diese Faktoren in gleicher Weise für die eigenartige Entwicklung des klinischen Bildes in Rechnung setzen müssen. Auch die Rindenveränderungen sind in meinem wie in dem Bielschowskyschen Falle erheblicher wie gewöhnlich bei der progressiven chronischen Chorea. Da aber der Rindenbefund in diesen Fällen ungewöhnlich großen Schwankungen unterliegt, ohne daß sich der Charakter der Bewegungsstörungen ändert, möchte ich zunächst nicht glauben, daß wir die Verschiebung des neurologischen Symptomenbildes auf die stärker entwickelte Cortexaffektion mit beziehen dürfen.

Es erhebt sich dabei die Frage, ob dieser Fall klinisch und anatomisch als progressive Chorea aufzufassen ist. Der Kranke machte während seiner ersten Beobachtungszeit ganz den Eindruck einer progressiven bilateralen Chorea, was ich aus eigener Beobachtung und Untersuchung des Kranken in den Jahren 1912/4 bestätigen kann. Als sich schließlich die Rigidität immer mehr in den Vordergrund drängte, dachte man vorübergehend an ein syphilogenes Krankheitsbild, eine Annahme, die durch den völlig negativen Blut- und Liquorbefund ausgeschlossen werden konnte. Jedenfalls ging der Kranke trotz der eigenartigen Weiterentwicklung des Leidens bis zum Schlusse unter der Diagnose progressive Chorea. Die anatomische Untersuchung hat meines Erachtens diese Auffassung des Krankheitsbildes als zu recht bestehend erwiesen, denn nach der ganzen Art und Lokalisation des oben beschriebenen Prozesses entspricht dieser Fall in allen wesentlichen Punkten den gewöhnlichen Befunden bei der progressiven Chorea.

Kritischer Überblick über die bei der chronischen progressiven Chorea erhobenen Befunde mit Berücksichtigung der Literatur.

Der makroskopische Befund am Zentralnervensystem zeigt außer einer zumeist deutlich ausgesprochenen Atrophie der Windungen und der basalen Stammganglien mit begleitendem Hydrocephalus internus und externus wenig Charakteristisches. In meinen fünf Fällen war schon makroskopisch der Schrumpfungsprozeß recht deutlich ausgesprochen, das Hirngewicht betrug im ersten Falle 850 g, im vierten Falle 1055 g, im fünften Falle 950 g und nur im zweiten und dritten Falle 1200 g. Es sind das relativ auffallend verminderte Werte, die in keinem Verhältnis stehen zu dem Alter der betreffenden Kranken. Die niederen Gehirngewichte werden auch in der Literatur entsprechend gewürdigt (Kölpin, Kronthal und Kalischer, Facklan, Lannois und Paviot, Kiesselbach, C. und O. Vogt, Stern u. a.). Jedenfalls gehören Gehirngewichte unter 1000 g zu häufigen Befunden bei der chronisch progressiven Chorea. Die Atrophie zeigt sich makroskopisch in einer besonderen Schrumpfung der Hirnwindungen und des zugehörigen Marklagers, wobei die Stirnwindungen und die vordere Zentralwindung (Jacobsohn, Solmersitz, D'Antona, Kiesselbach, v. Niessl-Mayendorff, C. und O. Vogt, Stern u. a.) besonders hervorgehoben werden. Dazu gesellt sich in den meisten Fällen ein weitgehender Schrumpfungsprozeß in den basalen Stammganglien, ganz vornehmlich im Caudatum und Putamen. Er bestand in allen meinen Fällen und ist in den Veröffentlichungen der letzten Jahre fast regelmäßig aufgefallen (Jelgersma, Alzheimer, C. und O. Vogt, Stern u. a.). Hervorzuheben ist ferner noch, daß auch nicht selten, wie in zwei meiner obigen Fälle, das gesamte Zwischen- und Mittelhirn und der Pons auffallend klein gefunden worden sind (C. und O. Vogt, Stern u. a.). Herdförmige Störungen, Ependymgranulationen oder besonders schwere Veränderungen an den Meningen, abgesehen von einer häufig begleitenden nicht entzündlichen Piaverdickung, gehören nach allem nicht zu dem typischen Sektionsbefunde.

Wesentlich charakteristischer ist der histologische Prozeß:

Bei sämtlichen oben berichteten Fällen zeigt sich histologisch ein schwerer, rein degenerativer Parenchymprozeß, der in der Hauptsache zu einer hochgradigen Degeneration und Vernichtung von Ganglienzellen, sowohl in der Hirnrinde als in bestimmten Teilen der basalen Stammganglien führt. Die kleinen Ganglienzellen verfallen im Striatum dabei in besonders bevorzugter Weise der Entartung, auch in der Rinde werden sie stärker in Mitleidenschaft gezogen. An ihnen zeigen sich Veränderungen der primären Reizung, Verflüssigungsvorgänge bis zu völliger Auflösung; die großen Ganglienzellen sind häufig im Sinne der chronischen Sklerose verändert. Die Lipoidentartung der Ganglienzellen tritt erheblich zurück. Die Gliareaktion ist für gewöhnlich eine kleinzellige protoplasmatische mit einer allgemeinen Verdichtung des Gliareticulums. Nur in zwei Fällen zeigte sich eine stärkere faserbildende Gliaproliferation in der Rinde und im Striatum. Entzündliche Veränderungen fehlen ganz. Auch irgendwie in die Augen fallende Gefäßprozesse konnte ich nicht feststellen, außer einer mehr oder weniger ausgesprochenen Fibrose der Gefäßwände. Die

Abbauprodukte sind in den Gefäßlymphscheiden wie in dem gliösen Protoplasma vermehrt, im allgemeinen wird der offenbar langsam einsetzende Abbau durch die wuchernde, z. T. faserbildende Glia besorgt, ohne daß sich Körnchenzellen bilden. In zwei Fällen zeigen sich im Striatum auch corpusculäre Niederschlagsbildungen in der Art der Amyloidkörperchen.

Dort, wo man am Mikroskop auf eine Progression des Parenchymprozesses schließen kann, sehen wir vornehmlich schwere Degenerationserscheinungen an den Ganglienzellen in Form von Blähungen des Zellkerns und unregelmäßigen Vakuolisierungen des Plasmas. Stärkere reaktive gliöse Begleiterscheinungen im Sinne von Neuronophagien, Gliarosettbildungen u. dgl. werden vermißt.

Diese Befunde betätigen im wesentlichen die Ansichten früherer Autoren (Raecke, Jelgersma, Kölpin, Rusk, Alzheimer, Kleist - Kiesselbach, Ranke, Pfeiffer, P. Marie, D'Antona, C. und O. Vogt, Stern, F. H. Lewy, Bielschowsky u. a.). In allen diesen Arbeiten wird die hochgradige Parenchymdegeneration betont, wobei freilich gewisse andere Auffälligkeiten des Prozesses mehr oder weniger mitberücksichtigt werden. Die Unspezifität der vorliegenden Ganglienzellerkrankung wird gebührend hervorgehoben, von Raecke, Rusk, Kölpin, Stern wird die chronische Sklerose der Ganglienzellen in den Vordergrund gerückt, wobei im Bielschowskypräparate fibrillärer Zerfall bis zur Fibrolyse beschrieben wird; Alzheimer und Pfeiffer berichten über stärkere Lipoidentartung der Ganglienzellen. Die kleineren Ganglienzellelemente, deren schwere Degeneration vornehmlich von C. und O. Vogt, Hunt, F. H. Lewy, Bielschowsky gewürdigt ist, verraten dort, wo sie noch erkennbar sind, an augenfälligen Kernblähungen und unscharfen Vakuolisierungen des Plasmas (F. H. Lewy) eine deutliche Progression des Prozesses.

Ganz allgemein wird die schwache Gliareaktion bei diesem Prozesse geschildert. Nur Kiesselbach, Ranke, Pfeiffer, Stern und Bielschowsky erwähnen in ihren Fällen lebhaftere Gliareaktionen, mit reichlicher Astrocytenbildung und Ansätzen zur Faserbildung. Die Verdichtung des Gliareticulums wird vornehmlich von Alzheimer beschrieben und abgebildet.

Die Abbauprodukte zeigen sich in uncharakteristischer Weise im Gliaplasma und in den Gefäßen vermehrt (Alzheimer, Stern u. a.), wobei einige Autoren eigenartige, corpusculäre Niederschlagsbildungen in den geschrumpften Gebieten der basalen Stammganglien eingehender schildern. Bekanntlich hat Flechsig und Jakowenko solche „Choreakörperchen" für pathognostisch für Chorea angesehen; es kann jedoch keinem Zweifel unterliegen, daß auch diesen Stoffwechselprodukten, die nach dem Orte ihrer Lagerung und ihren histochemischen Erscheinungsformen ganz verschieden beschrieben werden, keine besondere Bedeutung zuzumessen ist, zum Teil sind sie als gewöhnliche Amyloidkörperchen, wie in einem der obigen Fälle, aufzufassen (Pfeiffer), zum Teil unterscheiden sie sich von diesen wie in dem Kiesselbachschen Fall, in ihren histochemischen Reaktionen, zum Teil dürften sie namentlich dort, wo sie im Pallidum gefunden wurden, mit den hier bei den verschiedensten Krankheitsprozessen auftretenden Konkrementbildungen identisch sein. Schon Wollenberg hat die Flechsigschen Choreakörperchen bei diesbezüglichen Nachuntersuchungen als völlig unspezifisch erkannt, eine Ansicht, die auch in den späteren Untersuchungen sich bestätigte.

Fast sämtliche Autoren heben das Fehlen schwerer Gefäßalterationen bei der chronisch progressiven Chorea hervor, nur L'hermitte und P. Marie beschreiben auffälligere Gefäßveränderungen; diese starke Mitbeteiligung der mesodermalen Elemente trete nicht nur an den Gefäßen der erkrankten Gebiete hervor, sondern auch an der Pia als eine fibröse Leptomeningitis; sie fassen den Prozeß als entzündlich auf, als eine eigenartige Form der Encephalitis, hervorgerufen durch eine chronische Intoxikation unbekannter Art. Demgegenüber ist hervorzuheben, daß die Piaveränderungen reine fibröse Verdickungen darstellen, und daß sich auch an den Gefäßen nur fibröse Wandhyperplasien zeigen, die besonders von Ranke und Bielschowsky betont werden. Im allgemeinen kann man sagen, daß Gefäßerscheinungen besonderer Art dem vorliegenden histologischen Prozesse fremd sind, und daß ihnen dort, wo sie erscheinen, eine sekundäre Bedeutung zukommt. (Altersveränderungen, fibröse und arteriosklerotische Beimischungen, relative Gefäßvermehrung infolge Schrumpfung des Gewebes.)

Bei dem ausgesprochenen Erblichkeitscharakter eines Teiles der chronisch progressiven Choreafälle wurde schon von jeher nach Entwicklungsanomalien im Zentralnervensystem gefahndet. Als solche sind beschrieben von Stier die verschiedenen Entwicklungen der Hirnhemisphären, abnorme Windungsbildungen, vornehmlich der vorderen Zentralwindung (v. Niessl - Mayendorff, Stern), Erweiterung des Zentralkanals (Solmersitz), auffällige Mikromyelien (C. und O. Vogt), die Verbindung mit Syringomyelie (Hoffmann, Ranke, Stern). Von Stern wird in einem Falle eine ungleichmäßige Entwicklung des Stirnhirns als architektonale Anlagestörung aufgefaßt; ich kann mich jedoch nicht von der Richtigkeit dieser Deutung überzeugen und möchte in diesem Befunde, trotz den Einwendungen Sterns das Resultat der starken Stirnhirnatrophie erkennen. Auch histologische Entwicklungsanomalien sind ab und zu erwähnt, wie das Vorkommen Cajalscher Ganglienzellen in der Molekularzone des Großhirns und das Vorkommen zweikerniger Ganglienzellen. Die Deutung, welche Kölpin der öfter in der vorderen Zentralwindung beschriebenen inneren Körnerschicht und der Verbreiterung der inneren Körnerschicht der Calcarinagegend als Entwicklungshemmung gegeben hat, ist schon von Brodmann als irrtümlich zurückgewiesen und neuerdings im Brodmannschen Sinne auch von C. und O. Vogt richtiggestellt worden. Es handelt sich dabei, wie auch aus meinen Befunden hervorgeht, um das vermehrte Auftreten reaktiver Gliaerscheinungen in laminärer Betonung.

In meinen eigenen Fällen konnte ich nirgends, trotz darauf gerichteter Aufmerksamkeit, Veränderungen finden, die als Entwicklungsstörungen irgendwelcher Art aufzufassen wären. Die bei 2 Fällen auffällige Verkleinerung des Pons mit dem Mittel- und Zwischenhirn möchte ich ebenso als Ausdruck des allgemeinen Schrumpfungsprozesses ansehen, wie die starke Atrophie der gesamten Großhirnhemisphäre. Dafür spricht auch das Vorhandensein eines ausgesprochenen Hydrocephalus externus, der in keinem meiner Fälle vermißt wurde.

Ein greifbarer Unterschied in der Art des histologischen Prozesses zwischen den Fällen mit und ohne nachgewiesener Vererbung ist nicht sicherzustellen[1]. Von meinen Fällen gehören nur die beiden ersten Kranken der hereditären Huntingtonschen Form an, während bei den 3 übrigen keine Erblichkeit nachgewiesen werden konnte[2]. Der ganze Prozeß zeigt sich bei allen unseren Kranken gleichsinnig entwickelt, nur daß in dem einen Huntington-Falle (Fall II) und in dem einen Falle (Fall IV), bei welchem die Anamnese einen Gelenkrheumatismus hervorhebt, eine stärkere faserbildende Gliareaktion auffällt. Da aber der fünfte Kranke mit ebenfalls vorhergegangenem Gelenkrheumatismus in der Art des histologischen Prozesses in keiner Weise gegenüber den bei den anderen Fällen erhobenen Befunden abweicht, so möchte ich in der stärkeren Gliareaktion der beiden Fälle kein wesentliches Unterscheidungsmerkmal gegenüber den anderen Befunden erblicken. Denn aus der Literatur geht hervor, daß die gliösen Begleiterscheinungen bei der chronisch-progressiven Chorea mit und ohne Vererbung in gewissen Grenzen wechseln können.

Jedenfalls ist es äußerst bemerkenswert, daß wir im histologischen Befunde kein sicheres Unterscheidungsmerkmal auffinden können zwischen der Hun-

---

[1] In einer neueren Arbeit F. H. Lewys über die Histologie der Chorea (Zeitschr. f. d. ges. Neur. u. Psych. 1923, im Druck) glaubt der Verf. solche Unterschiede festlegen zu können, besonders in der Art der Gliareaktion u. in unterschiedlichen Formveränderungen des Striatum. Meine oben niedergelegten Untersuchungsbefunde sprechen nicht in diesem Sinne, obwohl ich mein besonderes Augenmerk darauf richtete. (Anm. bei der Korr.)

[2] Fall III muß offenbar zur vererblichen Form gerechnet werden (vgl. Fußnote S. 66).

tingtonschen hereditären Form und den anderen chronisch progressiven Formen ohne nachgewiesene Vererbung und Ätiologie. Das geht schon aus der älteren Literatur hervor und ist neuerdings auch wieder von C. und O. Vogt und Stern hervorgehoben worden.

Wie in der Art des histologischen Prozesses, so besteht auch in seiner vornehmlichen Lokalisation zwischen beiden Formen kein faßbarer Unterschied.

Die Lokalisation des Entartungsprozesses bei der chronisch-progressiven Chorea mit und ohne Vererbung ist aber eine besonders charakteristische.

Schon Golgi fiel in einem Falle chronischer Chorea die eigenartige Färbung, Konsistenzverminderung und Atrophie der Corpora striata auf. Meynert vertrat 1868, freilich auf Grund von Veränderungen bei der Chorea minor, die Anschauung, daß die als Chorea bezeichnete Bewegungsanomalie irgendeine Beziehung zu den Stammganglien, speziell zum Linsenkern, haben müsse. Dann folgt freilich eine Zeit, in welcher die Autoren den basalen Stammganglien weniger Beachtung schenkten, bei vorwiegender Berücksichtigung der Veränderungen im Rückenmark und im Cortex. So hat z. B. Raecke offenbar der Untersuchung der basalen Stammganglien kein besonderes Gewicht beigelegt. Solmersitz erwähnt in seiner Dissertation (1903) die besonders schweren Veränderungen im Nucleus caudatus und lentiformis, ohne ihnen freilich die entsprechende Bedeutung beizumessen. Mit größerem Nachdruck hat 1908 Jelgersma die starke Atrophie des Caudatum betont, 1909 hat Anglade bei Huntingtonscher Chorea die starke Gliose der zentralen grauen Kerne aufgefunden und auf sie die Chorea zurückgeführt. Dann hat Alzheimer 1911 in einem Vortrage über die anatomische Grundlage der Huntingtonschen Chorea und die choreatischen Bewegungen überhaupt bei 3 Fällen schwerste degenerative Veränderungen im Corpus striatum beschrieben, zudem waren auch die Kerne der Regio subthalamica (besonders im Luysschen Körper) stark degeneriert. P. Marie und L'hermitte haben 1912 bei 2 Fällen dieser Krankheit hochgradige Atrophie des Schwanz- und Linsenkernes, geringere des Thalamus opticus, bei Unversehrtheit der Regio subthalamica und der Strahlung des Thalamus gefunden, neben atrophischen Veränderungen des Cortex und in den Zentralwindungen. Im Kleinhirn war die Zahl der Purkinjezellen vermindert. v. Niessl-Mayendorff hat im gleichen Jahre besonders schwere Entartungen im roten Kern und im Kleinhirn in einem Falle von Huntingtonscher Krankheit beschrieben, ohne freilich die Stammganglien genauer untersucht zu haben. Dann folgen 1914 die Veröffentlichungen von L'hermitte und Porak, welche die früheren Befunde in den Stammganglien bestätigen. Nachdem Kleist ebenfalls 1912 in einem Falle Huntingtonscher Chorea den zweifellos bestehenden Zusammenhang zwischen den choreatischen Erscheinungen und der Degeneration des Streifenhügels betont hat, wurde dieser Fall von Kiesselbach 1914 eingehender beschrieben, wobei die besondere Schädigung des Striatum geschildert wird. Auch der Sehhügel und der gezahnte Kern des Kleinhirns waren mitbetroffen. Über ähnliche Veränderungen berichtete auch 1912 Pfeiffer in 2 Fällen progressiver Chorea. Hunt hat 1916 mitgeteilt, daß er in 4 Fällen von Huntingtonscher Chorea eine besonders starke Atrophie des Striatum mit ausschließlichem Untergang der kleinen Ganglienzellen gefunden habe. Schließlich folgen die ausführlichen Untersuchungen C. und O. Vogts, die in allen ihren Fällen — sowohl bei der Huntingtonschen hereditären Form, wie bei der progressiven Chorea ohne nachgewiesene Vererbung und bei jenen Fällen ohne begleitende Psychose — eine im Vordergrunde stehende schwere Atrophie des Striatum mit elektivem Untergang der Ganglienzellen, und zwar vor allem derjenigen des kleinen Typus beschrieben haben. Daneben fanden sie ungleich geringere Veränderungen im Pallidum und im Luysschen Körper. Ganz entsprechende Befunde hat schließlich Stern in 3 Fällen chronisch progressiver Chorea mitgeteilt, kurz auch F. H. Lewy und zuletzt noch Bielschowsky[1]).

---

[1]) Auch in einem neuerdings von G. Wilson und Winkelmann (Arch. of neurol. a. psychiatry, Februar 1923) mitgeteilten Falle beschreiben die Autoren die gleichen Veränderungen bei starker faserbildender Gliareaktion im Striatum (Anm. b. d. Korr.).

Diesen positiven Befunden bezüglich der schwersten Lokalisation des Krankheitsprozesses in ganz bestimmten Gebieten der basalen Stammganglien stehen im wesentlichen nur die Untersuchungsergebnisse Rankes (1913) gegenüber, der bei voller Berücksichtigung der in der Literatur bereits erhärteten Striatumtheorie in 6 Fällen Huntingtonscher Chorea das Striatum nie in ganz besonderem Grade verändert fand, wenn das Striatum auch an dem das übrige Großhirn alterierenden Prozesse sich immer mehr oder weniger beteiligt erwies. Jedenfalls zeigen uns auch die Rankeschen Befunde die Affektion des Striatum an und können meines Erachtens nicht, wie es Ranke getan hat, gegen die Striatumtheorie verwendet werden.

Berücksichtige ich meine diesbezüglichen eigenen Befunde, so müssen die 4 ersten oben mitgeteilten Fälle getrennt von dem letzten betrachtet werden. Die 4 ersten Fälle weisen eine hochgradige Atrophie des ganzen Striatum auf, wobei das Caudatum in noch stärkerem Maße sich befallen zeigt als das Putamen. Histologisch prägt sich die Parenchymentartung in einer ganz vornehmlichen Affektion der kleinen Striatumzellen aus, während die großen Ganglienzellen des Striatum relativ erhalten sind, bei Ausprägung eines Status fibrosus im Markscheidenbilde. Somit bestätigen diese Befunde die Striatumtheorie, insbesondere die Untersuchungsergebnisse von Hunt, C. und O. Vogt und Stern, F. H. Lewy und Bielschowsky aus der letzten Zeit. Es kann aber keinem Zweifel unterliegen, daß auch die großen Striatumzellen z. T. Entartungszeichen bieten, so daß wir nur von einem relativen Verschontbleiben der großen Striatumzellen sprechen dürfen. Dies ist besonders gegenüber Hunt zu betonen, der von einem ausschließlichen Degenerationsvorgang der kleinen Striatumzellen spricht.

Ähnliche Verhältnisse gelten auch für das Pallidum. Auch hier ist, wie schon C. und O. Vogt in manchen ihrer Fälle hervorheben, der Schrumpfungsprozeß noch recht deutlich ausgesprochen, wenn er auch erheblich hinter dem des Striatum zurücktritt. Immerhin vermißte ich in meinen Fällen im Pallidum auffallendere Degenerationserscheinungen an den Ganglienzellen, während man im Markfaserbilde in einzelnen Fällen den Eindruck gewinnt, daß auch hier eine leichtere Erkrankung vorliegt.

Wechselnd sind offenbar die Befunde in den übrigen Teilen des Zwischen- und Mittelhirns und des Pons. Das Corpus subthalamicum (Luysscher Körper) zeigt sich bei meinen Fällen ebenfalls leicht geschrumpft, im gleichen Sinne, wie dies auch C. und O. Vogt in manchen ihrer Fälle hervorheben. Schwerere Veränderungen sind hier von Alzheimer und Stern beschrieben. Die gesamten übrigen Kerne dieser Gegenden nehmen offenbar in leichterem Grade an dem allgemeinen Schrumpfungsprozesse Anteil, ohne tiefer greifende Störungen zu zeigen.

Besonders verdient hervorgehoben zu werden, daß sich, abgesehen von dem starken dünnfaserigen Markscheidenausfall im Striatum und einem weniger hochgradig entwickelten Markfaserausfall im Pallidum und Corpus subthalamicum, keine weiteren geschlossenen Faserausfälle oder Strangdegenerationen feststellen lassen. Insbesondere ist die Linsenkernschlinge und die Pyramidenbahn beiderseits als intakt anzusehen. Ebenso fehlen in meinen Fällen deutlichere Entartungsvorgänge im gesamten Kleinhirn und in seinen zu- und abführenden Bahnen; das gleiche gilt für das Rückenmark.

So finden wir, wenn wir die erhobenen Befunde kritisch überblicken, in den Fällen chronisch progressiver Chorea ganz regelmäßig einen allgemeinen degenerativen Schrumpfungsprozeß, der sich vornehmlich im Striatum in einer besonders hochgradigen Degeneration und dem Untergang der kleinen Striatumzellen bei relativem Erhaltenbleiben der großen Ganglienzellelemente offenbart. Der Charakter der Veränderungen ist der einer reinen Parenchymdegeneration; von einer primären Entzündung oder einem primären Proliferationsvorgang der Neuroglia kann dabei, wie ich mit Bielschowsky betone, keine Rede sein. Im Markscheidenbilde zeigt uns der Vogtsche Status fibrosus den dem Ganglienzellausfall entsprechenden dünnfaserigen Markfaserausfall an. Die großen Striatumzellen, wie das Pallidum, sind relativ verschont. Bemerkenswert ist, daß der relativ leichteren Striatumaffektion des II. Falles ein Zurücktreten der ausgesprochenen choreatischen Unruhe bei, stärkerer Entwicklung von Parakinesen entspricht.

In einem gewissen Gegensatze zu diesem Befunde, wie er offenbar als charakteristisch für die chronisch progressive Chorea hingestellt werden darf, steht das Untersuchungsresultat meines fünften Falles.

Wie schon oben ausgeführt, ist offenbar hier die seltsame Entwicklung des Krankheitsbildes, die Untermischung der choreatischen Bewegungsstörungen mit hypertonischen Zuständen und der Ausgang der Krankheit in Akinese und Versteifung in Parallele zu setzen mit der mikroskopisch festgestellten weit schwereren Affektion des striopallidären Systems, wobei die ausgesprochene primäre Miterkrankung der großen Striatumzellen und der Pallidumzellen eine wichtige Rolle spielen dürfte, zudem noch die Degeneration der Substantia nigra.

In allen übrigen Verhältnissen entspricht aber auch dieser Fall, der nur in dem jüngst mitgeteilten Bielschowskyschen Falle ein Analogon in der Literatur hat, dem üblichen Befunde bei der progressiven Chorea, insbesondere auch, wenn wir die corticalen Veränderungen mit berücksichtigen.

Denn auch die Lokalisation des degenerativen Parenchymprozesses in der Rinde ist bei aller Diffusität doch eine recht charakteristische. Ganz regelmäßig ist, wie dies aus meinen Fällen hervorgeht und in gleichem Sinne in der Literatur erwähnt ist, das Frontalhirn und die Zentralwindungen am schwersten betroffen (Raecke, Kiesselbach, Ranke, C. und O. Vogt, Stern u. a.). Die regionale Ausdehnung der Affektion im übrigen Cortex ist eine recht schwankende, auch das Temporal-, Occipital- und Parietalhirn können an dem allgemeinen Schrumpfungsprozesse recht erheblichen Anteil nehmen.

Wie im Striatum — doch bei weitem nicht so elektiv — steht auch in der Rinde die Degeneration der kleinen Pyramidenzellen im Vordergrunde (F. H. Lewy); während die großen Pyramidenzellen, namentlich auch die Beetzschen Ganglienzellen relativ gut erhalten sind. Dadurch zeigt sich in gewissem Sinne mancherorts eine laminäre Betonung des corticalen Degenerationsprozesses, wie es sich in der vorderen Zentralwindung, z. B. in der Entwicklung einer gliösen Pseudokörnerschicht im Übergangsareal der Lamina pyramidalis zur Lam. V ausprägt. C. und O. Vogt fanden die vordere Zentralwindung regelmäßig in diesem Sinne verändert bei allen Fällen mit begleitender Rindenerkrankung. Ich kann diesen Befund in meinen 4 ersten Fällen bestätigen, während im letzten Falle die ganze Lamina pyramidalis ungleich schwerer betroffen war.

Auch in der im Kraepelinschen Lehrbuch von der vorderen Zentralwindung der Huntingtonschen Chorea gegebenen Abbildung, die von Alzheimer stammt, läßt sich unschwer diese Pseudokörnerschicht erkennen. Andere Untersucher wieder, ich erwähne nur Stern aus der letzten Zeit, konnten sie nicht feststellen. Es scheint, daß es sich dabei zum mindesten um einen recht häufigen Befund bei unserer Krankheit handelt, der in seiner Intensität von Fall zu Fall wechseln kann.

Im gleichen Sinne ist die Verdichtung und Verbreiterung der inneren Körnerschicht in der Occipital- und Calcarinarinde zu bewerten, wie ganz im allgemeinen die auffälligen Degenerations- und gliösen Wucherungserscheinungen in der innern Körnerschicht.

Eine wichtige Frage ist die Ausbreitung des Degenerationsprozesses in den übrigen Rindenschichten. Die meisten Autoren heben die schwere Degeneration der untersten Schichten hervor (Kiesselbach, Rusk, Stern, C. und O. Vogt u. a.), und ich muß auf Grund der obigen Ausführungen diese Feststellungen bestätigen und unterstreichen. Es ist aber zu betonen, daß namentlich im Stirn- und Zentralhirn, manchmal auch im Temporalhirn ebenfalls die dritte Schicht sehr schwere Ganglienzellausfälle erkennen läßt.

Seltener kommt es in der Rinde zu einer Betonung des allgemeinen Degenerationsprozesses in Form von kleineren Verödungsherden in der dritten und sechsten Schicht, seltener auch, wie in meinem Falle IV, zu größeren Verödungen in der Ammonshornformation mit laminären Verödungsausstrahlungen im Temporalhirn.

Die chronisch progressive Chorea offenbart sich also pathologisch-anatomisch in einem über weite Strecken des Zentralnervensystems verbreiteten, ganz diffusen reinen degenerativen Parenchymprozeß, der mit Bevorzugung gewisser grauer Teile zu einer besonders schweren Entartung der kleinen Ganglienzellelemente führt. Seine Hauptlokalisation findet der Prozeß gesetzmäßig im Striatum und hier wieder vornehmlich im Caudatum. Dabei ist der Status fibrosus C. und O. Vogts in diesen Gebieten gut erkennbar. In der Rinde ist das Stirnhirn und die vordere Zentralwindung regelmäßig befallen, wobei sich zumeist in letzterer eine gliöse Pseudokörnerschicht, oberhalb der Betzschen Pyramidenzellzone gelegen, gut ausprägt. Die Entartung der inneren Körnerschicht und der drei untersten Rindenschichten ist in den befallenen Gebieten besonders ausgesprochen.

Zu betonen ist die Diffusität des Entartungsvorganges im Zentralnervensystem, die auch die großzelligen Elemente nicht verschont. Werden sie, wie in unserem letzten und dem einen Bielschowskyschen Falle im Striatum und Pallidum und in Teilen der Substantia nigra in erheblicherem Grade mitaffiziert, so verschiebt sich das choreatische Krankheitsbild nach der Seite des akinetisch-hypertonischen Syndroms. Bei leichterer striärer Erkrankung können Parakinesen neben der choreatischen Unruhe vorherrschen.

Von besonderem Interesse scheint es mir, daß sich, wie dies aus der Literatur und meinen eigenen Untersuchungen hervorgeht, klinisch wie pathologisch-anatomisch kein greifbarer Unterschied zwischen den Fällen chronisch-progressiver Chorea mit und ohne nachgewiesener Vererbung sicherstellen läßt. Dies ist um so auffallender, als die echte Huntingtonsche Chorea, wie es Entres erst jetzt wieder betont hat, eine dominant gehende, mendelnde Krankheit ist, deren Entstehung nur eine direkte erbliche Übertragung ermöglicht, während die Ätiologie der chronischen progressiven Chorea ohne Vererbung völlig dunkel ist. Welches auch hierbei die inneren Zusammenhänge sein mögen, so ist es meines Erachtens nicht erlaubt, diese beiden Formen gleich zu setzen.

Über eine weitere Gruppe einer bilateralen progressiven chronischen Chorea ohne nachweisbare Ätiologie und ohne Vererbung, die ohne psychische Störungen verläuft, fehlt mir persönliche Erfahrung. Bei dieser Gruppe haben C. und O. Vogt und Bielschowsky die wesensgleiche Veränderung festgestellt wie in den anderen Fällen mit psychischen Störungen, nur mit dem Unterschiede einer eng auf das Striatum beschränkten Lokalisation. Sie sprechen dabei von einem isolierten Status fibrosus des Striatum. Diese Fälle von reiner chronischer Striatumchorea geben den unwiderleglichen Beweis, daß die choreatischen Bewegungen auf die striäre Erkrankung bezogen werden müssen.

Was den Krankheitsprozeß selbst angeht, so kann er in seiner histologischen Eigenart als nicht spezifisch angesehen werden. Als reiner degenerativer Parenchymprozeß ausgeprägt, zeigt er wohl in Einzelheiten gewisse Anklänge an jene rein degenerativen Entartungsvorgänge, wie wir sie z. B. bei chronischem Alkoholismus, bei dem senilen Involutionsvorgange, schließlich auch bei der Dementia praecox finden. Aber innigere Verwandtschaftsbeziehungen zu einem ätiologisch und anatomisch erschlossenen Krankheitsprozesse sind meines Erachtens nicht zu erweisen. Das gilt sowohl für die von Debuck betonte histologische Verwandtschaft mit der Dementia praecox[1]), die auch Ranke und Stern bis zu einem gewissen Grade vertreten, in noch höherem Maße aber für die Beziehungen des Krankheitsprozesses zu jenen der senilen Demenz, welche vornehmlich von Ranke und Kieselbach hervorgehoben werden. Als spezifisch für die chronisch-progressive Chorea ist die Art des histologischen Prozesses nur im Zusammenhange mit seiner charakteristischen Lokalisation zu bewerten.

3. Symptomatische Chorea.

a) Auf toxisch-infektiöser Basis — Chorea minor.

Die Ansicht, daß die Bewegungsstörungen bei der chronisch-progressiven Chorea auf die eigenartige Erkrankung des Striatum zu beziehen sind, erhält eine gewisse Stütze durch die Befunde bei der infektiösen Chorea (Sydenhamsche Form — Chorea minor). Bei der toxisch-infektiösen Chorea, die sich bekanntlich besonders häufig nach Gelenkrheumatismus[2]) entwickelt, ist auf

---

[1]) Vgl. auch die neueren Untersuchungsergebnisse Josephys über Dementia praecox. (Zeitschr. f. d. ges. Neur. u. Psych. 1923, im Druck.)

[2]) Auch die Chorea gravidarum gehört offenbar zum Teil hierher, insofern sie infektiösen Prozessen ihren Ursprung verdankt; zum anderen Teil beruht sie auf embolischen Gefäßprozessen mit vornehmlicher Lokalisation im Striatum. Abb. 37, 38 stammen von einer solchen Beobachtung, bei der sich die auf embolischen Gefäßprozessen beruhenden Gewebsnekrosen außerhalb der Rinde ausschließlich auf das Kaudatum und Putamen beschränkten. Nach mehrwöchentlichem Bestehen der Chorea am Ende der Schwangerschaft wurde das Krankheitsbild von allgemeinen cerebralen Reiz- und Lähmungserscheinungen abgelöst, denen die Frau 4 Tage nach dem Partus erlag. Diesen Störungen entsprachen in der Großhirnrinde diffus eingestreute embolische Herde, zumeist deutlich jüngeren Alters.

die Befunde von Alzheimer, Schuster, P. Marie und Trétiakoff hinzuweisen, welche unter anderem herdförmige Störungen im Striatum betonen. Freilich sind die Veränderungen im Zentralnervensystem dabei recht
diffus lokalisiert und namentlich Alzheimer hat gleichzeitig hochgradigere
Veränderungen des cerebellaren Systems (Dentatum, roter Kern) nachgewiesen.
Gerade auf das starke Mitbefallensein des cerebellaren Systems darf wohl die
Eigenart des hierbei beobachteten choreatischen Bewegungsspiels im Gegensatz
zu jener der chronisch-progressiven Chorea zurückgeführt werden. Auch O. Foerster hebt diesen symptomatischen Unterschied im gleichen Sinne hervor und betont die bei der Chorea minor häufig im Vordergrunde stehenden Koordinations-

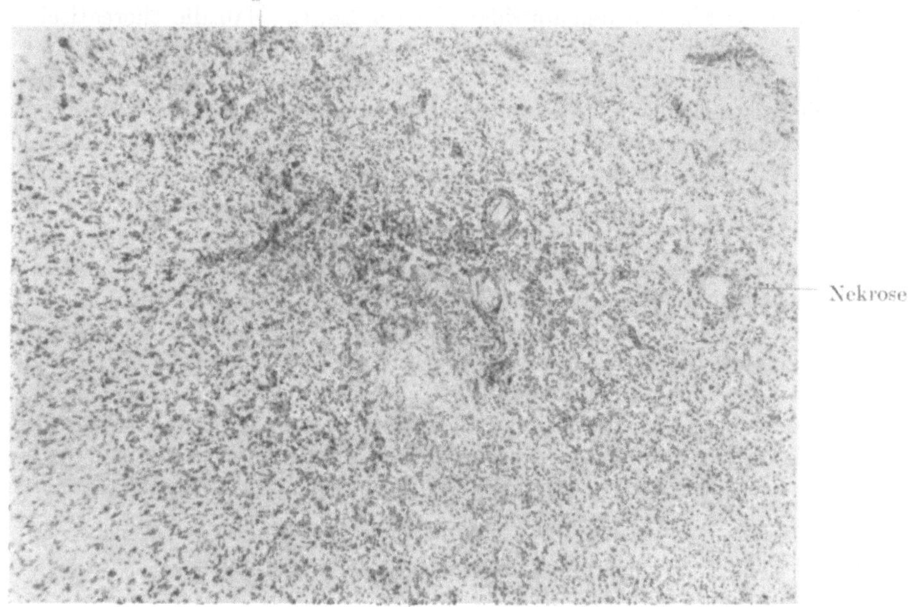

Abb. 37. Chorea gravidarum, 3 Wochen vor dem Partus plötzlich einsetzend; 4 Tage nach
dem Partus Exitus unter allgemeinen cerebralen Lähmungserscheinungen. Im ganzen Gehirn
zahlreiche auf kleine Embolien zurückzuführende Herde älteren und jüngeren Datums. Zahlreiche kleine und auch größere Nekroseherde im ganzen Striatum mit Mesenchymal- und
Gliafaserwucherungen und Körnchenzellbildung. Das ganze Striatum durch kräftige Gliaproliferation auch außerhalb der Herde ausgezeichnet. Die Abbildung zeigt einen solchen älteren Nekroseherd im Striatum; bei x x Übergang zu dem einigermaßen erhaltenen, aber
mit starken Gliawucherungen durchsetzten Striatumgewebe. Nisslbild. Mikroph. bei gleicher
Vergrößerung wie Abb. 2.

störungen; er sieht in der mangelhaften antagonistischen Dämpfung, in dem
Fehlen des Bewegungsrückschlages, dem starken Ausfahren der Bewegungen bei
plötzlichem Nachlassen eines vorher vorhandenen Widerstandes, der mangelhaften
Innervation der Kollateralen und rotatorischen Synergisten und jener bei statischen Muskelleistungen — Kennzeichen der cerebellaren Koordinationsstörung.

Des weiteren können mit einiger Reserve die von zahlreichen Autoren im
Striatum festgestellten Veränderungen herangezogen werden, die sich bei den

choreiformen Zuständen der Encephalitis in ihrem akuten und subakuten Stadium zeigen, Befunde, die ich bestätigen kann. Ich verzichte auf die
Wiedergabe meiner eigenen Untersuchungsbefunde in solchen Fällen, die nichts
wesentlich Neues der hierüber schon bestehenden umfangreichen Literatur zu-
fügen können. Auf der anderen Seite helfen uns auch die dabei gewonnenen Befunde bei der Beantwortung der Lokalisationsfrage nicht weiter, da sie in jedem
einzelnen Falle viel zu diffus in den basalen Stammganglien, im Thalamus, in der
Substantia nigra und in der Ponshaube entwickelt sind[1]).

Ferner gehört hierher ein nach mehreren Richtungen bemerkenswerter Fall
(Fall VI), der von uns klinisch als Chorea infectiosa wahrscheinlich auf encephalitischer Grundlage aufgefaßt worden war und bei dem die Sektion überraschender-

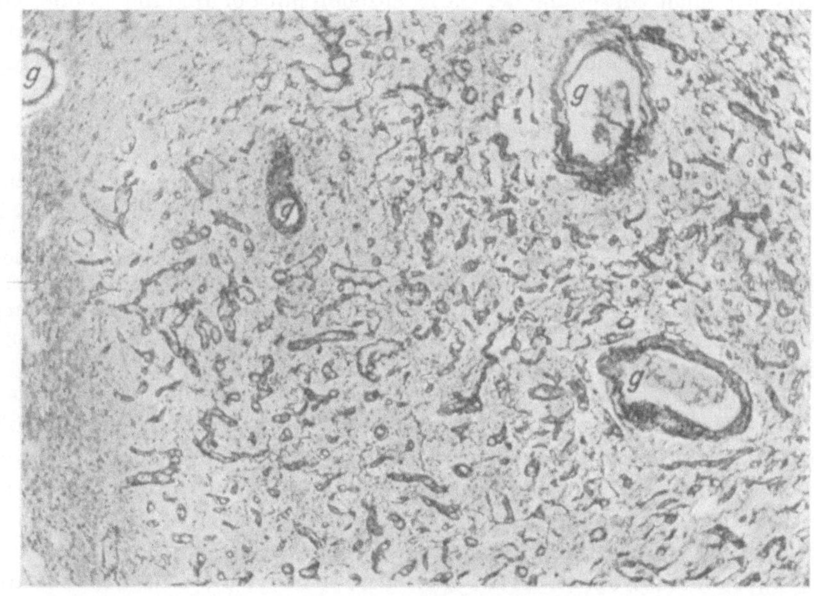

Abb. 38.　Chorea gravidarum. Der gleiche Striatumherd wie Abb. 37 bei Bindegewebe-
färbung nach Ranke-Achucarro; gleiche Vergrößerung wie Abb. 37. Starke Mesenchymalwucherungen im Herde.

weise eine schwere Diphtherie des Dickdarms und der Scheide fest-
stellte mit positivem Diphtheriebacillenbefunde im Liquor. Dieser
Fall zeigte klinisch neben ausgesprochener choreatischer Unruhe die mannigfaltigsten Parakinesen, so daß die Kranke zeitweise ganz das Bild einer erregten
Praecox machte. Da Herr Dr. Globus diesen Fall eingehend untersucht und

---

[1]) In letzter Zeit konnte ich wieder 2 Fälle von symptomatischer akuter Chorea mit
reicher Entwickelung von Parakinesen untersuchen, die bei Fehlen einer vorhergehenden
Grippe klinisch-ätiologisch völlig unklar waren. Anatomisch fand ich ausgesprochene
encephalitische Veränderungen ganz vornehmlich in der Zona compacta subst. nigra, der
Ponshaube, dem Thalamus (besonders in der Nachbarschaft des III. Ventrikels, nur ganz
vereinzelt im Striatum). Nach allen bisherigen Erfahrungen gehören auch solche Fälle
zur Encephalitis lethargica und das choreatisch-parakinetische Bewegungsspiel ist indirekt
bedingt, wobei die relative Integrität des Striatum den parakinetischen Charakter deutlicher hervortreten läßt. (Anm. b. d. Korr.)

beschrieben hat, möchte ich hier unter Hinweis auf diese Veröffentlichung[1]) nur die Hauptergebnisse der anatomischen Untersuchung mitteilen. Neben ausgedehnten pialen und subpialen Blutaustritten und leichten meningealen Infiltraten, frischen und etwas älteren kleinen Hämorrhagien in verschiedenen Thalamusgebieten und in der Ponshaube, neben ab und zu aufzufindenden ganz zarten Gefäßinfiltraten im nervösen Parenchym fand sich eine zweifellos im Vordergrunde stehende Erkrankung des Striatum: das Striatum zeigte eine ausgedehnte Verfettung der Ganglienzellen, eine feintropfige Fettablagerung im Gliaplasma ohne Körnchenzellbildung, ferner im Nisslbilde sehr deutliche, als subakut anzusprechende Degenerationserscheinungen an den großen und kleinen Striatumzellen. Gelegentlich beobachtete man auch einen Untergang der Ganglienzellen mit der Bildung schöner Gliarosetten. Es ist zu betonen, daß diese Veränderungen sich auf das Striatum beschränken und auch hier keinen vom Gefäßsystem abhängigen herdförmigen Charakter zeigen.

Dieser Fall aus der menschlichen Pathologie gibt eine gewisse Bestätigung der interessanten experimentellen Untersuchungsergebnisse F. H. Lewys bei diphtherieinfizierten Mäusen: Bei der Impfung von Mäusen mit lebenden Diphtheriebacillen bestimmter Stämme und Menge erkrankten die Tiere zwischen dem 3. und 10. Tag unter dem Bilde einer Hyperkinese, die durch einen schnellen Wechsel hyper- und hypotonischer Zustände charakterisiert und am ehesten mit dem Spasmus mobilis vergleichbar ist. Im Gehirn dieser Tiere fand Lewy Veränderungen an den kleinen neostriären Elementen, häufig im zentralen Thalamuskern und manchmal im Hypothalamus. Die Veränderungen imponieren als perakut nekrotisierende oder weniger akute mit Gliareaktion, wobei aber die reaktive Glia ebenfalls zugrunde geht. Die schwersten Veränderungen sind diffus, die leichteren miliar verteilt.

In unserem Falle erscheint die spezifische Striatumaffektion noch mehr betont wie bei den Lewyschen Experimenten, wobei freilich hervorgehoben werden muß, daß neben den kleinen Ganglienzellen des Striatum auch die großen in offenbar gleichem Maße mitgelitten haben. Die Untermischung der choreatischen Unruhe mit Parakinesen möchte ich hier mit der Eigenart der Striatumläsion und — mit gewisser Reserve — deren leichteren Affektion unter Hinweis auf die bei dem zweiten Falle der chronisch-progressiven Chorea erhobenen Befunde erklären[2]).

Bei dem choreatischen Symptomenkomplex, wie er sich ab und zu klinisch im Verlaufe einer progressiven Paralyse zeigt, konnte O. Fischer und C. und O. Vogt besonders schwere, echt paralytische Krankheitsvorgänge im Striatum feststellen. Letztere sprechen dabei von der Ausprägung eines paralytischen Status fibrosus im Striatum. Bei der Paralyse finden wir aber, wie dies schon Alzheimer nachgewiesen hat, gerade die basalen Stammganglien, insbesondere das Striatum, recht häufig fast regelmäßig mit erkrankt, ohne daß im klinischen Bilde choreatische Bewegungsstörungen deutlich werden. So habe ich zahlreiche Fälle unter meinem Material, die schon makroskopisch durch eine erhebliche Schrumpfung des Striatum auffallen, und mikroskopisch schwere paralytische Veränderungen im Striatum aufweisen. Nicht selten kommt es dabei tatsächlich im Markscheidenbilde zu der Ausprägung eines Status fibrosus, immer aber nur dann,

---

[1]) Zeitschr. f. d. ges. Neurol. u. Psychiatrie 1923.
[2]) Vgl. auch Kleist: Monatsschr. f. Psychiatrie u. Neurol. Bd. 52, 1923.

wenn mit der Entwicklung des paralytischen Prozesses eine starke Schrumpfung der grauen Kerne einhergeht. Des weiteren traf ich relativ häufig im Striatum bei der Paralyse auf gummöse Herde oder auf von begleitenden Gefäßprozessen abhängige Erweichungsherde. In meiner jüngsten Studie über die „Histopathologie der Paralyse und Tabes mit besonderer Berücksichtigung des Spirochätenbefundes" beschrieb ich ältere und frische Entmarkungsherde im Striatum bei reichlicher Anwesenheit von Spirochäten. Zu betonen ist dabei, daß das Pallidum fast regelmäßig frei von wesentlichen Veränderungen und frei von der Spirochäteninvasion bleibt, eine Erfahrung, die auch Spatz bestätigt.

Bei all solchen sehr häufigen Befunden bei der Paralyse muß es überraschen, daß ausgesprochene choreatische Bewegungsstörungen der Paralytiker relativ selten zur Beobachtung kommen, in meinen autoptisch untersuchten Fällen gänzlich fehlen. Immerhin glaube ich gewisse, bei diesen Kranken auffällige Bewegungsstörungen als den Ausdruck striärer Affektion auffassen zu dürfen, so vor allem die besonders in solchen Fällen hervortretenden mannigfaltigen Parakinesen, die mimischen Mitbewegungen, Komponenten der Sprachstörung, die eigenartige Bewegungsunruhe in den Extremitäten, die bei einzelnen meiner Beobachtungen in myoklonische Zuckungen bei negativem Babinski ausartete. Freilich ist es unendlich schwer, bei derartig im Zentralnervensystem diffus entwickelten Prozessen die Lokalisationsfrage einigermaßen entscheidend zu beantworten.

b) Symptomatische Chorea als Teilerscheinung eines syphilitischen, arterio-sklerotischen oder senilen Gehirnprozesses, Striatumveränderungen bei der Alzheimerschen Krankheit.

Ähnliches gilt für die symptomatische Chorea bei den auf syphilitischen oder arterio-sklerotischen Gefäßprozessen basierenden Gehirnerkrankungen. Ich werde bei der zusammenfassenden Beantwortung der Lokalisationsfrage die hier einschlägigen Fälle kurz besprechen.

Den arterio-sklerotischen Krankheitsbildern verwandt, aber doch scharf von ihnen zu trennen sind die choreiformen Zustände, die sich hin und wieder bei der senilen Demenz entwickeln. Klinisch sind sie lange bekannt und schon Lannois erwähnt sie bei einer Klassifizierung der Choreaformen als Chorée des vieillards. Soeben hat auch Leyser klinisch einen solchen Fall mitgeteilt. Soweit ich die Literatur überblicke, liegt aber von einem solchen Falle noch keine histologische Untersuchung vor. In folgendem bringe ich einen Fall von seniler Chorea mit nachfolgendem histologischen Befunde.

Fall VII.

Senile Chorea.

Frau Mewis, 1841 geboren, wurde 1916 in einem ausgesprochen senilen Verwirrtheitszustande in F. aufgenommen.

Vorgeschichte: Früher stets gesund. Es liegt keine hereditäre Belastung vor, insbesondere sind keine Bewegungsstörungen irgendwelcher Art in der Familie vorgekommen. Seit einiger Zeit ist sie psychisch verändert, schlaflos, ängstlich, verwirrt.

Körperlich bietet sie die Zeichen des Seniums mit leichter peripherer Arteriosklerose. An den oberen Extremitäten ist ein deutlicher Tremor auffällig, der Ähnlichkeit mit dem Zittern der Paralysis agitans hat. Es bestehen keine wesentlichen Reflexstörungen. Der

Gang ist etwas unsicher mit kleinen Schrittchen. (Über den Tonus der Extremitäten ist nichts erwähnt.) Psychisch bietet die Kranke das Bild einer unruhigen, verwirrten, unorientierten, in ihrer Merkfähigkeit stark geschädigten Senilen. Nach halbjährigem Anstaltsaufenthalt wird die Kranke leicht gebessert entlassen.

Ende 1919 wird die Kranke wieder aufgenommen wegen stärkerer Verwirrtheitszustände und seit einiger Zeit bestehenden Zwangsbewegungen.

Die Kranke bietet körperlich die Zeichen vorgeschrittener Senilität, hat eine welke mumienhafte Haut und ist stark abgemagert. Der Mund ist völlig zahnlos. Die inneren Organe sind ohne wesentliche Veränderungen, neurologisch bestehen keinerlei Lähmungen, die Reflexe sind ohne Störungen.

Das Gesicht (Abb. 39) ist in dauernder Unruhe, die Wangenmuskulatur wird dauernd bewegt, der Mund wird unregelmäßig aufgerissen, die Lippen und die Zunge sind in ständiger Unruhe, wobei grunzende und schnalzende Laute hervorgebracht werden. Auch die Stirn wird häufig in Falten gezogen. Außerdem bestehen fast dauernd grobe ausfahrende Bewegungen der Arme, und, an Intensität etwas geringer, auch der Beine. Die ganze Bewegungsunruhe erinnert an die der Chorea. Der Gang ist unmöglich, da die Kranke infolge der Bewegungsunruhe unsicher wird und stürzt. Im Schlaf hört die Unruhe auf, während die Bewegungen zunehmen, sobald man sich mit der Kranken beschäftigt. Psychisch bietet die Kranke den gleichen Zustand wie bei der ersten Aufnahme. Die Sprache ist völlig unverständlich infolge der Bewegungsunruhe der Sprachmuskulatur. Der Zustand der Kranken bleibt im Jahre 1920 im wesentlichen unverändert, die Bewegungsunruhe nimmt zu. Auch im Schlaf bestehen zuweilen leichte Zuckungen. In den ersten Monaten 1921 bilden sich kaum noch zu streckende Beugecontracturen der Beine aus bei Wegfall der Bewegungsunruhe in diesen Gebieten.

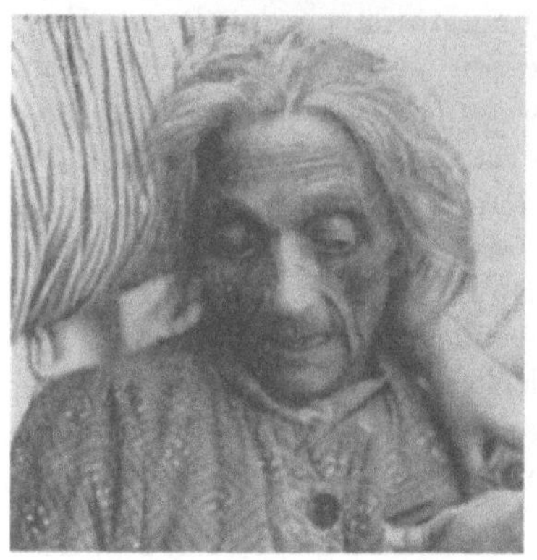

Abb. 39. Fall VII. Senile Chorea.

Kein Babinski. Die Bewegungsunruhe im Sinne choreiformer Bewegung in der Gesichts- und Armmuskulatur bleibt unverändert bestehen. Die Sprache besteht nur noch in unartikulierten Lauten, die stoßweise herausgebracht werden. Sehr häufig bewirken die Zungenbewegungen schnalzende Laute. Die Kranke stirbt im April 1921 an hochgradigem Marasmus.

Die klinische Diagnose lautete: Senile Demenz mit Chorea.

Zusammenfassung des klinischen Befundes.

Bei einer 75jährigen Frau entwickelt sich neben den Zeichen einer senilen Demenz ein deutlicher Tremor an den oberen Extremitäten, der an das Zittern der Paralysis agitans erinnert, und ein Gang mit kleinen Schritten. Drei Jahre später werden die Zittererscheinungen der Kranken abgelöst von ausgesprochener choreatischer Bewegungsunruhe des ganzen Körpers, besonders des Gesichts, der Sprachmuskulatur und der Arme bei fortschreitendem psychischen Verfalle. Die Kranke kann wegen der starken Bewegungsunruhe nicht gehen. Schließlich entwickeln sich $1\frac{1}{2}$ Jahre später Beugecontracturen in den Beinen bei Wegfall der Bewegungsunruhe in diesen Gebieten und bei Fortbestehen der Chorea in der Gesichts-, Sprach- und Armmuskulatur. Die Kranke stirbt hochgradig marantisch in tiefster Verblödung.

Anatomischer Befund.

Die Gehirnsektion ergab ein atrophisches Gehirn (Gehirngewicht 1070 g bei Schädelinhalt von 1250 ccm und Duragewicht von 50 g) mit leichter Piaverdickung über der ganzen Gehirnkonvexität. Die Gehirnwindungen sind von normaler Anlage, deutlich atrophiert, namentlich in beiden Schläfenlappen. Die basalen Gefäße zeigen nur ganz geringe sklerotische Wandveränderungen. Auf Frontalschnitten durch das Gehirn erkennt man im Marklager des rechten Stirnhirns nahe dem vorderen Pole eine erbsengroße herdförmige Veränderung, die sich scharf gegen die Umgebung absetzt, etwas härter ist und von gelbroter gesprenkelter Farbe. Die Seitenventrikel sind ganz leicht erweitert, das Ependym aller Ventrikel ist zart. Nirgends finden sich sonst herdförmige Störungen oder besondere Atrophien, namentlich sind die basalen Stammganglien von normaler Größe und Färbung. Ebenso der Pons, das Kleinhirn und die ganze Medulla.

Bei der Sektion des übrigen Körpers fand sich eine alte Lungenspitzentuberkulose, ferner eine eitrige Bronchitis mit bronchopneumonischen Herden, Arteriosklerose der Abdominalaorta und Parenchymatrophie der inneren Organe.

Die mikroskopische Untersuchung ergibt folgendes:

Die Pia und die Großhirnrinde zeigen die typischen Veränderungen einer sehr schweren senilen Demenz. In der Rinde findet sich eine auffallend große Menge seniler Plaques,

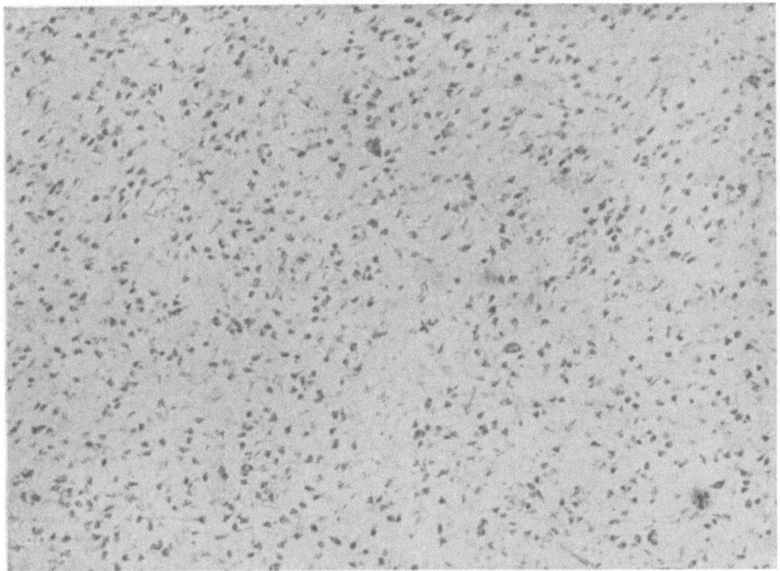

Abb. 40. Fall VII. Striatum (orale Hälfte). Nisslbild, gleiche Vergrößerung wie Abb. 2. Degeneration der großen und kleinen Striatumzellen, herdförmige Verödung der kleinen Striatumzellen (x). Mikroph.

wie man sie in solcher Anzahl und Größe nur selten in senilen Fällen zur Beobachtung bekommt. Dazu gesellen sich die schweren Ganglienzellveränderungen (Lipoidentartung, chronische Sklerose), Gliaproliferationen und ab und zu auch die Alzheimersche Fibrillenveränderung. Am hochgradigsten ist das Stirnhirn und die Temporalwindungen mit dem Ammonshorn betroffen, während die vordere Zentralwindung keine schweren Degenerationserscheinungen erkennen läßt. Insbesondere sind die Betzschen Pyramiden gut erhalten und eine Pseudokörnerschicht ist nicht entwickelt.

Die Gefäße zeigen größtenteils nur ganz leichte Veränderungen im Sinne seniler Gefäßwandfibrose. An den größeren Gefäßen des Hirnstammes sind nur ganz leichte, echte arteriosklerotische Veränderungen festzustellen. Der schon makroskopisch sichtbare Herd im Marklager des rechten Stirnhirns erweist sich mikroskopisch als ein ganz eng umgrenzter Erweichungsherd in Vernarbung und deutlicher Abhängigkeit von Gefäßen. Sonst sind nirgends Erweichungsherde arteriosklerotischer Natur anzutreffen.

Besonders hochgradige Parenchymstörungen bietet das Striatum beiderseits. Im Nisslbilde (Abb. 40) erkennt man in der vordersten Hälfte dieses Gebiets eine schwere diffuse Parenchymstörung. Die kleinen Ganglienzellen sind mancherorts ausgefallen, so daß kleine Verödungsherde entstehen. Ganz allgemein sind diese Elemente aufs schwerste geschädigt: es sind blasse Gebilde mit zumeist deutlichen hellen Kernen und geschrumpftem, diffus dunkler sich färbenden, mit kleinen Vakuolen durchsetzten Protoplasma. Sehr häufig trifft man nur noch auf Schattenbildung dieser Zellform. Auch die großen Ganglienzellen, relativ in diesen Gebieten erhalten, befinden sich im Zustande chronischer Sklerose und fettiger Degeneration.

Das Gliagewebe ist deutlich protoplasmatisch gewuchert, wobei sich reichlich gut gezeichnete kleine Gliakerne, häufig zu dreien und vieren zusammengelagert und mit zart gestipptem, strahligem Plasma verbunden, finden.

Im Silberpräparate sehen wir einen körnigen Zerfall der intracellulären Fibrillen, ganz vornehmlich in den kleinen Striatumzellen, nirgends ist die Alzheimersche Fibrillenbildung entwickelt, auch fehlen senile Plaques.

Im Fettpräparate begegnen wir einer ganz diffusen Fettanhäufung in den Ganglienzellen wie in dem gliösen Protoplasma, wie auch die Abbauprodukte in den Gefäßlymphscheiden stark vermehrt sind. Körnchenzellbildungen sind nicht festzustellen.

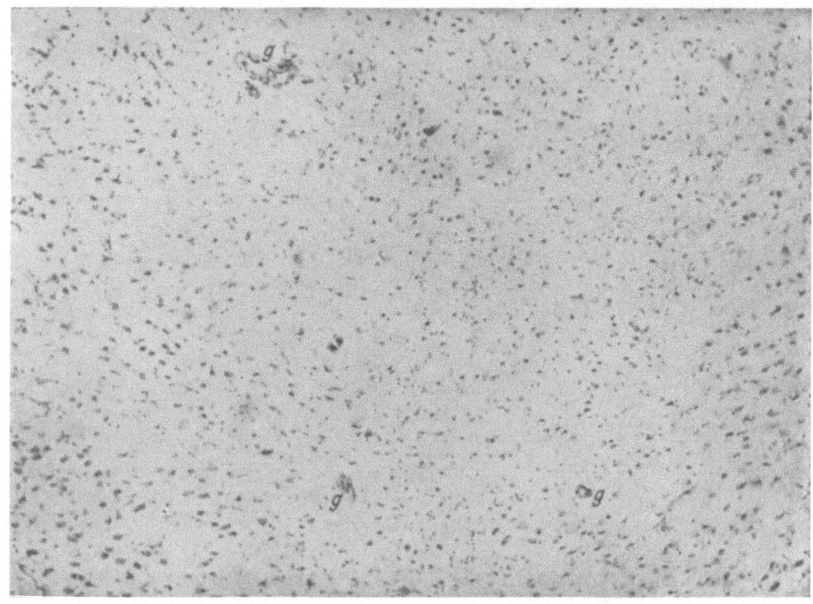

Abb. 41. Fall VII. Striatummitte im Nisslbild bei gleicher Vergrößerung wie Abb. 40. Weit schwerere Verödung vornehmlich an kleinen Striatumzellen. Gefäße nicht wesentlich verändert (*g*). Mikroph.

Eisenfärbungen ergeben im Gliaplasma vermehrtes Abbaueisen in Form etwas gröberer Körnchen.

Im allgemeinen steht die diffuse Parenchymerkrankung weitaus im Vordergrunde, bei starkem Zurücktreten kleinerer Verödungsherde (Abb. 40). In solchen liegen gewöhnlich kleine Capillaren mit fibrösen Gefäßwandveränderungen ohne sonstige Besonderheiten. Erweichungsherde fehlen völlig.

Gegen die Mitte des Striatum zu und weiter caudalwärts nimmt die Intensität der Erscheinungen etwas zu, so daß man für gewöhnlich in diesen Teilen Störungen antrifft, wie sie Abb. 41 wiedergibt. Es handelt sich auch hierbei um prinzipiell den gleichen histologischen Vorgang, der aber zu einem wesentlich hochgradigeren Ausfall an kleineren und größeren Striatumzellen geführt hat. Dabei ist zu betonen, daß man auch im caudalen Striatumabschnitt auf weniger hochgradig veränderte Gebiete stößt. Immerhin ist der Wechsel in der Intensität auffallend.

Zu einer Schrumpfung der Striata ist es nicht gekommen.

Im gesamten Pallidum finden sich die gleichen Vorgänge, nur in wesentlich verminderter Schwere. Die Ganglienzellen sind vielleicht etwas an Zahl reduziert, zumeist gut erhalten, mit reichlicher Lipoideinlagerung. Auch das gliöse Protoplasma ist in zarter Wucherung begriffen.

Ähnlichen Veränderungen wie im Pallidum begegnet man im ganzen Thalamus, im Luysschen Körper und im Dentatum des Kleinhirns. Wesentlich geringgradiger sind im gleichen Sinne betroffen die Substantia nigra und der rote Kern.

Im Pallidum und in der Substantia nigra weisen Eisenfärbungen vermehrtes Abbaueisen im Gliaprotoplasma nach und zahlreiche Ganglienzellen zeigen gegenüber der Norm gröbere blaue Tüpfelungen.

Im Markscheidenpräparate fällt vor allem das Fehlen einer Schrumpfung der basalen Stammganglien auf, zudem das Fehlen ausgesprochener geschlossener Faserdegenerationen. Auch die Pyramidenbahnen sind intakt. Nur das Striatum und in gewissem Sinne auch das

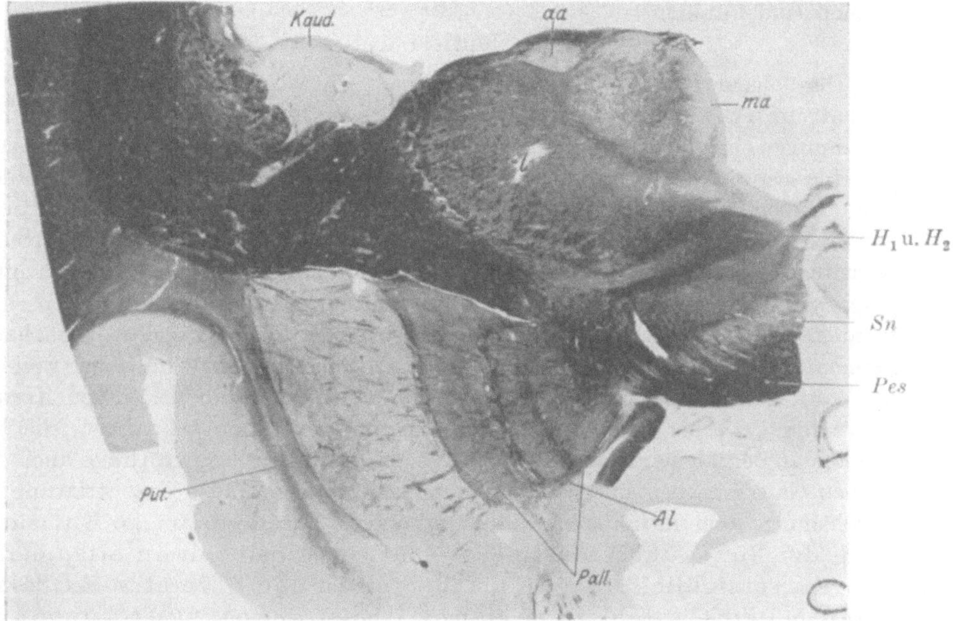

Abb. 42. Fall VII. Markscheidenpräparat, keine wesentliche Schrumpfung des Kaudatum (*Kaud*) und Putamen (*Put*), diffuse Markfaserausfälle im Striatum und leichtere im Pallidum (*Pall*). Thalamus mit seinen Kernen (*aa, ma, l*), H_1 und H_2 Substantia nigra (*Sn*) und *Pes* unverändert. (Die Lücken im Gewebe sind Kunstprodukte.) Photogr.

Pallidum zeigen im Markscheidenbilde greifbare Veränderungen (Abb. 42). Das Striatum ist hochgradig verarmt an dünneren und auch dickeren Faserzügen, so daß es auch in den oralsten Partien nirgends den Status fibrosus erkennen läßt. Ein deutlicher Unterschied zwischen den oralen und caudalen Partien ist nicht sicherzustellen. Das Pallidum ist in seinen Lamellen leicht reduziert, in seinem Parenchym etwas verarmt an dünnen und dicken Fasern. Die Linsenkernschlinge ist stellenweise etwas aufgehellt, die Forelschen Faserzüge, der Luyssche Körper, die Strahlungen des roten Kerns, die Substantia nigra, die Kleinhirnstrahlungen sind im wesentlichen intakt.

Zusammenfassung des anatomischen Befundes.

Neben einem in schwerster Weise in der Großhirnrinde entwickelten senilen Prozesse, der mit auffallend reichlicher Entwicklung von senilen Plaques und mit der Alzheimerschen Fibrillenveränderung einhergeht, zeigt sich der senile

Parenchymprozeß besonders noch im Striatum lokalisiert. Hier ist es ohne makroskopische Schrumpfungen zu einer hochgradigen Degeneration der Ganglienzellen gekommen und daneben zu kleineren Verödungsherden bei zarter protoplasmatischer Gliawucherung und fettiger Imbibition des Parenchyms. Während in der oralen Hälfte des Striatum die kleinen Ganglienzellen unzweifelhaft stärker befallen sind als die großen Elemente, trifft man in der hinteren Hälfte auf schwerere Parenchymveränderungen mit durchschnittlich stärkerer Affektion auch der großen Ganglienzellen. Dem entspricht im Markscheidenbilde bei Fehlen des Status fibrosus im ganzen Striatum ein Ausfall der feinen und dicken Faserzüge. Im Pallidum sind wesentlich geringgradigere Veränderungen festzustellen, in gleicher Weise im Thalamus und im Dentatum. Die Pyramidenbahnen sind intakt.

Epikrise.

Der eigenartigen symptomatologischen Entwicklung dieses Falles entspricht ein recht charakteristischer anatomischer Befund: Den psychischen Erscheinungen einer schweren senilen Demenz geht ein hochgradig ausgesprochener, für eine schwerste Form der Senilität charakteristischer Rindenprozeß parallel, den daneben im Krankheitsbilde stark betonten Bewegungsstörungen entspricht eine deutliche Affektion des striopallidären Systems. (Der kleine, in Vernarbung begriffene, sklerotisch bedingte Erweichungsherd im Stirnhirnmark rechts muß entsprechend seiner Kleinheit, als symptomatologisch bedeutungslos angesehen werden; jedenfalls hat er keinerlei Faserdegenerationen ausgelöst.) Es kann keinem Zweifel unterliegen, daß die Veränderungen im Striatum dabei weitaus im Vordergrunde stehen. Ohne wesentliche Schrumpfung dieses grauen Kernes ist es hier zu einer hochgradigen Parenchymdegeneration gekommen, die besonders an den kleinen Ganglienzellen ansetzt und in geringerem Grade auch die großen Ganglienzellen mit befallen hat. Die caudale Hälfte des Striatum ist gleichsinnig, aber in höherem Grade verändert. Die eigenartige Entwicklung der Bewegungsstörungen — zuerst Tremor, dann allgemeine Chorea, schließlich Beugecontracturen in den untersten Extremitäten bei Fortbestehen der choreatischen Bewegungsstörungen in den oberen Extremitäten, im Gesicht und in der Sprachmuskulatur — ist offenbar auf die fortschreitende Degeneration des Striatum zu beziehen. Wir können daraus schließen, daß eine leichtere Parenchymdegeneration des Striatum zunächst Zittererscheinungen bedingt, daß die weitere Zunahme der Degeneration Chorea auslösen kann; das akinetisch-hypertonische Syndrom, das in der unteren Körperhälfte die choreatische Bewegungsunruhe ablöste, ist offenbar der Ausdruck der schwereren Läsion der hinteren Striatumhälfte[1]). Inwieweit die gleichzeitig gegebene, jedoch stark zurücktretende Pallidumaffektion eine bedeutsame Rolle mitspielt, muß zunächst dahingestellt bleiben.

Die Ausdeutung dieses Falles entspricht in den wesentlichen Punkten den im Falle V gemachten Beobachtungen und bestätigt ähnliche Ansichten C. und O. Vogts über die striäre Lokalisation des Tremors. Zu betonen ist, daß

---

[1]) Ganz allgemein neigen bei bettlägerigen Kranken die unteren Extremitäten weit mehr zu Versteifungszuständen und Kontrakturenentwickelung als die oberen.

sich im Striatum und Pallidum im Markscheidenbilde nur ein diffuser Untergang dünner und dicker Fasern zeigt, ohne deutliche geschlossene Faserdegeneration. Das Fehlen eines Vogtschen Status fibrosus auch in den oralen Striatumteilen bei einer deutlich ausgeprägten choreatischen Bewegungsunruhe der oberen Körperhälfte lehrt uns, daß der Vogtsche Status fibrosus nicht regelmäßig bei dem Choreaphänomen ausgeprägt sein muß. Ich glaube, daß er offenbar nur dann in Erscheinung tritt, wenn eine gleichzeitige starke Schrumpfung des Striatum mit vorliegt. Daß letztere auch bei der gewöhnlichen progressiven Chorea, auch bei der Huntingtonschen Form fehlen kann, läßt sich aus den Befunderhebungen der Literatur erschließen, z. B. aus den von Ranke erhobenen Feststellungen.

In gewissem Sinne haben wir es also hier mit einer atypischen senilen Demenz zu tun: Einmal ist der Rindenprozeß von ungewöhnlicher In- und Extensität und entspricht so jenen atypischen senilen Formen, welche der Alzheimerschen Krankheit nahestehen, dann aber zeigt er in dem starken Mitbefallensein der basalen Stammganglien eine ungewöhnliche Ausdehnung des senilen Prozesses und ist auch in diesem Sinne als atypisch anzusehen.

Was mir weiterhin bei der Beurteilung dieses Falles und seiner allgemeinen Auswertung von Bedeutung erscheint, sind die Beziehungen zu den bei der Alzheimerschen Krankheit ganz gewöhnlich gegebenen Bewegungsstörungen. Es ist ja bekannt, daß sich die Alzheimersche Krankheit in ihrer präsenilen und senilen Form durch eigenartige Spannungszustände in der Gesichts- und Extremitätenmuskulatur, durch rhythmische Zittererscheinungen, durch Mitbewegungen, Parakinesen, durch logoklonische Sprachstörungen und dergleichen auszeichnet. Ich habe in meinem Material 4 Fälle der Alzheimerschen Krankheit, die von Lua 1920 beschrieben worden sind, auf die Veränderungen im Striatum und Pallidum hin untersucht und konnte dabei recht deutlich ausgesprochene Parenchymdegenerationen im Striatum und Pallidum feststellen, die in ganz ähnlicher Weise, jedoch nicht so hochgradig entwickelt waren wie in obigem Falle. Der gleiche Befund zeigte sich mir bei drei weiteren Kranken[1]).

Nun sind auch, wie es namentlich Simchowicz hervorhebt, bei der senilen Demenz die basalen Stammganglien ganz gewöhnlich im Sinne seniler Parenchymstörungen verändert. Bei vergleichenden Untersuchungen konnte ich aber feststellen, daß die hier lokalisierten Parenchymveränderungen einer gewöhnlichen senilen Demenz bei weitem zurückstehen gegenüber den Veränderungen bei der Alzheimerschen Krankheit oder in unserem obigen Falle. Ich glaube daher, daß diesen anatomischen Verhältnissen im oben angedeuteten Sinne eine ganz wesentliche Bedeutung zukommt für die Entwicklung der eigenartigen und polymorphen Bewegungsstörungen, die sich bei dem atypischen Senium zeigen[2]).

Fassen wir also unsere eigenen Befunde unter Berücksichtigung der in der Literatur niedergelegten Feststellungen zusammen, so drängt alles zu der Annahme, daß sich *die progressive Chorea pathologisch-anatomisch offenbart in einer besonders schweren Parenchymentartung des Striatum, wobei in ganz auffallender*

---

[1]) Vgl. auch Kleist: Monatsschr. f. Psychiatrie u. Neurol. 1923.
[2]) Vgl. auch die Bemerkungen über die „senile Muskelstarre" S. 134.

Weise die kleinen Ganglienzellen am meisten degenerieren und sich im Markscheiden-bild die Ausbildung eines Vogtschen Status fibrosus für gewöhnlich zeigt, jedoch bei mangelnder Schrumpfung der Stammganglien auch fehlen kann. Auch die großen Ganglienzellen des Striatum sind gewöhnlich mehr oder weniger mit befallen, wie auch das Pallidum gelegentlich leicht mit erkranken kann, ohne daß sich dabei der Charakter der Bewegungsstörung ändern muß. Leichtere Striatumaffektionen können Parakinesen mehr hervortreten lassen. Bei fortschreitender strio-pallidärer Degeneration und ungewöhnlicher Beteiligung subpallidärer Zentren (Corpus Luysi, Substantia nigra) an dem Parenchymprozeß werden offenbar die choreatischen Bewegungsstörungen abgelöst von dem akinetisch-hypertonischen Syndrom.

Der histologische Prozeß gibt uns, abgesehen von den Fällen, wo die Chorea eine Begleiterscheinung einer senilen, arteriosklerotischen, syphilitischen, paralytischen oder anderen diffusen Gehirnaffektion ist, oder wie bei der Chorea minor eine toxisch-infektiöse, gelegentlich mehr herdförmig auftretende Alterration des Striatum darstellt, keine ätiologischen Hinweise. Als Einteilung der verschiedenen Choreaformen scheint mir folgende Klassifizierung zu Recht zu bestehen, die einen weiteren Ausbau der vor vielen Jahren von Wollenberg vorgenommenen bedeutet:

1. Die toxisch-infektiöse Chorea (Sydenhamsche Form — Chorea minor).

2. Die symptomatische Chorea bei allgemeiner Erkrankung des Gehirns auf paralytischer, syphilitischer, arteriosklerotischer, seniler Grundlage (hierher gehört auch die Chorea bei Tumoren, bei der multiplen Sklerose, bei der tuberösen Sklerose mit entsprechender striärer Lokalisation).

3. Die chronisch-progressive Chorea.

    a) Die echte Huntingtonsche Form mit Vererbung und mit psychischen Störungen.

    b) Jene ohne nachgewiesene Vererbung und mit psychischen Störungen.

    c) Jene ohne psychische Störungen.

Im schärfsten symptomatologischen Gegensatz zur choreatischen Bewegungsstörung steht das

II. hypokinetisch-hypertonische Syndrom des Parkinsonismus.

Vom klinisch physiologischen Standpunkte aus hat es schon seit vielen Jahren die Aufmerksamkeit der Autoren auf sich gelenkt (Förster, Zingerle, Forster, Schilder, v. Economo, Lewy u. v. a.); in der allerletzten Zeit ist es vornehmlich von Stertz, Förster und Lewy eingehender analysiert worden.

Die wichtigsten Komponenten dieses Syndroms sind nach Förster folgende:

1. Tremor in der Ruhe, der nicht selten fehlen kann;

2. Erhöhung des plastischen formgebenden Muskeltonus;

3. Erhöhung des passiven Dehnungswiderstandes der Muskeln (Rigor);

4. Spannungsentwicklung der Muskeln bei passiver Annäherung ihrer Insertionspunkte (Adaptationsspannung, Fixationsspannung, kataleptisches Verhalten der Glieder);

5. Tonische Nachdauer der Kontraktion bei elektrischer Reizung;

6. Fehlen der Irridiation bei Reflexbewegungen, Fehlen der für das Pyramidenbahnsyndrom charakteristischen Reflexsynergien, Fehlen des Reflexrückschlages (rebound reaction) — tonische Nachdauer der Reflexbewegung;
7. Fehlen der reaktiven Bewegung, Fehlen der Ausdrucksbewegung, evt. tonische Nachdauer derselben.
8. Einschränkung der willkürlichen Spontan- und Initiativbewegung (Bewegungsarmut), verlangsamter Bewegungsbeginn, verlangsamter Bewegungsablauf, geringe Bewegungsexkursion, Ermüdbarkeit und Abschwächung der groben Muskelkraft bei Willkürbewegungen, bei apoplektischer Entstehung vorübergehende totale Lähmung — tonische Nachdauer ausgeführter Willkürbewegungen.

Fehlen normaler Mitbewegungen bei zusammengesetzten willkürlichen Bewegungsakten, mangelnde Verstärkung normaler Mitbewegungen, Fehlen der für das Pyramidenbahnsyndrom charakteristischen Bewegungssynergien, daher Erhaltenbleiben isolierter Willkürbewegungen einzelner Glieder und Gliedteile.

In reiner und charakteristischer Form findet sich das akinetisch-hypertonische Syndrom ausgeprägt bei der echten

1. Paralysis agitans.

Für die nervösen Erscheinungen dieser Krankheit ist im Laufe der Jahre das pathologisch-anatomische Substrat in den verschiedensten Organen gesucht worden. Ich vermeide es, alle die Feststellungen und Erklärungen hier anzuführen, welche vom Muskel, vom peripheren Nerven, vom Rückenmark, von den Spinalganglien, von der Großhirnrinde als dem Hauptsitz der Veränderungen ausgehen oder andererseits von negativen Befunden im Zentralnervensystem sprechen. Alle diese Arbeiten, die zum Teil mit unvollkommener Methodik und mit auf bestimmte Teile des Organsystems gerichteter Aufmerksamkeit hergestellt sind, können heute keine größere Bedeutung mehr beanspruchen.

Eine neue Ära setzte in dieser Frage erst ein, als vor ungefähr 20 Jahren vornehmlich die französische Schule (P. Marie, Durand, Ferrand) auf die häufig bei dieser Erkrankung in die Erscheinung tretenden Lacunen und Kriblüren aufmerksam machte. 1898 hat bereits Alzheimer in seinem Referat über die Dementia senilis und die auf atheromatöser Gefäßerkrankung basierenden Gehirnkrankheiten auch die Paralysis agitans nur durch besonders lokalisierte, auf Arteriosklerose zurückzuführende Veränderungen erklärt; aber der Sitz des betreffenden Krankheitsprozesses sei nach wie vor unbestimmt. Dann fiel es auf, daß sich bei senilen Leuten, deren Gang in seiner Steifheit und Unsicherheit und seinen abnormen Spannungen an den Parkinson erinnert, schwerere Degenerationsvorgänge in den Zentralganglien nachweisen lassen (Déjérine, Brissaud, P. Marie, Ferrand, Léri, v. Malaise). Inzwischen war man auch durch kasuistische Mitteilungen schwererer Affektionen, welche in ihrer Symptomatologie an die Paralysis agitans erinnern, noch mehr auf die Beachtung dieser Gehirnteile hingelenkt worden (Anton, Franceschini, Bechterew, Dana, Touche, M. Loewy). Während dann Förster das der Paralysis agitans verwandte Krankheitsbild der arteriosklerotischen Muskelstarre auf eine Verletzung der frontopontinen Bahnen zurückführte, machte 1908 Jelgersma auf Grund von Serienschnitten durch zwei Gehirne von Paralysis agitans auf die sehr starke Atrophie der Strahlungen des Linsenkerns und deren Fortsetzung nach dem Zwischenhirn aufmerksam. Er betonte vornehmlich den hochgradigen Schwund der dicken Pallidumfasern, die starke Entartung des Luysschen Körpers und der Forelschen Bündel H^1 und H^2 in dem einen Falle. (In den Jelgersmaschen Präparaten dieses Falles fanden C. und O. Vogt zudem noch einen ausgesprochenen Status cribratus und eine Volumenverminderung der Substantia nigra.)

1912, 1913 und 1921 hat dann F. H. Lewy seine an einem großen Material ausgeführten Untersuchungen vorläufig[1]) mitgeteilt, in denen er die Paralysis agitans als Teilerscheinung eines senilen oder präsenilen Prozesses auffaßt. Er beschreibt die schweren nervösen Parenchymveränderungen mit vornehmlichem Sitze im Striatum und Pallidum, die sich nicht regelmäßig im Markscheidenbilde zu verraten brauchen, betont weiterhin hochgradige Veränderungen im Nucleus substantiae innominatae, im Tuber cinereum, im Luysschen Körper und ein nicht seltenes Mitbefallensein der fronto- und temporopontinen Bahnen[2]). Regelmäßige Veränderungen in dem Nucleus periventricularis, im Hypothalamus und den dorsalen Vaguskernen, in welchen letzteren bereits Borgherini, Dorose und Dana schwerere Degenerationen gefunden haben, bringt er mit den vegetativen Störungen im Krankheitsbilde zusammen. Die in diesen Kerngebieten von Lewy beschriebenen eigenartigen Ganglienzellveränderungen mit Bildung abnormer Einschlüsse konnten von Lafora bestätigt werden. Auch das Kleinhirn, der sympathische Oculomotorius- und Trigeminuskern sind mehr oder weniger regelmäßig mit befallen.

1916 veröffentlichten Auer und McCough zwei Fälle von Paralysis agitans, wobei sie ohne grobe Atrophie der basalen Stammganglien die Kriblüren im Linsenkern hervorheben und eine Abnahme der Fasern in der Lamella pallidi externa und im Pallidum beschreiben. Im gleichen Jahre machte Hunt in einem Falle juveniler Paralysis agitans auf den weitgehenden Untergang der großen Striatum- und Pallidumzellen aufmerksam und wies neben einer schweren Erkrankung des Nucleus substantiae innominatae eine Verdünnung der Linsenkernschlinge nach.

In jüngster Zeit haben C. und O. Vogt in ihrem Buche: „Zur Lehre der Erkrankungen des striären Systems bei der Paralysis agitans" in sieben Fällen außer mehr oder weniger ausgedehnten Veränderungen in anderen Teilen des Zentralnervensystems ausnahmslos eine schwere Erkrankung des Striatum und eine meist geringere des Pallidum feststellen können, einen Prozeß, den sie als Status desintegrationis bezeichnen. Er äußert sich in einem zu einer groben Atrophie, vor allem des Caudatum, führenden diffusen Untergang von Ganglienzellen und Markfasern (Status paradysmyelinisatus), dann in kleinen durch Nekrobiose, Erweichung oder Blutung entstehende Lacunen (Status lacunaris) und schließlich in einer Rarefizierung und daran sich anschließenden Resorption des Gewebes um die Blutgefäße herum. Bei den kleinsten Blutgefäßen führt dieser Vorgang zu einem Status praecribratus (Aufhellung und Rarefizierung der Grundsubstanz um die Capillaren). Das zweite zu dem bekannten, bereits 1854 von Durand-Vardel beschriebenen Status cribratus; bei den größeren Blutgefäßen entwickelt sich in ähnlicher Weise aus dem Status praelacunaris der Status lacunaris Pierre Maries.

Alle diese Formen von Parenchymdegeneration in deutlichster Abhängigkeit von den Gefäßen und ihrer Erkrankung fassen C. und O. Vogt als Status desintegrationis zusammen. Dieser Status desintegrationis unterscheidet sich von den gewöhnlichen arteriosklerotischen Herderkrankungen dadurch, daß die dabei auftretenden eventuellen Lacunen nur als lokale, besonders intensive Ausdrücke eines diffusen Zerfallprozesses in dem allgemein erkrankten Zentralnervensystem und besonders schwer affizierten Striatum-Pallidum zu bewerten sind.

Außer der jeweils stark betonten Striatum- und Pallidumaffektion zeigten sich in den Vogtschen Fällen keine systematischen Faserdegenerationen, nur waren in mehreren Fällen die Pallidumlamellen und der Luyssche Körper deutlich reduziert, seltener auch die Forelschen Bündel H^1 und H^2.

Der Tremor zeigte sich namentlich in den Fällen mit starker Striatumerkrankung, während mit zunehmender Pallidumdegeneration eine allgemeine Rigidität parallel ging.

Ätiologisch kommen nach C. und O. Vogt für diese Fälle im wesentlichen Gefäßveränderungen in Betracht auf seniler, arteriosklerotischer und syphilitischer Grundlage.

Schließlich hat Bielschowsky in weiteren sechs typischen Fällen dieser Krankheit die Vogtschen Befunde bestätigen können, wobei er in der ausgedehnten Capillarfibrose

---

[1]) Vgl. Lewy: „Tonus und Bewegung", 1923, in denen er seine Befunde zusammengestellt hat.

[2]) Lewy unterscheidet auch in seinem Buche nicht streng zwischen reiner Paralysis agitans und arteriosklerotisch bedingter, ein Unterschied, der sich in vielen Fällen durchführen läßt.

und in dem dadurch bedingten Status praecribratus und cribratus den pathogenetischen Hauptfaktor der jeweils konstanten Striatum- und Pallidumveränderungen sieht.

In den letzten Jahren hat die französische Schule, insbesondere Tr étiakoff, Foix, L'hermitte, Cornil und Souques die Aufmerksamkeit auf schwerere Veränderungen in der Substantia nigra gelenkt, in welchen sie das anatomische Hauptsubstrat, wenn nicht die pathologische Grundlage der Parkinsonschen Krankheit erblicken. Nachdem Brissaud, wie schon oben erwähnt, in dem Locus niger ein tonisierendes Zentrum gesehen hat, griff Tr étiakoff 1919 in einer Arbeit aus dem Laboratorium P. Maries diesen Gedanken wieder auf und betonte das konstante Auftreten schwerer Veränderungen in der Substantia nigra bei der echten Paralysis agitans. Er beschreibt konstante Ganglienzellveränderungen, die sich in einem Verlust des Pigmentes, in Schwellungszuständen des Zellkörpers mit exzentrischer Lagerung des Kernes, in einer Fragmentation der Neurofibrillen und anderen Zeichen äußern, und macht allerdings darauf aufmerksam, daß er sowohl unter seinen eigenen Fällen, als in den bis jetzt veröffentlichten keinen einzigen gefunden habe, bei welchem die Lokalisation der krankhaften Veränderungen auf den Locus niger begrenzt gewesen wäre. Man habe stets in den benachbarten oder entfernteren Hirnteilen krankhafte Befunde festgestellt. Dennoch kommt er zu dem Schlusse, daß die Kardinalsymptome der Paralysis agitans, die Rigidität und das Zittern, durch eine Läsion der Soemmeringschen Substanz bedingt werden. Neuerdings haben Foix, L'hermitte und Cornil sowie auch Souques die Angaben Tr étiakoffs über den Hauptsitz und die Konstanz der Veränderungen in diesem Zentrum bei der Parkinsonschen Krankheit bestätigt, auf Grund der Untersuchung von 24 Fällen. Foix hebt hervor, daß diese Veränderungen konstanter seien als die, welche im Globus pallidus vorkommen und die er gleichfalls beobachtet hat[1]).

Wenn ich nun zur Schilderung meines eigenen Materials übergehe, so möchte ich fürs erste scharf unterscheiden zwischen jenen Parkinsonschen Fällen, bei denen sich anatomisch keine wesentliche, die schwere Parenchymerkrankung erklärende Gefäßveränderung fand, und jenen, bei denen eine Gefäßerkrankung im Vordergrunde steht.

Erstere fasse ich auf als:

1. reine oder genuine Fälle von Paralysis agitans.

Aus dem mir hiervon zur Verfügung stehenden Materiale habe ich hier nur drei Beobachtungen ausgewählt, die ich mit allen einschlägigen Methoden und in allen Teilen des Gehirns untersuchen konnte. Zuerst schildere ich einen Fall, der mir die reichhaltigsten anatomischen Befunde abgab.

Fall VIII.
Genuine Paralysis agitans.

Die Kranke Schmidt, 1860 geboren, wird am 21. Dezember 1921 vom Barmbecker Krankenhaus (Abteilung Plate) nach F. überwiesen.

Vorgeschichte: Die Familienanamnese ist ohne Belang. Im Frühjahr 1915 begann das jetzige Leiden mit Schmerzen im linken Arm und allmählich stärker werdenden Zittererscheinungen in den Armen. Die Erscheinungen nahmen im Laufe der letzten Jahre zu bei allmählich stärker werdender allgemeiner Steifigkeit. Am 1. November 1921 wurde sie in das Barmbecker Krankenhaus eingeliefert. Aus dem dortigen Befunde ist erwähnenswert: Starres maskenartiges Gesicht, ein starker Tremor des Unterkiefers, allgemeine Starre des ganzen Körpers, der Gang nur mit Unterstützung möglich, vornübergebeugt mit kleinen Schritten; die Füße werden dabei gut angesetzt, aber mangelhaft abgewickelt. In allen Extremitäten starker Muskelwiderstand, in den linken Extremitäten mehr wie rechts. Der linke Arm kann im Schultergelenk nur um wenige Grad gehoben werden. Das linke Ellbogengelenk in rechtwinkliger Beugestellung, ebenso das linke Handgelenk. Der linke Daumen

---

[1]) Auch Fünfgeld (Zur pathol. Anatomie der Paral. agit., Zeitschrift f. d. ges. Neur. u. Psych. **81**. H. 1/2. 1923) fand neben ausgedehnten Degenerationen in den basalen Stammganglien mit Einschluß von Strio-Pallidum die Substantia nigra in einigen Kerngruppen schwer verändert (Anm. b. d. Korr.).

ist stark adduziert und überstreckt, der Zeigefinger stark überstreckt, die übrige Hand ist
zur Faust geballt (siehe Abb. 43; der Zeigefinger erinnert an den Finger des Apostels im
Grünwaldschen Gemälde). Die Interossei und der Daumenballen sind eingesunken. Die
Finger der rechten Hand befinden sich in Beugestellung, der Daumen ist opponiert. In beiden
Armen besteht ein mittelfeinschlägiges Zittern mit typischem Pillendrehen. Auch in den
Beinen besteht ausgesprochene Rigidität, links mehr als rechts. Die Patellarreflexe sind
eben angedeutet, die Achillesreflexe auslösbar, die Bauchdeckenreflexe fehlen. Babinski
ist nicht auslösbar. Da die Kranke sehr unruhig und störend ist, wird sie im Dezember nach
F. verlegt.

Dem hiesigen Status (Dr. Cohen) entnehme ich folgendes: Die Kranke zeigt ein be-
wegungsloses Gesicht mit lebhaftem, weithin sichtbarem Tremor des vorstehenden Unterkiefers. Die eingesunkene Oberlippe wird im gleichen Rhythmus, in dem der Unterkiefer
zittert, eingezogen und wieder vorgewölbt, sie schwappt wie ein Vorhang im Windzug. Im
halbgeöffneten Munde sieht man die zitternde Zunge. Sonst ist im Gebiete der Gesichtsinnervation, Pupillen, Augenbewegung, Augenhintergrund u. dgl. nichts Abnormes festzu-

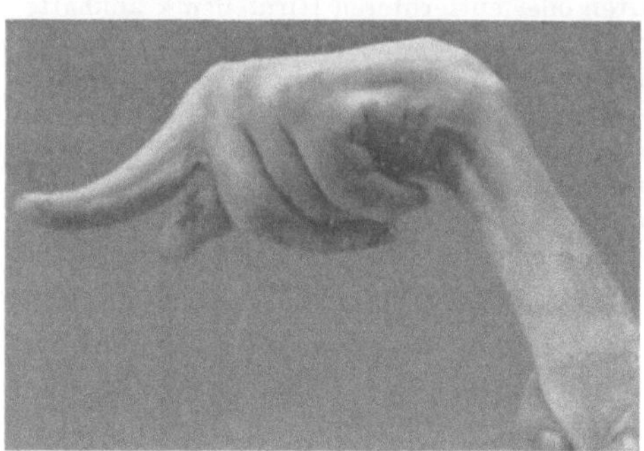

Abb. 43. Fall VIII. Charakteristische Hand- und
Fingercontractur mit eigenartiger, an Athetose
erinnernder Überstreckung des Zeigefingers.

stellen. Die Kranke liegt fast dauernd auf
der rechten Seite, das linke Bein wird gebeugt gehalten und zittert feinschlägig. Am
deutlichsten ist das Zittern in den Beuge-
muskeln des Oberschenkels wahrzunehmen.
Die große Zehe in Babinski-ähnlicher Stellung zittert sichtbar, auch das rechte Bein
zittert zeitweise, aber weit weniger als das
linke. Der linke Arm ist im Ellbogen gebeugt und zittert sehr stark. Die Muskulatur der linken Schulter und des linken
Armes ist sehr rigide. Der Oberarm liegt
dem Thorax an, ist im Ellbogen rechtwinklig
gebeugt, die Hand zeigt den gleichen Befund
wie oben. Man kann die eingeschlagenen
Finger nur ganz wenig strecken, die Kranke
äußert dabei lebhaft Schmerz; der rechte
Arm kann im Schultergelenk aktiv nicht

gehoben werden, auch im Ellbogengelenk ist die Beweglichkeit herabgesetzt, der Arm
wird nicht völlig gestreckt. Das Handgelenk ist frei beweglich, die Finger werden leicht
gebeugt gehalten, können aber aktiv und passiv gestreckt werden. Dabei ist der rechte
Daumen etwas überstreckt und die Interossei etwas eingesunken. Die Rigidität des
rechten Armes erreicht nicht annähernd denselben Grad wie die links. Der rechte Unterarm
und die rechte Hand zittern im gleichen Sinne wie links, aber weniger stark. Beide Beine
sind rigide, links mehr als rechts. Der Tonus des linken Beines ist aber stark wechselnd
und läßt bei mehrfach wiederholten passiven Bewegungen allmählich nach. Schließlich tritt
dann eine Erschlaffung ein, die an Hypotonie erinnert, dasselbe gilt vom rechten Bein. Beide
Beine zittern feinschlägig, doch nicht so stark wie die Arme. Die Patellar- und Achillessehnenreflexe sind in gehöriger Stärke auszulösen, es besteht kein Klonus. Die großen Zehen
stehen an und für sich in Babinski-ähnlicher Stellung, beim Versuch, den Babinski auszulösen, steigert sich diese Stellung, aber ein wirklicher Babinski besteht nicht, auch kein Oppenheim. Die Bauchdeckenreflexe fehlen. Die Kranke steht stark nach vorn übergebeugt, auch
die Hüftgelenke sind gebeugt; die Wirbelsäule ist im Brustteil skoliotisch, mit der Konvexität nach rechts. Die Kranke kann mit Unterstützung einige Schritte langsam vorwärts-
trippeln, bei sehr mangelhafter Abwicklung im Fußgelenk.

Die inneren Organe sind ohne wesentlichen Befund, die Herztätigkeit ist beschleunigt.
Psychisch ist die Kranke überaus wehleidig, querulierend, namentlich nachts sehr laut.
Sie weint sehr viel und klagt über starke Schmerzen in den Armen, in den Beinen und im
Kreuz.

Der körperliche und psychische Zustand bleibt unverändert. Es entwickelt sich in den
nächsten Wochen ein Decubitus über dem Kreuzbein und die Kranke geht im Februar 1922
marantisch zugrunde.

Zusammenfassung des klinischen Befundes.

Die Frau erkrankte mit 55 Jahren mit Zittererscheinungen in den Armen und allmählich stärker werdender allgemeiner Steifigkeit. Dazu bestanden Schmerzen im linken Arm. Sechs Jahre später zeigte sie im Krankenhaus den charakteristischen Befund einer Paralysis agitans mit Zittern. Die Erscheinungen sind links ausgesprochener als rechts. Das Zittern in den oberen Extremitäten und in der Lippenmuskulatur ist hochgradiger als in den unteren Extremitäten. Die Kranke äußert bei passiven Bewegungen in den versteiften Gliedern lebhafte Schmerzreaktion. Hervorzuheben ist noch die an Athetose erinnernde Fixationsstellung des linken Zeigefingers und der Wechsel des Tonus im linken Bein und sein Nachlassen bei wiederholten passiven Bewegungen sowie die konstante Babinski-Stellung der großen Zehe. Psychisch ist die Kranke äußerst wehleidig und querulierend. Die Kranke stirbt sieben Jahre nach Ausbruch des Leidens an allgemeinem Marasmus.

Anatomischer Befund.

Bei der Sektion fand sich eine Bronchopneumonie und Kolloidstruma.

Schädeldach und Dura sind o. B. Bei Eröffnung der Dura entleert sich etwas klarer Liquor; die Pia ist ganz leicht verdickt über der ganzen Gehirnkonvexität. Die basalen Gefäße sind völlig zart, die Gehirnwindungen ganz leicht atrophisch (Gehirngewicht 1380 g, Dura 60 g, Schädelinhalt 1460 ccm). Die Gehirnsubstanz ist von gewöhnlichem Blut- und Saftgehalt. Die Stammganglien sind ohne wesentlichen Befund, nur an der Oberfläche gegen die Ventrikel zu mit leichten beetartigen Einziehungen. Die Substantia nigra ist makroskopisch unauffällig. Das ganze Zentralnervensystem wie das Rückenmark ist frei von herdförmigen Veränderungen. Die Hypophyse ist makroskopisch und mikroskopisch normal.

Mikroskopische Untersuchung.

Die Pia zeigt nur geringgradige hyperplastische Vorgänge des Bindegewebes. An den größeren Gefäßen der Pia, namentlich auch an denen der Basis des Gehirns sind nur hin und wieder leichte sklerotische Wandveränderungen festzustellen.

Die Rinde zeigt überall guten architektonischen Aufbau. Im Stirnhirn und im Schläfenlappen besteht in den untersten 3 Rindenschichten eine zweifellose Verarmung vornehmlich an großen Ganglienzellen, doch ist es nirgends zu ausgesprochenen Verödungsherden oder zu Schichtstörungen gekommen.

Die Randzone der Rinde enthält protoplasmatische Gliawucherungen in größerer Menge bei leicht gewuchertem Gliafaserfilz der Oberflächenzone. Die Ganglienzellen befinden sich fast durchweg im Zustande lipoid-wabiger Degeneration und tragen im Fettpräparat recht erhebliche Mengen lipoider Stoffe in ihrem Protoplasma, wobei die Verfettung der untersten Rindenschichten deutlich stärker hervortritt. Daneben findet sich seltener eine ausgesprochene chronische Sklerose der Ganglienzellen. Das Fibrillenbild ergibt im allgemeinen das Erhaltensein der intra- und extracellulären Neurofibrillen, nirgends zeigt sich die Alzheimersche Fibrillenveränderung.

Die Abbauprodukte sind in dem leicht gewucherten gliösen Protoplasma vermehrt, ebenso in den Gefäßlymphscheiden. An den Rindengefäßen sind keine wesentlichen Veränderungen zu beobachten.

Nirgends finden sich senile Drusen.

Das Markscheidenbild in der Rinde ergibt keine greifbaren Ausfälle.

Wesensgleiche, nur in ihrer Intensität hochgradiger entwickelte Parenchymstörungen weisen die basalen Stammganglien auf.

Ich beginne mit den recht charakteristischen im Striatum und Pallidum betonten Veränderungen:

Wie schon makroskopisch, so läßt sich auch mikroskopisch im Striatum beiderseits keine wesentliche Schrumpfung feststellen. Dagegen erkennt man im Nisslbilde recht auffällige Störungen des nervösen Parenchyms. Schwächere Linsen (Abb. 44) zeigen das völlige Fehlen größerer herdförmiger Störungen. Dagegen erkennt man deutlich eine Störung im architektonischen Aufbau des Striatum: die großen Striatumzellen sind deutlich an Zahl vermindert, während die kleinen Zellelemente in gewöhnlicher Anzahl das Bild beherrschen. Ich habe genaue vergleichende Zählungen der großen Ganglienzellen vorgenommen und feststellen können, daß diese Elemente um ungefähr ein Drittel an Zahl gegenüber der Norm reduziert sind[1]). Schon bei solchen Vergrößerungen lassen sich auch deutliche Veränderungen am nervösen Parenchym erkennen. Die großen Ganglienzellen fallen durch ihre dunkle plumpe Färbung und durch starke Schrumpfung auf, während die kleinen im allgemeinen blasser erscheinen.

Bei stärkeren Vergrößerungen finden sich sehr schwere Degenerationserscheinungen am nervösen Parenchym. Und zwar sind es auch hier wieder die großen Ganglienzellen, die in ihren schweren Veränderungen zunächst am meisten auffallen. Keine einzige der großen Ganglienzellen zeigt normale Struktur. Sie sind alle mehr oder weniger stark geschrumpft

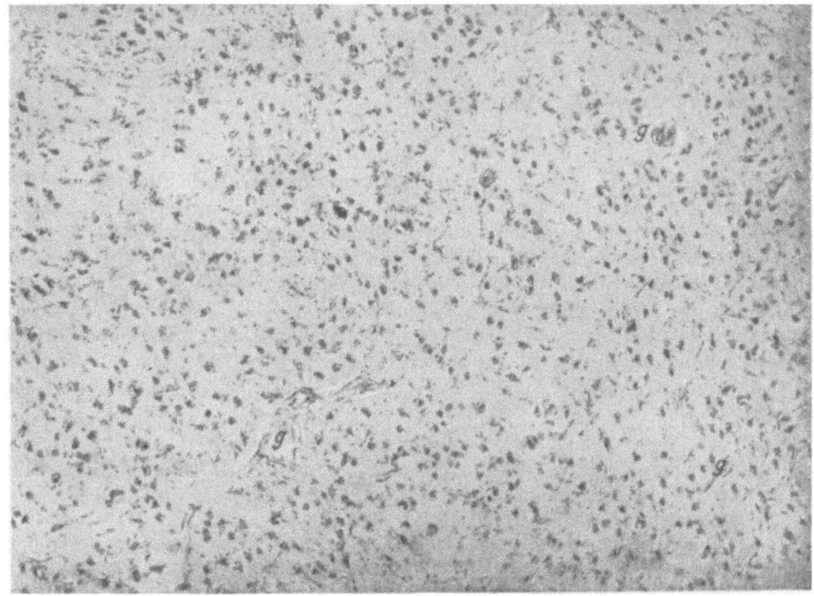

Abb. 44. Fall VIII. Nisslbild vom Striatum bei gleicher Vergrößerung wie Abb. 2. Deutliche Verarmung an großen Striatumzellen, leichtere Degenerationserscheinungen an den kleinen. Keine herdförmige Störung. Gefäße (g) normal. Mikroph.

und es zeigen sich an ihnen recht auffällige Degenerationserscheinungen am Protoplasmaleib und am Kern (Abb. 45). Der Zelleib ist durchsetzt von zumeist unregelmäßig gestalteten Vakuolen, färbt sich völlig verwaschen im Nisslbilde und zeigt ein körnig granuliertes Plasma, in dem nicht selten kleine, gelbgrün leuchtende Pigmentstoffe sichtbar werden (a). Die Zellen sind häufig völlig abgerundet und zeigen kaum mehr Fortsätze (b u. c). Andere wieder lassen stark geschlängelte Fortsätze in diffuser verwaschener Färbung erkennen, andere wieder zeigen einen zerrissenen, wie zersprungen erscheinenden Zelleib in ähnlicher Weise, wie es F. H. Lewy jüngst bei den Pallidumzellen der Paralysis agitans beschrieben hat (d u. e). Die Kerne selbst sind zumeist exzentrisch verlagert und fallen durch starke und unregelmäßige Hyperchromatose der Kernmembran auf (e). Von solchen Kernveränderungen gibt es nun alle Übergänge zu den schwersten Kerndegenerationen (g, der blasse längliche Kern ist der Rest einer Ganglienzelle), die zu einem allmählichen Untergang der Zelle führen. Man sieht Kerne mit ganz unregelmäßigen Konturen und dunkler Färbung, in denen sich kaum mehr ein Kernkörperchen feststellen läßt. Andere Kerne fallen durch starke Schrumpfung

---

[1]) Auch Lewy hat in seinen Fällen die gleichen Feststellungen gemacht.

auf, durch diffuse dunkle Färbung ohne nachweisbare Kernkörperchen (*c* u. *f*). Am Rande des
Kernes setzt sich der Protoplasmaleib mit einer ringförmigen Lichtung ab (*c*). Bei anderen
Zellen ist der Kern nur mehr noch eine stark tingierte, dunkle, plumpe Masse, die kaum mehr

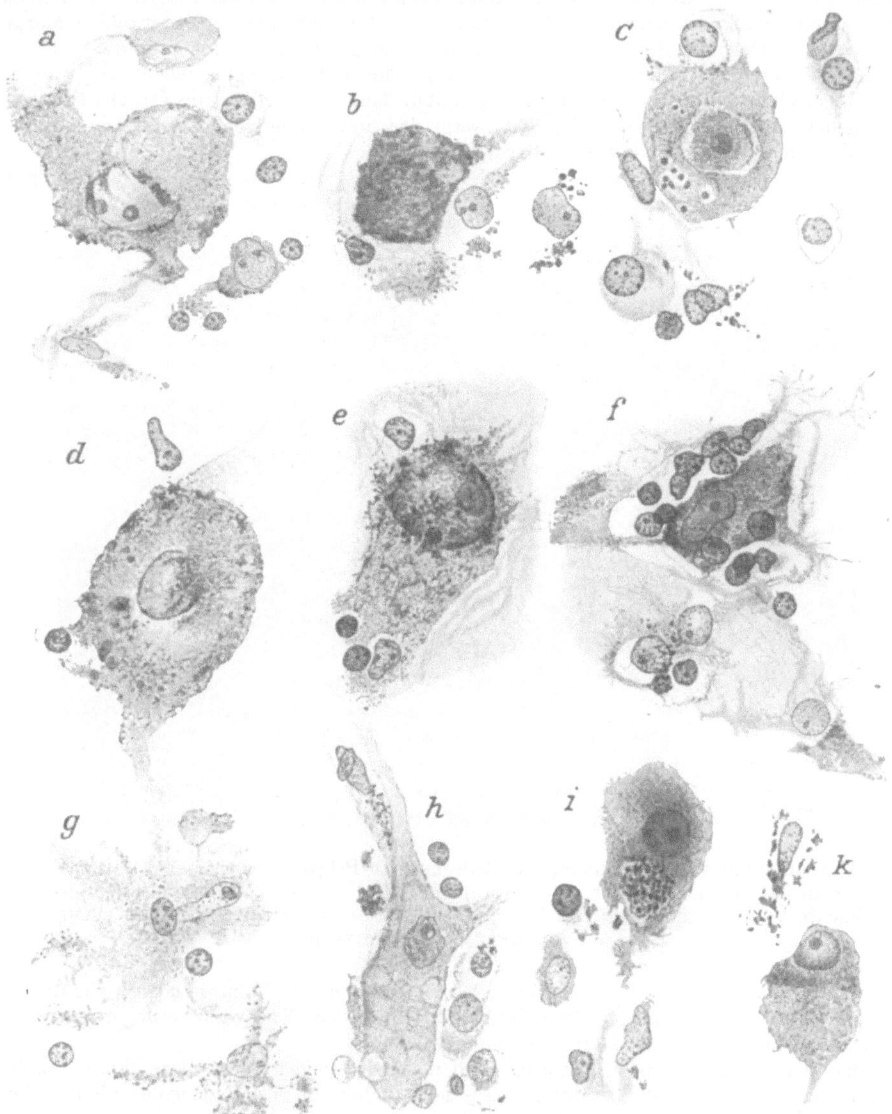

Abb. 45. Fall VIII. *a* bis *g* = schwere Degenerationserscheinungen der großen Striatumzellen in ihren verschiedenen Formen, *h* bis *k* = der Pallidumzellen. Nisslfärbung. Zeichnung bei Zeiss' Öl-Imm. $^1/_{12}$. Komp.-Ok. 6.

von dem Zelleibe zu differenzieren ist. Die Variationen sind außerodentlich vielgestaltige,
doch herrscht im allgemeinen die lipoid-wabige, mit starker Schrumpfung einhergehende Zellveränderung[1]) vor.

___
   [1]) Lewy differenziert sechs besondere Formen von Zellveränderungen, die man aber
nicht streng auseinanderhalten kann.

An den Zellen mit den stärksten Kernveränderungen werden Erscheinungen deutlich, die auf einen Untergang der Ganglienzelle schließen lassen. Man sieht Formen mit fast völlig aufgelöstem Kern und nur zartem, körnig zerfallenem Plasma bei deutlichen äußeren Zellkonturen (*b* u. *d*). Andere wieder mit ähnlich schweren Kernveränderungen zeigen einen hellen, unregelmäßig begrenzten Protoplasmaleib, in den sich Gliakerne in größerer Menge einfressen (*f*). Doch ist dabei zu betonen, daß sich nirgends schön ausgeprägte Gliarosettbildungen finden. Dann trifft man auf stark geschrumpfte Ganglienzellen, die wie inkrustiert erscheinen, mit dunkelgrünen Pigmentstoffen, die deutlich die Ganglienzellform wiedergeben. Abb. 45 gibt eine kleine Auswahl der hier vorherrschenden Degenerationserscheinungen an den größeren Ganglienzellelementen.

Die Bilder, die man an den kleinen Elementen antrifft, sind wesentlich einförmiger. (Abb. 45 *a* rechts oben und unten von der großen Zelle.) Sie sind fast durchweg blasser

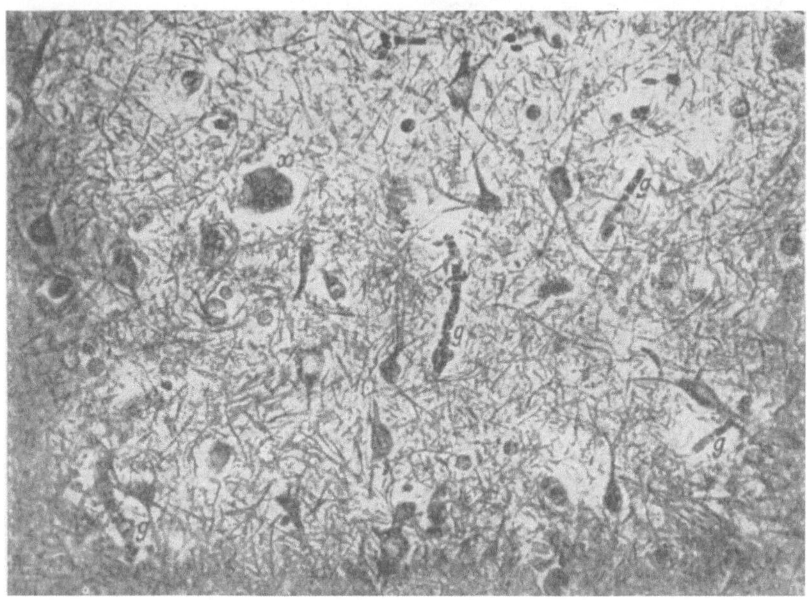

Abb. 46. Fall VIII. Striatum im Bielschowsky-Präparat, körniger Fibrillenzerfall in den großen Striatumzellen (*x*). Auffallend gute Imprägnation und leichte Verdickung der intracellulären Fibrillen in den kleinen Striatumzellen. *g* = Capillaren normal. Mikroph.

gefärbt, tragen aber gut gezeichnete Kerne, bei verwaschen gefärbtem, fein retikulär durchsetztem, etwas geschrumpftem Protoplasmaleib. Schwerere Kernveränderungen vermißte ich für gewöhnlich an diesen kleineren Ganglienzellen.

Die Gliaveränderungen im Striatum sind nicht sehr hochgradige. Das gliöse Gewebe ist ganz allgemein in leichter protoplasmatischer Wucherung begriffen, wobei nicht selten leicht vergrößerte, gut gezeichnete Gliakerne und mit zarten protoplasmatischen Ausläufern zu dreien und vieren zusammenliegen. Größeren Kerngruppen begegnet man nur äußerst selten. Gliarosettbildungen und Gliafaservermehrung sind nicht festzustellen.

Auch das Bielschowskypräparat betont augenfällig die Degenerationserscheinungen an den großen Ganglienzellen (Abb. 46). Fibrilläre Strukturen lassen sich in ihnen nur ganz ausnahmsweise nachweisen, die meisten Zellen zeigen einen körnigen Zerfall der Silberfibrillen an und die Zellformen sind abgerundet ohne Ausläufer (*x*). Im Gegensatz hierzu imprägnieren sich die kleineren Ganglienzellen auffallend gut mit weithin sichtbaren Ausläufern, wobei freilich die Fibrillen etwas dicker und verklumpt erscheinen.

Das Fettpräparat (Abb. 47) bietet eine ganz diffuse hochgradige Verfettung des Striatumparenchyms; auch hier erkennt man die im Vordergrunde stehende Lipoidentartung

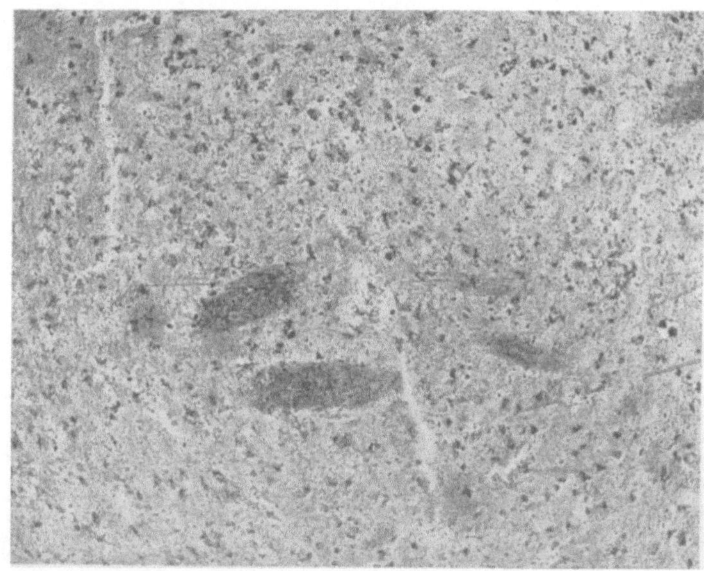

Abb. 47. Fall VIII. Starke Verfettung des Striatum, Herxheimersche
Fettfärbung, Mikroph. bei schwacher Vergrößerung.

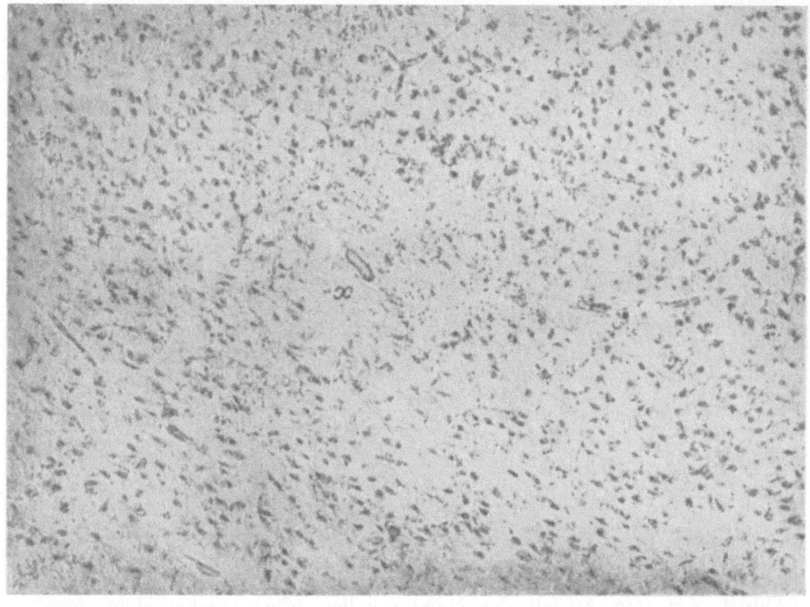

Abb. 48. Fall VIII. Striatum im Nisslbild bei gleicher Vergrößerung wie
Abb. 44, zeigt das gleiche wie Abb. 44, nur in schwererer Ausprägung.
x = kleine herdförmige Verödung.

der großen Ganglienzellen, aber auch die kleinen Ganglienzellen sind stark mit fettigen
Stoffen beladen, ebenso das Gliaprotoplasma. Auch in den Gefäßlymphscheiden finden sich
reichliche Lipoidabbauprodukte angesammelt; dem ganzen Bilde fehlt auch hier jeglicher
herdförmige Charakter.

Im Berlinerblaupräparate fällt das Striatum schon makroskopisch durch einen ungewöhnlich starken blauen Farbton auf und mikroskopisch sieht man recht zahlreiche kleinere und
größere blaue Körnchen im gliösen Protoplasma und in den Gefäßlymphscheiden.

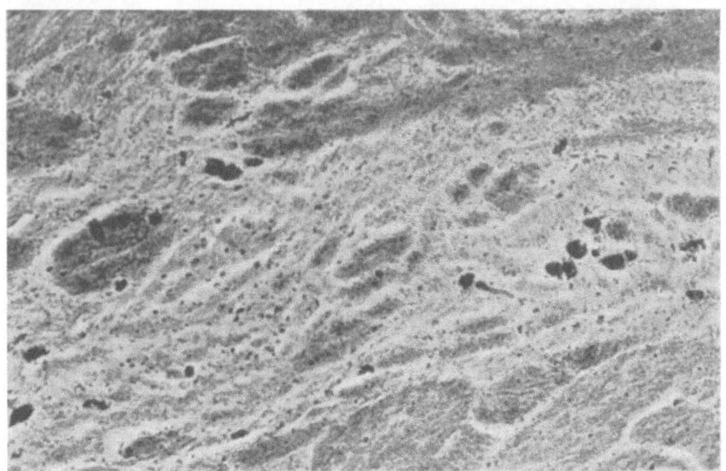

Abb. 49. Fall VIII. Pallidumverfettung im Herxheimerschen Fettpräparat. Mikroph.

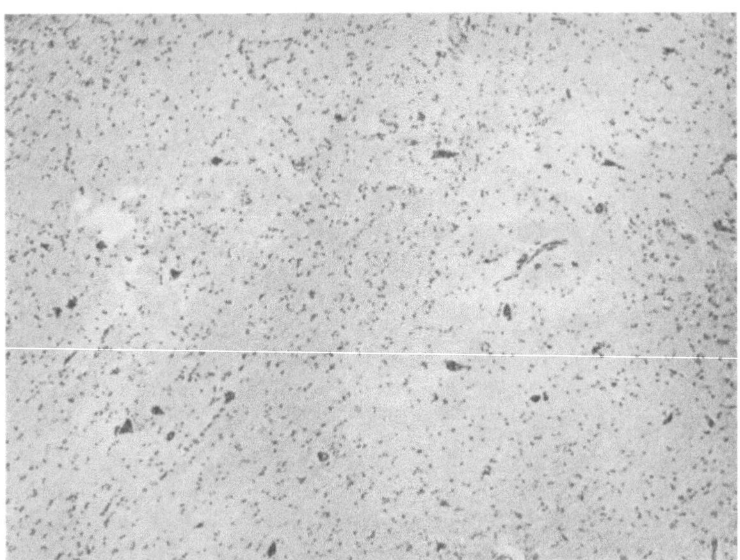

Abb. 50. Fall VIII. Pallidum im Nisslbild, gleiche Vergrößerung wie
Abb. 4. Leichter Ausfall der Ganglienzellen, die Ganglienzellen geschrumpft, leichte Gliaproliferation. Mikroph.

Die bis jetzt besprochenen histologischen Veränderungen des Striatum sind auf beiden
Seiten in gleicher Weise entwickelt und ziemlich gleichmäßig in allen seinen Teilen. Dazu
gesellen sich noch leichte Störungen, die einen mehr herdförmigen Charakter betonen.
Diese Veränderungen beschränken sich ganz vornehmlich auf die vordere Hälfte des Striatum
und sind rechts noch deutlicher ausgesprochen als links. Es sind dies kleinere Rarefikationen und Verödungen, die sich in der Nachbarschaft der Capillaren entwickelt haben

Abb. 48 *x*). Besser als im Nisslbilde sind diese kleinen herdförmigen Störungen bei den plasmatischen Färbungen zu erkennen, so im van Gieson- oder Mallory- oder S. Fuchsin-Lichtgrünpräparat. Diese Rarefikationen des pericapillären Gewebes entsprechen völlig der von Bielschowsky gegebenen Darstellung und sind in Parallele zu setzen mit dem Vogtschen Status praecribratus. An den größeren Gefäßen lassen sich keine sicheren Veränderungen feststellen, an den kleineren, namentlich an den Capillaren, bestehen hin und wieder einfach atrophische Wandveränderungen, wie sie von F. H. Lewy und Bielschowsky beschrieben sind. Hin und wieder trifft man auch Bilder einer ausgedehnten

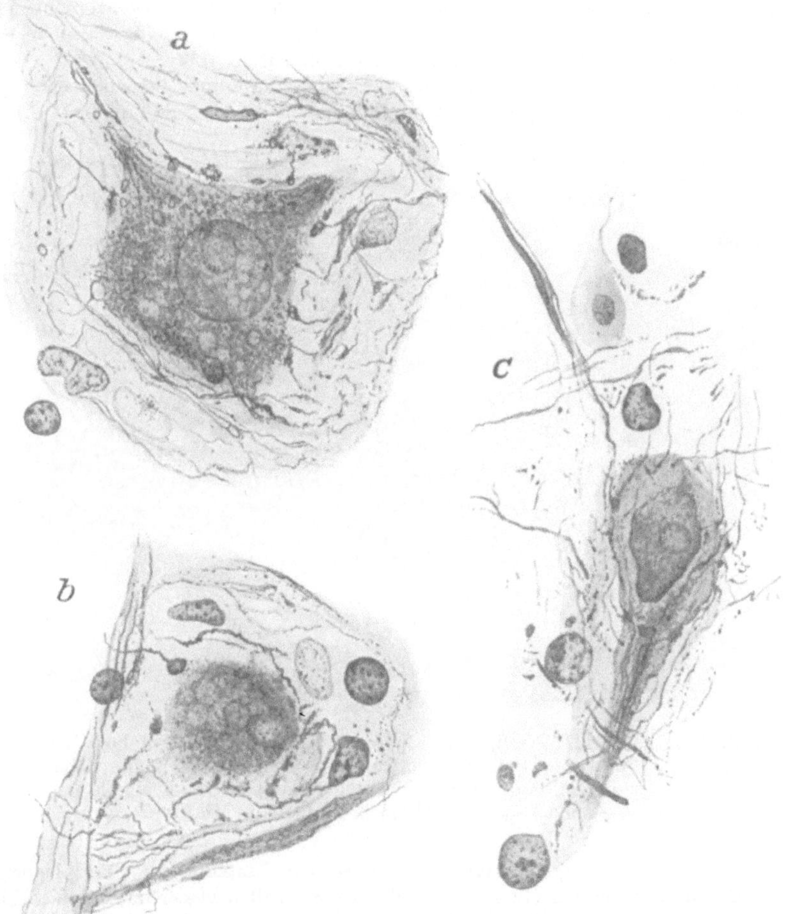

Abb. 51. Fall VIII. Pallidumzellen im Bielschowsky-Präparat. Körniger Zerfall der intracellulären Fibrillen, stärkere Imprägnation und Verklumpung der Endknospen. Zeichnung bei Zeiss' Öl-Imm. $^1/_{12}$. Komp.-Ok. 6.

Capillarfibrose im Sinne Bielschowskys. Aber auch an Stellen, wo diese Rarefikationen wie in Abb. 48 etwas stärker hervortreten, überwiegt doch noch der diffuse Charakter der oben gezeichneten Parenchymstörung.

Die histologischen Veränderungen in den übrigen Teilen dieser Gegenden entsprechen sich beiderseits. Sie sind zweifellos im Pallidum noch hochgradig betont. Auch hier ist makroskopisch keine Schrumpfung deutlich, im Fettpräparat (Abb. 49) zeigt sich eine recht

hochgradige Verfettung der Ganglienzellen und auch der Glia, wobei sich im gliösen
Protoplasma häufig größere Fettkugeln eingelagert finden. Die Eisenfärbung ergibt auch
hier wieder ein vermehrtes Abbaueisen im Gliaprotoplasma; auch die Ganglienzellen zeigen
größere, blau sich färbende Tüpfelungen. Konkrementbildungen fehlen. Die Gefäße sind
intakt und perivasculäre Verödungen sind hier nicht festzustellen.

Im Nisslbilde (Abb. 50) fällt das Pallidum ebenfalls durch seine größtenteils geschrumpften Ganglienzellen auf, die aber nur unwesentlich gegenüber der Norm zahlen-
mäßig vermindert sind. Im allgemeinen sind sie besser erhalten als die großen Striatumzellen, sie sind fast durchweg im Zustande fettig-wabiger Degeneration, wobei sich aber nur
seltener schwerere Kernveränderungen feststellen lassen. Einige der schwersten Zellveränderungen des Pallidum sind auf Abb. 45 *h—k* wiedergegeben. Derart schwere Zell-
schädigungen, wie sie F. H. Lewy im Pallidum von Paralysis agitans beschrieben und abgebildet hat, sind hier nur ganz ausnahmsweise zu beobachten.

Das Bielschowskybild (Abb. 51) betont an den Pallidumzellen deutliche Veränderungen an den intracellulären Fibrillen und dem fibrillären Begleitapparat. Auch hier

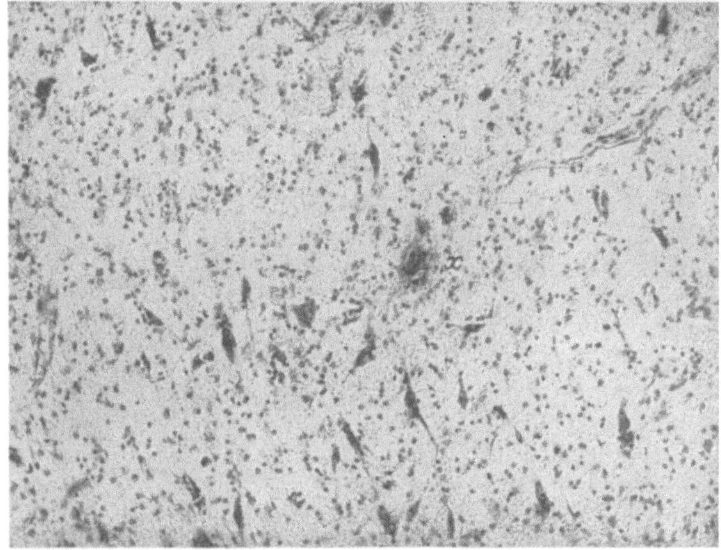

Abb. 52. Fall VIII. Nucl. subst. innom. Nisslbild bei schwacher Vergrößerung. Schwere Ganglienzelldegeneration und allgemeine Gliawucherung. *x* = Umklammerung einer degenerativen Ganglienzelle von
protoplasmatisch gewucherten Gliazellen. Mikroph.

sehen wir wieder den körnigen Zerfall bei wabiger Durchsetzung des Protoplasmaleibes.
In den Fortsätzen der Ganglienzellen (*a*) sind die Neurofibrillen besser imprägniert. Manche
dieser Zellformen sind kuglig ballige Gebilde mit äußerst geschrumpftem, kaum noch erkenn-
barem Kern und wabig durchsetztem, körnig gezeichnetem Protoplasma (*b*). Die ösenförmigen Endkörperchen, die vornehmlich Bielschowsky an der Oberfläche der
Pallidumzellen und ihrer Dendriten beschrieben hat, sind in eigenartig verklumptem Zustande wiederzufinden. Die Alzheimersche Fibrillenveränderung konnte ich hier nicht
beobachten.

Die Gliareaktion ist hier wie im Striatum eine allgemein protoplasmatische mit
ab und zu eingestreuten größeren Kernformen. Eine Gliafaservermehrung ist nicht zu erweisen.

Im Nucleus substantiae innominatae (Abb. 52), der nach F. H. Lewy regelmäßig bei der Paralysis agitans betroffen ist, zeigen sich auch in unserem Falle recht aufdringliche Ganglienzellveränderungen im Sinne ausgedehnter Verfettung. Hin und wieder

trifft man hier Einkapselungen von Ganglienzellen durch stärker gewucherte Glia. Im Bielschowskypräparate lassen sich auffällige Verklumpungen der Neurofibrillen feststellen, die an die Alzheimersche Fibrillenveränderung erinnern.

Schwerer ist noch der Luyssche Körper (Abb. 53) verändert. Hier ist auch eine Verarmung an Ganglienzellen bei lebhafter Gliareaktion sicherzustellen. Im Bielschowskybilde (Abb. 53) fallen hier vor allem die dickfaserigen Veränderungen der intracellulären Fibrillen auf, die hier hin und wieder ganz im Sinne der Alzheimerschen Fibrillenveränderungen sich darstellen. Ab und zu erkennt man die Ganglienzellen nur noch an ihren verdickten Fibrillenzügen.

Die Substantia nigra, die ich besonders eingehend untersucht habe, erscheint zweifellos schwer verändert in der Zona compacta (Abb. 54 *Z c*). Dieser Anteil des Locus niger ist durchweg ärmer an Ganglienzellen und dabei mit reichlichen Gliareaktionen durchsetzt. Auffallend viel melaninhaltiges Pigment trägt hier das gliöse Protoplasma, während viele der Ganglienzellen an solchem Pigment verarmt sind. Im Eisenpräparat fällt in diesem Kerngebiet der abnorme Reichtum an eisenhaltigen Abbaustoffen im Gliaprotoplasma auf und fein granuliertes Eisen bestäubt ab und zu den Protoplasmaleib der melaninfreien Ganglienzellen.

Zu diesen diffus ausgesprochenen Parenchymveränderungen treten noch solche herdförmigen Charakters (Abb. 54). Man sieht hier mehr wie sonst auffälligeErweiterungen der perivasculären Räume,

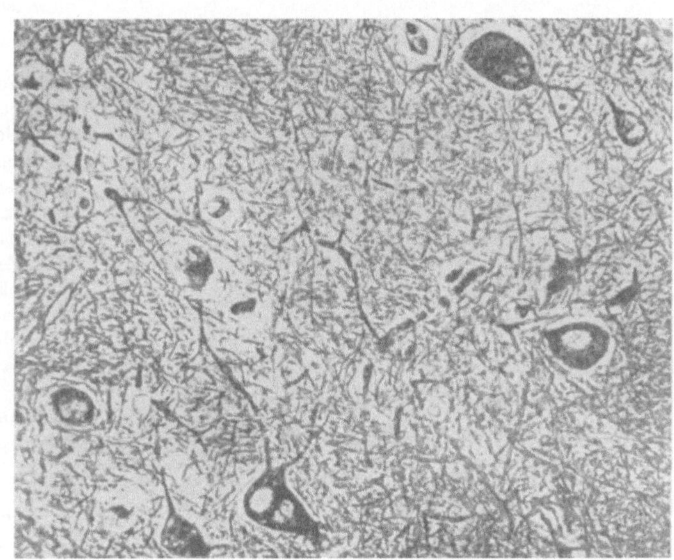

Abb. 53. Fall VIII. Fibrillenverdickung der Ganglienzellen im Corpus Luysi. Bielschowsky-Präparat. Mikroph.

ferner perivasculäre Verödungen und kleine Lückenherde, ohne sonstige aufdringliche Erscheinungen an den Gefäßwänden.

Die Zona reticulata (Abb. 54 *Z r*) ist frei von wesentlichen Veränderungen.

Die Zona compacta substantiae nigrae ist im Zellbilde zweifellos schwerer verändert als das Pallidum und nicht so stark wie das Striatum.

Wesentlich leichtere Veränderungen weisen die übrigen Kerngebiete des Zwischen-, Mittel- und Nachhirns auf. Die großzelligen Gebiete des Thalamus zeigen lediglich stärkere Verfettungen, namentlich der Thalamuskern *v t l*. Ähnliches gilt für die dem Ventrikel benachbarten Kerngruppen, so für den Nucleus paraventricularis und das Tuber cinereum. Die Kerngruppen der Medulla oblongata lassen im allgemeinen ähnliche Verfettungen erkennen ohne schwerere Kernveränderungen. Der vegetative Oblongatakern F. H. Lewys ist dagegen frei von schweren Veränderungen und besonderen Ganglienzelleinschlüssen. Das gesamte Kleinhirn, das Dentatum und der rote Kern sind so gut wie unverändert.

Das Markscheidenbild (Abb. 55a und 55b) bestätigt im ganzen die histologisch gewonnenen Feststellungen:

Erweichungsherde oder größere Lacunen sind nirgends im ganzen Zentralnervensystem anzutreffen. Die Hirnrinde und die innere Kapsel ist frei von greifbaren Veränderungen. Deutliche Störungen im Markscheidenbilde treffen wir erst im Gebiete der basalen Stammganglien. Das Striatum ist beiderseits ohne wesentliche Schrumpfung, deutlich verarmt an dünneren und dickeren Markscheiden und zeigt (Abb. 55a) in seinem vorderen Drittel einen mäßig entwickelten Status praecribratus. In den hinteren zwei Dritteln tritt der Status praecribratus fast völlig zurück, während auch hier die Verarmung an Markfasern deutlich ist. Das Pallidum (Abb. 55a und 55b) erscheint diffus aufgehellt, es ist in ihm ein diffuser Ausfall der feineren und zum Teil auch dickeren Fasern festzustellen. Besonders stark ausgeprägt ist die Markarmut der Lamella pallidi externa (Le). Die Linsenkernschlinge (Al) ist leicht verarmt an Faserzügen, besonders in ihrem caudaleren Anteile (Abb. 55b). Das Forelsche Bündel H_2 (Abb. 55b H_2) ist etwas atrophisch, ebenso der Luyssche Körper. Auch die Strahlungen zur Kapsel des roten Kernes sind markärmer (Abb. 55 lNr), desgleichen H_1.

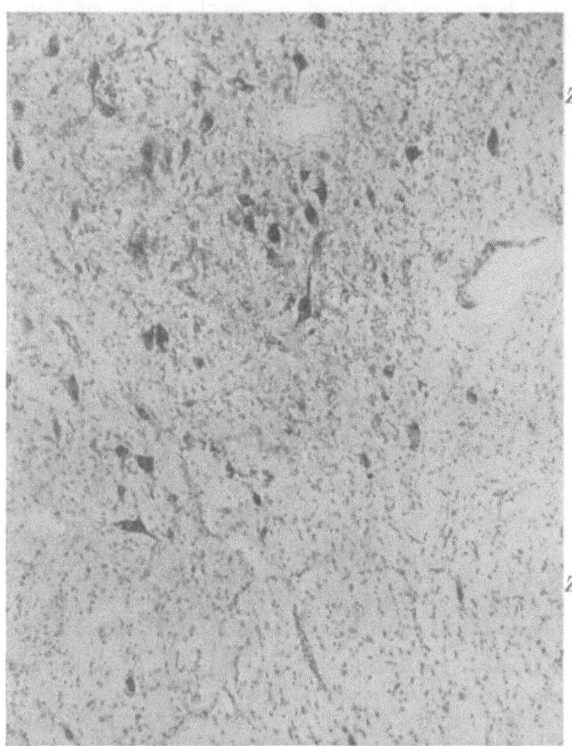

Abb. 54. Fall VIII. Mittelschwere Substantia nigra-Veränderung in der Zona compacta (Zc). Nisslbild. Mikroph. bei gleicher Vergrößerung wie Abb. 9.

Der laterale Kern (l) ist verarmt an dickeren Faserzügen, vornehmlich vtl. Die Substantia nigra ist gleichfalls an Markfasern diffus gelichtet.

All diese Veränderungen sind im wesentlichen bilateralsymmetrisch, nur überwiegen zweifellos jene im Striatum auf der rechten Seite.

Sonst sind keine Faserdegenerationen mehr deutlich, namentlich ist der rote Kern, das Kleinhirn mit dem Dentatum, sämtliche Kleinhirnstiele, der gesamte Hirnschenkelfuß wie sämtliche Projektionfasern der Medulla oblongata intakt.

Zusammenfassung des anatomischen Befundes.

Es handelt sich um einen recht diffus im ganzen Zentralnervensystem entwickelten, vornehmlich mit Verfettung der Ganglienzellen einhergehenden Prozeß, der ganz zweifellos in gewissen Teilen unseres extrapyramidalen Hauptsystems seine vornehmliche Lokalisation gefunden hat. Hier finden sich auch besonders schwere Ganglienzelldegenerationen, die am meisten an jene der Senilität erinnern, und schwere Veränderungen im Markscheidenbilde. Im allgemeinen erweist sich das Gefäßsystem intakt und herdförmige Störungen fehlen. Nur in der vorderen Hälfte des Striatum und in der Substantia nigra zeigen die kleinen Capillaren einfach atrophische Wandveränderungen mit gelegentlichen fibrösen Wucherungen, und dort finden wir auch zarte Rarefikationen des pericapillären Gewebes im Sinne eines Status praecribratus C. und O. Vogts. Hervorzuheben ist aber in all den schwerer betroffenen Gebieten der diffuse Charakter der Störung, die in einer allgemeinen Verfettung des nervösen Parenchyms, in schweren Ganglienzell- und Fibrillenveränderungen und in Markfaserausfällen ihren deutlichen Ausdruck hat.

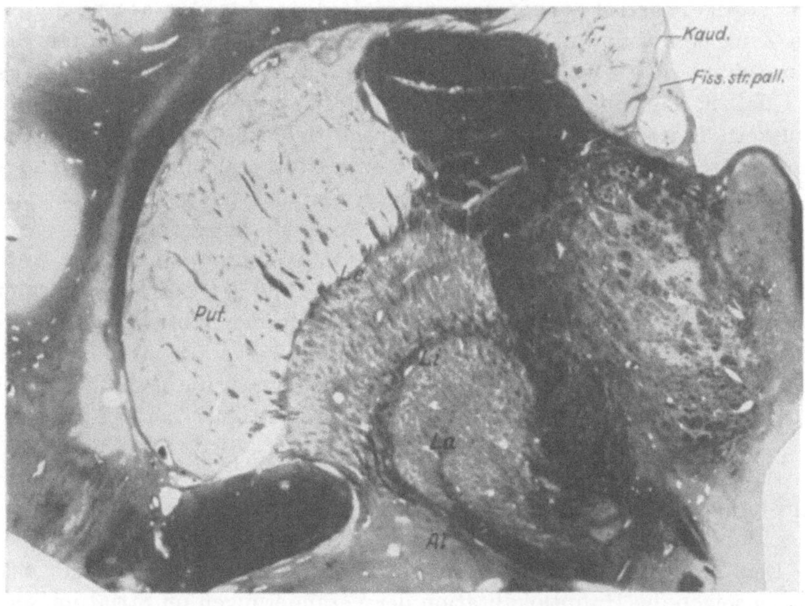

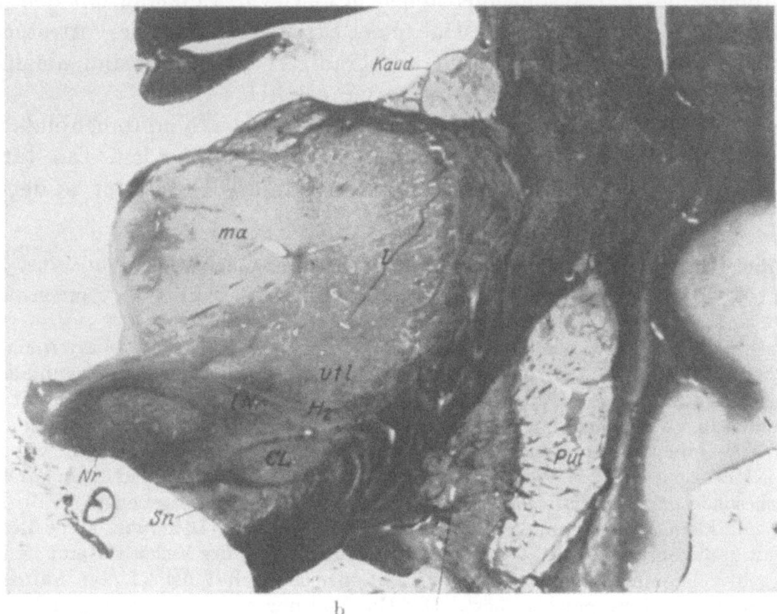

Abb. 55a und b. Fall VIII. Markscheidenpräparate, die diffusen Markscheidenausfälle im Striatum (*Kaud* + *Put*) hervorhebend. Status cribratus im Striatum angedeutet. Das Pallidum und seine Strahlungen markärmer. Faserausfälle im lateralen Thalamuskern (*l*). Photogr.

Am schwersten betroffen ist zweifellos das Striatum und nach ihm die Zona compacta substantiae nigrae, in welch letzterer auch ein Status praecribratus entwickelt ist. In zweiter Linie ist das Pallidum und der Luyssche Körper befallen, dann folgt der Nucleus substantiae innominatae und der laterale Thalamuskern, ferner die dem Ventrikel benachbarten Kerngruppen. Die Markscheidenschnitte betonen neben einem zarten Status praecribratus in dem vorderen Drittel des Striatum die Markfaserverarmung im gesamten Striatum, ferner eine diffuse Aufhellung des Pallidum, eine Markfaserverarmung der Lamella pallidi externa, der Ansa lenticularis, besonders in ihrem caudalen Anteile, eine etwas zurücktretende Verkümmerung von H_2 und H_1, der Kapselstrahlung zum roten Kern, ferner stärkere Markfaserausfälle in der Substantia nigra. Der Luyssche Körper ist leicht atrophisch und markfaserverarmt.

All diese Veränderungen sind bilateral - symmetrisch, nur sind die Striatumveränderungen rechts etwas deutlicher ausgeprägt als links.

Epikrise.

Dem klinischen Krankheitsbilde einer gewöhnlichen Paralysis agitans entspricht anatomisch ein Prozeß, der in seiner Eigenart an jenen der Senilität erinnert. Dem klinisch stark entwickelten Parkinsonismus mit Tremor ist in Parallele zu setzen die Hauptlokalisation der Veränderungen im Striatum, in der Substantia nigra, im Pallidum und Luysschen Körper. Die stärker entwickelten Zitter- und Spannungserscheinungen in den oberen Extremitäten, ferner die linksseitige Betonung des Parkinsonismus stehen in gewissem Einklang mit den anatomisch erwiesenen, in der vorderen Hälfte des Striatum stärker hervortretenden Veränderungen, die noch dazu rechts hochgradiger entwickelt sind als links. Alle übrigen Erscheinungen sind bilateral-symmetrisch.

Wie sich die Degeneration der Substantia nigra zu dem Symptomenbilde verhält, läßt sich zunächst an der Hand dieses Falles nicht entscheiden. Die starken Schmerzen sind als zentrale Thalamusschmerzen im Sinne Edingers zu deuten.

Fall IX.

Genuine Paralysis agitans mit halbseitiger Betonung des Parkinsonismus.

Der Kranke Paschen, 1857 geboren, wurde am 6. Dezember 1918 der Nervenstation des St. Georger Krankenhauses (Saenger) eingeliefert.

Vorgeschichte: Es sind keine besonderen Krankheiten in der Familie. Auch der Kranke selbst war früher gesund, bis er vor einigen Jahren einen leichten Schlaganfall mit vorübergehender rechtsseitiger Lähmung hatte, insbesondere war die Sprache gelähmt und die Zunge wich ab. Nach diesem Schlaganfall begann allmählich Zittern im rechten Arm. 1917 war er schon einmal einen Monat lang auf der gleichen Station wegen seiner Bewegungsstörung. Die Krankengeschichte von 1917 erwähnt den gewöhnlichen Befund einer Paralysis agitans, insbesondere: maskenartiger Gesichtsausdruck und vornübergebeugte steife Haltung; Gang mit kleinen Schritten, keine motorische oder sensible Lähmung, keine Reflexstörungen, ausgesprochene Rigidität in allen Extremitäten. In der rechten Hand und im rechten Arm besteht ein deutlicher Schütteltremor, der sich selbst bei leichter Aufregung steigert und in Ruhe öfters ganz aufhört. Die Handhaltung ähnelt der beim Geldzählen.

Nach der Entlassung aus dem Krankenhaus arbeitet der Kranke wieder einige Monate. Dann setzt auch Zittern im linken Arm und in der linken Hand ein. Da das Zittern sich allmählich verstärkt, muß er die Arbeit aussetzen und wird einige Zeit nachher wegen nächtlicher Unruhe dem Krankenhaus überliefert.

Aus dem körperlichen Befund 1918 ist erwähnenswert: die Haltung ist vornübergebeugt. Das Gesicht ist maskenartig, der Gang ist sehr erschwert, der Kranke geht mit kleinen, sehr vorsichtigen Schritten. Es besteht keine ausgesprochene Pro- und Retropulsion. Nirgends Lähmungen, keine Reflexstörungen, die Zunge zittert stark, die Sprache ist langsam, monoton, ohne deutliche artikulatorische Störung. In allen Extremitäten besteht eine ausgesprochene Rigidität, der rechte Daumen und Zeigefinger stehen in Geldzählhaltung; am rechten Vorderarm ist ein gleichmäßiger, grobschlägiger, ständiger Tremor vorhanden; das gleiche Zittern, nur etwas geringer, im linken Vorderarm; hier verschwindet das Zittern beim Gehen und bei intendierter Bewegung.

Psychisch ist der Kranke apathisch mit nächtlicher Unruhe. Der Blut-Wassermann ist negativ. Das Allgemeinbefinden wird in den nächsten Tagen schlechter, es treten Schluckstörungen auf und der Kranke stirbt unter den Erscheinungen einer Bronchopneumonie.

Zusammenfassung des klinischen Befundes.

Die Krankheit setzte zwischen dem 50. und 60. Lebensjahre mit apoplektiformer, rasch vorübergehender rechtsseitiger Hemiparese und Sprachlähmung ein. Im Anschluß daran entwickelte sich im rechten Arm Zittern und später der typische doppelseitige Symptomenkomplex einer Paralysis agitans mit deutlichem Tremor in den oberen Extremitäten; die Parkinsonsymptome sind rechts dauernd stärker ausgesprochen als links. Der Kranke stirbt im 61. Lebensjahre an einer Bronchopneumonie.

Anatomischer Befund.

Die Körpersektion ergibt Bronchopneumonie und Bronchitis und ein sehr schlaffes Herz; keine Arteriosklerose.

Das Gehirn wurde in toto der Nervenabteilung überlassen und mir zur Untersuchung übergeben: Die Pia ist im allgemeinen zart, die basalen Gefäße sind zart; Gehirnwindungen sind leicht geschrumpft. Auf Frontalschnitten durch das Gehirn ist außer einer leichten Ventrikelerweiterung nichts Krankhaftes zu erkennen. Insbesondere fehlen jegliche herdförmige Störungen.

Die mikroskopische Untersuchung ergibt in den wesentlichen Punkten eine völlige Übereinstimmung mit Fall VIII.

Im Cortex findet sich eine mäßig starke Lipoidentartung der Ganglienzellen ohne senile Drusen und ohne eine besondere Fibrillenveränderung. Die Zellarchitektonik ist erhalten; doch sind auch hier wieder die untersten Schichten mehr befallen. Nirgends sind Erweichungsherde festzustellen und der gesamte Gefäßapparat ist intakt.

Der Sitz der vornehmlichsten Veränderungen ist hier das Striatum und Pallidum. Bei Berücksichtigung der feineren histologischen Einzelheiten gilt das gleiche wie im obigen Falle, nur daß die Rarefikationsherde um die Gefäße fast ganz zurücktreten. Sie beschränken sich in Andeutung auf das vordere Drittel des Striatum; das Pallidum ist frei von ihnen. Die ganze vorliegende Parenchymstörung betont die Unabhängigkeit vom Gefäßsystem.

Auch die tieferen Teile des Zwischen-, Mittel- und Nachhirns zeigen wesensgleiche Veränderungen wie der Fall VIII, auffallend stark ist der Nucleus substantiae innominatae im Sinne hochgradiger Verfettung verändert. Ganglienzelleinschlüsse besonderer Art sind auch hier nicht zu erweisen.

Die Substantia nigra ist frei von wesentlichen Veränderungen.

Bei der Betrachtung der Markscheidenbilder erkennt man folgendes: nirgends zeigen sich herdförmige Veränderungen. Die Seitenventrikel sind beiderseits leicht erweitert links mehr als rechts. Eine deutliche Schrumpfung der basalen Stammganglien fehlt. Im Striatum (Abb. 56) erkennt man neben einem angedeuteten Status praecribratus einen geringen Ausfall der feinen Faserung bei etwas stärker betonter Lichtung der dickeren Fasern. Die Veränderungen im Striatum sind im oralen Drittel links deutlich kräftiger entwickelt als rechts. Auch im caudalen Abschnitte (Abb. 57) ist dieser Unterschied noch angedeutet.

Das Pallidum ist beiderseits von annähernd normaler Größe, aber in seinen Lamellen sowohl wie in seiner Innenfaserung durch einen Schwund vornehmlich der dicken Fasern ausgezeichnet. Die Veränderungen sind auch hier links wesentlich deutlicher ausgesprochen als rechts (Abb. 57). Ein leichter Schwund der dünnen strio-pallidären Faserung ist mit stärkeren Linsen ebenfalls sicherzustellen. Die Linsenkernschlinge ist beiderseits gelichtet,

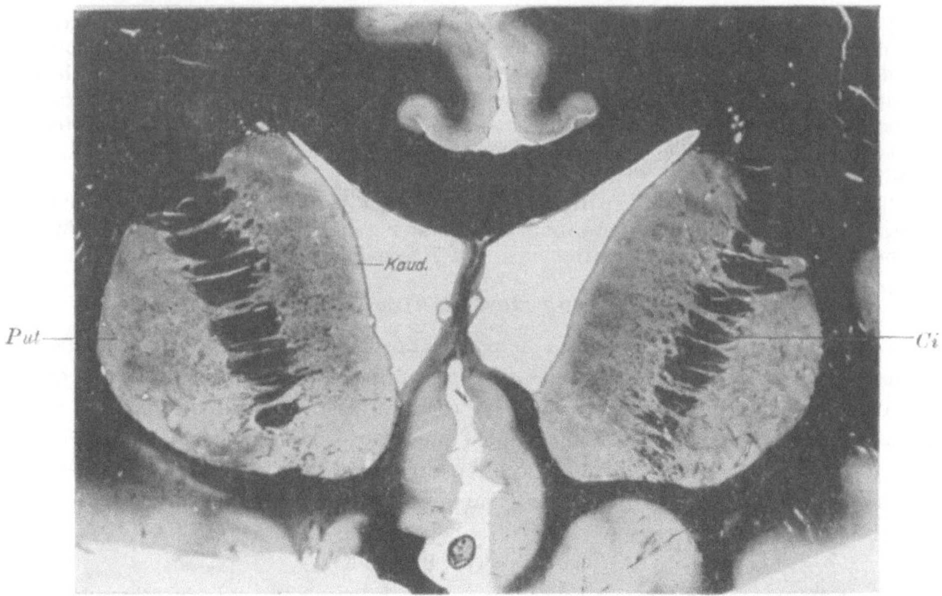

Abb. 56. Fall IX. Markscheidenfrontalschnitt aus dem oralen Drittel des Striatum (*Kaud + Put*). Diffuse Markscheidenausfälle ohne herdförmigen Einschlag, links mehr betont als rechts. Photogr.

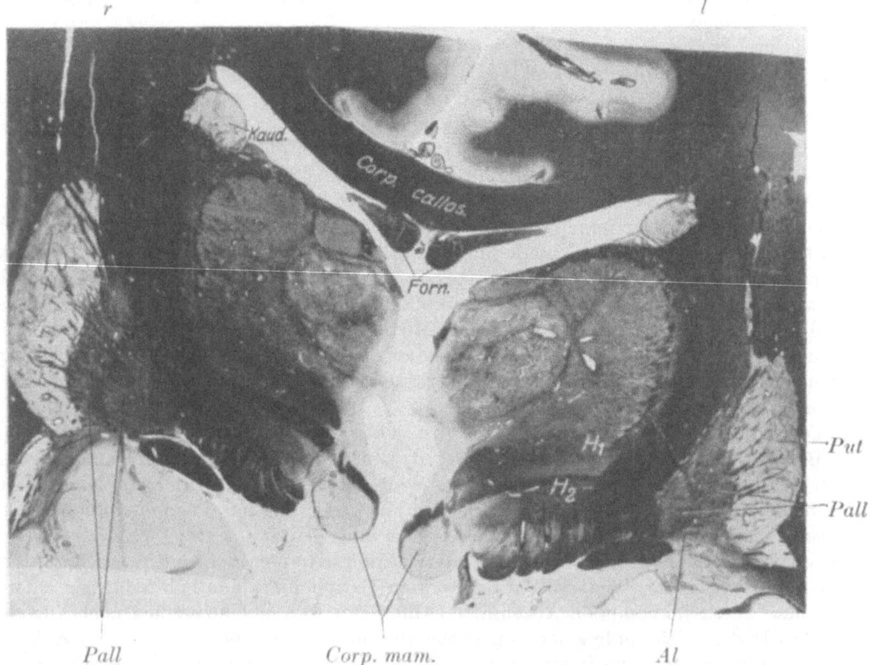

Abb. 57. Fall IX. Markscheidenfrontalschnitt in der Höhe der *Corp. mam.*, zeigt besonders die linksseitig (*l*) betonte Aufhellung der Pallidumfaserung (*Al*, H_1 und H_2) gegenüber rechts (*r*). Keine herdförmigen Störungen. Photogr.

links deutlicher als rechts (Abb. 57). H_2 und H_1, sowie der Luyssche Körper sind beiderseits verschmälert und faserärmer, links deutlicher als rechts. Die in *vtl* einstrahlenden dickeren Faserbündel sind links unverkennbar aufgehellt. Im übrigen ist zu betonen das Fehlen weiterer geschlossener Faserdegenerationen, insbesondere sind die Strahlungen des roten Kerns, die Kleinhirnschenkel und die Pyramidenbahnen intakt. Die Substantia nigra ist beiderseits ohne wesentliche Veränderung.

Zusammenfassung des anatomischen Befundes.

Es finden sich hier die wesensgleichen Veränderungen wie im Falle VIII, nur daß sich hier herdförmige Veränderungen in Abhängigkeit von den Gefäßen nur ganz wenig entwickelt haben. Es handelt sich um einen diffusen, vornehmlich mit Verfettung des nervösen Parenchyms einhergehenden Prozeß, der ganz vornehmlich im Striatum und Pallidum lokalisiert ist und links hochgradiger entwickelt ist als rechts. Der Fall entspricht in den wesentlichen Punkten der Jelgersmaschen Beobachtung und dem 25. und 26. Falle von C. und O. Vogt. Nur fehlen bei unserem Kranken ausgesprochene Kriblüren.

Epikrise.

Dem Parkinsonismus dieses Falles mit Tremor und rechtsseitiger Betonung der Erscheinungen entspricht anatomisch die Lokalisation der Hauptveränderungen im strio-pallidären System, wobei die linke Seite deutlich hochgradigere Veränderung aufweist als die rechte. Bei dem Fehlen jeglicher aufdringiicherer Herderscheinungen in Rinde und Hemisphären-Marklager, insbesondere auch der vorderen Zentralwindung bin ich geneigt auch den apoplektiformen Beginn des Leidens mit vorübergehender, rasch sich ausgleichender, klinisch freilich nicht genauer beobachteter rechtsseitiger Hemiparese auf das Striatum zu beziehen. Wichtig erscheint mir dabei der Umstand, daß dem apoplektiformen Beginne keine vom Gefäßsystem abhängige Herderkrankung entspricht, des weiteren, daß sich an diesen apoplektiformen Insult als erste Dauererscheinung ein Tremor im Arme der betroffenen Seite anschloß, bei allmählicher Ausbildung eines allgemeinen Parkinsonismus.

Ferner ist zu betonen, daß sich hier bei wesensgleicher Ausprägung des klinischen Bildes und des anatomischen Prozesses gewisse Unterschiede gegenüber dem ersten Falle ergeben: einmal ist hier der Status praecribratus so geringgradig ausgesprochen und überhaupt nur in einem so eng begrenzten Gebiet des Striatum zu erkennen, daß wir in ihm keinen bedeutsameren pathogenetischen Faktor erblicken können. Zweitens fehlt hier eine Erkrankung der Substantia nigra.

Auch im folgenden Falle, bei dem sich im Alter von 42 Jahren eine typische Paralysis agitans von 4 jähriger Dauer entwickelte, entspricht die anatomische Untersuchung ganz diesen Fällen.

Fall X.
Gewöhnliche genuine Paralysis agitans mit Tremor und Pulsionen.

Der Kranke Hagen, 1872 geboren, wird im Januar 1918 auf der Nervenstation des St. Georger Krankenhauses (Saenger) aufgenommen.

Vorgeschichte: Die Familienanamnese ist ohne Belang; er hat 7 Geschwister, von denen alle bis auf zwei sehr nervös sind. Im Juli 1913 hatte er eine leichte Lungenentzündung, im Oktober 1914 begann das Zittern zunächst im rechten Arm, allmählich zunehmend und auch auf die linken Extremitäten übergehend. Er weilte in mehreren Heilanstalten ohne

Besserung zu finden. Im Januar 1918 wird er wegen der zunehmenden Zittererscheinungen im Krankenhaus aufgenommen.

Der Kranke klagt über allgemeine Steifigkeit und starke Zittererscheinungen in allen Extremitäten. Befund: Der Gesichtsausdruck ist maskenartig, die Pupillen und Augenbewegungen sind frei. Es bestehen nirgends Lähmungen, die Zunge kommt gerade, zittert, der Gang ist langsam, schwerfällig, mit kleinen Schritten. Der Kranke ist dabei ganz in sich zusammengekauert und spannt alle Muskeln stark an. Ausgesprochene Pro- und Retropulsion. In allen Extremitäten bestehen sehr starke Spannungen im Sinne von Rigidität, ohne Reflexstörungen, ohne Babinski. In Armen und Beinen ist ein grobschlägiger, sehr starker Tremor festzustellen, der beim Sprechen und bei der Untersuchung viel stärker wird. Die Blut- und Liquoruntersuchung ergibt normalen Befund. Psychisch ist der Kranke deprimiert mit deutlich verlangsamter Reaktion seiner intellektuellen Leistungen. Der Nervenzustand bleibt völlig unverändert und der Kranke stirbt im April 1918 an einem Erysipel.

Bei der Sektion (Prof. Simmonds) zeigt sich ein schlaffes Herz mit einer schlaffen Pneumonie beider Unterlappen. Das Gehirn wird in toto der Nervenstation und zur weiteren Untersuchung mir übergeben.

Die Pia und die basalen Gefäße sind zart; bei der weiteren Zerlegung des Gehirns ist zunächst kein krankhafter Befund zu erheben.

Mikroskopisch sind die Veränderungen der Rinde und der basalen Stammganglien die gleichen wie in den beiden ersten Fällen. Nur fehlen hier jegliche Gefäßveränderungen und davon abhängige herdförmige Störungen, insbesondere ist nirgends auch nur eine Andeutung eines Status praecribratus zu sehen. Der Prozeß ist ein recht diffuser, wobei die fettig-wabige Degeneration der Ganglienzellen im Vordergrunde steht. Seine vornehmliche Lokalisation zeigt er im Striatum bei etwas zurücktretenden Veränderungen im Pallidum. Auch der Nucleus substantiae innominatae und die dem Ventrikel benachbarten Thalamuskerne sind recht erheblich mitbetroffen.

Die Substantia nigra ist völlig frei.

Das Markscheidenbild entspricht dem des vorigen Falles, jedoch sind die Veränderungen auf beiden Seiten gleichmäßig ausgeprägt und jegliche Andeutungen von Praecriblüren um die Capillaren fehlen. Die Pallidumlamellen und die Linsenkernschlinge sind in ihrem Faserreichtum deutlich reduziert (Abb. 58), und auch die Forelschen Bündel und der Luyssche Körper ist ähnlich atrophisch wie im Falle IX.

In den Markscheidenpräparaten fallen kleinere Gefäßlücken auf, die den Verdacht eines Status cribratus erwecken könnten (Abb. 58). Mikroskopisch erweisen sich aber diese Lichtungen, die man recht häufig an den betreffenden Stellen auch sonst findet, als erweiterte Blutgefäße ohne herdförmige Parenchymstörungen.

Epikrise.

Der klinisch im 42. Lebensjahre ohne nachweisbare Ätiologie sich entwickelnden typischen Paralysis agitans mit starkem Tremor, Pro- und Retropulsion von 4jähriger Dauer entspricht anatomisch ein in der Art und Lokalisation wesensgleicher Prozeß wie in dem letzten Falle; unterschiedlich gegenüber dem ersten Falle (Fall VIII) ist die Integrität der Substantia nigra und das völlige Fehlen eines Status praecribratus hervorzuheben.

Kritischer Überblick über die bei der echten Paralysis agitans erhobenen Befunde.

In den oben beschriebenen 3 Fällen von Paralysis agitans konnte die mikroskopische Untersuchung einen in seiner Art und Lokalisation recht gleichförmigen, krankhaften Prozeß im Zentralnervensystem aufdecken. Die Art der histologischen Gewebsschädigung zeigt sich in einer diffus ausgesprochenen Ganglienzellverfettung, der im Nisslbilde die fettigwabige Zelldegeneration, häufig von schweren Kernveränderungen begleitet, entspricht. Die Glia bietet für gewöhnlich protoplasmatische Reaktionsvorgänge mit Einlagerung zahlreicher lipoider Abbauprodukte. Senile Drusen konnte ich nirgends finden. In einzelnen Kernen der basalen Stammganglien, so vornehmlich im Nucleus substantiae

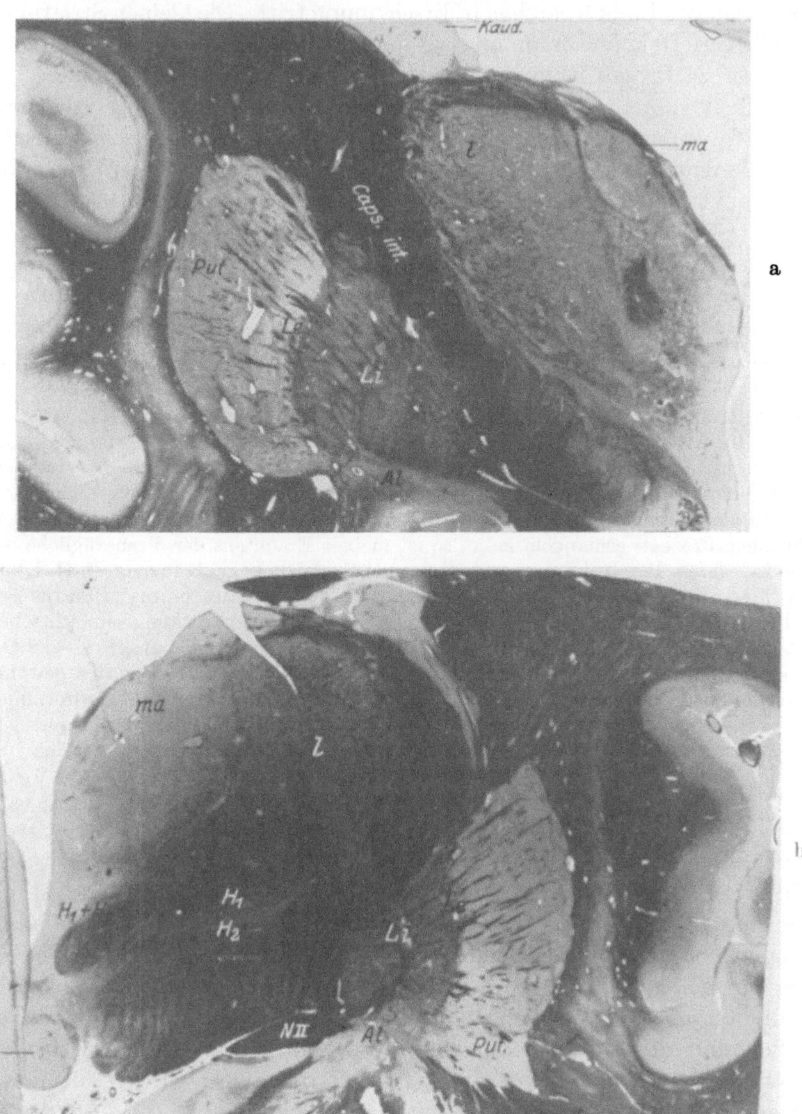

Abb. 58 a und b. Fall X. Markscheidenfrontalschnitte, diffuse nicht sehr hochgradige Markscheidenausfälle im Striatum (*Kaud* + *Put*) und im Pallidum, dessen Lamellen (*Le* und *Li*) und dessen Strahlungen (*Al*, H_1 und H_2) deutlich reduziert sind bes. in b. Keine herdförmigen Störungen. Photogr.

innominatae und in den großzelligen Thalamuskernen und im Luysschen Körper fallen Fibrillenverdickungen und -verklumpungen der Ganglienzellen auf, die zweifellos an die Alzheimersche Fibrillenveränderung erinnern. Dagegen konnte ich in dem Gesamtcortex diese Fibrillenveränderung nicht feststellen. Im Striatum zeigen die großen Ganglienzellen für gewöhnlich körnigen fibrillären Zerfall, ähnlich wie die Pallidumzellen, bei denen eine eigenartige Verklumpung der ösenförmigen Endkörperchen in Erscheinung tritt. Die kleinen Striatumzellen, gleichfalls verfettet, lassen hin und wieder fibrilläre Verklumpung erkennen.

Der ganze Prozeß ist diffus entwickelt und zeigt zunächst keine deutliche Abhängigkeit vom Gefäßsystem. Nur im Falle VIII, andeutungsweise auch im Falle IX, finden sich eng begrenzte Rarefikationen des Gewebes um kleine Gefäße herum, die dem Vogtschen Status praecribratus entsprechen. Wir werden auf diesen Punkt weiter unten noch zu sprechen kommen.

Eine Gefäßerkrankung ausgesprochener Art läßt sich in diesen 3 Fällen nicht erweisen. **Leichte Gefäßwandveränderungen von fibrösem Charakter haben offenbar keine greifbare Beziehung zu dem ganz allgemein ausgesprochenen degenerativen Parenchymprozeß.**

Gerade dieser Punkt verdient meines Erachtens hervorgehoben zu werden gegenüber den Vogtschen und Bielschowskyschen Feststellungen, die in dem Status cribratus und praecribratus das wesentliche histologische Substrat für die Paralysis agitans ansehen. Es kann keinem Zweifel unterliegen, daß solche herdförmigen, von Gefäßbezirken abhängigen Prozesse recht häufig in Fällen von Paralysis agitans festzustellen sind. Da sie aber einen häufigen Befund in gewöhnlichen senilen Gehirnen darstellen und da andererseits die Paralysis agitans, wie oben betont, und auch von F. H. Lewy auseinandergesetzt wird, solcher herdförmigen Prozesse ermangeln kann, so ist meines Erachtens der diesbezügliche negative Befund in echten Paralysis agitans-Fällen mit Nachdruck zu betonen. F. H. Lewy hat bereits in seinen ersten Veröffentlichungen das Vorkommen des Status cribratus erwähnt, ohne ihm freilich bei der vorliegenden diffusen Parenchymerkrankung eine entscheidende Bedeutung beizumessen — meines Erachtens mit Recht. Wenn andererseits C. und O. Vogt ihren bei der Paralysis agitans beschriebenen Status desintegrationis von den gewöhnlichen Herderkrankungen dadurch unterscheiden, daß die dabei auftretenden herdförmigen Störungen nur als lokale, besonders intensive Ausdrücke eines diffusen Zerfallsprozesses in dem allgemein erkrankten Zentralnervensystem zu bewerten sind, so nähern sie sich in dieser Auffassung unserem Standpunkte ganz wesentlich. Die Differenz beruht nur in der von C. und O. Vogt einseitigen Hervorhebung der herdförmig auftretenden Veränderung, welche ganz zweifellos in manchen Fällen von Paralysis agitans gegenüber der diffusen Parenchymerkrankung völlig zurücktreten kann.

In seiner Eigenart erinnert der histologische Prozeß bei der Paralysis agitans am meisten an den senilen Involutionsvorgang, wie das F. H. Lewy besonders eindringlich betont. Wenngleich das eigentliche Characteristikum einer Hauptgruppe der senilen Demenz, die senilen Drusen, für gewöhnlich fehlen, so erinnern doch die übrigen Veränderungen am meisten an die Parenchymstörungen der typischen und atypischen senilen Demenz. Für die eventuelle Mitbeteiligung von Gefäßprozessen und davon abhängigen Parenchymstörungen gilt hier offenbar dasselbe wie für den senilen Gehirnprozeß überhaupt.

Es ist ja als ein ganz wesentlicher Fortschritt in unserer Auffassung der senilen Involutionsvorgänge anzusehen, daß wir ihre anatomische Abgrenzung von den Gefäßprozessen kennengelernt haben. Wenn auch gewisse Gefäßwandveränderungen und davon abhängige Parenchymstörungen ganz gewöhnlich den senilen Gehirnprozeß begleiten, so wissen wir doch heute vornehmlich aus den Untersuchungen Alzheimers und seiner Schule (Simchowicz), daß der diffuse senile Involutionsvorgang im weitesten Sinne sich unabhängig von begleitenden Gefäßerkrankungen entwickelt. Im gleichen Verhältnis stehen offenbar diese beiden Komponenten des histologischen Substrats bei der Paralysis agitans zueinander.

Die Auffassung der Paralysis agitans als einer Erkrankung des Rückbildungsalters berührt innig die Frage nach der Pathogenese[1]). Hier tappen wir aber noch recht im Dunkeln. Denn für das normale und pathologische Altern sind offenbar recht komplexe biologische Vorgänge gegeben, die bei weitem noch nicht physiologisch und anatomisch durchschaut werden können. Daß hier endokrine Drüsenstörungen eine deutliche Rolle mit spielen, dürfte allgemein anerkannt werden. Aber trotz Steinach sind wir in der Erforschung des Problems des Alterns noch nicht weiter gekommen. Das gleiche gilt in noch erhöhtem Maße für die Pathogenese der Paralysis agitans. F. H. Lewy verweist dabei auf zweifellos interessante klinische und histologische Analogien, die einerseits im klinischen Bilde zwischen gewissen thyreopriven Zuständen wie dem Myxödem und dem Senium, insbesondere dem pathologischen Senium bestehen, andererseits bei tierexperimentellen Versuchsanordnungen sich klinisch und histologisch ergeben. Der eigenartige Zustand des Winterschlafes gewisser Tiergruppen geht mit einer hochgradigen Atrophie der Schilddrüse einher und es ist dabei von Cajal und seinem Schüler Tello vor vielen Jahren eine Verdickung und Verklumpung der Ganglienzellfibrillen festgestellt worden, Befunde, die mehrfach bestätigt werden konnten. Balli und Donaggio haben durch gleichzeitige Einwirkung von Schilddrüsen-Exstirpationen und Kälte ähnliche Fibrillenveränderungen gefunden. F. H. Lewy berichtet über wesensgleiche Versuchsergebnisse an Affen, Kaninchen und Hunden mit kombinierten Exstirpationen von Schild- und Nebenschildapparat, zum Teil unter gleichzeitiger Kälteeinwirkung vorgenommen. „Die auf diese Weise erzeugten Bilder zeigen, daß die Fibrillen der Ganglienzellen nicht nur verdickt und verklumpt, sondern auch stark silberavide geworden sind" (F. H. Lewy).

Zweifellos haben die bekannten Cajalschen Bilder am winterschlafenden Tiere und auch die jüngst von Lewy demonstrierten Fibrillenveränderungen interessante Ähnlichkeiten mit der Alzheimerschen Fibrillenveränderung bei dem senilen Involutionsvorgange. Aber ein weitergehender Rückschluß ist meines Erachtens heute noch nicht erlaubt. Denn wir wissen heute noch nichts Sicheres über die Ursache und Bedeutung der Argentophilie, wie sie sich in der Fibrillenverdickung und der senilen Plaquesbildung kundtut, wir sehen eigenartige Fibrillenverdickungen gelegentlich auch bei Idioten, bei denen keine Beziehungen zum Schildrüsenapparate gegeben sind und schließlich zeigt eine recht große Gruppe seniler Gehirnerkrankungen weder Fibrillenverdickung noch die Plaquesbildung. Dazu kommt noch, daß wir ähnliche Fibrillenveränderungen auch bei schweren toxischen Prozessen beim Tiere, z. B. bei Hundswut (Cajal, Tello, Achucarro) antreffen, die keine Berührungspunkte mit den obigen Experimenten offenbar haben. Die eigenartigen Zelleinschlüsse, die F. H. Lewy und Lafora vornemlich in den vegetativen Kernen nachgewiesen hat, konnte ich in meinen Fällen nicht feststellen.

Schließlich ist zu berücksichtigen, daß die Fibrillenverdickung im histologischen Bilde der Paralysis agitans gerade in den vorzüglich betroffenen Ge-

---

[1]) Vgl. auch die ausführliche Diskussion über die pathogenetischen Verhältnisse im Lewyschen Buche. Viele Einzelheiten bedürfen hier noch eingehender Nachprüfung.

bieten des Striatum und Pallidum nicht aufdringlich vorherrscht[1]), ja an den schwerst affizierten großen Zellformen für gewöhnlich fehlt. Das Wesen des senilen Gehirnprozesses scheint ja ganz allgemein und regelmäßig histologisch beherrscht von einer schweren Entartung des nervösen Gewebes, wobei die hochgradige Verfettung im Vordergrunde steht. In diesem Punkte liegt offenbar die Verwandtschaft des senilen Involutionsvorganges mit der Gewebsveränderung bei der Paralysis agitans. Das weitere Charakteristicum einer Hauptgruppe der senilen Demenz, das reichlichere Auftreten von senilen Drusen, gehört jedoch nicht zum histologischen Substrat der Paralysis agitans.

So sehe ich mit F. H. Lewy zwischen beiden Prozessen auffallende Ähnlichkeiten, möchte aber auch die Verschiedenheiten gleichfalls in eindringlicher Weise betonen. Und wie für die senile Demenz die pathogenetischen Verhältnisse recht komplexe sein dürften, so wird auch die Pathogenese der Paralysis agitans nicht ohne weiteres mit der Dysfunktion einiger endokriner Drüsen erschöpft sein[2]). Die alte Lundborgsche Theorie, welche in Analogie mit der Tetanie die Paralysis agitans als einen Hypoparathyreoidismus auffaßt und peripher myogen erklären will (Lundborg, Camp, Berkeley, Alquier), ist heute durch die anatomischen Tatsachen überholt; nur Alquier und Roussy- Clunch beschrieben schwerere, unter sich jedoch verschiedene Veränderungen an den Epithelkörperchen; greifbare Veränderungen in diesen Organen werden indes bei der Paralysis agitans regelmäßig vermißt (Parhon und Goldstein, Thomson, Koopmann u. a.), andererseits muß die zentrale Lokalisation des Parkinsonschen Symptomenkomplexes als sicher erwiesen gelten. Auch der Schildrüsen-, Nebennieren- und Geschlechtsdrüsenapparat läßt irgendwie regelmäßige Veränderungen eindeutiger Art bei der Paralysis agitans vermissen. Damit soll natürlich keineswegs die hohe Bedeutung der endokrinen Drüsen, insbesondere des Schildrüsenapparates, für das Altern und vielleicht auch für die Paralysis agitans geleugnet werden, aber die ganzen Verhältnisse liegen

---

[1]) Auch Lewy hebt hervor, daß die präsenilen, bzw. schweren Par.-ag.-Fälle ohne Fibrillenveränderung einhergehen.

[2]) Ich konnte in einem Falle Simmondsscher Krankheit (hypophysäre Kachexie) mit schwerster, offenbar lange bestehender Hypophysen-Vorderlappen-Zerstörung und hochgradigen Schilddrüsenveränderungen im Gehirn nur ganz uncharakteristische Veränderungen der Ganglienzellen, cirumscripte Verödungsherde in der dritten Rindenschicht und protoplasmatische Gliawucherungen zum Teil atypischer Art bei Fehlen jeglicher Parenchymverfettung, der Drusen und der Alzheimerschen Fibrillenverdickung feststellen, ein Befund, der anotomisch kaum irgendwelche Verwandtschaft mit dem senilen Gehirnprozesse aufweist trotz starker klinischer Anklänge des Krankheitsbildes an das Senium. Auch in 2 weiteren Fällen mit schwerster Hypophysenveränderung fanden sich nirgends die für das Senium im Zentralnervensystem charakteristischen Veränderungen. Am meisten ähneln die erhobenen Befunde jenen, die ich in einem Falle Addisonscher Krankheit beschrieben habe (Zieglers Beiträge 69. 1921). So erwächst den Theorien, welche zwischen bestimmten Hirnveränderungen nach tierexperimenteller Ausschaltung endokriner Drüsen und senilen Parenchymstörungen im menschlichen Gehirn gewisse Analogien aufzufinden glauben, in solchen Befunden keine Stütze. Der allgemeine senile Aufbrauch und im speziellen der Involutionsvorgang im menschlichen Gehirn wird mit dem Schlagwort einer pluriglandulären Insuffizienz keineswegs erschöpfend erklärt. (Vgl. auch A. Jakob: Zwei Fälle von Simmondsscher Krankheit [hypophysäre Kachexie] mit besonderer Berücksichtigung der Veränderungen im Zentralnersystem, Virchows Archiv, Festschrift für E. Fraenkel, 1923 im Drucke.)

heute noch viel zu kompliziert und undurchsichtig, um eindeutige Urteile zu erlauben.

Diese Unklarheit der Pathogenese muß hervorgehoben werden gegenüber den in jüngster Zeit wieder in Angriff genommenen Versuchen, die Paralysis agitans, ja selbst den symptomatischen Parkinsonismus durch Überpflanzung von Nebenschilddrüsen zu heilen. Solchen therapeutischen Maßnahmen fehlt jede allgemein klinische und speziell pathogenetische Begründung.

Das eine kann heute als gesichert gelten, daß die Paralysis agitans symptomatologisch ihre Ursache in den Veränderungen des Zentralnervensystems hat. Wie weit noch komplizierende Veränderungen im Muskelsperrgebiete (Frank) eine Rolle mitspielen, vermag ich heute nicht zu entscheiden. Nur in zweien meiner Fälle untersuchte ich die Muskulatur und fand sie im Bereiche der Extremitäten im wesentlichen intakt. Hervorzuheben ist jedenfalls, daß der typische Parkinsonsche Symptomenkomplex restlos durch die Veränderungen im Zentralnervensystem erklärt werden kann.

Freilich ist der Degenerationsvorgang im Zentralnervensystem bei der Paralysis agitans, wie oben beschrieben und von allen Autoren hervorgehoben, ein recht diffuser, und eindeutigere Beziehungen zwischen dem klinischen Symtomenbilde und der Hauptlokalisation des pathologischen Prozesses gewinnen wir erst auf Grund einer größeren Übersicht über die Pathologie der extrapyramidalen Erkrankungen überhaupt. So zeigt es sich, wenn wir zudem die regelmäßige Konstanz in der Lokalisation der Veränderungen entsprechend berücksichtigen, daß bei der Paralysis agitans in erster Linie die Entartung des Striatum und Pallidum für die Ausprägung des Symptomenbildes verantwortlich zu machen ist; es kann nach meinen Untersuchungen gar keinem Zweifel unterliegen, daß dabei die Striatumdegeneration im histologischen Bilde bei weitem vorherrscht, eine Feststellung, die auch neuerdings wieder Bielschowsky betont hat. Hier zeigt sich der Entartungsprozeß in ganz diffuser hochgradiger Entwicklung bei allen histologischen Methoden. Wenngleich auch die kleinen Striatumzellen schwere histologische Veränderungen aufweisen, so ist doch der Prozeß an den großen Zellelementen viel hochgradiger entwickelt, zeigt uns schwere Kernveränderungen, die zu einem zweifellosen Ausfall und Untergang gerade dieser Elemente führen, bei relativem Erhaltenbleiben der kleinen Ganglienzellen. Wir haben hier in gewissem Sinne eine Umkehr jener Verhältnisse vor uns, wie ich sie oben bei der chronisch-progressiven Chorea beschrieben habe. Gegenüber Hunt, der solche Differenzen gleichfalls betonte, ist nur die Diffusität der Entartungsvorgänge hervorzuheben und ihr relatives Vorherrschen an den kleinen Ganglienzellen des Striatum bei der Chorea und den großen bei der Paralysis agitans. Dabei ist die starke Parenchymverfettung des Striatum ein ganz besonders hervorstechender Befund.

Die gleichen histologischen Veränderungen, die das Striatum beherrschen, sind auch im Pallidum festzustellen, nur treten sie in meinen Fällen wenigstens an Schwere deutlich zurück gegenüber der Striatumdegeneration. Zu der gleichen Ansicht kommt auch Bielschowsky. F. H. Lewy betont, wie ich seinen bisherigen Veröffentlichungen entnehme[1]), bei der Paralysis agitans die im Vorder-

---

[1]) Auch in seinem Buche vertritt er die gleiche Ansicht.

grunde stehende Pallidumerkrankung, bei wesensgleichen Veränderungen im Striatum, die sich mit den oben beschriebenen Verhältnissen decken. Auf solche Differenzen wird man bei weiteren Untersuchungen um so mehr achten müssen, als C. und O. Vogt geneigt sind, gerade für die mit Tremor verlaufenden Fälle von Paralysis agitans die vorherrschende Striatumdegeneration verantwortlich zu machen. Auch meine Fälle boten klinisch sämtlich Tremorerscheinungen, ebenso die neuen Bielschowskyschen Beobachtungen.

Im Markscheidenbilde sehen wir im Striatum einen mehr oder weniger betonten unregelmäßigen Ausfall an feineren und auch dickeren Faserzügen, das gleiche im Pallidum, wo ich zudem eine in den einzelnen Fällen verschieden hochgradige Entartung der Lamellen der Linsenkernschlinge und der Forelschen Bündel, des Luysschen Körpers und der Strahlungen zum roten Kern nachweisen konnte. Auch die Untersuchungen F. H. Lewys und C. und O. Vogts betonen die Unregelmäßigkeit in den jeweils erhobenen Faserdegenerationen, wobei sich jedoch recht häufig eine deutliche Entartung der dicken Pallidumfasern feststellen läßt. In dem einen Jelgersmaschen Falle und in mehreren Beobachtungen Vogts (25. und 26. Fall) sind sie offenbar besonders betont, in ähnlicher Weise wie in meinem Falle VIII und IX. Das Markscheidenbild allein reicht nicht aus zur Beurteilung der Schwere des Parenchymprozesses; erst mit den feineren histologischen Methoden, namentlich auch durch die Fettfärbungen, gewinnen wir einen Einblick in den Grad des Entartungsvorganges.

Zu der ausgeprägten Degeneration in diesen Zentren gesellte sich in unserem Falle VIII eine schwere gleichsinnige Erkrankung der Substantia nigra in ihrer Zona compacta, die etwas leichter entwickelt ist als die Striatumentartung. Diese Feststellungen verdienen besondere Berücksichtigung im Hinblick auf die oben kurz erwähnten, neuerdings in den Vordergrund gerückten Ansichten, wonach der Parkinsonsche Symptomenkomplex in erster Linie auf die Erkrankung der Substantia nigra zu beziehen sein soll. Ich muß nun mit Nachdruck die Integrität der Substantia nigra in 2 weiteren Fällen von Paralysis agitans hervorheben, die in allen Hauptzügen des klinischen Bildes jenen des ersten Falles mit der deutlichen Erkrankung der Substantia nigra entsprechen. Diese Tatsachen berechtigen uns freilich, wie wir noch sehen werden, nicht zu dem Schlusse, daß die Substantia-nigra-Erkrankung gar nichts mit dem Parkinsonschen Symptomenkomplex zu tun habe. Wir haben ja bereits bei der Analysierung eigenartiger Choreafälle (Fall V) die Miterkrankung dieses grauen Zentrums entsprechend bewertet und weitere Erfahrungen, auf die ich bei der Besprechung der Folgezustände der Encephalitis epidemica näher eingehen werde, betonen wichtige kausale Zusammenhänge zwischen der Ausprägung des hypertonischen Syndroms und der Substantia nigra. Immerhin zeigen meine Untersuchungen wie die C. und O. Vogts, Bielschowskys und F. H. Lewys, daß der ausgeprägte Symptomenkomplex bei der reinen Paralysis agitans auf eine fast ausschließliche Erkrankung des Striatum und Pallidum zurückgeführt werden kann.

Regelmäßig ist auch der Luyssche Körper mehr oder weniger miterkrankt, doch treten für gewöhnlich die dort zu findenden Degenerationserscheinungen gegenüber jenen im Striatum stärker zurück. Nach dem ganzen anatomischen Bilde kann es zudem keinem Zweifel unterliegen, daß sie in vielen Fällen mehr

sekundärer Natur sind, im ähnlichen Sinne wie auch die Entartung der Linsenkernschlinge, der Forelschen Bündel und der Kapselstrahlung zum roten Kern.

Die weiterhin beobachteten, an Schwere zurücktretenden Veränderungen im
Zwischen- und Mittelhirn scheinen recht inkonstant zu sein. Am meisten fällt
dabei noch in die Augen die fettige Entartung des Nucleus substantiae innominatae, die im Falle VIII und IX recht ausgesprochen war und auch von F. H. Lewy
stark betont wird. Dieser Kern neigt aber, wie mir Kontrolluntersuchungen
ergaben, ganz allgemein, namentlich im Senium, zu schwereren Ganglienzell-
entartungen und Verfettungen; und mit Bielschowsky möchte ich hervorheben,
daß wir über die Genese, Zugehörigkeit und Abgrenzung dieses Kernes noch zu
wenig wissen, um ihn zur Grundlage bestimmter Theorien zu machen.

Bezüglich des Tuber cinereum, des Nucleus paraventricularis und des vegetativen Oblongatakernes, deren schwere Degeneration F. H. Lewy betont,
wage ich auf Grund meiner Beobachtungen an so geringem Material kein Urteil.
Die erstgenannten Kerngruppen zeigten mir bei Kontrolluntersuchungen an
wahllos herausgegriffenem Material recht eigenartige Veränderungen und der
vegetative Oblongatakern schien mir keine schwereren Degenerationen zu bieten
als zahlreiche andere motorische und sensible Kerne der Medulla oblongata.
Zudem vermißte ich wie schon betont die von F. H. Lewy hier gefundenen
Ganglienzelleinschlüsse.

Das Kleinhirn und das Dentatum bot in meinen Fällen keine
schwereren Veränderungen. Auch die Kleinhirnbahnen sind intakt, ebenso
der rote Kern.

Schließlich zeigt sich in der Rinde, vornehmlich im Frontalhirn, eine
lipoidwabige Ganglienzelldegeneration, ohne daß es dabei zu schwereren architektonischen Rindenstörungen oder zu Projektionsfaserdegenerationen gekommen
wäre; dabei scheinen die 3 untersten Rindenschichten ganz allgemein
schwerer betroffen[1]). Bei aller Vorsicht, die die Beurteilung eines derart
diffus ausgesprochenen Parenchymprozesses erheischt, müssen wir doch *die jeweils
stark betonte Striatum- und Pallidumdegeneration in den Vordergrund stellen unter
Hervorhebung der schweren Entartung in den großen Striatumzellen. Histologisch
erscheint in meinen Fällen die Striatumdegeneration eine schwerere als die pallidäre;
in manchen Fällen, jedoch durchaus nicht regelmäßig, tritt noch eine deutliche
Affektion der Substantia nigra hinzu.*

*Klinisch entspricht einem solchen Befunde die volle Ausprägung des hypokinetisch-
hypertonischen Symptomenkomplexes, der in meinen Fällen mit Tremor und in
einem Falle auch mit Pulsionen einherging. Dort, wo klinisch eine halbseitige Betonung des Syndroms gegeben ist, läßt sich gewöhnlich anatomisch die stärkere Entwicklung des Krankheitsprozesses auf der gegenüberliegenden Seite erweisen.*

*Die in meinem Falle VIII betonten Schmerzen in den Extremitäten sind auf
die schweren Degenerationen im Thalamus, insbesondere im lateralen Thalamuskern
zu beziehen[2]). Die psychischen Störungen der Kranken finden ihr anatomisches
Korrelat in den diffusen Cortexveränderungen; es scheint bei der gewöhnlichen*

---

[1]) Fünfgeld hebt in seinem Falle gleichfals die stärkere Lipoiddegeneration der
untersten Rindenschichten hervor. (Anm. bei der Korr).

[2]) Nach Lewy hängen ebenfalls die zentralen Schmerzen bei der Paralysis agitans mit
Degenerationen im inneren bzw. äußeren Thalamuskern eng zusammen.

Paralysis agitans die begleitende Rindendegeneration ganz vornehmlich in den 3 untersten Rindenschichten ausgesprochen zu sein.

Der histologische Prozeß, bei dem regelmäßig die Parenchymverfettung im Vordergrunde steht, erinnert am meisten an den senilen Entartungsvorgang im Zentralnervensystem. Gefäßveränderungen und von ihnen abhängige herdförmige Störungen gehören nicht zum notwendigen pathologisch-anatomischen Substrat der Paralysis agitans, sind aber eine nicht seltene Begleiterscheinung. Auch hierin entsprechen die Verhältnisse der Paralysis agitans jenen des senilen Rückbildungsprozesses. Die charakteristischen Begleiterscheinungen einer Hauptgruppe der senilen Gehirnerkrankungen, die Fibrillenveränderungen und die senilen Plaques, können bei der Paralysis agitans fehlen.

Die Markscheidenpräparate allein geben uns für gewöhnlich keinen zuverlässigen Einblick in den Grad und die Ausdehnung des Prozesses. Nur unter Zuhilfenahme zahlreicher histologischer Methoden ist die Beurteilung der anatomischen Störungen möglich. Dabei können wir aus dem anatomischen Bilde wohl auf das Vorliegen eines Parkinsonschen Symptomenkomplexes schließen, aber im einzelnen Falle seine Schwere nicht eindeutig bestimmen.

Nun gibt es Fälle mit ausgesprochenem Parkinsonismus, bei denen klinisch und anatomisch die Gefäßveränderungen betont sind. Da bei ihnen für gewöhnlich die Extremitätenrigidität bei brettharter Muskulatur ungewöhnlich hohe Grade erreicht, ist die von Förster für diese Kranken geprägte Bezeichnung

2. Arteriosklerotische Muskelstarre

sehr bezeichnend. Die beiden folgenden Fälle gehören zu diesem Krankheitsbilde:

Fall XI.
Arteriosklerotische Muskelstarre mit kleineren Gefäßherden.

Der Kranke Kohn, 72 Jahre alt, wurde im April 1921 in der Nervenabteilung des hiesigen Eppendorfer Krankenhauses (Nonne) aufgenommen, in einem völligen Verwirrtheitszustand.

Über die Vorgeschichte ist nichts Näheres zu erfahren, nur daß er in letzter Zeit körperlich und psychisch stark abgefallen sei. Von Schlaganfällen u. dgl. ist nichts bekannt.

Körperlich bietet der Kranke die Zeichen einer peripheren Arteriosklerose, am Nervensystem sind keine deutlichen Lähmungen festzustellen; lebhafte Sehnenreflexe, ohne Babinski und ohne Klonus. Bei dem Kranken fällt eine gewisse Rigidität der gesamten Körpermuskulatur auf, die bei passiven Bewegungen nachläßt. Die Muskelhärte ist deutlich vermehrt. Sie ist im allgemeinen auf der rechten Seite ausgesprochener als links. Zittererscheinungen bestehen nicht. Aufgestellt hält sich der Kranke leicht vornübergeneigt; die Arme in den Ellbogengelenken angewinkelt, die Knie nicht ganz durchgedrückt; unterstützt bewegt er sich mit kleinen schlürfenden Schritten weiter, sich dabei am ganzen Körper auffallend steif haltend. Im Bette liegt er völlig regungslos, nimmt keine weitere Notiz von seiner Umgebung, spricht spontan überhaupt nichts. Der Gesichtsausdruck ist stumpf dement, ohne eigentliche Starre; auf Reize erfolgt gute Mimik. Der Lidschlag und die Augenbewegungen sind normal. Er muß gefüttert werden und läßt häufig Stuhl und Urin unter sich. Er klagt nicht, man erhält von ihm nur die eine Antwort auf die Frage, wie es ihm geht: „Gut." Die Sehnenreflexe sind lebhaft, ohne organischen Charakter, keine Pyramidensymptome.

Der 72jährige Kranke bietet das ausgeprägte Bild des Parkinsonismus mit den charakteristischen Haltungsanomalien ohne Tremor, mit Bevorzugung der rechten Seite. Die Akinese ist besonders im Gebiete der Extremitätenmuskulatur hochgradig entwickelt, während die Mimik noch relativ gut erhalten

ist. Die Rigidität ist deutlich, aber nicht sehr vorherrschend. Psychisch ist der
Kranke stark reduziert. Eine periphere Arteriosklerose ist festzustellen. Der Kranke stirbt
unter bronchopneumonischen Erscheinungen im Juli 1921.

Anatomischer Befund.

Bei der Körpersektion (Pathologisches Institut Eppendorf, Prof. Dr. Fraenkel)
fand sich im wesentlichen eine Synechia totalis pericardii, bei peripherer Arteriosklerose. Das
Gehirn, das mir in liebenswürdiger Weise zur Sektion und mikroskopischen Untersuchung
überwiesen wurde, bot makroskopisch folgendes:

Die Pia ist stellenweise blutig imbibiert, namentlich an der Basis. Die Gehirnwindungen sind geschrumpft, die basalen Gefäße zeigen sklerotische Wandveränderungen. Auf
Frontalschnitten durch das Gehirn fällt die starke Erweiterung der Seitenventrikel auf,

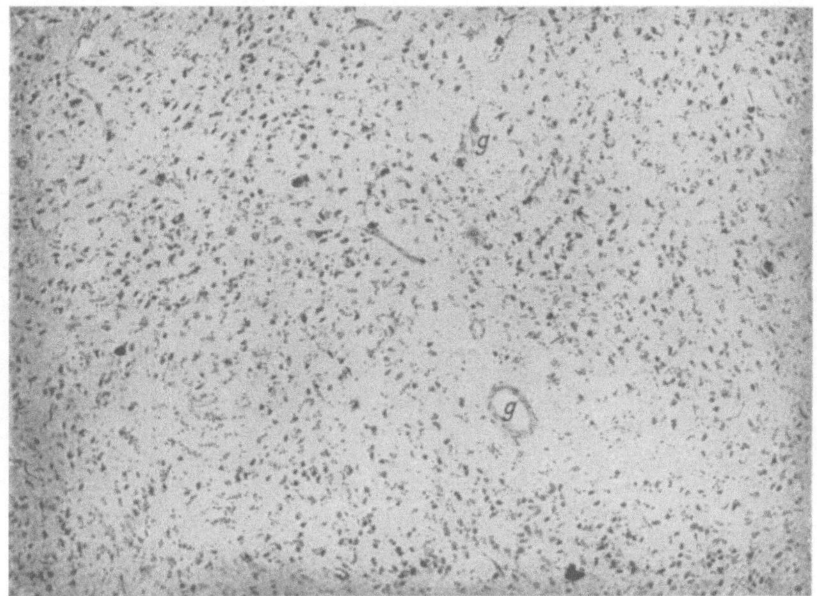

Abb. 59. Fall XI. Striatum im Nisslbild. Mikroph. bei gleicher Vergrößerung
wie Abb. 2. Kleinere herdförmige Störungen um Gefäße (*g*) mit fibrös-sklero-
tischen Wandveränderungen. Konkrementbildungen (rechts unten im Bilde).

wobei das Septum pellucidum durch starke Liquoransammlung auseinandergedrängt ist,
und so in den oralsten Teilen der Seitenventrikel einen kirschgroßen cystischen Hohlraum
abgrenzt. Die Rinde und das Marklager, ebenso das gesamte Kleinhirn und der Hirnstamm
sind ohne herdförmige Veränderungen. Das Caudatum ist beiderseits leicht geschrumpft,
weniger deutlich das Putamen und Pallidum. In diesen Teilen fallen hin und wieder ganz
kleine Criblüren auf. In den übrigen Teilen der Stammganglien erkennt man nichts Krankhaftes. Die Vierhügelgegend ist etwas platt gedrückt, doch frei von herdförmigen Störungen.

Die mikroskopische Untersuchung zeigt in der Hirnrinde einen schweren senilen Prozeß mit zahlreichen Drusen und stark betonter Gefäßwandfibrose
und -sklerose. In der Pia sowohl wie an zahlreichen Rindengegenden liegt älteres und
frischeres Blutpigment in der Umgebung von Gefäßen. Vornehmlich die obersten drei Rindenschichten sind stellenweise stark verändert.

Das Striatum und Pallidum bietet im wesentlichen die gleichen histologischen
Erscheinungen, wie ich sie oben in den drei Fällen echter Paralysis agitans geschildert habe.
Doch läßt sich hier nicht entscheiden, ob der Prozeß mehr die großen oder die kleinen Striatumzellen ergriffen hat. Daneben sind aber die Gefäße, namentlich
auch die kleinen Capillaren durch arteriosklerotische und fibröse Wand-

veränderungen ausgezeichnet. Um zahlreiche Gefäße finden sich kleinere Verödungen mit Ganglienzellausfall und körniger reaktionsarmer Beschaffenheit des Grundgewebes (Abb. 60). Weiterhin liegt sehr viel älteres und frischeres Blutpigment in den Gefäßlymphscheiden und im gliösen Parenchym in Form kleinerer Tröpfchen und größerer Kugeln.

Im Pallidum (Abb. 60) sind die Veränderungen gegenüber den oben beschriebenen Fällen echter Paralysis agitans zweifellos stärker betont. Die Ganglienzellen sind fast sämtlich schwer degeneriert, geschrumpft, im Nißlbilde sich diffus dunkel färbend, wobei sich sehr schwere Kernveränderungen feststellen lassen.

Im ganzen Pallidum ist die Verarmung an Ganglienzellen deutlich bei allgemeiner kleinzelliger Gliavermehrung. Die Gefäße fallen hier durch die Einlagerung amorpher, kalkartiger Massen auf, die sich vornehmlich in der Adventitia und in der Media finden. Diese Veränderung, die sich bis auf die kleinsten Capillaren erstreckt, haben wir schon oben be

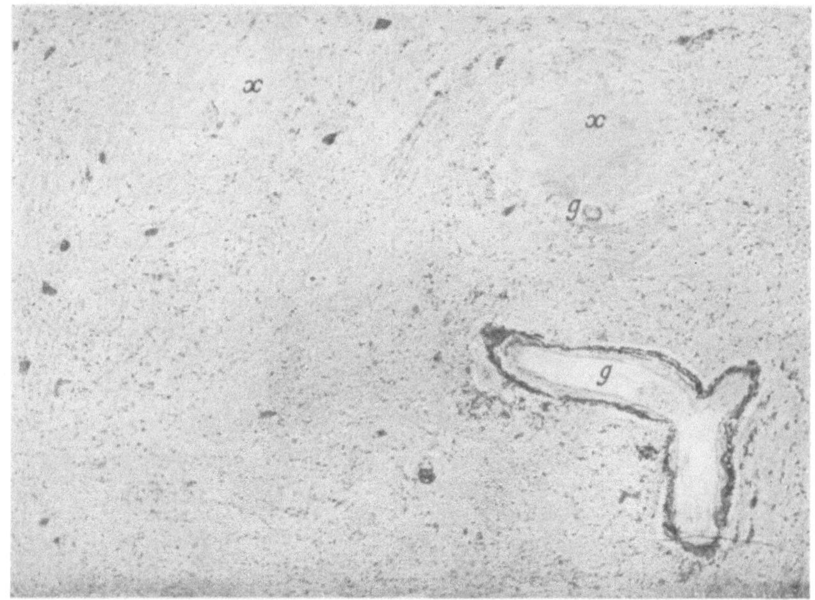

Abb. 60. Fall XI. Pallidum im Nisslbild, Mikroph. bei gleicher Vergrößerung wie Abb. 4. Ganglienzellen chronisch degeneriert, herdförmige Ausfälle (*x*) um fibrös-sklerotische Gefäße (*g*) mit kalkähnlichen Niederschlagsbildungen in der Gefäßwand.

sprochen. Um zahlreiche größere und kleinere Gefäße (Abb. 60) finden sich Verödungsherde, die sich von denen im Striatum nicht wesentlich unterscheiden.

Die Gliareaktion ist im Pallidum eine etwas stärkere wie im Striatum und bietet hin und wieder, namentlich in der Umgebung von Gefäßen, Gliafaservermehrung. Die Abbauprodukte in den Gefäßlymphscheiden, im gliösen Plasma und in den Ganglienzellen sind vermehrt, wobei sich ungewöhnlich viel eisenhaltiges Pigment nachweisen läßt. Zu Körnchenzellbildung und größeren Erweichungsherden ist es auch in diesen Gebieten nicht gekommen.

Ähnliche Veränderungen, jedoch bei weitem nicht so hochgradig ausgeprägt, bietet auch die Substantia nigra.

Das Markscheidenbild betont neben einem deutlichen Faserschwund in den obersten Rindenschichten einen ausgesprochenen Status cribratus, der sich auf das Striatum und Pallidum beschränkt (Abb. 61). Das Striatum zeigt in ganzer Ausdehnung kleinere Lacunen bei allgemeiner Verarmung an feineren Fasern. Die Veränderungen sind in den oralsten Gebieten nur wenig hochgradig ausgesprochen und nehmen von der Entwicklung des Pallidum an deutlich zu, ohne deutliche Unterschiede auf beiden Seiten. Auch im Pallidum finden sich — jedoch bei weitem nicht in der Menge wie im Striatum — kleinere herdförmige Störungen, wobei ein diffuser Ausfall an dünneren und dickeren Fasern deutlich wird.

Auch in der Capsula externa und im Claustrum finden sich noch Criblüren, dagegen sind die innere Kapsel und die übrigen Teile des Hirnstammes, der Brücke, der Kleinhirnschenkel mit dem Kleinhirn und die gesamte Medulla oblongata frei von herdförmigen Störungen oder geschlossenen Faserdegenerationen.

Zusammenfassung des anatomischen Befundes.

Neben einem schweren, senil-arteriosklerotischen Rindenprozesse ist das Striatum und Pallidum der bevorzugte Sitz diffuser Parenchymveränderungen mit deutlicher Ausprägung eines Status cribratus. Die Parenchymstörung gleicht der bei den obigen Fällen von Paralysis agitans erwiesenen, der Status cribratus zeigt deutliche Abhängigkeit von der fibrös-arteriosklerotischen Gefäßveränderung. Die oralsten Partien des Striatum sind am wenigsten betroffen; das Striatum ist stärker affiziert als das Pallidum; weniger als dieses ist die Substantia nigra verändert.

Epikrise.

Diese Beobachtung ist anatomisch als Übergangsfall von der reinen Paralysis agitans zur arteriosklerotischen Muskelstarre anzusehen.

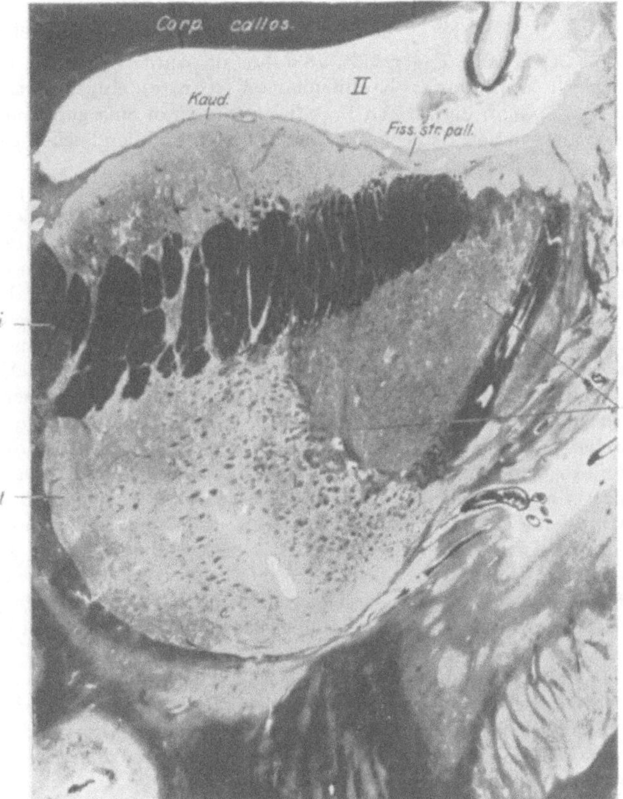

Abb. 61. Fall XI. Markscheidenfrontalschnitt. Photogr. Herdförmige Veränderung im Striatum (*Kaud* + *Put*). Mehr diffuse Markscheidenausfälle im Pallidum (*Pall*). Capsula interna (*Ci*) intakt.

Dem akinetisch-hypertonischen Zustandsbild des Kranken entspricht anatomisch die hochgradige Degeneration des Striatum und Pallidum und die leichtere in der Substantia nigra. Entsprechend dem relativen Erhaltensein der Mimik sind die oralsten Striatumpartien am wenigsten betroffen. Die klinisch deutliche Bevorzugung der rechten Seite zeigte sich nicht eindeutig im anatomischen Bilde. Die Intensität der Veränderungen im Striatum und Pallidum erscheint hochgradiger als in den oben beschriebenen Fällen von Paralysis agitans, wobei namentlich die herdförmige Affektion des Striatum recht stark betont ist. Tremor bestand nicht und die Rigidität trat gegenüber der Akinese und den Haltungsanomalien zurück. Die Muskelhärte war deutlich vermehrt. In der deutlichen und vorherrschenden Ausprägung des Status cribratus in seiner Abhängigkeit von schweren Gefäßwandveränderungen erblicke ich einen deutlichen Unterschied gegenüber den oben beschriebenen Degenerationserscheinungen der Paralysis agitans. — Der folgende Fall bietet prinzipiell die gleichen Verhältnisse bei weit stärkerer Ausprägung der herdförmigen Störungen.

Fall XII.

Schwere arteriosklerotische Muskelstarre.

Der Kranke Eggerstedt, 78 Jahre alt, wurde Dezember 1920 auf der Nervenstation des hiesigen Eppendorfer Krankenhauses (Nonne) eingeliefert. Die Vorgeschichte ist ohne Belang, nur in der letzten Zeit fiel seiner Frau eine zunehmende Steifigkeit des Kranken, besonders in den Beinen, auf. Schlaganfälle und dergleichen sollen nicht vorgekommen sein. Seit einigen Tagen ist der Kranke verwirrt.

Die körperliche Untersuchung ergibt eine starke periphere Arteriosklerose. Am Nervensystem wird folgender Befund erhoben: Die Pupillen und die Gehirnnerven sind o. B., der Gesichtsausdruck ist starr, im Gebiete der Extremitäten bestehen keine deutlichen motorischen Lähmungen. Der Tonus der Muskulatur in den oberen Extremitäten ist nicht nachweisbar erhöht, an den Händen tritt zeitweise ein Paralysis agitans ähnlicher Tremor auf, langsam und grobschlägig. Beide Beine werden krampfhaft starr gehalten, die Muskulatur ist bretthart. Bei allen passiven Bewegungen, die eine deutliche Rigidität erkennen lassen, treten die Muskelbeugen und Sehnen stark hervor. Aktiv können alle Bewegungen ausgeführt werden, jedoch nur ganz langsam und mit sichtlicher Anstrengung. Auch während des Schlafens besteht die Starre der unteren Extremitäten; sie verharren in passiv gegebenen Stellungen lange Zeit. Es besteht völlige Unmöglichkeit des Gehens und Stehens. Die Reflexe sind sämtlich vorhanden, Kloni sind nicht zu erhalten, auch sonst fehlen echte spastische Phänomene. Sensibilität ist bei dem psychischen Verhalten des Kranken nicht zu prüfen. Psychisch ist der Kranke zeitlich und örtlich desorientiert, gibt nur ganz verworrene Antworten, die Sprache ist langsam, dysarthrisch. Der Kranke liegt im Bette in eigenartig steifer Weise, die Decke mit beiden Armen vor sich hinhaltend, er hält den Kopf oft lange Zeit vom Kopfkissen steif in die Höhe. Der Augenhintergrund ist negativ.

Unter bronchopneumonischen Erscheinungen erfolgt bei sonst unverändertem Befunde Januar 1921 der Exitus.

Die klinische Diagnose (Dr. Fleck) lautet auf arteriosklerotische Muskelstarre, wobei die beobachteten nervösen Schädigungen, die hochgradige Muskelstarre ohne Pyramidenzeichen, die leichten hin und wieder auftretenden Paralysis-agitans-ähnlichen Tremorerscheinungen in den Händen auf arteriosklerotische Schädigungen im Striatumpallidum bezogen werden.

Anatomischer Befund.

Die Sektion ergab neben hochgradiger peripherer Arteriosklerose eine deutliche Arteriosklerose der basalen Hirngefäße. Bei der Sektion des Gehirns erkennt man im leicht geschrumpften Striatum-Pallidum beiderseits kleine herdförmige Störungen, besonders in der mittleren Partie. Sonst ist das Zentralnervensystem frei von herdförmigen Veränderungen.

Die mikroskopische Untersuchung zeigt in der Großhirnrinde im wesentlichen eine chronische Sklerose der Ganglienzellen ohne herdförmige Störungen der Rindenarchitektonik. Auch das Marklager ist herdfrei.

Im Striatum und Pallidum begegnen wir den gleichen Veränderungen wie im vorigen Falle. Nur ist hier die arteriosklerotische Gefäßerkrankung hochgradiger entwickelt und die herdförmigen Störungen noch stärker betont. Das Striatum ist durchsetzt von größeren und kleineren Lacunen mit den gewöhnlichen histologischen Einschmelzungsvorgängen (Abb. 62), so daß der architektonische Aufbau hochgradig gestört ist. Das gleiche gilt vom Pallidum (Abb. 63).

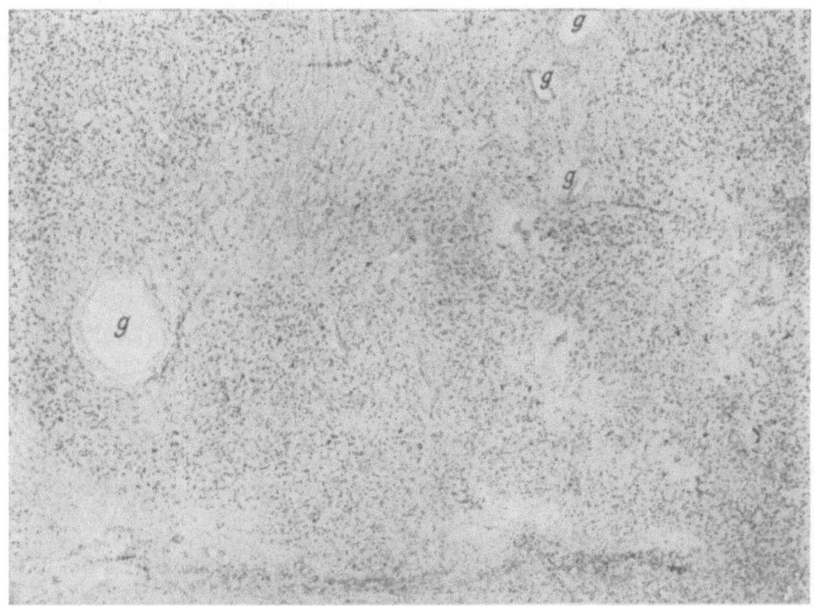

Abb. 62. Fall XII. Striatum im Nisslbild. Mikroph. bei gleicher Vergrößerung
wie Abb. 2. Herdförmige Ausfälle um Gefäße (*g*) mit sklerotischen Wandveränderungen.

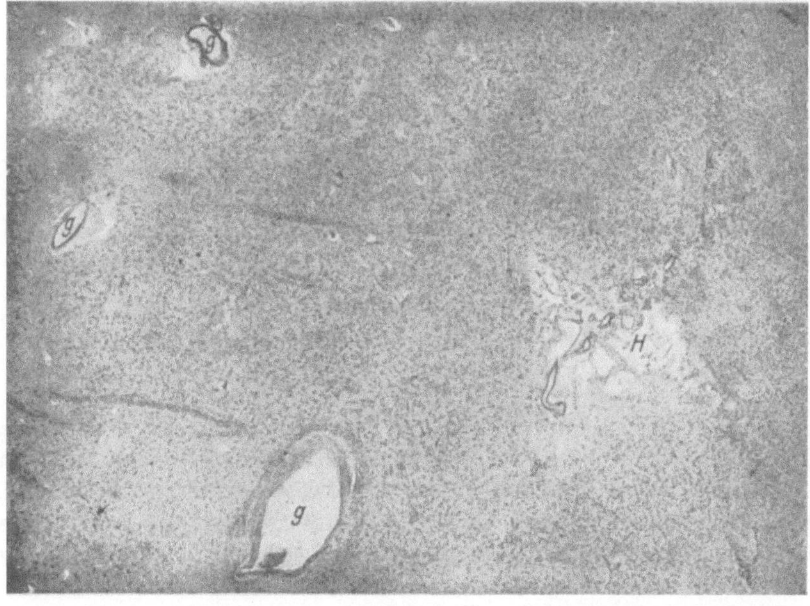

Abb. 63. Fall XII. Pallidum im van Gieson-Präparat bei gleicher Vergrößerung
wie Abb. 4. Ausfall an großen Ganglienzellen, Gefäße (*g*) mit sklerotischen
Wandveränderungen und perivasculären Herdbildungen (*H*). Mikroph.

Im Markscheidenbilde (Abb. 64) erkennt man, daß sich die größeren und kleineren Criblüren im wesentlichen auf das Striatum und Pallidum beschränken. Zum Teil haben sie deutlich größeren Umfang angenommen (Abb. 64). Dabei sind die mittleren Partien des Striatum ungefähr in der Höhe der oralsten Entwicklung des Thalamus am hochgradigsten betroffen; und im allgemeinen ist das Striatum noch etwas mehr affiziert als das Pallidum. Der Thalamus selbst zeigt nur in den vordersten Ebenen des lateralen Kernes eine deutliche Criblüre, sonst ist auch er wie die innere Kapsel, der gesamte übrige Hirnstamm, mit dem Pons, der Substantia nigra, den Kleinhirnschenkeln und dem Kleinhirn und der Medulla oblongata frei von herdförmigen Störungen. Die Linsenkernschlinge ist faserärmer.

Zusammenfassung des anatomischen Befundes.

In diesem Gehirn zeigt sich ein ausgesprochener, auf arteriosklerotischer Basis entstandener Status cribratus, der sich im wesentlichen auf das Striatum und Pallidum beschränkt.

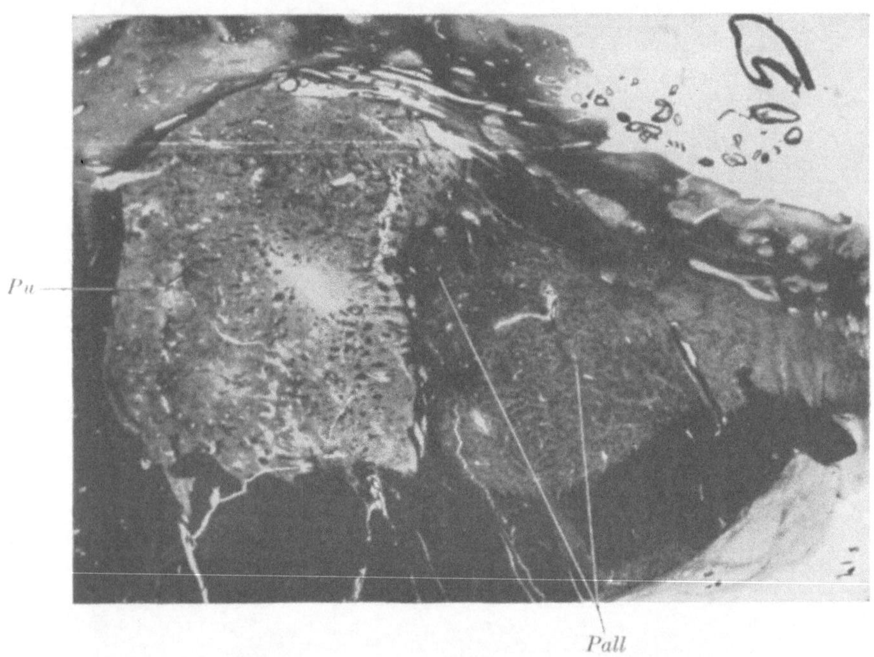

Abb. 64. Fall XII. Markscheidenfrontalschnitt, schwere herdförmige Prozesse im Putamen (*Put*) und leichtere im Pallidum (*Pall*). Photogr.

Epikrise.

Dem klinisch ausgeprägten Bilde einer arteriosklerotischen Muskelstarre entspricht ein hochgradig entwickelter Status cribratus im Striatum und Pallidum. Klinisch zeichnet sich der Fall noch durch zeitweise auftretenden Paralysis-agitans-ähnlichen Tremor in den oberen Extremitäten aus bei Zurücktreten der Rigidität in diesen Gebieten und stärkster Entwickelung der Starre an den unteren Extremitäten. Das Striatum bietet die schwersten herdförmigen Störungen in der Gegend der Armregion C. und O. Vogts und ist hier unverkennbar schwerer betroffen als die gleiche Region im vorigen Falle, der ohne Tremor einhergeht. Beide Fälle zeigen aber gegenüber den erst besprochenen Beobachtungen von Paralysis agitans mit Tremor deutlich schwerere Striatumschädigungen, so daß ich, zunächst wenigstens, die Ansicht C. und O. Vogts, wonach ein ausgesprochener Status cribratus im Striatum Tremor bedingt, nicht eindeutig bestätigt finde. Ich glaube, daß dabei die Korrelation der jeweils vorliegenden Striatum- und Pallidumschädigung einerseits und der kleinen und großen Striatumzellen andererseits die größte Beachtung verdient. Leider läßt sich bei derart diffusen und herdförmigen Parenchymstörungen das Verhältnis der Intensität der Schädigung zweier verschiedener Zentren sehr schwer eindeutig anatomisch beurteilen.

Immerhin ist es auffallend, daß die klinische Beobachtung das Fehlen einer stärkeren Tonusvermehrung in den oberen Extremitäten ausdrücklich hervorhebt. Offenbar neigen ganz allgemein die unteren Extremitäten weit mehr zur Hypertonie als die oberen Extremitäten bei anatomisch sich im wesentlichen entsprechenden Befunden in den einzelnen Zentren. Der vermehrte Härtegrad der Muskulatur ist besonders auffallend.

Schließlich verdient noch hervorgehoben zu werden, daß sich bei unseren letzten Kranken in den oberen Extremitäten ohne schwerere Tonusvermehrung die üblichen Erscheinungen des Parkinsonismus entwickelt fanden, eine Bestätigung der erst jüngst wieder von Förster klinisch-physiologisch deduzierten Annahme eines weitgehenden Selbständigseins der einzelnen Symptome des hypokinetisch-hypertonischen Syndroms.

Die Fälle der arteriosklerotischen Muskelstarre unterscheiden sich für gewöhnlich von den echten Paralysis-agitans-Fällen durch den Beginn des Leidens erst im späteren Alter bei deutlich nachweisbarer peripherer Gefäßerkrankung. Wie wir bei unseren Kranken sehen, brauchen dabei nicht apoplektiforme Insulte vorzukommen, sondern es kann sich ebenfalls wie bei der Paralysis agitans das Krankheitsbild langsam progressiv entwickeln. Auch anatomisch zeigen unsere Kranken zum Teil keine größeren Erweichungsherde mit Körnchenzellbildung u. dgl., sondern es kann sich bei den herdförmigen, deutlich von Gefäßbezirken abhängigen Parenchymstörungen offenbar mehr um Ernährungsstörungen des perivasculären Gewebes handeln. Die französische Schule, insbesondere Pierre Marie, spricht dabei von einer Vaginalitis destructiva und von der Diffusion eines „korrosiv wirkenden" Stoffes aus den Arterienwänden. C. und O. Vogt betonen mit Recht das Hypothetische dieser Anschauung. Bielschowsky bewertet die in ähnlichen Fällen von ihm nachgewiesene Fibrose der Gefäßadventitia und führt die Entstehung der Lacunen auf eine Verhinderung des Abflusses der Lymphe infolge Verstopfung der adventitiellen Lymphräume zurück. Diese Ansicht Bielschowskys hat zweifellos etwas Bestechendes an sich und ich kann heute noch keine bessere Erklärung finden, wenngleich hervorzuheben ist, daß nicht an allen Gefäßen, die im Zentrum von Verödungsherden liegen, deutliche Wandveränderungen im Sinne von Fibrose oder Sklerose festzustellen sind. Histologisch charakterisieren sich diese Parenchymstörungen als ungewöhnlich reaktionslose, zumeist mit Rarefizierung des Grundgewebes einhergehende Veränderungen, wobei vermehrtes Eisenpigment auch in weiterer Umgebung der Herde auf eine pathologisch veränderte Durchlässigkeit von Blutfarbstoff schließen läßt. Diese Störungen finden sich in gleicher

Weise um Arterien und Venen. Während Gefäßherde in Fällen gewöhnlicher Paralysis agitans nach meinen Erfahrungen wenigstens nur selten anzutreffen sind und gänzlich fehlen können, beherrschen sie bei den letztgenannten Fällen das anatomische Bild.

Mit diesen Fällen der arteriosklerotischen Muskelstarre sind offenbar identisch jene Zustandsbilder, die von Bechterew als Hemitonie und von Boettiger als Hemihypertonia apoplectica (extrakapsuläre Hemiplegie) beschrieben sind. Bei diesen Kranken stehen apoplektische Insulte noch mehr im Vordergrunde und die halbseitige Entwickelung des Syndroms ist besonders betont.

3. Senile Muskelstarre.

Symptomatologisch der arteriosklerotischen Muskelstarre nahe verwandt, aber pathogenetisch und namentlich auch histologisch von ihr zu trennen sind die Parkinsonismen, die sich nicht zu selten im Verlaufe einer senilen Demenz entwickeln [1]). Sie beherrschen recht häufig gerade bei jenen Fällen das Krankheitsbild, die klinisch und histologisch als besonders schwere Formen des Altersblödsinns erscheinen und auch, was die corticalen Leistungen angeht, zahlreiche Herdsymptome im Sinne von apraktischen und aphasischen Störungen aufweisen. Die hypokinetisch-hypertonischen Symptome können dabei bald in den Vordergrund treten, und nicht selten entwickeln sich Zustandsbilder, die in der ganzen Art der Bewegungsstörung und der Haltungsanomalien völlig das Bild ausgeprägter arteriosklerotischer Muskelstarre imitieren (Abb. 65). Sehr rasch pflegen sich bei solchen Kranken, namentlich in Bettruhe, Contracturen, namentlich in den unteren Extremitäten, zu entwickeln. Histologisch charakterisieren sich die Veränderungen im Zentralnervensystem als hochgradig senile, wobei in der Rinde eine reichliche Drusenentwicklung und die Alzheimersche Fibrillenverdickung vorherrscht. Nicht selten sind ausgesprochene Schichtdegenerationen (3. und 5. Schicht), vorzugsweise im Temporal- und Stirnhirn festzustellen. Sämtliche basalen Stammganglien sind hochgradig verfettet und im Striatum und Pallidum

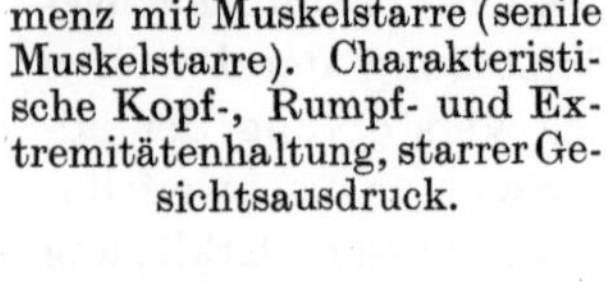

Abb. 65. Schwere senile Demenz mit Muskelstarre (senile Muskelstarre). Charakteristische Kopf-, Rumpf- und Extremitätenhaltung, starrer Gesichtsausdruck.

fallen zudem regelmäßig schwere diffuse Parenchymstörungen auf, die sich in mannigfaltigen chronischen Ganglienzellveränderungen, gepaart mit protoplasmatischen Gliawucherungen, offenbaren. Im allgemeinen sind dabei die großen Striatumzellen, die ähnlich wie bei der genuinen Paralysis agitans an Zahl

---

[1]) Vgl. auch L'hermitte: Les syndrômes anatomo-cliniques du corps strié chez le vieillard. Rev. neurol. **29.** Nr. 4. 1922.

deutlich vermindert sind, am schwersten betroffen. Hin und wieder begegnet man im Striatum kleinen senilen Drüsen (Abb. 66), die sonst bei der gewöhnlichen senilen Demenz hier vermißt werden. Die Alzheimersche Fibrillenverdickung ist im Striatum und Pallidum nicht nachzuweisen. Das Pallidum fällt durch Verarmung an Ganglienzellen auf, durch einfache Schrumpfung, chronische Sklerose und Lipoidentartung der Ganglienzellelemente, wobei häufig das pallidäre Gewebe überschwemmt ist von stark lichtbrechenden kalkähnlichen Niederschlagsbildungen, welche der Fettreaktion ermangeln und sich mit Hämatoxylin blauschwarz darstellen. Abb. 67 zeigt sie in einem Falle seniler Muskelstarre mit seniler Demenz im Hämatoxylingefrierschnitt; besonders schön stellen sie sich dar mit den sauren Anilinfarbstoffen (Mallorysches Farbengemisch), wo sie leuchtend rot erscheinen (Abb. 68). Die Substantia nigra läßt schwerere Entartungen vermissen, doch finden sich auch in ihr zahlreiche geschrumpfte und melaninarme Ganglienzellen bei reichlicherer Melaninabwanderung in die gewucherte Glia und in die Gefäßlymphscheiden. Das Markscheidenbild all dieser Gegenden ist auffallend uncharakteristisch

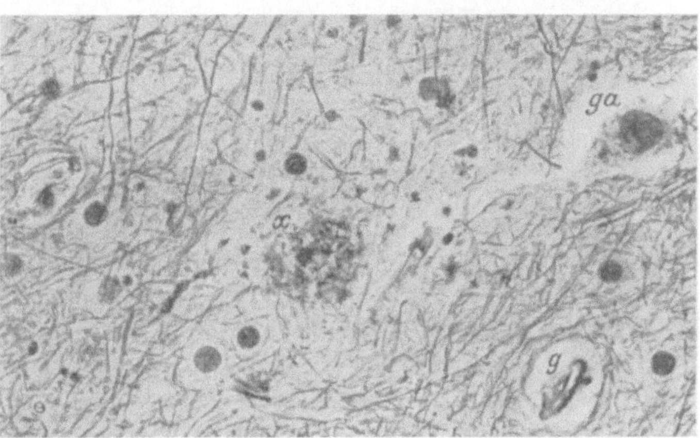

Abb. 66. Senile Muskelstarre (Abb. 59 a) mit reinem schweren senilen Degenerationsprozesse im Zentralnervensystem, zahlreicher Drusenbildung und Alzheimerscher Fibrillenveränderung in Großhirnrinde. Striatum mit seniler Druse (x); ga = körnig degenerierte große Ganglienzelle; g = normales Gefäß. Bielschowsky-Präparat. Mikroph.

verändert, so daß es kaum die Diagnosenstellung ermöglicht. Man erkennt nur einen diffusen Ausfall an feineren und dickeren Markfasern.

Histologisch ganz entsprechende Veränderungen bieten regelmäßig die Fälle der Alzheimerschen Krankheit, wobei die pallidären Strukturstörungen jedoch viel mehr zurücktreten gegenüber den Striatumveränderungen. Auch die Substantia nigra zeigt sich bei weitem nicht so konstant und schwer betroffen wie das Striatum. Wie schon oben betont, führe ich die eigenartigen Bewegungsstörungen dieser Fälle, die Haltungsanomalien, die abnormen Spannungszustände der Muskulatur, die Sprachstörungen, die Zittererscheinungen und Gehstörungen auf diese Veränderungen im Subcortex im wesentlichen zurück, wobei in Parallele zu der weniger hochgradigen Affektion des Pallidum die ausgesprochenen Starrezustände viel weniger hochgradig entwickelt sind als bei der senilen nnd arteriosklerotischen Muskelstarre.

So führen klinisch und histologisch einmal fließende Übergänge von der genuinen Paralysis agitans über die Alzheimersche Krankheit zur senilen Muskelstarre mit Demenz und

Psychose, auf der anderen Seite auch zur echten arteriosklerotischen Muskelstarre.

Wenn ich das gesamte mir zur Verfügung stehende Material, von dem ich oben nur einige beweiskräftige Schulbeispiele genauer dargestellt habe, überblicke, komme ich zur Hervorhebung folgender Punkte:

Es gibt Fälle reiner arteriosklerotischer Muskelstarre, bei denen sich die durch Gefäßveränderungen bedingten herdförmigen Störungen ausschließlich auf das Striatum und Pallidum beschränken, wobei das Striatum gemäß seiner größeren Anfälligkeit für Gefäßerweichungsprozesse gewöhnlich stärker in Mitleidenschaft

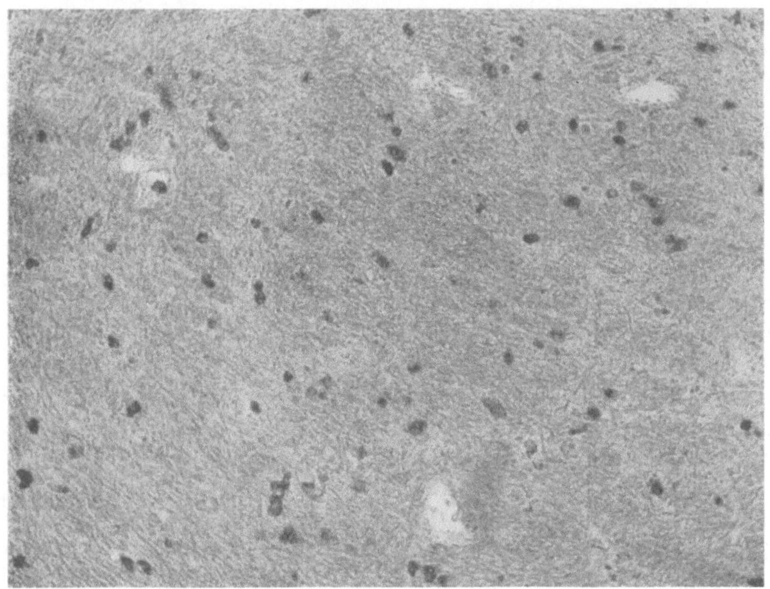

Abb. 67. Senile Muskelstarre (Fall Abb. 65). Pallidum übersät mit Pseudo-Kalkniederschlagsbildungen, die sich mit Hämatoxylin stark färben. Die Niederschlagsbildungen liegen hier größtenteils frei im Gewebe. Fettpräparat, gegengefärbt mit Hämatoxylin. Das Mikroph. zeigt hier die hämatoxylin-gefärbten Substanzen.

gezogen ist. Die zumeist, jedoch nicht immer, gegebene apoplektiforme Entwickelung des Krankheitsbildes und die noch mehr hervortretende Erhöhung des formgebenden plastischen Muskeltonus (Muskelhärte), ferner eine nachweisbare periphere Arteriosklerose scheint im allgemeinen diese Fälle von jenen der genuinen Paralysis agitans auszuzeichnen.

Die symptomatologisch-lokalisatorische Analyse solcher Krankheitsfälle gibt eine Bestätigung der oben niedergelegten Erfahrungen bei der Paralysis agitans.

Ähnlich wie bei den senilen Rindenaffektionen gibt es auch hier fließende Übergänge von der reinen degenerativen Parenchymstörung der genuinen Paralysis agitans zu jenen auf Gefäßprozessen basierenden Parkinsonismen. Als Übergangsfälle sind jene (wie Fall XI) anzusehen, bei denen leichtere Gefäßwandveränderungen im Sinne einer Fibrose vorherrschen, Erscheinungen, die nicht selten auch bei der reinen Paralysis agitans gegeben sind. In dem Vorherrschen der herdförmigen, deutlich vom Gefäßprozeß abhängigen Störung liegt aber meines Erachtens das entscheidende Moment für die Abgrenzung auch solcher Krankheitsfälle und für die Annahme näherer Beziehungen zur arteriosklerotischen Muskelstarre Försters. Diese ist durch die deutliche Ausprägung einer arteriosklerotischen Gefäßerkrankung und das Vorherrschen von Verödungs- und Erweichungsherden anatomisch leicht abzugrenzen.

Andererseits führen von der Paralysis agitans fließende Übergänge zu den schweren Bewegungsstörungen und gelegentlichen ausgesprochenen Parkinsonismen der senilen Demenz, besonders bei deren atypischen Formen. Sie zeigen nach meinen Erfahrungen neben einem schweren senilen Rindenprozesse stark betonte wesensgleiche

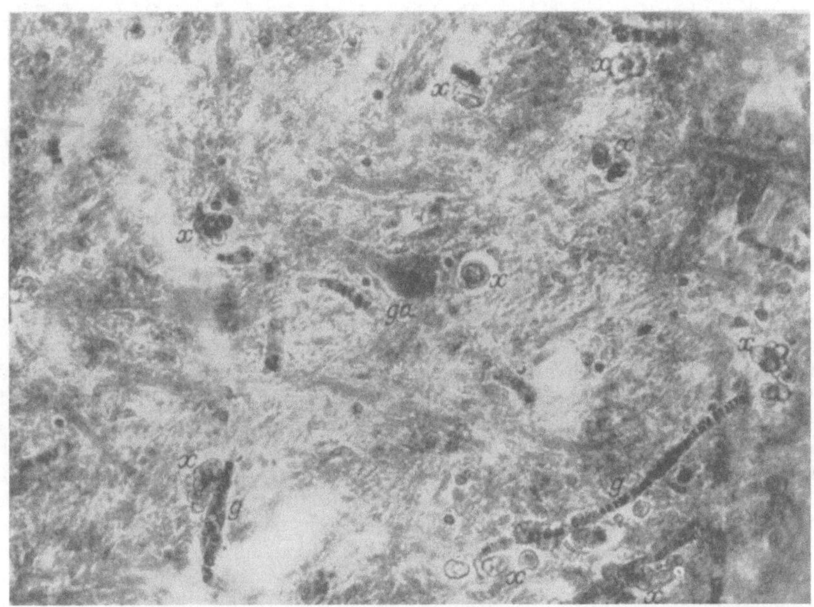

Abb. 68. Senile Muskelstarre (Fall Abb. 65). Pallidum mit modifizierter Mallory-färbung; x = leuchtend rote, z. T. geschichtete Konkrementbildungen an den Gefäßen (g) oder auch frei im Gewebe, ga = gut erhaltene Ganglienzelle; die meisten Ganglienzellen des Pallidum sind hochgradig chronisch degeneriert. Mikrophotogr.

Degenerationserscheinungen in dem gesamten Subcortex, insbesondere im Striatum und Pallidum. Für gewöhnlich ist dabei das Striatum und Pallidum wesentlich hochgradiger affiziert als bei der senilen Demenz im allgemeinen. Auffallend rasch und hochgradig entwickeln sich in solchen Fällen die Contracturen, Erscheinungen, die ich auf die schwere corticale Begleiterkrankung beziehen möchte[1]). Auch hier ist zu betonen, daß solche Fälle jeglicher herdförmigen Störungen entbehren können. Man kann solche Fälle als senile Muskelstarre mit Demenz bezeichnen; sie sind klinisch und anatomisch der Alzheimerschen Krankheit nahe verwandt; bei letzterer herrscht die striäre Parenchymerkrankung vor, wobei offenbar ganz regelmäßig die großen Striatumzellen hochgradiger betroffen werden als die kleinen.

---

[1]) Vgl. auch Byschowski und Sternschein, „Zur Kenntnis der Beziehungen zwischen den corticalen Ausfallserscheinungen und dem Allgemeinzustand des Gehirns". (Zeitschr. f. d. ges. Neurol. u. Psychiatr., im Druck.)

Die Fälle der arteriosklerotischen Muskelstarre sind sehr häufig kompliziert durch zahlreiche kleine herdförmige Störungen in anderen Gebieten des Zentralnervensystems, besonders in der Substantia nigra und im fronto-ponto-cerebellaren System[1]. Nur mit Hilfe feinerer klinischer Untersuchungsmethoden scheint es mir in Übereinstimmung mit Lewy u. a. möglich, solche komplizierten Fälle bereits klinisch genauer zu differenzieren. Jedenfalls kann die arteriosklerotische Muskelstarre rein striopallidär bedingt sein.

4. Parkinsonismen auf dem Boden syphilitisch bedingter Gefäßerkrankung.

Besonders häufig entstehen Parkinsonismen auf dem Boden früherer Syphilis[2].

In Anbetracht der zumeist gegebenen ausgesprochenen psychotischen Begleiterscheinungen begegnet ihre klinische Abgrenzung namentlich auch von der Paralyse oft erheblichen Schwierigkeiten. Im folgenden mögen einige solcher Beobachtungen als charakteristische Beispiele, einem größeren Material entnommen, geschildert werden.

Fall XIII.

Paralyse-ähnliches Krankheitsbild mit deutlichem Parkinsonismus.

Der Kranke Hamann, 1859 geboren, wird im Januar 1909 obdachlos vom Hafenkrankenhaus F. wegen Geisteskrankheit überwiesen.

Eine objektive Vorgeschichte ist nicht zu erhalten; er selbst macht nur ungenaue Angaben, aus denen hervorgeht, daß er Matrose war. Körperlich ist folgender Befund festzustellen: Der Gesichtsausdruck ist maskenartig starr; dabei ist die rechte Gesichtshälfte weniger innerviert als die linke und die Zunge weicht nach rechts ab. Die Zunge zittert sehr stark. Die Pupillen sind gleich, beide entrundet, reagieren auf Licht sehr wenig prompt und ausgiebig, auf Akkomodation besser. Der Augenhintergrund ist normal. Hin und wieder tritt Divergenzschielen beider Augen auf. Die Sprache ist monoton, schwer artikulatorisch gestört, mit deutlichem Silbenstolpern. Im Gebiete der Extremitätenmuskulatur sind keine Lähmungen nachzuweisen, keine Reflexstörungen. Es fällt auf, daß alle Bewegungen mit den Extremitäten äußerst langsam erfolgen und daß in allen Extremitäten eine starke Spannung herrscht. Der Gang ist unsicher, taumelnd, mit kleinen Schritten. Es besteht starkes Schwanken beim Stehen, auch ohne Augenschluß. Zitterbewegungen in den Extremitäten sind nicht erwähnt.

Psychisch ist der Kranke vorgeschritten verblödet, kann sein Alter nicht angeben, ist zeitlich desorientiert, zeigt gar keine Spontaneität. Er liegt starr und stumm zu Bett.

In den nächsten Tagen fällt auf, daß der Kranke den ganzen Tag schläft und selbst zu den Mahlzeiten geweckt werden muß. Er ist auch dann nur mit Mühe wach zu bekommen. Gelegentlich näßt er ein. Wenn man ihn weckt, brummt er ärgerlich und schläft gleich wieder weiter.

In diesem Zustande bleibt der Kranke während des ganzen nächsten Jahres. Im April 1909 ist noch erwähnt, daß das linke obere Augenlid mitunter etwas hängt und daß eine Facialisungleichheit nicht mehr besteht. Dagegen ist ein deutliches Vibrieren der Gesichtsmuskulatur sehr häufig, namentlich beim Sprechen vorhanden. Augenmuskelstörungen sind nicht nachzuweisen. Der Kranke liegt wie früher stumm und starr und unbeweglich im Bett. Er näßt häufig ein. Im Gegensatz zu dem stark verblödeten Eindruck, den der Kranke

---

[1] Ich verfüge über die Untersuchungsergebnisse zahlreicher solcher Fälle, auf deren Wiedergabe ich hier verzichte, da es mir auf möglichst reine Erkrankungen unseres extrapyramidalen Hauptsystems ankommt.

[2] Auch L'hermitte (Rev. neurol. **29.** 1922) macht auf die Häufigkeit solcher Fälle aufmerksam, ebenso Wimmer.

zunächst macht, zeigt er sich angeredet auffallend gut orientiert; er gibt jetzt Alter und Geburtsdatum richtig an, weiß das heutige Datum und ungefähr die Zeit seines Hierseins; er kennt seinen Aufenthaltsort. Die Angaben über seine Vergangenheit sind jedoch sehr lückenhaft, er gibt an, vor 12 Jahren einen Schanker gehabt zu haben. Die Sensibilität erscheint in den Extremitäten herabgesetzt. Er schläft, in Ruhe gelassen, fast dauernd. Eine leichte Ptosis ist einmal rechts, das andere Mal links festzustellen.

Der Zustand des Kranken bleibt während des ganzen Jahres 1910 und 1911 unverändert. Er liegt vollkommen stumpf und starr im Bett, mit an den Oberkörper angezogenen Armen, in auffallend ungeschickter starrer Lage, zumeist den Kopf von der Unterlage abgehoben. Er kümmert sich um nichts und zeigt keinerlei Spontaneität, noch Affektäußerungen. Es fällt jetzt ein deutlicher Tremor der Unterarme und Hände auf. Reflexstörungen und Babinski sind nicht festzustellen; sehr schwere artikulatorische Sprachstörung. Der **Wassermann ist im Blut und Liquor plus, Phase I plus, es besteht Zellvermehrung** (Zellzahl ist nicht angegeben).

In diesem Zustande bleibt der Kranke auch 1912; er bietet jetzt das Bild eines völlig verblödeten Paralytikers, er muß sorgfältig gefüttert werden, da er sich sehr häufig verschluckt. Im Mai 1912 stirbt er hochgradig marantisch.

Zusammenfassung des klinischen Befundes.

Ungefähr 10 Jahre nach einer syphilitischen Infektion erkrankte der 50 jährige Mann an zunehmender Demenz, artikulatorischer Sprachstörung mit Silbenstolpern und starker Schlafsucht. Es besteht Pupillenentrundung und schlechte Lichtreaktion. Im Gebiete der Gesichts- und Extremitätenmuskulatur fällt eine allgemeine Starre und Bewegungsarmut bei normalen Reflexen auf, bei leichter Facialis- und Hypoglossusschwäche rechts. Der Gang ist mit kleinen Schritten und deutlichem Romberg. In diesem Zustande bleibt der Kranke drei Jahre lang, wobei hin und wieder vorübergehende Lähmungserscheinungen im Gebiete der Augenmuskeln festgestellt werden. Er liegt schließlich völlig starr und stumpf im Bett in ungeschickter Körperhaltung, den Kopf von der Unterlage abgehoben, ohne jegliche Spontaneität und mit gegen Ende des Krankheitsverlaufes deutlich sich entwickelndem Tremor der Unterarme und Hände. Die Sprache ist sehr schwer artikulatorisch gestört, der Blutwassermann ist positiv, ebenso die **Wassermann**sche Reaktion im Liquor bei Zellvermehrung und positiver Phase I. Er bietet das Bild eines völlig verblödeten und versteiften Paralytikers und geht ungefähr 3 Jahre nach Ausbruch der Krankheit unter Schluckstörungen zugrunde.

Die klinische Diagnose lautete auf **progressive Paralyse**.

Anatomischer Befund.

Bei der **Körpersektion** findet sich eine Mesaortitis syphilitica und bronchopneumonische Herde.

Schädeldach und Dura sind o. B. Die Pia ist über der ganzen Gehirnkonvexität leicht getrübt und verdickt; die Gehirnwindungen sind schmal (Gehirngewicht 1300 g). Die Rinde ist leicht verschmälert, die Seitenventrikel sind stark erweitert; die Stammganglien, besonders das Caudatum, sind stark atrophisch. Das **Caudatum ist beiderseits in seiner vorderen Hälfte eingesunken, größtenteils erweicht und gelblich gefärbt. Ebenso finden sich im Putamen beiderseits in seiner vorderen Hälfte ausgedehntere braungelbe Erweichungen,** links größer als rechts. Auch in der mittleren und hinteren Partie des **Thalamus** gelbbraune kleine Erweichungen. Sonst ist das Gehirn, namentlich auch die innere Kapsel, das Kleinhirn, Pons, Medulla oblongata und spinalis frei von herdförmigen Störungen. Das Ependym des vierten Ventrikels ist stark granuliert. Die basalen Gefäße zeigen leichte sklerotische Wandveränderungen.

Bei der mikroskopischen Untersuchung zeigt sich im wesentlichen folgendes: Im ganzen Gehirn zeigen sich nirgends Veränderungen im Sinne einer progressiven Paralyse. Vielmehr sehen wir in der Rinde einen Prozeß ausgeprägt, wie er für die Arteriosklerose der kleinen Rindengefäße (Alzheimer) als charakteristisch gelten kann. Die Pia zeigt nur geringgradige bindegewebige Hyperplasien mit hin und wieder eingestreuten lymphocytären Elementen. Ihre Gefäße sind durch leichte sklerotische Wandveränderungen ausgezeichnet. In der Rinde ist für gewöhnlich die Architektonik erhalten, es fällt nur eine gewisse Lichtung an Ganglienzellen auf, Schiefstellung von Ganglienzellen und eine chronische Entartung der Ganglienzellen nach Art der chronischen Sklerose. Die lipoid-wabige Ganglienzelldegeneration tritt demgegenüber im Bilde zurück. An zahlreichen Rindenstellen unterbrechen kleinere, deutlich von Gefäßen abhängige Herde den architektonischen Aufbau. In ihrer Art entsprechen sie völlig den Rindenherden bei gewöhnlicher Arteriosklerose, sie liegen zumeist in der dritten Brodmannschen Schicht, gewinnen aber nicht selten größere Ausdehnung und durchsetzen sämtliche Rindenschichten, senkrecht gegen die Pia gestellt.

Die Rindenherde sind im Stirnhirn am häufigsten, die Zentralwindungen sind unversehrt.

An den Rindengefäßen sehen wir Veränderungen, die wir kaum von denen gewöhnlicher Arteriosklerose unterscheiden können. Die Gefäßwände tragen erhebliche Verfettungen, namentlich die Adventitia und die Intima. Die elastischen Lamellen sind leicht gewuchert, ebenso sind die Gefäßwandzellen, namentlich die der Intima und der Adventitia, etwas vergrößert. Aber all diese Erscheinungen sind noch im Rahmen einer gewöhnlichen Arteriosklerose ausgeprägt und bei weitem nicht so vorherrschend, wie wir es in den Fällen endarteriitischer Lues der kleinen Hirnrindengefäße sehen. Dazu kommen hin und wieder ganz geringgradige perivasculäre Infiltrate mit Lymphocyten. Gefäßsprossungen sind äußerst selten.

Die allgemeine Gliaproliferation ist eine protoplasmatische, jedoch nicht sehr hochgradig entwickelt. In den Herden selbst sehen wir auch Ansätze zu Gliafaserbildung und Bindegewebsvermehrung.

Das Marklager des Großhirns ist völlig frei von herdförmigen Störungen.

Im Kleinhirn ist ein Hemisphärenläppchen herdförmig betroffen, im Sinne der Rindenherde des Großhirns. Das Dentatum zeigt keine schwereren Veränderungen.

Ungleich schwerere Prozesse haben sich im Striatum und Pallidum entwickelt. Namentlich das Striatum ist in ganzer Ausdehnung mit kleineren und größeren Erweichungsherden durchsetzt (Abb. 69). Hier zeigen sich auch ausgeprägtere sklerotische Gefäßwandveränderungen. Wir sehen kleine Criblüren, wie sie in den obigen Fällen beschrieben sind, in reicher Menge, zudem auch größere Erweichungsherde mit ausgedehnter Einschmelzung des Gewebes, Körnchenzellbildung und mit nur teilweise deckender Gliafaser- und Bindegewebswucherung (Abb. 69). Diese herdförmigen Störungen beschränken sich ausschließlich auf das Striatum, ohne die innere Kapsel zu verletzen. Am hochgradigsten ist die oralste Hälfte befallen.

Das Pallidum zeigt ganz allgemein einen starken Ausfall an Ganglienzellen bei chronischer Schrumpfung der noch erhalten gebliebenen und auffälligen Gliakernvermehrung (Abb. 70). Kleinere Lacunen und Narben sind auch hier anzutreffen, größere Erweichungen fehlen. Die arteriellen Capillaren und auch die größeren Arterien tragen die bereits mehrfach erwähnten Pseudokalkmassen in ihren Wandungen, leichtere lymphocytäre Infiltrate sind in den Gefäßlymphscheiden des Pallidum (Abb. 70) und auch des Striatum anzutreffen.

Ähnlichen herdförmigen Störungen wie im Striatum begegnen wir noch im hinteren lateralen Kern des Thalamus beiderseits. Der übrige Hirnstamm, Pons und Medulla oblongata sind frei von herdförmigen Störungen.

Die Markscheidenfärbung gibt uns die entsprechenden Bilder und zeigt vor allem das Intaktbleiben der Pyramidenbahn und der Kleinhirnsysteme.

Zusammenfassung des anatomischen Befundes.

Der Fall bietet uns Rindenveränderungen im Sinne der Arteriosklerose der kleinen Hirnrindengefäße. Sitz der schwersten herdförmigen Veränderung ist das gesamte Striatum mit Bevorzugung der oralsten Hälfte. Das Pallidum ist chronisch geschrumpft. Auch ein Kleinhirnläppchen ist eingeschmolzen.

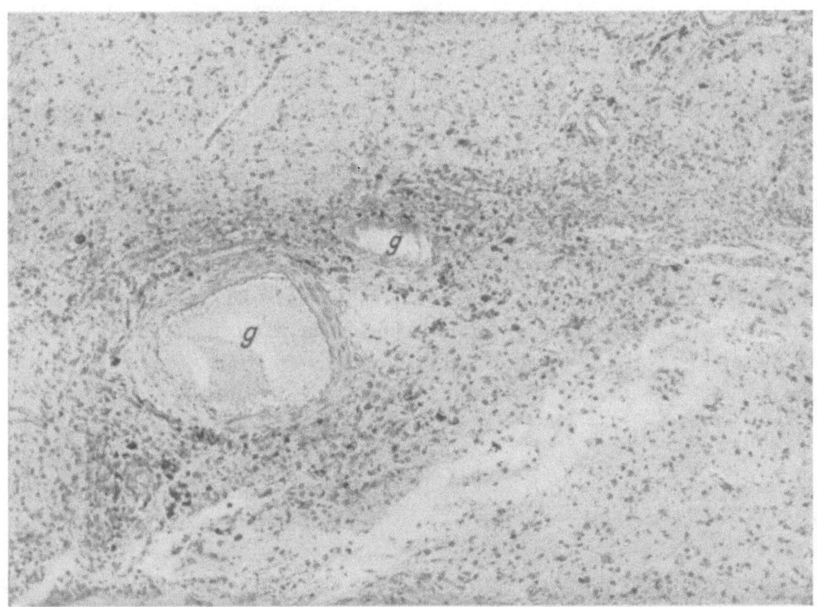

Abb. 69. Fall XIII. Striatum im Nisslbild. Mikroph. bei gleicher Vergrößerung wie Abb. 2. Großer Erweichungsherd des Striatum mit Körnchenzellbildung und dgl. *g* = Gefäße mit hyaliner Gefäßwandveränderung und leichten lymphocytären Infiltraten.

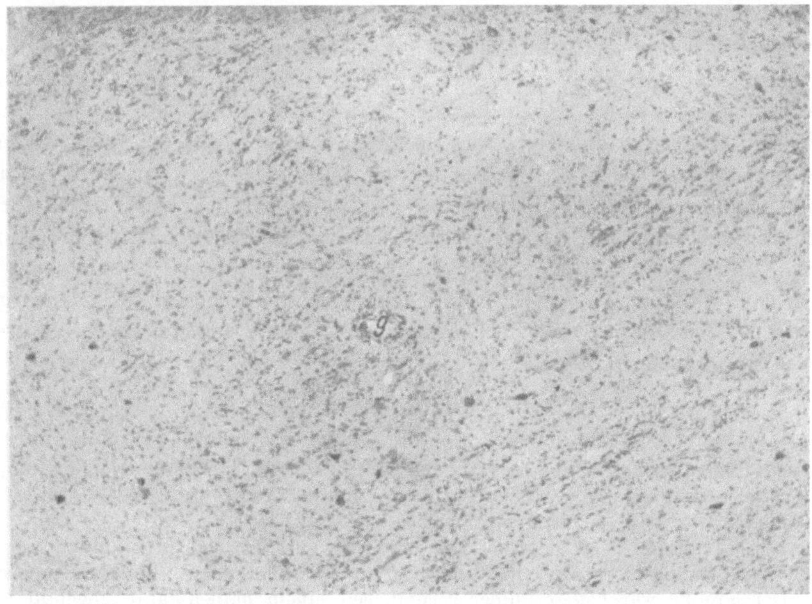

Abb. 70. Fall XIII. Pallidum im Nisslbild. Mikroph. bei gleicher Vergrößerung wie Abb. 4. Degeneration und Ausfall der Pallidumzellen. Gliawucherung. *g* = lymphocytär infiltriertes Gefäß.

Auch in den hinteren lateralen Kernen des Thalamus sind herdförmige Störungen nachgewiesen. Die Pyramidenbahnen sind intakt.

Histologisch ist der Prozeß nicht von dem einer gewöhnlichen Arteriosklerose zu unterscheiden, wobei nur leicht angedeutete lymphocytäre Infiltrate an den Gefäßen der Rinde, der Stammganglien und auch in der Pia auffallen.

Letzterer Umstand ist im Hinblick auf die anamnestisch und klinisch festgestellte syphilitische Ätiologie des Falles bemerkenswert. Nach meinen Erfahrungen sieht man aber auch in Fällen gewöhnlicher Arteriosklerose hin und wieder leichte Lymphocytenansammlungen, sowohl in der Pia als auch vereinzelt in den Gefäßlymphscheiden des nervösen Parenchyms, so daß es rein histologisch schwer fällt, eine sichere ätiologische Entscheidung zu treffen. Immerhin scheinen mir in diesem Falle die entzündlichen Veränderungen etwas mehr und regelmäßiger betont, als in den Fällen gewöhnlicher Arteriosklerose.

Epikrise.

Die klinisch aus dem Krankheitsverlaufe, dem Zustandsbilde und den serologischen Reaktionen erschlossene Annahme einer progressiven Paralyse läßt sich anatomisch nicht aufrechterhalten. Es handelt sich vielmehr um eine sklerotische Gefäßerkrankung, wobei leichte entzündliche Infiltrate vielleicht einen Hinweis auf die syphilitische Ätiologie geben können. Symptomatologisch entspricht der progressiven Demenz eine diffuse Rindenerkrankung im Sinne der Arteriosklerose der kleinen Hirnrindengefäße. Hauptsitz der Rindenveränderung ist das Stirnhirn. Der ausgeprägte Parkinsonismus ist zurückzuführen auf die herdförmige Erkrankung des Striatum mit begleitender chronischer Schrumpfung des Pallidum. Erwähnenswert ist, daß sich bei jahrelang bestehendem ausgeprägtem Parkinsonismus erst gegen Ende des Krankheitsverlaufes ein deutlicher Tremor der Unterarme und Hände herausbildete. Wir sehen daraus wieder die Unabhängigkeit in der Entwicklung der einzelnen Erscheinungen des Syndroms. Wie weit die histologisch erwiesene Kleinhirnhemisphärenschädigung für die Auslösung des Tremors eine Bedeutung gewinnt, läßt sich eindeutig nicht entscheiden, wohl aber möchte ich den starken Romberg unseres Kranken auf die Kleinhirnschädigung beziehen. In der dysarthrischen Sprachstörung bis zur völligen Stummheit und in der schließlichen Schluckstörung erblicke ich den Ausdruck striopallidärer Schädigung. Die auffallende Schlafsucht des Falles ist entsprechend unseren Erfahrungen an dem Encephalitis-lethargica-Materiale (v. Economo u. v. a.) auf die Thalamusaffektion in den hinteren lateralen Kernen zu beziehen.

Fall XIV.
Paralyseähnliches Krankheitsbild mit Parkinsonismus von 11 jähriger Dauer.

Patient Janenz, geboren 1861, wird im Dezember 1903 in F. von der Nervenabteilung des Eppendorfer Krankenhauses (Nonne) unter der Diagnose Paralyse eingeliefert. Im Eppendorfer Krankenhaus war er nur 3 Tage in Beobachtung.

Aus der Vorgeschichte ist bemerkenswert: Eine syphilitische Infektion wird negiert; der Kranke ist 16 Jahre verheiratet und hat 4 gesunde Kinder, seine Frau hatte eine Fehlgeburt. Der Kranke war früher immer gesund, seit einem halben Jahre ungefähr ist er psychisch verändert, auffallend euphorisch, sehr labil in der Stimmung. Einige Tage vor der Aufnahme hatte der Kranke einen schweren Erregungszustand, in welchem er von Hause weglief. Alkoholismus wird in Abrede gestellt. Körperlich: Die Pupillen sind ungleich, rechts größer als links, die rechte reagiert wenig ausgiebig und nicht ganz prompt auf Licht. Nirgends sind Paresen nachweisbar, auch keine Sensibilitätsstörungen. Die Reflexe sind gesteigert ohne deutliche spastische Phänomene. Babinski ist negativ. In der Gesichtsmuskulatur besteht starkes Flimmern. Die Zunge zittert stark, die Sprache ist zittrig, häsitierend, verwaschen. Die Schrift ist sehr zittrig. Kein Romberg. Psychisch ist Patient im allgemeinen orientiert, sehr euphorisch, äußert Größenideeen, zeigt deutliche Zeichen von Demenz, rechnet schlecht, näßt häufig ein und bietet so das Bild einer euphorischen Paralyse. In den nächsten Monaten wird der Kranke ruhiger, hat ab und zu apoplektiforme Insulte ohne nachfolgende Lähmungserscheinungen und wird im April 1904 auf Wunsch der Frau entlassen, mit der Diagnose: Paralyse.

Ende 1905 wird der Kranke wegen erneuter Erregungszustände wieder in F. aufgenommen. Der körperliche Befund ist im wesentlichen der gleiche wie früher, die rechte Pupille ist jetzt viel weiter als die linke; die Lichtreaktion ist rechts weniger ausgiebig, die Konvergenzreaktion ist beiderseits erhalten, der Facialis wird rechts etwas weniger innerviert als links. In der ganzen Gesichtsmuskulatur besteht ein starkes Flattern und Vibrieren, das besonders deutlich wird bei Beschäftigung mit dem Kranken und bei sprachlichen Äußerungen. Die Sprache ist sehr zittrig, langsam und artikulatorisch gestört. Lähmungen im Gebiete der Extremitäten bestehen nicht. Es fällt auf, daß sich der Kranke auffallend steif hält, und daß sich namentlich bei passiven Bewegungen starke Spannung in der Arm- und Beinmuskulatur zeigt, die aber wechselt. Bei häufig wiederholten passiven Bewegungen oder wenn man den Kranken mit der Untersuchung überrascht, ergibt sich gelegentlich ein wesentlich geringerer Tonus. Der Gang ist sehr unsicher, kleinschrittig. Die Reflexe sind sämtlich sehr lebhaft, beiderseits gleich, ohne spastische Phänomene, ohne Babinski. Es besteht ein grobschlägiges Zittern, besonders der rechten Hand. Die Schrift ist ausgesprochen zittrig, ausfahrend, sehr verlangsamt. Sensibilitätsstörungen bestehen nicht. Psychisch bietet der Kranke das Bild einer dementen euphorischen Paralyse, er ist häufig erregt und unrein. In diesem Zustande bleibt der Kranke während der nächsten 4 Jahre. 1909 ist erwähnt, daß jetzt die rechte Pupille völlig lichtstark ist, die Zittererscheinungen und die Spannungszustände in der Gesichts- und der Extremitätenmuskulatur bestehen unverändert fort. Im Laufe des Jahres 1909 hat der Kranke mehrere epileptiforme Anfälle, ohne nachfolgende Lähmungserscheinungen. Romberg besteht nicht, der Blutwassermann ist positiv. 1910 und 1911 bleibt der Zustand unverändert bei erheblicher Zunahme der Demenz und häufig wiederkehrenden epileptiformen Anfällen. 1912 ist Patient hochgradig verblödet, zeigt keinerlei Spontaneität. Er hat durchschnittlich wöchentlich einen epileptiformen Anfall. Er spricht spontan gar nicht. Wenn man sich mit ihm zu beschäftigen sucht, stößt er verwaschene Laute aus und schlägt mit Armen und Beinen um sich. In Ruhe gelassen liegt er ruhig im Bett, sein Gesichtsausdruck ist starr, die Muskulatur zeigt starke Spannung, rechts mehr als links ohne spastische Phänomene, ohne Babinski. Zittererscheinungen bestehen nicht mehr, das Vibrieren der Gesichtsmuskulatur ist viel geringer geworden und hat einer ausgesprochenen Starre Platz gemacht. Blutwassermann ist jetzt negativ, die Liquoruntersuchung (Kafka) gibt völlig normale Werte. Unter Zunahme der epileptiformen Anfälle und in stärkster Verblödung stirbt der Kranke im März 1914.

Zusammenfassung des klinischen Befundes.

Im Alter von 42 Jahren erkrankt Patient 1903 an psychischen und körperlichen Erscheinungen, die ganz im Sinne einer euphorischen Paralyse entwickelt sind. Es besteht starkes Flimmern in der Gesichtsmuskulatur, starkes Zittern der Zunge, und die Sprache ist dysarthrisch gestört. Apoplektiforme Insulte ohne nachfolgende Lähmungserscheinungen unterbrechen den Krankheitsverlauf. Nach vorübergehender Entlassung aus dem Krankenhause wird der Kranke 1905 wegen erneuter Erregungszustände wieder aufgenommen, bei im wesentlichen gleichem psychischen und körperlichen Befund. Nur fällt jetzt zudem die steife Körperhaltung des Kranken auf und eine stark wechselnde Tonusvermehrung in der Extremitätenmuskulatur, bei grobschlägigem Zittern, besonders der rechten

Hand. Die Pupillen sind ungleich, die Lichtreaktion ist rechts wenig ausgiebig bei erhaltener Konvergenzreaktion beiderseits. In diesem Zustande bleibt der Kranke die nächsten 4 Jahre unverändert bei deutlicher Zunahme der Demenz. 1909 treten epileptiforme Anfälle ohne nachfolgende Lähmungserscheinungen auf, der Blutwassermann ist positiv. Die folgenden 3 Jahre ist keine wesentliche Änderung im Zustandsbilde festzustellen, nur werden die epileptiformen Anfälle häufiger. 1912, also 9 Jahre nach Beginn des Leidens, ist der Kranke hochgradig verblödet ohne alle Spontaneität, hat wöchentlich durchschnittlich einen epileptiformen Anfall, seine Sprache ist bis auf verwaschene Laute reduziert, zumeist liegt der Kranke völlig stumm und starr im Bett, wobei die Muskulatur im Gesicht und in den Extremitäten starke Spannungen zeigt, rechts mehr als links, ohne spastische Phänomene und ohne Babinski. Die Zittererscheinungen haben aufgehört und einer ausgesprochenen Starre Platz gemacht. Blut und Liquor geben jetzt normalen Befund. Unter Zunahme der epileptiformen Anfälle und in stärkster Verblödung stirbt der Kranke 1914, elf Jahre nach Beginn des Leidens.

Die klinische Diagnose lautete auf paralyseähnliches Krankheitsbild (Stationäre Paralyse? Syphilitische Gehirnerkrankung?)

Anatomischer Befund.

Die Sektion ergibt keine wesentliche periphere Arteriosklerose, aber eine deutliche syphilitische Mesaortitis am Aortenbogen und beiderseits hypostatische Pneumonie. Die Pia ist über der ganzen Gehirnkonvexität leicht verdickt, nicht wesentlich getrübt. Das Gehirn ist in seinen Windungen atrophiert, besonders im Stirnhirn (Gehirngewicht 1310 g). Die basalen Gefäße zeigen mäßige sklerotische Wandveränderungen, die mehr herdförmig angeordnet sind. Die Rinde ist im allgemeinen verschmälert. Die äußere Hälfte des linken Putamen ist von einem älteren Erweichungsherd eingenommen, der die Capsula interna mit verletzt. Das Pallidum und die innere Kapsel sind herdfrei. Im übrigen sind die basalen Stammganglien beiderseits deutlich atrophisch, aber frei von herdförmigen Störungen. Auch das gesamte übrige Zentralnervensystem ist frei von herdförmigen Störungen.

Die mikroskopische Untersuchung ergibt einen bemerkenswerten Befund, und zwar stehen dabei die Gefäßveränderungen zweifellos im Vordergrunde. Die Gefäße der Pia sowohl wie die der Rinde (Abb. 71) sind in ihren Wandungen verdickt und zeigen eine besonders starke Mediaerkrankung in der Art der hyalinen Entartung. Um die Gefäße der Pia finden sich leichte lymphocytäre Infiltrate (Abb. 71).

Die Gefäße der Rinde ermangeln für gewöhnlich jeglicher Infiltrate, die größeren zeigen auch hier recht häufig die hyaline Mediaentartung; an den kleineren, vornehmlich an den Capillaren erkennt man eine auffällige Vergrößerung der Gefäßwandelemente, insbesondere der Endothel- und Adventitiazellen, mit Gefäßneubildung und zahlreichen Gefäßprozessen, Vorgänge, wie wir sie von der Endarteriitis syphilitica der kleinen Hirnrindengefäße her kennen. Die elastischen Strukturen sind in den größeren und kleineren Gefäßen in Wucherung begriffen. In der gesamten Rinde ist eine leichte Gefäßvermehrung deutlich. Nur selten begegnet man in den perivasculären Räumen der Rindencapillaren vereinzelten Lymphocyten und Plasmazellen.

Die Rindenarchitektonik ist im allgemeinen gewahrt, nur ist die Rinde namentlich im Frontalhirn stark verschmälert und verarmt an Ganglienzellen. Die Lamina zonalis ist verbreitert und mit stärkeren Gliaproliferationen, zum Teil auch faserbildender Art besetzt. Die Ganglienzellen befinden sich fast durchweg im Stadium chronischer Sklerose, einige von ihnen sind auffallend gebläht. Dazwischen fällt eine diffuse protoplasmatische Gliawucherung auf (Abb. 71). Nicht selten begegnen wir kleineren Verödungsherden um die Capillaren, die vornehmlich in der dritten Schicht liegen. Größere herdförmige Störungen sind in der ganzen Rinde nicht zu entdecken.

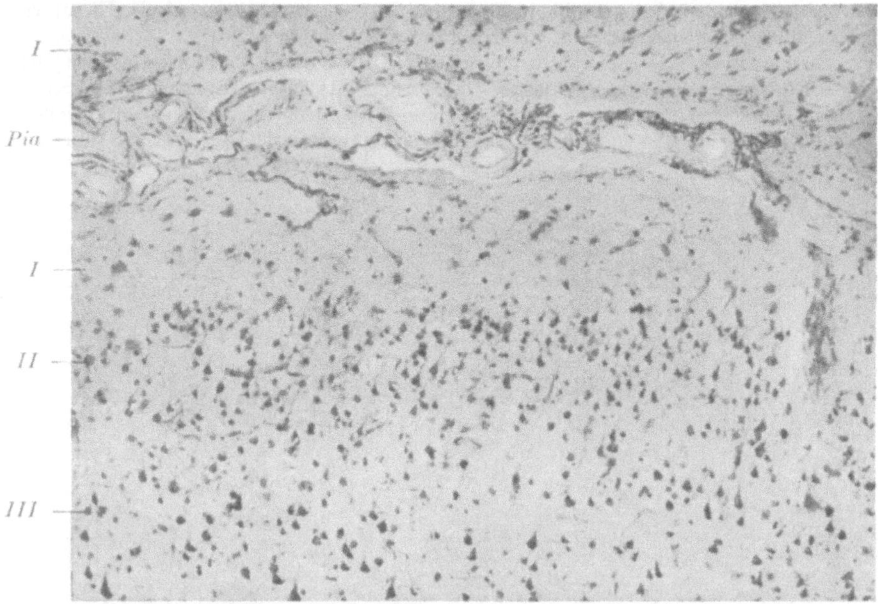

Abb. 71. Fall XIV. Rinde im Nisslbild. Mikroph. Leicht lymphocytär infiltrierte *Pia*, Gefäße mit Mediahyalinisierung. In der Rinde die kleinen Capillaren mit Endothelschwellungen; Ganglienzelldegeneration und protoplasmatische Gliawucherungen leichten Grades.

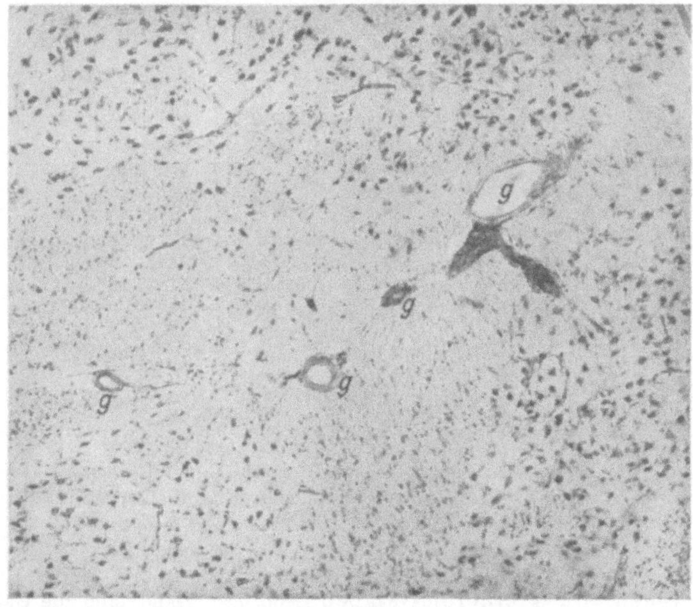

Abb. 72. Fall XIV. Striatum im Nisslbild. Mikroph. bei gleicher Vergrößerung wie Abb. 2. Gliös gedeckte Narbenbildungen. *g* = Gefäße mit Mediahyalinisierung und adventitiellen Wucherungen und Infiltraten.

Die vordere Zentralwindung zeigt keine besonderen Störungen, ebensowenig das Kleinhirn. Das gesamte Marklager ist frei von herdförmigen Störungen.

Der schon makroskopisch erwähnte größere Herd im linken Putamen erweist sich mikroskopisch als ein Hohlraum, in dessen Begrenzung alte Narbenvorgänge mit starker Gliafaservermehrung und Resten von Blutpigment und lipoiden Abbauprodukten auffallen. Das übrige linke Striatum ist im gleichen Sinne wie rechts verändert: Das ganze Striatum

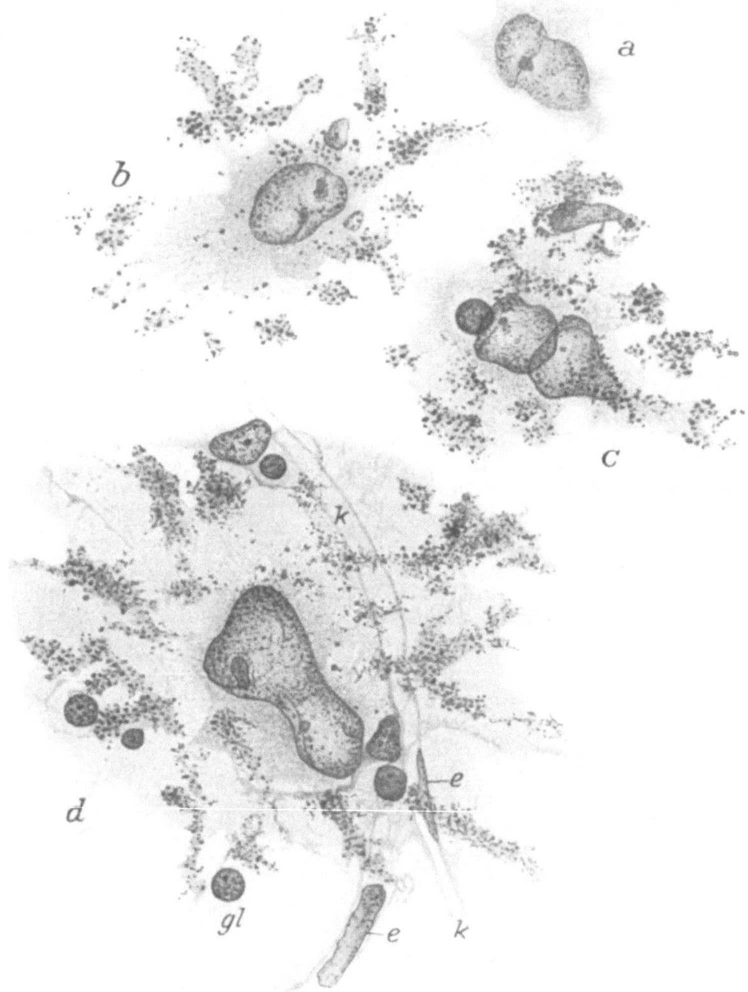

Abb. 73. Fall XIV. Atypische große Gliazellen im Striatum, mit grünem Pigment im Protoplasma, Nisslbild. *k* = Capillare mit geschwollenen Endothelkernen (*e*). *gl* = normal große Gliakerne. Zeichnung, Zeiss' Öl-Imm. $^1/_{12}$. Komp.-Ok. 6.

ist durchsetzt von kleineren gliös gedeckten Narben, die deutlich in Abhängigkeit stehen von kleineren Gefäßen (Abb. 72). Dabei sind die Gefäßwände im Striatum im gleichen Sinne verändert wie in der Rinde (Abb. 72).

Die großen und kleinen Ganglienzellen des Striatum sind ganz allgemein chronisch verändert, wobei namentlich an den größeren Ganglienzellen die starke Schrumpfung und schwere Kernveränderung deutlich wird. Bei der reichlichen herdförmigen Durchsetzung des Striatum läßt sich nicht erkennen, ob Unterschiede in dem Befallensein der großen und kleinen Ganglienzellen bestehen.

Besonders auffällig und bemerkenswert sind die starken protoplasmatischen Gliareaktionen, welche ganz allgemein das Striatum bietet. Neben den gewöhnlichen Formen protoplasmatisch gewucherter Glia begegnen wir recht häufig ganz atypischen Zellformen (Abb. 73). Wir sehen hier ungemein große gelappte Kerne mit unregelmäßigen Einstülpungen, auffallend großen Kernkörperchen, die um ein vielfaches die gewöhnlichen Gliakerne (*Gl*) an Größe übertreffen und zum Teil nur von einem zarten Plasma (Abb. 73 *a*) umgeben sind, zum Teil reichlichere protoplasmatische Ausstrahlungen erkennen lassen (Abb. 73 *b—d*). Fast regelmäßig färben sich mit Toluidinblau in dem Protoplasma dieser Zellformen reichliche grünliche Abbauprodukte, die bei Eisenfärbung bläulich erscheinen. Was das Groteske der Form, die Unregelmäßigkeit der Gestalt und ihre Größe angeht, so sind sie zweifellos den Alzheimerschen atypischen Gliazellen bei der Pseudosklerose und Wilsonschen Krankheit vergleichbar. Sie liegen frei im Gewebe, nicht nur in den Herden selbst und schließen sich häufig Gefäßen (*k*) an, welche leichte Endothelschwellungen erkennen lassen (Abb. 73 *d*).

Das Pallidum ist demgegenüber viel weniger hochgradig verändert, es besteht eine chronische Schrumpfung mit diffusem Ausfall und chronischer Degeneration der Pallidumzellen. Herde sind hier nur selten anzutreffen, es zeigt sich eine allgemeine protoplasmatische und auch faserbildende Gliareaktion von gewöhnlichem Typus.

In den übrigen Teilen des Hirnstammes, des Kleinhirns

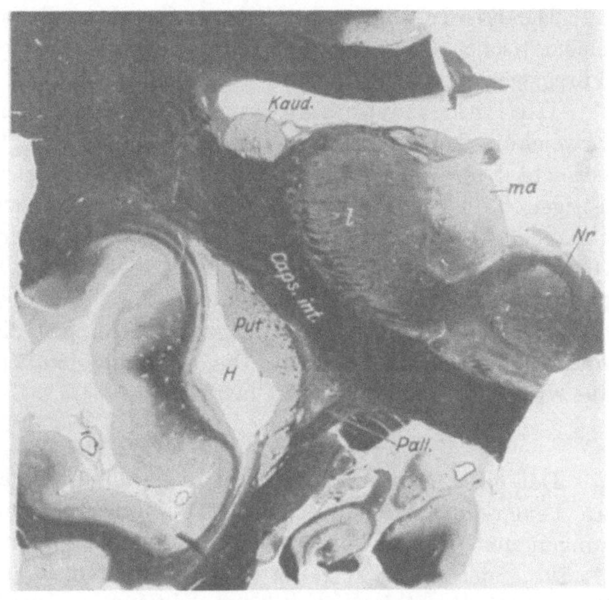

Abb. 74. Fall XIV. Markscheidenfrontalschnitt. *H* = großer Herd im Putamen, teilweiser Markschwund im Pallidum. Photogr.

und des Dentatum sind wohl auch chronische Degenerationserscheinungen am nervösen Parenchym zu beobachten, die aber stark gegenüber den Veränderungen im Striatum und auch gegenüber jenen in der Hirnrinde zurücktreten und jeglicher Herdbildung entbehren.

Das Markscheidenbild ergibt im wesentlichen folgendes: Die Hirnrinde zeigt einen Ausfall der Tangentialfaserung in den obersten Schichten. Das Hirnmark ist frei von herdförmigen Störungen.

Das Caudatum (*Caud*) ist im allgemeinen geschrumpft und faserverarmt und zeigt bei stärkeren Vergrößerungen kleine herdförmige Störungen. Das ganze Putamen (*Put*) links (Abb. 74) ist von einem Hohlraum (*H*) begrenzt, der seine äußere Hälfte mit einbezogen hat, die Capsula externa und das Claustrum in gleicher Weise. Basalwärts mündet der Hohlraum stellenweise in das Unterhorn des Seitenventrikels. Dieser Hohlraum beginnt mit der Entwicklung des Putamen und hört an seinem distalen Ende auf. Er greift nirgends auf die innere Kapsel, nirgends auf das Pallidum selbst über. Das Pallidum (*Pall*) ist in ganzer Ausdehnung deutlich verkleinert, faserarm, ebenso die Linsenkernschlinge, die Forelschen Bündel, der Luyssche Körper und in geringer Weise auch die Strahlungen zum roten Kern.

Rechts erkennen wir im wesentlichen eine Schrumpfung des ganzen Striatum und Pallidum, wobei sich im Striatum kleine Criblüren zeigen.

Die Pyramidenbahnen, die Substantia nigra, die Kleinhirnstrahlungen sind intakt.

Zusammenfassung des anatomischen Befundes.

Neben in der Hauptsache chronischen Parenchymdegenerationen ist der Prozeß beherrscht von Gefäßveränderungen im Sinne hyaliner Mediaentartung, verbunden mit auffälligen Wucherungserscheinungen an den Endothel- und Adventitialzellen mit Gefäßneubildungen und Gefäßsprossungen, Vorgänge, wie sie von der Endarteriitis syphilitica der kleinen Hirnrindengefäße her bekannt sind. Dazu gesellen sich leichte perivasculäre, lymphocytäre Infiltrate an der Pia und stellenweise auch an den Capillaren der Rinde.

Die Rinde zeigt einen diffusen Ganglienzellausfall bei vornehmlich protoplasmatischer Gliawucherung und eingestreuten kleinen perivasculären Verödungsherden, vornehmlich in der dritten Schicht.

Das linke Putamen ist von einem sich als Hohlraum darstellenden älteren Erweichungsherde eingenommen, der die äußere Hälfte des ganzen Putamen vernichtet hat, gleichzeitig auch die äußere Kapsel und das Claustrum. In den übrigen Teilen des Striatum beiderseits finden sich zahlreiche perivasculäre, gliös gedeckte Verödungsherde. Das Striatum fällt durch starke protoplasmatische Gliareaktionen auf, die zum Teil Zellformen bieten, vergleichbar jenen der atypischen Alzheimerschen Gliazellen.

Das Pallidum und die Linsenkernschlinge, die Forelschen Faserungen sind beiderseits geschrumpft. Die Pyramidenbahnen, die Substantia nigra und die Kleinhirnstrahlungen sind intakt.

Epikrise.

Der eigenartigen Entwicklung des klinischen Krankheitsbildes entspricht ein bemerkenswerter anatomischer Befund. Während die psychischen Erscheinungen und gewisse körperliche Symptome, namentlich die Pupillenstörungen, im Sinne der Paralyse gewertet werden konnten, sprach der auffallend lange Verlauf (11jährige Dauer), die apoplektiformen Insulte und schließlich die häufigen epileptiformen Anfälle mehr im Sinne einer andersgearteten syphilitischen Erkrankung des Gehirns. Auffallend waren auch nach vorübergehendem positiven Blutwassermann die späteren negativen Reaktionen in Blut und Liquor, ferner die Ausprägung eines ausgesprochenen Parkinsonismus, welcher von vornherein symptomatologisch im Vordergrunde stand.

Histologisch ist eine Paralyse ausgeschlossen, vielmehr handelt es sich um eine Gefäßerkrankung des Gehirns, wobei an den größeren Gefäßen eine hyaline Mediaentartung und an den kleineren Gefäßen eine Endarteriitis syphilitica deutlich ausgesprochen ist. Dazu gesellen sich leichte meningeale Infiltrate und seltenere Capillarinfiltrate der Rinde. So entspricht dieser Fall im wesentlichen dem Krankheitsbilde der Endarteriitis syphilitica der kleinen Hirnrindengefäße mit leichten Infiltrationserscheinungen, wie es von Nissl und Alzheimer und 1919 auch von mir ausführlicher beschrieben worden ist. Gerade auch das häufige Auftreten von apoplektischen und epileptiformen Anfällen konnte schon klinisch die histologisch gestellte Diagnose vermuten lassen.

Bemerkenswert sind dabei noch die eigenartigen atypischen Gliareaktionen im Striatum. In ihren Erscheinungsformen sind sie durchaus

vergleichbar jenen atypischen Gliareaktionen, wie sie für gewöhnlich die Pseudosklerose und Wilsonsche Krankheit auszeichnen. Die Befunde dieses ätiologisch
klarliegenden Falles dürften meine erst jüngst ausführlicher begründete Ansicht
unterstützen, daß derartige gliöse Erscheinungen als unspezifisch aufgefaßt
werden müssen. (Vergl. meine Studie über atypische Gliareaktionen in Zieglers
Beiträge 1921, Bd. 69.)

Die psychischen Erscheinungen finden ihre Erklärung in der Rindendegeneration. Die Bewegungsstörungen des Falles von deutlichem extrapyramidalen Typus sind eindeutig auf die Veränderungen im Striatum-Pallidum zu beziehen: der zeitweise im Krankheitsverlaufe erwähnten rechtsseitigen Betonung
des Parkinsonismus entspricht die weit schwerere Striatumverletzung links.
Inwieweit die Verletzung der äußeren Kapsel und des Claustrum für das symptomatologische Bild von Bedeutung ist, bleibt zunächst eine offene Frage.

Hervorzuheben ist noch die Tatsache, daß die lange Jahre bestehenden
Tremorerscheinungen gegen Ende des Krankheitsverlaufes einer ausgesprochenen
Starre Platz machten, einer Erscheinung, die wir vielleicht mit der progressiven
Entartung des Striatum-Pallidumsystems in Verbindung bringen können. In
der starken dysarthrischen Sprachstörung unseres Falles, die sich schließlich
bis zur fast völligen Stummheit entwickelte, sehe ich gleichfalls in der Hauptsache
ein striäres Symptom, denn bei der mikroskopischen Untersuchung erwies sich
die Zentralwindung und die hintere untere Frontalregion frei von größeren Herden.
Ebenso waren die Strahlungen dieser Gegenden intakt.

Diese auf syphilitischer Basis beruhenden Fälle bestätigen
und ergänzen jedenfalls unsere obigen Ausführungen bezüglich des
Zusammenhanges des Parkinsonismus und der strio-pallidären
Affektion. Freilich muß dabei berücksichtigt werden, daß bei all diesen
Kranken eine recht diffuse Degeneration des ganzen Zentralnervensystems vorliegt, wobei gerade auch das Stirnhirn recht erheblich mitbetroffen ist. So
unterliegt es keinem Zweifel, daß die lokalisatorische Bedeutung von Einzel-
befunden stark eingeengt ist und erst im Rahmen größerer Untersuchungsreihen
an Bedeutung gewinnt.

Besondere Betonung verdient die relativ häufige Ausprägung
des hier in Frage stehenden Syndroms bei syphilitogenen Krankheitsprozessen. Ich habe die diesbezüglichen obigen Fälle (XIII und XIV)
nur als Beispiele herausgegriffen aus einer größeren Anzahl von ähnlich liegenden
Beobachtungen. Der symptomatologische Rahmen ist dabei äußerst weit, die
psychischen Begleiterscheinungen sehr variabel und die serologischen Befunde
wechseln stark und sind in den einzelnen Beobachtungen auch zeitlich großen
Schwankungen unterworfen[1]). Ich möchte aber gerade die Aufmerksamkeit auch

---

[1]) Nicht selten findet man bei solchen Fällen mit sicher erwiesener vorangegangener Lues negat. Blut- und Liquorwassermann; im Liquor zeigt
sich dabei für gewöhnlich leichte Zellvermehrung und schwache Phase I, häufig auch eine
Lueszacke bei der Mastix-Reaktion. Bei all solchen Fällen — selbst bei völlig negativem
serologischen Befunde — soll man den Versuch einer spezifischen Behandlung nicht
unterlassen. Ich erzielte in mehreren solchen Fällen durch Schmierkur und Jod, in letzter
Zeit auch durch Bismogenol auffallende Besserungen, zum mindesten Stillstand des vorher progessiven Leidens.

der Kliniker auf solche Fälle lenken, da sie häufig diagnostisch verkannt werden und nach meinen Erfahrungen durch spezifische Mittel therapeutisch manchmal gut angreifbar sind.

Die Art der Gefäßerkrankungen kann bei den syphilitogenen Prozessen recht unterschiedlich sein. Einmal können sie ganz in der Art der Arteriosklerose[1]) erscheinen, ohne daß irgendwelche histologischen Momente eindeutig eine spezifische Beimengung anzeigen — ein solcher Fall ist offenbar der Westphalsche Kranke Grohe, der von Sioli und C. und O. Vogt anatomisch untersucht ist und der symptomatologisch und in der Art der Lokalisation des Krankheitsprozesses mit den obigen Fällen, insbesondere mit Fall XIII, verwandt ist[2]). Recht häufig sehen wir — gelegentlich mit andersartigen Gefäßwandveränderungen untermischt — stärkere Reizvorgänge an den Endothel- und Adventitialzellen der kleineren Capillaren im Sinne der Endarteriitis syphilitica der kleinen Hirnrindengefäße, wobei lymphocytäre Infiltrationsvorgänge in der Pia und an den Gefäßen des Nervenparenchyms mehr oder weniger ausgeprägt sein können. Ebenso wechseln die herdförmigen Störungen, von kleinsten Criblüren angefangen bis zu größeren Erweichungsherden. Auch die begleitende diffuse Parenchymdegeneration kann eine sehr unterschiedliche sein; daraus resultiert ein ungemein mannigfaches anatomisches wie histologisches Bild, das die weiten Grenzen der klinischen Erscheinungen, namentlich auch den Umfang der psychischen Störungen erklärt.

Im folgenden sollen noch einige solcher auf syphilitischer und arteriosklerotischer Gefäßerkrankung basierenden Beobachtungen mitgeteilt werden, die in ihrer klinischen und anatomischen Analysierung größeren Schwierigkeiten unterliegen.

5. Striopallidär bedingte Parkinsonismen mit begleitenden Thalamusaffektionen, auf Gefäßerkrankung beruhend.

Fall XV.

Parkinsonismus mit nachfolgender schlaffer Hemiparese und Parästhesien.

Die Kranke Manecke, 1865 geboren, wurde am 3. Januar 1921 in F. wegen ängstlicher Verwirrtheitszustände aufgenommen. Die Kranke hat ungefähr im Jahre 1885 (vor 35 Jahren etwa) Geschwüre an den Geschlechtsteilen gehabt, die antisyphilitisch behandelt wurden. 1887 heiratete sie. Sie hat 5 Kinder geboren und fünfmal abortiert. Von den 5 Kindern ist das älteste ganz klein gestorben, das zweite starb mit 25 Jahren an einer Sepsis, das dritte war schwachsinnig, mikrocephal und ist mit 24 Jahren gestorben; das vierte Kind starb mit 2 Jahren an einer Gehirnhautentzündung. Ein fünftes Kind lebt und ist gesund. Seit 1915 lebt sie getrennt von ihrem Manne, er konnte ihre Schulden nicht mehr bezahlen. Vor ungefähr 15 Jahren hatte sie einen syphilitischen Uvulaprozeß, der antisyphilitisch behandelt wurde. In den letzten Jahren trieb sie sich auf den Straßen herum, war Prostituierte.

Vor 2 Monaten konnte sie plötzlich nicht mehr recht sehen. Die Störung ging aber vorüber. Seitdem leidet sie an zunehmender Angst, vergiftet zu werden und äußert Verfolgungsideen.

Bei ihrer Aufnahme ist sie ruhig, macht einen stumpfen, leicht depressiven Eindruck, klagt über Gedächtnisschwäche und über Angstgefühle.

---

[1]) Nach meinen Erfahrungen sind dabei zumeist die sklerotischen Veränderungen mehr herdförmig an den Gefäßwänden der basalen Hirngefäße entwickelt, was bereits makroskopisch auffallend ist; zudem vermißt man selten eine deutliche Mesaortitis.

[2]) Von Pette sind auf der Neurologentagung in Halle 1922 ähnliche Fälle mitgeteilt worden.

Der Gesichtsausdruck ist leer, maskenartig und unbeweglich. Sie geht allein, aber nur langsam und etwas steif. Ihre Sprache ist langsam und monoton. Im ganzen fällt eine große Bewegungsarmut an ihr auf. Zitterbewegungen u. dgl. werden nicht beobachtet. Sie ist zunächst ruhig und macht geordnete Angaben.

Einen Tag nach der Aufnahme fällt auf, daß die Kranke ausschließlich die rechte Hand benutzt und auch das linke Bein nur kraftlos ansetzt. Sie kann nicht allein gehen noch stehen. Der linke Mundwinkel hängt. Die linke Pupille ist größer als die rechte, reagiert nur eine Spur auf Licht. Die rechte reagiert besser auf Licht, Konvergenzreaktion beiderseits plus. Déviation conjugée nach rechts. Die grobe motorische Kraft ist in den linken Extremitäten deutlich herabgesetzt, der Bauchdeckenreflex fehlt links, die Periost- und Sehnenreflexe links und rechts sind gleich, links sogar schwerer auszulösen. Links besteht eine deutliche Hypotonie. Kein deutlicher Klonus, kein deutlicher Babinski. Rechts zeigt sich an den Extremitäten nichts Besonderes. Es fällt weiterhin eine allgemeine Bewegungsarmut auf. Der Augenhintergrund ist negativ. Psychisch ist die Kranke schwer besinnlich, leicht benommen, macht nur ungenaue Angaben und macht einen vorgeschritten dementen Eindruck.

Schon nach einigen Tagen ist die Beweglichkeit in den linken Extremitäten wieder normal, auch deutliche Reflexdifferenzen bestehen nicht. Die Kranke klagt über starke Schmerzen in allen Extremitäten. Haut und Muskulatur ist bei Berührung und Druck stark schmerzhaft. Der Gesichtsausdruck ist unbeweglich, maskenartig, die Sprache langsam, monoton, ohne wesentliche artikulatorische Störungen, die Bewegungsarmut besteht weiter fort. Eine Tonusvermehrung ist nicht festzustellen. Es besteht eher der Eindruck einer Hypotonie. Die Kranke kann weder stehen noch gehen. Der Blutwassermann ist positiv, die Liquoruntersuchung ergibt nach allen Richtungen hin normalen Befund. Psychisch wird die Kranke immer stumpfer, zeigt gar keine Spontaneität, antwortet sinngemäß auf einfache Fragen.

In diesem Zustande bleibt die Kranke und stirbt am 31. März 1921.

Zusammenfassung des klinischen Befundes.

Nach vorangegangener Syphilis erkrankt Patientin ungefähr im Alter von 65 Jahren an Sehstörungen, an Vergiftungs- und an Verfolgungsideen. Körperlich fällt vor allem eine ausgesprochene Bewegungsarmut auf bei maskenartigem Gesichtsausdruck, langsamem und steifem Gang und monotoner, langsamer Sprache. Einen Tag nach der Aufnahme im Krankenhause erleidet die Kranke eine linksseitige schlaffe Hemiparese mit Déviation conjugée nach rechts ohne deutlichen Babinski. Schon nach einigen Tagen hat sich die linksseitige Hemiparese wieder zurückgebildet, und auch weiterhin ist das Zustandsbild beherrscht von einer allgemeinen Hypokinese ohne Tonusvermehrung in den Extremitäten. Es besteht eher der Eindruck einer Hypotonie. Dazu kommen starke Schmerzen in allen Extremitäten, deren Haut und Muskulatur bei Berührung und Druck sehr schmerzhaft ist. Es besteht Astasie und Abasie. Der Blutwassermann ist positiv, die Rückenmarksflüssigkeit ist normal. Die Kranke bleibt in diesem Zustande bis zu ihrem Tode nach 3 Monaten.

Die klinische Diagnose lautet auf syphilitische Gefäßerkrankung des Gehirns mit vornehmlicher Lokalisation in den basalen Stammganglien.

Anatomischer Befund.

Bei der Sektion findet sich ein durchgebrochenes Ulcus duodeni mit beginnender Peritonitis; ferner Mesaortitis syphilitica mit Aneurysmabildung, Hepar lobatum syphiliticum.

Schädeldach und Dura sind o. B. Bei Eröffnung der Dura entleert sich Liquor in mäßigen Mengen. Die Pia ist nur ganz leicht verdickt, die Gehirnwindungen sind leicht geschrumpft (Gehirngewicht 1080 g, Dura 60 g, Schädelinhalt 1220 ccm). Die basalen Gefäße zeigen leichte sklerotische Wandveränderungen, die Gehirnsubstanz ist ziemlich blaß, die Rinde ist im allgemeinen nicht wesentlich verschmälert, frei von Herden. Das Marklager der linken ersten Temporalwindung zeigt eine streifenförmige kleine gelbbraune Erweichung. Ähnliche, etwas größere Erweichungen finden sich beiderseits im äußeren Marklager des Occipitalhirns, stellenweise die Rinde mitergreifend; sonst sind Großhirnrinde und Marklager mit der inneren Kapsel makroskopisch herdfrei. Die Seitenventrikel sind leicht erweitert. Die oralsten Teile der basalen Stammganglien sind herdfrei. **Kleinere gelbbraune Erweichungen finden sich beiderseits im mittleren Teile des Putamen und Caudatum, beiderseits symmetrisch gelegen, rechts in größerer Ausdehnung.** Auch der **Thalamus** zeigt in seinen oberen hinteren Partien kleinere herdförmige Störungen, die rechts im hintersten obersten Teil und in dem Pulvinar eine größere gelbbraune Erweichung bieten. Im übrigen ist das Zentralnervensystem o. B.

Die **mikroskopische** Untersuchung ergibt im wesentlichen folgendes:

Die Pia ist nur ganz leicht bindegewebig verdickt ohne Beimengung infiltrativer Elemente. Ihre Gefäße wie die an der Basis zeigen sklerotische Wandveränderungen mäßigen Grades ebenfalls ohne perivasculäre Infiltrate. Die Rindenarchitektonik ist im allgemeinen

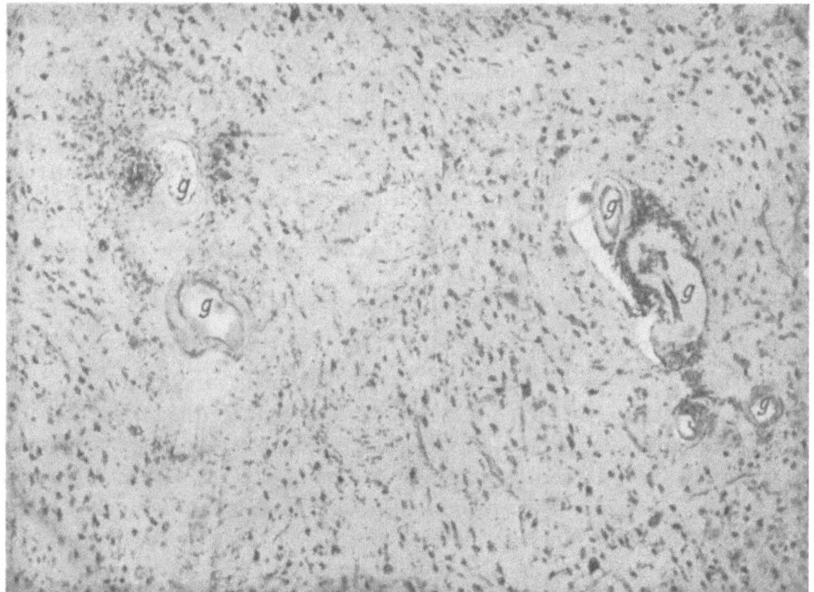

Abb. 75. Fall XV. Striatum im Nisslbild. Mikroph. bei gleicher Vergrößerung wie Abb. 2. Schwere herdförmige Prozesse. *g* = Gefäße mit sklerotischen Wandveränderungen und perivasculären Infiltraten.

gewahrt, jedoch finden sich an zahlreichen Stellen namentlich des Stirn-, Frontal- und Occipitalhirns kleinere perivasculäre Verödungsherde in den verschiedensten Stadien der gliösen Vernarbung. Im Occipitalhirn beiderseits und in der ersten Temporalwindung links liegen größere Erweichungsherde, die bis in das Marklager herunterreichen.

Die **vordere Zentralwindung** läßt beiderseits ebenfalls vereinzelte perivasculäre Verödungsherde verschiedenen Alters erkennen, und zwar ausschließlich in den oberen Rindenschichten gelegen, bei völligem Intaktbleiben der **Beetz**schen Pyramidenzellen.

Die kleineren **Gefäße der Rinde**, vornehmlich die Capillaren, fallen durch Vergrößerung der Endothel- und Adventitialzellen auf, durch zahlreiche Gefäßsproßbildungen und Gefäßneubildungen. Die elastischen Strukturen sind gewuchert. Infiltrate fehlen, während sich im Adventitialraum der größeren Gefäße mit sklerotischen Wandveränderungen nicht selten lymphocytäre Elemente angesammelt finden. Dazu gesellt sich eine bemerkenswerte, diffus verbreitete protoplasmatische Gliareaktion bei chronischer Entartung der Ganglienzellen.

Außer den obenerwähnten Herden ist das gesamte Großhirnmarklager, insbesondere die innere Kapsel auch makroskopisch frei von herdförmigen Störungen. Sehr schweren Veränderungen begegnen wir in den **basalen Stammganglien**.

Das Striatum ist in allen seinen Teilen durchsetzt von größeren und kleineren Verödungsherden und Criblüren, und die histologischen Veränderungen entsprechen in allen wesentlichen Punkten jenen im Falle XIII, nur mit dem Unterschiede, daß hier an den arteriosklerotisch veränderten Gefäßen die adventitiellen Wucherungserscheinungen und lymphocytären Infiltrate noch ausgesprochener zutage treten (Abb. 75). An einigen Stellen des Striatum beobachtet man thrombotische Prozesse und stärkere Endothelwucherungen, die zu einer äußersten Lumenverengerung führen. Um solche Gefäße gruppieren sich faserbildende Gliaelemente in größerer Menge und bilden so eine perivasculäre Gliose (Abb. 75 g). Vereinzelt begegnen wir frischen Blutaustritten.

Auch die Veränderungen im Pallidum entsprechen denen vom Falle XIII. Das Pallidum ist chronisch geschrumpft, es besteht ein starker Ausfall an Ganglienzellen, chronische Entartung der noch erhalten gebliebenen bei sinnfälliger Gliakernvermehrung. Kleinere Lacunen und Verödungsherde sind auch hier festzustellen, die Gefäße zeigen durchweg

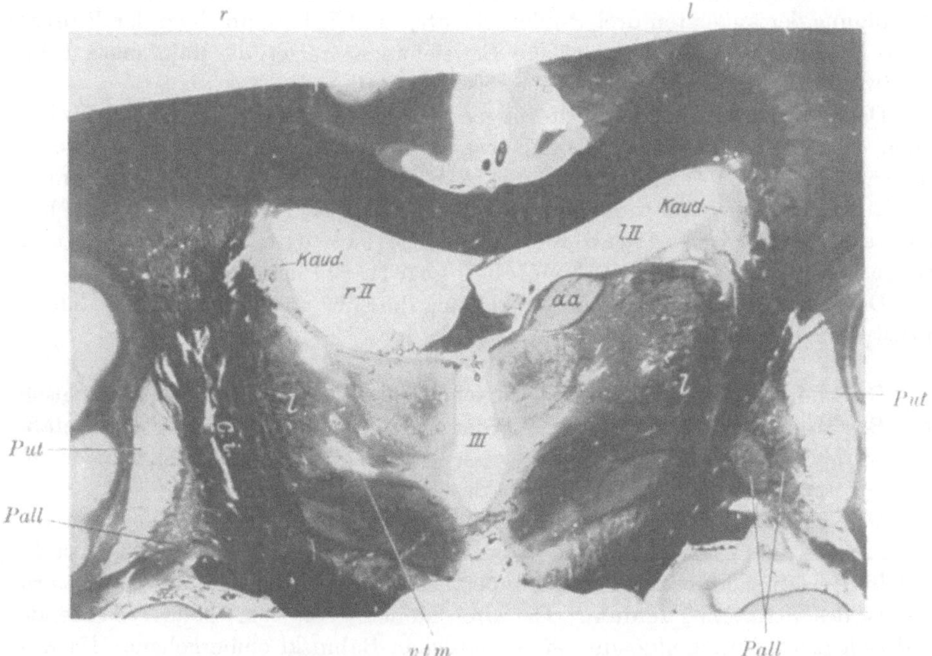

Abb. 76. Fall XV. Markscheidenfrontalschnitt mit herdförmigen Veränderungen im Kaudatum (*Kaud*) und Putamen (*Put*). Aufhellung des Pallidum (*Pall*) und größere Thalamusherde (*vtm, l*) rechts mehr als links. Photogr.

Entartung ihrer Wandungen mit Einlagerung amorpher Kalkmassen, die im Nisslbilde zum Teil nicht schwarz, wie in den oben erwähnten Fällen, sondern grünblau erscheinen.

Einen Überblick über die Lokalisation und Schwere der Veränderungen gewinnen wir am besten an den Markscheidenpräparaten. Bei Intaktbleiben des Marklagers des Stirnhirns und Zentralhirns und der inneren Kapsel zeigt das Striatum beiderseits einen ausgesprochenen Status cribratus, geringer auch das in seinem Umfange geschrumpfte und etwas faserverarmte Pallidum. Die Striatum-Pallidumveränderungen durchsetzen in annähernd gleicher Schwere das ganze Kerngebiet auf beiden Seiten (Abb. 76). Der rechte Seitenventrikel (*r II*) ist gegenüber links erweitert. Das dorsale Drittel des rechten Thalamus ist eingesunken. Im vordersten Teil des lateralen Kerns (Abb. 76) zeigt sich ein größerer Erweichungsherd. Der Vogtsche Kern *aa* fehlt völlig, des weiteren sind rechts in den Thalamuskernen *vtm* größere Erweichungen anzutreffen (Abb. 76), weiter nach hinten zu zeigt sich eine größere, etwas frischere Erweichung in *vtl*, die bis ins Pulvinar reicht. Links sind nur vereinzelte Erweichungsherde in *vtl* und *vtm* festzustellen.

Die übrigen Teile der basalen Stammganglien, insbesondere die rote Kerngegend, der gesamte Pons, die Kleinhirnstrahlungen, die Medulla oblongata und die Pyramiden sind intakt.

Zusammenfassung des anatomischen Befundes.

Im Vordergrunde steht eine schwere Gefäßerkrankung arteriosklerotischer Art, bei der auffällige Endothel- und Adventitialwucherungen, besonders ausgesprochen an den Capillaren, uns vielleicht einen Hinweis geben dürfen auf die spezifisch syphilitische Ätiologie. Die hin und wieder festzustellenden perivasculären Infiltrate sind vielleicht von ähnlicher Bedeutung, doch sehen wir ähnliche Veränderungen auch in Fällen offenbar reiner Arteriosklerose. Die Gefäßerkrankung führte zu kleineren Verödungs- und Erweichungsherden der Rinde, besonders des Stirnhirns und der Zentralwindungen, mit vornehmlicher Beteiligung der äußersten drei Rindenschichten und Erhaltenbleiben der Beetz-schen Pyramidenzellschicht. Größere Erweichungen zeigen die linke erste Temporalwindung und die lateralen Teile des Occipitalhirns.

Der Sitz der schwersten herdförmigen Störungen ist das Striatum - Pallidum und der Thalamus. Das Striatum - Pallidum zeigt beiderseits einen ausgesprochenen Status cribratus, der rechte Thalamus ist in seinen vorderen Kerngebieten (*l* und *aa*) besonders stark betroffen, ferner in seinen Kernen *v t m*, *v t l* und Pulvinar. Links zeigen sich nur kleinere Erweichungen in *v t l* und *v t m*.

Die innere Kapsel, die Pyramidenbahnen, die Substantia nigra und die Kleinhirnstrahlungen sind intakt.

Epikrise.

Die klinische Diagnose auf syphilitische Gefäßerkrankung findet histologisch ihre Bestätigung, wobei freilich im Vordergrunde eine arteriosklerotische Gefäßwandveränderung steht und nur gewisse Auffälligkeiten uns vielleicht einen Hinweis auf die syphilitische Ätiologie des Falles abgeben.

Der Beginn der Erkrankung mit Sehstörungen, Vergiftungs- und Verfolgungsideen ist auf die Cortexschädigung zu beziehen, in gleicher Weise das das Krankheitsbild eröffnende hypokinetisch-hypertonische Syndrom auf den Status cribratus des Striatum-Pallidum. Die drei Monate vor dem Tode einsetzende und sich rasch zurückbildende, ohne deutlichen Babinski einhergehende linksseitige schlaffe Hemiparese mit konjugierter Augenablenkung nach rechts ist bei der Diffusität der herdförmigen Störungen sehr schwer eindeutig zu lokalisieren. Der Umstand, daß sich bei beiderseitiger annähernd gleicher Verletzung des Striatum-Pallidumsystems gewisse Thalamusgebiete rechts (*l, aa, v t m*) besonders schwer affiziert zeigen, weist auf diese Lokalisation des apoplektiformen Insultes hin. Die klinische Feststellung, daß sich postapoplektiform bei allgemeiner Hypokinese eher eine Tonusverminderung entwickelte bei begleitenden starken Schmerzen in den Extremitäten, weist in ähnlicher Richtung im Sinne des Thalamussyndroms von Déjerine und Roussy. Schließlich ist noch zu berücksichtigen, daß auch die vorderen Zentralwindungen selbst von kleineren Herden befallen sind. Immerhin möchte ich bei dem anatomisch erwiesenen Intaktsein der Pyramidenfaserung die eigenartige Entwicklung der Bewegungsstörung mit sensiblen Reizerscheinungen im wesentlichen extrapyramidal erklären und auf die Affektion des Strio-Pallidum und Thalamussystems zurückführen.

Nicht minder kompliziert liegt der folgende Fall einer gleichzeitigen schweren Schädigung des strio-pallidären und Thalamussystems.

Fall XVI.

Parkinsonismus mit nachfolgender fast schlaffer Hemiparese und Parästhesien und Wiederauftreten des Tremors in der gelähmten Seite.

Der Kranke Strathmann, 68 Jahre alt, wird am 27. August 1921 in die Nervenstation des Krankenhauses St. Georg (Trömner) wegen Lähmungserscheinungen eingeliefert.

Aus der von der Frau des Kranken erhobenen Vorgeschichte ergibt sich folgendes: Patient ist verheiratet, die Frau von ihm hat 6 gesunde Kinder, außerdem ein lebensschwaches, früh gestorbenes Kind und 4 Fehlgeburten. Von früherer Syphilis ist nichts bekannt. Schon seit längerer Zeit (ein genauerer Termin ist nicht zu erzielen) ist den Angehörigen eine steife Haltung des Kranken mit Zittererscheinungen an den Armen aufgefallen. Vor 3 Monaten erlitt Patient, als er morgens aufstand, einen Schlaganfall mit nachfolgender linksseitiger Lähmung. Seitdem liegt er dauernd zu Bett, wobei sich das Befinden allmählich verschlechterte. Er kann seitdem nicht mehr gehen noch stehen.

Aus dem Befunde ist erwähnenswert: Der Kranke liegt ziemlich benommen da, auf Anruf antwortet er nur mit undeutlichem Gemurmel. Der Kranke ist sehr fett, es bestehen die Zeichen peripherer Arteriosklerose. Lidspalten sind mittelweit, beiderseits gleich; die Pupillen sind rund, mittelweit, beiderseits gleich; die Lichtreaktion ist nicht sehr prompt und ausgiebig, direkt und konsensuell beiderseits gleich. Auch die Konvergenzreaktion ist nicht sehr prompt, die Augenbewegungen sind frei. Der Cornealreflex fehlt links, der Augenhintergrund ist o. B. Im Gebiete der Gehirnnerven ist eine leichte motorische Schwäche des linken unteren Facialis festzustellen, die Zunge zittert, der Rachenreflex ist erhalten.

Die Sprache ist artikulatorisch leicht gestört; die grobe Kraft ist an der linken oberen Extremität herabgesetzt. In der linken oberen Extremität ist der Tonus nicht vermehrt, alle Bewegungen können aktiv nur kraftlos ausgeführt werden. Bei passiven Bewegungen der linken oberen Extremität empfindet Patient sehr heftige Schmerzen. Keine Zittererscheinungen links. Die Reflexe sind links nicht gegen rechts erhöht. In der rechten oberen Extremität ist die rohe Kraft etwas herabgesetzt und der Tonus erhöht. Hier besteht ein Paralysis-agitans-ähnlicher Tremor. Die Bauchdeckenreflexe sind nicht auszulösen, die Cremasterreflexe sind beiderseits plus, der Tonus der unteren Extremitäten ist erhöht, die grobe Kraft ist hier links gering, rechts im wesentlichen normal; Patellar- und Achillessehnenreflexe sind nicht sicher auszulösen, links besteht ein deutlicher Babinski und Oppenheim. Psychisch ist Patient desorientiert, konfabuliert, im allgemeinen ruhig.

3. 9. Wa. im Blut †††, Lumbalpunktion ergibt einen Anfangsdruck von 140. Der Liquor ist klar; Phase I ††, Zellen 144/3, Wa. von 0,05 bis 1,0 †††. Nach der Punktion tritt eine Minute lang rechtsseitiger Rucknystagmus auf; die rechte Pupille ist für kurze Zeit enger als die linke.

4. 9. Im rechten Arm ist das Zittern lebhafter geworden; der Kranke gibt auf Befragen an, das Zittern habe er seit dem Schlaganfall.

13. 9. Im Verlaufe der am 5. 9. begonnenen antisyphilitischen Behandlung (Schmierkur plus Jodkali) bekommt Patient reichliches Erbrechen. Die Kur muß ausgesetzt werden, die nach einigen Tagen wieder begonnene Kur wird gut vertragen. Der Kranke ist tagsüber meist ruhig, nur ungenau orientiert, konfabuliert, bei deutlicher Merkfähigkeitsstörung. Nachts ist er häufig laut. Er ist auch durch entsprechende Medikamente kaum zum Schlaf zu bringen.

20. 9. Der psychische Zustand des Kranken ist besser geworden, er ist jetzt dauernd orientiert und tagsüber ruhig; manchmal klagt er über Schwindelanfälle. Der Kranke hat jetzt außer dem dauernden Paralysis-agitans-ähnlichen Tremor in dem rechten Arm auch ab und zu leichte Zitterbewegungen von demselben Typus in der gelähmten linken oberen Extremität, vornehmlich in der linken Hand. Aktiv können alle Bewegungen in den linken Extremitäten ausgeführt werden, jedoch nur langsam und mit beschränkter Kraft. Bei passiven Bewegungen besonders der linken Extremitäten zeigt der Kranke starke Schmerzreaktion.

27. 9. Die Zitterbewegungen in der rechten und linken oberen Extremität bestehen fort und werden auch links lebhafter. Der linke Arm bessert sich immer mehr in seiner Beweglichkeit. — In den nächsten Tagen bekommt Patient dauerndes Erbrechen bei schlechtem

Allgemeinbefinden. Die Aushcberung des Magens ergibt keinen abnormen Befund. Die antisyphilitische Behandlung wird jetzt ausgesetzt, das Erbrechen nimmt zu, es tritt sehr häufig Singultus auf. Der Nervenbefund bleibt im wesentlichen gleich, der Paralysis-agitans-Tremor rechts ist dauernd deutlich, links auch fast immer vorhanden, jedoch etwas langsamer und schwächer. Die Pupillen reagieren nur sehr wenig ausgiebig auf Licht. Unter zunehmender Somnolenz stirbt der Kranke am 16. 10. 1921.

Zusammenfassung des klinischen Befundes.

Der 68jährige Kranke, bei dem sich seit längerer Zeit eine steife Haltung mit Zittern der Arme entwickelt hatte, erleidet einen Schlaganfall mit nachfolgender linksseitiger fast schlaffer Lähmung und zunehmender Benommenheit, bei Fortbestehen des Parkinsonismus mit Tremor der rechten Seite. Die Lichtreaktion der Pupillen ist eingeschränkt, ebenso die Konvergenzreaktion. Der Blutwassermann ist stark positiv, der Liquor zeigt stark positive Phase I, Zellvermehrung und stark positiven Wassermann von 0,05 bis 1,0. Neben schwerer Schlafstörung fällt auf, daß auch in der gelähmten linken oberen Extremität, deren Beweglichkeit sich allmählich bessert, der Paralysis-agitans-ähnliche Tremor wieder hervortritt und daß bei allen passiven Bewegungen, besonders der linken Extremitäten, starke Schmerzen geäußert werden. Es besteht dauernde Astasie und Abasie. Die antisyphilitische Behandlung muß wegen starkem Erbrechen und Singultus ausgesetzt werden und der Kranke stirbt ungefähr 4 Monate nach dem apoplektiformen Insulte bei Fortbestehen der Tremorerscheinungen in beiden Armen, rechts lebhafter als links.

Die klinische Diagnose lautete auf Parkinsonismus auf syphilitischer Grundlage.

Anatomischer Befund.

Bei der Sektion wurde im wesentlichen eine periphere Arteriosklerose festgestellt.

Die Gefäße der Gehirnbasis zeigen sklerotische Wandveränderungen. Die Pia ist leicht getrübt, die Hirnwindungen nicht besonders geschrumpft. Die Hirnrinde und das Großhirnmarklager, der Balken und die innere Kapsel sind herdfrei, nur an der Basis des rechten Occipitalhirns liegt eine gelbbraune Erweichung. Die Seitenventrikel sind erweitert, rechts mehr als links. Das Ependym der Seitenventrikel ist grobkörnig granuliert. Das Striatum ist beiderseits leicht geschrumpft, ebenso wie das Pallidum frei von makroskopischen Herden. Der rechte Thalamus ist etwas eingesunken und zeigt auf Frontalschnitten mehrere gelbbraune Erweichungsherde, vornehmlich in *ma*, in dem vorderen lateralen Kern (*l*), ferner in dem hinteren lateralen Kern, von hier aus bis in das Pulvinar reichend. Links erscheint der Thalamus herdfrei, auch der Pons und die Medulla oblongata wie das Kleinhirn sind frei von herdförmigen Störungen.

Die mikroskopische Untersuchung weist einmal eine sehr schwere Arteriosklerose der Hirngefäße nach mit Bevorzugung der größeren Gefäße der Basis und des Hirnstammes, dazu eine besonders an der Basis recht lebhaft ausgesprochene lymphocytäre Infiltration mit perivasculärer Betonung (Abb. 77). Diese piale Infiltration ist auch an der Hirnkonvexität in verminderter Schwere festzustellen, sie greift nirgends diffus auf das Nervenparenchym über, es finden sich aber an zahlreichen größeren und kleineren Gefäßen der Rinde, des Marklagers, der basalen Stammganglien, des Thalamus und des Pons häufig recht lebhafte lymphocytäre Infiltrate, untermischt mit vereinzelten Plasmazellen.

Nirgends zeigen sich Schichtstörungen oder schwerere Parenchymveränderungen im Sinne einer Paralyse. Außer dem schon makroskopisch nachgewiesenen Herd an der Basis des rechten Occipitalhirns, der sich als ein in Organisation begriffener arteriosklerotischer Erweichungsherd darstellt, zeigt die Rinde und das Großhirnmarklager keinerlei herdförmige Störungen.

Sehr schweren Parenchymveränderungen begegnen wir aber im Bereich der basalen Stammganglien: histologisch handelt es sich auch hier einmal um arteriosklerotisch bedingte herdförmige Störungen im Sinne kleiner Criblüren, frischer Blutaustritte und in Organisation begriffener Erweichungen offenbar verschiedenen Alters, dazu gesellen sich die obenerwähnten Gefäßinfiltrate auch in herdförmig nicht affizierten Gebieten.

In ihren histologischen Einzelheiten entspricht die Parenchymdegeneration jener vom Falle XIII und XV.

Über die Ausdehnung der herdförmigen Störungen in den basalen Stammganglien orientieren uns am besten die Markscheidenpräparate an Frontalschnitten (Abb. 78, 79): an solchen erkennen wir einen ausgesprochenen Status cribratus im gesamten

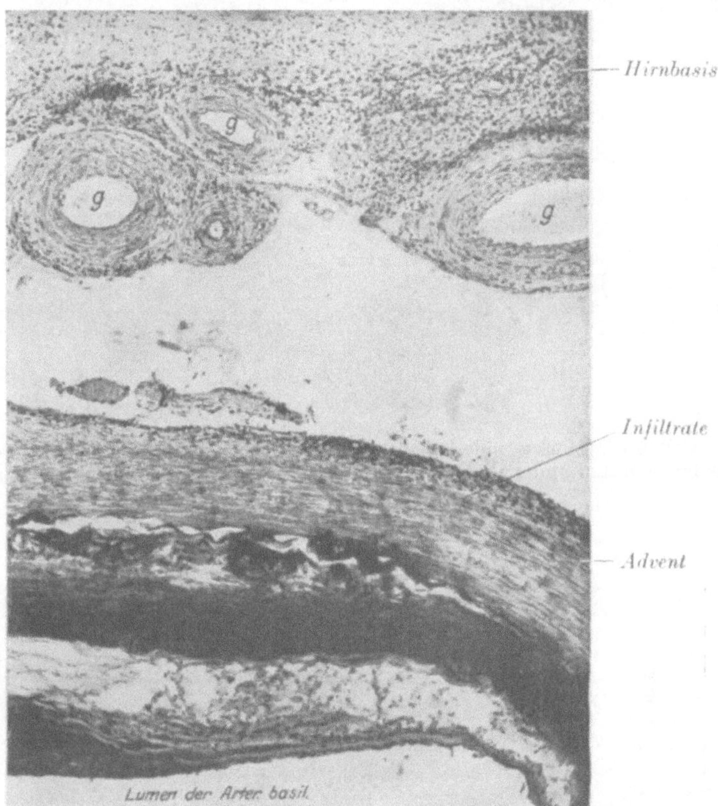

Abb. 77. Fall XVI. Arteriosklerotische Wandveränderungen der Arteria basil mit adventitiellen lymphocytären Infiltraten. g = sklerotisch veränderte Piagefäße mit perivasculären Infiltraten. Basale lymphocytäre Meningitis an der Hirnbasis. Mikroph. Nisslbild.

Striatum (*Caud* + *Put*) und etwas zurücktretend auch im Pallidum (*Pall*). Links durchsetzen auch zahlreiche Criblüren die äußere Kapsel und das Claustrum. Der Status cribratus ist im allgemeinen im linken Striatum lebhafter entwickelt als im rechten. Die Pallidumfaserung ist aufgehellt, ebenso die der Linsenkernschlinge.

In den verschiedenen Kernen des linken Thalamus finden sich nur ganz feine Criblüren, jede größere herdförmige Verletzung fehlt hier. Rechts hingegen treffen wir im Thalamus auf größere Erweichungen, welche den großen vorderen Dorsalkern völlig eingeschmolzen haben, weiter nach hinten zu sich in dem lateralen Thalamuskern (*l*) breitmachen (*v t l*) und bis ins Pulvinar reichen. *v t m* und die hinteren dem Ventrikel benachbarten Thalamusgebiete, die gesamte innere Kapsel, der Luyssche Körper, der rote Kern und die caudalwärts gelegenen Abschnitte des Hirnstammes, ferner die gesamten Kleinhirnstrahlungen sind herdfrei. Die Pyramidenbahnen sind intakt.

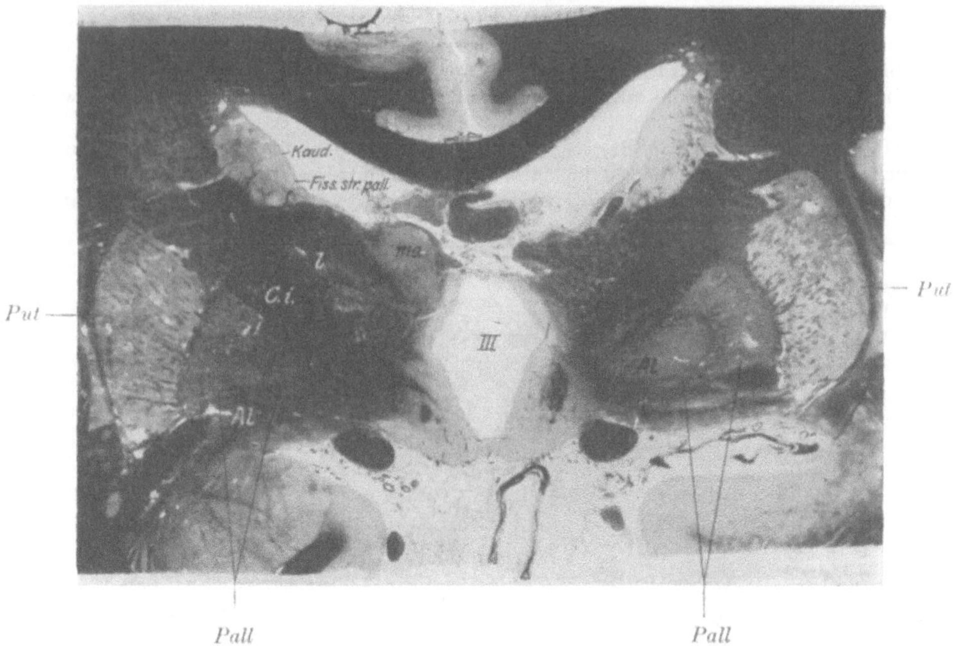

Abb. 78. Fall XVI. Markscheidenfrontalschnitt im Beginne des Thalamus (*ma, l*). Status cribratus im Striatum und Pallidum. Linsenkernschlinge (*Al*) verschmälert. Caps. int. (*Ci*) herdfrei. Mikroph.

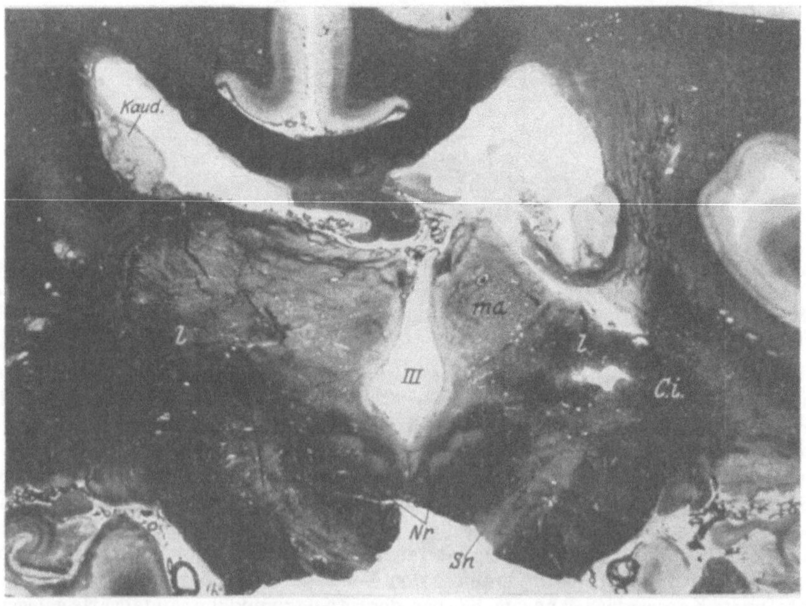

Abb. 79. Fall XVI. Markscheidenfrontalschnitt in der Höhe des Nucl. ruber (*Nr*). Schwere herdförmige Prozesse im rechten Thalamuskern *l*. Photogr.

Zusammenfassung des anatomischen Befundes.

Neben einer schweren Arteriosklerose vornehmlich der größeren Hirnstammgefäße zeigt sich eine besonders an der Basis ausgesprochene, aber auch über die Gehirnkonvexität verbreitete lymphocytäre piale Infiltration. Die infiltrativen Erscheinungen sind, weniger hochgradig, in diffuser Ausdehnung an den Gefäßen des Nervenparenchyms festzustellen. Die Großhirnrinde bietet aber keinerlei Anzeichen für die Entwicklung eines paralytischen oder herdförmigen syphilitischen Prozesses. Herdförmige Veränderungen arterioskleroser Natur zeigen sich nur an der Basis des rechten Occipitalhirns; das Striatum und Pallidum bietet einen ausgesprochenen Status cribratus, der im linken Striatum schwerer entwickelt ist, in ganz leichter Weise ist ebenso der linke Thalamus befallen. Größeren arteriosklerotisch bedingten Einschmelzungsvorgängen begegnen wir im rechten Thalamus, und zwar ist hier der vordere Dorsalkern und ferner der hintere Lateralkern (*v t l*) mit dem Pulvinar aufs schwerste affiziert. Die übrigen Strahlungen und Kerngebiete, insbesondere die innere Kapsel, die Kleinhirnstrahlungen und der rote Kern sind intakt.

Epikrise.

Der Prozeß, der diesem eigenartigen Krankheitsbilde zugrunde liegt, erweist sich histologisch als eine **Kombination schwerer Arteriosklerose der Hirnstammgefäße und einer lymphocytären Meningitis.** Besonders bemerkenswert ist dabei die Ausdehnung des kleinzelligen Infiltrationsprozesses auf die Gefäße des Nervenparenchyms. Spricht schon die Art der meningealen Infiltrationsvorgänge für die Annahme einer syphilitischen Genese, so wird diese Auffassung gestützt durch den positiven Ausfall der Blut- und Liquorreaktion. Liquorserologisch sprach das Untersuchungsergebnis für die Annahme eines paralytischen Krankheitsvorganges; **histologisch ist aber eine Paralyse mit Sicherheit ausgeschlossen,** und wir sehen nur als spezifische Veränderung einen diffusen lymphocytären Infiltrationsvorgang ohne begleitende, für die Paralyse charakteristische Parenchymdegeneration. Es mag dahingestellt bleiben, ob wir in diesem Befunde vielleicht den Beginn einer paralytischen Krankheitsentwicklung sehen dürfen, ich persönlich bin auf Grund meiner Erfahrungen an relativ frischen Paralysen der Ansicht, daß sich der obige Befund prinzipiell durch das Fehlen schwerer Parenchymveränderungen abhebt, und möchte die Auffassung vertreten, daß wir es hierbei mit einer ziemlich akuten schweren **Form syphilitischer Meningitis** zu tun haben. Die Verschlechterung im Laufe der antisyphilitischen Behandlung mit zunehmender Benommenheit des Kranken spricht für eine Art **Herxheimer**scher Reaktion, worin vielleicht auch der ungewöhnliche Befund der diffusen Ausbreitung der Entzündungsvorgänge im Nervenparenchym selbst seine Erklärung finden könnte. Leider ist in diesem Falle am Liquor keine Colloidreaktion ausgeführt worden, die uns klinisch wohl weiter gebracht hätte. Die so häufig wiederholte Forderung **Kafkas,** die Liquordiagnostik mit allen zu Gebote stehenden Verfeinerungen zu betreiben, wird hier wieder in ein helles Licht gerückt.

Der Gefäßprozeß unterscheidet sich in nichts von jenem einer gewöhnlichen schweren Arteriosklerose, und es muß die Frage offen bleiben, inwieweit die Lues auch hier eine ätiologische Rolle mit spielt.

Auch symptomatologisch-lokalisatorisch bietet der Fall recht komplizierte Verhältnisse. Der Beginn der Krankheit mit steifer Haltung und Zittern der Arme dürfte wohl zurückzuführen sein auf die allmähliche Entwicklung des Status cribratus im Striatum und Pallidum, wobei die starke Ausprägung der Veränderung im Striatum hervorzuheben ist. Für den apoplektiformen linksseitigen Insult, 4 Monate vor dem Tode des Kranken, mit nachfolgender linksseitiger fast schlaffer Lähmung (Babinski vorübergehend positiv) kommt meines Erachtens nur die schwere herdförmige Störung des rechten Thalamus in Betracht. Wir wissen ja, daß sich Thalamusherde nicht selten klinisch derartig äußern, wobei die Frage schwer zu entscheiden ist, ob es sich dabei um eine Fernwirkung auf die innere Kapsel, oder um ein direktes Thalamussymptom handelt. Bei der schweren Verletzung des hinteren lateralen Thalamuskernes, wo ja die sensible Schleife ihre hauptsächlichste subcorticale Endigungsstätte hat, sind für das Auftreten motorischer Lähmungserscheinungen ganz ähnliche Bedingungen gegeben wie für die intracorticale Hemiplegie bei intakter Pyramidenbahn (Spielmeyer, Höstermann, Bielschowsky, A. Jakob) vgl. auch den weiter unten erwähnten Bischoffschen Fall (S. 333). Auch die schwere Schlafstörung kann als Thalamussymptom gedeutet werden, ebenso die starken Schmerzreaktionen des Kranken, besonders bei passiven Bewegungen der gesamten Extremitäten.

Die Symptomatologie des Falles beansprucht noch besonderes Interesse durch das Wiederauftreten des Tremors bei Rückbildung der motorischen Lähmungserscheinungen, wobei der Tremor auf der ungelähmten Seite lebhafter bleibt. Wie diese Erscheinung gehirn-physiologisch auf Grund der nachgewiesenen Störungen zu deuten ist, ist kaum eindeutig zu beurteilen. Ich möchte der Ansicht sein, daß sich der ursprüngliche agitierte Parkinsonismus, zurückzuführen auf die direkte Schädigung des Striatum-Pallidumsystems, bei dem allmählichen Ausgleich der extrastriär bedingten motorischen Lähmungserscheinungen klinisch wieder durchsetzen konnte.

Wir sehen also aus den beiden letzten Fällen (XV und XVI), daß ein striopallidär bedingter Parkinsonismus durch das weitere Hinzutreten von Thalamusherden, namentlich in dessen lateralem Kern, durch Paresen von schlaffem Charakter und mit starken Parästhesien einhergehend komplizierend beeinflußt werden kann; es besteht Astasie und Abasie. Auch Schlafstörungen treten dabei in den Vordergrund. Bei dem allmählichen Ausgleich der thalamisch bedingten Lähmungserscheinungen kann der Tremor des Parkinsonismus in den paretischen Gliedern wieder auftreten.

6. Arteriosklerotische (oder syphilitisch bedingte) Muskelstarre mit hinzutretenden Hyperkinesen.

a) mit Athetose:

Hierher gehören die beiden folgenden Fälle:

Fall XVII.

Arteriosklerotische Muskelstarre mit apoplektiform einsetzender einseitiger schlaffer Parese und kontralateraler athetotischer Parakinese.

Die Kranke Jarmatz, 1838 geboren, wird wegen seniler Demenz (Verwirrtheit, Unruhe) am 3. Januar 1921 F. zugeführt. Eine Vorgeschichte ist nicht zu erhalten. Die Kranke ist stumpf, fast völlig taub, körperlich sehr hinfällig. Das Gesicht ist maskenartig, starr; in allen Extremitäten besteht eine starke Rigidität; sie kann weder stehen noch gehen; die Beine können aktiv nicht völlig gestreckt werden, auch passiv nicht. Bei dem Versuch, die Kranke auf einen Stuhl zu setzen, zieht sie die Beine an den Körper und fällt nach vorn über. Die Rigidität in den Beinen ist stärker als die in den Armen. Der Pupillen- und Augenbefund ist negativ, die Reflexe sind sämtlich vorhanden, ohne abnorme Qualitäten. Es besteht kein Babinski. Die Kranke ist desorientiert, ziemlich teilnahmslos, konfabuliert; schläft nachts trotz starker Schlafmittel kaum, während sie tagsüber fast dauernd dahindämmert.

In diesem Zustande bleibt die Kranke die ganzen nächsten Monate über. Am 27. 6. 21 ist erwähnt, daß in der Nacht offenbar ein leichter Schlaganfall eingesetzt hat. Am nächsten Morgen hängt der rechte Mundfacialis etwas, jedoch sind im Gebiete der Extremitäten keine wesentlichen Veränderungen gegen früher zu bemerken. Reflexe und Rigidität sind wie oben. Die Sprache ist undeutlicher als bisher. In den nächsten Wochen bleibt der Zustand unverändert, nur schläft die Kranke jetzt auffallend viel. Am 26. 8. setzt ein neuer Schlaganfall ein. Einige Stunden nachher liegt die Kranke tief benommen da mit geschlossenen Augen, die Bulbi sind beide nach rechts gewendet. Im linken Arm treten unwillkürliche ausfahrende Bewegungen auf, die an parakinetische Ausdrucks- und Reaktivbewegungen erinnern, und in ihrem Ablaufe deutlichen athetotischen Charakter tragen. Der rechte Arm liegt ruhig auf der Bettdecke ohne alle Spannung. Auf Kneifen erfolgt am rechten Arm keine Abwehrbewegung, am linken eine sehr schwache. Die Beine werden beide bewegt, keine deutliche Reflexdifferenz. Babinski ist links negativ, rechts erfolgen Pseudobabinski-ähnliche Abwehrbewegungen. Die Kranke schläft auch in den nächsten Tagen dauernd, spricht nicht mehr, schluckt etwas flüssige Nahrung und am 2. 9. erfolgt der Exitus.

Zusammenfassung des klinischen Befundes.

Die 82jährige Kranke bietet zunächst neben Korsakoff-Symptomen das Zustandsbild einer arteriosklerotischen Muskelstarre, bei völliger Unmöglichkeit des Stehens, Gehens und Sitzens. Nach einem leichten apoplektiformen Insult zeigt sich eine vorübergehende rechtsseitige Mundfacialis-Parese mit deutlicher Verschlechterung der Sprache. Nach einem weiteren Schlaganfall ist die Kranke tief benommen, die Bulbi sind nach rechts gewendet, in der linken Hand bestehen unwillkürliche ausfahrende Bewegungen im Sinne von Parakinesen mit Athetosecharakter, während der rechte Arm schlaff paretisch ist. An den unteren Extremitäten zeigt sich der gleiche Befund wie früher, wobei jetzt rechts bei Bestreichen der Fußsohle Pseudobabinski-ähnliche Abwehrbewegungen beobachtet werden. Sechs Tage nach dem letzten Schlaganfall stirbt die Kranke in tiefer Benommenheit.

Die klinische Diagnose lautet auf Arteriosklerosis cerebri mit Herden in den basalen Stammganglien.

Anatomischer Befund.

Die Sektion ergibt: Schädeldach und Dura o. B. Die Pia ist leicht verdickt. Bei Eröffnung der Dura entleert sich etwas klarer Liquor. Die Gehirnwindungen sind atrophisch (Gehirngewicht 1120 g, Dura 60 g, Schädelinhalt 1300 ccm). Die basalen Gefäße zeigen sklerotische Wandveränderungen. Bei der Zerlegung des Gehirns in Frontalschnitten ist die Rinde und das Marklager des Großhirns, das Kleinhirn, Pons und Medulla oblongata herdfrei.

Die Seitenventrikel sind leicht erweitert, die basalen Stammganglien sind im allgemeinen geschrumpft. Im Kopfe des rechten Caudatum und im mittleren Teile des rechten Putamen und der angrenzenden Partie des Pallidum finden sich kleinere gelbbraune erweichte Einsenkungen. Der mittlere Teil des Caudatumkörpers rechts ist stark eingesunken, rechts ist die innere Kapsel in ihrem vordersten ˋchenkel von einem ähnlichen Erweichungsherde durchsetzt. Sonst sind keine Verletzungen der inneren Kapsel festzustellen. Links sind die oralsten Partien der basalen Stammganglien frei von größeren Herden. Von der Entwicklung des Pallidum an ist das Putamen links von einer großen frischen roten Erweichung eingenommen, die nach außen das Claustrum mit zerstört und bis hart an die innere Kapsel heranreicht, ohne sie direkt zu verletzen. Das Thalamusgebiet ist links nicht betroffen. In ihren hinteren Ausläufern reicht die Erweichung bis zu den letzten inselförmigen Aufsplitterungen des Putamen.

Die mikroskopische Untersuchung ergibt folgendes: In der Großhirnrinde zeigen sich die Erscheinungen einer schweren senilen Demenz mit zahlreichen Drusen

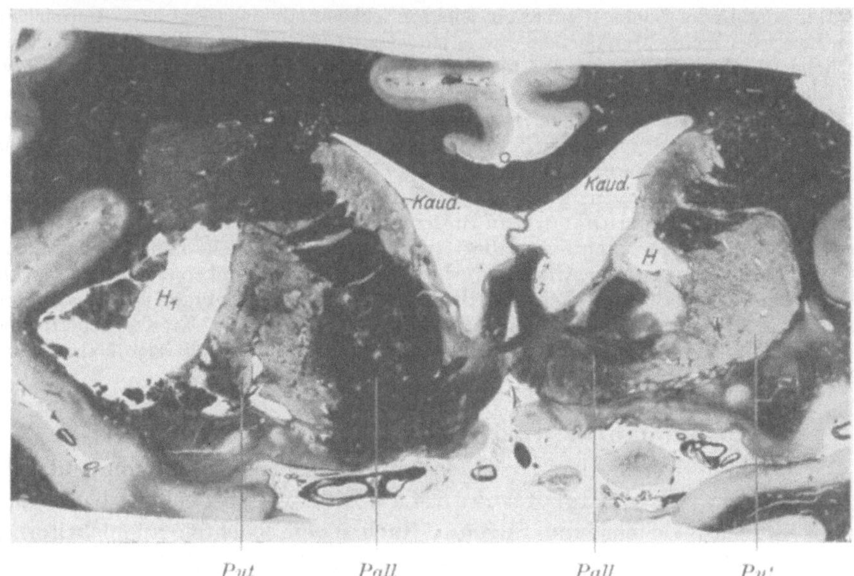

Abb. 80. Fall XVIII. Markscheidenfrontalschnitt in der Höhe des vorderen Schenkels der Caps. int. Status cribratus im Striatum (*Kaud* + *Put*) und Pallidum (*Pall*). H = alter Erweichungsherd vom Kaud. aus, die Caps. int. durchsetzend, in das äußere Pallidumglied einbrechend. H_1 = links großer frischer Erweichungsherd im Putamen. Photogr.

und schweren Ganglienzellverfettungen. Herdförmige Störungen sind in der gesamten Rinde, in dem Großhirnmarklager und im Kleinhirn nicht festzustellen.

Die größeren Gefäße, vornehmlich die des Hirnstammes lassen schwere arteriosklerotische Veränderungen erkennen. Die histologische Untersuchung der basalen Stammganglien ergibt, von den größeren herdförmigen Störungen abgesehen, annähernd den gleichen Befund wie im Falle XI und XII (Arteriosklerotische Muskelstarre), wobei hervorzuheben ist, daß sich beiderseits im Striatum und Pallidum neben zahlreichen deutlich älteren Erweichungsherden solche frischeren Datums nachweisen lassen. Der große rote Erweichungsherd im linken Putamen erweist sich histologisch als eine umfangreiche Blutung mit beginnenden Abbau- und Organisationsvorgängen in den Randpartien.

Die Markscheidenpräparate geben uns einen Überblick über die Verteilung der herdförmigen Störungen: Ganz im allgemeinen ist das gesamte Striatum und weniger hochgradig auch das Pallidum beiderseits von kleineren und größeren Criblüren durchsetzt. Rechts zeigt der Kopf des Caudatum einen größeren Lückenherd (Abb. 80 H), der den vorderen Schenkel der inneren Kapsel durchsetzt und in den oralsten Beginn des Pallidum einstrahlt (Abb. 80). Das äußere Glied des Pallidum ist in seinem mittleren Teile völlig rarefiziert und aufgehellt, wobei die äußere und mittlere Grenzlamelle erhalten bleibt (Abb. 80, 81 *H*). Die innere Kapsel ist leicht herdförmig durchsetzt und im vordersten Teil des lateralen Thalamuskerns (Abb. 81 *l*) liegt ebenfalls eine größere streifenförmige Erweichung. Das gesamte Pallidum ist rechts faserärmer, ebenso die Linsenkernschlinge. Weiter caudalwärts ist die innere Kapsel unverletzt und eine größere Erweichungshöhle findet sich nur noch im dorsalsten Anteil des Striatum in den Schnitthöhen der Corpora mamillaria (Abb. 82 H_2). Auch die äußerste Ecke des hinteren lateralen Thalamuskerns ist herdförmig affiziert (Abb. 82 *l*). Das Caudatum ist in diesen Schnitthöhen völlig eingesunken (Abb. 82, *Kaud*).

Im übrigen zeigt der Thalamus beiderseits einen leichten Status cribratus in allen Kerngebieten.

Links ist im gesamten Striatum und Pallidum der Status cribratus deutlich ausgeprägt,

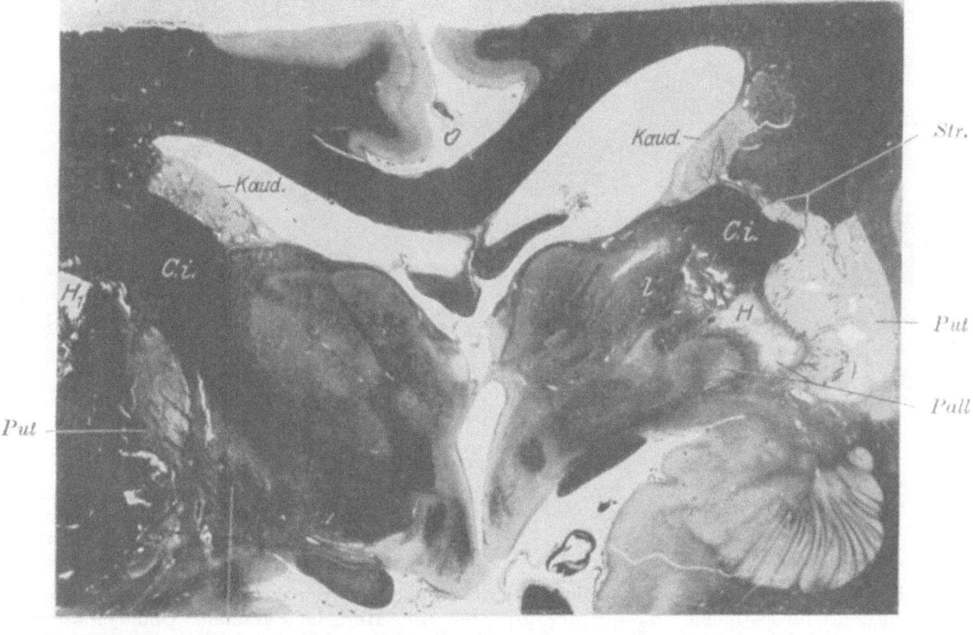

Abb. 81. Fall XVII. Markscheidenfrontalschnitt in der Höhe der Commiss. med. *H* = der alte Erweichungsherd rechts im pallidären Armzentrum. H_1 = links frischer Blutungsherd, das ganze Putamen zerstörend. *Str.* = normale Striatumbrücke, die *C. i.* durchziehend. Sonst wie Abb. 71.

zudem treffen wir von der oralsten Entwicklung des Pallidum an auf den bereits makroskopisch erwähnten großen relativ frischen Blutungsherd, der die laterale Hälfte des Putamen mit der gesamten äußeren Kapsel und dem Claustrum zerstört (Abb. 80 H_1). In den mittleren Striatumhöhen (Abb. 81 H_1) frißt er sich tiefer in das Striatum hinein, hat hier den größten Teil des Putamen verletzt und reicht stellenweise bis zur äußeren Grenzlamelle des Pallidum. In den Schnitthöhen der Corpora mamillaria (Abb. 82 H_1) erreicht er seine größte Ausdehnung, um sich weiter caudalwärts rasch zu verjüngen und in den hintersten Höhen der Striatuminseln aufzuhören. Die innere Kapsel ist links unverletzt geblieben. Der rote Kern, die Substantia nigra und die Kleinhirnstrahlungen sind unversehrt. Die Pyramidenbahnen zeigen keine Degenerationen.

11*

Zusammenfassung des anatomischen Befundes.

Neben einem schweren senilen Rindenprozesse zeigen sich hochgradige herdförmige Störungen auf arteriosklerotischer Basis in den basalen Stammganglien, und zwar ist das gesamte Striatum und Pallidum beiderseits von einem alten Status cribratus beherrscht, der rechts größere Ausdehnung zeigt und in der Höhe des Vogtschen Armzentrums eine starke Rarefikation im äußeren Pallidumglied aufweist. Außerdem zeigt der Thalamus beiderseits einen leichteren Status cribratus. Links ist fast das gesamte Putamen, die äußere Kapsel und das

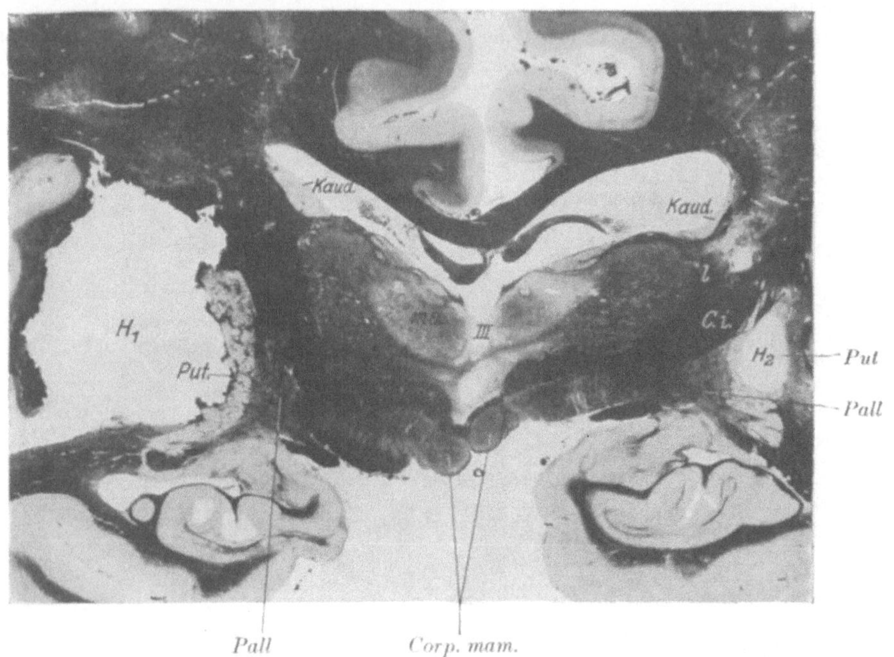

Abb. 82. Fall XVIII. Markscheidenfrontalschnitt in der Höhe der Corp. mam. H_1 = frischer Blutungsherd im Putamen. H_2 = rechts größerer alter Herd im Putamen. Daneben alter Erweichungsherd im lateralen Thalamuskern (l). *Kaud* = rechts eingesunken. *Pall* = aufgehellt. Photogr.

Claustrum durch einen frischeren Blutungsherd zerstört. Die innere Kapsel ist nur rechts in ihrem vorderen Schenkel circumscript herdförmig betroffen.

Epikrise.

Das Korsakoff-ähnliche psychische Zustandsbild ist auf die senile Rindenveränderung zu beziehen. Die zunächst auffällige, deutlich ausgeprägte arteriosklerotische Muskelstarre hat ihr anatomisches Substrat in dem Status cribratus des Striatum und Pallidum. Die während der Beobachtungszeit des Kranken auftretenden apoplektiformen Insulte, die zunächst zu einer leichten rechtsseitigen Facialisschwäche mit Verschlechterung der Sprache führten, und nach einer erneuten Attacke bei tiefer Benommenheit eine ausgesprochene, schlaffe Parese des rechten Armes und Pseudobabinski-ähnliche Abwehrbewegungen des rechten Fußes bedingten, müssen wohl auf den ausgedehnten Blutungsherd im linken Putamen (äußere Kapsel und Claustrum) zurückgeführt werden. Offenbar hat hier zunächst eine kleinere Blutung eingesetzt, die den ersten apoplektischen Insult bedingte, während das erneute gleich lokalisierte Einsetzen einer umfangreichen Blutung die letzte Apoplexie auslöste. Der histologische Charakter des großen Blutungsherdes im linken Striatum deckt sich mit dem ungefähr sechs Tage bestehenden Alter der letzten Apoplexie. Inwieweit die postapoplektischen Lähmungserscheinungen als Fernwirkung auf die innere Kapselstrahlung aufzufassen sind, läßt sich bei so ausgedehnten Blutungsherden nicht entscheiden, ebensowenig die Rolle der begleitenden Thalamusveränderung bei dem Auslösen der klinischen Symptome.

Von besonderem Interesse ist noch die Entwicklung von unwillkürlichen ausfahrenden Athetose-ähnlichen Parakinesen des linken Armes nach dem letzten Schlaganfall. In jenem Teile des Pallidum, der dem Vogtschen Armzentrum entspricht, zeigte sich rechts eine besonders starke, freilich ältere Rarefikation, die meines Erachtens mit der linksseitigen athetotischen Parakinese im Armgebiet in genetischen Zusammenhang gebracht werden muß.

Nun wissen wir, daß die beiden pallidären Systeme ja faseranatomisch und funktionell gegenseitig in Verbindung stehen und wir müssen daraus und aus noch weiter unten zu erörternden Gründen schließen, daß ein Pallidum nicht nur die gegenüberliegende Seite, sondern auch die gleiche Seite funktionell beeinflußt. Der besprochene Fall zeigt uns, daß ein alter pallidärer Herd durch das Hinzutreten einer stärkeren Verletzung des gegenüberliegenden Striopallidum zu einer athetotischen Hyperkinese der kontralateralen Seite führt. Diese Tatsache kann nur so gedeutet werden, daß zunächst der Funktionsausfall des Striopallidum mit dem größeren pallidären Herd durch das relativ funktionstüchtige Striopallidum der anderen Seite kompensiert wurde. Erst durch den infolge der umfangreichen Erweichung eingetretenen Funktionsausfall dieses grauen Zentrums trat die pallidär bedingte Athetose der anderen Seite klinisch in Erscheinung.

Daß für die Auslösung der athetotischen Bewegungsstörung ganz vornehmlich der pallidäre Herd angeschuldigt werden muß, ergibt sich meines Erachtens daraus, daß sich das zugehörige Striatum in ganzer Ausdehnung von Criblüren durchsetzt zeigte, während die Bewegungsstörung sich nur auf das Armgebiet beschränkte, also einer enger lokalisierten Läsion ihren Ursprung verdanken muß. Hierfür kommt aber nur die fokale pallidäre Verletzung in Frage, die sich auf das Armgebiet des Pallidum beschränkte. Inwieweit die anatomische Mitläsion des Striatum dabei von Bedeutung ist, und ob ihr vielleicht die Auslösung des parakinetischen Einschlags der Bewegungsstörung zuzuschreiben ist, wage ich zunächst nicht zu entscheiden[1]). Meine früheren

---

[1]) Vgl. auch die neuerlichen Ausführungen von Kleist (Monatsschr. f. Psychiatrie u. Neurol. **52**, 1923). Kleist hat hier gleichfalls das Auftreten von einseitigen Hyper- und Parakinesen bei kontralateraler Hemiplegie in ähnlicher Gedankenfolge mit älteren striopallidären Verletzungen in den zur Bewegungsunruhe gegenseitigen Stammganglien in

Ausführungen über die Chorea und noch später zu erörternden Überlegungen sprechen in diesem Sinne.

Solche Fälle und deren pathophysiologische Ausdeutung bringt auch jene auffallende Tatsache unserem Verständnis näher, daß durchaus nicht alle herdförmigen striopallidären Verletzungen klinisch deutlich in Erscheinung treten. Die striopallidären Zentren beeinflussen sich einmal gegenseitig und stehen, wie wir bei der Erörterung der normal-anatomischen Verhältnisse gesehen haben, mit den subpallidären Zentren sowohl in einseitiger wie kontralateraler Beziehung. Schon daraus müssen wir schließen, daß das Striopallidum einer Seite nicht nur die kontralaterale Körperhälfte, sondern auch die gleichseitige innerviert. Es sind hier ganz ähnliche Mechanismen gegeben, wie sie uns die Pathogenese der subcortical bedingten Pseudobulbärparalyse für die doppelseitig vertretene Bulbärfunktion an die Hand gegeben hat (Hartmann, Jakob u. a.). Dazu kommt noch, daß die gesamten subcorticalen Apparate unter dem Einfluß des Großhirns arbeiten und von der corticalen Funktionstüchtigkeit in ihren Leistungen mit abhängig sind. Schließlich sehen wir in dem fronto-ponto-cerebellaren System noch ein extrapyramidales Hilfssystem, das unserem Hauptsystem in seinen Funktionsleistungen in gewissem Sinne koordiniert erscheint.

Diese komplizierten anatomischen und physiologischen Bedingungen bilden die Basis für das wechselvolle Auswirken striopallidärer Verletzungen in der menschlichen Pathologie. Wir sehen so, daß striopallidäre Verletzungen zum Teil durch die Funktionstüchtigkeit anderer Zentren, vornehmlich der kontralateral gelegenen, unter Umständen weitgehend ausgeglichen werden können, daß aber weiterhin frisch hinzutretende Läsionen solcher Zentren zu Funktionsgleichgewichtsstörungen Veranlassung geben, die ältere Herde in Erscheinung treten lassen. Dabei scheint ähnlich wie im Kleinhirn und im Vestibularapparat das gegenseitige Verhältnis in der Schwere der Läsion auf beiden Seiten von einer gewissen Bedeutung zu sein. So können doppelseitig in den gleichen

<hr>

Zusammenhang gebracht, wobei er neben fünf eigenen Beobachtungen auf einen von Noethe (Archiv f. Psychiatrie u. Neurol. **52**, 1913) beschriebenen Fall und eine frühere Beobachtung Hartmanns (Pathologie der Pseudobulbärparalyse, Zeitschr. f. Heilkunde 1902, Fall I) hinweist. Er ist auf Grund der Eigenart seiner Fälle geneigt, das Auftreten von komplizierteren Parakinesen auf leichtere herdförmige Verletzungen des Striatum zu beziehen. „Daß in dem einen Falle die Bewegungsstörung das Bild der Chorea oder Athetose, im anderen das der komplizierteren psychomotorischen Hyperkinese darbietet, scheint lediglich von dem Umfang und dem Grade der Schädigung des Striatum abzuhängen. Je tiefer die Zerstörung, desto tiefer auch der Abbau der Funktionen, der Bewegungszerfall. Je leichter die Schädigung, desto mehr nähern sich die hyperkinetischen Erscheinungen den physiologischen Bewegungsformen. Denkbar wäre ja auch, daß gewisse Teile des Striatum die verwickelteren hyperkinetischen Erscheinungen, andere die primitiveren choreatisch-athetotischen Bewegungen hervorgehen ließen. Man könnte an Funktionsunterschiede zwischen Caudatum und Putamen und zwischen den einzelnen Gliedern des Pallidum denken. Aber aus den bisher vorliegenden Befunden läßt sich das nicht beweisen." Die Kleistschen Gedankengänge decken sich im wesentlichen mit der obigen Ausdeutung des Falles, wobei ich aus bestimmten Gründen die pallidäre Verletzung für die Athetose anschuldigen muß. Daß ich auch für die Parakinese ähnliche, vornehmlich striär lokalisierte pathophysiologische Grundlagen fordere, geht aus meinen früheren und späteren Ausführungen hervor.

Zentren gleichmäßig entwickelte herdförmige Störungen von leichteren Ausfallserscheinungen begleitet sein als solche von relativ (an Schwere) ungleichmäßiger Entwicklung. Das Funktionsgleichgewicht, das von beiden Seiten her bestimmt wird, ist hier von ausschlaggebender Bedeutung.

Zusammenfassend ergibt sich also: Ein alter striopallidärer Herd kann durch das Hinzutreten einer größeren striopallidären Verletzung der anderen Seite zu einer mit Athetose einhergehenden Parakinese angeregt werden, die sich auf der zu dem alten striopallidären Herd kontralateralen Seite entwickelt. Dabei sind die Parakinesen als Ausdruck der Striatumschädigung, ihr athetotischer Einschlag auf die fokale pallidäre Verletzung zu beziehen. Apoplektiforme Verletzungen des Striatum bedingen schlaffe Paresen.

Das Striatum und Pallidum innerviert vornehmlich kontralateral, steht aber auch mit der gleichen Körperseite in funktioneller Verbindung. Bei den jeweils klinisch in Erscheinung tretenden Funktionsstörungen spielt diese doppelseitige Innervation der striopallidären Zentren eine große Rolle, ebenso ist dabei die Störung im Funktionsgleichgewicht auf beiden Seiten für die Entwicklung der motorischen extrapyramidalen Ausfallerscheinungen von ausschlaggebender Bedeutung.

Die Beziehungen der Athetosebewegung des oben analysierten Falles zu dem kontralateralen Pallidumherd finden eine weitere Stütze in den Untersuchungsergebnissen des folgenden, histologisch und lokalisatorisch gleichfalls recht kompliziert liegenden Falles:

Fall XVIII.

Syphilitisch bedingter Parkinsonismus mit zeitweise bestehender einseitiger Athetose.

Der Kranke Schidlowski, 1858 geboren, wird am 7. November 1919 aus dem Allgemeinen Krankenhaus St. Georg F. zugeliefert. Dort war er am 4. Oktober 1919 eingeliefert worden wegen Verwirrtheitszuständen. Der dort geführten Krankengeschichte ist folgendes zu entnehmen: Vorgeschichte, von ihm selbst erhoben: 1884 harter Schanker mit Quecksilberbehandlung, später sei er an einem syphilitischen Gaumengeschwür operiert worden. Er ist unverheiratet, Schiffer, er sieht aber seit 5—6 Jahren keine Arbeit mehr wegen allgemeiner Schwäche und Steifigkeit. Diese hat in den letzten Wochen stark zugenommen und er kann sich jetzt nicht mehr allein aus- und anziehen. Besondere andere Klagen bestehen nicht.

Körperlicher Befund: Alte syphilitische Hautnarben an beiden Unterschenkeln; der weiche Gaumen ist stark zerklüftet, der harte Gaumen zeigt einen Defekt. Es bestehen die Zeichen peripherer Arteriosklerose. Die Pupillen sind o. B., die Augenbewegungen frei, kein Nystagmus; Augenhintergrund o. B. Der Kranke ist ziemlich verwirrt und setzt der körperlichen Untersuchung Widerstand entgegen. Es bestehen keinerlei periphere Lähmungen im Gebiete der Gesichts-, Rumpf- und Extremitätenmuskulatur. Der Gesichtsausdruck ist starr. Die Sprache ist näselnd (Gaumendefekt), langsam und deutlich artikulatorisch gestört. Besondere aphasische Symptome sind nicht nachzuweisen. In der Gesichtsmusku1atur besteht auffälliges Grimassieren. Der Tonus in den Extremitäten ist deutlich vermehrt, bei im wesentlichen normalen Reflexen, ohne spastische Phänomene. Besondere Sensibilitätsstörungen sind nicht festzustellen (eine genaue Prüfung nicht möglich). Zeitweilig treten unwillkürliche rhythmische Bewegungen in der linken Hand und den linken Fingern auf, die mit den letzteren ausgeführten Bewegungen erinnern an

Pillendrehen, während mit dem linken Handgelenk mehr Drehbewegungen ausgeführt werden. Der Gang ist steif mit kleinen Schritten, die Körperhaltung dabei steif und vornübergebeugt. Die Blut- und Liquoruntersuchung ergibt normalen Befund. Psychisch zeigt der Kranke eine fortgeschrittene Demenz, ist leicht gereizt, wird häufig ausfallend, schmiert; es scheinen auch leichte apraktische Störungen vorzuliegen, wie aus dem Hantieren des Kranken mit Gegenständen zu schließen ist.

Im Verlauf des nächsten Monats nimmt die Demenz weiter zu und der Kranke wird unruhiger. Die rhythmischen, an Athetose erinnernden Bewegungen in der linken oberen Extremität sind zeitweise sehr deutlich. Der Kranke wird wegen seines störenden Verhaltens am 7. November 1919 mit der Diagnose: Dementia arteriosclerotica (alte Lues), mit Herden in den basalen Stammganglien hierher überwiesen.

Ergänzend wird hier folgendes festgestellt: Der Kranke hat im allgemeinen einen starren Gesichtsausdruck, der gelegentlich durch Grimassieren belebt wird. Der Gang ist unsicher, mit vornübergebeugtem Körper mit kleinen Schritten, ohne deutlichen spastischen oder ataktischen Charakter. Der Kranke steht vornübergebeugt mit krummen Knien und zittert dabei am ganzen Körper. Die oberen Extremitäten, besonders die linken, weisen einen besonders deutlichen Tremor auf, der sich an ihrem distalen Ende zu rhythmischen, groben, pro- und supinierenden Bewegungen verstärkt. Der Tonus der Extremitätenmuskulatur ist erhöht, sämtliche aktive Bewegungen erfolgen sehr langsam, die Reflexe sind sämtlich normal, ohne spastische Phänomene. Im Bette liegt der Kranke mit angezogenen Beinen und gekrümmten Armen. Die Sprache ist undeutlich, verwaschen, sehr schlecht artikuliert, außerdem liegen Störungen im Sinne einer partiellen sensorischen Aphasie vor, deren genauere Prüfung unmöglich ist. Der Kranke ist desorientiert, gereizt, in seinem geistigen Besitzstand stark reduziert und schläft sehr viel.

Am 29. Dezember 1919 erleidet der Kranke einen Schlaganfall, er ist hinterher benommen, Speichel fließt aus dem Munde. Der linke Mundfacialis sowie der linke Arm ist schlaff gelähmt, das linke Bein ist weniger betroffen und kann aktiv bewegt werden. In den nächsten Tagen gehen diese Lähmungen wieder zurück und der Kranke bietet den gleichen Zustand wie vor dem Schlaganfall, jedoch sind die Athetose-ähnlichen Bewegungen nicht mehr zu beobachten. In den nächsten Monaten bleibt der neurologische Zustand im wesentlichen unverändert, die Reflexe sind vielleicht in den linken Extremitäten etwas lebhafter als rechts. Babinski ist links nicht deutlich, die Zitterbewegungen haben aufgehört und einer allgemeinen Starre Platz gemacht, links stärker als rechts. Contracturen bildeten sich nicht. Unter den Zeichen zunehmender Demenz geht der Kranke an den Symptomen einer Herzschwäche mit Ausbildung von Ödemen im Mai 1921 zugrunde.

Zusammenfassung des klinischen Befundes.

Der 61 jährige Patient erkrankte nach früherer Syphilis und nachfolgendem syphilitischen Gaumengeschwür in den letzten 5 bis 6 Jahren an zunehmender Schwäche und Steifigkeit des ganzen Körpers. Neben einer peripheren Arteriosklerose, Demenz und Verwirrtheitszuständen zeichnet sich das Zustandsbild durch eigenartige Bewegungsstörungen aus: Bei allgemeinem Parkinsonismus in Gang und Körperhaltung besteht in der Gesichtsmuskulatur auffälliges Grimassieren und zeitweilig in der linken Hand und in dem linken Arme unwillkürliche rhythmische Bewegungen im Sinne von Pillendrehen und Athetose-ähnlichen Drehbewegungen. Die Sprache ist langsam und dysarthrisch, dazu gesellen sich leichte apraktische Störungen und solche im Sinne einer partiellen sensorischen Aphasie. Die Athetose-ähnlichen Bewegungen der linken oberen Extremität nehmen in der nächsten Zeit zu und häufig ist ein Zittern am ganzen Körper zu beobachten. Die unwillkürlichen Bewegungen werden als rhythmische grobe pro- und supinierende Bewegungen beschrieben. Die Blut- und Liquoruntersuchungen ergeben normalen Befund. Sechs Wochen

nach der Aufnahme in das Krankenhaus erleidet der Kranke einen Schlaganfall mit sich rasch zurückbildender schlaffer Parese des linken
Mundfacialis und des linken Armes und in Andeutung auch des
linken Beines. Einige Tage nach dieser Apoplexie ist der gleiche Befund zu
erheben wie vor dem Schlaganfall, jedoch haben die Zitter- und eigenartigen Athetose-ähnlichen Bewegungen völlig aufgehört. Bei zunehmender allgemeiner Starre der gesamten Körpermuskulatur ($l > p$) ohne
Babinski und Contracturenentwicklung und fortschreitender Demenz stirbt
der Kranke $1^1/_2$ Jahre nachher.

Die klinische Diagnose lautete: Gefäßerkrankung des Gehirns (auf
syphilitischer Grundlage) mit Herden in den basalen Stammganglien.

Anatomischer Befund.

Bei der Körpersektion fand sich im wesentlichen eine Mesaortitis luica, konzentrische
und exzentrische Herzhypertrophie, Schrumpfniere, syphilitische Lebernarben mit Atrophie
des linken Leberlappens und Ödeme an allen Extremitäten.

Das Schädeldach und die Dura sind o. B. Die Pia ist überall zart und durchscheinend,
die Gehirnwindungen sind im leichten Grade allgemein atrophiert (Hirngewicht 1220 g,
Duragewicht 60 g, Schädelinhalt 1410 ccm; bei Eröffnung der Dura entleert sich nur wenig
Liquor). Das rechte Parietalhirn ist von einem größeren gelbbraunen Erweichungsherd
eingenommen, welcher sich streifenförmig von der Parieto-Occipitalgegend bis zur Spitze
des rechten Temporalhirns erstreckt und hier vornehmlich die erste Temporalwindung einnimmt. Auf Frontalschnitten durch das Gehirn finden sich ganz kleine gelbe Erweichungen
im Marklager beider Stirnhirne, ferner etwas größere im Kopfe des Caudatum beiderseits,
in den mittleren Partien des Thalamus beiderseits. Größere gelbbraune streifenförmige Erweichungen durchsetzen rechts das Putamen und greifen teilweise auch auf das Pallidum
über, das in seinen mittleren Ebenen besonders stark ergriffen ist. Die innere Kapsel ist
makroskopisch frei von Herden. Das Marklager des mittleren Teiles des rechten Parietalhirns ist mit Einschluß der Rinde in eine gelbe cystische Erweichung verwandelt, welche bis
an die Konvexität des mittleren Occipitalhirns nach hinten reicht und nach vorn sich bis
zum Pol der ersten Temporalwindung erstreckt. Sämtliche herdförmigen Störungen sind
älterer Natur. Sonst sind keinerlei Herde festzustellen. Auch die Medulla oblongata, das
Kleinhirn und das Rückenmark zeigen nichts Besonderes. Die Ventrikel sind o. B. Die Arterien an der Basis zeigen bei allgemeiner zarter Wandung circumscripte fleckige Wandverdickungen.

Die mikroskopische Untersuchung ergibt folgendes:

Es besteht eine ausgesprochene Gefäßerkrankung, die sich an den größeren Gefäßen
in arteriosklerotischen Veränderungen mit häufig begleitender Media-Hyalinisierung zeigt,
während die kleineren, vornehmlich die der Rinde, durch starke Endothel- und Adventitialzellwucherungen, Gefäßsprossungen und Gefäßneubildungen auffallen. Im allgemeinen entsprechen die histologischen Veränderungen des Falles jenen des Falles XIV, wobei hier die
progressiven Veränderungen an den Capillarwänden noch hochgradiger entwickelt sind.
Sämtliche Herde der Großhirnrinde und ihres Marklagers sind typische Gefäßherde älteren
Datums, deren Organisation noch nicht zum Abschluß gekommen ist. Die vordere Zentralwindung ist beiderseits herdfrei, ebenso das Kleinhirn und seine Strahlungen.

Neben den makroskopisch bereits erwähnten herdförmigen Prozessen in den Großhirnhemisphären, die hier nicht in ihren Einzelheiten genauer berücksichtigt werden sollen,
zeigen uns die Markscheidenpräparate folgende Veränderungen in den basalen Stammganglien: Das Striatum und Pallidum ist beiderseits im ganzen Verlaufe eingenommen
von einem Status cribratus, der das Striatum lebhafter in Mitleidenschaft gezogen hat und
stellenweise das Caudatum rechts besonders stark herdförmig affiziert hat (Abb. 83 und 84 a).
Von der Entwicklung des Thalamus an begegnen wir rechts einer größeren Zerfallshöhle,
welche das gesamte Pallidum und das anliegende Drittel des Striatum einnimmt.
In den oralsten Partien des Pallidum zeigt dieser Herd (Abb. 83 H) eine streifenförmige

Gestalt, parallel der Lam. pall. ext., während er weiter caudalwärts (Abb. 84 *a H*) an Ausdehnung gewinnt und das gesamte Pallidum mit dem benachbarten Drittel des Putamen einnimmt. Die innere Kapsel bleibt unversehrt. Weiter caudalwärts verjüngt sich diese Erweichungshöhle rasch und macht wieder dem gewöhnlichen Status cribratus Platz mit vorherrschender Beteiligung des Putamen. Die dorsalen Partien des rechten Thalamus (Abb. 84 *b l*) sind eingesunken und zeigen noch in verstärkterem Maße wie links einen ausgesprochenen Status cribratus, besonders in dem hinteren lateralen und medialen Kern (Abb. 84*b*). Der Luyssche Körper ist rechts noch mehr geschrumpft als links. Die Ausläufer des großen Erweichungsherdes im rechten Parieto-Occipitalhirn reichen bis an den Ventrikel, ohne in ihn einzubrechen. Die Balkenstrahlung ist auf der rechten Seite dort, wo sie sich in das Hemisphärenmark einsenkt, deutlich durch den Herd affiziert (Abb. 84 *b H₁*).

Von der Entwicklung des roten Kernes an sind keine herdförmigen Störungen mehr caudalwärts festzustellen. Auch die Pyramidenbahnen erweisen sich beiderseits intakt.

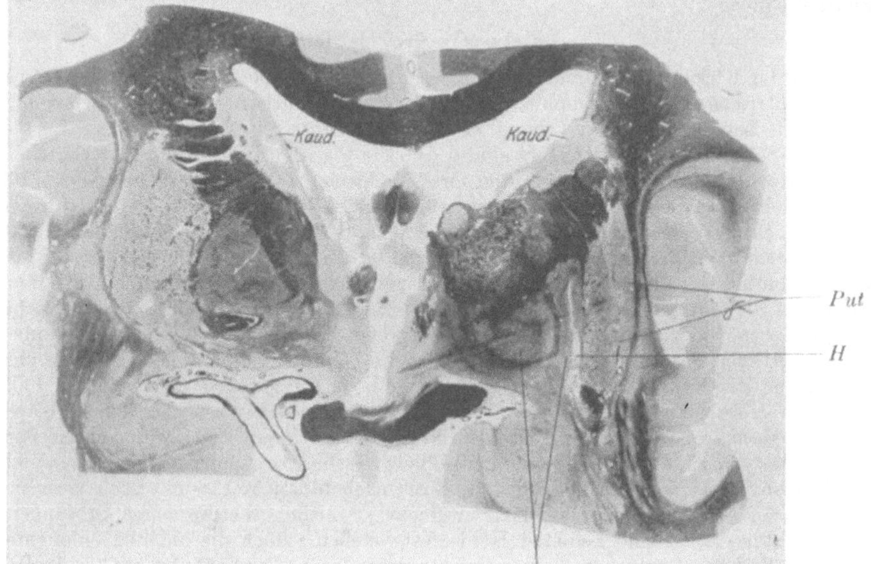

Abb. 83. Fall XVIII. Markscheidenfrontalschnitt im oralsten Thalamusbeginn. Status cribratus im Striatum (*Kaud* + *Put*). *H* = langgestreckter Erweichungsherd im äußeren Pallidumglied rechts. Photogr.

Zusammenfassung des anatomischen Befundes.

Wir sehen hier eine schwere Gefäßerkrankung, die an den größeren Gefäßen mit gewöhnlichen arteriosklerotischen Veränderungen einhergeht und an den kleineren mit auffälligen Endothel- und Adventitialzellwucherungen, die wohl im Sinne der Endarteriitis syphilitica der kleinen Hirnrindengefäße zu deuten sind. Diese Veränderungen sind im gesamten Striatum und Pallidum recht stark ausgesprochen und haben an zahlreichen Stellen des Großhirns und der basalen Stammganglien zu kleineren und größeren herdförmigen Störungen älteren Datums Veranlassung gegeben. Außer kleinen Erweichungen in beiden Stirnhirnmarklagern ist das gesamte rechte Parietalhirn von einem größeren gelbbraunen Erweichungsherde eingenommen, der sich bis ins Temporal- und Occipitalhirn erstreckt und die Balkenfaserung zum Parietalhirn deutlich unterbricht. Das gesamte Striatum und Pallidum und auch der Thalamus ist von einem schweren Status cribratus befallen mit deutlicher Bevorzugung der rechten Seite. Dazu gesellt sich noch rechts ein größerer Erweichungsherd, der in den mittleren Ebenen des Pallidum (dem Vogtschen Armzentrum entsprechend) lokalisiert ist und dort fast das gesamte Pallidum mit den angrenzenden Teilen des Striatum ergriffen hat. Die innere Kapsel und die Pyramidenbahnen sowie die Kleinhirnbahnen sind unverletzt.

Epikrise.

Ätiologisch ist die Krankheit auf eine Gefäßerkrankung zurückzuführen, wobei sich arteriosklerotische und syphilitische Veränderungen untermischen. Die allgemeinen psychischen Erscheinungen basieren auf der diffusen Rindenaffektion, die Symptome partieller Apraxie und sensorischer Aphasie sind auf die umfangreichen Herde im rechten Temporal- und Parieto-Occipitalhirn zurückzuführen, welch' letztere deutlich die Balkenstrahlung unterbrechen. Der zunächst im Krankheitsbilde ausgesprochene Parkinsonismus hat sein anatomisches Substrat in dem Status cribratus des Striatum und Pallidum; auch können dabei die kleinen Herde im Stirnhirnmarklager mit berücksichtigt werden. Die Athetose-ähnlichen Bewegungen des linken Armes müssen auch hier offenbar in Parallele gesetzt werden mit dem größeren Erweichungsherde im Armzentrum des rechten Pallidum. Bemerkenswert ist, daß sich diese Athetosebewegungen nach einem apoplektiformen Insulte verlieren, welcher eine rasch sich zurückbildende schlaffe Parese des linken Mundfacialis, des linken Armes und in Andeutung auch des linken Beines bedingt hatte. Postapoplektiform stand eine zunehmende allgemeine

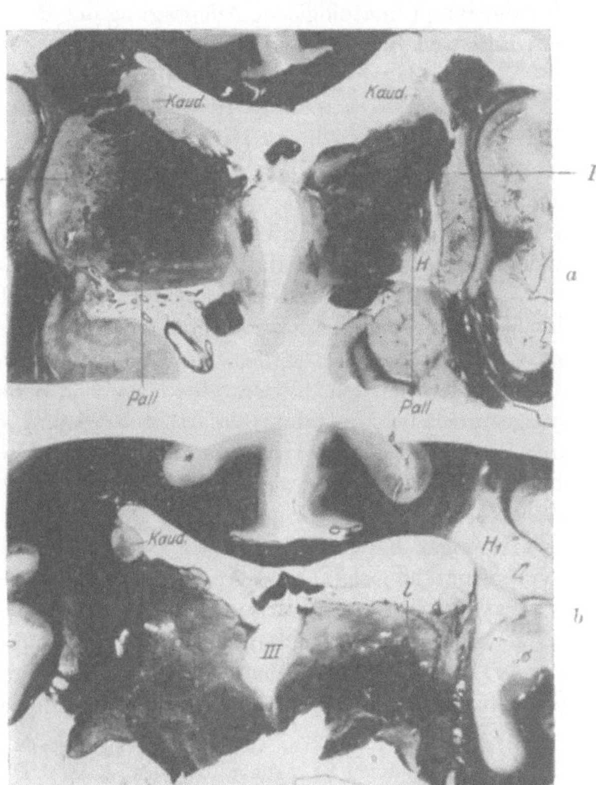

Abb. 84. Fall XVIII. Markscheidenfrontalschnitt. a = etwas hinter Abb. 74, b = im hinteren Thalamusteil. H = Herd das ganze Pallidum rechts einnehmend. H_1 = Herd in der Balkenstrahlung. Status cribratus im Striatum und Thalamus (l) bdst., besonders rechts. Photogr.

Starre im Vordergrunde, die links stärker entwickelt war als rechts. Ich möchte annehmen, daß auch der apoplektische Insult auf den großen Pallidumherd rechts zu beziehen ist. Es wäre dann die symptomatologische Entwicklung der Bewegungsstörung so zu deuten, daß zunächst kleinere Erweichungen des pallidären Armzentrums die Athetosebewegungen bedingten und eine brüsk erfolgende Vergrößerung des pallidären Erweichungsprozesses jene Apoplexie mit der postapoplektiformen Starre zur Folge hatte. Inwieweit die begleitende Thalamusaffektion für die symptomatologische Ausprägung der Bewegungsstörungen von Bedeutung ist, läßt sich fürs erste nicht entscheiden.

Jedenfalls verdient das Zusammentreffen von zeitweilig im Krankheitsverlaufe auftretenden Athetoseerscheinungen mit kontralateralen größeren pallidären Erweichungsherden in entsprechender Lokalisation bei den letztgenannten beiden Fällen unsere Beachtung. Freilich begegnet die physiologische Ausdeutung ihrer Entwicklung noch recht großen Schwierigkeiten. Daß aber die Athetosebewegungen der beiden Fälle mit der Pallidumverletzung irgendwie zusammenhängt, ergibt sich auch aus ähnlichen in der Literatur niedergelegten Beobachtungen, auf die ich bei der zusammenfassenden Erörterung der Lokalisationsfrage nochmals zu sprechen kommen werde. Es möge nur an den von A. Berger mitgeteilten Fall erinnert werden, in dem eine einseitige Striatum- plus Pallidumerkrankung ausgesprochene kontralaterale Athetose bedingte. Des weiteren gehört hierher der Status dysmyelinisatus C. und O. Vogts, auf den ich weiter unten noch zu sprechen kommen werde, und der neben Hypertonie ausgesprochene Athetose bedingt.

Weniger beweiskräftig, aber doch in ähnlichem Sinne zu deuten ist die symptomatologische Entwicklung des arteriosklerotisch bedingten Steckschen Falles[1]) und jener eigenartige bis zu Torsionsspasmus (Thomalla, Wimmer u. a.) sich steigernden Bewegungsstörungen, die sich nicht selten im Verlaufe der Wilsonschen Krankheit einstellen. Es finden sich dabei hochgradige striopallidäre Degenerationen, deren klinischer Ausdeutung jedoch bei der extensiven

---

[1]) In einem jüngst von H. Richter (Beiträge zur Klinik und pathologischen Anatomie der extrapyramidalen Bewegungsstörungen, Arch. f. Psychiatrie **67, 1923**) mitgeteilten Fall einer arteriosklerotischen Hemiathetose war das Pallidum unverletzt und neben Thalamusherden lagen die Hauptherde im Kopfgebiete des Caudatum und oralsten Teil des Putamen. Die innere Kapsel war in ihrem vorderen Schenkel mit affiziert. Bemerkenswert in diesen Falle ist, daß das klinische Bild ausgezeichnet war durch mobile Spasmen und athetotische Bewegungen der herdkontralateralen Seite im Arm vornehmlich aber im Bein, das Gesicht gänzlich freilassend. Anfangs war auch das Oppenheimsche Zeichen angedeutet, später wurden die athetotischen Bewegungen durch choreiforme Ruck- und Greifbewegungen im gleichen Arm kompliziert. Dazu trat in der gleichen Körperhälfte eine starke Rigidität bis zu Contracturenentwicklung, ferner Schmerzen, Hyperästhesie und Hyperalgesie als Thalamussymptome. Der Umstand, daß sich nicht nur entsprechend der lädierten striären Armregion der Arm an der Bewegungsstörung beteiligte, sondern auch das Bein, der weitere Umstand des deutlichen Hervortretens einer ausgesprochenen Rigidität mit der Neigung zu Kontrakturenentwicklung, spricht dafür, daß für die Hyperkinesen nicht nur die reine Striatumaffektion anzuschuldigen ist. Es spielen hier vielleicht Fernwirkungen auf die Pyramidenbahn eine Rolle, die den eigenartigen Charkter der choreatisch-atheotischen Hyperkinese bedingen. Das typische choreatische Phänomen ist ja an sich nicht zu vereinbaren mit Spasmen und Rigidität, und es ist wohl denkbar, daß durch das Hinzutreten einer extra striär bedingten

Entwicklung des Krankheitsprozesses nur eine indirekte Beweiskraft zukommt. Das gleiche gilt für ähnliche Beobachtungen aus der Encephalitis lethargica-Gruppe, wo besonders auf den Westphalschen Fall Johann Reichardt (anatomisch untersucht von Sioli, Bielschowsky und C. und O. Vogt) hinzuweisen ist. Im Vordergrunde auch dieses Falles stand anatomisch eine schwere, vornehmlich encephalitisch bedingte Erkrankung des Striatum und Pallidum.

Jedenfalls scheint nach den bisherigen Untersuchungsergebnissen — wenigstens bei den Erkrankungen des reifen Gehirns — eine Mitverletzung des Pallidum für die Auslösung von Athetosebewegungen und verwandten Bewegungsstörungen notwendig zu sein, wobei es zunächst dahingestellt bleiben muß, inwieweit die dadurch bedingte funktionelle Striatumschädigung, zumeist aber auch die anatomisch vorhandene gleichsinnige Striatumaffektion eine wesentliche Rolle mit spielt. Auf die anatomische und funktionelle Wechselwirkung der jeweils gegebenen gleichzeitigen Striatum- und Pallidumläsion wird hierbei besonders zu achten sein. C. und O. Vogt betonen mit Recht, daß besonders intensive Erkrankungen beider Pallida eine allgemeine Versteifung häufig in ganz vertrakten Stellungen bedingen, bei Aufhören der vordem bei solchen Kranken in Erscheinung tretenden Hyperkinese in Form von Athetosebewegungen. Wir sehen dies aus den Endzuständen des Vogtschen Status dysmyelinisatus und der Wilsonschen Krankheitsgruppe. Auch für den letztbeschriebenen obigen Fall treffen ähnliche Bedingungen zu.

Bei den zuletzt beschriebenen Krankheitsfällen, bei denen die schweren herdförmigen Störungen im Striatum und Pallidum im Vordergrunde stehen, beruht die Erkrankung eindeutig auf Gefäßprozessen arteriosklerotischer und syphilitischer Natur. Bei den häufig symmetrisch gelegenen, schon makroskopisch erkennbaren Affektionen des Striatum und Pallidum erinnern sie an die vornehmliche Lokalisation der herdförmigen Prozesse bei der Krankheitsgruppe der Westphal-Strümpelschen Pseudosklerose und Wilsonschen Krankheit, mit welcher sie aber genetisch und histologisch nichts weiter zu tun haben. Das gleiche gilt von dem Antonschen Falle (1908) einer Dementia choreo-asthenica mit juveniler knotiger Hyperplasie der Leber, bei dem die hereditärsyphilitische Ätiologie sichergestellt werden konnte.

So sehen wir auf dem Boden von Gefäßveränderungen arteriosklerotischer, acquiriert syphilitischer und hereditär syphilitischer Natur sich Krankheitsprozesse entwickeln von recht polymorpher klinischer Gestaltung. Die psychischen Erscheinungen können in weiten Grenzen variieren. Im Vordergrunde steht die Ausprägung eines deutlichen Parkinsonismus mit in einzelnen Fällen zeitweise hervortretenden hyperkinetischen Erscheinungen, von Athetose und verwandten Bewegungsstörungen. Häufig im Krankheitsverlaufe auftretende apoplektiforme Insulte und die klinische Feststellung schwerer Gefäßveränderungen geben uns einen Hinweis auf die Ätiologie.

Im anatomischen Bilde erkennen wir die Ausprägung kleinerer und größerer herdförmiger Prozesse mit vornehmlicher Lokalisation im Striatum und Pallidum und sehen hier in Übereinstimmung mit den früheren Befunden und Ausführungen

---

rigiden Komponente die choreatische Hyperkinese einen der Athetose verwandten Einschlag annimmt. Es ist zu erwarten, daß sich derartige Hyperkinesen von der echten pallidären Athetose durch genauere klinisch-physiologische Untersuchungen unterscheiden lassen.

das anatomische Substrat für den Parkinsonismus. Apoplektiforme Insulte des Striatum mit und ohne gleichzeitiger Verletzung des Pallidum bedingen schlaffe, sich für gewöhnlich rasch ausgleichende kontralaterale Paresen und können unter Umständen ältere strio-pallidäre Herde der anderen Seite in klinische Erscheinung treten lassen, indem jetzt in der nicht gelähmten Seite Hyperkinesen im Sinne von Athetose und mit athetotischen Bewegungen einhergehenden Parakinesen sich entwickeln.

Die bisherigen Befunde machen es wahrscheinlich, daß sich im reifen Gehirn die athetotische Hyperkinese nur bei Mitverletzung des Pallidum zeigt; bei apoplektiform eintretenden Vergrößerungen fokaler pallidärer Verletzungen, die eine Athetose bedingten, hört die Athetose auf und geht nach einer schlaffen Parese in akinetische Starre aus. Ähnlich wie im Striatum besteht auch im Pallidum eine somatotopische Gliederung.

b) Arteriosklerotische Muskelstarre mit hinzutretendem Hemiballismus.

Fall XIX.

Frau Beulke, 1846 geboren, wird im November 1921 F. vom Krankenhaus St. Georg zugeliefert.

Vorgeschichte: Die Familiengeschichte ist ohne Belang, die Kranke ist seit 1910 Witwe und seit 6 Jahren blind. Das linke Auge erblindete vor 26 Jahren nach unglücklicher Operation (Netzhautablösung). Rechts wurde 1913 ein Star operiert, $2^1/_2$ Jahre später erblindete sie auch hier an Netzhautablösung. In den letzten 5 Jahren erlitt sie etwa fünfmal leichte Schlaganfälle, bei denen es ihr schlecht wurde und sie ohne Bewußtseinsverlust für ganz kurze Zeit die Sprache verlor. Sie konnte dann nur lallen. Weihnachten 1920 hatte sie einen schweren Anfall: es wurde ihr schlecht, sie wurde gleich gestützt und ins Bett gebracht, die Sprache war lallend. Nach 14 Tagen leichter Benommenheit ging es ihr wieder besser. Der Tastsinn blieb etwas gestört und zeitweise traten Verwirrtheitszustände auf, Lähmungserscheinungen motorischer Art bestanden nicht. Am 30. 9. 1921 fiel sie morgens beim Anziehen plötzlich um und konnte nicht mehr sprechen. Die linke Seite war etwas gelähmt und der linke Mundwinkel hing. Dabei war sie verhältnismäßig klar und jammerte dauernd über heftige Kopfschmerzen. Am 8. 10. 1921 wurde sie der Nervenstation des St. Georger Krankenhauses (Trömner) überwiesen.

Der dort geführten Krankengeschichte ist folgendes zu entnehmen: Es bestehen die Zeichen einer schweren peripheren Arteriosklerose. Der rechte Bulbus ist eingesunken, die Hornhaut ist getrübt, ähnlich auch das linke Auge. Es besteht eine konjugierte Blickrichtung nach links, jedoch kann die Kranke für Augenblicke auch nach rechts sehen. Die linke Gesichtshälfte ist verstrichen, die Zunge weicht vielleicht etwas nach links ab, die Sprache ist lallend, das Gehörvermögen ist anscheinend intakt. Im Gebiete der Extremitäten bestehen keine ausgesprochenen Lähmungserscheinungen, doch ist die rohe Kraft allgemein deutlich herabgesetzt, links mehr als rechts. Es besteht eine linksseitige leichte Reflexsteigerung in Armen und Beinen ohne Klonus, ohne Babinski. Der Tonus des rechten Beines ist stärker als links. In beiden Knien besteht arthritisches Knirschen. Rechts ist der Plantarreflex deutlich in Form eines Fluchtreflexes, links ebenfalls, jedoch erst bei stärkerem Reiz. Die Sensibilität ist schwer zu prüfen, anscheinend besteht links eine erhöhte Schmerzempfindlichkeit. Der Abdominalreflex ist links vorhanden, rechts fraglich. Romberg und Ataxie sind nicht zu prüfen. Psychisch ist die Kranke benommen. Sie liegt völlig teilnahmslos da, reagiert jedoch sofort, wenn man sie anspricht und tastet mit ihrer Hand nach der der Ärzte und freut sich anscheinend.

Die Lumbalpunktion ergibt keinen pathologischen Befund bei etwas niedrigem Druck. Die Wassermannsche Reaktion ist in Blut und Liquor negativ.

Einige Tage nach der Krankenhausaufnahme (13. 10.) ist erwähnt, daß die Kranke stets auf der linken Seite liegt, und daß diese linke Seite jetzt sich in eigenartiger wälzender Unruhe befindet: besonders die Schulter, aber auch die Hüfte, Arm, Knie und Füße machen beständig wühlende, wälzende Bewegungen.

Die Unruhe erinnert am meisten an Chorea, ist aber wesentlich bizarrer und betrifft gleichzeitig große Körperabschnitte. Auf energisches Zureden vermag die Kranke diese Bewegungen für einige Sekunden zu unterdrücken, dann beginnen sie aber wieder. Im Schlafe hören sie auf. Die Kranke läßt unter sich. In den nächsten Wochen bleibt bei Fortbestehen der groben wühlenden Unruhe links der allgemeine Zustand unverändert. Zeitweilig werden auch unwillkürliche Bewegungen von dem gleichen Charakter wie links auf der rechten Seite beobachtet, jedoch von verminderter Heftigkeit. Wenn die Kranke auf der rechten Seite liegt, ist nur die Bewegungsunruhe links zu beobachten. Nach einigen Tagen verschwindet die Unruhe rechts völlig, während sie links bestehen bleibt.

Die konjugierte Augenbewegung wechselt einmal nach rechts, dann auch nach links. Auch in Ruhestellung der Augen ist Nystagmus festzustellen, zumeist in kurzen Zuckungen nach links. Da die Kranke sich dauernd beschmutzt und durch ihr Wühlen und Stöhnen, das jetzt auch nachts auftritt, sehr störend wirkt, wird sie nach F. verlegt am 2. 11. 1921. Einen Tag vor der Überführung hat die Unruhe links etwas nachgelassen.

Hier wird im wesentlichen der gleiche Befund erhoben wie oben, die Kranke kann keinen Schritt gehen und ist benommen, sie äußert sich in keiner Weise gegen die Umgebung, läßt unter sich und muß gefüttert werden. Die Gesichtsinnervation ist ohne wesentliche Auffälligkeiten, das Schlucken gelingt aber mühsam. Der linke Arm ist ganz schlaff und fällt nach jeder passiven Bewegung schlaff herunter. Es fällt auf, daß die Kranke mit dem linken Arm geringe Bewegungen ohne wesentliche Ataxie ausführen kann. Das linke Bein ist ebenfalls schlaff, kraftlos, für gewöhnlich wird es im Knie gebeugt und mit angezogenem Oberschenkel gehalten. Von Zeit zu Zeit treten im linken Bein choreiform-athetotische ausfahrende Bewegungen von offenbar unwillkürlichem Charakter auf. Im rechten Arm ist eine leichtere Rigidität deutlich. Auch hier scheint die grobe Kraft leicht herabgesetzt, Zitterbewegungen bestehen hier nicht. Im rechten Bein besteht eine deutliche Tonuserhöhung. Die Reflexe sind rechts gut auszulösen, ohne Klonus, links sind die Armreflexe lebhafter als rechts, der Patellarsehnenreflex ist nicht sicher zu erhalten; die Achillessehnenreflexe sind beiderseits schwach auslösbar. Beim Bestreichen der Fußsohlen beiderseits treten fluchtartige Bewegungen der Füße auf, gefolgt von einer geringen Dorsalflexion aller Zehen. Oppenheim ist negativ. Eine genauere Sensibilitätsprüfung ist unmöglich. Auf Berührung mit dem Reflexhammer oder mit der Hand reagierte die Kranke zuweilen mit Wegziehen der betreffenden Extremitäten. Die Kranke spricht nicht. Ataxie, Gang, Romberg sind nicht zu prüfen. Die Kranke reagiert sinngemäß auf einige Aufforderungen wie Zungenausstrecken, Händedrücken u. dgl.

Einen Tag nach der Aufnahme stirbt die Kranke mit den Zeichen bronchopneumonischer Erscheinungen.

Zusammenfassung des klinischen Befundes.

Die 75jährige Kranke erleidet in den letzten 5 Jahren mehrere leichte ohnmachtsähnliche Schlaganfälle mit vorübergehender Sprachlähmung. Einige Tage vor ihrer Aufnahme in das Krankenhaus erkrankt sie unter schwerer Benommenheit an den Zeichen einer linksseitigen Hemiparese ohne deutliche spastische Phänomene und Augenablenkung nach links. Der Tonus ist im rechten Bein stärker als links. Die Bauchdeckenreflexe sind vorhanden, die Sprache ist lallend. Einige Tage nach der Aufnahme in das Krankenhaus entwickelt sich aus diesem Zustandsbilde heraus eine eigenartige Bewegungsstörung der linken leicht hemiparetischen Seite in der Form eines Hemiballismus. Zunächst sistieren die unwillkürlichen Bewegungen im Schlafe, treten aber später auch während des Schlafes auf. Einige Tage später sind ähnliche Bewegungen vorübergehend auch rechts festzustellen, jedoch nur von geringer Heftigkeit. Rechts hören sie bald wieder auf. Die Bewegungsstörung, die links so stark ist, daß sich die Kranke an mehreren Stellen durchscheuert, läßt nach 14tägigem Bestehen etwas nach und hört schließlich einen Tag vor dem Tode fast ganz auf. Einen Tag vor dem Tode zeigt sich im wesentlichen eine allgemeine motorische Schwäche in allen Extremitäten, besonders links. Der Tonus ist links vermindert und rechts erhöht; spastische Phänomene bestehen nicht. Die Kranke kann mit dem schlaff paretischen linken Arme geringe Bewegungen ohne wesentliche Ataxie ausführen. Im linken Bein bestehen noch choreiforme athetotische unwillkürliche Bewegungen. Die Kranke spricht nicht, schluckt nur mühsam und läßt dauernd unter sich.

Die klinische Diagnose lautet auf arteriosklerotische Gehirnerkrankung mit Erweichungsherden in den basalen Stammganglien.

Anatomischer Befund.

Bei der Sektion fand sich im wesentlichen eine schwere periphere Arteriosklerose mit Myodegeneratio cordis arterio sclerotica und Lungenödem. Das Schädeldach und die Dura sind o. B. Die Pia ganz leicht verdickt, die Windungen geringgradig geschrumpft (Hirngewicht 1260 g, Hypophyse 0,55 g, Dura 60 g, Schädelinhalt 1400 ccm). Die Gefäße an der Hirnbasis zeigen sehr schwere arteriosklerotische Wand- und Lumenveränderungen, namentlich der Carotisstamm und seine Verzweigungen rechts. In der Großhirnrinde und im gesamten Marklager des Großhirns sind keine herdförmigen Veränderungen festzustellen. Die Seitenventrikel sind ganz leicht erweitert. Das Striatum und Pallidum ist in allen seinen Ebenen von kleinen gelbbraunen Erweichungsherden durchsetzt, rechts intensiver als links, das Striatum scheint dabei stärker betroffen als das Pallidum. Links scheinen auch einige Erweichungsherde ganz leicht auf die innere Kapsel überzugreifen. Rechts ist eine sichere Herdläsion der inneren Kapsel nicht nachweisbar. In einigen Teilen des Thalamus, vornehmlich im hinteren lateralen Kern, sind ebenfalls kleinere gelbbraune Erweichungsherde festzustellen. Ein deutlich frischerer rotbrauner Blutungsherd mit beginnender Erweichung der Randpartien liegt rechts im Luysschen Körper und durchsetzt dieses Ganglion in seiner ganzen Ausdehnung. Die Substantia nigra ist beiderseits herdfrei, ebenso die caudaleren Partien des Pons- und Hirnstammes und die Medulla oblongata. In der linken Kleinhirnhemisphäre sind außen unten einige Kleinhirnläppchen von einer älteren Erweichung eingenommen, sonst finden sich auch im Kleinhirn keine weiteren herdförmigen Störungen.

Die mikroskopische Untersuchung ergibt folgendes:

Die Pia zeigt nur Bindegewebsvermehrung, die gesamte Rinde keine wesentliche architektonische Störung bei chronischer Ganglienzellentartung und Ganglienzellverfettung. Es ließ sich kein einziger Herd in der Großhirnrinde und im Großhirnmarklager nachweisen. Auch die Centralis anterior ist unversehrt. Die Gefäße des Hirnstammes, namentlich die Arteriae fossae sylvii und ihre Verästelungen bieten schwerste arteriosklerotische Wandveränderungen und hochgradige Lumenverengerungen.

Das histologische Bild, das wir im Striatum und Pallidum antreffen, gleicht völlig jenen Veränderungen, die wir in den oben beschriebenen Fällen arteriosklerotischer Muskelstarre eingehender beschrieben haben (vgl. Fall XII). Sämtliche kleineren und größeren Erweichungsherde erweisen sich im Hinblick auf die Organisationsvorgänge und begleitenden Gliareaktionen als älteren Datums. Es findet sich auffallend viel eisenhaltiges Abbaupigment in den Gefäßlymphscheiden und den Gliazellen des Striatum und Pallidum.

Einzelne Herde des Striatum zeichnen sich durch starke Gliawucherungen aus, bei denen die gemästeten Gliazellen faserbildender Art ungewöhnlich große Formen entwickeln (Abb. 85 a und b). Die vielgestaltigen Formen solcher Gliawucherungen erinnern wieder in ihren Einzelerscheinungen an jene monströsen Gliazellen, wie wir sie bei Gliomen und der tuberösen Sklerose zu finden pflegen. Wir erkennen auch hieraus wieder die außergewöhnliche Mannigfaltigkeit der Gliareaktionen und die Vorsicht, die bei ihrer genetischen Bewertung angebracht ist.

Das Pallidum zeigt neben hochgradiger chronischer Sklerose vieler Ganglienzellen andere wieder im Zustande ausgesprochener Schwellungen (Abb. 85 c und d). Das Pallidum ist geschrumpft und durchsetzt von Gliareaktionen protoplasmatischer und faserbildender Art.

Der histologische Charakter der Thalamusveränderungen entspricht völlig den oben erörterten Striatumprozessen.

Die schon makroskopisch erwähnte rotbraune herdförmige Störung in der Gegend des rechten Luysschen Körpers erweist sich mikroskopisch als ein Blutungsherd, wobei die Blutkörperchen größtenteils ausgelaugt erscheinen und am Rande Organisationsvorgänge mit Abbauerscheinungen eingesetzt haben. Im gesamten Hypothalamus und auch in der Substantia nigra (Abb. 86) begegnen wir schweren Gefäßveränderungen mit perivasculären Gliosen auf beiden Seiten in ähnlich schwerer Entwicklung, jedoch ist der rote Kern und die Substantia nigra frei von größeren Herden. Auch im linken Luysschen Körper sind keine größeren Herde festzustellen. Das gleiche gilt für die Ponshaube und für die gesamte Medulla oblongata. In den Gebieten der mittleren Kleinhirnschenkel liegen vereinzelte, deutlich ältere Criblüren. Die makroskopisch erwähnten herdförmigen Veränderungen circumscripter Windungen in der linken Kleinhirnhemisphäre erweisen sich histologisch als in Vernarbung begriffene Sklerosierungen auf arteriosklerotischer Grundlage. Sie sind zweifellos älteren Datums.

Die Markscheidenpräparate ergeben, was herdförmige Störungen angeht, in der gesamten Großhirnrinde und dem Großhirnmarklager negativen Befund. Im gesamten

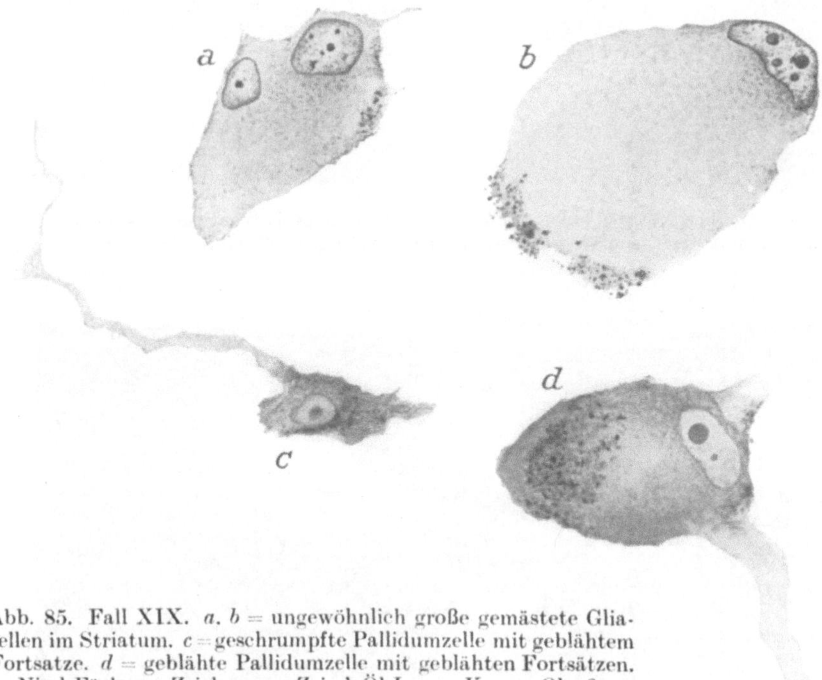

Abb. 85. Fall XIX. *a, b* = ungewöhnlich große gemästete Gliazellen im Striatum. *c* = geschrumpfte Pallidumzelle mit geblähtem Fortsatze. *d* = geblähte Pallidumzelle mit geblähten Fortsätzen. Nissl-Färbung Zeichnung. Zeiss' Öl-Imm. Komp.-Ok. 6.

Striatum und Pallidum zeigt sich ein in fast allen Ebenen gleichmäßig entwickelter Status cribratus ohne wesentliche Differenz auf beiden Seiten. Dabei ist das Striatum deutlich hochgradiger verändert als das Pallidum (Abb. 87, 88). Im vorderen Schenkel der inneren Kapsel links wird der Beginn der Kapselstrahlung in seiner dorsolateralen Ecke von einem striären Erweichungsherde durchsetzt. Ein ähnlicher Erweichungsherd sitzt noch weiter hinten links am Rande der Kapselstrahlung und des Caudatum (Abb. 87 H_1). Die Linsenkernschlinge (Al) ist beiderseits leicht aufgehellt. Die Forelschen Bündel, namentlich links, gut entwickelt. Der Thalamus zeigt in seinen sämtlichen Kerngebieten einen leichten Status cribratus. Etwas größere herdförmige Störungen finden wir im Nucleus dorsalis medialis rechts (Vogtscher Kern *aa*) — hier auch eine kleine frische Blutung. — Ferner im hinteren lateralen Kern (*v t l*) rechts und links und beiderseits auch unter Bevorzugung von rechts in *v t m*. Die innere Kapsel selbst ist rechts unversehrt (Abb. 87, 88).

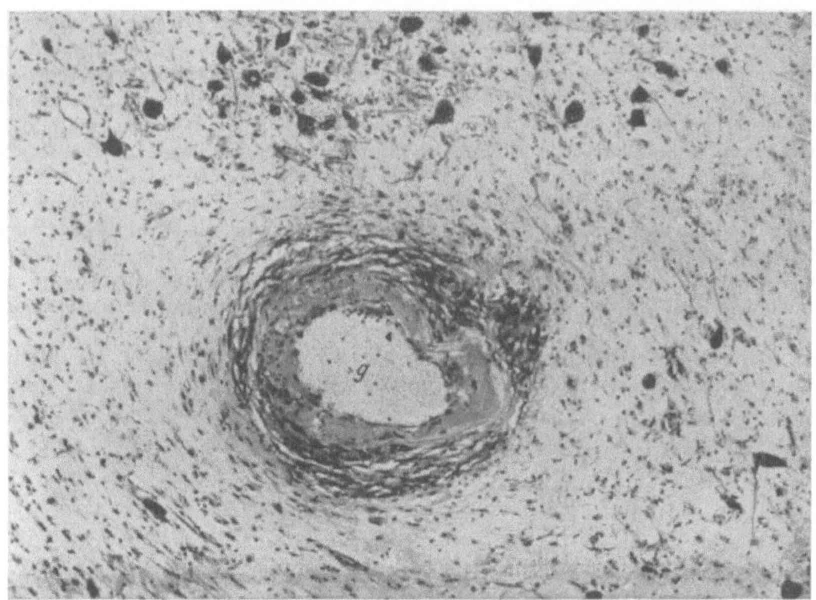

Abb. 86. Fall XIX. Fibrös-sklerotisches Gefäß (*g*) mit periadventitiellen Wucherungen und perivasculärer Gliose. Substantia nigra. Nisslbild Mikroph.

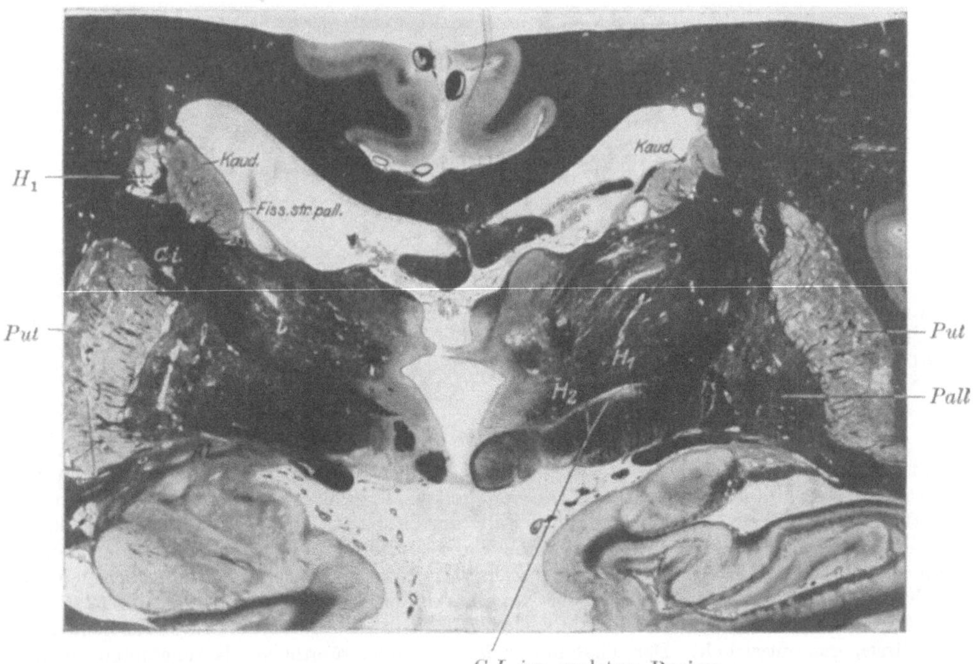

Abb. 87. Fall XIX. Markscheidenfrontalschnitt in Höhe der Corp. mam. Status cribratus
im Striatum, Pallidum und Thalamus. Corpus Luysi im oralsten Beginn (*C L*) rechts von
einem Blutungsherd eingenommen. Photogr.

Während links der gesamte Hypothalamus, insbesondere der Luyssche Körper, rote Kern und die Substantia nigra herdfrei sind, sehen wir rechts vom Beginn des Luys-schen Körpers an und zwar in engster Beschränkung auf dieses Ganglion (Abb. 87 und 88) einen Blutungsherd, welcher die Forelschen Bündel H_1 und H_2 nach aufwärts verdrängt und sich auf den Markscheidenpräparaten streng gegen die innere Kapsel (Abb. 87) und gegen die Substantia nigra (Abb. 88) abgrenzen läßt. Er beginnt mit der Entwicklung des Luysschen Körpers als zarter heller Streifen (Abb. 87), um mit der weiteren Ausdehnung dieses Ganglions an Größe zuzunehmen (Abb. 88) und mit dem Ende des Luysschen Körpers aufzuhören. Medial dehnt er sich über den Luysschen Körper gegen den Ventrikel zu etwas aus. Die Strahlungen des roten Kernes werden so teilweise noch leicht mit betroffen, der rote Kern selbst bleibt intakt.

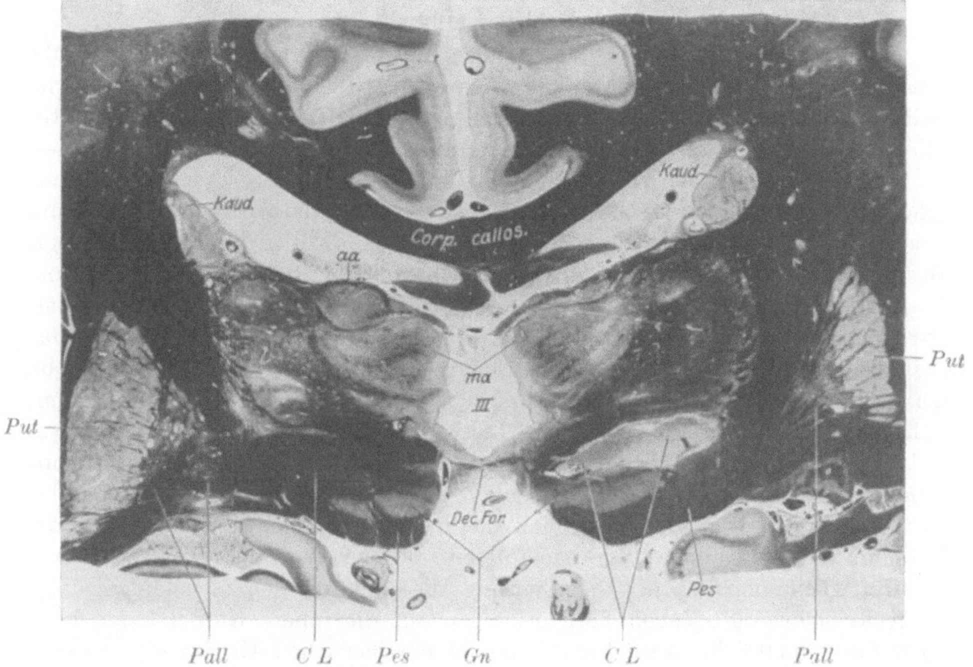

Abb. 88. Fall XIX. Markscheidenfrontalschnitt in Höhe der Substantia nigra (*Sn*). Das gleiche wie Abb. 78. Corpus Luysi (*C L*) rechts völlig von einem Blutungsherd eingenommen. *Dec. For.* = Forelsche Kreuzung. Photogr.

Die Substantia nigra ist beiderseits etwas arm an Fasern, die Hirnschenkelfüße sind frei von sicheren Degenerationen, ebenso die Pyramiden in ihrem ganzen Verlaufe. Im System der mittleren Kleinhirnschenkel (fronto-ponto-cerebellares System) zeigen sich vereinzelte ältere Criblüren.

Zusammenfassung des anatomischen Befundes.

Histologisch charakterisiert sich der Prozeß als eine schwere Arterioskle-rose ganz vornehmlich des Hirnstamms mit zumeist älteren in Organisation und Erweichung begriffenen herdförmigen Störungen. Die Großhirnrinde zeigt nur chronische Ganglienzellveränderungen. Das Großhirnmarklager ist frei. Das Striatum-Pallidum bietet beiderseits einen ausgesprochenen Status cribratus bei Aufhellung der Linsenkernschlinge, in geringerem Maße auch des Thalamus, vornehmlich in seinem Kern aa, vtl und vtm. Diese

Veränderungen sind auf beiden Seiten ziemlich gleichmäßig entwickelt. Rechts liegt noch ein frischerer Blutungsherd, dessen histologischer Charakter für ein höchstens 3 bis 4 Wochen langes Bestehen spricht, im Luysschen Körper mit völliger Zerstörung dieses Ganglions. Links ist die innere Kapsel an mehreren Stellen leicht herdförmig affiziert, rechts herdfrei. Die Pyramidenbahnen sind frei von Degenerationen, das fronto-ponto-cerebellare System ist auf dem Wege Pons-Kleinhirn von kleineren älteren Herden durchsetzt, ältere Vernarbungsherde befinden sich noch in den Rindenpartien der linken Kleinhirnhemisphäre an circumscripter Stelle ohne Verletzung des Dentatum.

Epikrise.

Die das Krankheitsbild einleitenden ohnmachtsähnlichen Schlaganfälle mit vorübergehender Sprachlähmung möchte ich auf leichte Apoplexien im strio-pallidären System beziehen, das anatomisch einen deutlichen Status cribratus älteren Datums aufweist. Es fehlen leider aus dieser Zeit jede klinischen Untersuchungen, aber aus den späteren Feststellungen einer ausgesprochenen Tonus-erhöhung in der nicht gelähmten Extremitätenmuskulatur läßt sich wohl auf einen damals bestehenden allgemeinen Parkinsonismus schließen in Analogie zu dem beiderseitigen schweren Status cribratus im Striatum und Pallidum. Der drei Wochen vor dem Tode auftretende schwere apoplektiforme Insult mit einleitender linksseitiger Hemiparese ohne spastische Phänomene, Augenablenkung nach links, lallender Sprache und linksseitiger Hyperästhesie, gefolgt von linksseitigem, schwerem Hemiballismus, muß auf den Blutungsherd im rechtsseitigen Luysschen Körper bezogen werden, der als die einzige bedeutsamere Herderscheinung entsprechenden Alters sich anatomisch feststellen läßt. Bemerkenswert ist dabei, daß die hyperkinetischen Erscheinungen der Lähmung erst um einige Tage nachfolgten und kurz vor dem Tode wiederum an Heftigkeit nachließen. Die Deutung dieser klinischen Erscheinungsfolge ist recht schwierig. Neben Fernwirkungen auf die innere Kapsel kann dabei auch die allmähliche Ausdehnung des hämorrhagischen Herdes eine gewisse Rolle spielen. Vielleicht sind hier ähnliche Bedingungen gegeben wie bei jenen interessanten klinischen Beobachtungen, auf die auch Förster hinweist, bei denen in Fällen von Athetose nach der operativen Excision der motorischen Rindenzentren zunächst eine totale, meist schlaffe Hemiplegie beobachtet wird, welche aber bald wieder gefolgt ist von dem erneuten Auftreten der Athetose-bewegungen. Im gleichen Sinne, wie Förster für solche Fälle, möchte ich auch hier die einleitende Hemiplegie durch die für die spinale Vorderhornzelle akut gesetzte Unterbrechung einer wesentlichen Quelle ihres Zustroms (pyramidal oder rein extrapyramidal oder am wahrscheinlichsten gemischt) erklären, so daß infolge einer heftigen Diaschisis die Vorderhornzelle funktionell gelähmt und für weitere Reize zunächst nicht ansprechbar ist. Erst allmählich gleicht sich diese Fernwirkung wieder aus und die Vorderhornzelle wird wieder für den jetzt ungehemmten Zustrom pallidärer und subpallidärer Reize ansprechbar. Das weitere nur zeitweise Hinzutreten ähnlicher Bewegungsstörungen auf der gegenüberliegenden Seite möchte ich auf die funktionelle Beeinflussung der gegenüberliegenden pallidären und subpallidären Zentren, insbesondere des Corpus Luysi, durch den einseitig gegebenen Blutungsherd beziehen. Es muß allerdings dabei berücksichtigt werden, daß auch das gesamte striopallidäre System der dem Herde kontralateralen Seite mit der Substantia nigra und dem Luysschen Körper als anatomisch geschädigt angesehen werden muß. Die schließliche einen Tag vor dem Tode beobachtete Zurückbildung der Hyperkinese kann vielleicht als allgemeines Erschöpfungssymptom gedeutet werden oder auch in der Annahme einer weiteren Ausbreitung des Blutungsherdes eine Erklärung finden. Auch hier ist wieder die Mitverletzung des Thalamus symptomatologisch schwer zu fassen, doch wird die Hyperästhesie der linken Seite als Thalamussymptom zu deuten sein. Die konjugierte Augenablenkung, die uns ja schon mehrfach in unserem Material begegnet ist, ist gleichfalls auf die basalen Stammganglien zu beziehen, ebenso die Sprachstörung und die schließliche Schluckstörung. Die anatomisch erwiesene leichte linksseitige Verletzung der Kapselstrahlung, sowie des fronto-ponto-cerebellaren Systems und einzelner Kleinhirnläppchen — sämtlich älteren Datums — kommen für die Erklärung der uns hier vornehmlich interessierenden linksseitigen Bewegungsstörung relativ kurzen Bestehens nicht in Frage.

Daß die linksseitige eigenartige Bewegungsstörung dieses Falles mit der herdförmigen Affektion des gegenüberliegenden Luysschen Körpers in Zusammenhang gebracht werden muß, dafür sprechen nicht nur die speziellen klinisch-anatomischen Beziehungen meiner Beobachtung, sondern auch einige früher in der Literatur niedergelegte Tatsachen. So hat O. Fischer 1911 einen akut entstandenen linksseitigen Hemiballismus beschrieben bei leichter motorischer Schwäche der gleichen Seite, und im Gehirn dieses Falles stellte er neben deutlich älteren Erweichungsherden eine frische Blutung in dem gesamten Luysschen Körper der anderen Seite fest, deren Alter gut mit dem Auftreten der klinischen Bewegungsstörung zusammenpaßt. Gleichfalls gehört hierher ein 1910 von Economo veröffentlichter Fall, der mit 71 Jahren plötzlich an einer linksseitigen Hemiparese erkrankte, an die sich am nächsten Tage eine „Hemichorea" anschloß[1]). Der Tod trat nach 9 Tagen ein. Im Gehirn fand sich eine Blutung von Kirschkerngröße, die in der gegenüberliegenden Regio subthalamica sitzend, die Substantia nigra und den Luysschen Körper zerstört hat[2]).

Über die Funktion des Luysschen Körpers wissen wir bekanntlich noch nichts Sicheres. Die meisten Autoren bringen diesen grauen Kern mit vasovegetativen Funktionen in Zusammenhang und stützen sich dabei auf die bekannten experimentellen physiologischen Untersuchungen von Karplus und Kreidl. Letztere Autoren beobachteten beim Tiere bei Reizung von infundibularen Stellen, die Teilen des Luysschen Körpers entsprechen, maximale Pupillen- und Lidspaltenerweiterung zugleich mit Tränen und Schweißsekretion und Kontraktion der Blutgefäße. Sie konnten weiter nachweisen, daß dieses infundibulare Zentrum unter dem Einfluß eines Zentrums im Stirnhirn steht

---

[1]) Nach mündlicher Mitteilung von Herrn v. Economo handelte es sich auch in seinem Falle um einen ganz typischen Hemiballismus.

[2]) Ich konnte einen weiteren Fall beobachten, der zeitweise an hemiballistischen Erscheinungen litt und bei dem ich bei der Sektion einen Erweichungsherd im Luysschen Körper feststellen konnte. Die mikroskopische Untersuchung ist noch nicht abgeschlossen.

und daß die von ihm ausgehenden Erregungen über den Halssympathicus verlaufen. Nach Spiegel kommt der Luyssche Körper für die Blasenfunktion
in Betracht[1]).

Können aber schon die experimentell-physiologischen Ergebnisse bei den
kompliziert liegenden Bahnen und Kernverhältnissen des Infundibulum und
Hypothalamus kaum irgendwie beweisend die Funktionsleistungen eines dort
gelegenen grauen Kerns bestimmen, so gilt dies in erhöhtem Maße für die diffusen
Veränderungen dieser Gegend, welche von der menschlichen Pathologie her
bekannt sind. So können uns auch z. B. die interessanten Fälle, wie sie von
Meyer und Segall mitgeteilt sind, nicht eindeutig über die Funktionsleistungen
des Luysschen Körpers aufklären.

Freilich liegen die anatomischen Verhältnisse bei den obenerwähnten
Fällen gleichfalls sehr kompliziert. Es kann aber meines Erachtens nicht als
Zufall angesehen werden, daß jetzt drei Fälle der menschlichen Pathologie mit fokalen Zerstörungen des Luysschen Körpers ganz charakteristische und wesensgleiche Bewegungsstörungen zur Folge
hatten. Besonders der oben mitgeteilte neue Fall bietet eine so streng fokal
lokalisierte Verletzung dieses Ganglions, daß ihr eine prinzipielle Bedeutung
nicht abzusprechen ist.

Ich möchte daher auf Grund der übereinstimmenden Befunde dieser drei
Beobachtungen aus der menschlichen Pathologie den Hemiballismus mit der
herdförmigen Zerstörung des kontralateralen Luysschen Körpers
in kausalen Zusammenhang bringen.

Der Fall zeigt uns also, daß als Folge einer einseitigen Zerstörung
des Luysschen Körpers ein kontralateraler Hemiballismus auftritt,
der sich aus einer zunächst bedingten schlaffen Lähmung (Dia-
schisiswirkung) heraus entwickelt. Die vermindert und nur zeitweise bestehenden gleichsinnigen Bewegungsstörungen auf der
Herdseite sprechen im gleichen Sinne, wie oben für das Striatum
und Pallidum ausgeführt, für eine doppelseitige Beeinflussung
beider Körperhälften durch den Luysschen Körper, wobei die kontralaterale überwiegt.

Ich habe schon oben mehrfach betont, daß die Innervationsbedingungen
der Motilität eine gewisse Überdeckung des Funktionsausfalls des extrapyramidalen Hauptsystems, insbesondere des Strio-pallidum bei dessen partiellen
Läsionen garantieren. Es ist ja eine jedem Kliniker und Anatomen bekannte
Tatsache, daß wir verhältnismäßig häufig namentlich im Striatum bei älteren
Leuten herdförmige Störungen antreffen, ohne daß die Klinik auffälligere Bewegungsstörungen betont. Solche Feststellungen wurden in der Literatur immer
wieder gegen die Bedeutung der basalen Stammganglien für die Erklärung
unserer Symptome ins Feld geführt. Diese Verhältnisse erklären sich aber aus
der Eigenart der extrapyramidalen Innervationsbedingungen, wobei noch zu
berücksichtigen ist, daß bei der kritischen Beurteilung dieser Frage nur solche
Fälle herangezogen werden dürfen, deren klinische Untersuchung einwandfrei
durchgeführt ist. Leichtere Störungen werden sich zum mindesten in Andeutung

---

[1]) Auch Lewy hält das Corpus Luysi für ein vaso-vegetatives Zentrum.

bei all solchen Fällen feststellen lassen, wenigstens finde ich bei kritischer Durchsicht meines gesamten Sektionsmaterials keinen einzigen Fall, der bei genügender klinischer Untersuchung gegen unsere Auffassung spricht. Die Vorsicht, die hier am Platze ist, erhellt aus der Beschreibung folgenden Falles, bei dem in der Krankengeschichte nirgends von Bewegungsstörungen besonderer Art berichtet wird, bei dem aber, angeregt durch den anatomischen Untersuchungsbefund, weitere Nachforschungen eine einwandfreie Bestätigung des anatomisch zu fordernden Parkinsonismus ergaben.

Fall XX.

Das Vorliegen eines Parkinsonismus, erschlossen aus dem anatomischen Befunde.

Der Kranke Petersen, 1852 geboren, wurde im Juni 1918 wegen Schwachsinn und Erregungszuständen in F. aufgenommen. Vom September 1913 bis Januar 1914 stand er in Behandlung des Eppendorfer Krankenhauses (Abteilung Nonne).

Er war starker Trinker, vor 30 Jahren syphilitische Infektion. Im Eppendorfer Krankenhaus klagte er über Kopfschmerzen, Mattigkeit in allen Gliedern. Damals wurde festgestellt: rechte Pupille etwas größer als die linke, beiderseits verzogen, doch gut reagierend. Sonst ist das Nervensystem frei von besonderen Veränderungen; der Blutwassermann ist positiv, die Liquorreaktionen sind normal. Der Kranke war psychisch etwas schwer besinnlich und zeigte in den nächsten Tagen eine beiderseitige Abducensparese und Singultus. Die Abducensparese und Singultus verschwinden wieder und der Kranke wird am 18. 1. 1914 aus der Krankenhausbehandlung entlassen.

Am 15. 6. 1918 wird der Kranke wegen Erregungszustand der hiesigen Staatskrankenanstalt eingeliefert. Neurologisch sind keine besonderen Veränderungen festzustellen, nur lebhafte Patellarreflexe beiderseits. Gang, Sprache und Motilität sind o. B. Psychisch ist der Kranke in allen intellektuellen Leistungen deutlich reduziert, wird leicht gereizt und neigt zu Erregungszuständen. Für gewöhnlich sitzt er stumpf herum. In den nächsten Monaten arbeitet er in der Schneiderei und bietet außer der Interesselosigkeit und Stumpfheit nichts Besonderes. Gelegentlich treten Verwirrtheitszustände auf, weshalb er die Arbeit zeitweise unterbrechen muß. Der Kranke arbeitet während des ganzen Jahres 1920 in der Schneiderei, es treten keine bemerkenswerten nervösen Störungen bei ihm auf. Anfangs Februar 1921 erkrankt er an einer Bronchitis und am 8. 2. 1921 stirbt er.

Die Diagnose lautete auf Dementia arteriosclerotica (Lues).

Die Körpersektion ergab eine schwere Mesaortitis syphilitica, mit Aneurysma am Aortenbogen, dazu eine diffuse Bronchitis. Das Schädeldach und die Dura sind o. B. Die Pia ist über der ganzen Gehirnkonvexität leicht verdickt, die Gehirnwindungen atrophisch (Hirngewicht 1240 g, Dura 60 g, Schädelinhalt 1400 ccm). Die basalen Gefäße sind geschlängelt und mit starken sklerotischen Wandverdickungen. Die Rinde ist fast überall verschmälert, namentlich im Stirn- und Temporalhirn. Die Seitenventrikel sind erweitert; die basalen Stammganglien atrophisch. Das Caudatum und Putamen beiderseits in allen Teilen durchsetzt mit kleinen lacunären Erweichungen. Das Pallidum und der Thalamus makroskopisch herdfrei. Pons, Medulla oblongata und spinalis, Kleinhirn makroskopisch o. B.

Bei der mikroskopischen Untersuchung ergab sich im wesentlichen eine chronische Sklerose der Ganglienzellen der Rinde, eine schwere Arteriosklerose der Gefäße des Hirnstammes und der Arteriae fossae sylvii, mit einem ausgedehnten Status cribratus im ganzen Striatum, weniger hochgradig auch im Pallidum. Die Pyramidenbahnen sind intakt, und die herdförmigen Veränderungen beschränken sich auf das Striatum und Pallidum.

Epikrise.

Wir haben hier also einen Fall vor uns, bei dem ätiologisch Lues und Alkoholismus gegeben ist und klinisch ein intellektueller Schwächezustand im Vordergrunde steht, wie er bei chronischen Alkoholikern geläufig ist. Anatomisch entspricht der psychischen Erkrankung die chronische Sklerose der Ganglienzellen des gesamten Cortex, während die anatomisch erwiesene, durchaus schwere Affektion des Striatum und Pallidum zunächst im klinischen Bilde kein Analogon zu haben scheint.

Ich habe nun nachträglich mit vorsichtiger Fragestellung Erkundigungen bei den Stationsärzten und in der Schneiderwerkstätte, wo der Kranke die letzten Jahre über beschäftigt war, eingezogen, und es wurde mir in objektiver Weise folgendes mitgeteilt: der Kranke ging mit vornübergebeugtem Körper, mit trippelnden kleinen Schritten, seine Sprache war langsam und schlecht verständlich. Flicken und grobe Schneiderarbeiten gelangen sehr gut, trotzdem der Kranke mit den Armen feinschlägig zitterte.

Aus dieser Beschreibung, die, ich betone es noch einmal, völlig objektiv gegeben wurde, ohne entsprechende Beeinflussung meinerseits, geht einwandfrei hervor, daß wir es hier mit einem Parkinsonismus zu tun haben, der ganz vornehmlich in Gang und Sprachstörung sich dokumentierte, Manipulationen aber trotz des bestehenden Tremors ermöglichte. Jedenfalls zeigt uns dieser Fall, daß wir bei dem anatomischen Bestehen eines Status cribratus im Striatum und Pallidum auf Bewegungsstörungen im Sinne des Parkinsonismus schließen dürfen. Er zeigt uns ferner, zu welch groben Fehlschlüssen oberflächliche Beurteilung, fehlende Gründlichkeit und methodische Unsicherheit der klinischen Untersuchung führen können.

So bestätigen also die Feststellungen bei den durch Gefäßerkrankungen verschiedenster Ätiologie bedingten Fällen von Parkinsonismus unsere Anschauungen, die wir bei der Analyse der genuinen Paralysis agitans erörtert haben. Wenn auch die jeweils vorliegende Diffusität der Gehirnerkrankung zweifellos die Beantwortung der Lokalisationsfrage bedeutend erschwert, so spricht doch die Konstanz der Veränderungen eindeutig für ihren kausalen Zusammenhang mit dem Parkinsonschen Symptomenkomplex. Dabei ist die relative Schädigung des Striatum einerseits und Pallidum andererseits, ferner die relative Schädigung der kleinen und großen Striatumzellen zweifellos von Bedeutung für die spezielle Ausprägung der Einzelerscheinungen, insbesondere für Tremor und die Hyperkinesen. Jedenfalls kann der Tremor rein striopallidär bedingt sein, wobei die Striatumaffektion eine besondere Rolle spielen dürfte.

Apoplektiform einsetzende größere Insulte des Striatum und des Striopallidum bedingen für gewöhnlich sich rasch ausgleichende schlaffe Paresen der Gegenseite. Eine einseitige fokale Verletzung des Pallidum kann zu Athetose der gegenüberliegenden Seite führen, ebenso wird die Zerstörung des Luysschen Körpers von einem kontralateralen Hemiballismus beantwortet, der sich aus einer zunächst bedingten schlaffen Lähmung heraus entwickelt und sich in geringerer Heftigkeit und zeitweise beschränkt auch auf der Herdseite zeigt.

Das extrapyramidale Hauptsystem, insbesondere das Striopallidum und der Luyssche Körper innervieren doppelseitig, stehen aber vornehmlich der kontralateralen Körperseite vor. Nur so erklärt sich die Beeinflussung eines alten striopallidären Herdes durch eine frisch einsetzende kontralaterale Striatumzerstörung in ihren klinischen Erscheinungen: schlaffe Hemiparese auf der dem frischen Striatumherd kontralateralen Seite und gleichzeitiges Auftreten einer athetotischen Parakinese der anderen Seite, welche zu dem alten striopallidären Herd kontra-

lateral liegt. Die Athetose ist Ausdruck der fokalen Pallidumaffektion; die Parakinese selbst ist wohl auf das Striatum zu beziehen.

Treten im Verlaufe eines striopallidär bedingten Parkinsonismus Thalamusherde hinzu, so zeigen sich diese in schlaffen Paresen, heftigen Parästhesien, Astasie und Abasie und in Schlafstörungen.

Die anatomische herdförmige Läsion des striopallidären Systems läßt im allgemeinen auf die klinische Entwicklung eines Parkinsonismus schließen. Sie gibt uns jedoch kein absolutes Maß für die jeweilige Schwere und Ausprägung des ganzen Symptomenkomplexes. Die jeweils klinisch in Erscheinung tretenden Funktionsausfälle sind mit abhängig von dem Gesamtzustand des ganzen Gehirns, insbesondere der Rinde und dem fronto-cerebellaren System. Für die Entwicklung der motorischen extrapyramidalen Ausfallserscheinungen ist die Störung im Funktionsgleichgewicht auf beiden Seiten des Striopallidum und des gesamten extrapyramidalen Apparates von ausschlaggebender Bedeutung.

6. Die Krankheitsgruppe Wilson-Pseudosklerose.

Dem Parkinsonismus der obigen Beobachtungen symptomatologisch nahe verwandt, pathogenetisch aber scharf von ihm zu trennen ist die Krankheits-gruppe

Wilson-Pseudosklerose.

Es sind dies bekanntlich Erkrankungen des jugendlichen Alters mit besonderer Betonung der konstitutionellen Komponente, wobei sich fast regelmäßig die Erkrankung des Zentralnervensystems mit eigenartigen Leberveränderungen kombiniert und gewöhnlich extrapyramidale Bewegungsstörungen neben mehr oder weniger betonten psychischen Veränderungen das im allgemeinen chronische Krankheitsbild beherrschen. Die Erkrankung ist nicht angeboren und nicht direkt vererblich, doch hat Hall das Vorkommen in 2 Generationen beschrieben. Während man zunächst klinisch vornehmlich in Anbetracht der bei der Pseudosklerose mehr im Vordergrunde stehenden psychischen Veränderungen eine Sonderstellung der Westphal- Strümpellschen Pseudosklerose gegenüber der offenbar enger lokalisierten Wilsonschen Krankheit forderte, haben die weiteren Beobachtungen am Krankenbette (Strümpell, Stertz u. a.) die Schwierigkeiten einer diagnostischen Auseinanderhaltung beider Erkrankungen dargetan. Dasselbe gilt in erhöhtem Maße bei der Berücksichtigung des pathologisch-anatomischen Substrates. Nach Alzheimers Untersuchungen in dem bekannten v. Höslinschen Falle von Pseudosklerose, die in der Folgezeit bestätigt werden konnten, zeigten sich die wesentlichen Symptome dieses Krankheitsprozesses in dem Auftreten riesengroßer Gliaelemente bei schweren Degenerationserscheinungen an den Ganglienzellen ohne Körnchenzell- und Lückenbildungen und ohne Gliafaservermehrung. Die Ausdehnung des Prozesses war eine recht diffuse. Neben der Rinde waren am stärksten das Striatum, der Sehhügel und die Regio subthalamica, die Brücke und das Dentatum erkrankt. Im Gegensatz dazu schien die Wilsonsche Krankheit, die gemeinhin als „progressive Linsenkerndegeneration“ bezeichnet wird, in ihrer auf das Linsenkerngebiet beschränkten Lokalisation, ferner in der auffälligen mit Körnchenzellbildung einhergehenden Einschmelzung des Gewebes und in dem

Fehlen der Alzheimerschen Gliazellen ihre Sonderstellung zu betonen. Weitere Untersuchungen (Bostroem, Stöcker, Spielmeyer, Wimmer, Pollack, H. C. Hall, A. Westphal und F. Sioli) konnten überzeugend dartun, daß auch anatomisch sich die Grenzen zwischen beiden Krankheitsformen völlig verwischen. Namentlich war es Spielmeyer, der an der Hand von 6 histologisch untersuchten Fällen 1920 nachwies, daß sich die histologischen Kardinalsymptome der beiden Erkrankungen jeweils stark untermischen können, und daß auch die cystische Linsenkerndegeneration bei weitem nicht so eng lokalisiert ist, wie man es zunächst annahm. Hall bestätigte die Spielmeyerschen Befunde und Ansichten.

Es zeigte sich nämlich, daß die Wilsonsche Krankheit neben der Linsenkernaffektion auch in den anderen bei der Pseudosklerose vornehmlich betroffenen Kerngebieten entsprechende schwere Veränderungen aufweisen kann (Dentatum, Großhirnrinde) und daß dabei der histologische Prozeß starke Anklänge an jenen der Pseudosklerose bieten kann (Alzheimersche atypische Gliazellen, das Fehlen einer Einschmelzung, rein degenerative Parenchymerkrankung ohne Körnchenzellentwicklung). Auf der anderen Seite gibt es wieder Pseudosklerosen, bei denen in den verschiedenen grauen Prädilektionsstellen eine verschiedene Ausprägung des histologischen Prozesses gegeben ist. Je nach dem jeweils gegebenen Vorherrschen der pseudosklerotischen Komponente (degenerative Parenchymerkrankung mit der Bildung Alzheimerscher atypischer Gliazellen ohne freie Körnchenzellentwicklung und ohne Einschmelzung) oder der Wilsonschen Komponente (Einschmelzungs- und Zerfallsvorgänge mit Körnchenzellentwicklung und Gliafaser- und Gefäßneubildungen) wird man mit Spielmeyer die Gruppierung vornehmen können und müssen.

Die Ätiologie dieser Erkrankung ist heute noch völlig ungeklärt. Die Gehirnveränderungen sind rein degenerativer Art und geben uns keinen eindeutigen ätiologischen Hinweis. Die bei den Homénschen Fällen betonte syphilitische Ätiologie darf keineswegs verallgemeinert werden, bei weiteren Beobachtungen haben alle neueren Feststellungen eine derartige Ätiologie als unbegründet zurückgewiesen. Die fast regelmäßig vorkommende eigenartige cirrhotische Lebererkrankung, die von den verschiedensten Untersuchern in verschiedenem Sinne gedeutet wurde, bringt uns zunächst auch nicht weiter. Schminke hat auf Grund seiner Leberuntersuchungen an den Münchener Fällen die hierüber geäußerten Ansichten kritisch zusammengestellt, deren hypothetischen Charakter betont und sich vorläufig zu einem Ignoramus bekannt[1]). Der Umstand, daß sich nicht selten Lebererkrankungen mit solchen des Gehirns, namentlich der basalen Stammganglien (vergl. die van Woerkomschen Fälle)

---

[1]) Auch die neueren Untersuchungen von Hall, A. Westphal und Sioli kommen diesbezüglich zu keinem abschließenden Urteil. Hall deutet die Affektionen der Leber und des Gehirns als auf angeborener Minderwertigkeit dieser Organe beruhend, wobei exogenen Momenten höchstens eine auslösende Rolle zufalle. A. Westphal und F. Sioli besprechen gewisse klinische und anatomische Verwandschaftsbeziehungen zwischen diesen Erkrankungen und jenen der Encephalitis epidemica an der Hand eines bemerkenswerten Falles, bei dem sich die Degenerationsvorgänge von Wilson-Pseudosklerose mit infiltrativen Erscheinungen wie bei der Encephalitis epidemica untermischten. Sie sprechen von einem toxisch-infektiösen Prozess und sehen keine Anhaltspunkte für die Annahme congenitaler Anomalien (vgl. auch die epikritischen Bemerkungen von Fall XXII).

kombinieren, darf uns jedoch zunächst keineswegs dazu verleiten, hier direkte Beziehungen anzunehmen. Neuere klinische (Bostroem, F. H. Lewy, Leyser u. a.) und auch experimentelle Untersuchungen (Fuchs und Pollak, F. H. Lewy und Pinkussen) weisen wohl mit Nachdruck auf die entgiftende Funktion der Leber hin, so daß bei Leberschädigungen besondere als Nervengifte anzusprechende, im Körperhaushalt selbst entstehende Stoffe in die Zirkulation durchfiltrieren können. Bei solchen experimentellen Leberschädigungen haben Fuchs und Pollak, F. H. Lewy und Pinkussen neben Gehirnveränderungen auch solche im Striatum festgestellt. Es liegt weiterhin die Annahme nahe, daß bei bestehender Leberschädigung und bei hierdurch bereits gegebener krankhafter Disposition gewisser Gehirnterritorien die Auswirkung weiterer endogener und exogener Giftstoffe auf das Zentralnervensystem, namentlich auf die bereits krankheitsanfälligen Gehirnterritorien in erhöhtem Maße verstärkt wird. In diesem Sinne können die experimentellen Versuchsanordnungen F. H. Lewys und Tiefenbachs gedeutet werden, vornehmlich die an Mangan vergifteten Tiere. Bei dieser Erkrankung kommt es zu einer proliferativen Gefäßerkrankung, die in ihrer Lokalisation den Streifenhügel ganz besonders bevorzugt, wofür Lewy die Ursache in der primären Leberschädigung sucht. Bei so vorbehandelten Tieren kann es zum Virulentwerden eines häufigen Kaninchenschmarotzers, des Bacillus cuniculosepticus, kommen, der dann in die Blutbahn einbricht und sich nun gerade in den vorgeschädigten Gefäßen, d. h. vor allem im Streifenhügel, seltener in der Hirnrinde und an anderen Stellen ansiedelt, um nun seinerseits Ausgangspunkt einer echten Entzündung zu werden (Lewy).

Meines Erachtens liegen aber auch diese Verhältnisse heute noch nicht so einfach, um bindende Schlüsse zu erlauben. Herr Dr. Kirschbaum hat es in meinem Laboratorium unternommen, sowohl an menschlichem Materiale von akuter gelber Leberatrophie, als auch bei tierexperimenteller Leberschädigung verschiedener Art histologisch genau das Zentralnervensystem zu prüfen; die Befunde, die Kirschbaum bei 3 Fällen menschlicher akuter gelber Leberatrophie im Zentralnervensystem erheben konnte, sind rein degenerativer Art und mahnen, was die Annahme einer bevorzugten Disposition bestimmter Gehirnterritorien bei primärer Leberschädigung angeht, zur größten Vorsicht. Wohl zeigten sich bei den Kirschbaumschen Feststellungen die uns interessierenden Gehirnteile, besonders das Striatum und Pallidum, histologisch affiziert, die Veränderungen waren aber keineswegs in diesen Gehirnterritorien schwerer als in den übrigen Teilen des Zentralnervensystems, insbesondere im Cortex.

Die tierexperimentellen Untersuchungen sind auch heute noch nicht völlig abgeschlossen. Herr Dr. Kirschbaum hat über die bisherigen Resultate auf der Neurologentagung in Halle (1922) kurz berichtet; er konnte bei den verschiedensten Versuchsanordnungen zweifellos schwere Gehirnveränderungen bewirken, die aber recht diffus entwickelt sind und Rinde und Subcortex in zunächst nicht eindeutig unterscheidbarer Weise und Intensität befallen. Von einem bevorzugten Befallenwerden des Striopallidum kann dabei offenbar nicht gesprochen werden[1]).

---

[1]) Vgl. auch die Kirschbaumschen Veröffentlichungen über seine Versuche in der Zeitschr. f. d. ges. Neur. u. Psych. 1923 (im Drucke).

Derartige Untersuchungsergebnisse fordern eindringlich zunächst noch große Zurückhaltung bei Beurteilung der ganzen Sachlage, und ich meine, wir tun heute noch besser daran, die Frage Leber—Gehirn offen zu lassen als sie, auf ungenügendes Tatsachenmaterial gestützt, allzu einseitig zu beantworten.

Das völlige ätiologische Dunkel vermehrt noch unsere Unsicherheit bei der Bewertung und Gruppierung klinisch und histologisch atypischer Fälle. Zeigt schon das klinische Krankheitsbild entsprechend der Vielseitigkeit der anatomischen Lokalisation einen bunten Wechsel der Symptome, so sehen wir andererseits, daß auch andere Kardinalsymptome der Erkrankung fehlen können; so namentlich die Lebererkrankung oder der 1902 von Kayser und Fleischer entdeckte Cornealring. Desgleichen kann

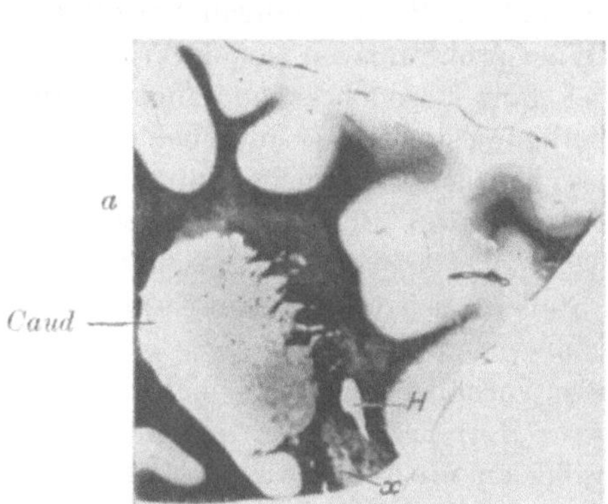
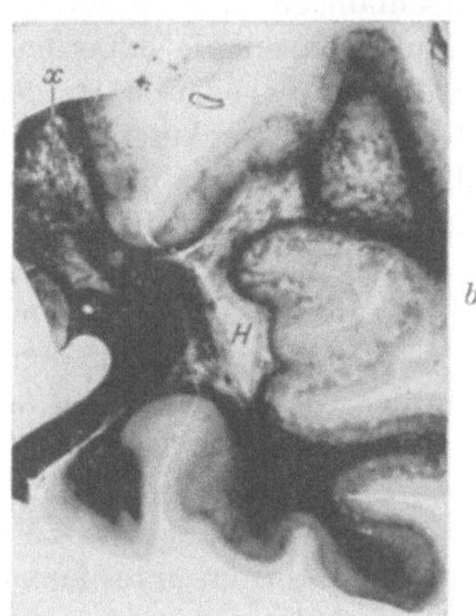

Abb. 89. Fall Detmer. a = Markscheidenpräparat mit Caudatum-Kopf (Caud. sehr markarm) und Entmarkungen im Weiß (x) und Herdbildung H. Rinde von Herden zerfressen. b = aus dem Stirnhirn zeigt besonders die schweren Rindenherde, Entmarkungen im Weiß (x) und einen größeren Lückenherd (H) im Weiß. Photogr.

die Familiarität fehlen. Auch der zeitliche Krankheitsverlauf liegt nicht in bestimmten Grenzen. Während es sich für gewöhnlich um eine Erkrankung des jugendlichen Alters handelt, entwickelt sich das Leiden wie in dem Westphalschen Falle erst im 20. bis 30. Lebensjahre oder wie in dem jüngst von Siemerling und Oloff beobachteten Falle erst im 40. Lebensjahre. Dieser Kranke bietet klinisch ein typisches Bild mit Lebervergrößerung und zeigt noch neben dem Kayser-Fleischerschen Cornealring einen eigenartigen doppelseitigen Scheinkatarakt, der nur bei seitlicher Beleuchtung sichtbar ist, und der als toxisch aufgefaßt wird.

Die Schwierigkeiten, die man bei der histologischen Differenzierung von offenbar hierher gehörigen Beobachtungen antreffen kann, lehrt in besonderer Schönheit der Fall Bertha H., den Stertz-Spielmeyer veröffentlicht haben.

Der Vater litt seit seinem dritten Lebensjahrzehnt an einer chronisch-progressiven Chorea mit hypochondrischer Einengung, paranoid-querulatorischer Gedankenrichtungen und Neigung zu Erregungszuständen und erlag diesem Leiden mit 39 Jahren. Die Mutter war zweimal wegen Manie in klinischer Beobachtung. Von acht Kindern ist das dritt- und fünftgeborene Mädchen erkrankt mit unverkennbar gleichartiger Entwicklung der klinischen Erscheinungen. In dem einen von diesen Fällen, dessen vorläufige histologische Untersuchung durch Spielmeyer vorliegt, begann die Krankheit ungefähr im 7. Lebensjahre nach einer Rippenfellentzündung mit Störung des Ganges, Apathie und scheuem Wesen. Allmählich bildeten sich ganz im Sinne der Wilsonschen Krankheit Symptome einer allgemeinen Bewegungsarmut, Muskelrigidität und Innervationsstörungen aus, welch letztere sich schließlich auch auf die bulbären Funktionen erstrecken. Dazu gesellen sich epileptiforme Anfälle mit tonischer Versteifung und Zittern ohne Bewußtseinsverlust. Nach einem Krankheitsverlauf von über 9 Jahren stirbt die Kranke an einer Miliartuberkulose. Bei der Sektion fanden sich neben einer allgemeinen Tuberkulose nur Stauungserscheinungen in der sonst normalen Leber (Schmincke); im Gehirn fiel eine starke derbe Atrophie des Striatum,

besonders des Putamen auf, ohne alle Erweichungen, nur bestanden klaffende Lücken um die Gefäße des Linsenkerngebietes mit häufig dichtem perivasculärem Gliafaserwall. Den enormen Ausfällen des nervösen Gewebes entspricht mikroskopisch im Caudatum eine dichte Wucherung von Gliazellen ohne Faserbildung, während letztere im Putamen und Pallidum beträchtlich ist. Einschmelzungen des Gewebes oder Zeichen frischeren Zerfalls und Abbaues sind in erheblichem Maße nicht vorhanden. Die atypischen Alzheimerschen Gliazellen sind nirgends festzustellen. Zudem hat Nissl bei Untersuchung der Rinde des Ammonshorns eine eigenartige Ganglienzellveränderung mit schweren Kerndegenerationen gefunden, die stellenweise zur Verödung der Rinde geführt hat. Man wird Spielmeyer durchaus beipflichten, wenn er gerade an der Hand dieses Falles die Rubrizierungsschwierigkeiten betont und seine Sonderstellung besonders im Hinblick auf die Eigenart des anatomischen Befundes hervorhebt.

Umgekehrt konnte ich jüngst einen Krank-

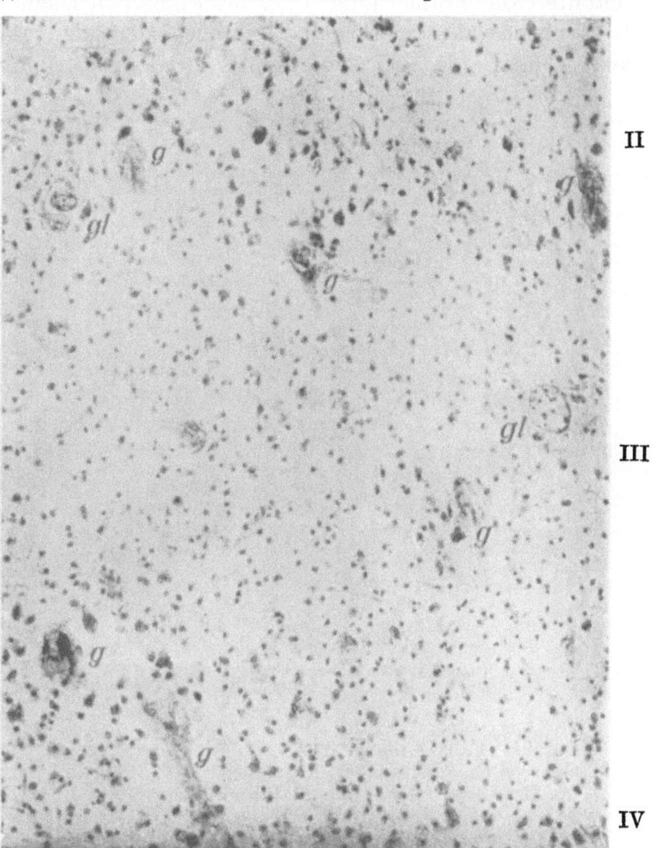

Abb. 90. Fall Detmer. Rindenverödung bei stärkerer Vergrößerung. Hochgradiger Ganglienzellausfall in der Lam. pyramidalis (III), geringerer in der Lam. gran. ext. (II). *gl* = atypische Alzheimersche Gliazellen (protoplasma-nackt). *g* = Gefäße mit leichter Endothelschwellung. Nissl-Färbung. Mikroph.

heitsprozeß des Zentralnervensystems bei einer 10 Jahre dauernden, erst im späteren Alter auftretenden chronischen Psychose mit katatonen Symptomen (Fall Detmer) beschreiben, der in seinen vornehmlichsten histologischen Zügen mit denen der Wilsonschen Krankheit und Pseudosklerose übereinstimmt, seine Hauptlokalisation aber in der Rinde entsprechend den weitaus im Vordergrunde stehenden psychotischen Zügen hat. Erst in zweiter Linie ist das Dentatum und noch weniger intensiv das Striatum befallen. Klinisch handelte es sich um eine Erkrankung des mittleren Alters (48 Jahre) ohne jegliche familiäre Komponente, jedoch bestand ein angeborener Schwachsinn mäßigen Grades und auch die Mutter war geistesschwach. Symptomatologisch war das Krankheitsbild durch katatone Erscheinungen ausgezeichnet, wobei leichte Pupillenerscheinungen, Reflexstörungen, eine allgemeine Bewegungsarmut und ein apoplektiformer Insult mit rasch sich ausgleichender Hemiparese die grob-organische Natur des Leidens betonte. Die Kranke ging unter der klinischen Diagnose: Katatonie. Histologisch charakterisiert sich der Prozeß, der schon makroskopisch durch eigenartige Markherde und stellenweiser Rindenverfärbung auffällig war (vgl. auch

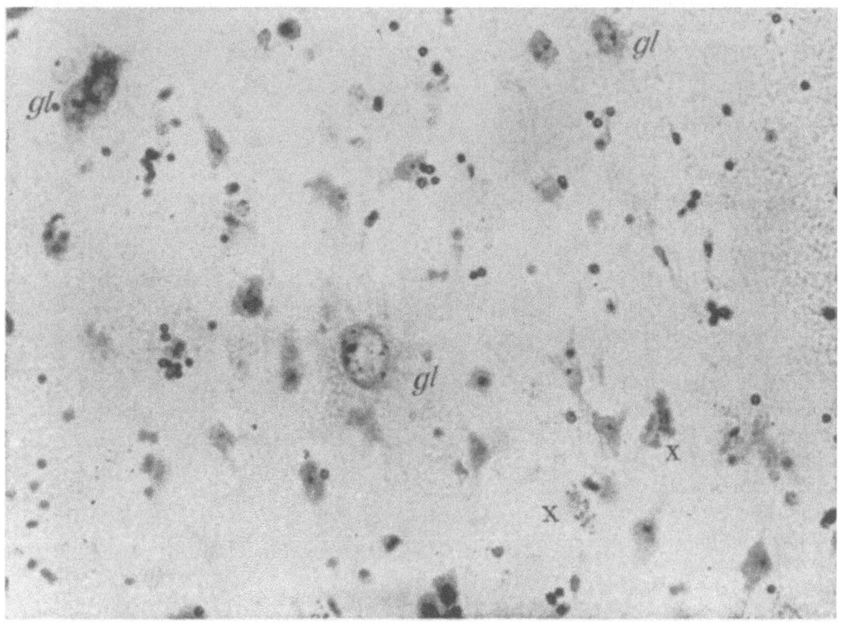

Abb. 91. Fall Detmer. Atypische Alzheimersche Gliazellen (*gl*) im Striatum mit schweren Ganglienzelldegenerationen. *x* = gelb-grünliches Pigment im Gliaplasma. Ganglienzellen größtenteils blaß und geschrumpft. Gliazellen z. T. mit Kern-Hyperchromatose und Pyknose. Nissl-Färbung. Mikrophotogramm.

Abb. 89a und b), als eine reine Parenchymdegeneration mit schweren Ganglienzellveränderungen verschiedenster Art und eigenartigen Gliareaktionen. An zahlreichen Stellen der affizierten grauen Gebiete lassen sich atypische Alzheimersche große Gliazellen feststellen, die in allem an die grotesken Formen der Krankheitsgruppe Wilson-Pseudosklerose erinnern (Abb. 90—92). Auch in der Purkinje-Zellschicht des Kleinhirns fallen reichlich atypische Gliaformen auf. An anderen Stellen finden sich regressive Veränderungen im Sinne von amöboider Glia, an wieder anderen kommt es zur Gliafaserbildung. Die Markherde (Abb. 89) sind unregelmäßig sich in der Umgebung verlierende Entmarkungsherde mit teilweiser Verschonung der Achsenzylinder und kleinzelliger Gliawucherung, nur in den größeren Markherden ist eine Gliafaservermehrung deutlich. Für gewöhnlich vollzieht sich der Fettabbau im Grau und Weiß innerhalb der im Gewebe fixierten Gliazellen, an vereinzelten Stellen im Weiß beobachtet man aber auch Herde von ausgesprochenem Körnchenzelltypus. In einzelnen Herden läßt sich auch eine Gefäßneubildung feststellen. Abb. 89 zeigt von diesem Falle die Markscheidenpräparate aus der Gegend des Striatumkopfes und aus dem Stirnhirn, an welchem man die Rinde und Markherde erkennen kann und einen ausgesprochenen Lückenherd im Marklager, während das Striatum nur durch seine Armut an Markfasern auffällt.

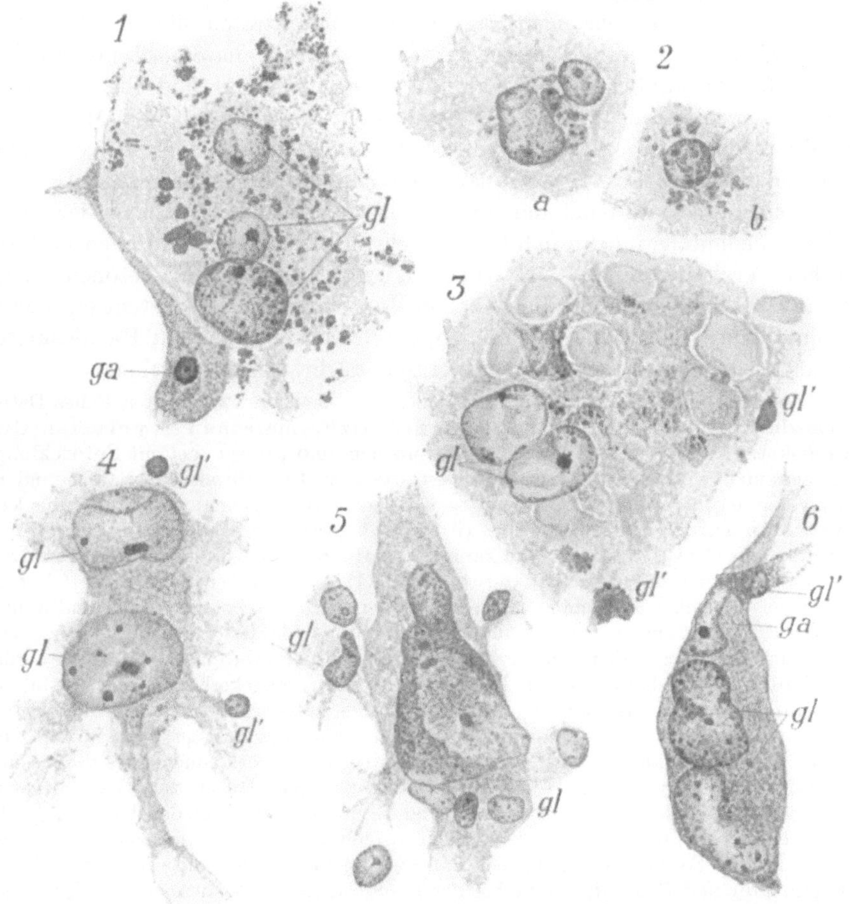

Abb. 92. Fall Detmer zeigt die atypischen Alzheimerschen Gliazellen im Striatum (1—3) und Dentatum (4—6). Fig. 1: *gl* = stark vergrößerte blasse Gliazellen; im Plasma zahlreiche blau-schwarze und grün-blaue Pigmentstoffe. *ga* = Ganglienzelle in Nissls schwerer Veränderung. Fig. 2a: vergrößerte blasse Gliazellen in den gleichen Pigmentstoffen; ebenso b. Fig. 3: *gl* = stark vergrößerte blasse Gliazellen mit unscharfen Kernmembranen und dergleichen Pigmentstoffen im Plasma. Homogene Ballen (Degenerationsprodukte) *gl'* = normal große Gliazellen mit grünem Pigment. Fig. 4: zwei große Gliakerne (*gl*) in einem zarten mit Ausläufern versehenem Plasma. *gl'* = normal große Gliazellen. Fig. 5: eigenartige unscharf begrenzte Kernmasse in einem zarten Plasma, von mehreren, etwas vergrößerten Gliazellen (*gl*) umgeben. Fig. 6: zwei große Gliakerne (*gl*) im Zelleib einer Ganglienzelle (*ga*). *gl'* = normal große Gliazelle. Nach einer farbigen Zeichnung bei Zeiss' Öl-Imm. ¹/₁₂. Komp.-Ok. 4.

Der Fall hat eine ganz besondere Bedeutung, einmal weil wir bei ihm die sämtlichen histologischen Kriterien der Krankheitsgruppe Wilson-Pseudosklerose ausgeprägt finden, während klinisch keinerlei Anhaltspunkte für seine Zugehörigkeit zu dieser Gruppe vorliegen. Daß die Hauptlokalisation der Veränderungen gegenüber jenen bei der Krankheitsgruppe Wilson-Pseudosklerose mehr nach der corticalen Seite hin verschoben war, bedeutet nur wenig im Hinblick auf die außerordentlich schwankende Ausdehnung des pathologischen Prozesses bei Wilson-Pseudosklerose.

Andererseits sehen wir eigenartige Markherde auftreten, die bis jetzt wenigstens bei Wilson-Pseudosklerose nur in dem von Hall anatomisch untersuchten Fall in offenbar ähnlicher Entwicklung beschrieben sind und die, wie Bielschowsky meint, eine zweifellose Ähnlichkeit mit den kleinen Markherden in Gehirnen Neurofibromatöser haben. Klinisch pfropft sich die Krankheit erst im späteren Alter auf einen angeborenen Schwachsinn mäßigen Grades auf, und eine hereditäre Komponente können wir in dem Schwachsinn der Mutter erblicken. Jedenfalls möchte ich heute noch auf Grund der klinischen und anatomischen Verhältnisse die Sonderstellung dieses Falles betonen. Auch Wimmer hat bei seinen Studien über das extrapyramidale System eigenartige Fälle ohne Lebererkrankung beschrieben, deren Zugehörigkeit zur Pseudosklerose nach dem gegebenen histologischen Befunde recht fraglich erscheint.

Im Anschluß an die Untersuchungsergebnisse des oben kurz skizzierten Falles Detmer habe ich die Entstehungsbedingungen der Alzheimerschen atypischen Gliazellen diskutiert und dabei die Ansicht ausgesprochen, daß wir es dabei mit Entwicklungen progressiver und regressiver Art zu tun haben, die zum Teil stürmisch verlaufen und mit dem schweren degenerativen Parenchymprozeß Hand in Hand gehen; sie könnten uns kein Hinweis sein auf etwa vorliegende und mitspielende Entwicklungsstörungen oder blastomatöse Prozesse. Man kann mit Spielmeyer bei den für die Krankheitsgruppe Wilson-Pseudosklerose charakteristischen Alzheimerschen atypischen Gliazellen zwei Formen unterscheiden, einmal solche, bei denen sich die abnorm großen und abnorm gestalteten Kerne mit einem großen plumpen, häufig mit Ausläufern versehenen Protoplasma umgeben, und andere auffallend blasse Zellen, bei denen der Protoplasmaleib stark zurücktritt, oft kaum nachweisbar ist und die Kerne sich bei häufig eingekerbten und mißgestalteten Formen durch ihre Chromatinarmut auszeichnen. Ich habe schon oben mehrfach betont, daß große und abnorm gelappte Gliakerne mit mehr oder weniger ausgeprägtem Protoplasmaleib unter den mannigfaltigsten pathologischen Bedingungen vorkommen, wie dies ja auch Getzowa, Spielmeyer, Creutzfeld, F. H. Lewy und Bielschowsky festgestellt haben. Gerade im Pallidum und im Striatum sind sie unter den verschiedensten ätiologischen Bedingungen recht häufig anzutreffen. Freilich sah ich dabei noch nirgends derart groteske protoplasmareiche Formen, wie sie meinen Fall Detmer auszeichnen und wie sie vornehmlich von Alzheimer und Bielschowsky bei der Pseudosklerose gefunden worden sind. Trotz der zweifellos gegebenen morphologischen Ähnlichkeit dieser Zellen mit jenen der tuberösen Sklerose kann ich mich auch heute noch nicht dazu entschließen, sie mit diesen auf eine Stufe zu stellen und in ihnen den Ausdruck blastomatöser Prozesse zu sehen, eine Auffassung, die Alzheimer zuerst vertreten hat. Die von Bielschowsky erst jüngst wieder gegen diese meine Ansicht und deren Begründung vorgebrachten Einwände würdige ich dabei voll und ganz, fordere aber für einen so weitgehenden Rückschluß in ätiologischer Hinsicht noch bestimmtere und eindeutigere Kriterien. Schließlich schreibt ja auch Bielschowsky selbst, daß von den von Alzheimer für die Pseudosklerose als charakteristisch aufgestellten Kriterien nach dem heutigen Stande unserer Forschung nur die Riesengliazellen mit den großen und chromatinarmen Kernen übrig bleiben. Auch diese Form sah ich in meinem Falle Detmer, konnte aber, freilich viel seltener bei ätiologisch sichergestellten Gehirnprozessen, so z. B. bei stationärer Paralyse, ähnliche große chromatinarme nackte Gliakerne in der Rinde entdecken. Spielmeyer läßt gerade im Hinblick auf diese Zellform die Möglichkeit offen, daß bei solchen vom Gewöhnlichen abweichenden Vorgängen Entwicklungsstörungen mitspielen können. Hall, der jetzt in einer größeren Monographie die Symptomatologie, Histologie und Pathogenese der mit Leberveränderungen einhergehenden Erkrankungen des Striatum abgehandelt hat, und der sich bezüglich der Zugehörigkeit von Wilson und Pseudosklerose ganz auf den Standpunkt Spielmeyers stellt, betont, daß die dabei auftretenden recht charakteristischen gliösen Proliferationserscheinungen nicht als gewöhnliche Reaktionsphänomene aufgefaßt werden können, denn sie seien auch in Gebieten nachweisbar, wo man von einer Degeneration des nervösen Gewebes nichts erkenne. Bielschowsky kommt in seiner neuesten Studie über die normale und pathologische Histologie des striären Systems bei Berücksichtigung der bisher gegebenen Tatsachen zu dem Schlusse, daß es heute wohl kaum eine andere Denkmöglichkeit gebe als die, den für die Wilsonsche Krankheit charakteristischen circumscripten Einschmelzungsprozeß und die progressiven Gliaphänomene der Pseudosklerose auf eine gemeinschaftliche Wurzel, und zwar auf eine fehlerhafte Anlage von Parenchym und Glia zurückzuführen; „so kommt man zur Konzeption von Krankheitsformen, bei denen eine Abiotrophie bestimmter Grisea sich mit einer atypischen Differenzierung und Reaktionstendenz der Glia vereinigt und die man als Nekrohamartosen bezeichnen kann, wobei der erste Bestandteil des Terminus auf die regressiven Parenchymvorgänge, der zweite auf die durch fehlerhafte bzw. atypische Anlage bedingte Proliferationsweise der Neuroglia hinweisen soll. Ob die Neuroglia bei derartigen Zuständen immer erst eines reaktiven Anstoßes von seiten zerfallender Parenchymelemente zur Bildung ihrer excessiven Zell- und Kernformen bedarf, oder ob sie nicht wenigstens gelegentlich auch spontan in dieser Weise wuchern kann, wird mit diesem Ausdruck nicht präjudiziert. Bei dieser Definition des Prozesses wird das Mißfallen erregende Epitheton „blastomatös" vermieden und die Entwicklungsstörung, an welche Alzheimer gedacht hat und auf die es auch nach meinen vergleichend histologischen Ergebnissen hauptsächlich ankommt, genügend betont. Auch dem fast konstanten heredodegenerativen Faktor in der Ätiologie ist dabei Rechnung getragen. Man muß sich freilich darüber klar sein, daß derartige Definitionsversuche die Dinge mehr umschreiben als erklären". A. Westphal und F. Sioli unterstreichen jedoch meine Auffassung. Klarheit herrscht hier also nach keiner Richtung hin und erst weitere Erfahrungen werden uns hier bindende Schlüsse erlauben. Zunächst möchte ich aus früher erörterten Gründen und auf Grund weiterer Erfahrungen bei meiner Ansicht bleiben, daß die atypischen Alzheimerschen Gliazellen eigenartige Reaktionsphänomene darstellen, deren blastomatöser Charakter in keiner Weise erwiesen ist.

In der gleichen Studie hat Bielschowsky einen Fall mitgeteilt, den er der Wilsonschen Krankheit zurechnet und der ebenfalls viel Ungewöhnliches bietet. Bei einem Manne ohne familiäre Belastung, bei dem offenbar ein angeborener Schwachsinn vorlag, setzten die charakteristischen Krankheitssymptome erst im späteren Mannesalter ein, und der Kranke starb nach 20jähriger Dauer der klinischen Erscheinungen mit 58 Jahren. Auf Frontalschnitten durch das Gehirn bemerkte man in beiden Putamina symmetrisch eine Auflockerung des Gewebes ohne gröbere Substanzverluste. Auch die chronischen histologischen Veränderungen beschränkten sich im wesentlichen ganz auf die Putamina, ganz besonders auf deren dorsolateralen Bezirk. Es zeigte sich hier das typische Bild des spongiösen Schwundes Die Parenchymelemente sind fast sämtlich regressiven Veränderungen anheimgefallen und ihre Degenerationsprodukte werden durch massenhafte gliogene Fettkörnchenzellen nach den adventitiellen Lymphscheiden der Gefäße hin abgeräumt. Es kommt wohl zu einer Produktion plasmareicher Faserbildner und freier Gliafasern, aber nirgends zur Entwicklung eines narbigen Gliafilzes. Das gliöse Fasermaterial bleibt überall ein sehr lockeres und durchsichtiges. Nur an den Gefäßwänden entwickeln sich etwas breitere Deckschichten. An den Gefäßen kommt es nicht nur zu einer starken Kernvermehrung in der Wandung, sondern auch zur Bildung zahlreicher Gefäßsprossen und einer Unzahl feinster Mesenchymbrücken[1]).

Makroskopisch war die Leber normal, mikroskopisch bot sich das Bild einer auffallenden Verbreiterung der Glissonschen Kapsel und der von ihr in das Organinnere einstrahlenden gröberen Bindegewebszüge. Bielschowsky sieht hierin Veränderungen, die zwar mit dem bei der Wilsonschen Krankheit „bisher zumeist beobachteten Bilde der grobknotigen Cirrhose nicht vollkommen übereinstimmen, aber sich ihr doch in gewissen Zügen nähern".

---

[1]) Vgl. auch die Bemerkungen in der Epikrise von Fall XXII.

Diese Fälle mögen beweisen, wie kompliziert und unübersehbar heute noch die Verhältnisse hier liegen, namentlich wenn wir versuchen, unter Berücksichtigung aller klinischen und histologischen Befunde, die Gruppenzugehörigkeit einzelner Fälle genau zu bestimmen. Solchen Schwierigkeiten unterliegt auch der von Maas beschriebene Krankheitsfall des mittleren Lebensalters, bei dem eine Erweichung völlig fehlte und die Linsenkerne durch feinfaserigen Gliafilz völlig sklerosiert waren. Wir sind heute in der Tat noch nicht imstande, die anatomischen und auch wohl klinischen Grenzen der ganzen Krankheitsgruppe irgendwie eindeutig festzulegen.

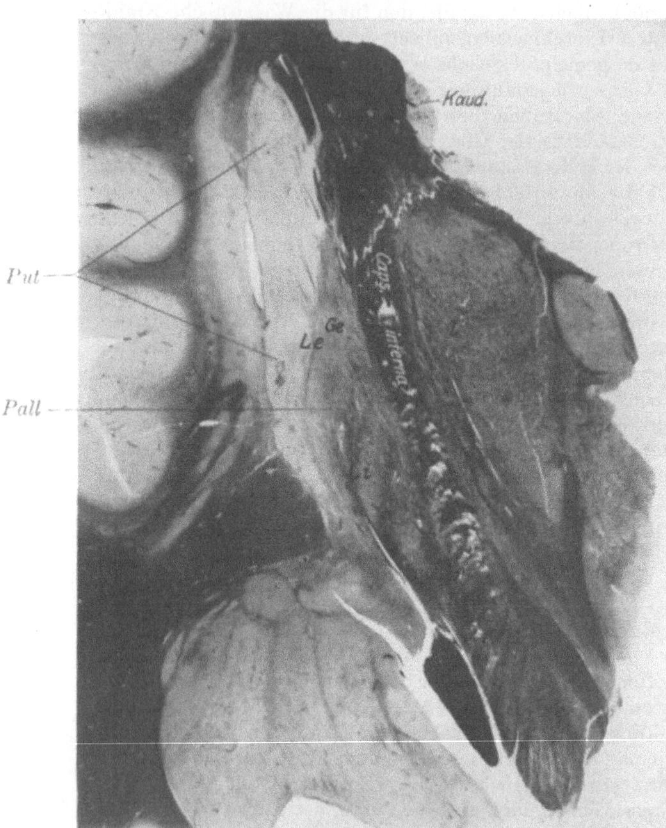

Abb. 93. Thomallascher Fall von Torsionsspasmus. Markscheidenpräparat (von C. und O. Vogt zur Verfügung gestellt): zeigt die Entmarkung und kleinere Herdbildung im Putamen (*Put*) mit einem Lückenherd am äußeren Rande und Übergreifen des Prozesses auf das äußere Glied (*Ge*) des Pallidums. *Le* und *Ge* = stark faserarm.

Zweifellos gehört hierher auch ein Teil der gemeinhin als juvenile Paralysis agitans bezeichneten Krankheitsfälle, ein anderer Teil wird der Encephalitisgruppe zuzurechnen sein, wie uns die Erfahrungen der letzten Jahre über die Nachkrankheiten der epidemischen Encephalitis hinreichend belehrt haben. Dann bleibt noch eine Restgruppe, deren nosologische Zugehörigkeit und ätiologische Genese erst weitere anatomische Erfahrungen aufklären können.

Bei allen heute noch bestehenden Unklarheiten erscheint es mir vom anatomischen Standpunkte aus zweckmäßig, für die sichere Zugehörigkeit zur Krankheitsgruppe Pseudosklerose-Wilson bei allen Fällen das gleichzeitige Vorliegen der beiden Kardinalsymptome zu fordern: Einmal vornehmlich im Striatum lokalisierte Parenchymveränderungen und ferner die charakteristische knotige Lebercirrhose.

Die Lokalisationsfrage bei der Krankheitsgruppe Pseudosklerose-Wilson ist in Anbetracht der oben betonten, zumeist vorliegenden diffusen Ausdehnung des krankhaften Prozesses im Zentralnervensystem recht schwer eindeutig zu beantworten. Wenngleich Spielmeyer beizupflichten ist, daß dabei von einer

Systemerkrankung nicht mehr gesprochen werden kann, so sehen wir doch als immer wiederkehrenden Befund die vorherrschende Läsion des Striatum und Pallidum. Hierin dürfen wir in gewissem Sinne eine weitere Bestätigung unserer oben begründeten Anschauungen über die Lokalisation des Parkinsonismus, der ja symptomatologisch bei dieser Krankheitsgruppe im Vordergrunde steht, erblicken. Zur Beantwortung der feineren Lokalisationsfrage können freilich nur solche Fälle herangezogen werden, die bei sorgfältiger anatomischer Untersuchung eine weitgehende Beschränkung des pathologischen Prozesses auf das Striatum und Pallidum anzeigen. Solche Forderungen scheinen erfüllt in dem rasch verlaufenden v. Economoschen Falle und in dem von C. und O. Vogt und Bielschowsky bearbeiteten Thomallaschen Falle und in dem soeben besprochenen neuen Wilson-Fall Bielschowskys[1]).

Der v. Economosche Kranke zeichnete sich bei Fehlen jeglicher Spontanbewegungen, namentlich auch des Zitterns, durch starke Rigidität aus, daneben durch Dysarthrie und Dysphagie und mimische Starre. Der ganze Körper fühlte sich bretthart an. Die Untersuchung ergab eine restlose Degeneration des Kopfes des Nucleus caudatus, ferner eine ebensolche im ganzen Putamen und im äußeren Drittel vom Pallidum externum. Außer den hierdurch bedingten sekundären Faserdegenerationen waren die übrigen Teile des Zentralnervensystems intakt, namentlich auch der ganze Thalamus, der Pons und das Dentatum.

Bei dem Thomallaschen Patienten begann das Leiden mit anfallsweise auftretenden Torsionsbewegungen einzelner Extremitäten und Drehattacken des ganzen Körpers. Ganz allmählich gingen die Erscheinungen in dauernde Steifigkeit über, wobei jedoch eine gewisse Neigung zu Mitbewegungen und Athetose bestehen blieb. Auch in diesem Falle beschränkten sich die Veränderungen im wesentlichen auf Teile des striopallidären Systems. Das Caudatum war beiderseits verkleinert, die Nekrose durchsetzte in herdförmiger Beschränkung das ganze Putamen und den angrenzenden Teil des Pallidum externum (Abb. 93), stellenweise auch übergreifend auf die äußere Kapsel und das Claustrum. Zudem war das Pallidum internum faserärmer und der Luyssche Körper sehr verkleinert und faserarm. Auch hier zeigten sich die übrigen Teile des Zentralnervensystems, abgesehen von sekundären Faserausfällen, intakt.

Als wesentlichen Unterschied gegenüber dem v. Economoschen Fall möchte ich hervorheben, daß, wie aus der Beschreibung und den Abbildungen und Präparaten C. und O. Vogts hervorgeht, sich die Putamennekrose des Thomallaschen Kranken mehr herdförmig auswirkt und stellenweise noch Inseln einigermaßen erhaltenen Gewebes zwischen sich läßt. Die Economosche Erkrankung, die zudem einen ungewöhnlich stürmischen Verlauf nahm, stellt hingegen eine weit schwerere und zusammenhängendere Nekrose des Putamen dar als die Thomallasche. Die Pallidumaffektion scheint bei beiden Fällen annähernd gleich stark gewesen zu sein. Daraus dürfte wohl der Schluß berechtigt sein, daß die Krankheit im Thomallaschen Falle zunächst mehr inselförmig am Putamen ansetzte, während bei v. Economo von vornherein eine mehr diffuse Ausdehnung des Prozesses anzunehmen ist. In solchen Differenzen müssen wohl die Verschiedenheiten der klinischen Bilder ihre Erklärung finden, wobei ich geneigt bin, den Torsionsspasmus als Athetosesymptom auf die pallidäre Läsion zu beziehen.

---

[1]) Der von Hall mitgeteilte anatomisch untersuchte Fall kann wegen der ausgedehnten Erkrankung des Großhirnmarklagers hier nicht als beweisend herangezogen werden; ebensowenig der von Hall klinisch erwähnte und von Wimmer auch anatomisch genauer mitgeteilte Fall „Infantil, progressiv Torsionsspasme", der histologisch zur Gruppe Wilson-Pseudosklerose gehört, aber eine sehr ausgedehnte, auch das Dentatum stark destruierende Lokalisation hat. Jedenfalls sehen wir auch aus dieser interessanten Beobachtung, daß der chronisch-progressive Torsionsspasmus eine klinische Form von Wilson-Pseudosklerose sein kann.

Ich habe ja bei der Besprechung des früheren Materials schon immer betont, daß bei der klinischen Ausprägung einer striopallidären Schädigung jeweils das relative Verhältnis der Läsionsintensität des Striatum und Pallidum eine ganz wesentliche Rolle spielt, und wir haben weiterhin, namentlich bei der Gegenüberstellung der Chorea und der reinen Paralysis agitans gesehen, daß je nach der besonderen Auswahl der affizierten Striatumelemente sich ein durchaus verschiedenes klinisches Bild entwickelt. Schließlich konnte ich auch an meinem Materiale die von C. und O. Vogt ausgesprochene Ansicht bestätigen, daß fortschreitende striopallidäre Degenerationen ganz gewöhnlich das hypertonische Syndrom mit Fehlen jeglicher positiver Hyperkinesen herbeiführen. Aus der oben gegebenen Gegenüberstellung der beiden Wilsonfälle ergibt sich gleichfalls, daß bei vornehmlicher striopallidärer Lokalisation die Intensität und Ausdehnung des Prozesses im Striatum für die Ausprägung der Symptome von größter Bedeutung ist.

Die Athetose setzt offenbar ein wenigstens partiell funktionstüchtiges Striatum voraus, während die zunehmende Degeneration und die dadurch bedingte pallidäre Regulationsstörung die Möglichkeit jeglicher positiver Hyperkinesen aufhebt.

Daß ganz vorwiegend striär lokalisierte Prozesse, die nur Teile des Striatum befallen, beim Erwachsenen für gewöhnlich keine Athetose auslösen, erkennen wir aus dem neuen Wilsonfall Bielschowskys.

Hier waren die Putamina nur in ihrem dorsolateralen Bezirk erkrankt, ihre Hauptausdehnung hatten die Herde etwa im Niveau des Knies der inneren Kapsel, aber auch hier ließen sie die ventrale und die dem Pallidum benachbarte Innenzone des Putamens beiderseits frei. Die Pallida waren von dem herdförmigen Prozeß vollkommen unberührt geblieben und weisen neben chronischen Zellveränderungen in ihren Außengliedern nur Markfaserlichtungen in den Lamellae externae und den ihnen benachbarten Zonen auf, welche zwanglos als Ausdruck einer sekundären Degeneration gedeutet werden können. Klinisch war in diesem Falle das älteste und hervorstechendste Symptom ein grobes Wackeln und grobschlägiges Zittern. Die Sprache machte einen monotonen, langsamen und skandierenden Eindruck. Erst später fiel auch die Unbeholfenheit und Langsamkeit aller Bewegungen auf. Spasmen waren an den Extremitäten ursprünglich nicht vorhanden, erst nach längerem Krankenhausaufenthalt machte sich bei passiven Bewegungen der Extremitäten ein deutlicher Rigor geltend.

So sehen wir, daß partielle, diffuse, striäre Ausschaltungen in erster Linie neben Dysarthrie Wackelbewegungen und Tremor erzeugen. Diese Symptome finden wir ja auch als Früherscheinung der Krankheitsgruppe Pseudosklerose-Wilson, deren Affektion, wie wir nach allem annehmen müssen, im Striatum einzusetzen pflegt; mit fortschreitendem Leiden, also mit zunehmender striopallidärer Degeneration schiebt sich dann für gewöhnlich die allgemeine akinetische Starre in den Vordergrund, wobei die Hypokinese wie im Bielschowskyschen Falle der Hypertonie vorauseilen kann.

Zusammenfassend läßt sich also sagen: Sowohl nach klinischen wie anatomischen Gesichtspunkten bildet die Wilsonsche Krankheit und Westphal-Strümpellsche Pseudosklerose eine große Krankheitsgruppe, deren klinische und anatomische Grenzen heute noch nicht eindeutig festzulegen sind. Daher bleibt die Zugehörigkeit von manchen Fällen mit klinisch oder anatomisch eigenartiger Entwicklung zunächst noch ungeklärt. Für die sichere Zugehörigkeit zur Krankheitsgruppe Pseudosklerose-Wilson scheint es vom anatomischen Standpunkte aus zunächst noch zweckmäßig, bei allen Fällen das gleichzeitige Vorliegen der beiden Kardinalsymptome zu fordern:

vornehmlich im Striatum lokalisierte Parenchymveränderungen und die charak-
teristische knotige Lebercirrhose. Die Ätiologie ist noch völlig im Dunkeln, in gleicher
Weise die Beziehungen der Lebererkrankung zu den Gehirnveränderungen dieser
Krankheitsgruppe im speziellen wie ganz im allgemeinen zu den striopallidären
Affektionen. Die atypischen großen Alzheimerschen Gliazellen können nicht als
Ausdruck blastomatöser Erscheinungen angesehen werden und sind offenbar als
eigenartige, stürmisch verlaufende Gliareaktionen mit stark degenerativem Einschlag
aufzufassen, hervorgerufen durch besonders schädigende Toxine.

Die anatomischen Untersuchungsergebnisse in Wilsonfällen von eng begrenzter
Lokalisation bestätigen die oben niedergelegten Anschauungen über die Lokalisation
des Parkinsonismus.

Wie die Athetose beruht auch der Torsionsspasmus auf einer pallidären Ver-
letzung. Athetose und Torsionsspasmus sind von der relativen Funktionstüchtig-
keit des Striatum abhängig.

Reine diffuse striäre Degenerationserscheinungen führen beim Erwachsenen
nicht zu Athetose, sondern bedingen neben sprachlichen Inkoordinationen Tremor
und Wackelbewegungen; zunehmende striäre Degenerationen führen schließlich zu
akinetischer Hypertonie, wobei die Akinese der Hypertonie vorausgehen kann.

7. Chronisch-progressive Nachkrankheiten der Encephalitis epidemica.

(Metencephalitischer Parkinson.)

In den letzten Jahren begegnen wir mit zunehmender Häufigkeit nervösen
Nachkrankheiten der Encephalitis epidemica, die mit einer überraschenden Regelmäßigkeit einen ausgesprochenen Parkinsonschen Symptomenkomplex bieten und
sich klinisch in einem therapeutisch kaum beeinflußbaren langsam chronisch-
progressiven Verlauf offenbaren. Diese Zustandsbilder entwickeln sich einmal
in direktem Anschluß an die verschiedenen akuten Formen der Encephalitis
lethargica, manchmal schließen sie sich auch erst einem Rezidiv an und zeigen
dabei einen gewissen schubweisen Verlauf; am häufigsten aber folgen sie der oft
nur ganz leichten grippösen oder encephalitischen akuten Erkrankung nach längerem Intervall in Form einer langsam, aber deutlich progredienten Krankheit.

Die klinische Literatur hierüber ist bereits eine außerordentlich umfangreiche, und ich fürchte, wichtige Namen zu vergessen, wollte ich hier die Autoren
aller Länder anführen, die sich eingehender damit befaßt haben. Pathologisch-
anatomisch liegen auf diesem Gebiete jedoch erst ganz vereinzelte Befunde vor.

Den ersten einschlägigen Fall hat v. Economo als Encephalitis lethargica subchronica
1921 beschrieben: An ein akutes encephalitisches, vornehmlich durch Benommenheit, Rigor
und Pyramidensymptom charakterisiertes Stadium schloß sich nach vorübergehender Besserung ein 2 Jahre dauerndes pseudobulbär-paralytisches Symptomenbild an. Dabei zeigte
sich bei unverändertem, mäßigem, allgemeinem Rigor und langsam progredienten pseudobulbär-paralytischen Erscheinungen ein auffallender Wechsel von Zeiten athetotischer Unruhe mit solchen jeglichen Mangels von unwillkürlichen Spontanbewegungen. Der Kranke
starb in schwerer Kachexie $1^1/_2$ Jahre nach dem Abklingen der akuten Symptome. In diesem
Gehirn fand v. Economo neben alten encephalitischen auch ganz frische entzündliche
Herde, so daß er sich zu dem Schlusse berechtigt glaubt, das encephalitische Virus könne
jahrelang im Zentralnervensystem sich aufhalten und neue Krankheitsschübe hervorrufen.
Es fanden sich neben zurücktretenden lymphocytären Gefäßinfiltraten alte Körnchenzellherde, Lückenherde, Verödungsherde mit faseriger Gliadeckung, zahlreiche in Entwicklung

begriffene Neuronophagien oder deren Reste, ferner frische kleine Blutungen und in den befallenen Gebieten recht diffus ausgesprochene Ganglienzellveränderungen. Der Hauptsitz der Veränderungen waren in der Rinde die vorderen Zentralwindungen und das Operculum in elektiver Beschränkung auf diese Rindengebiete. Bei Fehlen jeglicher infiltrativer Erscheinungen liegen hier vornehmlich in der dritten und fünften Schicht ovale Lückenherde mit einem weitmaschigen Gliagerüst und zahlreiche Blutgefäße ohne Körnchenzellen. Die Beetzschen Riesenpyramiden sind fast völlig ausgefallen, die erhaltenen Pyramidenzellen zeigen fettig wabige Degeneration. Ähnliche Lückenherde, in denen das nervöse Parenchym vollkommen zu fehlen scheint und bloß ein maschiges Gliawerk mit Gefäßen zu sehen ist, finden sich im ganzen Striatum, vornehmlich im Caudatumkopfe und im Putamen. In den oberen rückwärtigen Teilen des Kopfes und im Schweife des Caudatum sind lymphocytäre Infiltrationsherde im Nervenparenchym festzustellen. Das Pallidum ist ziemlich frei von krankhaften Veränderungen, doch sind seine Gefäße ebenfalls zum Teil infiltriert. In den vordersten Thalamuspartien fehlen pathologische Veränderungen bis auf eine mäßige Infiltration größerer Venen. Von den mittleren Thalamusgegenden an nehmen die Veränderungen caudalwärts zu, und zwar bestehen sie jetzt in auffälliger Vermehrung der Kerne der Gliazellen im grauen Gewebe, in Infiltrationen der Gefäßscheiden und in frischen perivasculären Ringblutungen. Die subthalamische Gegend, in welcher die Ausstrahlung der Haubenstrahlung aus dem roten Kern erfolgt, ist Sitz stärkerer lymphocytärer Gefäßinfiltrate. Die Substantia nigra ist sehr stark betroffen. Hier erscheinen die Zellen auffallend stark pigmentiert, das Pigment vielfach außerhalb der Zellen liegend; neben akuten Vorgängen sieht man hier detritusähnliche körnige amorphe Massen als Reste älterer Prozesse. Der rote Kern ist ähnlich, doch weniger hochgradig verändert, die graue Substanz zwischen den frontalsten Teilen des roten Kernes, kranial vom Oculomotoriuskern, bietet eine eigentümliche Rarefikation des Gewebes. Während die Oculomotoriuskerne und die vorderen Vierhügel nur geringgradige Veränderungen bieten, ist die Gegend der hinteren Vierhügel und das graue ventrale Haubenfeld wieder Sitz schwerster infiltrativer und degenerativer Prozesse. Weiter caudalwärts nehmen die Veränderungen rasch ab. Eine Pyramidenbahndegeneration weist sowohl die Marchi- wie die Markscheidenmethode nach. Wie v. Economo selbst hervorhebt, ist die Lokalisationsfrage in diesem Falle nur mit größter Reserve zu lösen. Er ist geneigt, den allgemeinen Rigor als ein striäres Symptom aufzufassen und die athetotischen Bewegungen auf die Läsion der roten Kernstellung im Hypothalamus zu beziehen, während er die pseudobulbär-paralytischen Erscheinungen auf die ausgedehnte Erkrankung der Operculargegend und die Mitaffektion des Corpus striatum zurückführt[1].

Im Anschluß an mein auf dem Neurologentag 1921 gehaltenes Referat und an die Besprechung des Meggendorferschen Falles Witt, auf den ich unten ausführlicher zu sprechen kommen werde, demonstrierte K. Goldstein in Fällen mit Parkinson-ähnlicher Erkrankung bei Encephalitis epidemica besonders schwere degenerative Veränderungen in der Substantia nigra von der gleichen Art, wie ich sie bei meinem Falle Witt gezeigt hatte. Außer in der Substantia nigra finden sich Veränderungen im roten Kern, im Pallidum und Caudatum, jedoch weit geringer als dort.

Aus jüngster Zeit liegt aus dem Dürckschen Institut von König eine Veröffentlichung vor über einen Parkinsonismus nach Encephalitis epidemica. Klinisch handelt es sich um einen Parkinson-ähnlichen Symptomenkomplex, der sich offenbar aus einem meningitischen Vorstadium allmählich herausentwickelt (starke Kopfschmerzen), zeitweise grobes Zittern, Wackelbewegungen der Hände und athetotische Bewegungen der Finger und Zehen bot und nach zweijährigem Bestehen der Erkrankung starb. In der Leber fanden sich nur leichte Stauungserscheinungen und im Zentralnervensystem eine hochgradige Atrophie von Cerebellum, Bulbus und Pons und vom Anfangsteile des oberen Halsmarkes, mit vornehmlich degenerativen Veränderungen am nervösen Parenchym und begleitenden Gliawucherungen. Besonders hochgradig waren die Oliven befallen, wo sich auch perivasculäre Zelleninfiltrate

---

[1] Vgl. auch den Fall Hassin-Rotmann: Clinical notes on the pathoogy in a case of epidemic encephalitis complicated by a psychosis. Arch. of neurol. and psych. 9, No. 1. 1923. Hier treten die hypokinetisch-hypertonischen Symptome zurück und ausgesprochene psychotische Erscheinungen in den Vordergrund. Histologisch finden sich nur geringe infiltrative Veränderungen in den basalen Stammganglien und dem Mittelhirn bei schwerer Parenchymentartung in diesen Gebieten, aber auch im Cortex.

mit Plasmazellen und Lymphocyten fanden. Im Kleinhirn fiel die starke Degeneration der Purkinjeschen Zellen und der Markzone auf, das Dentatum war gleichfalls entartet. Das Striatum bot kleinzellige Gliawucherungen, vornehmlich solche perivasculärer Art und im Pallidum zeigten die Gefäße jene eigenartigen Kalkeinlagerungen, auf die ich noch weiter unten zu sprechen kommen werde.

Leider kann man sich aus der gegebenen Beschreibung der Veränderungen kein klares Bild machen. In der starken Atrophie des Nach- und Hinterhirns eine Teilerscheinung einer embryonalen Störung zu sehen, diese Auffassung des Verfassers finde ich in nichts begründet. Immerhin scheint es mir nach der Art der Entwicklung des Krankheitsbildes richtig, den Fall als einen metencephalitischen aufzufassen mit vornehmlicher Beteiligung der Bezirke des Nach- und Hinterhirns. Für eine Beantwortung der Lokalisationsfrage reicht die Beschreibung des Falles nicht aus.

In einem von F. Stern jüngst in seinem Buche über die „epidemische Encephalitis" kurz mitgeteilten Falle fanden sich schwere degenerative Veränderungen im ganzen Linsenkern, in der Substantia nigra und im Hypothalamus, wobei infiltrative Vorgänge fast ganz fehlten. In einem typischen Fall von Parkinsonismus nach Encephalitis beschreibt Charuley Mc Kinley[1]) ebenfalls schwere degenerative Erscheinungen im Pallidum und besonders in der Substantia nigra, gleichfalls auch in den Oculomotoriuskernen mit ganz seltenen infiltrativen Veränderungen untermischt.

Schon Goldstein hat auf Grund seiner an solchen Parkinsonfällen gemachten Erfahrungen betont, daß dabei die Atrophie der Substantia nigra neben viel leichteren Veränderungen im Globus pallidus und in vielen anderen Gebieten des Zwischen- und Mittelhirns im Vordergrunde steht. In neuerer Zeit haben namentlich verschiedene französische Autoren (Trétiakoff, L'hermitte und Cornil, Foix, Achard) die regelmäßige schwere Läsion der Substantia nigra bei diesen Endzuständen betont. Auch H. Spatz hat fast ausschließlich hochgradige Entartungen der Substantia nigra vornehmlich der Zona compacta beschrieben.

Ich bringe in folgendem ein Beispiel einer solchen Nachkrankheit nach Encephalitis mit der charakteristischen Ausprägung des Parkinsonschen Symptomenkomplexes und ausführlicher Schilderung des anatomischen Befundes.

Daran anschließend teile ich kurz die anatomischen Untersuchungsergebnisse eines klinisch ganz ähnlich liegenden Falles mit, den Herr Dr. Globus in meinem Laboratorium eingehend bearbeitet und veröffentlicht hat. Die Gegenüberstellung dieser beiden anatomisch genau untersuchten Fälle erlaubt uns, wie wir sehen werden, gewisse bemerkenswerte Rückschlüsse in pathophysiologischer Hinsicht.

Fall XXI.

Parkinsonismus nach leichter Encephalitis epidemica.

Der Meggendorferschen Arbeit über chronische Encephalitis epidemica, in der dieser Fall ausführlich klinisch dargestellt ist, entnehme ich folgenden kurzen Überblick über den Krankheitsverlauf.

Otto Witt, 42 Jahre alt, wird 1920 in F. aufgenommen. Die Vorgeschichte aus seinem früheren Leben ergibt nichts Bemerkenswertes. Im Juli 1917 kam W. zum erstenmal als Soldat auf die Nervenabteilung eines Heimatlazarettes wegen allgemeiner nervöser Klagen. Bei sonst negativem Befund fiel damals schon ein starrer Gesichtsausdruck, die Seltenheit des Lidschlags und die Beschränkung der passiven Beweglichkeit des Kopfes auf. Die Haltung hatte etwas Starres mit Retropulsion. Die Zunge zitterte stark. Die Diagnose lautete: Paralysis agitans. Später war W. in verschiedenen Lazaretten mit dem gleichen Befunde. Er klagte noch sehr über schlechten Nachtschlaf. Außerdem ist noch erwähnt ein grobschlägiges Zittern der linken Hand und Andeutung von Zittern in der rechten Hand. Ferner eine geringe Ptosis. Der Kranke sitzt da wie eine Bildsäule. Der Zustand bleibt unverändert und der Kranke wird 1920 der hiesigen Anstalt überwiesen als „hysterisches Irresein". Hier wurde zu-

---

[1]) Lesions in the Brain of a Patient with Postencephalitik Paralysis Agitans. Arch. of neurol. a. psychiatry Jan. 1923.

nächst bei sonst gleichem Befunde wie oben eine deutliche Pupillendifferenz und schlechte Licht-reaktion der Pupillen ´vermerkt. Die Sprache ist singend, monoton, mit ungenauer Artiku-lation. Die Blut- und Liquorreaktionen sind negativ, im Liquor besteht nur eine Spur Opalescenz.

An der zunächst gestellten Diagnose Paralysis agitans hat Meggendorfer dann bei eingehender Untersuchung des Kranken und genauer rückläufiger Verfolgung des Falles in vivo eine entsprechende Korrektur vorgenommen. Die alten Krankengeschichten wiesen nach, daß W. im Mai 1917 in Berlin an Kopfschmerzen, Schwindelanfällen, Brustschmerzen, Tränen der Augen, Zittern am ganzen Körper, Gefühl großer Mattigkeit erkrankt war. In den folgenden Tagen waren dann starke Kopfschmerzen im Hinterkopf aufgetreten und nach mehreren weiteren Tagen war Zittern und Steifigkeit in den Armen, später auch in den Beinen beobachtet worden. Im Anschluß daran entwickelte sich allmählich das jetzige Zu-standsbild (März 1920), das von Meggendorfer folgendermaßen kurz beschrieben wird:

„Der große, kräftig gebaute Mann steht etwas nach vorn gebeugt. Er geht mühsam, mit kleinen trippelnden Schritten. Der Kranke kommt in ein schnelleres Tempo und kann auf Kommando nur schwer halt machen. Dabei droht er zu fallen, und zwar meist nach hinten, aber auch oft seitwärts. Die Hände werden meist in Pfötchenstellung gehalten. Ein ausgesprochener Tremor ist nicht vorhanden, vielleicht hin und wieder ein leichtes Zittern in der rechten Hand. Sitzt der Kranke auf einem Stuhl, so hält er den Oberkörper ebenfalls meist nach vorn gebeugt, den Kopf gegen die Brust gesenkt. Die Augen sind ständig auf einen Punkt gerichtet. Der Lidschlag ist äußerst selten. Das Gesicht ist maskenartig starr, zeigt Steifigkeit, keine Miene wird verzogen. Auf Aufforderung macht der Kranke die Stirn kraus, worauf sie eine geraume Zeit so bleibt. Bei Aufforderung, die Augen zu öffnen, ge-schieht dieses erst nach 5—6 Sekunden, und auch die Aufforderung, die Augen zu schließen, wird ebenfalls sehr langsam und erst nach einiger Zeit befolgt. Es macht dem Kranken sichtbar Mühe, die Augen wieder zu öffnen. Dabei bemerkt man reichliche Tränensekretion aus beiden Augen. Das Gesicht kann willkürlich in allen Teilen gut innerviert werden. Es gelingt auch, den Kranken zum Lachen zu bringen, doch erfolgen alle diese Bewegungen langsam, und es dauert eine lange Zeit, bis nach Aufhören der Innervation das Gesicht wieder die frühere Ausdruckslosigkeit angenommen hat. Es besteht überaus reichlicher Speichel-fluß. Die Zunge wird gerade, aber sehr langsam, zögernd vorgestreckt. Die Sprache ist leise, äußerst undeutlich, verwaschen; besonders einzelne Laute werden ganz unverständlich ausgestoßen. Beim Sprechen sieht man keinerlei Bewegung der Lippen und der Zunge, Schluckstörung ist nicht vorhanden. An den inneren Organen ist ein krankhafter Befund nicht zu erheben. Die gesamte Körpermuskulatur ist äußerst kräftig, fast herkulisch ent-wickelt. Es besteht eine dauernde, sehr deutliche Rigidität der Muskulatur, insbesondere an den Extremitäten und am Nacken. Die grobe Kraft ist in allen Muskelgruppen durchaus gut, wenn auch nicht der Entwicklung der Muskulatur entsprechend. Alle Bewegungen werden langsam ausgeführt. Es besteht jedoch deutliche Adiadochokinesis. Die Patellarsehnenreflexe sind sehr lebhaft, aber nicht klonisch, die Achillessehnenreflexe sind vorhanden, links vielleicht lebhafter als rechts, nicht gesteigert. Babinski und Oppenheim sind nicht vorhanden. Die Bauchdeckenreflexe sind vorhanden, aber vielleicht links schwächer als rechts. Die Crema-sterreflexe sind beiderseits vorhanden. Die Sensibilität, auch die Tiefensensibilität, ist jeden-falls nicht grob gestört. Feinere Untersuchungen sind wegen des schwerfälligen Wesens des Kranken nicht auszuführen. Aphasische und apraktische Störungen lassen sich bei ihm nicht nachweisen. Seine Schrift ist steif, sehr klein, wird mit großem Druckaufwand ausgeführt.

Auffallend ist, daß der Kranke, der alle Bewegungen nur sehr langsam ausführt, imstande ist, auf besondere energische Aufforderung die gleichen Bewegungen auch schnell auszuführen. Ähnliches ist auch beim Sprechen zu beobachten.

Der Kranke macht einen stumpfen Eindruck, er ist aber zeitlich und örtlich durchaus orientiert. Er faßt auch die an ihn gerichteten Fragen und Aufforderungen gut auf. Er gibt auf alle Fragen, wenn auch nach längerem Nachdenken, entsprechend Antwort. Seine Merk-fähigkeit ist gut, und auch das Allgemein- und Schulwissen entspricht wohl seinem Bildungs-grade. Witt kann die Monatsnamen vorwärts und rückwärts hersagen, nennt eine Reihe größerer deutscher Flüsse, kennt die Hauptstädte von Deutschland und Frankreich, weiß, daß Hamburg an der Elbe liegt, daß diese in die Nordsee fließt. Er weiß ferner, daß Luther ein ‚Bibelforscher‘, Goethe ein Dichter war, daß 1870/71 Krieg mit Frankreich war, der von Deutschland gewonnen wurde, und daß der Weltkrieg 1914 begann. Kopfrechnen fällt ihm recht schwer, seine Leistungen sind hier mäßig. Überhaupt versagt er leicht bei komplizierten Denkleistungen. So vermag er auch nach mehrmaligem Vorerzählen die Fabel von dem mit Salz, später mit Schwämmen beladenen Esel nicht zu erfassen. Gelegentlich liest er die Zeitung und sucht auch Anschluß an die übrigen Kranken zu gewinnen, doch gibt er diese Versuche, vielleicht infolge der Schwierigkeit der Verständigung, alsbald wieder auf. Gemütlich ist er durchaus ansprechbar. Er schreibt kurze, keineswegs trockene Briefe an seine Frau, drängt gelegentlich ziemlich energisch weg, da er Heimweh nach seiner Frau und seinen Kindern habe. Auch religiöse Vorstellungen und Empfindungen tauchen bei ihm immer wieder auf.‟

In der Folge änderte sich der Zustand des Kranken wenig, er sitzt stumpf herum und hat wenig Konnex mit seiner Umgebung. Im Mai 1921 tritt rasch eine Verschlechterung ein, der Kranke stöhnt dauernd in rhythmischer Folge sehr laut und kommt körperlich sehr herunter. Eine Verständigung mit ihm wird allmählich ganz unmöglich. Am 20. 5. 1921 erfolgt unter pneumonischen Erscheinungen der Tod.

Zusammenfassung des klinischen Befundes.

Im Alter von ungefähr 40 Jahren entwickelte sich bei unserem Kranken nach leichten grippösen Erscheinungen (Kopfschmerzen, Schwindelanfälle, Brustschmerzen, allgemeine Mattigkeit) unmittelbar aus diesem Zustande heraus ein langsam progredienter, schwerer Parkinsonscher Symptomenkomplex. Die Erkrankung zeigte sich zunächst in allgemeiner Steifigkeit, in heftigen Schmerzen und Zittern in den Gliedern, vornehmlich in den Händen, in geringer Ptosis, in sehr schlechtem Nachtschlaf bei allgemeiner Schlafsucht. Die Pupillen sind ungleich und reagieren schlecht auf Licht. Im weiteren Verlaufe tritt bei nur noch angedeuteten Zittererscheinungen die Rigidität immer mehr in den Vordergrund bei starker Salivation, schwerer Sprachstörung und allgemeiner Bewegungsarmut. Psychisch zeigt der Kranke bei guter Orientierung eine deutliche Verlangsamung seiner intellektuellen Leistungen und einen Mangel jeglicher Spontaneität. Nach 4jährigem Krankheitsverlaufe und weiterer Zunahme dieser Erscheinungen stirbt der Kranke kachektisch unter pneumonischen Erscheinungen.

Der Kranke ging zunächst unter der Diagnose Paralysis agitans, bis Meggendorfer durch weitere Verfolgung und Bearbeitung des Falles die Diagnose auf metencephalitischen Parkinsonismus stellte, wobei er neben den anamnestischen Erhebungen besonders auf die Ungleichheit der Pupillen, auf die mäßige Ptosis der Augenlider, auf die Schlafsucht und auf den Beginn in früherem Alter mit starken Schmerzen differential-diagnostisch gegenüber einer echten Paralysis agitans hinwies.

Anatomischer Befund.

Bei der Sektion zeigt sich außer broncho-pneumonischen Herden nichts Besonderes. Die Leber bietet mikroskopisch Stauungs- und Verfettungserscheinungen und vereinzelte lymphocytäre Infiltrate.

Der makroskopische Befund am Zentralnervensystem ist so gut wie negativ, nur war die Pia über der Gehirnkonvexität, insbesondere über den Zentralwindungen, etwas verdickt. Die Gehirnwindungen sind leicht geschrumpft, die basalen Gefäße zart. Die Rinde ist nicht auffallend verschmälert, die Seitenventrikel nicht erweitert. Das Ependym aller Ventrikel ist zart. Die basalen Stammganglien, wie alle Teile des Zentralnervensystems sind makroskopisch unauffällig (Hirngewicht 1240 g, Dura 60 g, Schädelinhalt 1350 ccm, Hypophysengewicht 0,7 g). Die Hypophyse ist auch mikroskopisch normal.

Die mikroskopische Untersuchung des Zentralnervensystems ergibt folgendes: Die Pia ist über der Gehirnkonvexität, namentlich über den Zentralwindungen bindegewebig verdickt. Ganz vereinzelt zeigen sich auch lymphocytäre Infiltrate. Die Rinde ist in ihrer Architektonik ungestört. Zellausfälle sind nicht sicher festzustellen. Die Ganglienzellen zeigen durchweg leichte Veränderungen im Sinne chronischer Sklerose. Greifbarere

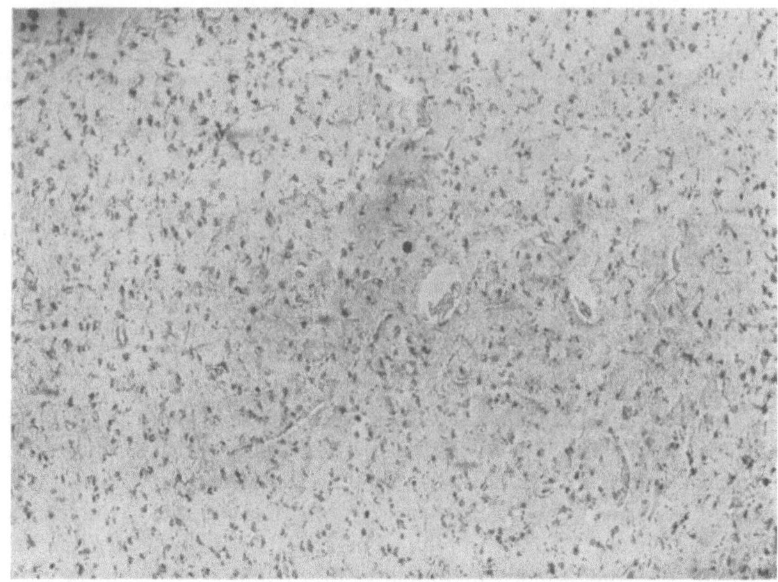

Abb. 94. Fall XXI. Striatum im Nisslbild. Mikroph. bei gleicher Vergrößerung wie Abb. 2. Nur eine große Striatumzelle im Bilde. Degeneration
der kleinen Ganglienzellen.

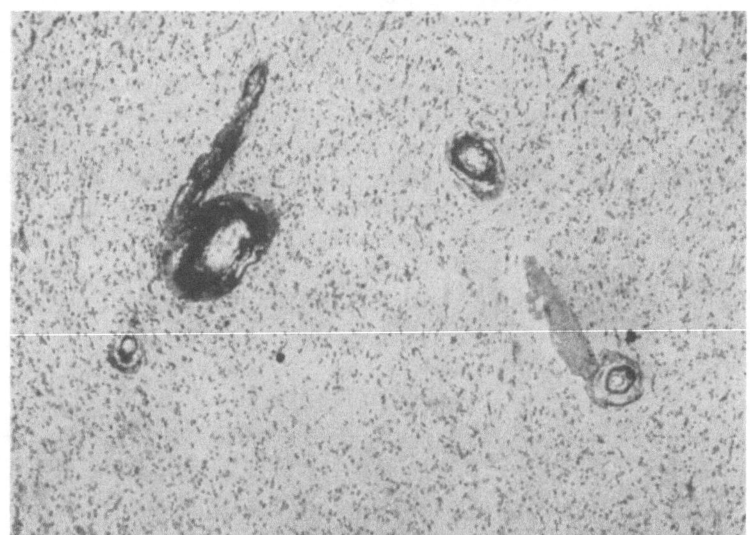

Abb. 95. Fall XXI. Pallidum im Nisslbild, Mikroph. bei gleicher Vergrößerung wie Abb. 4. Starke Verödung an Ganglienzellen-Gliawuche-
rung. Kalkähnliche Niederschlagsbildungen in den Gefäßwänden.

Veränderungen bietet nur die vordere Zentralwindung beiderseits: hier
zeigen sich besonders in der sechsten Schicht kleinere Verödungsbezirke mit leichter protoplasmatischer Gliareaktion. Die Pyramidenzellen sind größtenteils erhalten, zum Teil im
Sinne chronischer Sklerose oder akuter Schwellung verändert. An den Gefäßen ist nichts
Besonderes festzustellen. Die Beetzschen Pyramidenzellen sind im allgemeinen gut erhalten, einige von ihnen sind chronisch entartet oder zeigen akute Schwellungserscheinungen.
Vereinzelt trifft man ausgesprochene Neuronophagien und schöne Gliarosettbildungen.

Schwerere Veränderungen treffen wir im Striatum, und zwar in recht gleichmäßiger In- und Extensität über dieses ganze Kerngebiet ausgebreitet. Bei schwacher Vergrößerung erkennt man vereinzelte kleine Verödungsherde, eine allgemeine Schrumpfung der Ganglienzellen und eine stark in die Augen springende Verarmung an großen Ganglienzellen (Abb. 94, vgl. das bei der gleichen Vergrößerung aufgenommene Normalbild, Abb. 2). Die Gefäße zeigen manchmal perivasculäre Lichtungsbezirke, sind aber durchweg frei von jeglichen Infiltraten. Mit stärkeren Linsen erkennen wir schwere Degenerationserscheinungen am gesamten nervösen Parenchym. Die großen Ganglienzellen sind größtenteils ausgefallen. An ihren Stellen liegen Anhäufungen von protoplasmatisch gewucherten Gliazellen ohne deutliche Rosettenbildung. Dort wo sie noch erhalten sind, sind sie stark geschrumpft und färben sich ganz dunkel und verklumpt. Die kleinen Ganglienzellen befinden sich im Zustande chronischer Sklerose oder akuter Schwellung. Eine Verarmung an diesen Elementen ist ebenfalls sicherzustellen. Eine leichte protoplasmatische Gliawucherung durchsetzt das ganze Striatum ohne Körnchenzellbildung und ohne Vermehrung der faserigen Glia. Nirgends sind Lückenherde oder Rarefikationen des Gewebes zu sehen. Der Ganglienzellausfall ist an einzelnen Stellen stärker betont, so daß es zu circumscripten Verödungen kommt, die nicht immer deutliche Beziehungen zu den Gefäßen aufweisen.

Während im allgemeinen die Gefäße normal erscheinen, sieht man im Nisslbilde vereinzelt um Capillaren eigenartig geformte kalkähnliche Niederschlagsbildungen mit begleitenden perivasculären protoplasmatischen Gliavermehrungen (Abb. 97 a). Auch sonst scheinen Pseudo-Kalkkonkremente gegenüber der Norm vermehrt aufzutreten.

Das Bielschowskypräparat bietet in den großen Striatumzellen häufig körnigen Zerfall der Neurofibrillen. Die Fettfärbungen zeigen das Striatum im allgemeinen frei von Lipoiden. Auch die Eisenfärbung zeigt keine greifbaren Unterschiede gegenüber der Norm.

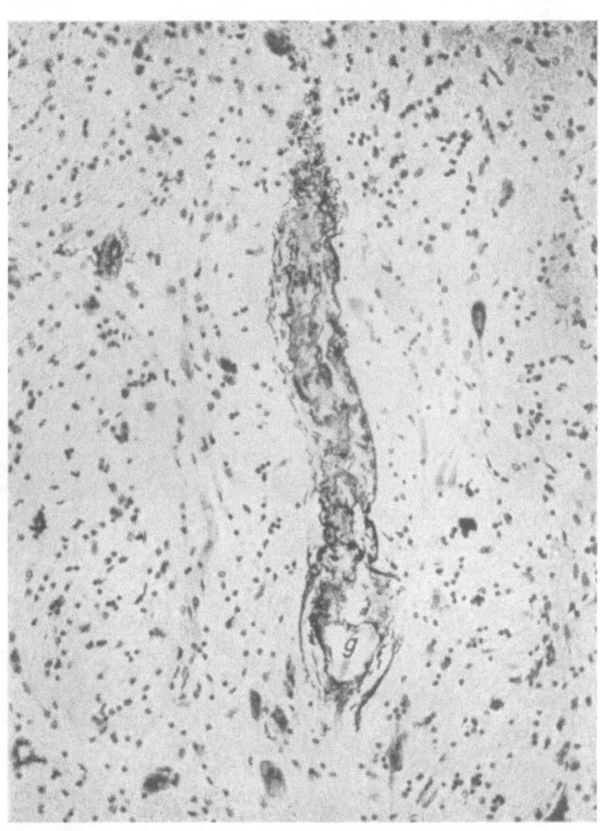

Abb. 96. Fall XXI. Pallidumveränderung. Mikroph. bei stärkerer Vergrößerung. Nisslbild. Ganglienzelldegenerationen, Gliawucherung. *g* = Gefäß mit kokkenähnlichen Pseudokalk-Niederschlagsbildungen in der Gefäßwand.

Ungleich aufdringlicher sind die Veränderungen im gesamten Pallidum: Hier ist die Verarmung an Ganglienzellen sehr stark betont (Abb. 95, vgl. das bei gleicher Vergrößerung aufgenommene Normalbild, Abb. 4), so daß stellenweise kaum mehr eine Ganglienzelle sichtbar ist. Dort wo sie noch erhalten sind, befinden sie sich im Zustande mit starker Schrumpfung einhergehender chronischer Sklerose (Abb. 96 und 97 b und c). Ihr Protoplasma ist diffus dunkel gefärbt, der Kern zeigt unregelmäßige Ausstülpungen mit häufig auffallend deutlichem Kerngerüst (Abb. 97 b), zumeist sind die Ganglienzellen äußerst geschrumpft, ganz blaß, mit exzentrischem, gleichfalls geschrumpftem Kern und hellem, sich diffus färbenden Protoplasma, welches bei der Nisslfärbung schwarz-grünliche Pigmentstoffe enthält (Abb. 97 c). Die Glia im Pallidum betont eine starke kleinzellige Vermehrung (Abb. 95 und 96), wobei nur protoplasmatische Gliawucherungen zu beobachten sind und nirgends Ansätze zu Gliafaservermehrung. Lückenherde u. dgl. kommen nicht vor. Stellenweise fallen im Pallidum bei der Nisslfärbung eigenartige runde oder ovale, diffus sich färbende Ballen von zartem leicht grünlichen Glanz auf (Abb. 97 d und e), die am Rande nicht selten grünlich schwarzes Pigment enthalten. Sie liegen im erweiterten Gliareticulum und werden häufig eingerahmt von nesterförmig zusammenliegenden protoplasmatisch gewucherten Gliazellen (Abb. 97 e).

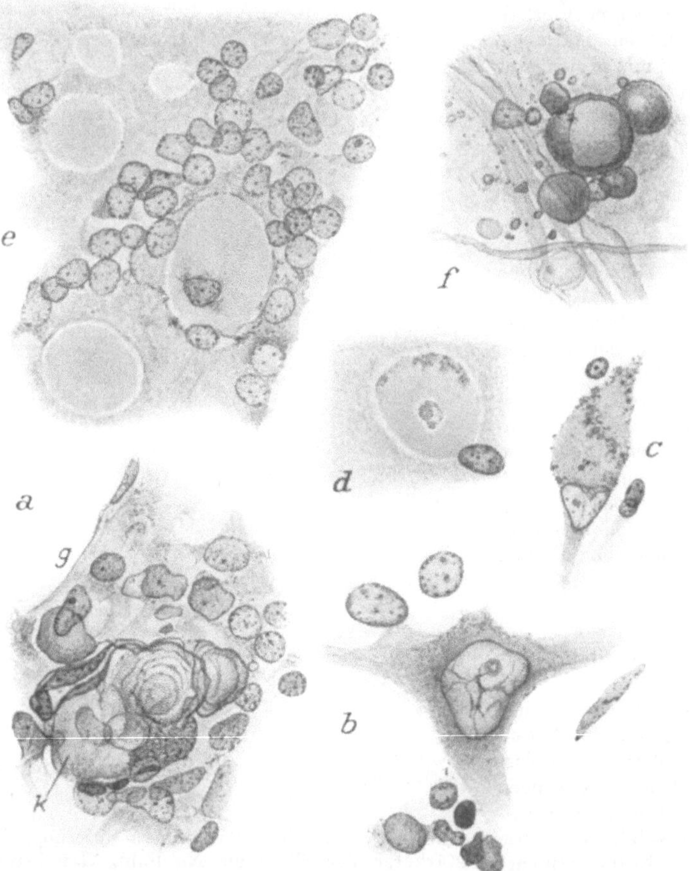

Abb. 97. Fall XXI. Histologische Einzelheiten aus dem Striatum und Pallidum. a = eigenartige Konkrementbildung (k) in der Nähe einer Capillare (g) mit protoplasmatischen Gliawucherungen im Striatum. b und c = degenerierte Pallidumzellen. d und e = eigenartige blasse Ballen mit stärkeren Gliareaktionen im Pallid. a bis e = Nisslfärbung. f = Fettkugeln im Gliareticulum des Pallidum bei Scharlachfärbung. Zeichnung bei Zeiss' Öl-Imm. $^1/_{12}$. Komp.-Ok. 6.

Besonders auffällig sind die eigenartigen Gefäßveränderungen, die sich hier sowohl an den größeren Gefäßen und an den Capillaren recht häufig feststellen lassen. Neben einer Mediahyalinisierung zeigen die Gefäße ausgesprochene Konkrement-Einlagerungen in Form von fein- oder grobkörnigen oder scholligen kalkähnlichen Niederschlägen in der Media, in der Adventitia und im Virchow-Robinschen Raum (Abb. 95 und 96). Auf den ersten Blick glaubt man schwere Infiltrate vor sich zu haben bei arteriosklerotisch veränderten Gefäßen. Es handelt sich aber lediglich um amorphe kalkähnliche Massen, die keine ausgesprochene Gipsreaktion bieten, zum Teil kleine kokkenartige Körner, zum Teil gröbere Schollen und Platten darstellen. Sie färben sich äußerst intensiv schwarzblau im Nisslbilde, intensiv schwarz mit Hämatoxylin und bei der Elasticafärbung. Nur nebenbei sei bemerkt, daß aus dem positiven Ausfall der Eisenreaktion bei diesen kalkähnlichen Niederschlägen nicht auf Eisen geschlossen werden darf. Es sind das jene Veränderungen, die wir schon oben mehrfach im Pallidum besprochen haben und die namentlich von Dürck bei einem großen Prozentsatze seines akuten Encephalitismaterials an gleicher Stelle nachgewiesen werden konnten. Auch in dem von C. und O. Vogt untersuchten Westphalschen Falle einer subakuten

Encephalitis lethargica waren sie reichlich im Pallidum anzutreffen. Spatz und auch ich fanden sie vereinzelt in normalem Vergleichsmaterial, in starker Betonung aber nur in pathologischen Fällen sowohl bei chronischen Prozessen, als auch bei subakuten, anscheinend mit Vorliebe bei toxisch bedingten.

Daneben sehen wir in der Nähe von Gefäßen, aber auch zweifellos unabhängig von ihnen frei im Gewebe kleinere und größere, oft Traubenform zeigende, manchmal auch maulbeerartig zusammengelegte Körnermassen, welche die gleiche Reaktion wie oben geben (Abb. 96). Solche Konkremente sind in allen Gliedern des Pallidum recht häufig anzutreffen, vornehmlich in seinem mittleren Anteil.

Im Bielschowskypräparate lassen sich die Neurofibrillen nur schwer zur Darstellung bringen. Sie scheinen größtenteils körnig zerfallen zu sein. Das Fettpräparat ergibt eine hochgradige Verfettung des pallidären Grundgewebes (Abb. 98), wodurch sich in allen Präparaten das Pallidum scharf abhebt gegenüber dem fettarmen Striatum. Die Ganglienzellen selbst bieten nur hin und wieder kleintropfige Fetteinlage-

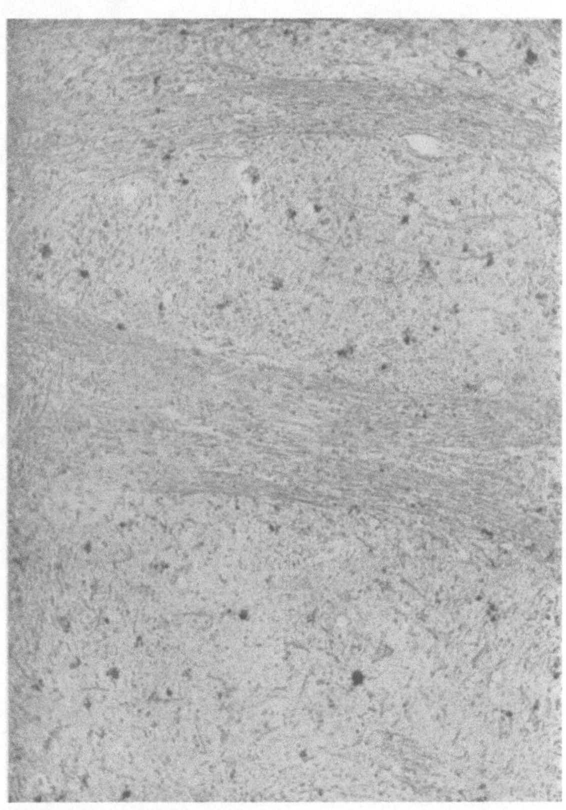

Abb. 98. Fall XXI. Pallidum-Verfettung. Herxheimersche Färbung. Mikroph.

rungen in mäßigen Mengen, dagegen liegen kleinere und größere Fettkugeln im gliösen Protoplasma in unregelmäßiger Verteilung (vgl. auch Abb. 97 *f*). Auch das Fettpräparat zeigt nirgends die gewöhnliche Körnchenzellbildung.

Bei Eisenfärbung hebt sich das Pallidum durch besonders starke, gegenüber der Norm zweifellos erheblich betonte diffuse Blaufärbung schon bei makroskopischer Betrachtung ab. Mikroskopisch bieten zahlreiche Ganglienzellen des Pallidum gröbere blaue Körncheneinlagerungen, während sich im gliösen Protoplasma nur verhältnismäßig wenig eisenhaltige Stoffe in Form gröberer Körner feststellen lassen, wenn wir von den Pseudo-Kalkkonkrementen selbst absehen.

Der Thalamus ist in allen seinen Gebieten im wesentlichen frei von stärkeren Veränderungen, und erheblichere Erscheinungen treffen wir erst wieder im Hypothalamus, vom oralsten Ende des roten Kernes angefangen, in der gesamten Ponshaube, vornehmlich in der Gegend der Augenmuskelkerne, in der engeren und weiteren Umgebung des Aquädukts. In diesen Gegenden fallen neben chronischen Ganglienzelldegenerationen und erheblichen Gliawucherungen, zum Teil auch faserbildender Art, stärkere Erweiterungen der perivascu-

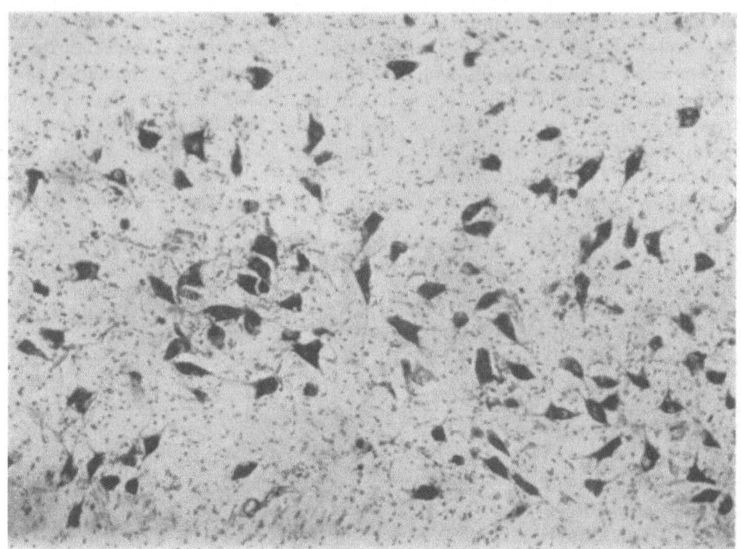

Abb. 99. Normale Zona compacta substantiae nigrae bei stärkerer Vergrößerung. Melaninhaltige Ganglienzellen. Nisslbild. Mikroph.

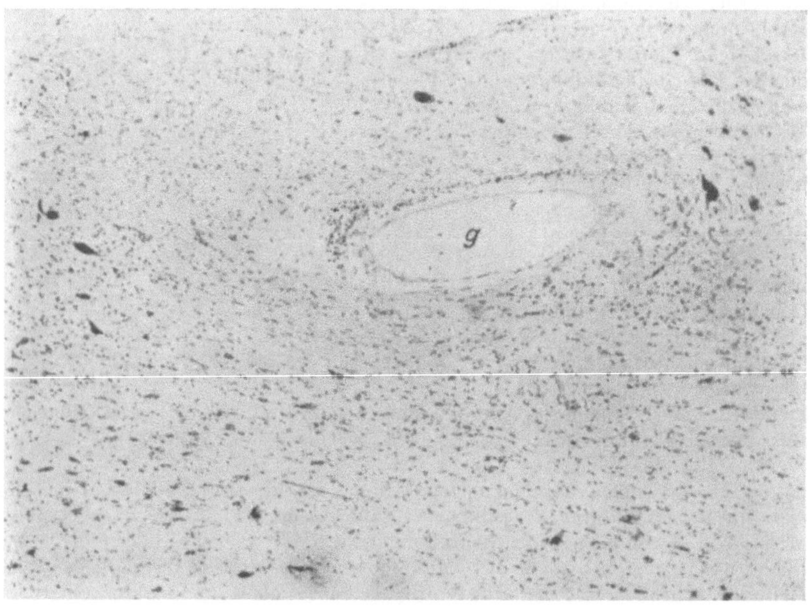

Abb. 100. Fall XXI. Gleiche Vergrößerung wie Abb. 99. Schwere Degeneration der Zona compacta substantiae nigrae. g = Gefäß mit leichter lymphocytärer Infiltration. Nisslbild.

lären Lymphräume auf, und nicht zu selten begegnet man hier auch ganz zarten lymphocytären Gefäßinfiltraten. Hin und wieder sieht man enger begrenzte Verödungsherde in gliöser Vernarbung. Sie zeigen regelmäßig deutliche Abhängigkeit von Gefäßen. Ab und zu trifft man auch neuronophagische Gliarosetten. Dabei ist der rote Kern selbst weit weniger verändert als die übrigen Kerngebiete des Mittelhirns.

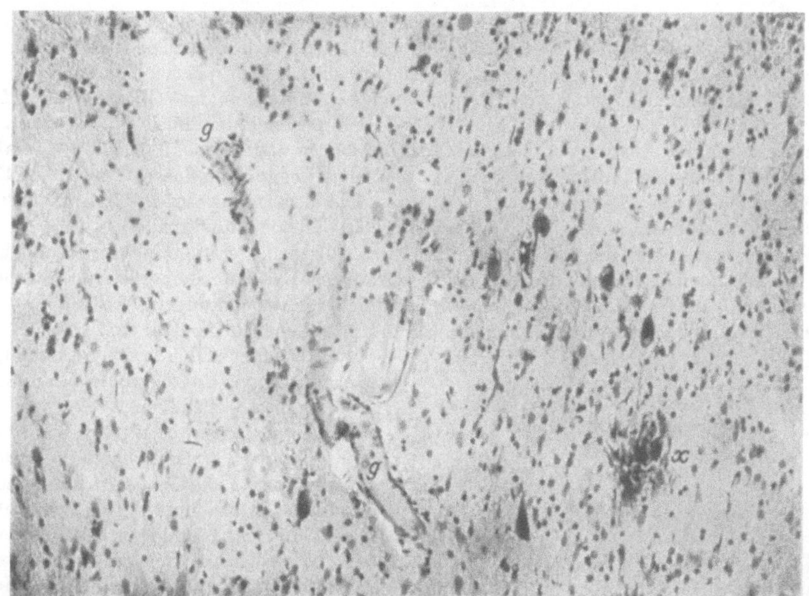

Abb. 101. Fall XXI. Dasselbe wie Abb. 100. g = Gefäße mit perivasculären Verödungen. x = Gliarosette.

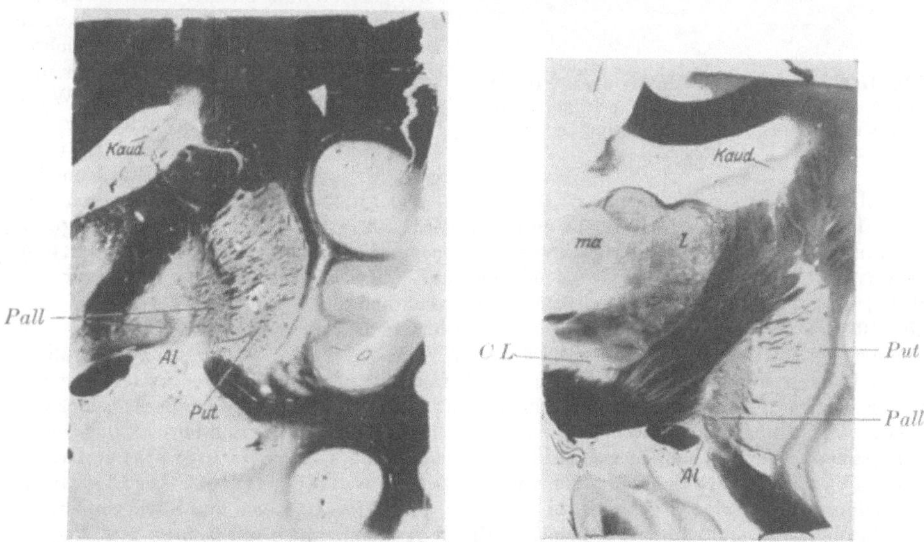

Abb. 102. Fall XXI. Markscheidenfrontalschnitte. Neben diffusen Markfaserausfällen im Striatum (*Kaud* + *Put*) Entmarkung des Pallidum (*Pall*). Ansa lenticularis (*Al*) völlig aufgehellt, Corpus Luysi (*C L*) verkleinert und aufgehellt. Photogr.

Besonders schwer ist die Substantia nigra betroffen. Sie bietet in ihrem ganzen Verlaufe eine hochgradige Verarmung an Ganglienzellen (Abb. 100 und 101 im Vergleiche mit dem bei derselben Vergrößerung aufgenommenen Normalbilde, Abb. 99). Die Veränderungen, die hier das nervöse Grundgewebe bietet, sind die gleichen wie im Pallidum, was ihre Eigenart angeht, nur fehlen hier die Kalkniederschläge in den Gefäßen; dafür sind die perivasculären Räume recht häufig erweitert (Abb. 100 u. 101), und ganz selten sieht man auch zarte lymphocytäre Infiltrate (Abb. 100). Die Ganglienzellen sind, wo sie noch erhalten sind, geschrumpft, pigmentarm, und in dem gliösen Protoplasma liegt sehr viel melaninhaltiges Pigment. Ab und zu trifft man auch schön ausgebildete Gliarosetten auf dem Boden zerfallender Ganglienzellen (Abb. 101 x). Seltener nehmen hier die Veränderungen herdförmigen Charakter von eng begrenzter Ausdehnung an (Abb. 101). Die Gliareaktion ist im allgemeinen eine protoplasmatische, dazwischen liegen auch Faserbildner. Die Eisenfärbungen bieten das gleiche wie im Pallidum. Die Verarmung der Substantia nigra an Ganglienzellen ist noch wesentlich hochgradiger als die des Pallidum.

Weiter caudalwärts nehmen die Veränderungen in den grauen Gebieten rasch ab und in den Kernen der Rautengrube sowie den Vorderhörnern des Rückenmarks sind nur geringgradige Ganglienzellveränderungen mit begleitenden Gliawucherungen festzustellen.

Das Kleinhirn und seine Kerngebiete sind intakt, ebenso die Oliven.

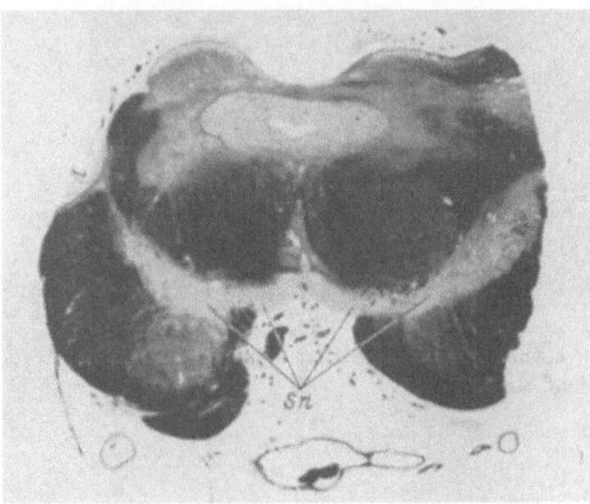

Abb. 103. Fall XXI. Markscheidenfrontalschnitt durch die vorderen Vierhügel. Substantia nigra (Sn) verschmälert und entmarkt. Photogr.

Körnchenzellherde sowie Lacunen oder Rarefikationen des Gewebes sind histologisch nicht festzustellen.

Die Markscheidenpräparate demonstrieren im wesentlichen folgende Degenerationen: Die Großhirnrinde und das Großhirnmarklager sind frei von sicheren Ausfällen. Das Striatum (Abb. 102), das keine wesentlichen Schrumpfungen erkennen läßt, ist deutlich verarmt an dünneren und dickeren Fasern. Diese Verarmung ist im Striatumkopf am deutlichsten ausgesprochen und tritt hier stellenweise in herdförmiger Betonung zutage. Ähnlich schwere Veränderungen bietet auch das hintere Drittel, während die Mitte etwas leichter affiziert ist (Abb. 102). Das Caudatum und Putamen sind in annähernd gleicher Weise befallen. Stellenweise tritt ein leichter Status cribratus hervor, namentlich im mittleren Verlaufe (Abb. 102). Die Lamellen des Pallidum, sowie seine beiden Glieder sind stark aufgehellt, wobei die dünnen und dicken Fasern in gleicher Weise gelitten haben (Abb. 102). Die Linsenkernschlinge ist stark aufgehellt (Abb. 102 Al). Der Luyssche Körper verkleinert und markarm (Abb. 102 CL). Die Forelschen Bündel H^1 und H^2 sind verdünnt, die Strahlung zum roten Kern ist aufgehellt, während der rote Kern selbst keine wesentlichen Degenerationen erkennen läßt (Abb. 103). Die dicken Faserbündel, die in den hinteren lateralen Thalamuskern (v t l) einstrahlen, sind an Zahl vermindert. Die vorderen Vierhügel (Abb. 103) sind leicht verarmt an Fasern. In der weiteren Umgebung des Aquädukts fällt eine unregelmäßige Markzeichnung auf, die dort auf herdförmige Affektionen schließen läßt. Der Tractus tectospinalis ist beiderseits verarmt an Fasern. Die hinteren Vierhügelpaare und laterale Schleife sind normal, das Gebiet der sensiblen Schleife ist stellenweise leicht aufgehellt. Die Substantia nigra ist in ihrem ganzen Verlaufe verschmälert und völlig faserverarmt (Abb. 103). Die Bindearme, das Kleinhirn und seine Systeme, sowie sämtliche langen Fasersysteme und Kerngruppen der Medulla oblongata und spinalis, namentlich die Pyramidenbahnen, erscheinen intakt.

Zusammenfassung des anatomischen Befundes.

Neben mäßig häufigen, durchweg zarten lymphocytären Gefäßinfiltraten und perivasculären Lichtungsbezirken, fast ausschließlich beschränkt auf die Ponshaube und die Substantia nigra finden sich schwere im Flusse befindliche Parenchymentartungen in auffallender Lokalisation. In der im allgemeinen kaum veränderten Rinde bietet nur die vordere Zentralwindung kleinere Verödungsherde in der VI. Schicht mit protoplasmatischer Gliawucherung und verschiedene hochgradige Degenerationen der Beetzschen Pyramidenzellen mit stellenweiser Gliarosettbildung. Das ganze Striatum weist neben kleinen Lichtungsbezirken schwere Ganglienzellveränderungen an allen Elementen mit begleitenden protoplasmatischen Gliareaktionen mäßigen Grades auf und zeigt eine in die Augen springende Verarmung an großen Zellen. Das Pallidum, in welchem die Parenchymdegeneration besonders hohe Grade erreicht, bietet chronische Ganglienzelldegeneration, kleinzellige Gliawucherung, starke Verfettung und reichliche Pseudo-Kalkkonkremente im Parenchym wie in den Gefäßwänden und adventitiellen Räumen. Der Thalamus ist frei von wesentlichen Veränderungen, und erheblichere Erscheinungen treffen wir erst wieder im Hypothalamus am oralsten Ende des roten Kerns, in der Ponshaube und in verminderter Schwere in den grauen Kernen am Boden der Rautengrube und in den Vorderhörnern des Rückenmarks. In fast sämtlichen grauen Kernen dieser Gebiete zeigen sich chronische Ganglienzellveränderungen neben circumscripteren perivasculären herdförmigen Ausfällen, stärkere Gliawucherungen, manchmal auch neuronophagische Gliarosetten. Der rote Kern ist weit weniger verändert als die übrigen Kerngebiete des Mittelhirns. Besonders schwer ist die Substantia nigra betroffen (schwerste Ganglienzellentartung, Pigmentabwanderung in die Glia, zahlreiche Gliarosetten in frischer und chronischer Entwicklung). Das Kleinhirn und seine Kerne sind intakt. Im Eisenpräparat fällt die intensive Färbung des Pallidum und der Substantia nigra besonders auf. Körnchenzellherde sowie größere Lacunen sind nirgends anzutreffen. Die Pia zeigt Bindegewebswucherung mit eingestreuten Lymphocyten.

Im Markscheidenpräparate zeigt das Striatum eine Armut an dünneren und dickeren Fasern, wobei stellenweise kleinere herdförmige Ausfälle vorherrschen. Die Lamellen des Pallidum sowie seine sämtlichen Glieder sind stark aufgehellt und verarmt an dünnen und dicken Fasern. Die Linsenkernschlinge ist aufgehellt, H^1 und H^2 verdünnt, der Luyssche Körper verkleinert, die Strahlung zum roten Kern aufgehellt, ebenso die dicken Fasern in $v\,t\,l$; die Substantia nigra ist stark verschmälert und völlig faserverarmt, die Ponshaube zeigt unregelmäßige Degenerationen in dem grauen Kerngebiete und in der Schleifengegend. Der rote Kern, die Bindearme sowie das ganze Kleinhirnsystem und sämtliche langen Fasersysteme, namentlich die Pyramidenbahnen, sind intakt. Die Veränderungen sind bilateral-symmetrisch ausgesprochen.

Epikrise.

Der histologische Prozeß, der diesem Falle eines ausgesprochenen, 4 Jahre bestehenden, fortschreitenden Parkinsonismus zugrunde liegt, muß als eine progressive Parenchymdegeneration des nervösen Gewebes in ganz bestimmter Lokalisation aufgefaßt werden. Dazu gesellen sich leichte perivasculäre, lymphocytäre Gefäßinfiltrate an vereinzelten Stellen, Erweiterung mancher perivasculärer Räume und herdförmig begrenzte Lichtungsbezirke in Abhängigkeit von Gefäßen.

Vom histologischen Standpunkte aus begegnet die ätiologische Auffassung des Falles gewissen Schwierigkeiten. Immerhin spricht die Lokalisation der schwersten Veränderungen in den bei der akuten und subakuten Encephalitis lethargica mit Vorliebe befallenen Gebieten[1]), woselbst zudem noch leichte

---

[1]) Nach meinen Erfahrungen auch an atypischen Encephalitis-epidemica-Fällen subakuter Art ist der Prädilektionssitz der infiltrativen Erscheinungen und

infiltrative Gefäßerscheinungen und perivasculäre herdförmige Störungen betont sind, für die Richtigkeit der Meggendorferschen klinischen Auffassung dieses Falles als eines metencephalitischen Parkinson.

Von größtem Interesse ist dabei die zweifellos gegebene fortschreitende, von Gefäßveränderungen unabhängige Parenchymdegeneration, namentlich im Striatum, Pallidum und in der Substantia nigra. Hervorzuheben ist ferner eine ebenfalls fortschreitende, jedoch nicht sehr hochgradige Ganglienzelldegeneration in der vorderen Zentralwindung ohne deutliche Pyramidenbahndegeneration. Gegensätzlich zu der oben besprochenen Economoschen Beobachtung ist in unserem Fall das Fehlen von frischen encephalitischen Herderscheinungen, von größeren gliösen Verödungsherden und Körnchenzellherden zu betonen.

Die recht diffuse Ausdehnung des Prozesses erschwert auch hier die Beantwortung der Lokalisationsfrage, zumal die Substantia nigra in stärkstem Maße mit affiziert ist. Immerhin steht die schwere Parenchymentartung des Striatum und Pallidum derart im Vordergrunde, daß sich auf sie im Einklang mit unseren früheren Feststellungen die wesentlichsten Züge des Parkinsonismus zurückführen lassen. Inwieweit die Mitbeteiligung der Substantia nigra das symptomatologische Bild beeinflußte, bleibt zunächst eine offene Frage. Die Erkrankung der vorderen Zentralwindung offenbarte sich im klinischen Bilde nicht in Analogie zu dem Fehlen jeglicher Pyramidenbahndegeneration.

Für die eigenartige psychische Färbung des Krankheitsbildes, die Affektstumpfheit, Mangel jeglicher Spontaneität, Erschwerung der intellektuellen Leistungen kommen schwerere Veränderungen im Rindengebiete nicht in Betracht (vgl. auch die Bemerkungen im Schlußkapitel).

<h3 style="text-align:center">Fall XXII.</h3>

Ausgeprägter Parkinsonismus als Nachkrankheit einer Encephalitis epidemica.

Der Fall ist klinisch von Dr. Abrahamson, New-York, und anatomisch eingehend von Dr. Globus, New-York, in meinem Laboratorium untersucht worden. Unter Hinweis auf dessen Veröffentlichung in den Archives of Neurology and Psychiatry 1923 bringe ich hier nur die Hauptergebnisse der Untersuchungen in vergleichender Gegenüberstellung zu dem obigen Falle XXI.

Klinisch handelte es sich um einen 37 jährigen Mann, der Februar 1920 unter fieberhaften Erscheinungen an allgemeinen Körperschmerzen, an leichter Benommenheit und zeitweisen Delirien akut erkrankte. Dabei zeigten sich keine lokalisierbaren nervösen Ausfälle, er mußte aber 12 Wochen das Bett hüten und war nachher völlig gesund und arbeitsfähig.

Ein halbes Jahr später entwickelten sich die ersten Erscheinungen einer beginnenden Nervenkrankheit: Ohne irgendwelche Fieberattacken stellte sich Zittern in den oberen Extremitäten ein, dann in den unteren Extremitäten, bei allgemeiner Steifigkeit in allen Gliedern und bei der Neigung zu Propulsionen; der Gang wurde kleinschrittig, bei starkem Schwitzen des Kranken.

Aus diesen Früherscheinungen heraus entwickelte sich das typische Bild des Parkinsonismus mit den entsprechenden Haltungsanomalien, mit allgemeinem Tremor und Pillendrehen, Propulsionen, ohne Salivition, ohne besondere Sprach- Kau- und Schluckstörungen, ohne wesentliche Reflexveränderungen, ohne Blasen-, Mastdarm-

---

stärksten Parenchymveränderungen ganz regelmäßig die Substantia nigra, die Haube des Mittelhirns und der oral sich anschließende Hypothalamus. Diese Erfahrung erleichtert die anatomische Aufklärung klinisch-ätiologisch unklarer Fälle.

und Sensibilitätsstörungen. Bei langsam progredientem Verlaufe, wobei zum Schluß der Tremor, der hier im allgemeinen bei Intension abnahm, fast den Charakter von klonischen Zuckungen zeigte, starb der Kranke 1¹/₂ Jahre nach Beginn der Parkinsonerscheinungen.

Der makroskopische Gehirnbefund war völlig negativ bis auf eine deutliche Verkümmerung der Substantia nigra, die schmäler und heller erschien als normal. Bei der mikroskopischen Untersuchung in meinem Laboratorium stellte Herr Dr. Globus folgendes fest:

Die Meningen sind nur stellenweise bindegewebig verdickt; die Hirnrinde ist in allen ihren Teilen normal, im Subcortex fallen hin und wieder Ansammlungen von lipoidhaltigen Abräumzellen in den perivasculären Lymphräumen auf, nicht selten begegnet man hier zarten lymphocytären Infiltraten. Die gesamte weiße Substanz des Großhirns ist normal. Das Striatum ist völlig normal.

Im Pallidum, das einen normalen Ganglienzellreichtum bietet, fallen ganz vereinzelt zarte lymphocytäre Infiltrate an den Gefäßen auf; die pallidären Ganglienzellen erweisen

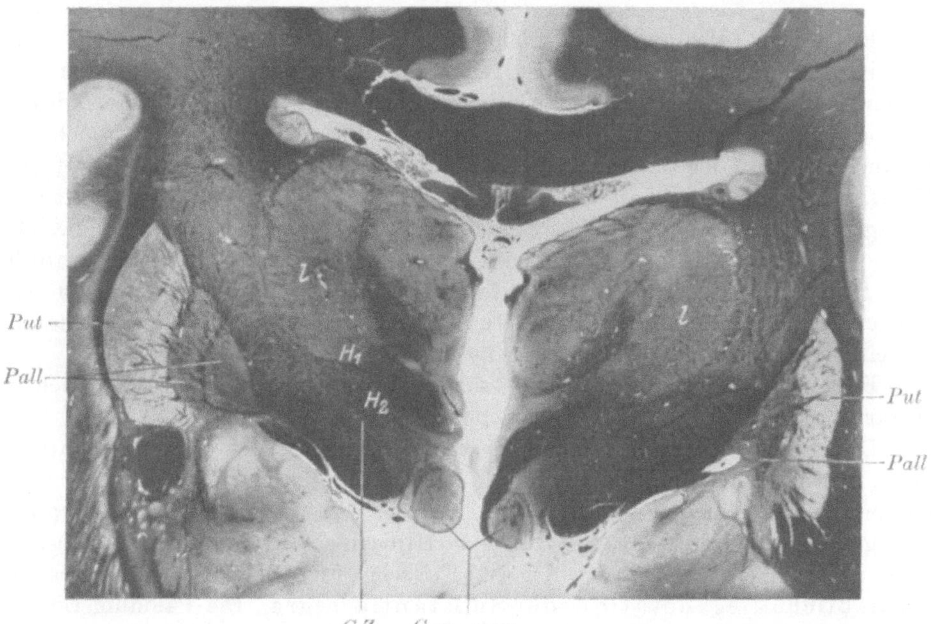

Abb. 104. Fall XXII. Markscheidenfrontalschnitt in Höhe der Corp. mam. Fast normales Bild, nur Pallidum im dorsolateralen Anteil ganz leicht aufgehellt. Photogr. (vgl. Abb. 93, Fall XXI).

sich fast durchweg erkrankt. Die Kerne sind geschrumpft, dunkler, die Protoplasmazeichnung des Zelleibes ist verwaschen und feinkörnig. Bei der Eisenfärbung lassen sich feine Eisengranulae im Ganglienzelleib feststellen, ebensolche in den Gefäßlymphscheiden. Eine besondere Verfettung des Pallidum fehlt, die Glia zeigt nur leichte progressive Kernveränderungen. Die Eisenreaktion im Pallidum ist nicht so stark ausgeprägt als in normalen Vergleichsfällen.

In einzelnen Thalamusgebieten finden sich kleinere, zumeist frische, zum Teil auch etwas ältere Blutaustritte, besondere Parenchymveränderungen fehlen in allen Thalamusgebieten. Auch der rote Kern, der Luyssche Körper und der gesamte Hypothalamus sind im wesentlichen unverändert.

Leichteren Ganglienzelldegenerationen mit begleitenden Gliawucherungen begegnen wir noch in den Oculomotoriuskernen.

Weitaus die schwersten Veränderungen bietet die Substantia nigra, sie entsprechen hier völlig denen in meinem Falle XXI sowohl nach Art und Schwere des Prozesses; nur überrascht hier die abnorm leichte Anfärbung der Substantia nigra bei der Eisenfärbung.

Alle übrigen Teile des Zentralnervensystems sind normal.

Die Markscheidenpräparate zeigen durchaus normale Verhältnisse in der gesamten Rinde und in dem gesamten Hemisphärenmarklager, das Striatum und der Thalamus sind normal. Das Pallidum ist in seiner Markzeichnung vielleicht eine Spur aufgehellt (Abb. 104), wobei auf Frontalschnitten die dorsolateralen Anteile etwas markärmer erscheinen als normal — auch unter Berücksichtigung der Tatsache, daß diese Ecke an sich faserärmer ist. Die Strahlungen des Pallidum, insbesondere die Forelschen *II* - Bündel, der Luyssche Körper, die gesamte Linsenkernschlinge, die Strahlungen des roten Kerns müssen als völlig normal angesehen werden. Die gesamte Substantia nigra ist verschmälert und zeigt auf Serienschnitten auf allen Stellen eine hochgradige Markverarmung im gleichen Sinne wie Fall XXI. Die Projektionsbahnen sind normal.

Die Veränderungen sind beiderseits symmetrisch.

Epikrise.

In diesem Falle einer encephalitischen Nachkrankheit mit deutlich progressiver Entwicklung eines ausgesprochenen mit Tremor und Pulsionen einhergehenden Parkinsonismus findet sich anatomisch, abgesehen von leichten, diffus entwickelten infiltrativen Gefäßerscheinungen und etwas schwereren Parenchymveränderungen in den Oculomotoriuskernen eine fast ausschließlich auf die Substantia nigra (Zona compacta) beschränkte Parenchymerkrankung. Ihre histologische Eigenart entspricht völlig jener in meinem Falle XXI. Eine ungleich leichtere Ganglienzelldegeneration bietet noch das Pallidum. Auch die Markfaserausfälle beschränken sich in unverkennbarer Weise auf die Substantia nigra, während das Pallidum nur circumscriptere, wesentlich geringgradigere Markausfälle aufweist.

Bei aller Kritik kann man in diesem Falle von einer fast ausschließlichen Entartung der Substantia nigra sprechen.

Dieser Fall ist für mich von besonderer Wichtigkeit bei der vergleichenden Gegenüberstellung zu meinem Falle XXI. Die klinischen Symptomenbilder entsprechen sich in den wesentlichen Punkten. Während der Fall XXI aber eine gleichzeitige schwere Striatum-, Pallidum- und Substantia nigra-Erkrankung aufweist, zeigt der Globussche Fall XXI eine fast ausschließliche Degeneration der Substantia nigra. Die Pallidumerkrankung tritt hier sehr stark in den Hintergrund und führte nicht zu irgendwie deutlichen Entartungen der Pallidumfaserungen.

Daraus ergibt sich meines Erachtens, daß der Erkrankung der Substantia nigra eine ganz wesentliche Bedeutung für die Auslösung der Haupterscheinungen des Parkinsonschen Symptomenkomplexes zukommt. Wir bestätigen also die oben angeführten Untersuchungsergebnisse und Ansichten der französischen Autoren, ferner von K. Goldstein und H. Spatz.

Von größter Wichtigkeit ist weiterhin die Tatsache, die sich in unseren beiden Fällen offenbart, daß bei solchen chronisch-progressiven Metencephailtiden die infiltrativ-exsudativen Veränderungen außerordentlich stark zurücktreten können, und daß dabei ein schwerer fortschreitender reiner Parenchymprozeß weitaus das histologische Bild beherrscht. Wir erinnern uns hier der Befunde zahlreicher Autoren (v. Economo, Creutzfeldt, Stern, Siegmund, Klarfeld, Strauss und Globus, Reichelt u. a.), welche bei der akuten und subakuten Encephalitis lethargica ebenfalls neben den vorherrschenden infiltrativen Entzündungserscheinungen reine, von jenen unabhängige Parenchymdegenerationen betonen. Ich kann diese Befunde durchaus an dem entsprechenden Materiale bestätigen. Klarfeld konnte sogar in einem akuten Falle besonders schwerer klinisch einwandfreier Encephalitis lethargica im Zentralnervensystem das Fehlen jeglicher entzündlicher Erscheinungen feststellen. Nur im Schwanzkern zeigten sich Reste von regressiv veränderten lympho- und plasmacytären Infiltraten. Nirgends zeigten sich Spuren von herdartigen Prozessen. Dagegen beobachtete er eine schwere Parenchymerkrankung besonders im Ammonshorn und im Striatum (schwere Zellerkrankung Nissls, zum Teil mit amöboider Glia). Auch die agranuläre Frontalrinde zeigte Bezirke, wo die meisten Zellen der zweiten und dritten Schicht das Bild der schweren und chronischen Zellerkrankung aufweisen. Histologisch handelt es sich dabei also um gar keine Encephalitis, sondern um eine diffuse, rein degenerative Erkrankung, vornehmlich des Ammonshorns, des Striatum und der agranulären Frontalrinde; ätiologisch, epidemiologisch und klinisch gehört er aber zur echten Encephalitis lethargica.

Daß derartige Tatsachen unsere Beachtung verdienen, ist ohne weiteres klar. Es drängt sich uns hier von selbst der Vergleich mit der Paralyse auf, wo wir ja gewohnt sind, ein unabhängiges Nebeneinander von infiltrativen Erscheinungen und Parenchymdegenerationen zu sehen, und wo wir manchmal bei akuten schwersten Formen, wie ich erst jüngst auseinandersetzen konnte, ein starkes Überwiegen der rein degenerativen Komponente vorfinden. Wir erkennen fernerhin vornehmlich aus der histologischen Eigenart unserer Fälle, daß sich in chronischen Fällen die reine Parenchymdegeneration in schwerster Weise weiterentwickeln kann, bei stärkstem Zurücktreten jeglicher Infiltrationen und jeglicher herdförmigen Prozesse. Besonders klar erkennen wir dies an der Eigenart der Veränderungen in der Substantia nigra. Nach dem ganzen histologischen Bilde handelt es sich dabei keineswegs um reine Narbenzustände, sondern um fortschreitende selbständige Degenerationen grauer Kerngebiete, wobei es freilich nicht ausgeschlossen, sogar wahrscheinlich ist, daß die ursprüngliche akute Infektion mit ihren in diesen Kerngebieten als den gegebenen Prädilektionsstellen gesetzten Veränderungen den Anstoß zu der progressiven Kerndegeneration abgeben; der fortschreitende Parenchymprozeß spricht aber im Einklang mit den positiven Impferfolgen für ein weiteres Fortwirken des Encephalitisvirus in diesen Kerngebieten[1]).

Wenn wir heute auf Grund unserer bisherigen Erfahrungen die Folgezustände der Encephalitis lethargica überblicken, die uns klinisch und anatomisch bekannt sind, so kann man im wesentlichen zwei Typen unterscheiden, die auch von Meggendorfer bereits klinisch gefordert wurden: Der häufigste Typus bietet die langsam progrediente Ausprägung eines ausgesprochenen Parkinsonschen Symptomenkomplexes, der sich ganz allmählich, häufig auch erst nach längerem oder kürzerem Intervall nach einer oft nur leichten Encephalitis epidemica oder grippeähnlichen Allgemein-

---

[1]) Die tiefere Begründung, weshalb es in den einzelnen Fällen zu der progredienten Metencephalitis kommt, kann heute noch nicht gegeben werden. Es liegt nahe, auch hier an Parallelen zur Paralyse zu denken und das Verhältnis von Virus zu der Reaktionskraft des Organismus in den Vordergrund zu stellen, Meggendorfer glaubt auf Grund anamnestischer und genealogischer Erhebungen, daß in vielen Fällen eine gewisse Anfälligkeit des Gehirns deutlich wird.

erkrankung herausentwickelt. Das sind die Fälle, wie ich sie oben im Falle XXI
und XXII anatomisch genauer skizziert habe, und bei denen sich der histologische
Prozeß ganz wesentlich in einer fortschreitenden Parenchymdegeneration offenbart. Seine Lokalisation kann offenbar in den einzelnen
Fällen stark schwanken: ganz regelmäßig ist dabei die Substantia
nigra (Zona compacta) am schwersten betroffen, dann folgt das
Pallidum und in weiterem Abstand das Striatum[1]). Manchmal zeigt
sich ein leichtes Übergreifen auf die C. a., im allgemeinen bleibt
aber die Rinde frei. Gerade die Eigenart des anatomischen Vorganges bedingt
meines Erachtens zugleich das nach unseren bisherigen Erfahrungen thera-
peutische Versagen in solchen Fällen.

Die zweite offenbar seltenere Gruppe ist dadurch ausgezeichnet, daß zumeist
nach schwereren Initialerscheinungen der Encephalitis epidemica nach mehr
oder weniger längeren Remissionen unter erneutem Aufflackern fieberhafter Erscheinungen mit nervösen Symptomen in buntem Wechsel
ein progredientes Krankheitsbild entsteht, welches klinisch wesentlich
polymorpher gestaltet ist. Wir sehen dabei, wie sich zeitlich getrennt verschiedene Zustandsbilder ablösen, die von leichten Myoklonien angefangen, über choreatisch-athetotische Bewegungsstörungen, über
Torsionsspasmen hinwegführen zu einem mehr oder weniger ausgesprochenen Parkinson-ähnlichen oder pseudobulbär-paralytischen Bilde, wobei nicht selten auch Störungen von seiten der Pyramidenbahn
und der Psyche auftreten. Manchmal kommt es dabei zu Muskelatrophien als
Zeichen von Kerndegenerationen in den Vorderhörnern. Ich habe Fälle beobachtet
von halbseitigem Parkinsonismus und kontralateraler Athetose in ähnlicher Weise,
wie sie auch O. Foerster beschreibt. Anatomisch sind diese Krankheitsbilder, zu
denen der oben erwähnte v. Economosche Fall gehört, durch eine recht diffus

---

[1]) Bei zwei weiteren Fällen mit ganz ähnlicher Entwicklung des metencephalitischen
Parkinsonismus, die ich inzwischen anatomisch genau zu untersuchen Gelegenheit hatte,
fand ich histologisch die gleichen Veränderungen wie in den obigen Fällen; ihre Lokalisation beschränkt sich in dem einen Falle weitgehend auf die Substantia nigra mit nur leichter Affektion des Pallidum, im zweiten
Falle aber war die Substantia nigra nur geringgradig erkrankt, und
die schwerste Veränderung und Entmarkung bot das Pallidum, etwas
geringgradiger das Striatum (große Zellen). Man erkennt daraus, wie vorsichtig
wir auf diesem neuen Gebiete heute noch mit den Schlußfolgerungen ohne genauen
anatomischen Befund sein müssen und wie unangebracht Verallgemeinerungen hier
sind. Immerhin läßt sich wohl das eine heute schon sagen, daß besonders schwere
Entartungen der Substantia nigra bei Parkinsonismen unklarer Genese
bei entsprechendem histologischen Bilde am wahrscheinlichsten für
Metencephalitis sprechen. (Vgl. auch Gamna, C., e Owodei-Zarini: Sulla pato-
genesi delli sindromi amiostatiche postencephalitiche. Pathologica Jg. 15, Nr. 339. 1923:
Im einen Falle von metencephalitischem Parkinson Lokalisation der Veränderungen im Tractus
solitaris, Facialiskern, Locus coeruleus, besonders in Substantia nigra, Corpus Luysi, Putamen [große Zellen] und Pallidum — also ganz ähnlich wie in meinem Falle XXI; im zweiten
Falle Lokalisation im oralen roten Kern, Corpus Luysi und besonders schwer in Substantia
nigra. — In einem Falle von Claude et Schaeffer: Syndrome parkinsonien postencé-
phalitique avec lésions cellulaires nigriques et pallidales sans gainite périvasculaire, Encéphale
Jg. 18, Nr. 2. 1923, ist die Lokalisation wie in meinem Falle XXII bei noch etwas schwerer
pallidärer Beteiligung). Die neueste Literatur, vornehmlich die russische, betont noch größere
Differenzen in der anatomischen Lokalisation des Prozesses bei den einzelnen Fällen.

entwickelte Lokalisation des Krankheitsprozesses ausgezeichnet, bei dem auch die Rinde affiziert ist und stärkere Infiltrationsherde echt entzündlicher Art auffallen. So ist der rezidivierende Charakter zugleich im anatomischen Bilde gegeben, und es besteht hier viel mehr wie dort wenigstens die theoretische Möglichkeit, therapeutisch dem erneuten Aufflackern des Entzündungsprozesses zu begegnen.

Schließlich kenne ich noch abortive Fälle, bei denen in rudimentären Zügen gewisse Residualerscheinungen von mehr stationärem Charakter längere Zeit hindurch bestehen. Derartige Folgezustände bieten leichte choreatische Muskelunruhen, Tics und dergleichen, wobei sich nicht selten eigenartige Charakterveränderungen im Sinne von Arbeitsunlust, Energielosigkeit und allgemeiner psychopathischer auch ethischer Minderwertigkeit zeigen. Gerade bei Kindern haben Bonhoeffer, Kirschbaum, A. Westphal, Trömner, Kalinowsky[1]) derartige Charakterveränderungen nach Encephalitis beschrieben, und auch bei Erwachsenen konnten wir hier mehrfach lediglich Charakterveränderungen als Folgeerscheinung einer früheren Encephalitis beobachten (Cohen, Meggendorfer). Die Bewegungsstörungen solcher Kranken scheinen die günstigste Prognose zu bieten. Sie bleiben zumeist stationär und zeigen nicht selten eine deutliche Tendenz zu spontaner Besserung. Anatomische Erfahrungen über diese Gruppe besitze ich nicht.

Die Hauptergebnisse überblickend, ergibt sich folgendes:

Unsere bisherigen klinischen und anatomischen Kenntnisse der Folgezustände der Encephalitis lethargica lassen zwei Formen unterscheiden: Der häufigste Typus, die langsam progrediente Ausprägung eines ausgesprochenen Parkinsonschen Symptomenkomplexes, zeigt anatomisch eine reine fortschreitende Parenchymdegeneration mit nur ganz seltenen infiltrativen Erscheinungen ohne wesentliche herdförmige Ausprägung des Prozesses. Ganz regelmäßig ist dabei die Substantia nigra in ihrer Zona compacta am schwersten betroffen, dann folgt das Pallidum und in weiterem Abstand das Striatum, das offenbar auch völlig frei bleiben kann. Manchmal zeigt sich ein leichtes Übergreifen auf die C. a., im allgemeinen bleibt aber die Rinde völlig frei. Die zweite, offenbar seltenere Gruppe führt unter erneutem Aufflackern fieberhafter Erscheinungen mit nervösen Symptomen zu einem polymorphen, gleichfalls progredienten Krankheitsbild, bei dem anatomisch herdförmige Prozesse mit Infiltrationserscheinungen mehr im Vordergrunde stehen und die Lokalisation des Krankheitsvorganges im Zentralnervensystem eine sehr diffuse ist. Über Abortivfälle mit motorischen und psychischen Ausfallserscheinungen fehlen bisher die anatomischen Erfahrungen.

Fast ausschließlich auf die Zona compacta substantiae nigrae beschränkte schwere Degenerationen führen zu dem ausgesprochenen akinetisch-hypertonischen Symptomenkomplex des Parkinsonismus, der mit Tremor und Pulsionen einhergehen kann.

8. Spastische Pseudosklerose.

Gerade die bunten Bilder der Encephalitis epidemica und ihrer Nachkrankheiten, die auch anatomisch ein ungewöhnlich vielgestaltiges Gepräge zeigen, bedingen ganz ungewöhnliche Schwierigkeiten in der

---

[1]) Kalinowsky, L. Psychische Veränderungen bei Encephalitis im Kindesalter. Dissertation aus der Psych. Univ.-Klinik Hamburg 1922.

histologischen und ätiologischen Abgrenzung klinisch unklar
liegender Fälle; wir müssen uns zweifellos heute davor hüten, alle derartige
Beobachtungen allzu leichtfertig in Beziehungen zu dieser Gruppe zu bringen.
Andererseits zeigt die histologische Untersuchung solcher Fälle in der Lokalisation
und Art des Prozesses manchmal so deutliche Anklänge an die Prozeßentwicklung
der Encephalitisgruppe und ihrer Nachkrankheiten, daß sich uns bei solchen ätiologisch ungeklärten und aus dem Rahmen des Gewöhnlichen herausfallenden
Krankheitsbildern die Möglichkeit ihrer ätiologischen Zugehörigkeit zur Encephalitisgruppe aufdrängt.

Ich habe 1920/21 an der Hand von drei Fällen, denen ich nachträglich einen vierten
anfügen konnte, über eigenartige Erkrankungen des Zentralnervensystems mit bemerkenswerten anatomischen Befunden (spastische Pseudosklerose) berichtet und diesen Fällen
einen von Creutzfeldt kurz zuvor beschriebenen Fall als wesensgleich zugereiht. Es handelt
sich bei all diesen Beobachtungen um eine Erkrankung des mittleren und höheren Lebensalters, welche ohne nachweisbare Ätiologie mit sich zunächst langsam entwickelnden Störungen des Bewegungsapparates und der Gefühlssphäre einsetzt. Psychisch fällt eine Wesensveränderung auf (ängstlich, gereizt, niedergeschlagen u. dgl.), und die Kranken machen im
Beginn des Leidens fast stets einen rein funktionell gestörten Eindruck. Die Kranken klagen
bald über Schwäche und Schmerzen in den Beinen, die steif werden. Beim Gehen knicken
sie häufig ein und fallen hin. Dabei ist der objektive Befund in der Regel zunächst ein völlig
negativer. Es können sich aber auch jetzt schon spastische Phänomene in Andeutung zeigen,
namentlich sind die Bauchdeckenreflexe schon frühzeitig abgeschwächt oder fehlen. Im
Beginne der Erkrankung bietet sich häufig ein auffallender Wechsel der Erscheinungen in
Art von Remissionen, allmählich treten deutlichere Bewegungsstörungen hervor, die ein
polymorphes eigenartiges und zunächst noch schwer zu analysierendes Gemisch von spastischen
und thalamo-striären Erscheinungen darstellen. Ohne nachweisbare Lähmung ist der Gang
der Kranken auffallend unkoordiniert, die Kranken knicken ein, fallen hin und schließlich
wird das Gehen und Stehen unmöglich. Dabei können deutliche Spasmen zutage treten,
aber auch hypotonische Zustände gelegentlich vorherrschen. Deutliche striäre Symptome
im Sinne von Bewegungsarmut, Zitter- oder Athetoseerscheinungen sind zeitweise vorherrschend. Die Sprache ist langsam, monoton und gewöhnlich dysarthrisch gestört. Die Sehnenreflexe sind zumeist gestigert, können aber auch normal sein oder sogar fehlen. Das Babinskische Zeichen ist wenigstens in gewissen Phasen der Krankheitsentwicklung angedeutet
oder positiv. Die Bauchdeckenreflexe sind abgeschwächt oder fehlen. Leichte Erscheinungen
an den Augenmuskeln sind gelegentlich wahrzunehmen, der Augenhintergrund bleibt immer
normal. Die Blut- und Liquoruntersuchungen haben ein negatives Ergebnis. In den Zeiten,
wo die nervösen Erscheinungen stärker hervortreten, werden die zunächst nur angedeuteten
psychischen Störungen recht aufdringlich und treten im Sinne von Apathie, Negativismus,
ängstlicher deliriöser, halluzinatorischer Verwirrtheit stark in den Vordergrund. Je nach
der Dauer der Erkrankung kann es dabei zu starkem psychischen Verfall kommen. Schließlich treten cerebrale Reizerscheinungen mit bulbären Kernstörungen in den Vordergrund,
welche in rascher Progredienz bei zumeist tiefgreifendem, trophisch bedingtem Decubitus
unter schwerer Benommenheit die Krankheit unter fieberhaften Temperaturen beenden. Der
Verlauf der Erkrankung ist ein subakut progredienter, die Krankheitsdauer beläuft sich vom
Beginne der schweren Erscheinungen an gerechnet auf mehrere Wochen bis zu einem Jahre.

Die klinische Diagnose schwankte bei all diesen Kranken zwischen multipler Sklerose,
Paralyse, Dementia praecox u. dgl. und gerade im Beginne der Erkrankung wurde fast
regelmäßig eine funktionelle Störung angenommen.

Entsprechend seiner histologischen Eigenart (reine fortschreitende Parenchymerkrankung
mit besonders im Vordergrunde stehender Ganglienzellverfettung und Ganglienzellblähung,
allgemeiner protoplasmatischer Gliawucherung, Auftreten zahlreicher gliogener Neuro-
phagien und Gliarosetten im Grau und Weiß) habe ich den Krankheitsvorgang ganz allgemein
als eine Encephalomyelopathie mit disseminierten Degenerationsherden bezeichnet, um damit einmal die Unterscheidung von echt entzündlichen Krankheiten zum
Ausdruck zu bringen, dann aber die herdförmige Betonung des Krankheitsprozesses an

gewissen Stellen; denn bei aller Diffusität der Veränderungen zeigt sich eine ganz regelmäßige und besonders betonte Affektion des hinteren Stirnhirns und des Temporalhirns (vornehmlich dritte Schicht und fünfte und sechste Schicht), ferner der vorderen Zentralwindung (dritte Schicht und Schicht der Beetzschen Pyramidenzellen), ferner des Striatum, gewisser Thalamusgebiete (besonders ventromedialer Kern), der bulbären Kerngruppen und auch der spinalen Vorderhörner. So zeigt sich eine gewisse Neigung zu systematischer Ausbreitung, die sich in der Hauptsache bei lebhafter Mitbeteiligung des Cortex (vornehmlich in seinen unteren Schichten) in einer partiellen Erkrankung des pyramidalen und extrapyramidalen motorischen Systems äußert.

In pathophysiologischer und klinischer Hinsicht steht demnach die Erkrankung zwischen den spastischen Systemerkrankungen, insbesondere der amyotrophischen Lateralsklerose und den vornehmlich striopallidär lokalisierten Krankheitsprozessen, insbesondere, der Westphal- Strümpellschen Pseudosklerose, der Wilsonschen Krankheit und den Parkinsonismen. In ihrem symptomatologischen polymorphen Bilde mit ihrer Neigung zu Remissionen steht sie wohl der multiplen Sklerose am nächsten, von der sie sich aber klinisch und anatomisch scharf unterscheidet. Ich habe sie daher vorläufig — rein zum Zwecke einer literarischen Verständigung — als eine besondere Untergruppe den Pseudosklerosen zugerechnet und von den anderen Pseudosklerosen mit vorwiegend striärer Lokalisation, mit denen sie ätiologisch und nosologisch nichts gemein hat, als spastische Pseudosklerose abgesondert, womit die im Vordergrunde stehende Erkrankung des Pyramidensystems zum Ausdruck kommen soll. Auch die regelmäßige starke corticale Mitbeteiligung sollte in dieser klinischen Bezeichnung in Analogie zu den bei der Westphal- Strümpellschen Pseudosklerose gegebenen Verhältnssen angedeutet sein.

Bei dem Studium und der Veröffentlichung dieser Fälle habe ich verwandten, in der Literatur bisher niedergelegten Einzelbeobachtungen besondere Beobachtung geschenkt, namentlich einem von Alzheimer mitgeteilten Falle, ferner einem von Economo - Schilder untersuchten Falle und den van Woerkomschen Beobachtungen, die in vielem an unser Krankheitsbild erinnern. Ich habe ausdrücklich hervorgehoben, daß zunächst diese Klassifikation nach klinischen und anatomisch-morphologischen Gesichtspunkten geschieht und das ätiologische Prinzip bei völligem Fehlen eindeutiger Beziehungen nicht berücksichtigt.

Obwohl damals unsere klinischen und anatomischen Kenntnisse der metencephalitischen Nachkrankheiten noch recht dürftige waren, habe ich klinisch und anatomisch die Differentialdiagnose gegenüber der Encephalitis und Metencephalitis zu erläutern versucht und sah in der schweren fortschreitenden degenerativen Parenchymerkrankung einen prinzipiellen Unterschied gegenüber dem vorwiegend infiltrativ entzündlichen Prozesse jener Erkrankung.

Die weiteren Erfahrungen aber haben uns, glaube ich, anders belehrt und uns Tatsachen gegeben, die vielleicht ein Hinweis sein können auf die ätiologische Auffassung dieser eigenartigen Erkrankung. Bereits der Economosche Fall der chronischen Metencephalitis zeigt in der Art und Lokalisation der Parenchymstörungen verwandte Züge, wobei freilich die herdförmigen, von Gefäßbezirken deutlich abhängigen Gewebsprozesse und die Untermischung mit stärkeren Infiltrationsherden einen greifbaren Unterschied darstellt. Immerhin war das starke Mitbefallensein der vorderen Zentralwindungen und die vielerorts ausgesprochene reine degenerative Erkrankung recht auffällig. Dazu gesellten sich dann die Erfahrungen, die wir an weiteren Fällen encephalitischer Nachkrankheiten gemacht und die uns gezeigt haben, wie sich auch bei echter Metencephalitis der Krankheitsprozeß ganz wesentlich nach der Seite des rein Degenerativen verschieben kann. Zudem bemerkten wir auch in unserem Falle XXI eine Erkrankung der vorderen Zentralwindung, die in manchen Zügen an die bei spastischer Pseudosklerose erinnert. Wir sehen ferner aus dem oben erwähnten Klarfeldschen Falle, wie selbst in akuten Fällen, welche man ohne weiteres der Encephalitis epidemica klinisch und epidemiologisch zurechnen muß, ein reiner Degenerationsvorgang des Nervenparenchyms in ähnlicher Lokalisation wie bei der spastischen Pseudosklerose vorliegen kann; und wir wissen aus zahlreichen Beobachtungen der akuten und subakuten Encephalitis, daß sich auch die Rinde recht lebhaft an dem Krankheitsprozesse beteiligen kann.

Dies sind Erfahrungen, die uns vielleicht der ätiologischen Auffassung und der Gruppenzugehörigkeit unseres Krankheitsbildes näher bringen können. Freilich fehlten in allen Gehirnen der spastischen Pseudosklerose trotz zumeist rapider Krankheitsentwicklung jegliche stärkeren Gefäßinfiltrate; ich betonte aber in einem meiner Fälle (Fall III *Ka*) eine stellenweise leichte lymphocytäre Meningitis und ein gelegentliches Auftreten lymphocytärer Gefäßinfiltrate in manchen grauen Gebieten, so besonders im Grau des Rückenmarks. Auch in dem Creutzfeldtschen Falle waren sie anzutreffen, jedoch so selten, daß ihnen Creutzfeldt selbst nur eine ganz sekundäre Bedeutung beimißt. Es zeigten sich auch dabei nirgends herdförmige Störungen in deutlicher Abhängigkeit von den Gefäßen und die allgemein ausgesprochene Parenchymdegeneration trat mancherorts in besonderer Betonung hervor ohne jegliche nachweisbare Gefäßkomponente. Zudem steht in Analogie zu den aufdringlichen psychischen Störungen die Erkrankung des Gesamtcortex stark im Vordergrunde gegensätzlich zu unseren bisherigen Erfahrungen bei der Metencephalitis. Es ist aber auch hier wieder daran zu erinnern, daß die Zustandsbilder der akuten, subakuten und chronischen Encephalitisfälle eine ungewöhnlich reiche Symptomatologie bieten und nicht selten mit ausgesprochenen psychischen Störungen einhergehen. Demgemäß sind ja auch bei freilich vorherrschender Affektion der basalen Stammganglien und des Mittelhirns mehr oder weniger ausgesprochene Veränderungen in der Rinde wenigstens bei den akuten und subakuten Formen häufiger beschrieben (Klarfeld, Stern u. a.).

Ich möchte im folgenden noch einen klinisch und anatomisch sehr bemerkenswerten Fall schildern, dessen klinische Krankheitsentwicklung und Symptomatologie sich ganz im Sinne des von mir aufgestellten Krankheitsbildes der spastischen Pseudosklerose zeigte, so daß auch die Kranke mit dieser Diagnose auf den Sektionstisch kam.

Fall XXIII.
Ein weiterer Fall von spastischer Pseudosklerose.

Der Meggendorferschen klinischen Darlegung dieses Falles (Fall 7 seiner Arbeit über chronische Encephalitis epidemica), der weiter geführten Krankengeschichte und eigenen Notizen entnehme ich folgende wesentlichen Punkte: Die Kranke A. Hoffert, 38 Jahre alt, wird im Mai 1921 in die Klinik aufgenommen. Nach ihren eigenen Angaben und denen der Mutter begann die Krankheit (Dezember 1920) im Anschlusse an ein schweres psychisches Trauma. Sonst gibt die Vorgeschichte keine bemerkenswerten Anhaltspunkte. Die ersten Krankheitszeichen äußerten sich in einer eigenartigen Zerstreutheit, auffälligen Verlangsamung ihrer motorischen Leistungen, ängstlichen Erregungen mit paranoidem Einschlag, welch letztere namentlich nachts deutlicher wurden. Dabei bemerkte man eine eigenartige motorische Unruhe: Sie habe nicht still sitzen können, mit den Händen habe sie oft so komisch gekrabbelt. Die erste körperliche Untersuchung (Mai 1921) ergab im wesentlichen folgendes: Eigentümliches Vibrieren der Umgebung des Mundes, Zittern der vorgestreckten Zunge, etwas schwerfällige Sprache, leichter Romberg,

Fehlen der unteren Bauchdeckenreflexe. Die Pupillen und die Sehnenreflexe o. B., sehr labile Stimmung. Sie ist leicht zum Weinen zu bringen; sie macht den Eindruck einer beginnenden Paralyse, doch ist die Blut- und Liquoruntersuchung vollkommen negativ, nur Phase I Spur Opalescenz.

In den nächsten Tagen gibt die Kranke an, in der Nacht Militärmusik zu hören; sie wird namentlich abends ängstlich erregt, äußert mit sichtlicher Angst, daß die Russen kämen, macht allerlei geheimnisvolle Andeutungen, fühlt sich innerlich gehetzt und dauernd beobachtet. In der nächsten Zeit wird die Zerfahrenheit und die ängstliche Erregung paranoiden Gepräges immer deutlichei. Sie ist verwirrt, findet sich nicht mehr in ihr Bett zurück und konfabuliert. Im Juli wird die Kranke, die bis dahin, wenn auch etwas unbeholfen, so doch ziemlich sicher gehen konnte, sehr unsicher auf den Beinen, schwankt und muß geführt werden. Die Sprache wird schwerfälliger und undeutlicher. Bald darauf wird die Kranke ganz hilflos; sie kann, ohne eigentliche Lähmung zu zeigen, nicht mehr gehen und stehen, sondern knickt sofort in den Knien ein, wenn man sie auf die Beine stellt. Sie kann nicht einmal im Bett aufsitzen oder sich selbst umdrehen. Die akustischen Sinnestäuschungen und ängstlichen Erregungen nehmen zu; dabei sind die intellektuellen Fähigkeiten gut erhalten, namentlich auch ihr Urteilsvermögen. Anfangs Oktober erholt sich die Kranke vorübergehend, sie wird sicherer auf den Beinen und kann mit Unterstützung wieder einige Schritte gehen. Bald tritt eine auffallende Merkfähigkeitsstörung mit Erinnerungsstörungen wie bei Korsakoff hervor. Mitte Oktober zeigt sich körperlich folgendes: Die Kranke sitzt ganz steif da, zittert am ganzen Oberkörper, wackelt auch mit dem Kopfe. Mit Unterstützung gelingt es, sie zum Aufstehen zu bringen. Es besteht deutlicher Romberg, auch bei offenen Augen. Die Kranke geht mit Unterstützung steif und leicht nach vorn geneigt; dabei zeigt sich grobschlägiges Zittern in beiden Armen. Wenn sie nicht gestützt wird, droht sie nach vorn zu fallen. Der Gang ist breitspurig und unbeholfen, bei Fehlen der normalen Mitbewegungen. Auf das Untersuchungsbett gelegt, bemerkt man auch hier Bebern um den Mund und ein grobschlägiges Zittern der oberen Extremitäten. Das Gesicht ist ziemlich starr, maskenartig. Die Kranke ist leicht zum Lachen und Weinen zu bringen ohne ausgesprochene Zwangsaffekte. Es bestehen keine Paresen der Gesichtsmuskulatur. Die Pupillen sind gleich, rund, reagieren prompt, es fällt eine leichte Konvergenzschwäche auf, bei sonstigem Fehlen von Augenbewegungsstörungen und Nystagmus. Der Augenhintergrund ist o. B. Die Sprache ist langsam, schleppend, ruckweise hesitierend. Alle Bewegungen werden langsam und ungeschickt ausgeführt mit grobschlägigem Zittern, das bei Intentionsbewegungen noch zunimmt. Die Schrift ist sehr ungleich, bald schräg, bald steil, stark ausfahrend und zittrig. Es fällt eine allgemeine Bewegungsverlangsamung auf, sie braucht Stunden lang zum essen, so daß sie gefüttert werden muß. Apraktische und aphasische Störungen bestehen nicht. Ausgesprochene Adiadochokinesis besonders links. Die grobe Kraft in den oberen Extremitäten ist leidlich gut, bei leichter Rigidität in allen Muskelgruppen. Bei passiven Bewegungen fühlt man einen gleichmäßigen wächsernen Widerstand, passiv gegebene Stellungen werden nicht beibehalten. Das gleiche gilt für die unteren Extremitäten, nur klagt die Kranke bei passiven Bewegungen der unteren Extremitäten über starke Schmerzen, die sie nicht recht zu lokalisieren vermag. Weder die Nervenstämme, noch die Muskeln sind druckempfindlich. Alle Bewegungen der unteren Extremitäten werden langsam und mit geringer Kraft ausgeführt. Die Sehnenreflexe sind lebhaft, nicht klonisch, beiderseits annähernd gleich. Babinski und Oppenheim sind zeitweise vorhanden, zeitweise fehlen sie. Die Bauchdeckenreflexe sind rechts schwach, links nicht auszulösen. Sichere Sensibilitätsstörungen bestehen nicht, Blasen- und Mastdarmstörungen fehlen. Die Körpertemperatur bewegt sich häufig zwischen 37 und 38° [1]).

Im nächsten Monat geht die Kranke körperlich und psychisch stark zurück, sie wird unsauber. Es treten Schluckbeschwerden auf und es zeigt sich tiefgreifender Decubitus, namentlich in den Trochantergegenden. Die Sprache wird völlig unverständlich, die Stimmung ängstlich, im Gesicht ist ein dauerndes Zittern der Gesichtsmuskulatur deutlich; die Kranke ist völlig hilflos, sie kann überhaupt keine Bewegungen mehr geordnet ausführen. Mit den Händen kommen nur langsam wackelnde Bewegungen ohne eigentliches Ziel zustande. Contracturen kommen nicht zur Entwicklung. Das Babinskische Zeichen ist jetzt fast immer

---

[1]) Bis hierher der Bericht in der Meggendorferschen Veröffentlichung.

positiv. Bei rasch fortschreitendem Marasmus und starkem psychischen Verfalle unter Somnolenz mit leichten klonischen Zuckungen in einzelnen Muskelgebieten und zeitweisem Auftreten von Déviation conjugée nach rechts stirbt die Kranke am 30. 1. 1922.

Zusammenfassung des klinischen Befundes.

Die 38jährige Frau erkrankte ohne irgendwelche nachweisbare Vorkrankheit im Anschluß an ein psychisches Trauma an einer auffallenden Bewegungsverlangsamung, verbunden mit einer deutlichen Wesensveränderung (Zerstreutheit, ängstliche Erregungen mit paranoidem Einschlag). Einige Monate später zeigt die Kranke bei fehlenden unteren Bauchdeckenreflexen und sonst negativem, körperlichem Befunde Vibrieren der Gesichtsmuskulatur, Dysarthrie und leichten Romberg. Psychisch ist sie in ihrer Stimmung sehr labil und macht den Eindruck einer beginnenden Paralyse. Die Blut- und Liquoruntersuchungen sind negativ. In der nächsten Zeit wird die Kranke zunehmend ängstlich erregt, zerfahren, hat Gehörstäuschungen und äußert paranoide Wahnideen, konfabuliert. Sie wird sehr unbeholfen auf den Beinen, die Sprache wird undeutlicher und bald kann die Kranke, ohne Paresen zu zeigen, nicht mehr gehen und stehen, sondern knickt sofort in den Knien ein. Sie kann sich nicht aufsetzen. Nach vorübergehender Erholung (Remission) entwickelt sich ein ausgesprochenes Korsakoffsches Symptomenbild, körperlich fällt eine allgemeine Steifheit und Bewegungsarmut auf, ein Zittern des ganzen Oberkörpers, Wackeln des Kopfes, Romberg, Fehlen der normalen Mitbewegungen beim Gehen und grobschlägiges Zittern der oberen Extremitäten, leichte Rigidität in den Extremitäten und starke Schmerzen bei passiven Bewegungen der unteren Extremitäten. Die Bauchdeckenreflexe sind rechts schwach, links fehlen sie, Babinski und Oppenheim sind zeitweise deutlich positiv. Die Kranke verfällt psychisch und körperlich sehr rasch, und bei völliger Inkoordination aller Bewegungsleistungen, bei Dysphagie, Blasen- und Mastdarmschwäche, trophischem Decubitus stirbt die Kranke unter deutlichen cerebralen Reizerscheinungen. Die Krankheitsdauer beträgt 13 bis 14 Monate.

Wie schon Meggendorfer ausführte, bietet der Fall beträchtliche diagnostische Schwierigkeiten. Man dachte an Paralyse, eine Diagnose, welche sich durch den negativen Ausfall der serologischen Reaktionen und das Fehlen jeglicher Syphilis in der Anamnese ausschließen ließ, an eine schizophrene Psychose, wofür aber die Kranke von vornherein einen zu deutlichen organischen Einschlag bot, an Stirnhirntumor, wogegen das Fehlen aller Hirndrucksymptome und die diffuse Beteiligung verschiedener Hirnpartien sprach. Auch für die Annahme einer multiplen Sklerose war die Krankheitsentwicklung zu ungewöhnlich. Trotz des Fehlens eines encephalitischen Beginnes oder einer Vorkrankheit im Sinne der Encephalitis lethargica erwog man auch die Differentialdiagnose gegenüber den Nachkrankheiten dieses Leidens. Doch wich das Krankheitsbild, namentlich mit Rücksicht auf die stark im Vordergrunde stehenden psychischen Begleiterscheinungen weitgehend von jenen Bildern ab, die uns bis jetzt hier geläufig sind.

Zweifellos hat der Fall eine weitgehende Übereinstimmung mit der oben erwähnten spastischen Pseudosklerose. Das deutliche Nebeneinander striärer und pyramidaler Symptome bei Fehlen ausgesprochener Paresen, die Unfähigkeit zum Stehen und Gehen, die Schmerzen in den Extremitäten, das starke Hervortreten psychotischer Züge (ängstlich deliriöse halluzinatorische Verwirrtheit, Korsakoff), die vorübergehende Remission und der schließliche Ausgang in völligen psychischen und körperlichen Verfall unter cerebralen Reizerscheinungen, der zeitliche Ablauf in ungefähr einem Jahre, diese ganze Krankheitsentwicklung beobachteten wir auch bei jenen Kranken. So wurde klinisch diese Diagnose gestellt.

Anatomischer Befund.

Die Sektion ergab eine weibliche Leiche in relativ gutem Ernährungszustande mit gut entwickeltem, subcutanem Fettpolster ohne besondere Fettanhäufung an einzelnen Körperstellen und ohne Auffälligkeiten an der Körperbehaarung. In der Gegend beider Trochanter befinden sich tiefe, bis zum Knochen gehende Decubitusgeschwüre. Die Körpersektion ergab Lungenödem, eine etwas vergrößerte Milz, leicht verfettete Leber (hier mikroskopisch Verfettung, Stauungserscheinungen und leichte lymphocytäre Infiltrate), bei Fehlen jeglicher Gefäßveränderungen.

Die Pia ist leicht, namentlich über den Zentralwindungen, verdickt, die Gehirnwindungen sind leicht verschmälert (Hirngewicht 1205 g, Dura 64 g, Schädelinhalt 1340 ccm). Die Hypophyse ist makroskopisch und mikroskopisch normal, wiegt 0,66 g. Auf dem Schnitt ist die Großhirnrinde von normaler Zeichnung, nicht auffallend verschmälert, das gesamte Großhirn ist herdfrei, die Seitenventrikel sind deutlich erweitert, die basalen Stammganglien, namentlich das Caudatum, sind deutlich atrophiert, letzteres ungefähr um die Hälfte geschrumpft, die Oberfläche des Caudatum und des Thalamus, welch letzterer ebenfalls geschrumpft erscheint, zeigen an ihrer Ventrikeloberfläche beetartige Einsenkungen. Herdförmige Störungen sind auch in den basalen Stammganglien nicht festzustellen. Das Pallidum ist nicht nachweisbar geschrumpft. In den hinteren Vierhügeln und in der Ponshaube fallen leichte Verfärbungen des Gewebes in herdförmiger Begrenzung auf, sonst sind nirgends im ganzen Zentralnervensystem Herde festzustellen. Das Rückenmark ist normal.

Die mikroskopische Untersuchung ergibt folgenden bemerkenswerten Befund: Die Pia ist vielerorts über der gesamten Konvexität nicht verändert, an einigen Stellen, besonders über der Zentralwindung, zeigt sie Bindegewebsvermehrung mit reichlich Fibroblasten, eingestreuten Makrophagen und zumeist regressiv veränderten lymphocytären Elementen. Nirgends findet sich eine geschlossene lymphocytäre Infiltration.

Die Gesamtrinde ist der Sitz schwerster Veränderungen, die aber in besonderer Lokalisation in auffallender Betonung hervortreten. Ganz allgemein zeigen sich im Nisslbilde schwere Ganglienzellveränderungen (chronische Sklerose, fettig-wabige Degeneration und Blähungen) mit leichten protoplasmatischen Gliawucherungen. An den größeren Pyramidenzellen, vornehmlich der fünften Schicht, begegnet man am häufigsten den Veränderungen der primären Reizung mit ausgesprochenen protoplasmatischen Gliareaktionen. Diese Veränderungen beschränken sich im wesentlichen auf die drei untersten Rindenschichten mit Einschluß der inneren Körnerschicht. Während im allgemeinen das Occipital- und Parietalhirn keine wesentliche Störung im architektonischen Aufbau erkennen läßt, sind die übrigen Rindengegenden fast durchweg aufs schwerste betroffen.

Ungemein hochgradig ist die vordere Zentralwindung in ihrem architektonischen Aufbau gestört (Abb. 105 und 106, vgl. mit der bei gleicher Vergrößerung aufgenommenen Abb. 16 einer normalen C. a.). Die beiden Abbildungen zeigen die verschiedene Schwere des Prozesses in ein und derselben Region. Während in Abb. 105 der ganze Rindenquerschnitt betroffen ist bei vornehmlicher Betonung der Entartung der drei untersten Schichten (V—VII), beschränkt sich die Degeneration in Abb. 106 ganz wesentlich auf die drei untersten Schichten ($V\,g$—VII). Die Lamina zonalis (Abb. 105 [I]) ist dicht besetzt mit Gliazellen, zum Teil faserbildender Art. Auf Gliafaserpräparaten erkennt man in der Tat eine deutliche Vermehrung des Gliafaserfilzes in dieser Randzone und auch noch stellenweise in der Lamina granularis externa. Diese (II) ist stellenweise aufgelockert und zeigt (namentlich rechts im Bilde) nicht mehr das normale geschlossene Gefüge. Die Lamina pyramidalis fällt durch Verödungsherde kleinerer Art auf, die zahlreich eingestreut eine allgemeine Verarmung dieser Schicht an Pyramidenzellen bedingen. Während aber diese drei oberen Schichten immerhin noch einen gewissen architektonischen Aufbau aufweisen, sind die unteren Schichten aufs schwerste affiziert (V, VI und VII): in ihrer Breite geschrumpft fehlen hier die Beetzschen Pyramidenzellen so gut wie ganz (Vg) und einige sind nur in stark verkümmertem Zustande anzutreffen. Die Ganglienzellverarmung ist hier eine sehr

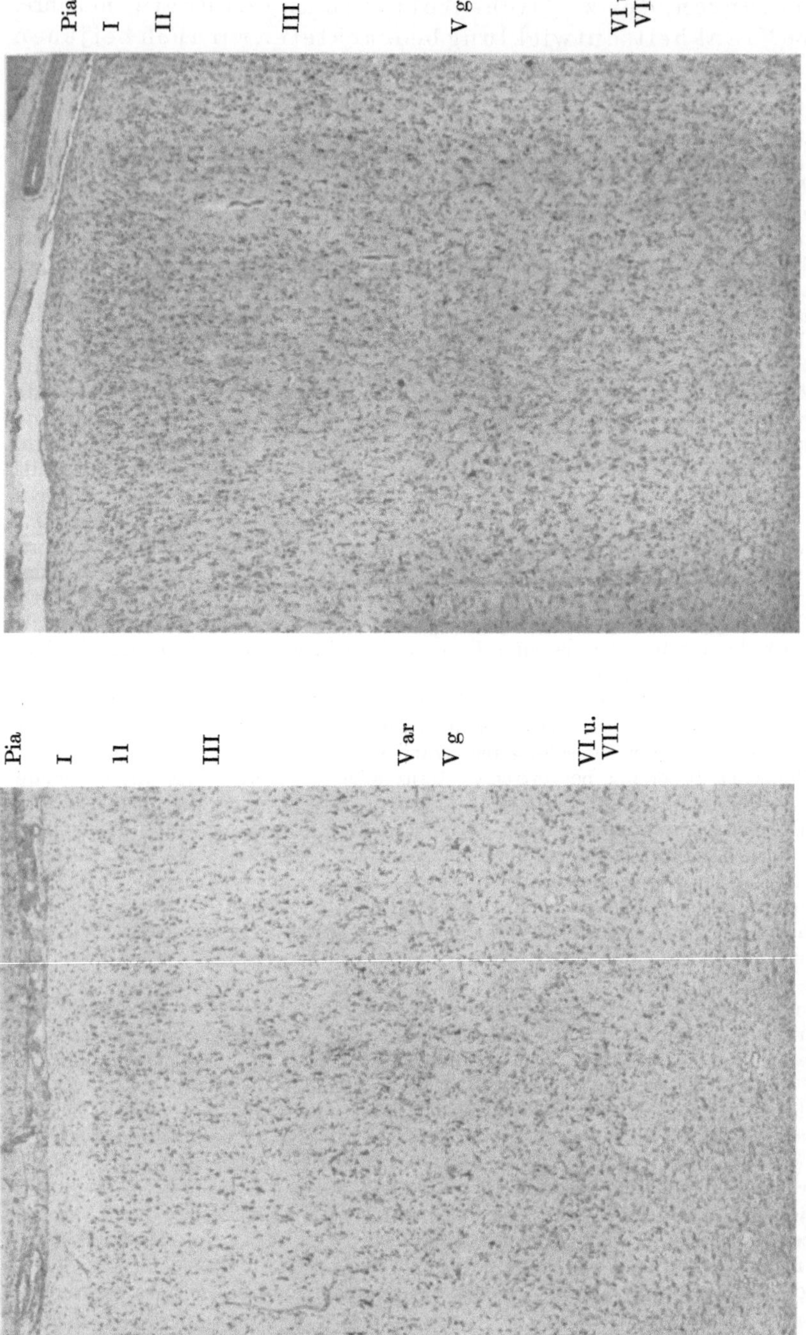

Abb. 106. Fall XXIII. Das gleiche wie Abb. 96. Degenerationserscheinungen im wesentlichen auf V bis VII beschränkt. Beetzsche Zellen geschrumpft und zum Teil ausgefallen (V g).

Abb. 105. Fall XXIII. Area gig. pyr. Mikroph. Gleiche Vergrößerung wie Abb. 16. Hochgradige Degenerationserscheinungen im ganzen Rindenquerschnitt, besonders in V bis VII. V ar = Pseudokörnerschicht. V g = totaler Ausfall der Beetzschen Zellen. Nisslbild.

hochgradige und das gesamte Grundgewebe macht einen eigenartigen, leicht aufgelockerten Eindruck. In Abb. 106 ist die Auflockerung des Grundgewebes viel weniger ausgeprägt und die Beetzschen Zellen noch in stark geschrumpftem Zustande zu erkennen.

Dementsprechend zeigt auch das Markscheidenbild der vorderen Zentralwindung (Abb. 107) neben einer hochgradigen Verarmung der Tangentialfaserung in den drei obersten Rindenschichten eine starke fleckige Aufhellung vornehmlich der Radiärfaserung in den unteren Laminae.

Oberhalb der Schicht der Beetzschen Riesenzellen (Abb. 105 *Vg*) ist eine kernreiche Zone in laminärer Entwicklung (*V ar*) angedeutet, welche, wie stärkere Vergrößerungen feststellen, aus protoplasmatisch gewucherten Gliazellen mit vereinzelten faserbildenden Gliazellen sich zusammensetzt. Wir haben hier wiederum ein gliöses Zellband, das wir in der gleichen Lage bei der Huntingtonschen Chorea (Abb. 17) antreffen und das offenbar dem entspricht, welches Schröder und auch ich bei der amyotrophischen Lateralsklerose feststellen konnten.

Die gleichen schweren architektonischen Störungen bietet die agranuläre Frontalrinde (Abb. 108, einem Windungstal entnommen). Stellenweise sehen wir hier eine so schwere Störung aller Schichten, daß der Zellaufbau überhaupt nicht mehr zu erkennen ist. Größere Verödungsherde (Abb. 108 *x*) beherrschen ganz vornehmlich die fünfte und sechste Schicht. Zumeist sind aber gleichfalls in der agranulären Frontalzone wiederum die fünfte, sechste und (siebente) Schicht am hochgradigsten affiziert (Abb. 108 und 109). Die Zerrissenheit und Auflockerung des Grundgewebes kommt besonders in der fünften Schicht deutlich zum Ausdruck, die eine hochgradige Verödung an Ganglienzellen aufweist in starkem Gegensatz zu der relativ gut erhaltenen dritten Schicht. Zwi-

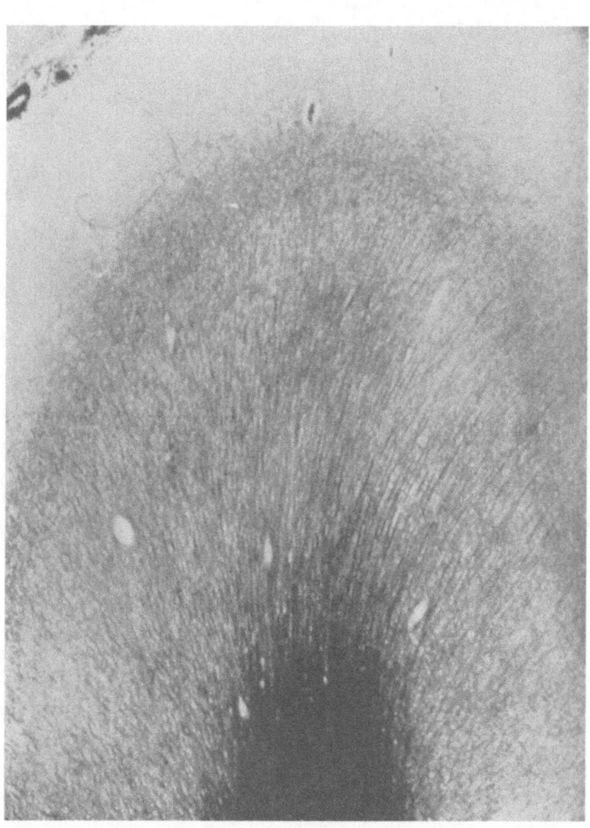

Abb. 107. Fall XXIII. Markscheidenbild der C. a. Verarmung der obersten Schichten an Tangentialfasern; fleckige Aufhellung der untersten Schichten; Ausfall von Radiärfasern. Mikroph.

schen beiden sehen wir ein gleiches Gliazellband (*V ar*) wie in der vorderen Zentralwindung (Abb. 109 *V ar*). Die Verödung der fünften Schicht nimmt stellenweise deutlich herdförmigen Charakter an, ohne daß sich greifbare Beziehungen zu Gefäßen feststellen lassen.

Ganz ähnlichen Verhältnissen begegnen wir in verschiedener Intensität im gesamten Stirnhirn, der Insel und dem Operculum. Die Area granularis des Stirnhirns (Abb. 110) läßt gerade noch den architektonischen Aufbau erkennen, zeigt bei hochgetriebener Verödung der zweiten und dritten Schicht wiederum eine besonders schwere Störung in den drei untersten Schichten, wobei auch die innere Körnerschicht (Abb. 110 *IV*) regelmäßig stark gelitten hat.

Besondere Verhältnisse treffen wir im Temporalhirn, und zwar ganz vornehmlich in der Ammonshornformation und im Subiculum. Die Fascia dentata des Ammons-

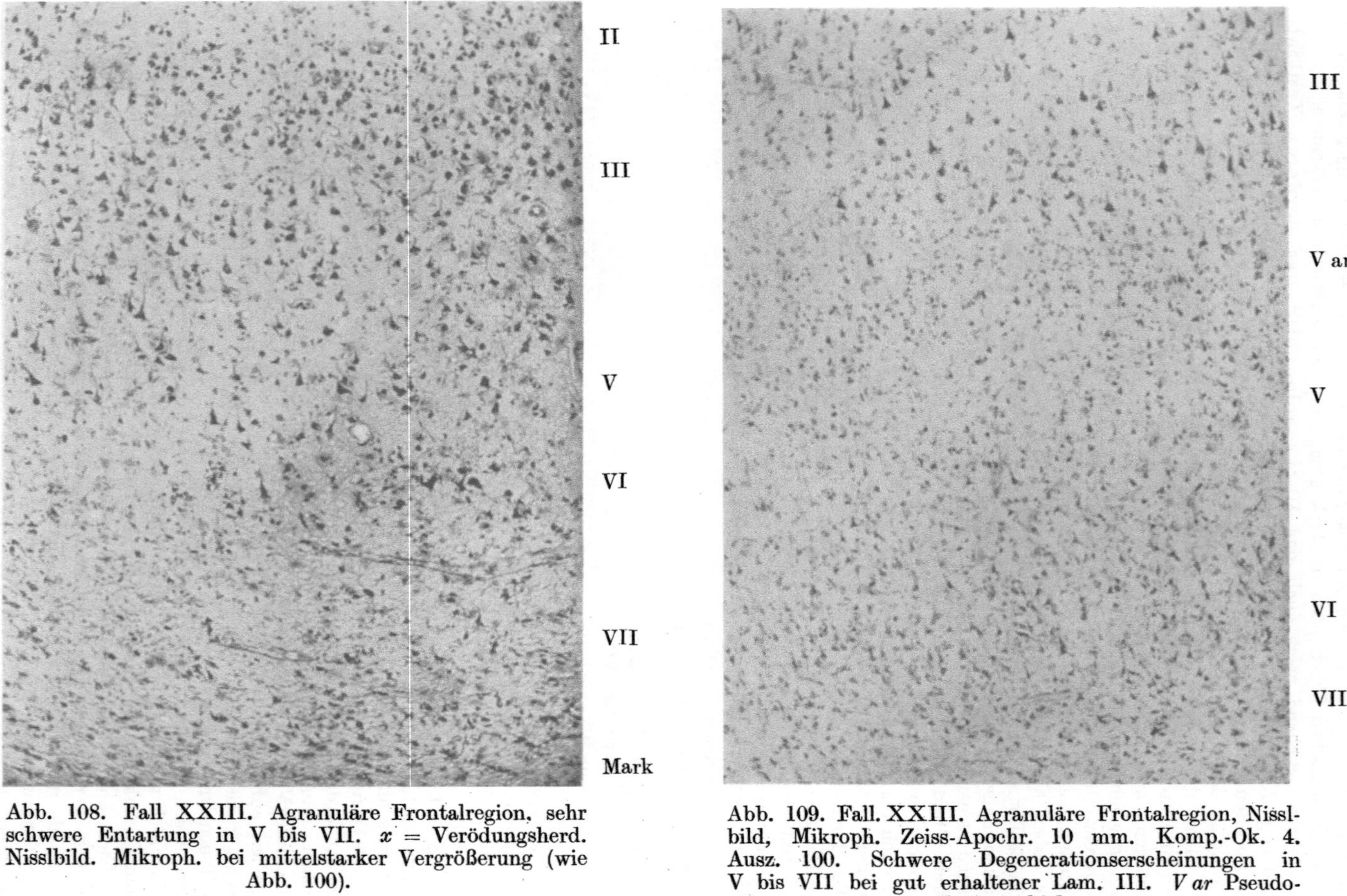

Abb. 108. Fall XXIII. Agranuläre Frontalregion, sehr schwere Entartung in V bis VII. x = Verödungsherd. Nisslbild. Mikroph. bei mittelstarker Vergrößerung (wie Abb. 100).

Abb. 109. Fall. XXIII. Agranuläre Frontalregion, Nisslbild, Mikroph. Zeiss-Apochr. 10 mm. Komp.-Ok. 4. Ausz. 100. Schwere Degenerationserscheinungen in V bis VII bei gut erhaltener Lam. III. *V ar* Pseudokörnerschicht.

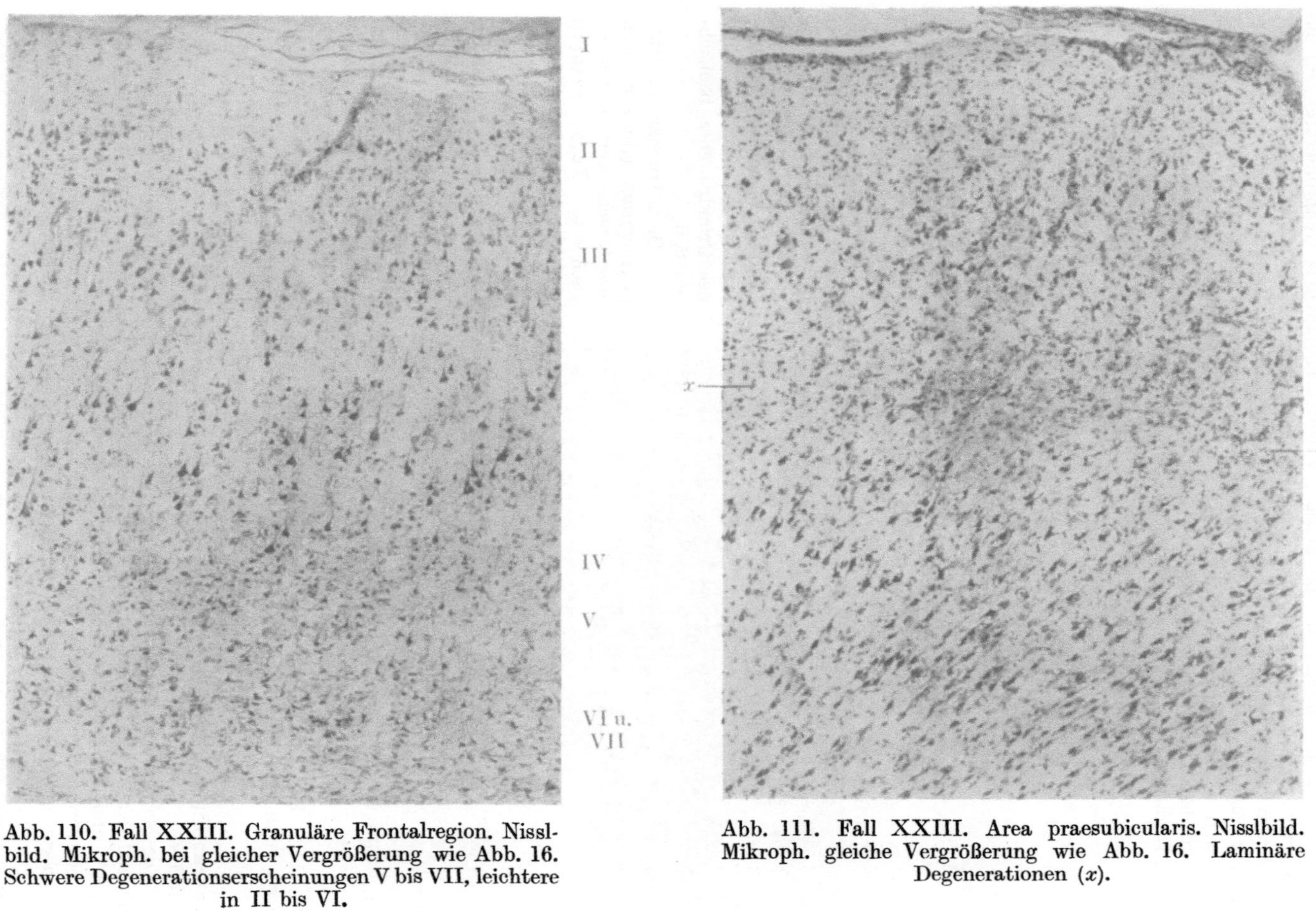

Abb. 110. Fall XXIII. Granuläre Frontalregion. Nisslbild. Mikroph. bei gleicher Vergrößerung wie Abb. 16. Schwere Degenerationserscheinungen V bis VII, leichtere in II bis VI.

Abb. 111. Fall XXIII. Area praesubicularis. Nisslbild. Mikroph. gleiche Vergrößerung wie Abb. 16. Laminäre Degenerationen (x).

horns ist hochgradig verödet und mit dichten protoplamatischen und faserbildenden Gliazellen besetzt. Auch das Stratum granulosum ist stellenweise stark verödet. Die Lamina zonalis des Ammonshorns, wie das Marklager bietet hochgradige Gliaproliferationen, die im Faserpräparate einen feinfaserigen Gliafilz darstellen. Bei Fettfärbung liegen große Mengen von Fett vornehmlich in der Fascia dentata und im Marklager bei sinnfälliger streifenförmiger Anordnung der lipoiden Massen, welche die Ganglienzellstrukturen und die gliösen protoplasmatischen Formen nachahmen.

Von dem Degenerationsfeld der Fascia dentata des Ammonshorns erstreckt sich ein breiter laminärer Degenerationsstreifen in das Subiculum (Abb. 111), wo sich in der geschlossenen Ganglienzellschicht (XX) ein laminärer Schwund von Ganglienzellen bei starker Gliadeckung feststellen läßt. Auch die Subicular-Ganglienzellnester sind verödet und die Randzone ist mit gliösen Wucherungen dicht besetzt (Abb. 111). Weniger hochgradig sind die untersten Schichten befallen.

Besonders schön zeigt die laminäre Schichtdegeneration im Subiculum das Fettpräparat an (Abb. 112), wo sich in entsprechender Ausdehnung eine starke Verfettung des Grundgewebes beobachten läßt.

Diese laminäre Schichtdegeneration läßt sich noch eine Strecke weit in das benachbarte Temporalhirn verfolgen, um dann in die Degeneration der untersten Schichten überzugehen und ähnlichen Veränderungen zu weichen, wie sie die mittelschwer veränderten Hirnpartien ganz gewöhnlich bieten. Im allgemeinen steht die Schwere der Temporalhirnaffektion zwischen jener des granulären Frontalhirns und der hinteren Gehirnpartien. Fast in allen Regionen ist zum mindesten die Degeneration der inneren Körnerschicht und drei untersten Schichten angedeutet.

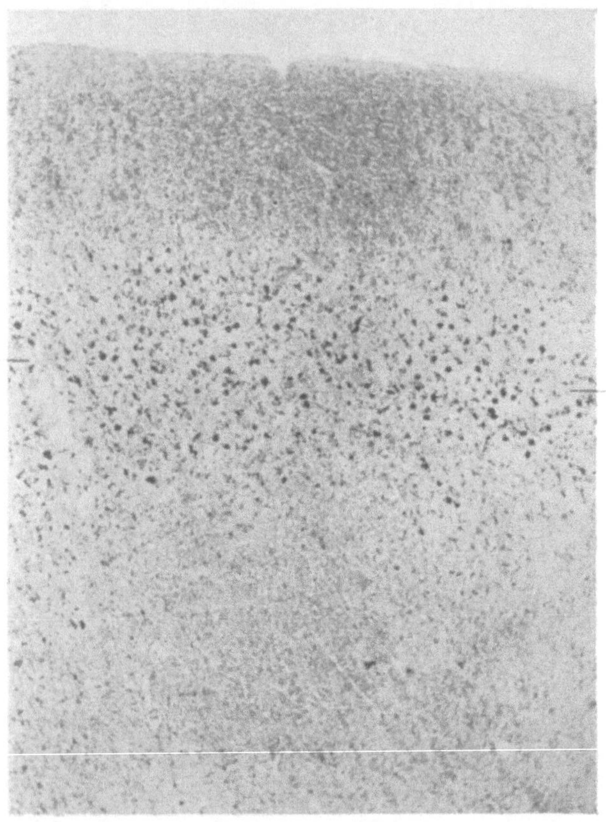

Abb. 112. Fall XXIII. Area praesubicularis im Fettpräparat, laminäre Verfettung (x). Mikroph. bei gleicher Vergrößerung wie Abb. 111.

Die Markscheidenpräparate bieten in entsprechender Lokalisation einen leichten Schwund der Tangentialfaserung in den oberen Schichten und mehr fleckige Verödung der Radiär- und Tangentialfaserung in den untersten Schichten von wechselnder Intensität.

Stärkere Vergrößerungen ergeben im wesentlichen folgendes Bild der Parenchymveränderungen (vgl. Abb. 113a, b, c): Die Ganglienzellen befinden sich, wie schon oben kurz erwähnt, fast durchweg im Zustande starker Schrumpfung, wobei Kerne und Protoplasmaanteile sich häufig ganz dunkel färben; Bilder, wie sie der chronischen Sklerose Nissls entsprechen, sind überall anzutreffen. Andere Ganglienzellen wieder bieten die Zeichen fettig-wabiger Degeneration. Noch häufiger sind auffällige Blähungen der Ganglienzellen ausgesprochen sowohl an den kleineren wie größeren Elementen, wobei die Kerne hell

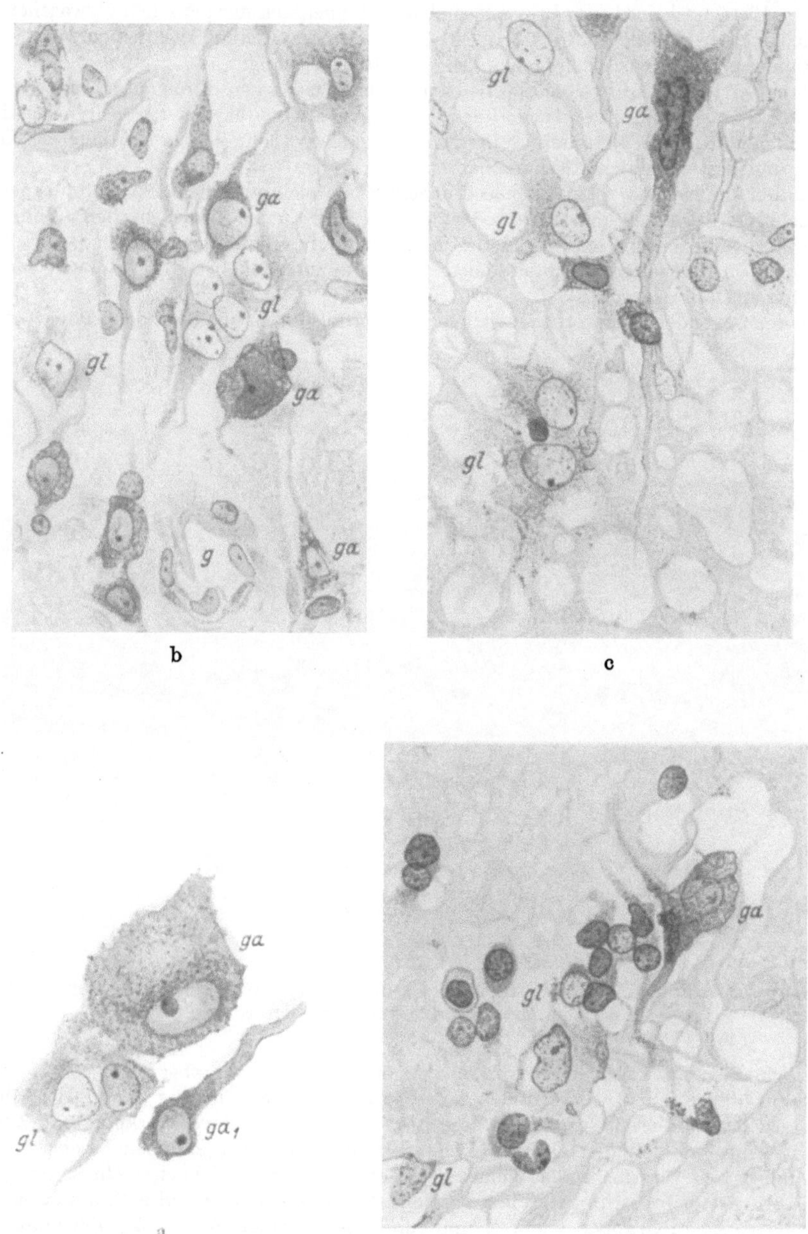

Abb. 113. Fall XXIII. Degenerationserscheinungen a bis c in den drei untersten Rindenschichten im Nisslbild. Zeichnung bei Zeiss' Öl-Imm. $^1/_{12}$. Komp.-Ok. 4. a: *ga* = geblähte
Ganglienzellen. *ga₁* = Ganglienzellen mit gebfähtem Fortsatz. *gl* = protoplasmatisch gewucherte Glia. b: Mittelschwere Veränderungen mit Blähung der Ganglienzellen (*ga*) und
protoplasmatischen Gliawucherungen (*gl*). *g* = Capillare mit Endothelschwellung. c: Schwere
Parenchymveränderung mit Auflockerung des Grundgewebes, Ganglienzellschrumpfung (*ga*)
und protoplasmatische Gliawucherungen (*gl*). d: Degenerationserscheinungen an einzelnen
Stellen im Pallidum.

und vergrößert erscheinen, der Protoplasmaleib sich ebenfalls nur ganz hell verwaschen färbt und nicht selten kleinere und größere, schön abgerundete Vakuolen erkennen läßt. Diese Zellveränderungen entsprechen denen der primären Reizung.

Daneben wird das histologische Rindenbild beherrscht von diffus ausgebreiteten Gliaproliferationen, die entsprechend der jeweiligen Intensität der Parenchymschädigung häufig in herdförmiger Betonung zutage treten, ganz vornehmlich in der inneren Körnerschicht und den untersten Rindenschichten (Abb. 113 a—c).

In den am leichtesten betroffenen Gebieten findet sich nur eine zarte protoplasmatische Gliawucherung zwischen den mehr oder weniger betroffenen Ganglienzellen (Abb. 113a). Solche Erscheinungen sind namentlich für die Lamina pyramidalis die gewöhnlichen, in gleicher Weise auch in den unteren Rindenschichten dort anzutreffen, wo es zu keinem stärkeren Parenchymausfall gekommen ist.

In den Gegenden ausgesprochenen Schichtenverfalls lassen sich besonders in den untersten

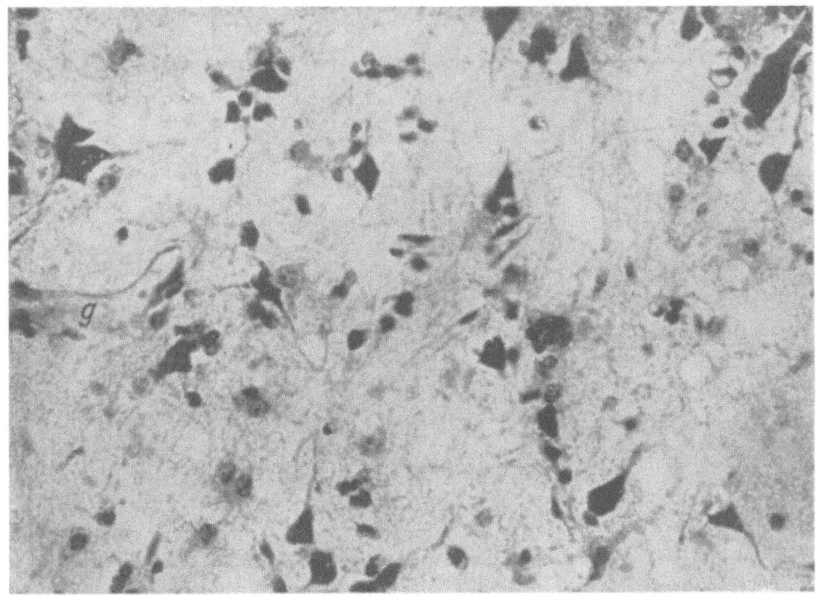

Abb. 114. Fall XXIII. Veränderungen in den drei untersten Rindenschichten.
Nisslbild. Mikroph. bei stärkerer Vergrößerung.

Rindenschichten zweierlei Gewebsveränderungen feststellen, die aber ohne scharfe Grenze ineinander übergehen. An den Stellen mittelhochgradiger Schädigung (Abb. 113b) sind die Ganglienzellen zum Teil ausgefallen, größtenteils aber in schwer verändertem Zustande noch nachzuweisen mit den gleichen Degenerationsformen, wie sie oben beschrieben sind. Die Gliakerne sind vermehrt, sie sind vergrößert und gut gezeichnet, nicht selten gelappt und tragen reichlich gestipptes, schön gezeichnetes, weit ausstrahlendes Protoplasma. Sehr häufig liegen sie zu Gruppen von vier und fünf beisammen, wobei sie sich mit ganz zartem Protoplasma verbinden. Ausgesprochenen Gliarosetten mit kräftigeren protoplasmatischen Strukturen begegnet man weit seltener. In dem zarten Gliaprotoplasma sind manchmal ganz kleine reticuläre Lichtungen sichtbar, seltener auch größere, scharf umrissene Vakuolen (Abb. 113b *gl*). Körnchenzellen sind nirgends anzutreffen. Das ganze Gewebe macht hier einen durchaus geschlossenen Eindruck, nur liegen die Ganglienzellen häufig quer und schräg.

Von solchen Stellen gibt es nun alle Übergänge zu jener schwersten Parenchymstörung, wie sie die am hochgradigsten affizierten untersten Rindenschichten besonderer Gegenden (C. a., agranuläre Frontalrinde, Operculum) ganz gewöhnlich bieten (Abb. 113c). Hier sind die kleinen und großen Ganglienzellen größtenteils ausgefallen. Die übriggebliebenen sind aufs schwerste entartet. Das ganze Gewebe macht einen aufgelockerten, unregelmäßig zerklüfteten Eindruck, und in den protoplasmatischen Gewebszügen, welche die Lücken umgrenzen und verbinden, liegen kräftig gewucherte Gliaelemente mit großen, schön gezeichneten Kernen und einem kräftigen, reich gestippten Protoplasma. Hier lassen sich gelegentlich auch faserbildende Formen feststellen, und im Gliafaserpräparate gelingt es, ganz zarte faserige Strukturen zu färben, während keine Bindegewebsvermehrungen noch Mesenchymalstrukturen sich darstellen lassen. Daneben begegnet man Veränderungen in deutlich herdförmiger Begrenzung (Abb. 108 x), in welchen bei gleichem histologischen Grundcharakter die Ganglienzellen völlig ausgefallen sind. Große Lacunen sind jedoch nirgends anzutreffen. Ferner fehlen überall Einschmelzungen des Gewebes mit der Entwicklung abgerundeter Körnchenzellen. Abb. 114 gibt bei stärkerer Vergrößerung die charakteristische

Auflockerung der untersten Rindenschichten wieder mit den schweren Ganglienzelldegenerationen und verbreiteten Gliawucherungen.

Die Gefäße sind im ganzen Rindengebiete, abgesehen von einer deutlichen Endothelschwellung (Abb. 113b g, vgl. auch die bei schwächerer Vergrößerung aufgenommenen Rindenbilder, die nirgends die Gefäße irgendwie stärker hervortreten lassen) nicht verändert. Es fehlen hier jegliche Infiltrate. An einzelnen Gefäßen der untersten Rindenschicht sind die perivasculären Räume auffallend erweitert und in den Lymphräumen liegen Zellformen mit Abbauprodukten beladen, seltener auch mit eisenhaltigem Blutpigment. Eine Gefäßvermehrung ist nirgends festzustellen, auch keine Sprossungsvorgänge.

Im Bielschowskypräparate erkennt man im wesentlichen einen körnigen Zerfall der intracellulären Fibrillen an vielen Ganglienzellen, an anderen eine Verklumpung

Abb. 115. Fall XXIII. Verfettung der drei untersten Rindenschichten. Fettpräparat. Mikroph. bei mittelstarker Vergrößerung.

der Fibrillen; in den hochgradigst veränderten Rindengebieten sind die intracellulären Fibrillen vermindert, ohne daß sie Auftreibungen oder dergleichen erkennen lassen. Besonders schwer sind die noch erhalten gebliebenen Beetzschen Pyramidenzellen betroffen.

Das Fettpräparat betont ganz ausgesprochen die Verfettung aller Schichten. Ganz allgemein ist die Lamina zonalis dicht mit Fettstoffen beladen, dann zeigt sich eine mäßige Verfettung in der dritten Schicht, wobei die lipoiden Stoffe in den Ganglienzellen in dem gliösen Protplasma liegen; eine wesentlich hochgradigere Verfettung weisen die innere Körnerschicht und untersten Rindenschichten, vornehmlich die fünfte, auf. Auch hier erkennen wir in den schwerst betroffenen Gebieten (Abb. 115) die Auflockerung des Grundgewebes und die Ansammlung feiner lipoider Tröpfchen in den Ganglienzellen und dem gliösen Protoplasma. Nirgends erkennen wir größere Fettkugeln oder ausgesprochene abgerundete Körnchenzellen. Die Adventitialzellen der Capillaren und größeren Gefäße sind mit mäßigen Mengen kleiner Fetttröpfchen beladen.

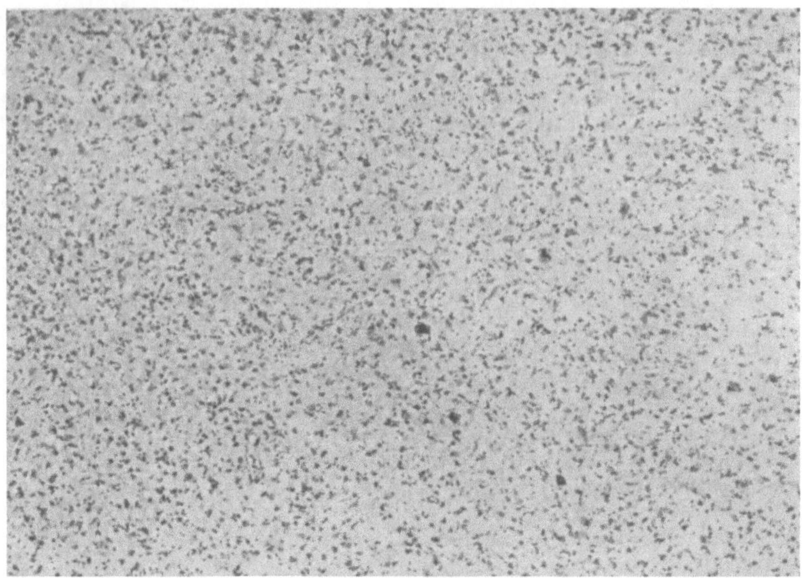

Abb. 116. Fall XXIII. Schwere Degenerationserscheinungen und Gliawucherungen im Striatum. Nisslbild. Mikroph. bei gleicher Vergrößerung wie
Abb. 2.

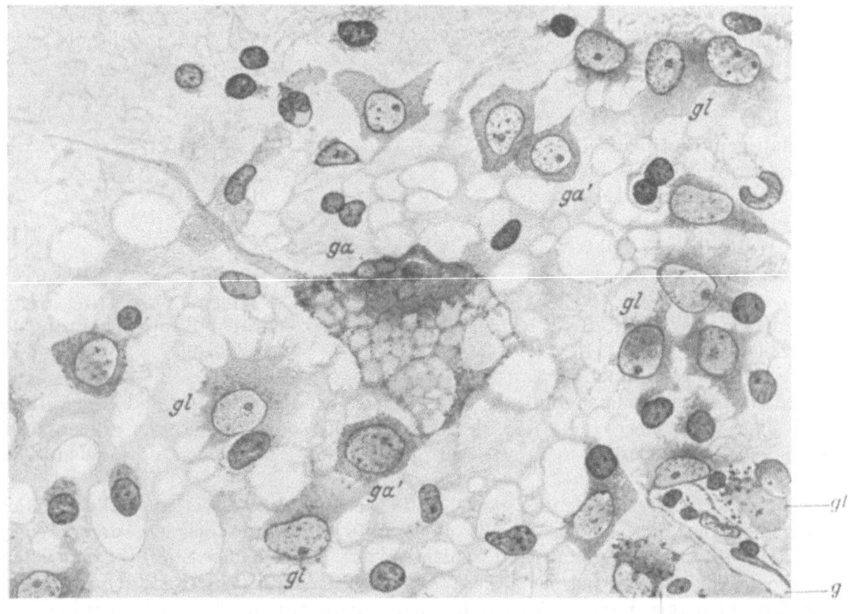

Abb. 117. Fall XXIII. Schwere Degenerationserscheinungen an den großen Ganglienzellen (ga) und an den kleinen (ga′) mit protoplasmatischen Gliawucherungen (gl) und Auflockerung des Grundgewebes. Feinmaschiger Status spongiosus. g = Gefäß. Nisslbild.
Zeichnung bei Zeiss' Öl-Imm. ¹/₁₂. Komp.-Ok. 4.

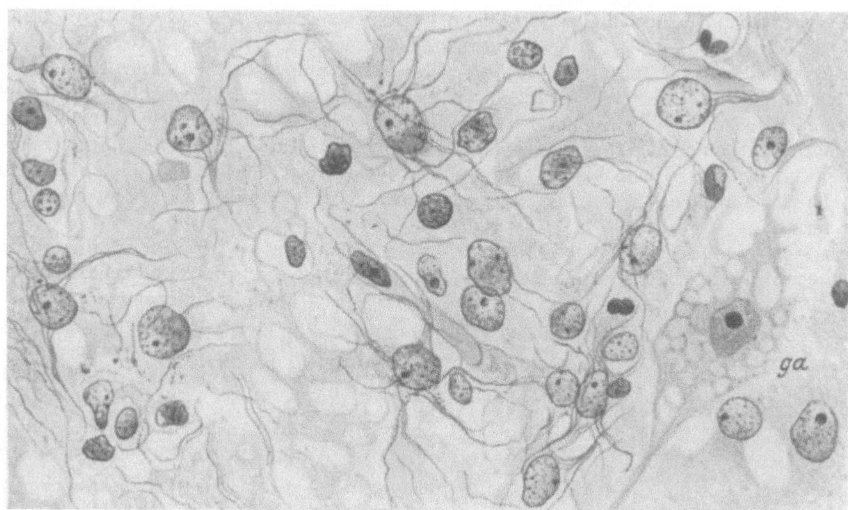

Abb. 118. Fall XXIII. Feinfaserige Gliawucherung. *ga* = wabig degenerierte
große Ganglienzelle. Striatum im Weigertschen Gliafaserpräparat. Zeichnung
gleiche Vergrößerung wie Abb. 108.

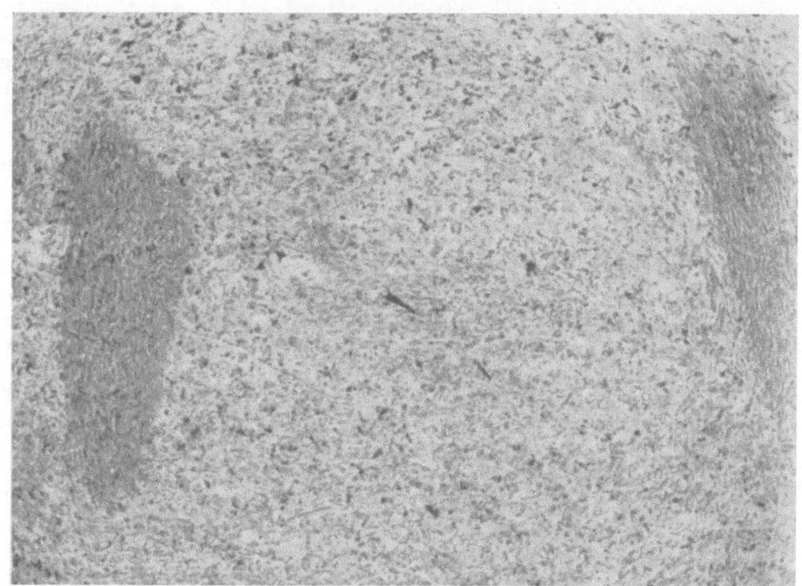

Abb. 119. Fall XXIII. Verfettung des Parenchyms. Striatum im Fettpräparat. Mikroph. gleiche Vergrößerung wie Abb. 116.

Im Großhirnmarklager begegnen wir hin und wieder schön ausgebildeten Gliarosetten,
ganz selten auch leicht lymphocytär infiltrierten Gefäßen. Nirgends sind herdförmige Störungen zu beobachten.

Das Striatum ist Sitz schwerster Veränderungen. Schon mit schwächeren Linsen
(Abb. 116, vgl. das bei gleicher Vergrößerung aufgenommene Normalbild Abb. 2) erkennt
man die bis zur Unkenntlichkeit getriebene Parenchymstörung: Das Bild ist beherrscht
von einem ungemeinen Reichtum an Gliazellen, von denen man bei schwachen Vergrößerungen

die kleinen Striatumzellen nicht unterscheiden kann. Dazwischen liegen die dunklen großen Zellen, die manchmal ganz groteske Formen angenommen haben. Dies ist der regelmäßige Befund im ganzen Caudatum und Putamen, während an einigen Stellen, namentlich in dem oralen Drittel, noch schwerere Störungen deutlich werden. Hier sind an einzelnen Stellen auf weitere Strecken hin die Ganglienzellen völlig ausgefallen und das Gewebe macht zum Teil einen leicht aufgelockerten Eindruck, ganz entsprechend den Erscheinungen in den unteren Rindengebieten; man kann dabei von einem f e i n m a s c h i g e n   g l i ö s e n   S t a t u s   s p o n g i o s u s sprechen. Nirgends kommt es auch hier zu Hohlräumen oder zu lacunärem Gewebszerfall.

Mit stärkeren Linsen zeigt sich der große Kernreichtum des Striatum bedingt durch zahlreiche protoplasmatisch gewucherte Gliazellen (Abb. 117 *gl*) mit großen, schön gezeichneten

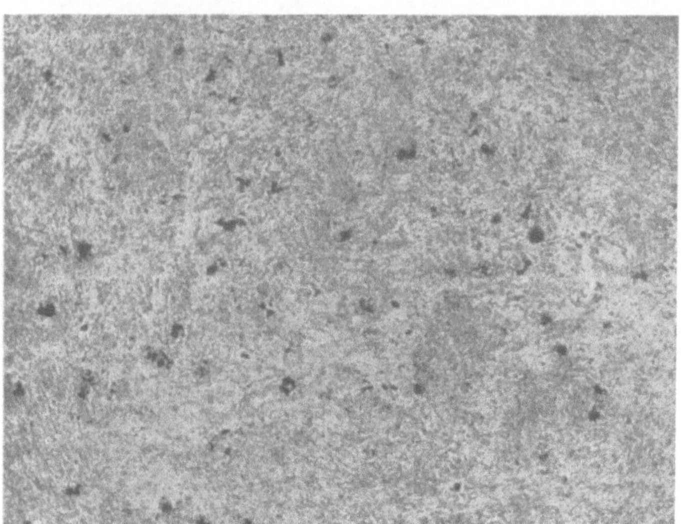

Kernen und reichem, fein gestipptem Plasma. Dazwischen liegen auch faserbildende Elemente. Das ganze Grundgewebe macht einen eigenartig aufgelockerten Eindruck mit ausgesparten kleineren und größeren, zumeist abgerundeten Vakuolen ohne jeglichen Inhalt bei Alkoholfixierung. In dem Protoplasma mancher Gliazellen treten grünschwarze Körnelungen auf, vornehmlich am Rande (*gl'*), die auch eine positive Eisenreaktion abgeben. Die kleinen Ganglienzellen (*ga'*) sind, wo sie noch erhalten, in geblähtem Zustande bei völlig diffus sich färbendem Protoplasmaleib anzutreffen.

Abb. 120. Fall XXIII. Verfettung des Pallidum. Fettpräparat. Mikroph. bei gleicher Vergrößerung wie Abb. 116.

Häufig beobachtet man regressive Kernveränderungen an ihnen. Die großen Ganglienzellen (*ga*) bieten ein eigenartiges Bild: Sie sind in ihrem Protoplasmaleib durchsetzt von mittelgroßen Vakuolen, deren Inhalt bei Alkoholfixierung völlig extrahiert ist. Die stark geschrumpften und sich dunkel färbenden Kerne liegen exzentrisch, ihre Ausläufer sind häufig geschlängelt und manchmal auch aufgetrieben. Man begegnet den groteskesten Zerfallserscheinungen an diesen Elementen.

Während an solchen Stellen die protoplasmatische Gliawucherung vorherrscht, gibt es andere Partien in begrenzter Ausdehnung, in denen eine lebhafte feine Gliafaserbildung sichtbar wird (Abb. 118). An solchen Stellen sind häufig alle Ganglienzellen ausgefallen. Zu einer Gliafaserverfilzung ist es nirgends gekommen.

Das Bielschowskypräparat gibt die entsprechenden Befunde, ebenso die Protoplasmafärbungen.

Für die Gefäßbeteiligung gilt das gleiche wie in der Rinde: Für gewöhnlich ist außer einer leichten Endothelschwellung nichts besonderes festzustellen, vereinzelt begegnet man lymphocytären Infiltraten und Erweiterungen der perivasculären Räume mit leichter Rarefikation des umgebenden Gewebes. Eine Gefäßvermehrung wie Mesenchymalwucherungen fehlen.

Das F e t t p r ä p a r a t   v o m   S t r i a t u m (Abb. 119) demonstriert eine ganz ungewöhnlich hochgradige Verfettung des nervösen Parenchyms, der Ganglienzellen und des gliösen Protoplasmas, aber auch hier kommt es nirgends zu einer freien Körnchenzellentwicklung, sondern die lipoiden Stoffe liegen in dem sich verzweigenden gliösen Protoplasma.

Das P a l l i d u m ist viel weniger hochgradig verändert, ja man trifft hier größere Partien, namentlich in den hintersten zwei Dritteln, wo nur einzelne Ganglienzellen durch besondere

Schrumpfung auffallen. Andere Partien wieder, namentlich aus dem vorderen Drittel, bieten erheblichere Ganglienzelldegenerationen, stellenweise Verarmung an Ganglienzellen mit begleitender protoplasmatischer Gliawucherung (Abb. 113d). An solchen Stellen bemerkt man auch wieder eine leichte Auflockerung des Grundgewebes. Besondere Niederschlagsbildungen oder Gefäßveränderungen fehlen im ganzen Pallidum.

Dagegen zeigt das Fettpräparat in diesen pallidären Gebieten eine erhebliche Vermehrung von fein- und grobtröpfigem Fett im gliösen Protoplasma an (Abb. 120).

Mit Eisenfärbung färbt sich das Striatum leicht grün an, das Pallidum gibt eine abnorm starke blaue Färbung, in ähnlicher Weise auch der rote Kern und die Substantia nigra. Dabei finden sich in vielen Pallidumzellen feinere blaue Körnchen eingelagert, während ein besonderer Reichtum an Abbaueisen sonst nichr nachweisbar ist.

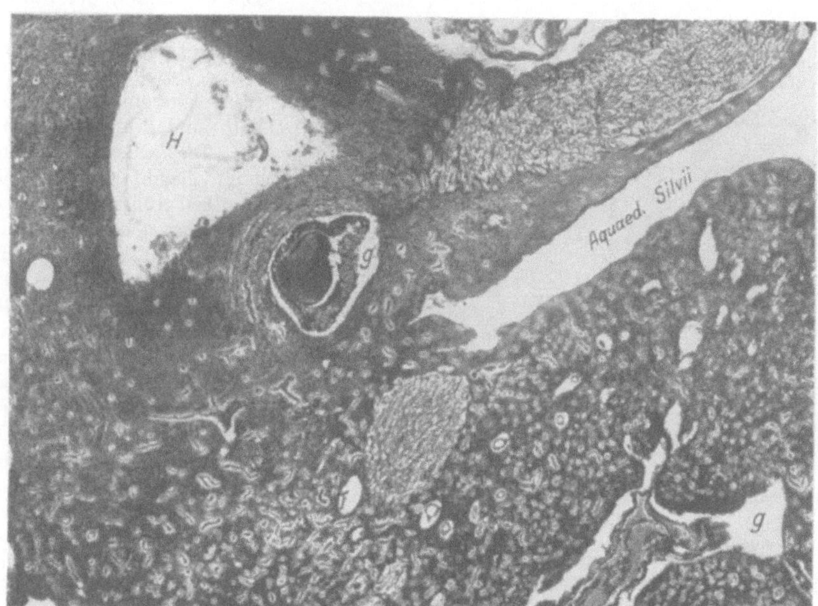

Abb. 121. Fall XXIII. Schwere Veränderungen um den Aquaed. Sylvii in der hinteren Vierhügelgegend. *Comm.* = Status spongiosus in der Commissur der hinteren Vierhügel. *H* = Lückenherd. *g* = Gefäße mit Mesenchymalwucherungen. Allgemeine Gefäßvermehrung, Tanninsilbermethode. Mikroph.

Der Thalamus ist gleichfalls Sitz schwerster histologischer Veränderungen, und zwar sind alle seine Kernregionen betroffen mit wechselnder Intensität. Am schwersten hat zweifellos der mediale Kern gelitten, und zwar ganz vornehmlich in den dem Ventrikel benachbarten Anteilen, etwas weniger schwer ist der laterale Kern befallen, dieser wieder besonders in seiner dorsalen Hälfte. Aber auch die übrigen Kerngebiete sind nicht frei von Veränderungen. Histologisch erkennt man die gleichen Erscheinungen wie im Striatum, welch letztere freilich intensiver ausgesprochen sind. In den einzelnen Kerngebieten, namentlich des Lateralkerns, hat eine lebhafte Gliafaserbildung eingesetzt. Eine Gefäßvermehrung ist auch hier nicht erkennbar, dagegen fallen häufiger als in den bisher besprochenen Gebieten stärkere Erweiterungen der perivasculären Räume auf mit Abräumzellen beladen (auch Blutpigment enthaltend) und mit eng begrenzten Auflockerungen des umgebenden Gewebes. Ganz selten trifft man auch auf zarte lymphocytäre Infiltrate.

Die oraleren Partien des Hypothalamus mit dem Luysschen Körper bieten nur ganz leichte Parenchymstörungen, ebenso der rote Kern und die vordere Vierhügelgegend.

Schwere Veränderungen treffen wir in der Ponshaube, in der Höhe der hinteren Vierhügel. Die hinteren Vierhügel sind beiderseits stark an Ganglienzellen verarmt, mit dichten Gliawucherungen größtenteils faserbildender Art durchsetzt, ähnlich auch die ganze graue Kernmasse um den Aquädukt. Dazu gesellen sich hier Störungen von ausgesprochen herdförmigem Charakter (Abb. 121). Man trifft einmal lacunäre Ausfälle des Gewebes, von Gliafasern eingerahmt, dann auf unregelmäßig begrenzte Lückenherde, von Gliafasern und zarten Mesenchymzügen durchzogen, auf Erweiterung der perivasculären Lymphräume, häufig begleitet von mesenchymalen adventitiellen Wucherungen (Abb. 121 *g*) und auf eine stark betonte Gefäßvermehrung (Abb. 121), die besonders schön an Tanninsilberpräparaten zur Darstellung gelangt. In den Gefäßlymphscheiden begegnet man nur ganz selten zarten, regressiv veränderten lymphocytären Infiltraten und Abräumzellen. Körnchenzellbildungen fehlen auch hier. Die Commissur der hinteren Vierhügel (Abb. 121 *Comm.*) ist von starken Gewebsrarefikationen durchsetzt. Auch die Kernregionen der Augenmuskeln sind stark betroffen.

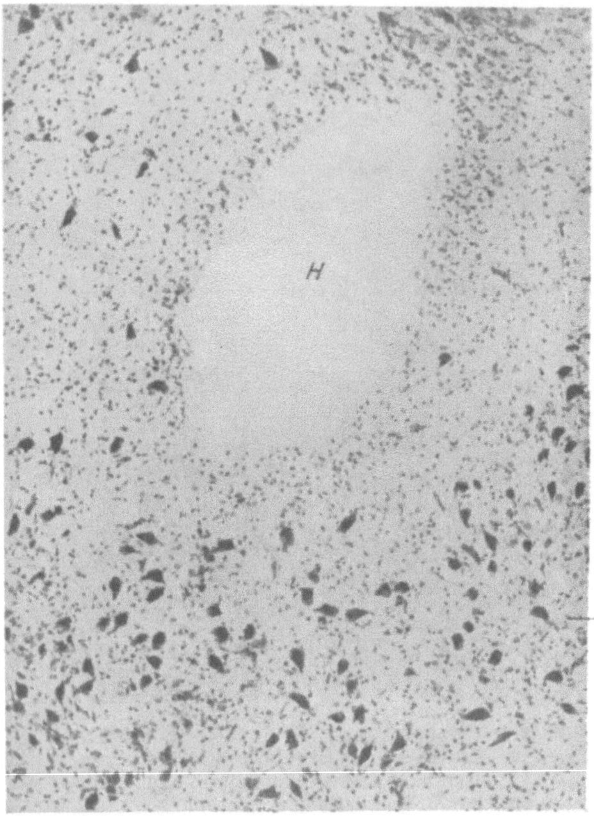

Die Substantia nigra zeigt gleichfalls vereinzelte, zum Teil größere Lückenherde von Gliawucherungen eingerahmt (Abb. 122 *H*), herdförmigen Untergang von Ganglienzellen mit stärkeren Gliaproliferationen (Abb. 122, vgl. das bei gleicher Vergrößerung aufgenommene Normalbild, Abb. 9 und die weit schwerere Schädigung im Falle XXI, Abb. 100 u. 101); die Ganglienzellen sind durchweg geschrumpft, zum Teil pigmentarm, dafür enthalten sie bei der Eisenreaktion feinere blaue Tüpfelungen, wie auch diese Kernregion ganz allgemein eine abnorm starke Eisenreaktion abgibt. Pigmentabwanderung in die Glia und weiterer Transport zu den Gefäßen ist häufig zu erkennen. Die Gefäße selbst sind nicht wesentlich verändert, eine Gefäßvermehrung oder Infiltration ist nicht nachzuweisen.

Abb. 122. Fall XXIII. Substantia nigra. Nisslbild. Mikroph. bei gleicher Vergrößerung wie Abb. 9. *Zc* = Zona compacta mit leichten Veränderungen. *H* = Lückenherd, von Gliawucherungen eingerahmt.

Die übrigen Gebiete des Pons, der Medulla oblongata und spinalis bieten nur verhältnismäßig leichte diffuse Parenchymstörungen im Grau, wobei ganz vornehmlich in den motorischen Kerngebieten zahlreiche Ganglienzellen im Sinne der primären Reizung verändert sind.

Auch die Oliven zeigen etwas schwerere Ganglienzelldegenerationen und Gliawucherung.

Die Kleinhirnhemisphären sind intakt, im Dentatum sind die Ganglienzellen mäßig schwer betroffen, verwaschen gefärbt, gebläht, mit begleitenden protoplasmatischen Gliareaktionen.

Die Markscheidenpräparate ergeben im wesentlichen folgendes Bild: Die Cortexveränderungen sind bereits besprochen. Im Großhirnmarklager sind nirgends geschlossenere Ausfälle festzustellen, nirgends Herde. Auch der Balken ist normal. Im Striatum erkennen wir neben der allgemeinen Schrumpfung (Abb. 123) einen starken Ausfall an dicken und

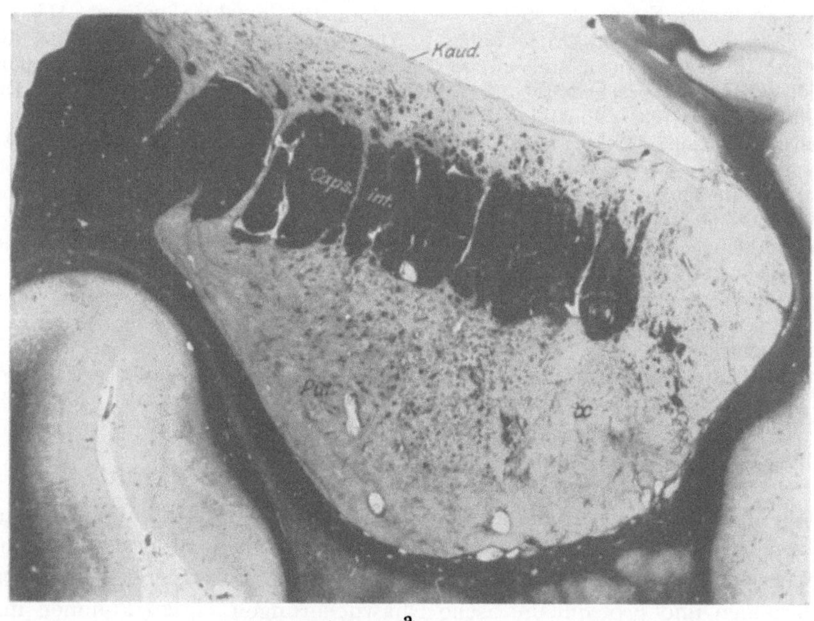

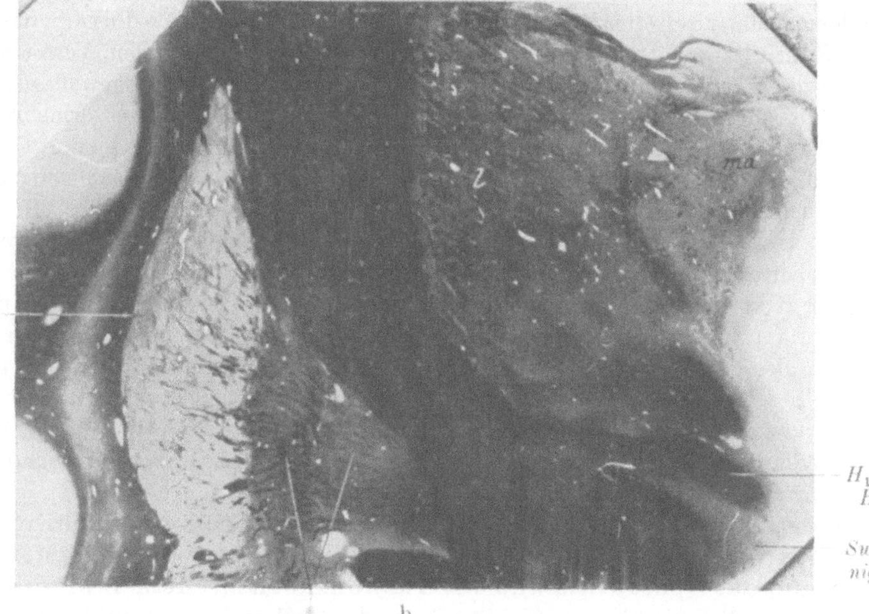

Abb. 123. Fall XXIII. Markscheidenfrontalschnitte. a: Diffuse Markfaserausfälle im geschrumpften Striatum (*Kaud* + *Put*), Andeutung eines Status fibrosus. *x* = herdförmige Verödung. b: Ähnliche Veränderungen im Put. Markfaserarmut im *ma* und *l*. Photogr.

besonders an dünnen Fasern, der stellenweise herdförmigen Charakter annimmt (Abb. 123a).
Dies ist besonders im oralen Drittel auffällig. Durch das relative Erhaltensein der dicken
Striatumfasern gewinnt man stellenweise, besonders im stark geschrumpften Caudatum
den Eindruck eines Vogtschen Status fibrosus (Abb. 123 *Kaud*). Die caudaleren zwei Drittel
des Striatum (Abb. 123b) sind ganz allgemein faserverarmt, nirgends erkennt man ausgesprochene Lückenherde. Das Pallidum (Abb. 123b) ist in seinen äußeren Lamellen leicht
faserverarmt, während seine einzelnen Parenchymteile eine auffallend gute Markfärbung
abgeben (vgl. hierzu die schwere Pallidumschädigung des Falles XXI, Abb. 102). Die Linsenkernschlinge ist nicht aufgehellt, ebensowenig die Forelschen Bündel, der Luyssche Körper
und die Strahlungen des roten Kerns. Der Thalamus (Abb. 123b) bietet diffuse Faserausfälle,
vornehmlich im medialen Kerngebiet, und leichtere im lateralen Kern.

Die Gegend des roten Kernes und die Ponshaube im Gebiete der vorderen Vierhügel
bietet nur wenig Auffälliges. Die Substantia nigra ist etwas faserverarmt. Weiter caudalwärts sind außer einer deutlichen Aufhellung in den Pyramidenbahnen, welche auch durch
das ganze Rückenmark zu verfolgen ist, keine geschlosseneren Degenerationszüge festzustellen.
Die Kleinhirnstiele und das Kleinhirn sind im Markscheidenbilde normal.

Sämtliche Veränderungen sind bilateral symmetrisch entwickelt.

Zusammenfassung des anatomischen Befundes.

Das Zentralnervensystem dieses Falles bietet bei leichter pialer Bindegewebswucherung mit eingestreuten lymphocytären Elementen besonders über
dem Stirn- und Zentralhirn, ganz allgemein diffuse polymorphe Ganglienzellveränderungen und protoplasmatische Gliawucherungen. Dazu kommen in besonderer Lokalisation schwere Parenchymstörungen rein degenerativer
Art ohne nachweisbare Gefäßbeteiligung. Es sind dies in der Rinde Verödungsherde mit protoplasmatischen Gliareaktionen, größere Verödungen ganzer
Rindengebiete, vornehmlich der unteren Körnerschicht und drei untersten Schichten mit starken protoplasmatischen Gliawucherungen, Verfettung
des nervösen Parenchyms und eigenartigen Auflockerungen des Grundgewebes (feinmaschiger gliöser Status spongiosus). Außer einer deutlichen Gliafaservermehrung
in der Lamina zonalis trifft man in den schwerst veränderten Rindengebieten gleichfalls auf eine leichte Gliafaservermehrung. Die Striatum und Thalamusveränderung zeigt den gleichen histologischen Grundcharakter wie die
drei untersten Rindenschichten, nur daß in diesen Gebieten stellenweise
eine lebhaftere Gliafaserbildung eingesetzt hat. Im medialen Thalamuskern, besonders aber in der hinteren Vierhügelgegend, fallen herdförmige Veränderungen auf mit auffälliger Erweiterung der perivasculären Lymphräume, Rarefikation des umgebenden Gewebes, kleinere und größere Lückenbildungen mit
zum Teil recht starker Gefäßwucherung. Hier sind auch, wie ganz selten im Großhirnmarklager, vereinzelte zarte lymphocytäre Gefäßinfiltrate festzustellen. Hin
und wieder begegnen wir Gliarosetten im Grau und Weiß; zu Erweichungsherden
mit Körnchenzellbildung ist es nirgends gekommen.

Die Lokalisation der schwersten Parenchymausfälle ist das hintere
Stirnhirn, besonders die agranuläre Frontalrinde, die vordere Zentralwindung, das Operculum und das Ammonshorn mit dem Subiculum.
In leichterer Weise ist das vordere Stirnhirn, die Insel und das übrige Temporalhirn betroffen. Es kann dabei der ganze Rindenquerschnitt affiziert sein, regelmäßig sind aber die innere Körnerschicht und drei untersten
Schichten am schwersten verändert, auf große Strecken hin beschränken
sich die tief greifenden Störungen auf diese Schichten. Die Schicht

der Beetzschen Pyramidenzellen ist bis zur Unkenntlichkeit gestört, die stellenweise erhaltenen Beetzschen Ganglienzellen bieten hochgradige Veränderungen chronischer und offenbar akuter Art.

Das gesamte Striatum ist aufs schwerste degeneriert, wobei die großen und kleinen Ganglienzellen stellenweise völlig aufgefallen sind; in fast gleicher Weise sind gewisse Thalamusgebiete (medialer und lateraler Kern) betroffen, während das Pallidum weniger in Mitleidenschaft gezogen ist. Die Substantia nigra ist mäßig schwer affiziert, dagegen ist die hintere Vierhügelgegend Sitz schwerer, zum Teil herdförmiger Veränderungen. Weniger sind noch die Oliven und das Dentatum befallen. Eine partielle aber deutliche Pyramidenbahndegeneration ist durch das ganze Rückenmark hindurch zu verfolgen.

Epikrise.

Die klinische Symptomatologie ist mit dem Ergebnis der anatomischen Untersuchung gut in Einklang zu bringen. Die schweren psychotischen Züge (ängstliche halluzinatorische Erregung, paranoide Wahnideen mit Korsakoffschem Symptomenkomplex) können ohne weiteres mit den Rindenausfällen in Beziehung gebracht werden; die starke Mitbeteiligung der hinteren Vierhügelgegend in Zusammenhang mit den Veränderungen im Temporalhirn kann vielleicht eine Bedingung für die akustischen Halluzinationen abgeben. Die Langsamkeit und Inkoordination der Bewegungen, die eigenartigen Wackel- und Zittererscheinungen, das Fehlen von normalen Mitbewegungen, die allgemeine Bewegungsarmut, die Dysarthrie und die schließlichen Schluck-, Blasen- und Mastdarmstörungen beziehe ich auf die Striatumdegeneration, wobei freilich die Diffusität der Veränderungen zu berücksichtigen ist.

Der nur geringgradig ausgesprochenen Pallidumveränderung (und jener der Substantia nigra) entspricht ein Zurücktreten der Rigidität. Die stark betonte Thalamusaffektion zeigt sich klinisch in Schmerzen; auch die hochgradige Inkoordination der Bewegungen, das völlige Versagen von Gehen und Stehen ohne Paresen wird eine Teilerscheinung der Thalamusdegeneration sein. Auffallend gering sind im Hinblick auf die anatomische Läsion die Augenmuskelstörungen, die erst gegen Ende des Krankheitsbildes hervortraten. Das Fehlen der Bauchdeckenreflexe, das zeitlich schwankende Auftreten von positivem Babinski ist der Ausdruck der anatomisch erwiesenen Veränderungen in der C. A. und einer partiellen Pyramidendegeneration.

Weit schwieriger ist die histologische und ätiologische Eingruppierung des Falles. Bestimmte ätiologische Hinweise fehlen klinisch. Histologisch liegt im wesentlichen eine fortschreitende degenerative Parenchymerkrankung vor, die nur an vereinzelten Stellen in bestimmter Lokalisation mit stärkeren Gefäßerscheinungen (Erweiterung der perivasculären Lymphräume, Rarefikation des umgebenden Gewebes, ganz zarte lymphocytäre Infiltrate) einhergeht. Es kann aber gar keinem Zweifel unterliegen, daß der allgemeine Prozeß sich völlig unabhängig von Gefäßerscheinungen entwickelt und nicht als Entzündung aufgefaßt werden kann.

Die Art und Lokalisation des Prozesses erinnert zweifellos an jene der als spastische Pseudosklerose zusammengefaßten Fälle, mit welchen ja auch die klinische

Krankheitsentwicklung auffallend übereinstimmt, nur ist die Intensität des Prozesses in diesem neuen Falle ungleich schwerer. Die Verwandtschaft mit der spastischen Pseudosklerose kann vielleicht noch dadurch erhärtet werden, daß ich in zwei Fällen meiner damaligen Veröffentlichung (Fall I und III), von denen allein mir noch die Substantia nigra-Gegend zur Nachuntersuchung zur Verfügung stand, ähnliche Erscheinungen, freilich in geringerer Intensität in der Ponshaube sowohl wie in der Substantia nigra nachträglich feststellen konnte.

Auf der anderen Seite zeigte uns die histologische Prozeßentwicklung bei ätiologisch gesicherten Metencephalitiden (v. Economo, mein Fall XXI, XXII, Goldstein, H. Spatz u. a.) eine ebenfalls von Gefäßerscheinungen unabhängige reine Parenchymdegeneration, dazu auch in ähnlicher Lokalisation. Berücksichtigen wir dann ferner den Umstand, daß selbst in akuten Fällen von Encephalitis lethargica eine so gut wie reine Parenchymdegeneration gegeben sein kann (Klarfeld u. a.), und bedenken wir weiter das Vorkommen echter Encephalitis lethargica ohne sicher zu erweisende einleitende akute Erscheinungen (Nonne, Adler, Meggendorfer, Stern u. a.), so werden die sicheren Kriterien für eine genaue klinische und anatomische Abgrenzung einzelner Beobachtungen äußerst vage, namentlich wenn es sich um von dem Gewöhnlichen abweichende klinische Bilder handelt.

Unsere bisherigen Erfahrungen sprechen dafür, daß sich die echten metencephalitischen Krankheitsbilder in auffallender Regelmäßigkeit zu Parkinsonismen entwickeln ohne eigentliche psychotische Züge (vgl. Fall XXI und XXII als klinische und anatomische Schulbeispiele). Der oben angeführte v. Economosche Kranke zeigte aber bereits klinisch und anatomisch ein wesentlich polymorpheres Krankheitsbild und es ist, wie ich schon oben ausführte, durchaus mit der Möglichkeit zu rechnen, daß sich durch eine Verschiebung in der Lokalisation, namentlich auch durch stärkere Rindenbeteiligung, andere klinische Zustandsbilder und Krankheitsentwicklungen ergeben auf dem gleichen ätiologischen Boden (vgl. den Hassin-Rotmanschen Fall). Wir müßten dann rein symptomatologisch bei den Metencephalitiden von den gewöhnlichen Parkinsonismen Krankheitsbilder abgrenzen, denen jeweils nach ihrer spezifischen Färbung eine orientierende Bezeichnung beizugeben wäre (Pseudobulbärparalyse, Korsakoff u. dgl.). Läßt sich in der Folgezeit nachweisen, daß Krankheitsbilder, wie sie der spastischen Pseudosklerose entsprechen, in der Tat als Metencephalitiden aufzufassen sind, so erscheint es mir zweckmäßig, auch diese Formen als eine besondere Untergruppe der Metencephalitiden abzugrenzen, wobei es mir ganz gleichgültig ist, ob der von mir zunächst vorgeschlagene Name in einen zweckmäßigeren umgewandelt wird. Es kam mir ja seinerzeit lediglich darauf an, rein vom klinisch-symptomatologischen und histologisch-lokalisatorischen Standpunkte aus, auf die Zusammengehörigkeit dieser Fälle aufmerksam zu machen, zum Zwecke einer klinischen und anatomischen Diagnosensicherung. Ich glaube, mein Fall XXIII betont die Eigenart und die Sonderstellung dieser Fälle aufs neue und die Zweckmäßigkeit einer eigenen klinischen Gruppierung.

Das Charakteristische all dieser Fälle bleibt nach wie vor die starke Untermischung von striothalamischen und spastischen Erscheinungen mit ausgedehnten Cortexstörungen, denen histologisch im wesentlichen ein fortschreitender degenerativer Parenchymprozeß in entsprechender Lokalisation zugrunde liegt, mit nur ganz angedeuteten infiltrativen Vorgängen und gefäßabhängigen Herderscheinungen. Der Degenerationsvorgang hat die Eigenart, eine starke Parenchymverfettung ohne Körnchenzellbildung zu bewirken, ferner ausgedehnte, an sich wenig charakteristische, häufig mit akuten Blähungen einhergehende Ganglienzelldegenerationen mit stark betonten diffusen protoplasmatischen Gliawucherungen. In einigen Fällen kommt es dabei zu sehr häufigen Gliarosettbildungen auf dem Boden zerfallender Ganglienzellen, in anderen wieder steht die diffuse protoplasmatische Gliawucherung im Vordergrunde. In den betroffenen Gebieten tritt nicht selten auch eine feinfaserige Gliaproliferation auf, die, wie in meinem jüngsten Falle XXIII, einen feinmaschigen Status spongiosus bietet.

Bemerkenswert ist, daß ich einen dem Falle XXIII völlig gleich-gearteten Prozeß, dazu noch in einer recht ähnlichen Lokalisation, bei zwei weiteren klinisch unklaren Fällen antraf. Der eine Fall, der von Rautenberg und Kirschbaum[1]) genauer beschrieben wird, erkrankt mit 45 Jahren ohne ersichtliche Ätiologie[2]) etwa $^3/_4$ Jahr vor seinem Tode an Gedächt-nisschwäche, Schlaflosigkeit und Angstzuständen, die zunächst für rein neurasthe-nisch angesehen wurden. Unter rapider Verschlechterung des psychischen Be-findens treten optische und akustische Halluzinationen auf, starke Merkfähigkeits-störung, Desorientierung, Angstzustände; körperlich sieht der Kranke vorzeitig gealtert aus, die Pupillen reagieren unausgiebig, die Bauchdecken- und Kremaster-reflexe fehlen, die Sprache ist artikulatorisch gestört und erinnert an Logo-klonie, auch apraktische Störungen sind nachzuweisen; er wiederholt immer wieder die gleichen Worte. Pyramidenbahnsymptome sind hin und wieder angedeutet, es besteht leichtes Zittern in den Händen, Fibrieren der Lippenmuskulatur, eine ausgesprochene Akinese bei zuletzt vorhandener mäßiger Rigidität in allen Muskelgruppen. Der Kranke liegt in sich gekrümmt völlig teilnahmslos da und zeigt gar keine Spontaneität, stirbt $^3/_4$ Jahr nach Ausbruch der Krankheit. Die Blut- und Liquorreaktionen sind völlig negativ. Die klinische Diagnose blieb unklar, der Kranke wurde zu Beginn des Leidens in einem anderen Kranken-hause als Neurastheniker aufgefaßt, während wir hier die Wahrscheinlichkeits-diagnose Alzheimersche Krankheit stellten.

Bei der Sektion fand sich nur eine leicht verdickte Pia bei auffälliger Windungsschrumpfung namentlich über dem Stirnhirn und völlig herdfreiem Zentralnervensystem. Mikroskopisch fand sich hier der gleiche Paren-chymprozeß wie in unserem Falle XXIII, dazu noch in gleicher Lokali-sation. Unterschiedlich ist nur hervorzuheben, daß die Cortexveränderun-gen weitaus im Vordergrunde stehen, daß zwar auch hier die Entartung der inneren Körnerschicht und der drei unteren Rindenlaminae das Rindenbild beherrscht, daß aber mehr wie in dem obigen Falle der gesamte Rindenquer-schnitt sich verändert erweist. Auch im Striatum, in einzelnen Thalamus-gebieten und in der Zona compacta substantiae nigrae finden sich die wesensgleichen Veränderungen, nur in etwas verminderter Intensität. Die vor-dere Zentralwindung bietet stellenweise einen völligen Ausfall der Beetzschen Pyramidenzellen bei deutlicher Entwicklung einer Pseudokörnerschicht in der darübergelegenen Zone, stellenweise sind die Beetzschen Zellen nur in be-schränkten Gebieten ausgefallen, die übrigen in mehr oder weniger verändertem Zustande erhalten.

Schließlich konnte ich den gleichen Prozeß in gleicher Lokalisation noch bei einem dritten Falle[3]) finden, der ebenfalls klinisch unklar blieb. Es handelt sich um einen Mann, der 1867 geboren und Ende 1920 an Kreuz-schmerzen erkrankte, wonach sich bald eine eigenartige psychische Verände-rung anschloß. Anamnestisch ist in früheren Jahren ein chronischer Alkoholismus

---

[1]) Vortrag auf der Jahresversammlung norddeutscher Neurologen und Psychiater, Hamburg, 9. u. 10. VI. 1923. Zentralblatt für die ges. Neurol. u. Psych. 1923.

[2]) In der männlichen Ascendenz dieses Falles sind in auffallender Häufigkeit Geistes-krankheiten gegeben, die zumeist für „Paralysen" gehalten wurden. Krankenhausbeob-achtungen liegen aber nicht vor.

[3]) Auch dieser Fall wird von anderer Seite ausführlich mitgeteilt werden.

betont, bei Fehlen von Lues (Blut- und Liquorreaktionen völlig negativ) oder einer sohstigen erkennbaren Ätiologie. Der Kranke wurde verwirrt, zeigte apraktische Störungen, wurde vergeßlich, unsauber, bot optische und akustische Halluzinationen, deutlichen Romberg, bei unsicherem schwankenden Gang, schwere artikulatorische Sprachstörung, starken grobschlägigen Tremor der Hände, einen leeren amimischen Gesichtsausdruck und leichte Spannungszustände in den Extremitäten. Unter rascher Progression vornehmlich des psychischen Verfalls ist der Kranke bereits anfangs 1922 völlig verblödet, stumpf, die Sprache ist kaum verständlich. Der Kranke liegt völlig hilflos im Bett und bietet das Bild eines stark verblödeten paralytischen Endzustandes. Häufig stößt er ein unartikuliertes Schreien aus, der Saugreflex ist deutlich. Es treten anfangs 1923 klonische Zuckungen am ganzen Körper auf, die wie paralytische Anfälle aussehen, und der Kranke geht im April 1923, also 3 Jahre nach Beginn der Erkrankung, in körperlich und psychisch äußerst reduziertem Zustande bei deutlichen Schluckstörungen marantisch zugrunde.

Differentialdiagnostisch kam, da eine Paralyse namentlich mit Rücksicht auf den serologischen Befund und bei Fehlen jeglicher syphilitischen Ätiologie ausgeschlossen war, am ehesten die Alzheimersche Krankheit in Frage.

Bei der Sektion fand sich auch hier wieder eine leichte Piaverdickung, ein atrophisches Gehirn und histologisch der gleiche Parenchymprozeß in gleicher Lokalisation wie im Falle XXIII und in dem oben kurz erwähnten Falle, nur war hier die Rinde im ganzen Querschnitt noch schwerer ergriffen, bei freilich wieder unverkennbar ausgesprochener schwerster Entartung der inneren Körnerschicht und der drei untersten Rindenschichten. Die vordere Zentralwindung war im gleichen Sinne verändert wie im letzten Fall, ebenso das Striatum, die Substantia nigra und der Thalamus. Bemerkenswert in diesem Falle ist noch das Auftreten zahlreicher faserbildender Gliazellen in Form von Astrocyten im gesamten Großhirnmarklager. Auch die Kleinhirnrinde war hier deutlich in Mitleidenschaft gezogen.

Vom histologischen Bilde aus zu urteilen, müssen diese drei letzten Fälle irgendwie zusammengehören. Sie bieten übereinstimmend den gleichen Parenchymprozeß im Zentralnervensystem, dazu noch in prinzipiell gleicher Lokalisation. Neben leichten, nur hin und wieder anzutreffenden lymphocytären Infiltraten in den erweiterten Gefäßlymphräumen und in der bindegewebig verdickten Pia fällt vor allem die Parenchymverfettung in den betroffenen Gebieten auf, bei schwerer polymorpher Ganglienzellentartung, diffuser kräftiger protoplasmatischer Gliawucherung und stellenweiser faserbildender Gliaproliferation. Nirgends kommt es dabei zu einer Gliafaserverfilzung, nirgends zu Körnchenzellbildung. In den schwerstbetroffenen Gebieten bildet sich ein feinmaschiger gliöser Status spongiosus aus. Gliarosettbildungen auf dem Boden zerfallender Ganglienzellen sind hin und wieder deutlich. Seine Hauptlokalisation findet der Prozeß im gesamten Cortex, wobei das Stirn- und Zentralhirn bevorzugt wird und die Entartung der inneren Körnerschicht und der drei untersten Rindenschichten bei weitem das anatomische Bild beherrscht. Die vordere Zentralwindung ist stets der Sitz schwerster Veränderungen, vornehmlich in Lamina V. und in den untersten Rindenschichten bei stellenweiser Ausprägung einer deutlichen Pseudokörnerschicht. In gleich schwerer (wie im Falle oder etwas verminderter Intensität (wie in den beiden letzten Beobachtungen) ist das Striatum befallen und die Thalamuskerne (hier vornehmlich das ventromediale und laterale Kerngebiet), in geringerer Schwere, häufig nur angedeutet, die Substantia nigra. Ausgesprochene geschlossene Bahndegenerationen fehlen bei leichter Aufhellung der Pyramidenbahn.

So ist uns hier anatomisch eine eigenartige recht diffuse Parenchymerkrankung gegeben, die jedoch in der Auswahl der befallenen Gebiete offenbar ganz bestimmte Wege geht; in der Rinde ist es die innere Körnerschicht mit den drei untersten Rindenschichten, die bevorzugt erkranken, hier ganz besonders die vordere Zentralwindung mit Lamina V., dann folgt das Striatum, vereinzelte Kerngebiete des Thalamus und schließlich ganz leicht die Substantia nigra. Klinisch zeichnen sich die Fälle durch eine bemerkenswerte Symptomenkuppelung aus, wobei sich diffuse Cortexstörungen (psychischer und intellektueller Verfall mit Korsakoff - Symptomen, deliriösen Verwirrtheitszuständen, optischen und akustischen Halluzinationen, apraktische Symptome) verbinden mit pyramidalen und striothalamischen Erscheinungen. Die Krankheit entwickelt sich unter starken Schwankungen verhältnismäßig rasch progredient und führt häufig unter Reiz- und Lähmungserscheinungen auch bulbärer Zentren nach 1—3jähriger Dauer zum Tode. Wir haben also hier eine ganz ähnliche Krankheitsentwicklung vor uns, wie ich sie für die spastische Pseudosklerose als charakteristisch hervorgehoben habe. Die letzten drei Fälle zeigen wohl eine wesentlich stärkere Parenchymerkrankung an, aber in der Art des histologischen Prozesses sehe ich keine prinzipiellen Unterschiede gegenüber den früher mitgeteilten Beobachtungen. Die Differenz in der klinischen Entwicklung der einzelnen Krankheitsfälle basiert offenbar lediglich auf der verschiedenen Schwere des Krankheitsprozesses bei den einzelnen Kranken.

Die Kuppelung von pyramidalen und extrapyramidalen Symptomen sehen wir, worauf ich schon früher aufmerksam gemacht habe, wohl auch gelegentlich bei Wilson - Pseudosklerose (Bouman und Brouwer). Auf ähnliche Symptome bei verschiedenen Krankheitsprozessen hat in den letzten Jahren die französische Schule (L'hermitte, Cornil, Quesnel, Souques, Sicard, Paraf), ferner van Woerkom und Josselin de Jong aufmerksam gemacht. Was unseren Fällen aber das ganz besondere Gepräge gibt, sind neben den striothalamischen und pyramidalen Symptomen vor allem die stark entwickelten psychischen Störungen in Parallele zu den ausgebreiteten Cortexveränderungen. Für solche Fälle scheint es mir daher zunächst ganz angebracht, eine gemeinsame, nichts präjudizierende Gruppenbezeichnung zu wählen, für die ich, wie ich früher begründete, den Namen spastische Pseudosklerose vorgeschlagen habe.

Sehr bemerkenswert sind dabei die Veränderungen in der vorderen Zentralwindung, die in einigen Zügen an jene erinnern, die wir bei der amyotrophischen

Lateralsklerose kennen gelernt haben. Ob sich hier gewisse tiefere Verwandtschaftsbeziehungen allmählich herausfinden lassen, bleibe zunächst dahingestellt.

Einen ähnlichen Symptomenkomplex wie in unseren Fällen der spastischen Pseudosklerose findet man auch gelegentlich bei schwereren Gefäßerkrankungen des Gehirns auf arteriosklerotischer oder syphilitischer Basis. Namentlich bei Schrumpfniere scheinen sich solche Zustände besonders häufig und dann auch in verhältnismäßig jüngerem Alter zu entwickeln. Ich kenne mehrere solcher Fälle. Es resultieren dann eigenartige Krankheitsbilder, bei denen gleichfalls psychische Störungen sich mit pyramidalen und striothalamischen Erscheinungen untermischen, und bei denen sich anatomisch gefäßabhängige Herde in der Rinde namentlich auch in der vorderen Zentralwindung im Striatum und im Thalamus, manchmal auch im Dentatum finden. Der klinische Nachweis einer bestehenden Gefäßerkrankung wird die Differentialdiagnose gegenüber den obigen Fällen sichern.

Ich habe bereits betont, daß der histologische Grundcharakter der Fälle von spastischer Pseudosklerose in manchen Punkten übereinstimmt mit dem progressiven Krankheitsprozeß der chronischen Metencephalitiden; dazu kommt noch, daß sich in unseren Fällen auch zarte lymphocytäre Infiltrate hin und wieder finden, und daß sich auch die Prädilektionsstelle des metencephalitischen Prozesses, wie die Substantia nigra, in leichtem Grade miterkrankt zeigt. Ob es sich dabei wirklich um ätiologische Einheiten handelt, die mit der Encephalitis Berührungspunkte haben, muß zunächst unentschieden bleiben.

Solange wir die Ätiologie der Encephalitis lethargica noch nicht restlos geklärt haben, bleiben auf diesem Gebiete noch viele Fragen offen. v. Economo und manche anderen halten an dem Wiesnerschen Bacillus diplostreptococcus pleomorphus fest[1]). Amerikanische Autoren (Strauss und Loewe) glauben ein kultivierbares sichtbares Virus in Form kleinster Kokken mikroskopisch nachweisen zu können (Globoidkörperchen), womit sie mehrere Tierpassagen infizieren konnten. Zahlreiche andere Autoren (Levaditi und Harvier, Doerr und Schnabel, Kling, Davide und Liljenquist u. v. a.) kommen auf Grund experimenteller Übertragungsversuche zu dem Schlusse, daß es sich dabei um ein filtrierbares, glycerinbeständiges, unsichtbares und unkultivierbares Virus handelt[2]). Dazu kommen dann noch die interessanten experimentellen Herpesforschungen [Doerr und Schnabel, Levaditi und Harvier, Kling, Davide, Lilienquist[3]) u. a.], welche Paschen in mehreren Versuchsanordnungen und ich im histologischen Teil bestätigen konnten. Obwohl man allgemein der Ansicht ist, daß sich diese experimentellen Erfahrungen zunächst nicht ohne weiteres auf die menschliche Pathologie übertragen lassen, so sind doch die Feststellungen äußerst überraschend und offenbar bedeutungsvoll[4]). Wichtig erscheint mir, was ich leider im Falle XXIII und den beiden letzten Fällen unterließ, in derartigen Fällen eine Überimpfung von Gehirnmaterial auf Kaninchen zu

---

[1]) v. Economo hat jedoch in seinem auf dem 35. Kongreß der inneren Medizin April 1923 gehaltenen Encephalitis-Referat sich dahin ausgesprochen, daß der Bac. dipl. pl. nur ein häufiger Begleiter des Encephalitis-virus ist. — Vgl. auch den kritischen Aufsatz über die „pathogenetischen Probleme der epidemischen Encephalitis" von F. Stern (Klin. Woch. Jg. 2. Nr. 10, 1923), in dem auch die Beziehungen zur Grippe und Influenza diskutiert sind.

[2]) Ich erwähne hier jene eigenartigen Ganglienzelleinschlüsse nicht, die von einigen Autoren als Infektionserreger angesehen worden sind. Es liegen keine Gründe für eine solche Annahme vor.

[3]) Diese letzteren Autoren nehmen jetzt keine Identität zwischen Encephalitis- und Herpes-virus an (Comp. rend. des séances de la soc. de biol. 87. Nr. 36, 1923).

[4]) Vgl. auch A. Schnabel: „Die Ätiologie der Encephalitis epidemica" (Klin. Wochenschr. Jg. 2. Nr. 10, 1923.)

versuchen. Es wäre möglich, daß wir auf solche Weise die ätiologischen Beziehungen zur Encephalitisgruppe klären könnten, da es ja Harvier und Levaditi gelang, mit Erfolg eine Metencephalitis sechs Monate nach Beginn der Erkrankung auf Kaninchen zu überimpfen. Freilich blieben ähnliche Versuche Paschens bis jetzt erfolglos. So wird ein negativer Ausfall auch nicht ohne weiteres die metencephalitische Genese ausschließen lassen.

Es ist aber eindringlichst zu betonen, daß gerade vom histologischen Standpunkte aus sich gegenüber den bis jetzt erhobenen Befunden bei der Encephalitis epidemica bei unserem Falle XXIII und den beiden kurz erwähnten letzten Fällen sehr erhebliche Differenzen ergeben. Vor allem ist es die eigenartige schwere und fortschreitende Parenchymdegeneration im Cortex sowohl wie besonders im Striatum, die die Eigenart dieser Fälle betont. Wie ich ausgeführt habe, geht sie dort, wo sie am hochgradigsten entwickelt ist, mit einer Auflockerung des Gewebes einher, mit protoplasmatischer, stellenweise auch feinfaseriger Gliawucherung mit lipoiden Einlagerungen im Protoplasma der Gliazellen ohne Körnchenzellbildung. Mesenchymalwucherungen fehlen und dem Ganzen mangelt der Charakter einer von Gefäßstörungen abhängigen Herdbildung. Es ist eine Art feinsten Status spongiosus, den wir hier vor uns haben, der aber nirgends zu Höhlenbildung führt. Atypische Gliareaktionen im Sinne der Alzheimerschen Gliazellen sind nirgendwo anzutreffen. Wenngleich die ganze klinische Krankheitsentwicklung und auch der histologische Grundcharakter des Prozesses am meisten dem Creutzfeldtschen und meinen früheren Fällen entspricht, die ich als spastische Pseudosklerose und als Encephalomyelopathie mit dissiminierten Degenerationsherden zusammengefaßt habe, so ist andererseits doch hervorzuheben, daß sich derartig schwere Parenchymdegenerationen in jenen Fällen nicht nachweisen ließen, wenngleich auch bei jenen Kranken, namentlich unter Berücksichtigung der Creutzfeldtschen Beobachtung, der histologische Prozeß in Ausdehnung und Intensität starken Schwankungen unterlag. Da aber die vornehmliche Lokalisation des Prozesses in diesen neuen Fällen mit jener der früheren Fälle recht gut übereinstimmt, so möchte ich vorläufig auch diese Fälle der spastischen Pseudosklerose zuordnen in der Annahme, daß die Unterschiede in der histologischen Strukturstörung lediglich Intensitätsdifferenzen bedeuten.

Auf der anderen Seite ist zu erwägen, ob die Art der histologischen Störungen dieser Fälle nicht auch gewisse Anklänge zeigt an jene Nekrosebildung, wie sie die Wilsonsche Krankheit auszeichnet. Wir müssen bedenken, daß wir hier nur eine relativ kurze Krankheitsentwicklung vor uns haben, und daß der nekrotisierende Prozeß des nervösen Parenchyms, welcher mit dieser eigenartigen Auflockerung des Grundgewebes einhergeht, vielleicht bei weiterer Auswirkung histologische Bilder gegeben hätte, die den Befunden bei Wilsonscher Krankheit in gleicher Lokalisation recht nahe kommen[1]). Freilich denke ich in Anbetracht der klinischen Krankheitsentwicklung bei dem Fehlen jeglicher charakteristischen Leberveränderung nicht daran, solche Fälle der Wilsonschen Krankheit zuzurechnen. Dies würde eine unverantwortliche Verwässerung der ganzen Krankheitsbegriffe bedeuten. Die gleichen Bedenken trage ich übrigens auch, den Maasschen Fall einer bilateralen Linsenkerndegeneration der Wilsonschen Krankheit einzureihen. Die Untersuchungsergebnisse der obigen Fälle betonen aber von neuem die großen Schwierigkeiten in der genauen histologischen Angrenzung eigenartiger ätiologisch nicht bestimmbarer Krankheitsfälle und weisen mit Nachdruck darauf hin, nicht alle Fälle schwerer doppelseitiger Linsenkernaffektion, die zu Nekrose des Grundgewebes führen, ohne weiteres der Wilsonschen Krankheit zuzurechnen (vgl.

---

[1]) Vgl. auch Westphal-Sioli (l. c.)

auch den neuerdings von Tschugunoff beschriebenen Fall von Wilsonscher Krankheit, der in der Art und Lokalisation des Prozesses bei dem Fehlen der Alzheimerschen Gliazellen und einer charakteristischen Lebererkrankung in manchen Zügen auch an unsere Fälle erinnert).

Bezüglich der Lokalisationsfrage unterstützt der Fall XXIII die oben gegebenen, vornehmlich bei der Krankheitsgruppe Pseudosklerose-Wilson erörterten physiopathologischen Anschauungen. Sehen wir von den spastischen Erscheinungen ab, welche auf die partielle Läsion des Pyramidensystems zurückzuführen sind, so steht die Degeneration des Striatum weitaus im Vordergrunde; das Pallidum ist nur ganz geringgradig betroffen, ebenso die Substantia nigra. Auf die Striatumdegeneration dürfen wir die allgemeine Armut der mimischen und synergischen Mitbewegungen beziehen, ferner das Zittern und die Wackelbewegungen und die leichte Rigidität, ferner die Dysphagie, die Dysarthrie, die Blasen- und Mastdarmschwäche. Die starken Schmerzen, die schließliche völlige Inkoordination aller Bewegungsleistungen, die schließliche Unmöglichkeit des Gehens und Stehens und Sitzens dürfen wohl mitbezogen werden auf die gleichzeitige Thalamusaffektion.

Jedenfalls sehen wir auch hier wieder, daß beim Erwachsenen ausgedehnte striär lokalisierte Parenchymdegenerationen, Zittererscheinungen und Wackelbewegungen bedingen. Hierin deckt sich unser Fall XXIII völlig mit dem neuen Wilsonkranken Bielschowskys (siehe oben). Diese Feststellungen verdienen besondere Hervorhebung mit Rücksicht auf die sehr schwierige Frage der Lokalisation der Athetose.

Kurz zusammenfassend läßt sich also sagen:

Es gibt eigenartige Krankheitsfälle des mittleren und höheren Alters mit klinisch völlig unklarer Ätiologie, bei denen sich unter Schwankungen, die an kurzdauernde Remissionen erinnern, bei im übrigen rascher Progression aller Erscheinungen, eine Symptomenkuppelung zeigt, die mit dem Auftreten eines Korsakoffschen Symptomenkomplexes, von delirösen Verwirrtheits- und Angstzuständen, von optischen und akustischen Halluzinationen ausgedehnte corticale Veränderungen anzeigt und einhergeht mit mehr oder weniger ausgesprochenen pyramidalen und striothalamischen Herderscheinungen (Fehlen der Bauchdeckenreflexe, hin und wieder Auftreten von Babinski und Oppenheim, Tremor und Wackelbewegungen, leichte Spannungszustände in der Extremitätenmuskulatur, gewisse Akinesen, schwere Sprachstörung von dysarthritischem, häufig logoklonisch-iterativem Charakter, Parästhesien, Astasie, Abasie ohne Paresen). Die Kranken gehen zumeist zwischen 1 und 3 Jahren zugrunde, häufig unter Reiz- und Lähmungserscheinungen auch bulbärer Zentren, bei nicht selten stärkstem psychischen Verfalle.

Makroskopisch findet sich gewöhnlich in solchen Fällen nur eine leichte Piaverdickung über der Großhirnkonvexität, leichte Schrumpfungen der Großhirnwindungen und des Striatum bei mäßigem Hydrocephalus internus. Der histologische Prozeß ist charakterisiert durch eine fortschreitende Parenchymentartung mit bevorzugter Lokalisation in bestimmten grauen Gebieten. Die Parenchymdegeneration zeichnet sich aus durch Verfettung in den Ganglienzellen und Gliaelementen ohne Körnchenzellbildung, durch uncharakteristische Ganglienzelldegenerationen, wobei besonders häufig akute Blähungen und Gliarosettbildungen auffallen, ferner durch diffuse kräftige protoplasmatische Gliawucherungen und etwas zurücktretende faserbildende Gliaproliferationen. In den schwersten Fällen kommt es dabei zu einem feinmaschigen Status spongiosus, zu kleinen Lückenbildungen in den am meisten betroffenen Gebieten. Vereinzelt trifft man sowohl in der bindegewebig verdickten Pia wie in den erweiterten perivasculären Lymphräumen lymphocytäre Infiltrate.

Seine Hauptlokalisation findet dieser Prozeß im Stirnhirn und in der Centralis anterior bei mehr oder weniger schweren Veränderungen in den übrigen Rindengebieten. Überall ist die Entartung der inneren Körnerschicht und der drei untersten Rindenschichten besonders ausgeprägt. In der vorderen Zentralwindung, wo die Schicht der Beetzschen Pyramidenzellen am schwersten leidet, trifft man nicht selten auf eine ausgeprägte Pseudokörnerschicht. Im gleichen Sinne wie die drei untersten Rindenschichten ist stets das Striatum miterkrankt, ferner gewisse Kerne des Thalamus (insbesondere medioventrales Kerngebiet, lateraler Kern); leichtere Veränderungen finden sich in der Substantia nigra (besonders Zona compacta) und in der Ponshaube. Geschlossene Faserdegenerationen treten zumeist nicht in Erscheinung, nur sind die Pyramidenbahnen mehr oder weniger aufgehellt.

Die wechselnde Schwere der Veränderungen in den befallenen grauen Gebieten bedingt starke Differenzen in der klinischen Entwicklung des Krankheitsbildes, das im Krankheitsbeginn nicht selten an neurasthenische Zustände und multiple Sklerose erinnern kann und in seinen schwersten Endzuständen die Differentialdiagnose von Paralyse und Alzheimerscher Krankheit nahelegt.

Der histologische Prozeß erinnert in manchen Punkten an die metencephalitische Krankheitsentwicklung. Ob diese histologisch gleichgearteten Fälle ätiologisch-nosologisch zusammengehören und vielleicht irgendwie mit der Encephalitis verwandt sind, bleibt zunächst unentschieden.

Sie sollen fürs erste unter der gemeinsamen, nichts präjudizierenden Bezeichnung spastische Pseudosklerose unklarer Ätiologie zusammengefaßt werden. Ähnliche symptomatologische Krankheitsentwicklungen finden sich auch bei der Krankheitsgruppe Wilson-Pseudosklerose und bei Krankheitsprozessen mit schweren Gefäßveränderungen auf arteriosklerotischer oder syphilitischer Basis. Von diesen Fällen sind die obigen durch die Eigenart des anatomischen Prozesses abzugrenzen.

III. Das athetotische Syndrom.

Man muß meines Erachtens klinisch und anatomisch hier. unterscheiden zwischen der angeborenen Athetose des frühesten Kindesalters und jener des späteren kindlichen und jugendlichen Alters und des Erwachsenen.

O. Förster hat jene im Auge, wenn er ganz allgemein von einem athetotischen Striatumsyndrom spricht, das er in folgende Hauptsymtome gliedert:

1. Athetotisches Bewegungsspiel in der Ruhe. Es handelt sich dabei um relativ langsame, sich einander in buntem Wechsel ablösende und zu mannigfacher Zusammensetzung kombinierende Bewegungen und Verdrehungen der Glieder. Ihr langsamer Ablauf beruht zum großen Teil darauf, daß sich die antagonistische Muskelgruppe in krankhafter Mitspannung befindet, wodurch die Bewegung gegen Widerstand erfolgt. Oft werden die Glieder in der bizarren

Stellung, in die sie geführt werden, eine Weile fixiert gehalten, doch ist dieser Krampfzustand kein dauernder, er kann jeden Augenblick wieder nachlassen und auf andere Muskeln überspringen. Während zumeist größere Muskelgebiete von diesen Spontanbewegungen befallen werden, beschränken sie sich in leichteren Fällen auf die distalen Extremitätenteile, auf Finger und Hand, Zehen und Fuß, oder auf einzelne Muskelgebiete des Gesichts und der Zungenmuskulatur.

2. Eine Herabsetzung des plastischen formgebenden Muskeltonus im Momente des Krampfintervalls.

3. Haltungsanomalien der Glieder und des Rumpfes, die der Hockerstellung entsprechen.

4. Eine Überdehnbarkeit der Muskeln.

5. Neigung zur Fixationsspannung, die aber inkonstant und variabel ist.

6. Intensive und extensive Reaktiv- und Ausdrucksbewegungen mit Neigung zu tonischer Nachdauer.

7. Ausgesprochene Mitinnervation und Mitbewegungen bei willkürlichen Bewegungen.

8. Unfähigkeit zum Sitzen, Stehen und Gehen. Ersatz dieser Leistungen durch reaktive Massenbewegungen des Körpers, die an die Kletterbewegungen erinnern.

Demgegenüber ist nach meinen Erfahrungen die Athetose des Erwachsenen bei Gleichheit der athetotischen Spontanbewegung durch eine weit mehr im Vordergrunde stehende allgemeine Hypertonie ausgezeichnet. Auch die Haltungsanomalien der Glieder und des Rumpfes, die an die Hockerstellung erinnern, ferner die Massenbewegungen des Körpers in ihrer Ähnlichkeit mit Kletterbewegungen fehlen hier, und das Sitzen, Stehen und Gehen ist mehr indirekt geschädigt durch die hypertonischen Zustände und das unwillkürliche athetotische Bewegungsspiel selbst. Schließlich beschränken sich die athetotischen Bewegungen weit mehr wie im Kindesalter auf einzelne Muskelgebiete und Extremitätenabschnitte, wobei für gewöhnlich die Extremitätenenden bevorzugt werden. Es handelt sich dabei um langsame Beuge-, Streck- und Spreizbewegungen mit nicht gleichsinniger und ungleichmäßiger Bewegung der einzelnen Muskeln bei bestimmten Bewegungssynergien. Hier tritt der Zerfall tonischer und statischer Momente in den einzelnen Bewegungssynergien besonders deutlich hervor.

Anatomisch sind hier offenbar recht bemerkenswerte Unterschiede gegeben; ich betonte oben bei Besprechung schwerer Striatumdegenerationen immer wieder die Tatsache des Fehlens athetotischer Bewegungen. Desgleichen kam ich bei Berücksichtigung der Literatur und meiner eigenen Beobachtungen über die Athetose des Erwachsenen (Fall XVII und XVIII) zu dem Schlusse, daß stets eine Mitläsion des Pallidum dabei vorhanden sein muß[1]).

Bei der angeborenen Athetose oder jener des frühen Kindesalters sind offenbar andere Bedingungen gegeben. So gut sym-

---

[1]) Es handelt sich hier nur um die Beziehungen von Striatum und Pallidum zu Athetose. Ich bin überzeugt, daß sich noch verschiedene andere anatomische Bedingungen ergeben für das Auftreten einer Athetose-ähnlichen Bewegungsstörung (z. B. eigenartige Hyperkinesen bei Verletzungen der Centr. post. und des Parietalhirns), doch diese stehen hier nicht zur Diskussion.

ptomatologisch die einzelnen Krankheitsfälle hier beschrieben sind, so wenig
wissen wir heute noch über ihre genaue Gruppenklassifizierung und das ihnen
zugrunde liegende anatomische Substrat. Es kann nach der Art und der Entwicklung der einzelnen Krankheitsbilder keinem Zweifel unterliegen, daß wir
es dabei mit ätiologisch ganz verschiedenen Krankheiten zu tun haben,
und es ist eine dringende Forderung hier durch genaue anatomische
Untersuchungen eine Klärung herbeizuführen bezüglich der Art
und Lokalisation der jeweiligen Prozesse.

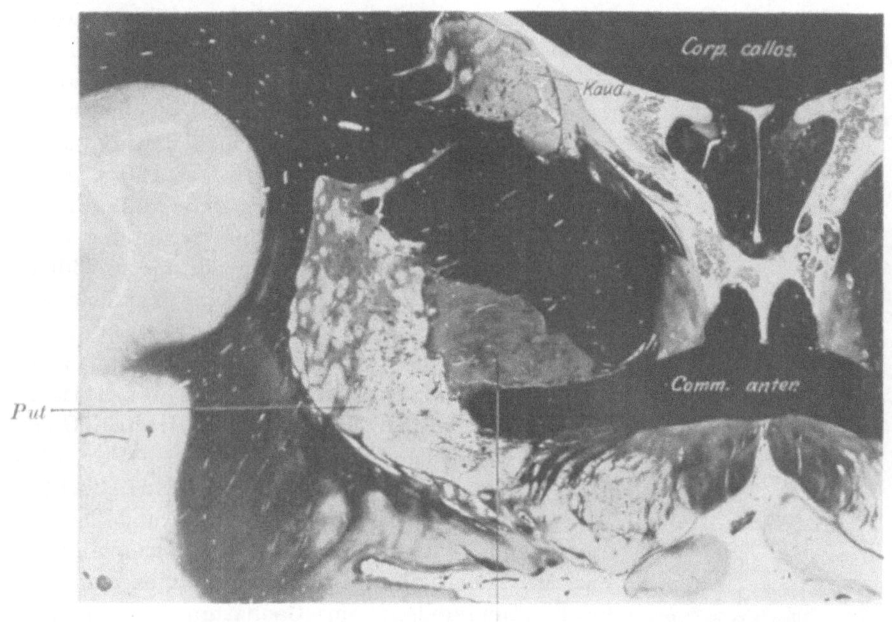

Abb. 124. Markscheidenfrontalschnitt. Präparat von C. und O. Vogt. Status marmoratus
im Kaudatum besonders im Putamen. Photogr.

C. und O. Vogt erwähnen 3 Krankheitsbilder des kindlichen Alters, bei
denen Athetosebewegungen im Vordergrunde stehen:
1. Die angeborene Littlesche Starre.
2. Die cerebrale Kinderlähmung mit dem Bielschowsky-Typus der cerebralen
Hemiatrophie.
3. Den Status dysmyelinisatus im Pallidum.
Bei all diesen Krankheitsbildern handelt es sich zum Teil wenigstens um
Erkrankungen des unreifen Gehirns, wobei recht häufig epileptische
Zustände auftreten.

A. Littlesche Starre.

Bei der angeborenen Littleschen Starre mit der Tendenz zur
Besserung haben C. und O. Vogt ihren Status marmoratus im Striatum
beschrieben. Es handelt sich klinisch dabei um einen seit der frühesten Kindheit

bestehendes — „angeborenes" — Leiden, das sich in Anfällen epileptischer
Art, mehr oder weniger ausgesprochener intellektueller Minderwertigkeit und
in eigenartigen spastischen Zuständen ohne eigentliche Lähmung zeigt. Die
spastischen Zustände befallen nicht die Prädilektionsmuskeln der corticalen
spastischen Lähmung und nehmen niemals die Intensität wirklicher Contracturen
an. Vielfach treten sie sogar nur in der Form eines zeitweisen Spasmus (Spasmus
mobilis) auf. Die Sehnenreflexe sind nicht wesentlich gesteigert, der Bauchdeckenreflex erhalten, ein echter Babinski fehlt, dagegen ist ein Pseudo-Babinski
häufig. Der Spasmus kann im wesentlichen auf die Beine beschränkt sein (spastische Paraplegie Freuds). Er ist auch da, wo er
Arme und Beine befallen hat, ausnahmlos in den
Beinen am stärksten. Daneben zeigen sich mehr oder
weniger athetotische Bewegungen, allgemeine choreiforme Muskelunruhe, Mitbewegungen, sowie Zwangslachen und Zwangsweinen. Periphere Reize, Emo-
tionen und Intentionen steigern diese willkürlichen
Bewegungen. Dabei können die Symptome einer
Pseudobulbärparalyse vorhanden sein bis zu völliger
Anarthrie. Die Krankheit hat eine Tendenz zur
Besserung.

Anatomisch fanden C. und O. Vogt in allen
8 untersuchten Fällen in Teilen des verkleinerten Striatum an Stelle der üblichen Ganglienzellen einen unter normalen Verhältnissen nicht vorhandenen Faserfilz (Abb. 124).
Entsprechend dem striären Zellschwund besteht
immer eine sekundäre Degeneration striopallidärer
Fasern. Innerhalb des Striatum gibt es zweifellos
Prädilektionsstellen: im Caudatum ist es vornehmlich der innere Teil, im Putamen das dorsale
Gebiet. Die Erkrankung wird als eine angeborene
Mißbildung aufgefaßt und auf eine frühzeitige
Keimschädigung zurückgeführt, wobei die Frage
offen bleibt, inwieweit exogene Momente während
des embryonalen Lebens zu ihrer Entstehung erfor-
derlich sind [1]).

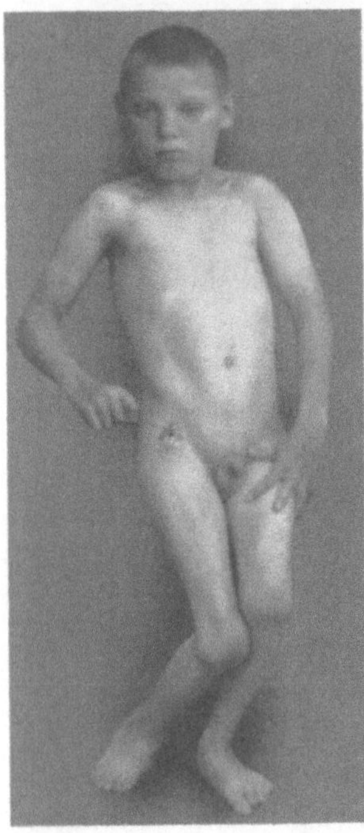

Abb. 125. Fall XXIV. Littlesche Starre mit Athetose
(besonders linke Hand). Status marmoratus des Striatum.

Wir haben hier auf der Kinderstation von Herrn Dr. Rautenberg einen
Kranken in Beobachtung, den ich auf Grund der klinischen Erscheinungen
dieser Krankheitsform zurechnen möchte. Er ging unter der Diagnose der Littleschen Krankheit.

---

[1]) Ich verdanke der Liebenswürdigkeit von Herrn Direktor Zappe, Schleswig das
Gehirn einer Littleschen Starre mit Idiotie, bei der auch athetotische Hyperkinesen zeitweise angedeutet waren. Schon bei der Zerlegung des ·in seinen Großhirn- und
Kleinhirnwindungen falsch gebildeten Gehirns erkannte man an der eigenartigen Zeichnung des Striatum den Status marmoratus, der sich auch im Markscheidenbild bestätigt fand. Der Fall wird von Herrn Dr. Josephy ausführlich mitgeteilt werden.

Fall XXIV.
Littlesche Starre — Status marmoratus.

Es handelt sich dabei um einen jetzt 13 jährigen Knaben (Abb. 125), der älteste von zwei gesunden Geschwistern. In der Ascendenz ist nichts Besonderes festzustellen. Die Mutter ist lungenkrank und hatte Krämpfe als sie unseren Patienten trug. Die Geburt war normal. Bis zum ersten Jahre bemerkten die Eltern nichts Besonderes, erst als es anfangen wollte zu laufen und zu sprechen, bemerkten sie das Unvermögen des Kindes. Es hielt die Füße spitz nach unten und konnte sie nicht richtig ansetzen. Es lernte nicht laufen, hielt den Oberkörper nach vorn gebeugt, war mit den Armen ungeschickt, so daß es erst mit 6 Jahren, und zwar mit Mühe, selbst essen lernte. Mit 7 Jahren erst fing es an verständlicher zu sprechen, wobei sich die Sprache allmählich besserte. Wegen der Unmöglichkeit des Gehens und der starken Spitzfußstellung wurden die Achillessehnen durchschnitten und das Kind mußte $^3/_4$ Jahr in Gips liegen. Aber auch nach der Operation konnte es die Beine nicht allein ansetzen, entwickelte sich geistig nur langsam und erhielt erst vom 12. Jahre an Unterricht. Der Zustand blieb in den letzten Jahren unverändert.

Mit 12 Jahren wurde es der Kinderabteilung der hiesigen Staatskrankenanstalt zugeführt. Das Kind macht einen körperlich unentwickelten Eindruck, der Gesichtsausdruck ist schläfrig, es besteht kein Mienenspiel. Die inneren Organe sind gesund. Die Beine sind im Knie gebeugt, die Füße sind leicht winklig flektiert und ziemlich fixiert. Eigentliche Lähmungen bestehen nirgends. Die Beine können nicht zum Gehen angesetzt werden und das Kind muß getragen werden. Es ist völlig hilflos und muß bei allen Verrichtungen unterstützt werden. In den Armen und Beinen, namentlich in letzteren, bestehen starke Spannungen im Sinne von Rigidität, die sich bei wiederholten passiven Bewegungen, vornehmlich in den Armen, lösen. Sowohl in der Ruhe als auch ganz besonders bei Beschäftigung mit dem Kranken treten ausgesprochene athetotische Bewegungen auf, sowohl in der Gesichtsmuskulatur wie besonders in den Extremitäten. Die Finger werden langsam gespreizt und hyperextendiert, an den Zehen lassen sich die gleichen Bewegungen feststellen, wobei besonders häufig, namentlich rechts, eine Dorsalflexion der großen Zehe eintritt. Die Sprache ist verwaschen, langsam und durch die athetotischen Mitbewegungen der Gesichtsmuskulatur verzerrt. Die Reflexe sind lebhaft, beiderseits gleich, auch die Bauchdeckenreflexe sind auszulösen. Ein echter Babinski ist nicht festzustellen, dagegen tritt zuweilen ein deutlicher Pseudo-Babinski auf. Die Sensibilität ist intakt. Blasen- und Mastdarmstörungen bestehen nicht.

Psychisch ist das Kind orientiert, nimmt Anteil an den Vorgängen der Umgebung und ist erziehbar. In der geistigen Ausbildung ist es noch weit zurück, nimmt am Unterricht teil, wobei es sich durchaus große Mühe gibt, aber nur langsame Fortschritte macht.

Durch Übung und Unterricht wird ein zweifelloser Fortschritt in der Beweglichkeit der Beine wie auch in dem psychischen Befinden des Kindes erreicht. Das Kind, das zunächst einen auffallend schläfrigen Eindruck machte, wird munterer und freut sich selbst über seine Fortschritte.

Das ganze Krankheitsbild und die Krankheitsentwicklung entspricht am meisten den von C. und O. Vogt mitgeteilten Beobachtungen, denen anatomisch der Status marmoratus des Striatum zugrunde liegt.

Die Fälle, die gemeinhin unter der Diagnose Littlesche Krankheit laufen, sind anatomisch noch zu wenig analysiert, um heute schon mit Rücksicht auf das pathologisch-anatomische Substrat eine genauere Gruppeneinteilung zu ermöglichen. O. Förster unterscheidet dabei vom klinischen Standpunkte aus 3 bzw. 4 verschiedene motorische Typen.

Die erste Gruppe beruht auf einer angeborenen, vielleicht auch sub partum erworbenen Alteration des Pyramidenbahnsystems, und bietet symptomatologisch alle Zeichen des Pyramidenbahnsyndroms, möge es sich um eine rein spastische, eine spastisch-paretische oder spastisch-paraplegische Störung der Beine oder der Arme und Beine handeln. Meist liegt übrigens in diesen Fällen keine Frühgeburt vor und keineswegs immer waren die Kinder bei der Geburt asphyktisch. Recht oft aber handelte es sich um Zangengeburten.
Die zweite Gruppe, die aber relativ selten ist, bietet durchaus das Bild des angeborenen Pallidumsyndroms mit ausgesprochener pallidärer Starre. Autop-

tische Belege existieren für diese Formen noch nicht. In einem Teil dieser Fälle nimmt die Entwicklung des Leidens mit den Jahren zu im Gegensatz zu der ersten Gruppe, bei der ein allmählicher Rückgang der Erscheinungen die Regel bildet.

Die dritte Gruppe umfaßt den oben von C. und O. Vogt genauer beschriebenen Status marmoratus des Striatum. Nach den Erfahrungen O. Försters handelt es sich dabei durchweg um Frühgeburten, keineswegs immer um asphyktische Geburten (unser mitgeteilter klinischer Fall dieser Krankheitsgruppe war ein ausgetragenes Kind, bei dem die Mutter nichts über Anomalien bei der Geburt, auch nichts über Asphyxien berichten konnte).

Die vierte Gruppe entspricht dem Vogtschen Status dysmyelinisatus des Pallidum, auf den ich noch weiter unten zu sprechen kommen werde.

Ich möchte im folgenden über einen seltenen Krankheitsfall berichten, der zweifellos in die große Gruppe der Littleschen Krankheit gehört, dabei eine ausgesprochene pallidäre Starre zeigte und entsprechend seinem ana-

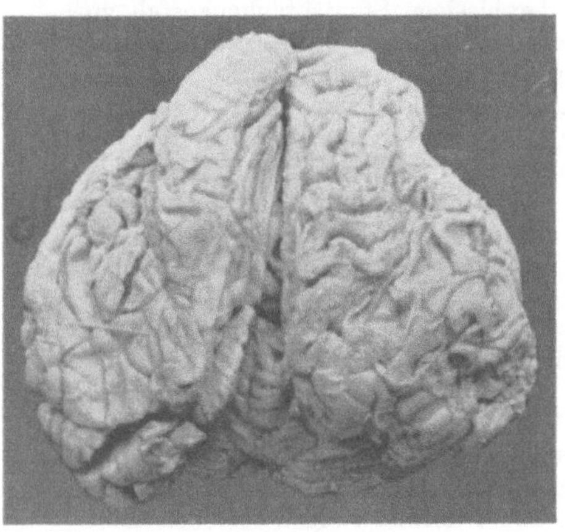
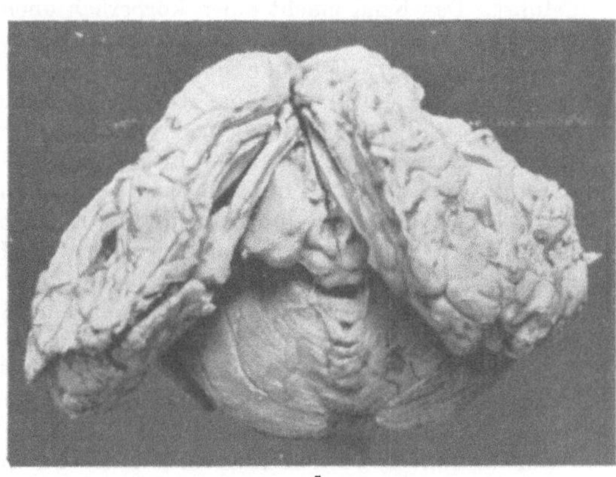

Abb. 126. Fall XXV. a: Gehirn von oben. b: Die Großhirnhemisphären aufeinandergeklappt, so daß das gut erhaltene Zwischengehirn und Kleinhirn zur Ansicht gelangt.

tomischen Substrate dem von Fischer und Edinger beschriebenen Falle eines Kindes ohne Großhirn sehr nahekommt. Das Gehirn und die klinischen Notizen verdanke ich Herrn Dr. Trömner.

Fall XXV.

Ein Kind ohne Großhirn mit zehnmonatiger Lebensdauer.

Es handelt sich um ein 10 Monate altes Kind, das durch Wendung und Extraktion des nachfolgenden Kopfes geboren, zunächst asphyktisch war, dann unter hohem Fieber eine Zeitlang häufig, später seltener Krämpfe hatte und bis an sein Lebensende völlig apathisch dalag, jedoch mit matter tonloser Stimme schrie, regelmäßig trank und entleerte. Das Kind zeigte starke opisthotonische Haltung, der Nacken und die Glieder waren hochgradig gespannt und starr, dabei die Reflexe wenig gesteigert und der Plantarreflex zeigte nur ab und zu Babinskiform. Die linke Pupille ist gänzlich, die rechte fast reaktionslos. Die Papillen sind atrophisch. Eine früher vorgenommene Lumbalpunktion hatte normalen Liquor ergeben.

Die Diagnose (Trömner) lautete: Erweichung oder chronische Meningitis oder Sekundärzustand nach Encephalitis.

Bei der Autopsie sackten die beiden Großhirnhemisphären, die papierdünn waren, in sich zusammen, nachdem sich beim Durchreißen des stark verdünnten Balkens eine große Menge Liquor entleert hatte. Die Großhirnwindungen des gesamten Gehirns mit Ausnahme des von der Parieto-Occipitalfurche nach hinten sich anschließenden Occipitalhirns und des Gyrus hippocampus und der nächstgelegenen basalen Temporalwindungen waren stark verschmälert, größtenteils bis auf dünne Gewebsstränge reduziert (Abb. 126a und b). Sie rissen sehr leicht ein. Auf Frontalschnitten durch das in Formol fixierte Gehirn traf man in beiden Großhirnhemisphären auf große, mit klarem Liquor gefüllte Höhlen, die von unregelmäßig begrenzten, häufig häutchenförmig dünnen Hemisphärenwandteilen begrenzt sind. Das Ganze macht den Eindruck einer in Vernarbung begriffenen Erweichung. In dieser Erweichung ist einbegriffen das Marklager des gesamten Großhirns, caudal bis zur Fissura parietooccipitalis, lateral bis zur zweiten Temporalfurche, basal bis zur Grenze gegen die Schläfenlappen und medial bis schräg über den Balkenwulst. Die zugehörigen Rindenanteile sind zumeist bis auf zarte Gewebsstränge reduziert, anderenorts noch etwas breiter vorhanden, wobei sich eine starke Zerklüftung erkennen läßt. Erweicht sind ferner der Balken außer dem Splenium, der Fornix, Teile des Streifenhügels und noch kleinste Teile der vordersten Thalamusgebiete. Normal erscheinen der übrige Thalamus, die Vierhügel, das Corpus geniculatum laterale, die Corpora mamillaria, die Commissura medialis und posterior, die gesamte Medulla oblongata und das Kleinhirn.

Das Gehirn wurde nach mehrwöchentlicher Formalinfixierung in Frontalschnitte zerlegt und vornehmlich in einer Serie großer Markscheidenpräparate bearbeitet. Einige aus mehreren Stellen des Cortex herausgeschnittene Stückchen wurden für feinere histologische Untersuchungen eingebettet.

Die Ergebnisse der mikroskopischen Untersuchung sind folgende:

Wie schon bei der makroskopischen Besprechung des Gehirnbefundes erwähnt, ist der größte Teil der Großhirnrinde, insbesondere die ganze Konvexitätsrinde in zumeist papierdünne Gewebsstränge umgewandelt, die an manchen Orten noch Verbreiterungen zeigen und entfernt noch an Rindenreste erinnern. Der Seitenventrikel ist in seinen Grenzen nicht zu bestimmen, er ist in einen großen Hohlraum umgewandelt, in den medial die relativ gut erhaltenen basalen Stammganglien hineinragen, der aber lateral und dorsal und zum Teil auch ventral von solchen Gewebssträngen unregelmäßig begrenzt ist. Nur das Unterhorn und die caudalsten Teile des Hinterhorns sind noch gut zu erkennen, ebenfalls erweitert und von einigermaßen normalen Gehirnstrukturen umschlossen.

Neben dem Hauptporus, der wie besprochen im allgemeinen der Lage des Seitenventrikels entspricht, zeigt die völlig zerklüftete Rindengegend der Konvexität zahlreiche kleinere oder größere mit Zerfallsmassen angefüllte oder leere Gewebslücken (Nebenpori).

Bei der feineren histologischen Untersuchung der veränderten Rindenpartien ergeben sich im wesentlichen folgende Bilder:

Die Pia (Abb. 127, 128, 129) besteht aus einem lockeren Bindegewebe mit zahlreich eingestreuten Makrophagen, die Blutpigment und lipoide Massen führen. Die Gefäße sind normal. Die Stränge, bis auf welche die atrophischsten Rindengebiete reduziert sind, zeigen ein recht buntes anatomisches Bild (Abb. 127, 128, 129). Das Grundgewebe ist verdichtet und besteht ganz vornehmlich aus einem dichten Gliafaserfilz (Abb. 127 und 128) mit nur ganz leichter Bindegewebsvermehrung und zumeist zahlreichen eingestreuten fettführenden Körnchenzellen. Stellenweise unterbricht ein solcher streifenförmig sich entwickelnder Status spongiosus das geschlossene Gewebsbild insofern, als sich unter der Pia zunächst ein ziemlich breiter Gliafaserfilz in geschlossener Anordnung zeigt, worauf dann ein fast ebenso breiter Status spongiosus folgt und dann wieder ein geschlossenes Gewebsgefüge zutage tritt (Abb. 127 x). Die stark gefalteten Gewebsstränge schließen zahlreiche kleinere und größere Hohlräume ein (Abb. 128); in diesen Gewebslücken liegen einmal stark geschrumpfte und aus engmaschiger faseriger und protoplasmatischer Glia zusammengesetzte Gewebsreste mit eingestreuten gewucherten Gliazellen (offenbar Reste des Marklagers). Diese Gewebsinseln und -halbinseln (vgl. Abb. 129 Markinseln) sind jeweils nach außen begrenzt von einer deutlich entwickelten gliösen Grenzmembran und pialen Gewebszügen. Größere Lücken sind durchzogen von zarten Bindegewebsstrukturen, in denen sich Abbauzellen in mäßigen Mengen finden. Anderenorts (Abb. 128) sehen wir, wie sich unter der Pia nur ganz zarte lamelläre Reste des Nervengewebes, bestehend aus faseriger Glia, nachweisen lassen, woran

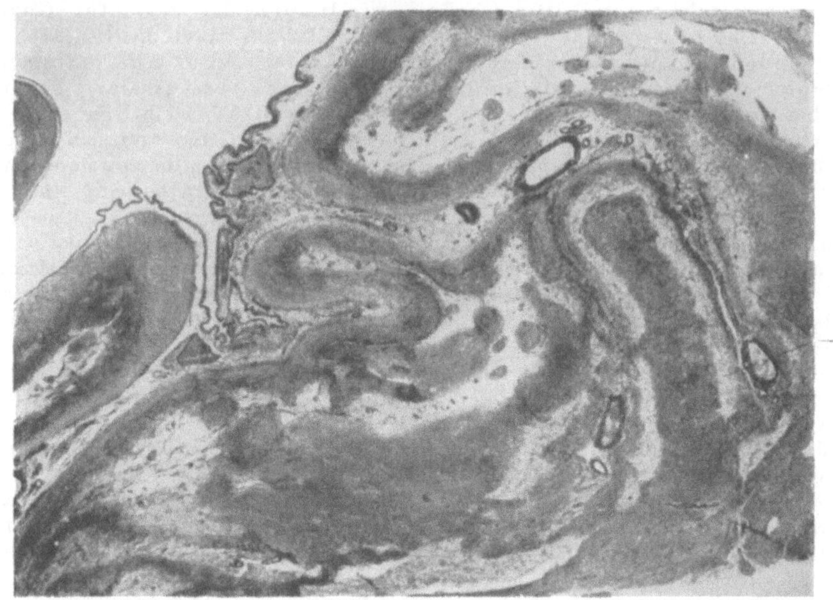

Abb. 127. Fall XXV. Rindenveränderung. Mikroph. bei schwacher Vergrößerung. x = Status spongiosus mit Körnchenzellen innerhalb der Rinde. van Gieson-Präparat.

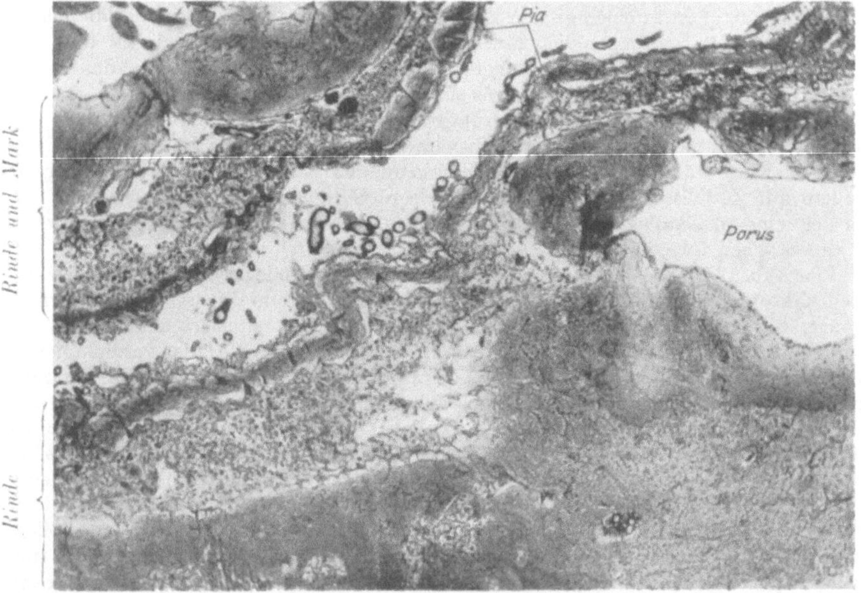

Abb. 128. Fall XXV. Das gleiche bei stärkerer Vergrößerung.

sich eine Lückenbildung anschließt mit zarter bindegewebiger Grundlage und ausgefüllt mit zahlreichen Abräumzellen. Dann folgen wieder Gewebsstrukturen mit geschlossenerem Gefüge wie oben beschrieben. Abb. 129 zeigt bei stärkerer Vergrößerung die Reste eines schwer veränderten Windungsgebietes. Unterhalb der Pia liegt zunächst ein relativ geschlossenes Gliagewebe, dann zeigt sich eine Auflockerung mit zahlreich eingestreuten Körnchen-

Abb. 129. Fall XXV. Dasselbe bei stärkerer Vergrößerung.

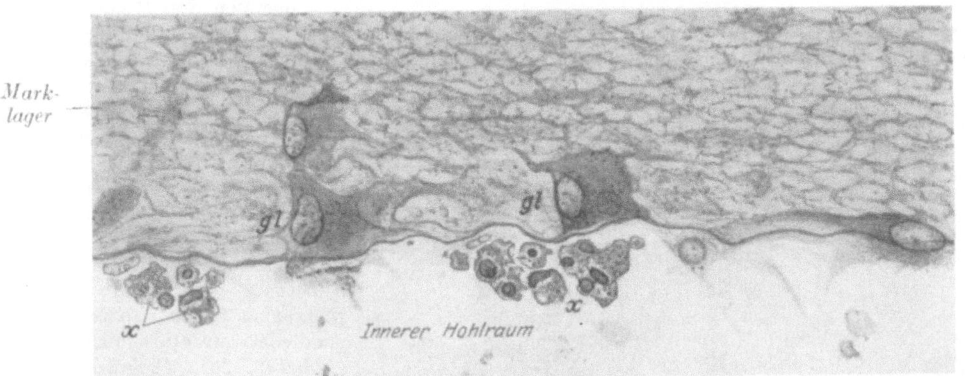

Abb. 130. Fall XXV. Membrana limitans gliae accessoria. Malloryfärbung. gl = Faserbildende Gliazellen. x = Abräumzellen. Feinfaseriges Gliareticulum im Mark. Zeichnung bei Zeiss' Öl-Imm. $^1/_{12}$. Komp.-Ok. 4. Modif.

zellen bei zurücktretender Gliafaserbildung und zarten Mesenchymalbrücken, und schließlich ist das ganze übrige Gewebe umgewandelt in einen derben Gliafilz mit gewucherten Gliazellen. Gegen den inneren Hohlraum zu, in den halbinselförmig ähnlich gebaute Gewebsreste hineinragen, beobachten wir ein schön entwickeltes Gliafasernetzwerk mit gewucherten faserbildenden Gliazellen, die in der innersten Begrenzung eine deutliche Membrana limitans accessoria bilden (Abb. 130). In vielen Punkten erinnern die hier geschilderten histologischen Verhältnisse an jene Befunde, die Spatz bei seinen experimentellen Untersuchungen über die traumatische Reaktion des unreifen Nervengewebes geschildert hat. Sehr häufig begegnen wir dann noch in dem Hohlraum zerstreut gelegenen Abräumzellen (Abb. 130). Dort wo man nach der ganzen Art die Reste des Marklagers annehmen muß, besteht es gleichfalls aus einem dichtfaserigen Gliafilze mit zahlreichen Gliazellen; stellenweise sind ganz eigenartig gebaute Riesenzellen mit polymorphem Kern eingelagert (Abb. 131). Solche Bildungen fassen wir als Fremdkörper-Riesenzellen auf.

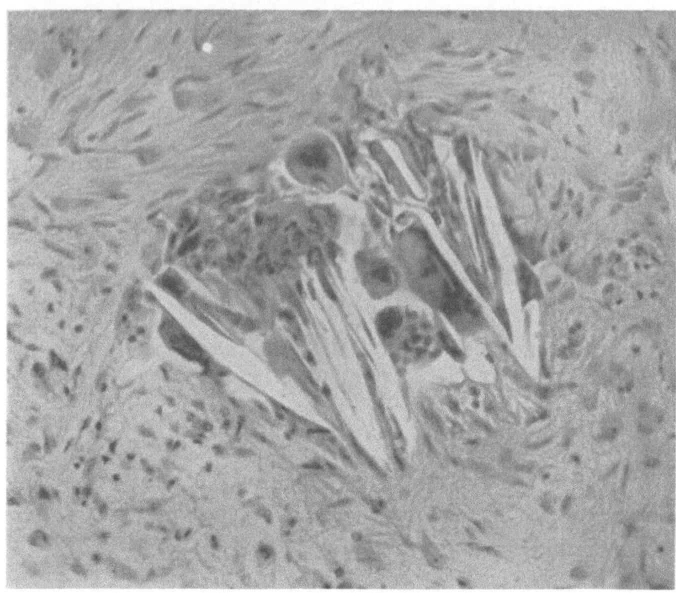

Abb. 131. Fall XXV. Fremdkörperriesenzellen im Marklager, von faserbildenden Gliazellen umgeben. Mikroph. bei stärkerer Vergrößerung. van Gieson-Präparat.

In den meisten so veränderten Rindengebieten ist von Ganglienzellen und Achsenzylindern nichts mehr nachzuweisen. Dann gibt es aber ganz gleichsinnig veränderte Gewebsstränge, die noch Nester von schwer veränderten Ganglienzellen zwischen sich erkennen lassen. In weniger geschrumpften Rindenarealen sind stellenweise noch die obersten drei Rindenschichten relativ erhalten, namentlich an den Übergängen zu relativ normalen Windungsgebieten des Schläfen- und Occipitalhirns. Aber auch diese Windungen sind im Marke verkümmert und bieten eine deutliche Degeneration, vornehmlich der drei unteren Rindenschichten. Deutliche laminäre Entartungen der Pyramidenschicht sind nicht dabei zu erkennen.

Was zunächst die Ausdehnung des Rindenprozesses angeht, so zeigen die Serienfrontalschnitte (Abb. 132, 133, 134), daß die ganze Rinde der Konvexität völlig entartet ist, nur Teile des Temporalhirns (T_2 und T_3) und die anschließende Basis des Occipitalhirns, ferner die hintersten Teile der Konvexität des Occipitalhirns sind relativ normal.

Die Ammonshornformation hat nicht gelitten,

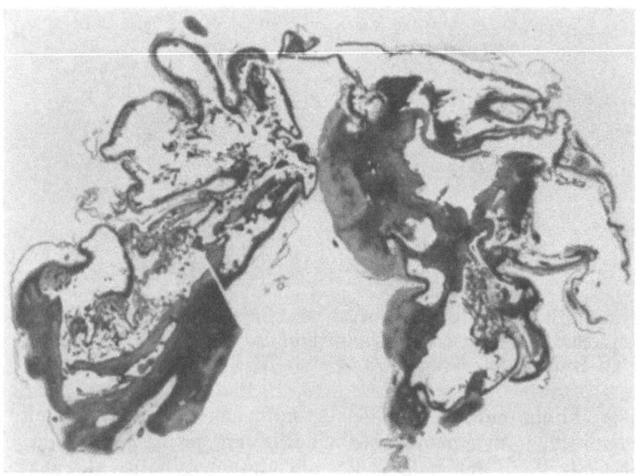

Abb. 132. Fall XXV. Markscheidenfrontalschnitt durch das Frontalhirn. Photogr.

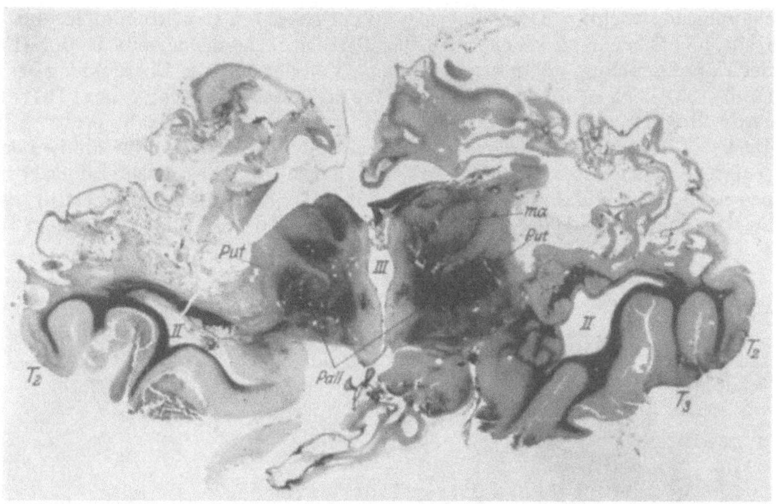

Abb. 133. Fall XXV. Markscheidenfrontalschnitt in der Höhe des vorderen
Thalamusgebiets. Zerstörung der Großhirnhemisphärenconvexität mit Puta-
men rechts. Links Putamen relativ erhalten. Pallidum annähernd normal.
Photogr.

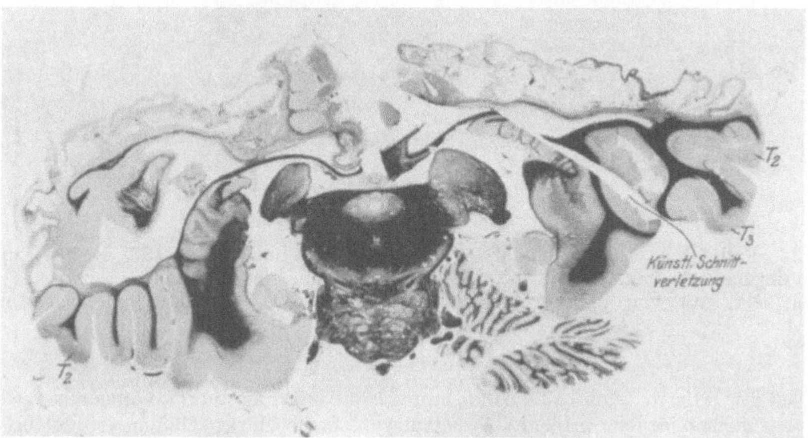

Abb. 134. Markscheidenfrontalschnitt in Höhe der vorderen Vierhügel. Zerstörung der Großhirnhemisphärenconvexität. Photogr.

im Temporal- und Occipitalhirn ist das Marklager zum Teil markhaltig und die dünnen
aber doch deutlichen Markzüge (Abb. 133) umziehen das erweiterte Unter- und Hinterhorn
des Seitenventrikels und erreichen zum Teil wenigstens einen sicheren Anschluß an die
sonst völlig degenerierte Kapselstrahlung. In den übrigen Windungsgebieten lassen sich
nur stellenweise Markstrahlungen feststellen.

Der Balken ist in seiner ganzen Ausdehnung nicht mehr zu erkennen (Abb. 133 bis 138),
ebenso ist der Körper des Fornix größtenteils entartet.

Wie schon bei der makroskopischen Schilderung des Gehirnbefundes hervorgehoben,
sind die übrigen Teile des Zentralnervensystems, insbesondere der ganze Gehirnstamm
im wesentlichen normal, jedoch sind noch Teile des Striatum und des Thalamus
betroffen. Die frontalen Markscheidenserienschnitte (Abb. 133 bis 138) ergeben hier in der

Hauptsache folgende wichtige Degenerationen: Vom gesamten Caudatumkopfe und -körper ist beiderseits nichts mehr zu sehen, auch das Putamen ist beiderseits in der Höhe des Beginns der Kapselstrahlung völlig verschwunden. Von der oralsten Entwicklung des Thalamus an (Abb. 135) liegt es in völlig marklosem Zustande stark zerklüftet dem Innenrande des Hauptporus an, wobei es rechts deutlich mehr gelitten hat als links. Die gleichen Unterschiede sind im weiteren Verlaufe des Putamen deutlich, rechts greift der Hauptporus auf das Striatum noch über, das in seiner Formation noch etwas erkennbar dem Pallidum aufsitzt, während links ein in sich geschlossenes, aber sehr wenig markhaltiges Putamen dem Pallidum anliegt. (Abb. 135, 136).

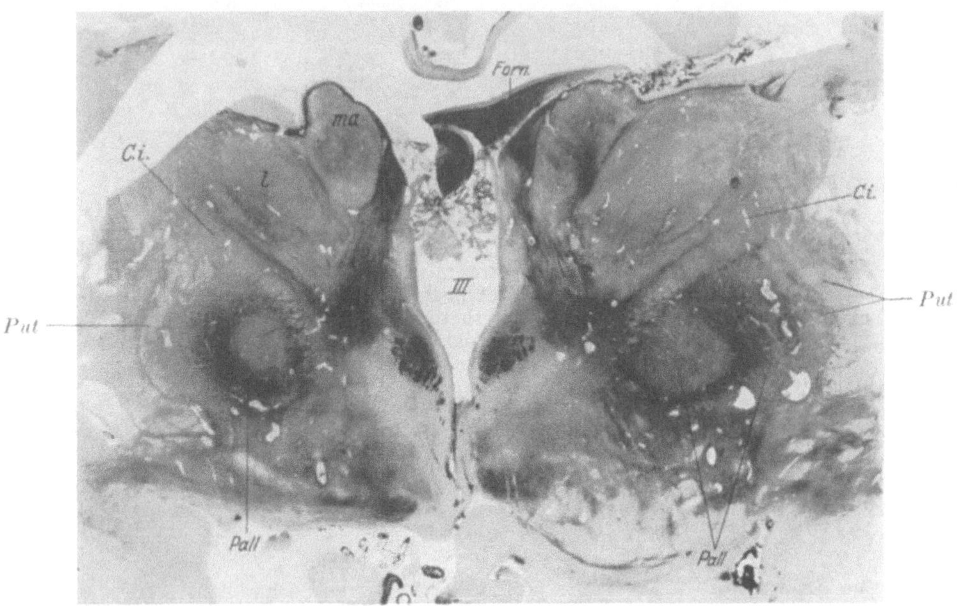

Abb. 135. Fall XXV. Markscheidenfrontalschnitt, etwas hinter Abb. 133. Rechts Putamen schwer degeneriert, links relativ gut erhalten. Pallidum beiderseits normal. *C. i.* = Caps. int. markleer, nur von pallidären Faserungen durchsetzt. Photogr. bei etwas stärkerer Vergrößerung.

Das Pallidum (Abb. 135, 136) kann beiderseits als normal angesehen werden, wenigstens fehlen jegliche gröberen Verletzungen. Seine Markzeichnung ist gut erhalten, nur scheint es etwas markärmer als normal.

Die Linsenkernschlinge (Abb. 136, 137, *Al*) ist in allen ihren Teilen deutlich ausgeprägt. Sie durchsetzt in den caudalen Ebenen (Abb. 137) die sonst völlig entmarkte innere Kapsel, in der nur noch die Temperalstrahlung gut abzugrenzen ist.

Der Luyssche Körper und der gesamte Hypothalamus ist im wesentlichen normal (Abb. 137), ebenso sind die Forelschen Bündel nicht wesentlich verändert, auch die Forelsche Kreuzung und die Commissura posterior kann als normal angesehen werden.

Der oralste Beginn des Thalamus ist beiderseits in die Erweichung mit einbegriffen, sonst aber ist der gesamte Thalamus (Abb. 136, 137) unverletzt.

Gut erhalten ist insbesondere der vordere Thalamuskern *aa* mit der Taenia thalami (Abb. 136). Das Vicq d'Azyrsche Bündel ist in seinem Verlaufe von den nicht atrophischen Corpora mammillaria bis zu dem Thalamuskern *aa* gut zu verfolgen. Der Thalamuskern *ma* ist atrophisch und ziemlich markleer. Der vordere laterale Kern des Thalamus (*l*) ist sehr atrophisch. Weiter caudalwärts sehen wir in dem atrophischen hinteren lateralen Kern

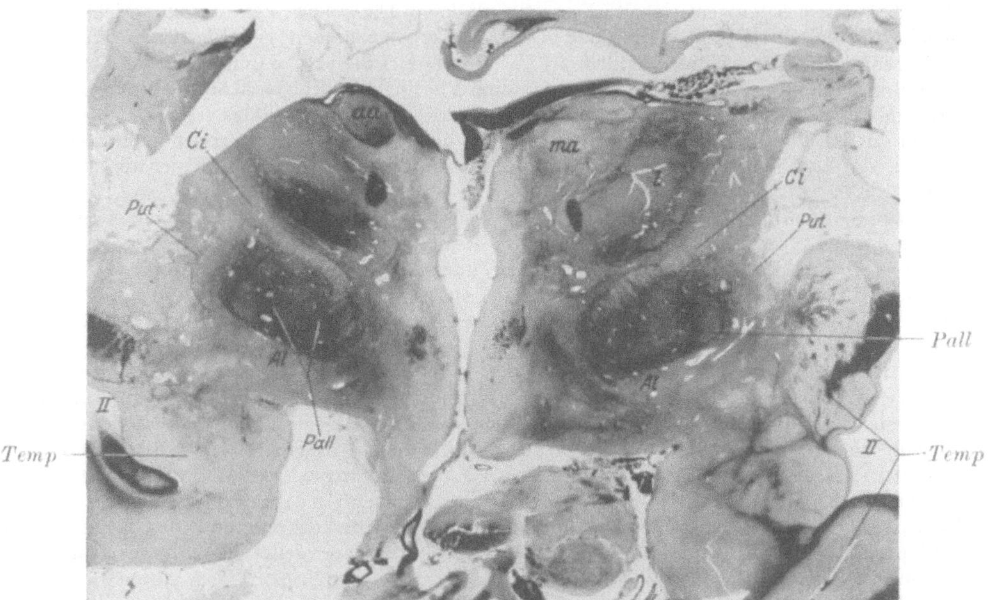

Abb. 136. Fall XXV. Markscheidenfrontalschnitt etwas hinter Abb. 135. Das gleiche wie Abb. 135. *Temp* = Pol des Schläfenhirns mit Unterhorn des Seiten-Ventrikels (*II*). Photogr.

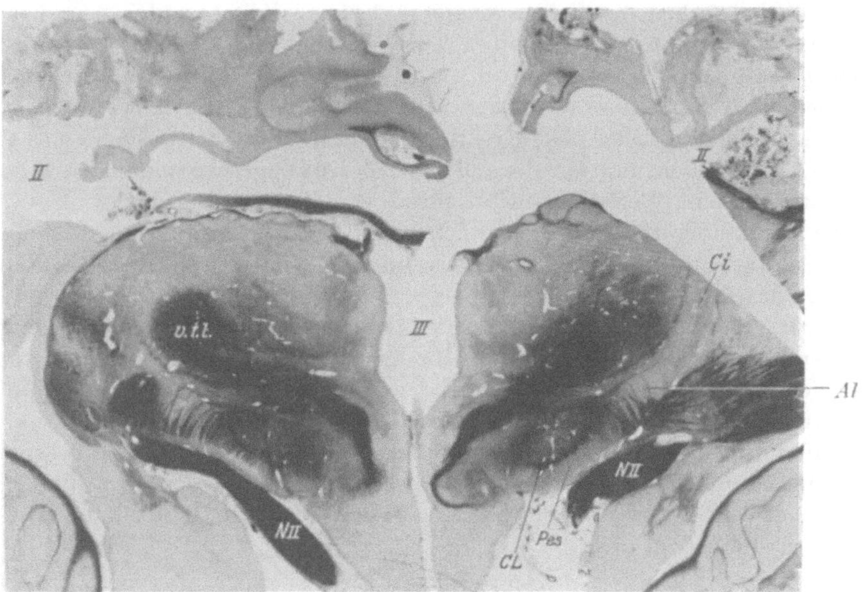

Abb. 137. Fall XXV. Markscheidenfrontalschnitt kurz vor den Corp. mam. Zwischenhirn mit erhaltener Haubenstrahlung (*v t l*) und fast normalem Corpus Luysi (*CL*). *Pes* und Corps. int.·(*Ci*) von der pallidären Linsenkernfaserung (*Al*) durchsetzt. N_{II} = Opticus.

des Thalamus eine gut entwickelte Faserung, die dem Thalamusgebiete *v t l* entspricht und wohl vornehmlich als Haubenstrahlung des roten Kerns anzusehen ist (Abb. 137). Auch das Endigungsgebiet der sensiblen Schleife ist gut erhalten. Die mittlere Commissur ist ziemlich markarm. Die vorderen (Abb. 138) und hinteren Vierhügel sind platt, atrophisch und markarm, das Pulvinar ist beiderseits atrophisch und markarm (Abb. 138), das sensible Schleifengebiet in der Ponshaube ist normal gezeichnet, der mittlere Kniehöcker ist nicht festzustellen, die lateralen (*c g l*) sind ganz gut erhalten. Der rote Kern ist kleiner als normal (Abb. 138).

Die Substantia nigra ist beiderseits leicht atrophisch und im allgemeinen markärmer (Abb. 138). Sehr deutlich hebt sich in ihrem Grau beiderseits ein geschlossenes Markbündel ab, das in ihrer lateralen Ecke gelegen den Fasciculi pontini laterales (Abb. 138 *f p l*) entspricht, oralwärts bis in die Pallidumstrahlung zu verfolgen ist und weiter caudalwärts als laterale Haubenfußschleife sich in der lateralen Haubengegend in der Höhe der lateralen Schleife erschöpft.

Der Hirnschenkelfuß enthält sonst nur noch eine geschlossene Faserung in seinem lateralen Teile, die sich medioventral der erst erwähnten lateralen Haubenfußschleife anschließt und die temporale Brückenbahn (Abb. 138 *p*) darstellt. Sie findet ihren Anschluß an die Brückenganglien, und zwar im dorsalen Teile. Die frontopontinen Bahnen und die gesamte Pyramidenstrahlung ist atrophisch. Das System der hinteren Längsbündel, sämtliche Kleinhirnbrückenarme und das Kleinhirn sind normal. Im Dentatum ist auf Markscheidenpräparaten nichts Krankhaftes festzustellen.

Auch sonst sind in der gesamten Medulla oblongata außer der Pyramidenbahnentmarkung keine Veränderungen nachzuweisen, insbesondere sind die unteren Oliven beiderseits völlig gleich ausgebildet und ihr gesamtes Vlies ist beiderseits in gleicher Weise markreich (Abb. 139).

Zusammenfassung des anatomischen Befundes.

Wir haben hier das Gehirn eines $^3/_4$jährigen Kindes, dessen gesamte Hirnrinde bis auf Teile des Temporal- und Occipitalhirns von einem eigenartigen Degenerationsprozeß befallen ist. Er charakterisiert sich histologisch als eine nicht entzündliche Erweichung, die bei dem Fehlen jeglicher sicheren Ätiologie am wahrscheinlichsten als traumatische aufzufassen und auf die schwere Geburt zurückzuführen ist. Die Bedeutung schwerer Geburten, insbesondere von Zangengeburten, ist ja vielfach in der Literatur erörtert und namentlich für die Pathogenese kindlicher Lähmungs- und Schwachsinnsformen gewürdigt worden[1]). Meine persönliche Erfahrung, die ich vornehmlich an kindlichen Gehirnen aus der hiesigen Entbindungsanstalt sammeln konnte, spricht gleichfalls für die nicht zu unterschätzende Bedeutung schwerer oder künstlicher Geburten für das Gehirn, nur nebenbei sei bemerkt, daß ich dabei relativ häufige Tentoriumrisse feststellen konnte mit besonders häufigen Veränderungen der Ammonshornformation.

In unserem Falle war gerade die Ammonshorngegend frei von besonderen Störungen und der Entartungsprozeß beschränkte sich ganz vornehmlich auf die Konvexitätsrinde wohl als Folge einer durch die Geburt bedingten Hirnquetschung.

---

[1]) Vgl. auch Schwartz „Die traumatische Gehirnerweichung des Neugeborenen". Zeitschr. f. Kinderheilk. **31.** H. 1 2. 1921; ferner H. Siegmund „Die Entstehung von Porencephalien und Sklerosen aus geburtstraumatischen Hirnbeschädigungen". Virchows Arch. **241.** 1923.

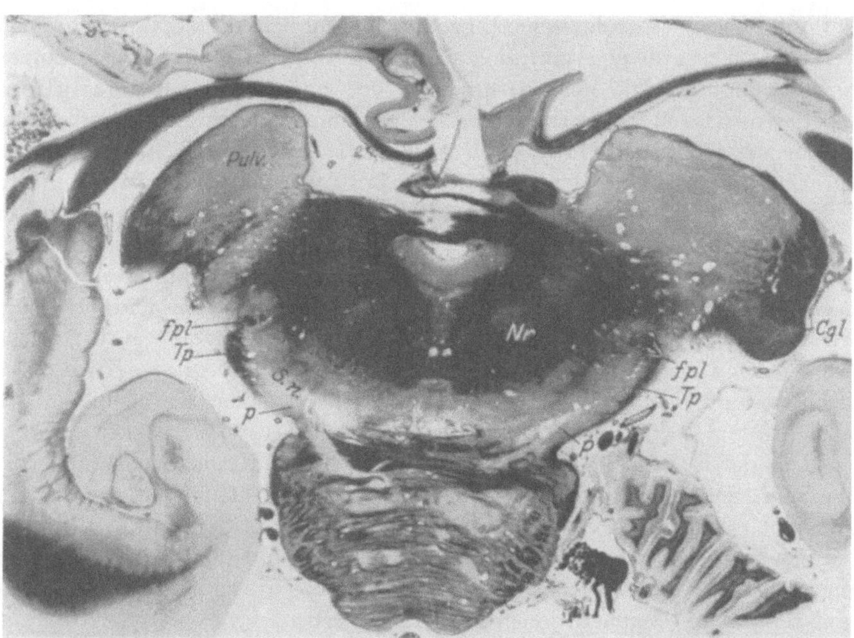

Abb. 138. Fall XXV. Markscheidenfrontalschnitt durch den oralsten Pons. *Sn* = Substantia nigra, *fpl* = Fasciculi pontini laterales in etwas verkümmertem Zustande. *Tp* = Temporale Brückenbahn als die einzige markhaltige Bahn des Hirnschenkelfußes (*P*). *Cgl* = Corpus geniculatum laterale. *Pulv.* = Pulvinar markarm. Photogr.

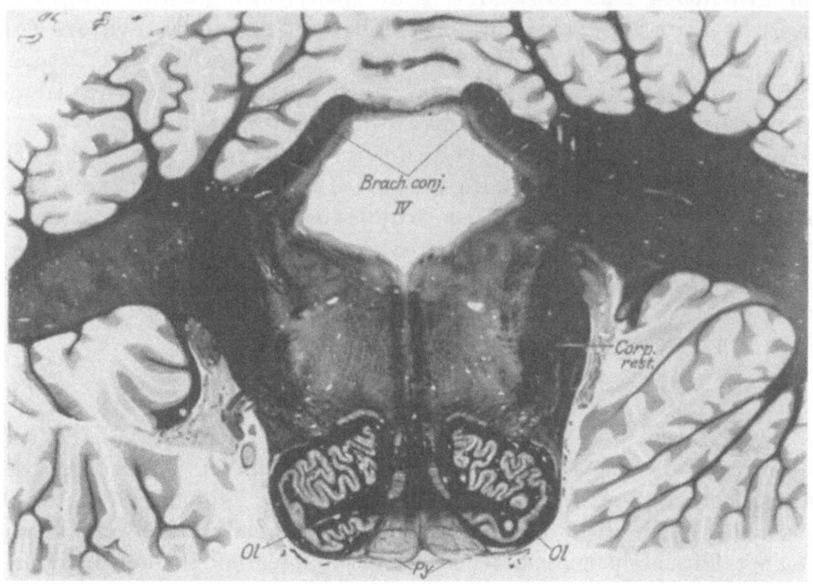

Abb. 139. Fall XXV. Markscheidenfrontalschnitt durch Kleinhirn und Hirnstamm in Olivenhöhe. Kleinhirnläppchen normal erhalten, ebenso die Oliven (*Ol*) beiderseits mit ihrem Markvlies. Pyramidenbahn marklos (*Py*). Bindearm (*Brach. conj.*) normal. Vierter Ventrikel (*IV*) erweitert. Photogr.

Auf interessante histologische Einzelheiten will ich hier epikritisch nicht eingehen, das Wesentliche ergibt sich für jeden Interessenten aus der kurzen obigen Beschreibung. Die Veränderungen in den basalen Stammganglien, im Zwischen- und Mittelhirn setzen sich zusammen aus primären und sekundären Degenerationen. Primär in den Erweichungsherd einbegriffen ist der Caudatumkopf und -körper beiderseits und der Beginn des Putamen beiderseits; rechts ist das gesamte Putamen schwer primär affiziert, während links nur eine gewisse relative Markarmut sicherzustellen ist. Dabei ist zu berücksichtigen, daß ja das Striatum in diesem Alter noch nicht markreif ist. Im geringen Grade sind noch die oralsten Thalamusteile primär befallen. Das Pallidum mit seinen Strahlungen kann als im wesentlichen normal angesehen werden. Das Infundibulum und der Hypothalamus ebenso. In einzelnen Kerngebieten des Thalamus (*ma* und *l*) sind sekundäre Entartungen sicherzustellen, ebenso im roten Kern und in der Substantia nigra, die auf die schwere Rindendegeneration zu beziehen sind. Die Haubenstrahlung und die sensible Schleifenendigung ist im Thalamus gut erhalten, ebenso die Corpora mamillaria mit dem Vicq d' Azyr-schen Bündel. Die starke Abplattung der Vierhügel und ihre Markverarmung ist zum Teil wohl der Ausdruck des Hydrocephalus internus, zum Teil wohl auch auf sekundäre Degenerationen zurückzuführen.

Hervorzuheben sind noch folgende Tatsachen:

Trotz der schweren Degeneration des gesamten Stirnhirns sind die Kleinhirnbrückenarme, das Kleinhirn mit dem Dendatum gut entwickelt.

Vom Pallidum aus läßt sich eine deutliche Faserverbindung mit der Substantia nigra feststellen, die in deren lateralen Ecke die Fasciculi pontini laterales darstellen, weiterhin als laterale Haubenfußschleife die Substantia nigra durchsetzen und in der Höhe der lateralen Schleife im Haubengebiet enden.

Trotz der zweifellos bestehenden rechtsseitigen schweren Striatumentartung läßt sich keine striofugale Degeneration über das Pallidum hinaus feststellen, insbesondere sind die unteren Oliven und ihr Markvlies völlig intakt.

Die temporo-pontinen Bahnen splittern sich in den dorsal gelegenen Ponsganglien auf, die fronto-pontinen in den darunter (ventral) gelegenen.

Epikrise.

Das Kind kann anatomisch als ein Wesen ohne Großhirn aufgefaßt werden, da die größten Teile des Neencephalon völlig degeneriert sind und die noch erhaltenen Gebiete in ihrer Isolierung kaum eine funktionelle Bedeutung haben. Nur die Projektionsstrahlung aus dem nur teilweise geschädigten Temporalhirn steht noch in deutlicher Verbindung mit tieferen Hirnteilen.

Die Lebensäußerungen, die das Kind zeigte, müssen demnach als Funktionen des Rückenmarks und des noch erhaltenen Hirnstamms, Mittel- und Zwischenhirns mit dem Pallidum angesehen werden. Das Kind schrie, freilich mit tonloser Stimme, trank, entleerte regelmäßig, zeigte aber keine

spontanen Lust- und Unlustäußerungen, kein Mienenspiel, überhaupt kein willkürliches oder unwillkürliches Bewegungsspiel.
Die starke opisthotonische Haltung, die hochgradige Rigidität in
der gesamten Muskulatur bei wenig gesteigerten Reflexen und
nur ab und zu deutlichem Babinski, der allgemeine Strecktonus,
all diese Erscheinungen erinnern in ihren Zügen an die pallidäre
Starre und müssen auf den Funktionsausfall der Rinde, namentlich
der motorischen Region und auf die zu postulierende Funktionsuntüchtigkeit des Striatum zurückgeführt werden.

Das hier beschriebene Kind bietet in seinen klinischen und anatomischen Zügen weit-
gehendste Übereinstimmung mit dem von Edinger und Fischer beschriebenen Menschen
ohne Großhirn. Es handelte sich dabei um ein $3^3/_4$jähriges Kind mit normaler Geburt und
ohne besondere familiäre Belastung. Nur hatte die Mutter Migräne. Bei der Geburt hatte
das Kind einen auffallend schmalen, langen Schädel. Das Kind lag dauernd wie im Schlaf,
mußte zum Saugen, das in normaler Weise geschah, geweckt werden, schrie viel und laut
und zeigte sonst keine sicheren Lebensäußerungen. Nur ein Zusammenschrecken bei lautem
Geräusch wurde noch beobachtet. Es gab kein Zeichen, wenn es sich einnäßte. Es zeigte
gar keine Mimik, die Muskulatur war starr, die Extremitäten gestreckt, es traten zeitweise
opisthotonische Krämpfe auf, und das Kind starb als ein starres, unselbständiges, jeglicher
Sinnesempfindungen und Handlungen unfähiges Wesen mit $3^3/_4$ Jahren an Entkräftung.

In dem Gehirn dieses Kindes waren die gesamten Hemisphären zu dünnwandigen
Cysten eingeschmolzen; keine einzige markhaltige Nervenfaser zog aus dem Hemisphären-
teil zu dem Paläencephalon. Das Striatum der einen Seite ist ganz normal, auf der anderen
fehlt das Caudatum und das Putamen, während das Pallidum beiderseits in fast normaler
Weise entwickelt ist. Das gesamte Paläencephalon, insbesondere das Zwischen- und Mittelhirn, ferner auch die Ponsganglien und das Kleinhirn waren normal bis auf sekundäre Degenerationen im Zwischen- und Mittelhirn und eine völlige Atrophie der Pyramidenbahnen.
Wallenberg hat an den Präparaten dieses Falles in Ergänzung der Edingerschen Feststellungen im gleichen Sinne wie ich die pallidäre Faserung in die Substantia nigra und in
den lateralen Haubenteil des Pons nachweisen können und sah ferner auf der dem Striatumausfall entsprechenden Seite eine Degeneration des Vlieses der unteren Olive, eine Erscheinung,
die sich in unserem Falle nicht nachweisen ließ.

Die klinischen Bilder entsprechen sich völlig; bei dem Edingerschen Falle wie bei unserem Kinde war eine ausgesprochene Starre der
gesamten Körpermuskulatur mit Akinese das hervorstechendste Be-
wegungssymptom.

Nun wissen wir, daß die neugeborenen Kinder als Thalamus-Pallidumwesen
anzusehen sind; das Pallidum ist bei ihnen bereits markreif und die inkoordinierten Bewegungsäußerungen des Säuglings sind der Ausdruck einer vom Striatum noch nicht beherrschten Pallidumfunktion (C. und O. Vogt). Die weitere
Ausbildung und Koordination der kindlichen Prinzipalbewegungen im Sinne
Munks ist wohl in erster Linie auf die anatomische Reifung des Striatum und die
dadurch bedingte pallidäre und subpallidäre Zügelung zurückzuführen, weiterhin aber gleichfalls auf die funktionelle Reifung der Gesamtrinde mit der motorischen Willensbahn, den cortico-thalamischen und cortico-cerebellaren Faserungen.

Zweifellos ist bei den bei unseren großhirnlosen Kindern gegebenen Verhältnissen neben der Striatumläsion der anatomische
und funktionelle Ausfall der Gesamtrinde zu berücksichtigen,
wodurch insbesondere die Pyramidenbahnen und die frontopontinen Bahnen
nicht zur Entwicklung gelangten, auf der anderen Seite die striopallidäre Rinden-
beeinflussung vermittels des Thalamus in Wegfall kam.

Daß aber doppelseitige Linsenkernverletzung allein, sowohl beim Erwachsenen als auch beim Kinde, zu ganz ähnlichen Erscheinungen führen kann, lehrt uns einmal die doppelseitige Linsenkernaffektion des Strangulationsfalles Deutsch (für den Erwachsenen) wie eine von Magnus und de Kleijn 1912 mitgeteilte Beobachtung (für das Kind): Es handelt sich um ein gleichfalls durch kombinierte Wendung geborenes Kind bei Placenta praevia und Nabelschnurvorfall. Nach der Geburt dauerte es $^3/_4$ Stunde, bis es gut zu atmen begann. Danach fehlen die Schluck- und Saugreflexe, und das Kind muß mit der Sonde durch die Nase gefüttert werden. Es fällt ein ausgesprochener Strecktonus aller vier Extremitäten mit sehr auffallendem Zittern auf. Zeitweise werden mit den Armen alternierende Streck- und Beugebewegungen ausgeführt, auch diese sind zum Teil zitternd. Es besteht Kieferklemme. Die genaueren klinischen Untersuchungen dieses Kindes auf die Magnusschen Hals- und Labyrinthreflexe ergaben folgendes: Das Kind zeigt ausgesprochene Halsreflexe auf Kopfdrehen, wobei Kieferarme und Kieferbeine starken Strecktonus bekommen, während im Schädelarm und Schädelbein der Strecktonus gehemmt wird und dafür Beugetonus auftritt. Die Reaktion erfolgt unabhängig von der Lage des Kopfes im Raume und wird ausgelöst durch die betreffende Änderung der Stellung des Kopfes gegen den Rumpf. Bei zahlreichen normalen Neugeborenen wurden diese Reflexe niemals gefunden. Außerdem zeigte dieses Kind Labyrinthreflexe, wenn der Kopf aus der vertikalen in die horizontale Stellung gebracht wurde. Dabei war es einerlei, ob der Kopf seine Stellung zum Rumpfe änderte oder nicht. Die Reaktion besteht in einem Auseinanderfahren mit beiden Armen, welche im Schultergelenk abduziert, im Ellbogen gestreckt werden, wobei häufig auch ein Spreizen der Finger erfolgt. Die Bewegung hatte tonischen Charakter, ging aber nach einiger Zeit vorüber. Bei 23 von 26 normalen Säuglingen war dieser Labyrinthreflex auf die Glieder ebenfalls vorhanden, bei einigen von ihnen beteiligten sich auch die Beine daran, bei den normalen Kindern handelt es sich aber stets um raschere Bewegungen von kürzerer Dauer. Es sind also, so schließen die Autoren, beim Säugling typische Reflexe von den Labyrinthen auf die Gliedmaßen nachweisbar bis zu einem Entwicklungsstadium, in welchem die Willkürbewegungen so lebhafte und vielseitige werden, daß sich die Prüfung nicht mehr einwandfrei ausführen läßt. Bei Frühgeburten können diese Reaktionen in der ersten Zeit fehlen.

In dem untersuchten pathologischen Falle ist es von Wichtigkeit, daß sich bei ihm sichere Labyrinth- und sichere Halsreflexe auf die Glieder zu gleicher Zeit nachweisen ließen. Nach vorübergehender Besserung in den nächsten Wochen, wo namentlich die Zitterbewegungen der Arme aufhörten, das Schlucken besser ging und die Beine in normaler Säuglingsstellung gehalten wurden, treten bald wieder die tonischen Spannungszustände in allen Extremitäten ein und unter Verschlechterung des allgemeinen Zustandes tritt der Tod 3 Monate nach der Geburt ein.

Bei der Sektion zeigten sich beide Seitenventrikel erweitert und es ließen sich beiderseits in den Linsenkernen Erweichungsherde feststellen, in deren Abstrich mikroskopisch Körnchenzellen gefunden wurden. In den Herden liegen Flecken, die wie alte Blutungen aussehen. (Leider ist bis jetzt der genauere mikroskopische Befund noch nicht mitgeteilt.)

Jedenfalls sehen wir bei diesem Kinde mit doppelseitiger Linsenkernerweichung ein klinisches Symptomenbild ausgeprägt, das in den wesentlichen Punkten jenem unserer Kinder ohne Neuhirn entspricht. Auffallend ist dabei das zeitweise Nachlassen des Strecktonus in den unteren Extremitäten und das zeitweise Auftreten alternierender Streck- und Beugebewegungen der Arme, die zitternd ausgeführt werden. Leider ist bei der kurzen Erwähnung des Sektionsbefundes nicht zwischen Striatum und Pallidum unterschieden, so daß uns der Fall keine weiteren physiologischen Ausdeutungen erlaubt. Von größtem Interesse ist die Feststellung, daß sich bei diesem Kinde sichere Labyrinth- und Halsreflexe nachweisen ließen, die bei dem oben erwähnten Kinde nicht untersucht wurden. Es ist aber anzunehmen, daß sie auch bei solchen Fällen nachzuweisen sind.

So sehen wir, daß auch beim Neugeborenen nicht nur die Läsion des Striatum im Verein mit der Rindenzerstörung, sondern auch die Linsenkernaffektion allein hochgradige Akinese mit Starre bedingt, daß also auch bei ihm die Linsenkerne von maßgebender Bedeutung sind für die Ausbildung und Koordination seiner Bewegungen. Besonders wichtig und interessant im Hinblick auf die Funktionswichtigkeit und Funktionsverschiebung des Neuhirns und des Striatum in der aufsteigenden Tierreihe bis zum Menschen ist ein Vergleich der Leistungen solcher Kinder mit jenen großhirnloser Tiere. Bereits Edinger machte bei der Besprechung seines Falles auf die bemerkenswerten Unterschiede aufmerksam, indem er zum Vergleich den großhirnlosen Hund Rothmanns, der über 3 Jahre lebte, heranzog. Es ist weiterhin in diesem Zusammenhange an die berühmten Untersuchungen von Goltz, H. Munk am Hunde, von Karplus und Kreidl am Affen zu erinnern, ferner an die so außerordentlich wichtigen tierexperimentellen Untersuchungen von Magnus und seiner Schule an sogenannten Thalamus- und Mittelhirntieren, welche bei Kaninchen, Katzen und Hunden und selbst beim Affen in den wesentlichen Punkten übereinstimmen.

Ich werde bei der Erörterung der Pathophysiologie der extrapyramidalen Bewegungsstörungen ausführlicher auf die Magnusschen tierexperimentellen Feststellungen zurückkommen. Hier soll nur daran erinnert werden, daß all die genannten Tiere, selbst die Hunde und Affen, nach Totalexstirpation des Großhirns und des Striopallidum noch recht komplizierten Bewegungsleistungen vorstehen. Diese Thalamustiere zeigen keine Enthirnungsstarre, normale Tonusverteilung zwischen Beugern und Streckern, können laufen, springen und klettern, können sich aus abnormen Körperlagen aufrichten, ihre Kau- und Schluckreflexe sind normal. Die Erscheinung der Mittelhirnstarre, also Symptome, die an die oben genannten Kinder erinnern, treten erst auf bei Entfernung des vorderen Teiles des Mittelhirns, während sich die Tiere mit völlig erhaltenem Mittelhirn ganz ähnlich verhalten wie die Thalamustiere. Auch bei Vögeln, bei denen das Striatum in so mächtiger Weise entwickelt ist, kann man das gesamte Neuhirn mit dem Striatum restlos entfernen, ohne daß sich schwerere Störungen beim Hüpfen und Fliegen feststellen lassen (Gröbbels).

Bei den Tieren ermöglicht also das erhaltene Paläencephalon weitgehende selbständige Leistungen im Gegensatz zu neugeborenen oder erwachsenen Menschen, wo beim entsprechenden Fehlen des Neuhirns, selbst schon bei alleinigem Ausfall des Striopallidum die Bewegungsleistungen außerordentlich dürftige sind, bei der Entwicklung ausgesprochener Rigidität der gesamten Muskulatur. Es ergibt sich daraus eine bemerkenswerte Funktionsverschiebung dieser Zentren beim Menschen selbst den Affen gegenüber; der neugeborene Mensch ist auf die ungestörte Funktion des Neuhirns absolut angewiesen, damit das Urhirn in entsprechender Weise funktionieren kann. In der aufsteigenden Säugetierreihe steigt die funktionelle Wichtigkeit des Neuhirns mit dem Linsenkern allmählich an; aber während die Fische, Amphibien und Reptilien mit den Urhirnteilen allein auskommen und selbst die höheren Säuger eine beträchtliche Leistungsfähigkeit des Paläencephalon behalten, ergibt sich beim Menschen den Tieren gegenüber eine beträchtliche Kluft; er kann bei seinen Bewegungsleistungen ohne Neuhirn und ohne Linsenkern überhaupt nicht auskommen. Diese Feststellungen betonen die Schwierigkeiten direkter Übertragung tierexperimentell gewonnener Erfahrungen auf den Menschen.

Athetotische Bewegungen zeigen sich dann weiterhin noch bei gewissen Fällen

B. cerebraler Kinderlähmung,

zumeist begleitet von epileptischen Zuständen und mehr oder weniger ausgesprochenem, langsam fortschreitendem Schwachsinn. In vier solchen Fällen, in denen Bielschowsky eine cerebrale Hemiatrophie mit vornehmlicher Degeneration der dritten Rindenschicht feststellen konnte, fanden C. und O. Vogt und Bielschowsky in dem gleichseitig verkleinerten, aber nicht von dem encephalitischen Prozesse primär befallenen Striatum einen hochgradigen Schwund fast aller Nervenzellen bei begleitenden Gliawucherungen. Da im Markscheidenbilde ähnlich wie bei der Chorea der Erwachsenen infolge Zusammenrückens der erhalten gebliebenen Markfasern das Striatum diffus markhaltiger erscheint, wird dieser Prozeß von C. und O. Vogt gleichfalls als Status fibrosus bezeichnet, der sich subakut ausbildet und dann stationär bleibt. Das Pallidum ist dabei unverändert. Im Thalamus sind lediglich Degenerationen, ausgelöst durch die Großhirndefekte, festzustellen (Bielschowsky). Nur in einem der von C. und O. Vogt untersuchten Fälle zeigte sich neben einer motorischen Schwäche eine deutliche Athetose, die drei anderen Fälle waren spastisch gelähmt, ohne deutliche striäre Komponenten.

Nach meinen Erfahrungen setzen sich die Fälle cerebraler Kinderlähmung in einer kontinuierlichen Reihe zusammen, einmal aus Kindern, bei denen sich zumeist im Anschlusse an eine Infektionskrankheit ein epileptischer Schwachsinn entwickelt ohne deutliche spastische und striäre Komponente. Das sind die Fälle, welche Freud paradoxale Kinderlähmung genannt hat, und bei denen sich die encephalitischen Herde in motorisch stummen Rindengebieten entwickeln. Manchmal zeigen solche Kranke allmählich zunehmende spastische Erscheinungen, die, wie Spielmeyer, Höstermann, Bielschowsky und auch ich erst jüngst dargetan haben, auf die Degeneration der dritten Rindenschicht in der vorderen Zentralwindung zurückzuführen sind, bei erhaltener Ganglienzellschicht mit den Beetzschen Pyramidenzellen. Die motorischen Ausfallserscheinungen sind demnach aufzufassen als cerebrale Lähmung bei intakter Pyramidenbahn. In meinem eigens daraufhin untersuchten Falle konnte ich im Striatum nichts Krankhaftes feststellen. Auch klinisch zeigten sich in den nur wenig motorisch beeinträchtigten Gliedabschnitten keine Athetoseerscheinungen oder sonstige Bewegungsstörungen, die auf eine Striatumläsion zu beziehen wären. Es sind dies offenbar Fälle von dem gleichen Grundcharakter der Bielschowskyschen cerebralen Hemiatrophie, aber mit verminderter Extensität des Krankheitsprozesses.

Dann folgen offenbar als zweite Gruppe die oben skizzierten Fälle, bei denen der schichtförmige Degenerationsprozeß auch auf das Striatum übergreift und dort den Vogtschen Status fibrosus erzeugt. Das sind die Fälle, bei denen man ab und zu Athetosebewegungen nachweisen kann, wenn die spastischen Lähmungserscheinungen nicht zu hochgradig entwickelt sind.

Hieran schließen sich endlich jene Beobachtungen **ausgeprägter cerebraler Kinderlähmung** mit zumeist auftretenden epileptischen Anfällen, mehr oder weniger ausgesprochenem progressiven Schwachsinn mit spastischer Hemiplegie und Hypoplasie der entsprechenden Muskulatur und des Skeletts. Dies sind offenbar die häufigsten Fälle. **Dabei greift der Großhirnporus auf die basalen Stammganglien über und zerstört sie größtenteils. Vier solcher Fälle mit verschieden starker Ausdehnung des Krankheitsprozesses in den basalen Stammganglien** (Striatum, Pallidum und Thalamus) sollen in folgendem kurz mitgeteilt werden, wobei die klinischen Krankheitsbilder nur auszugsweise skizziert und anatomisch ganz vornehmlich die Läsionen der basalen Stammganglien erörtert werden sollen. Die feineren Rindenveränderungen und die ganzen histologischen Einzelheiten werden an anderer Stelle und von anderer Seite beschrieben.

Fall XXVI.

Cerebrale Kinderlähmung — Cerebrale Hemiatrophie mit ausgedehnter Zerstörung der basalen Stammganglien der einen Seite.

Der Kranke Grasemann, 1894 geboren, wird 1911 F. wegen cerebraler Kinderlähmung überwiesen.

Vorgeschichte: Die Familienanamnese ist ohne Belang. Normale Geburt. Der Kranke hat zur rechten Zeit laufen und sprechen gelernt, ist mit 6 Jahren zur Schule gekommen, hat gut gelernt und zeigte bis zum 9. Jahre nichts Besonderes. Im 9. Jahre machte er Scharlach durch, erkrankte im Anschluß daran an einem Hirnabsceß. Er wurde in der Klinik in Halle trepaniert, worauf eine Lähmung des rechten Armes und Beines eintrat. Der Kranke war zunächst in seinem Wesen unverändert, nach etwa 2 Jahren stellten sich Krämpfe ein, er verlor dabei das Bewußtsein, fiel um, es traten Zuckungen auf in beiden Armen und Beinen. Die Krämpfe wiederholten sich oft an einem Tage fünf- bis sechsmal. Seitdem geht er auch psychisch und intellektuell zurück und konnte nicht mehr in die Schule gehen. 1910 wurde er in der Heilanstalt Dösen bei Leipzig aufgenommen und von dort 1911 hierher überführt.

Aus dem körperlichen Befunde ist hervorzuheben: Sehr guter Ernährungszustand, auffallende Adipositas bei mäßiger Entwicklung der Geschlechtsorgane und der Genitalhaare. Über dem linken Ohr eine bogenartige Operationsnarbe. Darunter ein entsprechender Knochendefekt. Im Gebiete der Gesichtsinnervation ist eine leichte untere rechtsseitige Facialisparese deutlich, auch ist die rechte Pupille etwas größer als die linke bei prompter Reaktion. Die Zunge weicht etwas nach rechts ab. Die Sprache ist etwas schwerfällig, monoton, er stößt mit der Zunge an. Die rechte obere Extremität ist im Wachstum deutlich zurückgeblieben, muskelschwach und ist spastisch-paretisch. Der ganze Körper wird etwas nach rechts vorn gehalten; die rechte Schulter steht nach vorn; die rechte obere Extremität ist im Ellbogengelenk stumpfwinklig gestellt, das Handgelenk stark flektiert, ulnarwärts gerichtet, die Finger leicht flektiert, der Daumen eingeschlagen. Das rechte Bein, ebenfalls etwas kürzer als das linke, mit gut entwickelter Muskulatur, wird im Knie etwas gebeugt gehalten, mit leichter Spitzfußstellung. Der rechte Arm kann aktiv nur im Schultergelenk etwas bewegt werden, bei passiven Bewegungen zeigen sich starke spastische Widerstände. Das rechte Bein wird nachgeschleppt, die aktive Beweglichkeit ist herabgesetzt, es bestehen auch hier deutliche Spasmen. Sämtliche Sehnen- und Periostreflexe sind sehr lebhaft, rechts lebhafter als links, Babinski ist rechts plus. Die Bauchdeckenreflexe sind rechts nicht auszulösen. Die Schmerzempfindung ist anscheinend ungestört.

Der Kranke ist psychisch hochgradig dement, er ist zeitlich desorientiert, weiß nicht, wann er geboren ist, wie lange er in der Anstalt ist und in welcher Anstalt er war. Rechnen und allgemeine Kenntnisse sind äußerst gering, das Urteilsvermögen kaum entwickelt, sonst freundlich, gutmütig, harmlos. Außer recht häufigen epileptischen Anfällen treten zuweilen Erregungszustände auf, in denen der Kranke sehr reizbar, zornig und gewalttätig gegen andere Kranke ist. In diesem Zustande bleibt der Kranke im wesentlichen unverändert, bis er 1918 an einer doppelseitigen Grippepneumonie stirbt. Bis zum Schlusse bleibt die starke Adipositas auffallend.

Bei der Sektion findet sich ein Trepanationsdefekt über dem linken Ohr im Parietale; die linke Großhirnhemisphäre ist deutlich kleiner als die rechte und zeigt entsprechend der Trepanationsstelle im untersten Teile der vorderen Zentralwindung eine leichte Einziehung. Zahlreiche Windungszüge, namentlich des Stirnhirns und auch des Parietalhirns, fühlen sich härter an und sind verkümmert.

Bei der weiteren Zerlegung des Gehirns zeigt sich makroskopisch in der linken Großhirnhemisphäre ein großer Porus, der in den linken Seitenventrikel einbrechend das Marklager des Frontal-, Zentral- und Parietalhirns größtenteils einnimmt und bis in die vordersten Ebenen des Occipitalhirns reicht. Die dem Porus benachbarten Rindenanteile sind stark verkümmert und die an der lateralen Konvexitätsfläche liegenden sind größtenteils äußerst geschrumpft, fühlen sich härter an und zeigen mikrogyren Bau. Der Balken ist in allen seinen Anteilen stark verschmälert, links mehr als rechts. Vom Fornix sind nur die Säulen und das hinterste Drittel erhalten. Links fehlt weiterhin das gesamte Striatum und Pallidum, und der Thalamus ist erst wieder in seinem hintersten Drittel zu erkennen als stark atrophische in die Ponshaube sich fortsetzende Erhebung. Die Hirnbasis ist ungestört, nur ist das linke Corpus mamillare stark verkleinert, der Hirnschenkelfuß links verkümmert, ebenso die linke Pyramide der Medulla oblongata, während die übrigen Pons- und Rückenmarksanteile nichts Besonderes zeigen. Auch das Kleinhirn ist normal, die rechte Kleinhirnhemisphäre wiegt 4 g weniger als die linke.

Die histologische Untersuchung ergibt, von Einzelheiten abgesehen, folgendes: Die rechte Hemisphäre ist völlig intakt. Die Pia über der linken Hemisphäre ist bindegewebig verdickt ohne entzündliche Erscheinungen. In der gesamten veränderten Rinde treffen wir nur auf abgelaufene Prozesse. Die hochgradigst atrophischen Gebiete sind in einen derben Gliafaserfilz umgewandelt mit leichten Wucherungen der mesenchymalen Strukturen, vereinzelt erkennt man verkalkte Ganglienzellen. Umfangreiche Gebiete der Konvexitätsrinde sind derart sklerosiert, namentlich auch jene, die makroskopisch einen mikrogyren Bau zeigen. Die Cortexteile, die, in ihrer Nachbarschaft gelegen, normaleren Bau zeigen, sind charakterisiert durch starke Verschmälerung und durch hochgradigen Ganglienzellausfall in allen Rindenschichten. Im allgemeinen stellt sich das Bild so dar, daß die völlig sklerotischen Gebiete in Rindenstrukturen ausstrahlen, die zunächst nur Nester von geschrumpften Ganglienzellen enthalten, bis sich dann in weiter Entfernung allmählich ein deutlicher Schichtenbau erkennen läßt. Ansätze zu laminärer Degeneration der dritten Rindenschicht sind hin und wieder zu sehen, doch nirgends in deutlicher Ausprägung und auf weitere Strecken. Neben den großen sklerotischen Partien, in die vornehmlich die Konvexitätsrinde des Frontalhirns, ferner umfangreiche Teile des Zentral- und Parietalhirns umgewandelt sind, durchsetzen kleinere Sklerosen die benachbarten Rindenanteile. Jene weniger befallenen Rindengegenden mit stark geschrumpftem Marklager zeichnen sich durch auffälligen Schwund der drei untersten Schichten aus, bei relativ erhaltenen oberen Schichten.

Die Markscheidenpräparate der großen Frontalschnitte durch die ganze Hemisphäre ergänzen das makroskopisch gewonnene Bild in folgendem:

Neben dem Hauptporus (Abb. 140a P_1), welcher als stark erweiterter Seitenventrikel erscheint und fast bis zum Stirnhirnpol und Occipitalpol reicht, durchsetzen noch kleinere Nebenpori die Konvexitätsrinde; im Parietalhirn liegt noch ein größerer Hohlraum von dem Hauptporus deutlich getrennt (Abb. 140b P_2). Das Unterhorn des Seitenventrikels ist stark erweitert, das Marklager des gesamten Temporalhirns äußerst geschrumpft, Temporalis I und Teile von Temporalis II sklerosiert.

Am Boden des stark erweiterten Seitenventrikels liegt links an Stelle der basalen Stammganglien eine sklerosierte, sich leicht vorwölbende Partie, in der die Fornixsäule, aber sonst nur unregelmäßige Markscheidenzüge nachweisbar sind (Abb. 140a x). In diesen Markstrahlungen sind noch Reste der Pallidumstrahlung zu erkennen, doch ist das gesamte Gebiet zerklüftet und die Veränderungen reichen bis ins Infundibulum; das Chiasma und der ganze Opticus ($N\ II$) sind normal. Die sklerotische Partie an Stelle des Striatum, Pallidum und Thalamus wird caudalwärts etwas größer und setzt sich in ein unregelmäßig gestaltetes Hypothalamuspolster fort mit unregelmäßigen Markfaserzügen, die im wesentlichen als Endausstrahlungen der sensiblen Schleife und der Haubenstrahlung

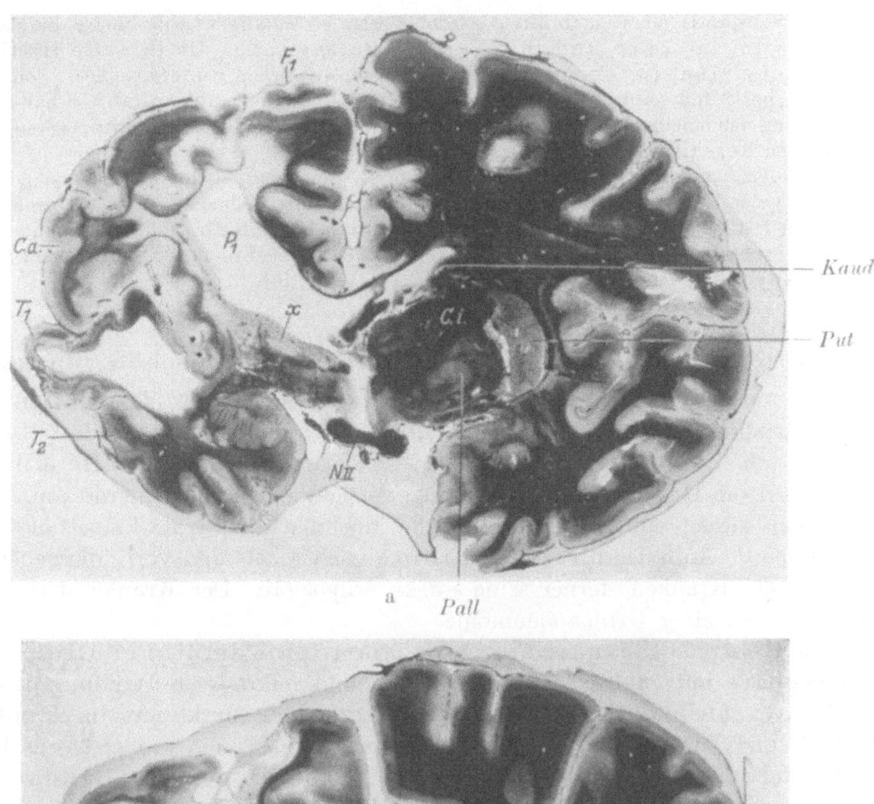

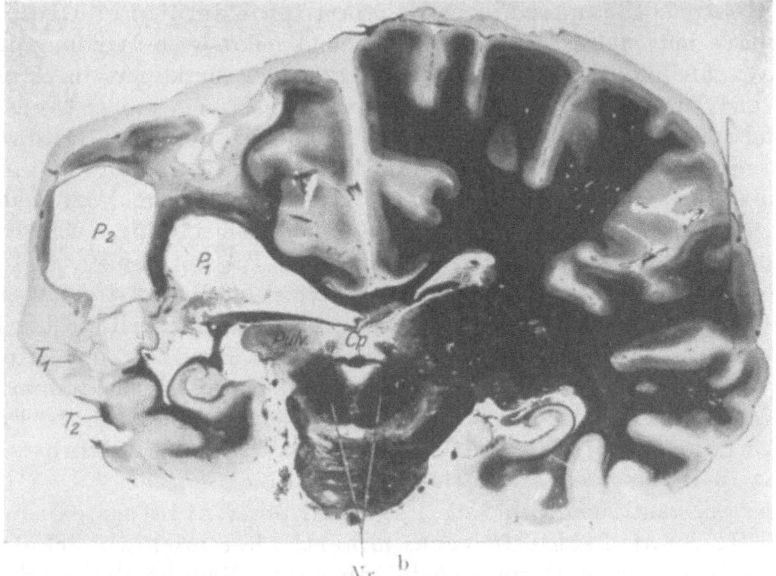

Abb. 140. Fall XXVI. a und b Markscheidenfrontalschnitte in Höhe des Thalamus-
beginns (*a*) und Ponsbeginns (*b*). P_1 und P_2 = Pori. x = Reste der basalen Stammganglien.
Pulv. = atrophisches Pulvinar. Cp = Commissura posterior verschmälert. Photogr.

anzusehen sind. Auch Reste der Pallidumstrahlung sind deutlich, doch sind die Forelschen
Bündel zweifellos reduziert, ebenso der Luyssche Körper. Das Pulvinar ist atrophisch,
ebenso das Corpus mamillare, ferner das Corpus geniculatum mediale und laterale.

Der rote Kern ist in seiner ganzen Ausdehnung, namentlich aber in seinem
oralen Drittel verkleinert und verarmt an kleinen Ganglienzellen. Das Ganglion habenulae
ist links leicht atrophisch, ebenso das Meynertsche Bündel und die Forelsche Kreuzung
und die hintere Commissur (Abb. 140 b Cp).

Die Substantia nigra ist in ihrem ganzen Verlaufe atrophisch (Abb. 140 b), die Fasciculi pontini laterales und ihre caudale Fortsetzung, die laterale Haubenfußschleife sind im verkümmerten Zustande noch zu erkennen, sonst ist im Hirnschenkelfuß (Abb. 140 b) nur noch die temporale Brückenbahn erhalten als Fortsetzung der einzigen restierenden Kapselstrahlung aus dem Temporalhirn; sie splittert sich in den dorsalen Partien der Ponsganglien auf.

Der dem verkleinerten roten Kern zugehörige Bindearm ist deutlich schmäler, sonst sind außer der Pyramidenbahndegeneration in der Medulla oblongata keine weiteren Ausfälle mehr festzustellen. Insbesondere erweist sich das Kleinhirn mit dem Dentatum histologisch völlig normal. Auch die unteren Oliven mit ihrem Markvlies sind beiderseits in gleicher Weise gut ausgebildet.

Die Hypophyse ist normal.

Zusammenfassung des klinischen und anatomischen Befundes.

Im Anschluß an einen Scharlach mit Hirnabsceß (Trepanation) im 9. Lebensjahre trat eine kontralaterale rechtsseitige spastische Hemiparese auf. Zwei Jahre später stellten sich epileptische Anfälle ein mit progressiver Demenz. Die Lähmungserscheinungen sind dauernd am Arme deutlicher ausgeprägt als am Beine, die Muskulatur und die Skeletteile sind verkümmert. Auffallend ist die eigenartige nach rechts und vorn übergebeugte Haltung des Kranken, ferner seine starke Adiposität. Der Kranke stirbt mit 24 Jahren an einer Grippepneumonie.

Die Gehirnsektion ergibt eine Hemiatrophie der linken Großhirnhemisphäre mit zahlreichen sklerotischen und mikrogyren Windungspartien der Konvexitätsrinde, hochgradige Schrumpfung des Marklagers im Frontal-, Zentral- und Parietalhirn und des gesamten Balkens. Ein großer Porus liegt an der Stelle des erweiterten Seitenventrikels und hat das gesamte Caudatum, das gesamte Putamen und auch das Pallidum der linken Seite, letzteres bis auf geschrumpfte Markfaserzüge eingenommen. Vom Thalamus fehlen gleichfalls die dorsalen Anteile im oralsten Gebiet völlig, auch das Infundibulum ist deutlich verändert. Die hinteren Thalamusgebiete sind stark atrophisch, im Hypothalamus sind im wesentlichen die Endausstrahlungen der sensiblen Schleife und der Haubenstrahlung erhalten, ebenso Reste der Pallidumstrahlung bei deutlich reduzierten Forelschen Bündeln, einer Atrophie des Luysschen Körpers, des Corpus mamillare, des Corpus geniculatum mediale und laterale und des kleinzelligen Anteils des roten Kernes. Auch die Forelsche Kreuzung und die hintere Commissur ist faserärmer, die Substantia nigra ist in ihrem ganzen Verlaufe atrophisch.

In der Substantia nigra sind die Fasciculi pontini laterales und die laterale Haubenfußschleife verkümmert, aber noch zu erkennen. Sonst ist im Hirnschenkelfuß nur noch die temporale Brückenbahn erhalten, die sich in den dorsalen Teilen der Ponsganglien aufsplittert. Der dem verkleinerten roten Kern zugehörige Bindearm ist verschmälert, sonst ist das Kleinhirnsystem intakt trotz der völligen Entartung der frontopontinen Bahnen. Die unteren Oliven mit ihrem Markvlies sind unverändert.

Die Untersuchungsergebnisse dieses Falles bestätigen die bei dem großhirnlosen Kinde gemachten anatomischen Erfahrungen (vgl. Fall XXV), besonders was den Verlauf der pallidären Faserung zur Substantia nigra und deren caudale Fortsetzung in Form der lateralen Haubenfußschleife angeht. Das hier ebenfalls wie im Falle XXV festgestellte Fehlen einer deutlichen kontralateralen Kleinhirnatrophie bei Entartung der frontopontinen Bahnen steht in gewissem Widerspruch mit den Erfahrungen bei Stirnhirnprozessen verschiedenster Genese, die gewöhnlich, jedoch nicht immer, eine kontralaterale Kleinhirnatrophie bedingen.

Die cerebrale Hemiatrophie zeigt den Charakter gewöhnlicher Sklerose ohne ausgeprägte laminäre Degenerationen.

Die epikritische Differenzierung des Falles ist relativ einfach. Die spastische Hemiplegie ist ohne weiteres zurückzuführen auf den völligen Ausfall des zugehörigen Pyramidenbahnsystems. Es darf angenommen werden, daß die dauernde nicht rückbildungsfähige motorische Schwäche und die eigenartige Haltung des Kranken mit bedingt ist durch die hochgradige Mitläsion der basalen Stammganglien. Es ist weiter zu erschließen, daß die durch den Ausfall des striopallidären Systems bedingten Bewegungsstörungen durch die hochgradige spastische Parese völlig verdeckt worden sind. Bemerkenswert ist die geringe Einbuße der Sprache bei der umfangreichen Läsion der linken Großhirnhemisphäre und des Balkens. Die Adiposität des Kranken möchte ich mit der Affektion des Infundibulum erklären. Schließlich ist noch hervorzuheben, daß sich diese ausgesprochene Porencephalie an einen Gehirnprozeß anschloß, der erst im 9. Lebensjahre einsetzt.

Klinisch und anatomisch ganz ähnlich liegt der folgende kurz im Auszuge wiederzugebende Fall.

Fall XXVII.

Cerebrale Kinderlähmung mit iterativen Parakinesen auf der nicht gelähmten Seite. — Cerebrale Hemiatrophie mit ausgedehnter Zerstörung der basalen Stammganglien der einen Seite.

Der Kranke Lade, 1902 geboren, erkrankte im Alter von $\frac{1}{2}$ Jahre an Zuckungen und lag einige Tage ohne Besinnung. Im Anschluß daran zeigte sich eine rechtsseitige spastische Lähmung, die besonders deutlich seit dem 2. Lebensjahre hervortrat. Der Kranke blieb unsauber, und eine geistige Entwicklung erfolgte nicht. In der Folgezeit traten häufige epileptische Anfälle auf, weshalb der Kranke mit 12 Jahren anstaltsbedürftig wurde. Die rechtsseitige spastische Hemiparese bietet die gleichen Erscheinungen wie in dem vorigen Falle bei stärkerer Verkürzung der rechten unteren Extremität. Sie wird im Knie leicht gebeugt gehalten, dadurch, daß auch die linke dieselbe Stellung einnimmt, steht und geht der Kranke mit gebeugten Knien und etwas vornübergebeugter Haltung. Er gibt unartikulierte Laute von sich, die rhythmisch wiederholt werden; dabei werden dauernd rhythmisch wiegende Bewegungen mit dem Oberkörper ausgeführt und eigenartige stereotype Bewegungen mit den ungelähmten Extremitäten, die an Parakinesen größtenteils im Sinne von Reaktivbewegungen erinnern und sehr häufig iteriert werden (an die Nase greifen, Finger in den Mund stecken, auf der Bettdecke kramen). Jedenfalls ist die dauernde Bewegungsunruhe sehr auffallend (vgl. auch Abb. 141). Athetotische Erscheinungen sind nicht zu beobachten. Es besteht ein hochgradiger Schwachsinn bei zahlreichen epileptischen Anfällen. Mit 19 Jahren stirbt der Kranke an Lungentuberkulose.

Die Sektion ergibt wieder eine linksseitige Großhirnhemisphärenatrophie mit besonderer Beteiligung des Stirnhirns; die mittleren Partien der Stirnhirnwindung sind deutlich verkümmert, tragen mikrogyres Aussehen, die dahinter gelegenen Stirnhirnwindungen von der Mantelkante bis zur Brocaschen Gegend sind leicht eingesunken, das Windungsrelief ist verstrichen, die Windungen sind atrophisch und fühlen sich härter an. Bei Herausnahme des Gehirns reißt eine kleine Stelle am hinteren Balken ein, und es entleert sich sehr viel klarer Liquor, woraufhin die linke Hemisphäre einsinkt, namentlich im hinteren Stirnhirn. Das Kleinhirn zeigt in beiden Hemisphären gleiche Entwicklung, nur ist die rechte Kleinhirnhemisphäre in ihrem Breiten- und Höhendurchmesser eine Spur kleiner als die linke (Gewichtsdifferenz 4 g).

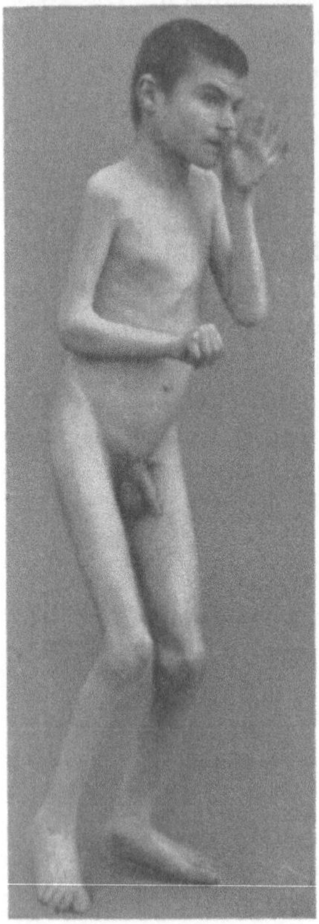

Bei der weiteren Zerlegung des Gehirns auf Frontalschnitten ergibt sich folgendes: Die rechte Großhirnhemisphäre ist in allen ihren Anteilen normal. Links ist das Stirnhirn von einer großen Höhle eingenommen, die fast das gesamte Marklager durchsetzt hat und oralwärts bis zum Stirnpol reicht. Die äußere Begrenzung dieser Höhle ist durch eine membranartige Haut gegeben, weiter nach hinten zu zeigt sich nach außen hin ein herdförmig zerklüftetes, mit zahlreichen kleinen Lacunen durchsetztes, sklerotisches Gewebe, das stellenweise noch Reste vom Marklager und stark verkümmerte Rindenteile erkennen läßt. Der Seitenventrikel ist in die Höhle einbegriffen, die basalen Stammganglien sind verschwunden, ebenso der Balken. Das Tuber cinereum mit der Basis des Stirnhirns ist erhalten, ebenso die Commissura anterior und die Fornixsäulen, während der Fornixkörper links zerstört ist. Die große Höhle durchsetzt so das ganze Stirnhirn, Zentral- und Parietalhirn, ist zunächst vom Unterhorn des Seitenventrikels durch noch erhaltenes Nervengewebe deutlich abgegrenzt, um weiter nach hinten zu mit dem Unterhorn zu kommunizieren. Auch im Temporalhirn liegen neben dem Porus mehrere Lacunen und kleinere Höhlenbildungen im Mark. Die gesamte Kapselstrahlung ist verschwunden, vom Balken sind beiderseits nur kümmerliche Reste festzustellen. Das Infundibulum setzt sich caudalwärts fort in den stark verkümmerten Thalamus, der im Höhendurchmesser um die Hälfte eingesunken ist und die Commissura media gut erkennen läßt. Das zugehörige Corpus mamillare ist atrophisch. Der linke Hirnschenkelfuß ist stark verkümmert, ebenso die Pyramide der Medulla oblongata, während die übrigen Pons- und Medullaanteile nichts Besonderes zeigen.

Abb. 141. Fall XXVII. Spastische Hemiplegie mit Hypoplasie des Skeletts und der Muskulatur, und Parakinese links. Photogr.

Histologisch stellen sich die Rindenveränderungen ganz ähnlich dar wie im vorigen Falle, nur daß in den atrophischen und mikrogyren Windungspartien noch viel mehr Ganglienzellen erhalten sind. Sie liegen zumeist in Nestern zusammen, stellenweise läßt sich auch noch eine Andeutung früherer Architektonik erkennen. Dort wo diese am schwersten getroffenen Windungen übergehen zu normaleren Windungspartien, unterbrechen zunächst noch kleinere sklerotische Herde die Rindenarchitektonik, bis sich schließlich ein einigermaßen normaler Aufbau zeigt. Laminäre Entartungen in der dritten Schicht sind nur ganz selten in Andeutung anzutreffen, die untersten drei Rindenschichten, stellenweise auch noch die innere Körnerschicht, sind ganz gewöhnlich stark verschmälert. Die Glia ist in der Lamina zonalis, vornehmlich aber im Marklager faserig gewuchert, stellenweise durchsetzt die Gliafaserwucherung die ganze Rinde. Die Membran, welche den Hauptporus umschließt, stellt sich im wesentlichen dar als eine gliöse Membrana limitans, hin und wieder erkennt man noch Reste des Ventrikelependyms. Das Ganze macht den Eindruck eines völlig abgelaufenen Prozesses.

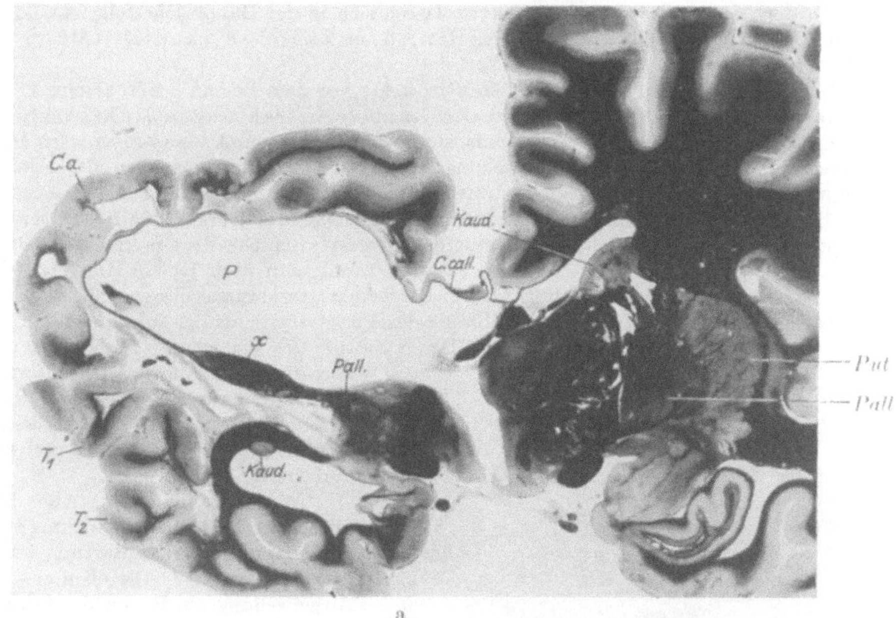

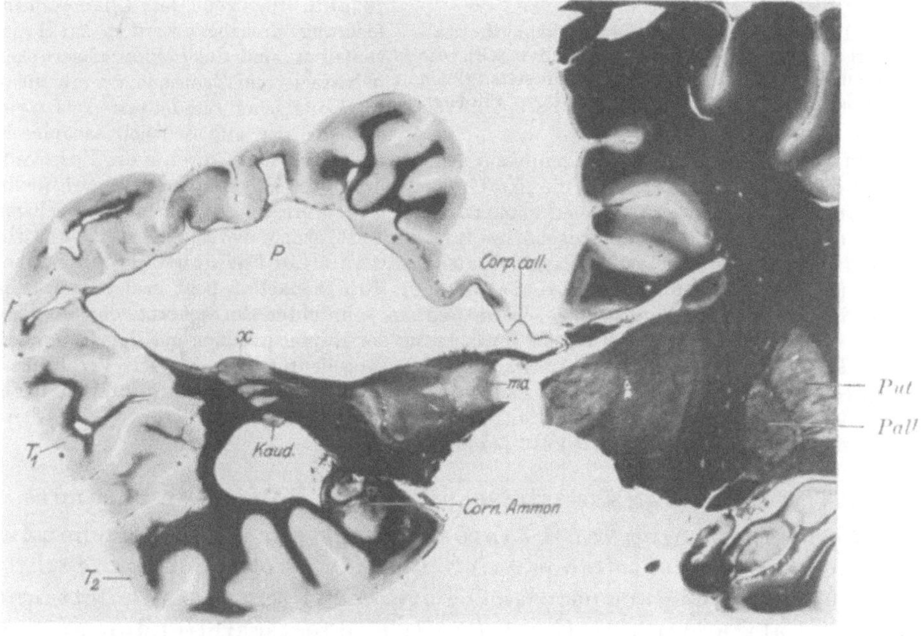

Abb. 142. Fall XXVII. Markscheidenfrontalschnitt in Höhe des vorderen (a) und hinteren (b) Thalamusdrittels. P = Hauptporus mit Resten des Striatum am unteren Rande (x). Corpus callosum (C. call) völlig entmarkt. (Die Lückenherde in der rechten Caps. int. sind Kunstprodukte.) Photogr.

An den Markscheidenpräparaten lassen sich in der Hauptsache folgende Degenerationen in den basalen Stammganglien, dem Zwischen- und Mittelhirn feststellen (vgl. Abb. 142a und b und 143).

In den oralsten frontalen Schnitthöhen, vor dem Beginn des Thalamus fehlen die basalen Stammganglien und die Kapseleinstrahlungen links völlig. Von der mittleren Entwicklung des Thalamus an (Abb. 142a) erkennt man am unteren Rande des Porus (*P*) eine markhaltige Anschwellung (*x*), die eine ganz unregelmäßige Markscheidenzeichnung enthält und sich medioventralwärts in das stark verkümmerte Thalamusgebiet fortsetzt. In diesem erkennt man den Fornix, dann folgt lateralwärts eine markfaserreiche Gegend, aus der als einzig sicherer Faserzug das etwas atrophische Vicq d'Azyrsche Bündel herauszudifferenzieren ist. Lateralwärts davon erkennt man noch Reste des Pallidum an der Eigenart seiner Markstrahlung (*Pall*). Die weiter lateralwärts gelegene, oben erwähnte markhaltige Anschwellung am unteren Rande des Porus dürfte als der zusammengesunkene Rest des Putamen aufzufassen sein. Der Schwanz des Caudatum (*Kaud*) ist an der oberen Begrenzung des Unterhorns zu erkennen, dorsal umgriffen von der gut erhaltenen Temporalfaserung, die ihren Anschluß an die innere Kapsel sucht und findet.

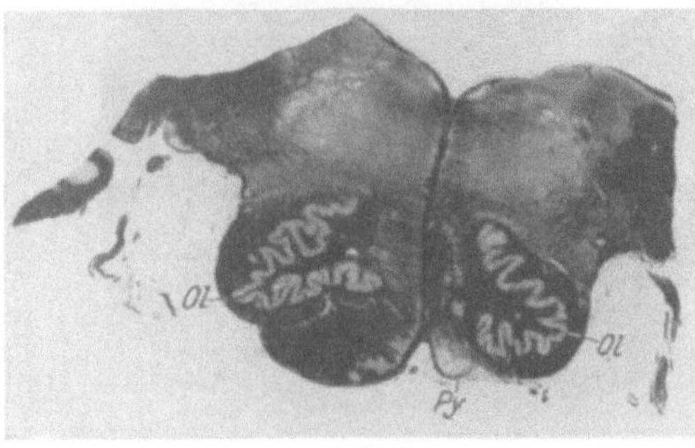

Abb. 143. Fall XXVII. Markscheidenfrontalschnitt in der Höhe der unteren Olive (*Ol*), die unteren Oliven mit Markvlies beiderseits gleich gut erhalten. *Py* = rechts degeneriert. Photogr.

Weiter caudalwärts (Abb. 142b) nimmt die Thalamusentwicklung zu mit besonders schwerer Entartung im medialen Kerngebiet. Die oben erwähnte Anschwellung am Boden des Porus (*x*) wird breiter und ist hier deutlich zu identifizieren mit den caudalen zersplitterten Kernresten des Putamen, die von der Temporalhirnfaserung durchzogen werden. Im Hypothalamus sind die Pallidumfaserungen in reduziertem Zustande zu erkennen, die Forelschen Bündel und der Luyssche Körper sind deutlich atrophisch,

ähnlich wie im Falle XXVI, die Commissura media ist verschmälert, ebenso die Forelsche und die hintere Commissur und die Strahlungen zum roten Kern sind etwas aufgehellt. Der laterale Thalamuskern ist verkümmert. Der rote Kern ist in seinem kleinzelligen Anteil deutlich verkleinert, der zugehörige Bindearm ist gleichfalls schmäler. Die Substantia nigra ist stark verschmälert und enthält die Fasciculi pontini laterales in etwas atrophischem Zustande. Im Hirnschenkelfuß liegt in der lateralsten Ecke die laterale Haubenfußschleife, dann folgt in sehr guter Entwicklung die temperopontine Bahn als einzige gut erhaltene Fortsetzung der Kapselstrahlung aus dem Temporalhirn. Die Fasciculi pontini mediales sind ebenfalls angedeutet. Die übrigen Verhältnisse entsprechen völlig denen des vorigen Falles, insbesondere was das Kleinhirn und die Endigung der temporo-pontinen Bahnen angeht. Die unteren Oliven mit Vlies sind beiderseits gleich gut entwickelt (Abb. 143).

Zusammenfassung des klinischen und anatomischen Befundes.

Nach einem im Alter von ½ Jahre aufgetretenen meningitischen Zustande ohne festzustellende Ätiologie entwickelte sich eine rechtsseitige spastische Hemiparese mit Unterentwicklung des Skeletts und der Muskulatur der betreffenden Seite und fortschreitendem epileptischem Schwachsinn. Das sprachliche Ausdrucksvermögen war bis auf unartikulierte Laute reduziert. Der Kranke fiel durch iterativ-rhythmische Lautäußerungen, Wiegbewegungen des Körpers und Parakinesen der nicht gelähmten Extremitäten auf. Er starb mit 19 Jahren.

Die Sektion ergab eine cerebrale Hemiatrophie links mit einem großen inneren Porus im Marklager des Stirn-, Zentral- und Parietalhirns. Von dem striopallidären System sind nur noch ganz kümmerliche Reste festzustellen, der Thalamus ist von seinem mittleren Drittel an schwer atrophisch vorhanden, die Forelschen Bündel, der Luyssche Körper sind links markverarmt, ebenso die Substantia nigra und die hintere Commissur. Der rote Kern ist in seinem dorsolateralen Anteile verändert, der zugehörige Bindearm verschmälert. Die temperopontine Bahn ist erhalten.

Für die epikritische Beurteilung des Falles gilt das gleiche wie im vorigen Falle. Es fehlte hier wie auch bei dem folgenden Kranken jegliche Adipositas in Parallele zu dem gut erhaltenen Infundibulum. Gegensätzlich zum Falle XXVI ist die starke Beeinträchtigung der Sprache und das Auftreten iterativer Parakinesen hervorzuheben in den nicht gelähmten Extremitäten. Erstere Erscheinung bringe ich in Zusammenhang mit dem frühzeitigen Einsetzen der Läsion, bei letzteren möchte ich dem Funktionsausfall der striopallidären Zentren der einen Seite eine kausale Rolle mit einräumen. So schwer dies auch in solchen Fällen zu beweisen ist — derartige Störungen beobachtet man ja nicht selten bei Idioten — so ergeben sich doch aus dem oben Gesagten und den späteren Ausführungen gewisse Schlußfolgerungen auf solche Zusammenhänge.

Ähnliche Verhältnisse bietet uns der folgende Fall:

Fall XXVIII.

Cerebrale Kinderlähmung mit Akinese auf der nicht gelähmten Seite. — Cerebrale Hemiatrophie mit Zerstörung des Striopallidum der einen Seite.

Der Kranke Fey, 1886 geboren, erlitt im 7. Lebensjahre eine Art Schlaganfall mit nachfolgender linksseitiger spastischer Hemiparese von derselben Art wie in den vorigen Fällen. Eine weitere geistige Entwicklung blieb aus und es setzten bald epileptische Anfälle und Erregungszustände ein. Als der Kranke mit 22 Jahren der hiesigen Anstalt zugeführt wurde, bot er das typische Bild der cerebralen Kinderlähmung mit linksseitiger spastischer Hemiparese, welche in den oberen Extremitäten deutlicher ausgesprochen war und mit Verkümmerung der Skeletteile und Atrophie der Muskulatur einherging. Erwähnenswert ist, daß auch die rechten Extremitäten steifer wie normal erscheinen. Der Kranke zeigt einen Mangel an normalen Mitbewegungen auf der nicht gelähmten Seite. Die Sprache ist sehr schwerfällig, langsam, monoton, dysarthrisch. Psychisch steht er auf der Entwicklungsstufe eines unerziehbaren Idioten, der im allgemeinen verträglich und gutmütig ist, häufig aber Erregungszustände und epileptische Anfälle bekommt. Er stirbt mit 31 Jahren 1917 an den Folgen der mangelhaften Kriegsernährung.

Die Gehirnsektion ergab eine Hemiatrophie der rechten Großhirnhemisphäre mit einem tief eingezogenen Porus, der, an der Basis des hinteren rechten Stirnhirns sitzend, das hintere Drittel von F_3 und F_2 und das unterste Drittel von Ca zerstört hat, während die benachbarten Partien sich härter anfühlen und mikrogyren Bau zeigen.

Auf Frontalschnitten durch das Gehirn ist das vorderste Drittel des Stirnhirns unverändert, dann folgt der von der lateralen Konvexitätsfläche von außen nur mit einem dünnen Häutchen überkleidete Porus, der die hinteren zwei Drittel von F_2 und F_3 völlig einnimmt und bis zu dem erweiterten Seitenventrikel reicht; von ihm ist er durch eine zarte Membran abgegrenzt. Weiter nach hinten zu sind die untersten Teile von Ca und Cp ebenfalls zerklüftet, ferner noch das vorderste Drittel von F_1. Der Balken ist in ganzer Ausdehnung erhalten, ebenso der Fornix. Am Boden des rechten erweiterten Seitenventrikels liegt vorn der verkümmerte Kopf des Kaudatum und Putamen, die keine Kapselstrahlung trennt. Caudalwärts fehlt die Kapselstrahlung und das Pallidum, auch das vorderste Drittel des Thalamus ist zerklüftet. Der übrige Thalamus ist in atrophischem Zustand erhalten, der zugehörige Hirnschenkelfuß verkümmert.

Histologisch entspricht der Charakter der Rindenstörung der des Falles XXVI.

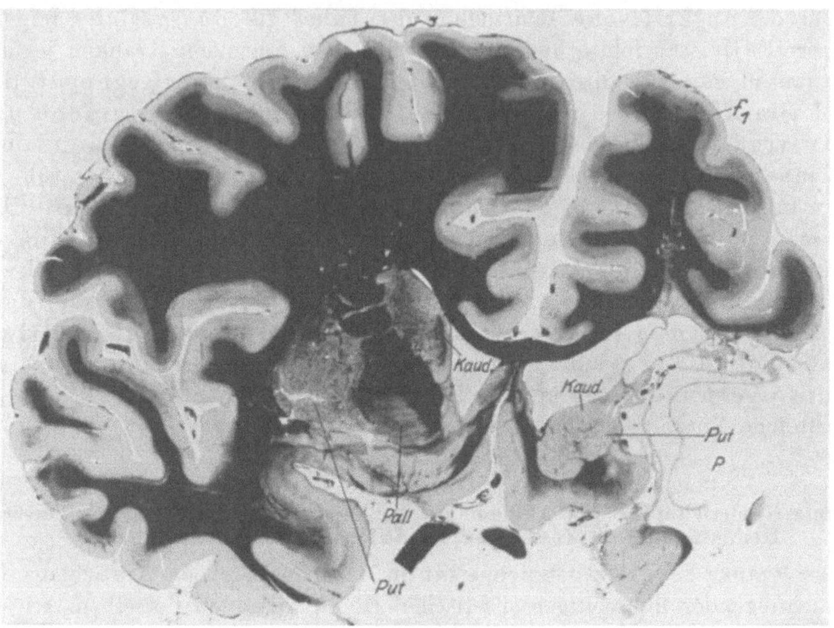

Abb. 144. Fall XXVIII. Markscheidenfrontalschnitt in Höhe des Pallidumbeginns. $P =$ Hauptporus mit stark atrophischem Kaudatumkopf ($Kaud$) und Putamen (Put). Photogr.

Die Markscheidenfrontalschnitte vervollständigen das makroskopisch gewonnene Bild: Der Porus grenzt sich überall deutlich vom Seitenventrikel ab, von dem er stellenweise nur durch eine zarte marklose bindegewebige Membran getrennt ist. Oralwärts liegt am Boden des erweiterten rechten Seitenventrikels das stark verkümmerte Kaudatum und Putamen in sehr markfaserverarmtem atrophischen Zustande (Abb. 144). Eine deutliche Kapselstrahlung ist nicht zu erkennen. Lateral ist vornehmlich das Putamen von kleinen Lacunen durchsetzt, die weiter nach hinten zu das ganze Striatum einnehmen, in gleicher Weise sich auch in den vorderen lateralen Kern des Thalamus einfressen und auch das Pallidum größtenteils zerstören. Im mittleren Verlaufe des Pallidum erkennt man an restierenden aufgehellten Markfaserzügen noch etwas die Struktur dieses Kernes (vgl. auch Abb. 145a $Pall$). Die Linsenkernschlinge ist völlig degeneriert, der Luyssche Körper (LC) verkleinert und markarm, ebenso seine Kapsel, die Forelschen Bündel H_1 und H_2 und die Forelsche (DF) und hintere Commissur (Abb. 145a DF). Die oralsten Kerngebiete des Thalamus sind völlig aufgehellt, zum Teil zerklüftet, der Kern (aa) fehlt völlig. Das Vicq d'Azyrsche Bündel ist entartet, aber deutlich zu verfolgen, der vordere mediale Kern (ma) und laterale Kern (l) des Thalamus sind markfaserverarmt (Abb. 145b), namentlich der erstere, der völlig marklos ist. Das zugehörige Corpus mamillare (Cm) ist um zwei Drittel reduziert und markarm.

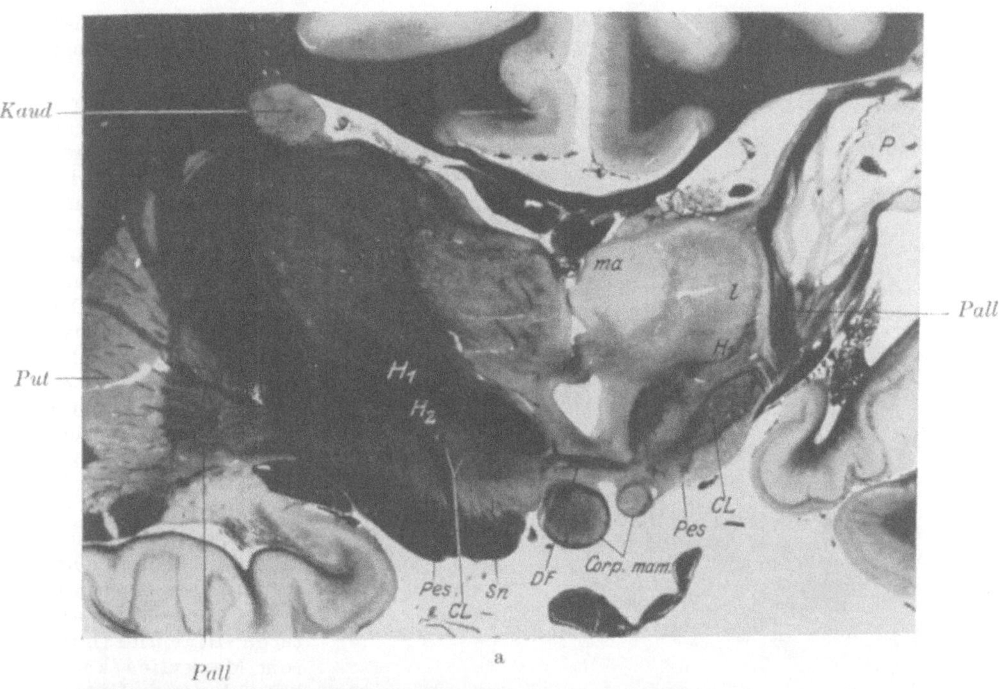

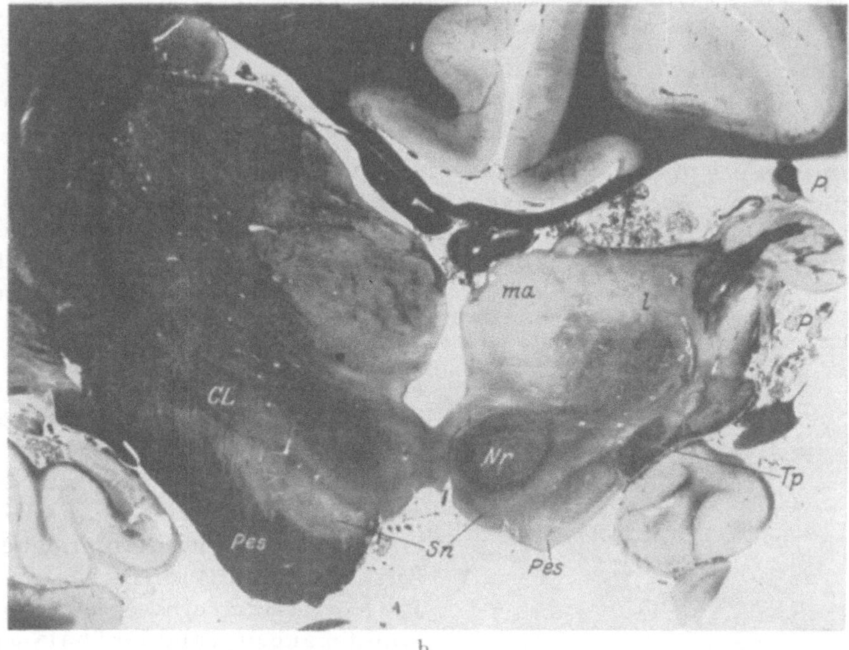

Abb. 145. Fall XXVIII. Markscheidenfrontalschnitte in Höhe der *Corp. mam.* (a) und des Nucleus ruber (b). Schwere Zerstörung des Striopallidum rechts, Entmarkung der Thalamuskerne (*ma* und *l*), Corpus Luysi (*CL*) kleiner und markarm. H_1 rechts verschmälert. Corpus mamillare (*Cm*) rechts stark atrophiert Decussatio Foreli (*DF*) markarm. Nucleus ruber (*Nr*) rechts kleiner als links. Substantia nigra (*Sn*) rechts atrophisch. Im r. *Pes* nur die temporale Brückenbahn (*Tp*) markhaltig. *P* = Porus. Photogr.

Die Strahlung zum roten Kern ist markarm, der rote Kern selbst (*Nr*) wieder in seinem kleinzelligen Anteil atrophisch, während die Haubenstrahlung (Abb. 145 b) und die Endigungen der sensiblen Schleife gut zu erkennen sind.

Die Substantia nigra (Abb. 145 b *Sn*, Abb. 146 *Sn*) ist stark verkümmert, markfaserarm. Der Hirnschenkelfuß enthält nur die temporale Brückenbahn (*Tp*). Die frontopontinen Bahnen und die laterale Haubenfußschleife fehlen gänzlich (vgl. Abb. 146 mit Abb. 138 vom Falle XXV mit relativ erhaltenem Pallidum und Abb. 149 vom Falle XXIX mit erhaltenem Pallidum). Die übrigen Verhältnisse, auch die des Kleinhirns, decken sich mit denen der vorigen Fälle.

Trotz der schweren so gut wie völligen Entartung des Striatum lassen sich in der unteren Olive und in ihrem Markvlies keine krankhaften Veränderungen nachweisen (Abb. 147).

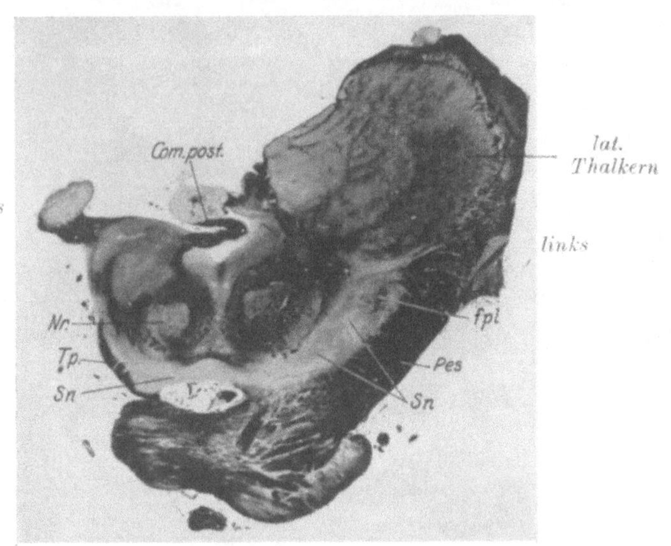

Abb. 146. Fall XXVIII. Markscheidenfrontalschnitt in Höhe des Ponsbeginns. Erklärung wie Abb. 136. Im Fuß rechts nur die temporale Brückenbahn (*Tp*) markhaltig. Photogr.

Zusammenfassung des klinischen und anatomischen Befundes.

Bei diesem Falle ausgesprochener cerebraler linksseitiger Kinderlähmung mit Epilepsie und Schwachsinn entwickelte sich das Leiden im siebenten Lebensjahre nach einem Schlaganfall ohne nachweisbare Ursache. Die Sprache war monoton und dysarthrisch schwer gestört. Es bestand leichte Steifigkeit und Akinese auf der nicht gelähmten Seite. Der Kranke wurde 31 Jahre alt.

Anatomisch zeigte sich eine Porencephalie mit Hemiatrophie der rechten Großhirnhemisphäre. Die gesamte Kapselstrahlung fehlte und von dem Striopallidum war nur der oralste Teil des Striatum in völlig entmarktem und atrophischem Zustande erhalten. Das gesamte Pallidum und seine Faserungen sind degeneriert und der Thalamus ist erst wieder von seinem mittleren Drittel an gut erhalten bei starker Atrophie des medialen und lateralen Kerngebietes.

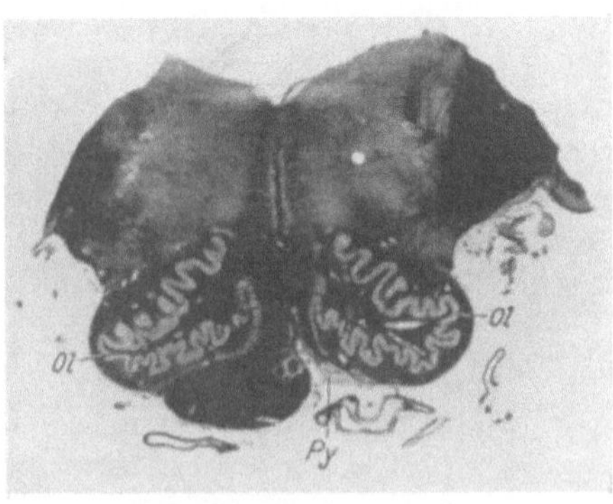

Abb. 147. Fall XXVIII. Markscheidenfrontalschnitt in Höhe der unteren Olive (*Ol*), beide Oliven mit ihrem Markvlies, beiderseits gleich. Photogr.

Im übrigen entsprechen die Veränderungen denen des vorigen Falles.

In Parallele zu der völligen Entartung des Pallidum steht die völlige Degeneration der Fasciculi pontini laterales und der lateralen Haubenfußschleife. Trotz der so gut wie völligen Entartung des gesamten Striatum ist die untere Olive und ihr Markvlies völlig normal.

Die klinisch auffällige Steifigkeit und Bewegungsarmut auf der nicht gelähmten Seite beziehe ich zum Teil wenigstens auf den Ausfall des striopallidären Systems der gleichen Seite, dessen doppelseitige Innervation wir ja, wie oben ausgeführt, annehmen müssen. Weshalb dabei einmal eine Akinese wie hier und das andere Mal Hyperkinese wie im vorigen Falle ausgelöst wird, entzieht sich einer eindeutigen Erklärung.

Sonst gilt epikritisch das gleiche wie in den vorigen Fällen.

Eine noch geringere Zerstörung der basalen Stammganglien zeigt bei gleichem klinischen Verhalten der folgende Fall.

<h3 style="text-align:center">Fall XXIX.</h3>

Cerebrale Kinderlähmung mit leichter Akinese der nicht gelähmten Seite. — Cerebrale Hemiatrophie mit Zerstörung des Striatum der einen Seite.

Der Kranke Fölster, 1884 geboren, von normaler Geburt und zunächst normaler Entwicklung, soll mit 2 Jahren gefallen sein und eine schwere Kopfverletzung davongetragen haben. Seither war er linksseitig spastisch gelähmt, nicht erziehbar, mit 10 Jahren setzten epileptische Anfälle ein und mit 31 Jahren wurde er wegen schwerer Erregungszustände und gehäufter epileptischer Anfälle hier eingeliefert. Es zeigte sich eine linksseitige spastische Hemiparese mit deutlicher Verkümmerung der linken Gesichtshälfte, der linken oberen Extremität und des linken Beines. Die Erscheinungen sind wieder in den oberen Extremitäten stärker ausgesprochen wie in den unteren. Die Sprache ist langsam, monoton, häsitierend. Auf der rechten Seite ist eine leichte Akinese deutlich. Psychisch besteht ein hochgradiger epileptischer Schwachsinn. Mit 38 Jahren stirbt der Kranke nach einem Status epilepticus.

Die Pia ist über der normal entwickelten linken Großhirnhemisphäre unauffällig. Die rechte Großhirnhemisphäre ist deutlich kleiner als die linke im Längen-, Breiten- und Höhendurchmesser. Auch hier ist die Pia im allgemeinen zart. Von der Konvexität des hinteren Frontalhirns aus erstreckt sich, überdeckt von einer ödematösen Arachnoidealhaut, ein tiefgreifender Porus durch das Operculum, den untersten Teil der Zentralwindung, den obersten Teil des Temporallappens bis ins Parietalhirn. Vornehmlich zerstört sind die unteren hinteren Partien des Frontalhirns, das Operculum, das unterste Drittel der Zentralwindung, die ganze erste Schleifenwindung und das angrenzende Parietalhirn. Die angrenzenden Windungszüge zeigen mikrogyren Bau, besonders die des Parietalhirns. Der Porus ist mit klarer Flüssigkeit gefüllt. Die Kleinhirnhemisphären sind normal entwickelt, die linke wiegt 3 g weniger als die rechte.

Bei der weiteren Zerlegung des Gehirns auf Frontalschnitten ergänzt sich das Bild in folgendem:

Der Porus grenzt sich überall gegen den etwas erweiterten Seitenventrikel ab, stellenweise nur durch eine ganz zarte Membran. Der Balken und Fornix ist völlig erhalten. Der Kopf des Kaudatum und Putamen ist fast unversehrt geblieben, aber stark atrophisch, nur lateralwärts etwas zerklüftet. Der vordere Schenkel der Kapselstrahlung ist relativ erhalten. Weiter nach hinten zu frißt sich der Porus in das Striatum hinein, der gleichseitige Thalamus

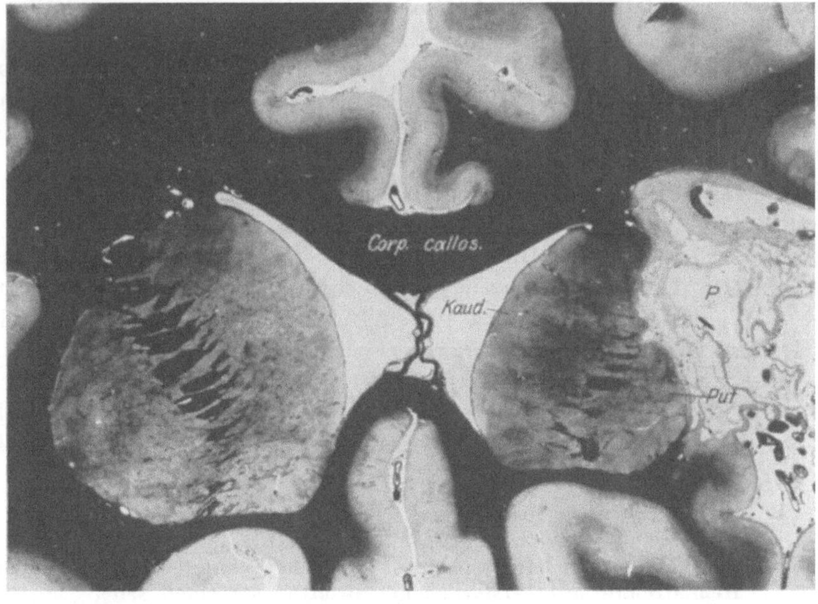

a

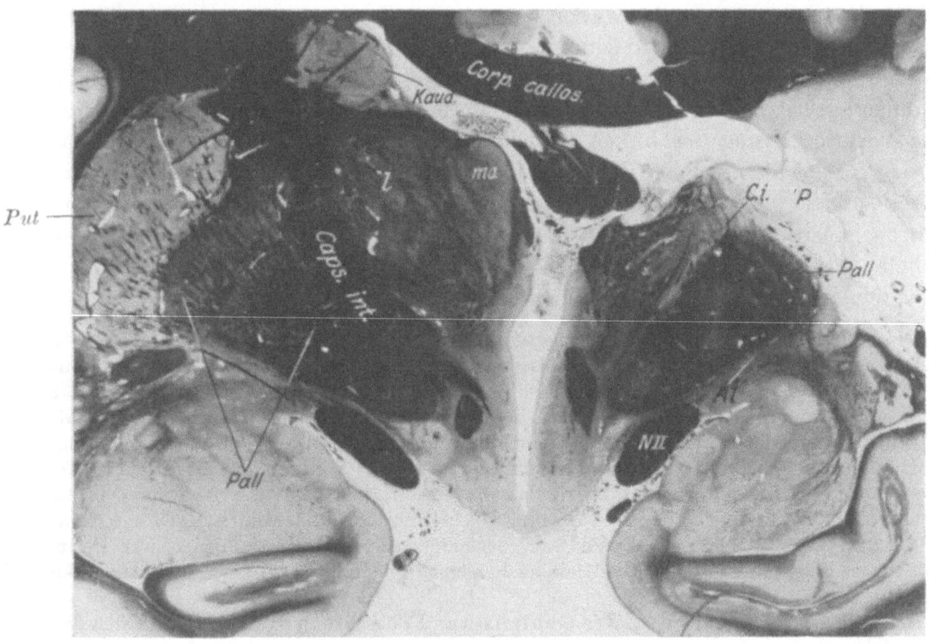

b

Abb. 148. Fall XXIX. Markscheidenfrontalschnitt, a durch den vordersten Teil des
Striatum (*Kaud + Put*), b kurz vor den Corp. mam. Porus (*P*) reicht bei a in das Kaud
und Put teilweise hinein und hat in b das Striatum und Kaudatum rechts völlig vernichtet. Photogr.

wie das Corpus mamillare ist deutlich an Volumen reduziert, ebenso die ganze zugehörige Ponshälfte bei Verkümmerung des Hirnschenkelfußes.

Histologisch entsprechen die Befunde ganz denen der vorigen Fälle. Hervorzuheben ist, daß sich auch hier keine ausgesprochenen laminären Degenerationen feststellen lassen. In den erhaltenen Teilen des Striatum zeigen die Randpartien alte gliöse Narben oder auch Zerklüftungen des Gewebes; im übrigen sind diese Striatumteile verarmt an großen und kleinen Ganglienzellen ohne Bevorzugung eines besonderen Typus.

Die Markscheidenfrontalschnitte ergänzen das Bild in folgenden wesentlichen Punkten:

Der orale Striatumbeginn mit dem vorderen Schenkel der inneren Kapsel ist relativ erhalten, das Striatum ist in seinem lateralen Anteile dort zerklüftet und im ganzen etwas atrophisch. Ein Status fibrosus im Vogtschen Sinne ist angedeutet (Abb. 148). Vom Beginne der Thalamusentwicklung an fehlt die Kapselstrahlung und weiter nach hinten zu ist nur die Projektionsstrahlung des Temporalhirns in der inneren Kapsel deutlich zu erkennen. Gleichfalls vom Beginne der Thalamusentwicklung an fehlt das Kaudatum und Putamen rechts völlig (Abb. 148b), während das Pallidum im ganzen nur leicht geschrumpft und etwas verarmt an dünneren Fasern erscheint. Es ist aber in seiner ganzen Konfiguration gut erhalten, ebenso wie seine absteigenden Fasersysteme, insbesondere die gesamte Linsenkernschlinge (*Al*), die Forelsche Kreuzung, die Forelschen Felder H_1 und H_2, die Verbindung zum Luysschen Körper, zum roten Kern und zur Substantia nigra. Die oralsten Partien des Thalamus sind rechts (Abb. 148b) atrophisch und zum Teil zerklüftet. Weiter caudalwärts fällt im wesentlichen eine deutliche Atrophie des lateralen Kerngebietes im Thalamus auf bei gutem Erhaltensein des Nucleus centromedianus (centre médian). Vom Lateralkern ist am hochgradigsten die laterale Randzone betroffen. Der gesamte Hypothalamus gibt ein normales Bild ab. Das Corpus geniculatum mediale und laterale ist erhalten, ebenso die hintere Commissur und die Vierhügel.

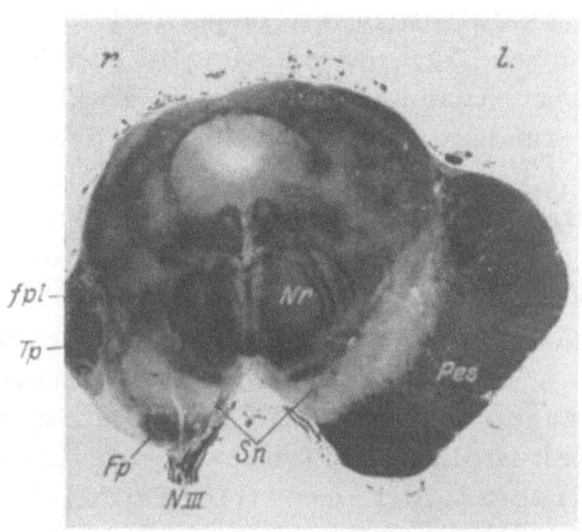

Abb. 149. Fall XXIX. Markscheidenfrontalschnitt in Höhe des vorderen Vierhügels, rechts im Hirnschenkelfuß nur die Fasciculi pontini laterales (*fpl*), die temperopontine (*Tp*) und frontopontine Bahn (*Fp*) markhaltig. *Pes* = links deutlich hypertrophisch. N_{III} = Oculomotoriusaustritt. Photogr.

Die Substantia nigra ist im ganzen zweifellos besser erhalten wie in den vorigen Fällen und auch wesentlich markreicher (Abb. 149 *Sn*). In normaler Weise sind namentlich die Fasciculi pontini laterales (*fpl*) erhalten geblieben, die sich weiter caudalwärts in der lateralsten Ecke des Hirnschenkelfußes als laterale Haubenfußschleife sammeln, um sich allmählich in der Höhe der lateralen Schleife in der Ponshaube zu erschöpfen. Im Hirnschenkelfuß (Abb. 149 *Tp*) sehen wir weiterhin die temporale Brückenbahn als einen geschlossenen Faserzug erhalten und in nur wenig atrophischen Zustande auch die frontale Brückenbahn (*Fp*). Der zwischen beiden letzteren Bahnen gelegene Teil des Hirnschenkelfußes (das eigentliche Pyramidenbahnareal) ist markleer und wird nur von zerstreuten Markfasern durchzogen, die als Eigenfaserung der Substantia nigra anzusehen sind. Der Hirnschenkelfuß der anderen Seite ist deutlich hypertrophisch (Abb. 149 *Pes*). Der rote Kern kann im wesentlichen als normal angesehen werden. Das gesamte Kleinhirn mit seinen Stielen ist normal. Weiter caudalwärts läßt sich nur eine Pyramidenbahndegeneration feststellen bei deutlicher Hypertrophie der gegenüberliegenden Pyramide. Trotz der starken Striatumdegeneration der einen Seite sind beide Oliven mit ihrem Markvlies in gleicher Weise erhalten.

Zusammenfassung des klinischen und anatomischen Befundes.

Im Anschluß an ein Kopftrauma (?) mit 2 Jahren entwickelte sich eine cerebrale Kinderlähmung links mit Stehenbleiben der psychischen Entwicklung. Mit 10 Jahren setzten epileptische Anfälle ein und der Kranke bot bis zu seinem Lebensende mit 38 Jahren das Bild eines blöden Epileptikers mit linksseitiger spastischer Hemiparese, dysarthrischer Sprachstörung und leichter Akinese der nicht gelähmten Seite.

Anatomisch zeigt sich eine rechtsseitige cerebrale Hemiatrophie mit einem sich von der Konvexität des unteren hinteren Stirnhirns tief einfressenden Porus, der bei Verschonung des Seitenventrikels das Striatum, abgesehen von seinem oralsten Anteile, völlig mitzerstört hat. Das Pallidum ist im wesentlichen normal, ebenso seine gesamten Strahlungen. Auch der rote Kern, die Kleinhirnbindearme und das Kleinhirn ist normal. Der Thalamus bietet primäre Zerklüftungen in seinem oralsten Abschnitt und sekundäre Veränderungen im lateralen Kerngebiet. Die Substantia nigra ist relativ gut erhalten, ebenso die fronto- und temperopontinen Bahnen bei deutlicher Entartung der Pyramidenbahnen.

In Parallele zu dem erhaltenen Pallidum ist auch die pallidäre Faserung zur Substantia nigra in Form der Fasciculi pontini laterales und der lateralen Haubenfußschleife erhalten geblieben.

Trotz der hochgradigen Entartung des rechtsseitigen Striatum lassen sich über das Pallidum hinaus keine vom Striatum abhängigen sekundären Degenerationen feststellen, insbesondere sind beide unteren Oliven mit ihrem Markvlies gut erhalten.

Die kontralaterale Pyramide ist deutlich hypertrophisch im gleichen Sinne, wie das Anton, P. Marie, Guillain und C. und O. Vogt jüngst bei frühzeitigen Erkrankungen und Mißbildungen von Systemeinheiten dargestellt haben. Diese „anatomische Plastizität des fötalen und infantilen Gehirns" (C. und O. Vogt) ist sehr beachtenswert im Hinblick auf die Frage der Ersatzleistungen im Zentralnervensystem.

Epikritisch verdient bei diesem Falle hervorgehoben zu werden, daß sich ebenso wie in den früheren Fällen kein ausgesprochener Schichtenschwund im Cortex nachweisen läßt, ferner daß sich in den noch erhaltenen oralen Teilen des Striatum keine isolierte Degeneration der kleinen Striatumzellen feststellen ließ. Der Entartungsprozeß erstreckte sich in gleicher Weise auf die großen und kleinen Striatumzellen. Die Ausprägung eines Status fibrosus im Markscheidenbilde war angedeutet und offenbar bedingt durch die Schrumpfung des Organs.

Die Faserdegenerationen unseres Falles bestätigen die Erfahrungen der obigen Fälle. Die Hypertrophie der kontralateralen Pyramide fehlte bei den früheren Fällen, die zum Teil wenigstens gleichfalls im infantilen Alter erkrankten. Wir sehen daraus, daß auch das Prinzip der anatomischen Plastizität individuell und offenbar konstitutionell anzusehenden Faktoren unterliegt.

Die mitgeteilten Fälle cerebraler Kinderlähmung zeigen uns bei auffallend gleichförmigem klinischen Bilde anatomisch cerebrale Hemiatrophien verschiedenster Ausprägung; sie haben das Gemeinsame, daß der Prozeß neben ausgedehnten Rinden-

veränderungen bei stetem Mitbefallensein der vorderen Zentralwindung die basalen Stammganglien in mehr oder weniger hochgradiger Weise mitbetroffen hat. Wir sehen dabei, daß die in den einzelnen Fällen verschieden ausgedehnte Läsion der basalen Stammganglien keine wesentliche Verschiebung des klinischen Bildes bedingt. Bei allen Fällen war die Sprache betroffen im Sinne dysarthrischer Störung und nur in einem Falle bis auf unartikulierte Laute reduziert. Bemerkenswert ist das Auftreten von Parakinesen in einem Falle und bei zwei Fällen das Hervortreten einer Akinese auf der nicht gelähmten Seite. Diese Erscheinungen werden zum Teil wenigstens als Ausdruck des Funktionsausfalles des gleichseitigen Striatum und Strio-pallidum aufgefaßt.

Bemerkenswert ist die Ausprägung einer ausgesprochenen cerebralen Kinderlähmung mit Hemiatrophie und Porencephalie von dem gleichen histologischen Gepräge wie die üblichen Porencephalien des frühesten Kindesalters im Anschluß an Affektionen in relativ spätem Alter (7 und 9 Jahre). Vielleicht ist die noch nicht abgeschlossene Markreifung für die spezielle Entwickelung solcher Prozesse von ausschlaggebender Bedeutung.

Bei sämtlichen mitgeteilten Fällen zeigt der Rindenprozeß keine ausgesprochene Neigung zu schichtförmiger Rindendegeneration im Gegensatz zu dem Bielschowskyschen Typus.

Die Veränderungen im Thalamusgebiet sind in allen Fällen teils primärer, teils sekundärer Natur. Auch dort, wo die frontopontinen Bahnen völlig ausgefallen sind, bietet die entsprechende Kleinhirnhemisphäre bei leichter Gewichtsdifferenz histologisch nichts Besonderes.

Die striooliväre Bahn Wallenbergs konnte ich an meinem Materiale nicht bestätigen. Über das Pallidum hinaus konnte ich keine striofugalen Bahnen feststellen. Die pallidäre Faserung zur Substantia nigra als Fasciculi pontini laterales konnte ich an mehreren Fällen einwandfrei nachweisen, ebenso ihre caudale Fortsetzung als laterale Haubenfußschleife und ihre Endigung in der Höhe der lateralen Schleife in der Ponshaube. Meine Befunde bestätigen völlig die hierüber geäußerten Ansichten und Feststellungen Wallenbergs.

Die temporopontinen Bahnen endigen in den dorsalen Ponsganglien und die frontopontinen in den daruntergelegenen.

In einem Falle zeigte sich eine anatomische Hypertrophie der gesunden Pyramidenbahnen.

Nach unseren bisherigen Feststellungen lassen sich also die Fälle cerebraler Kinderlähmung folgendermaßen einteilen:

1. Fälle mit häufig nur angedeuteten spastischen Phänomenen und im Vordergrunde stehenden epileptischen Zuständen und progressivem Schwachsinn; anatomisch charakterisieren sie sich als intracorticale Hemiplegien mit encephalitischen Rindenherden und deren Narben und davon ausgehender Entartung der dritten Rindenschicht, auch in der Area giganto pyramidalis.

2. Klinisch und anatomisch ähnlich liegende Fälle, bei denen sich ab und zu Athetoseerscheinungen in den gelähmten Gliedern feststellen lassen und bei denen neben dem Ausfall der dritten Rindenschicht im Cortex auch die Striatumzellen mitdegenerieren bei deutlicher Ausprägung eines Status fibrosus.

3. Klinisch ähnlich liegende Fälle, bei denen die herdförmige Affektion neben der Großhirnrinden- und Markzerstörung die basalen Stammganglien in verschiedener

Ausdehnung mitaffiziert. In allen diesen von mir untersuchten Fällen zeigte sich keine ausgesprochene Schichtendegeneration und die Bewegungsstörungen boten durchweg den Charakter reiner spastischer Lähmung mit Hypoplasie des Muskel- und Skelettsystems; bei diesen Formen zeigen sich mitunter Akinesen oder Parakinesen auf der dem Herde gleichen Seite.

Als letzte Gruppe der durch Athetose ausgezeichneten Krankheitsfälle sind noch jene seltenen Beobachtungen zu erwähnen, die C. und O. Vogt anatomisch auf den

C. Status dysmyelinisatus des Pallidum

zurückführen. Es sind dies seltene Krankheitsfälle der frühesten Kindheit, die

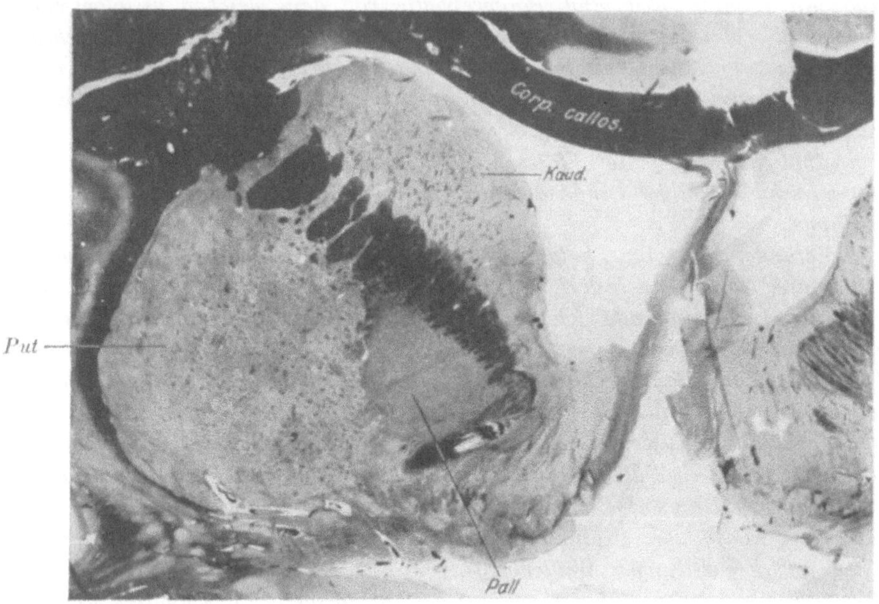

Abb. 150. Markscheidenfrontalschnitt in Höhe des Pallidumbeginns, Vogtsches Präparat, Status dysmyelinisatus des Pallidum. Photogr.

neben einer progressiven reinen Starre ausgesprochene athetotische Bewegungen in der Körpermuskulatur zeigen. C. und O. Vogt haben zwei solcher Fälle, die nach langdauernder Geburt asphyktisch zur Welt kamen und mit 10 und 13 Jahren starben, anatomisch untersucht und dabei das Striatum im wesentlichen intakt gefunden und eine schwere Parenchymerkrankung des Pallidum festgestellt. Sie zeigt sich in einem anscheinend progressiven Untergang der pallidären Faserungen (Abb. 150), wobei Bielschowsky in dem einen Falle im Pallidum einen abnormen Reichtum an Konkrementen und schwere Veränderungen an den Ganglienzellen (verwaschenes Protoplasma, Schrumpfumg der Kerne, Fehlen der Auerbach- Heldschen Endformation) beobachtet hat.

C. und O. Vogt rechnen hierher die Athetosefälle Rothmanns und O. Fischers, die erst in späteren Jahren (6. und 15. Lebensjahr) erkrankten und gleichfalls einen schweren Pallidumprozeß anatomisch boten.

Im Rothmannschen Falle handelt es sich um ein anfangs anscheinend normales Kind, das aber langsam laufen und sprechen lernte. Erst vom sechsten Lebensjahre an entwickelten sich spastische Zustände mit choreatisch-athetotischen Bewegungen. Mit 12 Jahren starb das Kind unter Progression der Erscheinungen. Schon makroskopisch fiel am Gehirn eine eigentümlich dunkle Färbung und Schrumpfung des Pallidum beiderseits auf. Auf Weigert-präparaten der großen Ganglien waren zahlreiche sklerotische Herde mit reichlicher Gefäß-neubildung im Gebiet des Pallidum bei intaktem Putamen und Nucleus caudatus sichtbar. Eine ähnliche Beobachtung O. Fischers gehört ebenfalls hierher, bei der die Krank-heit in gleicher symptomatologischer Entwicklung zwischen dem 15. und 17. Lebensjahre einsetzte und im Alter von 21 Jahren zum Tode führte. Auch hier war das Pallidum beider-seits stark verkleinert, wie zusammengesunken, und bräunlich verfärbt. Histologisch wies O. Fischer einen eigenartigen chronisch-progressiven Destruktionsprozeß der Ganglien-zellen und Markfasern mit kalkähnlichen Niederschlagsbildungen im Pallidum nach.

Das eine sehen wir aus dieser Gruppe, daß eine doppelseitige Athetose mit der progressiven Entwicklung reiner Starre im kindlichen und jugendlichen Alter auf eine zweifellos im Vordergrunde stehen-de diffuse Entartung im Pallidum zurückgeführt werden muß. Diese Erfahrungen stehen im Einklang mit unseren Ansichten über die Entwicklung der Athetose des Erwachsenen.

Eine andere Frage ist freilich, ob die zuletzt besprochenen Krankheitsfälle, die C. und O. Vogt als Status dysmyelinisatus zusammenfassen, bei Berück-sichtigung des histologischen Prozesses und des ätiologischen Prinzips in eine gemeinsame Gruppe untergebracht werden dürfen.

Ich werde weiter unten noch auf die von C. und O. Vogt vorgenommenen vornehmlich symptomatologisch-anatomisch orientierten Klassifizierungsversuche zu sprechen kommen. Hier soll nur hervorgehoben werden, daß ätiologisch ganz verschiedene Prozesse (Paralysis agitans, Nachkrankheiten der Encephalitis) unter Umständen zu einer recht hochgradigen Markverarmung des Pallidum führen können, die z. B. in unserem Falle XXI (vgl. Abb. 102) ähnlich hohe Grade erreichen kann, wie sie C. und O. Vogt bei ihrem Status dysmyelinisatus des Pallidum beschreiben und abbilden. So wird man, glaube ich, bevor wir endgültige Gruppen hier festlegen, der weitgehendsten Analysierung des Krankheitsprozesses nicht entraten können. Denn unsere höchste Aufgabe ist es, auch hier nicht nur einen anatomisch gegebenen Status den symptomatologischen Zustandsbildern erklärend gegenüberzustellen, sondern die Krankheitsprozesse selbst namentlich in ätiologischer Hinsicht zu ergründen.

In jüngster Zeit haben Hallervorden und Spatz über eine eigenartige Erkrankung im extrapyramidalen System berichtet, bei der neben der vorzugsweisen Beteiligung des Pallidum auch die Substantia nigra betroffen war. Klinisch handelt es sich um ein ausge-sprochen familiales Leiden, das bis in die frühe Kindheit zurückreicht und durch die Kom-bination von Schwachsinn mit Spannungszuständen, welche zu Contracturen führen, ge-kennzeichnet ist. Bei einer Schwester der Kranken bestanden neben Spannungserscheinungen auch choreatisch-athetotische Bewegungen und Schluckstörungen. Von den ganzen 12 Kindern sind drei an unbekannter Ursache klein gestorben. Von den anderen 9 haben 5 an der gleichen Krankheit gelitten. Alle Kinder entwickelten sich zunächst normal, lernten zur rechten Zeit gehen und sprechen und konnten die Schule regelmäßig besuchen. Erst im Alter auch von 7 bis 9 Jahren stellte sich bei ihnen als Zeichen des beginnenden Leidens eine Ver-krümmung der Füße nach innen ein; mit der zunehmenden Verschlechterung des Gehens soll auch allmählich ein geistiger Rückgang eingetreten sein. Bei zwei dieser Kranken zeigte sich der gleiche histologische Befund, der von dem einen Falle näher beschrieben ist. Die Kranke, welche die Schule bis zu ihrem 14. Lebensjahre besucht hatte, kam 19 Jahre alt wegen Spasmen der unteren Extremitäten und Klumpfüßen in ärztliche Behandlung und wurde ein Jahr später wegen ihrer Bewegungsstörungen und Unreinlichkeit der Anstalt zugeführt, wo sie nach vierjährigem Aufenthalt starb. Die Krankheitserscheinungen, die langsam zunahmen, be-standen vornehmlich in näselnder und schleppender Sprache, Versteifung der Beine mit Atrophien und Beugecontracturen ohne Pyramidenbahnsymptome, ausgesprochenen Klump-füßen und läppischer Demenz.

Makroskopisch zeigte sich in dem sonst normalen Zentralnervensystem eine auffallende, dunkel rostbraune Verfärbung des Pallidum und der Zona reticulata substantiae nigrae. Histologisch ließen sich Veränderungen feststellen, die scharf lokalisiert sind auf das Pallidum und die Zona reticulata substantiae nigrae, sowie solche, die über das ganze Zentralorgan ausgebreitet sind. Die beiden erstgenannten Zentren zeigen eine ungewöhnlich intensive Eisenreaktion, eine starke Vermehrung der Glia mit der Bildung großer blasser vielgestaltiger Kerne, die aber nicht dem Typus der Alzheimerschen Gliazellen entsprechen. Während die Ganglienzellen selbst keine besonderen Degenerationen aufweisen, sind die beiden Zentren erfüllt von eigenartigen Ablagerungen: man findet einmal fein- und mittelkörniges gelbes Abnutzungspigment im Protoplasma von Gliazellen, besonders jener durch ihre großen blassen Kerne ausgezeichneten, dann farblose frei im Gewebe liegende Konkremente von Maulbeerform, welche sich intensiv mit Hämatoxylin färben, aber keine echte Kalkreaktion geben und eisenhaltig sind. Ferner farblose, nur durch ihre positive Eisenreaktion hervortretende Protoplasmagranula, die besonders im Zelleibe der Nervenzellen gut nachweisbar sind. Schließlich noch grobkörniges gelbbraunes Pigment in den Gefäßlymphscheiden als Inhalt von Pigmentkörnchenzellen. Diffus über die graue und weiße Substanz verbreitet zeigen sich vor allem eigenartige Auftreibungen der Nervenfasern, die am zahlreichsten im Luysschen Körper auftreten. Sie wachsen zu großen Kugeln an, die schließlich völlig losgelöst im Gewebe liegen bleiben. Oft kommen Einlagerungen vor in Form von Kugeln und Körnchen. Die Ganglienzellen sind in uncharakteristischer Weise verändert, und in der Großhirnrinde namentlich ist es zu ziemlich erheblichen Ganglienzellausfällen gekommen. Das Pallidum zeigt fast normale Markscheidenzeichnung.

Wir sehen aus dieser interessanten Krankheitsschilderung einmal wieder eine Bestätigung unserer Annahme, daß Pallidum- und Substantia nigra - Veränderungen mit hypertonischen Zuständen einhergehen, dann aber erkennen wir, daß sich eigenartige und schwere Parenchymerkrankungen der basalen Stammganglien, insbesondere des Pallidum, nicht in entsprechend deutlichen Veränderungen im Markscheidenbilde verraten müssen. Das Markscheidenbild gibt uns, wie wir daraus schließen müssen, durchaus nicht immer ein zuverlässiges Bild von dem Erkrankungszustand eines nervösen Zentrums. Es ist H. Spatz durchaus zuzugeben, daß die beschriebenen krankhaften Veränderungen in ihrer Lokalisation und Art am meisten Ähnlichkeit haben mit den Beobachtungen, die C. und O. Vogt ihrem Status dysmyelinisatus einreihen. Wir sehen aber auf der anderen Seite, daß sich die Krankheitsprozesse hier ganz verschiedenartig auswirken, und daß durchaus nicht die Veränderungen im Markscheidenbilde das hervorstechendste und charakteristischste Merkmal darstellen. Es scheint daher heute noch zweckmäßiger zu sein, ganz allgemein von Erkrankungen des Pallidum zu sprechen.

Diese Ansichten finden eine weitere Stütze in einem neuerdings von Filimonoff beschriebenen Fall einer doppelseitigen Athetose des Kindesalters, bei dem freilich anatomisch neben der Pallidumdegeneration auch eine solche des Striatum und der vorderen Zentralwindung betont ist. Es handelt sich um einen Knaben, im achten Monat geboren; eine hereditäre oder familiale Komponente besteht nicht. Das Kind entwickelte sich psychisch langsam, begann mit 4 Jahren zu stehen und mit 5 Jahren zu gehen. Beim Gang klebten die Sohlen am Boden und das Kind schwankte. Im Alter von 5 Jahren begannen auch unwillkürliche Bewegungen von Athetosecharakter in den Extremitäten und im Gesicht. Die Sprache war unverständlich. Die athetotischen Bewegungen nahmen weiter zu und der Kranke wurde mit 21 Jahren im Krankenhause aufgenommen, wo er nach einmonatiger Beobachtung an allgemeinem Marasmus starb. Die athetotische Hyperkinese zeigte sich bei diffuser Beteiligung aller Gesichtsmuskeln, der Kau- und Schluckmuskulatur, jener der Zunge, des Rumpfes und der Extremitäten. Am stärksten ist die Gesichtsmuskulatur betroffen, dann die Muskulatur der Zunge und des Schluckens, darauf folgen die Muskeln der oberen Extremitäten, am wenigsten beteiligt sind jene der unteren Extremitäten. Isolierte Bewegungen sind unmöglich, stets kommt es bei dem Versuch dazu zu einer ausgebreiteten athetotischen Hyperkinese. Der Gang ist völlig unmöglich, da dabei immer Stehversuche zutage treten. Aufregungen, das Gefühl des Beobachtetseins, Anstrengungen verschiedener Gelenken besteht ein stets wechselnder Zustand von Hypo- und Hypertonie. Spastische Reflexe bestehen nicht, ebensowenig Zwangskrisen. Die Blasen- und Mastdarmfunktionen scheinen intakt. Der Kranke hat Schwierigkeiten, sich zu konzentrieren, antwortet nur nach mehrmaliger Wiederholung der Frage, zeigt große Gedächtnisschwäche, depressive Stimmung bei erhaltenem Orientierungsvermögen.

Makroskopisch bietet das Gehirn nichts Besonderes, mikroskopisch findet sich ein Schrumpfungsprozeß mit schwerer Degeneration der Ganglienzellen in besonderer Lokalisation: Die vordere Zentralwindung ist um $1/4$ bis $1/5$ schmäler als normal, wobei nach den Angaben des Autors die Verschmälerung ausschließlich auf die oberen Schichten fällt (nach dem beigegebenen Bilde handelt es sich aber zudem noch um recht schwere Ausfälle in der 6. und 7. Schicht und der Entwicklung einer Pseudokörnerschicht oberhalb der erhaltenen Beetzschen Pyramidenzellschicht). Sämtliche Zellen des Pallidum sind geschrumpft, um sie findet sich ein großer pericellulärer Raum. Ihre Anzahl ist vermindert. Ähnliche Veränderungen zeigt das Striatum, wobei die großen und kleinen Ganglienzellen in gleicher Weise betroffen sind. Sonst finden sich nirgends, auch nicht im Thalamus, Nucleus ruber, in der Substantia nigra besondere Veränderungen. Die Markscheidenpräparate zeigen nirgends deutliche Ausfälle. Es bestehen keine Systemdegenerationen.

Wir sehen auch hier wieder, daß dieser Athetose des Kindesalters eigenartige Veränderungen in bestimmter Lokalisation entsprechen, wobei offenbar das Striatum und Pallidum in gleicher Weise betroffen ist, und auch die Area gigantopyramidalis eine bemerkenswerte Degeneration zeigt.

Wir erkennen weiter bei vergleichender Betrachtung der wenigen bis jetzt anatomisch geklärten Athetosefälle des Kindesalters bemerkenswerte Ähnlichkeiten, vornehmlich in der Lokalisation des anatomischen Prozesses, aber auch recht weitgehende Verschiedenheiten. Abgesehen von dem Status marmoratus des Striatum gehen offenbar diese Erkrankungen ausnahmslos mit Pallidumveränderungen einher, die sich freilich in den einzelnen Fällen histologisch recht verschieden dokumentieren können. Auch in dem Mitbefallensein anderer Zentren unterliegen die einzelnen Krankheitsfälle weiten Schwankungen.

Die Ätiologie all dieser Athetosefälle, die mit vorherrschender Pallidumentartung einhergehen, ist noch eine völlig ungeklärte. In den interessanten hereditären Verhältnissen der von Hallervorden und Spatz beschriebenen Familie ist der endogene Faktor betont, der aber bei den meisten anderen Fällen fehlt. In dem Filimonoffschen Falle erlitt die Mutter im fünften Schwangerschaftsmonat eine schwere psychische Erschütterung.

Es bleibt ein dringendes Bedürfnis, die Fälle mit Athetoseerscheinungen, besonders die ohne klinisch bestimmbare Ätiologie (Athétose double, Torsionsdystonie) anatomisch genau zu untersuchen, damit man auch hier allmählich in das Wesen der Krankheitsstörungen und deren Lokalisation einen Einblick gewinnt. All die Versuche, die vom klinischen Standpunkte aus hier eine Gruppeneinteilung vornehmen wollen, scheitern an der Unzulänglichkeit unseres Urteils über die Genese. Zudem wissen wir, daß es bei den verschiedensten Erkrankungen zu symptomatischen Athetosen und Torsionsdystonien kommen kann (z. B. Wilson-Pseudosklerose, Encephalitis), ohne daß sich jemals klinisch die Differentialdiagnose nach bestimmten Gesetzen richten könnte. Die wenigen bisher vorliegenden anatomischen Befunde bei den idiopathischen Athetosefällen zeigen, daß der histologische Prozeß in der Art und Lokalisation recht weiten Schwankungen unterliegt, so daß die Prinzipien der Erkrankung heute noch sehr undurchsichtig liegen. Es könnte fast scheinen, daß namentlich in den Fällen von deutlich familiärem Auftreten jede Familie ihre eigene Erkrankung hat, wie wir das in ähnlicher Weise bei den familiären Kleinhirnatrophien oder der amaurotischen Idiotie kennen. So zeigt auch der jüngst von Cassirer mitgeteilte Fall von echter Torsionsdystonie im anatomischen Bilde, das Bielschowsky erhob, einen Prozeß, der von allen oben besprochenen Befunden stark abweicht. Histologisch fand sich neben diffusen Erscheinungen, die als Ausdruck einer schon makroskopisch auffallenden Hirnschwellung aufgefaßt werden können, ein recht diffus ausgebreiteter subakuter Verfall von Ganglienzellen mit Zellschattenbildern, Neuronophagien bei starker Verfettung des Parenchyms, wobei besonders das Striatum befallen war. Die Genese dieses Falles bleibt gleichfalls völlig ungeklärt[1]).

Vielleicht ist uns in der langdauernden Geburt der asphyktisch zur Welt gekommenen Kinder der beiden Vogtschen Fälle ein ätiologischer Hinweis für deren Pallidumprozeß gegeben; es wäre dabei eine pathogenetische Verwandtschaft gegeben zu dem bekannten Falle der Helene Deutsch, bei welchem es nach einer Strangulation zu einer doppelseitigen freilich auf das Pallidum und Striatum beschränkten Erweichung mit dem Symptomenbild einer reinen Starre gekommen ist. Ähnliche zunächst nur klinisch aufgestellte Überlegungen fordern für die nach Manganvergiftung beobachteten hypertonischen Zustandsbilder eine gleiche pallidäre Unterlage (Jacksch, Seelert, Embden, Charles). Experimentelle Untersuchungen F. H. Lewys, der bei manganvergifteten Tieren akinetische Zustände beobachtete und anatomisch eine vornehmliche Schädigung der großen Zellen des Streifenhügels nachweisen konnte, scheinen die klinischen Forderungen zu bestätigen. Weiterhin konnte F. H. Lewy in vier Fällen von Diabetes mellitus eine eigenartige Degeneration an eng umgrenzten Stellen des Pallidum nachweisen; es ist aber zunächst gegen diese Befunde einzuwenden, daß C. und O. Vogt, Bielschowsky und auch

---

[1]) In einem neuerdings von H. Richter (Arch. f. Psych. **67**, 1923) mitgeteilten sehr interessanten Falle von Torsionsdystonie lagen die Verhältnisse folgendermaßen: Es handelt sich um ein Mädchen aus russisch-jüdischer Familie, bei dem das Leiden unter anfänglich stetiger Progression um die Pubertät herum einsetzte, dann ungefähr 20 Jahre lang stationär blieb, bis schließlich eine weitere Progression das charakteristische Krankheitsbild zur vollen Entwicklung brachte. Es zeigten sich dabei unwillkürliche Bewegungen von torquierendem athetoiden und choreiformen Charakter, Wechsel von Hypotonie und Spannungszuständen, äußerst ungeschickter Gang, Skoliose und Lordose der Wirbelsäule, die im Liegen abnimmt und beim Gehen besonders hervortritt, Spitzfußstellung, Fehlen von Veränderungen an den Augen, in der Sensibilität bei bis zuletzt vollkommen gut erhaltener Intelligenz. Die Kranke starb mit 54 Jahren. Bei der Organsektion zeigte sich zunächst nichts Besonderes, histologisch wies das Zentralnervensystem einen rein degenerativen Parenchymprozeß auf, wobei ganz besonders das Putamen an großen und kleinen Ganglienzellen stark verarmt, auch das Pallidum in geringerer Weise befallen ist, ebenso der Nucleus substantiae innominatae und der großzellige Anteil des Nucleus ruber; die rubrospinale Bahn ist gelichtet, ebenso die eine Pyramidenbahn. Irgendwelche spezifischen Merkmale zeigte das histologische Bild nicht. — Es stimmt mit meinen obigen Ausführungen überein, daß in diesem Falle der Prozeß neben dem Striatum auch das Pallidum mitbefallen hat. Ich glaube mehr, daß in diesem Umstande die Eigenart des Falles begründet liegt als in der von Richter hervorgehobenen Tatsache des vorwiegenden Befallenseins des Putamen bei stark zurücktretender Kaudatumaffektion. Der Fall ist im histologischen Bilde recht uncharakteristisch und erschwert so eine genauere nosologische Gruppierung. — Auch alle die Versuche, die heute vom klinischen Standpunkte aus die Athétose double und die Torsionsdystonie in bestimmtere Krankheitseinheiten auflösen wollen (Rosenthal: ,,Die dysbatisch-dystatische Form der Torsionsdystonie", Arch. f. Psych. **66**, H. 3/4, 1922 und ,,Torsionsdystonie und Athétose double", ebenda, **68**, H. 1/2, 1922; Boström: ,,Der amyostatische Symptomenkomplex", diese Monographiensammlung 1923), scheitern an der heute noch bestehenden Unzulänglichkeit unserer Kenntnisse über das anatomische Substrat der einzelnen Fälle und deren Genese.

ich in mehreren Fällen diese Stellen in schwerer Degeneration fanden, ohne daß klinische Erscheinungen des Diabetes mellitus vorlagen. Für den Tetanus, für welchen Strümpell klinisch-theoretisch eine ähnliche Genese für wahrscheinlich hält, konnte ich wenigstens in einem genau untersuchten Fall keine eindeutige Bedingung auffinden; es zeigten sich hier recht diffus im ganzen Zentralnervensystem verbreitete Ganglienzelldegenerationen und protoplasmatische Gliawucherungen, letztere mit der Ausbildung großer gelappter Gliakerne, Veränderungen, die in leichterem Grade auch in den basalen Stammganglien nachweisbar waren, aber nirgends hier eine auffälligere Betonung aufwiesen. Getzowa hat 1918 an einem größeren Tetanusmaterial ähnliche Beobachtungen mitgeteilt. Auch bei der Vergiftung mit gasförmiger Blausäure sind Veränderungen in den Zentralganglien (Gefäßwandschädigung, Thrombenbildung, Blutungen und Erweichungen) von Edelmann beschrieben, sind aber auch an anderen Teilen des Zentralnervensystems in ähnlicher Weise anzutreffen.

Spezifisch erkranken die Pallida bei der

Kohlenoxydvergiftung.

Es sind dies Befunde, die schon seit langem bekannt und in einer Reihe von Arbeiten diskutiert sind (Klebs, Poelchen, Kolisko, Sibelius, Chiari und Cayet, Herzog, Wohlwill, Photakis, C. und O. Vogt, Ruge[1]) u. a.). Photakis konnte die symmetrischen Läsionen der Stammganglien bei experimentellen Kohlenoxydvergiftungen bei Mäusen, Meerschweinchen, Kaninchen und Hunden nachweisen, und Ruge hat erst jüngst in einer größeren Arbeit unter eingehender Berücksichtigung der Literatur die hierüber vorliegenden Tatsachen zusammengestellt. Er kommt dabei zu dem Schlusse, daß die Erweichungen und Gefäßveränderungen im mittleren Teil des Linsenkerns (Pallidum) für eine erfolgte CO-Vergiftung typisch sind. Bereits nach 24 Stunden erkennt man die Verfettung der Ganglienzellen. Ebenso sind leichte Blutungen aus kleineren Gefäßen in den perivasculären Lymphräumen festzustellen. Nach zwei Tagen findet man in den Pallida symmetrisch gelegene Erweichungsherde. Sie sind jedoch noch nicht scharf gegen die Umgebung abgesetzt. Dies erfolgt erst am 4. bis 5. Tage. Schon recht früh zeigen die nervösen Elemente schwere Schädigungen, während die Gefäße leichtere erkennen lassen im Sinne hyaliner Degeneration und Verfettung. Später gehen die nervösen Elemente zugrunde, und die Gefäße beginnen von der Media aus in eigenartiger Weise zu verkalken. Die Arteriosklerose bildet für die pallidäre Schädigung durch CO ein prädisponierendes Moment. Ruge nimmt an, daß zunächst die Nervenelemente geschädigt werden; erst im späteren Verlaufe erfolgt die Verkalkung der Gefäße, die ihrerseits wieder die weitere Schädigung der verfetteten Ganglienzellen nach sich zieht, so daß dann infolge Versagens des Kreislaufs zunächst mehrere kleine Erweichungsherde entstehen, die im weiteren Verlaufe zu einem großen Herde zusammenfließen. Von Kolisko namentlich wurde die Eigenart der pallidären Gefäßversorgung (rückläufiger Verlauf, Endarterien) als Hauptbedingung für die pallidäre CO-Schädigung angesehen, eine Auffassung, die viel Anklang und viel Widerspruch erfahren hat. Mir persönlich scheint es fraglich, ob derartige mechanistische Auffassungen gerechtfertigt erscheinen. Vielleicht begründet gerade die Eigentümlichkeit des pallidären Stoffwechsels (Spatz) die Affinität dieses grauen Kernes für besondere Gifte.

Wie kompliziert die Verhältnisse manchmal liegen können, möge folgender Fall einer Kohlenoxydvergiftung bei einer länger dauernden eigenartigen syphilitogenen Psychose zeigen.

---

[1]) Auch H. Richter (Arch. f. Psych. **67**, 1923) hat zwei Fälle mitgeteilt, bei denen sich im Anschluß an eine CO-Vergiftung eine bilateral symmetrische Erweichung des medialsten Pallidumgebietes fand. Klinisch bestanden als Hauptsymptome hochgradige Versteifung der gesamten Körpermuskulatur, begleitet von mimischer Gesichtsstarre, Bewegungsarmut und -verlangsamung, Neigung zum Beibehalten abnormer Stellungen und Ausfall der gewöhnlichen Orientierungs-, Schutz- und Abwehrbewegungen.

Fall XXX.

(Der Fall wird hier klinisch und anatomisch nur in kurzem Auszuge gebracht. An dieser Stelle soll nur ganz vornehmlich die Kohlenoxydgasvergiftung Berücksichtigung finden.)

Die Kranke Weise, 1863 geboren, hatte sich mit 28 Jahren syphilitisch infiziert und war in der Folgezeit mit Quecksilber behandelt worden. Mit 56 Jahren (1919) wurde sie im Eppendorfer Krankenhaus aufgenommen wegen allgemeiner nervöser Beschwerden (Verstimmung, Angstzustände, Neigung zu Selbstmord, Nachlassen des Gedächtnisses), die seit $^1/_2$ Jahre eingesetzt haben. Im Krankenhause wurde festgestellt: ungleiche Pupillen bei guter Reaktion und positiver Romberg. Zeitlich und örtlich orientiert sind die intellektuellen Fähigkeiten leicht herabgesetzt. Sie ist weinerlich, deutlich depressiv. Der Blut-Wassermann ist stark positiv, der Liquor ist blutig, ebenfalls stark positiv. Nach einer Neosalvarsankur beruhigt sich die Kranke etwas, wird aber wegen ihrer starken Stimmungsschwankungen unter der Diagnose „Paralyse" der hiesigen Anstalt überwiesen (Januar 1920).

Der Befund ist im wesentlichen wie oben. Auch die Wassermannsche Reaktion im Blut ist stark positiv, nur gibt jetzt der wieder blutige Liquor negative Reaktionen. In der nächsten Zeit treten starke Stimmungsschwankungen auf, im allgemeinen aber bessert sich die Kranke psychisch, macht sogar einen euphorischen Eindruck und zeigt Krankheitseinsicht für die abgelaufene Epoche. Nach dreimonatiger Beurlaubung wird die Kranke im August 1920 wieder aufgenommen wegen erneuter Erregungs- und Angstzustände. Auch jetzt ist wieder die Ungleichheit der Pupillen auffällig und der rechte Patellarsehnenreflex ist etwas lebhafter als der linke. Psychisch fällt die Kranke nur durch den verstimmten, ängstlichen, reizbaren Zustand auf. Die Kranke schläft nachts sehr schlecht. Der Liquor ist bei wiederholten Punktionen mehr oder weniger bluthaltig und zeigt negative Reaktionen. Sie wird antisyphilitisch behandelt ohne wesentliche Beeinflussung des Krankheitsbildes. Nach einem mißglückten Selbstmordversuch wird sie am 14. 10. 1921 gegen ärztlichen Rat beurlaubt.

Zunächst ging es zu Hause ganz gut; in der Nacht vom 23. zum 24. 10. erfolgte eine Gasvergiftung in selbstmörderischer Absicht. Man fand die Kranke mit dem geöffneten Gasschlauche in bewußtlosem, laut röchelndem Zustande.

Sie wurde sofort in bewußtlosem Zustande nach F. eingeliefert; alle Glieder sind schlaff, am Abend des 24. bessert sich der Puls etwas, die Kranke ist aber tief benommen, spricht nicht, reagiert aber etwas auf Aufforderung. Die Kranke kann nicht auf die Füße gebracht werden, auch am nächsten Tage ist die Kranke völlig benommen, die Glieder sind schlaff. Die Kranke macht keine Spontanbewegungen. Striopallidäre Symptome sind nicht deutlich, dagegen besteht links ein Babinski. Die Kranke läßt Urin unter sich und stirbt in der Nacht zum 28. 10. 1921, also 4 Tage nach erfolgter Gasvergiftung.

Die klinische Diagnose lautete auf Gasvergiftung bei einer syphilitogenen Psychose (syphilitische Gefäßerkrankung des Gehirns).

Die Körpersektion ergibt Lungenödem und Mesaortitis syphilitica. Das Schädeldach und die Dura sind o. B. Bei Eröffnung der Dura entleert sich nur ganz wenig leicht blutiger Liquor. In den Sinus durae matris ist viel flüssiges Blut. Die Pia ist über der rechten Großhirnhemisphäre blutig verfärbt. Die basalen Gefäße zeigen fleckige sklerotische Wandveränderungen. Die rechte Großhirnhemisphäre ist abgeplattet, ihre Windungen fühlen sich weicher an. Auf Frontalschnitten durch das Gehirn erkennt man, daß das gesamte mittlere Marklager der rechten Hemisphäre in Erweichung begriffen ist, wobei die Rinde mit flohstichähnlichen kleinen roten Blutpunkten durchsetzt ist. Das Marklager bietet eine rötliche zerfallende Masse. Der oralste Teil des rechten Striatum scheint unversehrt, vom Beginn der Pallidumentwicklung an ist rechts das Striatum und Pallidum mit der Kapselstrahlung in die Erweichung einbegriffen, die bis zum Thalamus reicht. Weiter caudalwärts macht die Erweichung am Pallidum halt. Die besonders betroffenen Gebiete rechts sind das hintere Frontalhirn, das Zentral- und Parietalhirn mit dem zugehörigen Marklager. In der linken Hemisphäre findet sich nur eine zweifellos ältere, gelbbraune Erweichung im mittleren Drittel des Putamen, an dessen Randpartie gelegen und stellenweise die äußere Kapsel mitverletzend. Sonst ist das Gehirn, Kleinhirn, die Medulla oblongata und das Rückenmark frei von makroskopischen Veränderungen.

Ein Überblick über die Resultate der mikroskopischen Untersuchung ergibt folgendes:

Die makroskopisch von frischeren Blutungen und Erweichungen frei befundene linke Hemisphäre fällt durch folgende diffus ausgesprochene Veränderungen auf. Die Pia zeigt hin und wieder leichte Rundzelleninfiltrate, ihre Gefäße, namentlich auch die an der Basis gelegenen, bieten sklerotische Wandveränderungen, wobei die Adventitia ab und zu lymphocytär infiltriert ist; die Rinde ist herdfrei und in ihr lassen sich leichte Veränderungen an den Gefäßen (Wucherungserscheinungen der Endothel- und Adventitialzellen mit Sprossungen) feststellen. Daneben bietet die Glia leichte protoplasmatische Wucherungserscheinungen und die Ganglienzellen zeigen verschiedenartige Degenerationsformen, wobei Schrumpfungs- und Schwellungsvorgänge sich untermischen.

Die gesamte linke Hemisphäre ist herdfrei, mit Ausnahme des schon makroskopisch sichtbaren Herdes im äußeren Teil des Putamen (Abb. 151). Er stellt sich histologisch dar als ein in Vernarbung begriffener Erweichungsherd mit sklerotisch veränderten Gefäßen, von gliösen Fasern und Bindegewebsstrukturen locker durchsetzt, mit dazwischengelegenen, Fett und Blutpigment führenden Abräumzellen. Nach außen hin ist der Herd unscharf begrenzt von derberen Gliafaserwucherungen.

In der rechten Hemisphäre bietet sich ein anderes Bild: In der Pia sehen wir flächenhafte Blutaustritte mit relativ frischen Reorganisationsvorgängen, wobei sich an manchen Stellen auffallend große plasmareiche Rundzellen zeigen, die fast wie Tumorzellen imponieren. Ich fasse sie als stark gereizte Bindegewebszellen auf ohne neoplastischen Charakter. Die Rinde ist durchsetzt von ganz frischen Ringblutungen und von solchen mit beginnenden Reorganisationsvorgängen.

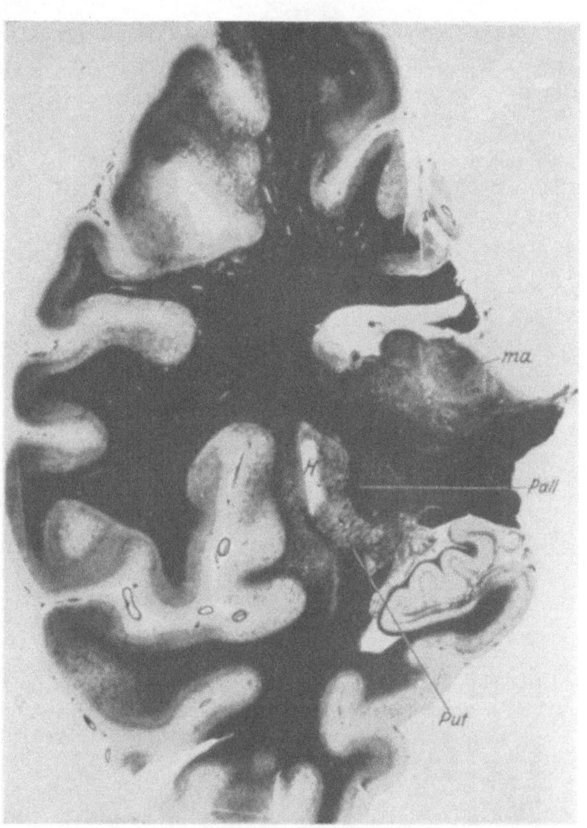

Abb. 151. Fall XXX. Markscheidenfrontalschnitt in Höhe des mittleren Thalamusdrittels, linke Hemisphäre. H = alter Erweichungsherd im Putamen. (Die eigenartige Rindensprengelung beruht auf nicht genügender Differenzierung, es sind keine Blutungen.) Photogr.

Es fällt auf, daß bei diesen die Wucherungserscheinungen sehr hochgradige sind. Die Gefäßwandelemente sind stark vergrößert, eine reichliche Gefäßsprossung hat eingesetzt. Nach dem ganzen Charakter der Herdbildungen mit besonderer Berücksichtigung der Gliaformen und Abräumzellen läßt sich das Alter der Herde auf einige Tage bestimmen, zum Teil sind sie als ganz frische aufzufassen. Größere Gehirnpartien sind überschwemmt von roten Blutkörperchen und reichlich Leukocyten. In einigen Capillaren lassen sich hyaline Thrombenbildungen feststellen. Die Wandungen der Gefäße zeigen hochgradige Verfettungen.

Auch im oralsten Teile des rechten Striatum befinden sich kleinere Herde mit starken Reaktionserscheinungen am Gefäßsystem.

Die Ausdehnung der Zerstörung in der rechten Hemisphäre demonstriert Abb. 152: Man erkennt hierin die Rindenpurpura; das Marklager, das eine zerfließende rote Masse

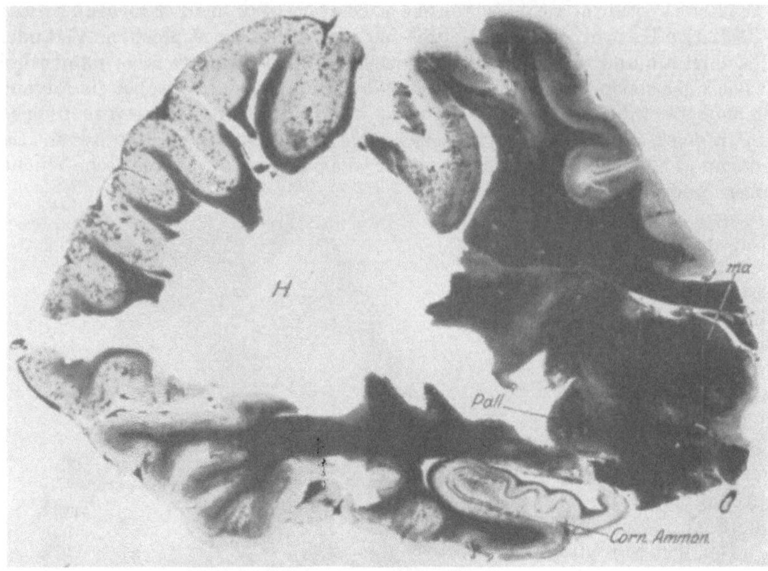

Abb. 152. Fall XXX. Markscheidenfrontalschnitt in Höhe des mittleren
Thalamusdrittels, rechte Hemisphäre, ausgedehnte Rindenpurpura. *H* = ausgedehnter Zerfallsherd im Marklager mit völliger Zerstörung des Putamen,
heranreichend bis ans Pallidum (*Pall*). Photogr.

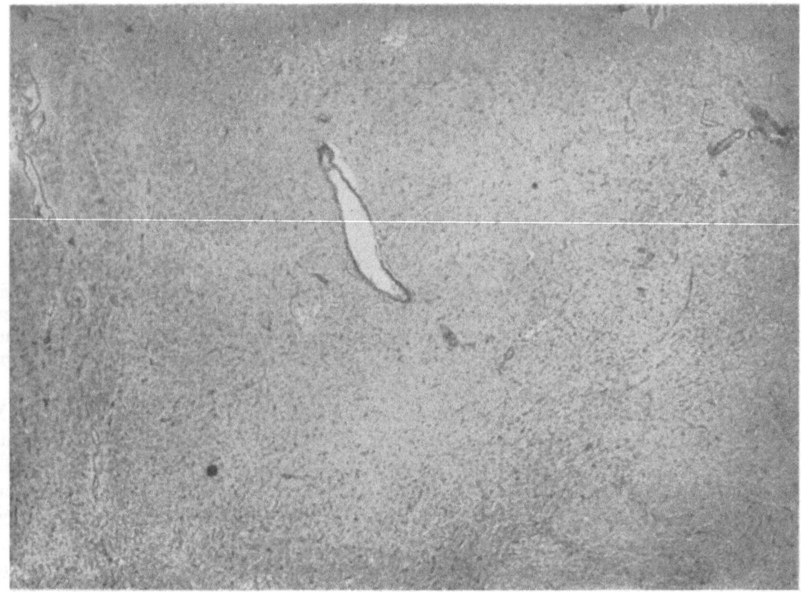

Abb. 153. Fall XXX. Pallidum linke Hemisphäre mit Nisslbild bei schwacher
Vergrößerung. Auffallender Kernreichtum um eine aufgehellte mittlere Zone.
Mikroph.

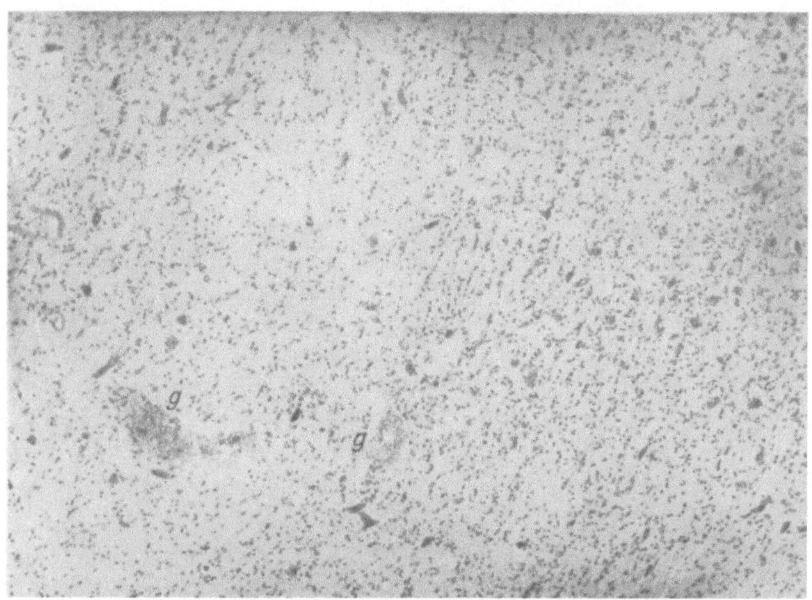

Abb. 154. Fall XXX. Teilpartie aus der kernreichen Zone des Pallidum. Schwere Ganglienzelldegenerationen, Gliawucherungen, Gefäßwandveränderungen. Nisslbild bei gleicher Vergrößerung wie Abb. 4. Mikroph.

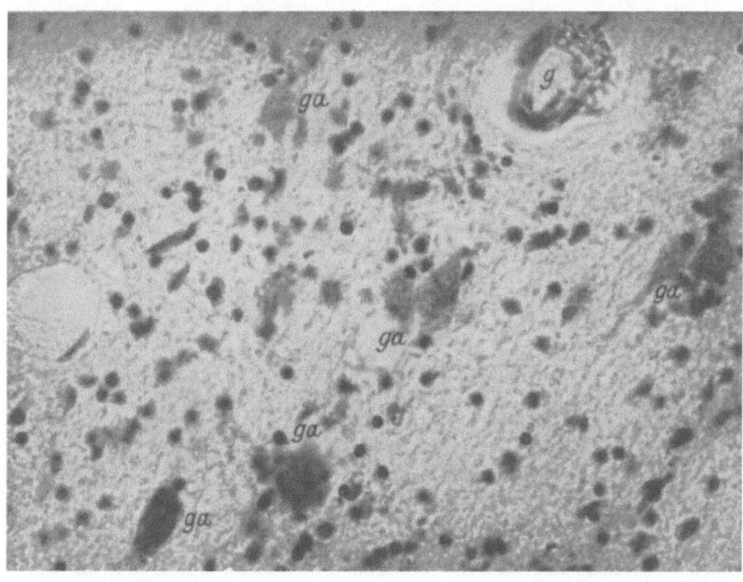

Abb. 155. Fall XXX. Pallidumveränderung. Nisslbild bei stärkerer Vergrößerung. Schwere Ganglienzelldegeneration, Vermehrung kleiner Rundzellen (ganz vornehmlich Gliazellen). g = Gefäß mit Erkrankung eines Sektors der Gefäßwand. Mikroph.

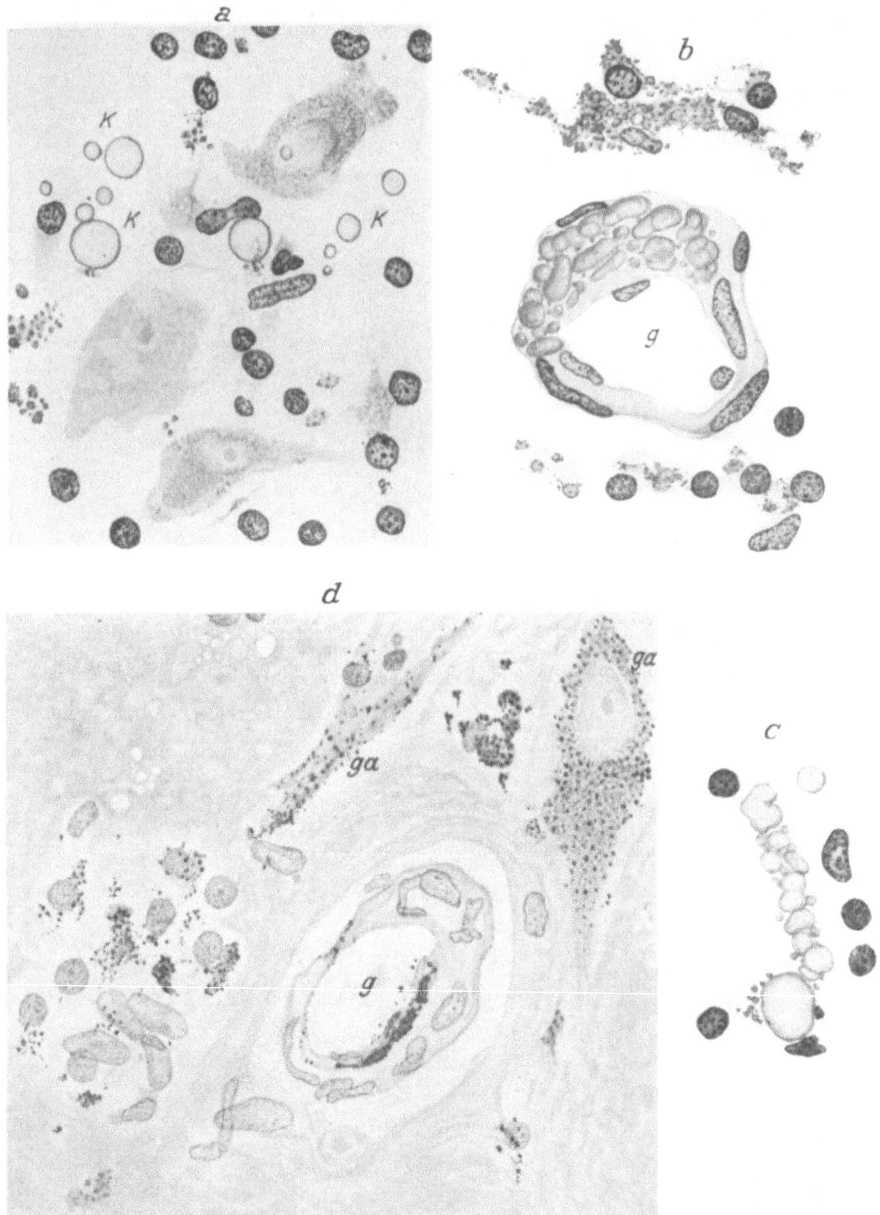

Abb. 156. Fall XXX. Pallidumveränderung. Zeichnungen bei Zeiss' Apochr. Öl-Imm. $^1/_{12}$. Komp.-Ok. 4. a, b, c. N i s s l f ä r b u n g. *a:* Akute Ganglienzellveränderungen mit schweren Kernveränderungen, Gliakernvermehrung, vermehrtes Auftreten von eigenartigen Abbaupigmenten und hellblauen Kugeln (*K*), Pseudokalk. *b:* Erkrankung eines Sektors der Gefäßwand (*g*), hier Einlagerung von kalkähnlichen Niederschlagsbildungen, im Nisslbild hellblau, mit Hämatoxylin blauschwarz. Im Gliaplasma zahlreiche grüne Körnelungen. *c:* Zusammenlagerung von zahlreichen Pseudokalk-Kugeln in Tropfenform, frei im Parenchym. *d:* E i s e n f ä r b u n g, vermehrtes feinkörniges Eisen im Ganglienzellprotoplasma (*ga*) und im Protoplasma der Gliazellen. Die Niederschlagsbildungen in der Gefäßwand (*g*) geben ebenfalls die Eisenreaktion.

darstellte, ist fast gänzlich ausgefallen (*H*), an den erhaltenen Randpartien erkennt man eine Aufhellung, die auf eine beginnende Erweichung und seröse Durchtränkung zurückzuführen ist. Der Herd macht hier am Pallidum (*Pall*) halt, während er in den weiter oralwärts gelegenen Partien auch das Pallidum dieser Seite mit zerstört hat.

Die Veränderungen im Pallidum stehen hier im Vordergrunde unseres Interesses: Sie sind sowohl in den erhaltenen pallidären Gebieten rechts in gleicher Weise ausgeprägt wie links. Da aber das rechte Pallidum teilweise in die ausgedehnte herdförmige Zerstörung einbegriffen ist, sollen hier nur die Veränderungen des linken Pallidum geschildert werden.

Wie Abb. 151 zeigt, ist auf Markscheidenpräparaten zunächst nichts Wesentliches im Pallidum festzustellen. Es bietet nur eine etwas verschwommene Markscheidenzeichnung. Histologisch aber lassen sich recht charakteristische Veränderungen beobachten: Im Nissl-

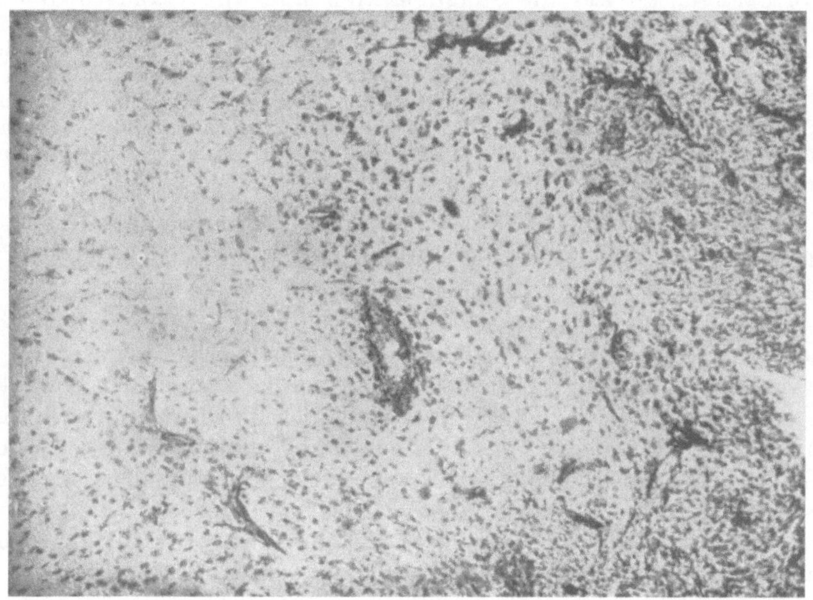

Abb. 157. Fall XXX. Beginnender Zerfallsherd im Pallidum mit schweren Gefäßwandveränderungen, Gefäßsprossungen, Zerfall des Grundgewebes und Körnchenzellbildung. Nisslbild. Mikroph. bei gleicher Vergrößerung wie Abb. 4.

bild (Abb. 153) fällt bei schwächerer Vergrößerung eine Vermehrung kleinzelliger Elemente auf, die, namentlich an den Randpartien des Pallidum gelegen, die zellärmere und heller erscheinende zentrale Partie unregelmäßig begrenzen. Zahlreiche Gefäße bieten eigenartige Kalkeinlagerungen ihrer Wandungen. Mit stärkeren Linsen erkennt man (Abb. 154), daß der Zellreichtum bedingt ist durch die Vermehrung kleinzelliger Elemente, die fast ausschließlich als vermehrte Gliazellen anzusprechen sind. Das Grundgewebe ist an solchen Stellen etwas aufgelockert, ödematös. Die Ganglienzellen sind durchweg schwer verändert, in ihrer Zeichnung verwaschen, häufig wie in Verflüssigung begriffen. Die Gefäße tragen nicht selten Kalktropfen in ihrer Wandung, ganz vornehmlich in der Adventitia, sehr häufig ist nur ein Gefäßwandsektor derart befallen (Abb. 155 *g*).

Abb. 156a zeigt die Veränderungen im Nisslbild, man erkennt die Ganglienzellen im Zustande schwerster Veränderungen, sie tragen Pigmenteinlagerungen, die bei Toluidinblaufärbung gelb erscheinen und mit Scharlach rot. Zahlreiche Gliazellen tragen die gleichen Abbaustoffe. Daneben finden sich Ganglienzellen (*Ga*) mit ganz undeutlicher verwaschener Kernzeichnung und sich auflösendem Protoplasmaleib. Die Gliazellen, an Zahl vermehrt, sind häufig im Zustande progressiver Wucherung und tragen nicht selten gelbgrünes Pigment. Abgerundete Körnchenzellen fehlen. Dazwischen liegen blaßblaue, verschieden große, runde Kugeln (Abb. 156a *k*); manchmal liegen solche Kugeln reihenförmig aneinander oder bilden

Maulbeerform (Abb. 156 c). Sie geben die gleiche Reaktion wie jene dem Kalk verwandten Einlagerungen in den Gefäßwänden (Abb. 156 b). Mit Hämatoxylin schwärzen sie sich, ohne eine deutliche Gipsreaktion zu liefern. Die Einlagerungen, die zum Teil nur Gefäßwandsektoren befallen, liegen ganz vornehmlich in der Adventitia und bilden schließlich mehrfach geschichtete Ringe um die Gefäße. Die Gefäßwände zeigen daneben Hyalinentartungen und Verfettungen.

Die Eisenfärbung (Abb. 156 d) zeigt gleichfalls die Gefäßwandeinlagerungen, daneben grünblaue Körnelungen in dem Protoplasmaleib der Ganglienzellen (*ga*) und reichlich Körnelungen in dem Protoplasma der Gliazellen.

Es ist zu betonen, daß die Parenchymstörungen und die Gefäßwandveränderungen kein deutliches Abhängigkeitsverhältnis anzeigen. Man erkennt größere Partien, wo nur die Ganglienzellen und Gliaveränderungen auffallen, ohne schwerere Veränderungen der Gefäße, und umgekehrt. Diese Veränderungen sind im ganzen Pallidum ausgesprochen, und zwar, wie schon betont, in der Weise, daß die Randpartien am stärksten befallen und die zentraler gelegenen Teile viel weniger erkrankt sind. Nur an einer ganz eng umgrenzten Stelle konnte ich im äußeren Pallidumgliede einen Zerfallsherd feststellen (Abb. 157) mit reichlich Körnchenzellentwicklung und Gefäßsprossungen. An dieser Stelle zeigen die Gefäßwände totale Kalkimprägnation.

Zusammenfassung des klinischen und anatomischen Befundes.

Bei einer Frau, die früher eine syphilitische Infektion durchgemacht hat, zeigten sich im Alter von 56 Jahren Verstimmungs- und Angstzustände mit stark suicidaler Neigung. Körperlich fanden sich keine schwereren Symptome, nur fiel die Ungleichheit der Pupillen und der Patellarsehnenreflexe auf. Bei positivem Blutwassermann reagiert der Liquor, der bei wiederholten Punktionen blutig gefunden wurde, im allgemeinen völlig negativ. Auf antisyphilitische Behandlung hin tritt zunächst eine Besserung der psychischen Krankheitserscheinungen ein, dann aber verfällt die Kranke wieder in einen sehr ängstlichen depressiven Zustand, in dem sie 2 Jahre nach Ausbruch der Krankheit sich mit Gas vergiftet. Sie bleibt nach der Gasvergiftung in völlig bewußtlosem Zustande, sämtliche Glieder sind schlaff und links ist ein Babinski nachzuweisen. Vier Tage nach erfolgter Gasvergiftung stirbt die Kranke.

Die Diagnose lautete auf Gasvergiftung bei einer syphilitogenen Psychose (syphilitische Gefäßerkrankung des Gehirns).

Der *anatomische Befund* zeigt über der *rechten Großhirnhemisphäre ausgedehnte piale Blutungen, in ihr eine diffus verbreitete Rindenpurpura und eine relativ frische rote Erweichung des Marklagers bis zu den basalen Stammganglien, die zum Teil in die Erweichung einbegriffen sind. In der linken Hemisphäre findet sich nur ein als älter anzusprechender Erweichungsherd im äußeren Putamen.*

Mikroskopisch zeigt sich einmal eine leichte lymphocytäre piale Infiltration mit arteriosklerotischen Wandveränderungen der größeren pialen und intracerebralen Gefäße. Ferner lassen sich Veränderungen feststellen im Sinne einer leicht ausgesprochenen Endarteriitis syphilitica der kleinen Hirnrindengefäße. Auf die rechte Hirnhemisphäre beschränkt finden wir einige Tage alte bis ganz frische Ringblutungen in der Rinde und ausgedehnte mit Blutungen durchsetzte Erweichungen des Marklagers und fast des gesamten Striatum. Dabei sind einige hyaline Thrombenbildungen an kleineren Gefäßen festzustellen und die Gefäßwandungen zeigen hochgradige Verfettung. Schließlich sehen wir im Pallidum beiderseits frischere eigenartige Zerfallsvorgänge, die völlig identisch sind mit den in der Literatur beschriebenen pallidären Degenerationserscheinungen nach Kohlenoxydvergiftung.

Epikritisch ist demnach der klinisch und anatomisch recht kompliziert liegende Fall folgendermaßen zu beurteilen:

Wir finden in dem Gehirn zweifellos als älter anzusprechende Veränderungen; es sind dies leichte piale lymphocytäre Infiltrationen, eine Arteriosklerose der größeren Gehirngefäße und Veränderungen, die im Sinne einer Endarteriitis syphilitica der kleinen Rindengefäße gedeutet werden müssen (Endothel- und Adventitialwucherungen, protoplasmatische Gliaproliferationen und Ganglienzellveränderungen). In diesen Erscheinungen dürfen wir das anatomische Substrat der länger dauernden Psychose erblicken. Hierhin gehört noch der alte in Vernarbung begriffene Erweichungsherd im rechten Putamen, der auf die Gefäßveränderung zurückzuführen ist. Deutliche Symptome scheint er nicht gemacht zu haben.

Mit der vier Tage vor dem Tode erfolgten Gasvergiftung bringe ich die frischen ausgedehnten Veränderungen in der linken Großhirnhemisphäre und die pallidären Degenerationserscheinungen in Zusammenhang. Letztere liegen pathogenetisch völlig klar und geben uns in der gut zu verfolgenden Art ihrer Entwicklung einen neuen Beweis für die Spezifität der pallidären Erkrankung nach Kohlenoxydvergiftung.

Auch die ausgedehnten, einige Tage alten oder auch ganz frischen Herdbildungen in der linken Hirnhemisphäre stehen offenbar mit der Vergiftung in Zusammenhang, da ja von anderen Autoren neben der pallidären Erkrankung ab und zu Blutungen und Erweichungsherde im übrigen Gehirn gefunden wurden. (Ruge u. a.). Es liegt für unseren Fall die Annahme nahe, daß die Kohlenoxydvergiftung auf dem Boden eines bereits schwer geschädigten Gefäßsystems sich abnorm stark auswirkte und zu ausgedehnten Blutungen und Erweichungen führte[1]. Für das ausschließliche herdförmige Befallensein der rechten Großhirnhemisphäre konnte ich anatomisch keine befriedigende Ursache auffinden. Die Sinus waren frei von Thromben, und auch in den größeren Gefäßen vermißte ich Thrombenbildungen und dergleichen. Inwieweit die gegebene Gefäßerkrankung auch den pallidären Prozeß unterstützte, läßt sich eindeutig nicht beantworten, immerhin können wir mit Ruge annehmen, daß eine bestehende Gefäßerkrankung eine Prädisposition für die pallidäre Entartung abgibt.

Die Eigenart der pallidären Degeneration unterstützt die neuerdings auch von Wohlwill und Ruge geäußerte Auffassung von dem selbständigen Nebeneinander der pallidären Parenchymdegenerationen und Gefäßveränderungen. Ich konnte deutlich beobachten, wie an Stellen mit nur geringgradigen Gefäßwandveränderungen eine schwere Parenchymschädigung auffällt (Ganglienzelldegenerationen und Gliaproliferationen), die einen primären Charakter tragen.

---

[1] Auch in einem von Weimann (Über Hirnpurpura bei akuten Vergiftungen. D. Z. f. d. ges. gerichtl. Medizin. 1. H. 9. 1922) mitgeteilten Falle von Leuchtgasvergiftung fand sich eine ähnliche Kombination von Ringblutungen, durch die CO-Vergiftung hervorgerufen, und einer älteren Lues cerebri.

Das Kohlenoxyd bewirkt eine schwere pallidäre Degeneration, wobei offenbar zunächst das nervöse Parenchym leidet und dann auch die Gefäße in schwerster Weise betroffen werden. Nach dieser Auffassung glaube ich nicht die Gefäßtheorie Koliskos vertreten zu können; die Eigenart des pallidären Physiko-Chemismus scheint die Grundbedingung für die leichte Angreifbarkeit durch bestimmte Giftstoffe zu sein.

Klinisch kam die doppelseitige pallidäre Affektion nicht zum Ausdruck, ihre Symptome wurden überdeckt durch den schweren cerebralen Allgemeinprozeß.

IV. Anfallsartige Zustände von extrapyramidalem Charakter.

Bei striopallidären Krankheiten werden nicht selten anfallsartige Erscheinungen beobachtet von ungewöhnlichem Charakter. Es sollen hier nicht jene Erkrankungen diskutiert werden, die mit ausgesprochenen epileptischen Anfällen einhergehen und viele extrapyramidale Affektionen gerade des kindlichen Alters komplizieren. Vom anatomischen Standpunkte aus läßt sich heute bei diesen bei weitem noch nicht genügend durchforschten Formen über die Genese der Anfälle und ihre möglichen Zusammenhänge mit der striopallidären Affektion noch nichts aussagen[1]). Hier soll vornehmlich auf jene anfallsweise auftretenden choreatischen oder athetotischen Phänomene oder Zittererscheinungen aufmerksam gemacht werden, die nicht selten bei akuten Prozessen der basalen Stammganglien zur Beobachtung kommen und offenbar als Reizerscheinungen aufgefaßt werden müssen. Gerade bei der akuten Form der Encephalitis epidemica sind ja derartige Symptome häufig festzustellen. Auch myoklonische Zuckungen treten dabei nicht selten auf; ihre Lokalisation bietet aber große Schwierigkeiten bei derart diffus entwickelten Krankheitsprozessen, wie sie diese Erkrankungen ganz gewöhnlich bieten. Das gilt namentlich auch für die Myoklonus-Epilepsie, bei welcher Lafora, A. Westphal und F. Sioli eigenartige, als Corpora amylacea sich charakterisierende Einschlüsse in den Ganglienzellen der Rinde, des Hirnstamms und Dentatum festgestellt haben; ähnliche anatomisch unklare Bedingungen sind für die Myokloniefälle im Anschluß an Malariainfektion (Marinesco) gegeben.

O. Förster rechnet zu den Reizerscheinungen extrapyramidalen Charakters vor allem Zitterzustände und schwere tonische Krampfzustände, seltener einer, meist beider Körperhälften, des Rumpfes und Kopfes, die wir besonders bei Ventrikelblutungen auftreten sehen. Er schreibt: „In einem Falle von Blutung aus dem Plexus chorioideus des rechten Seitenventrikels sah ich z. B. diese Krampfzustände periodisch alle 4 bis 5 Minuten auftreten; sie leiteten sich jedesmal durch ein relativ grobschlägiges Zittern der Extremitäten und des Rumpfes und Kiefers ein, dann folgte ein schwerer tonischer Krampf, stärkster Trismus, Opisthotonus des Kopfes und Rumpfes, die obere Extremität geriet im Schultergelenk in stärkste Adduction und Innenrotation, im Ellbogen in maximalste Streckung, die Hand in extreme Pronation und Beugung, Finger und Daumen in maximale Flexion; die untere Extremität geriet in stärkste Streckung und Adduction, der Fuß in ausgesprochene Supination und Plantarflexion. Die Blase war total verhalten, später bestand Ischuria paradoxa. Die Atmung war stark beschleunigt,

---

[1]) Ich kannte in der Praxis einen nosologisch und ätiologisch völlig unklaren Fall einer im 38. Lebensjahre plötzlich einsetzenden, langsam progredienten extrapyramidalen Erkrankung (Tremor, Wackelbewegungen, hypertonische Zustände) untersuchen und längere Zeit beobachten, bei der das Leiden eröffnet wurde durch einen epileptiformen Anfall mit stundenlang bestehender tonischer Streckung des rechten Armes und der rechten Finger und Sprachverlust bei völlig erhaltenem Bewußtsein. Ähnliche Anfälle wiederholen sich noch mehrmals.

schnarchend, der Puls stark beschleunigt, auf der Höhe des Anfalls nicht fühlbar, das Gesicht und der ganze übrige Körper lebhaft gerötet, die Temperatur stieg über 40°. Der Paroxysmus löste sich unter Zittern der Extremitäten wieder auf und hinterließ eine leichte tonische Anspannung aller Muskeln, die bald hier, bald dort von leichten myoklonischen Zuckungen und Zitterzuständen unterbrochen wurde.

Derartige Zustände treten auch auf bei Ventrikelmeningitis. Ich sah sie wiederholt akut in Erscheinung treten, wenn ein Hirnabsceß in den Ventrikel durchbrach. Der Durchbruch wurde durch den enormen plötzlichen Temperaturanstieg auf 40 bis 42°, Spontannystagmus, Kieferschlagen, Zittern des ganzen Körpers genau signalisiert, worauf sehr rasch die tonische Starre des ganzen Körpers in der soeben beschriebenen Form einsetzte, die sich dann meist anfallsweise wiederholte; in einem Teil der Fälle markierte sich der Durchbruch nur durch geringe Zitterzustände und leichten anfallsweise auftretenden tonischen Krampf. Solche Reizzustände kommen endlich auch als Folge zu plötzlicher ausgiebiger Entlastung beim Balkenstich zur Beobachtung, auch wieder unter plötzlichem extremen Temperaturanstieg, in Form von anfallsweise auftretenden Zitterzuständen und schwersten tonischen Krampfparoxysmen.“

Hierher gehört offenbar ein Fall, den ich in der Praxis zu beobachten Gelegenheit hatte:

Fall XXXI.

Eigenartiges Krankheitsbild mit schmerzhaften tonischen Krampfparoxysmen einhergehend — langsam einsetzende Ventrikelblutung.

Es handelt sich um einen Mann, Ende der 40er Jahre, mit leichter peripherer Arteriosklerose (Alkoholismus in der Anamnese und familiäre Gefäßbelastung). Das Leiden begann nach einer leichten Influenza mit eigenartigen anfallsweise auftretenden sensiblen und motorischen Reizerscheinungen, die sich in sehr schmerzhaftem Streckkrampf der Rumpf- und Beinmuskulatur kundtaten; der Körper geriet dabei in opisthotonische Starre, es bestand starker Trismus und ein allgemeines Zittern des ganzen Körpers. Atmung und Puls waren stark beschleunigt, das Gesicht gerötet. Nach den Anfällen, die einige Minuten bis zu einer Viertelstunde dauerten, bestand eine deutliche Tonusvermehrung in den Extremitäten mit leichten Zittererscheinungen. Während dieser Tage bestanden leichte, unregelmäßige, zackige Temperaturen, zeitweises Erbrechen und geringgradige Beeinträchtigung, vornehmlich Verlangsamung der psychischen Leistungen. In den anfallsfreien Zeiten war am Zentralnervensystem festzustellen eine leichte Tonuserhöhung in allen Extremitäten mit lebhaften Sehnenreflexen ohne Babinski und ohne Klonus. Nirgends bestanden sichere neurologische Ausfälle oder Herderscheinungen. Im Urin waren Spuren von Eiweiß und Zucker ohne Formelemente. Im Augenhintergrund fand ich einige kleine Netzhautblutungen ohne Stauungspapille (Bestätigung durch den Augenspezialisten).

Unter symptomatischer Behandlung und absoluter Ruhe erholte sich der Kranke im Laufe einer Woche gut und schnell, die Schmerzkrämpfe verloren sich völlig, die Temperaturen waren normal und die Psyche wie vor der Erkrankung.

Einige Tage später war der Kranke plötzlich eines Morgens verändert: er hatte Mühe, sich örtlich und zeitlich zurechtzufinden, sich sprachlich auszudrücken, dem Gespräche zu folgen, bei völligem Krankheitsgefühl und richtiger Beurteilung seiner Lage. Auch jetzt waren keine sicheren Herdsymptome festzustellen, nur war die Spannung in den Extremitäten etwas vermehrt und die Reflexe gegen früher eher geschwächt. Kein Babinski. Im Augenhintergrund (auch spezialistische Beurteilung) bestand ohne sichere Stauungspapille eine neuritische Verwaschenheit mit frischen Netzhautblutungen. Jetzt kehrten die krampfartigen, mit starker Tonusvermehrung einhergehenden opisthotonischen Schmerzattacken mit Temperaturzacken wieder. Auch von diesem Zustande erholte sich der Kranke langsam wieder, die schmerzhaften Krampfattacken hörten auf und der Kranke fühlte sich nach einigen Tagen wieder subjektiv wohl. Objektiv bestand eine leichte Tonusvermehrung in den Extremitäten fort und eine Erschwerung der Merkfähigkeit und des Vorstellungsablaufes.

Trotz absoluter Bettruhe setzte plötzlich ein schwerer komatöser Zustand apoplektiform ein: es traten vorübergehend in raschem Wechsel motorische Reiz- und Lähmungserscheinungen in verschiedenen Gebieten der Gesichts- und Extremitätenmuskulatur auf mit konjugierter Blicklähmung. Die Pupillenreflexe blieben erhalten, die Pupillen waren sehr weit. Die Extremitäten zeigten deutliche Spannung, an den unteren Extremitäten waren die Sehnenreflexe nicht auszulösen, nur zeigte sich jetzt ein undeutlicher Babinski beiderseits. Im Augenhintergrunde nahm die Papillenverwaschenheit zu mit beiderseits frischen Blutungen. Keine sichere Stauungspapille. Der Puls war nicht verlangsamt, Erbrechen bestand nicht.

Nach einigen Tagen völliger Bewußtlosigkeit reagierte der Kranke allmählich wieder auf Vorgänge und Personen der Umgebung. Er gab langsame sprachliche Äußerungen von deutlich dysarthritischem Charakter. Eine Schlucklähmung bestand nicht. Die Tonusvermehrung, besonders an den unteren Extremitäten, blieb bestehen, die Reflexe erloschen, bei jetzt deutlichem, beiderseitigem Babinski. Es bestand zeitweise Urinverhaltung. Dann setzten plötzlich wieder apoplektische Anfälle ein mit Cheyne - Stockesschem Atmen und raschem Tod.

Eine sichere Diagnosenstellung fiel mir bei diesem (einige Jahre zurückliegenden) Falle schwer. Eine Meningitis — ich war zu dem Kranken als zu einem Falle von Meningitis zugezogen worden — schloß ich bald aus, für Lues bestanden keine Anhaltspunkte, der Blutwassermann war negativ, eine Lumbalpunktion wagte ich nicht wegen der Wahrscheinlichkeitsdiagnose einer Hirnblutung und der nachgewiesenen Netzhautblutungen. Meine Differentialdiagnose lautete: Diffuse und multiple Gehirnblutungen oder Pachymeningitis haemorrhagica auf arteriosklerotischer Grundlage. Eine dem Krankheitsbeginn einige Monate vorausgegangene Influenza zog ich als prädisponierendes Moment in Betracht. Auch dachte ich an einen Tumor im Mittelhirn, der von beiden Seiten auf die basalen Stammganglien drückt und die eigenartigen tonischen Schmerzattacken auslöst. Eine Ventrikelblutung lehnte ich wegen des langen und remittierenden Krankheitsverlaufes ab.

Um so mehr überraschte mich der Sektionsbefund, den ich erheben konnte:

Es fand sich eine mäßige allgemeine und etwas ausgesprochenere Sklerose der basalen Gehirngefäße. Die Dura war völlig frei ohne Pachymeningitis haemorrhagica. Bei Eröffnung der Dura entleerte sich kein Liquor, die Hirnwindungen waren plattgedrückt, es bestand eine deutliche Hirnschwellung. Die Seitenventrikel, der Sylvische Aquädukt und der vierte Ventrikel waren mit frischem, zum Teil geronnenem Blut angefüllt, die Wandungen der Seitenventrikel bereits blutig imbibiert, was schon makroskopisch ein Beweis für das bereits längere Bestehen der Blutung war. Sonst war das Zentralnervensystem makroskopisch und mikroskopisch völlig herdfrei.

Die histologische Untersuchung zeigte in der Tat in den den Seitenventrikeln und dem dritten Ventrikel anliegenden Gehirnteilen, namentlich im Caudatum und im Thalamus, deutliche Gliaproliferationen mit Körnchenzellentwicklung und Makrophagen, die älteres Blutpigment enthielten. Die Gefäße erwiesen sich als mäßig arteriosklerotisch verändert. Andere histologische Veränderungen fehlten.

Wir sehen aus der epikritischen Betrachtung dieses eigenartigen Falles, daß eine Ventrikelblutung nicht immer rasch zum Tode führen muß. Hier setzte sie offenbar langsam in verschiedenen Schüben ein und bedingte die mit starken Schmerzen einhergenden tonischen Krampfattacken des ganzen Körpers mit Temperaturzacken, Atem-, Pulsund vasomotorischen Störungen bei leichter, auch außerhalb der Attacken zurückbleibender Tonuserhöhung in den Extremitäten und fehlenden Reflexen. Diese Erscheinungen müssen als Reizzustände angesehen werden, lokalisiert in den basalen Stammganglien, wobei ich die starken Schmerzen auf den Thalamus und die tonischen Krampfattacken als Fernwirkung auf das engere und weitere striopallidäre System beziehe. Der weitere eigenartige Verlauf der Erkrankung ist auf ein erneutes Nachsickern von Blut in die Gehirnhöhlen zu erklären; es muß angenommen werden, daß die Blutungen zunächst in die Seitenventrikel und den III. Ventrikel erfolgten und daß die schließlichen Blutergüsse in den vierten Ventrikel den Endzustand mit dem tödlichen Ausgang bedingten.

Die Beobachtung lehrt uns also, daß eine langsam erfolgende Ventrikelblutung ein über Wochen sich hinziehendes Krankheitsbild bedingen kann, bei dem tonische Krampfattacken, mit Schmerzen und Vasomotorenstörungen verbunden, im Vordergrunde stehen.

Schließlich soll hier noch ein Fall besprochen werden, der, in seiner ganzen Entwicklung ungewöhnlich, sich vornehmlich durch eigenartige epileptiform auftretende Wälzanfälle und Drehattacken auszeichnete. Nach der ganzen Art der Erscheinungen handelt es sich hier nicht um gewöhnliche epileptische Anfälle, sondern um anfallsweise einsetzende, mit Vasomotorenstörungen einhergehende Motilitätsstörungen, die an Torsions- und Athetosebewegungen erinnern. Ich habe den Fall bereits in meiner Epilepsiearbeit 1914, Seite 40, klinisch erwähnt, seine Sonderstellung betont und die sonderbaren Motilitätsstörungen in das Striatum lokalisiert. Ich bin heute in der Lage, den histologischen Befund dieses Falles mitteilen zu können.

Der Fall liegt folgendermaßen:

Fall XXXII.

Der Kranke Matfeld, geboren 1849, wird 1875 F. von der Irrenanstalt Schleswig überwiesen. Der in Schleswig geführten Krankengeschichte ist folgendes zu entnehmen: Der Kranke ist unverheiratet und wird dort 1872 aufgenommen.

Die Anamnese ergibt folgendes: Er hat von jeher schwache Nerven gehabt, so daß er in der Schule nur schwer mitkam. Das Leiden datiere von einer Gehirnentzündung, die er im dritten Lebensjahre durchgemacht habe. Mit 16 Jahren kam er in die Lehre zu einem Kaufmann, zeigte sich aber sehr unbeholfen, tölpelhaft und geistig nur wenig entwickelt, so daß er nur zum Aufwickeln von Zwirn und Seide zu verwenden war. Er mußte seinen Beruf wieder aufgeben, war im Hause immer unleidlich, und da er zu allerlei Exzessen neigte, veranlaßten die Eltern seine Aufnahme mit 21 Jahren.

Der körperliche Befund ergibt normale innere Organe. Im Nervenbefund ist erwähnt: Die Pupillen sind gleich. Es besteht ein starker grobschlägiger Tremor der rechten Hand. Die Schrift ist zitterig und ausfahrend. Der Kranke klagt häufig über Schwindelanfälle. Er ist orientiert, deutlich schwachsinnig, ist sehr unzufrieden, manchmal erregt und führt häufig Selbstgespräche in scheltendem Ton. Er hört flüsternde Stimmen, die ihn aufregen und denen er oft scheltend antwortet. Dabei macht er die auffallendsten Körperbewegungen, verdreht seinen Oberkörper, wirft seinen Kopf plötzlich nach rückwärts und macht rhythmische Drehbewegungen mit dem Rumpf und Kopf, so daß er sich oft dabei stößt und der Hals ihm wund wird. In seinen Erregungszuständen wird er auch manchmal aggressiv und zerschlägt Gegenstände.

Nach 2½ jährigem Aufenthalte in der dortigen Irrenanstalt wird er 1875 unverändert der hiesigen Anstalt überwiesen.

Hier fallen vor allem die grobschlägigen Zitterbewegungen der Hände, namentlich der rechten Seite, und hier besonders des Daumens auf, die auch beim Aufliegen der Arme auf dem Bett bestehen bleiben. Zeitweise ist das Zittern der Hände außerordentlich stark. Die Zitterbewegungen werden bei Intentionen deutlicher. Die Schrift des Patienten ist so zitterig, daß jeder einzelne Strich verschiedene Kurven beschreibt. Psychisch macht er einen dementen Eindruck. In der nächsten Zeit werden „epileptiforme Anfälle" beobachtet, die fast täglich wiederkehren, bei denen ein Zittern und Schütteln den ganzen Körper überläuft und das Bewußtsein nicht geschwunden ist. Dann sind wieder Anfälle notiert, in denen er mit den Fäusten gegen die Wand schlägt, seine Stirn und seine Ohren dauernd an der Wand reibt in rhythmischer Weise.

Angerufen, dreht er sich sofort um, hört zu reiben auf und steht Antwort. Bei diesen Anfällen verletzt er sich sehr häufig und stößt krächzende, unartikulierte Laute aus. Er hört häufig Stimmen, äußert mehrfach Angst vor gewissen Personen, denen er schlimme Absichten zutraut.

Der Zustand bleibt in den ganzen nächsten Jahren der gleiche. Häufig treten jetzt Anfälle auf, in denen der Kranke mit dem Kopfe und allen Extremitäten die sonderbarsten Dreh- und Schleuderbewegungen macht, sich am Boden unter Knurren und Fauchen herumwälzt und sich sehr häufig dabei verletzt. Sein Gesicht ist deutlich kongestioniert und auch bei solchen Wälzanfällen scheint das Bewußtsein nicht geschwunden zu sein, denn der Kranke hört sofort auf, wenn man ihn energisch anfährt, und entschuldigt sich manchmal verlegen danach. Solche Anfälle dauern häufig länger als eine Viertelstunde. Die Anfälle treten nie auf der Straße auf, wenn er z. B. von seinen Angehörigen abgeholt wird, sondern nur zu Hause und in der Anstalt, kommen aber auch nachts vor. Bei gelegentlichen Erregungszuständen wird er gegen seine Umgebung tätlich.

1894 ist erwähnt, daß die Zitterbewegungen der Hände unverändert fortbestehen und daß mit den Armen dauernd geigende Bewegungen gemacht werden oder solche des Orgeldrehens. Die Wälzanfälle mit Grunzen treten sehr häufig und heftig auf. „Das Wälzen erinnert an Zwangsbewegungen." Der Kranke vermag solche Anfälle zu unterdrücken, z. B. wenn der Arzt eintritt, oder wenn er sich bei einem Ausgang an einem fremden Orte befindet und bei Beginn eines solchen Anfalles energisch zurechtgewiesen wird. Manchmal läßt er in solchen Anfällen unter sich und beschmutzt sich mit Kot. Sehr häufig ist dabei der ganze Körper mit Schweiß bedeckt. Sonst macht der Kranke einen ruhigen, harmlosen, recht verblödeten Eindruck.

Im Zustande des Kranken tritt auch in den nächsten Jahren keine Änderung ein. Die Zitter- und ausfahrenden Bewegungen an den Armen bestehen fort, ebenso die eigenartigen Anfälle. Örtlich und zeitlich ist er annähernd orientiert. Der Kranke erkennt seine Umgebung, vermag aber nur wenig Auskunft über seine Vergangenheit zu geben, besitzt nur ganz geringe allgemeine Kenntnisse, und seine intellektuellen Fähigkeiten, auch die Merkfähigkeit, sind stark herabgesetzt. Er ist sehr hinfällig und unsicher auf den Beinen und liegt daher jetzt (1912) viel zu Bett. Die Pupillen sind ungleich, r. > l.; die linke Pupille reagiert eine Spur auf Licht, die rechte ist starr. Akkomodation ist nicht einwandfrei zu prüfen. Es bestehen keine peripheren Paresen, dagegen eine deutliche Rigidität in allen Extremitäten, besonders an den Beinen und auch in der Halsmuskulatur. Der Kranke trägt den Kopf auffallend steif zwischen den Schultern. Die Patellarsehnenreflexe sind lebhaft gesteigert mit beiderseits erschöpfbarem Klonus, Babinski ist negativ. Es besteht deutlicher Romberg. Seine Sprache ist völlig verwaschen, explosiv und kaum zu verstehen. 1913 liegt der Kranke dauernd zu Bett, ist sauber, stumpf, dement, meist indifferenter Stimmung und zeitlich und örtlich ungefähr orientiert. Manchmal wird er offenbar unter halluzinatorischen Einflüssen sehr erregt, schimpft laut, aber in ganz unverständlichen Ausdrücken. Fast täglich hat der Kranke einen oder mehrere Anfälle von 3 bis 4 Minuten Dauer. Er fängt an, mit einem Arm drehende Bewegungen zu machen und brummt dabei laut. Er dreht dann immer schneller, brummt immer lauter, wird ganz rot im Gesicht, beißt sich in den Arm, wälzt sich im Bett hin und her, fällt auch zuweilen, wenn die Aufsicht versagt, heraus. Dabei reagiert er auf Anrufen und hört dann auf zu drehen. Kein Zungenbiß, kein Untersichlassen, keine Aura und kein terminaler Schlaf sind festzustellen. Körperlich fällt die hochgradige Rigidität aller Extremitäten auf, der leere, maskenartige Gesichtsausdruck; Gang und Haltung erinnern an Paralysis agitans. Die Reflexe sind sehr lebhaft mit klonischen Zuckungen; Babinski und Oppenheim sind negativ. Die Bauchdeckenreflexe sind nicht auszulösen. Die Reflexe sind vielleicht rechts lebhafter als links. Die grobe Kraft erscheint herabgesetzt, jedoch sind keine deutlichen Paresen in der Körpermuskulatur festzustellen. Ein starker, ganz grobschlägiger Tremor der Hände ist dauernd vorhanden ohne eigentlichen Intentionstremor. Lagegefühl und Warm-Kälteempfindung ist anscheinend im ganzen Körper etwas herabgesetzt. Die Augenbewegungen sind frei, ohne Nystagmus, die Pupillen beiderseits entrundet, auf Licht fast reaktionslos, Akkomodation nicht sicher zu prüfen, anscheinend auch fast starr; Augenhintergrund negativ. Die Zunge weicht vielleicht etwas nach rechts ab, zittert stark, ebenso besteht grobschlägiges Lippenflattern beim Sprechen. Die Sprache ist sehr wenig artikuliert, schmierig undeutlich, explosiv. Der Mund befindet sich fast ständig in kauender Bewegung. Die Arme bleiben oft noch lange Zeit unter starker Spannung in einmal angenommenen Stellungen. Die Blutuntersuchung ergibt negativen Befund. In diesem Zustande bleibt der Kranke, bis er April 1914 an einer croupösen Pneumonie stirbt.

Zusammenfassung des klinischen Befundes.

Es handelt sich um einen 64jährigen Kranken, der von jeher geistig unterentwickelt, tölpelhaft, mit 23 Jahren wegen Schwindelanfällen, Gehörstäuschungen, Aufregungszuständen und grobschlägigen Zitterbewegungen, vornehmlich an den Händen, unserer Anstalt zugeführt wurde. Wie lange die Zittererscheinungen in die Jugend zurückgehen, läßt sich leider nicht feststellen. Bei dem Kranken stehen im Vordergrunde eigenartige Bewegungsstörungen, die zum Teil an choreatische und athetotische Bewegungen erinnern und bei Erregungen des Kranken besonders stark hervortreten, zum Teil sich in der Art von Anfällen zeigen. Bei jenen verdreht er seinen Oberkörper, wirft seinen Kopf nach rückwärts, macht rhythmische Drehbewegungen mit dem Rumpf und Kopfe, wobei er sich oft verletzt. Als epileptiforme Anfälle sind beobachtet solche, bei denen ein Zittern und Schütteln den ganzen Körper überläuft, ohne Bewußtseinsverlust, dann solche, in denen er mit dem Kopfe und allen Extremitäten die sonderbarsten Dreh- und Schleuderbewegungen macht, sich am Boden unter Knurren und Fauchen herumwälzt unter starken Vasomotorenstörungen. Solche Anfälle wiederholen sich fast täglich und sind von 3 bis 4 Minuten Dauer. Daneben bietet der Kranke eine deutliche fortschreitende Demenz mit Gehörstäuschungen und Aufregungszuständen, hochgradige Rigidität aller Extremitäten mit auch in Ruhe bestehendem grobschlägigen Tremor, besonders der Hände, und völlig verwaschener, explosiver und kaum zu verstehender Sprache. Gesichtsausdruck, Gang und Haltung erinnern an Paralysis agitans, der Mund befindet sich fast ständig in kauender Bewegung, die Pupillen sind fast reaktionslos, bei negativem Augenhintergrund. Der Kranke stirbt im Alter von 64 Jahren, bei langsamem Fortschreiten der psychischen und körperlichen Krankheitserscheinungen ohne Contracturenentwicklung an einer croupösen Pneumonie.

Anatomischer Befund.

Die Sektion ergibt folgendes:

An den peripheren Organen zeigt sich im wesentlichen eine beiderseitige lobäre Pneumonie mit adhäsiver Pleuritis. Das Herz ist exzentrisch und konzentrisch hypertrophiert, die Milz gestaut, die Leber verfettet und gestaut, eine Arteriosklerose ist nicht festzustellen. Das Schädeldach ist über dem linken Parietalhirn leicht vorgewölbt, sonst o. B. Die Dura ist gespannt und mit dem Gehirn in der Höhe des Parietalhirns links an circumscripter Stelle verwachsen. An dieser Stelle befindet sich ein walnußgroßer Tumor, der mit der Innenfläche der Dura ziemlich fest verwachsen ist und die dort gelegenen Gehirnwindungen verdrängt, ohne in sie einzubrechen. Der Tumor ist ziemlich hart, knirscht beim Durchschneiden und ist auf dem Schnitt von gelbgrauer Farbe. Mikroskopisch handelt es sich um ein typisches Dura-Endotheliom.

Bei Eröffnung der Dura entleert sich etwas klarer Liquor. Die Pia ist leicht verdickt, Gehirngewicht ist 1345 g. Die Hypophyse ist makroskopisch und mikroskopisch normal. Die basalen Gefäße sind zart, die Windungen sind im allgemeinen mäßig atrophisch, auf

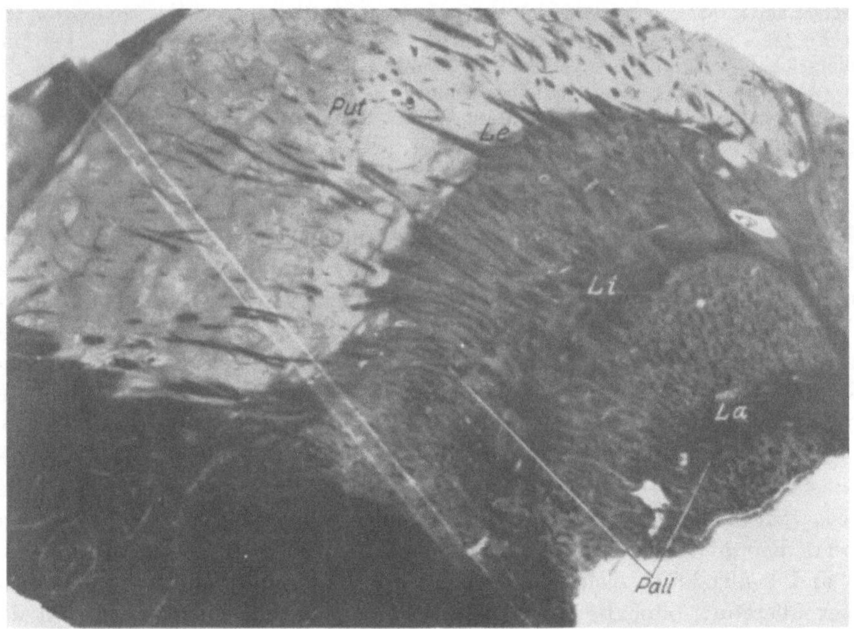

Abb. 158. Fall XXXII. Markscheidenfrontalschnitt. Linsenkern mit eigenartiger
Markzeichnung des Putamen. Photogr.

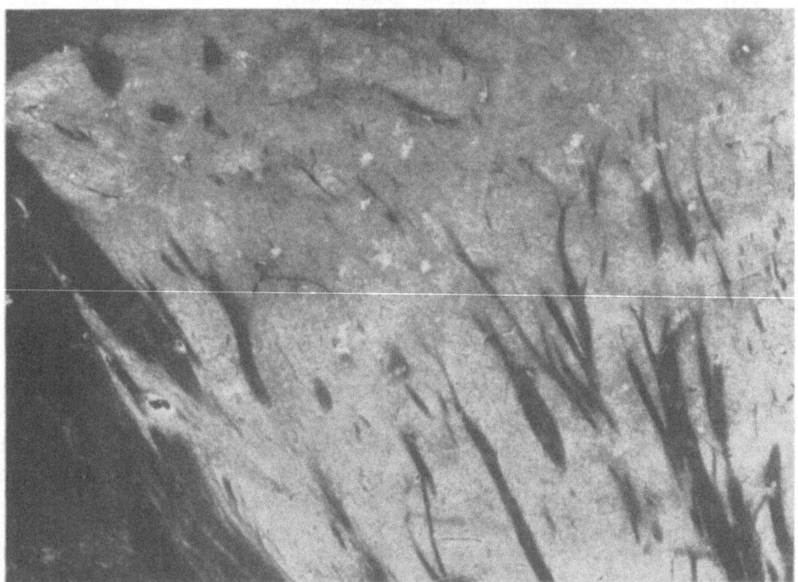

Abb. 159. Fall XXXII. Putamen im Markscheidenpräparat bei stärkerer
Vergrößerung. Mikroph.

dem Durchschnitt ist die Rinde leicht verschmälert, überall gegen das Mark scharf abgesetzt.
Die Seitenventrikel sind nicht auffallend erweitert, die basalen Stammganglien sind nicht
deutlich atrophisch, in ihrer Farbe und Konsistenz nicht auffällig und wie das übrige Zentralnervensystem völlig herdfrei.

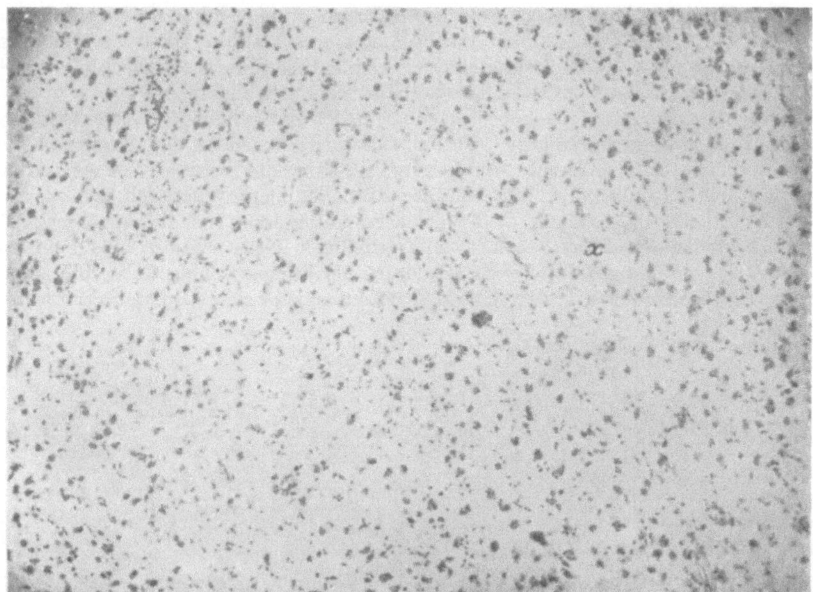

Abb. 160. Fall XXXII. Striatum im Nisslbild bei gleicher Vergrößerung wie Abb. 2. Ausfall an großen Ganglienzellen, Verödungsbezirke (x). Mikroph.

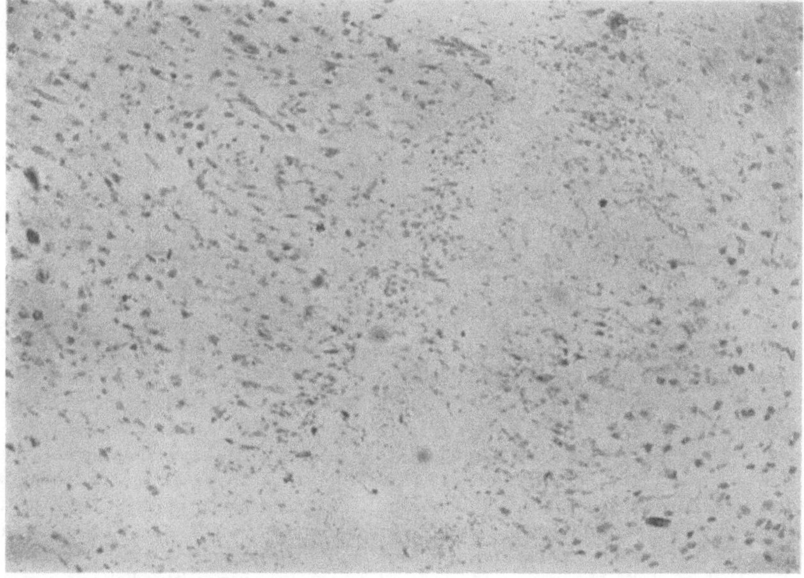

Abb. 161. Fall XXXII. Striatum im Nisslbild bei gleicher Vergrößerung wie Abb. 2. Eigenartiger streifenförmiger Verödungsherd. Mikroph.

Die mikroskopische Untersuchung ergibt folgendes:

Die Pia ist bindegewebig verdickt, die Hirnrinde zeigt nirgends herdförmige Störungen und die Architektonik ist erhalten. Im allgemeinen aber erkennt man eine deutliche Verarmung an Ganglienzellen, vornehmlich in der dritten Schicht ohne besondere Gliareaktionen und ohne herdförmigen Charakter. Bei stärkeren Vergrößerungen erkennt man eine Schrumpfung der Ganglienzellen. Die Lamina zonalis bietet eine stärkere Gliafaservermehrung in ihrer Oberflächenschicht. Senile Drusenbildungen fehlen überall, nur eine leichte Parenchymverfettung ist festzustellen. Das Ammonshorn ist nicht verändert.

Auch die dem Dura-Endotheliom benachbarten Parietalwindungen zeigen keine schwereren Störungen, nur hochgradigere reaktive Gliawucherungen in der Randzone.

Das Stirnhirn hat beiderseits am meisten gelitten, die vordere Zentralwindung ist unversehrt. Auch das Kleinhirn mit dem Dentatum ist nicht wesentlich verändert.

Schwerere und eigenartigere Veränderungen treffen wir erst im striopallidären System. Insbesondere ist das Striatum in auffälliger Weise affiziert. Bei Fehlen einer wesentlichen Schrumpfung fällt das Striatum im Markscheidenbilde (Abb. 158 und 159) stellenweise durch einen stärkeren Markfaserfilz auf, der sich aus einer abnorm reichen

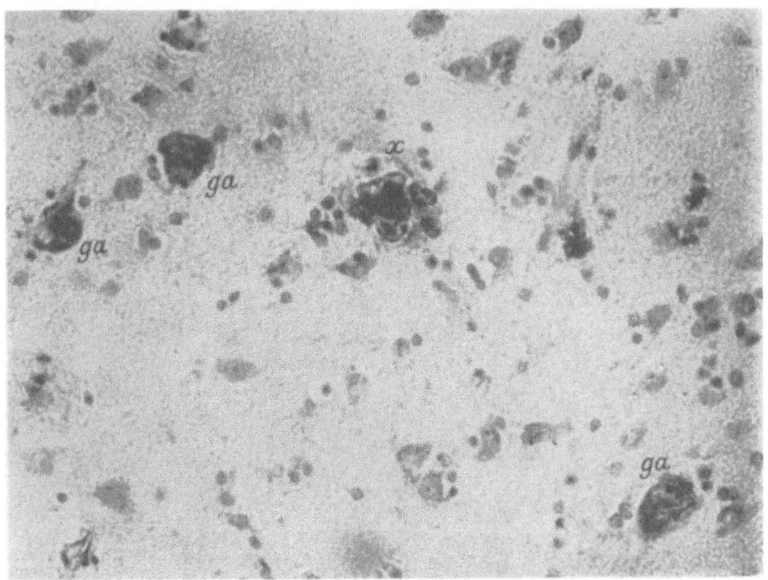

Abb. 162. Fall XXXII. Entartung der großen (*ga*) und der kleinen Striatumganglienzellen. *x* = Konkrementbildungen. Mikroph. bei stärkerer Vergrößerung.

Menge von dickeren und auch dünneren Fasern zusammensetzt. Namentlich ist die dorsolaterale Ecke des Putamen in solcher Weise verändert (Abb. 158). Bei stärkerer Vergrößerung erkennt man innerhalb des stark markhaltigen Gewebes kleine Inseln fleckenförmiger Aufhellungen. Diese eigenartige Striatumveränderung machte mir den Eindruck eines geringgradig entwickelten Status marmoratus.

Herr und Frau Professor Vogt hatten die Liebenswürdigkeit, die Markscheidenpräparate zu beurteilen. Nach ihrer Ansicht handelt es sich dabei nicht um einen Status marmoratus, sondern um eine Abart des Status fibrosus. „Beim Status marmoratus sind nicht nur die heterotopischen Markstellen noch wesentlich markhaltiger, sondern es ist daneben inselförmig normales Gewebe vorhanden und in diesem sind nur die Nucleoli geschwärzt. In dem vorliegenden Falle sind die Markfasern für einen Status marmoratus nicht dicht genug, außerdem sieht man durch das ganze Präparat hindurch wesentlich größere geschwärzte Körner, welche wir als Neurogliazellen ansprechen. Von einem normalen Status fibrosus unterscheidet sich aber das Präparat durch fleckenförmige Aufhellungen innerhalb des stark markhaltigen Gewebes. Soweit ein Markscheidenpräparat ein Urteil gestattet und soweit kadaveröse Veränderungen ausgeschlossen sind, neigen wir dazu, diese Aufhellungen als kleine nekrobiotische Herde anzusprechen, über deren Alter wir uns natürlich kein Urteil erlauben.“

Die autoritative Ansicht C. und O. Vogts erhält eine Bestätigung durch die Ergebnisse der Nisslfärbung: Im Toluidinblaubilde (Abb. 160) erkennt man neben einer ganz allgemein **ausgesprochenen Verarmung an größeren Ganglienzellen kleine inselförmige Ausfälle an** Ganglienzellen (*x*) **mit ganz leichter Vermehrung**

kleinzelliger Glia. Diese Herde erweisen sich als völlig unabhängig vom Gefäßsystem, sind von unregelmäßiger Größe und zumeist ohne scharfe Abgrenzung gegen das normal erscheinende Gewebe. Daneben finden sich in gleicher Lokalisation und gleichfalls unabhängig vom Gefäßsystem größere Verödungsbezirke von streifenförmiger Ausdehnung (Abb. 161), in denen die Ganglienzellen völlig ausgefallen sind und das Grundgewebe aus einem verdichteten kernarmen Gliareticulum besteht. In dem Verödungsbezirke und in seiner Umgebung liegen zahlreiche hellglänzende ungeschichtete Konkremente, die keine Kalk- und Eisenreaktion geben und in ihrer Erscheinungsform und mikrochemischen Reaktion sich wesentlich von den Amyloidkörperchen unterscheiden. Die Randpartien solcher unregelmäßig gestalteter Herde sind von kleinzelligen Gliawucherungen ohne Faserbildung besetzt.

Bei starker Vergrößerung fallen im Striatum die schweren Veränderungen an den großen Ganglienzellen auf. Sie sind, wie schon betont, in abnorm geringer Anzahl vorhanden und die erhalten gebliebenen sind eigenartig verändert (Abb. 162 und 163a): sie sind dunkel gefärbt, verklumpt, wobei der Kern mit deutlichen Kernkörperchen eine Verdickung der Kernwand erkennen läßt und das Protoplasma patzig gefärbte grobe Nisslschollen aufweist. Andere wieder zeigen in ihrem Protoplasmaleibe Aufhellungen

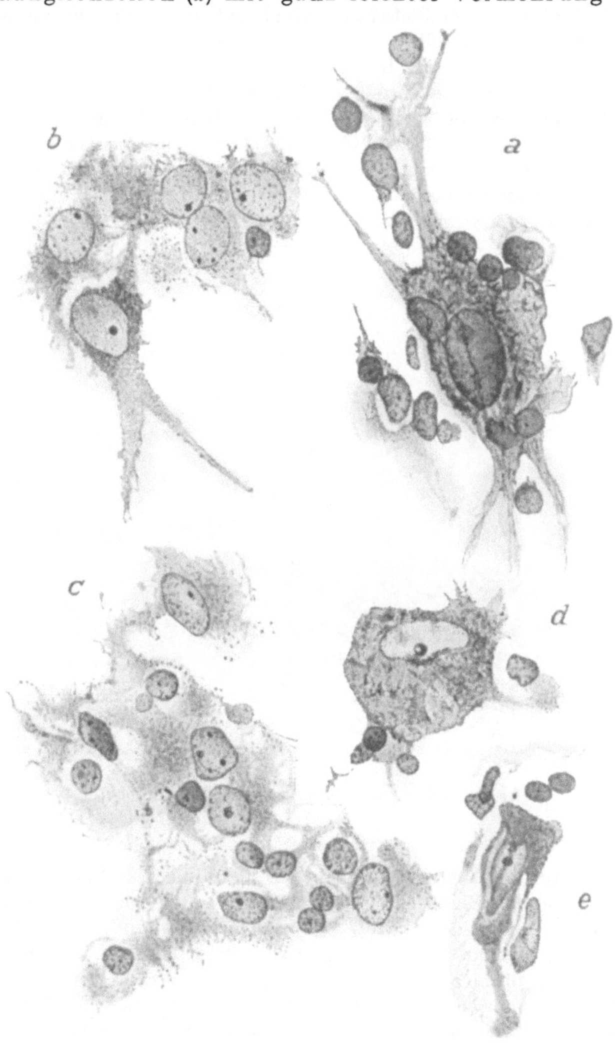

Abb. 163. Fall XXXII. *a, b, c* aus dem Striatum. *a* = chronische Veränderungen der großen Ganglienzellen. *b* = der kleinen mit protoplasmatischen Gliawucherungen. *c* = Lockere Gliarosettenbildung. *d* und *e* = Chronische Sklerose der Pallidumzellen. Nisslbild. Zeichnungen bei Zeiss' Apochr. Öl-Imm. $^1/_{12}$. Komp.-Ok. 4.

und netzige Strukturen. Im Striatum liegen in vermehrter Anzahl unregelmäßige kalkähnliche Konkremente, umgeben von Gliareaktionen (Abb. 162 *x*).

Die kleinen Ganglienzellen des Striatum (Abb. 162 und 163b) sind wesentlich besser erhalten, freilich vielfach auch im Zustande eigenartiger körniger Degenerationen und begleitet von protoplasmatischen Gliawucherungen.

Auch dort, wo keine eigentlichen herdförmigen Ausfälle festzustellen sind, finden sich nicht selten ganz circumscripte Verödungen, mit protoplasmatischen Gliawucherungen gedeckt (Abb. 163c).

Im Fettpräparat findet sich nur wenig Fett in den großen Ganglienzellen und im gliösen Protoplasma. Im Bielschowskybilde sehen wir eine Verklumpung der Silberfibrillen in den großen Ganglienzellen.

Das Pallidum bietet viel weniger hochgradige Veränderungen. Im Markscheidenpräparate sind die einzelnen Glieder gut ausgeprägt (Abb. 158) und die Lamellen wie das Grundgewebe sind nur wenig markfaserärmer als normal. Im Nisslbilde sind viele Ganglienzellen geschrumpft (Abb. 163 d und e) und in abnormer Menge finden sich zweikernige Ganglienzellen. Auch der Fettreichtum ist im Pallidum gegen die Norm vermehrt.

Besondere Veränderungen zeigt dann nur noch der Luyssche Körper: Die Ganglienzellen dieses Kernes (Abb. 164) sind in ihren Leibern mächtig gebläht und von feinnetzigen

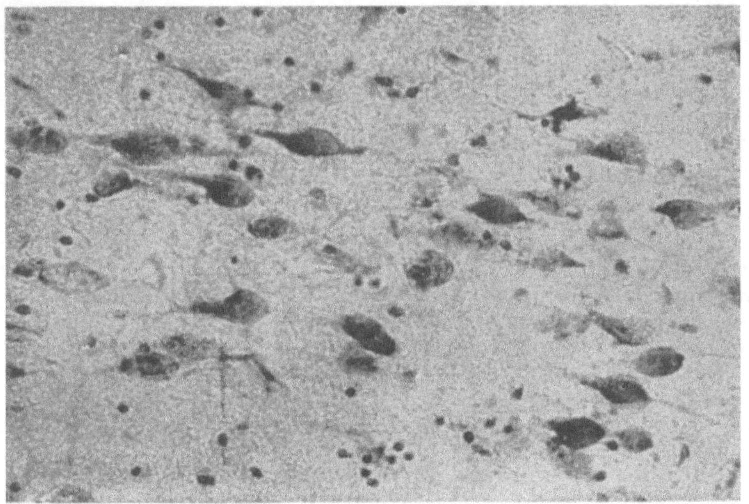

Abb. 164. Fall XXXII. Eigenartige Zellveränderungen im Corpus Luysi. Nisslbild. Mikroph.

Strukturen durchsetzt, stellenweise geht die maschige Aufblähung auch auf die Fortsätze über, so daß Bilder entstehen, die an die amaurotische Idiotie erinnern. Da mir von diesen Kernen nur Alkoholmaterial zur Verfügung stand, kann ich nichts über die Art der Einlagerung, nichts über das Fibrillen- und Markscheidenbild aussagen.

Im übrigen kann die histologische Untersuchung nichts wesentlich Abnormes mehr feststellen, insbesondere ist der Thalamus, der rote Kern, Pons und Medulla oblongata normal. Die Pyramidenbahnen sind von gewöhnlichem Markgehalt.

Die Veränderungen sind bilateral symmetrisch, besondere histologische Veränderungen anderer Art, wie Gefäßwandveränderungen, Entzündungserscheinungen, senile Drusenbildungen fehlen vollkommen.

Zusammenfassung des anatomischen Befundes.

Neben einem wohl als Nebenbefund zu charakterisierenden subduralen Endotheliom über dem linken Parietalhirn zeigt das Gehirn makroskopisch nur eine Rindenatrophie. Mikroskopisch fällt außer einer chronischen Ganglienzellentartung des gesamten Cortex bei Intaktsein der Centralis anterior und der Pyramidenbahn eine im Vordergrund stehende Erkrankung des striopallidären Systems auf. Sie offenbart sich in einer schweren Degeneration der großen striären Ganglienzellen, weniger auch der kleinen, in zahlreichen das Striatum durchsetzenden inselförmigen Verödungsherden mit mehr oder weniger ausgesprochener protoplasmatischer Gliadeckung, und in selteneren größeren streifenförmig das Striatum durchsetzenden kernarmen Narben mit verdichtetem Gliareticulum. Das Markscheidenbild zeigt namentlich in seinem dorsolateralen Anteile eine gewisse Vermehrung markhaltiger Fasern mit inselförmigen Lichtungen. Im Pallidum sind zahlreiche Ganglienzellen chronisch degeneriert, sein Fettreichtum ist etwas vermehrt, zudem ist das reichliche Vorkommen zweikerniger Ganglienzellen im Pallidum erwähnenswert. Schließlich zeigt der Luyssche Körper eine eigenartige mit starker Blähung einhergehende wabige Ganglienzellerkrankung. Die Veränderungen sind bilateral symmetrisch, besondere Gefäßveränderungen oder entzündliche Erscheinungen fehlen.

Epikrise.

Die eindeutige Beurteilung des Falles unterliegt erheblichen Schwierigkeiten: Selbst die Natur des Prozesses ist schwer zu fassen; es handelt sich um eine eigenartige Parenchymveränderung, die ganz vornehmlich das Striatum und den Luysschen Körper, in geringerem Grade auch das Pallidum befallen hat. Das eine ist sicher, daß sie sich unabhängig vom Gefäßsystem entwickelt und daß sie nichts mit entzündlichen Veränderungen zu tun hat. Die eigenartige Markfaserzeichnung des Striatum, die wir bei keinem anderen Prozesse antrafen und auch von der Literatur her nicht kennen, deutet vielleicht auf eine Anlagestörung hin, im ähnlichen Sinne, wie es C. und O. Vogt für ihren Status marmoratus annehmen. Eine Stütze für diese Annahme erblicke ich in der klinischen Tatsache, wonach wir den Krankheitsbeginn zweifellos in ein frühes Alter verlegen müssen. Der Kranke war von jeher geistig minderwertig, tölpelhaft, und die Zittererscheinungen reichen offenbar bis in die Jugend zurück. Über die Genese der kleinen und größeren Verödungsherde im Striatum vermag ich nichts Sicheres auszusagen. Sie stehen nicht in Abhängigkeit vom Gefäßsystem und tragen nicht den Charakter frischer Erscheinungen, doch läßt sich ihr Alter nicht festlegen. Bei der klinischen Entwicklung des Krankheitsbildes möchte ich auch sie als älteren Datums auffassen. Die übrigen Parenchymveränderungen des Striatum, namentlich die Verarmung an großen Ganglienzellen, dürfte auf einen progredienten, jene Erscheinungen begleitenden Parenchymprozeß zurückzuführen sein, im gleichen Sinne wie die geringgradiger ausgesprochenen pallidären Degenerationserscheinungen. Das gehäufte Vorkommen zweikerniger Ganglienzellen im Pallidum deutet gleichfalls auf eine Entwicklungsstörung. Auch die ätiologische Auffassung der Zellveränderungen im Luysschen Körper bleibt unklar. Obwohl sie in ihrer Erscheinungsform an die Zellveränderungen der amaurotischen Idiotie, namentlich in ihrer juvenilen Form erinnern, glaube ich in Anbetracht der engumschriebenen Lokalisation dieser Zellveränderungen nicht an die Verwandtschaft mit der genannten Idiotieform. Es muß auch die Möglichkeit erwogen werden, daß es sich dabei um einen Degenerationsvorgang handelt, der der senilen wabigen Ganglienzelldegeneration nahesteht.

Die Cortexstörungen sind im allgemeinen im Sinne eines chronisch progredienten atrophischen Prozesses ohne besondere charakteristische Merkmale aufzufassen. In der Ausdeutung des Falles sind auf sie ohne weiteres die progredienten psychischen Störungen zu beziehen. Für die angeborene intellektuelle Minderwertigkeit ließ sich kein sicheres anatomisches Substrat mehr auffinden. Es ist möglich, daß der allgemeine atrophisierende Prozeß zum Teil in der minderwertigen Anlage des Zentralorgans seine Begründung hat.

Die seltsamen Bewegungsstörungen des Falles, die in den deutlich zunehmenden hyperkinetischen Erscheinungen an das Bild einer Paralysis agitans mit Tremor erinnern, sind kompliziert durch eigenartige epileptiform auftretende Anfälle, bei denen unwillkürliche und groteske Bewegungen in der Körper- und Extremitätenmuskulatur im Vordergrunde stehen. Nach der ganzen Art der Erscheinungen handelt es sich dabei nicht um epileptische Anfälle von gewöhnlichem Charakter, sondern um anfallsweise auftretende Bewegungsstörungen, die an Athetose und Torsionsspasmus erinnern und als Reizerscheinungen imponieren[1]).

Für den klinischen Gesamteindruck einer symptomatischen Paralysis agitans dürften die Veränderungen im striopallidären System in Verbindung mit jenen des Luysschen Körpers als ein erklärendes pathologisch-anatomisches Substrat angesehen werden. Ich stehe auch nicht an, die eigenartigen, mit Vasomotorenstörungen einhergehenden anfallsweise auftretenden Bewegungsstörungen auf die Veränderungen des striopallidären Systems zu beziehen, wobei es nicht möglich ist, eine feinere epikritische Analyse vorzunehmen.

Nach all diesen Ausführungen glaube ich also, daß wir es hier neben einer fehlerhaften und minderwertigen Anlage des striopallidären Systems mit einem ätiologisch unklaren fortschreitenden Entartungsprozeß in ihm zu tun haben, der vielleicht wie jener endogen bedingt ist. Die Haupteigentümlichkeiten des Falles, insbesondere das symptomatische Bild der Paralysis agitans mit den anfallsweise auftretenden grotesken Bewegungsstörungen dürften in den Veränderungen des striopallidären Systems ihre Ursache haben. Nach unseren obigen Ausführungen, wonach bei Läsionen des Luysschen Körpers ähnliche Körperwälzerscheinungen (Hemiballismus) wie in unserem Falle auftreten, werden die Veränderungen des Luysschen Körpers dabei eine wesentliche Rolle mit spielen.

Jedenfalls zeigt dieser Fall die ungewöhnlichen Schwierigkeiten, die sich der klinischen und anatomischen Differenzierung so ungewöhnlicher Krankheitsbilder heute noch entgegenstellen. Ich bin mir wohl bewußt, daß die klinische und anatomische Ausdeutung dieses Krankheitsbildes lückenhaft und in vieler Hinsicht unbefriedigend ist. Es schien mir aber wichtig, an der Hand dieser Beobachtung auf solche Fälle aufmerksam zu machen und zu weiteren Untersuchungen anzuregen.

V. Gruppierung der Krankheitsprozesse unter besonderer Berücksichtigung der Symptomatologie und der anatomischen Lokalisation.

Wenn wir das gesamte oben mitgeteilte Material überblicken und unter vornehmlicher Berücksichtigung der anatomischen Befunde eine Gruppierung

---

[1]) Bemerkenswert ist die Möglichkeit einer psychischen (Willens-) Beeinflussung dieser Attacken, eine Erscheinung, die wir ja besonders häufig bei den extrapyramidalen Symptomen antreffen.

der einzelnen Prozesse versuchen wollen, so sind verschiedene Möglichkeiten
gegeben, von denen mir heute noch jene am zweckmäßigsten erscheint, die unter
Führung der klinischen Symptomatologie und unter gleichzeitiger
weitmöglichster Berücksichtigung der Ätiologie rein beschreibend
den anatomischen Prozeß in seiner Hauptlokalisation dem klinischen Syndrom gegenüberstellt. Es geht schon aus vielen Bemerkungen, die
ich epikritisch den einzelnen oben besprochenen Beobachtungen anfügte, hervor,
daß uns die von C. und O. Vogt gegebene Gruppeneinteilung, die im wesentlichen
myeloarchitektonisch-lokalisatorisch orientiert ist, nicht recht befriedigen kann.
Es kann und soll dies keine Herabminderung der ungemein großen Verdienste
bedeuten, welche C. und O. Vogt auch auf diesem Gebiete bleibend haben. Sie
betonten ja selbst den provisorischen Charakter ihrer Gruppeneinteilung, der
zunächst eine gut orientierende Bedeutung nicht abzusprechen ist. Uns, die wir
entsprechend unserer Arbeitsrichtung gewohnt sind, das gesamte histologische
Bild und den jeweils vorliegenden Prozeß stark mit zu berücksichtigen, kann die
Vogtsche Klassifizierung nicht befriedigen. Wir sahen zudem, daß nach mehreren
Richtungen hin uns das Markscheidenbild gelegentlich falsch orientieren kann.
So mußte ich, um hier einige Beispiele zu bringen, betonen, daß der Status fibrosus
abhängig ist von einer stärkeren Striatumschrumpfung, die aber durchaus nicht
immer selbst in chronischen Choreafällen vorzuliegen braucht (vgl. unsere senile
Chorea). Die akuten Choreafälle, wie z. B. unser Diphtheriefall, bieten für gewöhnlich keine charakteristischen Veränderungen im Markscheidenbilde. Der Status
dysmyelinisatus kann auf ganz verschiedenen ätiologischen Ursachen beruhen
und braucht auch dann nicht wesentlich hervorzutreten, wenn wir, wie z. B. in dem
Falle Rothmanns und von Hallervorden-Spatz, eine schwere Schädigung
der betreffenden Kerngebiete annehmen müssen. So kann uns, wenn wir auch nur
im Vogtschen Sinne rein symptomatologisch-lokalisatorisch gruppieren, das Markscheidenbild allein kein zuverlässiger Führer sein. Dabei können wir die Vogtschen Bezeichnungen dort, wo es angebracht erscheint, mit Vorteil übernehmen.
    Ich möchte daher folgende Gruppeneinteilung geben:

I. Choreatische Krankheitsbilder:

    1. Die toxisch-infektiöse Chorea (Sydenhamsche Chorea, Chorea minor)
mit der Hauptlokalisation des herdförmigen oder diffusen Prozesses im Striatum.
    2. Die symptomatische Chorea bei allgemeiner Erkrankung des Gehirns
auf paralytischer, syphilitischer, arteriosklerotischer, seniler Grundlage mit
Hauptlokalisation der betreffenden Veränderungen im Striatum. Hierher gehört
auch die Chorea bei Tumoren, bei der multiplen Sklerose mit entsprechender
striärer Lokalisation, ebenso die bei der tuberösen Sklerose.
    3. Die chronisch-progressive Chorea; auch sie hat ihre Hauptlokali-
sation im Striatum bei jedenfalls stark im Vordergrunde stehender Degeneration
der kleinen Ganglienzellen.
    a) Die echte Huntingtonsche Form mit Vererbung und mit psychischen
Störungen; in der Gehirnrinde entspricht ihr eine vornehmlich betonte Entartung
der inneren Körnerschicht und drei untersten Rindenschichten mit besonderer
Bevorzugung des Stirn- und Schläfenhirns und einer zumeist deutlich ausgeprägten Pseudokörnerschicht in der vorderen Zentralwindung.

b) Jene ohne nachgewiesene Vererbung und mit psychischen Störungen mit histologisch und lokalisatorisch offenbar gleichgeartetem Befund.

c) Jene ohne psychische Störungen mit dem gleichen Befund im Striatum und ohne wesentliche Rindenaffektion.

II. Krankheitsbilder des Parkinsonismus:

1. Paralysis agitans mit einem dem senilen Prozesse verwandten Degenerationsvorgang in vornehmlicher Lokalisation im Striatum und Pallidum, daneben auch in der Substantia nigra und im Luysschen Körper. Der Status cribratus kann dabei auch fehlen. Schwerere Veränderungen im Groß- und Kleinhirn brauchen in reinen Fällen nicht vorzuliegen.

2. Senile Psychose oder Demenz mit Parkinsonismus (senile Muskelstarre mit Psychose oder Demenz); ihr verwandt ist die Alzheimersche Krankheit. Hier verbindet sich ein schwerer seniler Rindenprozeß mit einem gleichgearteten Degenerationsvorgang in vornehmlicher Lokalisation in den basalen Stammganglien ähnlich wie bei der reinen Paralysis agitans.

3. Die artheriosklerotische Muskelstarre, auf arteriosklerotischer Gefäßveränderung beruhend und in gleicher Lokalisation wie die Paralysis agitans (Status desintegrationis).

4. Die syphilitisch bedingte Muskelstarre auf spezifischer Gefäßveränderung, sonst wie 3.

5. Die Krankheitsgruppe Wilson-Pseudosklerose mit den entsprechenden histologischen Veränderungen und vorzugsweiser, selten sogar ausschließlicher Lokalisation im Striatum und Pallidum.

6. Die Nachkrankheiten der Encephalitis epidemica; ihr liegt ein progressiver degenerativer Parenchymprozeß, untermischt mit sehr stark zurücktretenden infiltrativen Erscheinungen zugrunde; der Prozeß hat seine Hauptlokalisation offenbar regelmäßig in der Substantia nigra, daneben auch noch im Pallidum und seltener zudem im Striatum. (Mitunter stärkste Ausprägung des Status dysmyelenisatus im Pallidum.)

7. Ätiologisch und nosologisch unklare Krankheitsfälle mit Untermischung der extrapyramidalen Störungen mit Erscheinungen von Seiten der Py-bahn, der Rinde und des Thalamus (spastische Pseudosklerose und verwandte Beobachtungen) mit charakteristischem Parenchymprozeß und breiter Lokalisation unter Bevorzugung des pyramidalen und extrapyramidalen Hauptsystems.

8. Durch bestimmte Gifte (Kohlenoxyd u. dgl.) bedingte Krankheitsfälle mit Pallidumentartung degenerativen Charakters.

III. Krankheitsbilder mit dem athetotischen Syndrom:

1. Des frühesten Kindesalters:

Eine Teilgruppe der Littleschen Krankheit mit dem Status marmoratus im Striatum.

2. Des Kindes- und jugendlichen Alters:

a) Die cerebrale Kinderlähmung mit dem Bielschowskytypus der cerebralen Hemiatrophie.

Die cerebralen Kinderlähmungen lassen sich einleiten:

A) Paradoxale Kinderlähmung mit Epilepsie und Schwachsinn ohne Lähmungserscheinungen und ohne Bewegungsstörungen; anatomisch entsprechen ihnen encephalitische Herde in motorisch stummen Rindengebieten.

B) Gleichgeartete Fälle mit allmählich zunehmenden spastischen Erscheinungen; hier zeigt sich eine sich an die encephalitischen Herde anschließende cerebrale Hemiatrophie Bielschowskys mit Entartung der dritten Rindenschicht, besonders auch jener der vorderen Zentralwindung.

C) Gleichgeartete Fälle mit mehr oder weniger ausgesprochenen Athetosebewegungen: Hier greift der schichtförmige Degenerationsprozeß auch auf das Striatum über und bedingt hier einen Untergang der Striatumzellen mit einen Status fibrosus im Markscheidenbilde.

D) Schwere Fälle mit Epilepsie und Schwachsinn, verbunden mit spastischer Hemiplegie und Hypoplasie der entsprechenden Muskulatur und des Skeletts; dabei häufig Parakinese oder Akinese auf der nicht gelähmten Seite. Der Gehirnprozeß greift dabei in stärkerer Ausdehnung direkt auf die basalen Stammganglien über.

b) Bilaterale Athetose mit ausschließlicher oder doch vornehmlicher eigenartiger diffuser Degeneration des Pallidum. Andere Gehirnzentren sind dabei offenbar nicht selten mitbefallen, insbesondere das Striatum. Hierher zu rechnen ist auch die Torsionsdystonie unklarer Genese (idiopathische Torsionsdystonie.

3. Die symptomatische Athetose mit mehr fokalen pallidären Verletzungen als Teilerscheinung der ätiologisch verschiedensten Prozesse (Arteriosklerose, Syphilis, Encephalitis, Pseudosklerose-Wilson u. dgl.)

Hierher gehört auch die symptomatische Torsionsdystonie, der Torsionsspasmus (Crampussyndrom Försters) als lokales Athetosesyndrom mit vornehmlicher Beteiligung der Rumpf- und Extremitätenmuskulatur.

IV. Hemiballismus,

als Lokalsymptom des Luysschen Körpers bei dessen Zerstörungen verschiedenster Ätiologie.

Dritter Teil.

Pathophysiologie der extrapyramidalen Bewegungsstörungen.

I. Die Lokalisationsfrage der extrapyramidalen Bewegungsstörungen.

Die eindeutige Beantwortung der Lokalisationsfrage der extrapyramidalen Bewegungsstörungen stößt auch heute noch auf große Schwierigkeiten. Ich habe bereits bei Erörterung der einzelnen Krankheitsfälle und Krankheitsgruppen die wichtigsten Feststellungen jeweils hervorgehoben unter Berücksichtigung der in der Literatur niedergelegten Erfahrungstatsachen. Ich möchte im folgenden in einem kritischen Überblick eine Zusammenstellung all jener Punkte geben, die das oben mitgeteilte Material uns an die Hand gibt. Von herdförmig lokalisierten Prozessen soll nur eine enge Auswahl jener Fälle fremder Kasuistik oder eigener Beobachtungen vergleichend herangezogen werden, die unserem Urteil in Anbetracht einer circumscripteren Lokalisation des pathologischen Prozesses und einer vorliegenden guten Beschreibung eine zuverlässige Unterlage geben.

Die Schwierigkeiten in der Beurteilung der ganzen Sachlage liegen einmal in den äußerst verwickelten anatomischen Verhältnissen, sodann aber ganz vornehmlich darin, daß alle Prozesse sich nicht streng auf einzelne Zentren und Zentrengruppen lokalisieren lassen und das pathologisch-anatomische Bild uns durchaus kein absolutes Maß für die klinische Symptomatologie abgibt. So läßt sich nur der Prädilektionssitz der jeweiligen anatomischen Störung mit den klnisch im Vordergrunde stehenden Erscheinungen vergleichen, wobei letztere eine gewisse Konstanz und Regelmäßigkeit des klinischen Bildes anzeigen müssen. Es ist von vornherein klar, daß dabei nur ein kritischer Überblick über ein relativ großes und die verschiedenen Symptomenkuppelungen umfassendes Material einigermaßen eindeutige Schlüsse erlaubt.

1. Das Striatumsyndrom.

Beginnen wir mit den Prozessen, bei denen eine reine Striatum degeneration im Vordergrunde steht.

Als ganz vornehmlich striarlokalisierte Prozesse haben wir die chronisch-progressive Chorea kennen gelernt und gesehen, daß ihr ein sich hauptsächlich auf die kleinen Striatumzellen beschränkender Degenerationsprozeß zugrunde liegt. Wenngleich sich auch die großen Striatumzellen mehr oder weniger mit erkrankt zeigen und auch das Pallidum und andere Zentren in den einzelnen Fällen als nicht völlig normal angesehen werden kann, so ist doch der kleinzellige Charakter der Striatumdegeneration in absoluter Regelmäßigkeit derart betont, daß in dieser Erscheinung das anatomische Substrat der choreatischen Bewegungsstörung erblickt werden muß.

Andererseits sehen wir, daß die symptomatische Chorea verschiedener Ätiologie gleichfalls mit vornehmlich striär lokalisierten Prozessen einhergeht, welche aber durchaus nicht im gleichen Sinne sich auf die kleinen Striatumzellen beschränken. Dies gilt von der symptomatischen Chorea auf infektiös-toxischer Grundlage (Sydenhamsche Chorea, Paralyse, Encephalitis epidemica u. dgl.) im gleichen Sinne auch von jener, welche wir als Teilerscheinung eines senilen Prozesses kennen gelernt haben. Erstere bieten für gewöhnlich encephalitische Herde oder deren Narben in diffuser Verstreuung, letztere zeichnen sich (Fall VI) durch eine allgemein ausgesprochene Parenchymdegeneration des Striatum aus, bei der sich bei starker Entartung auch der großen Ganglienzellen nur von einer besonders betonten Degeneration der kleinen Ganglienzellen sprechen läßt. Das gleiche gilt auch von der Striatumdegeneration bei Diphtherie [vgl. den kurz erwähnten von Globus näher beschriebenen Fall (Fall VII) einer symptomatischen Chorea bei Diphtherie].

Gerade bei den symptomatischen Choreafällen sind uns neben der ausgesprochenen choreatischen Bewegungsunruhe noch Hyperkinesen aufgefallen, die in das Gebiet der Parakinesen gehören. Wir erinnern uns dabei an die bereits früher erwähnte Tatsache, daß solche Parakinesen nicht allzu selten das choreatische Bewegungsspiel untermischen, und daß sie besonders in unserem Falle II sich zeigten, der in gewissem Sinne als Früh- und Abortivfall im klinischen und anatomischen Sinne anzusprechen ist. Das nach meinen Erfahrungen stärkere Hervortreten der Parakinesen bei der symptomatischen Chorea und bei dem Huntingtonschen Frühfalle kann darauf hindeuten, daß diese Erscheinungen mit einer graduellen leichteren Striatumaffektion zusammenhängen[1]), doch müssen daneben für die spezielle Entwicklung solcher Hyperkinesen in den einzelnen Fällen noch besondere, heute noch nicht zu übersehende Verhältnisse vorliegen, denn die Früherscheinungen einer progressiven Chorea sind für gewöhnlich typische choreatische Störungen und keine Parakinesen im Kleistschen Sinne[2]). Je systematischer die anatomische Degeneration im Sinne der Huntingtonschen Chorea sich entwickelt, desto reiner ist offenbar der choreatische Charakter der Hyperkinese.

All diese Hyperkinesen treten entsprechend der doppelseitigen Striatumläsion doppelseitig auf. So läßt sich auf Grund dieser Erfahrungen das eine aussagen, daß *eine vornehmlich auf die kleinen Ganglienzellen des Striatum sich beschränkende Degeneration ganz regelmäßig eine choreatische Bewegungsstörung bedingt, daß aber auch eine diffuse Striatumdegeneration oder auch mehr herdförmig lokalisierte Prozesse im Striatum unter Umständen das choreatische Phänomen zeitigen können. Eine leichtere gleichsinnige Striatumdegeneration kann Parakinesen stärker hervortreten lassen, wobei aber die Art der Striatumschädigung offenbar nur eine pathogenetische Teilkomponente darstellt. Entsprechend der doppelseitigen Striatumveränderung entwickeln sich die Hyperkinesen doppelseitig.*

---

[1]) Vgl. auch Kleist: Monatsschr. f. Psychiatrie u. Neurol. **52,** 1923.

[2]) Die von Kleist neuerdings mitgeteilten Fälle sprechen dafür, daß bei diffusen Striatumprozessen, z. B. auf arteriosklerotischer Basis, die Intensität des Prozesses für die Entwicklung von Parakinesen und Chorea von ausschlaggebender Bedeutung ist.

Reine herdförmige Affektionen des Striatum sind recht selten. Hierher gehört mit gewissen Einschränkungen Liepmanns Fall Elisabeth L., der von C. und O. Vogt untersucht und beschrieben wurde. Die Krankheitssymptome bestanden in einer im 67. Lebensjahr auftretenden rechtsseitigen Chorea, vornehmlich des Armes, welche nach neuen zu vorübergehenden Paresen führenden Insulten temporär schwand, einige Zeit nach einem Insult eine Besserung zeigte und gelegentlich auch auf den linken Zeigefinger übergriff. Anatomisch handelt es sich dabei um eine große arteriosklerotisch bedingte Cyste im Kopfe des linken Caudatum und des anstoßenden Teiles des Putamen. Dieser Fall zeigt uns, daß herdförmige Prozesse im Striatum mit Zerstörung der großen und kleinen Striatumzellen eine Chorea bedingen, die sich zudem auf einzelne Körperabschnitte und Muskelgebiete beschränken kann.

Einen ganz ähnlichen Fall konnte auch ich untersuchen: Bei einer arteriosklerotisch bedingten Psychose trat in der rechten Gesichtshälfte apoplektiform eine choreatische Unruhe auf, die über 1 Jahr andauernd bestanden hat und auch im Schlafe nicht ganz verschwand. Die Bewegungsstörung ähnelte am meisten einem Tic. Sonst zeigte die Kranke in ihrem Bewegungssystem keine Abweichung von der Norm. Bei der anatomischen Untersuchung fand ich neben den gewöhnlichen arteriosklerotischen Rindenprozessen ohne größere Herdbildung das ganze Zentralnervensystem herdfrei, abgesehen von einem arteriosklerotisch bedingten cystischen Erweichungsherde im ventrooralen dem Ventrikel benachbarten Teile des linksseitigen Caudatumkopfes (Abb. 165).

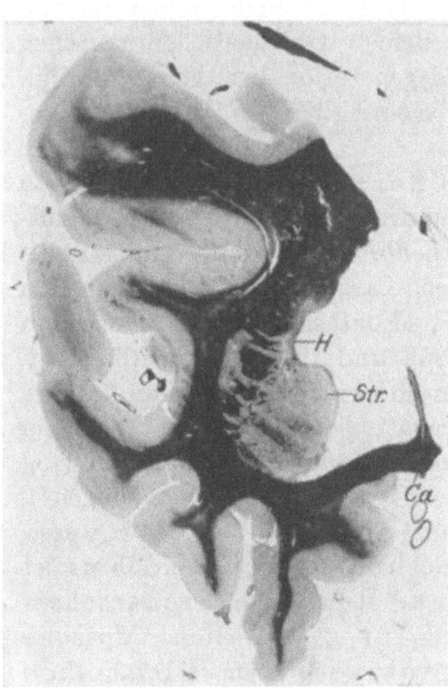

Abb. 165. Facialistic (Chorea). *H* = Herd im Striatumkopf. *Ca* = Commiss. anter. Markscheidenfrontalschnitt.   Photogr.

Desgleichen stellte Mingazzini bei der Sektion eines Kranken, der an Monotremor des Armes und der Hand gelitten hatte, eine Erkrankung der mittleren Putamenteile fest.

Aus solchen Befunden erhellt eindeutig eine somatotopische Gliederung des Striatum (Mingazzini, Mills und Spiller, Vogt) nach einzelnen Muskelgebieten und Körperabschnitten: Mit C. und O. Vogt nehmen wir an, daß die Kopf- und Gesichtsregion ganz oral lokalisiert ist, dann folgen caudalwärts die oberen Extremitäten, woran sich die Vertretungen des Rumpfes und der unteren Extremitäten anschließen.

Bei ausgedehnteren apoplektiform einsetzenden, im wesentlichen auf das Striatum beschränkten Herden kommt es zunächst zu schlaffen Hemiparesen der kontralateralen Seite, die sich auffallend rasch zurückbilden, um in schneller Entwicklung mehr oder weniger ausgesprochenen rigiden Zuständen Platz zu machen. Ich habe mehrere solcher Fälle unter meinem

Material, und derartige Erscheinungen sind auch im Fall XVII der obigen Kasuistik wiederzufinden. Bechterew wies bei den rigiden Folgezuständen solcher Hemiplegien als erster auf Unterschiede gegenüber den sekundären Contracturen der Hemiplegiker hin, auf den Wechsel der Stellungen, auf das Fehlen des Überwiegens im Betroffensein der Extensoren und Flexoren, auf das Fehlen von Athetose und auf die vorhandene erhöhte mechanische Muskelerregbarkeit. Er lokalisierte den Krankheitsprozeß bei dem Fehlen autoptischer Befunde nahe dem Hinterschenkel der inneren Kapsel mit Wahrscheinlichkeit in die basalen Stammganglien. Ähnliche klinische Beobachtungen von Hemihyperitonia apoplectica sind dann noch von Pfeiffer, Böttiger, Mingazzini u. a. mitgeteilt worden, auch Förster erwähnt sie und hebt gegenüber Stertz das Vorkommen der initialen totalen schlaffen Hemiplegie hervor, eine Erfahrung, die ich in meinem Materiale bestätigt finde. Andere Fälle Bechterews und Mingazzinis z. B., wonach Ausfallserscheinungen im Sinne von Parese und parästhetischen Empfindungen (Pseudomelia paraesthetica) in die Linsenkerne lokalisiert werden, sind für die Beantwortung der Lokalisationsfrage nicht eindeutig zu verwerten, da die Autoren nicht scharf zwischen Striatum und Pallidum unterschieden haben und nicht über genaue anatomische Belege verfügen.

Aus diesen und den früheren Darlegungen geht hervor, daß die striäre Innervation vornehmlich kontralateral erfolgt, aber zudem auch eine gleichseitige Komponente hat. Wir schließen letzteres nicht nur aus den anatomisch-physiologischen Bedingungen, die uns Fall XVII an die Hand gegeben hat, oder unsere Beobachtungen XXVII, XXVIII und XXIX (cerebrale Kinderlähmung) oder aus dem Übergreifen der Chorea auf die Herdseite im oben erwähnten Liepmann-Vogtschen Falle, sondern auch aus der Bedeutung des Striatum für die Gemeinschaftsbewegungen überhaupt, die eine bilaterale Vertretung fordern[1]). Es sind hier ganz ähnliche Bedingungen gegeben wie für die bilaterale corticale Vertretung der Glosso-pharyngealmuskulatur. Ein funktionelles Übergewicht der einen Seite läßt sich nicht erschließen.

Einen weiteren freilich nicht eindeutigen Einblick in die Striatumpathologie und -physiologie gewinnen wir bei Berücksichtigung jener Krankheitsprozesse welche ganz vornehmlich striär lokalisiert sind und wie wir annehmen dürfen, zunächst im Striatum ansetzen. Als solche kommen die Paralysis agitans, die arteriosklerotische Muskelstarre, die auf syphilitischer Gefäßerkrankung basierende Muskelstarre und die Wilsonsche Krankheit in Betracht.

Die Paralysis agitans zeigt freilich eine recht diffuse Lokalisation und geht für gewöhnlich mit schweren diffusen Parenchymveränderungen im Striatum und Pallidum, im Luysschen Körper und in der Substantia nigra einher; nach neueren Untersuchungen (Tretiakoff, Lhermitte und Foix, H. Spatz) können auch bei dieser Erkrankung die Substantia nigra-Veränderungen weitaus das anatomische Bild beherrschen. Es ist aber zu betonen, daß von dreien meiner genau untersuchten Fälle nur der eine Fall (Fall VIII) schwerere Veränderungen in der Substantia nigra aufwies, während sich der anatomische Prozeß bei den beiden anderen im wesentlichen auf das Striatum und Pallidum beschränkte, also auf Zentren, welche im gleichen Sinne auch in jenem Falle betroffen sind.

---

[1]) Vgl. auch die neueren Ausführungen von Kleist (l. c.).

Hierin decken sich meine Untersuchungen mit jenen zahlreicher anderer Autoren, insbesondere mit jenen von Jelgersma, C. und O. Vogt, Bielschowsky, F. H. Lewy. Wir müssen so annehmen, daß die Paralysis agitans für gewöhnlich sich anatomisch auf Veränderungen im Striatum und Pallidum zurückführen läßt und daß jene Beobachtungen mit vorwiegender Lokalisation in der Substantia nigra als atypische Fälle aufzufassen sind. Meine Untersuchungen bestätigen ferner die Ansichten C. und O. Vogts und Bielschowskys, welche dabei die Striatumläsion in den Vordergrund stellen. Weiterhin zeigten meine Untersuchungen eindeutig, daß die Striatumdegeneration dabei wohl eine recht diffuse ist, die kleinen und großen Striatumzellen in hochgradiger Weise in Mitleidenschaft zieht, aber ganz vornehmlich die Degeneration der großen Striatumzellen betont. Meine Befunde bestätigen so im gewissen Sinne die Angaben Hunts und die Feststellungen F. H. Lewys. Es ist bei der Striatumdegeneration der Paralysis agitans eine Umkehr jener Verhältnisse gegeben, wie sie die chronisch-progressive Chorea charakterisiert.

Nun sehen wir klinisch, daß sich die verschiedenen Symptome des Parkinsonismus dabei zu verschiedener Zeit und in verschiedener Weise und im weitesten Sinne unabhängig voneinander entwickeln. Ich verweise hier auf die vorzüglichen Arbeiten von Förster, Kleist, Zingerle, K. Mendel, Forster, Cassirer, Strümpell, Hunt, Westphal, C. und O. Vogt, Stertz, P. Schuster, Runge, Bostroem u.a., welche auf diese eigenartige Entwicklung des akinetisch-hypertonischen Syndroms in fein durchgearbeiteten klinischen Analysen hingewiesen haben. Neben leichteren rigiden Zuständen fallen als Früherscheinungen des Parkinsonismus ganz vornehmlich gewisse Symptome auf, die dem Begriffe der Akinese zugehören. Es ist dies vor allem die charakteristische Armut des unwillkürlichen Mienenspiels, die sich in der mimischen Starre verrät und die hochgradige Einschränkung der unwillkürlichen normalen Mitbewegungen bei zusammengesetzten wilkürlichen Bewegungsakten (Bewegungssynergien); auch in dem verlangsamten Bewegungsbeginn und -ablauf und der geringen Bewegungsexkursion sehe ich mit O. Förster akinetische Teilerscheinungen. Dazu kommt noch die Einschränkung von unwillkürlichen Positionsänderungen, von Schutz- und Abwehrbewegungen, von Bewegungsreflexen, die C. und O. Vogt als primäre Automatismen bezeichnen. Sie verstehen darunter jene Bewegungskombinationen, welche sich von jeher, oder wenigstens so weit unser individuelles Erinnerungsvermögen reicht, unbewußt und unwillkürlich abgespielt haben, im Gegensatz zu den unter Bewußtseinskontrolle zunächst eingeübten und dann evtl. ohne diese sich abspielenden sekundären Automatismen. Jedoch auch sie erleiden eine starkbetonte Einbuße —, aber, wie Stertz und Förster mit Recht hervorheben — nicht mehr wie die Willkürbewegungen ganz im allgemeinen. Besonders ist eine gewisse Einschränkung und Abschwächung der groben Muskelkraft bei allen Willkürbewegungen deutlich festzustellen. Dabei ist zu betonen, daß gerade im Gegensatz zum Pyramidenbahnsydrom die isolierten Willkürbewegungen einzelner Glieder und Gliederteile erhalten bleiben, und zusammengesetztere Bewegungsakte wie jene der Sprache, des Schluckens und Kauens, des Stehens, Sitzens und Gehens sich besonders gestört zeigen.

Es ist nun mit allem Nachdruck darauf hinzuweisen, daß all diese Erscheinungen sich in gegenseitiger Unabhängigkeit, ferner in völliger Unabhängigkeit von dem eigentlichen hypertonischen (rigiden) Syndrom entwickeln können. Ich habe Kranke von Parkinsonismus in meiner Beobachtung — z. B. einen auf arteriosklerotischer Grundlage und einen, dessen Prozeß ich auf syphilitische Gefäßveränderung zurückführe — deren Krankheitsbild fast völlig beherrscht wird durch diese akinetischen Symptome, wobei namentlich die mimische Starre, Sprachstörungen, das Gehen, alle Bewegungsänderungen, alle Mitbewegungen in stärkster Weise gestört sind. Dabei ist nur eine leichte Hypertonie in allen Muskelgebieten angedeutet, die ganz den Charakter der mobilen Rigidität an sich trägt. So hat auch Kramer einen Syphilitiker beobachtet, der nach seinem ganzen Habitus das Bild einer Paralysis agitans sine agitatione bot, obgleich bei sechsjährigem Bestehen des Leidens jegliche Rigidität fehlte. Diese Beobachtungen decken sich mit denen zahlreicher anderer Autoren (Zingerle, C. und O. Vogt, Rausch und Schilder, Strümpell, A. Westphal, Stertz, Bostroem, Förster).

Ganz ähnlich wie die choreatische Hyperkinese auf einzelne Körperabschnitte beschränkt sein kann, finden wir auch gelegentlich eine weitgehende Beschränkung der Akinese auf einzelne Muskelgruppen. Am häufigsten tritt die auf eine Erkrankung der Rumpf- und Beinmuskulatur begrenzte Brachybasie als einziges Krankheitssymptom in Erscheinung. Die Paralysis agitans kann sich nur halbseitig entwickeln, sich gelegentlich sogar auf eine Extremität oder auf ein Muskelgebiet beschränken. Die Störungen auf dem Gebiete der Sprache, des Schluckens und Kauens können in den einzelnen Fällen sehr verschieden hochgradig entwickelt sein oder auch ganz fehlen. v. Strümpell hat sogar einen Fall mitgeteilt, in welchem längere Zeit hindurch die mimische Starre die einzige Motilitätsstörung war. C. und O. Vogt weisen darauf hin, daß diese Teilerscheinung des Parkinsonschen Symptomenkomplexes bei Nichterkrankung der gesamten Muskulatur besonders häufig zusammen mit Sprach- und Schluckstörungen in Erscheinung tritt. Augenmuskel- und Blasenstörungen können gleichfalls klinisch vorliegen.

Ein Vergleich der klinischen Bilder mit dem jeweils gegebenen anatomischen Substrat bei der Paralysis agitans legt den Schluß nahe, daß gerade diese akinetischen Teilerscheinungen des Parkinsonschen Syndroms auf die im Vordergrunde stehende Striatumdegeneration zu beziehen sind. Sie treten für gewöhnlich am frühesten in Erscheinung, und wir sind nach den vorliegenden anatomischen Untersuchungen unter Berücksichtigung der ganzen Verhältnisse, zu der Annahme berechtigt, daß bei dieser Krankheit gerade das Striatum zuerst und am hochgradigsten erkrankt.

Ganz ähnliche Bedingungen geben uns die klinischen und anatomischen Analysen jener Parkinsonismen, die wir als arteriosklerotische Muskelstarre, als auf syphilitischer Gefäßerkrankung basierende Prozesse und als Krankheitsbilder kennen gelernt haben, die der Gruppe Wilson-Pseudosklerose zugehören. Ich verweise hier z. B. auch auf den ganz vornehmlich striär lokalisierten Wilsonfall Bielschowskys, bei dem als erstes Krankheitszeichen die Akinese auffiel und längere Zeit ohne Hypertonie bestand. Auch bei diesen Krankheitsformen dürfen wir annehmen, daß sich der Prozeß am frühesten im Striatum zu entwickeln pflegt und dieses graue Zentrum durchweg am hochgradigsten affiziert.

Unterstützt werden diese Schlußfolgerungen noch durch Feststellungen an verwandten Krankheitsprozessen:

Ich habe schon oben betont, daß wir klinisch bei der chronisch-progressiven Chorea neben der choreatischen Hyperkinese gewisse akinetische Symptome antreffen, die sich besonders in der auffälligen Armut des Mienenspiels in der Ruhe verrät. C. und O. Vogt haben die akinetische Komponente bereits rein theoretisch gefordert und Stertz hält das bei choreatischen nicht selten zu beobachtende erschwerte Ingangkommen gewollter Innervationen und die Nachdauer irgendwie entstandener Innervationen für gelegentlich auftretende akinetische Symptome. Wir sahen nun weiterhin, daß bei fortschreitender Striatumdegeneration bei der chronisch-progressiven Chorea, wobei, wie z. B. im Falle V, auch die großen Striatumzellen schwerstens mit befallen sind, die akinetischen Erscheinungen weitaus das klinische Bild beherrschen und so das choreatische Phänomen völlig ablösen können. In solchen schweren Fällen von chronisch-progressiver Chorea kommt es auch zu außerordentlich hochgradigen Störungen des Sitzens, Stehens und Gehens und des sprachlichen Ausdrucksvermögens; letzteres kann bis auf völlige Anarthrie reduziert sein.

Auch die Untersuchung bei echten senilen Krankheitsprozessen kommen hier in Betracht. Ich habe oben im Anschluß an die Besprechung der senilen Chorea (Fall VII) und der senilen Muskelstarre darauf hingewiesen, daß die eigenartigen Bewegungsstörungen des atypischen Seniums, wie wir sie ganz vornehmlich bei der Alzheimerschen Krankheit antreffen, mit schweren diffusen Striatumveränderungen einhergehen. In Teilsymptomen dieser schweren Bewegungsstörungen erinnern sie lebhaft an die Parkinsonsche Akinese, und für gewöhnlich sind dabei die komplizierten Bewegungsakte des Sitzens, Gehens und Stehens, wie auch der Sprache, in hochgradiger Weise gestört. Hierher gehört vor allem die Logoklonie der Alzheimerschen Krankheit und die Palilalie Picks, die jener durchaus verwandt auch von Pick als eine striäre Motilitätsstörung gedeutet wird[1]). Blasenstörungen sind nicht selten anzutreffen. Hier ist daran zu erinnern, daß ich auch bei jenen Fällen schwerer seniler Demenz, die klinisch daneben ausgesprochene Symptome einer Paralysis agitans oder einer Muskelstarre boten, gerade das Striatum in schwerster Weise von dem senilen atrophisierenden und mit starker Parenchymverfettung einhergehenden Prozesse befallen fand. Man muß — wie ich oben an Beispielen auseinandersetzte — zweifellos neben der arteriosklerotischen Muskelstarre auch den Krankheitsbegriff einer senilen Muskelstarre anerkennen. Andererseits hat schon v. Malaisé in einer eingehenden Studie auf Anregung P. Maries die eigenartige Gangstörung der alten Leute, die Brachybasie, analysiert und ist zu dem Schlusse gekommen, daß ihr neben einer sehr leichten Parese vor allem eine eigenartige Inkoordination der Bewegungen zugrunde liegt. Spastizität könne sich mit diesen Fehlern verbinden, zeige aber durchaus keine Proportionalität zur Gehstörung. Meine obigen Feststellungen an senilen Fällen mit ähnlichen Bewegungsstörungen unterstützen die bereits von C. und O. Vogt ausgesprochene Auffassung, daß zwischen der Brachybasie der alten Leute und derjenigen der Paralysis agitans kein lokalisatorischer Unterschied bestehe. Des weiteren habe ich auf ähnliche Unter-

---

[1]) Auch Kleist fand bei doppelseitigen striären Verletzungen der Logoklonie verwandte Wort- und Silbeniterationen (l. c.).

suchungsergebnisse bei der progressiven Paralyse hingewiesen, und ich glaube, daß wir bei dem dabei gegebenen regelmäßigen Mitbefallensein des Striatum gewisse Komponenten der Sprachstörung und anderer Bewegungsinkoordinationen der Paralytiker darauf beziehen dürfen.

Für die von C. und O. Vogt betonte striäre Lokalisation des Tremors spricht neben anderem die eigenartige Entwicklung der Bewegungsstörung meines Falles VI, wo sich zunächst ein deutlicher Tremor offenbarte, der später von dem choreatischen Phänomen abgelöst wurde. Offenbar ist dabei der Tremor durch eine quantitativ leichtere Striatumaffektion bedingt, während das Fortschreiten des eine gewisse Auswahl treffenden anatomischen Prozesses das choreatische Phänomen auslöste. Aber eine Verallgemeinerung dieses Satzes ist nicht angängig (siehe auch weiter unten). Das auffällige Zittern und Wackeln, das nicht selten die Fälle der Krankheitsgruppe Wilson-Pseudosklerose auszeichnet, deutet ebenfalls auf eine striäre Lokalisation. In diesem Zusammenhange verdient der oben angeführte, von Bielschowsky mitgeteilte und von P. Schuster klinisch analysierte Wilson-Fall besondere Erwähnung, bei dem der anatomische Prozeß sich völlig auf das Striatum beschränkte. Klinisch standen dabei neben dem akinetischen Symptom (Unbeholfenheit und Langsamkeit der Bewegungen, monotone, langsame und skandierende Sprache), grobe Wackel- und Zitterbewegungen im Vordergrunde, Erscheinungen, die wir in gleicher Weise ausgeprägt finden in meinem Falle XXIII (spastische Pseudosklerose), wo gleichfalls die schwere diffuse Striatumdegeneration in auffälligster Weise das anatomische Bild beherrschte. Bei beiden Kranken zeigte sich eine Zunahme des Zitterns bei Zielbewegungen im Gegensatz zu dem gewöhnlichen Befunde bei der Paralysis agitans, wo der Tremor bei Intention abnimmt oder aufhört. Bei der letzterwähnten Kranken ist es schließlich auch zu einer hochgradigen Störung der Sprache, des Sitzens, Stehens und Gehens, zu Blasen- und Mastdarmstörungen gekommen.

Die hyperkinetischen Phänomene und der Tremor pflegen bei Sinnesreizen Einstellung der Aufmerksamkeit, Affekten eine deutliche Steigerung zu erfahren, können aber nicht selten auch durch den Willen einige Zeit unterdrückt werden, um dann freilich in verstärktem Maße in Erscheinung zu treten. So kenne ich eine einseitige, sich auf den Arm beschränkende Paralysis agitans mit Tremor, bei der der Tremor — wenn er eine Zeitlang durch den Willen unterdrückt wurde — sich in vermehrter Heftigkeit durchsetzt und in Form eines groben Hin- und Herschlagens äußert.

Offenbar führen auch reine diffuse Striatumdegenerationen mit Untergang der großen und kleinen Ganglienzellen zu mehr oder weniger ausgesprochenen rigiden Zuständen. Wir dürfen dies aus dem neuen Wilsonfall Bielschowskys schließen mit gewisser Einschränkung auch aus unserem Falle XXIII (spastische Pseudosklerose) und aus den freilich komplizierter liegenden Verhältnissen, wie sie uns die Fälle V, VI und XIV an die Hand geben. Die rigide Komponente tritt ja gleichfalls bei den genannten Krankheitsprozessen wenigstens in Teilerscheinungen recht frühzeitig zutage und kann sogar in einzelnen Fällen von vornherein das klinische Bild beherrschen. Gerade die meisten der von Wilson selbst mitgeteilten Fälle seiner Krankheit zeichneten sich dadurch aus, und besonders auffällig ist hierin der v. Economosche Wilsonkranke. Und doch müssen wir nach allem annehmen, daß auch dieser Prozeß im Striatum ansetzt und erst später allmählich auf das Pallidum übergreift. Dabei spielt offenbar die Akintät und Schwere des Prozesses nach In- und Extensität eine bedeutsame Rolle.

Es kann keinem Zweifel unterliegen, daß wir den Begriff einer striären Pseudobulbärparalyse (Halipré, Lépine, Comte[1]), Oppenheim, Vogt, Wartenberg) zulassen müssen. Dies ergibt sich bereits aus dem oben Gesagten, vornehmlich aber aus den Erfahrungen bei der Krankheitsgruppe Pseudosklerose-Wilson. Dabei pflegt das sprachliche Ausdrucksvermögen hochgradiger zu leiden als der Kau- und Schluckakt, und Lähmungserscheinungen auf dem Gebiete der Glosso-, Labio- und Pharyngealmuskulatur sind noch weniger deutlich als bei der gewöhnlichen Form der Pseudobulbärparalyse, die durch beiderseitige Herde im Großhirnmarklager im allgemeinen bedingt ist. Die Ansicht, die namentlich von P. Marie und Mingazzini vertreten wird, daß die Linsenkerne, insbesondere die Putamina, bestimmte Zentren für die motorische Sprache enthalten, sind meines Erachtens in keiner Weise begründet. Ebensowenig läßt sich das funktionelle Übergewicht des linken Striatum einwandfrei nachweisen. Das eine kann als sicher gelten, daß bei allen schwereren diffusen Erkrankungen des beiderseitigen Striatum das sprachliche Ausdrucksvermögen in deutlicher Weise leidet, ja bis zur völligen Wortstummheit reduziert sein kann, wie wir das z. B. in Endstadien der Chorea (Fall V), der Wilsonschen Krankheit oder den arteriosklerotisch oder syphilitisch bedingten Parkinsonismen (Fall XIII, XIV) nicht selten antreffen. Lemos stellt sogar den Begriff einer „Paralysis pseudo-bulbaris-parkinsonia‟ auf. In den von Wilson selbst mitgeteilten Fällen seiner Krankheit, sowie in den Hallschen Beobachtungen waren schwere Sprachstörungen bis zu Anarthrie ein fast konstantes Symptom, in manchen Fällen auch das früheste (z. B. Wilson, Stertz, Hall). Sucht man die Störung der Bulbärakte in ihrer Art genauer zu analysieren, so zeigen gerade die Beobachtungen von Früherscheinungen der in Frage stehenden Krankheitsfälle deutlich, daß es sich dabei um Koordinationsstörungen handelt. v. Strümpell bezeichnet die am häufigsten bei der Paralysis agitans anzutreffende Sprachstörung als eine gewisse Hemmung der Sprache. Die Sprache wird leise, monoton, verwaschen, verlangsamt, sie ermangelt einer regelrechten Atemeinteilung, sie wird nicht selten abgerissen, explosiv, wobei namentlich Zisch- und Explosivlaute gar nicht oder nur sehr unvollkommen hervorgebracht werden. Dabei bleibt das Wortgefüge durchaus erhalten. Ähnlichen Störungen begegnen wir auf dem Gebiete der Kau- und Schluckbewegungen. Hervorzuheben ist, daß nicht selten gerade der fließende Beginn des sprachlichen Ausdrucksvermögens sich am meisten gestört findet. Dies führt zu eigenartigen rhythmischen Wiederholungen einzelner Worte, zu Beginn eines Satzes, der dann fließend zu Ende geführt werden kann, Erscheinungen, die völlig übergehen können in die Logoklonie der Alzheimerschen Krankheit.

All diese Störungen können in den zumeist nur angedeuteten Lähmungserscheinungen auf dem Gebiete der Bulbärmuskulatur keine genügende Erklärung finden und müssen als Koordinations- und Regulationsstörungen aufgefaßt werden. Sie erinnern in ihrer

---

[1]) Die genannten französischen Autoren fußten jedoch dabei auf falschen physiologischen und anatomischen Voraussetzungen.

Art am meisten an jene Symptome, die wir bei der apoplektiform bedingten Pseudobulbärparalyse antreffen. Wie ich bereits 1909 in meiner Arbeit über die Pathogenese der Pseudobulbärparalyse ausführte, erweisen sich auch die Bewegungsstörungen dieser Form als gemischt-paretisch-ataktische und sind zurückzuführen auf die **kombinierte Läsion der corticobulbären und frontopontinen Bahnen**. Der Sitz der Herde ist dabei gewöhnlich das **beiderseitige Marklager des Vorderhirns, zumeist aber die dorsolaterale Ecke des Putamen in seinem vorderen Drittel mit gleichzeitiger Verletzung der inneren Kapselstrahlung**. Abb. 166 zeigt die charakteristische symmetrische Lagerung der Herde in einem von mir neu untersuchten Falle einer **arteriosklerotisch bedingten Pseudobulbärparalyse**. Durch die so gelagerten Herde werden nicht nur die frontopontinen Bahnen betroffen, die die ataktische Störung bedingen, sondern auch die corticobulbären, die hier in die innere Kapsel einstrahlen, zum Teil nach Durchsetzung des Putamen in jener Höhe (paretische Komponente). Aus meiner damaligen kasuistischen Zusammenstellung ging bereits hervor, daß auch isolierte Verletzungen des Striatum,

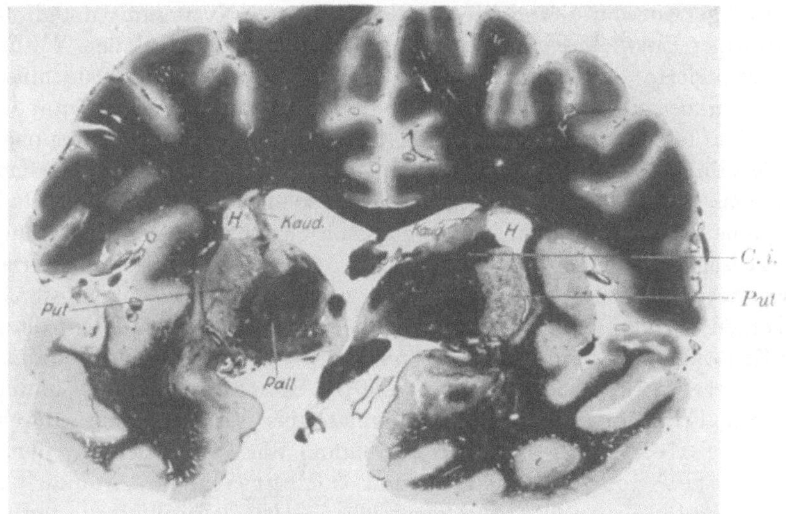

Abb. 166. Pseudobulbärparalyse mit doppelseitig symmetrischen Herden (*H*) in der dorsolateralen Ecke des Putamen und Caudatum, den vorderen Schenkel der inneren Kapsel durchsetzend. Unterbrechung der fronto-pontinen und cortico-bulbären Bahnen. Markscheidenfrontalschnitt. Photogr.

insbesondere des Putamen den pseudo-bulbären Symptomenkomplex heraufführen können, ausnahmsweise auch in einseitiger Lokalisation. Ich sah damals in den Herden im Putamen ganz vornehmlich Läsionsstellen der corticobulbären Projektionsfaserung[1]), folgerte aber für die Pathogenese der Pseudobulbärparalyse, „daß die Läsion der basalen Stammganglien durch Verletzung der innigen Konnexe zwischen zentrifugalem und zentripetal-cerebellarem System dazu angetan sind, dem Zerfall funktioneller Bewegungen weiteren Vorschub zu leisten." Nach den inzwischen gemachten Erfahrungen erscheint entsprechend unseren obigen Ausführungen die striäre Lokalisation der Pseudobulbärparalyse in einem klareren Lichte, und ich bin überzeugt, daß **eine feinere klinische Analyse dieser pseudobulbärparalytischen Störungen gewisse Unterschiede aufdecken wird gegenüber jenen, welche durch extrastriäre Herde (Unterbrechung der frontopontinen und cortico-bulbären Bahnen) bedingt sind.**

Ein Überblick über die Literatur und eigene Erfahrungen bestätigen die Ansicht C. und O. Vogts, wonach gerade **die oralen Striatumteile zu den**

---

[1]) Vgl. auch Wexberg: Zeitschr. f. d. ges. Neurol. u. Psychiatrie Bd. **71.** 1922.

bulbären Funktionen in Beziehung gebracht werden müssen. Mit der extrastriär bedingten Pseudobulbärparalyse haben auch die striären Affektionen das gelegentliche Auftreten von Zwangsaffekten gemeinsam. Sie sind jedoch nicht regelmäßig anzutreffen, was schon daraus erhellt, daß sie bei sämtlichen von mir oben mitgeteilten Fällen fehlen. Besonders häufig scheinen sie bei der Wilsonschen Krankheit aufzutreten und bei den mehr apoplektiform sich entwickelnden Krankheitsprozessen. Sie sind als mimische Zwangs- und Mitbewegungen aufzufassen und nach meinen eigenen Erfahrungen häufiger noch bei Affektionen des Stirnhirnmarklagers und des Thalamusgebietes anzutreffen. Jedenfalls dürfte ihnen kaum eine engerbegrenzte Lokalisation zuzusprechen sein.

Nicht selten zeigen auch bei striären Degenerationen und Herden die Augenbewegungen bemerkenswerte Störungen. Wir beobachten dabei Verlangsamung, hochgradige Einschränkung bis zu Blicklähmung, Nystagmus u. dgl. Bei apoplektiformer Entwicklung tritt nicht selten wie in unseren Fällen XV und XVII eine konjugierte Blicklähmung ein, wobei die Augen zum Herde hinsehen.

Ebenso inkonstant sind die Blasen- und Mastdarmstörungen.

Dabei fehlen für gewöhnlich jegliche Störungen der Sehnenphänomene, der Sensibilität und der höheren psychischen Leistungen, insbesondere der Intelligenz (s. auch Schlußkapitel). Die Bauchdeckenreflexe sind erhalten.

Reine striäre Affektionen führen nach meinen eigenen Erfahrungen und bei kritischer Sichtung des in der Literatur niedergelegten Materials beim Erwachsenen nicht zu Athetoseerscheinungen. Wenigstens konnte ich keinen einzigen Fall von Athetose beim Erwachsenen finden, der sich auf reine Striatumveränderungen beschränkt zeigt. Diese Erfahrung steht im Gegensatz zu der angeborenen Athetose des Kindesalters, die, soweit unsere dürftigen Erfahrungen auf diesem Gebiete bis heute reichen, durch reine Striatumaffektionen bedingt sein kann. Wir entnehmen dies dem Status marmoratus des Striatum C. und O. Vogts, einem Krankheitsprozesse, der im frühesten Kindesalter ansetzend neben mehr oder weniger ausgesprochenen, starken Schwankungen unterliegenden hypertonischen Zuständen deutliche athetotische Bewegungen bedingt. C. und O. Vogt rechnen hierher auch den berühmten Fall Cassian H. Antons und ich konnte mich selbst an Präparaten dieses Falles, die C. und O. Vogt die Liebenswürdigkeit hatten, mir zu zeigen, von der überraschenden Ähnlichkeit des Markscheidenbildes mit jenem des Status marmoratus überzeugen. Die Bewegungsstörungen dieses Falles entsprechen nach ihrer Schilderung ganz jenen der doppelseitigen Athetose des Kindesalters und Anton, der die geschilderte Erkrankung zunächst als allgemeine Chorea anspricht, betont selbst die Schwierigkeiten, die beobachteten Bewegungsstörungen von der Athetose abzutrennen. Andererseits hebt er hervor, daß bei diesem einen Kranken neben choreatischen auch typische Athetosebewegungen vertreten waren. (Nur nebenbei sei bemerkt, daß im Gegensatz zu den Vogtschen Fällen Cassian H. nach der Geburt zunächst eine gesunde und normale Entwicklung zeigte und erst im 9. Lebensmonate 8 Tage nach einem schweren Scharlach erkrankte. Die Striatumherde erwiesen sich bei der histologischen Untersuchung vorwiegend aus Bindegewebe bestehend und gruppiert um ein zentral gelegenes Gefäß. Ich sehe sowohl in der klinischen Entwicklung des Falles wie in den Ergebnissen der feineren histologischen Untersuchung beachtenswerte Unterschiede gegenüber dem Status marmoratus C. und O. Vogts bezüglich der nosologischen Zugehörigkeit zu der Vogtschen Krankheitsgruppe, die nach Vogt als Mißbildung aufzufassen ist.) Jedenfalls erkennen wir aus diesen Fällen, daß reine Striatumerkrankungen des frühen Kindesalters zu Athetosebewegungen führen.

So komme ich zu einer Auffassung und Aufstellung des Striatumsyndroms, das in den vornehmlichsten Punkten der Auffassung C. und O. Vogts entspricht.

Das Striatumsyndrom

ist im wesentlichen durch folgende Störungen charakterisiert:

1. Eine leichte Parese in der befallenen Muskulatur, die sowohl bei unwillkürlich sich abspielenden Bewegungskombinationen wie bei höher koordinierten Willkürbewegungen deutlich wird. Dabei erleiden die zusammengesetzten Bewegungsakte eine besonders starke Einbuße, während die isolierten Willkürbewegungen einzelner Glieder und Gliedteile erhalten bleiben.

2. Inkoordinationen zusammengesetzter Bewegungsakte besonders des Sitzens, Stehens und Gehens, der Sprache und der gesamten bulbären Funktionen.

3. Akinesen (Armut des willkürlichen Mienenspiels, Einschränkung der unwillkürlichen normalen Mitbewegungen bei zusammengesetzten willkürlichen Bewegungsakten [Bewegungssynergien], Einschränkung von unwillkürlichen Positionsänderungen, von Orientierungsbewegungen, von Schutz- und Abwehrbewegungen, verlangsamter Bewegungsbeginn und -ablauf, geringe Bewegungsexkursion).

4. Tremor und Wackelbewegungen und zumeist nur leichte, dem Wechsel stark unterworfene hypertonische Zustände (mobile Rigidität). Diese Erscheinungen werden bei aktiven Bewegungen gemildert, durch Dehnungsreize nicht gesteigert und durch Sinnes- und psychische Reize verstärkt und sind zeitweise durch den Willen unterdrückbar.

5. Fehlen von Störungen auf dem Gebiete der Reflexe, Sensibilität und höheren psychischen Leistungen.

6. Beim Erwachsenen bedingt eine vornehmlich auf die kleinen Ganglienzellen des Striatum beschränkte Degeneration das choreatische Phänomen, wobei gleichzeitig eine gewisse Akinese und Hypotonie gegeben ist.

7. Leichtere diffuse Affektionen des Striatum können Parakinesen hervortreten lassen, wobei der Intensitätsgrad der anatomischen Störung eine gewisse Rolle spielt.

8. Eine vornehmliche Erkrankung der großen Striatumzellen schiebt rigide Zustände in den Vordergrund, die bei diffusen Prozessen sehr ausgesprochen sein können.

9. Apoplektiform einsetzende größere Striatumläsionen bedingen kontralaterale schlaffe Paresen, die sich gewöhnlich rasch ausgleichen und zu rigiden Zuständen führen. Das Striatum innerviert doppelseitig mit kontralateraler Betonung. Im Striatum besteht eine somatotopische Gliederung.

10. Im kindlichen unreifen Gehirn bedingen reine Striatumaffektionen Athetose mit mehr oder weniger betonten, dem Wechsel stark unterworfenen hypertonischen Zuständen.

Daher scheint es mir nicht angebracht, wie es Förster tut, von einem athetotischen Striatumsyndrom ganz im allgemeinen zu sprechen; auch halte ich den Försterschen Begriff des hypokinetisch rigiden Pallidumsyndroms für nicht den Tatsachen entsprechend, da zweifellos wichtige Teilerscheinungen dieses Syndroms in das Striatum zu verlegen sind.

2. Das Pallidumsyndrom.

Welche Störungen sind nun für die **Pallidumverletzung** charakteristisch?
Die Beantwortumg dieser Frage ist äußerst schwer. Wie C. und O. Vogt
richtig auseinandersetzen, ist in Anbetracht der anatomischen Verhältnisse eine
isolierte Erkrankung des Pallidum ohne gleichzeitige anatomische und funktionelle
Schädigung des Striatum ausgeschlossen; denn die Faserverbindungen, die das
Striatum aus dem Thalamus bezieht, durchlaufen das Pallidum und die strio-
fugalen Faserzüge enden im Pallidum. Nun zeigen uns einzelne in der Literatur
niedergelegte Fälle, wie namentlich der von A. Berger mitgeteilte, daß eine
**einseitige Striatum- und Pallidumerkrankung eine kontralaterale
Athetose** bedingt. Das gleiche gilt meines Erachtens auch für den 1921
von Steck beschriebenen Fall: Er erkrankte apoplektiform im späteren Alter
an einer rechtsseitigen Hemiplegie und wies fast 20 Jahre lang mit einer residualen
rechtsseitigen Hemiplegie eine rechtsseitige Hemiathetose auf; anatomisch fand
sich im wesentlichen folgendes Bild: Eine ausgedehnte direkte Zerstörung
des Putamen im vordersten Drittel, eine vollständige im mittleren Drittel und
noch etwas darüber hinaus und allmähliche Abnahme im Endstück. Dabei
Zerstörung des lenticulostriären Teiles der inneren Kapsel. Die gleichzeitig festgestellten hochgradigen Degenerationen im Pallidum, in der Linsenkernschlinge
und im Luysschen Körper beweisen zudem eindeutig eine primäre Mitläsion
des Pallidum, so daß wir in der posthemiplegischen Athetose dieses Falles kein
reines striäres Symptom erblicken dürfen; auch hier ist offenbar die Athetose
auf die **pallidäre Mitläsion** zurückzuführen.. Entsprechende Bedingungen
ergeben sich bei der Analyse meines Falles XVIII, wo athetoseähnliche, in ihrem
Rhythmus auffallende Pro- und Supinationen zeitweise vorherrschen. Sie finden
ihre Erklärung in einem eigenartigen parallel der Lamella pallidi externa im
äußeren Pallidumglied verlaufenden Erweichungsherd. Desgleichen geht aus
dieser Beobachtung hervor, daß auch im Pallidum eine dem **Striatum entsprechende somatotopische Gliederung** vorliegt. Vielleicht ist die eigenartige Entwicklung dieser rhythmisch wiederkehrenden komplizierten Bewegungsstörung, die gewisse Anklänge zeigt an die von Bostroem in jüngster Zeit
klinisch beschriebenen eigenartigen Hyperkinesen in der Form rhythmisch
auftretender komplexer Bewegungen, zurückzuführen auf die spezielle **Lage und
Ausdehnung des pallidären Herdes.** Schließlich zeigte sich in unserem
Falle XVII die bemerkenswerte Tatsache, daß gleichzeitig mit einer apoplektiform
einsetzenden Parese der einen Körperhälfte eine Athetose der gegenüberliegenden
Extremitätenmuskulatur vornehmlich des Armes auftrat. Die Deutung dieser
auffälligen Erscheinung konnte an der Hand des anatomischen Substrates nur
so gegeben werden, daß ein **alter pallidärer Herd im Armgebiet der
der Athetose kontralateralen Seite durch den frischen Blutungsherd im Striatum der gegenüberliegenden Seite zur Entwicklung
der athetotischen Bewegungsstörung angeregt wurde.**

Doppelseitige reine pallidäre Affektionen bedingen gleichfalls
wenigstens zeitweise Athetoseerscheinungen. Wir erkennen dies aus den
Vogtschen Fällen des Status dysmyelinisatus, ferner aus den gleich lokalisierten
Beobachtungen Fischers und Rothmanns, die von C. und O. Vogt ihrem
Status dysmyelinisatus zugereiht werden. Das gleiche ergibt sichaus dem

Thomallaschen Torsionsspasmus, bei dem die Striatumaffektion deutlich auf das Pallidum übergriff[1]). Der lokalisatorisch ähnlich liegende Wilsonfall v. Economos zeichnete sich demgegenüber bei Fehlen jeglicher Spontanbewegung durch starke Rigidität ohne Zittern aus, daneben durch Dysarthrie, Dysphagie und mimische Starre. Ich habe schon oben auseinandergesetzt, daß die klinischen Differenzen bei der durchaus gleichsinnigen Pallidumläsion beider Fälle ihre Erklärung nur finden können in der verschiedenen Akuität und Ausdehnung der Striatumnekrose. Gegenüber der Striatumaffektion des Thomallaschen Kranken, die sich mehr inselförmig zusammensetzt und noch Reste von erhaltenem Gewebe freiläßt, bietet die Economosche Erkrankung einmal einen ungewöhnlich raschen Verlauf, dann aber eine so gut wie völlige Nekrose des Putamen. Wir sehen so, daß bei partieller Pallidumläsion Athetose- und Torsionsbewegungen nur dann eintreten, wenn das Striatum wenigstens noch teilweise funktionstüchtig ist, während bei völligem Ausfall des Striatum sich ein ausgesprochenes akinetisch-hypertonisches Syndrom entwickelt.

Das hypokinetisch-hypertonische Syndrom ist ja die häufigste und aufdringlichste Erscheinung all jener extrapyramidalen Erkrankungen, welche als kombinierte striopallidäre Affektionen aufzufassen sind. Hierher gehört die Paralysis agitans, die arteriosklerotisch, senil und syphilitisch bedingte Muskelstarre, die Krankheitsgruppe Pseudosklerose-Wilson. Inwieweit in all solchen Fällen das oben gekennzeichnete Striatumsyndrom durch die pallidäre Miterkrankung beeinflußt wird, ist zunächst schwer zu entscheiden. Es scheint, daß hierfür die Entwicklung besonders schwer rigider Zustände charakteristisch ist, wodurch schließlich eine allgemeine Versteifung der gesamten Körpermuskulatur das klinische Bild beherrscht[2]).

Bei fortschreitender striopallidärer Degeneration können die zunächst im Krankheitsbilde gegebenen Athetoseerscheinungen durch eine akinetische Hypertonie abgelöst werden, wie wir dies z. B. in unserem Falle XVIII gesehen haben. Hier bestand zunächst eine einseitige athetoseähnliche Bewegungsstörung, die nach erneuter Apoplexie in eine auf der Athetoseseite vorherrschenden akinetische Starre ausging. Offenbar hat hier der zunächst kleinere pallidäre Herd die athetotische Hyperkinese bedingt, während die weitere apoplektiform einsetzende Ausdehnung des pallidären Herdes die Hypertonie mit Akinese heraufführte.

Sehr wichtig für die Frage der Symptomatologie ausgedehnter auf das beiderseitige Striatum und Pallidum beschränkter Läsionen ist der bekannte Fall der Helene Deutsch: 5 Tage nach einem Strangulationsversuche, nach welchem eine dreistündige Bewußtlosigkeit eingetreten war ohne weitere nachfolgende Störungen, bekam die Kranke „starke Krämpfe von anderthalbstündiger Dauer und nachfolgender rechtsseitiger Lähmung von Hand und Bein". Die Krankenhausbeobachtung ergab folgenden Befund: Patient war zeitlich und örtlich orientiert, lag apathisch mit starr vor sich gerichteten Augen im Bette. Auf Fragen antwortete sie geordnet, jedoch mühsam, undeutlich, als ob sie einen großen Kloß im Munde hätte. Das Gesicht war ausdruckslos, die Lippen nach unten verzogen

---

[1]) Auch in dem Richterschen Falle von Torsionsdystonie war das Pallidum mit verändert (s. o.).

[2]) Die Richterschen Angaben über die klinischen Erscheinungen in Fällen von CO-Vergiftung mit pallidärer Degeneration (s. Fußnote S. 287.) bestätigen diese Ansicht.

wie beim Trismus. Nahrung nahm sie nur in flüssigem Zustande zu sich. Feste Bissen hielt sie oft stundenlang im Munde, ohne sie zu schlucken. Die oberen Extremitäten waren in den Ellenbogengelenken leicht spastisch gebeugt, jedoch konnte Patient mit den Armen alle Bewegungen ausführen. Die unteren Extremitäten zeigten folgendes Verhalten: Beide Oberschenkel stark adduciert, im Hüftgelenk leicht nach innen rotiert und gebeugt. Starke Beugung beider Kniegelenke. Heftiger Widerstand der Beuger. Beide Füße in Streck-contractur fixiert. Am Anfang der klinischen Beobachtung ließ sich für kurze Zeit die Contractur der Kniegelenke beheben. Patient führte dabei aktive Bewegungen aus, doch bald entwickelte sich auch hier eine unüberwindliche Contractur, die allen therapeutischen Maß-nahmen trotzte. Die tiefen Reflexe der oberen Extremitäten waren nicht gesteigert, an den unteren Extremitäten infolge der starken Contracturen nicht auslösbar. Babinski negativ. Bauchdeckenreflexe vorhanden. Sensibilität intakt. Keine vasomotorischen Störungen. Nach dreimonatigem Aufenthalt in der Klinik, währenddessen die Symptome langsam pro-gredient waren, starb Patientin.

Bei der Sektion und mikroskopischen Untersuchung zeigte sich ein mit Körnchen-zellen einhergehender Parenchymzerfall des Striatum und Pallidum beiderseits, der völlig auf diese grauen Kerne beschränkt blieb.

Der Fall zeigt so die deutliche Ausprägung des akinetisch-hypertonischen Syndroms ohne Tremor und dergleichen in Parallele mit der ausgedehnten striopallidären Degeneration. Aus der Gegenüberstellung dieser Beobachtung mit den Verhältnissen, die z. B. in dem neuen Wilsonfall Bielschowskys gegeben sind, ergibt sich, daß das Hinzutreten des pallidären Funktions-ausfalls zu jenem des Striatum sich ganz vornehmlich in der aus-gesprochenen Starre äußert. Wichtig ist weiterhin die verhältnismäßig rasche Contracturentwicklung bei der Kranken Deutsch, die gleichfalls auf die reine striopallidäre Degeneration bezogen werden muß. Die Fest-stellung ist deshalb von besonderer Bedeutung, weil die Ausprägung der Contrac-turen bei striopallidären Affektionen in den einzelnen Fällen starken Schwan-kungen unterliegt, wie es aus der Literatur und unseren obigen Fällen hervorgeht, ohne daß sich jeweils eine direkte Abhängigkeit von der Schwere des striopalli-dären Prozesses nachweisen ließe. F. H. Lewy hat bei der Paralysis agitans gleichfalls darauf aufmerksam gemacht und meint, daß „zum Zustandekommen einer Contractur vielleicht die Miterkrankung der Pyramidenbahn oder der Beetzschen Zellen erforderlich ist". Jedenfalls beweist der Fall Deutsch ein-deutig, daß auch reine striopallidäre Degenerationen zu hochgradiger Contrac-turentwicklung führen können. Auch nach meinen persönlichen Erfahrungen ist die Contracturentwicklung bei striopallidären Affektionen durchaus nicht an die Miterkrankung des Pyramidenbahnsystems gebunden, vielmehr zeigt sie, wie überhaupt die gesamte Ausprägung des akinetisch-hypertonischen Syndroms, engere Beziehungen zu der anatomischen und funktionellen Schädigung des Ge-samtcortex, was ja von C. und O. Vogt gleichfalls betont wird. Denn es kann gar keinem Zweifel unterliegen, daß die jeweils im anatomischen Bilde gegebene striopallidäre Affektion durchaus nicht immer mit der Schwere des funktionellen Ausfalls parallel geht. F. H. Lewy hat darauf in seinem Buche über die Paralysis agitans mit besonderem Nachdruck hingewiesen und die Erklärung hierfür sehe ich in der jeweils vorliegenden Funktionstüchtigkeit der anderen zentralen Be-wegungsapparate und des Gesamtcortex. Recht häufig konnte ich an dem hiesigen Material beobachten, daß sich bei Kranken mit schweren psychischen Ausfallserscheinungen hochgradige Contracturen auffallend rasch gegen Ende des Krankheitsbildes entwickeln bei fortschreitendem psychischen Verfall.

Was die Art der sich entwickelnden Contracturen angeht, so läßt sich nur das eine sagen, daß sie im Gegensatz zur spastischen Pyramidenbahncontractur keinen deutlichen Prädilektionstypus bieten. Besonders häufig sind neben der Extremitätenmuskulatur, wie dies Kleist und Förster hervorhebt, die Sterno-cleidomastoidei, Kaumuskeln, die der Wirbelsäule und die kleinen Handmuskeln betroffen.

Auch reine, besonders intensive Erkrankungen beider Pallida bedingen eine allgemeine Versteifung häufig in ganz vertrakten Stellungen (C. und O. Vogt), wie uns die Endstadien des Vogtschen Status dysmyelinisatus zeigen.

Bei schweren Erkrankungen des Pallidum kommt es zudem noch zu einer ausgesprochenen Erhöhung des plastischen formgebenden Muskeltonus, die sich in einer besonderen Härte der Muskulatur äußert. Solche Erscheinungen zeichnen die Fälle der arteriosklerotischen Muskelstarre mit ausgedehnten Pallidumherden aus.

Das Symptom der Pulsionen (Pro-, Retro-, Lateralpulsion) ist gleichfalls häufig bei striopallidären Affektionen verschiedenster Art anzutreffen, wobei die Entscheidung zunächst schwer fällt, ob sie mehr auf das Striatum oder Pallidum zu beziehen sind. Daß für ihre Entwicklung nicht, wie es F. H. Lewy vermutet, eine schwerere Erkrankung bestimmter Kleinhirnteile (Lobus simplex, medianus posterior und Tonsille) notwendig ist, beweisen die Fälle C. und O. Vogts und meine Beobachtungen von Paralysis agitans (Fall X), bei denen sich bei eingehender Untersuchung des Kleinhirns auch in den genannten Partien keine schwereren Krankheitszeichen nachweisen ließen.

Bemerkenswert ist dabei noch das Fehlen von Sensibilitäts- und Reflexstörungen und das Fehlen aufdringlicher, trophischer, vasomotorischer oder Temperaturstörungen. Gerade letzterer Umstand, der sich meines Erachtens bei der Beurteilung reiner Fälle ergibt, dürfte zunächst gegen die Annahme spezieller autonomer Funktionen des Striatum und Pallidum sprechen, eine Ansicht, die seit dem bekannten Striatumwärmestich von Aronsohn und Sachs bereits vielfach, in jüngster Zeit auch wieder von F. H. Lewy vertreten wird. Wie ich schon betonte, will ich hier auf das äußerst kompliziert liegende Problem der vegetativen Zentren nicht eingehen. Es sei nur kurz darauf hingewiesen, daß z. B. Isenschmied, Krehl und Schnitzler gezeigt haben, daß zur Aufhebung der Wärmeregulation beim Tiere das Zwischenhirn vom Mittelhirn abgetrennt werden müsse, und daß besondere Teile des Infundibulum (Tuber cinereum) die Körpertemperatur regeln, Ansichten, die übrigens auch von F. H. Lewy gewürdigt werden. Diese Angaben finden ihre Bestätigung in den Magnusschen experimentellen Untersuchungsergebnissen, wonach das Thalamus- oder Zwischenhirnkaninchen Wärmeregulation zeigt, während dem Vierhügel- oder Mittelhirnkaninchen eine solche fehlt. Ich sehe daher die Auffassung direkter autonomer Zentren im Striatum und Pallidum in den bis jetzt vorliegenden Tatsachen noch in keiner Weise begründet und kann auch in den Ausführungen Lewys keine sicheren Beweise erblicken. Damit soll natürlich nicht eine indirekte Beeinflussung der vegetativen Zentren durch das Striatum und Pallidum geleugnet werden.

So ist

das Pallidumsyndrom

durch folgende Störungen charakterisiert:

1. Bei nur partieller Läsion durch Athetose- und Torsionsbewegungen mit hypertonischen Zuständen, welche sich bei einseitiger Entwicklung kontralateral offenbaren und sich entsprechend der somatotopischen Gliederung des Pallidum bei fokalen Verletzungen auf einzelne Körperabschnitte beschränken können. Gelegentlich beobachten wir statt ausgesprochener Athetosebewegung eigenartige rhythmische komplexe Bewegungen, die vielleicht mit der speziellen Lage und Richtungsentwicklung der pallidären Herde zusammenhängen.

2. Ausgedehnte pallidäre Affektionen bedingen vollkommene Versteifung, eine hochgradige Erhöhung des plastischen formgebenden Muskeltonus, häufig mit Contracturenentwicklung. Letztere, die keinen besonderen Prädilektionstypus zeigen, erscheinen gleichzeitig abhängig von der jeweils vorliegenden Funktionstüchtigkeit der anderen zentralen Bewegungsapparate und des gesamten Cortex.

3. Es fehlen Sensibilitäts-, Reflex- und Intelligenzstörungen, ferner aufdringliche vasomotorische oder Temperaturstörungen.

Hierzu ist noch folgendes zu bemerken:

Pallidäre Verletzungen bedingen stets auch striäre Funktionsausfälle, die entweder in den pallidären Symptomenkreis mit einbezogen oder von ihnen völlig überdeckt werden. Bei striopallidären Läsionen ist die Ausprägung der Symptome abhängig von der jeweils vorliegenden relativen Schädigung der beiden Zentren. So verdecken ausgedehnte striäre Degenerationen die pallidären Athetoseerscheinungen und umgekehrt kann eine pallidäre Affektion das choreatische Phänomen aufheben. Auch für die verschiedene Ausprägung der einzelnen Symptome des striopallidären Syndroms (Koordinationsstörungen, Tremor, Wackelbewegungen, Pulsionen u. dgl.) müssen feinere anatomische und dadurch bedingte funktionelle Verschiebungen in dem gleichen System angeschuldigt werden, wobei sicher das Verhältnis der jeweiligen Schädigung der großen und kleinen Striatumzellen und des Striatum und Pallidum einerseits und die relative Schädigung der Zentren auf beiden Seiten andererseits von besonderer Bedeutung ist. Für das Pallidum muß in gleicher Weise wie für das Striatum eine doppelseitige Innervation mit kontralateraler Betonung angenommen werden.

3. Das Syndrom des Corpus Luysi.

Schließlich sehen wir noch bei akuten Verletzungen (Blutungen) im Luysschen Körper der einen Seite eigenartige kontralaterale Bewegungsstörungen auftreten, die am meisten Ähnlichkeit mit stürmisch entwickelten choreatischen Mitbewegungen haben, dabei aber über die gewöhnlichen Erscheinungen der Chorea weit hinausgehen. Es zeigen sich ungezügelte und unkoordinierte verzerrte Massenbewegungen der ganzen Körperhälfte mit der ausgesprochenen Neigung zu Dreh- und Wälzattacken der Körperhälfte. Die Erscheinungen werden als Hemiballismus bezeichnet. In dem Fischerschen Falle setzte die Bewegungsunruhe ohne vorhergehende Lähmung ein, in dem Economoschen Falle zeigte sich zunächst eine linksseitige Hemiparese, an die sich am nächsten Tage der Hemiballismus anschloß. (Hier war auch die Substantia nigra mit befallen). In meiner Beobachtung (Fall XIX) war gleichfalls zunächst eine Parese gegeben, an die sich nach einigen Tagen der Hemiballismus anschloß. Bemerkenswert war noch das zeitweise Überspringen der Bewegungsstörungen von gleichem Charakter auf die dem Blutungsherde gleichseitige Körperhälfte.

Wir dürfen vielleicht auch die eigenartigen, zum Teil epileptiform auftretenden Dreh- und Wälzattacken unseres Falles XXXII mit den schweren chronischen Ganglienzellveränderungen im Luysschen Körper in Zusammenhang bringen.

Wir dürfen aus diesen Beobachtungen schließen, daß akute Verletzungen des einseitigen Luysschen Körpers mit einer kontralateralen hemiballistischen Bewegungsstörung einhergehen, die in ihren klinischen Erscheinungen mit der choreatischen verwandt, sich in Massenbewegungen ganzer Körperabschnitte anzeigt und im Ausmaß der Bewegung hochgradig übertrieben, zu Dreh- und Wälzattacken führt. Diese Bewegungsstörung kann sich auch in verminderter Heftigkeit und zeitlich beschränkt auf die andere Seite fortpflanzen, offenbar auf dem Wege der Forelschen Kreuzung. Auch der Luyssche Körper der einen Seite steht beiden Körperhälften vor, wobei die kontralaterale Innervation überwiegt. Inwieweit Verletzungen des Luysschen Körpers noch andere, insbesondere vasovegetative Störungen bedingen, wage ich zunächst noch nicht zu entscheiden.

4. Das Syndrom der Substantia nigra.

Schließlich sehen wir noch bei schwereren Entartungen der Substantia nigra akinetisch-hypertonische Zustandsbilder sich entwickeln, die symptomatologisch zunächst kaum von den Parkinsonismen der Paralysis agitans zu unterscheiden sind. Dies haben uns die Erfahrungen an den Nachkrankheiten der Encephalitis epidemica gezeigt, und Tretiakoff, Souques und Spatz berichten über besonders schwere Veränderungen der Substantia nigra auch bei echter Paralysis agitans. Es geht aber aus all den bis jetzt vorliegenden Beschreibungen der Autoren nicht klar hervor, inwieweit auch die übrigen Zentren dabei in Mitleidenschaft gezogen waren. So spricht namentlich auch Goldstein bei seinen encephalitischen Parkinsonismen von begleitenden Parenchymveränderungen im Pallidum, wenngleich in seinen Fällen kein Zweifel über die vorherrschende Läsion der Substantia nigra bestehen kann. Weiterhin ist dabei zu berücksichtigen, daß sich auch bei choreatischen Zustandsbildern der akuten Encephalitis epidemica neben striären Herden und solchen im Thalamus und in der Ponshaube fast regelmäßig schwere Veränderungen gleichen Charakters in der Substantia nigra zeigen (Creutzfeldt, Klarfeld, eigene Beobachtungen). Lhermitte und Cornil betonen im gleichen Sinne die häufige Miterkrankung der Substantia nigra bei verschiedenen Krankheitsprozessen ohne die klinische Ausprägung des Parkinsonismus.

Wenn ich aber gerade die oben beschriebenen beiden Fälle von metencephalitischem Parkinson (Fall XXI und XXII) klinisch und anatomisch in Parallele setze, so steht es meines Erachtens außer Zweifel, daß die Erkrankung der Substantia nigra, insbesondere ihrer Zona compacta, für die Auslösung des Parkinsonismus in hohem Grade verantwortlich zu machen ist. Während sich im Falle XXI die Läsion der Substantia nigra mit einer annähernd gleichschweren des Pallidum und einer etwas zurücktretenden vornehmlich großzellig betonten Entartung des Striatum verband, sehen wir im Falle XXII eine so aufdringliche Erkrankung der Zona compacta substantiae nigrae bei stark zurücktretender Pallidumaffektion, daß die Gleichheit der klinischen Störung in beiden Fällen eine ungemein überraschende ist. Eine Differenzierung der akinetisch-hypertonischen Zustände bei Erkrankung der Substantia nigra von jenen striopallidärer Lokalisation scheint heute noch nicht möglich. Im Falle XXII mit der ausgesprochenen vorherrschenden Substantia-nigra-Erkrankung bestanden neben dem akinetisch-hypertonischen Syndrom auch noch grobschlägiger Tremor, der zum Schlusse zu klinischen Zuckungen ausartete, und Pulsionen.

Mit einer gewissen Wahrscheinlichkeit ließ sich ferner der Ausgang einer chronisch-progressiven Chorea in akinetische Starre (Fall V) auf die Miterkrankung der Substantia nigra (Zona reticulata) beziehen, wobei freilich die Mitläsion der großen Striatumzellen und des Pallidum außerdem zu berücksichtigen war. Ähnlich lagen die Bedingungen in einem Choreafalle Bielschowskys. Eine kombinierte Degeneration des Pallidum und der Substantia nigra liegt in der von Hallervorden und Spatz beschriebenen eigenartigen Erkrankung vor, die gleichfalls mit hypertonischen Zuständen und Beugecontracturen der unteren Extremitäten einherging.

So ergibt sich aus diesen Feststellungen der Schluß, daß wir auch akinetisch-hypertonische Erscheinungen bei fast ausschließlichen Erkrankungen der Substantia nigra finden können, und zwar mit Tremorerscheinungen und Pulsionen. Letztere sind hier bei dem völligen Mangel an Kleinhirnveränderungen (im Globusschen Falle XXII) ebenso wie bei den striopallidären Affektionen der Paralysis agitans als direkte Funktionsstörungen dieser Zentren anzusehen.

Damit soll natürlich nicht gesagt sein, daß begleitende Kleinhirnveränderungen, wie sie Lewy in sechs von elf Paralysis-agitans-Fällen mit Pulsionen beschrieben hat, für die Auslösung dieser Funktionsstörungen bedeutungslos seien. Dieser Autor sieht in seinen positiven Fällen einen Beweis, daß die Pulsionen mit Erkrankung bestimmter Kleinhirnteile (Lobus simplex, medianus, posterior und Tonsille) zusammenhängen. Auf Grund meines Beobachtungsmaterials kann ich das eine mit Sicherheit feststellen, daß die Pulsionen auch ohne Kleinhirnveränderungen sich bei Entartung der obengenannten Zentren entwickeln können.

***

Die oben erörterten Erfahrungen zeigen uns, daß auch fast reine Substantia-nigra-Entartungen (Zona compacta) Symptomenkomplexe zeitigen können, die dem striopallidären Syndrom ungewöhnlich enge verwandt sind.

Sind wir nach solchen Erfahrungen dennoch berechtigt, die obengenannten Syndrome zu formulieren?

Rein anatomisch stellt das extrapyramidale Hauptsystem eine äußerst komplizierte Verbindung von Zentren und Bahnen dar und steht in innigem Konnex mit anderen für die Motilität funktionell-wichtigen Systemen. So können nicht nur von verschiedenen Stellen des extrapyramidalen Hauptsystems selbst wesensverwandte Funktionsstörungen ausgelöst werden, es treten solche auch, wie noch kurz zu berühren ist, bei Läsionen jener Zentren und Faserkomplexe ein, die mit dem extrapyramidalen Hauptsystem direkt oder indirekt zusammengekoppelt sind. Ich verkenne keineswegs die Schwierigkeiten, die sich schon bei Berücksichtigung solcher Verhältnisse für die Lösung des Lokalisationsproblems ergeben. Des weiteren ist die Frage zu diskutieren, ob es überhaupt angängig ist, bei dem unübersehbar komplizierten Bau des Zentralnervensystems und seiner Zentren die jeweils gegebenen Funktionsausfälle und Symptome mit dem vorliegenden anatomischen Substrat in Beziehung zu setzen und sie enge auf die geschädigten Bahnen und Zentren zu lokalisieren. Wir stehen ja noch mitten im Streite um die Lokalisation im Großhirn, und die Wandlungen unserer Ansichten in der Lokalisationsfrage (v. Monakow, Liepmann, Goldstein und viele andere) mahnen uns zur Vorsicht bei dem Betreten dieses Weges. Ich selbst habe stets die Ansicht vertreten, daß sämtliche corticale Funktionsstörungen, abgesehen von jenen der sensomotorischen Rindenareale, derart komplexer Natur sind, daß ihre enge Lokalisation eine theoretische und praktische Unmöglichkeit ist.

Trotz dieser nur kurz angedeuteten Bedenken, die sich noch im einzelnen ausführen und erweitern ließen, halte ich es zunächst für ein praktisches Bedürfnis im Sinne C. und O. Vogts und Försters derartige Formulierungen der Syndrome aufzustellen, wie sie sich uns bei der Gegenüberstellung der klinischen Bilder und der Verletzungen der extrapyramidalen Zentren ergeben. Denn einmal liegen hier im Vergleich zur Rinde doch noch einfachere Bedingungen vor, dann aber scheint mir diese Arbeitsmethode, wenn sie auch nicht allen theoretischen Ansprüchen gerecht werden kann, fürs erste wenigstens den Bedürfnissen des Klinikers sowohl wie des pathologischen Anatomen zu entsprechen; handelt es sich doch hier zunächst immer noch um eine vergleichende Materialsammlung, die es uns erst ermöglichen soll, in ein recht dunkles Gebiet der Gehirnpathologie und -physiologie Einblick zu gewinnen. Wir sind uns alle bewußt, daß wir dabei noch einen unsicheren Weg beschreiten, und daß alle Formulierungen, die wir heute geben, nur einen provisorischen Charakter tragen und durch neue Tatsachen einer weiteren Wandlung unterliegen. Es scheint mir aber der einzig praktische Weg, in dieses schwierige Gebiet Licht zu bringen und uns gleichzeitig einen Aufschluß zu verschaffen über die physiologischen Funktionsleistungen dieser Zentren. Wie schwierig freilich die pathophysiologische Erklärung der Syndrome und ihrer einzelnen Komponenten heute noch ist, wird aus den folgenden Erörterungen ohne weiteres zu entnehmen sein.

II. Pathophysiologie der extrapyramidalen Bewegungsstörungen. Problemstellung.

1. Extrapyramidale Bewegungsstörungen bei Affektionen des Thalamus, Bindearms, des fronto-ponto-cerebellaren Systems und deren Deutung.

Die pathophysiologische Erklärung und Ausdeutung der extrapyramidalen Bewegungsstörungen und ihrer einzelnen Symptome kann letzten Endes nur unter zu Hilfenahme physiologischer Untersuchungsmethoden (Rieger, Sommer, Lotmar, Schilder, Gerstmann, Lewy u. a.) geschehen. Gerade F. H. Lewy hat diese Forschungsrichtung in seinem Buche über Tonus und Bewegung in vielversprechender Weise benutzt und ausgebaut. Da die vorliegende Arbeit rein symptomatologisch-anatomisch orientiert ist, kann sie nur einige mehr allgemein gehaltene Erörterungen über das ganze Problem anschließend geben, wobei die Anatomie die Führung erhält und die Symptomatologie in ihren klinischen Erscheinungsformen mit dem Sitze der jeweils vorliegenden anatomischen Störung vergleichend berücksichtigt wird. Dabei sind vornehmlich drei Hauptfragen zu erörtern:

1. Wie sind in ihren Beziehungen zu unserem extrapyramidalen Hauptsystem jene den oben beschriebenen Bewegungsstörungen verwandte Erscheinungen zu bewerten, welche bei Läsionen von zentralen Gebieten beobachtet werden, die nur in indirekter Verbindung mit diesem System stehen?

2. Was wissen wir über die Funktionen jener Zentren, mit welchen unser Hauptsystem in vornehmlichster Faserverknüpfung steht? Hier kommt für die abführenden Bahnen vor allem das *Dentatum-Roter Kern-System mit dem Kleinhirn* in Betracht und *der ganze im Hirnstamm gelegene Deitersapparat mit dem dorsalen Längsbündel* und für die ab- und zufließenden *der Thalamus.*

3. Welche Folgerungen ergeben sich aus dem morphologischen Bau unseres Hauptsystems und der anatomischen Verknüpfung seiner Zentren unter sich und mit jenen Gebieten für die pathophysiologische Ausdeutung der extrapyramidalen Bewegungsstörungen und für die Anschauungen über die normale Funktion dieser Zentren?

1. **Die erste Frage** wurde bereits vielfach diskutiert. Es ist ja bekannt, daß Herde in verschiedenen Thalamuskerngebieten, wie im Dentatum-roter Kern-System, viel eicht auch in der Vierhügelgegend ähnliche Bewegungsstörungen bedingen können. Ich will hier nicht ins einzelne auf alle Streitfragen eingehen, welche die umfangreiche Literatur über dieses Problem aufwirft, sondern möchte nur einige wichtige Hauptpunkte erörtern.

Wie eingangs betont, sieht Bonhöffer bei der Erklärung seiner Bindearmchorea in den choreatischen Zuckungen nicht die Äußerung eines Hemmungswegfalles (Anton), sondern einer afferenten Regulationsstörung. Er erklärt die Chorea wie die Ataxie und Hypotonie durch den Ausfall bewegungsregelnder, vom Kleinhirn ausgehender und über Bindearm, roter Kern und Sehhügel den Zentralwindungen zuströmender Erregungen. Statt eines Hemmungswegfalles nimmt Bonhöffer an, daß die zentripetalen Erregungen infolge der mehr oder weniger vollständigen Bahnunterbrechung nur zum Teil die Rinde erreichen, zum anderen Teil auf dem Wege eines Kurzschlusses in den Ganglien der Haube direkt in die dort abgehenden zentrifugalen motorischen Bahnen überfließen und automatische Bewegungen anregen. Kleist hat gegen diese Deutung verschiedene Einwände geltend gemacht, die ich alle für berechtigt ansehe, vor allem hält er es für unwahrscheinlich — und diesen Punkt möchte ich nur mit gewisser Einschränkung gelten lassen, wie sich aus den weiteren Ausführungen ergibt —, daß die choreatischen Bewegungen einer gesteigerten Funktion der motorischen Haubenzentren selbst entspringen, wie es Bonhöffer und Anton annehmen. Dazu seien die choreatischen und athetotischen Bewegungen zu komplizierte Erscheinungen, während den motorischen Haubenzentren, insbesondere dem roten Kern, im wesentlichen tonische und statische Funktionen zukommen dürften. Nach Kleist sind die choreatischen und athetotischen Bewegungen als inkoordinierte, in ihre Bausteine zerfallene und zugleich gesteigerte Mit- und Ausdrucksbewegungen aufzufassen, deren Sitz der Linsen- und Schwanzkern als die eigentlichen Organe der Automatismen sein dürfte. Er setzt das Kleinhirn — in einer Arbeitshypothese — über das Mittel- und Zwischenhirn und das Striatum und sucht die Chorea und Athetose, die bei Verletzungen des Kleinhirns (Dentatum), des Bindearms, des roten Kerns, des Thalamus, auch des Linsen- und Schwanzkerns auftreten, zurückzuführen auf eine Befreiung des Striatum von dem hemmenden Einfluß des Kleinhirns; die Akinesen faßt Kleist auf zum Teil als afferent-koordinatorische, zum Teil als efferente Störungen, welch letztere sich dann auf die Unterbrechung der pallidopetalen Bahnen zurückführen lassen.

In teilweiser Übereinstimmung mit Kleist suchen auch C. und O. Vogt alle extrastriär bedingten extrapyramidalen Bewegungsstörungen auf eine **indirekte funktionelle Beeinträchtigung der Striatum- und Pallidumzentren** zurückzuführen, wobei sie freilich die dem Striatum übergeordnete Rolle des Kleinhirns im Kleistschen Sinne nicht anerkennen. Im übrigen halten C. und O. Vogt die Existenz einer Bindearmchorea und

-athetose für nicht gesichert. Stertz hingegen, der all die extrapyramidalen Bewegungsstörungen als dystonisches Syndrom zusammenfaßt, stellt wiederum das Kleinhirn und seine motorischen Kerne in den Vordergrund, welche tonisierende Erregungen auf dem Wege der sich kreuzenden Bindearmbahnen zum roten Kern abgeben, die zum Teil durch die rubrospinale Bahn direkt dem Rückenmark zufließen. Von seiten des Linsenkerns wird auf diese tonisierenden Erregungen ein hemmender Einfluß ausgeübt, dessen Fortfall demgemäß eine Hypertonie hervorruft. Die Unterbrechung des tonischen Zuflusses, sei es im Kleinhirn oder im Bindearm, führt zu Hypotonie, während ein auf die Kleinhirnkerne wirkender Reiz zu hypertonischen Zuständen führe. Ohne auf eine nähere Erklärung der Einzelerscheinungen einzugehen, läßt er im Gegensatz zu Kleist nicht den Linsenkern vom Kleinhirn hemmen, sondern Linsenkern und Kleinhirn üben beide einen tonisierenden Einfluß aus, wobei der cerebellare vom Linsenkern her eine Hemmung erfährt. Ähnliche Gedankengänge finden wir auch bei Wilson, Stauffenberg, von Economo u. a.

Die Ausdeutung von Thalamusherden z. B., welche bei entsprechender Lokalisation in Kerngebieten, die mit dem striopallidären System in innigster Faserverbindung stehen, die gleichen Erscheinungen, wie direkte striopallidäre Verletzungen erzeugen können, möchte auch ich im gleichen Sinne wie C. und O. Vogt geben; die dabei ausgelösten Bewegungsstörungen können als indirekt gesetzte Funktionsausfälle des extrapyramidalen Hauptsystems aufgefaßt werden. Hierher kann mit gewisser Reserve ein von Herz beobachteter Athetosefall gerechnet werden, bei dem sich anatomisch im vorderen und namentlich im mittleren Drittel des Thalamus eine alte Cyste fand, die zeitlich der lange bestehenden Athetose der anderen Seite entsprach; zerstört waren besonders der laterale und mediale Thalamuskern bei völlig intaktem Striopallidum. Freilich war auch hierbei der rote Kern selbst gelichtet, der Bindearm verschmächtigt, ebenso der zugehörige Zahnkern des Kleinhirns.

Am nächsten steht dem Herzschen Falle noch eine Beobachtung von Muratow, bei welcher eine hochgradige Hemiparese mit halbseitiger Sensibilitätsstörung und gleichseitiger, einem Tremor sich anschließender Athetose offenbar ausgelöst war durch eine gummöse Narbe, welche im kontralateralen Nucleus lateralis thalami saß und die Lamina medullaris externa mitbetraf. Ähnlich liegt ein von Bischoff beschriebener Fall: Im dritten Lebensjahre trat nach einem epileptischen Insult eine rechtsseitige Lähmung mit nachfolgender Contractur der Hand und des Fußes auf. Die Krampfanfälle setzten sich ins spätere Leben fort und die Kranke bot im Alter von 26 Jahren das Bild einer rechtsseitigen Hemiplegie mit starken Contracturen in den distalen Enden der Extremitäten und zeitweise athetotischen Bewegungen in der rechten Hand. Berührungs- und Schmerzempfindung war auf der gelähmten Seite herabgesetzt. Im dorsalen Teil des rechten Sehhügels fand sich eine alte Cyste, die diesen fast vollkommen einnahm. Das Tuberculum anterius war ganz, der laterale Kern und das Pulvinar zum größten Teil zerstört, der mediale Kern in beiden Abteilungen bedeutend verkleinert, nur das ventrale Kerngebiet war leidlich erhalten geblieben. Die innere Kapsel und die Pyramidenbahnen waren nicht wesentlich verändert. Wohl mit Recht führt Bischoff die Hemiplegie auf den Ausfall der sensiblen Bahnen zurück, welche der Großhirnrinde vom Thalamus aus zugehen, also einen ganz ähnlichen Mechanismus annehmend, wie er bei der intracorticalen Hemiplegie gegeben ist; die Athetose würde sich in solchen Fällen mit C. und O. Vogt erklären lassen als indirekte, durch den Ausfall der Thalamusassoziationsbahnen (zu mv) bedingte Störungen der Striatum-Pallidumfunktionen, in Analogie zu jener Ataxie der von der motorischen Rindenregion angeregten Bewegungen, welche auf eine Unterbrechung der der motorischen Rinde indirekt periphere Reize zuführenden Schleifenbahn an irgendeiner Stelle ihres Verlaufes zurückzuführen ist.

Hier scheinen mir einige Punkte von prinzipieller Wichtigkeit der Klarstellung zu bedürfen:

Wie Kleist mit Recht betont hat, müssen wir in dem choreatisch-athetotischen Bewegungsspiel neben einem deutlichen Leistungszerfall den Ausdruck einer allgemeinen Bewegungssteigerung erblicken. Gerade unter Hervorhebung des letzten Punktes kommt Kleist zu seiner Auffassung, die in den choreatisch-athetotischen Erscheinungen eine Enthemmung der striären Automatismen vom Kleinhirneinflusse sieht[1]).

Dürfen wir aber im Kleistschen Sinne eine Hemmung des Striopallidumsystems vom Kleinhirn her annehmen? Gegen diese Kleistsche Auffassung spricht meines Erachtens vor allem die anatomische Tatsache, daß das Strio-Pallidum vom roten Kern und seiner Strahlung keine direkten zuführenden Bahnen erhält, sondern an den roten Kern und seine Kapsel nur ableitende abgibt; daraus ist zu schließen, daß gerade umgekehrt das Striopallidum hemmend auf den roten Kern und das Kleinhirnsystem einwirkt, eine Auffassung, die auch allgemein vertreten wird.

Wie sich aus den folgenden Erörterungen ergibt, fasse ich die Kleinhirnimpulse, die dem extrapyramidalen System, insbesondere dem Striopallidum indirekt durch Vermittlung des Thalamus zufließen, im gleichen Sinne auf wie alle anderen proprio- und exterozeptiven thalamischen Reize, die dem Striopallidum als Anregung oder Sensibilisierung dienen. Alle diese Faserzüge und die auf ihnen zufließenden Erregungen garantieren letzten Endes die Koordinationsleistungen dieser Zentren und tragen im einzelnen wohl einen spezifischen Charakter. Es scheint mir aber aus den oben angegebenen Gründen gezwungen, für die Kleinhirnimpulse diesbezüglich einen speziellen hemmenden Faktor zu fordern, wenngleich Fälle mit Läsionen im Kleinhirnsystem und Hyperkinesen für die Kleistsche Ansicht zu sprechen scheinen. So ist auch bei den oben angeführten Thalamusfällen eine Mitverletzung der roten Kernstrahlung durchaus wahrscheinlich. Kleist betont dies besonders für die Herzsche Beobachtung, bei der die Gegend des Bindearmeintrittes in den Thalamus zweifellos verletzt war.

Die weiteren hier und in den folgenden Kapiteln zu erörternden Tatsachen weisen uns aber einen anderen Weg:

Der kleinzellige Charakter der Striatumdegeneration bei der progressiven Chorea zeigt uns, daß dieses Phänomen heraufgeführt werden kann durch den Ausfall von Ganglienzellen, welche ganz vornehmlich der Reizaufnahme und Reizübertragung dienen. Es bedeutet nur eine weitere logische Schlußfolgerung, den gleichen Mechanismus auch für die Reizzuleitungsstörung in anderer Lokalisation zu fordern, wie dies ja auch von C. und O. Vogt geschehen ist. Die Frage, ob in Analogie mit den anatomischen und physiologischen Verhältnissen das Striatum mehr mit der hinteren Zentralwindung zu vergleichen ist, wie es Kleist getan hat, als im Vogtschen Sinne mit der vorderen Zentralwindung, lasse ich zunächst unentschieden. Ontogenetisch ist das Striatum innig verwandt mit der inneren Körnerschicht und den drei untersten Rindenschichten und ist so physiologisch kaum mit einem gesamten Rindenquerschnitt zu indetifizieren. Jedenfalls sehe ich mit Kleist und C. und O. Vogt in dem choreatisch-athetotischen Phänomen eine Koordinationsstörung, die auf

---

[1]) Vgl. auch die Ausführungen von Kleist in Monatsschr. f. Psychiatrie u. Neurol., 52. 1923. Hier bleibt Kleist im wesentlichen auf seinen früheren Anschauungen stehen, erörtert aber bereits gewisse andere pathogenetischen Möglichkeiten, die meinen oben vertretenen Anschauungen sehr nahe kommen.

dem Ausfall zufließender Reize und Reizübertragungsmechanismen
basiert, also der Ataxie durchaus verwandt ist.

Wie ist aber dabei die Bewegungssteigerung in so dominierender
Lebhaftigkeit zu erklären? Im allgemeinen sehen wir ja bei Ausschaltung der
sensiblen Reize im motorischen Koordinationsmechanismus Bewegungsarmut,
Hypotonie und Ataxie auftreten. Aber auch hier gibt es bemerkenswerte Analogien, die im Sinne einer Bewegungssteigerung aufzufassen sind. So führt in
den Fällen intracorticaler Hemiplegie der Ausfall der der Reizaufnahme und
-übertragung dienenden dritten Rindenschicht zu einer ausgesprochenen spastischen Lähmung mit Reflexsteigerung und Babinski. Ich erinnere weiterhin an
die Bewegungsunruhe und Spontanbewegungen bei der tabischen, der statischen
und lokomotorischen Ataxie, die besonders auch nach Zerstörung der hinteren
Zentralwindung zu beobachten sind (Förster u. a.), ferner an die Mouvements
athétotiques (Hirschberg - Raymond), die auf gleicher Lokalisation in
der hinteren Zentralwindung beruhen können. So wurde z. B. 1922 von Remond
und Colombies ein Fall von Hemiplegie mit Hemichorea mitgeteilt, der zurückzuführen war auf einen subcorticalen Blutungsherd, welcher vornehmlich die
Projektionsstrahlung der hinteren Zentralwindung unterbrach und die basalen
Stammganglien völlig freiließ. Es ist hier auch noch mit einer gewissen Reserve
auf die hochgradige Bewegungsunruhe und -steigerung bei Verletzung des cerebellaren und vestibularen Koordinationsmechanismus hinzuweisen.

In Analogie zu solchen Bewegungssteigerungen wird nun eine striopallidär
bedingte Ataxie ganz besonders zu einem Bewegungsüberschuß führen müssen,
da ja das extrapyramidale System, insbesondere das Striatum, ein
fein abgestimmtes motorisches Regulationsorgan darstellt, für
das der ataktische Bewegungszerfall einen neuen Reiz abgibt.

So läßt sich meines Erachtens das Moment der choreatisch-athetotischen
Bewegungsunruhe an sich pathophysiologisch auf eine Ataxie zurückführen,
bei welcher die so auffallende Bewegungssteigerung ihren besonderen
Grund hat in der spezifischen Reaktionseigenart des gesamten extrapyramidalen Systems, insbesondere des Striopallidum. Letzteres
stellt ja, wie noch weiter unten auszuführen ist, ein mit besonderer Präzision
arbeitendes Reflexorgan dar, das auf alle möglichen sensiblen und sensorischen Reize mit einer ädaquaten Motorik antwortet, das weiterhin regulierend
in den Koordinationsmechanismus des Cerebellum und Hirnstamms eingreift;
die durch mangelhafte Zuführung der sensiblen und sensorischen
Reize bedingte Ataxie der extrapyramidalen motorischen Einzelleistungen wirkt weiterhin als Bewegungsreiz, der sich entsprechend
der Eigenart der striären Reaktionsweise in der allgemeinen Bewegungssteigerung kundtut. Es ist ja eine der auffälligsten Erscheinungen
bei Chorea und Athetose, daß die Bewegungsunruhe reaktiv einsetzt, und daß
sich fast gesetzmäßig die allgemeine Bewegungssteigerung reaktiv aus den Teilakten ableitet.

Zweifellos sind die klinischen Erscheinungen, die wir als Regulationsstörung
des extrapyramidalen Hauptsystems und seiner Zentren ansehen müssen, stark
abhängig von der Schwere des Ausfalles an zufließenden Reizen. Wir
müssen annehmen, daß bei dem extrapyramidal ausgelösten chorea-

athetotischen Phänomen die zufließenden Impulse nur teilweise ausfallen, so daß dem partiellen Ausfall eine funktionelle Gleichgewichtsstörung entspricht, die einmal die Ataxie, dann aber als stetiger Reiz auch die Bewegungssteigerung bedingt.

So kann eine Intensitätssteigerung im Ausfall der zufließenden Impulse auch eine völlige Akinese bedingen, die wir bei manchen Thalamusherden, ähnlich gelagert wie bei den oben angeführten Fällen, in einer das Krankheitsbild beherrschenden Weise heraufgeführt sehen. Diese Akinese würde also dem Prinzip der schlaffen Lähmung im Ablauf der Willkürbewegungen entsprechen und als schlaffe Lähmung des Striopallidum aufzufassen sein[1]).

Eine solche Entwicklung des Krankheitsbildes zeigt sich besonders schön in Antons Fall Johann K., der ja zum Ausgangspunkte der Antonschen Theorie wurde, wonach der Thalamus die Bewegungsanregung hervorbringe. In diesem Falle entbehren, wie wir in Analogie mit der anatomischen Störung annehmen müssen, die mit dem Striopallidum in direkter Faserverknüpfung stehenden Gebiete ihre Anregungen aus den zerstörten Thalamusabschnitten, wodurch eine völlige Akinese ausgelöst wurde.

Meines Erachtens sind weiterhin die Krankheitsbilder, welche sich durch oralwärts vom roten Kern und seiner Strahlung gelegene Thalamusherde auszeichnen, prinzipiell von jenen mit ähnlichen Bewegungsstörungen zu sondern, welche durch Verletzungen weiter distal gelegener Partien hervorgerufen werden. Ich meine hier vor allem die Bindearm-roter Kern-Läsionen selbst und jene der Vierhügelgegend. Auch für diese nehmen C. und O. Vogt und auch Kleist die gleichen Mechanismen an wie für die Thalamusherde selbst. C. und O. Vogt halten jedoch die Existenz einer Bindearmchorea noch nicht gesichert und lehnen die Beweiskraft aller Bindearmfälle, namentlich des Bonhöfferschen Falles, ab.

Wie ich schon früher begründete, kann ich hier den Vogtschen Ausführungen nicht beipflichten.. Ich halte die Existenz einer Bindearmchorea und -athetose für gesichert. Die Bonhöffersche Beobachtung erscheint mir so beweisend, daß wir ähnliche Fälle, die z. B. Halban-Infeld, Marie-Guillain, Kleist-Bremme mitgeteilt haben, in ähnlichem Sinne deuten können, wenngleich die große Ausdehnung der dabei vorliegenden pathologischen Prozesse eine eindeutige Klärung der Sachlage freilich sehr erschwert.

Auf die experimentelle und menschliche Pathologie (Rothmann, Klien, Pfeifer, Förster) gestützt, wissen wir, daß das Dentatum des Kleinhirns als ein motorischer Kern anzusehen ist, dessen Läsion ausgesprochene Zwangshaltungen des Körpers, hypertonische Zustände, kataleptische Erscheinungen, echte Krampfattacken und offenbar auch myoklonische Zuckungen erzeugen kann. In einem Falle von Pineles zeigten sich neben halbseitigen Koordinationsstörungen halbseitige Athetosebewegungen, die auf einen Tuberkel zurückgeführt werden müssen, der das Dentatum der gegenüberliegenden Seite teilweise zerstört hatte. Pfeifer beobachtete kontinuierliche klonische Krämpfe des Gaumensegels und der Rachenwand und synchrone einseitige Zuckungen des Taschen-Stimmbandes bei Schußverletzung des Kleinhirns, dazu Amimie und vorübergehende Zwangshaltung des Kopfes. Klien beschreibt zwei Fälle von Dentatumläsion mit kontinuierlichen rhythmischen Krämpfen der Schlingmuskulatur.

---

[1]) Orzechowsky hat diesen Ausdruck jüngst für die Chorea gebraucht. Er scheint mir, wie aus den obigen Ausführungen hervorgeht, für die Ataxie der Chorea jedoch nicht ausreichend und daher unzutreffend.

Wir wissen ferner, daß der kompliziert gebaute motorische Kern der Haube, der in seinen Hauptteilen sich aus dem roten Kern, dem Deitersschen Kern und mehreren Solitärkernen zusammensetzt, als der eigentliche letzte Exekutivapparat des gesamten Kleinhirns anzusehen ist; damit ist aber seine Funktion nicht erschöpft; denn er steht in seinem Hauptbestandteile, wie wir gesehen haben, nicht nur mit dem Kleinhirn in Verbindung, sondern auch mit der sensiblen Schleife und namentlich beim Menschen auch mit dem Stirnhirn; der gesamte motorische Haubenapparat aber gehört zu dem mächtigen Assoziationssystem des Hirnstammes, das, wie sich noch zeigen wird, eine wichtige Rolle spielt bei den so mannigfaltigen Steh- und Stellreflexen.

Leider ist die funktionelle Bedeutung des roten Kernes noch nicht klargelegt; sowohl die experimentellen Forschungen als auch die Ergebnisse der menschlichen Pathologie sind widerspruchsvoll und in keiner Weise eindeutig.

v. Economo und Karplus ist es schon 1908 gelungen, bei Tieren experimentell durch Läsion der lateral vom roten Kern gelegenen Faserung der Haube dauernde choreatisch-athetotische Bewegungen zu erzeugen. Sie wiesen ferner unter anderem nach, daß diese Spontanbewegungen auch bei vollkommen durchtrenntem Hirnschenkelfuß weiter bestanden, daß also die Impulse hierzu nicht über die Pyramidenbahn nach abwärts verlaufen. Sie fanden dann, daß bei solchen choreatischen Tieren durch elektrische Reizung der motorischen Hirnrinde kein motorischer Effekt mehr zu erzielen war im Gegensatz zu jenen Tieren, bei denen sich die operative Durchtrennung nur auf den Hirnschenkelfuß beschränkte. Sie sprechen dabei von einem Autonomwerden des roten Kernes. Auf eine teilweise Autonomie des roten Kernes führt z. B. auch Brun in seinen Fällen von neocerebellarer Aplasie den dabei beobachteten Spasmus mobilis zurück, indem er auf die Sheringtonsche Mittelhirnstarre verweist. Wir werden aber noch weiter unten sehen, daß auch hier die Verhältnisse nicht so einfach liegen und der rote Kern für dieses Phänomen nicht allein verantwortlich gemacht werden kann[1]), wenngleich ihm dabei eine überragende Bedeutung zuzusprechen ist. Ebenso wie bei der Reizung der übergeordneten Kleinhirnkerne — Horsley und Clarke konnten in den Kleinhirnkernen auf Grund ihrer Reizversuche eine bestimmte somatotopische Gliederung nachweisen — beobachtete man auch bei elektrischer Reizung verschiedener Anteile des motorischen Haubenkerns und der Bindearme (Rothmann, Thiele) homolaterale Krämpfe. Graham Brown schließt aber aus ähnlichen Versuchen beim Affen, daß vielleicht auch die hinteren Längsbündel dabei eine Rolle spielen.

Als Ausfallssymptome des roten Kerns sind von der menschlichen Pathologie her Erscheinungen bekannt, die freilich nicht streng von cerebellaren zu unterscheiden sind. In den Beobachtungen von Allen, Starr, Barth, Kolisch zeigte sich eine ausgesprochene cerebellare Ataxie; in diesen Fällen war durch Thrombose der zu den roten Kernen führenden Arterien eine Erweichung in ihnen eingetreten. V. Sarbo macht jüngst darauf aufmerksam, daß nur der totale Ausfall des roten Kernes zu dieser cerebellaren Ataxie führt, während sich die partielle Dysfunktion des Nucleus ruber-Systems in einer eigenartigen Gleichgewichtsstörung zeigt, der er die Bezeichnung „Hyptokinese" gibt; und zwar glaubt er, daß Prozesse, welche frontal sitzen, ein Nachhintenwanken bedingen, während solche caudal von den roten Kernen ein Vornüberfallen bedingen. Er betrachtet das rote Kernsystem als ein cerebrales Gleichgewichtsorgan und bringt auch die Pulsionen damit in Verbindung, wobei die Kranken ihrem Gleichgewicht nachlaufen. So wichtig diese Angaben für die Klinik sein mögen, so ist doch die Deutung der Symptome als direkte fokale Erscheinungen recht zweifelhaft; denn auch sie deuten auf das Kleinhirn hin, das, wie wir noch sehen werden, gerade für die Fall- und Bewegungsrichtungen des Körpers und seiner Teile von besonderer Bedeutung ist.

Die Prozesse aus der menschlichen Pathologie, welche sich in dieser Gegend abspielen und mit choreatisch-athetotischen Bewegungsstörungen einhergehen, sind, soweit bis jetzt hierüber eingehendere Untersuchungen vorliegen, derart diffus lokalisiert, daß sich keine eindeutigen Schlußfolgerungen ergeben. Dies gilt für den Fall Halban und Infeld, Marie und Guillain, Kleist und Bremme, ferner für den jüngst mitgeteilten Choreafall von Pette und Wohlwill und für alle Beobachtungen des Bennediktschen Syndroms, in gleicher Weise auch für die regelmäßigen Mitverletzungen dieser Gegend bei der Encephalitis lethargica[2]).

---

[1]) Vgl. auch die Ausführungen über die Mittelhirnstarre weiter unten (S. 359).

[2]) Kleist hat in seiner jüngsten Arbeit (Monatsschr. f. Psychiatrie u. Neurol. **52,** H. 5/6. 1923) einen weiteren Fall (Gravida mit Lues II und Salvarsanintoxikation) mitgeteilt,

Ich möchte im folgenden noch eine Beobachtung mitteilen, die in diese Gruppe gehört und die, wenn sie uns auch keine eindeutigen Schlußfolgerungen für die Lokalisationsfrage erlaubt, doch nach manchen Richtungen hin von Interesse sein dürfte:

Fall XXXIII.

Benediktsches Syndrom mit Chorea und Parakinesen auf dem Boden einer Polioencephalitis hämorrhagica superior Wernikes.

Die Kranke Meifers, im Alter zwischen 30 und 40 Jahren, wird am 22. Dezember 1913 wegen starker motorischer und psychischer Unruhe in F. eingeliefert. Sie wird in verwahrlostem Zustande aus der Wohnung gebracht, ist beim Baden sehr unruhig, macht mit den Armen und Beinen eigenartige ausfahrende Bewegungen, ihr ganzer Körper ist in ständiger Unruhe. Sie kann nicht gehen und nicht stehen und muß ins Untersuchungszimmer getragen werden. Die Kranke hat einen ausgesprochen blöden Gesichtsausdruck. Der Mund ist leicht nach links verzogen, die Zunge weicht eine Spur nach links ab. Die rechte Lidspalte ist etwas weiter als die linke; beide oberen Augenlider können nicht genügend gehoben werden; das linke Auge kann auch nicht ganz geschlossen werden. Die Bewegungsfähigkeit der Augen scheint beschränkt; die Pupillen sind ziemlich weit, beide etwas entrundet, reagieren nur sehr wenig prompt und ausgiebig auf Licht. Die Konvergenzreaktion ist nicht zu prüfen. Die Arm- und Beinmuskulatur ist sehr schlaff, der Tonus ist deutlich vermindert, Patellarreflexe sind nicht auszulösen, auch die Achillessehnenreflexe nicht, Plantarreflexe plus, kein Babinski. In den Armen und Beinen treten unwillkürliche Bewegungen auf von dem Charakter der Chorea; daneben zeigen sich eigenartige Parakinesen in Form von Armstreckungen, Mundabwischen, Kratzen u. dgl. Unterstützt geht die Kranke breitbeinig, dabei ist der Gang ausfahrend, zittrig, unsicher. Eine kurze Strecke trippelt die Kranke mit ganz kleinen Schritten, hält sich überall fest, droht umzufallen, mit der Neigung nach vorn. Selbständiges Stehen ist unmöglich. Bei der Prüfung des Romberg sinkt sie in sich zusammen. Die Sprache ist sehr schlecht artikuliert, die Schrift ist ausfahrend, zittrig. Die Kranke ist sehr schwerhörig, eine Unterhaltung ist nicht mit ihr zu führen, sie macht zeitweilig einen ganz unbesinnlichen Eindruck. Aus ihrem Benehmen geht hervor, daß sie Stimmen hört, sie antwortet ihren Stimmen. Aus ihren Personalien geht hervor, daß sie Puella publica ist und stets viel Alkohol getrunken hat.

Die Kranke ist zeitweise sehr stark erregt, beschmiert das Bett, ißt ihren Kot und zeigt dauernd stark ausfahrende Bewegungen in Armen und Beinen unter lebhaftem Grimassieren der Gesichtsmuskulatur. Dabei erinnert die Bewegungsunruhe in ihren ständigen Greifversuchen, im Umsichschlagen, in Betasten von Körperstellen zeitweise mehr an Parakinesen als an Chorea. Die Kranke läßt unter sich. Sie macht sehr häufige Schluckbewegungen. In diesem Zustand bleibt die Kranke die nächsten Tage über. Am 25. 12. 1913 morgens kollabiert sie plötzlich und stirbt.

Zusammenfassung des klinischen Befundes.

Eine Puella publica im mittleren Alter, chronische Alkoholistin, erkrankte plötzlich mit schweren externen und internen Augenmuskellähmungen, verbunden mit starker choreatischer Unruhe und Parakinesen am ganzen Körper, Dysarthrie, Dysbasie und singultusartigen Schluckbewegungen; die Reflexe fehlen bei ausgesprochener Hypotonie und starkem Romberg. Bei Gehversuchen

---

in welchem er die hyperkinetische Erregung mit leichter choreatischer Unruhe auf die Blutungen im Verlauf des linken Bindearms vom Dentatum bis zur Bindearmkreuzung zurückführt. Er verweist dabei auf einen bereits früher von Pfeifer (Psych. Störungen bei Hirntumoren, Arch. f. Psychiatrie u. Nervenkrankh. 47, H. 2) veröffentlichte Beobachtung, bei der hyperkinetische Iterativbewegungen im Sinne einfacher Glieder- und Reaktivbewegungen auf einem Tumor in den Bindearmen und dem rechten vorderen Vierhügel zu beziehen sind. — Auch ich verfüge über einen ähnlichen Fall, doch möchte ich die Tumoren aus prinzipiellen Gründen bei der pathophysiologischen Ausdeutung der Symptome in dieser Studie unberücksichtigt lassen.

besteht eine Neigung nach vorn zu fallen; selbständiges Stehen ist unmöglich. Die Kranke ist schwerhörig, zeitweilig unbesinnlich und hört Stimmen. Nach dreitägigem Krankenhausaufenthalt stirbt die Kranke.

Anatomischer Befund.

Bei der Körpersektion findet sich nichts besonderes, namentlich nichts für Lues sprechendes. Die Aorta ist von völlig zarter Intima. Das Gehirn ist auffallend klein (Gehirngewicht 980 g). Die Hypophyse ist makro- und mikroskopisch normal. Die Windungsanlage des Gehirns ist auffallend primitiv, ohne daß sich besondere Entwicklungsstörungen nachweisen lassen. Die basalen Gefäße sind zart. Auf Horizontalschnitten durch das Großhirn ist nichts Abnormes zu erkennen, in der Vierhügelgegend ist die ganze Umgebung des Aquäduktes mit zahlreichen kleinen Blutaustritten durchsetzt. Das ganze übrige Zentralnervensystem ist herdfrei und ohne wesentlichen Befund.

Die mikroskopische Untersuchung ergibt folgendes:

Die Rinde, das gesamte Großhirnmarklager, das Striatum und Pallidum, die innere Kapsel, die oralen Teile des Thalamus, sowie das gesamte Kleinhirn sind ohne nennenswerte Veränderungen. **Deutliche Störungen treffen wir erst in der Gegend des Hypothalamus und in der Vierhügelgegend.**

Die histologischen Störungen sind überall die gleichen: Neben zahlreichen frischen Blutaustritten fallen an den Gefäßen ausgesprochene Schwellungen und Vergrößerungen der Gefäßwandzellen auf, daneben reichliche Sprossungsvorgänge und

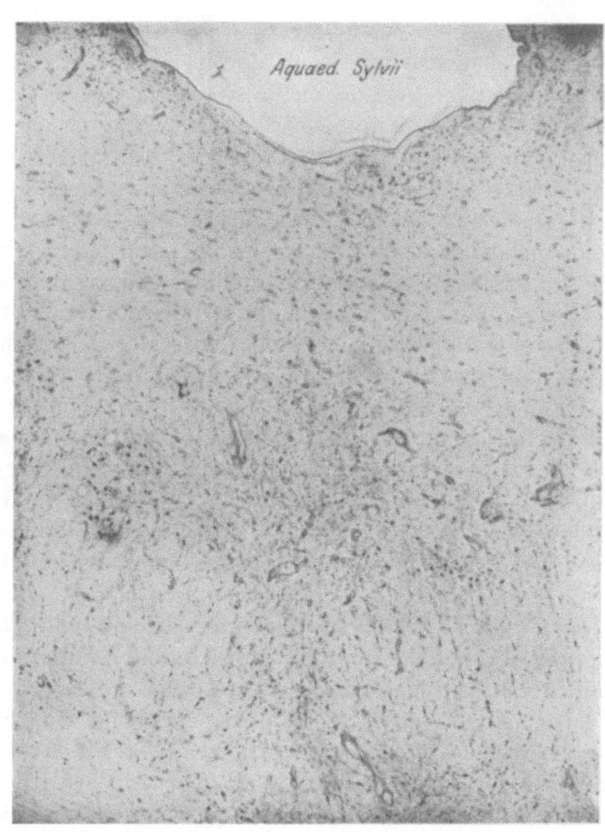

Abb. 167. Fall XXXIII. Frische und ältere Blutungen mit Gefäßwandsprossungen und -wucherungen am Boden des Aquaeductus Sylvii in der vordersten Ponsgegend. Nisslbild. Mikroph. bei schwacher Vergrößerung.

Neubildung von Capillaren. Durch diese Wucherungserscheinungen an den Gefäßwänden erhält man bei schwachen Vergrößerungen den Eindruck von entzündlichen Infiltraten, während sich nirgends solche nachweisen lassen. Es handelt sich um Vorgänge, wie sie auch Schröder und Spielmeyer in ähnlichen Fällen auf alkoholischer Basis beschrieben haben und wie sie nach üblichem Sprachgebrauche als Endateriitis bezeichnet werden. Zahlreiche Makrophagen mit eisenpositiven Abbauprodukten, Fibroblasten, Gliawucherungen akuter Art sind überall festzustellen. Die Veränderungen gruppieren sich um die Gefäße und zeigen so deutlich herdförmigen Charakter. Die in den Herden gelegenen Ganglienzellen befinden sich in verschiedenen Stadien akuter Entartung.

Die Lokalisation dieser Veränderungen ist eine recht charakteristische:

Ganz vornehmlich befallen ist die ganze Gegend um den Aquäductus, insbesondere die Gegend der Augenmuskelkerne (Abb. 167); aber auch sowohl in den vorderen wie hinteren Vierhügeln wie in der hinteren Commissur und ihren Kernen sind die Veränderungen fast in gleicher Schwere entwickelt, ebenso weiter oralwärts in der dem dritten Ventrikel anliegenden Kernregion des Hypothalamus. Während die Substantia nigra ganz verschont bleibt, nehmen die Blutungen noch die Wände des dritten Ventrikels im caudalen Ende ein und erstrecken sich von hier aus lateralwärts nicht allzuweit in die Kernregionen dieser Gegend; der rote Kern und der Luyssche Körper bleiben unversehrt. Die übrigen Thalamusgebiete sind völlig frei, ebenso die Bindearme und das Dentatum.

Epikrise.

Wir sehen also bei diesem auf einen chronischen Alkoholismus ätiologisch zurückzuführenden Fall, der sich histologisch als eine typische Polioencephalitis hämorrhagica superior (Wernicke) mit ungewöhnlicher Ausdehnung des Prozesses auf die gesamte Vierhügelgegend und den Hypothalamus herausstellte, klinische Erscheinungen auftreten, welche sich neben dem Benediktschen Syndrom durch ausgesprochene mit deutlichster Hypotonie einhergehenden choreatischen Unruhe untermischt mit Parakinesen auszeichnen. Die akustischen Halluzinationen können wir auf den hinteren Vierhügel beziehen, die mannigfaltigen Bewegungsstörungen sind aber in einem solchen Falle nicht eindeutig zu lokalisieren. Nur so viel läßt sich sagen, daß es äußerst gezwungen erscheint, sie auf eine indirekte Störung des Striopallidumsystems zu beziehen; denn alle Kerngebiete, welche dem Striopallidum direkte Zuflüsse liefern, waren unversehrt; aber auch das Dentatum-roter Kern-System war histologisch frei. Wir dürfen also vermuten, daß die eigenartigen Bewegungsstörungen dieses Falles am ehesten auf das Mittelhirn selbst zu beziehen sind, wo neben den Vierhügeln auch noch die hintere Commissur und deren Kerne mit betroffen sind. Freilich könnte durch die dadurch gesetzte Bahnunterbrechung der pallidären Faserung zur hinteren Commissur eine indirekte striopallidäre Funktionsstörung angenommen werden. Aber da die hintere Commissur nur ableitende pallidäre Faserungen bezieht, scheint mir die Annahme näher zu liegen, daß die Bewegungsstörungen als der striopallidären Zügelung teilweise beraubte, enthemmte und ataktische Koordinationsausfälle der Mittelhirnzentren selbst zu deuten sind, insbesondere als solche des großen motorischen Assoziationsapparates, der durch das hintere Längsbündel verbunden wird. Wir müssen uns dabei vergegenwärtigen, daß die extrapyramidalen Innervationen ja nur zum Teil in Analogie zu der gegebenen anatomischen Läsion unterbrochen sind, so daß die Hyperkinesen wohl noch den Charakter striopallidärer Mechanismen haben konnten. Die weitere Begründung einer solchen Auffassung wird sich noch aus den späteren Ausführungen ergeben.

Im gleichen Sinne scheint es mir nicht erlaubt, die bei den Affektionen des Dentatum-roter Kern-Systems beobachteten Bewegungsstörungen auf eine indirekte funktionelle Beeinträchtigung der Striatum- und Pallidumzentren zurückzuführen. Dagegen spricht mit besonderer Eindringlichkeit der von Schilder mitgeteilte Fall: Es pfropften sich auf eine lange Zeit bestehende spastische rechtsseitige Hemiplegie plötzlich athetotische Bewegungen in der gelähmten Seite auf, die drei Wochen bis zum

Tode dauerten. Anatomisch fanden sich zwei Tuberkel, von denen der eine, zweiffellos alte, den gesamten linken Linsenkern, das Putamen, Claustrum und Pallidum zerstört, die Capsula interna und den Thalamus zu einer partiellen Druckatrophie gebracht hat mit beträchtlichen sekundären Degenerationen, namentlich im Luysschen Körper und in der Pyramidenbahn. Dazu gesellt sich ein zweifellos jüngerer Tuberkel in der rechten Kleinhirnhemisphäre, in dessen Peripherie ein Teil des Dentatum mit zerstört ist. Die athetotischen Bewegungsstörungen dieses Kranken sind bei der völligen schon lange bestehenden Vernichtung des Striatum und Pallidum und seiner hypothalamischen Verbindungen unmöglich im Vogtschen Sinne als Äußerungen des Striatumsyndroms zu deuten und können nur auf das rote Kernbindearmsystem selbst und auf die von diesen beherrschten Mittelhirnzentren zurückgeführt werden.

Wie sich aus den folgenden Kapiteln ergibt, stehen diese der Koordination der Bewegungen dienenden Mittelhirn- und Hirnstammzentren jeweils unter doppeltem Einflusse: Einmal werden sie von den abführenden Bahnen des Kleinhirns beherrscht, dann aber direkt durch das extrapyramidale System, insbesondere durch die pallidären Faserungen zur hinteren Commissur, wobei jedes Pallidum sowohl gleichseitig wie gegenseitig einwirkt. Die pallidäre Faserung greift aber weiterhin vornehmlich vermittels ihrer rubralen Faserzüge an der cerebellaren Beeinflussung dieses Mittelhirnsystems selbst ein. So sind für diesen im Mittelhirn und Hirnstamm gelegenen Koordinationsmechanismus mehrfache Beeinflussungen und Sicherungen gegeben, die sich gegenseitig im funktionellen Gleichgewicht zu halten haben. Wird dieses Gleichgewicht an irgendeiner Stelle gestört, so kann es zur Inkoordination der Mittelhirn- und Hirnstammfunktionen kommen, die dann zu einem Zerfall der extrapyramidal angeregten, von diesen niederen Zentren geleisteten Automatismen führen. Die gegenseitige Beeinflussung und Verstärkung dieser Systeme bedingt aber weiterhin eine so vielseitige Sicherung, daß nur unter gewissen Bedingungen die Funktionsstörungen sich in prägnanter Weise entwickeln. In anderen Fällen werden sie durch andere Systeme kompensiert und ausgeglichen und treten so gar nicht oder nur in ganz verminderter Form, z. B. auch in Gestalt von Parakinesen in Erscheinung.

So ergibt sich aus diesen Ausführungen, daß wir in unserem *extrapyramidalen Hauptsystem und seinen Zentren ein hoch differenziertes Organ vor uns haben, welches mit seinen ableitenden Bahnverbindungen einmal auf das Dentatum-roter Kern-System, dann aber auch auf den motorischen im Mittelhirn und Hirnstamm gelegenen Koordinationsapparat einwirkt. Der zwischengeschaltete Thalamus und Hypothalamus dient der Verknüpfung der verschiedenen Systeme, vornehmlich bezieht aber das Striatum und Pallidum aus besonderen Thalamusgebieten seine direkten Anregungen und corticalen Beeinflussungen. Die unseren extrapyramidalen Bewegungsstörungen ähnlichen Erscheinungen, welche von außerhalb des extrapyramidalen Hauptsystems gelegenen Läsionen dieser Hirnpartien bedingt werden, lassen sich nur, soweit sie oral vom roten Kern und seiner Strahlung gelegen sind, ungezwungen als indirekt gesetzte Funktionsausfälle des Striopallidum deuten, und zwar im Sinne einer Ataxie hervorgerufen durch den teilweisen Ausfall von sensiblen und sensorischen dem Striopallidum zufließenden Impulsen. Bei hochgradiger Unterbrechung der Zuflüsse kommt es zu einer schlaffen Lähmung des Striopallidum, zu einer völligen Akinese. Bei allen Verletzungen des Bindearm-roter Kern-Systems selbst und der Vierhügelgegend erscheinen die Funktionsausfälle als eine Ataxie tiefergelegener Zentren; hier kommt in erster Linie der im Mittelhirn und Hirnstamm gelegene, für den gesamten Steh- und Stellapparat so außerordentlich wichtige Koordinationsmechanismus in Frage, der eine vielseitige Sicherung sowohl vom Cerebellum als auch von unserem extrapyramidalen System her bezieht.*

Das akinetisch-hypertonische Syndrom, welches den Parkinsonismus der striopallidären Erkrankung ausmacht, finden wir nun auch in zummindesten ähnlicher Weise ausgeprägt bei Affektionen des Stirnhirn-Kleinhirnsystems. Namentlich Zingerle, Förster und Kleist haben schon vor vielen Jahren auf solche Zusammenhänge aufmerksam gemacht, und Förster betont auch neuerdings wieder die überraschende Ähnlichkeit der von beiden Organsystemen ausgelösten klinischen Erscheinungen. Sie können sowohl, wie Förster hervorhebt, bei Stirnhirnprozessen, vornehmlich bei solchen, welche die präzentral gelegenen Partien, namentlich der ersten und zum kleinen Teil auch der zweiten Frontalwindung betreffen, hervortreten, als auch bei Zerstörung der mittleren Brückenarme. Autoptisch belegte Fälle solcher Art aus jüngerer Zeit, bei denen also die Verhältnisse der basalen Stammganglien in eingehenderer Weise mit berücksichtigt wurden, liegen z. B. von van der Scheer und Sturmann, Bostroem, Wexberg, Dimitz und Schilder, Hoffmann und Wohlwill vor, die zum Teil wenigstens, wie der letzterwähnte Fall, recht beweisend erscheinen. Ich selbst besitze auch ein sich über mehrere Fälle erstreckendes gut untersuchtes Beobachtungsmaterial, das im gleichen Sinne spricht. Es handelt sich aber in meinen Fällen sämtlich um Tumoren, die in der klinischen Ausdeutung der Symptome wegen der nie auszuschließenden Fernerscheinungen nur mit großer Vorsicht herangezogen werden dürfen. Soviel aber läßt sich schon heute sagen, daß wir auch in dem Stirnhirn-Kleinhirnsystem ein für die Motilität wichtiges extrapyramidales System vor uns haben, dessen relative Funktionstüchtigkeit bei den striopallidär bedingten Bewegungsstörungen von größter Bedeutung sein dürfte, und dessen Läsionen ebenfalls akinetisch-hypertonische Syndrome auslösen können. Mit O. Förster möchte auch ich diese Erscheinungen auf eine cerebellare Enthemmung zurückführen. Es mehren sich zudem die Angaben, wonach sich bei feineren klinischen Prüfungen gewisse Unterschiede bei beiden Arten von Parkinsonismen auffinden lassen. Schon Kleist bezog gewisse Zustände von Kontraktionsnachdauer der Muskulatur auf die Stirnhirnbrückenbahn, eine klinische Störung, die sich besonders schön in den Fällen von Wexberg, Dimitz und Schilder bei willkürlichen Bewegungen nachweisen ließ. P. Schuster, der zwei sehr interessante, klinisch und anatomisch gut untersuchte Fälle von gleichzeitiger Verletzung von Stirnhirn und Striopallidum mitteilt, hat versucht, derartige klinische Differenzen differentialdiagnostisch auszuwerten. F. H. Lewy betont im gleichen Sinne die verlängerte Reaktionszeit von Paralysis agitans-Kranken mit begleitender Stirnhirnschädigung und bringt diese beiden Faktoren in kausalen Zusammenhang. O. Förster hebt noch hervor, daß dabei der Ausfall an Reaktiv- und Ausdrucksbewegungen bei weitem nicht so stark hervortritt wie beim Pallidumsyndrom, eine Angabe, die ich in meinem Materiale bestätigt finde. Es steht zu erwarten, daß feinere klinische Untersuchungen, namentlich mit Hilfe physiologischer Methoden (Rieger, Sommer, Lotmar, Schilder, F. H. Lewy), weitere prinzipielle Unterschiede aufdecken können. Das gleiche gilt auch für die weiter oben diskutierten extrastriär bedingten Bewegungsstörungen im Vergleiche mit jenen, welche auf die direkten Verletzungen des Hauptsystems zu beziehen sind.

Wir kommen nun zur Beantwortung der **zweiten** oben aufgestellten Frage: Was wissen wir über die Funktionen jener Zentren, mit welchen unser Hauptsystem in vornehmlichster Faserverknüpfung steht?

Hier kommt vor allem das Bindearmsystem mit dem Kleinhirn in Betracht, sodann der motorische Haubenapparat des Hirnstamms, welchen das hintere Längsbündel anatomisch und funktionell verknüpft, und schließlich der Thalamus.

2. Die Funktionsleistungen des Kleinhirns.

Wenn wir über die schon so viel diskutierten Funktionen des Kleinhirns uns einen Einblick gewähren wollen, so müssen wir auch da von dem anatomischen Bau ausgehen [1]). Hier hat sich gerade in jüngster Zeit durch die bahnbrechenden Untersuchungen von Cajal, Horsley, Edinger, Wallenberg, Bielschowsky und durch die weitere Edinger-Kapperssche Schule eine zunächst wenigstens gut orientierende, freilich noch nicht in allen Einzelheiten festliegende Klärung der komplizierten Bauverhältnisse ergeben. Edinger hat schon vor vielen Jahren auf Grund überzeugender entwicklungsgeschichtlicher Tatsachen nachgewiesen, daß die Kleinhirnhemisphären im wesentlichen ein Neuerwerb der Säuger sind und das Neocerebellum darstellen im Gegensatz zu dem stammesgeschichtlich alten Paläocerebellum, dem gemeinhin als Wurm bezeichneten Mittelstück und Flocculus niederer Wirbeltiere. Durch die entwicklungsgeschichtlichen Feststellungen der Kappersschen Schule, insbesondere von Bolk und Ingvar, wurde der auf den ersten Blick so komplizierte makroskopische Bau des Kleinhirns auf ein verhältnismäßig einfaches morphologisches Einteilungsprinzip zurückgeführt, das sich bis zum Menschen herauf bei allen Vertebraten von den Amphibien aufwärts klar erkennen läßt: hiernach ist zwischen Reptilien-, Vogel- und Säugerkleinhirn überall eine direkte detaillierte Homologie nachweisbar (Ingvar) und das gesamte Kleinhirn zerfällt in einen Lobus anterior, medius und posterior, wobei sich bei Säugern dem Lobus medius, dem phylogenetisch jüngsten Anteil ein Lobulus ansoparamedianus angliedert, aus welchem sich die Hemisphären entwickeln. Diese, welche gerade beim Menschen eine so starke Ausbildung erfahren, entwickeln sich parallel der Größenentfaltung des Frontalhirns. Auch die Tonsillen sind nach Kappers als seitlicher Auswuchs des Lobus medius anzusehen und tragen neocerebellaren, hemisphärialen Charakter.

Alle dem Cerebellum zufließenden Fasersysteme — aus dem Rückenmark, Bulbus, Pons und Großhirnrinde — enden in der Rinde des Kleinhirns, von dort entsteht ein ableitendes System, das zunächst dem Dentatum und den ihm im Mittelstück entsprechenden als Nucleus tecti zusammenzufassenden Kerngruppen zufließt. Von hier aus strahlen die cerebellofugalen Bahnen dem großen Assoziationssystem des Nucleus tegmenti zu, als dessen Hauptkerngruppen wir den roten Kern und den Deiterschen Apparat ansehen.

---

[1]) Zurzeit sind in meinem Laboratorium von Dr. Hajaschi-Tokio Untersuchungen über die ontogenetische Entwickelung des menschlichen Kleinhirns im Gange, die recht bemerkenswerte Ergebnisse zeitigen. Sie konnten leider bei den folgenden Ausführungen nicht mitberücksichtigt werden.

Von besonderer Wichtigkeit ist nun die Tatsache, daß die histologische Struktur des Kleinhirns in allen Teilen eine völlig gleichmäßige ist im Gegensatz zu der weitgehenden arealen Gliederung der Großhirnrinde, die wir durch die bahnbrechenden Untersuchungen C. und O. Vogts und Brodmanns kennen gelernt haben.

Was die Projektionen der verschiedenen dem Cerebellum zufließenden Fasersysteme auf die Kleinhirnrinde angeht, so läßt sich heute, ohne damit ein abschließendes Urteil abgeben zu wollen, ungefähr folgendes sagen: Nach den Untersuchungen von Ingvar, Horsley, McNalty, Saito u. a. endigen die spinocerebellaren Bahnen ganz vornehmlich im Lobus anterior und posterior, also in den ältesten Teilen des Organs, während der Lobus medius wenn überhaupt doch nur sehr geringe Fasern aus diesem System bezieht. Er trägt offenbar diesbezüglich einen stark assoziativen Charakter (Kappers). Dabei sollen sich nach Mott, McNalty und Horsley die Endigungen des ventralen Bündels (Fasern der Gliedmaßen) mehr auf den frontalen Abschnitt beschränken als das dorsale Bündel, das hauptsächlich dem Rumpfareal des Rückenmarks entstammt. Die Endigung dieser Fasern ist eine vornehmlich ungekreuzte.

Die Endigung der Vestibularisfasern geschieht nach Barany, Ingvar u. a. in den Basalpartien von Lobus anterior und Lobus posterior und in der gesamten Flocke. Hierdurch ist eine in sich geschlossene ringförmige Projektion des Vestibularis im Kleinhirn gegeben.

Der Tractus olivocerebellaris endet (nach den Untersuchungen von G. Holmes und G. Stewart, Brouwer, Hähnel, Bielschowsky, v. Brun) gekreuzt im Mittelstück und in den Hemisphären, ohne offenbar eine Verbindung mit dem Flocculus einzugehen und zeigt dabei eine ganz bestimmte Relation der Projektion zwischen den einzelnen Teilen der Olive und jenen der Kleinhirnrinde.

Die pontocerebellaren Fasern hingegen strahlen, wie allgemein angenommen wird, ganz vornehmlich in die Hemisphärenrinde aus, obschon es auch Autoren gibt (Spitzer, Karplus und Besta), welche eine gleichzeitige Verbindung mit dem Mittelstück annehmen.

Dabei stehen, wie die freilich in ihren Einzelheiten noch nicht übereinstimmenden Untersuchungen von Cajal, Jelgersma, Bielschowsky nachgewiesen haben, die Purkinjezellen unter doppeltem Einfluß: Die pontocerebellaren Bahnen gewinnen über die Moosfasern, Körnerzellen, Korbzellen der Molekularschicht und die Korbfasern einen Einfluß auf die Körper der Purkinjezellen, besonders in den Hemisphären; ähnlich enden die olivocerebellaren Bahnen auf dem Wege des gekreuzten Restiforme in der kontralateralen Kleinhirnrinde. Die spino- und vestibulocerebellaren Fasern umspinnen als Kletterfasern die Dendriten der Purkinjezellen.

Die Axone der Purkinjezellen ziehen in das Grau des Dentatum und des Nucleus tecti. Aus diesen Kernen entwickeln sich die absteigenden Fasersysteme, welche auf die verschiedenen Abteilungen des großen motorischen Haubenkerns, vornehmlich auf dem Wege des vorderen Kleinhirnstiels und der im Corpus restiforme absteigenden Bahnen einwirken.

Sind schon in diesen Bauverhältnissen, die, wie betont, noch nicht in allen Punkten feststehen, außergewöhnlich komplizierte Mechanismen gegeben, so sind unsere positiven Kenntnisse von der Funktion des Kleinhirns und von der physiopathologischen Bewertung der Ausfalls- und Reizerscheinungen trotz der ungemein umfangreichen, hierüber bestehenden Literatur heute noch sehr geringe und in jeder Weise unbefriedigende. Sie lassen sich erst dann entsprechend übersehen, wie dies Magnus und de Kleijn (1920) hervorheben, „wenn die normale Funktion des Kleinhirns dem physiologischen Experimente besser zugänglich gemacht ist, wozu vorläufig trotz der von zahlreichen Forschern aufgewendeten Mühe noch wenig Aussicht vorhanden ist".

Betrachten wir einmal vom anatomischen Standpunkte ausgehend die dem Kleinhirn zufließenden Erregungen, so sind zunächst solche zu nennen, die auf dem Wege der direkten oder indirekten Vestibularisbahnen ihm von dem peripheren Vestibularapparate zuströmen und die nach allem als statisch und kinetisch funktionierend aufzufassen sind und der Orientierung im Raume dienen. Dann haben wir die spinocerebellaren Bahnen kennen gelernt, die offenbar vornehmlich der unbewußten Tiefensensibilität (Sherringtons Proprioceptoren, Jelgersma) dienen. Ihre genaue Funktion ist uns freilich noch nicht bekannt. Nach Marburg und Bing werden nach Läsionen dieses Systems Ausfallserscheinungen und Regulationsstörungen der Prinzipalbewegungen in den Extremitätenwurzeln beobachtet. Vielleicht ist auch auf die Verletzung dieses Systems die falsche

Gewichtseinschätzung zu beziehen, die nach Lothmar als ein wichtiges Kleinhirnsymptom zu betrachten ist. Nach Sherrington beziehen sich die Proprioceptoren auf endogene Zustandsänderungen in der gesamten Muskulatur, und das Kleinhirn ist ihr Hauptganglion. Diese „beiden Gruppen (vestibulo- und spinocerebellares System) üben einen großen wichtigen Einfluß auf den muskulären Tonus und auf die Körperhaltung überhaupt aus. Besonders ist in der Funktion der letzteren ein steter Kampf gegen die Gravitation einbezogen" (Ingvar, Kappers). Nach Sherrington bildet gerade die Gravitation für die Proprioceptoren einen wichtigen Reiz.

Die olivocerebellaren Bahnen sind in ihrer Funktion noch völlig ungeklärt. Wir können heute mit Kappers und Wallenberg nur die Vermutung aussprechen, daß die Olive ein wichtiger Faktor ist in der höheren Differenzierung und Korrelation der Motilität. „Wahrscheinlich werden verschiedene Reize im Dienste der Körper- und Extremitätenstatik der Olive zugeführt" (Kappers). Als zuführende Bahnen für die Olive kommen vornehmlich spinoolivare Bahnen im Vorder- und Vorderseitenstrang des Rückenmarks, solche aus den Hinterstrangkernen und aus dem Thalamus (thalamoolivare Bahn) in Betracht. Die Striatumverbindung, die Wallenberg jetzt beschrieben hat, konnte ich in meinen Fällen nicht bestätigen.

Schließlich besteht noch eine starke zuführende Verbindung zwischen dem Frontal- und Temporalhirn und (vornehmlich) den Kleinhirnhemisphären, auf welcher komplexe Großhirnerregungen dem Kleinhirn zuströmen. Auf die Funktionsstörung dieser Bahnen bin ich bereits oben eingegangen (S. 343), sie haben nach Förster einen die Kleinhirntätigkeit hemmenden Einfluß, während wir mit Wallenberg und Jelgersma annehmen dürfen, daß sie auch gewisse, im Großhirn entstehende „Bewegungsbilder" dem Cerebellum übermitteln.

Auf der anderen Seite wirkt das Kleinhirn mit seinen zentralen Kernen und davon ausstrahlenden ableitenden Systemen auf die verschiedenen Abteilungen des großen motorischen Haubenkerns und damit auf die gesamte Muskulatur des Körpers regulierend ein. Es dient aber gleichfalls als ein Sinneszentrum, das die Nachricht von der jeweiligen Körperstellung sowohl wie von dem Kontraktionszustande der gesamten Muskulatur, der ganzen „unbewußten Tiefensensibilität" (Jelgersma) dem Großhirn und unserm extrapyramidalen Hauptsystem zu übermitteln hat und auf diese Weise Einfluß gewinnt auf die vom Cortex cerebri intendierten Bewegungen (Wallenberg) und extrapyramidalen Automatismen. Dieser Aufgabe dient der Weg auf dem Dentatum-roter Kern-System zum Thalamus und von dort aus zur Großhirnrinde einerseits und zu den verschiedenen extrapyramidalen Zentren andererseits.

Zahlreiche Forscher — ich erwähne nur Flourens, Magendie, Bouillard, Lewandowsky, v. Strümpell, Nagel, Luciani, Jelgersma, Mingazzini, Edinger, Kleist, Förster, Holmes — haben sich auf Grund der anatomischen Verhältnisse und der wenig durchsichtigen experimentell-physiologischen und klinisch-pathologischen Untersuchungsergebnisse ein Urteil zu bilden gesucht über die cerebellare Funktion[1]). Luciani hat schon vor vielen Jahren auf die allgemeinen Funktionsstörungen hingewiesen, die in der Hypotonie, Hypasthenie und Ataxie zum Ausdruck kommen, und betrachtet das Kleinhirn als ein reflektorisch wichtiges Verstärkungsorgan nervös-motorischer Mechanismen, das auf Kraft und Stetigkeit, Kontraktion, Tonus und Stoffwechsel des ruhenden Muskels, kurz als sthenish, statisch, tonisch und trophisch wirkt. Ähnliche Ansichten sind in den Definitionen der anderen Autoren enthalten; so betont Edinger (Goldstein und Wallenberg) besonders den Statotonus des Kleinhirns und spricht davon, daß das Kleinhirn den Tonus und die Koordination der Muskulatur von Wirbelsäule und Extremitätenwurzeln erhält, Haltung und Gang so regulierend. Lewandowsky glaubt, daß das Kleinhirn nicht nur für das Körpergleichgewicht, sondern auch für die Koordinationen einen wichtigen Apparat

---

[1]) Vgl. auch F. Tilney: Genesis of Cerebellar Functions, Arch. of neurol. a. psychol. Februar 1923 (Anm. b. d. Korr.).

darstellt und als ein zweites Organ des Muskelsinns neben der hinteren Zentralwindung anzusehen ist, welches ihr unbewußte Innervationsmerkmale zusendet. Ähnlich fassen auch Jelgersma und Wallenberg das Kleinhirn als ein Zentrum für die Koordination aller Willkürbewegungen auf. Gerade gestützt auf die oben angegebenen Bahnverbindungen meint Jelgersma, daß das Kleinhirn „beim Menschen hauptsächlich unter Einfluß des Großhirns arbeitet, indem die zentripetalen Reize nach dem Großhirn weiter befördert werden und die vom Großhirn zurückkehrenden Impulse teilweise über das Kleinhirn die Peripherie wieder erreichen". Holmes neigt dazu, die meisten der cerebellaren Ausfallserscheinungen auf Mangel des Lagetonus (Sherringtons posturaltone) irgendwie zurückzuführen, und Stella meint, daß das Kleinhirn eine größere Genauigkeit und Zweckmäßigkeit der auf Labyrinthreflexen beruhenden Bewegungen herbeiführe. Auch Lewy spricht ganz im allgemeinen von einer Erhöhung der motorischen Innervation durch das Kleinhirn.

Wir sehen schon aus diesen wenigen von vielen zitierten Meinungsäußerungen, wie unpräzise sich die Kleinhirnfunktion in Worte fassen läßt. Jedenfalls geht aus dem in allen Teilen völlig gleichartigen Bauplan des Kleinhirns hervor, daß seine Funktion eine durchaus einheitliche sein muß. Ingvar hat diese Funktion des Kleinhirns am weitesten gefaßt, indem er das Kleinhirn „als synergetisches, die Trägheit überwindendes Organ" hinstellt. „Es entstehen infolge der Trägheit in jedem Körper bei der Bewegung kinetische Kräfte, die auch bei der Gleichgewichtsarbeit einwirken und die deshalb mit berücksichtigt werden müssen. Wir können hieraus schon folgern, daß das Kleinhirn Nachrichten oder Eindrücke sowohl statischer als kinetischer Natur bekommen muß und sowohl statische als kinetische Kräfte zu bekämpfen oder zu neutralisieren hat." Da diese Reize an den Begriff Masse und ihre Funktion an die Gravitation und Trägheit gebunden sind, wird das Kleinhirn als im Dienst eines spezifischen unbewußten Sinnes, eines „massalen" Sinnes stehend betrachtet. Es hat die Aufgabe, „reflektorisch der Gravitation und der Trägheit unserer Körpermassen innerhalb zweckmäßiger Grenzen zwecks der Erhaltung des Gleichgewichts des mechanischen Systems des Körpers entgegenzuwirken und zu bekämpfen" (Ingvar). Hieraus sind die bei Erkrankung des Kleinhirns beobachteten Störungen zu erklären, die sich, wie Kappers ausführt, zeigen in einem „Zuviel"-, in einem „Zuhoch"heben der Beine (Paradeschritt und Hahnentritt), in einem „Vorbeizeigen" (Barany) oder in dem Rebound-phenomenon von Holmes, weil eben die richtige Schätzung der Trägheit und der jener gegenüber zu setzenden Kraft fehlt. Stertz hat dies ähnlich ausgedrückt, wenn er die Kleinhirnfunktion als einer räumlichen Komponente, dem Ausmaß der Bewegungen dienend, erklärt. Auf dieser cerebellaren Funktion basiert zweifellos auch das wichtige stellunggebende Prinzip des Kleinhirnsystems, das namentlich von Förster betont wird.

Von diesem Standpunkte aus müssen, wie auch Wallenberg hervorhebt, all die Versuche einer Lokalisation innerhalb der Kleinhirnoberfläche betrachtet werden, wie sie von zahlreichen Autoren (Bolk, van Rijnbeck, Thomas, Rotmann, Barany, Mingazzini, Luna u. a.) mit großem Erfolge unternommen wurden. Das Lokalisationsprinzip kann aber aus den oben angeführten Gründen nicht nach den einzelnen Körperabschnitten, sondern muß nach „für das Äquilibrium nötigen Muskelsynergien, d. h. nach den Fall- und Bewegungsrichtungen des Körpers gegliedert sein" (Ingvar). Der Lobus anterior beherrscht so die muskulären Synergien der Aufrechterhaltung der Balance nach vorn, der Lobus posterior (medianer Teil) die gleichen Synergien zur Gleichgewichtserhaltung nach hinten. Der mittlere Anteil des Lobus medius soll nach Ingvar und Bolk keine deutlichen Einflüsse auf die Körperbalance besitzen. Er trägt offenbar vornehmlich assoziativen Charakter. Dagegen sind seine seitlichen Anhänge, denen die Hemisphären entstammen, von erheblicher Bedeutung für die Aufrechterhaltung des Gleichgewichts nach rechts und links. In ihnen sind die verschiedenen Extremitäten ebenfalls nach Bewegungsrichtungen und -synergien hin lokalisiert. Da die vorderen Extremitäten bei der Balance nach vorn eine viel größere Rolle spielen als die hinteren Extremitäten, liegt ihre Region in den Kleinhirnhemisphären am meisten frontal in der Nähe des Vorwärtszentrums des Lobus anterior. Das gleiche gilt für die hinteren Extremitäten, die besonders für die Balance nach hinten eintreten müssen; die Zentren, welche sich auf die hinteren Extremitäten beziehen, liegen in der Nähe des Lobus posterior, wo die hinteren Falltendenzen des ganzen Körpers reflektorisch bekämpft werden. Das Kleinhirn zeigt also neben einer bilateral-symmetrischen im Mittelstück gelegenen eine vorzugsweise an die Hemisphären geknüpfte somatotopische

Vertretung der einzelnen Extremitäten, wobei freilich nicht die einzelnen Muskelgebiete, sondern bestimmte Bewegungssynergien offenbar festgelegt sind.

In der Tat lassen sich viele Reiz- und Ausfallserscheinungen des Tierexperimentes und der menschlichen Pathologie auf solche Prinzipien zurückführen, jedoch glaube ich nicht, daß alle die komplizierten Erscheinungen der Kleinhirnpathologie hierin ihre ausreichende Erklärung finden. Wenn wir noch kurz die wichtigsten Reiz- und Ausfallserscheinungen des Kleinhirns berühren, so ist zunächst zu betonen, daß nach Horsley und Clarke die Kleinhirnrinde selbst elektrisch nicht reizbar ist. Reizungserscheinungen treten erst auf, wenn man die Elektroden tiefer in die Masse des Kleinhirns einsenkt. Dabei zeigt sich, daß die Reizerscheinungen von den Kernen ausgehen und eine bestimmte Lokalisation und somatotopische Vertretung auch im Dentatum anzeigen. Bremer hat bei seinen Untersuchungen an Katzen gefunden, daß der Lobus anterior mit schwachen Strömen reizbar ist. Die reizbare Zone entspricht dem Endigungsgebiet der spinocerebellaren Fasern, die Hemmungseinflüsse bleiben erhalten nach einem Medianschnitt durch das Kleinhirn und schwinden nach Durchschneidung der vorderen Kleinhirnbindearme oder nach Durchschneidung des Hirnstammes unmittelbar hinter dem roten Kern. Bremer schließt aus seinen Untersuchungen, daß der zentripetale Teil des Bremsungsreflexbogens für den Tonus die spinocerebellaren Fasern sind, deren Endungsgebiet mit den reizbaren Zonen des Kleinhirns zusammenfällt, weiterhin daß den zentrifugalen Teil die vorderen Kleinhirnbindearme darstellen. Im gleichen Sinne verlegt auch Kleist in die aufsteigenden Kleinhirnbahnen den ataktisch-hypotonischen Komplex, in die absteigenden die Kleinhirnhemmung und die tonische Kontraktionsnachdauer. Ähnliches schließt Holmes aus seinen experimentellen Kleinhirnforschungen und den Ergebnissen der menschlichen Pathologie, denn nach ihm bewirken Läsionen des hinteren Kleinhirnschenkels Hypotonie, Zerstörung des Bindearmes dagegen Hypertonie. Wilson erwähnt in seiner Studie über die Mittelhirnstarre (1920), daß Reizung der vorderen oberen Fläche des Kleinhirns in der Nähe der Mittellinie die Rigidität herabsetze, wie dies auch beobachtet wurde von Sherrington, Löwenthal und Horsley, Weed u. a. Daraus ist zu schließen, daß der Ausfall dieser Gegend die Rigidität hervorrufen kann; nach den Beobachtungen von Sherrington und Thiele ist dies in der Tat der Fall, aber durchaus nicht konstant. Wilson betont, daß die Rigidität nach Entfernung des Cerebellum weiter besteht und auch hervorgerufen werden kann durch Reizung des Mittelhirns nach völliger Entfernung des Kleinhirns. Er schließt daraus, daß die funktionelle Integrität des Kleinhirns keine „conditio sine qua non" ist für die Erscheinung der Rigidität nach Mittelhirndurchtrennung. Wir kommen auf diesen Punkt weiter unten bei der Besprechung der Mittelhirnstarre und der Magnusschen experimentellen Untersuchungsergebnisse noch zurück.

Daß Läsionen der fronto-ponto-cerebellaren Bahnen eigenartige dem Striopallidumsyndrom verwandte akinetisch-hypertonische Erscheinungen hervorbringen können, wurde bereits oben berührt (S. 343).

Luciani bezeichnet als cerebellare Reizerscheinungen ganz im allgemeinen die Hypertonie bis zur tonischen Starre und Förster beobachtet bei Blutungen in der Kleinhirnrinde, die wohl als Reize aufgefaßt werden müssen, tonische Starre aller Muskeln mit stunden- und tagelanger Contractur im Wechsel mit Chorea. Die Chorea überdauerte die Starre.

Über die cerebellaren Ausfallserscheinungen, über die eine unübersehbare Literatur besteht, will ich mich kurz fassen. Hier steht im allgemeinen die Hypotonie, die Asthenie und Hypermetrie (Luciani) im Vordergrunde, wobei gelegentlich eigenartige Koordinationsstörungen im Sinne von Rollbewegungen, nicht genauer zu charakterisierende Bewegungsunruhen, atypische, abgerissene, irreguläre Mitbewegungen (Holmes), Ataxien, Gleichgewichtsstörungen, mangelnde Bewegungsantriebe (Anton), Sprach- und mimische Störungen (Déjérine und Thomas, Jelgersma, Kleist), Schwäche, Langsamkeit und Unsicherheit aller Bewegungen (Mingazzini) und vieles andere mehr oder weniger betont wird. Förster faßt die Ausfallserscheinungen des cerebellaren Systems in folgende Hauptpunkte zusammen: Es fehlt der Dehnungswiderstand der Muskeln bei erhaltenem Sehnenreflex (cerebellare Hypotonie); es fehlt die Fixationsspannung der Muskeln, die sich auch bei aktiven Bewegungen zeigt (cerebellare Astasie). Das Fehlen des Dehnungswiderstandes der antagonistischen Dämpfung führt zur cerebellaren Hypermetrie, das Fehlen der Fixationsspannung zu mangelnder kollateraler und rotatorischer Feststellung, zu seitlichem Abweichen aus der Bewegungsrichtung, zu abnormer Drehung des bewegten Gliedes; bei streng fokaler cerebellarer Schädigung läßt nur die eine entsprechende Muskelgruppe die erforderliche Fixationsspannung vermissen, es kommt zum spontanen Vorbeizeigen. Schließlich ist der Intentionstremor als eine spezielle Form der cerebellaren Koordinationsstörung anzusehen.

Holmes hat in jüngster Zeit die cerebellaren Ausfallserscheinungen bei 25 operativ bestätigten Kleinhirntumoren und 70 Fällen von Kriegsverletzungen des Kleinhirns eingehend studiert. Er unterscheidet dabei als Ausfallserscheinung: 1. Verminderung des Tonus, der reflektorisch Körper- und Gliedstellungen erhält. 2. Verminderuug der Muskelelastizität und 3. Störung des tonischen Elementes in den willkürlichen Muskelkontraktionen, die der Körperhaltung dienen. Diese Hypotonie, die fast regelmäßig alle Muskeln der Körperhälfte auf der geschädigten Kleinhirnseite befällt, kommt auch bei reiner Kleinhirnrindenverletzung vor, und bei tieferen und ausgedehnteren Läsionen bis zu den Kleinhirnkernen ändert sich lediglich der Grad, nicht die Lokalisation der Hypotonie. Daneben werden die Störungen des Lagetonus, die Störungen der Asthenie, der gesteigerten Ermüdbarkeit, der Astasie, der verspätete Beginn und der unregelmäßige Ablauf von Ziel- und Zweckbewegungen und die Störungen in der Ordnung der Bewegungen eingehender in ihrer physiologischen Deutung diskutiert; letztere kann gestört sein durch falschen Umfang (Dysmetrie), durch falsche Richtung (Richtungsfehler) und durch falsche Geschwindigkeit (Fehler in der Sukzession der Bewegungen, Tremor u. dgl.).

Auch Holmes betont die Schwierigkeiten einer präzisen physiologischen Deutung dieser Symptome, die noch dadurch vermehrt werden, daß sich bald willkürliche Korrekturen extracerebellarer Art einstellen und die cerebellaren Ausfallserscheinungen mehr und mehr verdecken. Es ist ja bekannt, daß Kleinhirnveränderungen oft sehr ausgedehnter Art keinerlei auffällige klinische Störungen heraufführen müssen, und Kohlhaas beschrieb 1918 einen Fall mit einer Aplasie einer Kleinhirnhälfte, der klinisch nicht die geringsten Ausfallserscheinungen gezeigt hat.

In der Tat ist es, wenn man die mit cerebellarer Erkrankung einhergehenden Funktionsstörungen überblickt, äußerst schwer, ja geradezu unmöglich, sie heute schon eindeutig pathophysiologisch zu erklären. Vom Standpunkte der Histologen und vergleichenden Anatomen aus ist eine im gewissen Sinne einheitliche Funktion des Cerebellum zu erschließen, die ohne Zweifel in den Ingvarschen Ausführungen in einem Hauptpunkte treffend gekennzeichnet ist. Ich möchte aber mit Jelgersma, Wallenberg u. a. annehmen, daß die Ingvarsche Auffassung eine noch viel zu eng gezogene ist und nur eine freilich wichtige Teilkomponente der cerebellaren Funktion herausgreift, die vornehmlich bei niederen Tieren wesentlich betont ist. Anatomie und Klinik weisen aber dem Kleinhirn der höheren Säugetiere, insbesondere des Menschen, wo sich die zu- und abführenden Verbindungen mit dem Stirnhirn in so auffallender Weise weiter entwickelt haben, eine recht komplizierte Funktion zu, die wir heute nur allgemein umschreiben können:

Das Kleinhirn ist ein Zentrum für die Koordination der Bewegungen, und zwar offenbar sowohl der willkürlichen als der unwillkürlichen, indem es einmal jene unter dem Einflusse des Großhirns regelt, diese aber auf dem Wege niederer subcorticaler Reflexbögen (Mittelhirn, Pons und Medulla) in spezifischer Weise stellungsichernd, tonisierend und auch hemmend beeinflußt, dabei ganz vornehmlich jene Bewegungssynergien regulierend, die durch die Fall- und Bewegungsrichtungen des Körpers und seiner Teile bestimmt sind. Für den gesamten motorischen Haubenkern dürfte es wesentlich ein hemmendes und zugleich verstärkendes Regulationsorgan darstellen.

3. Der motorische Koordinationsmechanismus des Mittelhirns und Hirnstammes.

Der gesamte motorische Haubenkern, der sich aus dem roten Kern und zahlreichen Solitärkernen und dem Deitersschen Apparat zusammensetzend, als ein kompliziert gebautes einheitliches Organsystem die Haube des Mittelhirns und des Hirnstammes durchzieht, muß als Hauptträger eines wichtigen motorischen Koordinationsmechanismus angesehen werden. Die überaus wichtigen experimentellen Studien der **Magnus**schen Schule haben uns über die Funktionsleistungen dieses Systems bedeutsame Aufschlüsse gebracht. Diese Untersuchungen sind noch deshalb für das vorliegende Thema von besonderem Interesse, weil wir durch sie wichtige Einblicke gewinnen in die *nervösen Regulationsvorgänge, durch welche die Spannungsverteilung in der gesamten Körpermuskulatur beherrscht wird, und in die Gesetze, nach denen der Körper jeweils eine bestimmte Haltung annimmt und seine normale Stellung im Raume aufrecht erhält.* Dabei konnten *durch verschiedene experimentelle Versuchsanordnungen bei den einzelnen Tieren zwangsmäßig ablaufende Reflexbewegungen ausgelöst werden, und zwar bedingt durch einen nervösen Mechanismus, dessen Zentren weitgehend unabhängig vom Kleinhirn arbeiten und ins Mittelhirn abwärts bis ins obere Halsmark zu lokalisieren sind, die also in ihrer Lage dem ausgedehnten Assoziations- und Koordinationssystem des motorischen Haubenkerns entsprechen.* Anatomische und physiologische Überlegungen machen es wahrscheinlich, daß die wichtigste Verbindungsbahn all dieser Zentren das hintere Längsbündel darstellt, das in eben dieser Längenausdehnung den gesamten Bulbus durchzieht. An diesem System greift aber, wie wir betont haben, unser extrapyramidales Hauptsystem mit seinen abführenden Bahnen ein durch die gleichseitige und gekreuzte Verbindung mit dem Nucleus Darkschewitschi et interstitialis (siehe Schema Abb. 11), welche Kerne als die oralsten Ursprungszentren des hinteren Längsbündels aufgefaßt werden müssen.

Weiterhin aber werden diese Zentren vom Kleinhirn her vermittels seiner abführenden Bahnen (Bindearm und Tract. cerebello-tegmentalis (siehe auch Schema Abb. 11) im weitesten Sinne regulierend beeinflußt, wobei offenbar neben einer allgemeinen Hemmung zugleich eine Sicherung und Verstärkung des Hirnstammechanismus bewirkt wird; und schließlich erfährt noch diese cerebellare Sicherung eine striopallidäre Regulation auf dem Wege der pallido-rubralen Faserung.

Wie kompliziert im einzelnen die Verhältnisse liegen, möge aus den folgenden Ausführungen erkannt werden, die eine gedrängte Übersicht der physiologischen Studien von **Magnus** und seiner Schule geben. Ich bringe hier diese Zusammenstellung nicht nur deshalb, weil die erhobenen Befunde meines Erachtens für das uns hier beschäftigende Problem von größter Bedeutung sind, sondern auch weit über den Rahmen dieser Studie hinaus die größte allgemeine Beachtung verdienen[1]).

Es ist eine längst bekannte Tatsache, daß die Spannungsverhältnisse der gesamten Körpermuskulatur in der Ruhe und in der Bewegung in erster Linie abhängig s.nd von jenen Mechanismen, welche die proprioceptiven Reize vermitteln. Wie zuerst durch **Brondgeest** (1860) gezeigt wurde, sind einige der wichtigsten Quellen des Tonus der Gliedermuskeln afferente Impulse, die von dem betreffenden Gliede selbst ausgehen. Die Durchschneidung der hinteren Wurzeln geht mit einem weitgehenden Tonusverlust einher, wobei freilich der Tonus nicht völlig aufgehoben (**Sherrington**,

---

[1]) Gelegentlich eines von mir im Hamb. biolog. Verein (Nov. 1922) über dieses Thema gehaltenen Vortrage hat auch **Kestner** die große Bedeutung der **Magnus**schen Untersuchungen für das vorliegende Problem betont.

Trendelenburg, Magnus und viele andere) und eine temporäre Lähmung für willkürliche und andere Bewegungen bedingt wird (Förster u. a.). Daß aber neben den proprioceptiven Reizen der Muskeln und Sehnen und exteroceptiven Impulsen von der Haut eines Gliedes (Sherrington, Magnus u. a.) noch andere Tonusursprünge vorhanden sind, wissen wir aus den Erfahrungen von Sherrington und Magnus über den Tonus des asensiblen Hinterbeines am Rückenmarkshund und vor allem aus den Erfahrungen Trendelenburgs über den Flügeltonus der Tauben nach Hinterwurzeldurchschneidung. Zum Teil sind diese, wie Magnus glaubt, wie z. B. bei dem Tonus des asensiblen Hinterbeines am Hunde mit tiefer Rückenmarksdurchschneidung, in den afferenten Bahnen der kontralateralen Extremität zu suchen, zum Teil sind es, wie bei den doppelseitig asensiblen Flügeln der Trendelenburgschen Tauben sensible Erregungen von anderen Körperregionen. So sehen wir z. B. auch aus den Versuchen Bickels und Jacobs an Hunden mit durchschnittenen hinteren Wurzeln, daß solche Tiere beim Gange die Hinterbeine zwar nachschleifen, aber „alternierend und in der normalen Reihenfolge mit den Bewegungen der Vorderbeine beugen und strecken", wobei sie jedoch in keiner nennenswerten Weise zur Lokomotion beitragen. Diese alternierenden Reflexe der Hinterbeine werden also, wie wir schließen dürfen, irgendwie durch die Bewegungen der vorderen Extremitäten bedingt.

Gewisse Erscheinungen, wie sie bei Tieren mit Hinterwurzeldurchschneidung auftreten, werden auch bei Labyrinthausschaltungen beobachtet. Ewald hat ja bereits vor vielen Jahren die Lehre vom Tonuslabyrinth aufgestellt und die Folgen einseitiger und doppelseitiger Labyrinthexstirpation bei Tieren eingehend erforscht. Die Untersuchungen Ewalds wurden vornehmlich durch Magnus und seine Schule (de Kleijn, van Leeuwen) bestätigt, erweitert und in ihren Einzelheiten genauer festgelegt. Es werden dabei die direkten Folgen von Labyrinthexstirpation von jenen indirekter Einflüsse auf den Gliedertonus abgegrenzt, die sich auf jene superponieren.

Als direkte Folgen einseitigen Labyrinthausfalls fallen auf: Vorübergehende Augendeviationen und Nystagmus, vorübergehende Wendungen und dauernde Drehung des Halses und des Rumpfes bei schnell vorübergehender Schlaffheit der Beine auf der operierten Seite; dazu treten Rollbewegungen. Bei Katzen mit doppelseitigen Labyrinthexstirpationen werden zunächst offenbar als Reizerscheinungen ein dauerndes Kopfschwanken und -pendeln beobachtet, ein Rückwärtskriechen, ein schwankender ungeschickter Gang (Bärengang), ein Rumpfschwanken beim Sitzen und Stehen, Zickzacklaufen und Anfälle wilden Herumspringens, ein auffallend häufiges Umsehen nach rechts und links (stark hervortretende optische Orientierung), an das sich Zirkeltouren anschließen. Der gesamte Symptomenkomplex bildet sich aber allmählich zurück, so daß nur ein häufiges Umsehen nach beiden Seiten beim Laufen und eine auffallende Unruhe und Ungeschicklichkeit zurückbleibt, sobald man die Tiere in eine ihnen ungewohnte Situation bringt. Dabei wird das Laufen auf ebenem Boden wieder ganz normal und die Kraft der Muskulatur leidet zweifellos nicht. Große Kraftleistungen, weite Sprünge werden ausgeführt, der Körper beim Stehen und Laufen ganz aufrecht getragen, von einem allgemeinen Tonusverlust der Muskulatur ist nichts mehr nachzuweisen. Wir sehen also, daß die Folgen doppelseitigen Labyrinthausfalles für die Koordination der Bewegungen durch andere zentrale Apparate weitgehend ausgeglichen werden können.

Dabei genügt ein Labyrinth, um den Extremitätentonus auf beiden Seiten zu beeinflussen. Dagegen steht ein Labyrinth ausschließlich oder wenigstens vorwiegend zu den Halsmuskeln nur einer Seite in Beziehung. Es hat sich weiterhin herausgestellt, daß die Tonusbeeinflussung bei einseitiger Labyrinthexstirpation eine zumeist nur vorübergehende ist oder auch ganz fehlen kann. Dabei verhalten sich die verschiedenen Tierarten verschieden. Gröbbels beobachtete bei einseitiger Labyrinthexstirpation beim Vogel eine Tonusherabsetzung des gleichen Flügels. Beim Affen ist der Tonusunterschied der beiderseitigen Extremitäten nach einseitigem Labyrinthverlust von sehr viel längerer Dauer als beim Hunde, kompensiert sich aber rasch wieder, so daß nach wenigen Wochen das Tier in seinen Bewegungen kaum mehr dadurch gehindert wird. Der Affe besitzt sogar nach doppelseitiger Labyrinthexstirpation einen sehr guten allgemeinen Muskeltonus, wobei die Bewegungen keineswegs kraftlos ausgeführt werden und die Glieder des Tieres durchaus nicht schlaff sind. „Es ist also nicht richtig," wie Magnus bemerkt, daß „bekanntlich nach doppelseitiger Labyrinthexstirpation der Muskeltonus vermindert ist". Es bleiben dabei lediglich die von den Labyrinthen abhängigen Änderungen des Tonus aus.

Dem entsprechen auch im allgemeinen die Erfahrungen beim Menschen. Die Feststellung von de Kleijn und Magnus ist nun von besonderer Wichtigkeit, daß sich die Tätigkeit der Labyrinthe unabhängig von der Mitwirkung des Kleinhirns abspielt. Sie weisen darauf hin, daß bereits Lange im Goltzschen und Ewaldschen Laboratorium die Symptome der Kleinhirnexstirpation von jenen der Labyrinthhausschaltung auseinander-halten konnte. Ferner hat auch Luciani festgestellt, daß kleinhirnlose Hunde gut schwim-men, und Lange hat angegeben, daß kleinhirnlose Tauben gut fliegen, was diese Tiere nach der Entfernung der Labyrinthe nicht können. Der Grund hierfür liegt darin, daß die Tiere beim Schwimmen zur Orientierung ausschließlich auf die Labyrinthstellreflexe angewiesen sind, während die Stellreflexe durch asymmetrische Reizung der Körperoberfläche nicht mehr zustandekommen können. Wir werden auf die Stellreflexe weiter unten noch zu sprechen kommen. Magnus stellte fest, daß nach Entfernung des Kleinhirns und seiner Kerne ein-seitige Labyrinthexstirpation die gleichen typischen Folgeerscheinungen wie bei normalen Tieren auslöst, andererseits macht nach doppelter Labyrinthentfernung die Kleinhirnexstir-pation die dafür typischen Symptome. Die Exstirpation des einen Organs ver-hindert also nicht das Entstehen der Symptome nach Verlust des anderen. Ja es können sich Kleinhirn und Labyrinthe in ihren Ausfällen gegenseitig kompensieren.

Teilweise abhängig von den Labyrinthen, teilweise bedingt durch die afferenten Nerven des Halses lassen sich nach Magnus und seiner Schule wichtige Reflexe physiologisch fest-legen, die für die Koordination der Bewegungen der Tiere und offenbar auch des Menschen von größter Wichtigkeit sind. Man kann sie mit Magnus in zwei große Gruppen einteilen, einmal in die Stehreflexe, welche das Tier in einer bestimmten Stellung erhalten, wenn man es hinstellt, und dann die Stellreflexe, durch welche das Tier die normale Körper-stellung einnimmt und sich darin erhält.

Bei ersteren spielt der Mechanismus der Enthirnungsstarre, auf den ich noch unten zu sprechen kommen werde, eine große Rolle, ferner die tonischen Labyrinth- und Halsreflexe. Die ersten werden ausgelöst durch Änderung der Stellung des Kopfes im Raume, nehmen ihren Ursprung in den Labyrinthen und werden dem Zentralorgan durch die Octavi zugeleitet. Die zweiten werden bedingt durch Änderung der Stellung des Kopfes zum Rumpfe, nehmen ihren Ursprung in den Muskeln, Sehnen oder Gelenken des Halses und werden dem Zentrum durch die drei obersten cervicalen Hinterwurzeln zugeleitet. Beide Gruppen von Reflexen lassen sich nicht nur am intakten Tier, sondern auch nach dem Dece-rebrieren nachweisen. Auch das Kleinhirn ist für diese Reflexe nicht notwendig, es genügt für sie die Anwesenheit des Rückenmarks, der Medulla oblongata, der Brücke und der hinteren Vierhügel, wenn wir von den Reflexen auf die Augenmuskeln absehen. Es müssen nur die für die Auslösung der Reflexe notwendigen afferenten Bahnen eintreten können. Erst wenn die Eintrittszone der Octavi entfernt ist, hören diese Labyrinthreflexe auf, dann lassen sich nur noch die Halsreflexe auf die vier Beine in typischer Weise durch Drehen, Wenden, Heben und Senken des Kopfes nachweisen. Der gesamte Deiterssche Kern, die absteigende Octavuswurzel mit den sie begleitenden Nervenzellen können nicht die Zentren für die Hals-reflexe abgeben; sie müssen im Rückenmark selber liegen, und zwar zwischen dem ersten und zweiten Cervicalsegmente, denn nach Entfernung des obersten Halssegmentes werden die Halsreflexe abgeschwächt, nach Entfernung des zweiten fallen sie fort.

Nach Magnus und van Leeuwen werden nun die durch Ausschaltung der Hals- und Labyrinthreflexe bedingten Störungen im Bewegungsapparat weitgehend ausgeglichen, wobei wohl den Augen (Distanzreceptoren) und den proprioceptiven Muskel- und Gelenk-nerven der übrigen Körperteile ein Hauptanteil zukommt. Dabei ist noch auf folgende interessante Erscheinuugen hinzuweisen: Schaltet man bei Katzen die tonischen Hals-reflexe auf die Körpermuskulatur durch Durchschneidung der drei obersten cervicalen Hinterwurzelpaare aus, so bleiben außer einer leichten Uneleganz der Bewegungen und der Neigung, mit gebeugten Hinterbeinen zu laufen, nur geringe Störungen zurück. So kann der Ausfall der Halsreflexe teilweise von den Labyrinthen aus kompensiert werden. Bei den optisch eingestellten Tieren (Hund, Katze, Affe) beteiligen sich auch die Augen in der Kom-pensation dieses Ausfalles. Wir sehen also auch hierin wieder ein Beispiel für den Mechanis-mus des Ausgleichs motorischer Ausfallserscheinungen, wie er in seinen Ent-stehungsbedingungen auch für die menschliche Pathologie und unser Problem von Be-deutung ist.

Exstirpiert man einer Katze nach Ausschaltung der Halsreflexe das eine Labyrinth, so bekommt sie nicht mehr, sondern weniger Störungen als eine normale Katze nach einseitigem Labyrinthverlust. Hier ist also ein Beispiel dafür gegeben, daß der Ausfall zweier sich gegenseitig beeinflussender Koordinationsmechanismen und Tonussysteme sich nicht summiert, sondern in seiner Wirkung annähernd ausgleicht. Ein Kaninchen, dem nach Durchtrennung der drei oberen cervicalen Hinterwurzeln das eine Labyrinth entfernt wurde, bot aus diesen Gründen auch keine Rollbewegungen. Kombinierte nun Magnus und van Leeuwen bei Katzen die doppelte Labyrinthexstirpation mit der Durchschneidung der drei oberen cervicalen Hinterwurzeln, so werden alle direkten tonischen Hals- und Labyrinthreflexe, die durch Änderung der Kopfstellung auf die Körpermuskulatur ausgelöst werden können, dauernd aufgehoben, trotzdem sind die allgemeinen Bewegungsstörungen, welche als Dauerfolgen dabei zurückbleiben, auffallend geringe. Die Tiere können eine ganze Reihe auch komplizierterer Bewegungen (Weitspringen, Treppenlaufen usw.) ausführen. Von einem allgemeinen Tonusverlust der Körpermuskulatur ist nichts nachzuweisen.

Als Stellreflexe, welche den Tieren gestatten, aus jeder beliebigen Lage des Körpers die Normalstelluug anzunehmen, ließen sich bei Kaninchen, Katze, Hund und Affe übereinstimmend von Magnus und seiner Schule folgende vier Gruppen nachweisen, welche bei der Koordination der Bewegungen stets harmonisch zusammenarbeiten und gemeinsam ihre Zentren im Mittelhirn haben: 1. Die Labyrinthstellreflexe auf den Kopf. Sie sind am besten zu untersuchen, wenn das Tier frei in der Luft gehalten wird, infolge von Labyrintherregungen wird der Kopf aus jeder beliebigen Lage nach der Normalstellung hin bewegt. Diese Reflexe fehlen nach Exstirpation der Labyrinthe und haben ihre Zentren im Mittelhirn. 2. Stellreflexe auf den Kopf durch asymmetrische Reizung der sensiblen Körpernerven: liegt der Körper in asymmetrischer Lage auf dem Boden, so wird durch asymmetrische Erregung der sensiblen Körpernerven eine Drehung des Kopfes zur Normalstellung zustande gebracht. Die Reflexe lassen sich am besten isoliert untersuchen bei labyrinthlosen Tieren. Auch ihre Zentren liegen im Mittelhirn. 3. Die Halsstellreflexe: Sobald der Kopf durch die beiden vorher genannten Reflexe in die Normalstellung gebracht ist, der Körper aber noch nicht, wird durch die abnorme Haltung (Drehung, Streckung, Beugung) des Halses ein Reflex ausgelöst, durch den der Körper in die richtige und symmetrische Stellung zum Kopf gebracht wird. Der Reflex setzt sich von vorn nach hinten längs der Wirbelsäule fort und ist auch beim labyrinthlosen Tiere vorhanden. Seine Zentren reichen vom Mittelhirn bis in die Brückengegend. 4. Stellreflexe auf den Körper durch asymmetrische Reizung der sensiblen Körpernerven. Auch wenn der Kopf sich nicht in der normalen Stellung befindet, kann der Körper, wenn er in asymmetrischer Haltung auf dem Boden liegt, durch einen Reflex, der durch die asymmetrische Berührung mit dem Boden ausgelöst wird, richtig gestellt werden. Auch dieser Reflex ist beim labyrinthlosen Tiere vorhanden und seine Zentren liegen im Mittelhirn.

Diese Stellreflexe auf den Körper spielen namentlich beim Affen eine außerordentlich große Rolle und zwar besonders die, welche von den vier Extremitäten ausgehen. Durch die starke Ausprägung der Körperstellreflexe auf den Körper bei diesen Klettertieren wird es erreicht, daß deren Körper eine gewisse Unabhängigkeit vom Kopfe gewinnt.

Schließlich sind noch die optischen Stellreflexe zu erwähnen, die bei den Kaninchen keine Rolle spielen, dagegen bei den Katzen, Hunden und Affen mitwirken, um den Tieren die Einnahme der Normalstellung zu ermöglichen, auch wenn sie labyrinthlos sind. Sie sind am besten zu untersuchen, wenn man die Tiere frei in die Luft hält, so daß eine Berührung mit der Unterlage vermieden wird und die Stellreflexe durch asymmetrische Reizung der sensiblen Körpernerven auf den Kopf und auf den Körper nicht zustande kommen können. Die optischen Stellreflexe sind an das Vorhandensein der Rinde gebunden.

Auch sie sind beim Affen von großer Bedeutung, bei dem die Augen hauptsächlich optisch orientiert sind und benutzt werden, die Körperstellung zu beeinflussen und die Körperbewegung zu kontrollieren. Ähnliche Verhältnisse dürften für den Menschen gegeben sein, während beim Kaninchen, wie Bartels gezeigt hat, die Augen hauptsächlich von den Labyrinthen und nach den neueren Untersuchungen von de Kleijn von den Labyrinthen und auch vom Halse aus orientiert werden. Durch die Untersuchungen von Barany und besonders von de Kleijn ist festgestellt, daß außer den Labyrinthen auch die Receptoren des Halses einen Dauereinfluß auf die Augenstellung ausüben und daß sich bei den verschiedenen Lagen des Kopfes im Raume und zum Rumpfe die tonischen Labyrinthreflexe auf die Augen in wechselnder Weise kombinieren. Daß auch beim Menschen die kompensatorischen Augenstellungen sowohl von den Labyrinthen wie vom Halse aus beherrscht werden, ergibt sich aus neueren Beobachtungen, die Paul Schuster mitgeteilt hat. Auch ihre Reflexe liegen im Mittelhirn, und zwar zwischen Oktavuseintritt und den Augenmuskelkernen.

Dazu kommen schließlich noch die Labyrinthreflexe auf Bewegungen, die sowohl auf Winkelbeschleunigungen als auch auf Beschleunigungen in geradliniger Richtung ausgelöst werden, und zwar durch den Bogengangsapparat. Dagegen ist die Auslösungsstätte der tonischen Labyrinthreflexe, welche Dauerreaktionen darstellen und solange unverändert bleiben, als die Labyrinthe ihre Lage zum Horizonte nicht ändern, die Maculae der Otolithen (de Kleijn und Magnus). Auch diese Reflexe sind beim groß- und kleinhirnlosen Tier vorhanden und liegen im Hirnstamm. Gröbbels hat bei seinen Untersuchungen über die Lage- und Bewegungsreflexe der Vögel ganz entsprechende Feststellungen gemacht und betont, daß diese Reflexe die physiologische Grundlage all jener Erscheinungen bilden, die im Leben des Tieres als die verschiedenen Formen des Gehens, Sitzens und Fliegens gekennzeichnet sind.

Magnus und seine Schule konnten nun, wie schon oben betont, nachweisen, daß sämtliche obengenannten Labyrinthreflexe und -reaktionen auch nach völliger Abtrennung des Kleinhirns einschließlich der Kleinhirnkerne erhalten sind, und daß die bei den Labyrinthreflexen beanspruchten Leitungsbahnen nicht über das Kleinhirn laufen. (Die Untersuchungen, wie sich die Stellreflexe auf den Kopf und den Körper durch asymmetrische Reizung der Körperoberfläche nach Kleinhirnexstirpation verhalten, sind noch nicht zum Abschluß gebracht.) Daraus ergibt sich nach de Kleijn und Magnus, daß das Kleinhirn nicht der Zentralapparat der Labyrinthe sein kann, und daß die Zentren für die Labyrinthreflexe, wie oben erwähnt, außerhalb des Kleinhirns im Hirnstamm liegen. Damit soll natürlich nicht gesagt sein, daß nicht irgendwelche von den Labyrinthen ausgehende Erregungen bei intaktem Zentralnervensystem auch ins Kleinhirn gelangen. Andererseits bleibt es durchaus möglich, daß vom Kleinhirn ausgehende Impulse zu den im Hirnstamm liegenden Zentren für die Labyrinthreflexe gelangen und dort eine verstärkende oder hemmende Einwirkung auf den Ablauf der Labyrinthreflexe ausüben. Dafür sprechen z. B. die Beobachtungen von Bauer und Leidler, welche nach Verletzungen des Kleinhirnwurmes beträchtliche Verstärkungen der Augendrehreaktion gefunden haben. Auch Stella stellt sich ganz auf den Magnusschen Standpunkt und spricht die Ansicht aus, daß das Kleinhirn eingreife, um eine größere Genauigkeit und Zweckmäßigkeit der auf Labyrinthreflexen beruhenden Bewegungen herbeizuführen.

Von Magnus werden weiterhin interessante Beispiele dafür gegeben, daß die Tiere je nach der verschiedenen Lage und Stellung ein- und denselben Reiz mit ganz verschiedenen Steh- und Stellreflexen beantworten können; durch verschiedene sensible Dauerreize (propriozeptive Erregungen, Drucksinnesreize) kann man Veränderungen des Zentralorganes zuwege bringen, durch welche eine bestimmte Erregung gezwungen ist, einmal dem einen, ein anderes Mal einem ganz anderen Zentrum zuzufließen. So kann ein- und derselbe Reiz je nach der Lage und Stellung des Tieres die Zentren ganz verschiedener Muskeln in Erregung versetzen. Es kann weiterhin eine bestimmte Lage des Tieres einen Zustand in seinem Zentralnervensystem schaffen, in welchem beliebige Reize, die sonst nicht als „Stellreize" wirken können, die Stellreaktionen auslösen. Durch solche „Schaltungen" wird also eine große Variabilität dieser Reflexvorgänge bedingt[1]).

Wir sehen aus diesen bedeutsamen physiologischen Studien von Magnus und seiner Schule, daß sich *im Mittelhirn und Hirnstamm, und zwar von den Vierhügeln abwärts ein mächtiger Apparat aufbaut, der weitgehend unabhängig vom Groß- und Kleinhirn arbeitet und die entsprechenden Reize mit zwangsmäßig ablaufenden reflektorischen Bewegungen recht komplexer Natur beantwortet. Durch das koordinierte Zusammenwirken dieser Zentren wird der gesamte Steh- und Stellmechanismus der Tiere geregelt, wobei die verschiedenen Apparate sich in ihrer Wirkung gegenseitig beeinflussen, ergänzen und im Bedarfsfalle auch vertreten können.*

Daß derartige Reflexe auch beim Menschen in ähnlicher Weise angelegt sind, konnten Magnus und de Kleijn sowohl bei Menschen, bei denen durch Erkrankung des Gehirns und seiner Häute die Großhirnfunktion mehr oder weniger ausgeschaltet ist, als auch bei normalen Säuglingen bis zum Alter von etwa $3\frac{1}{2}$ Monaten nachweisen. Im ersteren Falle ließen sich typische Hals- und Labyrinthreflexe auf die Gliedermuskeln auslösen, bei letzteren zeigten sich nur Labyrinthreflexe auf die Glieder.

Hierher gehört offenbar auch jener interessante Befund, den Simons über den Einfluß der Kopfstellung auf den Tonus der hemiplegischen Mitbewegungen beschrieben und kinematographisch demonstriert hat. Solche Tonusverschiebungen wurden von ihm bisher nie bei extrapyramidalen Erkrankungen beobachtet, woraus sich zu ergeben scheint, daß sie eng verknüpft sind mit dem normalen Funktionieren subcorticaler Zentren, insbesondere des striopallidären Systems[2]).

K. Goldstein berichtete jüngst über bemerkenswerte Halsreflexe beim Menschen mit „cerebellaren und supracerebellaren" Symptomen, deren physiologische Deutung zunächst unklar bleibt, die aber in ihren ganzen Erscheinungen doch sehr an die Steh- und Stellreaktionen erinnern, wie sie sich in den Magnusschen Experimenten offenbaren. Es werden da reflektorisch ausgelöste Bewegungen beschrieben, die einmal als spontane bzw. pseudospontane Bewegungen auftreten (z. B. bei Augenschluß, spontanes Heben des Armes mit Streck- und Drehbewegungen und Erscheinungen, die entfernt an Athetose erinnern) und dann Bewegungen, die bei passiver Veränderung der Lage eines Gliedes in anderen auftreten (z. B. bei Kopfneigung nach vorn, Hebung des Armes mit pendelnden Bewegungen und starkem Widerstand in den Nackenstreckern; bei Kopfneigung nach hinten Beugung im Ellenbogengelenk und Streckung im Kniegelenk u. dgl.). Ebenso wie man durch bestimmte Kopfbewegungen Extremitätenbewegungen erzeugen kann, so konnte Goldstein entsprechend umgekehrt auch mit Bewegungen des Armes oder des Beines die entsprechenden Kopfbewegungen hervorrufen. Der Kranke bot, wie gesagt, Erscheinungen, die auf eine Erkrankung hindeuten, „die das Kleinhirn nicht nur direkt, sondern auch seine supracerebellaren Beziehungen schädigt". Pyramidenbahnsymptome sind nicht erwähnt. Goldstein weist noch darauf hin, daß er ähnliche, wenn auch nicht so ausgesprochene Erscheinungen gesehen hat bei anderen Fällen von cerebellarer Erkrankung.

Es wird noch ausgedehnter Studien bedürfen, um auch beim Menschen, bei dem sich gegenüber den Tieren schon durch den aufrechten Gang die Verhältnisse verschoben haben, den Mechanismus der Steh- und Stellreflexe klarzulegen. Herr Dr. Sternschein hat auf meine Veranlassung hin sich der Mühe unterzogen, klinisch eine Auswahl von pyramidalen und extrapyramidalen Erkrankungen auf das Hervortreten solcher Reflexe zu untersuchen, wobei sich herausstellte, daß sie bei den extrapyramidalen Erkrankungen sowie bei halbseitigen Pyramidenbahnausschaltungen nicht auszulösen sind. Nur in dem oben angeführten Littleschen Falle (XXIV), den ich als Status marmoratus auffasse, konnten deutliche tonische Labyrinth- und Halsreflexe auf die Extremitäten ausgelöst werden. Ich lasse es

---

[1]) Sehr interessante Beeinflussungen der Körperstellung und der Labyrinthreflexe durch Gifte (Strychnin, Pikrotoxin, Campher, Alkohol) haben jüngst Magnus, Jonkhoff, Varsteegh mitgeteilt (s. Literaturverzeichnis).

[2]) Vgl. auch die ausführliche Studie von A. Simons in Zeitschr. f. d. ges. Neur. u. Psych. **80**, H. 5. 1923.

zunächst dahingestellt, ob ein solcher Befund für eine Miterkrankung der Pyramidenbahnen in eindeutigem Sinne spricht.

So viel läßt sich schon jetzt sowohl aus den wenigen bereits über den Menschen vorliegenden Untersuchungen wie aus naheliegenden Folgerungen schließen, die wir vom Tier auf den Menschen übertragen dürfen, daß ähnliche Reflex- mechanismen für den gesamten Steh- und Stellapparat wie beim Tier auch beim Menschen, und zwar in der entsprechenden Lage im Zentralnervensystem gegeben sind, und daß sie erst dann eindeutiger hervortreten, wenn wie beim Säugling und bei ausgedehnten Großhirnerkran- kungen der Großhirneinfluß und die motorische Willensbahn ausgeschaltet sind. Bei Tieren sind sie sowohl nach Decerebrierung, aber auch beim unverletzten Großhirn nachzuweisen. Die Anwesenheit des Großhirns verhindert also bei den Tieren das Zustandekommen der fraglichen Reflexe nicht. Sie sind beim Meerschweinchen, Kaninchen, Katze, Hund und Affen in wesensgleicher Art und zentraler Vertretung angelegt, sind aber bei den ver- schiedenen Tieren in ihrer jeweiligen Wertigkeit für die Steh- und Bewegungs- apparate verschieden, wobei sich bei Hund, Katze und Affen noch Stellreflexe, die vom Großhirn ausgehen (optische) hinzugesellen. Beim Affen zeigte es sich, daß letztere besonders dominant und die Körperstellreflexe auf den Körper vorherrschend entwickelt sind in Parallele zu den Bewegungen dieses ausge- sprochenen Klettertieres. Jedenfalls ermöglicht bei all diesen Tieren das har- monische Zusammenwirken von Labyrinth, Körpersensibilität und Augen die Präzision ihrer Stellungen und Bewegungen. Es ist noch besonders darauf hinzuweisen, daß *die Reflexvorgänge, die auf diesen Apparat zu beziehen sind, zum Teil im Sinne von Hampelmannbewegungen ganze Bewegungssynergien dar- stellen, die durchaus zweckmäßig erscheinen und in ihrem Ablauf völlig unbewußt, rein reflektorisch und zwangsmäßig sind.* Nach allem müssen wir annehmen, daß *diese ganzen reflektorisch ausgelösten tonischen und kinetischen Momente mit in die willkürlichen und unwillkürlichen Bewegungen der Tiere und des Menschen einbezogen werden.*

All diese Reflexe mit Ausnahme der optischen Stellreflexe, für welche die Anwesenheit der Großhirnrinde nötig ist, haben ihre Zentren im Mittelhirn bis herab zum vorderen Cervicalmark. Wenn auch Magnus nachweisen konnte, daß nach teilweiser Zerstörung des hinteren Längsbündels die Kopfdrehreaktionen und tonischen Labyrinthreflexe auf die Extremitäten erhalten bleiben, daß der Bechterewsche Kern für die tonischen Reflexe entbehrlich ist, so dürfen wir doch vermuten, daß *die Zentren für diese Reflexe dem großen motorischen Koordi- nationssystem der Haube des Mittelhirns, des Pons und der Medulla oblongata zugehören, mit dem in der gesamten Längenausdehnung das dorsale Längsbündel in Faserverknüpfung steht und als dessen Hauptvertreter wir den roten Kern kennen- gelernt haben. Von hier aus beeinflußt die rubrospinale Bahn direkt das Rückenmark- vorderhorn. Das Kleinhirn wirkt auf dieses ganze System mit Hilfe seiner ableiten- den Faserungen verstärkend und auch hemmend ein. An der hinteren Commissur und an den Kernen der hinteren Längsbündel greift aber, wie schon betont, ein zweites System an, das vom Pallidum seine hauptsächlichsten Zuleitungen erhält. Dazu kommt noch die pallidäre Beeinflussung des roten Kerns. So wirkt also auch das striopallidäre System direkt auf dieses hochentwickelte reflektorisch arbeitende*

Regulationssystem ein, welches die Spannungsverteilung in der gesamten Körpermuskulatur beherrscht und die Haltungen und Bewegungen des Körpers in weitgehender Weise beeinflußt.

Wenn wir uns einen Einblick verschaffen wollen in die funktionellen Leistungen eines zentralen Organsystems, so ist es von größter Wichtigkeit, über die Funktionen der tiefer gelegenen Hirnteile einen genaueren Aufschluß zu gewinnen. Magnus und seine Schule hat durch seine experimentellen Untersuchungen, von denen die wichtigsten Punkte oben wiedergegeben sind, die hochentwickelten Eigenleistungen des Hirnstammes in glücklicher Weise entwickelt und daneben uns noch wertvolle Angaben gemacht über die Leistungen von Tieren nach experimenteller Abtragung höher gelegener Zentren in verschiedener Abstufung. Die Untersuchungen wurden größtenteils unter genauer anatomischer Kontrolle (Winkler, Brouwer) vorgenommen. Magnus unterscheidet so Thalamus- und Zwischenhirntiere, denen das gesamte Großhirn mit dem Striopallidum fehlt, Vierhügel- oder Mittelhirntiere, bei denen das Mittelhirn vollständig und vom Thalamus nur die caudalsten Abschnitte (caudales Ende der Corpora mamillaria, Corpus geniculatum mediale ganz oder im caudalen Teile, der rote Kern bis zu seinem Vorderrand) erhalten bleiben und decerebrierte Tiere, bei denen das gesamte Vorder- und Zwischenhirn nebst verschiedenen Teilen des Mittel- und Nachhirns abgetrennt sind.

Dabei verhalten sich die verschiedenen untersuchten Tierarten (insbesondere Kaninchen, Katze, Hund und Affe) im Prinzip gleich. Die Reaktionen der Tiere sind nach Magnus folgende:

Das Thalamus- oder Zwischenhirnkaninchen zeigt: Wärmeregulation, Pupillenreaktion und Lidkneifen auf Belichtung, keine deutlichen Allgemeinreaktionen auf optische Reize, keine proprioceptiven Allgemeinreflexe von den Augenmuskeln aus, gute Augenbewegungen, Lidreflex, verschiedene Reaktionen auf Schallreize, Freß-, Kau- und Schluckreflexe, pseudoaffektive Reflexe, keine Enthirnungsstarre, sondern „normale" Tonusverteilung zwischen Beugern und Streckern, keine Spontanbewegungen, normalen Sitz, Einnehmen der Normalstellung aus allen abnormen Körperlagen, Erhaltung des Gleichgewichtes auch beim Laufen und Springen, alle Stellreflexe, die tonischen Hals- und Labyrinthreflexe auf Hals- und Gliedermuskeln, Sprungreflex, Labyrinthdrehreaktionen auf Kopf und Augen, kompensatorische Augenstellungen.

Das Thalamuskaninchen mit durchtrennten optischen Bahnen zeigt außer fehlender Lidkneifreaktion auf Belichtung und Pupillenreaktion genau dasselbe Verhalten.

Labyrinthlose Thalamuskaninchen zeigen ungefähr dasselbe allgemeine Verhalten wie die gewöhnlichen Thalamustiere (keine Enthirnungsstarre, Fähigkeit, auf dem Boden die Normalstellung einzunehmen und zu erhalten). Nur fehlen ihnen alle Labyrinthreflexe und damit auch die Labyrinthstellreflexe. Daher können sie in der Luft die Normalstellung nicht mehr gewinnen.

Dem Vierhügel- oder Mittelhirnkaninchen fehlen (im Vergleich mit dem Thalamuskaninchen): Die Wärmeregulation und die optischen Reflexe (Pupillenreaktionen, Lidkneifen auf Belichtung). Sonst aber verhält es sich wie das Thalamustier. Es zeigt also: gute Augenbewegungen, Lidreflex, Schallreaktionen, Kaureflex, pseudoaffektive Reflexe, keine Enthirnungsstarre, sondern „normale" Tonusverteilung zwischen Beugern und Streckern, keine Spontanbewegungen, normalen Sitz, Einnehmen der Normalstellung aus allen abnormen Körperlagen, Erhaltung des Gleichgewichtes auch beim Laufen und Springen, alle Stellreflexe, die tonischen Hals- und Labyrinthreflexe auf Hals- und Gliedermuskeln, Sprungreflex, Labyrinthdrehreaktionen auf Kopf und Augen, kompensatorische Augenstellungen.

Das decerebrierte Tier zeigt: Enthirnungsstarre (schon nach Fortnahme des vorderen Teils des Mittelhirnes); tonische Hals- und Labyrinthreflexe, Sprungreflex (das Tier kann aber wegen des Fehlens der Stellreflexe nicht springen); Labyrinthdrehreaktionen: a) auf die Augen (noch beim Kleinhirn-Brückentier mit erhaltenen hinteren Augenmuskelkernen), b) auf den Hals (noch beim Kleinhirn-Oblongatatier); Kaureflex (noch beim Kleinhirn-Oblongatatier).

Das decerebrierte Tier kann dagegen die Normalstellung nicht mehr aktiv aufrechterhalten, kann sich aus abnormen Lagen nicht aufsetzen, kann nicht laufen und springen (trotz vorhandener Lauf- und Sprungbewegungen und trotz Enthirnungsstarre). Der Grund hierfür liegt im Fehlen aller Stellreflexe.

Wir sehen also, zu welch hohen motorischen Eigenleistungen die Thalamus-
und Mittelhirntiere noch befähigt sind, und wie weitgehend die intakten
Steh- und Stellmechanismen des Hirnstammes die Bewegungen der Tiere
zu regeln imstande sind. Dies erkennen wir zudem noch aus der Beschreibung, die
Magnus von seinen Thalamusaffen gibt, die freilich nur zwei Tage am Leben blieben,
so daß sie noch unter dem Operationsschock standen. Auch diese Affen, denen also das
gesamte Großhirn mit dem Striopallidum fehlte, zeigten, noch unter dem Einfluß des Schocks
stehend, Minimalleistungen, die darauf schließen lassen, daß ihre Geh- und Lauffähigkeit
und die Körperstellreflexe auf den Körper im wesentlichen erhalten sind. Wie Magnus
betont, lassen die Beobachtungen über das Verhalten solcher Thalamusaffen, wenn man sie
frei an den Händen in der Luft aufhängt und die dabei auftretenden Klimmzüge beobachtet,
es wahrscheinlich erscheinen, daß ein Affe mit erhaltenem Mittelhirn, aber entferntem Großhirn auch noch klettern kann. Andererseits machen die Beobachtungen an schockfreien
Thalamuskaninchen, -katzen und -hunden es unwahrscheinlich, daß beim Affen etwa prinzipiell neue Leistungen von seinem Hirnstamm ausgehen, die bei den niedrigen Tieren nicht
vertreten sind. Wenn man dies berücksichtigt, dann kann man sich ein ungefähres Bild von
den Einzelleistungen des Hirnstammes beim Affen machen, ist aber bisher nicht imstande,
zu sagen, wieweit der Thalamusaffe aus diesen Einzelleistungen eine zweckmäßige Bewegungs-
organisation zusammensetzen kann und was ein solches Tier nun tatsächlich beim Gehen,
Laufen, Springen und Klettern zu leisten imstande sein wird.

Nun haben Wilson und F. H. Lewy beim Affen einseitige und doppelseitige
Linsenkernzerstörungen vorgenommen. Dem Lewyschen Berichte über das Verhalten dieser Tiere, die den Eingriff längere Zeit überstanden, entnehme ich folgendes: Die
einseitige Operation hatte häufig gar keinen sichtbaren Einfluß oder war höchstens von einer
geringen Schwäche und Unbeholfenheit der gegenüberliegenden Extremitäten gefolgt, dagegen bot die doppelseitige Zerstörung selbst dann, wenn sich bei der Autopsie nur ein größerer
Teil der Linsenkerne als zerstört erwies, ein recht charakteristisches Bild: Zunächst fiel
am meisten in die Augen, daß die Tiere auch längere Zeit nach Überstehen der Operation
und nachdem der Schock gänzlich abgelaufen war, eine auffallende Bewegungsarmut und
-unlust an den Tag legten. Sie saßen meistens in einer Ecke, wenn möglich angelehnt, da sie
beim Sitzen auf der Stange, besonders auch, wenn sie leicht eingenickt waren, starken Schwankungen ausgesetzt waren, die bis zum drohenden Fall führen konnten. Daß ein Tier gefallen
wäre, habe ich nie beobachtet. Sie haben schließlich immer noch irgendwie zugegriffen,
aber das normale, unwillkürliche Ausbalancieren durch kleine Hilfen und fast unsichtbares
Verlegen des Gleichgewichts war verlorengegangen. Bringt man in den Käfig Futter hinein,
stürzen sich die anderen Tiere darauf zu, während das doppelseitig Operierte sich erst nach
langer Zeit dazu entschließt und auch dann noch, möglichst ohne seinen Platz zu verlassen,
das Futter in seinen Bereich zu bekommen versucht. Auch das bloße Ausstrecken eines
Armes beim Ergreifen einer Frucht findet zögernd und schwerfällig statt, ohne daß das
Zugreifen selbst oder das Festhalten ungeschickt oder mit verminderter Kraft stattfindet.
Bei passiven Bewegungen, besonders im Ellenbogen und Kniegelenk, läßt sich sehr deutlich
ein Sperradgefühl nachweisen. Weder fühlt man den normalen aktiven Widerstand eines
gesunden Tieres, noch das tonuslose Nachgeben des paralytischen Gliedes, vielmehr besteht
eine gewisse Flexibilitas cerea, nur daß die Bewegung nicht in einem Zug vor sich geht,
sondern sakkadiert. Das ganze Tier hat in seinem Aussehen etwas Mumienhaftes. Im Gegensatz zum Menschen, bei dem die Haut zu eng zu werden scheint, wird das Fell, besonders
auch im Gesicht, runzelig. Das Tier sitzt vorzugsweise gebückt mit vornüberhängendem
Kopfe, angezogenen Vorderextremitäten, und bereits wenige Wochen nach der Operation
machen Tiere, die vorher einen frischen, lebendigen, jugendlichen Eindruck gemacht haben,
den eines hilflosen Greises. Häufig besteht eine ausgesprochene Neigung zu Pulsionen. Auf
das Leben an sich scheint auch die doppelseitige Operation direkt einen schädlichen Einfluß
nicht auszuüben, dagegen verkamen die Tiere, sie reinigten sich nicht mehr ordentlich, be-
kamen ein struppiges Fell, ernährten sich nicht mehr genügend, wurden mürrisch, vertrugen
sich mit den gesunden Insassen des Käfigs nicht mehr, schliefen den größten Teil des Tages
und gingen meistens an einer interkurrenten Pneumonie ein.

Nur bei einem Affen ist es Lewy gelungen, die Entfernung des Linsenkernes mit der
beider Zentralwindungen zu kombinieren, und zwar wurde diese Operation sechs Wochen
vor jener ausgeführt. Der Affe, der den zweiten Eingriff nur drei Tage überlebte, bot einen

trostlosen Anblick. Er war der Spielball des Zufalls und seiner Käfiggenossen. Jede Möglichkeit einer aktiven Innervation scheint ihm gefehlt zu haben. Die Lage, in die er gebracht wurde, oder in die ihn die über ihn hinwegspielenden anderen Affen versetzten, hielt er unverändert bei. Meist lag er mit eng angezogenen Extremitäten, die nur schwer und gegen erheblichen Widerstand zu bewegen waren. Stopfte man ihm Futter in den Mund, so wälzte er den Bissen einige Male sehr langsam mit der Zunge herum, behielt ihn dann aber im Munde. Das einzige, was an dem Affen noch beweglich blieb, waren die Augen, mit denen er, sofern er nicht schlief, ziemlich interessiert umherguckte. Bei der Sektion zeigte sich, daß die Zentralwindungen, auch auf mikroskopischen Präparaten, sehr ausgiebig zerstört waren und daß es in der Linsenkerngegend auf der einen Seite zu einer ziemlich umfangreichen Verletzung, auf der anderen Seite außerdem noch zu einer Blutung gekommen war."

So zeigt es sich, daß, wenn wir von dem letzterwähnten, unter dem Operationsschok stehenden Affen absehen, auch Affen mit doppelseitiger Verletzung des Linsenkernes in ihrer Bewegungsarmut, Schwerfälligkeit, Unsicherheit und Ungeschicklichkeit, sowie in den bei ihnen auftretenden Spannungen und Pulsionen an die beim Menschen beobachteten striopallidären Symptome lebhaft erinnern, daß sie aber bei weitem nicht jene Funktionsausfälle zeigen, die wir beim Menschen bei derartigen doppelseitigen Verletzungen des Linsenkerns sehen. Ich erinnere nur an den oben ausführlicher berichteten Strangulationsfall von Deutsch und an die Erörterung, die ich meinem Fall XXV anschloß. Wir erkennen daraus, daß sich beim Menschen selbst gegenüber den höheren Säugetieren eine recht beträchtliche Funktionsverschiebung in den höher gelegenen Zentren entwickelt hat, die direkte Vergleiche mit den Tieren nur mit größter Vorsicht und Kritik zuläßt. Andererseits erkennen wir aus den immerhin beträchtlichen Bewegungseinschränkungen der Affen mit doppelseitiger Linsenkernzerstörung, daß auch bei diesen Tieren die Linsenkerne für die Motilität eine bedeutsame Rolle spielen; die Bedeutung der Linsenkerne bei den Affen überwiegt sogar, wie ich zahlreichen Berichten anderer Autoren und eigenen Beobachtungen entnehmen kann, jene der vorderen Zentralwindung, denn es ist ja geradezu überraschend, welch geringe Funktionsausfälle, und zwar im Bereiche für isolierte Bewegungen beim Affen auch nach doppelseitiger Ausschaltung der entsprechenden Primärfelder in der Zentralis anterior dauernd zurückbleiben (Sherrington, Graham Brown, eigene Beobachtungen). Munk konnte in Übereinstimmung mit den oben angeführten Untersuchungen von Magnus am Thalamusaffen nachweisen, daß der seiner Extremitätenregion beraubte Affe noch klettert und seine Glieder dabei bis auf geringe, den jeweiligen äußeren Bedingungen angepaßte Verfeinerungen der Bewegungen vollkommen gebraucht. Der Affe, das Tier der Gemeinschaftsbewegungen, ist mit Hilfe gerade dieser Mechanismen fähig, die motorischen Ausfälle an Einzelbewegungen weitgehend auszugleichen oder wenigstens bei seinen Bewegungsäußerungen zu überdecken. Die Beobachtungen der Affen mit doppelseitigen Linsenkernverletzungen lassen darauf schließen, daß bei ihnen die Linsenkerne für die Gemeinschaftsbewegungen und die Bewegungssynergien von großer Bedeutung sind. Andererseits machen es die Magnusschen experimentellen Studien wahrscheinlich, daß, wie ich schon oben angeführt habe, das Mittelhirn und der Hirnstamm des Affen ähnlichen motorischen Leistungen vorsteht wie jener niederer Tiere und daß zum mindesten auch beim Affen wichtige Teilkomponenten seiner motorischen Leistungen in den Hirnstamm zu lokalisieren sind.

Aus all diesen Feststellungen ergibt sich wenigstens mit einem großen Grade von Wahrscheinlichkeit, daß im Mittelhirn und Hirnstamm ein für alle Tiere und wohl auch für den Menschen gleich wichtiger Apparat gelegen ist, welcher auf Grund vielseitig entwickelter Steh- und Stellreflexe die harmonische Tonusverteilung der gesamten Körpermuskulatur beherrscht, die Präzision der Stellungen und Bewegungen regelt und den Individuen ermöglicht, nach ausgeführter Willkürbewegung oder von einer abnormen Körperlage aus die Grundstellung wiederherzustellen, von der aus dann neue Bewegungen ablaufen; diese können von der Großhirnrinde ausgelöst werden und erscheinen dann als „Willkürbewegungen", oder sie stellen sich dar als subcorticale Reflexe, von anderen Körperstellen bedingt. Dieser mächtige Koordinationsmechanismus arbeitet wenigstens bei den Tieren, sogar noch beim Affen, weitgehend unabhängig vom Kleinhirn und den höher gelegenen Gehirnzentren. Das Kleinhirn wirkt vornehmlich verstärkend und hemmend auf dieses Bewegungssystem ein, dabei ganz besonders in spezifischer Weise jene Bewegungssynergien regulierend, die durch die Fall- und Bewegungsrichtungen des Körpers und seiner Teile bestimmt sind. Die Bedeutung des striopallidären Systems für diesen Reflexapparat, mit dem jenes in unmittelbarer Faserverknüpfung steht, wird aus den stärkeren Ausführungen erhellen. Die tierexperimentellen Forschungen haben uns für die Beantwortung der letzteren Frage keine eindeutigen Resultate ergeben.

Noch ein Problem ist hier kurz zu berühren, das der Sherringtonschen Mittelhirnstarre. Wir haben gesehen, daß decerebrierte Tiere erst dann dieses Phänomen zeigen, wenn ihnen die vordersten Teile des Mittelhirns mit abgetrennt sind. Es besteht darin, daß die Sherringtonschen „Stehmuskeln", welche die Funktion haben, der Schwerkraft entgegenzuwirken, also die Strecker der Glieder und des Rückens, sowie die Heber des Halses und des Schwanzes stärksten Tonus haben, während ihre Antagonisten, die Beuger der Glieder und die Muskeln, welche Hals, Rumpf und Schwanz ventralwärts krümmen, entweder gar keinen oder sehr geringen Tonus besitzen. Sherrington hat die Enthirnungsstarre als ein „reflektorisches Stehen" bezeichnet, aber es ist, wie Magnus sich ausdrückt, nur „eine Karikatur des Stehens" infolge der einseitigen Bevorzugung einer Muskelgruppe. Die physiologischen Grundlagen für die Enthirnungsstarre, die schon außerordentlich viel diskutiert sind, haben noch nicht zu einer eindeutigen Klärung geführt. So ist die Frage nach ihrer tetanischen oder tonischen Natur noch völlig ungeklärt, ebenso wie die Bedeutung des sympathischen und zentralen Nervensystems für ihre Genese. Daß der Sympathicus dabei keine eindeutig auslösende Rolle spielt, konnten z. B. Dusser de Barenne und Negrin y Lopez feststellen. Aber auch die Rolle, welche die einzelnen zentralen Zentren und Bahnen dabei spielen, ist bis heute noch unentschieden. Jedenfalls geht aus den übereinstimmenden Versuchen von Sherrington, Magnus und Beritoff, Wilson, Graham Brown und Weed das eine hervor, daß die Entfernung des gesamten Großhirns mit dem Thalamus und Striopallidum allein dieses Phänomen noch nicht auslösen kann. Weed und Wilson glauben dem roten Kern die Hauptbedeutung zumessen zu müssen, in zweiter Linie auch dem Kleinhirn. Weed konnte feststellen, daß die Durchtrennung des Hirnstammes direkt unter den Vierhügeln, wobei der rote Kern also völlig abgetrennt ist, spätestens nach fünf Minuten vom völligen Verluste der Enthirnungsstarre gefolgt ist; daraus schließt er, daß das Hauptzentrum für die Enthirnungsstarre im Mittelhirn und höchst wahrscheinlich im roten Kern liege. Auch Wilson will dem roten Kern hierfür einen bedeutsamen Einfluß einräumen. Freilich stellt er es aber als wahrscheinlich hin, daß auch der ganze motorische Haubenkern mit dem Deitersschen Kern hierfür von Wichtigkeit ist. Thiele meint, daß nicht der rote Kern, sondern gerade der Deiterssche Kern die Mittelhirnstarre auslöse. Graham Brown konnte beim Affen im Mittelhirn elektrische Reizpunkte, „focal points", nachweisen, die die Mittelhirnstarre auslösen. Diese Punkte liegen beiderseits von der Mittellinie in der Ebene der Colliculi einige Millimeter ventral vom Aquädukt, korrespondieren also mit dem roten Kern und wohl auch mit den hinteren Längsbündeln. Magnus und Beritoff sahen aber auch noch nach Abtragung des Hirnstammes bis hinter die Vierhügel eine kräftige Enthirnungsstarre, wo also der rote Kern mit abgetrennt war. Sie folgern also, daß der rote Kern für die Entwicklung des Phänomens nicht absolut notwendig ist.

Auch die Bedeutung des Kleinhirns für die Mittelhirnstarre wird von den verschiedenen Autoren verschieden beurteilt. Weed exstirpierte bei decerebrierten Katzen nachträglich das Kleinhirn und sah die Enthirnungsstarre durchschnittlich nach 20 Minuten schwinden. Nur in einem Versuche blieb die Starre erhalten. In einem anderen Versuche wurde das Kleinhirn zuerst exstirpiert und danach decerebriert. Auch hierbei kam es nur für ein bis zwei Minuten zur Starre und das Tier wurde danach ganz schlaff. Bei einer Katze wurde außerdem das Kleinhirn vier Wochen vor der Decerebrierung exstirpiert, an welche sich anfangs Starre anschloß, die im Verlauf von $2^1/_2$ Stunden schwand. Aus seinen Versuchen schließt Weed, daß neben dem Hauptzentrum für die Enthirnungsstarre im Mittelhirn und höchst wahrscheinlich im Nucleus ruber auch das Kleinhirn ein sehr wichtiges, wenn nicht sogar absolut notwendiges Bindeglied für die Entstehung der Enthirnungsstarre bildet. Aber schon Sherrington und Thiele konnten feststellen, daß nach schonender Kleinhirnexstirpation die Enthirnungsstarre andauert, und Wilson meint, daß die funktionelle Integrität des Kleinhirns keine Conditio sine qua non dafür sei. Magnus und Beritoff konnten noch 8 bzw. $5^1/_2$ Stunden nach Entfernung des Kleinhirns eine gute Starre nachweisen. Magnus ist der Ansicht, daß der Unterschied in den Versuchsergebnissen vielleicht darauf beruht, daß Weed außer in zwei Versuchen die Kleinhirnexstirpation längere Zeit nach dem Decerebrieren vorgenommen hat und eine weniger schonende Technik verwendete. Magnus konnte sogar im Tierexperimente zeigen, daß Tiere, denen beide Labyrinthe und die drei oberen cervicalen Hinterwurzelpaare zerstört worden sind, bei nachfolgender Decerebrierung eine „vorzügliche Hirnstarre“ bekommen, an der sich auch die Halsmuskeln beteiligen, deren Hinterwurzeln durchtrennt sind. Freilich müssen wir bei all diesen Versuchen die Schockwirkung mit berücksichtigen, die bei den einzelnen Tieren verschieden lange andauert.

Jedenfalls erkennen wir aus dem Vorstehenden, daß auch das Phänomen der Mittelhirnstarre in seinen physiologischen Bedingungen und anatomischen Grundlagen noch nicht zu übersehen ist. Auch Walshe konnte in seiner jüngsten Arbeit hierüber, die sich auf die Sherringtonschen und Magnusschen Versuche stützt, keine eindeutige Klärung geben. Die wohl nach allem erwiesene Tatsache, *daß erst nach Ausschaltung der vorderen Mittelhirngegend, wo Kleinhirn- und striopallidäre Regulationen gleichzeitig getroffen werden, sich die Mittelhirnstarre entwickelt, kann im Sinne der Enthemmung des Hirnstamms vom Kleinhirn und Striopallidum gedeutet werden, wobei offenbar dem roten Kern als der oralen Hypertrophie des Hirnstamm-Koordinationsapparates eine überragende Bedeutung zufällt* [1]).

4. Funktionelle Bedeutung des Thalamus und Hypothalamus für das extrapyramidale System.

Schließlich möge hier noch die Frage berührt werden, welche Bedeutung der Thalamus für unser extrapyramidales Hauptsystem hat. Wir haben ja gesehen, daß sowohl das Striatum und Pallidum wie auch der Luyssche Körper

---

[1]) Nach den weiteren Erfahrungen des Magnusschen Institutes (Rademaker, „Der rote Kern, die normale Tonusverteilung und die Stellfunktion“, Klin. Wochenschr. Jg. 2, Nr. 9. 1923) sind die normale Tonusverteilung in der Körpermuskulatur, die Labyrinthstellreflexe und die Körperstellreflexe gebunden an das Intaktsein des roten Kernes. Ohne roten Kern kein normaler Muskeltonus und keine Stellfunktion. Vgl. auch Magnus, „Die Bedeutung des Hirnstammes für Muskeltonus und Körperstellung“, D. m. W. Nr. 16. 1923; hier wird auch von Magnus die Bedeutung des Hirnstammapparates für die Physiologie und Pathologie des strio-pallidären Systems betont. (Anm. b. d. Korr.)

aus bestimmten Thalamusgebieten seine Anregung erhält und daß ersteres seine ableitenden Fasersysteme zum Teil wieder dahin abgibt. Ganz vornehmlich kommt hierfür das Thalamusgebiet *mv* C. und O. Vogts und der Nucleus campi Foreli. und das Tuber cinereum in Betracht.

Die letztgenannten Kerngruppen, im Hypothalamus und Infundibulum gelegen, stehen nach allem, was wir bis jetzt darüber wissen, vegetativen Funktionen vor und gehören zum autonomen System. Einige Autoren, wie z. B. Leschke, sind geneigt, alle Stoffwechselstörungen, die bisher auf Hypophysenerkrankung bezogen wurden, als infundibuläre Funktionsausfälle anzusehen, und ich verfüge in meinem Materiale, das zum Teil von Herrn Dr. Josephy bearbeitet wurde, über Erfahrungen, die im gleichen Sinne sprechen. Es sind hier zahlreiche Kerne, die sich anatomisch scharf voneinander unterscheiden, in enger Lagerung zusammengedrängt, die in ihrer phylogenetischen Entwicklung vornehmlich von Spiegel und Zweig, in ihrem morphologischen Aufbau in jüngster Zeit auch von Greving eingehender studiert sind. Im Tuber cinereum und Hypothalamus unterscheidet Greving noch an einzelnen Kerngruppen, die für die Regulierung vegetativer Funktionen in Betracht kommen können: Die Substantia grisea centralis, den Nucleus paraventricularis, die Nuclei supraoptici, den Nucleus mamillo-infundibularis, den Nucleus intercalatus, die Substantia reticularis hypothalami, den Nucleus reuniens und den Nucleus paramedianus, sowie die Zellgruppen im Corpus mamillare; außerdem noch im Tuber selbst den N. pallido-infundibularis und den N. interfornicatus. Einige dieser Kerngruppen, so den N. paraventricularis mit den Kerngruppen des N. campi Foreli (Cajal) nimmt F. H. Lewy unter der Bezeichnung „N. periventricularis" zusammen. Nach Karplus und Kreidel gehört auch das Corpus Luysi hierher, das nach ihm als Zentralstelle für die Vasomotilität und Speichelsekretion anzusehen ist. F. H. Lewy hat gerade diesen vegetativen Zentren seine besondere Aufmerksamkeit zugelenkt und in seinem jüngsten Werke den Aufbau des autonomen Nervensystems mit besonderer Berücksichtigung dieser Zentren besprochen. Nach allem scheinen die Einzelheiten aber hier noch recht undurchsichtig zu sein und einer eingehenden Nachprüfung zu bedürfen. Nach Lewy soll der N. periventricularis degenerieren, wenn die autonomen Stoffwechselzentren in der Oblongata (der dorsale Vaguskern, von Lewy der „vegetative Oblongatakern" genannt, und der „Salzkern", in lateralen Teilen der Formatio reticularis gelegen) in ihrem sympathischen Anteil zerstört sind. In dem vegetativen Oblongatakern ist nach den Untersuchungen von Brugsch, Dresel und Lewy ein sympathischer und ein parasympathischer Anteil enthalten, welche vornehmlich den Glykogenaufbau und -abbau regulieren. Greving meint, daß eine genauere Lokalisation jeder einzelnen vegetativen Funktion in einen bestimmten Kern zur Zeit noch völlig unmöglich sei[1]); ebenso sei die Angabe von Brugsch, Dresel und Lewy, daß der N. periventricularis den Zuckerstoffwechsel reguliere, noch nicht bewiesen. Nach Isenschmid und Krehl, die auf die durch die Stichmethode (von Aronson und Sachs, Gottlieb, Girard und Ito) erhobenen Befunde aufbauten und die Ausschaltungsmethode anwandten, ist das Tuber cinereum das eigentliche Wärmezentrum. Es erlangt so, wie Greving mit Recht hervorhebt, „die hohe Bedeutung einer Zentralstelle für die Regulierung der gesamten Stoffwechselprozesse des Organismus; diese chemische Wärmeregulation ist ja nichts anderes als Beeinflussung der Stoffwechselvorgänge im hemmenden oder fördernden Sinne". Wie Aschner, Leschke, Freund und Grafe nachgewiesen haben, unterstehen sowohl Kohlenhydrat- wie Eiweiß- und Fettstoffwechsel den Zentren der Zwischenhirnbasis. Auch der Wasser- und Salzstoffwechsel soll von dort aus reguliert werden. Das anscheinend gleichzeitige Auftreten der Nuclei tuberis und der Wärmeregulation in der aufsteigenden Tierreihe (Spiegel und Zweig, Greving) veranlassen letzteren Autor zu der Annahme, daß diese Zentren die Wärmeregulation beherrschen, was ja auch mit den obenerwähnten experimentellen Untersuchungen und den Ansichten Lewys übereinstimmt. Über die Bedeutung dieser Zentren für den

---

[1]) Es ist dabei vor allem zu beachten, daß all diese autonomen Kerngruppen in den großen Apparat des neuro-endokrinen Systems eingeschaltet sind, das stets als Ganzes arbeitet und dessen in einzelnen Teilen gesetzte Läsionen den gesamten fein abgestuften Mechanismus aus dem Funktionsgleichgewicht bringen. (Vgl. auch die zahlreichen Arbeiten von Lichtwitz u. a. über das neuro-endokrine System.)

Gesamttonus der Muskulatur hat sich F. H. Lewy jetzt eingehend geäußert, worauf ich auch an dieser Stelle verweise.

So wenig auch die Einzelheiten hier klargelegt sein mögen, so weisen doch die bedeutsamen Untersuchungen der erwähnten Autoren darauf hin, daß der gesamten Zwischenhirnbasis ein wichtiger Einfluß für die gesamten Stoffwechselvorgänge des Organismus, im speziellen auch für den gesamten Tonus des Muskelapparates einzuräumen ist. Allers hat dies treffend gekennzeichnet, wenn er in seinem Referate hierüber das Zwischenhirn „als das Kleinhirn des Stoffwechsels" bezeichnet; „denn in ähnlicher Weise, wie das Kleinhirn den Muskeltonus und die Koordination der Bewegungen beherrscht, so üben die vegetativen Zentren diese Funktion hinsichtlich der chemischen Prozesse aus".

Über die direkten Faserverbindungen und Funktionen des Thalamuskerngebietes mv, mit welchem gleichfalls das Striopallidum in zu- und ableitender Faserverbindung steht, wissen wir nichts Sicheres. Mit C. und O. Vogt dürfen wir auf Grund des allgemeinen morphologischen Bauplanes des Thalamus annehmen, daß dieser Kern mit den übrigen Thalamusgebieten in inniger assoziativer Verknüpfung steht. Der Thalamus ist ja ein großes Sammelbecken, in dem alle sensiblen Reize von der Peripherie her zusammenströmen, dem die vom Kleinhirn ausgehenden Impulse auf dem Wege des Bindearmes und der Haubenstrahlung zufließen, und das offenbar mit der gesamten Rinde durch zu- und ableitende Bahnen verknüpft ist. Es kann hier nicht in meiner Absicht liegen, einen Überblick über die Anatomie, Physiologie und Pathologie dieses schon so viel diskutierten Hirnteiles zu geben, ich will hier nur einige Punkte erörtern, die für die hier vorliegende Frage von Bedeutung sind. Trotz der grundlegenden Untersuchungen von Nissl und C. Vogt ist die Anatomie des Thalamus noch nicht eindeutig klargelegt.

Die Untersuchungen namentlich C. und O. Vogts, die sich mit meinen eigenen Beobachtungen decken, weisen darauf hin, daß die Schleifenfasern im caudalen Segment des hinteren ventrolateralen Thalamuskerns (mb, vb siehe Schema Abb. 11) ihre Endigungen zum Teil wenigstens finden, zum anderen Teile direkt der hinteren Zentralwindung zugehen. In den gleichen Thalamuskernen tritt auch nach Zerstörung der hinteren Zentralwindung eine retrograde Degeneration ein. Die Schleifenbahn setzt sich hier bekanntlich zusammen aus den propriozeptiven Hinterstrangsanteilen und den exterozeptiven Hinterhornanteilen, welch letztere auf der spinothalamischen Bahn zunächst getrennt von jenen verlaufen, um sich ihnen aber im Hirnstamm anzuschließen. Es scheint, daß diese Fasern, welche also der Temperatur- und Schmerzempfindung dienen, im Thalamus ein anderes Verhalten zeigen als jene, welche die Tiefenwahrnehmungen, das Tastgefühl und die Stereognose vermitteln. Letztere propriozeptiven Bahnen enden offenbar mehr, wie dies auch Wallenberg annimmt, medial und durchsetzen zum Teil direkt den Thalamus, um zur hinteren Zentralwindung zu ziehen. Die exterozeptiven Anteile aber enden mehr lateral (laterale und ventrolaterale Thalamuskerne für Rumpf und Extremitäten, centre médian de Luys für den Kopf) und stauen sich offenbar im Thalamus. Thalamusherde bedingen für gewöhnlich eine Herabsetzung der propriozeptiven Funktionen, die sich in Hypästhesie für Berührung, Ataxie und Astereognose äußert, während die exterozeptiven in einen erhöhten Reizzustand geraten, wobei ganz erhebliche, medikamentös kaum zu beeinflussende Schmerzen eintreten können. Wir haben dies ja in mehreren der oben mitgeteilten Fälle gesehen.

Die Haubenstrahlung einschließlich der des roten Kernes erfolgt im mittleren Segment des hinteren ventralen Thalamuskerns (vornehmlich in va^1, siehe Schema Abb. 11). Diese Strahlung vermittelt den Kleinhirneinfluß auf den Thalamus. va^1 bietet eine retrograde Degeneration nach Zerstörung der vorderen Zentralwindung, hier endet eine von den vorderen Zentralwindungen absteigende Bahn (siehe Schema Abb. 11 absteigende Thalamusbahn). Wir dürfen mit C. und O. Vogt annehmen, daß von hier aus eine assoziative Verknüpfung mit *mv* besteht. Ob vom lateralen Thalamuskern aus, wie es Pollak und andere annehmen, auch eine direkte Verbindung mit dem Striopallidum anzunehmen ist, lasse ich dahingestellt. Einige neuere von mir erhobene Befunde sprechen in diesem Sinne.

Des weiteren bestehen nun außerordentlich wichtige und vielfältige Beziehungen zwischen den einzelnen Thalamusgebieten und der Rinde, und zwar in doppelläufigem Sinne (vgl. auch Schema Abb. 12). Aus den Befunden bei cerebraler Hemiatrophie Bielschowskys und C. und O. Vogts und eigenen Beobachtungen geht hervor, daß die vom Thalamus aufsteigenden Faserungen in den obersten Rindenschichten, vornehmlich in Lamina III enden, während die vom Cortex herabziehenden Bahnen den unteren Rindenschichten entstammen, vornehmlich Lamina V. Hiermit stehen im allgemeinen auch die Nisslschen experimentellen Forschungen im Einklang. Die corticopetalen Fasern entstammen vornehmlich dem Nucleus anterior und der lateralen Randzone des lateralen Kernes einschließlich der Pulvinaria, zum Teil gehört hierher auch noch der mediale Kernbereich. In den Fällen von Bielschowskyscher Hemiatrophie zeigte sich so besonders betroffen der laterale Teil des oralen Thalamusgebietes bei ausschließlichem Intaktsein der medial vom Vicq d'Azyrschen Bündel gelegenen Zellmassen. Besonders stark entwickelt sind offenbar die Beziehungen zwischen dem Stirnhirn und den oralen Thalamuspartien, namentlich *ma* einerseits und dem Scheitellappen und den ventraler gelegenen Thalamuskernen andererseits. Auch von diesen Kernregionen nehmen wir assoziative Verknüpfungen mit *mv* an.

So zeigt sich der *Thalamus als ein großes Sammelbecken vornehmlich von proprio- und exterozeptiven Reizen und von Kleinhirnimpulsen, welches seine Erregungen dem Gesamtcortex mit Bevorzugung bestimmter Abschnitte mitteilt und von ihm wieder corticale Erregungen erhält.*

Es liegt nicht im Rahmen dieser Arbeit, all jene Ansichten kritisch zu berücksichtigen, die sich größtenteils auf Grund rein theoretischer Überlegungen über die Funktionen des Thalamus und Hypothalamus aufgebaut haben. Ich möchte nur betonen, daß ich den Ausführungen Küppers nicht folgen kann, der den Thalamus funktionell und anatomisch über den Cortex setzt und das „seelische Prinzip" hier lokalisiert sieht. Daß aber dem gesamten Zwischenhirn für die Bewußtseinsvorgänge, für die Empfindungen und Affekte eine bedeutsame Rolle zukommt, ist nicht nur aus der Eigenart der anatomischen Verhältnisse zu erschließen, sondern auch aus zahlreichen experimentellen und physiopathologischen Ergebnissen. Die Beziehungen gewisser Teile des Thalamus und Hypothalamus zu Bewußtlosigkeit und physiologischen und pathologischen Schlafzuständen sind bereits vielfach diskutiert (O. Vogt, Mauthner, Dubois, Forel, Trömner, v. Economo, Knauer u. a.), ohne daß es bis jetzt zu einer allseits befriedigenden Lösung dieser Frage gekommen ist. Wie kompliziert die Bedingungen hier liegen, ergibt sich auch aus den jüngst mitgeteilten Knauerschen experimentellen Untersuchungsergebnissen bei vergleichenden mechanischen und elektrischen Reizungen dieser Hirnbezirke. Die oben erwähnte Eigenart, daß sich in diesem Sammelbecken propriozeptiver und extrozeptiver Reize und Kleinhirnimpulse gerade die extrozeptiven anstauen, begründet die hohe Bedeutung des Thalamus nicht nur für die Schmerzempfindung, sondern auch im weiteren Sinne für Lust- und Unlustgefühle und für die Affekte; wir begegnen hiermit, wie ich glaube, den Ansichten von Förster und Kleist. Head bezeichnet den Thalamus als das Bewußtseinszentrum für gewisse Elemente der Empfindung. Er antwortet auf alle Reize, die imstande sind, Lust oder Unlust oder das Bewußtsein einer Änderung im Gesamtzustande hervorzurufen. „Der Gefühlston somatischer oder visceraler Empfindungen ist das Produkt thalamischer

Aktivität und die Tatsache, daß eine Empfindung frei von Gefühlston ist, zeigt, daß die Impulse, die ihrer Erzeugung zugrunde liegen, die Eigentätigkeit des Thalamus nicht anrufen. Die spontanen Schmerzen und die schmerzhaften Parästhesien werden bedingt durch die unkontrollierte Tätigkeit dieses Zentrums, durch das schmerzhafte Reize eine unangenehme Empfindung hervorrufen." Unter weiterer Berücksichtigung der ausgedehnten zu- und abführenden corticalen Verbindung sprechen Reichardt und Berze von einer vom Thalamus ausgehenden energetischen Triebkraft, die sie als psychische Aktivität bezeichnen, und Wallenberg glaubt, daß gerade die aus der Hirnrinde absteigenden Bahnen dem Aufmerksamkeitsakte dienen; die dadurch bedingte Sensibilisierung der Thalamuskerne macht die Hauptstation zwischen sensiblen Endorganen und Organen des Bewußtseins empfänglicher für die Eindrücke der Außenwelt, eine der Vorbedingungen für den Aufmerksamkeitsakt.

So sehen wir *im Thalamus ein Organ, das das Individuum mit der Außenwelt in innige Beziehung setzt, das für die Empfindungen, Gefühle und Affekte von maßgebender Bedeutung ist, in gleicher Weise auch dem Bewußtsein, der Aufmerksamkeit und der gesamten psychischen Aktivität dient.*

III. Folgerungen in bezug auf die normale Funktion des extrapyramidalen Hauptsystems und seiner Zentren und die pathophysiologische Ausdeutung der extrapyramidalen Bewegungsstörungen.

Nachdem ich so die beiden ersten oben gestellten Fragen zu beantworten versucht habe, komme ich schließlich zur Diskussion der Hauptfrage: *Welche Folgerungen in bezug auf die normale Funktion der extrapyramidalen Hauptzentren und auf die pathophysiologische Ausdeutung der extrapyramidalen Bewegungsstörungen ergeben sich aus dem oben niedergelegten Materiale unter Berücksichtigung der anatomischen Bau- und Faserverhältnisse des extrapyramidalen Hauptsystems?*

1. Funktionsleistung des extrapyramidalen Hauptsystems als Ganzes.

Wenn ich hier zunächst noch einmal die wichtigsten anatomischen Tatsachen kurz zusammenstelle, so sind folgende Punkte hervorzuheben:

1. Das Striatum ist nach seinem ganzen Bauplan ein hochdifferenziertes Zentrum mit Rindencharakter. Seine kleinen, kurzaxonischen Zellen und· die etwas größeren weitverzweigten Zellen nehmen die zufließenden Reize auf und wirken auf die großen, langaxonischen Zellen ein, welch letztere als Ursprungszellen der striofugalen Fasern die Erregung auf die Pallidumzellen übertragen.

2. Der einheitliche morphologische Bau des Striatum spricht in ähnlicher Weise wie der des Kleinhirns für eine einheitliche Funktion.

3. Das Pallidum enthält nur einen Ganglienzelltypus von motorischem Charakter.

4. Das Striatum und Pallidum hat sich beim Menschen weder zurück- noch weitergebildet. Es trägt beim Menschen „Affencharakter" (C. und O. Vogt).

5. Beim neugeborenen Menschen ist nur das Pallidum markreif, während das Striatum und die striäre Faserung erst im Laufe der Kindesentwicklung markreif wird.

6. Das Striatum und Pallidum entbehrt jeglicher direkter corticaler Verbindungen.

7. Das Striatum und Pallidum erhält alle seine Anregungen von den autonomen Kerngebieten des Tuber und Hypothalamus und vom Thalamus selbst, jenem großen Sammelbecken aller sensiblen und sensorischen Erregungen, das mit dem Gesamtcortex in zu- und ableitender Verbindung steht. So ist das Striatum und Pallidum als ein efferentes Organ des Thalamus anzusehen, in welchem die ihm zufließenden Erregungen durch die Eigentätigkeit dieser Zentren zu hochentwickelten motorischen Leistungen umgesetzt werden.

8. Das Striatum erhält seine Anregungen aus den gleichen Thalamusgebieten wie das Pallidum und gibt seine Impulse an das ihm untergeordnete Pallidum, und zwar nur an dieses, zurück. So erscheint uns das Striatum als ein hochentwickeltes, dem Pallidum übergeordnetes Regulationsorgan.

9. Das Pallidum wirkt mit seiner reich entwickelten pallidofugalen Faserung auf zahlreiche andere Grisea ein:

Einmal auf verschiedene Kerngebiete des Tuber, Hypothalamus und Thalamus, aus denen es auch seine Anregungen erhält.

Sodann auf den Luysschen Körper. Der Luyssche Körper ist ähnlich gebaut wie das Pallidum und offenbar gleichfalls als ein motorisches Kerngebiet anzusehen, das ebenfalls vornehmlich aus dem Thalamus seine Anregungen bezieht. Durch die pallidären Faserungen scheint dieses Zentrum gehemmt zu werden.

Sodann ziehen pallidäre Faserungen durch die Forelsche Kreuzung zum Pallidum und Luysschen Körper der anderen Seite und sind so der anatomische Ausdruck der bilateralen Innervation der extrapyramidalen Hauptzentren.

Weiterhin beherrschen die pallidären Faserungen die Substantia nigra, welche wir als einen wichtigen Knotenpunkt von Bahnen kennengelernt haben aus der Haube, dem Vierhügeldache, dem roten Kern, dem Thalamus, dem Luysschen Körper und der Rinde.

Schließlich gibt uns die pallidäre Faserung zum roten Kern und zum Nucleus Darkschewitschi und Nucleus interstitialis — durch die Decussatio Foreli und Commissura posterior auch die kontralateralen Kerngebiete versorgend — wichtige Verbindungen mit dem Kleinhirn-roter Kern-System und jenem des hinteren Längsbündels.

Vom roten Kern aus führt die rubrospinale Bahn zum motorischen Vorderhorn.

Der Nucleus interstitialis Cajals und der Kern von Darkschewitsch erhalten ihre Anregungen von dem gesamten Deitersapparat, vornehmlich vom Deitersschen und Bechterewschen Kerne, die als sensorische Endkerne des Vestibularis anzusehen sind und mit der Deitero-spinalen Bahn ebenfalls ein efferentes Koordinationssystem zu dem spinalen Vorderhorn darstellen.

Beide erstgenannten Kerne bilden zugleich den Hauptursprung des hinteren Längsbündels, jener phylogenetisch alten, stets an gleicher Stelle anzutreffenden Verbindungs- und Reflexbahn, welche den ganzen Hirnstamm durchziehend, bis ins Halsmark herabsteigt und als Koordinationsbahn des gesamten motorischen Haubenkerns mit Einschluß der Augenmuskelkerne anzusehen ist.

Durch die hintere Commissur treten pallidofugale Fasern mit den Vierhügeln in Verbindung, also mit optischen und akustischen Zentren, welche zum Teil wieder mit dem Kleinhirn in zuleitender Verbindung stehen.

Schließlich haben wir noch als ableitende Bahnen von der Substantia nigra die laterale Haubenfußschleife in die dorsolaterale Ponshaube und Fußfasern mit unbekannter Endigung kennengelernt.

So erscheint uns schon rein vom morphologischen Standpunkte aus unser extrapyramidales Hauptsystem als ein äußerst kompliziert gebauter Komplex von Zentren, die unter sich in innigstem Faserverkehr stehen. Seine Anregungen erhält dieses System — abgesehen von der Substantia nigra, die auch direkte corticale Faserungen bezieht — von der Zwischenhirnbasis und dem Thalamus; die Zwischenhirnbasis haben wir in ihrer Bedeutung für die gesamten Stoffwechselvorgänge des Organismus, im besonderen auch für den gesamten Tonus des Muskelapparates kennengelernt und den Thalamus als jenes große Sammelbecken von proprio- und exterozeptiven Reizen und von Kleinhirnimpulsen, das mit dem Gesamtcortex in zu- und ableitender Verbindung steht. Der Thalamus ist ein Organ, welches das Individuum nicht nur über die jeweiligen Zustandsveränderungen des eigenen Körpers unterrichtet, sondern auch mit der Außenwelt in innige Beziehung setzt, das für die Empfindungen, Gefühle und Affekte von maßgebender Bedeutung ist, in gleicher Weise auch der Aufmerksamkeit, der psychischen Aktivität und dem Bewußtsein ganz im allgemeinen dient.

Schon aus diesen Tatsachen erhellt, daß das gesamte extrapyramidale Hauptsystem, bei dessen Verletzungen mannigfaltige, aber doch charakteristische mit Tonusveränderungen gepaarte Bewegungsstörungen das klinische Bild beherrschen, als ein hochentwickeltes der Koordination der Bewegungen dienendes Organ aufzufassen ist, das nur unter indirektem Einflusse der Großhirnrinde arbeitet, tonusregelnd wirkt und im weitesten Sinne reflektorisch alle dem Thalamus zufließenden Erregungen mit entsprechenden motorischen Äußerungen beantwortet. So entstehen hier jene automatischen, im weitesten Sinne unbewußten Tonusänderungen und Reflexbewegungen, die fast jeden Gedanken, jede Empfindung und jeden Affekt, namentlich auch den gesamten Aufmerksamkeitsakt und die Aufmerksamkeitseinstellung begleiten, die wir im allgemeinen als Ausdrucksbewegungen zusammenfassen können. Das extrapyramidale Hauptsystem erscheint demnach als das Zentrum der Ausdrucksbewegungen.

Der Koordination der Bewegungen dienen im gesamten Nervensystem zahlreiche Apparate, die etappenweise übereinandergelagert sind und sich in ihrer Wirkung gegenseitig beeinflussen und verstärken. Ich habe oben bereits auf die Bedeutung des fronto-ponto-cerebellaren Systems für die Bewegungen hingewiesen, besonders aber auf jene des Kleinhirns und des Hirnstammes. Sehen wir ab von der Rolle des Kleinhirns, in welcher es die willkürlichen Bewegungen unter dem Einfluß des Großhirns regelt, so dient das Kleinhirn wie der gesamte motorische Assoziationsapparat des Mittelhirns und Hirnstammes jenen reflektorisch ausgelösten Bewegungskoordinationen, die propriozeptiv bedingt sind. Dabei beherrscht, wie ich eingehend erörtert habe, der in der Haube des Mittelhirns, des Pons und der Medulla oblongata gelegene Mechanismus auf Grund vielseitig entwickelter Steh- und Stellreflexe die harmonische Tonusverteilung der gesamten Körpermuskulatur. Er regelt die Präzision der Stellungen und Bewegungen und ermöglicht den Individuen nach ausgeführter Willkürbewegung oder von einer abnormen Körperlage aus die Grundstellung wiederherzustellen, von der aus dann neue Bewegungen auszuführen sind. Dieser mächtige Koordinationsmechanismus arbeitet weitgehend unabhängig vom Kleinhirn und den höher gelegenen Gehirnzentren. Wir müssen aber weiterhin annehmen, daß das Kleinhirn auf dem Wege seiner der Haube zufließenden Bahnen vornehmlich verstärkend, stellunggebend und hemmend auf dieses Bewegungssystem einwirkt, dabei ganz besonders in spezifischer Weise jene Bewegungssynergien regulierend, die durch die Fall- und Bewegungsrichtungen des Körpers und seiner Teile bestimmt sind. Während, wie schon betont, die Reize dieser Koordinationsmechanismen propriozeptiver Natur sind, erhält der **Thalamus ein bedeutsames Plus von Erregungen exterozeptiver Natur, die hier sogar eine gewisse Anstauung erfahren. Gerade in dieser physiologischen Tatsache sehe ich eine weitere Hauptbedeutung des Thalamus für den Koordinationsmechanismus unseres extrapyramidalen Hauptsystems.** Auf dieser Basis entstehen die für das Individuum so wichtigen Reaktivbewegungen, mit denen es im weitesten Sinne reflektorisch und unbewußt auf alle sensiblen und sensorischen Reize, die von der **Außenwelt** herkommen, in adäquater Weise reagiert. **So wird unser System das Zentrum der reaktiven Flucht- und Abwehrbewegungen, von Schutz- und Schreckreflexen, von Orientierungs-, Adversionsund Einstellbewegungen.**

Das **Kleinhirn** wirkt weiterhin für das extrapyramidale System als ein Sinneszentrum, das, wie ich oben ausgeführt habe, ihm die Nachricht von der jeweiligen Körperstellung sowohl wie von dem Kontraktionszustande der gesamten Muskulatur, der ganzen unbewußten Tiefensensibilität über den Thalamus übermittelt. Diese cerebellaren Lage- und Stellungsempfindungen sind aber für den normalen Bewegungsablauf, für den richtigen Bewegungsbeginn und -verlauf, für die abgestimmte Bewegungsexkursion, für die fortlaufende Bewegungssukzession von der größten Wichtigkeit. Jede Bewegung und Handlung setzt sich ja aus zahlreichen Teilakten zusammen, die in der richtigen Weise ineinander zu reihen und ineinander zu schalten sind, um einen glatten Bewegungsablauf zu garantieren. Es müssen dauernd zweckmäßige Haltungs- und Stellungsänderungen und automatische Hilfsbewegungen geleistet werden, die unter dem Einfluß der während des Bewegungsablaufes zuströmenden sensiblen Erregungen unwillkürlich sich vollziehen. **So ist unser extrapyramidales System auch ein Zentrum für die automatischen Haltungs- und Stellungsänderungen und Hilfsbewegungen beim Bewegungsablauf und schließlich bei allen Handlungen.**

Hierauf sind offenbar auch jene normalen Bewegungssynergien größtenteils zurückzuführen, die als **physiologische Mitbewegungen** (z. B. Pendeln der Arme beim Gehen, Handstrecken beim Faustschluß u. dgl.) unsere Willkürbewegungen begleiten und ihnen eine entsprechende Kraft, Präzision und Abrundung verleihen. Gerade diese Bewegungssynergien, die beim Pyramidenbahnsyndrom erhalten bleiben, sind bei unseren Kranken auffällig gestört oder fehlen ganz. Ähnlich wie das Kleinhirn und der motorische Koordinationsmechanismus des Hirnstammes mit Bewegungssynergien auf die entsprechenden Reize hin antworten, reagiert auch **unser System nicht mit Einzelbewegungen, sondern mit zwangsmäßigen Bewegungssynergien.** Von Foerster ist aber mit Recht darauf hingewiesen worden, daß diese Bewegungssynergien, die beim Pyramidenbahnsyndrom fortbestehen, nicht allein durch das extrapyramidale System, insbesondere das Pallidum, veranlaßt werden, es müsse hieran auch die enthemmte spinale Reflextätigkeit mit schuld sein, was daraus zu entnehmen sei, daß bei gleichzeitiger Zerstörung von Pyramidenbahn und Pallidum die zwangsmäßigen Bewegungssynergien fortbeständen, ja wir finden sie „speziell an den Beinen in durchaus typischer Form auch bei anatomischer supranucleärer totaler Trennung des Markes, als Reflexsynergien, als Massenreflexe". *Die vom extrapyramidalen System ausgelösten Bewegungssynergien dürften denen des Kleinhirns und Hirnstammes am nächsten stehen und Teilkomponenten von diesen in höherer Koordination enthalten. Das extrapyramidale Hauptsystem erscheint demnach gleichfalls als ein Zentrum für die zwangsmäßigen Bewegungssynergien, die die Willkürbewegungen begleiten.*

Gerade die beiden letzten Aufgaben unseres Systems spielen namentlich beim Menschen eine große Rolle für jene Gemeinschaftsbewegungen, welche das Stehen, Gehen und Sitzen, das Kauen, Schlucken und Sprechen koordinieren. Hier ergeben sich bedeutsame Unterschiede gegenüber den Tieren. Wir haben oben gesehen, daß die Tiere, selbst noch in gewissem Sinne die Affen, mit ihrem im Hirnstamm gelegenen Steh- und Stellapparat auskommen, um sich stellen, laufen und springen zu können. Beim Menschen aber sind diese Mechanismen bei dem Ausfall des extrapyramidalen Hauptsystems aufs schwerste geschädigt und bis zur völligen Unmöglichkeit reduziert. Ich habe mehrfach betont, daß wir gerade in diesen Tatsachen, die sich sowohl beim Kinde als beim Erwachsenen zeigen, eine bedeutsame Funktionsverschiebung zuungunsten des Hirnstammes beim Menschen erblicken müssen, und daß sich daher direkte Schlüsse vom Tier auf den Menschen in dieser Beziehung nur mit größter Einschränkung und Vorsicht ziehen lassen. Während das neugeborene Tier — freilich auch hier mit großen Unterschieden in den einzelnen Spezies[1]) — diese Funktionen als Reflexmechanismen weitgehend beherrscht, müssen sie vom Menschen geübt und erlernt werden, um dann gleichfalls automatisiert zu werden. Daß diesen Gemeinschaftsbewegungen, die dem Sitzen, Stehen und Gehen vorstehen, unser System in erster Linie dient, erkennen wir aus der hochgradigen Einbuße dieser Bewegungen bei seinen Affektionen. Wir dürfen daraus schließen, daß beim Menschen wichtige Teilkomponenten des tierischen, im Hirnstamm gelegenen Koordinationsmechanismus auf unser System übergegangen sind, so daß dieses auch als Koordinationszentrum des Sitzens, Stehens und Gehens eine große Rolle spielt.

Die Koordination des sprachlichen Ausdrucksvermögens zeigt sich dabei in ähnlicher Weise gestört, und Teilkomponenten jener komplizierten Koordinationsmechanismen, welche die normale Sprachbewegung garantieren, müssen ebenfalls in unserem System vertreten sein.

Während das Saugen und Schlucken auch beim Menschen von dem Hirnstamm allein besorgt wird, wie wir bei der Besprechung der Kinder ohne Großhirn gesehen haben, zeigt sich die Koordination des gesamten Kau- und Schluckaktes bei den extrapyramidalen Erkrankungen mehr oder weniger beeinträchtigt, auch hierfür muß unser System eine zentrale Regelung abgeben.

---

[1]) So brauchen z. B. die höheren Affen mehrere Monate, bis sie laufen und klettern können.

Von manchen Autoren werden auch jene eingeübten, erlernten, ohne Bewußtseinskontrolle ablaufenden Bewegungsakte, die man als sekundäre Automatismen zusammenfassen kann, in das extrapyramidale System verlegt. Namentlich Lewy vertritt noch jüngst diesen Standpunkt; er schreibt unter anderem: „Eine mechanisierte Handlung kann als eine Verschiebung in eine niedere Bewußtseins- oder aber in eine niedere Koagitationsebene aufgefaßt werden, das heißt die Bewegung kommt mehr unter Vernachlässigung der Bewußtseinskomponente, im wesentlichen der Aufmerksamkeit, aber in prinzipiell gleicher Weise zur Ausführung wie vorher, oder sie verläuft das eine Mal cortical, das zweite Mal rein extrapyramidal[1]“. Ich glaube nicht, daß in den Tatsachen eine solche Auffassung begründet ist, die übrigens auch von Stertz und Foerster abgelehnt wird. Wie Foerster meines Erachtens mit Recht hervorhebt, ist die Störung im Ablauf automatisierter aktiver Bewegungen bei extrapyramidalen Erkrankungen jedenfalls nicht größer als die Störung im Ablauf willkürlicher, nicht automatisierter Bewegungen. Beide Arten von Störungen finden zum Teil wenigstens ihre Erklärung in den oben angegebenen Ausfällen extrapyramidaler Funktionen (entsprechende Regulationen der innervierten Muskel und deren Antagonisten, der statischen Innervation, der Mitbewegungen, der fortlaufenden Sukzession der Einzelakte u. dgl.), zum Teil sind sie noch darauf zurückzuführen, daß wir bei den extrapyramidalen Störungen ganz im allgemeinen auch mit einem Ausfall von Innervationen bei willkürlichen Initiativbewegungen rechnen müssen, wie dies namentlich von Stertz und Förster hervorgehoben wird. Dies führt zu einer Herabsetzung der motorischen Kraft, die bei apoplektischer Entstehung eine rasch vorübergehende völlige Lähmung bei Willkürbewegungen bedingen kann. Wie wir uns dabei den Entstehungsmechanismus denken müssen, ist schwer eindeutig zu entscheiden. Lewy meint, daß der Ausfall der sogenannten primären Automatismen auf der einen Seite und die Dissoziation des Tonus von der Bewegung auf der anderen Seite dieses eigenartige Symptom hervorrufe. Ich möchte aber mit Förster annehmen, daß auch unser extrapyramidales System mit in die Willensbahn eingeschaltet ist, so daß die corticalen Impulse durch Vermittlung des Thalamus bei den Willkürbewegungen auch das extrapyramidale System anschlagen. Das Erfolgsorgan ist in diesem Falle die motorische Vorderhornzelle, und als ableitende Bahn dient das rubrospinale Bündel[2].

Das extrapyramidale System wirkt ableitend außer diesem durch den roten Kern vermittelten Wege zum motorischen Vorderhorn unmittelbar auf andere wichtige Zentren ein. Einmal auf die gleichen Kerngebiete des Tuber, Hypothalamus und Thalamus, aus denen es seine Anregung erhält. Diese eigenartige Umschaltung der hypothalamischen und thalamischen Anregungen kann nur so verstanden werden, daß sie in dem extrapyramidalen System eine spezifische und adäquate Befruchtung erfahren, die dann wieder dem Sammelbecken vegetativer, sensibler und sensorischer Erregungen

---

[1]) Extrapyramidal wird hier, wie sich aus den weiteren Lewyschen Ausführungen ergibt, im gleichen Sinne wie striär gebraucht.

[2]) Die Bedeutung des rubrospinalen Bündels für die gesamte Tonusverteilung und die Stellfunktionen scheint durch die neueren Feststellungen der Magnusschen Schule sichergestellt (Rademaker, Magnus, l. c.). — Anm. b. d. Korr.

zugeführt wird. Es liegt hier eine ganz ähnliche Umschaltung vor, wie sie auch im Kleinhirn für die propriozeptiven Reize gegeben ist. Offenbar dienen derartige Umschaltungen der feineren Koordination der Bewegungen ganz im allgemeinen. Man könnte auch annehmen, daß durch diese Mechanismen spezifische extrapyramidale Impulse auf dem Wege der thalamo-corticalen Faserungen dem Cortex mitgeteilt werden, insbesondere auch der Area giganto-pyramidalis, um so der motorischen Willensbahn zuzufließen. Mann denkt sich offenbar die Einschaltung des Extrapyramidium in die Py-Bahn in solcher Weise.

Die dem Tuber cinereum und Hypothalamus zufließenden extrapyramidalen Faserungen müssen als tonusregulierend angesehen werden und erklären uns zum Teil wenigstens jene mannigfaltigen Tonusstörungen, die in so charakteristischer Weise die extrapyramidalen Erkrankungen auszeichnen. F. H. Lewy, der gerade den vegetativen, chemisch-physikalischen Grundlagen des Tonus seine besondere Aufmerksamkeit zugewandt hat, glaubt, daß der Muskeltonus in den hypothalamischen Kernen, die unter anderem der zentralen Wasser-, Zucker-, Wärmeregulation vorstehen, ausbalanciert und im Striatum auf eine bestimmte Höhe eingestellt wird. Wir dürfen wohl annehmen, daß gerade durch die Einwirkung des extrapyramidalen Systems auf diese Zentren der plastische, formgebende Muskeltonus mitbewirkt wird. Wie vielgestaltig der Tonus im einzelnen sich zusammensetzt, haben wir bereits oben bei Erörterung der Kleinhirn- und Hirnstammfunktionen auseinandergesetzt. Auch Förster weist darauf hin, daß an der Genese des plastischen Muskeltonus teilweise spinale, cerebellare und cerebrale Reflexe beteiligt sind, wobei auch noch einem besonderen Substrat des Muskels, dem Sarkoplasma, nach neueren, freilich nicht unwidersprochen gebliebenen Untersuchungen eine bedeutsame Rolle zukommen soll. Diese ganze Frage, namentlich auch die der sympathischen und parasympathischen Versorgung des quergestreiften Muskels, steht noch im Flusse (Botazzi, de Boer, R. Hunt, E. Frank, Böke, Kuré, Shimbo u. a., vgl. namentlich die Lewyschen und Spiegelschen Ausführungen, ferner die Untersuchungen von Hansen, Hoffmann, v. Weizsäcker). Das eine wenigstens darf aus all den bereits vorliegenden Untersuchungen geschlossen werden, daß Teilkomponenten des plastischen Muskeltonus besonderen hypothalamischen, vegetativen Zentren unterstehen, die wiederum vom extrapyramidalen System in irgendeiner Weise beeinflußt werden. Dies ergibt sich nicht nur aus den anatomischen Faserverbindungen, welche das extrapyramidale System mit diesen Zentren eingeht, sondern auch aus den schweren Tonusstörungen im Gefolge der extrapyramidalen Erkrankungen selbst.

Inwieweit unser extrapyramidales Hauptsystem noch anderen vegetativen Funktionen regulierend vorsteht, wage ich heute noch nicht zu entscheiden. F. H. Lewy mißt hier dem Striopallidum als „oberster regulativer Instanz des vegetativen Systems" eine große Bedeutung zu. Vielleicht gehören in dieses Gebiet auch die gelegentlich beobachteten Blasen- und Mastdarmstörungen[1]).

---

[1]) Keinesfalls glaube ich, daß wir im Subcortex die höchste Vertretung des vegetativen Systems vor uns haben, sondern daß sich auch die Rinde daran beteiligt. Doch all dies sind Fragen, die erst durch sorgfältige kritische Prüfungen geklärt werden können.

Unser extrapyramidales Hauptsystem greift aber weiterhin mit seinen ableitenden Fasern an zwei Systemen ein, die gleichfalls dem Tonus und dazu noch hohen koordinatorischen Leistungen vorstehen: an dem Kleinhirn und dem System des hinteren Längsbündels. Die Bedeutung des Kleinhirns für das extrapyramidale System und seine Bewegungsstörungen ist ja seit Bonhoeffer und Kleist in allen pathophysiologischen Analysen stark betont worden, insbesondere auch von Stertz. Es ist aber hier mit besonderem Nachdruck darauf hinzuweisen, daß das extrapyramidale System nicht auf das Kleinhirn als Ganzes einwirkt, sondern auf seine hauptsächlichsten efferenten Bahnen, die im Nucleus ruber und in der Ponshaube zusammen mit dem System des hinteren Längsbündels beeinflußt werden. Auch hier ist es wieder O. Förster, der diese anatomischen Tatsachen in entsprechender Weise berücksichtigt hat. Aus den morphologischen Verhältnissen müssen wir schließen, daß der gesamte Koordinationsmechanismus des Hirnstammes mit seinen oben genauer erörterten wichtigen tonischen und statischen Funktionen, auf den das Kleinhirn tonisierend, stellungsichernd und hemmend einwirkt, vom extrapyramidalen System als feste Basis benutzt wird für seine höher koordinierten motorischen Leistungen. Hier dürfen wir wohl annehmen, daß die extrapyramidalen Faserungen im wesentlichen hemmend auf die Eigentätigkeit dieser niederen Zentren einwirken. Auf das Versagen dieser hemmenden Funktion der vom extrapyramidalen System abführenden Fasern führe ich mit O. Förster jenen Komplex von Erscheinungen zurück, die sich bei den extrapyramidalen Erkrankungen als die rigide Komponente zeigen. Es sind dies die Haltungsanomalien und die krankhaften Steigerungen, welche der passive Dehnungswiderstand des Muskels, die Adaptions- und Fixationsspannung erfahren. Es läßt sich meines Erachtens zunächst nur schwer entscheiden, inwieweit dabei mehr die cerebellare Funktion, wie dies Förster anzunehmen scheint, oder die Eigentätigkeit des Hirnstammes betroffen wird. Wir haben ja oben gesehen, wie sich diese beiden Mechanismen gegenseitig in mannigfaltiger Weise ergänzen und beeinflussen.

So greift das extrapyramidale Hauptsystem an mehreren Punkten in tonisierende Apparate ein und beeinflußt so letzten Endes die „motorische Schwelle" der motorischen Vorderhornzelle, des ausführenden Organs auch jeder willkürlichen, auf der Pyramidenbahn ablaufenden Bewegung. So wirkt der extrapyramidale Einfluß ein auf jene Regulationsmechanismen, welche nach dem Üxküllschen Prinzip den Sperr- und Verkürzungsapparat der Muskeln bei jeder Bewegung koordinieren. Wir dürfen vermuten, daß durch die extrapyramidale Innervation eine leichtere Ansprechbarkeit der motorischen Vorderhornzelle für corticale Impulse gesichert wird.

In der Vierhügelgegend und in dem System des hinteren Längsbündels sind auch jene Verbindungen des extrapyramidalen Systems mit optischen und akustischen Zentren gegeben, welche uns die Beeinflussung der extrapyramidalen Koordinationsleistungen durch optische und akustische Reize unter physiologischen und pathologischen Bedingungen verständlich machen und insbesondere in ihrer akustischen Komponente für den Rhythmus der Bewegungen von ausschlaggebender Bedeutung sind.

Auf die Auffassung der Chorea, Athetose und des Tremor komme ich erst weiter unten zu sprechen.

Es bedarf keiner weiteren Ausführung, daß sich die Teilerscheinungen von Innervations- und Hemmungsausfall des extrapyramidalen Systems, die Einzelsymptome der akinetischen und rigiden Komponente, in ihrer klinischen Ausprägung gegenseitig beeinflussen und verstärken.

Aus all diesen Erörterungen erhellt die hohe Bedeutung des extrapyramidalen Hauptsystems für die Koordinationen der Bewegungen: *Das extrapyramidale Hauptsystem baut sich auf dem Koordinationsmechanismus des Mittelhirns, des Hirnstammes und Cerebellum, den es als feste Basis benutzt, auf und wirkt regulierend auf diese Systeme ein. Es sichert so die hochentwickelten tonischen, statischen und kinetischen Funktionen dieser Zentren, beeinflußt weiterhin regulierend die vegetativen hypothalamischen Zentren, die den chemisch-physikalischen tonischen Prozessen vorstehen, und ist als ein Teil der Willensbahn aufzufassen, auf der corticale Impulse dem motorischen Vorderhorn zugeleitet werden; insbesondere ist es als ein efferentes Organ des Thalamus anzusehen und erscheint als Zentrum für die Ausdrucksbewegungen, für die reaktiven Flucht- und Abwehrbewegungen, für die Schutz-, Schmerz- und Schreckreflexe, für die Orientierungs-, Adversions- und Einstellbewegungen, für die automatischen Haltungs- und Stellungsänderungen und Hilfsbewegungen beim Bewegungsablauf, für die zwangsmäßigen Synergien und Mitbewegungen und für motorische Teilkomponente, die bei den Gemeinschaftsbewegungen des Sitzens, Stehens und Gehens, Kauens und Schluckens und bei der Sprache eine wesentliche Rolle spielen.*

2. Die Funktionsleistung der Hauptzentren.

Inwieweit dabei die einzelnen Funktionen von den verschiedenen Zentren unseres Systems übernommen werden, und wie sich letztere gegenseitig beeinflussen, ist bei den gegebenen komplizierten anatomischen Verhältnissen nur mit größter Reserve zu entscheiden.

A) Die Striatumfunktion.

Das Striatum ist nach seinem ganzen Bauplan und seinen Faserverknüpfungen als ein hochdifferenziertes Regulationsorgan aufzufassen, das mit seinen ableitenden Faserzügen auf das Pallidum, und zwar nur auf dieses graue Zentrum, einwirkt. Der Umstand, daß das Striatum aus den gleichen Kerngebieten wie das Pallidum seine Anregungen erhält und daß es erst im Laufe der kindlichen extrauterinen Entwicklung markreif wird, unterstützt diese Auffassung. Bedeutsam erscheint dabei die Tatsache, daß das Striatum in seinen histologischen Verhältnissen Rindencharakter an sich trägt und offenbar als das einzige der hier in Frage stehenden Zentren der gleichen Matrix entstammt wie das höchstdifferenzierte zentrale Organ, der Cortex. Ja, es läßt sich sogar mit einer gewissen Wahrscheinlichkeit annehmen, daß die innere Körnerschicht und die drei untersten Rindenschichten phylogenetisch und ontogenetisch[1]) dem Striatum nahestehen. Das Striatum erscheint so gewissermaßen als eine Rinde, die dem Pallidum spezifisch vorsteht. Sein einheitlicher morphologischer Bau, der, wie meine eigens darauf gerichteten Untersuchungen ergeben, nirgends eine areale Gliederung erkennen läßt, und der selbst in der Größe der Ganglienzellen in den einzelnen Abschnitten keine Verschiedenheiten aufweist, spricht für seine einheitliche Funktion, mit der es innervatorisch und denervatorisch auf das Pallidum einwirkt.

Aus den einzelnen Komponenten des oben zusammengestellten Striatumsyndroms, die wir mit C. und O. Vogt im wesentlichen als Ausfallserscheinungen ansehen müssen, läßt sich erschließen, daß *das Striatum als das eigentliche Zentrum anzusehen ist für die Ausdrucksbewegungen, für die reaktiven Flucht- und Abwehrbewegungen, für die Schutz- und Schreckreflexe, für die Orientierungs-, Adversions- und Einstellbewegungen, für die automatischen Haltungs- und Stellungsänderungen und Hilfsbewegungen beim Bewegungsablauf, für die zwangsmäßigen Synergien und Mitbewegungen und für motorische Teilkomponenten des Sitzens, Stehens und Gehens, Kauens und Schluckens und des menschlichen sprachlichen Ausdrucksvermögens. Auch wirkt das Striatum tonusregulierend auf das Pallidum ein.*

Mit Kleist und C. und O. Vogt führe auch ich die hypokinetischen Erscheinungen des Striatumsyndroms auf einen Innervationsausfall zurück, bedingt durch den Ausfall von striären Anregungen und von Ableitungen aus diesem Zentrum. Jene Akinese, hervorgerufen durch den Ausfall striärer Anregungen, kann man als schlaffe Lähmung des Striatum bezeichnen. Die mehr oder weniger betonte rigide Komponente, die zweifellos mit einer Erkrankung der großen Striatumzellen in genetischen Zusammenhang zu bringen ist, muß auf einen Ausfall striärer Beeinflussung des Pallidum zurückgeführt werden, die aber offenbar nicht allein hemmender Natur ist; es müßte dann beim Fortfall des Striatum durch die Enthemmung des Pallidum auch die vom Pallidum auf niedere tonisierende Zentren ausgeübte Hemmung eine Steigerung erfahren, wodurch Hypotonien entstehen müßten; von Förster werden die Hypotonien, die sich z. B. bei der Chorea zeigen, in diesem Sinne gedeutet. Ich habe aber oben eigens darauf hingewiesen, daß zweifellos diffuse striäre Erkrankungen mit Untergang der großen Striatumzellen mäßige rigide Zustände in den Vordergrund schieben. Wir müssen daraus schließen, daß auch für die Regelung des Tonus das Pallidum vom Striatum angeregt wird.

Wichtig für die Beziehungen des Striatum zum Pallidum ist die Ausdeutung des choreatischen und athetotischen Phänomens.

Wir haben gesehen, daß die Chorea in ihrer reinsten Form, wie sie uns bei der chronisch-progressiven Chorea entgegentritt, auf einen zweifellos das anatomische Bild beherrschenden, regelmäßig zu findenden Ausfall der rezeptiven und assoziativen kleinen Striatumzellen zurückzuführen ist. Ich habe weiterhin darauf aufmerksam gemacht, daß diffuse Erkrankungen des Striatum nur, wenn sie angeboren sind, beim Kinde mit Athetoseerscheinungen antworten, während die Athetose des heranreifenden kindlichen

---

[1]) Seit längerer Zeit sind in meinem Laboratorium von Dr. Hajaschi-Tokio Untersuchungen über die embryonale Entwickeluug des Klein- und Großhirns im Gange, welche diese ganzen Zusammenhänge in neuem Lichte erscheinen lassen dürften.

und jugendlichen Alters und des Erwachsenen, der wir den Torsionsspasmus als proximale Athetose der großen Rumpf- und Extremitätenmuskulatur in Übereinstimmung mit Förster und Orzechowski anreihen, auf direkte Pallidumverletzungen zu beziehen ist.

Die Chorea und Athetose können wir mit Kleist als unkoordinierte, in ihre Bausteine zerfallene und zugleich gesteigerte Mit- und Ausdrucksbewegungen auffassen, wobei besonders die statischen Funktionen mehr oder weniger begrenzter Muskelgebiete sich gestört erweisen. Der vornehmlichste Unterschied zwischen der Chorea und Athetose des Erwachsenen liegt, abgesehen von den verschiedenartigen Spannungsverhältnissen in der Muskulatur, meines Erachtens darin, daß die Chorea die Mit- und Ausdrucksbewegungen als **komplexe Erscheinungen weit mehr hervortreten läßt**, in gewissem Sinne imitiert und eine groteske und bizarre Steigerung und Ataxie derselben anzeigt[1]). Demgegenüber bietet die Athetose des Erwachsenen weit mehr den **Zerfall der Mit- und Ausdrucksbewegungen in ihre einzelnen Bausteine und den Ausfall von statischen Komponenten.** Die Chorea stellt sich so, wie oben bereits erörtert, unter Berücksichtigung des anatomischen Bildes dar als eine **stark entwickelte striäre Ataxie, bedingt durch den hochgradigen Ausfall der rezeptiven und assoziativen kleinen Ganglienzellen, wodurch die dem Striatum vom Thalamus zufließenden sensiblen und sensorischen Reize nur in ungenügender Weise den großen Striatumzellen übermittelt werden können, so daß weiterhin die vom Striatum ausgeübte pallidäre Regulation nur ungenügend ausgeübt wird.** Das Pallidum aber wird ja gleichsinnig wie das Striatum vom Thalamus her zu seiner Eigentätigkeit angeregt und ist in seiner Eigenleistung an sich intakt. Die Bewegungssynergien, die offenbar hier ihre Vertretung haben, entbehren der adäquaten Regulation von seiten des Striatum, so daß sie eine groteske Verzerrung erfahren. Ich fasse daher die **Striatumchorea auf als eine striär bedingte Ataxie pallidärer Eigenleistungen** im gleichen Sinne wie O. Förster.

Beim Erwachsenen kann aber, wie wir gesehen haben, eine choreatische Bewegungsstörung auch bedingt werden durch eine mehr **diffus ausgesprochene Erkrankung des Striatum**, wie wir sie in unserem Fall der senilen Chorea und diphterisch bedingten Chorea angetroffen haben, ja sogar in Ausnahmefällen bei **fokalen herdförmigen Zerstörungen von Striatumteilen.** Bei ersteren liegt die Annahme nahe, daß die anatomisch bedingte Funktionsstörung der kleinen Striatumelemente jene der großen übertrifft, so daß hier ein ähnlicher Entstehungsmechanismus vorliegt wie bei den gewöhnlichen Choreaformen. Sehr schwierig ist die Deutung bei herdförmigen Zerstörungen von Striatumteilen, die mit den choreatischen Phänomen beantwortet werden. Es müssen hier ganz besondere, ich möchte sagen, individuelle Bedingungen in den gesamten Bewegungsapparat gegeben sein, die sich im einzelnen nicht übersehen lassen. Dies geht auch schon aus der Tatsache hervor, daß sich derartige Störungen nur ausnahmsweise und offenbar sehr selten entwickeln, denn fokale Striatumverletzungen sind sehr häufig, während eine davon abhängige choreatische Bewegungsstörung eine große Seltenheit darstellt. Der

---

[1]) Die Erklärung des Bewegungsüberschusses habe ich bereits oben zu geben versucht (S. 335).

Tic, der, wie ich es an dem oben kurz erwähnten Falle (Seite 314) wahrscheinlich machen konnte, mit der Chorea innig verwandt und als Reaktion einer eng begrenzten fokalen Striatumzerstörung auftreten kann, ist offenbar, ähnlich wie die Chorea, als eine Ataxie pallidärer Eigenleistungen anzusehen, wobei entsprechend dem fokalen striären Ausfalle nur circumscripte Muskelgebiete betroffen sind.

Die komplizierten Parakinesen, die manchmal — durchaus nicht regelmäßig — in Frühformen progressiver Chorea, besonders aber bei der symptomatischen Chorea auffallen, beruhen offenbar auf ähnlichen Mechanismen wie das choreatische Phänomen selbst und deuten in gewissem Sinne auf eine leichtere Striatumschädigung[1] hin. Doch müssen hier noch andere Momente eine Rolle spielen; denn keinesfalls dürfen sie ganz im allgemeinen als abortive Choreaerscheinungen aufgefaßt werden, wie ich schon oben begründete. Sie entwickeln sich offenbar häufiger bei diffusen Striatumprozessen der symptomatischen Chorea als bei der Huntingtonschen Form; je systematischer die Striatumdegeneration im Sinne der kleinzelligen Entartung, desto reiner tritt von vornherein das choreatische Bewegungsspiel auf.

Die kindliche Athetose, die, wenn angeboren oder in frühester Kindheit auftretend, auf eine angeborene diffuse striäre Erkrankung zurückgeführt werden kann, erinnert, wie ich es oben schon betont habe, in dem grotesken Ausmaß der Bewegungsstörung, in ihren Haltungsanomalien der Glieder und des Rumpfes und in ihrer häufig hervortretenden Unfähigkeit zur Koordination der Gemeinschaftsbewegungen beim Sitzen, Stehen und Gehen an die Bewegungen des neugeborenen Kindes. Das ist auch jetzt wieder von Förster besonders hervorgehoben worden. Nun wissen wir, daß nur das Pallidum und die subpallidären Zentren beim Neugeborenen im wesentlichen markreif sind und daß das Striatum und die striopallidäre Faserung erst im Laufe der weiteren Entwicklung die Markreifung erfährt. Mit Recht verlegen C. und O. Vogt die primitiven Automatismen, welche das neugeborene Kind in den ersten Lebensmonaten zeigt, in das Pallidum. Es sind dies die ungehemmten Ausdrucksbewegungen und inkoordinierten Gesten und Mitbewegungen der frühesten Kindheit. Wir müssen weiter annehmen, daß diese primitiven Automatismen im Laufe der weiteren Entwicklung entsprechende Regulation und Koordination durch das Striatum erfahren. Bleibt diese striäre Komponente aus, wie wir es zumeist bei den angeborenen oder sich doch in frühester Kindheit entwickelnden Athetosefällen der Kindheit annehmen müssen, so antwortet das Pallidum auch weiterhin auf die ihm zufließenden Reize mit jenen unkoordinierten und verzerrten Massenbewegungen, wie sie bei diesen Athetosefällen in ihrer Ähnlichkeit mit den kindlichen Massenbewegungen auffallen. Ob wir darin zugleich, wie dies namentlich von Förster vertreten wird, den Ausdruck gewisser Rückschlagserscheinungen erblicken dürfen im Sinne der Kletterbewegungen des Affen, lasse ich dahingestellt. Jedenfalls liegt etwas Bestechendes in dieser Auffassung, die noch darin eine gewisse Unterstützung erfährt, daß sich das Striopallidum rein anatomisch beim Menschen gegenüber dem Affen nicht weiter entwickelt hat. Es trägt, wie sich C. und O. Vogt

---

[1] Vgl. Kleist (l. c.).

ausdrücken, „Affencharakter". Ich habe aber schon mehrfach darauf hingewiesen, daß wir beim Menschen zweifellos gegenüber den Tieren, auch wohl gegenüber den Affen, eine beträchtliche Funktionsverschiebung zugunsten des Striopallidum annehmen müssen, die solche Analogien nur mit großer Vorsicht und Einschränkung zulassen.

Beim Erwachsenen aber, also bei gegebener Striatumreife und ausgebildeter Striatumfunktion, führen diffuse striäre Erkrankungen nicht zu Athetoseerscheinungen, sondern zu Tremor und Wackelbewegungen. Beides sind offenbar verwandte Erscheinungen und als striär bedingte Inkoordinationen von Bewegungssynergien aufzufassen, denen das Pallidum funktionell vorsteht. Es sind hier besonders jene statischen Momente betroffen, die in erster Linie von dem Koordinationsmechanismus des Mittelhirns (roter Kern), des Hirnstammes und Cerebellum geleistet und vom Pallidum bei dem Aufbau seiner Eigenleistungen als feste Basis benutzt werden. Bemerkenswert ist, daß diese Erscheinungen auch stets mit gewissen Tonusveränderungen vergesellschaftet sind, so daß sie nahe Beziehungen zu Tonusregulationsstörungen ganz im allgemeinen verraten. Wilson meint ja, daß sich „der Tremor von der Rigidität nicht im Prinzip, sondern nur im Grade unterscheidet", eine Auffassung, die schon Jackson vertreten hat. Daß aber hier keine ganz einfachen Verhältnisse gegeben sind, erkennen wir schon daraus, daß der Tremor auch ohne nachweisbare Rigidität vorhanden sein kann, und daß er durchaus nicht immer mit Zunahme der Rigidität abnimmt und verschwindet, sondern daß ihn die Parkinsonismen, die ihn überhaupt zeigen, zumeist während des ganzen Verlaufes der Krankheit bieten (Förster); ja, er kann sogar, wie wir es im Falle XVI gesehen haben, nach komplizierenden, apoplektiform einsetzenden Paresen selbst in den gelähmten Gliedern in der früheren Form wieder auftreten. Er kann auch in Ausnahmefällen, wie es Lewy betont, zu rigiden Komponenten erst später hinzutreten. Gar nicht selten ist dies bei den metencephalitischen Parkinsonismen der Fall. Alle diese Tatsachen sprechen dafür, daß bei dieser Koordinationsstörung auch subpallidäre Zentren, vielleicht auch periphere Muskelinnervationsmechanismen (Frank, Hunt u. a.) eine Rolle mitspielen [1]).

Es kommt mir ja hier vor allem darauf an, zu betonen, daß der Tremor und die ihm verwandten Wackelbewegungen durch striäre Erkrankungen bedingt sein können, was keineswegs ausschließen soll, daß sie auch einmal bei den in Frage stehenden Affektionen eine andere Lokalisation haben. Der Tremor tritt ja gleichfalls, wie noch weiter unten zu erörtern ist, als Lokalsymptom der Substantia nigra-Erkrankung auf. Mein Fall seniler Chorea, der zuerst Tremor, dann Chorea aufwies, könnte darauf hinweisen, daß der Tremor, ähnlich wie die Chorea, auf einer striären Innervationsstörung beruht, die auf dem Verhältnis der Funktionsschädigung der kleinen und großen Striatumzellen basiert. Daß aber der Tremor

---

[1]) Vgl. auch die interessanten Beobachtungen und Untersuchungen von Runge über die „Tremorbereitschaft" bei Parkinsonismen und die Hervorrufung und Verstärkung des Tremors durch subcutane Injektionen von Cocain und Adrenalin. (Runge „Beobachtungen beim akinetisch-hypertonischen Symptomkomplex I und II", Arch. f. Psych. und Neurol. **67**, H. 2/3. 1923.) — Anm. b. d. Korr.

nicht gewissermaßen als Früherscheinung der Chorea oder als eine
dem Grade nach leichtere Form der Chorea aufzufassen ist, beweist
die Tatsache, daß auch die initialen Choreaformen stets mit der ihnen spezifischen Bewegungsstörung beginnen, und daß fernerhin in den Huntingtonschen Familien keine eigentlichen Zitterer als Abortivfälle vorzukommen scheinen[1]);
es gilt hier das gleiche, was ich oben für die Parakinesen ausführte.

B) Die Pallidumfunktion.

Die Tatsache, daß im Gegensatz zum früheren Kindesalter diffuse
Striatumerkrankungen beim Erwachsenen nicht mit Athetose
antworten, spricht dafür, daß die pallidären Funktionen im Laufe
der extrauterinen Entwicklung eine Sicherung, Festigung und
in gewissem Sinne auch eine Einschränkung erfahren, so daß bei
striärem Funktionsausfall die ursprünglichen unkoordinierten pallidären und
subpallidären Massenbewegungen nicht mehr zum Vorschein kommen.

Nun haben wir aber gesehen, daß die im späten kindlichen oder jugendlichen Alter auftretenden, zumeist generalisierten Athetosefälle
— soweit die bisherigen dürftigen anatomischen Kenntnisse auf diesem Gebiet
eine Stellungnahme überhaupt rechtfertigen — ausnahmlos mit diffusen Pallidumveränderungen einhergehen, ohne daß sich in den anderen hier in Frage
kommenden grauen Zentren, insbesondere im Striatum, irgendwie regelmäßig
zu findende Störungen zeigen müssen (Status dysmyelinisatus des Pallidum von
C. und O. Vogt und die oben erwähnten Einzelfälle). Gerade auch bei diesen Athetosefällen, die ätiologisch offenbar durchaus keine geschlossene Gruppe darstellen,
stehen die verzerrten Massenbewegungen im Vordergrund, und sehr häufig
treten dabei niedere Reflexbewegungen auf, wie Greif- und Umklammerungs-
reflexe, Schnauzenstellung der Lippen, unartikulierte Lautäußerungen u. dgl.
Ich möchte annehmen, daß es sich hier um das betonte Hervortreten subpallidärer Reflexmechanismen handelt, vornehmlich solcher des Mittelhirns
und Hirnstammes, die entsprechend der diffusen, aber die pallidäre Funktion
nicht völlig ausschaltenden pallidären Erkrankung nicht die genügende striopallidäre Regulation erfahren. Sie zeichnen sich gleichfalls durch Störungen
im statischen Koordinationsmechanismus aus. Aber auch diese verzerrten
Automatismen werden offenbar striär angeregt, entgleisen jedoch im
Pallidum, so daß sie im gewissen Sinne eine pallidär bedingte
Ataxie pallidärer und subpallidärer Bewegungsleistungen darstellen. Daß es sich dabei zunächst um eine nur partielle Funktionsaus-
schaltung des Pallidum handelt, geht weiterhin daraus hervor, daß in solchen
Fällen bei fortschreitender pallidärer Erkrankung die Hyperkinesen zurücktreten
und einer allgemeinen Versteifung Platz machen.

Für die Auffassung der Pallidumfunktion scheint mir die Bewertung
der Athetosefälle des Erwachsenen besonders geeignet. Zur Athetose
rechne ich in Übereinstimmung mit Förster und Orzechowsky den Torsionsspasmus (Torsionsdystonie) als proximale Athetose der großen

---

[1]) Meggendorfer hat bei seinen klinischen Untersuchungen von Huntingtonfamilien
in einzelnen Krankheitsfällen Zittererscheinungen festgestellt; von größter Wichtigkeit
wären die Beziehungen des familiären Tremor zu Huntingtonscher Chorea in klinischer, genealogischer und anatomischer Beziehung.

Rumpf- und Extremitätenmuskulatur, von **Förster** als **Crampussyndrom** bezeichnet. Beide Erscheinungen sehen wir offenbar nur auftreten bei fokalen pallidären Erkrankungen, wobei zu berücksichtigen ist, daß die fortschreitende Entartung des Pallidum auch diese Hyperkinesen aufhebt und eine allgemeine Versteifung heraufführt. Daß dabei jeweils auch die **Funktionstüchtigkeit des Striatum** eine wesentliche Rolle spielt, ist oben schon mehrfach hervorgehoben worden.

Die Auffassung, daß bei der Athetose und dem Torsionsspasmus der Ausfall statischer Momente bei den Bewegungssynergien besonders hervortritt, weist schon darauf hin, daß bei diesen Bewegungsstörungen der statische Koordinationsmechanismus im Mittelhirn und Hirnstamm eine bedeutsame Rolle spielt. Auf ihn wirkt nun, wie ich annehme, das Pallidum regulierend ein. Wird nun bei vorliegender Funktionsuntüchtigkeit einzelner Pallidumelemente die pallidäre Eigenleistung durch Thalamus und Striatum angeregt, so kommen wohl die Automatismen zustande, aber durch den Ausfall von pallidären Foci kommt es zum Ausfall statischer Mechanismen in den einzelnen vom Pallidum geleisteten Bewegungssynergien, die sich noch mehr wie bei der Chorea für gewöhnlich auf einzelne Extremitätenabschnitte und Muskelgebiete beschränken können. Ich fasse also *die Athetose des Erwachsenen und den Torsionsspasmus auf als eine pallidär bedingte ataktische Koordinationsstörung pallidärer Eigenleistungen, bei welcher die Störungen des im Mittelhirn und Hirnstamm gelegenen statischen Koordinationsmechanismus besonders hervortreten.*

Daraus geht aber weiterhin hervor, daß das Pallidum als ein Reflexorgan anzusehen ist, das beim Erwachsenen offenbar ganz vornehmlich den Bewegungssynergien einzelner Muskelgebiete und Extremitätenabschnitte vorsteht. Diese Bewegungssynergien enthalten als feste Teilkomponenten jene, die die Eigentätigkeit des Hirnstamms und Kleinhirns vermittelt; sie stehen aber nicht nur wie diese im Dienste der Statik und automatischen Kinetik und der Gleichgewichtserhaltung, sondern in adäquater Weise auch im Dienste der Ausdrucks-, Abwehr- und Einstellbewegungen und all jener Bewegungsautomatismen, denen das Striatum das eigentliche Zentrum abgibt. Denn auch das Pallidum schöpft aus den gleichen Kerngebieten wie das Striatum seine Anregungen.

Daß auch im **Pallidum** eine **somatotopische Gliederung** gegeben ist ähnlich wie im **Striatum**, beweist die Beschränkung der Bewegungsstörungen auf einzelne Muskelgebiete und Extremitätenabschnitte bei fokalen pallidären Verletzungen. Diese somatotopische Vertretung ist aber offenbar, ähnlich wie jene im Kleinhirn, eine solche nach **Bewegungssynergien**, die von den entsprechenden jeweils zusammenarbeitenden Muskelgebieten besorgt werden. Vielleicht kann der anatomische Befund im **Thomalla**schen Torsionsspasmus darauf hindeuten, daß die dem Striatum benachbarten Partien des Pallidum jenen Bewegungssynergien vorstehen, die vom Rumpfe und den Extremitätenwurzeln geleistet werden.

Bei solcher Betrachtungsweise wird auch die auffallende Tatsache verständlich, daß, wie wir es im Falle XVII gesehen haben, die Athetose eines alten pallidären Herdes durch das Hinzutreten einer striopallidären Affektion der anderen Seite erst klinisch manifest wird; wir wissen ja, daß die **beiden Pallida nicht nur durch Fasern unter sich verbunden sind**, worin die **bilaterale Innervationsleistung des Striopallidum** ihren **anatomischen Ausdruck hat**, sondern daß auch jedes Pallidum auf dem Wege der hinteren Commissur auf das gleichseitige und das kontralaterale hintere Längsbündel einwirkt; im gleichen Sinne sind auch die pallidorubralen Faserungen entwickelt. Hier besteht also eine doppelte pallidäre Sicherung des im Mittelhirn und Hirnstamm gelegenen motorischen Koordinationsmechanismus. Wir müssen in der weiteren Ausdeutung des obigen Falles XVII annehmen, daß der einseitige pallidäre Herd zunächst nicht genügte, die Statik des Hirnstamms zu inkoordinieren und daß sich diese Funktionsstörung erst dann herausstellte, nachdem auch die zweite Sicherung fortfiel.

Ähnliche Wechselwirkungen dürften auch zwischen dem cerebellaren und pallidären Sicherungsmechanismus des motorischen Hirnstammapparates gegeben sein. Denn in Weiterentwicklung dieser Auffassung möchte ich auch *jene choreatischathetotischen Phänomene, die sich bei Erkrankungen des Bindearmes, der Hirnschenkelhaube und der roten Kerngegend zeigen, letzten Endes auf den Hirnstamm beziehen und zurückführen auf die Befreiung des Hirnstamms von der Kleinhirnsicherung einerseits und der pallidären Sicherung andererseits. Diese beiden Sicherungen vertreten und verstärken sich im gewissen Sinne gegenseitig, und nur so wird es erklärlich, daß nicht alle Herde, sowohl solche pallidärer Art, als solche thalamischer, hypothalamischer oder dentatorubraler Lokalisation solche Hyperkinesen bedingen.* So wird auch der Schildersche Fall einer befriedigenden Deutung zugänglich, bei dem erst der Wegfall der zweiten cerebellaren Sicherung nach lange bestehender kontralateraler Pyramidenbahn-Degeneration und striopallidärer Zerstörung eine — Athetose auf der gelähmten Seite heraufführte (vgl. auch S. 340).

Die Annahme, daß es sich bei der subpallidär und pallidär ausgelösten Athetose nur um einen circumscripten Ausfall pallidärer Eigenleistungen und um eine teilweise Lockerung pallidärer Einflüsse auf niederere Zentren handelt, macht es auch verständlich, daß diese Hyperkinesen als inkoordinierte Ausdrucksbewegungen eine striopallidäre Färbung behalten, wodurch der von Kleist gegen eine solche Auffassung erhobene Einwand seine Entkräftung finden dürfte.

So erscheint uns das Pallidum des Erwachsenen als das Zentrum von Bewegungssynergien einzelner Muskelgebiete und Extremitätenabschnitte im Dienste der striären Bewegungsautomatismen, die sich auf den Bewegungssynergien des Cerebellum und Hirnstamms aufbauen. Inwieweit noch höhere Koordinationsleistungen in dieses Zentrum zu verlegen sind, wie es Förster annimmt, wage ich heute noch nicht zu entscheiden. Jedenfalls dürfte der einfache pallidäre Bau für eine relativ einfache Koordinationsleistung sprechen.

Daneben muß aber dem Pallidum noch ein bedeutsamer tonusregelnder Einfluß eingeräumt werden. Wir erkennen dies aus dem starken Hervortreten des rigiden Syndroms bei allen schweren Verletzungen des Pallidum. Pathogenetisch kommen hierfür die pallidären Beeinflussungen des Tuber und Hypothalamus, des tonisierenden Hirnstammapparates (roter Kern) und seiner cerebellaren Verstärkung und der Substantia nigra in Betracht.

C) Die Funktion des Corpus Luysi.

Ähnlich wie mit der Athetose verhält es sich offenbar auch mit dem Hemiballismus, den wir bei Zerstörungen des Luysschen Körpers auftreten sehen.

Es kann keinem Zufall unterliegen, daß sämtliche Fälle, die bisher beschrieben sind — es sind dies nur drei —, die schwere fokale Zerstörung dieses grauen Kerns gemeinsam haben. Bei der Ausdeutung dieser Fälle mahnt freilich der Umstand zur besonderen Vorsicht, daß es sich dabei um relativ akute Erscheinungen handelt, die keinesfalls Reiz- und Fernwirkungen auf die benachbarten pallidären Faserungen ohne weiteres ausschließen lassen. Auch die Nachbarschaft der Roten-Kern-Strahlung könnte für die cerebellare Färbung der hemiballistischen Erscheinungen verantwortlich gemacht werden. Bekanntlich ist ja der Luyssche Körper seit den Untersuchungen von Karplus und Kreidl bis jetzt immer als ein rein vegetatives Zentrum angesehen worden; nur von Kleist und C. und O. Vogt sind vermutungsweise auch engere motorische Funktionen diesem Zentrum zugebilligt worden. Ich möchte dieser letzteren Auffassung beitreten, dies um so mehr, als mein oben beschriebener Fall eine besonders reine Zerstörung dieses Kerngebietes anzeigt. Auch die innigen Faserverknüpfungen des Luysschen Körpers mit dem Pallidum und sein dem Pallidum verwandter Bau scheinen mir im gleichen Sinne zu sprechen. Es stellt sich dar als ein in die gesamte Pallidumregulation eingeschaltetes graues Zentrum, das offenbar wie das Striopallidum vom Thalamus seine Anregungen erhält, vom Pallidum beherrscht wird und vornehmlich auf die Substantia nigra und den roten Kern einwirkt. Die hemiballistische Bewegungsstörung, der choreatischen und athetotischen, namentlich dem Torsionsspasmus verwandt, sich in hochgradig übertriebenen Massenbewegungen ganzer Körperabschnitte mit Dreh- und Wälzbewegungen äußernd, deutet darauf hin, daß *der Luyssche Körper die Bewegungssynergien ganzer Körperabschnitte regelt mit besonderer Betonung von cerebellaren Gleichgewichtskomponenten.* Inwieweit dieses Zentrum noch vasovegetativen Funktionen vorsteht, wage ich nicht zu entscheiden.

Die auffällige Beeinflussung der Bewegungsstörungen all dieser Zentren bei willkürlicher Innervation, Affekten, Einstellung der Aufmerksamkeit, allen sensiblen und sensorischen Reizen geschieht direkt durch den Thalamus und indirekt durch ihn, soweit corticale Impulse gegeben sind. Die nahen Beziehungen dieser Zentren zum autonomen System verraten sich auch in den interessanten pharmakologischen Beeinflussungsmöglichkeiten extrapyramidaler hypertonischer Symptome durch Pilocarpin, Scopolamin, Adrenalin, Novocain und Atropin.

Das Pallidum und der Luyssche Körper stehen durch Fasern unter sich und mit tiefer gelegenen Zentren beider Seiten in Verbindung. Hierin ist der anatomische Ausdruck einer bilateralen Innervation zu sehen, die vornehmlich — wie es die Klinik betont — kontralateral erfolgt. Wenn auch das Striatum nur mit seinem Pallidum in anatomischer Verbindung steht, so gelten auch für die striären Innervationsleistungen infolge der pallidären Verbindungen die gleichen Bedingungen und Gesetze.

D) Die Funktion der Substantia nigra.

Eine gewisse Ausnahmestellung im ganzen System nimmt die Substantia nigra ein, die in direkter zu- und ableitender Verbindung mit gewissen Rindengebieten (vordere Zentralwindung, Stirnhirn) steht. Auch sie wird vom Pallidum her, ebenso vom Luysschen Körper beherrscht, bezieht aber noch zudem zahlreiche Faserzüge aus der gesamten Ponshaube und offenbar auch aus dem Thalamus.

Leider sind wir über die feineren Verbindungen dieses zweifellos sehr wichtigen Zentrums, namentlich auch über seine ableitenden Bahnen und deren Endigungsgebiete, bei weitem noch nicht so unterrichtet, daß wir bindende Schlüsse auf die Funktion dieses Zentrums ziehen können. Immerhin ergibt sich aus meinen obigen Ausführungen in Übereinstimmung mit ähnlichen Untersuchungsergebnissen anderer Autoren die wichtige Tatsache, daß das akinetisch-rigide Syndrom bei fast ausschließlicher auf die Substantia nigra beschränkter Entartung in gewissen Fällen zurückzuführen ist. Auch Tremor, Pulsionen und Haltungsanomalien können hier in gleicher Weise ausgeprägt sein als bei den striopallidären Erkrankungen. Eine genauere pathogenetische Analyse dieser Erscheinungen ist heute m. E. noch nicht möglich, da eingehendere, namentlich auch physiologische Untersuchungen über Fälle, die anatomisch genau festgelegt sind, noch nicht in entsprechender Weise vorliegen. Wir haben ja oben gesehen, in wie weiten Grenzen sich der den Nachkrankheiten der Encephalitis zugrunde liegende Prozeß in seiner Lokalisation halten kann, so daß man nur jeden einzelnen Fall für sich in klinisch-anatomische Relation bringen darf. So läßt sich heute nur vermutungsweise aussprechen, daß Erkrankungen der Substantia nigra mit besonders schweren hypertonischen Zuständen einhergehen, die gleichzeitig als Früherscheinungen das Krankheitsbild eröffnen. Dies schließe ich nicht nur aus dem oben mitgeteilten Globusschen Falle, der eine ziemlich reine anatomische Lokalisation aufweist, sondern mit gewisser Reserve auch aus der Eigenart, wie sich zumeist die metencephalitischen Parkinsonismen zu entwickeln pflegen. Es scheint, daß bei solchen Affektionen die Akinesen weit mehr durch das rigide Syndrom bedingt sind, als wir es bei den striopallidären Erkrankungen im allgemeinen annehmen dürfen.

Neben den Tonusstörungen, welche hier in so auffälliger Weise das klinische Bild beherrschen, stehen noch Störungen der Bewegungssukzession im Vordergrunde. Auch diese können in jenen ihre Ursache haben, es kann ihnen aber auch zum Teil wenigstens ein selbständiger Faktor innewohnen. Eine solche Überlegung verdient hier um so mehr Beachtung, als v. Economo bei seinen experimentellen Untersuchungen gerade die Bewegungssukzession in schwerer Weise gestört fand. Wieweit noch andere primäre Funktionsleistungen diesem Zentrum zuzuschreiben sind, läßt sich heute noch nicht übersehen. Sollte sich herausstellen, daß auch von hier aus akinetische Teilerscheinungen primär ausgelöst werden können, so käme hierfür der Ausfall der corticalen Verbindungen in erster Linie in Betracht.

Zunächst aber möchte ich in Übereinstimmung mit den oben erwähnten Autoren die Substantia nigra als ein tonisierendes Zentrum ansehen, das wahrscheinlich auch der Bewegungssukzession in besonderer Weise dient. Daß auch die Substantia nigra neben bilateraler Innervation die kontralaterale Seite bevorzugt, geht schon aus dem Brissaudschen Falle hervor.

Welche Zentren von hier aus direkt beherrscht werden, ist gleichfalls heute noch nicht zu entscheiden. In Frage kommt auch hier wieder der rote Kern und die Haube des Hirnstammes, in die zweifellos ableitende Fasersysteme von der Substantia nigra ziehen. Vielleicht dürfen wir in jenen Fasern, welche sich der Fußstrahlung zugesellen, direkte Verbindungen mit der cortico-muskulären Bahn erblicken, die die spezifischen Komponenten der Substantia-nigra-Leistung, insbesondere also tonisierende Einflüsse, jeder Bewegung mitteilen.

Die Tatsache, daß die Substantia nigra beim Menschen gegenüber den Tieren eine höhere Differenzierung erlangt hat, daß weiterhin die Pigmentierung ihrer Ganglienzellen erst im Laufe der extrauterinen Entwicklung eintritt, spricht im Sinne spezifischer menschlicher Funktionen, die sich erst im Laufe der kindlichen Entwicklung ausbilden. Vielleicht sind hier Beziehungen vornehmlich tonisierender Art gegeben zu dem aufrechten Stehen und Gehen des Menschen und zu dem sprachlichen Ausdrucksvermögen.

Inwieweit sich aus dem Melaningehalt und dem Bau der Zellen Schlüsse auf die spezifischen Funktionen dieses Zentrums ergeben, wie es F. H. Lewy annimmt, wage ich nicht zu entscheiden. Auch die verschiedene funktionelle Bedeutung der beiden morphologisch verschieden gebauten Zonen der Substantia nigra bleibt heute noch im Dunkeln.

Es ist von vornherein klar und entspricht auch den so außerordentlich vielgestaltigen Krankheitszuständen der menschlichen Pathologie, daß sich die Funktionsausfälle der einzelnen Zentren des extrapyramidalen Hauptsystems in mannigfaltiger Weise gegenseitig beeinflussen und verstärken, ja sich im gewissen Sinne auch vermindern und aufheben können. Wir haben ja oben bei den Magnusschen experimentellen Studien Beispiele kennengelernt, wie sich der Ausfall verschiedener tonisierender Apparate in seiner Wirkung nicht immer summiert, sondern sich gelegentlich sogar ausgleichen kann. Auch über den physiologischen Mechanismus, wie sich die verschiedenen Zentren unter sich beeinflussen, wissen wir heute noch nichts Sicheres. Die Auslegung rein hemmender Funktionen übergeordneter Systeme auf niedriger gelegene Zentren bleibt unbefriedigend, wie ich es schon oben betont habe. Wenn wir z. B. sehen, daß die anatomisch gegebene schwere Degeneration der Substantia nigra mit Untergang fast sämtlicher melaninhaltigen Ganglienzellen der Zona compacta mit stärkster Hypertonie einhergeht, wenn wir dann weiterhin sehen, daß die Entartung des Pallidum, als eines der Substantia nigra in gewissem Sinne übergelagerten Zentrums, ganz ähnliche Tonusstörungen bedingt, so lassen sich derartige Tatsachen nicht ohne weiteres mit dem Begriff gegenseitiger Hemmung erklären. Ebenso wie die Substantia nigra scheint auch das Pallidum für sich tonusregelnd zu wirken, wobei das Pallidum noch irgendwie die Substantia-nigra-Funktion in spezifischer Weise beeinflußt. Es bleibt auch hier die theoretische Forderung bestehen, daß die von verschiedenen Stellen des extrapyramidalen Systems ausgelösten Bewegungsstörungen bei weitgehender klinischer Ähnlichkeit in ihren physiologischen Grundkomponenten Verschiedenheiten aufweisen müssen. Gerstmann und Schilder haben ja bereits verschiedene Arten von Rigidität beschrieben, und F. H. Lewy hat mit Hilfe von feineren physiologischen Methoden auf bemerkenswerte Differenzen in einzelnen Fällen hingewiesen. Freilich wird erst der jeweils gegebene anatomische Befund die Bedeutung solch klinischer Unterschiede beantworten und erklären können.

Schließlich muß noch eine auffällige Erscheinung hier besprochen werden, die besonders bei den Parkinsonschen Nachkrankheiten der Encephalitis von vielen Autoren (v. Economo, Meggendorfer, Boström, Steiner, Hauptmann, Stern u. a.) beschrieben worden und auch von mir beobachtet worden ist. Es ist dies die Tatsache, daß unter dem Einflusse starker Willensanspannungen, von Affekten, im Schlaf, besonders aber beim Aufwachen, ja selbst unter Fiebererscheinungen spontan die Akinese für kurze Zeit durchbrochen wird und von solchen Kranken ganz intakte komplizierte Handlungen und Bewegungsfolgen geleistet werden, die in dem gewöhnlichen Dauerzustande der Krankheit völlig unmöglich sind. Nun wissen wir, daß der reine Pallidumrigor, wie dies auch Förster hervorhebt, im Schlaf schwindet oder doch eine erhebliche Minderung erfährt. Das gleiche gilt für den Rigor der Parkinsonismen nach Encephalitis, was zweifellos zurückzuführen ist auf das mangelnde Zuströmen von Reizen einerseits und auf die Wechselwirkungen von Schlaf, Fieber und vegetativen Zentren andererseits. Meines Erachtens sind diese klinischen Tatsachen so zu deuten, daß sich die entsprechend der anatomischen Läsion ja für gewöhnlich nicht völlig ausgelöschten, sondern nur beeinträchtigten striopallidären Automatismen unter gewissen Bedingungen, welche spontan die Rigidität herabsetzen, oder wie bei starken Willensimpulsen die corticale Innervationsleistung steigern, wieder durchsetzen können. Es wäre noch besonders darauf zu achten, ob diese Erscheinungen gerade bei solchen Parkinsonismen auftreten, die sich anatomisch im wesentlichen auf die Substantia-nigra-Erkrankung zurückführen lassen, die also für solche klinische Auffälligkeiten noch günstigere Bedingungen abgeben als die anderen Parkinsonismen mit striopallidärer Hauptlokalisation. Dann wäre eine weitere Begründung unserer obigen Vermutung gegeben, daß die Akinese der Substantia-nigra-Affektion im wesentlichen sekundär bedingt ist.

Wenn ich also die wichtigsten Tatsachen zusammenfasse, die sich aus den obigen Auseinandersetzungen für die pathophysiologische Auffassung der extrapyramidalen Bewegungsstörungen und der Funktionsleistungen des extrapyramidalen Hauptsystems und seiner Zentren ergeben, so ist folgendes hervorzuheben:

Neben dem fronto-ponto-cerebellaren System dient unser extrapyramidales Hauptsystem mit seinen Zentren höher differenzierten motorischen Eigenleistungen. Es baut sich als Ganzes auf dem Koordinationsmechanismus des Hirnstammes und Cerebellum, den es als feste Basis benutzt, auf. Es erhält seine Anregungen — abgesehen von der Substantia nigra, die auch direkte corticale Fasern bezieht — von der Zwischenhirnbasis und dem Thalamus. Die Zwischenhirnbasis erscheint uns von hoher Bedeutung für die zentralen Regulationen der gesamten Stoffwechselvorgänge des Organismus, insbesondere auch des gesamten Tonus des Muskelapparates, der Thalamus als ein großes mit dem Gesamtcortex in zu- und ableitender Verbindung stehendes Sammelbecken von proprio- und exteroceptiven Reizen, welch letztere hier eine gewisse Anstauung erfahren, und von Kleinhirnimpulsen, welche ihm die Nachricht von der jeweiligen Körperstellung sowohl wie von dem Kontraktionszustande der gesamten Muskulatur, der ganzen unbewußten Tiefensensibilität übermitteln. So ist der Thalamus ein Organ, welches das Individuum nicht nur über die jeweiligen Zustandsveränderungen des eigenen Körpers unterrichtet, sondern auch mit der Außenwelt in innige Beziehung setzt, das für die Empfindungen, Gefühle und Affekte von maßgebender Bedeutung ist, in gleicher Weise auch der Aufmerksamkeit, der psychischen Aktivität und dem Bewußtsein ganz im allgemeinen dient.

In der Haube des Mittelhirns und im Hirnstamm haben wir einen für alle Tiere und wohl auch für den Menschen gleich wichtigen, offenbar durch das hintere Längsbündel verbundenen Apparat kennengelernt, der, proprioceptiv angeregt, auf Grund vielseitig entwickelter Steh- und Stellreflexe die harmonische Tonusverteilung der gesamten Körpermuskulatur beherrscht, die Präzision der Stellungen und Bewegungen regelt und den Individuen ermöglicht, nach ausgeführter Willkürbewegung oder von einer neuen Körperlage aus die Grundstellung wiederherzustellen, von der aus dann neue Bewegungen ablaufen. Diese können von der Großhirnrinde ausgelöst werden und erscheinen dann als „Willkürbewegungen“ oder sie stellen sich dar als subcorticale Reflexe, von anderen Körperstellen bedingt. Dieser mächtige Koordinationsmechanismus arbeitet wenigstens bei den Tieren, sogar noch beim Affen, weitgehend unabhängig vom Kleinhirn und den höher gelegenen Gehirnzentren. Der rote Kern erscheint in dem ganzen System als die oralst gelegene Hypertrophie dieses motorischen Zentrums, das sich offenbar aus mehreren übereinandergestellten Etappen zusammensetzt; er ist zugleich das funktionell bedeutsamste Zentrum dieses Kerngebiets und stellt mit seiner rubrospinalen Bahn eine wichtige ableitende Verbindung des gesamten Extrapyramidium mit den motorischen Vorderhorn dar.

Das Kleinhirn wirkt vornehmlich verstärkend, stellunggebend und hemmend auf dieses Koordinationssystem ein, dabei ganz besonders in spezifischer Weise jene Bewegungssynergien regulierend, die durch die Fall- und Bewegungsrichtungen des Körpers und seiner Teile bestimmt sind.

Unser extrapyramidales Hauptsystem wirkt einmal regulierend auf das Koordinationssystem des Mittelhirns und Hirnstamms und seine cerebellaren Verstärkungen ein und sichert so die hochentwickelten tonischen, statischen und kinetischen Funktionen dieser Zentren; es beeinflußt weiterhin regulierend die vegetativen, hypothalamischen Zentren, die dem chemisch-physikalischen tonischen Prozesse vorstehen, und ist als ein Teil der Willensbahn aufzufassen, auf der corticale Impulse dem motorischen Vorderhorn zugeleitet werden; insbesondere ist es als ein efferentes Organ des Thalamus anzusehen und erscheint so als Zentrum für die Ausdrucksbewegungen, für die reaktiven Flucht- und Abwehrbewegungen, für die Schutz-, Schmerz- und Schreckreflexe, für die Orientierungs-, Adversions- und Einstellbewegungen, für die automatischen Haltungs- und Stellungsveränderungen und Hilfsbewegungen beim Bewegungsablauf, für die zwangsmäßigen Synergien und Mitbewegungen und für motorische Teilkomponente, die bei den Gemeinschaftsbewegungen des Sitzens, Stehens und Gehens, Kauens und Schluckens und bei der Sprache eine wesentliche Rolle spielen.

Die hypo- und akinetischen Erscheinungen sind auf einen Innervationsausfall zurückzuführen, bedingt durch den Ausfall von Anregungen des extrapyramidalen Systems und von Ableitungen aus seinen Zentren. Die rigide Komponente in ihren Teilerscheinungen basiert auf der ausfallenden Regulation der hypothalamischen Zentren, des motorischen Mittelhirn- und Hirnstammapparates und seiner cerebellaren Sicherung durch das extrapyramidale System.

Die Chorea ist als eine striär bedingte, vornehmlich auf den Ausfall der kleinen rezeptiven und assoziativen Ganglienzellelemente des Striatum zurückzuführende Ataxie pallidärer Eigenleistungen aufzufassen, im ähnlichen Sinne auch der Tic zu deuten, wobei entsprechend dem fokalen striären Ausfall nur circumscripte Muskelgebiete betroffen sind.

Den choreatischen Erscheinungen verwandt, sind offenbar auch kompliziertere Parakinesen auf ähnliche Mechanismen zurückzuführen, wobei die leichtere Striatumschädigung einen pathogenetischen Hauptfaktor darstellen dürfte. Je systematischer sich die kleinzellige Striatumdegeneration entwickelt, desto reiner tritt von vornherein der choreatische Charakter des Bewegungsspiels in Erscheinung. Tremor und Wackelbewegungen erscheinen gleichfalls zum Teil wenigstens striär bedingt als striär ausgelöste ataktische Koordinationsstörungen pallidärer und subpallidärer Zentren (vielleicht auch peripherer Muskelinnervationsmechanismen), wobei die Schädigung der großen und kleinen Striatumzellen in ihrem gegenseitigen Verhältnis von Bedeutung ist. Gleichfalls wird die relative Schädigung von Striatum einerseits und Pallidum andererseits eine wesentliche Rolle mitspielen. Tremor und Pulsionen sind weiterhin auch bei fast ausschließlichen Substantia-nigra-Affektionen anzutreffen und offenbar der Ausdruck von Tonusstörungen.

Die angeborene Athetose des frühen Kindesalters ist bei den entsprechenden Krankheitsfällen zurückzuführen auf das durch den pathologischen Striatumprozeß bedingte Ausbleiben der striären Regulation des Pallidum, das dann mit jenen unkoordinierten und verzerrten Massenbewegungen antwortet, wie sie bei solchen Athetosefällen in ihrer Ähnlichkeit mit den Massenbewegungen des frühesten Kindesalters ausfallen. Die Athetose des späteren kindlichen und jugendlichen Alters und des Erwachsenen ist mit dem Torsionsspasmus als eine pallidär bedingte ataktische Koordinationsstörung pallidärer Eigenleistungen aufzufassen, bei welcher die Störungen des im Mittelhirn und Hirnstamm gelegenen statischen und kinetischen Koordinationsmechanismus besonders hervortreten. Gegenüber der Athetose des Erwachsenen, die auf fokalen pallidären Läsionen beruht, kommt es bei der generalisierten Athetose des späteren kindlichen und jugendlichen Alters in Parallele mit der diffusen pallidären Entartung zu dem vermehrten Hervortreten subpallidärer Massenbewegungen und Hirnstammechanismen.

Auch die choreatisch-athetotischen Phänomene, die sich bei Erkrankungen der Roten-Kern-Gegend, des Bindearms und der Hirnschenkelhaube zeigen, sind letzten Endes auf den Hirnstamm zu beziehen und zurückzuführen auf die Befreiung des Mittelhirns und Hirnstamms von der Kleinhirnsicherung einerseits und der pallidären Sicherung andererseits.

Prinzipiell von ihnen zu trennen sind alle Läsionen oralwärts vom roten Kern, bei denen die Hyperkinesen als indirekt gesetzte Funktionsausfälle des Striopallidum aufzufassen sind im Sinne ataktischer Störungen, die Akinesen erscheinen dabei als schlaffe Lähmungen des Striopallidum.

Auf Grund des anatomischen Bauplanes und der Ausfallserscheinungen bei entsprechend lokalisierten Krankheitsprozessen ergeben sich bis heute wenigstens folgende Anschauungen über die *Funktionsleistungen der einzelnen Zentren* des extrapyramidalen Hauptsystems:

Das Striatum ist als ein hochdifferenziertes Regulationsorgan aufzufassen, das dem Pallidum übergelagert ist. Es ist das eigentliche Zentrum für die Ausdrucks-

bewegungen, für die reaktiven Flucht- und Abwehrbewegungen, für die Schutz- und Schreckreflexe, für die Orientierungs-, Adversions- und Einstellbewegungen, für die automatischen Haltungs- und Stellungsänderungen und Hilfsbewegungen beim Bewegungsablauf, für die zwangsmäßigen Synergien und Mitbewegungen und für motorische Teilkomponente des Sitzens, Stehens und Gehens, Kauens und Schluckens und des sprachlichen Ausdrucksvermögens. Auch wirkt es tonusregulierend auf das Pallidum ein.

Das Pallidum, das beim Neugeborenen als das Zentrum der primitiven, unkoordinierten Automatismen der frühesten Kindheit anzusehen ist, erscheint beim Erwachsenen als das Zentrum von Bewegungssynergien einzelner Muskelgebiete und Extremitätenabschnitte im Dienste der striären Bewegungsautomatismen, welch letztere sich auf den Bewegungssynergien des Cerebellum und Hirnstammes aufbauen. Dabei übt es einen bedeutsamen tonusregelnden Einfluß aus.

Der Luyssche Körper regelt offenbar die Bewegungssynergien ganzer Körperabschnitte mit besonderer Betonung von cerebellaren Gleichgewichtskomponenten.

Die Substantia nigra ist als ein vornehmlich tonusregelndes Zentrum anzusehen, das vielleicht noch in besonderer Weise der Bewegungssukzession dient.

Striatum und Pallidum sind somatotopisch gegliedert und stehen wie auch der Luyssche Körper innervatorisch beiden Körperhälften vor mit besonderer Betonung der gegenüberliegenden Seite. Ähnliche Verhältnisse sind offenbar auch für die Substantia nigra gegeben.

Cortex und extrapyramidales System.

Wir haben in unserem extrapyramidalen Hauptsystem und seinen Zentren ein hoch entwickeltes der Motilität dienendes Koordinationssystem kennen gelernt, das mit dem Cortex mannigfaltige Beziehungen unterhält. Cortex und extrapyramidales System stehen funktionell in gegenseitiger Wechselbeziehung, und zwar beeinflussen die corticalen Leistungen jene des extrapyramidalen Systems und umgekehrt.

Ich will hier nur kurz die wichtigsten Fragen berühren, die sich vornehmlich vom psychiatrischen Standpunkte aus auf diesem Gebiete ergeben.

Der erste Teil der oben ausgesprochenen These ergibt sich bereits aus zahlreichen Tatsachen, die oben ausgeführt sind. Wir haben des öfteren betont, daß die Funktionsausfälle bei Erkrankungen des extrapyramidalen Systems mit abhängig sind von dem Gesamtzustande des Gehirns, insbesondere von der Leistungsfähigkeit des Cortex. Nur unter diesem Gesichtspunkte lassen sich viele klinische Differenzen in den Zustandsbildern der vornehmlich extrapyramidal lokalisierten Prozesse erklären, denen durchaus nicht immer eine direkte Proportionalität mit der anatomischen extrapyramidalen Läsion zukommt. Wir haben weiterhin auf die im klinischen Bilde so auffälligen corticalen Beeinflussungen der extrapyramidalen Bewegungsstörungen hingewiesen, die wir im wesentlichen als durch Vermittlung des Thalamus erfolgend anzusehen haben. Hierher gehört auch die Möglichkeit des zeitweisen Ausgleiches extrapyramidaler Störungen durch Leistungen der cortico-muskulären Pyramidenbahnen, Mechanismen, die wir bei unseren therapeutischen Maßnahmen zu berücksichtigen haben (Beeinflussung der extrapyramidalen Bewegungsstörungen durch bewußte Willensanspannungen, durch Übungen, durch Hypnose und Suggestion).

Solche Wechselbeziehungen zwischen Cortex und extrapyramidalem System zeigen sich aber auch noch bei verschiedenen physiologischen und pathologischen Entwicklungen und Erscheinungen.

Schon die Entwicklung der gesamten menschlichen Motorik deutet auf solch innige Beziehungen hin.

Ich habe oben die hohe Bedeutung der eintretenden „Striatumreife“ und jener der Substantia nigra für die Ausbildung der kindlichen Bewegungen besprochen. Der weitere funktionelle Ausbau des extrapyramidalen Hauptsystems und seiner Zentren stellt nicht nur die ungezügelten Steh- und Stellreflexe des Hirnstamms und die pallidären Massenbewegungen in den Dienst der harmonischen Tonusverteilung bei allen Willkürbewegungen und sekundären Automatismen, vornehmlich beim Sitzen, Stehen und Gehen, er formt nicht nur aus den Schreilauten des Säuglings die für das spezifische motorische Ausdrucksvermögen adäquaten Bewegungssynergien der Sprache und Atemmuskulatur, er wird auch die Basis für die jeweils entsprechende Mimik, für das individuelle Gestenspiel und für den individuellen motorischen Gesamthabitus, wie er in der ganzen Bewegungsweise und den bereitliegenden „angeborenen" Fertigkeiten zum Ausdruck kommt.

Die Funktionsleistungen, die wir nach unseren obigen Ausführungen dem extrapyramidalen Hauptsystem zusprechen, begründen die Auffassung, daß sein spezifischer Charakter jeweils im hohen Grade mitbestimmend ist für das individuelle motorische Gesamtgepräge der Persönlichkeit.

Durch die Leistungen der Pyramidenbahn und des Gesamtcortex wird dieser spezifische und feste Unterbau in den Dienst aller Willkürbewegungen, des Erlernens komplizierter Bewegungsleistungen, der Praxie im weitesten Sinne des Wortes gestellt, wobei die gesamten corticalen Leistungen und Beeinflussungen die höhere Psychomotorik, die Geschlossenheit und Intellektualisierung der motorischen Persönlichkeit mitformen. Hierfür muß der Ausdruck „psycho-motorisch" reserviert bleiben.

Homburger hat erst jüngst auf solcher Basis die Entwicklung der Motorik vom Säuglinge bis zum Greise einer entsprechenden Analyse unterzogen und die Krisen, welche die Motilität als Einzelerscheinung in den verschiedenen häufig dissoziiert erscheinenden Entwicklungsphasen der Persönlichkeit durchzumachen hat, auf das physiologische Mißverhältnis der zentralen nervösen Apparate und der von ihnen innervierten Werkzeuge zurückgeführt.

So baut sich das gesamte psycho-motorische Geschehen auf der festen Basis der Stammganglienmechanismen auf, die es als gesicherten Kern enthält. Cortex und extrapyramidales System müssen anatomisch und physiologisch in ungestörter Harmonie zusammenwirken, um einen normalen Bewegungsablauf zu garantieren. Darin liegt es begründet, daß corticale Schädigungen durch die Lockerung des Rindeneinflusses auf das extrapyramidale motorische System mit Bewegungsstörungen einhergehen, die im klinischen Bilde in vielen Zügen an extrapyramidale Bewegungsstörungen erinnern, ohne daß wir sie lokalisatorisch und pathophysiologisch mit letzteren identifizieren dürfen. Andererseits tragen manche Stammganglienparakinesen so sehr die Züge echter psycho-motorischer Störungen, daß sie auf den ersten Blick von jenen nur schwer zu trennen sind. Im allgemeinen läßt sich sagen: je tiefer der Sitz der anatomischen Läsion, desto mehr werden die Grundkomponenten des Bewegungsaufbaues geschädigt; je höher im ganzen System Cortex-Stammganglien die Affektion angreift, um so mehr gleichen die Bewegungsstörungen den physiologischen Bewegungsformen.

Schwere sich im wesentlichen auf den Cortex beschränkende Affektionen — ich denke hier vornehmlich an meningitische und epileptische Zustandsbilder oder an häufige Begleiterscheinungen rein corticaler Gefäßerkrankungen — beeinträchtigen nicht selten in erheblicher Weise das gesamte motorische Ausdrucksvermögen mit Einschluß der extrapyramidalen Automatismen, ohne daß diese Erscheinungen sich als Störungen der Pyramidenbahnen und des Cortex hinreichend erklären ließen. Wir erkennen dies z. B. an den eigenartigen Muskelspannungen solcher Kranker, an den Störungen des Gehens und Stehens, an der hochgradigen Einbuße und Verzerrung des gesamten mimischen Ausdrucks, ferner auch noch an der lebhaften Bewegungsunruhe mit Einschaltung

der mannigfaltigsten Parakinesen, welche nicht selten die cortical bedingten
Erregungszustände begleiten und in ihrer Ähnlichkeit mit unseren extrapyramidalen Bewegungsstörungen zu Verwechselungen mit solchen führen können.
Hier sei auch auf eigenartige Haltungsanomalien und Tonusänderungen hingewiesen, die die epileptischen Anfälle nicht selten begleiten oder ihnen noch
längere Zeit nachfolgen. Daß wir freilich die schwere Beeinträchtigung der gesamten Psychomotorik, wie sie im allgemeinen die Paralyse oder senile Demenz
auszeichnet, zum Teil wenigstens auf eine direkte Mitläsion des extrapyramidalen
Systems beziehen müssen, habe ich oben auseinandergesetzt.

Andererseits sehen wir auch bei psychischen Ausnahmezuständen,
die wir als funktionell aufzufassen gewohnt sind, recht häufig einen Zerfall der
motorischen Harmonie auftreten, der gleichfalls als eine indirekte Beeinflussung
der extrapyramidalen Funktionsleistungen erscheint. Ich erinnere nur an die
Stuporzustände im Verlaufe des manisch-depressiven Irreseins, wobei ich es
dahingestellt sein lasse, inwieweit dabei neben corticalen Auswirkungen solche
thalamischer und hypothalamischer Zentren eine Rolle mitspielen. Ähnliches
gilt für die eigenartigen Verlegenheitsbewegungen, die Muskelspannungen,
das Zusammenfahren und Steifwerden bei Angst, Furcht und Schrecken.

Das vermehrte Hervortreten extrapyramidaler Mechanismen im hypno-
tischen Ausnahmezustande muß ebenfalls auf eine veränderte Einwirkung des Cortex auf das extrapyramidale System zurückgeführt werden,
wobei durch entsprechende Suggestion hier eine Kräfteentfaltung erzielt werden
kann, die trotz angestrengten Willens im Normalzustande unmöglich ist.

Zweifellos erinnern auch viele hysterische Automatismen an unsere Bewegungsstörungen. C. und O. Vogt haben die Vermutung ausgesprochen, daß
es sich bei dieser konstitutionellen Veranlagung um eine angeborene Minderwertigkeit des striopallidären Systems handele, welche das Hervortreten solcher
Automatismen begünstige. „Vielleicht wird ein Suchen dieses Substrates —
wenigstens für gewisse Formen der Hysterie — im Striatum von mehr Erfolg
gekrönt sein als die bisherige Durchforschung der Hirnrinde.“ Es scheint mir
jedoch, daß die Dinge nicht so einfach liegen. Mit Schilder möchte ich hier
nur eine physiologische Auswirkung der hysterischen Psyche sehen und das
erleichterte Hervortreten subcorticaler Mechanismen auf eine Lockerung des
Rindeneinflusses auf das Extrapyramidium zurückführen; ob diese Funktionsschwäche des Cortex, die ich so postuliere, sich irgendwie einmal anatomisch
festlegen läßt, lasse ich dahingestellt. Jedenfalls steht die hier vertretene Auffassung solcher hysterischen Phänomene mit der von Kräpelin ausgesprochenen
Annahme im Einklang, wonach die Hysterie im gewissen Sinne als ein Stehenbleiben auf primitiver Entwicklungsstufe zurückzuführen ist.

Die meisten Krankheitsbilder, die wir heute als organische Affektionen
des extrapyramidalen Systems auffassen müssen, wurden noch vor verhältnismäßig kurzer Zeit als funktionell bedingte Zustände angesehen
unter Betonung ihrer nahen Verwandtschaft mit der Hysterie. Wie schwer
es auch heute noch ist, viele dieser Erscheinungen, namentlich bei beginnenden
Krankheitsprozessen, von funktionellen Störungen abzugrenzen, ist jedem Nerven-
arzte bekannt. Wir konnten hier jahrelang eine Kranke beobachten, die auf
alle möglichen psychischen Reize hin mit einer verzerrten Bewegungsunruhe

antwortete, die zwischen Tic und Chorea stand, manchmal auch verwickeltere Parakinesen bot, beim Gehen zu einem Zusammenzucken des Körpers mit stolpernden Bewegungen führte und mit krächzenden Lauten sich verband. Die Diagnose schwankte bei dieser neurologisch sonst unauffälligen, psychisch hysterisch gezeichneten Persönlichkeit zwischen einer der Chorea verwandten organischen Erkrankung und Hysterie. Die anatomische Untersuchung der an einer Grippepneumonie gestorbenen Kranken ergab trotz eifrigen Suchens keinen irgendwie wesentlichen Befund im Zentralnervensystem, namentlich nicht im extrapyramidalen System und seinen Zentren.

Vom anatomischen und pathophysiologischen Standpunkte aus gesprochen, ist bei den psychomotorischen Bewegungsstörungen der Psychosen das Extrapyramidium das Erfolgsorgan, das durch die gestörten corticalen Beeinflussungen falsch und verzerrt anspricht, und dessen Mechanismen durch die Lockerungen des Rindeneinflusses ungehemmter zutage treten. Bei den extrapyramidalen Erkrankungen selbst sind die niederen Bewegungsformen, die Automatismen, direkt gestört und bieten so einen Bewegungszerfall, der wohl äußerlich den psychomotorischen Bewegungsstörungen manchmal ähneln kann, jedoch pathophysiologisch und anatomisch auf ganz anderen Mechanismen beruht.

Im gleichen Sinne, wie die corticalen Leistungen jene des extrapyramidalen Systems beeinflussen, ist der normale Ablauf der extrapyramidalen Motorik bedeutsam für das psychische Geschehen.

Besonders wichtige Einblicke in die interessanten Wechselbeziehungen zwischen extrapyramidaler Motorik und psychischem Geschehen haben uns die Nachkrankheiten der Encephalitis gegeben, die uns zugleich auch die deutliche Beeinflussung der corticalen Leistungen durch das extrapyramidale System verbürgen. Bekanntlich hat Kleist schon vor vielen Jahren im weiteren Ausbaue Wernickescher Gedankengänge — ich möchte sagen vorahnend — die große Bedeutung der Motilität für die corticalen Leistungen, namentlich für die Denkprozesse und für die Merkfähigkeit erkannt und die psychischen Störungen, die seine „Motilitätspsychosen" zeigten, auf primäre Motilitätsstörungen zurückgeführt. Für diese forderte er rein theoretisch eine Erkrankung der fronto-ponto cerebellaren Bahnen. Wenn man die geistreichen Ausführungen von Kleist[1] heute liest, möchte man versucht sein, zu glauben, Kleist habe als Grundlage seiner Studien Encephalitiker analysiert, eine Vermutung, die auch v. Economo ausgesprochen hat. Wenngleich letztere Annahme natürlich nicht zu Recht besteht, so ist es in der Tat überraschend, wie zutreffend die Kleistschen Ausführungen heute für das Encephalitismaterial erscheinen, nur mit der Einschränkung, daß dabei die Funktionsuntüchtigkeit unseres extrapyramidalen Hauptsystems, des Hirnstamms in seinen einzelnen Zentren, die ausschlaggebende Rolle zukommt. In der Tat bedingt die akinetische Bewegungsstörung dieser Kranken als Primärsymptom eine derartige Beeinträchtigung des gesamten psychischen Habitus, die in ihrer Regelmäßigkeit äußerst charakteristisch und auffallend ist. Hierüber besteht bereits eine umfangreiche Literatur; besonders sei auf die vorzüglichen Ausführungen und Schilderungen von Mayer-Groß, Steiner und Hauptmann hingewiesen. Namentlich letzterer sucht in

---

[1] Vgl. auch Kleist: Monatsschr. f. Neurol. u. Psychiatrie 1923.

feinsinniger Differenzierung die bei den verschiedenen Fällen sich verschieden
äußernden Störungen der Denktätigkeit, der Auffassung, der Merkfähigkeit und
des Affektlebens pathophysiologisch im Kleistschen Sinne zu deuten und lokalisatorisch festzulegen.

All diese rein klinischen Analysierungen des psychischen Gesamthabitus
bei derartigen Kranken mit im Vordergrunde stehenden motorischen Störungen
sind zweifellos von der größten Bedeutung, können aber erst auf Grund genauer anatomischer Untersuchungen der einzelnen Fälle weitergehende pathophysiologische Schlußfolgerungen erlauben. Jedenfalls ist heute noch dringend davor zu warnen, sich auf diesem Gebiete in allzu
weitgehende theoretische Spekulationen vorzuwagen.

Ich habe schon oben bei Besprechung der Metencephalitis hervorgehoben,
in wie weiten Grenzen im einzelnen Falle die Lokalisation des
pathologischen Prozesses schwanken kann. Immerhin haben die bis
jetzt vorliegenden anatomischen Untersuchungen an solchem Materiale mit
Einschluß meiner oben mitgeteilten Beobachtungen dargetan, daß mit einer
gewissen Regelmäßigkeit der Gesamtcortex dabei unversehrt bleibt, und
daß die auffällige psychische Beeinträchtigung solcher akinetischer
Kranken auf die durch die extrapyramidale Läsion gesetzte Bewegungsstörung im allgemeinen zurückzuführen ist. Ich betone im
allgemeinen, denn auch hier bleibt für die Ausdeutung der einzelnen Fälle nur
die spezielle vergleichende anatomische Untersuchung maßgebend und beweiskräftig. Wir haben ja bereits bei dem v. Economo beschriebenen Falle
gesehen, wie unter Umständen der Prozeß auch auf die Rinde übergreifen kann,
und in meinem ersten Falle (Fall XXI) war die vordere Zentralwindung gleichfalls
anatomisch nicht völlig intakt.

In der Epikrise meines Falles XXI habe ich bereits betont, daß für die
eigenartige psychische Färbung dieses Krankheitsbildes, für
die Affektstumpfheit, Mangel jeglicher Spontaneität, Erschwerung der intellektuellen Leistungen irgendwie greifbare
Veränderungen im Rindengebiete nicht in Betracht kommen.
Der Prozeß beschränkte sich hier ganz wesentlich auf den Hirnstamm, und
so dürfen und müssen die Veränderungen des psychischen Gesamthabitus in einem solchen Falle auf den Hirnstamm zurückgeführt werden, d. h. pathophysiologisch auf die extrapyramidalen Bewegungsstörungen.

Bemerkenswert ist dabei die Tatsache, daß in Übereinstimmung mit dem
offenbar regelmäßig zu erhebenden anatomischen Befunde die primären corticalen Leistungen an sich ungeschädigt bleiben und sich lediglich in
ihrer Aktivierung, in ihrem Ablauf, in ihrer Disziplinierung und in ihren
Äußerungsmöglichkeiten gestört erweisen (Steiner und Hauptmann, eigene
Beobachtungen). Es ist also der Ausdruck „Verblödung" für solche Fälle völlig
unzutreffend, wenngleich sie auf den ersten Blick einen derartigen Eindruck
machen. Dies hebt auch Herr Dr. Fleischmann-Kiew hervor, der bei den
Parkinsonschen Nachkrankheiten der Encephalitis der hiesigen Anstalt noch
nicht abgeschlossene experimentalpsychologische Untersuchungen im psycho-
logischen Laboratorium (Dr. Rittershaus) vorgenommen hat.

Man könnte bei solchen Störungen am ehesten von einer Akinese der Psyche sprechen. Zweifellos trifft man ausnahmsweise auch bei solchen Kranken schwerere psychotische Symptome an, wahnhafte Umdeutungen, echte negativistische Erscheinungen, paranoide Einstellung zur Umgebung u. dgl. (Mayer-Groß, Steiner, Hauptmann), Erscheinungen, deren pathophysiologische Erklärung zunächst größeren Schwierigkeiten unterliegt. Ich möchte glauben, daß bei solchen Fällen — die corticale Läsionsfreiheit vorausgesetzt — die prämorbide Persönlichkeit im Sinne Bleulers und Kretschmers die größte Beachtung verdient.

Noch eine weitere von Kleist bereits gewürdigte Erscheinung verdient hier hervorgehoben zu werden, daß die Denkstörung bei solchen Kranken weniger von der Intensität als von der Ausbreitung der psychomotorischen Störung abhängig ist; wenigstens sah ich nur bei solchen Kranken eine deutliche Denkstörung, bei denen eine Akinese der gesamten Muskulatur vorlag, so daß sämtliche beim Denken so wichtigen Einstellvorgänge ausblieben. Besonders überzeugend wirkte auf mich eine Beobachtung von halbseitigem Parkinson und kontralateraler Athetose nach Encephalitis, wo von einer deutlichen Beeinflussung der psychischen Leistungen trotz jahrelangen Bestehens der schweren Motilitätsstörungen nichts zu bemerken war. (Nur nebenbei sei bemerkt, daß ich in diesem Falle den Parkinson der einen Seite vornehmlich auf die Substantia nigra beziehe, während ich für die kontralaterale Athetose eine pallidäre Affektion annehme; wir sehen auch hieraus wieder, in wie weiten Grenzen sich trotz aller Regelmäßigkeit die Lokalisation der encephalitischen Nachkrankheiten halten kann.)

Von Bonhoeffer namentlich ist auf eigenartige Charakterveränderungen hingewiesen worden, die bei Kindern in der Nachkrankheit einer Encephalitis auffallen. Auch bei Erwachsenen wurden sie hier mehrfach beobachtet (Dr. Cohen, Meggendorfer), und ich verfüge gleichfalls über mehrere derartige Fälle aus der Praxis. Eine Deutung möchte ich so lange unterlassen, bis anatomische Untersuchungen vorliegen. Bonhoeffer spricht bei solchen Kranken von einer gestörten Konkordanz der neencephalen und der palaeencephalen Hirnteile, eine Auffassung, die wir auch für die älteren Kranken in etwas eingeschränktem Sinne übernehmen dürfen. Auch dabei dürfte die prämorbide Persönlichkeit von wesentlicher Bedeutung sein.

Weit schwieriger sind die Zusammenhänge von extrapyramidaler Hyperkinese und psychischen Störungen zu deuten. Kleist nimmt auch hier innige Beziehungen an, und ich möchte ihm auf Grund meiner Erfahrungen durchaus beipflichten, daß in manchen Fällen die psychische Reaktionsweise im Sinne von krankhafter Ablenkbarkeit, die schließlich bis zu Ideenflucht und Inkohärenz der Gedankengänge führen kann, in auffallender Weise verändert ist. Ich muß aber auch hier betonen, daß ich zahlreiche extrapyramidale Hyperkinesen beobachten konnte, die keine schwereren psychischen Störungen boten, insbesondere keine echten psychotischen Symptome. Ich kann ferner auf Grund der anatomischen Untersuchungen an hyperkinetischem Encephalitismaterial das eine sagen, daß in allen Fällen, in denen sich deutliche psychotische Erscheinungen klinisch zeigten, auch der Cortex anatomisch in Mitleidenschaft gezogen war. Die gleichen Bedingungen ergeben sich ja auch z. B. bei der **chronisch-progressiven Chorea mit Psychose** und bei den Krankheitsfällen **Wilson-Pseudosklerose**, wo die psychischen Störungen ein deutliches Korrelat in den corticalen Veränderungen haben. Damit soll keineswegs die Bedeutung der extrapyramidalen Bewegungsstörungen für das Auftreten psychotischer Symptome bei begleitenden corticalen Prozessen herabgesetzt werden. Ich bin überzeugt, daß **bei einem Zusammentreffen corticaler und extrapyramidaler Läsionen die extrapyramidalen Bewegungsstörungen dem Zerfall der psychischen Leistungen Vorschub leisten.**

Die Pathologie all dieser extrapyramidalen Krankheitszustände hat noch insofern ein besonderes Interesse, als sie uns **klinisch Anklänge zeigen an die psychomotorischen Störungen der Dementia praecox.** Zweifellos überrascht die äußere Ähnlichkeit im Verhalten, die wir bei den Katatonikern und Encephalitikern sehen. Wir beobachten bei beiden den Spontaneitätsmangel, die Katalepsie, die Starrezustände, Iterativerscheinungen, Bewegungsstereotypien u. dgl., Erscheinungen, die **Wilmanns** und auch **Sommer** in diesem Sinne betont und die **Steiner** näher beschrieben hat. Es ist aber hier eindringlichst zu betonen, daß es sich dabei doch nur um äußere Ähnlichkeiten[1]) handelt, die uns vielleicht der pathophysiologischen Deutung der Bewegungsstörungen an sich näher bringen können, die uns aber nur sehr wenig über die Grundstörung der Katatonie und Dementia praecox überhaupt aussagen können. Wie **Schilder** mit Recht hervorhebt, sind die Encephalitiker psychisch nicht kataton, es fehlen ihnen alle jene so charakteristischen Primärsymptome **Bleulers**, die doch das Wesen der Schizophrenie ausmachen, und die jetzt wieder von **Gruhle** in anregender Weise psychologisch ausgedeutet wurden. Ich glaube, ich finde mich hier in Übereinstimmung mit **Wilmanns**, **Bleuler**, **Sommer**, auch mit **Steiner** und **Hauptmann**, wenn ich diese Gegensätze betone. Es ist dies um so notwendiger, als **Fränkel** und jetzt auch **Küppers** das Problem der Dementia praecox restlos gelöst zu haben glauben, wenn sie hierfür eine Erkrankung des extrapyramidalen Systems oder des Thalamus und Hypothalamus theoretisch postulieren.

Ich kann hier auf das **Dementia praecox-Problem** selbst nicht näher eingehen und verweise auf die Untersuchungen und Ausführungen von Herrn Dr. **Josephy**[2]) aus meinem Laboratorium, die alles Wesentliche, was sich vom anatomischen Standpunkte darüber sagen läßt, enthalten. Wir können wohl mit **Wilmanns**, **Sommer**, **Bumke**, **A. Westphal**, **Stertz** u. a. annehmen, daß die eigenartigen vasovegetativen und Muskeltonusstörungen mit Einschluß der Pupillenphänomene (**Bumke**, **A. Westphal**), Erscheinungen, die die Katatonie mit der Encephalitis lethargica gemein hat, irgendwie mit den hypothalamischen vegetativen und extrapyramidalen Zentren zusammenhängen, eine Annahme, die auch **Lewy** vertritt. De **Jong** kommt auf Grund eingehender physiologischer Untersuchungen über die körperlichen Erscheinungen der Kata-

---

[1]) So kann ich **Kleist** nicht beipflichten, wenn er (1923) gewisse Erscheinungen der Parkinsonkranken als „negativistische Reaktionen" auffaßt, die ganz offenbar als vermehrte Muskel-Kontraktionsnachdauer u. dgl. zu deuten sind und trotz äußerer Ähnlichkeit durchaus nichts zu tun haben mit dem Negativismus der Katatonie.

[2]) Z. f. d. ges. Neurol. u. Psych. 1923 (im Druck).

tonie zu dem Schlusse: „Das steifgespannte Gefäßsystem, die erstarrten Irismuskelreaktionen, die Spannungen in den quergestreiften Muskeln, die ihr Maximum in der Katalepsie erreichen, sie alle sind die Äußerung einer pathologischen autonomen Innervation infolge der bei der Katatonie bestehenden dysglandulären Intoxikation.“

Wie wir uns aber diese Zusammenhänge im einzelnen zu denken haben, darüber geben uns die anatomischen Untersuchungen wenigstens bis heute keinen Bescheid. Herr Dr. Josephy hat bei seinen eingehenden Praecox-Studien gerade auch der hypothalamischen und Infundibulargegend sein besonderes Augenmerk zugewendet, ohne irgendwie eindeutige Resultate zu erzielen. Daß wir im allgemeinen dabei keine groben Veränderungen und Ausfälle in diesen Gegenden erwarten dürfen, dafür spricht schon der starke Wechsel der Erscheinungen bei der Dementia praecox-Gruppe, gerade im Gegensatz zu der Konstanz der Störungen bei den encephalitischen Nachkrankheiten; auch sehen wir bei den schweren organischen Prozessen der Infundibular- und hypothalamischen Gegend ganz andere klinische Erscheinungen im Vordergrund stehen, als sie die in Frage stehenden Bilder auszeichnen. Es sind dies doch Tatsachen, an denen wir auch bei unseren theoretischen Forderungen nicht vorübergehen können.

Zweifellos liegt es nach den ganzen Erfahrungen, die uns die extrapyramidalen Erkrankungen gegeben haben, nahe, gewisse schizoide und katatone Bewegungseigentümlichkeiten der Dementia praecox-Gruppe irgendwie mit den basalen Stammganglien in Zusammenhang zu bringen. Wenn Kretzschmer seine Schizoiden so charakterisiert „Schizoide sind linkisch, schlaff, hilflos, es fehlt am unmittelbaren Zusammenarbeiten von Reiz und Reaktion, dabei sind sie voller Sperrungen sowohl psychisch wie in der Motilität“, so sind in der Tat gewisse Parallelen zu unseren Krankheitstypen gegeben. Lewy betont dies im gleichen Sinne und meint, daß man dabei ein aus physiologischen oder pathologischen Gründen unterwertiges Striatum annehmen kann. Er geht in diesem Punkte weiter als Schilder, indem er den Bewegungshabitus der Schizoiden tatsächlich in die basalen Ganglien verlegt, ohne freilich ein histologisches Äquivalent des funktionellen Ausfalles vorauszusetzen. Es ist aber doch durchaus möglich — mir in Analogie mit dem psychotischen Gesamtbilde der Praecox-Gruppe viel näherliegend —, daß auch hierbei corticale Fehlleistungen (vielleicht in Zusammenhang mit autonomen Innervationsstörungen, die direkt im Subcortex angreifen) die wesentliche Rolle spielen. Anstatt also dabei eine primäre Funktionsschwäche des Subcortex zu postulieren, möchte ich, gestützt auf den regelmäßigen anatomischen Befund im Cortex, eher an eine krankhafte corticale Beeinflussung extrapyramidaler Automatismen denken, die diese verzerrt, häufig auch ungezügelter hervortreten läßt. Interessant ist diesbezüglich auch die Bemerkung von Wilmanns, wonach man in der Verwandtschaft der Huntingtonschen Chorea auffallend häufig auf Persönlichkeiten stößt, die man als klassische „Schizoide“ bezeichnen darf. Meggendorfer begegnete in den Familien Huntingtonscher Chorea eigenartigen Krankheitsfällen ohne Bewegungsstörungen, die in manchen psychischen Zügen an die Dementia praecox erinnern. Es ist natürlich von größter Wichtigkeit, derartige Fälle anatomisch zu analysieren; denn rein theoretisch ist die Möglichkeit von Fällen der Huntingtonschen Krankheitsgruppe zu erschließen, bei denen sich die spezifische Läsion nur in der Rinde — ja vielleicht nur in den drei unteren Rindenschichten entwickelt, wie es ja auch umgekehrt eine chronische progressive Chorea ohne Rindenveränderung und ohne psychische Störung gibt.

Aus den anatomischen Untersuchungen Josephys geht zwar hervor, daß auch der Subcortex, insbesondere die Stammganglien, mitunter bei der Dementia praecox, deutliche Veränderungen aufweist, aber ganz regelmäßig ist dabei nur die Rinde befallen, und irgendwie greifbare Beziehungen zwischen dem klinischen Bilde einerseits und der anatomischen Lokalisation in den basalen Ganglien andererseits haben sich nicht ergeben. Ja, Josephy ist besonders vorsichtig, wenn er Fällen mit auffallend schweren Striatum- oder Pallidumläsionen zunächst eine eigene Stellung in der Dementia praecox-Gruppe zuweist. Noch weitergehend muß der obengenannte Fall Dettmer (Seite 191) trotz mancher bemerkenswerter klinischer Ähnlichkeiten als eigenartige Erkrankung der Dementia praecox gegenübergestellt werden, wie ich dies bereits in der ausführlichen Veröffentlichung dieses Falles betont habe. Ich beobachtete erst kürzlich wieder einen Fall, der jahrelang als typische Katatonie ging, und bei dem die Sektion einen ausgedehnten Tumor im linken Schläfenhirn ergab. Die Ausdeutung von Tumorfällen scheint mir aber aus vielen Gründen besonders schwierig und subjektiv. Meine Untersuchungen über die stationäre Paralyse, die zum Teil psychisch katatone Zustandsbilder liefert, können sogar darauf hindeuten, daß nicht nur die Art, sondern auch die Intensitätsentwicklung des krankhaften Prozesses neben der Lokalisation in der Großhirnrinde für die Ausprägung des psychisch-katatonen Bildes von Bedeutung ist.

Jedenfalls mahnt unser tatsächliches Wissen in der Beurteilung der ganzen Sachlage heute noch zur größten Vorsicht. Es sind bis jetzt keine objektiven Tatsachen gegeben, die uns gestatten, die eigenartigen psychischen Symptome der Praecox-Gruppe mit den basalen Stammganglien in primären kausalen Zusammenhang zu bringen. Mit Nachdruck ist zu betonen, daß es sich bei den psychischen und motorischen Symptomen extrapyramidaler Kranker und solchen der Dementia praecox-Gruppe doch nur um äußere Ähnlichkeiten handelt, die durchaus nicht in ihrer pathophysiologischen Genese als gleichartig anzusehen sind. Das Charakteristische der Dementia praecox, das eigentlich Schizophrene, fehlt doch jenen Krankheitsbildern so gut wie ganz, und jeder Versuch, die psychischen Anomalien einer Dementia praecox in ihren hebephrenen und katatonen Formen vom Motorischen her erschöpfend zu erklären, muß als irreführend angesehen werden. Soweit sich überhaupt das Dementia praecox-Problem von der anatomischen Seite her fassen läßt, kann man nach unseren heutigen Erfahrungen nur das eine aussagen, daß ihr regelmäßige und greifbare Veränderungen stets im Cortex zugrunde liegen[1]). Wir dürfen jetzt nicht in den gleichen Fehler verfallen, den wir in der Vernachlässigung der basalen Stammganglien für vergangene Zeiten zu beklagen

---

[1]) Vgl. auch E. Forster: Linsenkern und psychische Symptome. Monatsschr. f. Psych. u. Neurol. **54.** 1923 u. J. Lange: Encephalitis epidemica u. Dementia praecox. Zeitschr. f. d. ges. Neurol. u. Psych. **84.** 1923. (Anm. b. d. Korr.)

haben. Das starke Interesse, das diese wichtigen grauen Teile des Zentralnervensystems jetzt mit Recht für sich beanspruchen, darf unsere Kritik nicht trüben und die Bedeutung der Rinde und ihrer Affektionen nicht herabsetzen. Die Rinde bleibt nach wie vor das Organ, das wir bei der Analysierung der psychischen Symptome in erster Linie vergleichend berücksichtigen müssen.

Schließlich möchte ich noch auf ein schwieriges Problem kurz zu sprechen kommen, das der Rindenbeteiligung bei den extrapyramidalen Erkrankungen.

Wir haben die Paralysis agitans in Übereinstimmung mit Lewy als eine Rückbildungserkrankung aufgefaßt, bei der sich der dem senilen Involutionsvorgang verwandte Prozeß ganz vornehmlich im Subcortex lokalisiert zeigt, dabei aber mehr oder weniger auch den gesamten Cortex in Mitleidenschaft zieht. Es scheint, daß sich bei jenen besonders reinen Fällen der Paralysis agitans ohne schwere psychotische Züge die corticalen Degenerationserscheinungen verhältnismäßig leichterer Art im besonderen auf die drei untersten Rindenschichten beschränken. Ich wage aber hierüber heute noch kein abschließendes Urteil, dies um so weniger als Lewy an der Hand seines großen Materials ähnliche Verhältnisse nicht betont. Bei weiteren Untersuchungen ist hierauf mit besonderer Aufmerksamkeit zu achten.

Offenbar fließende Übergänge führen von der reinen Paralysis agitans zu den senilen Psychosen mit Parkinsonsymptomen, die anatomisch den gewöhnlichen senilen Rindenprozeß in der Rinde mit besonderer Betonung der spezifischen Affektion der basalen Stammganglien bieten. Für gewöhnlich zeigt sich dabei die Rinde im gesamten Querschnitt verändert, ja die dritte Schicht ist auch hier wie ganz allgemein am hochgradigsten befallen. Nur in einem Falle, in welchem sich die senilen Plaques etwas reichlicher im Striatum fanden, waren auch die drei untersten Rindenschichten in stärkerem Grade von den senilen Degenerationserscheinungen beherrscht. Es sind dies Auffälligkeiten, die zunächst zu betonen sind, ohne daß sie weitergehende Schlußfolgerungen für heute gestatten. Die häufige offenbar fast regelmäßige Mitbeteiligung der Rinde bei der Krankheitsgruppe Pseudosklerose-Wilson zeigt, soweit wenigstens bis jetzt genauere Untersuchungen hierüber vorliegen (Alzheimer, Stöcker, Spielmeyer, Hall u. a.), keine irgendwie eindeutigen Befunde, was die Schichtenlokalisation betrifft.

Auch für die Nachkrankheiten der Encephalitis lethargica lassen sich, was die Ausdehnung des Prozesses auf die Rinde angeht, heute noch keine gesetzmäßigen Beziehungen herausschälen. Offenbar häufig bleibt die Rinde frei von wesentlichen Veränderungen; manchmal scheint hier, ebenso wie bei der Krankheitsgruppe Pseudosklerose-Wilson, besonders die vordere Zentralwindung in ihren untersten Schichten mit zu erkranken.

Eigenartige und, wie ich glaube, beachtenswerte Erscheinungen finden sich nur bei jenen Fällen, die ich unter der Gruppenbezeichnung spastische Pseudosklerose zusammengefaßt habe, und bei der chronisch progressiven Chorea.

Wenngleich der Krankheitsprozeß bei den Fällen der spastischen Pseudosklerose im allgemeinen eine recht diffuse Lokalisation sowohl im Cortex wie Subcortex aufweist, so steht dabei doch, wie ich bereits in meinen

ersten Veröffentlichungen betont habe, die besonders schwere Affektion des extrapyramidalen Systems und des gesamten Pyramidensystems im Vordergrunde.
Hier treffen wir eine gewisse Neigung zu systematischer Ausbreitung,
wie sie zweifellos auch den Nachkrankheiten der Encephalitis und der Krankheitsgruppe Wilson-Pseudosklerose zukommt. Dabei stehe ich ganz auf dem Spielmeyerschen Standpunkte, daß sich bei den gegebenen Verhältnissen noch nicht
von einer Systemerkrankung im engeren Sinne sprechen läßt. Während die corticalen Veränderungen bei den bis jetzt vorliegenden Fällen von spastischer Pseudosklerose (Creutzfeld, Jakob) eine recht diffuse Lokalisation aufweisen, haben
wir in dem oben genauer beschriebenen neuen Falle (Fall XXIII) mit Einschluß
der beiden in kurzem Auszuge mitgeteilten weiteren Beobachtungen eine ganz
zweifellos das anatomische Bild beherrschende Erkrankung der inneren
Körnerschicht und drei untersten Rindenschichten betont. Diese
Verhältnisse verdienen um so mehr Beachtung, als sich hier der histologische
Prozeß völlig gleichsinnig wie jener im Striatum ausgeprägt hat. Ich
möchte versucht sein, hierin den Ausdruck engerer Verwandtschaftsbeziehungen zwischen dem Striatum einerseits und der inneren Körnerschicht und den drei untersten Rindenschichten andererseits zu
erblicken, ferner zugleich die Vermutung aussprechen, daß diese Auffälligkeiten einen gewissen systematischen Degenerationscharakter anzeigen.

Bekanntlich haben erst jüngst C. und O. Vogt diese Frage in ihrem bedeutsamen Werke der Topistik, Pathoklise und Pathoarchitektonik diskutiert,
wobei sie die Anfälligkeit bestimmter Rindenschichten bei den verschieden-
artigsten Krankheitsprozessen als Pathoklise bezeichnen und auf einen besonderen
Physikochemismus der einzelnen topistischen Einheiten bzw. ihrer Gene zurückführen. Es ist also zweifellos in den obenerwähnten Fällen eine spezielle Pathoklise
im Sinne Vogts gegeben, die gerade darin, daß die Degeneration nicht wie sonst
ganz gewöhnlich die dritte Rindenschicht bevorzugt, sondern sich in der inneren
Körnerschicht und den drei untersten Rindenschichten auswirkt, einen systematischen Charakter ausdrückt. Es ist dies um so bemerkenswerter, als wir
nach den Untersuchungen von Nissl, Chr. Jakob, Bielschowsky, A. Jakob
u. a. die drei untersten Rindenschichten genetisch und funktionell
als ein gemeinsames Organsystem auffassen müssen, das vielleicht
phylo- und ontogenetisch zu dem Striatum gewisse Verwandtschaftsbeziehungen hat.

Solche Überlegungen werden noch unterstrichen durch die Untersuchungsergebnisse und Erfahrungen, die uns die anatomischen Veränderungen bei der
chronisch-progressiven Chorea geben. In Übereinstimmung mit anderen
Autoren (insbesondere Kieselbach, Rusk, Stern, C. und O. Vogt) finde
auch ich hier eine besondere Betonung der Degenerationserscheinungen in der inneren Körnerschicht und den drei untersten
Rindenschichten. Wenngleich in den meisten Fällen der Rindenprozeß auch
die anderen Rindenschichten, insbesondere die dritte keineswegs verschont, so
bot doch gerade unser Fall II, der im gewissen Sinne als Früh- und Abortivfall
aufzufassen ist, eine so gut wie ausschließliche Degeneration dieser Rindenschichten, so daß durch solche Befunde die oben ausgesprochene Vermutung
sehr an Wahrscheinlichkeit gewinnt und eine objektive Stütze erhält. Es ist

dies um so bemerkenswerter, als die progressive Chorea, die in ihrer Huntingtonschen Form einen eindeutigen dominanten Erbgang aufweist, mit Rücksicht auf den regelmäßig zu findenden und charakteristisch gezeichneten Degenerationsvorgang im Striatum, zweifellos als eine Systemerkrankung aufzufassen ist; dies auch unter Zugrundelegung jenes strengen Maßstabes, den Spielmeyer für diese Begriffsbestimmung meines Erachtens mit Recht fordert: „Nämlich das überwiegende Befallensein eines oder einiger bestimmter Systeme und ihr allmähliches Zugrundegehen in der Form eines selbständigen Degenerationsprozesses an diesen Organteilen."

So erscheint mir auch in Weiterentwicklung einer solchen Auffassung die Eigenart der Huntingtonschen Rindendegeneration von systematischem Gepräge. Wenngleich ich die von C. und O. Vogt in ihrem neuesten Werke vertretene Auffassung, wonach alle elektiven Erkrankungen der Großhirnrinde den Charakter von Systemerkrankung anzeigen, nicht teilen kann, so möchte ich doch mit C. und O. Vogt a priori die Meinung vertreten, daß sich unter den verschiedenartigen Rindenerkrankungen, die wir heute noch nicht in ihren Einzelheiten und genetischen Zusammenhängen übersehen, solche von systematischem Charakter verbergen. Halten wir das Vorkommen von Systemerkrankungen im Rückenmark, Kleinhirn und Subcortex für gegeben, so ist es nur eine weitere logische Schlußfolgerung, ähnliche Vorgänge und Zustände auch für den Cortex zu fordern. Hier liegen nur die Verhältnisse weit komplizierter, und wir kennen noch nicht die ausschlaggebenden Kriterien, die der Beurteilung zur Basis dienen.

Die hier vertretene Auffassung erhält noch eine bemerkenswerte Stütze von der genealogischen Seite her. Herr Dr. Meggendorfer, mit dem ich die Verhältnisse besprach, machte mich auf folgende Punkte aufmerksam: Nach der von V. Haecker erkannten und formulierten „entwicklungsgeschichtlichen Vererbungsregel" weisen alle Merkmale mit einfach verursachter, ausgesprochen autonomer Entwicklung klare Spaltungsverhältnisse auf, während umgekehrt jene Merkmale mit komplex-verursachter Entwicklung größere und kleinere Abweichungen vom Mendelschen Schema zeigen. Bei Krankheiten scheint danach eine regelmäßige Vererbung neben anderen als „einfach" anzusprechenden Bedingungen namentlich dann vorzukommen, wenn sich die Krankheit auf ein Organ oder einen Organteil beschränkt. So ist nach Haecker bei Anomalien des endokrinen Systems dessen Komplexität als Grund für die Unübersichtlichkeit der Erblichkeitsverhältnisse anzusehen, während bei erblicher Minderwertigkeit einer einzelnen Drüse auch Fälle mit strenger und gleichartiger Vererbung vorkommen. Bei Erkrankungen des Nervensystems begegnen wir einer regelmäßigen Übertragungsweise gerade bei abiotrophischen Erkrankungen bestimmter systematisch zusammengehöriger Bahnen und Zentren, so bei der Friedreichschen und Marieschen Krankheit.

Umgekehrt liegt nach Meggendorfer die Annahme nahe, daß Erkrankungen mit klaren Spaltungsverhältnissen im Sinne Mendels einfach verursacht sind. Die Huntingtonsche Chorea weist nun einen so klaren Erbgang auf, wie wir ihn bei nur wenigen Erkrankungen beobachten können. Wir dürfen nach der entwicklungsgeschichtlichen Vererbungsregel demnach wohl erwarten, daß sie einfach verursacht sei. Nun sehen wir, wie oben ausgeführt, daß ihre klinischen Erscheinungen, die eigenartigen Bewegungsstörungen mit fortschreitender Demenz ihr regelmäßiges und charakteristisches anatomisches Substrat in einer Degeneration des Striatum und der tieferen Rindenschichten haben. Wenn nun die Krankheit, wie wir nach allem annehmen müssen, einfach verursacht ist, also ganz wesentlich nach Haecker systematisch zusammengehörende Organe betrifft, so erscheinen Striatum und die tieferen Rindenschichten als ein biologisch zusammengehöriges Organ, eine Schlußfolgerung, die auch aus anderen oben erörterten Gründen naheliegt. Eine feinere Analyse der psychischen Störungen bei Huntingtonschen Kranken, wie sie jetzt Meggendorfer vorgenommen hat, ist daher von größtem Wert und kann uns Einblicke eröffnen in das intracorticale Geschehen; hier weitet sich ein fruchtbringendes Feld der Zusammenarbeit des Klinikers und Anatomen bei der vergleichenden speziellen Gegenüberstellung der jeweils gegebenen klinischen und anatomischen Befunde.

Von besonderer Wichtigkeit erscheint die klinische Differenzierung der prämorbiden Persönlichkeit der Huntington-Kranken. A. Westphal hat darauf hingewiesen, daß die Entwicklung der psychischen Ausfallserscheinungen, die sich für gewöhnlich erst nach den Bewegungsstörungen in auffälligerer Weise zeigen, auch längere Zeit diesen vorausgehen können. Wir wissen andererseits auch aus dem Entresschen Buche über die Chorea, daß die Anlage zur choreatischen Bewegungsstörung durch gewisse Zufälligkeiten wie Fieber u. dgl. zeitlich beschränkt geweckt werden kann, um unter physiologischen Bedingungen wieder zu schwinden. Meggendorfer weist auf eigenartige vornehmlich affektive Störungen der prämorbiden Persönlichkeit hin und sieht in solchen Erscheinungen gewisse Fingerzeige, schon frühzeitig die von der spezifischen Anlage befallenen Individuen vorauszuahnen. Es wäre von größter Bedeutung, derartige Gehirne auf Anklänge der für die Huntingtonsche Krankheit charakteristischen anatomischen Merkmale hin zu prüfen. C. und O. Vogt fassen solche Erscheinungen unter dem Ausdrucke der Präpathoarchitektonik und Präpathoklise zusammen, und erwähnen, daß sie bei einem „normalen" Gehirne architektonische Anklänge an die pathologischen Rindenveränderungen der Huntingtonschen Chorea fanden. In gleichem Sinne machte ich schon vor vielen Jahren auf feinere Degenerationszeichen in der Rinde bei schweren Raubmördern aufmerksam, in denen ich den Ausdruck einer gewissen epileptoiden Veranlagung sah.

Jedenfalls sind dies Gesichtspunkte und Fragestellungen, die das Arbeitsgebiet des Klinikers wie Anatomen befruchten und bei kritischer Prüfung unsere Einblicke in das Wesen von Krankheitsprozessen und physiopathologischen Zusammenhängen erleichtern und vertiefen.

So ergeben sich aus den Untersuchungen der extrapyramidalen Erkrankungen nicht nur wichtige Aufschlüsse über den komplizierten physiologischen Aufbau der Bewegung und über ihren Zerfall bei krankhaften Zuständen, sie eröffnen uns auch bedeutsame Ausblicke in die wichtigen Zusammenhänge von Motorik und Psyche und in die Auffassung gewisser Rindenerkrankungen und psychotischer Erscheinungen; sie dürften schließlich mit ausschlaggebend sein für den Ausbau einer kausalen Therapie der bis heute unangreifbaren degenerativen bestimmte Organsysteme bevorzugenden Prozesse.

Literaturübersicht.

Achard, P.: L'encéphalite léthargique. Paris 1921.

Adamkievicz: Der Doppelmotor im Gehirn. Neurol. Centralbl. 1907.

Allers: Nervensystem und Stoffwechsel. Zeitschr. f. d. ges. Neurol. u. Psychiatrie, Ref. Bd. 19. 1920.

Alzheimer: Über die anatomische Grundlage der Huntingtonschen Chorea und die choreatischen Bewegungen überhaupt. Neurol. Centralbl. 1911.

— Über die infektiöse Chorea. Neurol. Centralblatt 1915.

— Beiträge zur Kenntnis der pathologischen Neuroglia und ihre Beziehungen zu den Abbauvorgängen im Nervengewebe. Nissls Arbeiten, Bd. 3.

— Über eigenartige Krankheitsfälle des späteren Alters. Zeitschr. f. d. ges. Neurol. u. Psychiatrie Bd. 4. 1911.

Anglade: La chorée chronique. Diskussionsbemerkung. Congrès de Nantes. Rev. neurol. 1909.

Anton: Über die Beteiligung der großen basalen Ganglien bei Bewegungsstörungen und insbesondere bei Chorea. Jahrbücher f. Psych. Bd. 14. 1895.

— Dementia chorea asthenica. Münch. med. Wochenschr. Bd. 46. 1908.

— Über Ersatz der Bewegungsleistungen beim Menschen u. Entwicklungsstörungen des Kleinhirns. Vortrag 12. Jahresvers. d. Ges. dtsch. Nervenärzte, Halle 1922. Zentralbl. f. d. ges. Neurol. u. Psych. Bd. 30, H. 7. 1922.

d'Antona: Contributo all' anatomia patalogica della corea di Huntington. Riv. di patol. nervosa e mentale, Bd. 19. 1914.

Aronsohn u. Sachs: Ein Wärmezentrum im Gehirn. Dtsch. med. Wochenschr. 1884. Pflügers Arch. f. d. ges. Physiol. Bd. 37. 1885.

Artom, G.: Le sindromi anatomo-cliniche del corpo striato. Policlinico Bd. 29, H. 1. 1922.

Auer and Mc. Cough: Pathological findings in two cases of paralysis agitans. The Journal of nerv. and mental diseases Bd. 43, Nr. 6. 1916.

Babonneix, L.: Les troubles moteurs dans les encéphalopathies infantiles. Journ. de méd. de Paris Bd. 41, Nr. 16. 1922.

Barany: Der Vestibularapparat und seine Beziehungen zum Rückenmark, Kleinhirn und Großhirn. Neurol. Centralbl. 1910, Nr. 14.

— Lokalisation in der Rinde der Kleinhirnhemisphären des Menschen. Wiener klin. Wochenschr. 1912.

— Untersuchungen über die Funktion des Flocculus beim Kaninchen. Jahrb. f. Psychiatrie u. Neurol. Bd. 36. 1914.

— Theoretisches zur Funktion der Bogengänge und speziell des Flocculus beim Kaninchen. Nordisk Tidskrift för Oto-Laryngologi Bd. 2. 1917.

Bauer, J.: Die Substantia nigra Sömmeringii. Obersteiners Arb. Bd. 17. 1909.

Bauer u. Schilder: Über einige psychophysiologische Mechanismen funktioneller Neurosen. Dtsch. Zeitschr. f. Nervenheilk. Bd. 64. 1919.

Beccari: Arch. f. Anat. 1911.

Bechterew: Die Funktionen der Nervenzentra. Jena 1909, H. 2.

Berger: Zur Kenntnis der Athetose. Jahrbücher f. Psych. Bd. 23. 1903.

Bernstein: Torsionsdystonie. Wien. med. Wochenschr. 1912.

Berze, J.: Die primäre Insuffizienz der psychischen Aktivität. Leipzig und Wien: Deuticke 1914.

Bickel, G.: Syndrome des Noyaux gris centrales. Rev. méd. de la Suisse. Rom, Bd. 6 u. 7. 1922.

Bielschowsky, M.: Über den Bau der Spinalganglien unter normalen uud pathologischen Verhältnissen. Journ. f. Psychol. u. Neurol. Bd. 11. 1908.

Bielschowsky, M.: Beiträge zur Histopathologie der Ganglienzelle. Journ. f. Psychol. u. Neurol. Bd. 18. 1912.
— Über Hemiplegie bei intakter Pyramidenbahn. Ebenda Bd. 22. 1916.
— Einige Bemerkungen zur normalen und pathologischen Histologie des Schweif- und Linsenkerns. Ebenda Bd. 25. 1919.
— Über tuberöse Sklerose und ihre Beziehuugen zur Recklinghausenschen Krankheit. Zeitschr. f. d. ges. Neurol. u. Psychiatrie Nr. 26. 1914.
— Entwurf eines Systems der Heredodegeneration des Zentralnervensystems einschließlich der zugehörigen Striatumerkrankungen. Journ. f. Psychol. u. Neurol. Bd. 24. 1918.
— Weitere Bemerkungen zur normalen und pathologischen Histologie des striären Systems. Ebenda Bd. 27. 1922.
Bielschowsky u. Freund: Veränderung des Striatum bei tuberöser Sklerose. Ebenda Bd. 24.
Bijlsma, U. G. u. C. Versteegh: Beiträge zur Pharmakologie der Körperstellung und der Labyrinthreflexe (Chinaketonen mit besonderer Berücksichtigung der Rollbewegungen). Pflügers Arch. f. d. ges. Physiol. Bd. 197, H. 3/4. 1922.
Bing: Experimentelles zur Physiologie der Tractus spino-cerebellares. Arch. f. Physiol. 1906.
Biondi, G.: Sulla presenza di sostanze aventi le reazioni istochimiche del ferro nei zentri nervosi degli amalati di mente. Riv. ital. di neuropatol. psychiatr. ed elettroterap. Bd. 7, H. 11. 1914.
Bischoff: Cerebrale Kinderlähmung nach Sehhügelblutung. Jahrb. f. Psychiatrie u. Neurol. Bd. 15, 1897.
— Über die sogenannte sklerotische Hemisphärenatrophie. Wiener klin. Rundschau Bd. 15. 1901.
Bleuler, E.: Dementia praecox. Leipzig u. Wien: Deuticke 1911.
— Physisch und Psychisch in der Pathologie. Zeitschr. f. d. ges. Neurol. u. Psychiatrie Bd. 20. 1915.
— Die Probleme der Schizoidie und der Syntonie. Ebenda Bd. 78, H. 4/5. 1922.
Boehnheim: Beitrag zur Kenntnis der Pseudosklerose und verwandter Krankheiten unter besonderer Berücksichtigung der Beziehungen zwischen Gehirn und Leber. Zeitschr. f. d. ges. Neurol. u. Psychiatrie Bd. 60. 1920.
Boeke: Die doppelte efferente Innervation der quergestreiften Muskelfasern. Anat. Anz. Bd. 35, 1909 u. Bd. 44, 1913.
Boeke u. Dusser de Barenne: Die sympathische Innervation der quergestreiften Muskeln bei den Wirbeltieren. Jaarb. v. de kon. acad. v. wetensch. (Amsterdam) Bd. 17.
de Boer: Die quergestreiften Muskeln erhalten ihre tonische Innervation mittels der Verbindungsäste mit dem Sympathicus. Fol. neuro-biol. Bd. 7.
Boettiger: Hemihypertonia apoplectica. Dtsch. Zeitschr. f. Nervenheilk. Bd. 68 u. 69. 1921.
Bolk: Beiträge zur Affenanatomie. IV. Das Kleinhirn der Menschenaffen. Morphol. Jahrbuch Bd. 31. 1902.
— Hauptzüge der vergleichenden Anatomie des Cerebellum der Säugetiere mit besonderer Berücksichtigung des menschlichen Kleinhirns. Monatsschr. f. Psychiatrie u. Neurol. 1903.
— Das Cerebellum der Säugetiere. Haarlem und Jena 1906.
Bonhoeffer: Ein Beitrag zur Lokalisation der choreatischen Bewegungen. Monatsschr. f. Psychol. u. Neurol. 1897 u. 1901.
— Die Encephalitis epidemica. Dtsch. med. Wochenschr. 1921, Nr. 9.
— Kindliche Encephalitis und Psyche. Klin. Wochenschr. 1922, Nr. 29.
Bostroem, A.: Über eine enterotoxischc gleichartige Affektion der Leber und des Gehirns. Fortschr. d. Medizin 1914, H. 8 u. 9.
— Pseudosklerose. Neurol. Centralbl. Bd. 37. 1918.
— Zur Diagnose der Stirnhirntumoren. Dtsch. Zeitschr. f. Nervenheilk. Bd. 70. 1920.
— Über ungewöhnliche Encephalitisformen. Ebenda Bd. 68/69. 1921.
— Der amyostatische Symptomenkomplex, klinischer Teil. Ref. erstattet auf der 11. Jahresversammlung d. Ges. dtsch. Nervenärzte. Braunschweig 1921.
— Zum Verständnis gewisser psychischer Veränderungen bei Kranken mit Parkinsonschem Symptomenkomplex. Zeitschr. f. d. ges. Neurol. u. Psychiatrie Bd. 76. 1922.

Bostroem, A.: Über eigenartige Hyperkinesen in der Form rhythmischer komplexer Bewegungen. Ebenda 1922.

Boumann, K. H. u. B. Brouwer: Über Pseudosklerose und die Kombination pyramidaler und extrapyramidaler Bewegungsstörungen. Psychiatr. en neurol. bladen Nr. 5. 1922.

Bregmann: Zur Kenntnis der Krampfzustände des jugendlichen Alters. Neurol. Centralbl. Bd. 21. 1912.

Bremer, F.: Formes mentales de l'encéph. epidém. L'Encéphale Bd. 15. 1920.

— Contribution a l'étude de la physiologie du cervelet. La fonction inhibitrice du palaeocerebellum. Cpt. rend. de séances de la soc. de biol. Bd. 86, Nr. 16. 1922.

Brissaud, E.: Leçons sur les maladies nerveuses. Paris 1895.

Brondgeest: Untersuchungen über den Tonus der willkürlichen Muskulatur. Arch. f. pathol. Anatomie u. Physiol. 1860.

Brouwer, B.: Über Hemiatrophia neo-cerebellaris. Arch. f. Psychatrie u. Nervenkrankh. Bd. 51. 1913.

— Anatomische Untersuchungen über das Kleinhirn des Menschen. Psychiatr. en neurol. bladen, Amsterdam 1915, Nr. 1 u. 2.

— Über die Lokalisation innerhalb des Corpus striatum. Dtsch. Zeitschr. f. Nervenheilk. Bd. 55. 1916.

— Über die Meningo-Encephalitis und die Magnus-de Kleijnschen Reflexe. Zeitschr. f. d. ges. Neurol. u. Psychiatrie Bd. 36. 1917.

Brunner: Zur Kenntnis der unteren Oliven bei den Säugetieren. Arb. a. d. neurol. Inst. d. Wiener Univ. Bd. 32, H. 1. 1917.

Bumke: Die Pupillenstörungen bei Nerven- und Geisteskrankheiten. Jena 1911.

Bumke u. Kehrer: Plethysmographische Untersuchungen an Geisteskranken. Arch. f. Psychiatrie u. Nervenkrankh. Bd. 47. 1910.

Burckhardt, J. L.: Neue Untersuchungen über die Ätiologie der Influenza und der Encephalitis epidemica (lethargica). Schweiz. med. Wochenschr. 1921, Nr. 33.

Bychowski: Über den Verlauf und die Prognose der Encephalitis lethargica. Neurol. Centralbl., Erg.-Bd., Bd. 40. 1921.

Cajal: Studien über die Hirnrinde des Menschen. II. Heft: Die Bewegungsrinde. Leipzig 1900.

— Histologie du système nerveux. Paris 1911.

Cassirer, R.: Ein Fall von progressiver Linsenkernerkrankung. Neurol. Centralbl. Bd. 32. 1913.

— Halsmuskelkrampf und Torsionsspasmus. Klin. Wochenschr. Bd. 1, Nr. 2. 1922.

Cerletti: Die Gefäßveränderungen im Zentralnervensystem. Histo- u. histopathol. Arb. Herausgeg. v. Nissl u. Alzheimer, Bd. 4, H. 1.

Charcot: Leçons sur les maladies du syst. nerv. Paris 1875.

— Leçons sur les maladies des Vieillards. Paris 1889.

Claude: Syndrome pédonculaire de la région du noyau rouge. Rev. neurol. Bd. 24. 1912.

Cohnheim u. v. Uexküll: Dauercontractur der glatten Muskeln. Zentralbl. f. Physiol. Bd. 76. 1916.

Cotard: Etude sur l'atrophie cérébrale. Thèse de Paris 1868.

Creutzfeld: Encephalitis lethargica. Zeitschr. f. d. ges. Neurol. u. Psychiatrie. Ref., Bd. 21. 1920.

— Eigenartige herdförmige Erkrankung des Zentralnervensystems. Ebenda Bd. 57. 1920. Nissls Beiträge, Ergänzungsband 1920.

Curschmann, H.: Über eine Chorea-Huntington-Familie. Dtsch. Zeitschr. f. Neurol. Bd. 35. 1908.

Déjerine et Sollier: Premier cas d'athétose double datant de la première enfance. Bull. de la soc. anat. 1888.

Déjerine, J.: Anatomie des centres nerveux. Paris 1901.

— Discussion du cas Pélissier et Borel. Rev. neurol. 1914.

Delahet: Des relations de la maladie de Parkinson avec la rhumatisme chronique. Arch. de méd. et pharm. nav. Bd. 111, Nr. 6. 1921.

Dimitz, L.: Über das plötzliche gehäufte Auftreten schwerer choreiformer Erkrankungen in Wien (Encephalitis choreiformis epidemica). Wien. klin. Wochenschr. 1920, Nr. 8 u. 11.

Dimitz u. Schilder: Über die psychischen Störungen bei der Encephalitis epidemica. Zeitschr. f. d. ges. Neurol. u. Psychiatrie Bd. 68. 1921.
— Zur Symptomatologie der Stirnhirntumoren. Med. Klin. 1922, Nr. 9.
Dörr, R. u. A. Schabel: Das Virus des Herpes febrilis und seine Beziehungen zum Virus der Encephalitis epidemica (leth.). Schweiz. med. Wochenschr. 1921, Nr. 20.
— Das Virus des Herpes febril. usw. Zeitschr. f. Hyg. u. Infektionskrankh. Bd. 94, H. 1. 1921.
Dresel u. F. H. Lewy: Cerebrale Veränderungen bei Diabetes mellitus. Berl. klin. Wochenschr. Bd. 27. 1921.
— Die Widalsche Leberfunktionsprüfung bei Paralysis-agitans-Kranken. Zeitschr. f. d. ges. Med. Bd. 26. 1922.
— Die Zuckerregulation bei Paralysis-agitans-Kranken. Ebenda Bd. 26. 1922.
Dürck, H.: Über fast totale Verkalkung einer Großhirnhemisphäre bei einem erwachsenen Individuum. Congr. intern. de pathol. Torino 1911.
— Über die Verkalkung von Hirngefäßen bei der akuten Encephalitis lethargica. Zeitschr. f. d. ges. Neurol. u. Psychiatrie Bd. 72. 1921.
— Über eine eigentümliche Verkalkung von Hirngefäßen. Verhandl. d. dtsch. pathol. Ges. Jena 1921.
Durand-Fardel: Traité des maladies des vieillards etc. 1854. (Zitiert nach Léri.)
Dusser de Barenne: Über die Innervation und den Tonus der quergestreiften Muskeln. Pflügers Arch. f. d. ges. Physiol. Bd. 166. 1916.
— Über eine neue Form von vestibulären Reflexen beim Frosch. Psych. en neurol. bladen 1918.
— Once more the Innervation and the Tonus of the striped muscules. Verhandel. d. koninkl. akad. v. wetensch. te Amsterdam Bd. 21.
— Über die Enthirnungsstarre in ihrer Beziehung zur efferenten Innervation der quergestreiften Muskulatur. Fol. neurobiol. Bd. 7.
Economo, v.: Wilsons Krankheit und das Syndrom du corps strié. Zeitschr. f. d. ges. Neurol. u. Psychiatrie 1918.
— Ein Fall von chronischer, schubweise verlaufender Encephalitis lethargica. Münch. med. Wochenschr. Bd. 46. 1919.
— Encephalitis lethargica subchronica. Wien. Arch. f. inn. Med. Bd. 1. 1920.
— Über Encephalitis lethargia epidemica, ihre Behandlung und Nachkrankheiten. Wien. med. Wochenschr. Bd. 30. 1921.
Economo, v. u. Karplus: Zur Physiologie und Anatomie des Mittelhirns. Arch. f. Psychiatrie u. Nervenkrankh. Bd. 46. 1909.
Economo, v. u. Schilder: Eine der Pseudosklerose nahestehende Erkrankung im Präsenium. Zeitschr. f. d. ges. Neurol. u. Psychiatrie Bd. 55. 1920.
Edelmann, F.: Ein Beitrag zur Vergiftung mit gasförmiger Blausäure, insbesondere zu den dabei auftretenden Gehirnveränderungen. Dtsch. Zeitschr. f. Nervenheilk. Bd. 72. 1921.
Edinger: Vergleichende Gehirnanatomie. Leipzig 1908.
— Über das Kleinhirn und den Statotonus. Verhandl. d. Ges. d. Nervenärzte. Hamburg 1912.
— Gibt es zentral entstehende Schmerzen? Dtsch. Zeitschr. f. Nervenheilk. Bd. 1.
Edinger u. Fischer: Ein Mensch ohne Großhirn. Pflügers Arch. f. d. ges. Physiol. Bd. 152. 1913.
Elischer: Über die Veränderung des Gehirns bei Chorea minor. Virchows Arch. f. pathol. Anat. u. Physiol. Bd. 63.
Embden: Zur Kenntnis der metallischen Nervengifte. Dtsch. med. Wochenschr. Bd. 27. 1901.
Entres: Zur Klinik und Vererbung der Huntingtonschen Chorea. Monographien a. d. Gesamtgebiete d. Neurol. u. Psych. 1921, H. 27.
da Fano, C.: The histopathologic of epidemic (lethargic) encephalitis. Brit. med. journ. Bd. 29. 1921.
Fano u. Bottazzi: The oscillat. of the aurical tonus in Batrachian hearth with a theory of sarcoplasma in muscular tissues. Journ. of physiol. Bd. 21.

Ferrand: Essai sur l'hémiplégie des vieillards. Paris 1902.

Filimonoff, L.: Charakteristik der doppelseitigen Athetose des Kindesalters. Zeitschr.
f. d. ges. Neurol. u. Psychiatrie Bd. 78, H. 2/3. 1922.

— Der Streifenhügel, seine Verbindungen, Funktionen und Krankheitssymptome nach
neuesten Literaturangaben. Med. Journ. Bd. 2. 1922.

Fischer, O.: Zur Frage der anatomischen Grundlagen der Athétose double und der posthemiplegischen Bewegungsstörung überhaupt. Zeitschr. f. d. ges. Neurol. u. Psychiatrie
Bd. 7. 1911.

— Ein neuer cerebraler Symptomenkomplex (isolierter Ausfall der Mimik, Phonation, Artikulation, Mastikation und Deglutition bei erhaltener willkürlicher Innervation des
oralen Muskelkomplexes). Med. Klin. 1921, Nr. 1.

Flatau u. Sterling: Progressiver Torsionsspasmus bei Kindern. Zeitschr. f. d. ges. Neurol.
u. Psychiatrie Bd. 7. 1911.

Flechsig: Demonstration von Präparaten aus dem Gehirn Choreatischer. Verhandl. d.
VII. Kongresses f. inn. Med.

Flexner: Lethargic encephalitis. Journ. of the Americ. med. assoc. Bd. 74, Nr. 14.

Foerster, O.: Die Synergie der Agonisten. Monatsschr. f. Psych. u. Neurol. Bd. 10. 1901.

— Die Mitbewegungen. Jena 1903.

— Therapie der Motilitätsstörungen bei den Erkrankungen des Zentralnervensystems.
Handb. d. Therapie d. Nervenkrankh.

— Das Wesen der choreatischen Bewegungsstörungen. Klin. Vortr. (Volkmann) Bd. 382.
1904.

— Die Contracturen bei den Erkrankungen der Pyramidenbahn. Berlin: Karger 1906.

— Die Physiologie und Pathologie der Koordination. Jena 1902.

— Die arteriosklerotische Muskelstarre. Allg. Zeitschr. f. Psychiatrie u. psych.-gerichtl.
Med. 1909.

— Die phylogenen Momente in den spontanen Lähmungen. Berl. klin. Wochenschr. 1913.

— Zur Analyse und Pathophysiologie der striären Bewegungsstörungen. Zeitschr. f. d. ges.
Neurol. u. Psychiatrie Bd. 73. 1921.

— Die Topik der Hirnrinde in ihrer Bedeutung für die Motilität. Ref. 12. Vers. d. Ges.
dtsch. Nervenärzte, Halle 1922. Zentralbl. f. d. ges. Neurol. u. Psych. Bd. 30, H. 7.
1922.

Forster, E.: Paralysis agitans. Klinischer Teil. Lewandowskys Handb. d. Neurol. Bd. 3.
1912.

— Demonstration von Fällen von Encephalitis lethargica. Sitzungsber. d. Berl. Ges. f.
Psych. u. Nervenkrankh. v. 8. März 1920. Neurol. Centralbl. 1920, Nr. 8.

— Choreatischer Symptomenkomplex bei Fleckfieber. Sitzungsber. d. Berl. Ges. f. Psych.
u. Nervenkrankh. Zeitschr. f. d. ges. Neurol. u. Psych. Bd. 21, H. 5 u. 6.

— Striärer Symptomenkomplex. Demonstration d. Berl. Ges. f. Psych. u. Nervenkrankh.
Zentralbl. f. d. ges. Neurol. u. Psych. Bd. 25.

— Über die Affekte. Monatsschr. f. Psych. u. Neurol. Bd. 19.

Foix: Les lésions anatomiques de la maladie de Parkinson. Société de neurologique de
Paris. Rev. neurol. Bd. 27. 1921. Ref. Zentralbl. f. d. ges. Neurol. u. Psych. Bd. 27.

Fränkel, F.: Über die psychiatrische Bedeutung der Erkrankungen der subcorticalen
Ganglien und ihre Beziehungen zur Katatonie. Zeitschr. f. d. ges. Neurol. u. Psychiatrie
Bd. 70. 1921.

Frank, E.: Die parasympathische Innervation der quergestreiften Muskulatur und ihre
klinische Bedeutung. Berl. klin. Wochenschr. 1920.

— Das klinische Bild der Guanidinvergiftung beim Säugetier und seine physiologische
Bedeutung. Verhandl. d. dtsch. Kongr. f. inn. Med. 1921.

Freud: Die infantile Cerebrallähmung. Wien 1897.

Freudenberg, E.: Der Morosche Umklammerungsreflex und das Brudzinskische Nacken-
zeichen als Reflexe des Säuglingsalters. Münch. med. Wochenschr. Bd. 68, Nr. 51. 1921.

Freund, C. S. u. C. Vogt, Ein neuer Fall von Etat marbré des Corpus striatum. Journ.
f. Psychol. u. Neurol. Bd. 18, Erg.-H. 4. 1911.

Freund: Störung der Schwere-Empfindung. VII. Jahresversammlung d. Ges. dtsch.
Nervenärzte. Ref. in d. Zeitschr. f. d. ges. Neurol. u. Psychiatrie Bd. 8. 1914.

Fuchs, L.: Über eigenartige Folgezustände mit halbseitigen rhythmischen Zuckungen nach Encephalitis lethargica. Dtsch. Zeitschr. f. Nervenkrankh. Bd. 71.

Fuchs, A.: Experimentelle Encephalitis. Wien. med. Wochenschr. Bd. 16. 1921.

— Experimentelle Leberausschaltung bei Guanidinvergiftung. Zeitschr. f. d. ges. Neurol. u. Psychiatrie. Ref. 1921.

Gerlach: Über Rückenmarksveränderungen bei Encephalitis lethargica. Berl. klin. Wochenschr. Bd. 25. 1920.

Gerstmann, J.: Zur Kenntnis der klinischen Erscheinungstypen und zur Prognose der jetzigen Encephalitisepidemie. Wien. klin. Wochenschr. 1920, Nr. 8.

— Krampfartige Drehbewegungen, Muskelrigor und Koordinationsstörungen nach Wiederbelebung eines Erhängten. Ebenda Bd. 30. 1919.

Gerstmann u. Schilder: Zur Klinik pseudoskleroseähnlicher Krankheitstypen. Zeitschr. f. d. ges. Neurol. u. Psychiatrie Bd. 54. 1920.

— Zur Kenntnis der Bewegungsstörungen der Pseudosklerose. Ebenda Bd. 58. 1920.

— Studien über Bewegungsstörungen:

  I. u. II. Zeitschr. f. d. ges. Neurol. u. Psychiatrie Bd. 58. 1920.

  III. Zeitschr. f. d. ges. Neurol. u. Psychiatrie Bd. 61.

  IV. Med. Klinik 1921, Nr. 7.

  V. Zeitschr. f. d. ges. Neurol. u. Psychiatrie Bd. 70. 1921.

Getzowa, S.: Über das Rückenmark beim menschlichen Tetanus mit und ohne Magnesiumsulfatbehandlung und über Amitosen im Zentralnervensystem. Frankfurt. Zeitschr. f. Pathol. Bd. 21. 1918.

Globus u. Strauss: A contribution to the pathology of subacute epidemic encephalitis. Proc. of the New York pathol. soc. Bd. 21, Nr. 6—8. 1921.

Goldstein, K.: Die erste Entwicklung der großen Hirncommissuren und die „Verwachsung" von Thalamus und Striatum. Arch. f. Anat. u. Physiol. Anat. Abt. 1903.

— Über Störungen der Schwere — Empfindung bei gleichseitiger Kleinhirnaffektion. Neurol. Zentralbl. 1913.

— Die Topik der Großhirnrinde. Ref. 12. Jahresvers. der Ges. dtsch. Nervenärzte, Halle 1922. Zentralbl. f. d. ges. Neurol. u. Psych. Bd. 30, H. 7. 1922.

— Über Halsreflexe beim Menschen. Vortr. 12. Jahresvers. d. Ges. dtsch. Nervenärzte, Halle 1922. Zentralbl. f. d. ges. Neurol. u. Psych. Bd. 30, H. 7. 1922.

— Über anatomische Veränderungen (Atrophie der Substantia nigra) bei postencephalitischem Parkinsonismus. Zeitschr. f. d. ges. Neurol. u. Psychiatrie Bd. 76, H. 5. 1922.

Goldstein u. Reichmann: Beiträge zur Kasuistik und Symptomatologie der Kleinhirnerkrankungen, im besonderen zu den Störungen der Bewegungen der Gewichts-, Raum- und Zeitschätzung. Arch. f. Psychiatrie u. Nervenkrankh. Bd. 56. 1916.

Greving: Die Pathogenese des Fiebers mit besonderer Berücksichtigung der nervösen und physiologischen Grundlagen der Wärmeregulation. Dtsch. med. Wochenschr. 1922, Nr. 50 u. 51.

— Ergebnisse der Anatomie. Zeitschr. f. d. ges. Anatomie Bd. 24. 1922.

Gröbbels, F.: Über Encephalitis lethargica. Münch. med. Wochenschr. 1920, Nr. 5.

— Die Lage- und Bewegungsreflexe der Vögel. Zeitschr. f. Biologie Bd. 76. 1922.

— Weitere Versuche über den Einfluß der Haut- und Tiefensensibilität auf den Reflexvorgang. Ebenda Bd. 77. 1922.

— Untersuchungen über den Hinterbeinbeugereflex des Frosches auf Grund einer neuen Methode. Ebenda Bd. 77. 1922.

Gross, W.: Über Encephalitis epidemica. Zeitschr. f. d. ges. Neurol. u. Psychiatrie Bd. 63.

Grünewald, E.: Encephalitis epidemica. Sammelref. Zentralbl. f. d. ges. Neurol. u. Psychiatrie Bd. 25.

Grünstein: Zur Frage der Leitungsbahnen des Corpus striatum. Neurol. Zentralbl. Bd. 30. 1911.

Gruhle, H.: Die Psychologie der Dementia praecox. Zeitschr. f. d. ges. Neurol. u. Psychiatrie Bd. 78, H. 4/5. 1922.

Guizzetti, P.: Principali risultati dell' applicazione grossolana a fresco delle reazioni istochimiche del ferro sul sistema nervoso centrale del l'uomo e di alcuni mammiferi domestici. Riv. di patol. nerv. e ment. Bd. 20, H. 2. 1915.

Haenel: Zur pathologischen Anatomie der Hemiathetose. Dtsch. Zentralbl. f. Nervenheilk. Bd. 21. 1901.

— Vortrag Dresden. Münch. med. Wochenschr. Bd. 67. 1920.

— Zur Klinik der extrapyramidalen Bewegungsstörungen. Neurol. Zentralbl. Bd. 39. 1920.

Halban u. Infeld: Zur Pathologie der Hirnschenkelhaube. Obersteiners Arb. Bd. 9. 1902.

Halipré: La paralysie pseudo-bulb. d'origine cérébrale. Thèse de Paris 1894.

Hall: La dégénérescence hepato-lenticulaire. Maladie de Wilson. Pseudo-slcérose. Paris 1921.

Hallervorden, I. u. H. Spatz: Eigenartige Erkrankung im extrapyramidalen System mit besonderer Beteiligung des Globus pallidus und der Substantia nigra. Ein Beitrag zu den Beziehungen zwischen diesen beiden Zentren. Zeitschr. f. d. ges. Neurol. u. Psychiatrie Bd. 79, H. 1—3. 1922.

Hartmann: Pathologie der Bewegungsstörungen der Pseudobulbärparalyse. Zeitschr. f. Heilk. Bd. 23. 1902.

Harvier u. Levaditi: Virulence des centres nerveux dans l'encéphalite six mois après le début de la maladie. Progr. méd. 1921, Nr. 1.

Hassin, G. B.: Case of acute Veronal poisoning simulating epidemic (lethargic) encephalitis. Journ. of the Americ. med. assoc. Bd. 75. 1920.

— The contrast between the brain lesions produced by lead and other poisons and those caused by epidem. encephalitis. Arch. of neurol. a. psych. Bd. 6, Nr. 3.

Hatschek, R.: Zur vergleichenden Anatomie des Nucl. ruber tegmenti. Obersteiners Arb. Bd. 15. 1907.

Hauptmann: Der Mangel an Antrieb von innen gesehen. Arch. f. Psychiatrie u. Nervenkrankh. Bd. 66, H. 5. 1922.

Head, H.: Croonian lecture: Release of function in the nervous system. Proc. of the roy. soc. Ser. B. Bd. 92. 1921.

Head and Holmes: Sensory disturbances from cerebral lesions. Brain Bd. 34. 1911.

Held: Die Entwicklung des Nervensystems. Leipzig 1909.

Herxheimer, G: Über die Anatomie der Encephalitis epidemica. Berl. klin. Wochenschr. 1920, Nr. 49.

Herz, A.: Zur Frage der Athetose bei Thalamuserkrankungen. Obersteiners Arb. Bd. 13. 1910.

Herzog: Zur pathologischen Anatomie der sog. Encephalitis epidemica. Med. Ges. zu Leipzig. Sitzungsber. Münch. med. Wochenschr. 1921 und Dtsch. Zeitschr. f. Nervenheilk. Bd. 70, H. 4—6.

Higier: Pathologie der angeborenen, familiären und hereditären Krankheiten, speziell der Nerven- und Geisteskrankheiten. Arch. f. Psychiatrie u. Nervenkrankh. Bd. 48. 1911.

— Epileptiforme Lähmungsanfälle ohne Krampf und apoplektiforme Hemitonien ohne Lähmung. Zeitschr. f. d. ges. Neurol. u. Psychiatrie Bd. 15. 1913.

— Zur Klinik familiärer Formen der Wilsonschen lentikularen Degeneration. Ebenda Bd. 23. 1914.

— Differentialdiagnose akuter und chronischer Encephalitis lethargica. Dtsch. med. Wochenschr. Bd. 48, Nr. 38. 1922.

Hofmann u. Wohlwill: Parkinsonismus und Stirnhirntumor. Zeitschr. f. d. ges. Neurol. u. Psychiatrie Bd. 79. 1922.

Hofstadt, F.: Beiträge zur Kenntnis der Encephalitis epidemica im Kindesalter sowie über Spät- und Dauerschäden nach Encephalitis epidemica im Kindesalter. Zeitschr. f. Kinderheilk. Bd. 29. 1921.

Holmes, G.: The symptoms of acute cerebellar injuries due to gunshot injuries. Brain Bd. 40. 1917.

— The Croonian lectures on the clinical symptoms of cerebellar disease and their interpretation. Lancet Bd. 202, Nr. 24 u. 25. 1922.

Holzer: Der amyostatische Symptomenkomplex bei Encephalitis epidemia. Berl. klin. Wochenschr. 1921.

Homburger: Amyostatische Symptome bei schwachsinnigen Kindern. Vortr. Zeitschr. f. d. ges. Neurol. u. Psychiatrie. Ref.-Teil Bd. 23. 1921.

— Über die Entwicklung der menschlichen Motorik und ihre Beziehung zu den Bewegungsstörungen der Schizophrenen. Zeitschr. f. d. ges. Neurol. u. Psychiatrie Bd. 78, H. 4—5. 1922.

Homén: Eine eigentümliche Familienkrankheit usw. Arch. f. Psychiatrie u. Nervenkrankh. Bd. 24. 1892.
— Einige Worte in betreff der Ätiologie der Krankheiten mit amyostatischem Symptomenkomplex und verwandte Zustände. Dtsch. Zeitschr. f. Nervenheilk. Bd. 75, H. 1—3. 1922.
v. Höslin - Alzheimer: Pseudosklerose. Zeitschr. f. d. ges. Neurol. u. Psychiatrie Bd. 8. 1911/12.
Höstermann: Cerebrale Lähmung bei intakter Pyramidenbahn. Arch. f. Psychiatrie u. Nervenkrankh. Bd. 49. 1912.
Howard u. Royce: Progress. lenticular degeneration associated with cirrhosis of the Liver. Arch. of internat. Med. Bd. 24. 1919.
Hunt: The efferent pallidal system of the corpus striatum. Journ. of nerv. a. ment. dis. Bd. 46, Nr. 3. 1917.
— A contribut. to the pathol. of paral. agit. Journ. of nerv. a. ment. dis. 1896.
— Progress. Atrophie of the globus pallidus. Brain Bd. 40. 1917.
— Primary Atrophie of the pallidal system of the corp. striat. Archives of internat. Medicine Bd. 22. 1918.
— The syndrome of the globus pallidus. Journ. of nerv. a. ment. dis. Bd. 44. 1916.
Infeld, M.: Zwei Fälle von Herderkrankung in der Vierhügelgegend. Wien. med. Wochenschr. 1908.
Ingvar: Zur Phylo- und Ontogenese des Kleinhirns. Fol. neurobiol. Bd. 11.
— Ein Fall von Kleinhirntuberkel. Beitrag zur Kenntnis der Lokalisation im Kleinhirn. Psych. en Neurol. Bladen. Amsterdam 1918.
— Über den Einfluß des Cerebellum auf die Sprache. Ebenda 1918.
Isenschmid: Histologische Veränderungen im Zentralnervensystem bei Schilddrüsenmangel. Frankfurt. Zeitschr. f. Pathol. Bd. 21. 1919.
Isenschmid u. Krehl: Über den Einfluß des Gehirns auf die Wärmeregulation. Arch. f. exp. Pathol. u. Pharmakol. Bd. 70. 1912.
Isenschmid u. Schnitzler: Beitrag zur Lokalisation der der Wärmeregulation vorstehenden zentralen Apparate im Zwischenhirn. Arch. f. exp. Pathol. u. Pharmakol. Bd. 76. 1914.
Isserlin: Über den Ablauf einfacher willkürlicher Bewegungen. Psychol. Arb. Bd. 6, H. 1.
Isserlin u. Lothmar: Über den Ablauf einfacher willkürlicher Bewegungen bei einigen Nerven- und Geisteskrankheiten. Zeitschr. f. d. ges. Neurol. u. Psychiatrie Bd. 10. 1912.
Jakob, A.: Pathogenese der Pseudobulbärparalyse. Arch. f. Psychiatrie u. Nervenkrankh. 1909.
— Zur Pathologie der Epilepsie. Zeitschr. f. d. ges. Neurol. u. Psychiatrie Bd. 23. 1914.
— Zur Klinik und pathologischen Anatomie der stationären Paralyse. Ebenda Bd. 54. 1920.
— Über die Endarteriitis syphilitica der kleinen Hirnrindengefäße. Ebenda Bd. 54. 1920.
— Über eigenartige Erkrankungen usw. (spastische Pseudosklerose). Ebenda Bd. 64. 1921. Med. Klinik Bd. 13. 1921.
— Eigenartiger Krankheitsprozeß des Zentralnervensystems bei einer chronischen Psychose mit katatonen Symptomen. Zeitschr. f. d. ges. Neurol. u. Psychiatrie Bd. 66. 1921.
— Paradoxale cerebrale Kinderlähmung. Dtsch. Zeitschr. f. Nervenheilk. Bd. 68/69. 1921.
— Über atypische Gliareaktionen usw. Bostroemsche Festschrift in Zieglers Beiträgen Bd. 69. 1921.
— Der amyostatische Symptomenkomplex. Pathologisch-anatomischer Teil. Ref. auf der 11. Jahresversammlung d. Ges. Dtsch. Nervenärzte, Braunschweig 1921. Dtsch. Zeitschr. f. Nervenheilk. Versammlungsbericht 1922.
Jakob, Chr.: Über die Ubiquität der sensomotorischen Doppelfunktion der Hirnrinde. Journ. f. Psychol. u. Neurol. Bd. 19. Ergänzungsheft 1 u. 2. 1912.
— Das Menschenhirn. I. Teil. München: Verlag Lehmann 1911.
— Vom Tierhirn zum Menschenhirn. I. Teil. München 1911.
Jakowenko: Zur Frage der Lokalisation der Chorea. Ref. Neurol. Zentralbl. Bd. 8. 1889.
Jelgersma: Neue anatomische Befunde bei Paralysis agitans und bei chronischer Chorea. 80. Versammlung dtsch. Naturf. u. Ärzte, Köln 1908. Ref. Neurol. Zentralbl. 1908.

Jelgersma: Die anatomischen Veränderungen bei Paralysis agitans und chronischer Chorea. Ausf. Bericht: Verhandl. d. Ges. dtsch. Naturforsch. u. Ärzte zu Köln, II. Teil, 2. Hälfte. Leipzig 1909.
— Weitere Beiträge zur Funktion des Kleinhirns. Journ. f. Psychol. u. Neurol. Bd. 25.
— Zu Theorie der cerebellaren Koordination. Ebenda Bd. 24. 1919.
Jendrassik et Marie: Contribution à l'étude de l'hémiatrophie cérébrale par sclérose lobaire. Arch. de Phys. Bd. 5. 1885.
de Jong: Die Hauptgesetze einiger wichtigen körperlichen Erscheinungen beim psychischen Geschehen von Normalen und Geisteskranken. Zeitschr. f. d. ges. Neurol. u. Psychiatrie Bd. 69. 1921.
Jonkhoff, J.: Beiträge zur Pharmakologie der Körperstellung und der Labyrinthreflexe (Campher). Acta Oto-Laryngologica. Bd. IV, H. 4. 1922.
— Beiträge zur Pharmakologie der Körperstellung und der Labyrinthreflexe (Oleum Chenopodii). Pflügers Arch. f. d. ges. Physiol. Bd. 196, H. 516. 1922.
Kalkhof u. Ranke: Zwei neue Chorea-Huntington-Familien. Zeitschr. f. d. ges. Neurol. u. Psychiatrie Bd. 17. 1913.
Kappers, A.: Die vergleichende Anatomie des Nervensystems der Wirbeltiere und des Menschen. Bd. 1 u. 2. Haarlem 1921.
— Die Phylogenese des Corpus striatum. Psychiatr. en neurol. bladen 1922, Nr. 5.
Karplus u. Kreidl: Zwischenhirnbasis und Sympathicus. Pflügers Arch. f. d. ges. Physiol. Bd. 129. 1909; Bd. 135. 1910; Bd. 143. 1911; Bd. 171. 1918.
Kastan: Archiv für Psychiatrie u. Nervenkrankh. Bd. 60. 1919.
Kauders, O.: Über moriaartige Zustandsbilder und Defektzustände als Spätfolge von Encephalitis epidemica. Zeitschr. f. d. ges. Neurol. u. Psychiatrie Bd. 74, H. 4/5. 1922.
Kirschbaum, M.: Über Persönlichkeitsveränderungen bei Kindern infolge von epidemischer Encephalitis. Zeitschr. f. d. ges. Neurol. u. Psychiatrie Bd. 73, H. 4/5. 1921.
Kirschbaum, W.: Über den Einfluß schwerer Leberschädigungen auf das Zentralnervensystem. I. Mitteil. Gehirnbefunde bei akuter gelber Leberatrophie. Zeitschr. f. d. ges. Neurol. u. Psychiatrie Bd. 77, H. 5. 1922.
— Klin. Wochenschr. I. Jahrg., Nr. 32. 1922.
— Tierexperimentelle Untersuchungen über den Einfluß schwerer Leberschädigungen auf das Zentralnervensystem. Vortr. gehalten a. d. 12. Jahresvers. d. Ges. dtsch. Nervenärzte zu Halle 1922. Ref. Zentralbl. f. Neurol. u. Psychiatrie 1922.
Klaatsch: Die Stellung des Menschen im Naturganzen. Jena: Fischer 1911.
Klarfeld: Zur Histopathologie der Encephalitis choreatica. Ostdtsch. Psychiatertag, Breslau 1920. Sitzungsber. Zeitschr. f. d. ges. Neurol. u. Psychiatrie. Ref. Bd. 23, H. 4.
— Einige allgemeine Betrachtungen zur Histopathologie des Zentralnervensystems. Zeitschr. f. d. ges. Neurol. u. Psychiatrie Bd. 77. 1922.
Kleist: Über die psychischen Störungen bei Chorea minor. Allg. Zeitschr. f. Psychiatrie u. psych.-gerichtl. Med. Bd. 64. 1907.
— Untersuchungen zur Kenntnis der psychomotorischen Störungen bei Geisteskranken. Leipzig 1908.
— Weitere Untersuchungen. Leipzig 1909.
— Anatomische Befunde bei Huntingtonscher Chorea. Arch. f. Psychiatrie u. Nervenkrankh. Bd. 50. 1912.
— Zur Auffassung der subcorticalen Bewegungsstörungen. Arch. f. Psychiatrie u. Nervenkrankh. Bd. 59. 1919.
de Kleijn, A.: Zur Analyse der Folgezustände einseitiger Labyrinthexstirpation beim Frosch. Pflügers Arch. f. d. ges. Physiol. Bd. 159. 1914.
— Tonische Labyrinth- und Halsreflexe auf die Augen. Ebenda Bd. 186, H. 1—3. 1921.
— Über vestibuläre Augenreflexe. IV. Experimentelle Untersuchungen über die schnelle Phase des vestibulären Nystagmus beim Kaninchen. Arch. f. vergl. Ophth. Bd. 107, H. 4. 1922.
— Statischer Sinn. Jahresbericht über die gesamte Physiol. 1920.
— Recherches quantitatives sur les positions compensatoires de l'œil chez le lapin. Arch. Néerlandaises de Physiol. de l'Homme et des Animaux. Bd. VII, S. 138. 1922.

de Kleijn, A. u. R. Magnus: Sympathicuslähmung durch Abkühlung des Mittelohres beim Ausspritzen des Gehörganges der Katze mit kaltem Wasser. Arch. f. vergl. Ophth. Bd. 96, H. 3/4. 1918.

— Kleinhirn, Hirnstamm und Labyrinthreflexe. Münch. med. Wochenschr. 1919. Nr. 20.

— Beiträge zum Problem der Körperstellungen. IV. Mitteilung. Optische Stellreflexe bei Hund und Katze. Pflügers Arch. f. d. ges. Physiol. Bd. 180. 1920.

— Über die Unabhängigkeit der Labyrinthreflexe vom Kleinhirn und über die Lage der Zentren für die Labyrinthreflexe im Hirnstamm. Tonische Labyrinthreflexe auf die Augenmuskeln. Ebenda Bd. 178. 1920.

— Über die Funktion der Otolithen. I. Mitteilung. Otolithenstand bei den tonischen Labyrinthreflexen. Labyrinthreflexe auf Progressivbewegungen. II. Mitteilung. Isolierte Otolithenausschaltung bei Meerschweinchen. Ebenda Bd. 186, H. 1—3. 1921.

— Über die Funktion der Otolithen. III. Mitteilung. Kritische Bemerkungen zur Otolithentheorie von Herrn F. H. Quix. Ebenda Bd. 194, H. 4. 1922.

de Kleijn, A. u. C. Versteegh: Beiträge zur Pharmakologie der Körperstellung und der Labyrinthreflexe (Nicotin). Pflügers Arch. f. d. ges. Physiol. Bd. 196, H. 3/4. 1922.

Klien: Rhythmische Krämpfe bei Herderkrankungen des Kleinhirns. Monatsschr. f. Psych. u. Neurol. Bd. 45. 1919.

Kling, David e et Liljenquist: L'encéphalite épidémique expérimentale chez le lapin. I. Virus d'origine cérébrale. Cpt. rend. des séances de la soc. de biol. Bd. 85, Nr. 37. 1921.

— II. Virus d'origine nasopharyngée. Ebenda 1921.

Knauer, A. u. E. Enderlen: Die pathologische Physiologie der Hirnerschütterung nebst Bemerkungen über verwandte Zustände. Journ. f. Psychol. u. Neurol. Bd. 29. 1922.

Kobrak, F.: Beiträge zur Lehre von den statischen Funktionen des menschlichen Körpers unter besonderer Berücksichtigung des statischen Labyrinths. Berlin: S. Karger 1922.

König, O.: Beitrag zur Kenntnis der sog. Paralysis agitans sine agitatione auf dem pathologisch-anatomischen Boden der Encephalitis epidemica. Zeitschr. f. d. ges. Neurol. u. Psychiatrie Bd. 75, H. 1/2. 1922.

Kohlhaas: Mißbildung des Kleinhirns bei einem Feldsoldaten. Dtsch. Zeitschr. f. Nervenheilk. Bd. 61.

Kolisko: Die symmetrische Encephalomalazie in den Linsenkernen nach Kohlenoxydvergiftung. Beitr. z. gerichtl. Med. Bd. 2. 1914.

— Beitrag zur Kenntnis der Blutversorgung in den Großhirnganglien. Wien. klin. Wochenschr. Bd. 11. 1893.

Kölpin: Zur pathologischen Anatomie der Huntingtonschen Chorea. Journ. f. Psychol. u. Neurol. Bd. 12. 1909.

Koopmann, H.: Beitrag zur Epithelkörperchenfrage, unter besonderer Berücksichtigung der Acidophilie der Zelle. Frankfurt. Zeitschr. f. Pathol. Bd. 25, H. 2.

Kretschmer: Konstitution und Charakter. Berlin: Julius Springer 1921.

Kryspin-Exner: Vergleichende anatomische Studien über die Subst. perf. ant. der Säugetiere. Oberst. Arbeit Bd. 23.

Küppers, E.: Der Grundplan des Nervensystems und die Lokalisation des Psychischen. Zeitschr. f. d. ges. Neurol. u. Psychiatrie Bd. 75, H. 1/2. 1922.

— Über den Sitz der Grundstörung einer Schizophrenie. Ebenda Bd. 78, H. 4/5. 1922.

Kuhlenbeck, H.: Über den Ursprung der Großhirnrinde, eine phylogenetische und neurobiotaktische Studie. Anat. Anz. Bd. 55, Nr. 15. 1922.

Kuré Ken, Tetsushiro Shinosaki, Michio Kishimoto, Michisaburo Sato, Nobuo Hoshino und Yoshinobu Tsukije: Die doppelte tonische und trophische Innervation der willkürlichen Muskeln. (Steigerung des sympathischen Tonus und der Sehnenreflexe.) Zeitschr. f. d. ges. exp. Med. Bd. 28, H. 1/4. 1922.

Lafora, G. R.: Nota sobre las alteraciones en el nucleolo de las celulas nerviosas cerebrales en la enfermedad de Alzheimer. Trab. del laborat. d'investig. biol. del univers. Madrid Bd. 9. 1913.

Lafora u. Glück: Beitrag zur Histologie der myoklonischen Epilepsie. Zeitschr. f. d. ges. Neurol. u. Psychiatrie Bd. 6. 1911.

Léri: Le cerveau sénile. Lille 1906.

Leschke: Beitrag zur klinischen Pathologie des Zwischenhirns. Zeitschr. f. klin. Med. Bd. 87.

Levaditi et Harvier: Recherches expérimentales sur l'encéphalite epidém. Cpt. rend. des séances de la soc. de biol. Bd. 84, Nr. 6.

Levaditi, Harvier et Nicolau: Preuves de l'existence des porteurs sains de virus encéphalitique. Ebenda Bd. 84/85. 1921.

— Conception étiologique de l'encéphalite epidém. Ebenda Bd. 85, Nr. 24.

— Etude expérimentale de l'encéphalite dite léthargique. Ann. de l'inst. Pasteur Bd. 36. 1922.

Lewandowsky: Über die Verrichtungen des Kleinhirns. Arch. f. Physiol. 1901.

— Über den Muskeltonus, insbesondere seine Beziehung zur Großhirnrinde. Journ. f. Psychol. u. Neurol. 1. Zeitschr. f. Hypnotismus Bd. 11. 1902/03.

— Bemerkungen über die hemiplegische Contractur. Dtsch. Zeitschr. f. Nervenheilk. Bd. 29. 1905.

— Über die Bewegungsstörungen der infantilen cerebralen Hemiplegie und die Athétose double. Ebenda Bd. 29. 1905.

— Die zentralen Bewegungsstörungen. Handb. d. Neurol. Allg. Teil. Bd. 2. Berlin: Julius Springer.

Lewy, F. H.: Pathologische Anatomie der Paralysis agitans. Lewandowskys Handb. d. Neurol. Bd. 3. 1912.

— Zur pathologischen Anatomie der Paralysis agitans. Dtsch. Zeitschr. f. Nervenheilk. Bd. 50. 1913.

— Die Grundlagen des Koordinationsmechanismus einfacher Willkürbewegungen. Zeitschr. f. d. ges. Neurol. u. Psychiatrie Bd. 58. 1920.

— Tonusprobleme in der Neurologie. Untersuchungen zur Bewegungskoordination. II. Ebenda Bd. 68. 1921.

— Zur pathologisch-anatomischen Differentialdiagnose der Chorea Huntington und Paralysis agitans. Zeitschr. f. d. ges. Neurol. u. Psychiatrie Bd. 72. 1921.

— Histologische Veränderungen im Gehirn bei hyperkinetischen Erkrankungen der Maus nach Diphtherieinfektion. Klin. Wochenschr. 1922. Virchows Arch. f. pathol. Anat. u. Physiol. Bd. 238. 1922.

Lewy, F. H. u. Kindermann: Beziehungen zwischen Muskelhärte und Tonus. Zeitschr. f. d. ges. Neurol. u. Psychiatrie Bd. 80. 1922.

Lewy, F. H. u. Tiefenbach: Die experimentelle Manganperoxyd-Encephalitis und ihre sekundäre Autoinfektion. Ebenda Bd. 71. 1921.

Leyser: Senile Chorea. Dtsch. Zeitschr. f. Nervenheilk. 1922.

— Die Rolle der Leber bei Geistes- und Nervenkrankheiten. Vortr. 12. Jahresvers. d. Ges. dtsch. Nervenärzte, Halle 1922. Zentralbl. f. d. ges. Neurol. u. Psych. Bd. 30, H. 7. 1922.

Lhermitte: La rigidité décérébrée, donnés physiologiques et applications cliniques. Ann. de Méd. Bd. 10. 1921. Ref. Zentralbl. f. d. ges. Neurol. u. Psychiatrie Bd. 28, Nr. 16.

— Les syndromes anatomo-cliniques du corps strié. Ann. de méd. 1920.

— Les syndromes anatomo-cliniques du corps strié chez le vieillard. Rev. neurol. Bd. 29, Nr. 4. 1922.

— L'hépatite familiale jouvenile à évolution rapide avec dégénération du corps strié. La Semaine médicale Bd. 32. 1912.

Lhermitte et Cornil: Sur un cas clinique de syndrome pyramidostrié. Rev. neurol. Bd. 28. 1921.

— Recherches anatomiques sur la maladie de Parkinson. Rev. neurol. Bd. 37. 1921.

— Les syndromes du corps strié d'origine syphilitique chez le vieillard. Presse méd. Bd. 30. 1922.

Lhermitte et Porak: Sur un cas de chorée progressive d'Huntington avec examen anatomique. Soc. de neurologie. Rev. neurol. 1914, Vol. 13.

Lichtwitz: Das Nebennierenproblem. Klin. Wochenschr. 1922.

Liljestrand, G. u. R. Magnus: Über die Wirkung des Novocains auf den normalen und den tetanusstarren Skelettmuskel und über die Entstehung der lokalen Muskelstarre beim Wundstarrkrampf. Pflügers Arch. f. d. ges. Physiol. Bd. 176, H. 3/4. 1919.

— Warum wird die lokale Muskelstarre beim Wundstarrkrampf durch Novocain aufgehoben? Münch. med. Wochenschr. 1919, Nr. 21.

Loewe, Hirschfeld u. Strauß: Studies in epidemic Encephalitis. The Journ. of infectious diseases Bd. 25, Nr. 5. 1919.

Loewe u. Strauß: The diagnosis of epidemic encephalitis. Journ. of the Americ. med. Assoc. Bd. 74. 1920.

— Etudes expérimentales sur l'encéphalite epidém. Cpt. rend. des séances de la soc. de biol. Bd. 85, Nr. 20.

Loewy: Symmetrische Erweichungsherde beider Hemisphären des Nucleus caudatus und im äußeren Gliede des Linsenkerns mit Muskelrigidität. Dtsch. Medizinalztg. 1903.

— Psyche und Statik. Zeitschr. f. d. ges. Neurol. u. Psych. Bd. 65. 1921.

Lothmar: Ein Beitrag zur Pathologie des Kleinhirns. Monatsschr. f. Psych. u. Neurol. 1908.

— Bemerkungen zur Adiodokokinese und zu den Funktionen des Kleinhirns. Korrespondenzbl. f. schweiz. Ärzte 1913.

— Beiträge zur Histologie der akuten Myelitis und Encephalitis usw. Nissl-Alzheimers histol. u. histopatholog. Arb. Bd. 6. 1913.

Lua: Zur Kasuistik der Alzheimerschen Krankheit. Zeitschr. f. d. ges. Neurol. u. Psychiatrie Bd. 55. 1920.

Lubarsch: Die albuminösen Degenerationen. Lubarsch-Ostertags Ergebn. der allg. Pathol. u. pathol. Anatomie. I. Jahrgang, II. Abt. 1895.

— Zur Kenntnis der im Hirnanhang vorkommenden Farbstoffablagerungen. Berl. klin. Wochenschr. 1917.

— Über die Ablagerung eisenhaltigen Pigments im Gehirn und ihre Bedeutung bei der progress. Paralyse. Arch. f. Psychiatrie u. Nervenkrankh. Bd. 67, H. 1. 1922.

— Zur Kenntnis des Makrophagensystems. Verhandl. d. dtsch. pathol. Ges. 1921.

Luciani: Il cerveletto. Novi studi di fisiol. norm. e patol. Firenze 1891.

— Das Kleinhirn. Leipzig: Besold 1893.

— Das Kleinhirn. Ergebn. d. Physiol. III. Jahrgang, II. Abteilung 1904.

Luna: Contributo allo studio della morfologica del cerveletto in alcuni mammiferi. Fol. neurobiol. Bd. 3. 1909.

Maas: Störung der Schwereempfindung bei Kleinhirnerkrankung. Neurol. Centralbl. 1913.

— Torsionsspasmus. Neurol. Centralbl. Bd. 37. 1918.

Magnus, R.: Pharmakologische Untersuchungen an Sipunculus nudus. Arch. f. exp. Pathol. u. Pharmakol. Bd. 50. 1903.

— Welche Teile des Zentralnervensystems müssen für das Zustandekommen der tonischen Hals- und Labyrinthreflexe auf die Körpermuskulatur vorhanden sein? Pflügers Arch. f. d. ges. Physiol. Bd. 159. 1914.

— Beiträge zum Problem der Körperstellung. I. Mitteilung. Stellreflexe beim Zwischenhirn- und Mittelhirnkaninchen. Ebenda Bd. 163. 1916.

— Beiträge zum Problem der Körperstellung. II. Mitteilung. Stellreflexe beim Kaninchen nach einseitiger Labyrinthexstirpation. Ebenda Bd. 174, H. 1—3. 1919.

— Körperstellung und Labyrinthreflexe beim Affen. Ebenda Bd. 193, H. 3—4. 1922.

— Wie sich die fallende Katze in der Luft umdreht. Arch. néerland. de physiol. de l'homme et des anim. Bd. 7. 1922.

— Otolithenfunktion und Körperstellung. Die Naturwissenschaften 1922, H. 43.

Magnus, R. u. J. Jonkhoff: Beiträge zur Pharmakologie der Körperstellung und der Labyrinthreflexe (Vorbemerkungen, Strychnin, Pikrotorin). Acta Oto-Laryngologica Bd. IV, H. 1/3. 1922.

Magnus, R. u. A. de Kleijn: Die Abhängigkeit des Tonus der Nackenmuskeln von der Kopfstellung. Pflügers Arch. f. d. ges. Physiol. Bd. 147. 1912.

— Die Abhängigkeit des Tonus der Extremitätenmuskeln von der Kopfstellung. Pflügers Arch. f. d. ges. Physiol. Bd. 145. 1912.

— Weitere Beobachtungen über Hals- und Labyrinthreflexe auf die Gliedermuskeln des Menschen. Pflügers Arch. f. d. ges. Physiol. Bd. 160. 1915.

Magnus u. W. Storm van Leeuwen: Die akuten und dauernden Folgen des Ausfalls der tonischen Hals- und Labyrinthreflexe. Pflügers Arch. f. d. ges. Physiol. Bd. 159. 1914.

Maillard: Considérations sur la maladie de Parkinson. Paris, Rousset 1907.

Malaisé, v.: Studien über Wesen und Grundlagen seniler Gehstörungen. Arch. f. Psychiatrie u. Nervenkrankh. Bd. 46. 1910.

Mann, L.: Sek. Kontrakt. b. d. Hemipl. Ref. a. d. Amsterdam. Neurol. Kongr. 1907.
— Über das Wesen der striären und der extrapyramidalen Bewegungsstörung (amyostatischer
    Symptomenkomplex). Zeitschr. f. d. ges. Neurol. u. Psychiatrie Bd. 71. 1921.
Marburg, O.: Die physiologische Funktion der Kleinhirnstrangbahn (Tr. spino-cerebellaris
    dorsalis) nach Experimenten am Hunde. Arch. f. Anat. u. Physiol. 1904.
— Die topische Diagnostik der Mittelhirnkrankheiten. Wien. klin. Wochenschr. 1905,
    S. 533 u. 577.
Marie, P.: Hémiplégie spasmodique infantile. Dictionnaire de Dechambre 1886.
— Des différents états lacunaires du cerveau. XIII. Congr. de Méd. Sect. de Neurol. Paris
    1900.
— Des foyers lacunaires de désintégration etc. Revue de méd. Tome XXI. 1901.
Marie u. Guillain: Lésion ancienne du noyau rouge. Nouvelle Iconographie de la Salpé-
    trière Bd. 16. 1903.
Marie u. Lhermitte: Les Lésions de la chorée chronique progressive. Ann. de méd. Bd. 18.
    1914.
Marie u. Trétiakoff: Examen histologique des centres nerveux dans deux cas d'encé-
    phalite léthargica. Presse méd. 1918, S. 285.
Marinesco: Myoklonie bei Malaria. Ref. Zentralbl. f. d. ges. Neurol. u. Psychiatrie 1921.
Mayer-Groß, W. u. G. Steiner: Encephalitis lethargica in der Selbstbeobachtung.
    Zeitschr. f. d. ges. Neurol. u. Psychiatrie Bd. 73, H. 1—3. 1921.
Meggendorfer: Fall von chronischer Encephalitis lethargica. Ref. im Hamburger ärztlichen
    Verein a. 23. März 1920. Zeitschr. f. d. ges. Neurol. u. Psychiatrie (Ref.-Teil) Bd. 21. 1920.
— Chron. Enceph. letharg. Zeitschr. f. d. ges. Neurol. u. Psychiatrie Bd. 75, H. 1/2. 1922.
Mendel, K.: Die Paralysis agitans. Berlin: Karger 1911.
— Torsionsdystonie. Monatsschr. f. Neurol. u. Psych. Bd. 46. 1919.
Merguet, H.: Ein Fall von CO-Vergiftung mit choreiformer Bewegungsstöruug. Arch. f.
    Psychiatrie u. Nervenkrankh. Bd. 60, H. 2. 1922.
Mills: Rigidität bei Linsenkernherden. Neurol. Centralbl. 1914. Journ. of nerv. a. ment.
    dis. 1905.
— Some clinical studies of the problems of cerebr. tone. Journ. of the Americ. med. assoc.
    1916.
Mills and Weisenburg: Cerebellar symptoms and cerebellar localization. Journ. of the
    Americ. med. assoc. Vol. 43. 1914.
Mingazzini: Experimentelle und pathologisch-anatomische Untersuchungen über den Ver-
    lauf einiger Bahnen. Monatsschr. f. Neurol. u. Psych. Bd. 75. 1904.
— Das Linsenkernsyndrom. Zeitschr. f. d. ges. Neurol. u. Psychiatrie Bd. 8. 1912.
— Anatomia clinica dei centri nervosi. Turin 1913.
— Klinische und pathologisch-anatomische Beiträge zum Studium der Encephalitis epi-
    demica (lethargica). Zeitschr. f. d. ges. Neurol. u. Psychiatrie Bd. 63. 1921.
— Über einen Parkinson-ähnlichen Symptomenkomplex. Arch. f. Psychiatrie u. Nerven-
    krankh. Bd. 55, H. 2. 1914.
Mingazzini e Giannuli: Osservacioni cliniche e anatomo-pathologiche sulle Aplasie cere-
    bellari. Rom 1918.
Mirto, G.: Contributo alla fina anatomia della substantia nigra de Sömmering. Riv. sperim.
    di freniatr. e med. legale Bd. 22. 1896.
Monakow, v.: Hirnpathologie 1905.
— Die Lokalisation im Großhirn. Bergmann 1914.
— Der rote Kern der Haube und die Regio hypothalamica. Arb. a. d. hirnanat. Inst. in
    Zürich. Wiesbaden 1910.
— Aufbau und Lokalisation der Bewegungen beim Menschen. Wiesbaden: Bergmann 1911.
— Versuch einer Biologie der Instinkte. Schweiz. Arch. f. Neurol. u. Psychiatrie Bd. 4. 1919.
Mourgue, La fonct. psycho-mot. d'inhibition étudiée dans un cas de chorée de Huntington.
    Arch. suisse de neurol. et psych. Bd. 5. 1919.
Müller, Max: Über physiologisches Vorkommen von Eisen im Zentralnervensystem. Zeit-
    schr. f. d. ges. Neurol. u. Psychiatrie Bd. 77, H. 5. 1922.
Munk: Über die Ausdehnung der Sinnensphären in der Großhirnrinde. Sitzungsber. d.
    Kgl. preuß. Akad. d. Wiss. 1892.

Munk: Über den Stirnlappen des Großhirns. Ebenda 1892.
— Über die Funktionen des Kleinhirns. I. u. II. Sitzungsber. d. Kgl. preuß. Akad. d. Wiss. Berlin. Physikalisch-mathem. Kl. 1906/07.
Muratow: Zur Pathogenese der Hemichorea apoplectica. Monatsschr. f. Neurol. u. Psych. Bd. 5. 1897.
Muskens: Muskeltonus und Sehnenphänomene. Neurol. Zentralbl. Bd. 18. 1899.
Nagel: Die Lage-, Bewegungs- und Widerstandsempfindungen im Handbuch der Physiologie Bd. 3. 1905.
Negrin y Lopez u. v. Brücke: Zur Frage nach der Bedeutung des Sympathicus für den Tonus der Skelettmuskulatur. Pflügers Arch. f. d. ges. Physiol. Bd. 166. 1917.
v. Niessl - Mayendorff: Über die pathologischen Komponenten des choreatischen Phänomens. Vers. mitteldeutsch. Neurol. u. Psychiater. Halle 27. Oktober 1912.
— Hirnpathologische Ergebnisse bei Chorea chronica und von choreatischen Phänomenen. Arch. f. Psychiatrie u. Nervenkrankh. Bd. 51. 1913.
— Über die Ursache der choreatischen Zuckung. Fortschr. d. Med. 1913, H. 43/44.
Nissl, F.: Zur Histopathologie der paralytischen Rindenerkrankung. Histol. u. histopathol. Arb. Bd. 1. 1904.
— Zur Lehre der Lokalisation in der Großhirnrinde des Kaninchens. I. Teil: Völlige Isolierung der Hirnrinde beim neugeborenen Tiere. Sitzungsber. d. Heidelberg. Akad. d. Wiss., 1911.
— Die Großhirnanteile des Kaninchens. Arch. f. Psychiatrie u. Nervenkrankh. Bd. 52. 1913.
Nonne: Encephalitis lethargica. Dtsch. Zeitschr. f. Nervenheilk. 1919.
— Zum Kapitel der epidemisch auftretenden Bulbärmyelitis und Encephalitis des Hirnstammes. Ebenda Bd. 64. 1919.
Noyons und v. Uexküll: Die Härte der Muskeln. Zeitschr. f. Biol. Bd. 56. 1911.
Obersteiner: Anleitung beim Studium des Baues der nervösen Zentralorgane. 5. Auflage. Wien: Deuticke 1912.
Odefey, M.: Untersuchungen über das Vorkommen fetthaltiger Körper und Pigmente in den nicht nervösen Teilen des Gehirns unter normalen und krankhaften Bedingungen. Arch. f. Psychiatrie u. Nervenkrankh. Bd. 59. 1918.
Oppenheim: Zur Pseudosklerose. Neurol. Zentralbl. Bd. 33. 1914.
— Differentialdiagnose der multiplen Sklerose und Pseudosklerose. Dtsch. Zeitschr. f. Nervenheilk. Bd. 56. 1917.
— Über eine eigenartige Krampfkrankheit des kindlichen und jugendlichen Alters. Neurol. Zentralbl. Bd. 30. 1911.
Orzechowski: Über progressive Bewegungen des Kerns der Purkinjezellen beim Menschen. Verhandl. der X. Vers. d. poln. Naturforscher und Ärzte, Lemberg.
— Synthese gewisser extrapyramidaler Störungen. Neurologia polska Bd. 6. 1922.
— Extrapyramidale Innervation. Polska gazeta lekarska Bd. 1, Nr. 22. 1922.
Perusini: Über einige eisengierige, nicht kalkhaltige Inkrustierungen im Zentralnervensystem. Fol. neurobiol. Bd. 6. 1912.
— Über klinisch und histologisch eigenartige psychische Erkrankungen des späteren Lebensalters. — Nissl - Alzheimer: Histol. u. histopathol. Arb. über die Großhirnrinde Bd. 3.
Pette: Zur Lues der Stammganglien. Zur Lokalisation hemichoreatischer Bewegungsstörungen. Vortr. 12. Jahresvers. d. Ges. dtsch. Nervenärzte, Halle 1922. Zentralbl. f. d. ges. Neurol. u. Psych. Bd. 30, H. 7. 1922.
— Weiterer Beitrag zum Verlauf und zur Prognose der Encephalitis epidemica. Med. Klinik Bd. 18, Nr. 2. 1922.
Pfeifer, R. A.: Kontinuierliche klonische rhythmische Krämpfe des Gaumensegels und der Rachenwand bei einem Fall von Schußverletzung des Kleinhirns. Monatsschr. f. Psych. u. Neurol. Bd. 45. 1918.
Pfeiffer: A contribution to the pathology of chronic, progressive chorea. Brain. Bd. 35. 1913.
— The anatomical findings in a case of progressive lenticular degeneration. Journ. of ment and nerv. diseases Bd. 45. 1917.
Photakis: Anatomische Veränderungen des Zentralnervensystems bei CO-Vergiftung. Vierteljahrsschrift f. gerichtl. Med. 3. Folge, Bd. 62.

Pick, A.: Die neurologische Forschungsrichtung 1921.

Pineles: Zur Lehre von den Funktionen des Kleinhirns. Obersteiners Arb. Bd. 182. 1899.

Pötzl: Jahrbuch für Neurologie und Psychiatrie Bd. 37. 1917.

Pollak, E.: Amyostatischer Symptomenkomplex (anatomischer Teil). Ref. auf der Braunschweiger Neurologentagung 1921. Dtsch. Zeitschr. f. Nervenheilk. 1922.

— Über experimentelle Encephalitis. Arb. a. d. neurol. Inst. d. Wiener Univ. Bd. 23, H. 2. 1922.

— Beitrag zur Pathologie der extrapyramidalen Bewegungsstörungen (über Wilsonsche Linsenkerndegeneration). Zeitschr. f. d. ges. Neurol. u. Psychiatrie Bd. 77, H. 1/2. 1922.

Pollock: The pathology of the nervous system in a case of progressive lenticular degeneration. Journ. of nerv. a. ment. dis. Bd. 46, Nr. 6. 1917.

Probst: Zur Anatomie und Physiologie des Kleinhirns. Arch. f. Psychiatrie u. Nervenkrankh. Bd. 35. 1902.

— Über die anatomischen und physiologischen Folgen der Halbseitendurchschneidung des Mittelhirns. Jahrb. d. Psychiatrie u. Neurol. Bd. 24. 1904.

Räcke: Huntingtonsche Chorea. Arch. f. Psychiatrie u. Nervenkrankh. Bd. 46. 1910.

Reichardt: Theoretisches über die Psyche. Journ. f. Psychol. u. Neurol. Bd. 18.

— Über die Hirnmaterie. Monatsschr. f. Psych. u. Neurol. Bd. 24. 1908.

— Arbeiten aus der psychiatrischen Klinik zu Würzburg. Bd. 7 und 8.

Reichelt, K. E.: Über die Entstehungsweise der Schlafkrankheit nach Grippe. Zur Entzündungslehre des Zentralnervensystems. Zeitschr. f. d. ges. Neurol. u. Psychiatrie Bd. 78, H. 2/3. 1922.

Remond, A. u. H. Colombies: Hemiplegie with Hemichorea. Rev. de méd. Bd. 39, S. 107. 1922.

Ribbert: Der Tod aus Altersschwäche. Bonn 1908.

Rosenfeld: Über Skopolaminwirkungen am Nervensystem. Münch. med. Wochenschr. Bd. 58. 1921.

Rossi: Note cliniche sull' encefalite epidemica con speciale riguardo ai sintomi del periodo tardivo. Riv. di patol. nerv. e ment. Bd. 27, H. 1—4. 1922.

Rothfeld, J.: Über den Einfluß der Kopfstellung auf die vestibuläre Reaktionsbewegung der Tiere. Pflügers Arch. f. d. ges. Physiol. Bd. 189.

— Versuche über den Einfluß der Hemisphären, des Mittel- und Zwischenhirns auf die motorischen Reaktionen des Vestibularapparates. Polska gazeta lekarska Bd. 1, Nr. 14 bis 16. 1922.

Rothmann: Die Funktion des Mittellappens des Kleinhirns. Monatsschr. f. Psych. u. Neurol. Bd. 34. 1913.

— Demonstration zur Rindenexstirpation des Kleinhirns. Neurol. Zentralbl. 1914.

— Demonstration zu den Zwangsbewegungen des Kindesalters. Ebenda 1915.

Roussy: La Couche optique. Thèse de Paris 1907.

Roussy u. Clunet: Les Parathyr. dans la maladie de Parkinson. Arch. de méd. exp. 1910. Cpt. rend. des séances de la soc. de biol. Bd. 58.

Ruge, H.: Kasuistischer Beitrag zur pathologischen Anatomie der symmetrischen Linsenkernerweichung bei CO-Vergiftung. Arch. f. Psychiatrie u. Nervenkrankh. Bd. 64. 1921.

Rumpel: Über das Wesen und die Bedeutung der Leberveränderungen und der Pigmentierungen bei den damit verbundenen Fällen von Pseudosklerose. Dtsch. Zeitschr. f. Nervenheilk. Bd. 49. 1913.

Saito, M.: Experimentelle Untersuchungen über die innere Verbindung der Kleinhirnrinde und deren Beziehung zu Pons und Medulla oblongata. Arb. a. d. neurol. Inst. d. Wiener Univ. Bd. 23, H. 3. 1922.

Sano, T.: Beiträge zur vergleichenden Anatomie der Substantia nigra, des Corpus Luysi und der Zona incerta. Monatsschr. f. Psych. u. Neurol. Bd. 27/28. 1910.

v. d. Scheer u. Stuurmann: Beitrag zur Kenntnis der Pathologie des Corpus striatum nebst Bemerkungen über die extrapyramidalen Bewegungsstörungen. Zeitschr. f. d. ges. Neurol. u. Psychiatrie Bd. 30. 1915.

Sarbo, v.: Ein Fall von diagnostizierter und durch die Sektion bestätigter Encephalitis der Linsenkerne. Neurol. Zentralbl. Bd. 40. 1920.

Sarbo, v.: Über „Hypokinesis" und „rubrale Ataxie" als Symptom der Gehirngeschwülste der mittleren Schädelgrube, speziell des Mittelhirns. Klin. Wochenschr. 1922, Nr. 32.

Schilder, P.: Posthemiplegische Athetose. Zeitschr. f. d. ges. Neurol. u. Psychiatrie Bd. 7. 1911.

— Über Chorea und Athetose:
    I. Zeitschr. f. d. ges. Neurol. u. Psychiatrie Bd. 7, S. 218. 1911.
    II.   „   „ „ „   „   „   „   „ 11, S. 25. 1912.
    III.   „   „ „ „   „   „   „   „ 11, S. 47. 1912.

— Rigor als postparoxysmale Erscheinung bei Epilepsie. Wien. klin. Wochenschr. 1919, H. 30.

— Studien über Bewegungsstörungen:
    I. Zeitschr. f. d. ges. Neurol. u. Psychiatrie Bd. 58. 1920.
    III.   „   „ „ „   „   „   „   „ 61. 1920.

— Einige Bemerkungen zu der Problemsphäre: Cortex, Stammganglienpsyche, Neurose. Zeitschr. f. d. ges. Neurol. u. Psychiatrie Bd. 74, H. 4/5. 1922.

— Zur Psychophysiologie der Muskelspannungen bei Geisteskranken. Med. Klin. 1922, Nr. 31.

Schlesinger, H.: Die jetzt in Wien herrschende Nervengrippe (Encephalitis, Polyneuritis und andere Formen). Wien. klin. Wochenschr. 1920, Nr. 17.

Schmincke, A.: Encephalitis interstitialis Virchows und Verkalkung. Zeitschr. f. d. ges. Neurol. u. Psychiatrie Bd. 60. 1920.

— Lebererkrankung bei Pseudosklerose Wilson. Ebenda Bd. 57. 1920.

Schneider: Torsionsspasmus, ein Symptomenkomplex der mit Lebercirrhose verbundenen progressiven Linsenkerndegeneration. Zeitschr. f. d. ges. Neurol. u. Psychiatrie Bd. 53. 1920.

Schröder, P.: Über Encephalitis lethargica. Greifswald. Med. Verein 21. Mai 1920. Ref. Med. Klinik 1920, Nr. 34.

— Über Kolloidentartung im Gehirn. Zeitschr. f. d. ges. Neurol. u. Psychiatrie Bd. 68. 1921.

Schröder u. Pophal: Encephalitis epidemica und Grippe. Med. Klinik 1921, S. 863.

Schütte: Ein Fall von gleichzeitiger Erkrankung des Gehirns und der Leber. Arch. f. Psychiatrie u. Nervenkrankh. Bd. 51. 1913.

Schultze, E.: Chronische progressive Chorea. Volkmanns Samml. klin. Vorträge. Johann Ambrosius Barth 1910.

— Über Paralysis-agitans-ähnliche Krankheitsbilder (Linsenkernsyndrom) durch Encephalitis epidemica. Berl. klin. Wochenschr. 1921, Nr. 11.

Schultze: Huntingtonsche Chorea und fortschreitende Myoklonusepilepsie nebst Mitteilungen über rhythmische Myoklonie beim Menschen und beim Hunde. 47. Vers. südwestdeutsch. Neurologen u. Irrenärzte 1922. Zentralbl. f. d. ges. Neurol. u. Psych. Bd. 29, H. 7. 1922.

Schuster, J.: Beitrag zur Histopathologie und Bakteriologie der Chorea infektiosa. Zeitschr. f. d. ges. Neurol. u. Psychiatrie Bd. 59. 1920.

Schuster, P.: Stirnhirntumoren unter dem Bilde der Paralysis agitans. Dtsch. Zeitschr. f. Nervenheilk. 1921.

Schwalbe: Torsionsneurose. Dissert. Berlin 1908.

Schwartz, Ph.: Die traumatische Gehirnerweichung des Neugeborenen. Zeitschr. f. Kinderheilk. Bd. 31, H. 1/2. 1921.

Seelert: Ein Fall chronischer Manganvergiftung. Monatsschr. f. Psych. u. Neurol. Bd. 34. 1915.

— Zur Differentialdiagnose der Hysterie und des Torsionsspasmus. Neurol. Zeitschr. Bd. 33. 1914.

Segall: Ein Beitrag zur Pathologie des Corpus Luysi. Monatsschr. f. Psych. u. Neurol. Bd. 52, H. 3. 1922.

Sherrington: Nerves to the muscle. Journ. of gen. physiol. Bd. 17. 1895.

— Nervous Rhythm. arising from Rivalry of Antagonistic reflexes. Proc. of the roy. soc. of med. Bd. 86. 1913.

— The integrative action of nerv. syst. London: Constable 1906.

Sherrington: Reciprocal Innervation on Symmetrical Muscles. Proc. of the roy. soc. of
    med. Bd. 86. 1913.
— Antagonism between Reflex inhibition and Reflex exitation. 12. Mittl. Propriozeptiv
    Reflexes. Fol. neurobiol. Bd. 2. 1909.
— On reciprocal innervation of antagonis. muscles Success. Induction. Ebenda Bd. 2. 1909.
— On the anatomical constitution of nerves of skeletal muscles with Remarks on recurrent
    Fibres in the Ventral Spinal Nerve-Root. Journ. of gen. physiol. Bd. 37.
Shimbo, M.: Die Verteilung der sympathischen Fasern in peripheren Nerven. Pflügers
    Arch. f. d. ges. Physiol. Bd. 195, H. 6. 1922.
Sibelius: Zur Kenntnis der Gehirnkrankheiten nach Kohlenoxydvergiftungen. Zeitschr.
    f. klin. Med. Bd. 49. 1903.
— Die psychischen Störungen nach Kohlenoxydvergiftung. Monatsschr. f. Psych. u. Neurol.
    Bd. 18. 1906.
Sicard, I. A.: L'encéphalite myoclonique. Presse méd. 1920, Nr. 22.
Sicard et Paraf: Parkinsonisme et Parkinson, reliquats d'encéph. épidém. Soc. de neur.
    de Paris. 6. Mai 1920. Rev. neurol. 1920, S. 465.
— Hémi-myoclonie épidém. ambulatoire. Ebenda.
Siegmund: Encephalitis epidemica. Frankfurt. Zeitschr. f. Pathol. Bd. 25, H. 3. 1921.
Siemerling u. Oloff: Pseudosklerose mit Cornealring und doppelseitigem Scheinkatarakt
    Klin. Wochenschr. 1922, Nr. 22.
Simchowicz: Histologische Studien über die senile Demenz. Nissl-Alzheimer: Histol.
    u. Histopathol. Arb. Bd. 4, H. 2. 1911.
Simons, A.: Kopfhaltung und Muskeltonus. Zeitschr. f. d. ges. Neurol. u. Psychiatrie
    Bd. 80. 1923.
Sjövall: Wilsonsche Krankheit. Acta med. scandinav. Bd. 54. Ref. Zentralbl. f. d. ges.
    Neurol. u. Psych. Bd. 25. 1921.
Söderberg: Eine semiologische Studie über einen Fall extrapyramidaler Erkrankung.
    Dtsch. Zeitschr. f. Nervenkrankh. Bd. 64. 1919.
— Gibt es eine Art Tremor, der für cerebellare Läsionen charakteristisch ist? Nordisk
    Medicinskt Arch. Bd. 51. S. 99.
— Sur la réaction myodystonique. Acta méd. scandinav. Bd. 56, H. 5. 1922.
Socin, Ch. u. W. Storm van Leeuwen: Über den Einfluß der Kopfstellung auf phasische
    Extremitätenreflexe. Pflügers Arch. f. d. ges. Physiol. Bd. 159.
Solmersitz: Zur pathologischen Anatomie der Huntingtonschen Chorea. Inaug.-Diss.
    Königsberg 1903.
Sommer, E.: Die Beziehungen von Schizophrenie, Katatonie und Epilepsie. Zeitschr. f.
    d. ges. Neurol. u. Psychiatrie Bd. 78, H. 4/5. 1922.
Souques: Un cas de maladie de Parkinson consécutif a l'encéph. létharg. usw. Soc. de neur.
    de Paris. 6. Mai 1920. Rev. neurol. Bd. 27. 1920.
— Des syndromes Parkinsonniens consécutifs à l'encéphalite dite létharg. ou épidémique.
    Rev. neurol. 1921, S. 178.
— Des fonctions du corps strié à propos d'un cas de maladie de Wilson. Rev. neurol. Bd. 27.
    1920.
Spatz, H.: Über die Vorgänge nach experimenteller Rückenmarksdurchtrennung und mit
    besonderer Berücksichtigung der Unterschiede der Reaktionsweise des reifen und des
    unreifen Gewebes nebst Beziehungen zur menschlichen Pathologie. (Porencephalie
    und Syringomyelie.) Histol. u. histopathol. Arb. über d. Großhirnrinde. Erg.-Bd. 1920.
— Über nervöse Zentren mit eisenhaltigem Pigment. Zeitschr. f. d. ges. Neurol. u. Psychiatrie
    Ref. Bd. 25.
— Zur Anatomie der Zentren des Streifenhügels. Münch. med. Wochenschr. 1921.
— Physiologischer Eisengehalt in den basalen Stammganglien. Zentralbl. f. d. ges. Neurol.
    u. Psych. 1921.
— Über den Eisennachweis im Gehirn, besonders in Zentren des extrapyramidalen moto-
    rischen Systems. I. Teil: Zeitschr. f. d. ges. Neurol. u. Psychiatrie Bd. 77, H. 3/4. 1922.
— Über Stoffwechseleigentümlichkeiten in den Stammganglien. Ebenda Bd. 78, H. 4/5. 1922.
Spiegel, E.: Myelitis nach Grippe. Wien. klin. Wochenschr. 1919, Nr. 10.
— Über die Vorderhirnkerne der Säuger. Obersteiners Arb. Bd. 22. 1919.

Spiegel, E.: Über das Wesen der Tetanuskrämpfe. Zeitschr. f. d. ges. Neurol. u. Psychiatrie Bd. 70. 1921.
— Untersuchungen über den Muskeltonus. I. Mitteilung. Der Weg der tonischen Innervation vom Zentralnervensystem zum Muskel. Pflügers Arch. f. d. ges. Physiol. Bd. 193, H. 1. 1921.
Spiegel u. Adolf: Zur Pathologie der epidemischen Encephalitis. Arb. a. d. neurol. Inst. d. Wiener Univ. Bd. 23, H. 1. 1922.
Spielmeyer: Hemiplegie bei intakter Pyramidenbahn. Münch. med. Wochenschr. Bd. 53. 1906.
— Die histopathologische Zusammengehörigkeit der Wilsonschen Krankheit und der Pseudosklerose. Zeitschr. f. d. ges. Neurol. u. Psychiatrie Bd. 57. 1920.
— Allgemeine Histopathologie des Nervensystems. Berlin: Julius Springer 1922.
— Histopathologische Forschung in der Psychiatrie. Klin. Wochenschr. Bd. 27. 1922.
Steck: Zur pathologischen Anatomie der echten posthemiplegischen Athetose. Schweiz. Arch. f. Neurol. u. Psychiatrie Bd. 8. 1921.
Steiner: Encephalitische und katatonische Motilitätsstörungen. Zeitschr. f. d. ges. Neurol. u. Psychiatrie Bd. 78, H. 4/5. 1922.
Stella, H. de: Nouveaux aperçus sur la physiologie du cervelet à propos d'une opération de tumeur de l'angle ponto-cérébelleux. Ann. de maladie de l'oreille, du larynx, du nez et du pharynx Bd. 41, Nr. 4. 1922.
Stern: Encephalitis lethargica. Arch. f. Psychiatrie u. Nervenkrankh. 1920.
— Pathologie und Pathogenese der Chorea chronica progressiva. Ebenda Bd. 63, S. 1. 1921.
— Die Encephalitis epidemica. Monogr. aus d. ges. Geb. der Neur. u. Psych. Berlin: Julius Springer 1922.
Stertz, G.: Über eine Encephalitisepidemie vom klinischen Charakter einer schweren Chorea minor. Encephalitis epidemica (choreatica). Sitzungsber. Münch. med. Wochenschr. 1920, Nr. 8.
— Der extrapyramidale Symptomenkomplex. Abhandlungen aus der Neurol. S. Karger 1921, H. 11.
Stöcker: Fortschreitende Linsenkerndegeneration. Zeitschr. f. d. ges. Neurol. u. Psychiatrie Bd. 15 u. 25. 1913/14.
Strauss u. Wechsler: Epidemic encephalitis (Encephalitis lethargica). Internat. Journ. of public health Bd. 2, Nr. 5, S. 449. 1921.
Strümpell, v.: Über die Westphalsche Pseudosklerose. Dtsch. Zeitschr. f. Nervenheilk. Bd. 12. 1898.
— Ein weiterer Beitrag zur Kenntnis der sogenannten Pseudosklerose. Ebenda Bd. 14. 1899.
— Zur Kenntnis der sogenannten Pseudosklerose, der Wilsonschen Krankheit und verwandter Krankheitszustände (der amyostatische Symptomenkomplex). Dtsch. Zeitschr. f. Nervenkrankh. Bd. 54. 1915.
— Die myostatische Innervation und ihre Störungen. Neurol. Zentralbl. Bd. 39. 1920.
v. Strümpell-Handmann: Beitrag zur Kenntnis der sogenannten Pseudosklerose. Dtsch. Zeitschr. f. Nervenheilk. Bd. 50. 1914.
Thalhimer, W.: Epidemic (lethargic) encephalitis. Cultural and experimental studies. Arch. of neurol. a. psychiatry Bd. 8. 1922.
Thomalla, C.: Ein Fall von Torsionsspasmus mit Sektionsbefund und seine Beziehungen zur Athétose double, Wilsonscher Krankheit und Pseudosklerose. Zeitschr. f. d. ges. Neurol. u. Psychiatrie Bd. 41. 1918.
Thomas et Durupt: Localisations cérébelleuses. Vigot, Paris 1914.
Trendelenburg: Untersuchungen über den Ausgleich der Bewegungsstörungen nach Rindenausschaltung am Affengroßhirn. Zeitschr. f. Biol. Bd. 63. 1915.
Trétiakoff: Contrib. a l'étude de l'anat.-path. du locus niger de Soemmering avec quelques déductions rélatives à la pathogénie des troubles du tonus musculaire de la maladie de Parkinson. Thèse de Paris 1919.
Trétiakoff et Bremer: Encéphalite léthargique avec syndrome parkinsonienne et catatonie. Rechute tardive. Vérification anatomique. Soc. de neur. Sitzungsbericht. Presse méd. 1920, S. 469.

Troell, A. u. C. Hesser: Über das cerebellare Lokalisationsproblem. Experimentelle Unter-
    suchungen. Acta cirurg. scandinav. Bd. 54, H. 3. 1921.
Trömner: Gehirncyste. Neurol. Zentralbl. 1912, S. 1401.
— Kindliche Encephalitis. Dtsch. med. Wochenschr. 1922.
Tschugunoff, S.: Zur Frage der pathologischen Anatomie und Pathogenese der Wilsonschen
    Krankheit. Ref. Zentralbl. f. d. ges. Neurol. u. Psych. Bd. 30, H. 5/6. 1922.
Uexküll, v. J.: Umwelt und Innenwelt der Tiere. Berlin: Julius Springer 1921.
Veronese, F.: Versuch einer Physiologie des Schlafes und des Traumes. Deuticke 1910.
Versteegh, C.: Beiträge zur Pharmakologie der Körperstellung und der Labyrinth-
    reflexe (Alkohol). Acta Oto-Laryngologica Bd. IV, H. 4. 1922.
Vogt, C.: La myélo architecture du thalamus du cercopithéque. Journ. f. Psychol. u. Neurol.
    Bd. 12, Erg.-H. 1909.
— Quelques considérations générales à propos du syndrome du corps strié. Ebenda Bd. 18,
    Erg.-H. 4. 1911.
Vogt, C. u. O.: Erster Versuch einer pathologisch-anatomischen Einteilung striärer Motilitäts-
    störungen nebst Bemerkungen über seine allgemeine wissenschaftliche Bedeutung. Journ.
    f. Psychol. u. Neurol. Bd. 24. 1918.
— Zur Kenntnis der pathologischen Veränderungen des Striatum und des Pallidum und zur
    Pathophysiologie der dabei auftretenden Krankheitserscheinungen. Sitzungsberichte
    d. Heidelberger Akad. d. Wissensch. Mathem.-naturwissensch. Klasse. Abt. B. 1919.
    14. Abhandlung.
— Zur Lehre der Erkrankungen des striären Systems. Journ. f. Psychol. u. Neurol. Bd. 25.
    1920.
— Die Erkrankungen der Großhirnrinde im Lichte der Topistik, Pathoklise und Patho-
    architektonik. Ebenda Bd. 28. 1922.
Vogt, H.: Chorea minor. Lewandowskys Handbuch Bd. 3.
Vogt, O.: Über strukturelle Hirnzentra mit besonderer Berücksichtigung der strukturellen
    Felder des Cortex pallii. Anat. Anz. Bd. 29. 1906.
Vogt u. Astwazaturow: Über angeborene Kleinhirnerkrankung usw. Arch. f. Psychiatrie
    u. Nervenkrankh. Bd. 49. 1909.
de Vries: Das Corpus striatum der Säuger. Anat. Anz. Bd. 37. 1910.
Walbaum: Beiträge zur pathologischen Anatomie der Paralysis agitans. Virchows Arch.
    f. pathol. Anat. u. Physiol. Bd. 165. 1901.
Wallenberg: Beitrag zur Kenntnis der zentrifugalen Bahnen des Striatum und Pallidum
    beim Menschen. Vortr. 12. Jahresvers. d. Ges. dtsch. Nervenärzte, Halle 1922. Zentralbl.
    f. d. ges. Neurol. u. Psych. Bd. 30, H. 7. 1922.
— Bedeutung neuerer Ergebnisse der Anatomie des Z.-N.-S. für die topische Diagnostik
    der Gehirnkrankheiten. Dtsch. med. Wochenschr. 1922, Nr. 31 u. 32.
Walshe: On the genesis and physiol. significance of spasticity and other disorders of motor.
    innervation w. consideration of the functional relationships of the pyramidal system.
    Brain. 42. 1919.
— The physiology of symptom production in disease and injury of the nervous system.
    British med. journ. 1921, Nr. 3177.
— Decerebrated rigidity in animals and its recognition in man. Proc. of the roy. soc. of
    med. Bd. 15. 1922.
Wartenberg: Pseudobulbärparalyse. Monatsschr. f. Psych. u. Neurol. Bd. 51. 1922.
Weed: Observation on decerebrated rigidity. Journ. of gen. physiol. Bd. 48.
Weigeldt: Elektromyographische Untersuchungen über den Muskeltonus. 11. Jahresvers.
    d. Ges. dtsch. Nervenärzte. Braunschweig 1921.
Weimann, W.: Über einen eigenartigen Verkalkungsprozeß des Gehirns. Monatsschr. f.
    Psych. u. Neurol. Bd. 50. 1921.
— Über einen unter dem Bilde der Landryschen Paralyse verlaufenden Fall von Encephalitis
    epidemica. Ebenda Bd. 50, H. 6. 1921.
— Über das Vorkommen amyloider Substanzen im Gehirn bei der Encephalitis epidemica.
    Ebenda Bd. 51. 1922.
— Über Hirnpurpura bei akuten Vergiftungen. Dtsch. Zeitschr. f. d. ges. gerichtl. Med.
    Bd. 1, H. 9. 1922.

Weizsäcker, v.: Über spinale Koordination. Heidelberger naturhist. med. Ver. 16. Dezember 1919. Verhandl. d. Ges. der Nervenärzte in Leipzig 1920.
— Tonus. Zeitschr. f. Biol. Bd. 75. 1922.
— Über Bewegungsstörungen, besonders bei Encephalitis (experimentelle Untersuchungen). 47. Wandervers. südwestdeutsch. Neurologen u. Irrenärzte, Baden-Baden 1922.
Wertheim - Salomonson: Maladie de Parkinson et Tabes. Rev. neurol. Bd. 28. 1921.
Westphal, A.: Über doppelseitige Athetose und verwandte Krankheitszustände. Arch. f. Psychiatrie u. Nervenkrankh. Bd. 60. 1919.
— Beitrag zur Ätiologie und Symptomatologie der Parkinsonschen Krankheit und verwandter Symptomenkomplexe. Arch. f. Psychiatrie u. Nervenkrankh. Bd. 65, H. 1 bis 3. 1922.
Westphal u. Sioli: Weitere Mitteilungen über den durch eigenartige Einschlüsse in den Ganglienzellen (Corpora amylacea) ausgezeichneten Fall von Myoklonusepilepsie. Arch. f. Psychiatrie u. Nervenkrankh. Bd. 63, H. 1. 1921.
— Klin. u. anatom. Beitrag z. Lehre v. d. Westphal-Strümpellschen Pseudosklerose (Wilsonsche Krankheit), insbes. über Beziehungen derselben z. Encephal. epidemica. Arch. f. Psychiatrie u. Nervenkrankh. Bd. 66, H. 5. 1922.
Wexberg, E.: Über Kau- und Schluckstörungen bei Encephalitis. Zeitschr. f. d. ges. Neurol. u. Psychiatrie Bd. 71. S. 210.
— Beiträge zur Klinik und Anatomie der Hirntumoren. Ebenda Bd. 71. 1921.
Weygandt: Idiotie, Imbezillität. Aschaffenburgsches Handb. d. Psych.
v. Wiesner: Die Ätiologie der Encephalitis lethargica. Wien. klin. Wochenschr. 1917, S. 953.
Wilmanns, K.: Die Schizophrenie. Zeitschr. f. d. ges. Neurol. u. Psych. Bd. 78, H. 4/5. 1922.
Wilson: Progressive lenticular degeneration. Brain. 34. 1912.
— An experimental research into the anatomy and physiology of the Corpus striatum. Brain. 36. 1913/14.
— Progressive Linsenkerndegeneration und Pseudosklerose. Lewandowskys Handb. d. Neurol. 1914.
Wimmer, A.: Fortgesetzte Studien über extrapyramidale Syndrome. I. Pseudosklerose ohne Leberleiden. Hospitalstidende. Bd. 64. 1921.
— Infantiler progressiver Torsionsspasmus. Ebenda Bd. 64. 1921.
— Etudes sur les symptomes extrapyramidaux; pseudosclérose sans affection hépatique. Rev. neurol. Jg. 28, Nr. 12. 1921.
— Etudes sur les syndrômes extrapyramidaux; spasme de torsion progressif infantile. Ebenda Bd. 28, Nr. 9/10. 1921.
— Etudes sur les syndrômes extrapyramidaux. III. Hémisyndrômes syphilitiques. Ebenda Bd. 29, Nr. 1. 1922.
Witte: Über anatomische Untersuchungen der Schilddrüse bei der Dementia praecox. Zeitschr. f. d. ges. Neurol. u. Psychiatrie Bd. 80, H. 1/2. 1922.
Wodak u. Fischer: Eine neue Vestibularisreaktion (Armtonusreaktion). Münch. med. Wochenschr. 1922, Nr. 6.
Woerkom, van: Nouv. iconographie de la Salpétrière 1919.
Wohlwill, F.: Kohlenoxydgasvergiftung. Hamburger ärztlicher Verein. Zentralbl. f. d. ges. Neurol. u. Psych. 1921. Ref. Münch. med. Wochenschr. 1921, Nr. 16, S. 501.
Wollenberg: Zur pathologischen Anatomie der Chorea minor. Arch. f. Psychiatrie u. Nervenkrankh. Bd. 23. 1892.
— Chorea, Paralysis agitans usw. Nothnagels Pathologie u. Therapie Bd. 12, Teil 2 u. 3. 1899.
Yokoyama-Fischer: Über eine eigenartige Form knotiger Hyperplasie der Leber, kombiniert mit Gehirnveränderungen. Virchows Arch. f. pathol. Anat. u. Physiol. Bd. 211. 1913.
Zannelli e Santangelo: Contributo alla etiologia della encefalite epidemica. Ann. d'ig. Bd. 31. 1921.
Ziehen: Tonische Torsionsneurose. Zeitschr. f. Psych. Bd. 58.
Zingerle: Über Paralysis agitans. Journ. f. Psychol. u. Neurol. Bd. 14. 1909.
— Beitrag zur Kenntnis des extrapyramidalen Symptomenkomplexes. Ebenda Bd. 27, H. 3/4. 1922.